乙級印前製程技能檢定
術科試題解析

第六版

王溢川　編著

全華圖書股份有限公司

目錄

CHAPTER 00 試前重點說明

CHAPTER 01 試題一 試題編號 19100-106201

CHAPTER 02 試題二 試題編號 19100-106202

編輯大意

當學生的時候，光是一個丙級就考了三次才拿到證照（畢業後一個多月證照才寄到家裡來）。沒拿到證照在當時幼小心靈裡所埋下的痛不是任何人可以體會的，而這個慘痛的回憶也驅動著我想要協助每位學生順利通過檢定的夢想。

N年前因緣際會，接到全華的邀稿，出版這本關於乙級檢定的書籍，我想既然要出書，就希望這本書在製作上能有相當程度的美觀，要不然至少也要具備某些爭議。因為好沒有絕對的好，但是假使有人討論就會帶起一個議題，形塑出不同視角的價值。

關於本書的內容，筆者希望能夠呈現兩個特色：第一是圖例大，因為大圖例有助於讀者對於實作的理解，所以書中的ICON有半數以上是重新繪製的。第二則是容易閱讀，這個特色盡可能地引導讀者，在有問題或者較困難的部分中進行細節式的討論。

心理學常談的「用進廢退」，指的就是「常用會進步，荒廢則會退步」，這句話實為時下莘莘學子在面對新技術或新式操作方法所應引以借鏡的。所以，你一定要練習！只要你能從頭到尾反覆操作每一題的解題步驟，這款專為你取得印前製程乙級證照的文本，一定能幫助你養成上述的四種能力，並在檢定考試中水到渠成，馬到成功！

最後感謝柏鈞、琬淳、文慈、峻瑋、燕婷、藝儒、子豪、家偉、雯瑄、育萱、小柳、VV、奶雞、十三、達爸以及我的父母跟阿公，沒有你們就沒有這本書。

作者簡歷

南投縣水里鄉人

國立臺灣科技大學工商設計系工設組畢業

特一國際設計公司實習

創立川品柳味設計工作室

創立D.X. 設計研討會

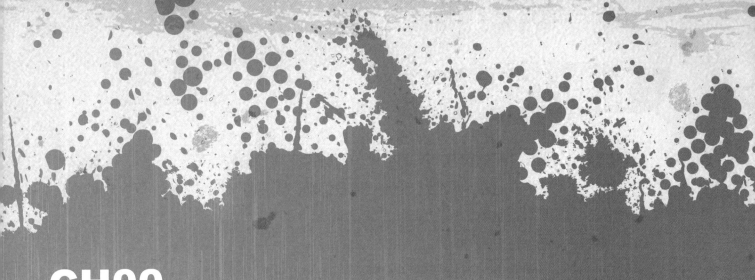

CH00
試前重點說明

紙張尺寸的種類
紙張的基本尺寸（未裁切之原紙尺寸）
紙張樣式規格表（裁切後尺寸）
大版上常見的印刷標記與術語
書籍各部分名稱
書籍翻頁方向
摺紙
配帖
裝訂
落版
輪轉版
從摺紙轉到數位印版

紙張尺寸的種類

一般來說，紙張尺寸可依據其不同的應用，而分出三種不同的類型。

1. 原紙尺寸：紙張經紙行出廠後，未經任何裁切前的公用標準尺寸（Ex: 菊版全開、四六版全開）。
2. 製版尺寸：包含完成尺寸與出血尺寸（0.3cm）。
3. 完成尺寸：印刷完後，紙張經裁切或裝訂完後的尺寸。

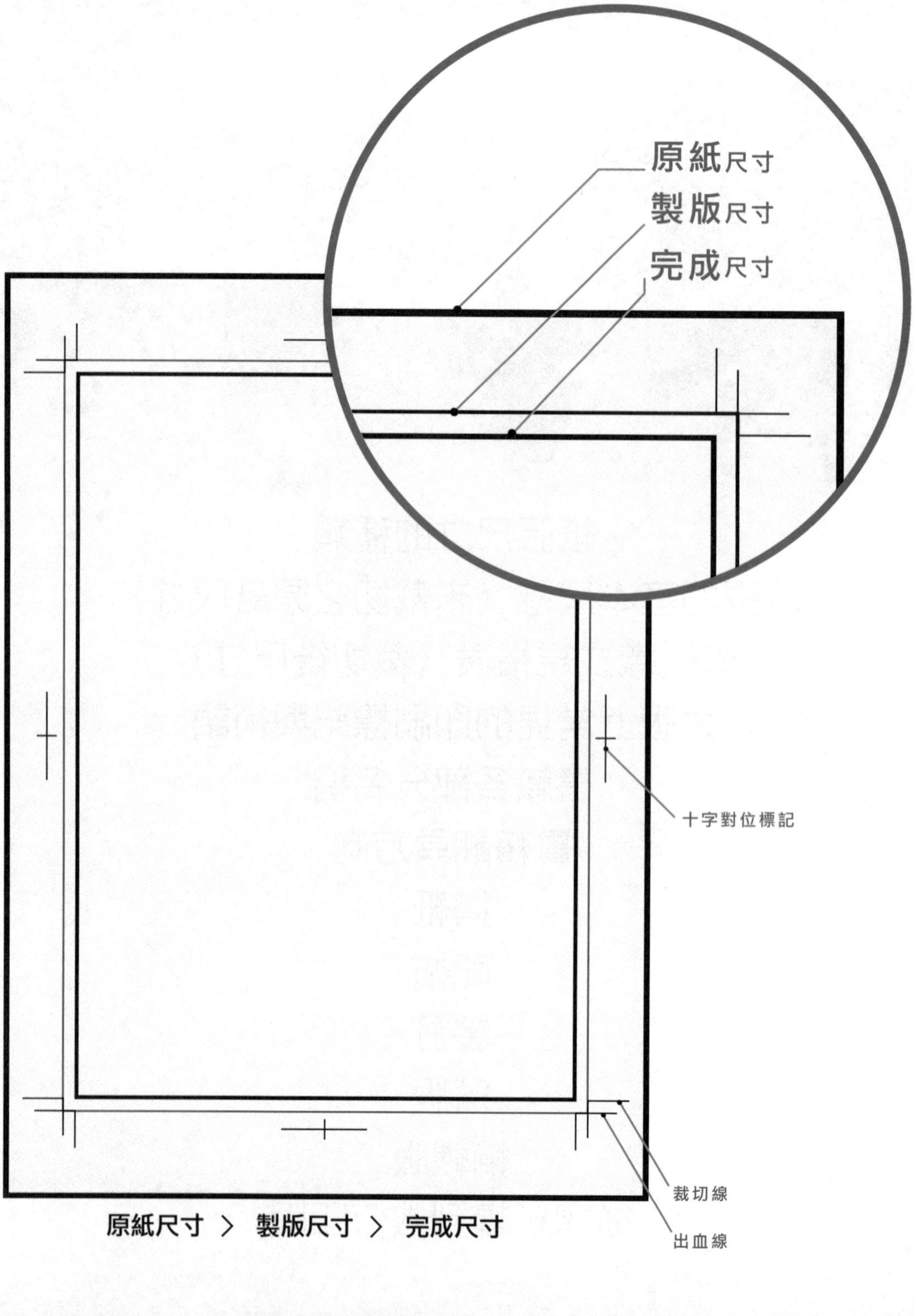

陸、技術士技能檢定印前製程職類乙級術科測試時間配當表

每一檢定場，每日排定測試場次爲上、下午各乙場；程序表如下

時間	內容	備註
08:50 ～ 09:10	1. 監評前協調會議（含監評檢查機具設備）。 2. 應檢人報到完成。	20 分鐘
09:10 ～ 09:30	1. 應檢人代表抽題及排定工作崗位。 2. 場地設備、自備機具及材料等作業說明。 3. 測試應注意事項說明。 4. 應檢人試題疑義說明。 5. 應檢人檢查設備及材料。 6. **其他事項**。	20 分鐘
09:30 ～ 11:30	第一場測試（**測試開始隨即斷網**）	測試時間 120 分鐘
11:30 ～ 12:10	1. 監評人員進行評分。 2. 應檢測試成績登錄彙整。 3. 術科測試相關資料彌封彙整。	40 分鐘
12:10 ～ 12:40	1. 監評人員休息用膳時間。 2. 術科測試場地復原。 3. 應檢人報到完成。	30 分鐘
12:40 ～ 13:00	1. 應檢人代表抽題及排定工作崗位。 2. 場地設備、自備機具及材料等作業說明。 3. 測試應注意事項說明。 4. 應檢人試題疑義說明。 5. 應檢人檢查設備及材料。	20 分鐘
13:00 ～ 15:00	第二場測試（**測試開始隨即斷網**）	測試時間 120 分鐘
15:00 ～ 15:40	1. 監評人員進行評分。 2. 應檢測試成績登錄彙整。 3. 術科測試相關資料彌封彙整。	40 分鐘
15:40 ～ 16:40	測試結束檢討會（監評人員及術科測試辦理單位視需要召開）	60 **分鐘**
16:40 **～** 17:10	**術科測試場地復原**。	30 **分鐘**

備註：依時間配當表準時辦理抽籤，並依抽籤結果進行測試，遲到者或缺席者不得有異議。

78136069

增訂表－乙級印前製程技能檢定術科試題解析(第六版)

頁碼	修改處	原內容	修改內容
34	四、測試項目	（三）四色模式數位圖片解析度辨識、裁切去背景融入轉角打淡的應用。	（三）四色模式數位圖片解析度辨識**、裁切、去背景、融入、轉角度**、打淡的應用。
34	四、測試項目	（四）字體樣式設定、擴邊特效曲折走文表格製作編排。	（四）字體樣式設定**、擴邊特效、曲折走文、表格製作編排**。
34	四、測試項目	（五）基本顏色與漸層色設定、底正確起迄邊框製作線條。	（五）基本顏色與漸層色設定、底**色**正確起迄**設定**、邊框製作**、線條製作**。
34	四、測試項目	（八）儲存檔案、另附存PDFPDF 電子檔及案列印操作，包含出血標記、裁切摺線電子檔及案列印操作，包含出血標記、裁切摺線與十字線印出。	（八）儲存檔案、另附存 PDF **電子檔及檔案**列印操作，包含出血標記**、裁切標記、摺線與十字線印出**。
34	五、試題內容	（七）表格編排：寬 11.3 公分、高 3 公分，二欄五列，格線寬 0.2mm，餘依照「說明樣式」處理置入。	（七）表格編排：寬 11.3 公分、高 3 公分，二欄五列，格線寬 0.2mm，餘依照「說明樣式」**設定之，表格內文等指定字級者請依照『說明樣式』設定處理。**
35	五、試題內容	（十三）……各乙份儲存餘隨身碟中……	（十三）……各乙份儲存**於**隨身碟中……
190	五、試題內容	（九）應檢時間結束前……	（九）**作業期間務必隨時存檔**，應檢時間結束前……
248	一、試題說明	無	**註：因製作所用字型庫的差異，文中字元間距、行距、段落間距設定請酌予參考，並可依實際製作情境，依描圖檔進行微調調整設定。**
303	五、試題內容	（十一）成品檔案存檔命名規則……	（十一）**作業期間務必隨時存檔**，成品檔案存檔命名規則……
303	五、試題內容	（十三）列列印時……	（十三）**列**印時……
372	四、測試項目	（三）……另含動態電子書的檔案製作輸出與轉存的處理。	（三）……**製作動態電子書且進行轉存與檔案封裝的處理**。
372	五、試題內容	（五）作業期間務必隨時存檔，成品檔案存檔的命名規則：准考證號碼+ 應檢人姓名+（落版）和准考證號碼+ 應檢人姓名+（電子書）以利區隔；檔案需另轉換成 PDF 格式（建議為相容版本 PDF1.3 或 1.4 版本）；列印時，可參考現場所提供之列印注意事項，以 Acrobat Reader 或 Acrobat 軟體列印輸出。	（五）作業期間務必隨時存檔**，16 頁版面編輯完成後原生檔、PDF 檔的儲存命名為：准考證號碼+應檢人姓名+（排版），作為後續【落版、電子書】編輯的基礎。落版完成後的命名為**：准考證號碼+應檢人姓名+（**落版**），檔案需另轉換成 **PDF/X-1a** 格式（建議為相容版本 PDF1.3 或 1.4 版本）。
372	五、試題內容	（六）測試時間結束前，將所有成品檔案與 PDF 檔各乙份儲存於隨身碟中供檢覈外，應指定該 PDF 格式檔案經彩色印表機列印出作品樣張；輸出列印成品上需有出血標記、裁切標記與十字線，線寬 0.3mm	（六）**落版成品需有出血標記、裁切標記與十字線，線寬 0.3mm 以下可供識別，並標示咬口方向。將檔案儲存於隨身碟中，攜至彩色印表機端進行列印，可參考現場所提供之列印注意事項，以 Acrobat**

紙張的基本尺寸（未裁切之原紙尺寸）

原紙尺寸指的是「紙張從紙廠出貨前，尚未扣除印刷機咬合與裁切紙邊的原廠紙張尺寸」。國內常見的紙張基本尺寸和其用途可參見下表。

四六版

31”x 43”
787mm x 1092mm
原紙尺寸

四六版原紙：通常用在印刷海報、地圖、商業廣告及藝術複製品等。

菊版

25”x 35”
635mm x 889mm
原紙尺寸

菊版原紙：通常用在書刊、雜誌、型錄、一般印刷品及出版品。

大版

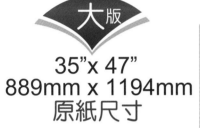

35”x 47”
889mm x 1194mm
原紙尺寸

大版原紙：通常用在包裝牛皮紙類等，尺寸約為菊版的兩倍大又稱「菊倍」。

小版

22”x 34”
559mm x 864mm
原紙尺寸

小版原紙：為一般薄紙類特有的尺寸，通常用在薄信件或一般報表上。

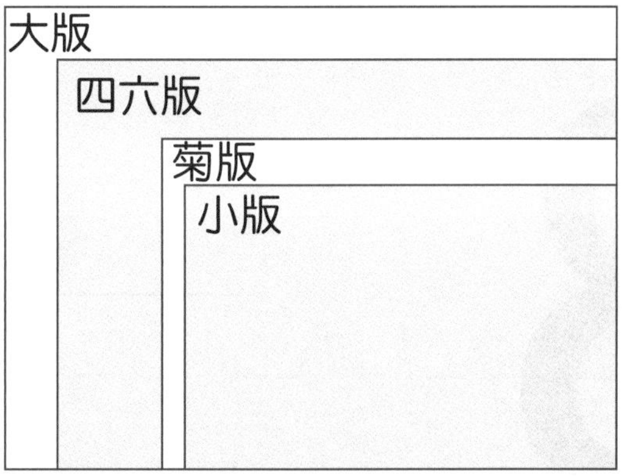

原紙尺寸大小比較示意圖。

國內常見紙張基本尺寸與用途

	原紙尺寸（吋）	用途
四六版	31” × 43”	近似國際標準制的 B 規紙張。
菊版	25” × 35”	近似國際標準制的 A 規紙張。
大版	35” × 47”	印製包裝牛皮紙、紙板等。
小版	22” × 34”	印製報表、信籤、文書事務用品等。

紙張樣式規格表（裁切後尺寸）

四六版與菊版樣式規格表 (裁切後尺寸)

前述介紹了大版、小版、A規、B規、四六版、菊版等多種紙張的尺寸，但依據不同的用途，在實際印刷中，通常會將原紙做裁切後再使用。像是「全紙」一般又稱全開紙（全 K），把全張紙裁切成一半稱爲對開，裁成八張則稱爲八開，以此類推。目前國內較常用的紙張尺寸一般還是以「菊版」與「四六版」兩大系列爲主。

四六版 全K 758 x 1060

2K	530 x 758
4K	379 x 530
8K	265 x 379
16K	189 x 265
32K	132x 189

以上單位為mm

菊版 全K 594 x 841

菊2k	420 x 594
菊4k	297 x 420
菊8k	210 x 297
菊16k	148 x 210
菊32k	105 x 148

以上單位為mm

由於四六版紙在尺寸上近似於 B 規紙，所以一般都把它看成 B 規紙來使用。

學校考卷使用的影印紙常為 B4 約為四六版紙八開大小。

由於菊版紙在尺寸上近似於 A 規紙，所以一般都把它看成 A 規紙來使用。

影印店常使用的影印紙為 A4 約為菊版紙八開大小。

國際 ISO 制樣式規格表 (裁切後尺寸)

國際標準制 ISO 紙張規格把紙張分成 A 規、B 規、C 規。國際 ISO制紙張的尺寸分類以 1、2、3、4等數字作爲標示。舉例來說，A0就是 A規紙的原紙未裁切的原始尺寸，一般常見的 A4紙張，則屬於 A 規紙尺寸。下圖即爲國際 ISO制紙張經裁切後之不同尺寸。

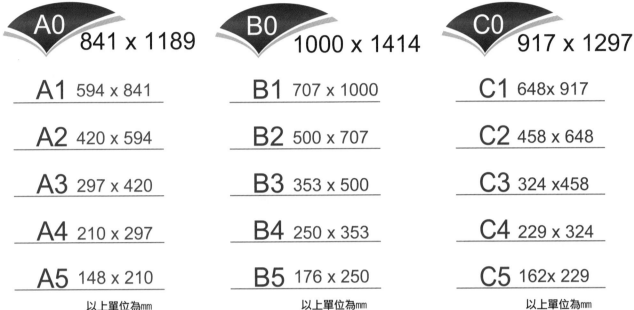

A0 841 x 1189	B0 1000 x 1414	C0 917 x 1297
A1 594 x 841	B1 707 x 1000	C1 648x 917
A2 420 x 594	B2 500 x 707	C2 458 x 648
A3 297 x 420	B3 353 x 500	C3 324 x458
A4 210 x 297	B4 250 x 353	C4 229 x 324
A5 148 x 210	B5 176 x 250	C5 162x 229
以上單位為mm	以上單位為mm	以上單位為mm

A 規紙：常用於書刊、雜誌、型錄、一般印刷品及出版品。

B 規紙：常用於印刷海報、地圖、商業廣告及藝術複製品等。

C 規紙：用於信封類的印刷，一般來說使用率不高。

紙張樣式尺寸對照表

C 規尺寸因不常使用，故在此不多做敘述。

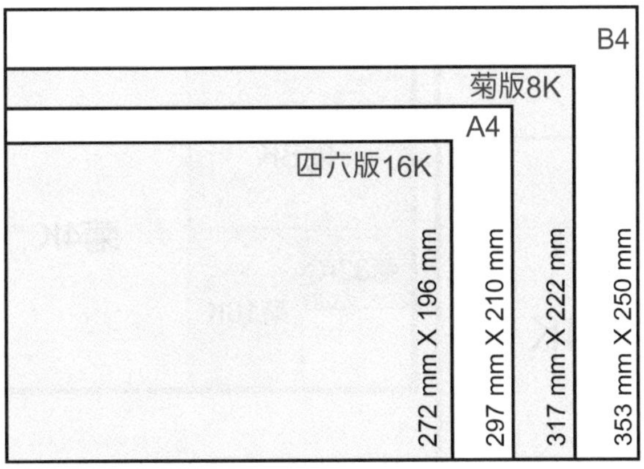

B4> 菊版 8K>A4> 四六版 16K。

B0 [1000mm x 1414mm]

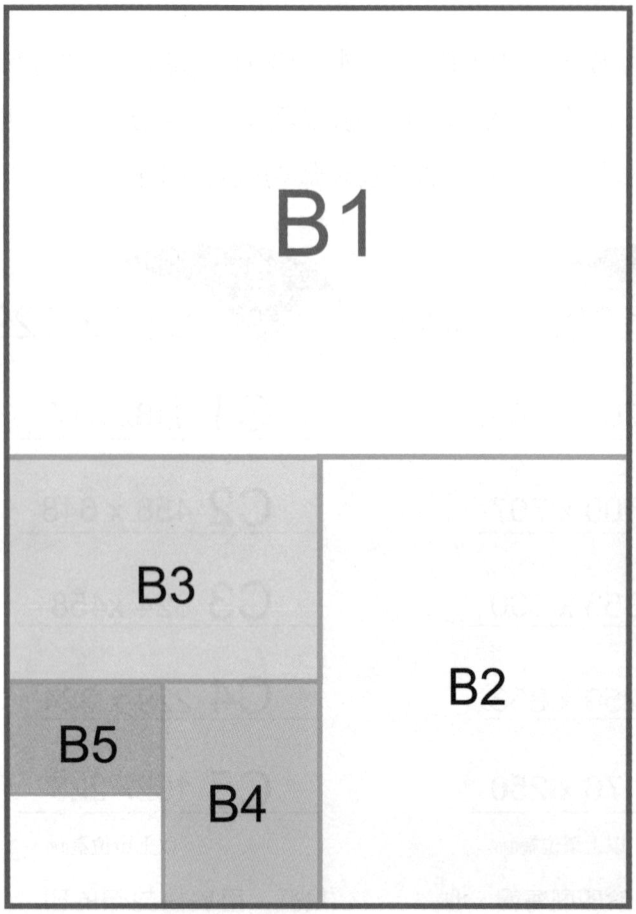

A0 [841mm x 1189mm]

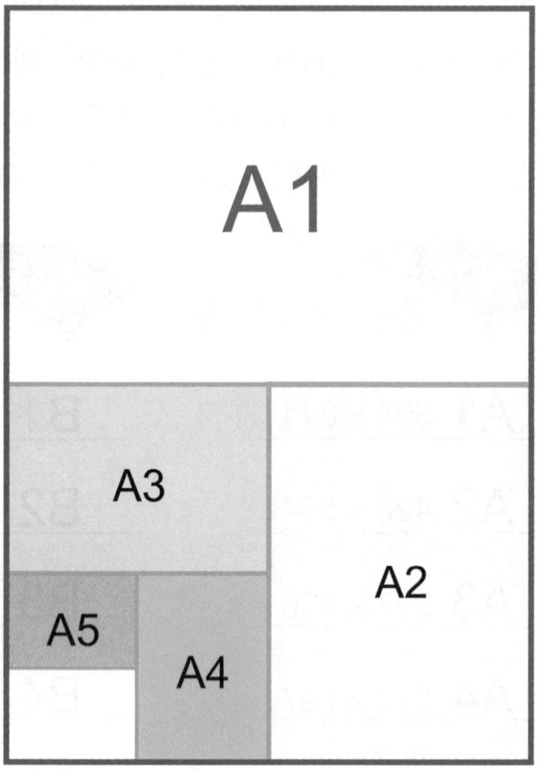

四六全 [758mm x 1060mm]

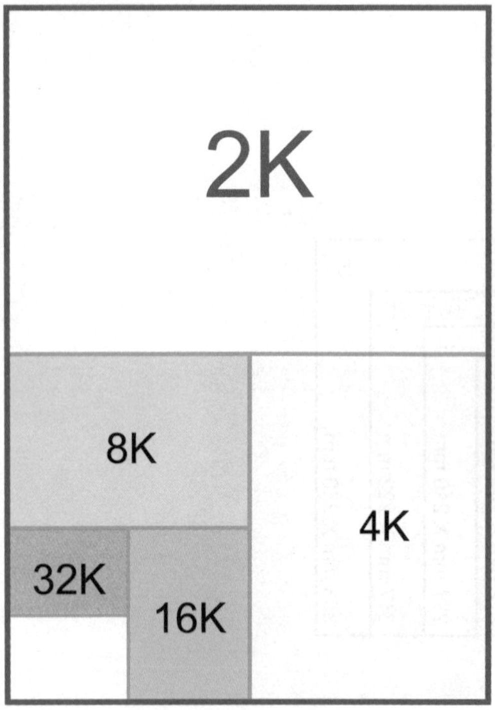

菊全 [635mm x 889mm]

大版上常見的印刷標記與術語

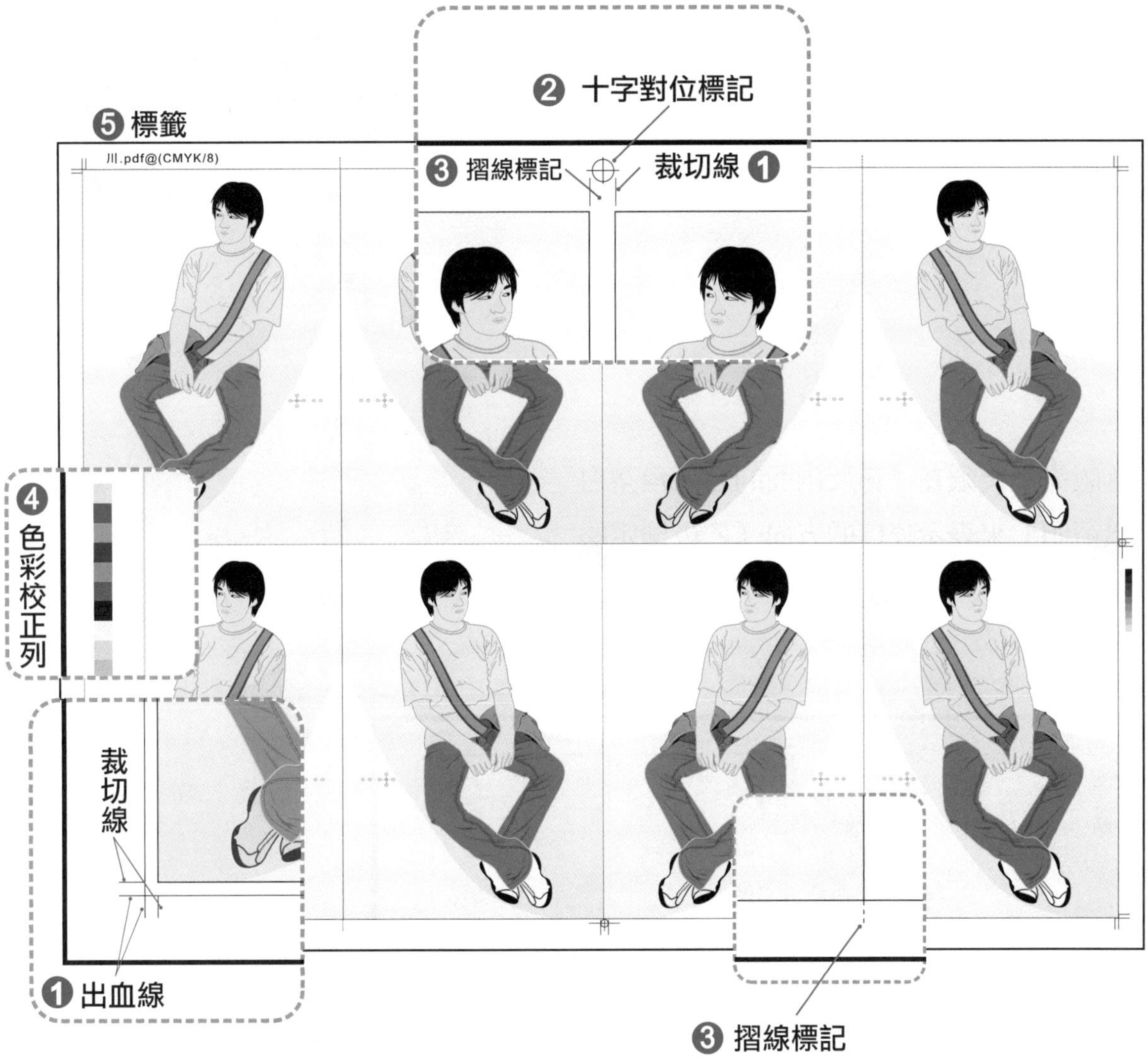

❶ 裁切標記

（包含出血線與裁切線）

❷ 十字對位標記

❸ 摺線標記

❹ 色彩校正列

❺ 標籤 川.pdf@(CMYK/8)

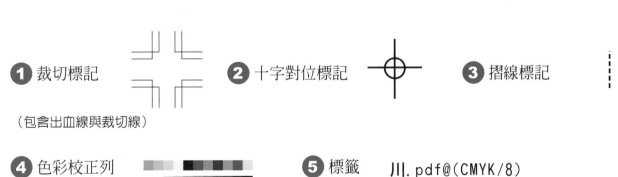

咬口

咬口是指印刷機器在傳送紙張時，紙張被印刷機送紙裝置夾住的位置，是印刷機油墨印不到的部分，各家印刷廠的印刷機型不同一般大約是 0.5cm~2cm 左右不等，所以實際印刷面積必須扣除咬口部分。

落版完畢後須在「正反兩面的右下角空白處畫出箭頭」來表示咬口的方向（乙級檢定的題目中咬口一律朝上）。

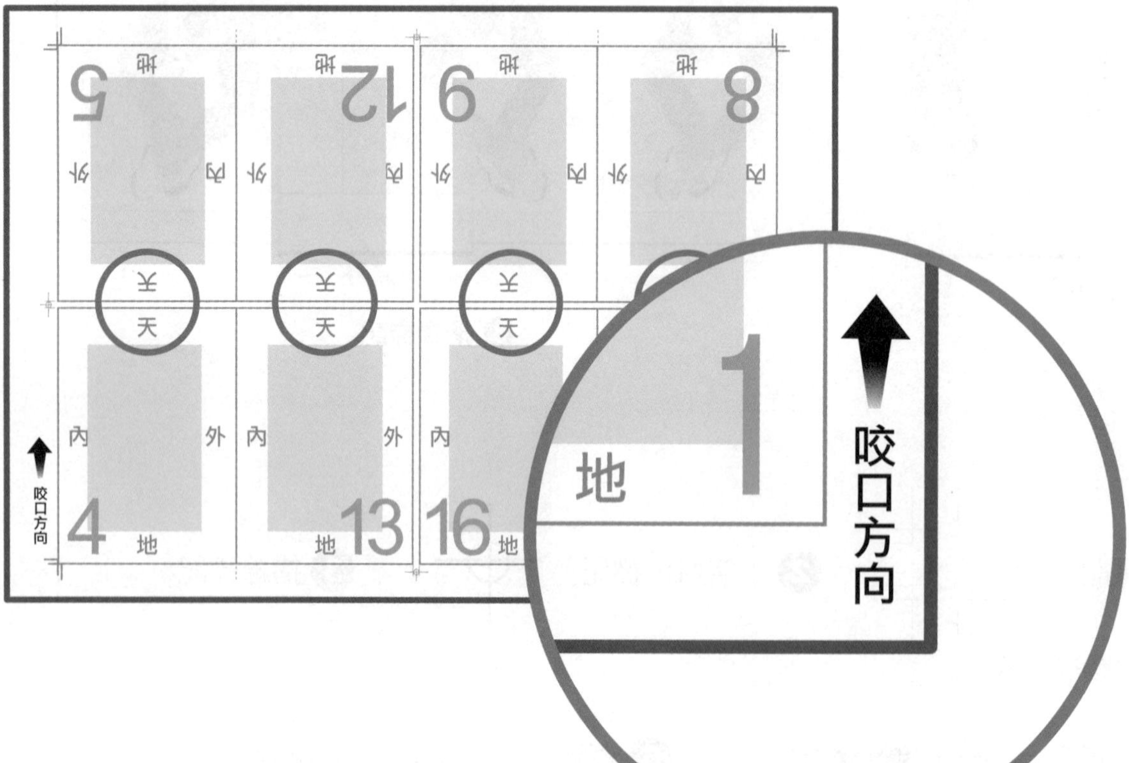

跨頁

我們若將左右兩頁的圖文內容印在同一張紙上，或是將圖與文從某一頁延伸到另一頁即稱爲跨頁， 每一跨頁是由兩張紙編排在一起所構成的，如下圖所示：

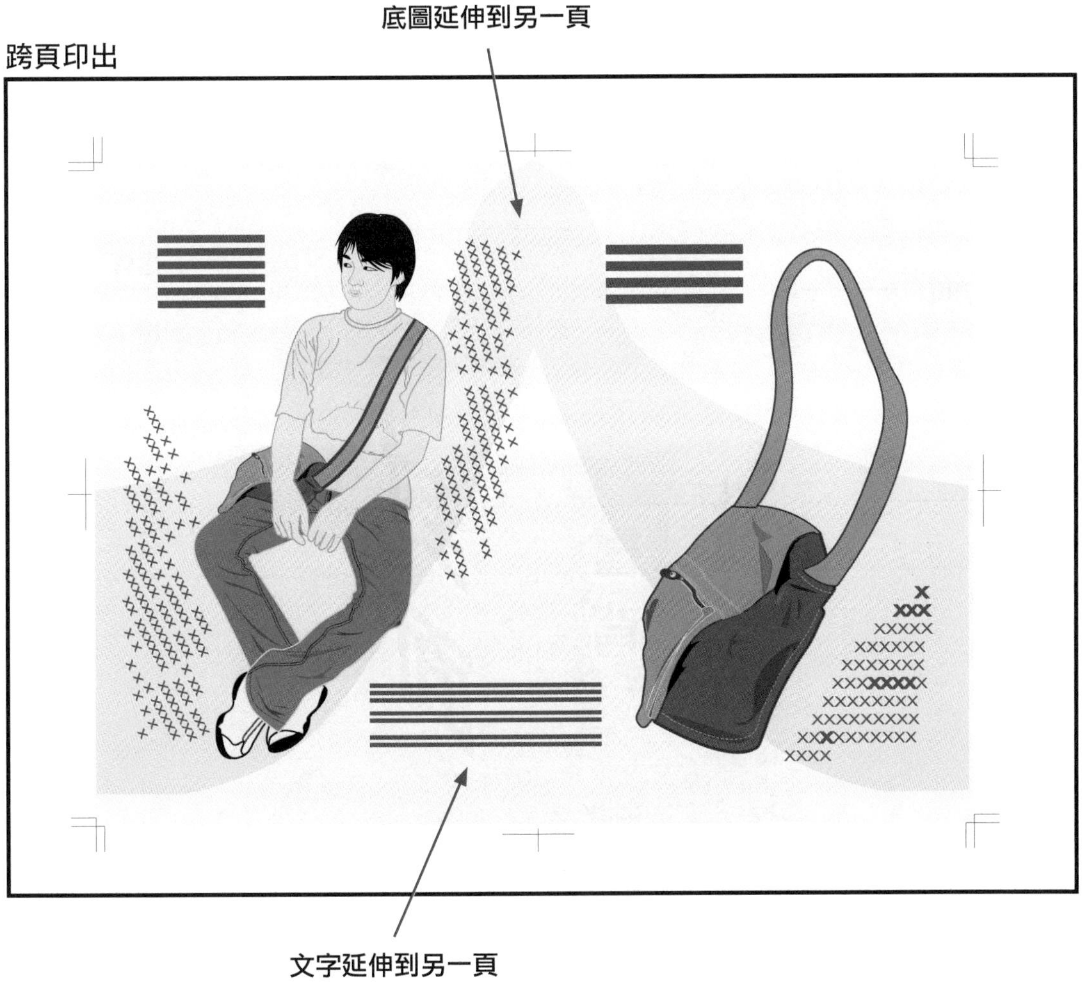

書籍各部分名稱

書本的最外層，印完後尚未裁切、加工前攤開平放的情形（本範例以西翻書為例）。書籍各部分名稱分別說明可參考以下範例圖片。

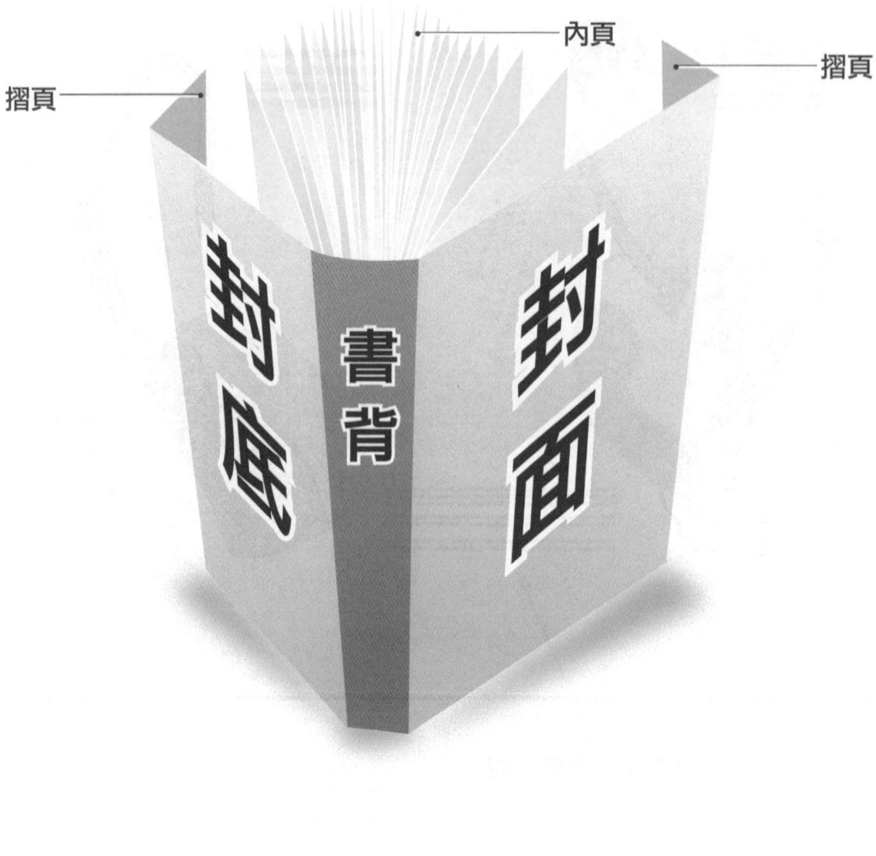

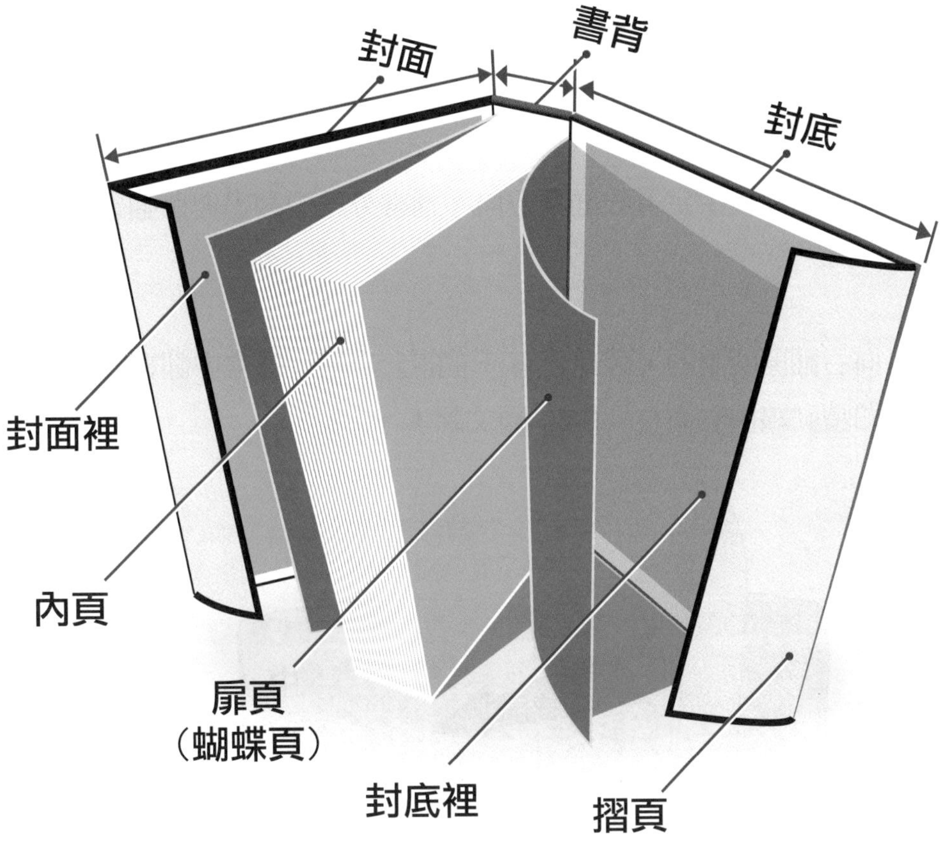

書籍各部分說明

位置	說明
封面	一本書的最外層，通常會與書背、封底相連，並使用較厚的紙張，將內頁包覆起來。此外，封面還具有將書籍旨趣傳達給讀者，或激起讀者閱讀興趣的重大使命。
書背	書背可說是支撐著整本書的根本命脈，也就是書籍裝訂的地方，在書背的位置通常會印上書名、作者名以及出版社名稱。
封底	相對於封面，具有一正一反的對應關係。在書籍的設計上，封底常常會是封面與書背的延伸，文案、ISBN 或價格等重要但又不適合放在封面的資訊，也常會被置於封底。
封面裡	封面背後的那一面，一般是空白，但也可視需要加入內容。
內頁	印有圖書內容的部分，換言之，也就是一本書的主體。
扉頁（蝴蝶頁）	扉頁也常被稱爲蝴蝶頁，一般的書籍裝訂，爲了確保書本的穩固性，除了書背會上膠之外，全書的第一頁與最後一頁，不可避免地會沾染到較多的膠水，而位於書籍最前與最後的頁面則通稱爲扉頁。扉頁的目的在於連接封面與內頁的裝訂，因此扉頁一般會選用不同的顏色或較厚的紙質，書籍前後的扉頁數目通常也會一致，而端賴內容需要，扉頁可以是空白，也可以印製圖文。
封底裡	封底背後的那一面，一般是空白，但也可視需要加入內容。
摺頁	封面與封底有時會刻意製作的較長，再往內反摺，此一反摺的部分，則稱爲摺頁（也常被稱爲摺口），可防止封面捲曲。

書籍翻頁方向

書本設計與印刷裝訂前要先決定書的翻頁方向，通常分爲中翻書與西翻書。

中翻書

中翻書的書頁是向右翻開閱讀的，因此也有「右開」之稱。通常中翻書的內文排版爲直排，行文由上而下，閱讀動線由右而左，EX：國文課本。

西翻書

西翻書的書頁是向左翻開閱讀的，因此也有「左開」之稱。西翻書的內文排版通常爲橫排，行文由左而右，該頁閱讀動線由上而下，EX：英文課本。

摺紙

考生先以手工摺紙來模擬實際書本的樣式，配合抽籤抽到的台紙序與裝訂方式，再從 64 個頁面中，擷取所需的頁面。例如：抽到騎馬釘第一台、正面，則需從中擷取 1、4、5、8、57、60、61、64 頁面。

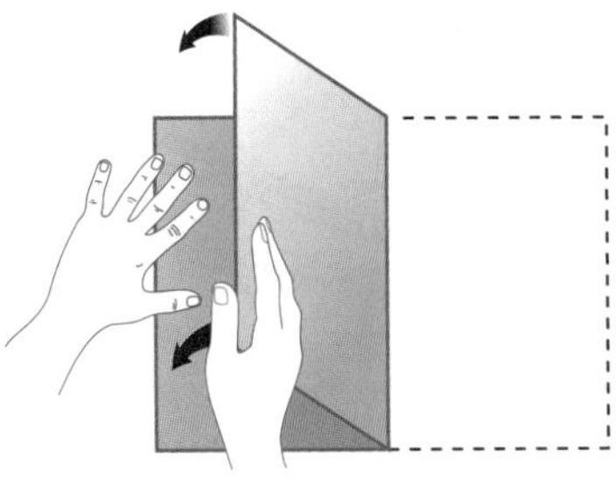

❶ 對摺

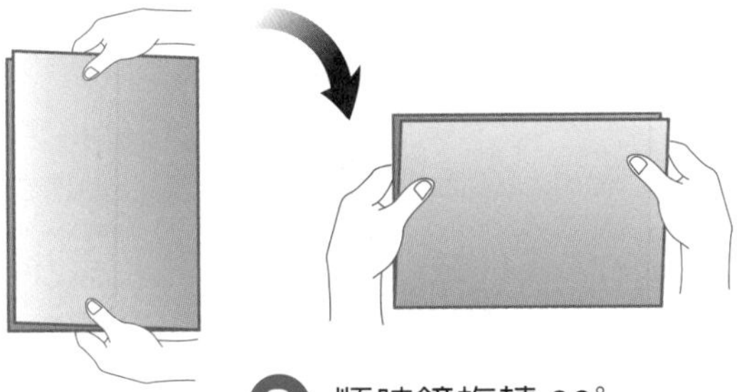

❷ 順時鐘旋轉 90°

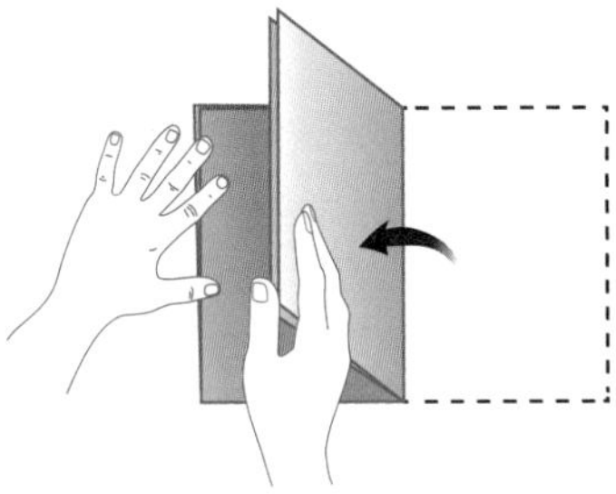

❸ 對摺

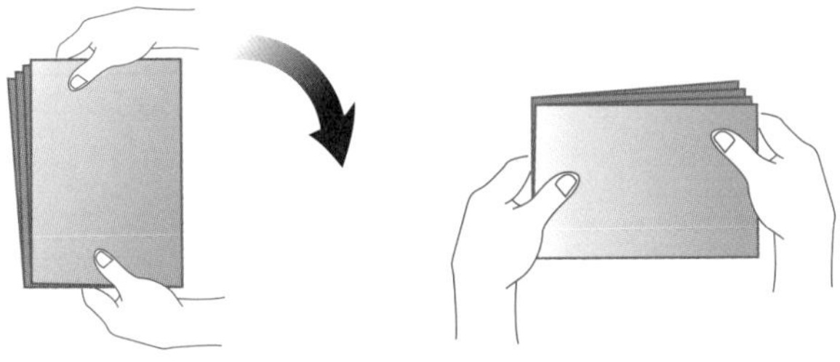

❹ 順時鐘旋轉 90°

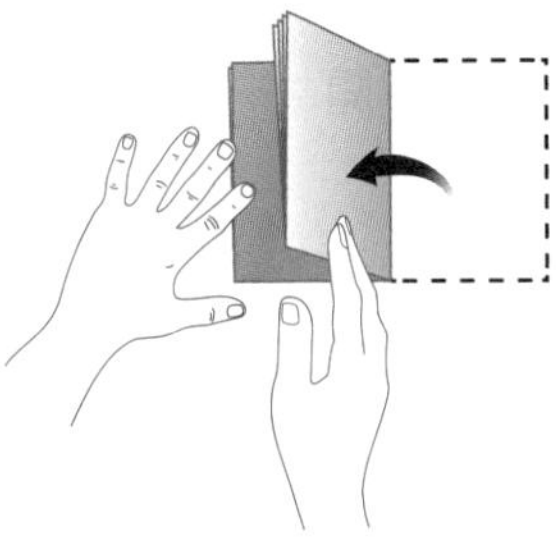

❺ 對摺

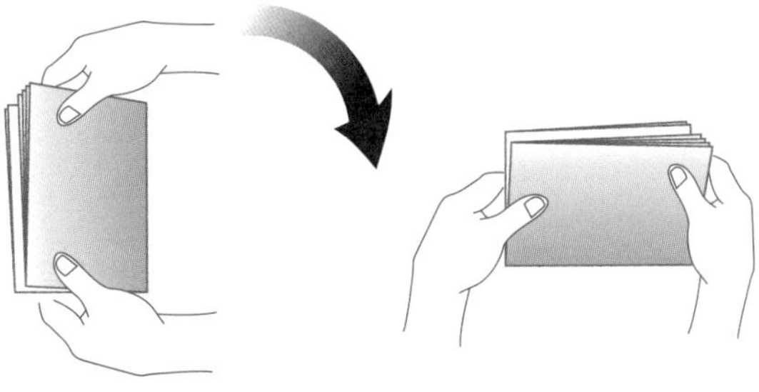

❻ 順時鐘旋轉 90°

❼ 再順時鐘旋轉 90°

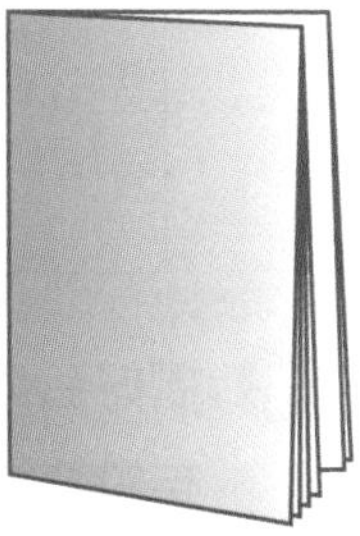

❽ 完成

摺完紙後可以使用口訣「開開合合，上合下開」來檢查這一份台紙的摺法是否正確，請務必在確認摺紙正確後再標上頁碼，否則之後拼入大版也是徒勞無功白費氣力（此檢查口訣僅適用於三摺式摺法）。

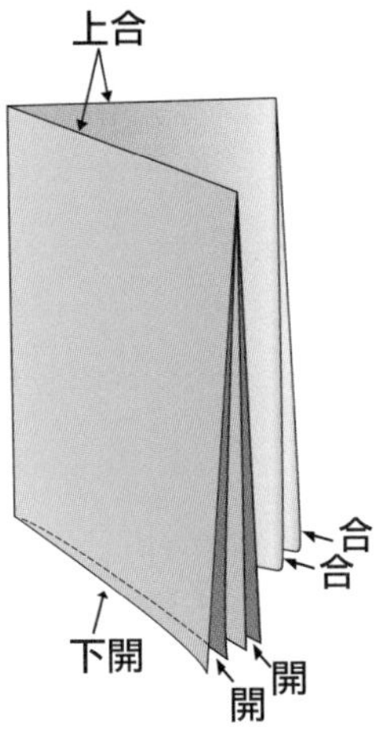

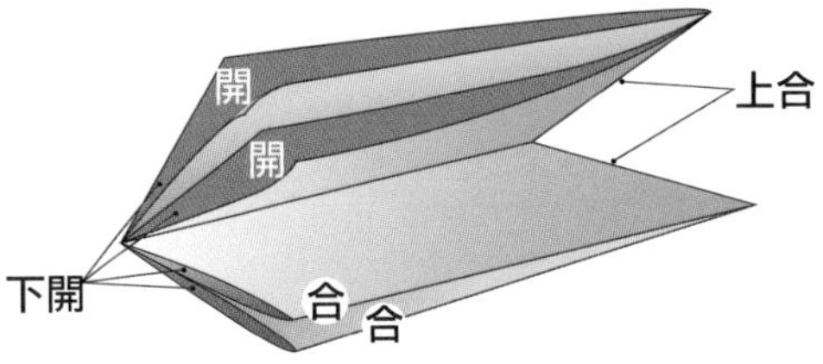

手摺台紙加工處理

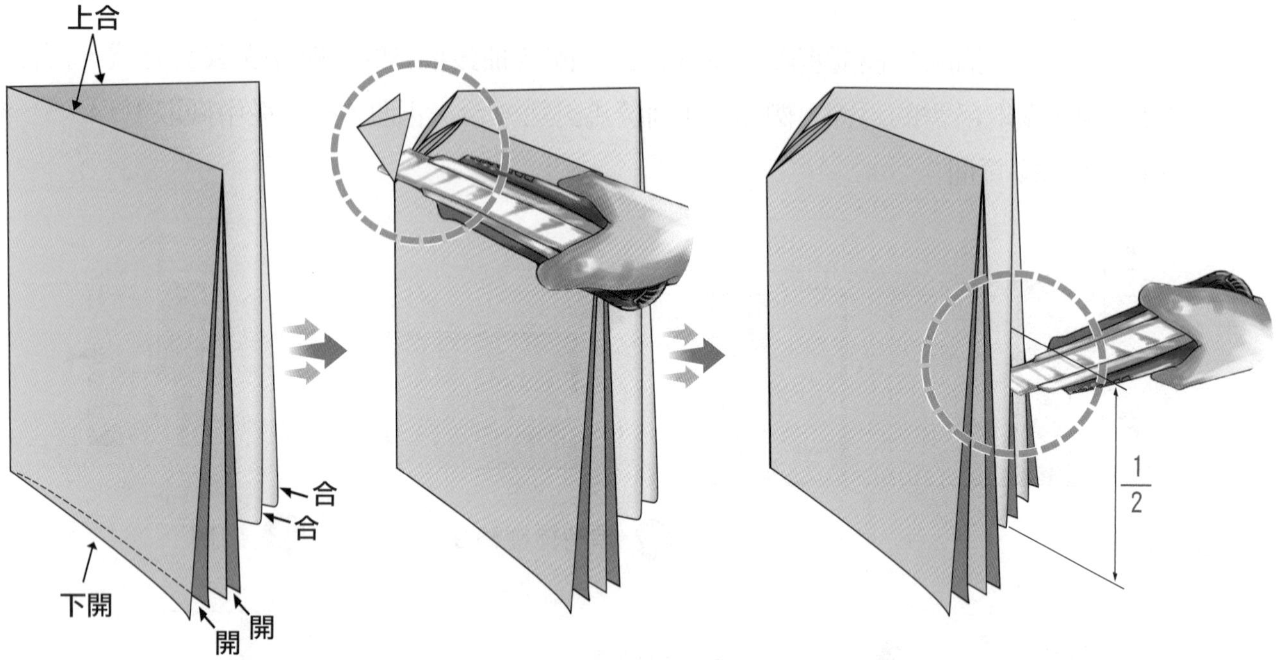

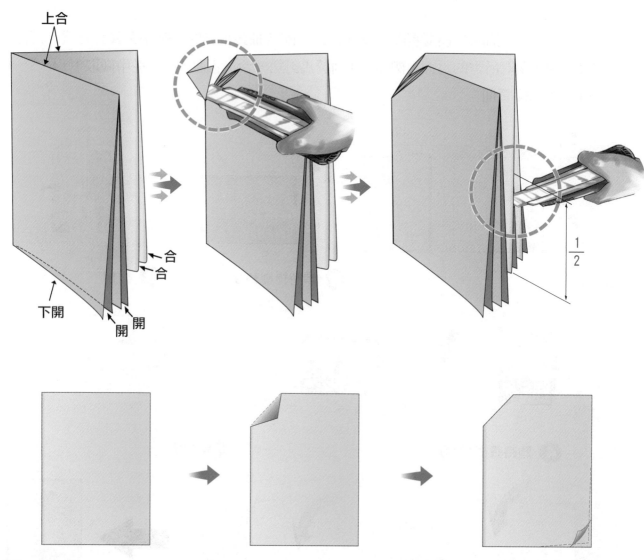

❶ 摺好台紙後先確認是否有符合「開開合合、上合下開」的口訣。

❷ 從裝訂邊上方以小刀或剪刀切下一斜角，確定裝訂邊的方向，配帖時才不會混淆。

❸ 用剪刀或小刀將「開開合合」的「合合」處切開至二分之一以利於標示頁序。最多切到二分之一，全部切開就毀了。

配帖

疊帖—穿線膠裝

按頁碼或版面的順序，將台紙以一台壓一台的排列方式裝配成冊，此種配帖方式稱為疊帖，穿線膠裝裝訂時就是用疊帖方式。

疊帖就像漢堡，套帖就像刈包。同學，你餓了嗎？

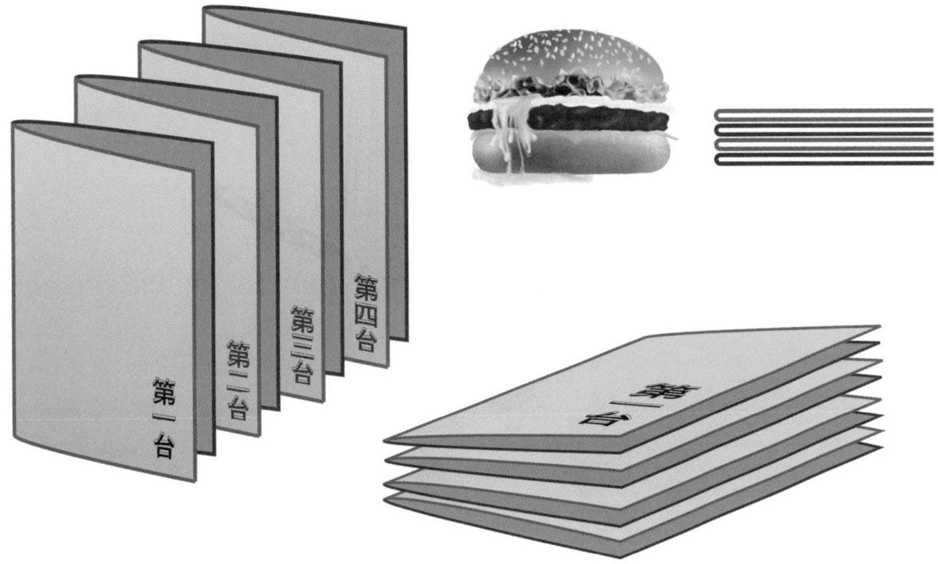

套帖—騎馬釘裝

按頁碼或版面的順序將台紙以一台套一台的方式裝配成冊，此種配帖方式稱為套帖。騎馬釘裝訂時就是用套帖方式。

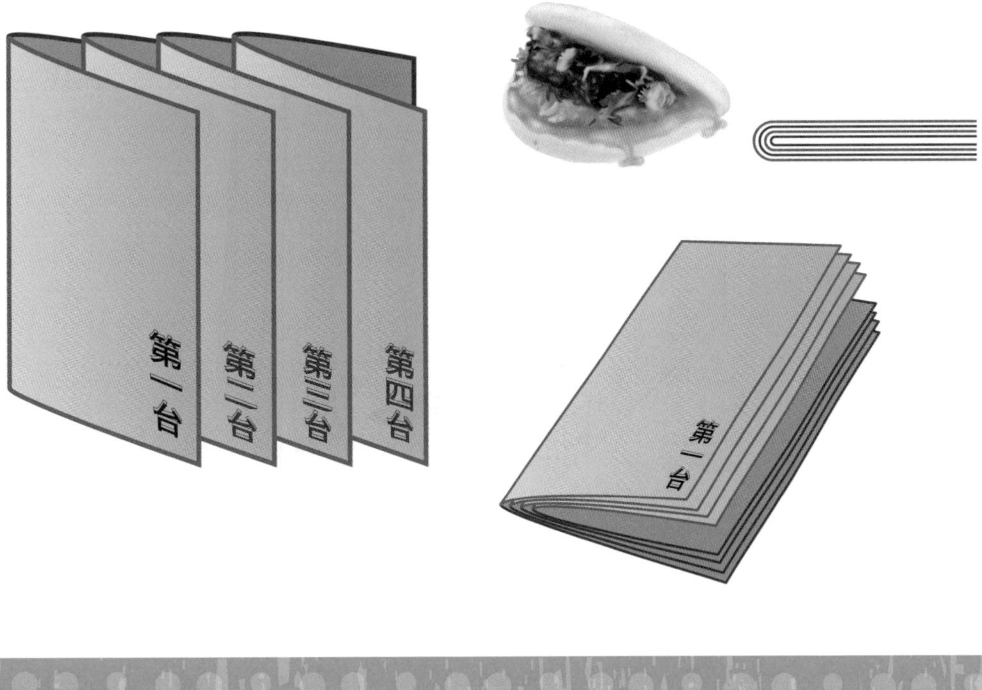

裝訂

穿線膠裝標台序

抽到裝訂方式爲穿線膠裝時，將台紙以疊帖方式排列，以最上層爲第一台最下層爲第四台的原則依序標上台序。

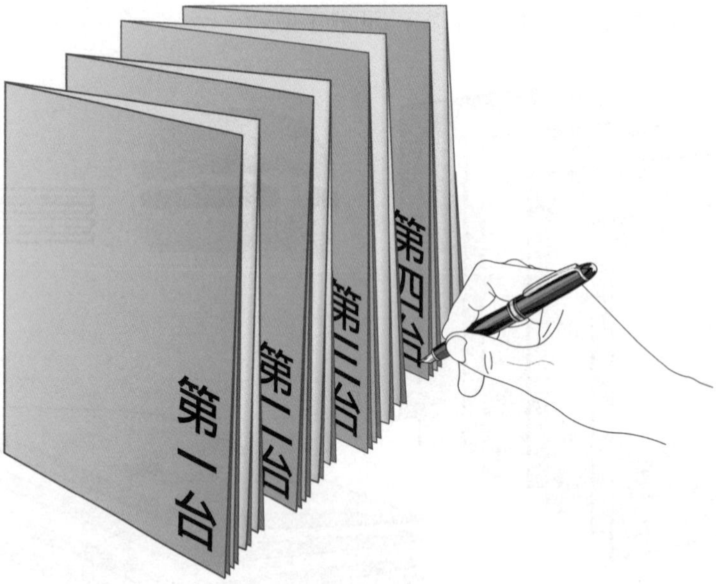

騎馬釘裝標台序

抽到裝訂方式爲騎馬釘時，將台紙以套帖方式排列，以最外層爲第一台最內層爲第四台的原則依序標上台序。

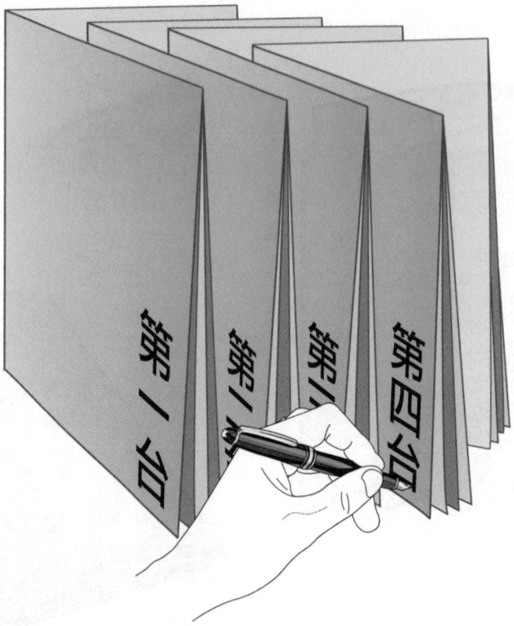

穿線膠裝

以疊帖方式將每台台紙並列重疊置於穿線機上，穿線機再將台紙按順序穿縫成冊，再用樹脂或硬膠塗於書背外包封面，適用於頁數較多的裝訂。

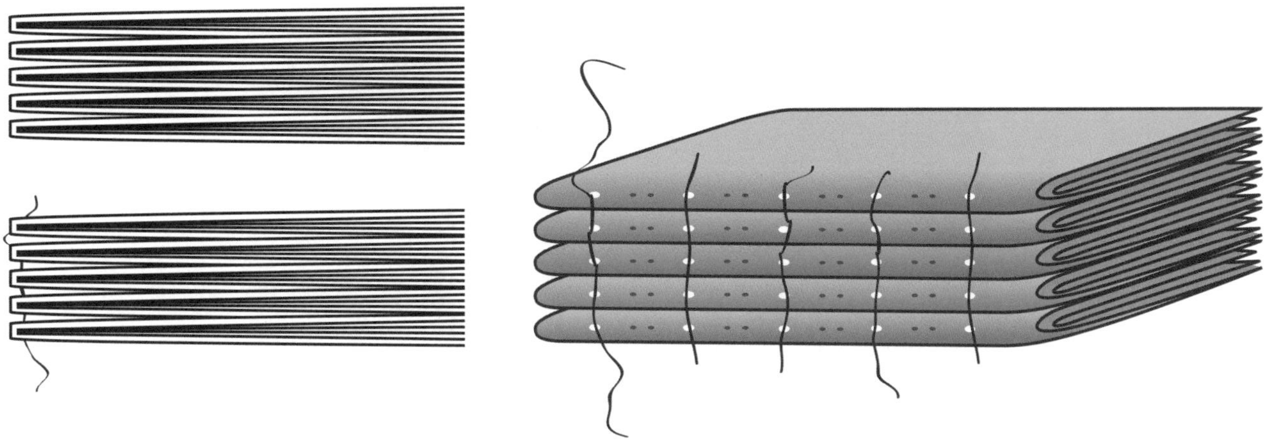

騎馬釘裝

以套帖方式裝訂，適合頁數較少之成品，頁數太多時會造成中間頁數內縮太多而無法裝釘，總頁數須是 4 的倍數。是裝訂速度快且成本低廉的裝訂方式。

穿線膠裝標頁碼

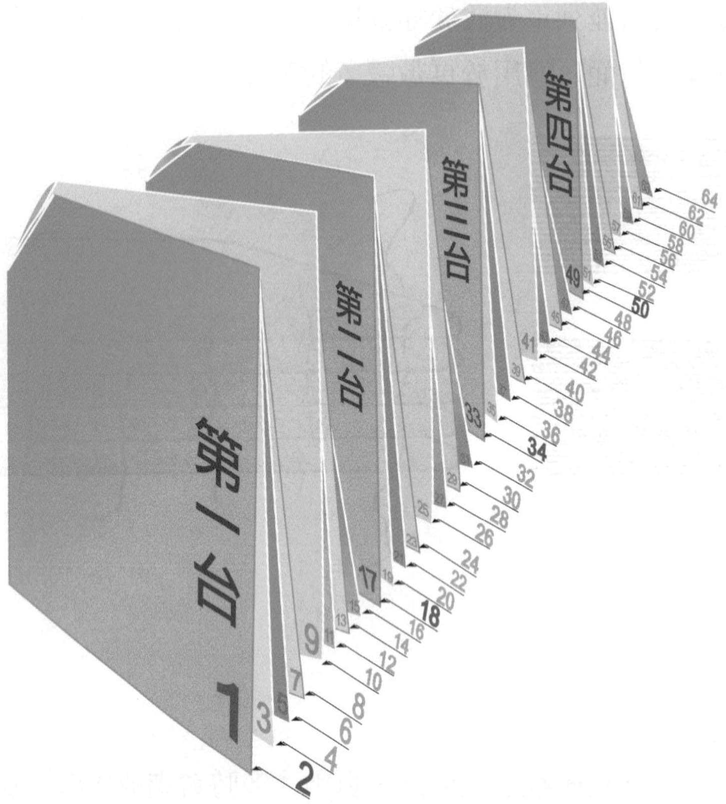

完成台序的標示後再依頁序將頁碼逐一標上。

騎馬釘裝標頁碼

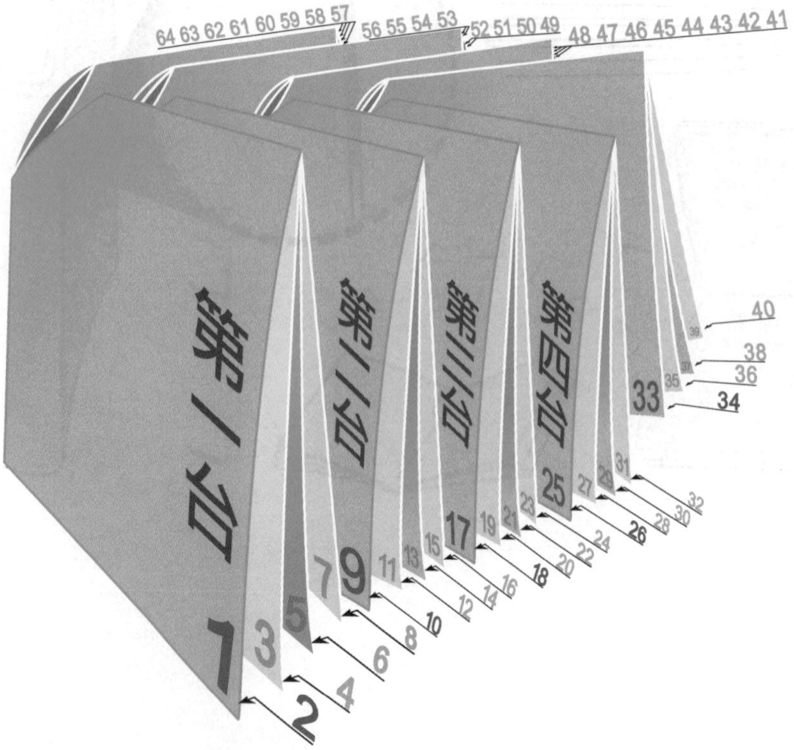

完成台序的標示後再依頁序將頁碼逐一標上。

落版

設計完稿送到印刷廠待印前，印刷廠通常會以完稿頁面的尺寸大小與單一成品的頁面數量來決定怎樣印才不浪費紙張（印刷廠也是很注意成本控管的喔！）所以「將稿件以最符合經濟效益的方式，排列放置在一張未經裁切的全開紙張上」，這個動作我們稱爲「落版」。落版的方式有 2種：天對天落版、地對地落版。

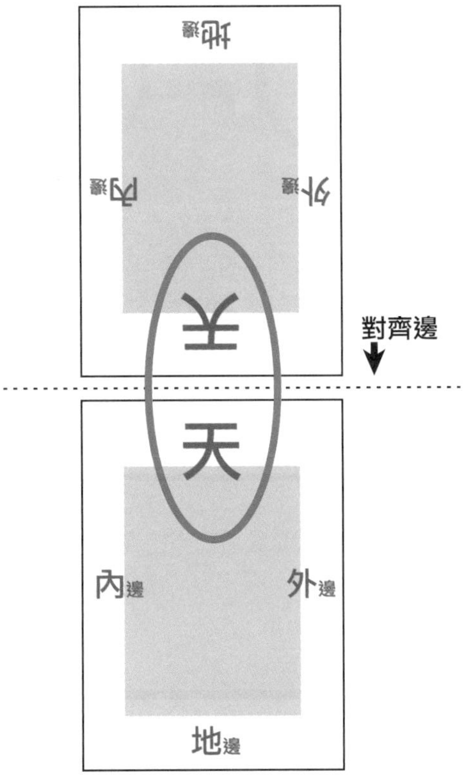

天對天的落版方式

（2個小版的排放方式以各自的天邊彼此相鄰）

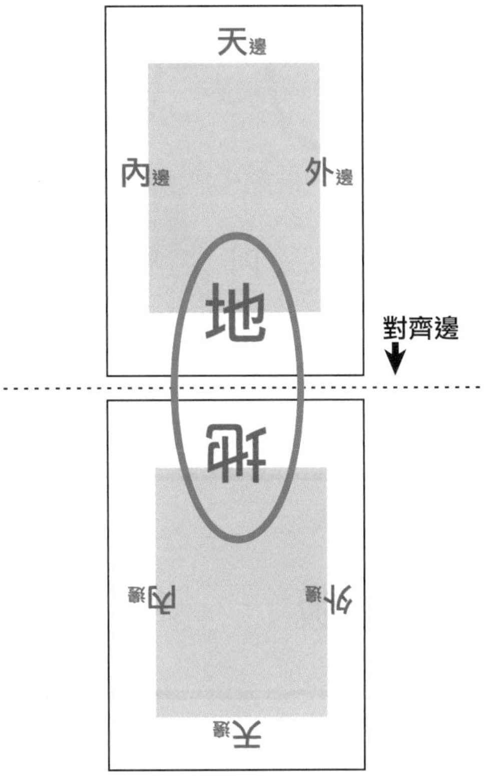

地對地的落版方式

（2個小版的排放方式以各自的地邊彼此相鄰）

EX:

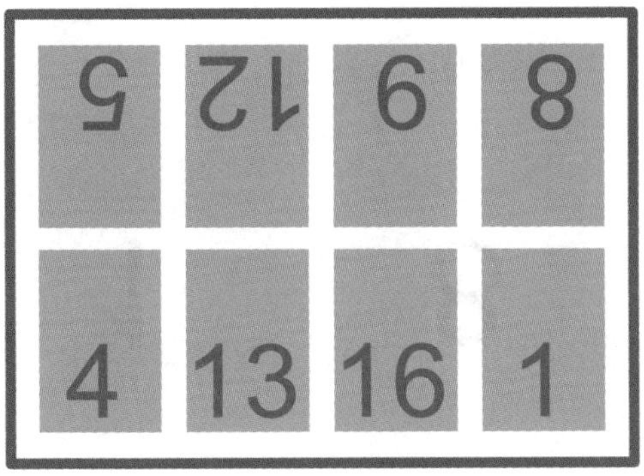

天對天落版

EX:

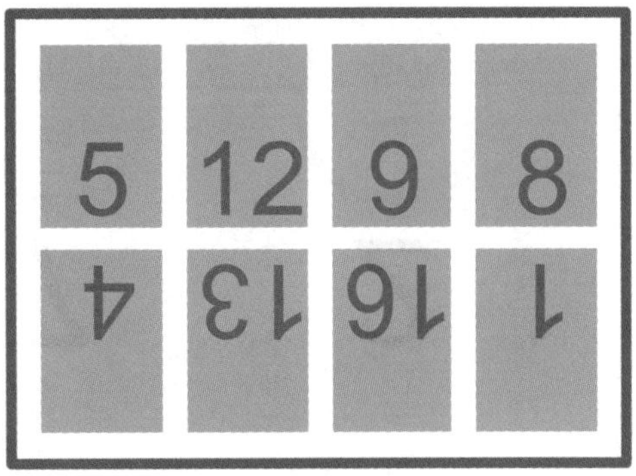

地對地落版

本範例頁序採穿線膠裝第一台正面。

天對天落版

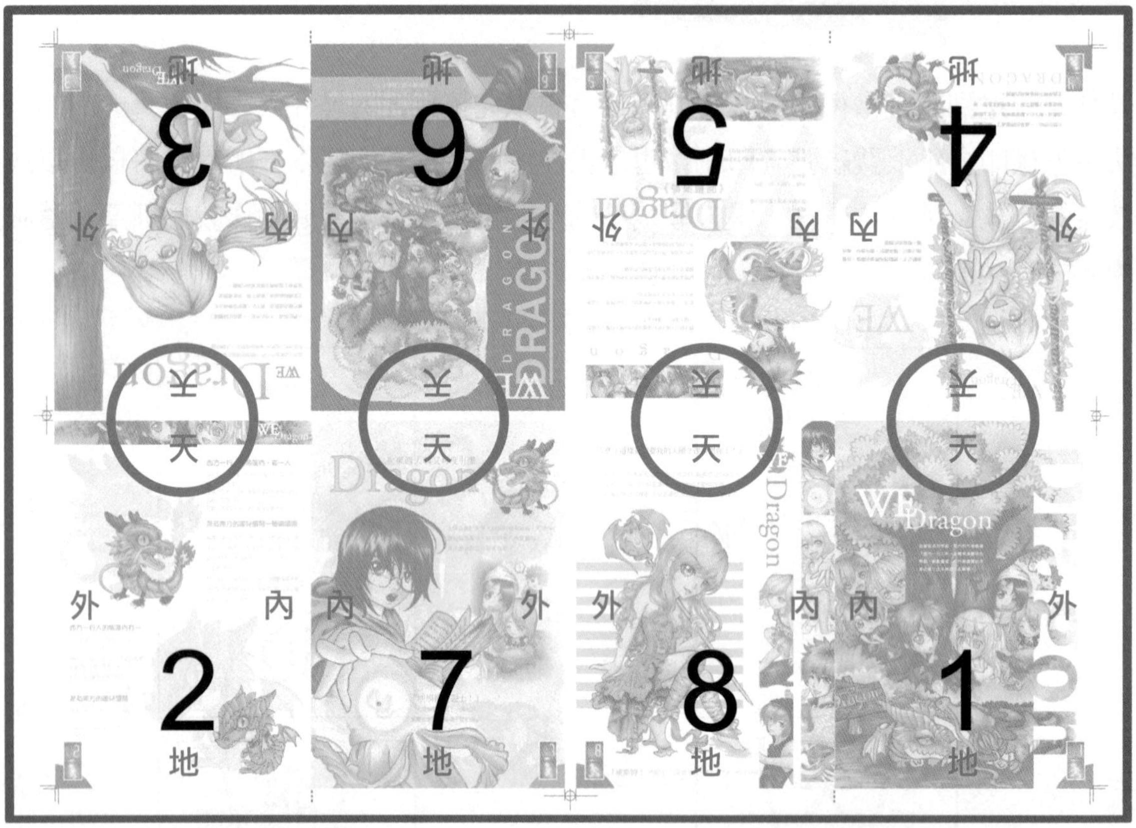

地對地落版

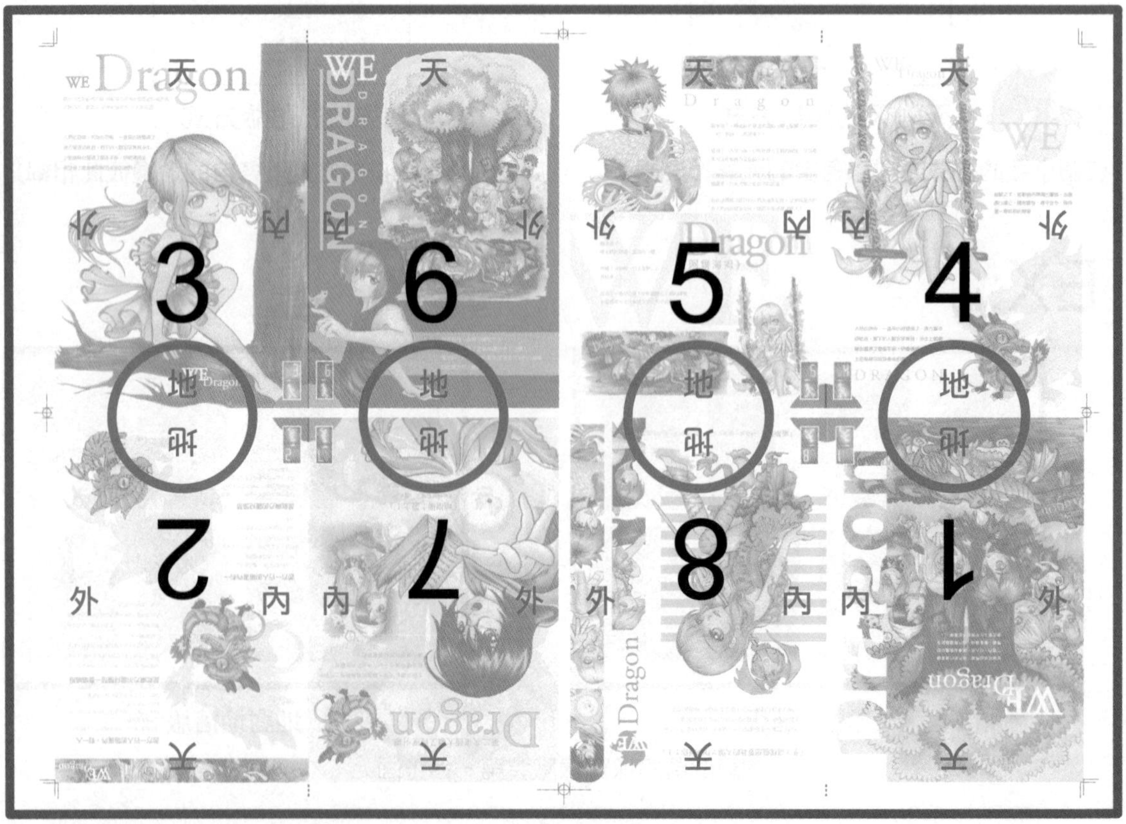

輪轉版

輪轉版指的是「印刷品的正面與背面，都以同一個印版來印刷的拼版方式」。因輪轉的方向不同一般可分爲天地輪與左右輪，其介紹如下：

天地輪轉版：

當印完一面之後要翻面再印時，紙張靠印刷機邊規的一邊不變，換咬口邊。

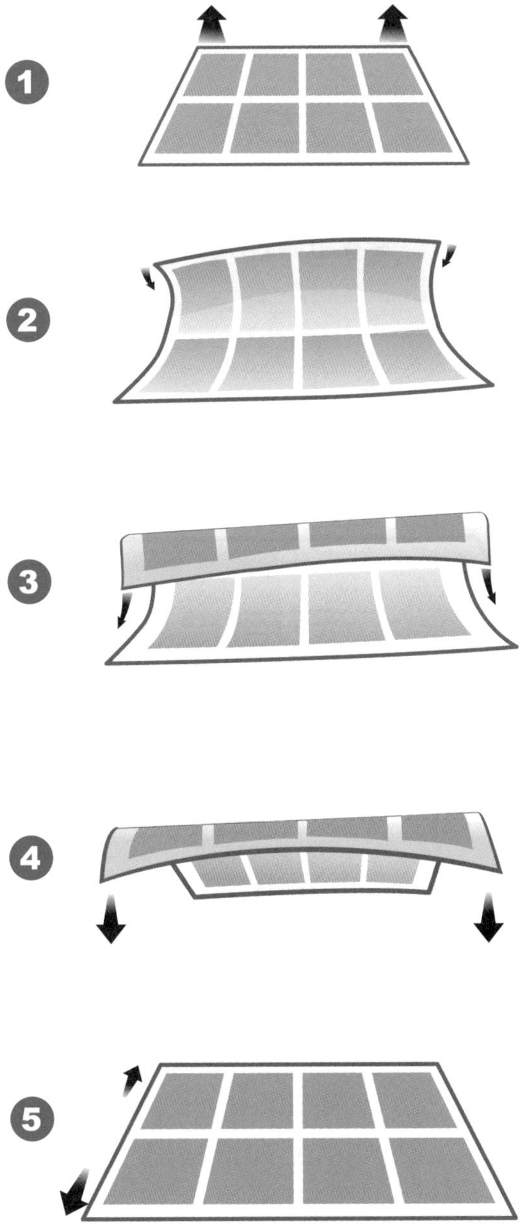

此為天地輪轉

左右輪轉版：

當印完一面之後要翻面再印時，紙張咬口邊不變。

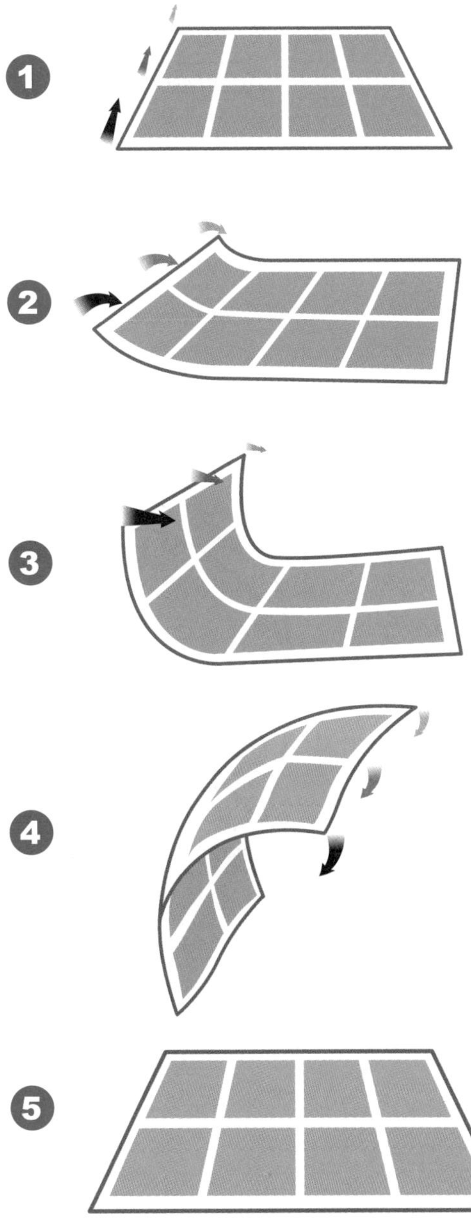

此為左右輪轉

輪轉版說明

一般來說，當印刷品在落完版之後所剩下的頁面不足一台（16 頁）時，爲減少成本的浪費，就會使用輪轉版的方式來印製，把多餘的頁面補成一全台（16 頁）。

例如：成品有 24 頁，印刷時就會把 1~16 頁拼在一張台紙上印刷，剩下來的 17~24 頁這 8 個頁面則把它們以正面 8 頁、背面 8 頁的方式（內容、位置、方向都相同），恰如其分地拼滿一全台（一全台 =16 張小版），這樣的拼法可以減少開版的費用與減少紙張的浪費，此即爲輪轉版的拼版方式。

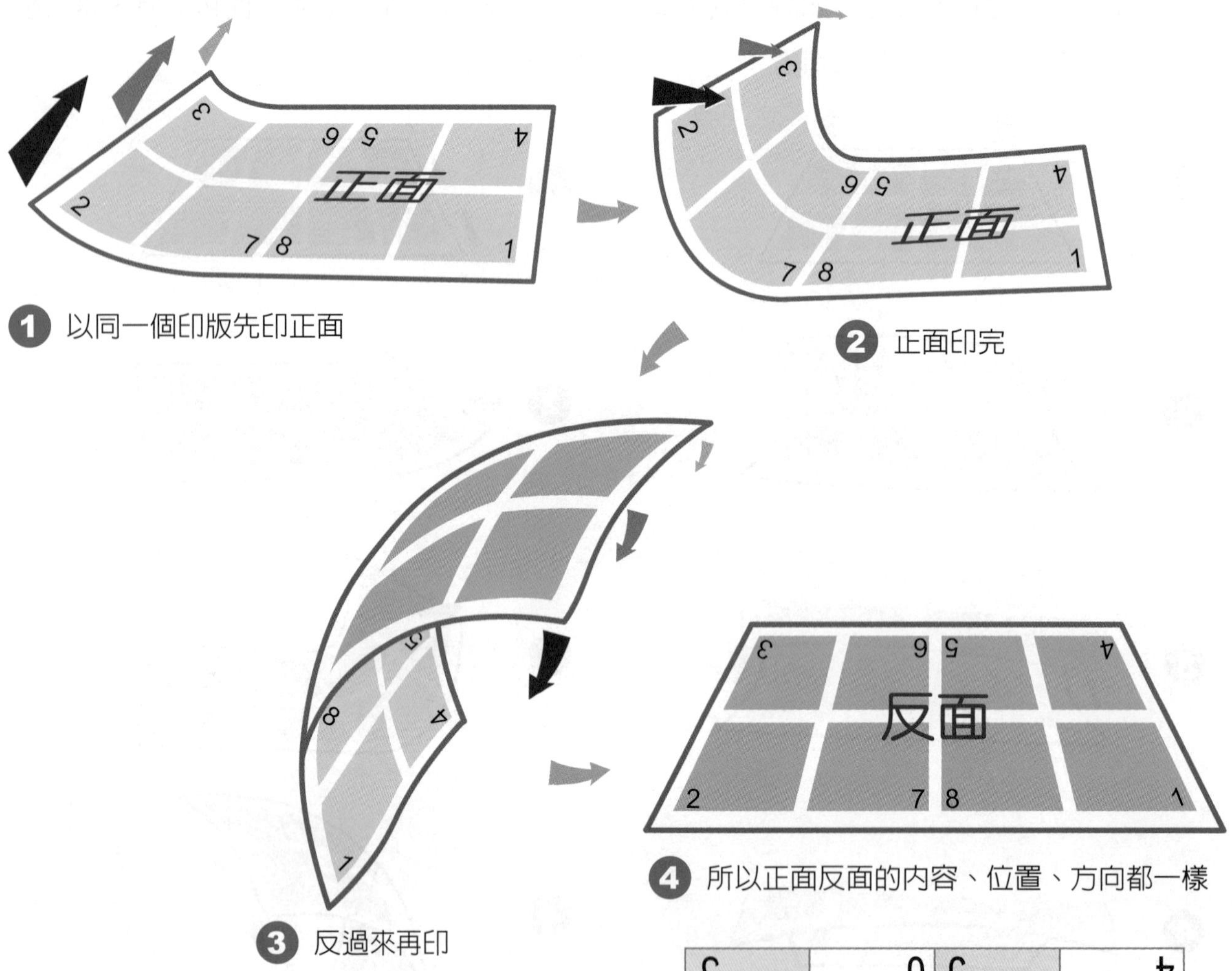

正面
正面
反面
1 以同一個印版先印正面
2 正面印完
3 反過來再印
4 所以正面反面的內容、位置、方向都一樣

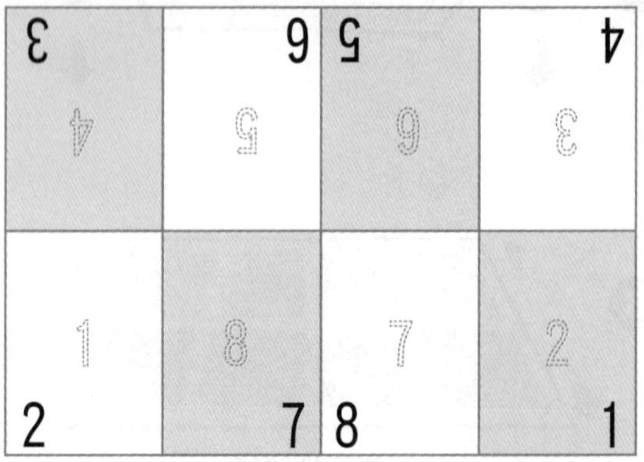

黑色實線為正面　　藍色虛線為反面

乙級第三題的解法便是以拼成 2 個輪轉版的方式來解題，第一版爲封面台，正面印上兩組封面、封底、封面裡、封底裡（反面也印一樣），印後裁開得到四組（因爲正面反面都印有兩組），第二版爲內頁台，正面印上一組 P1~P8（反面也印一樣）印後再裁開得到兩組。

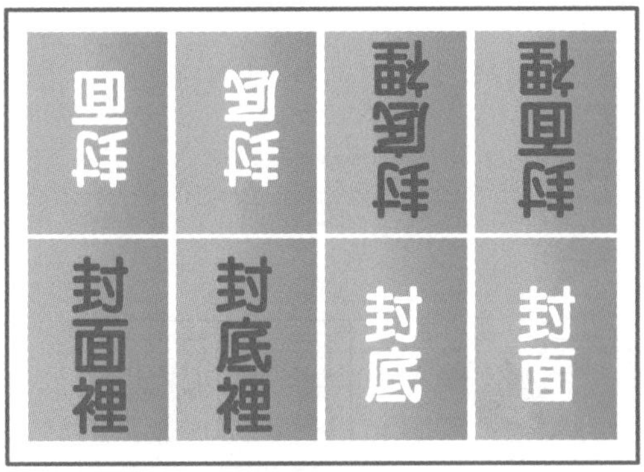

封面台

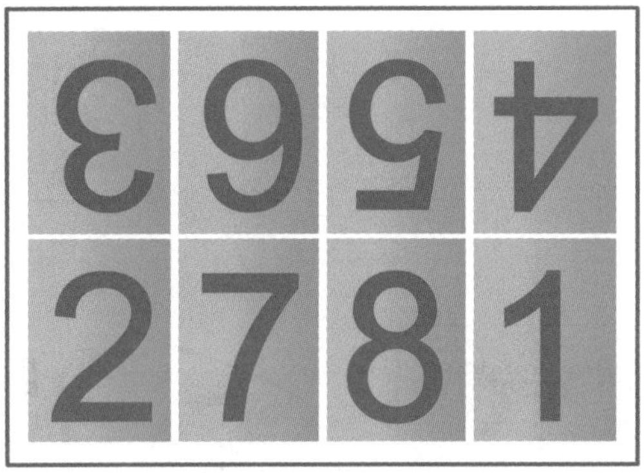

內頁台

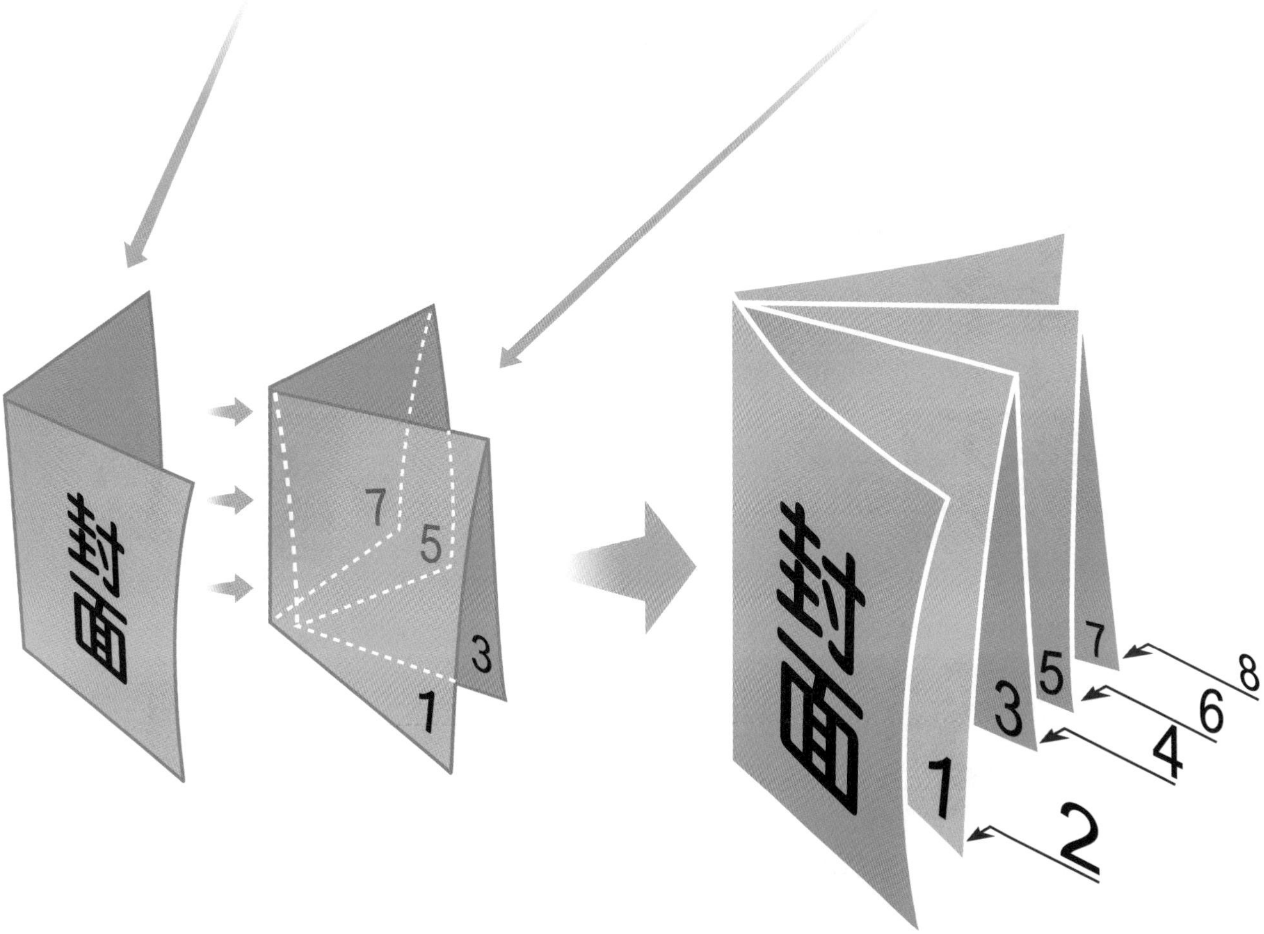

以輪轉版製版後，「內頁台」裁切加工情形

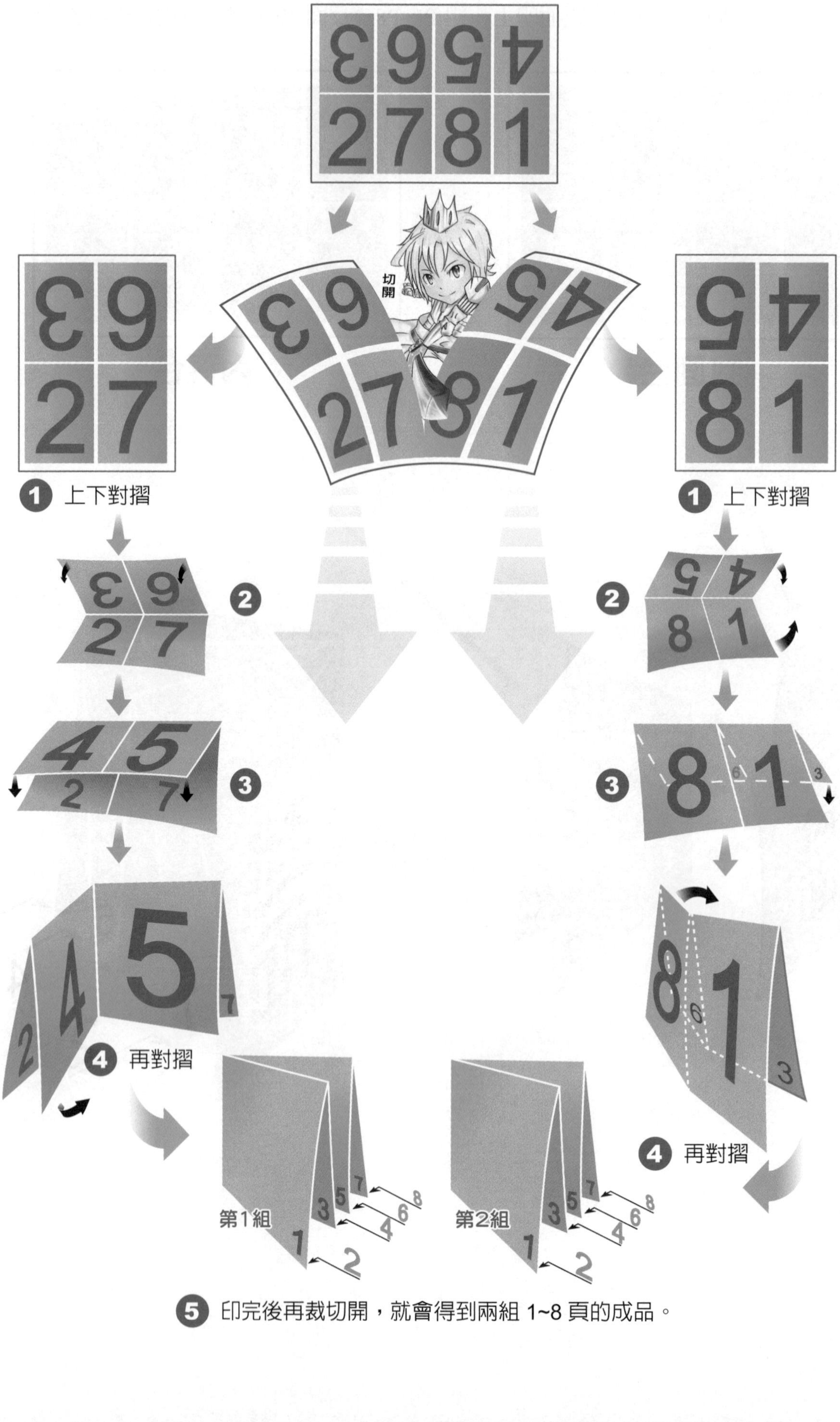

5 印完後再裁切開，就會得到兩組 1~8 頁的成品。

以輪轉版製版後，「封面台」裁切加工情形

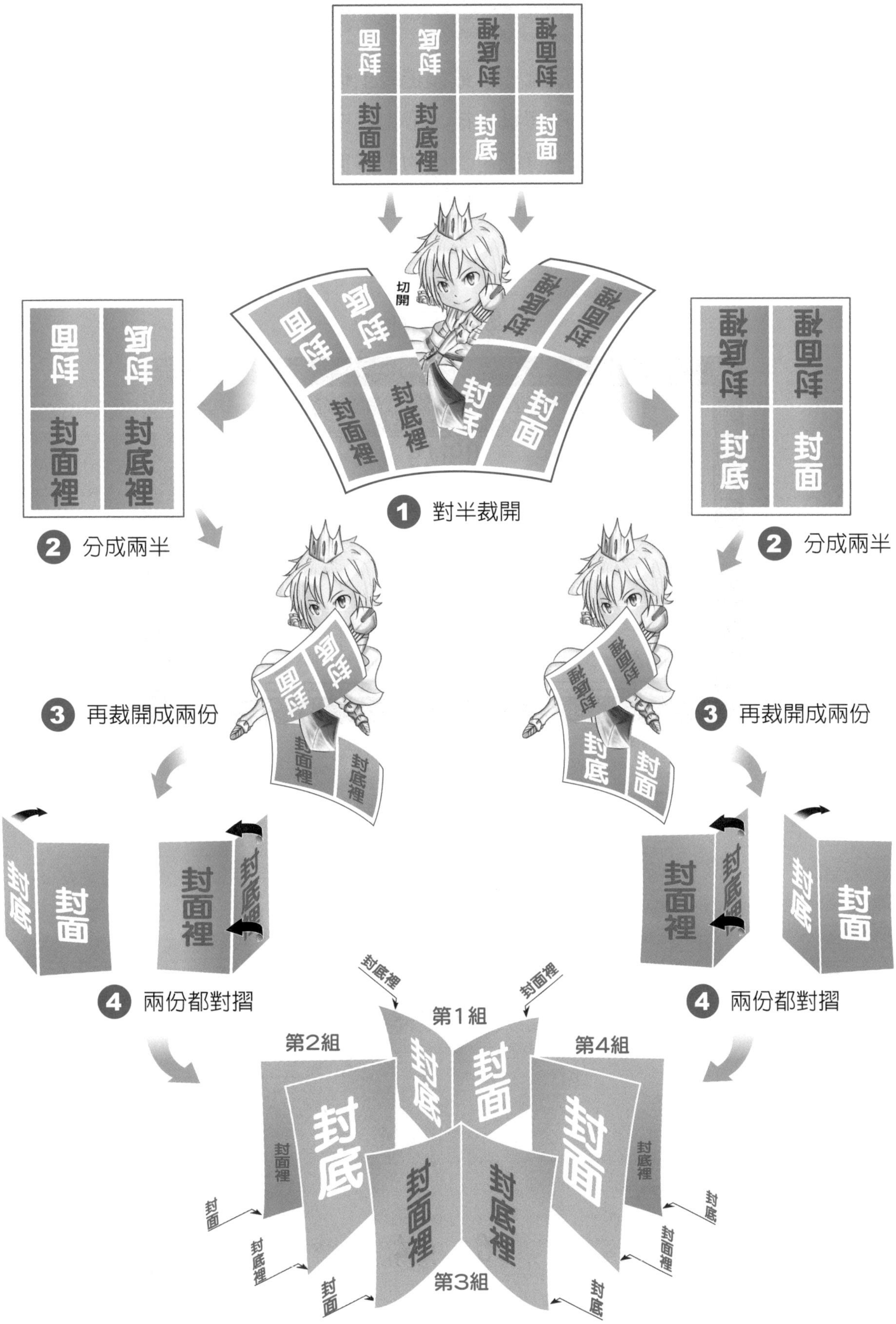

❺ 印完後再裁切開，就會得到四組四頁的成品（封面、封底、封面裡、封底裡）。

從摺紙轉到數位印版

一開始以摺紙的方式模擬書本的做法，最後總要上機製作數位印版，其做法如下：將摺好的台紙依裝訂方式配帖且寫上台序與頁碼後，取出其中一台並將它攤開來（本範例以騎馬釘裝訂第一台正面爲例）依照台紙上頁碼、頁面的位置與方向在電腦上開設數位印版。選擇所需的頁面電子檔案依序拼入數位印版內，注意，電腦上的數位印版須與手中這張台紙的頁序、頁面的位置與方向完全一樣。

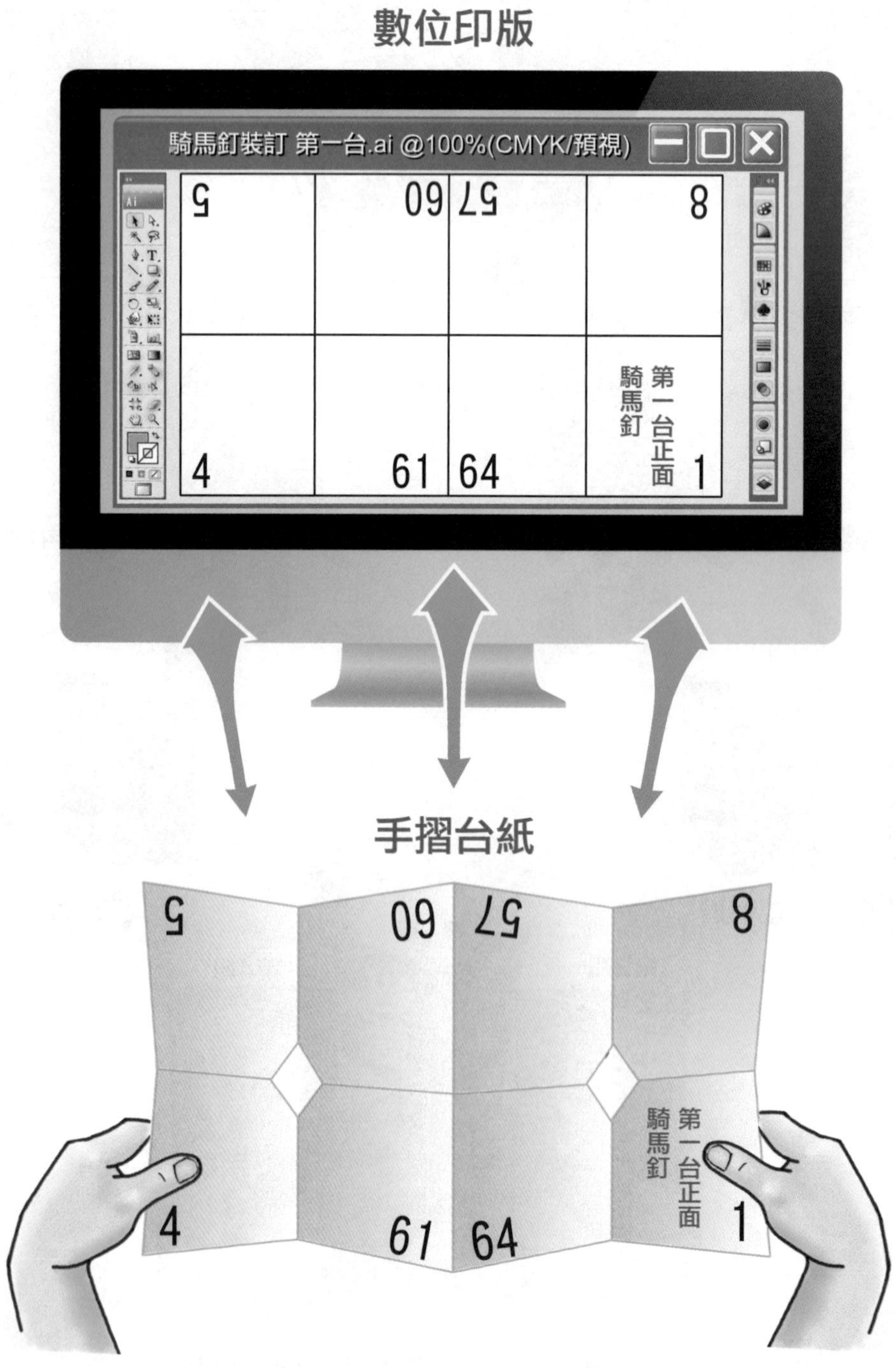

第一題

試題編號：19100-106201

試前重點說明

參考成品

說明樣式

解題方法

試前重點說明

一、試題編號：19100-106201

二、試題名稱：製作菊 16 開書刊膠裝彩色封面封底 + 折頁

三、測試時間：120 分鐘

四、測試項目：

（一）見膠裝書含『背』與後加工折頁之封面底版製作應具備概念。

（二）版面設定與出血尺寸、摺線的製作規劃以及原稿判讀。

（三）四色模式數位圖片解析度辨識、裁切去背景融入轉角打淡的應用。

（四）字體樣式設定、擴邊特效曲折走文表格製作編排。

（五）基本顏色與漸層色設定、底正確起迄邊框製作線條。

（六）陰影設定與直壓、不透明度應用。

（七）改版的處理。

（八）儲存檔案、另附存 PDFPDF 電子檔及案列印操作，包含出血標記、裁切摺線電子檔及案列印操作，包含出血標記、裁切摺線與十字線印出。

（九）列印後應具備自我品管檢查之責任。

五、試題內容：

（一）試題內容：模擬一份「菊 16 開」西翻書刊膠裝含「折頁」的「封面封底一兩頁 + 書背」，請依照「說明樣式」完稿且符合印刷條件需求。

（二）版面規格：菊 16 開，本完成品列印樣張必須跨頁輸出一張，不得分成兩頁輸出。

（三）完成尺寸：左右 15cm x 天地 21cm 之封面封底兩頁，另需含書背 0.7cm，折頁 3cm，出血 3mm，封面、封底內容需往折頁延伸 2mm。

（四）光碟片或隨身碟中包含一份文字檔：檔名爲 TEXT.txt，中英文數字混排，自行取用置入。本電子稿中未包含的文字，請依照「說明樣式」自行輸入，共計六處。

（五）光碟片或隨身碟中包含六份圖片檔與一份描圖參考檔：檔名分別是 A1.TIF、A2.TIF、A3.TIF、A4.TIF、A5.TIF、ISBN.EPS、描圖參考檔，餘請依照說明樣式處理置入。

（六）封面大標題：1 處，特圓體，60pt，其餘標題文字請依照「說明樣式」設定處理。

（七）表格編排：寬 11.3 公分、高 3 公分，二欄五列，格線寬 0.2mm，餘依照「說明樣式」處理置入。

（八）物件位置、各顏色指定、線條等製作請參考「說明樣式」設定。

（九）輸出列印成品上需有出血標記、裁切標記、折線與十字線，線寬 0.3mm 以下可供識別。

（十）各物件位置未特別說明實際距離者，可依所附描圖檔參考調整。

（十一）術科測試時間包含版面製作、完成作品列印、檔案修改校正及儲存等程序，當監評人員宣布測試時間結束，除了位於列印工作站之應減人繼續完成列印操作外，所有仍在電腦工作站崗位的應檢人必須立即停止操作。

（十二）作業期間務必隨時存檔，成品檔案存檔命名規則：准考證號碼 + 應檢人姓名。另轉換成 PDF 格式（建議爲相容版本 PDF1.3 或 1.4 版本）電子檔檔名亦同。

（十三）測試時間結束前，將所有成品檔案與 PDF 檔各乙份儲存餘隨身碟中供檢覈外，應指定該 PDF 格式檔案經彩色印表機列印出作品樣張。

（十四）列印時，可參考現場所提供之列印注意事項，以 Acrobat Reader 或 Acrobat 軟體列印輸出，並需自行量測與檢視印樣成品尺寸規格正確性。

（十五）作業完畢請將作品原稿之所有成品、原稿、光碟片、隨身碟連同稿袋與簽名樣張一併繳交監評人員評分。

本書之附書光碟含有勞動部公告之測試參考資料，考生可使用光碟內的資料做演練。但請注意，勞動部會不定期做勘誤、小幅修訂，且不會另行公告（大幅修訂勘誤才會公告）建議考生於考前至「勞動部勞動力發展數技能檢定中心」網站，由「熱門主題＼測試參考資料」區下載最新版的素材做最後演練，樣式與素材皆以考試現場提供之資料為基準。

試題編號：19100-106201

說明樣式(考生用)

**請勿直接量測本說明樣式中各物件尺寸與位置，本樣式僅提供應檢人各項配合製作說明參考使用

1.尺寸：G16K(15cmX21cm)西翻書之封面底。2.出血：3mm。3.折頁：左右均須製作3cm，請注意封面與封底左右寬度應往折頁延伸2mm，兩側頁面上下均須繪製摺線標記於出血尺寸外。4.書背：屬多頁膠裝書，寬度請做7mm(上M100至下Y100漸層色)，數字01：Arial，18pt，加小底色M100Y100C30反白字，高度1cm，書名直排需左右居中，中文：粗黑體，16pt，顏色Y100。5.其餘物件位置：可參照描圖檔以及本說明樣式加以運用。(裁切•出血•摺線•十字線等標線寬度維持0.3mm以下，實或虛線均可，線長足供識別即可)

圖2：局部去背景，寬度2.2cm，分置於左右折頁平行位置對齊

摺標記線

條碼圖isbn：寬2.8cm，高1.6cm白底，下方粗圓體字12pt，英數字為Arial字型12pt，反白字

*請依描圖自行繪製Y100虛線條0.75mm線寬，可用文字檔，14pt，粗圓，反白字沿弧度置入

圖4：5cmX7cm四邊融入底色，可參考描圖置入

*封底漸層：底色由上C100M100至下C100

摺標記線

圖1：封面局部去背景壓於標題上位置，大標題：Y100C50，特圓體字60pt，製作1.5mm白色擴邊，右下2.5mm黑色100%陰影，不透明度80%，直壓底圖

摺標記線

圖2：局部去背景，寬度2.2cm，分置於左右折頁平行位置對齊

裁切線

請自行輸入文字，楷體24pt白色字，0.25mm邊框C100Y100，右下1mm黑色100%陰影，不透明度80%直壓底色

寬19cmX高4cm，底色M100Y100C30橫跨書背與折頁

圖3去背景，滑鼠上方請製作0.35mm線寬，根據描圖參考弧度之黑色曲線長度後，分別置入左右平行折頁中對齊

勞工安全不輕忽
活力工作最幸福
加強工安有保障，減少職災有把握，遵守工安重規範，謹慎小心保平安！
ISBN 972-986-83243-0-5
定價NT$300元
解析度名稱 | 說明
dpi(dot/inch) | 每英吋多少雷射點，輸出機解析度
lpi(line/inch) | 每英吋幾線，半色調印刷品解析度
ppi(pixel/inch) | 每英吋多少畫素，影像解析度
epi(element/inch) | 每英吋多少元素，一般指掃描單位數
勞動部勞動力發展署技能檢定中心
Skill Evaluation Center of Workforce Development Agency, Ministry of Labor
01
印前製程應用
印前製程應用
勞工安全要做到
用心執行才重要
勞動部勞動力發展署
技能檢定中心
年度技術士技能檢定
印前製程乙級
應檢人員：

請自行輸入文字，楷體24pt白色字，0.25mm邊框C100Y100，右下1mm黑色100%陰影，不透明度80%直壓底色

十字線

圖3去背景，滑鼠上方請製作0.35mm線寬，根據描圖參考弧度之黑色曲線長度後，分別置入左右平行折頁中對齊

摺標記線

表格：寬11.3cm，高3cm，請依照圖示以及文字檔引用分欄列(線寬 0.2mm)與位置居中擺放，標題粗圓，內文細黑，英文Arial，均為12pt

請自行輸入反白字，中文中黑體14pt，垂直縮放80%;英文 Arial字型，10pt，英文水平垂直縮放70%，須注意文字間距與頭尾齊行

圖5：汽車寬8.3cm，去背景，請參考描圖位置

摺標記線

寬9.2cmX高4cm框底內打淡不透明度80%，右下製作5mm的黑色100%陰影(不透明度 80%)直壓底圖，框線M100Y100，寬度0.5mm向內，另自行輸入上述文字與應檢人姓名，楷體，18pt

摺標記線

**本作品須列印出裁切標記、出血標記、摺線與十字線，提供評分之作品請於本右下角簽名後繳回。

對稱折頁底色請製作由上M100至下Y100漸層

解題方法

圖文檔案之檢查與確認

檢定開始後，應試者除了會拿到一張附上說明樣式的試題外，還有一個包含圖片和文字檔的光碟片或隨身碟。

圖片檔名分別為：A1.tiff、A2.tiff、A3.tiff、A4.tiff、A5.tiff、描圖檔以及 IBSN.eps。文字檔案檔名則為 TEXT.txt 與 TEXT.doc。

文字檔為中英文數字混排，可自行取用置入，但若文字檔內無說明樣式中所需文字，也可自行打字輸入。

本題使用圖檔之相關資訊：
A1 — 19.23cmx28.57cm / CMYK / 238dpi
A2 — 5cmx7.5cm / CMYK / 203dpi
A3 — 9.33cmx7cm / CMYK / 300dpi
A4 — 6.02cmx9.25cm / CMYK / 220dpi
A5 — 8.93cmx4.05cm / CMYK / 203dpi
描圖檔 — 36.69cmx20.99cm / 灰色 / 72dpi

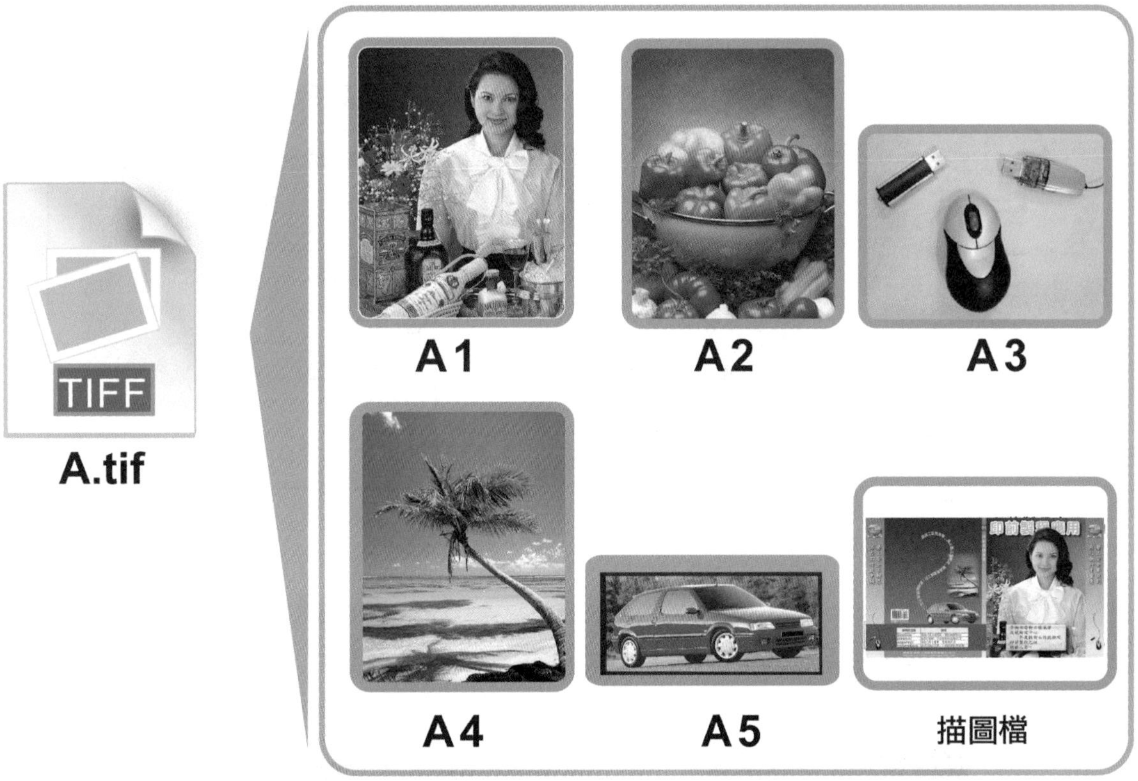

A1.tiff 人物去背

1 在【Photoshop】執行【檔案\開啟舊檔】選擇 A1.tiff，開啟 A1.tiff 檔。

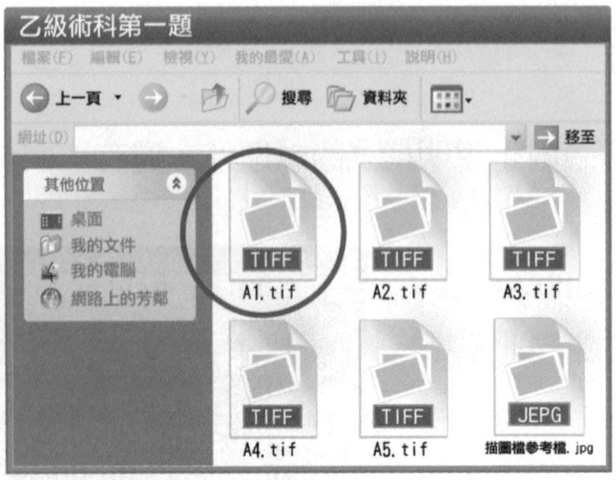

2 以【矩形選取工具】選取人物的頭頂上部，並執行【圖層\新增\拷貝的圖層】（快速鍵 Ctrl+J），拷貝一個選取範圍的圖層，即出現圖層 1。

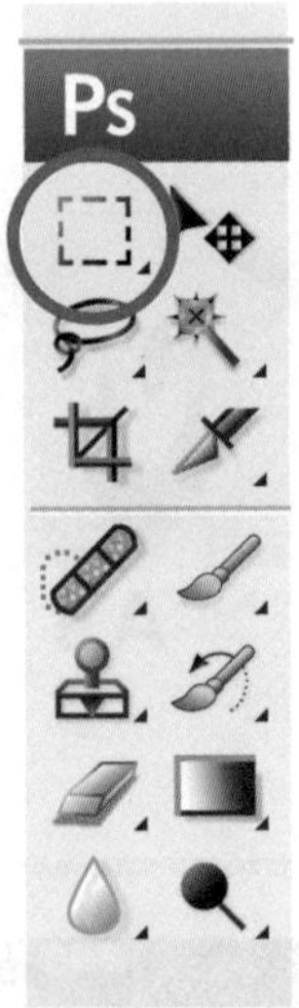

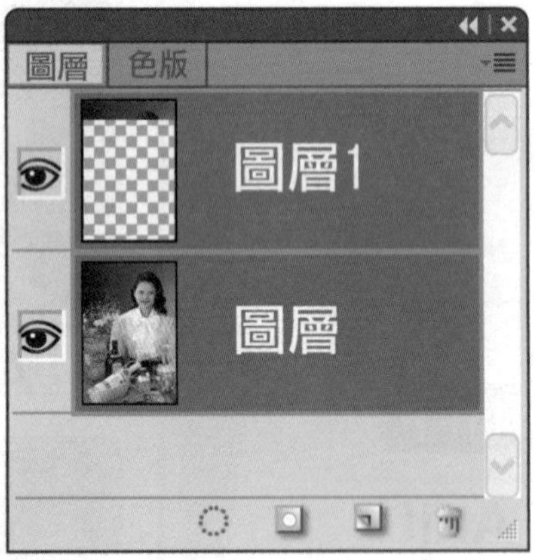

3 將圖層前方的小眼睛暫時關閉只保留【圖層 1】。

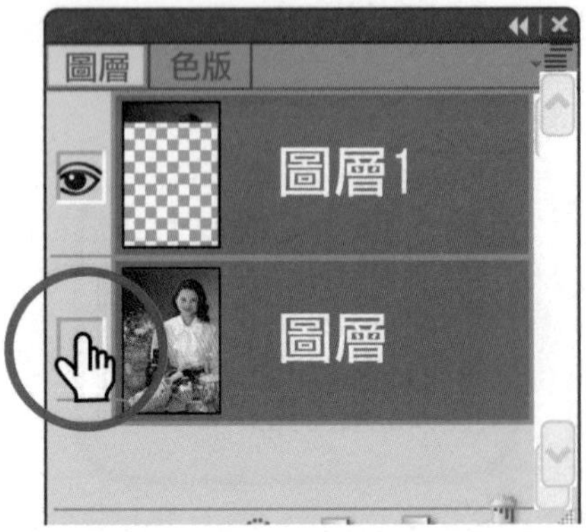

❹ 在【色版】的模式下，選擇【黃色版】以滑鼠左鍵點選並拖曳到【建立新色版】後放開，即出現【黃拷貝色版】。

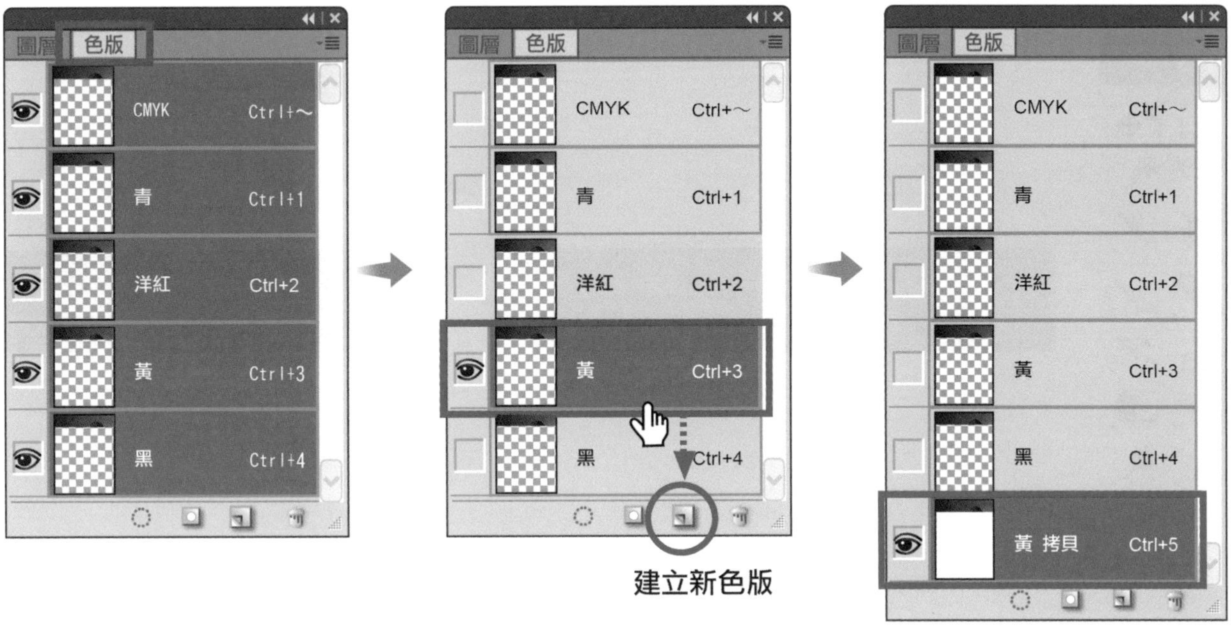

❺ 執行【影像 \ 調整 \ 負片效果】，（快速鍵 Ctrl+I）。

❻ 執行【影像 \ 調整 \ 曲線】點選黑色滴管，再以黑色滴管點選吸附頭髮上方灰階部分，使原本灰階的部分轉為黑色。

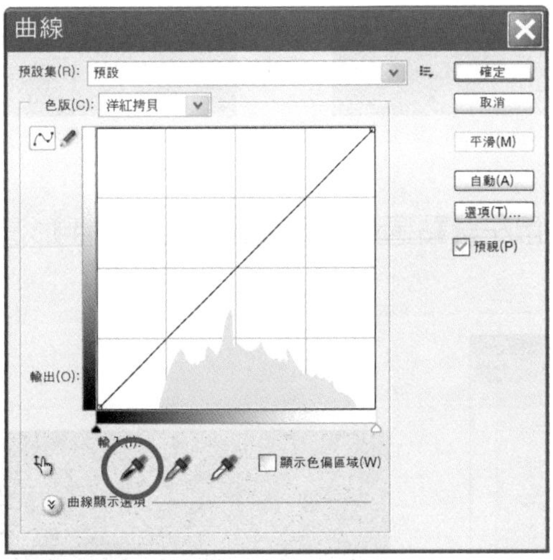

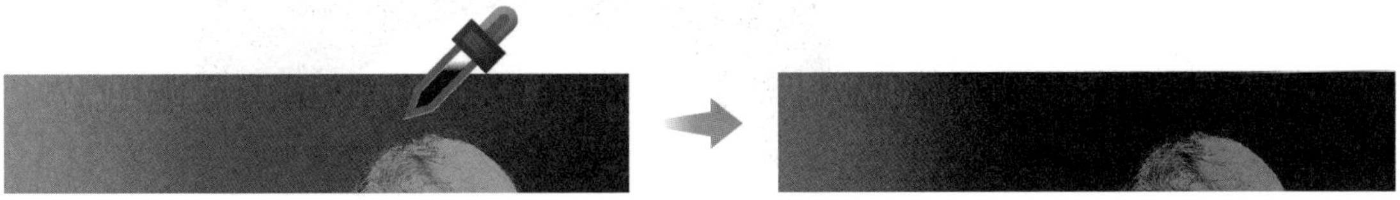

❼ 以【矩形選取工具】選取左右兩邊尚有灰階且不完全黑的部分，執行【編輯\填滿】填入黑色。此步驟也可利用【筆刷工具】將頭髮外圍部分塗滿至全黑，做到除了頭髮以外的部分都全黑。

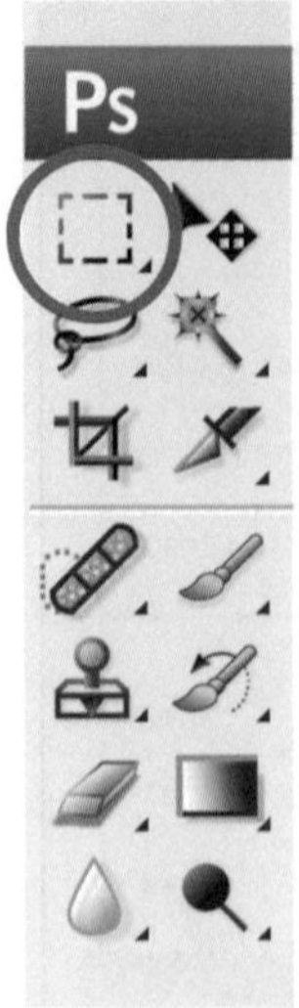

❽ 執行【影像\調整\亮度\對比】，將亮度調整為【+150】，對比調整為【+100】，使頭髮內部灰階部分轉為白色。頭部內的黑色部分可利用筆刷工具 填補，再適當調整亮度對比，使頭部灰階顏色轉為白色。

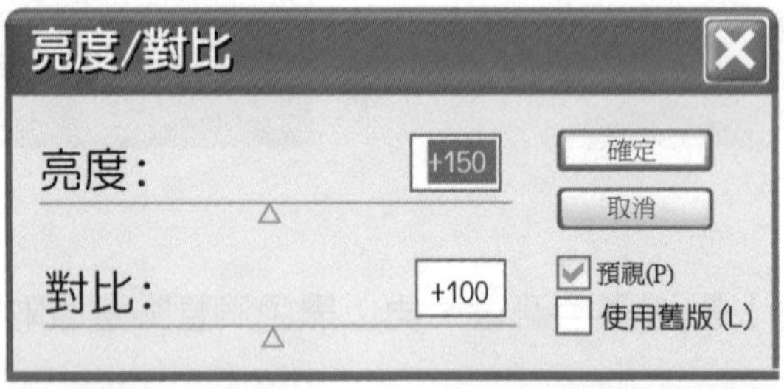

❾ 按住【Ctrl】，並同時以滑鼠左鍵點選黃拷貝色版，即出現手形選取範圍，同時將頭髮部分選取起來。

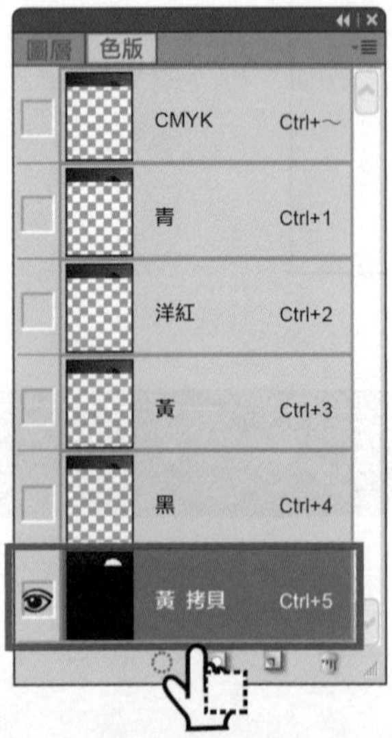

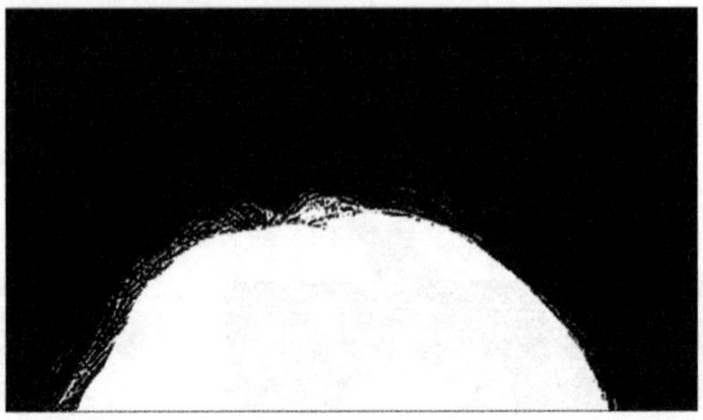

10 選擇 CMYK 色版，回到圖層模式將圖層 1 前方的小眼睛關閉，並點開圖層前方的小眼睛。

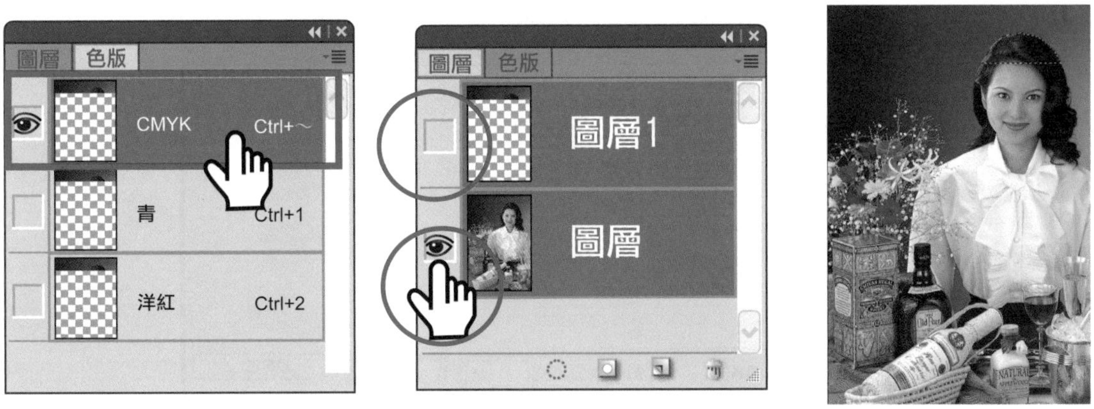

11 點選人像圖層，執行【圖層 \ 新增 \ 拷貝的圖層】（快速鍵 Ctrl+J）拷貝一個選取範圍的圖層，即出現圖層 2。

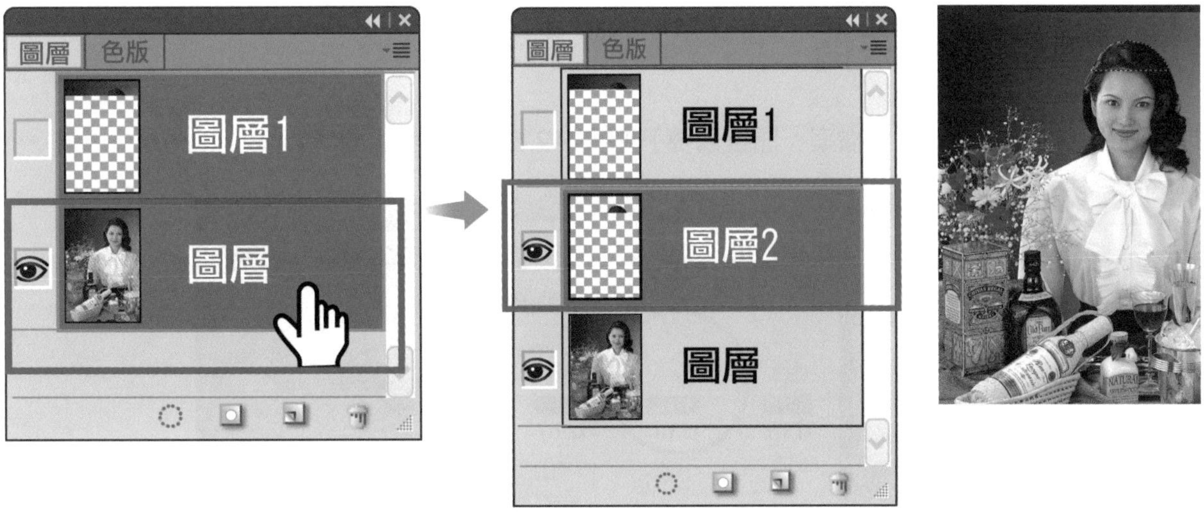

12 將【圖層】與【圖層 1】刪除，只留下【圖層 2】。

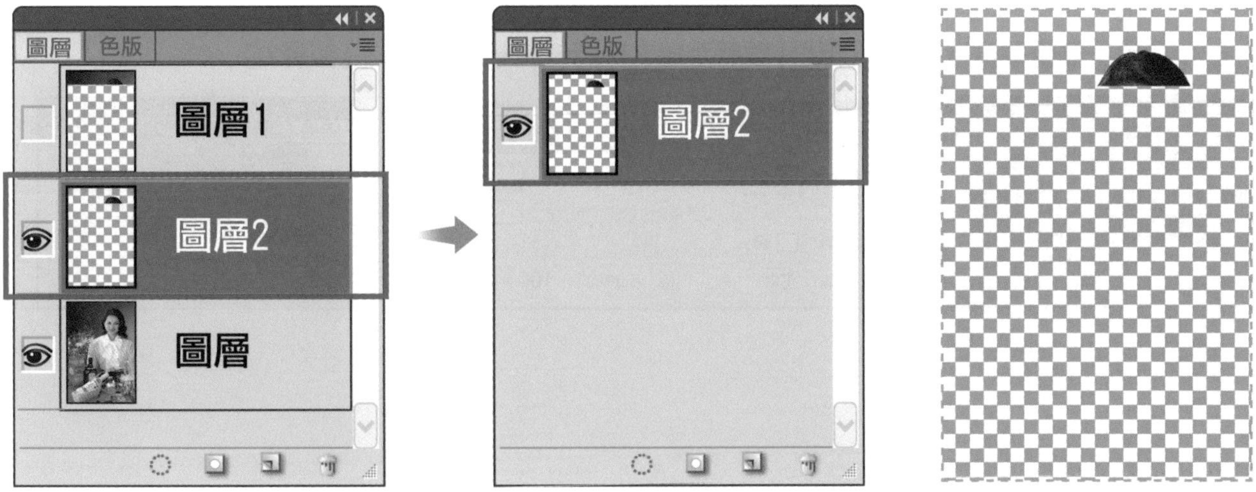

13 執行【檔案 \ 另存新檔】將檔案命名為 A1-1，存成 PSD 檔。

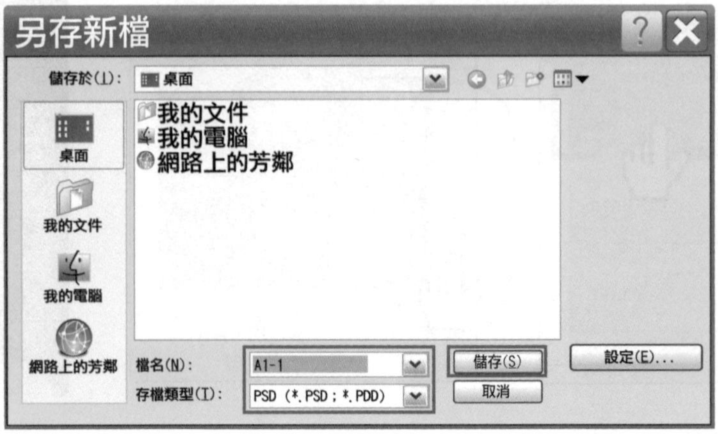

A2.tiff 菜籃去背

1 在【Photoshop】執行【檔案 \ 開啟舊檔】選擇 A2.tiff，開啟 A2.tiff 檔。

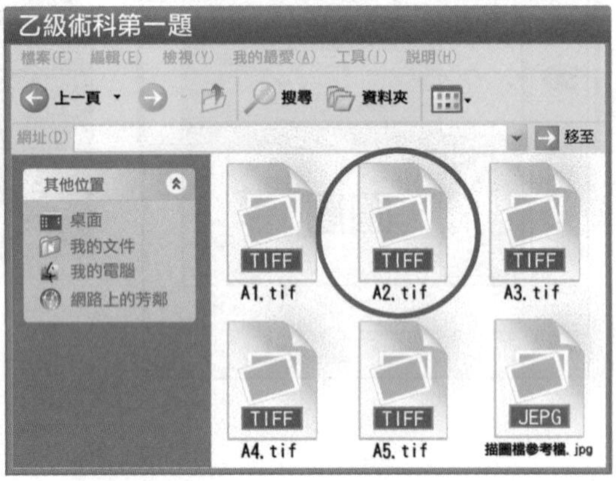

2 以滑鼠左鍵雙擊背景圖層即出現【圖層選項】，將【背景】轉成為【圖層 0】。

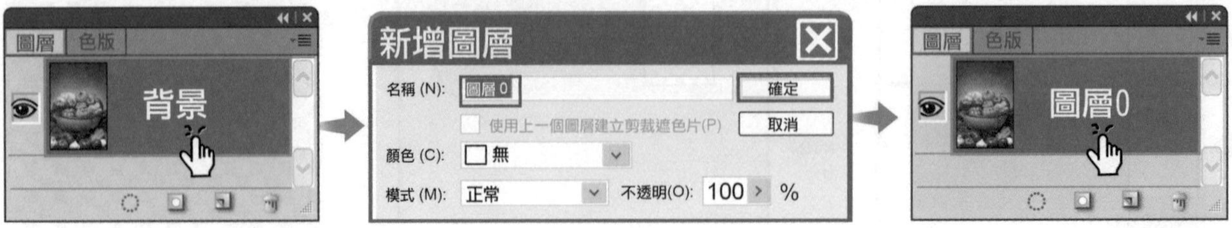

3 以【魔術棒工具】直接在背景上點選，設定容許度為【30】，同時按住【Shift】，使魔術棒工具出現「+」即可加選（或是點選【增加至選取範圍】），直到背景部分全部被選起來為止。

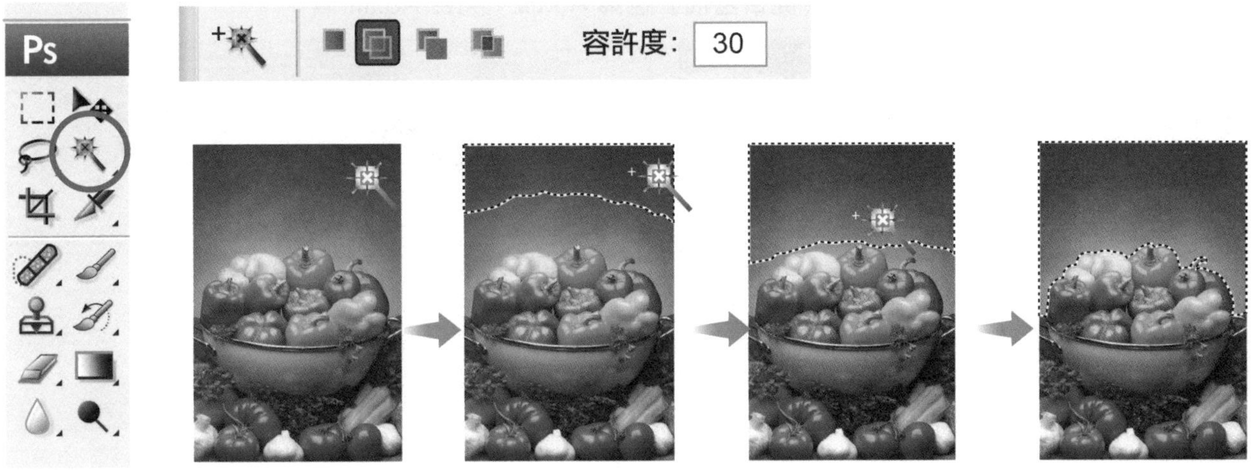

4 按【Delete】將圖背景刪除。

5 執行【檔案\另存新檔】存成 PSD 檔。

A3.tiff 滑鼠去背

1 在【Photoshop】執行【檔案 \ 開啓舊檔】選擇 A3.tiff，開啓 A3.tiff 檔。

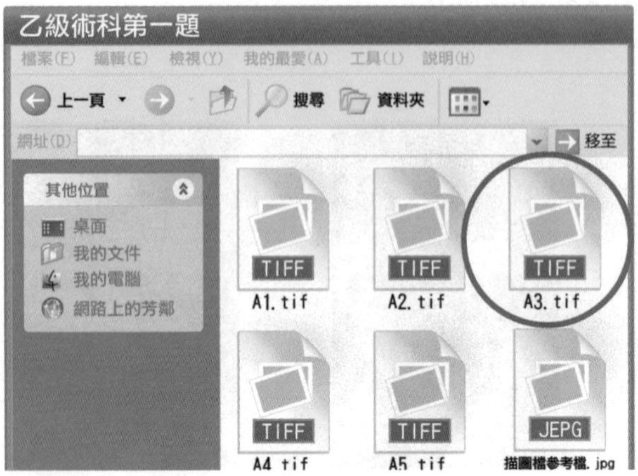

2 以滑鼠左鍵雙擊背景圖層即出現【圖層選項】，將【背景】轉成為【圖層 0】。

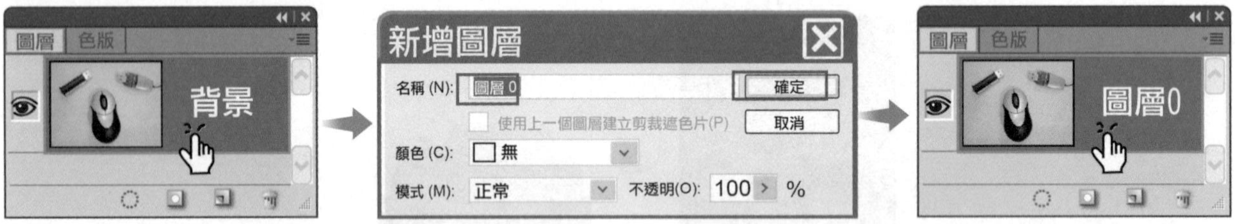

3 在【路徑模式】下點選【新增路徑】並以【鋼筆工具】直接自滑鼠與隨身碟的輪廓描邊，直到背景部分全部被選起來為止。

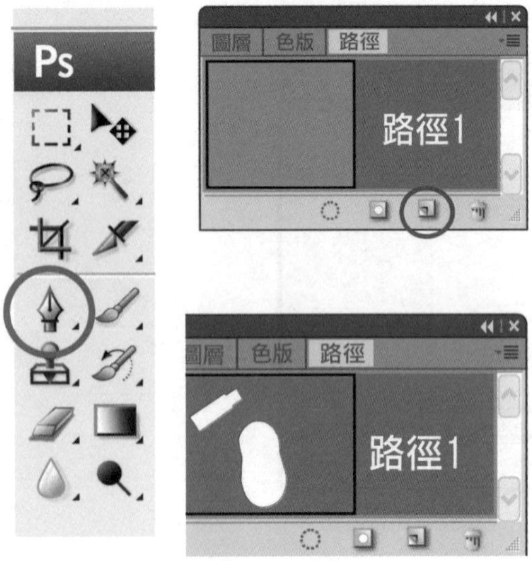

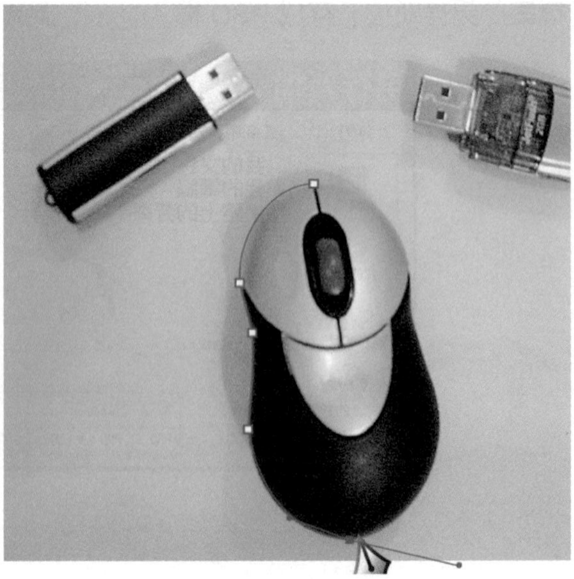

❹ 點選【載入路徑】作為選取範圍後，執行【Ctrl+Shift+I】（反轉選取）並按【Delete】將背景刪除。

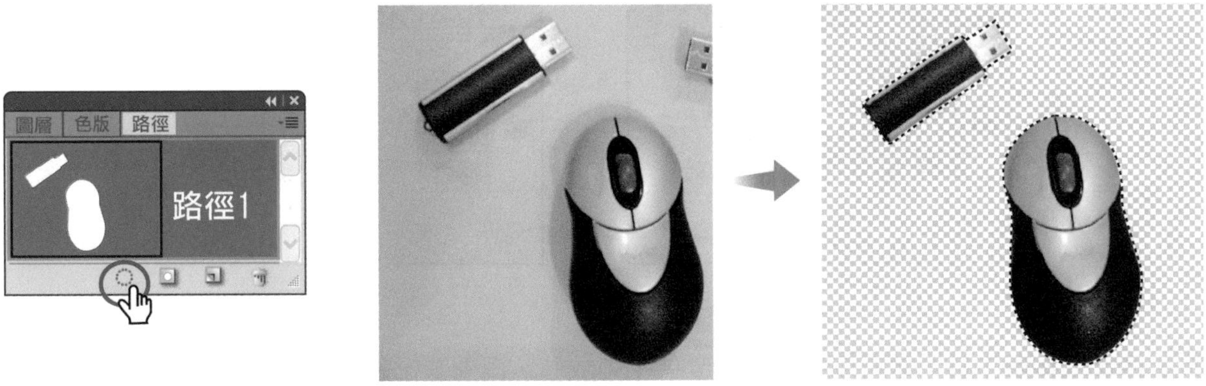

❺ 執行【檔案\另存新檔】存成 PSD 檔。

A4.tiff 椰子樹去背

❶ 執行【檔案\開啟舊檔】選擇 A4.tiff，開啟 A4.tiff 檔。

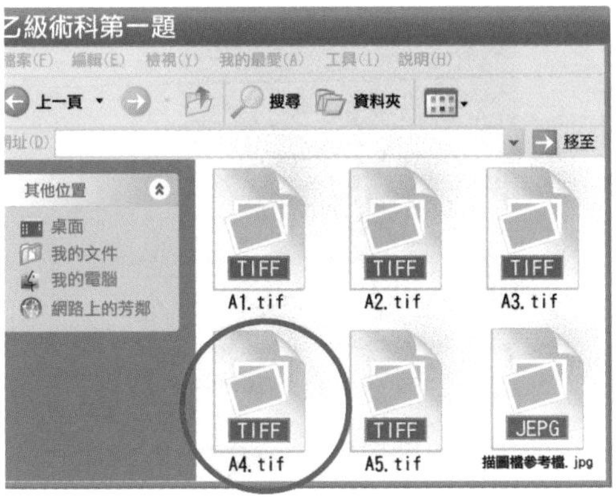

❷ 以 A3.tiff 滑鼠去背的方式將【背景】轉成【圖層 0】，如圖所示。

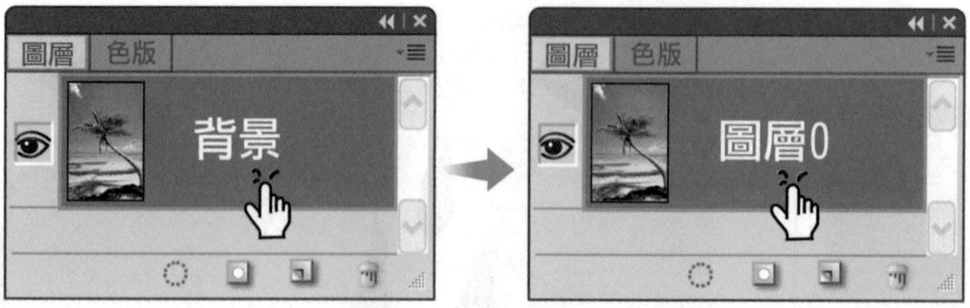

❸ 使用【選取工具】並將羽化強度設定為【30px】，再圈選椰子樹的四周圍。

將羽化強度設定為 30px 後，呈現的羽化程度與描圖檔上雷同，倘若椰子圖檔的解析度加大了，又要呈現相同程度的羽化，則羽化強度設定值要跟著變大。

❹ 執行【選取 \ 反轉】，再按【Delete】將背景刪除。

5 執行【檔案 \ 另存新檔】存成 PSD 檔。

A5.tiff 汽車去背

1 執行【檔案 \ 開啓舊檔】選擇 A5.tiff，開啓 A5.tiff 檔。

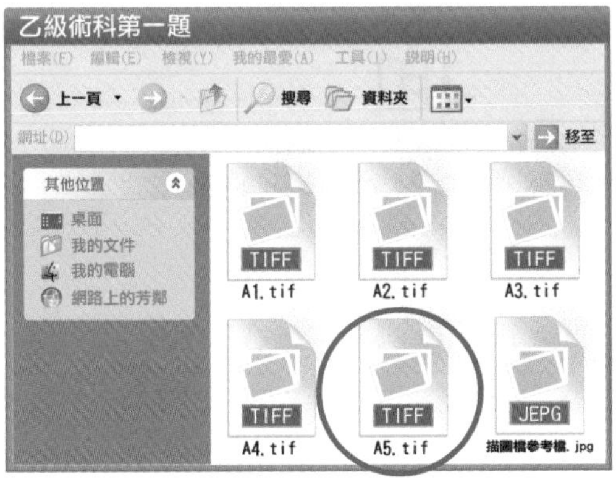

2 以 A3.tiff 滑鼠去背的方式將汽車去背景。如圖所示。

3 去背完成後執行【檔案 \ 另存新檔】存成 PSD 檔。

建立新文件

檢定現場須將做好的成品（包含出血線與裁切線），以 A3 紙張列印輸出並連同電子檔案一併繳交，考題中標示完成尺寸爲 150mm × 210mm 並包含書背 7mm、摺頁 30mm、摺頁延伸 2mm、出血 3mm，所以先建立一個 A3【297mm × 420mm】尺寸的畫版作爲完稿後列印輸出的紙張範圍。

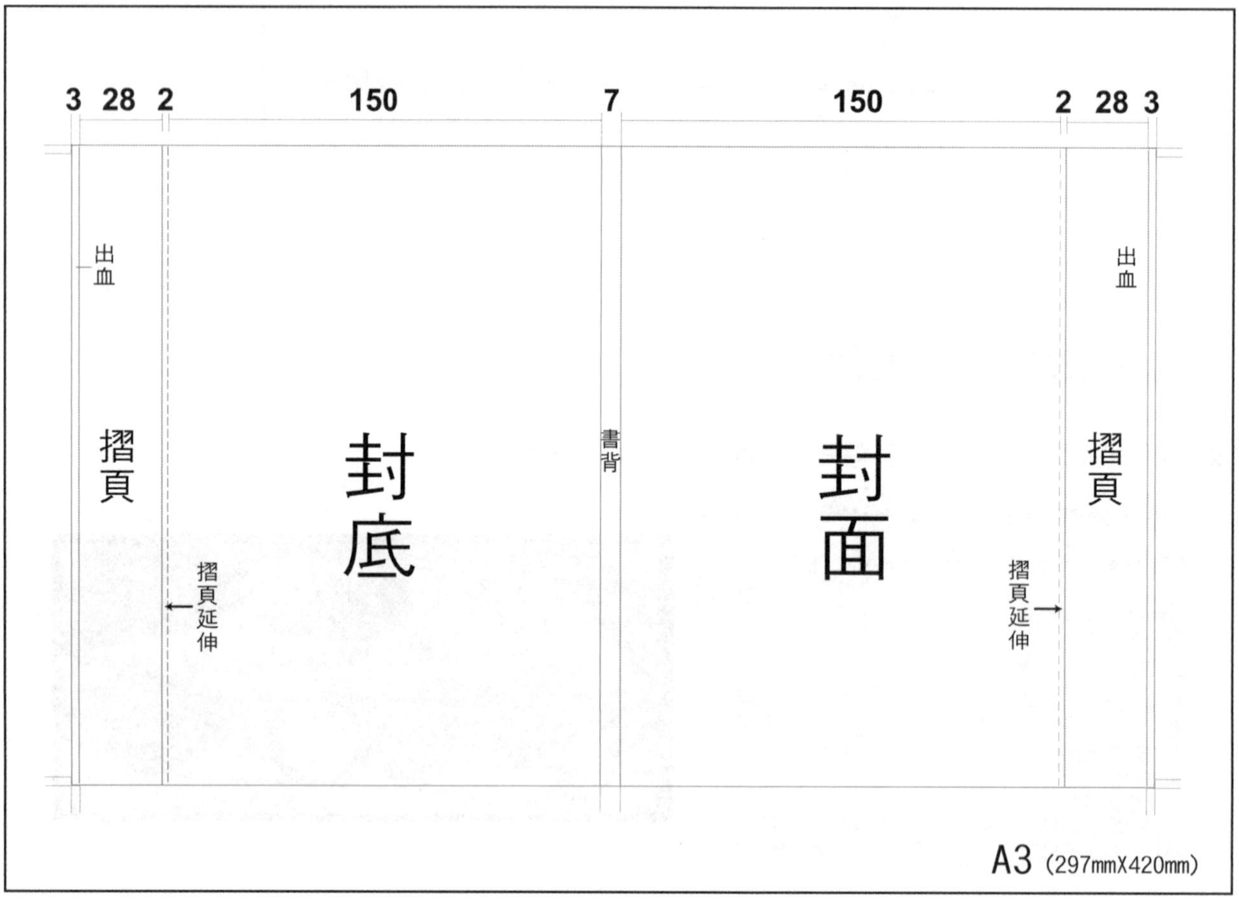

❶ 首先我們要「新增一個文件」，在 Illustrator 中點選【檔案】→【新增】，便出現【新增文件】對話框。將文件名稱設定為准考證號碼 + 應檢人姓名，如：【B9110023 王溢川】，設定尺寸，將寬 (W) 與高 (H) 設定為【W420mm × H297mm】（A3），最後將色彩模式則設定為【CMYK】。

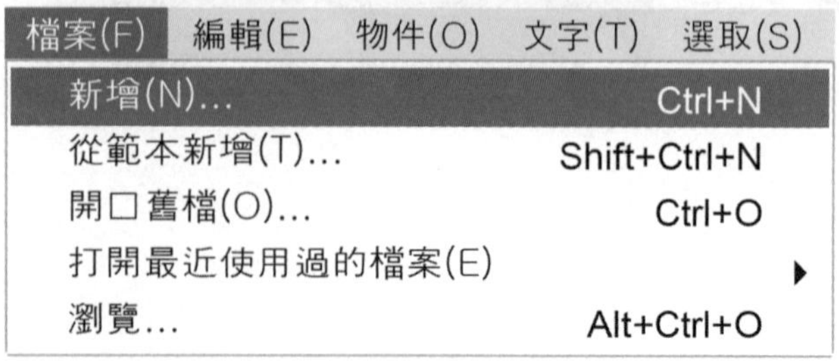

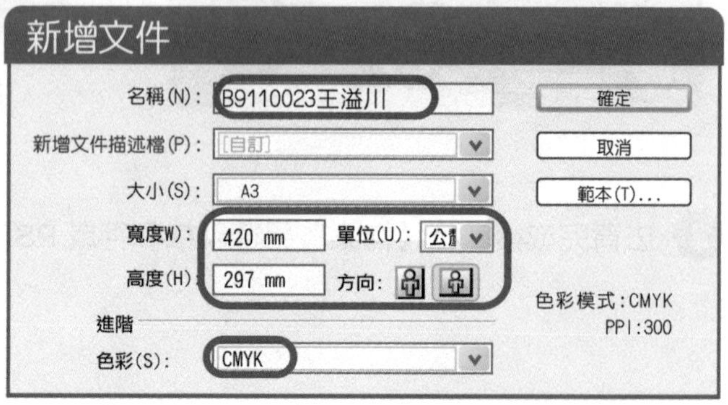

設定 Illustrator 內部操作環境與基本尺度

Adobe Illustrator 為一套廣泛應用在設計、藝術等領域的繪圖軟體，其內部環境與基本尺度值在安裝後便有所謂的「系統基本參數設定」（Standard Basic Setup），考生要通過檢定，理所當然在尺度規範上需與題目規定相符，故需作內部的尺度調整。

1 執行【編輯】的【設定偏好】→【一般】（Ctrl+K）將【使用日式裁切標記】打勾後按下【確定】。

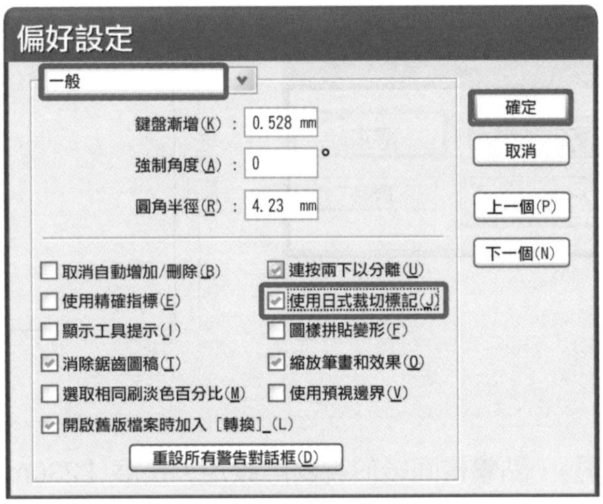

2 【編輯】的【設定偏好】→【單位及顯示效能】裡，將一般和筆畫的欄位設定為【公釐】，文字欄位則設定為【點】，完成後點擊【確定】。

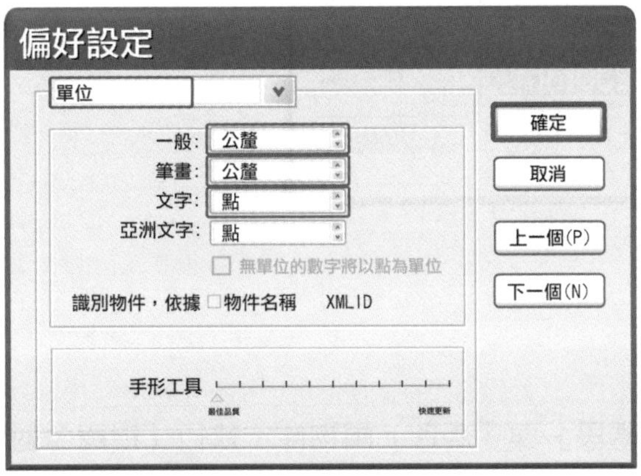

3 最後可到【視窗】→【工作區】→【基本】。此步驟可以在製作前先設定好製作時的工作環境區，若不小心按到 TAB 鍵或 F 鍵，隱藏了工具視窗與浮動面板，也可以用此步驟使之顯現。

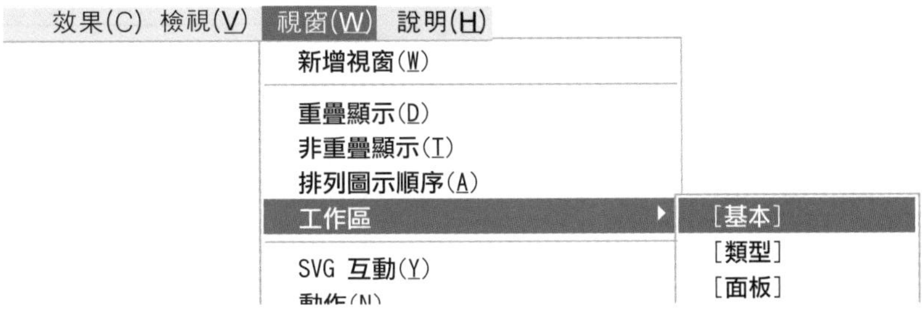

版面建立

1. 利用【矩形工具】在畫面中點擊一下，即出現可調整數值的視窗，在此設定為：寬度【373mm】、（150×2 寬 + 30mm×2 摺頁 + 3mm×2 出血 + 7mm 書背）高度【216mm】（210mm 高 + 3mm×2 出血）。

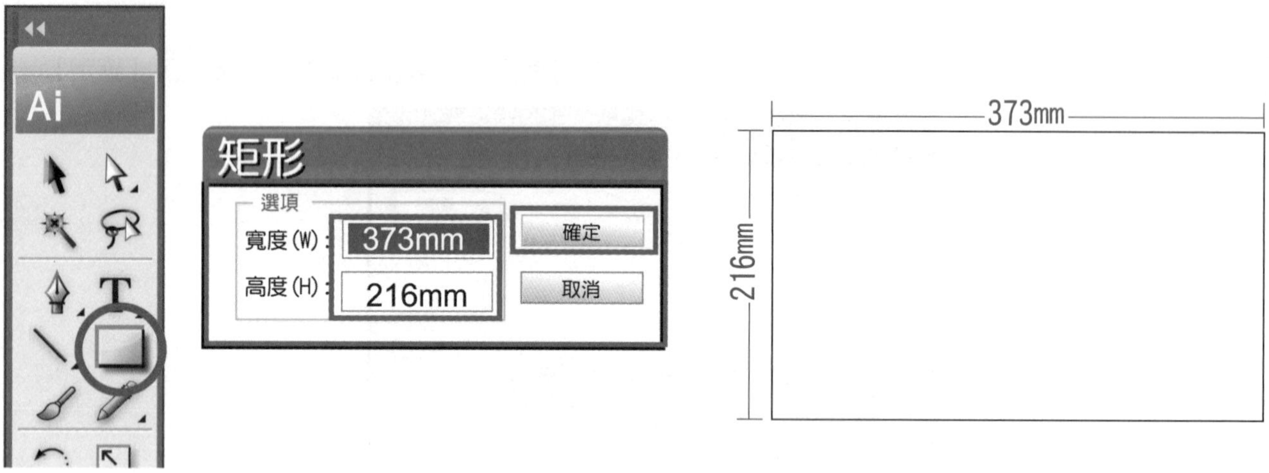

2. 接著使用【線段區域工具】，點擊畫面後於視窗中設定：長度【230mm】、角度【90 度】。

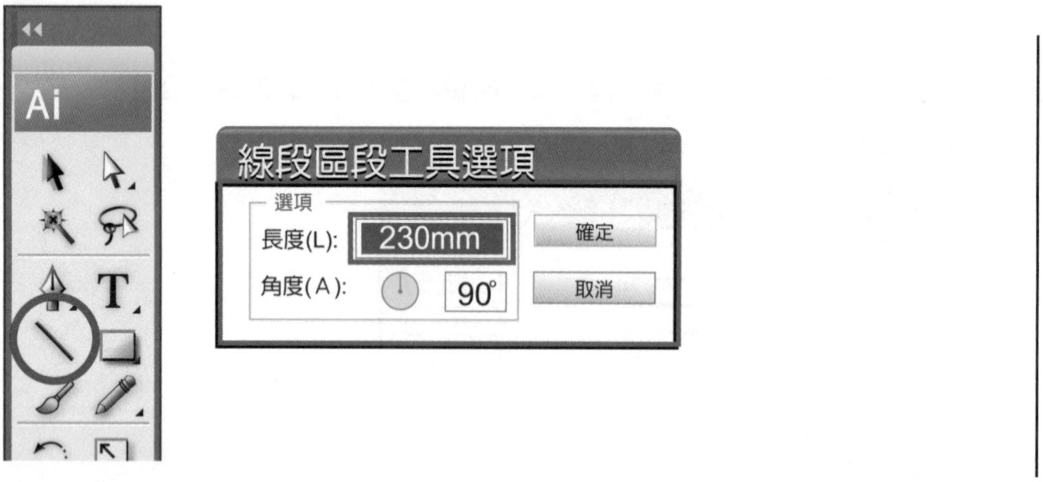

3. 按住【Shift】同時選取「線段」與「矩形」兩物件，執行【視窗＼對齊】，出現【對齊工具】的浮動視窗。注意畫板應為反白【對齊物件】而非反黑（對齊畫板），按下【對齊工具】的【水平齊左】與【垂直置中】使線條置於矩形左側。

CS4 以上版本，則要選擇「對齊選取的物件」。CS6 版本的畫板選項位於上方工具列，而非對齊視窗。

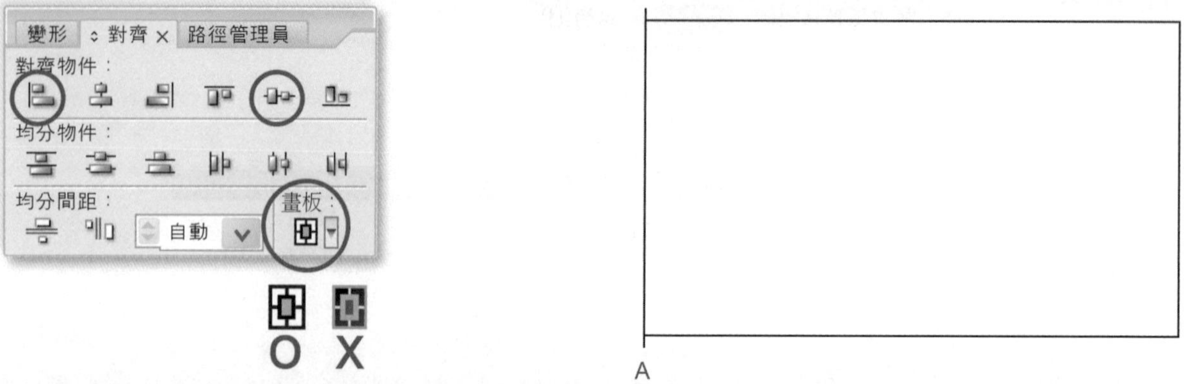

❹ 按住【Shift】同時選取線段與矩形兩物件再按【Ctrl+G】（組成群組）。

❺ 執行【視窗 \ 對齊】，將對齊畫板選項使之反黑【對齊畫板】，點選【水平居中】、【垂直居中】使其對齊畫板後，按下【Ctrl+Shift+G】（解散群組）。

CS4 版本，則要選擇「對齊工作區域」。CS6 版本的畫板選項位於上方工具列，而非對齊視窗。

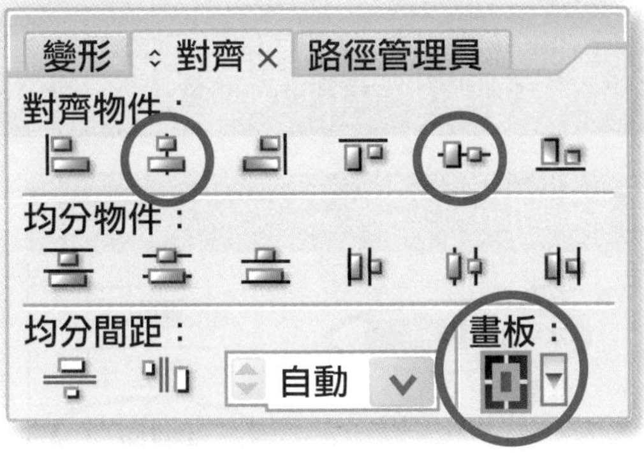

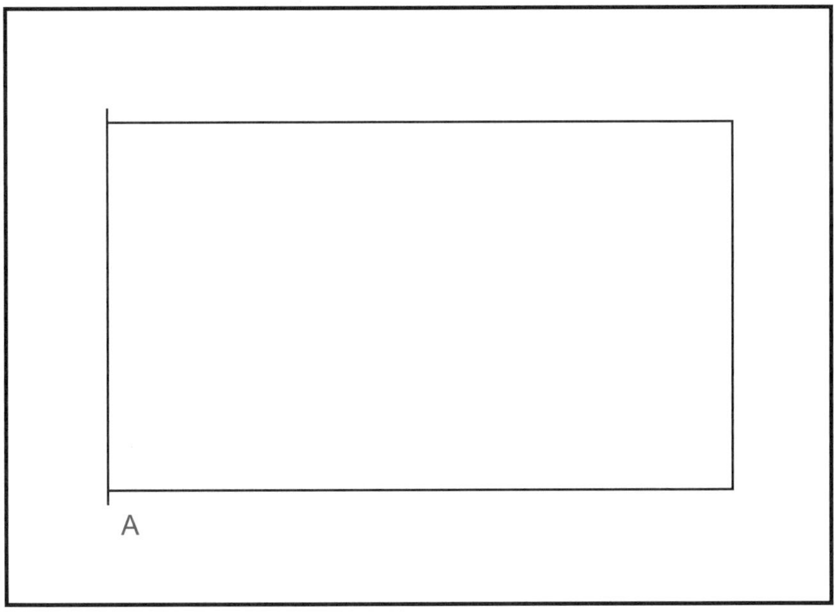

A3(297mmX420mm)

❻ 點選線段 A 按下【Enter】即出現【移動工具】，將數值設定為：水平：【31mm】垂直：【0mm】接著按【拷貝】，即可得到線段 B。

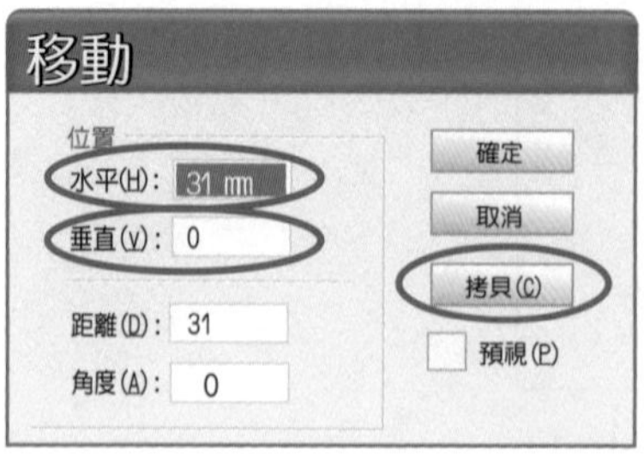

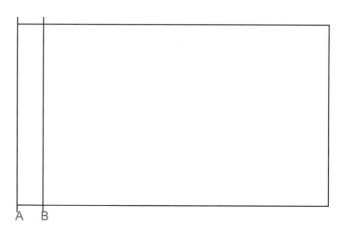

❼ 點選上一步驟拷貝得出的線段 B，按下【Enter】後，用同樣的方式執行【水平移動】和【拷貝】。分別設定其餘的線段，依序將水平距離設定為【2mm】、【150mm】、【7mm】、【150mm】【2mm】、【31mm】，全部做完後，一共會有 8 條線段（ABCDEFGH）。

為了使考生能清楚分割的概念，下圖的摺頁部分同時包含了出血的寬度，所以在尺度標註上與 P42 稍有不同，做出來的成品不會影響檢定結果請考生放心。

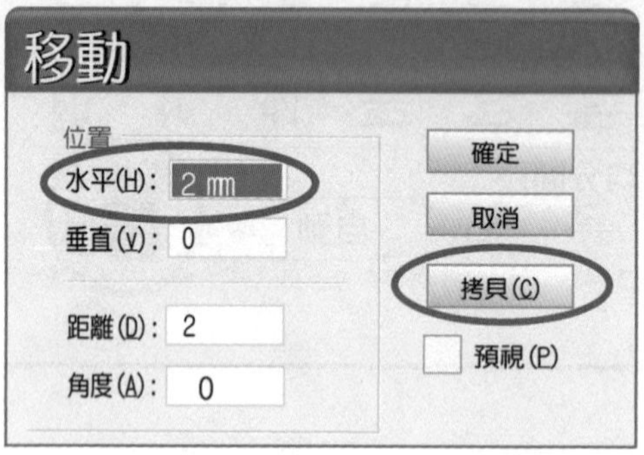

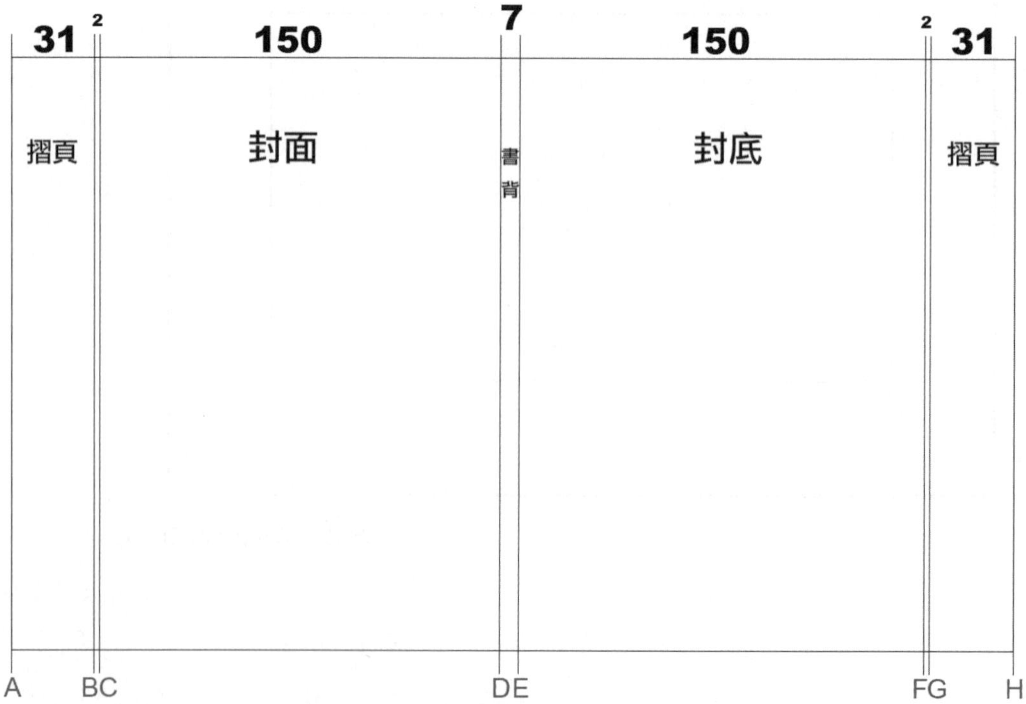

8 點選Ｄ、Ｅ兩線段先執行【Ctrl+C】（拷貝），再按下【Ctrl+ Ｆ】（貼至上層），此時Ｄ、Ｅ線段上下層都各有一條線段，上層作為之後步驟的分割線，下層則是做為書背的摺線。

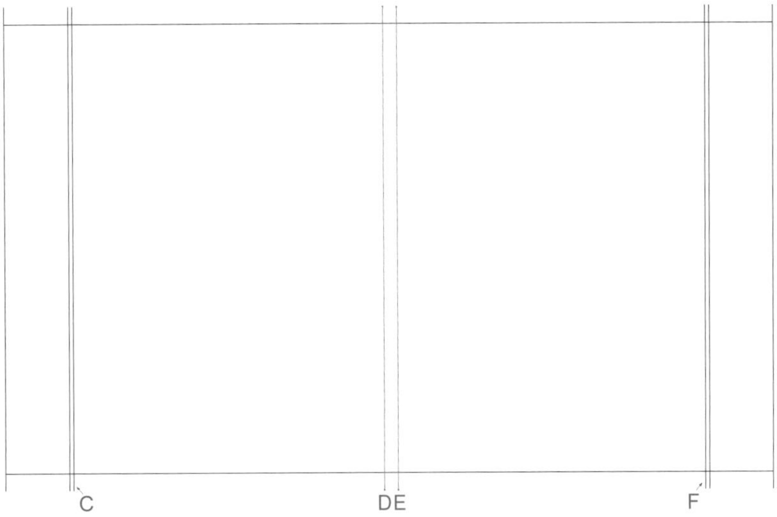

9 按住【Shift】加選 C、F 兩線段，共選取 C、D、E、F 四線段後。

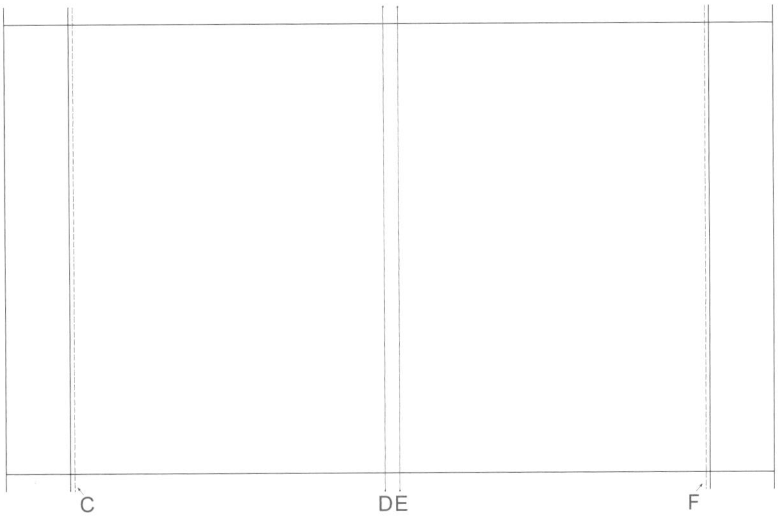

10 將此四條線段由上往下拖曳縮放至原先繪製的矩形圖框外，轉變成上下顛倒的四條線段，待切割完後再拉回原位。中間的兩條線段會持續存在主要是因為我們在步驟 8 裡有執行拷貝 \ 貼至上層的關係。

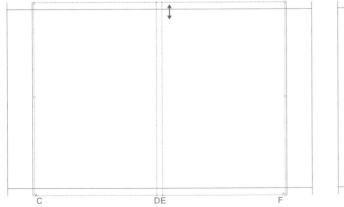

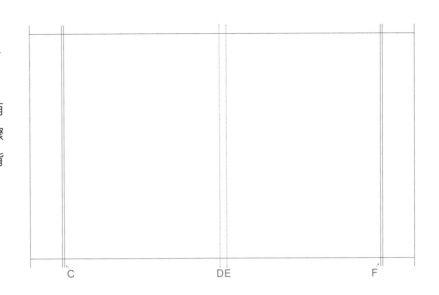

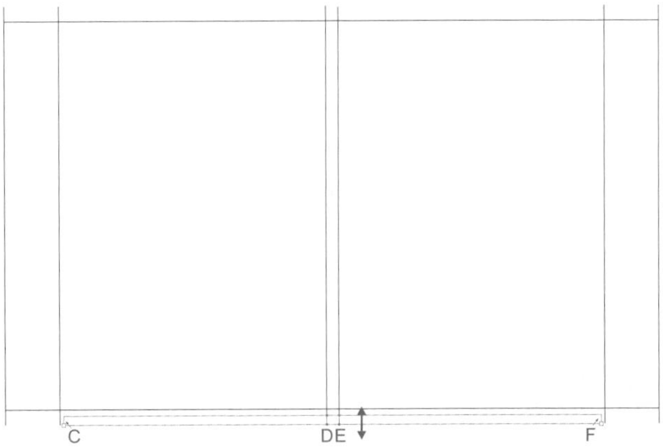

11 選取畫面上的全部線段但不包含剛才拖曳縮放的四條段，再從【視窗】中開啓【路徑管理員】並執行【分割】。

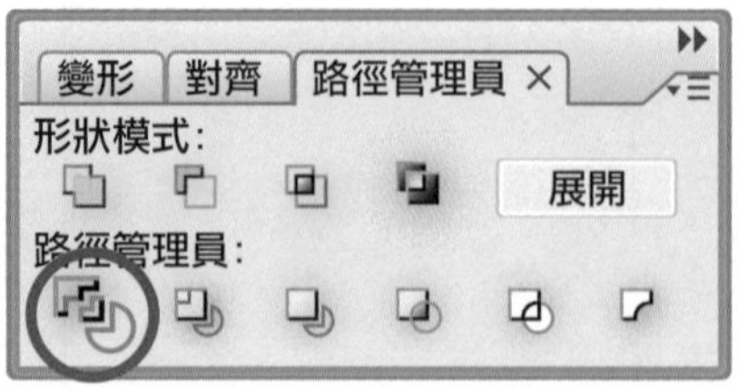

12 選取畫面上的這四條線段，由下至上縮放拖曳至原來的地方。

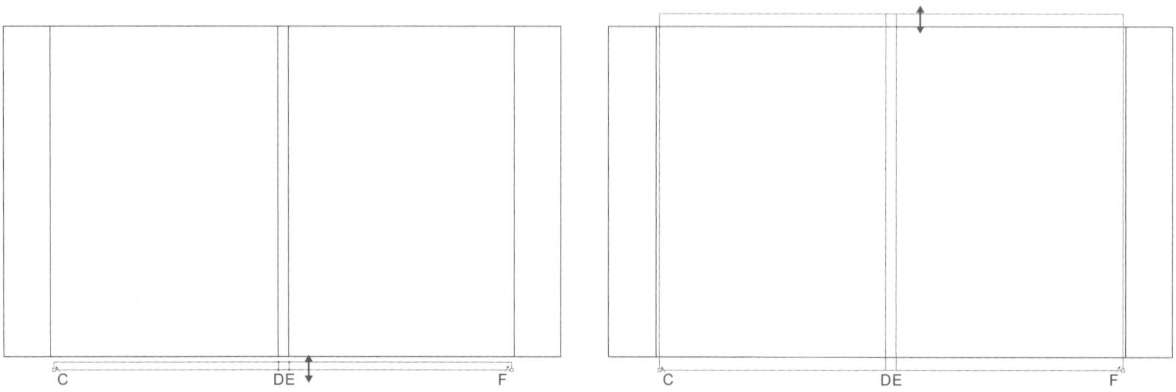

13 選取C、F兩線段，點選【筆畫工具】，將線條寬度設定為【0.5pt】，並在【虛線】欄位處打勾，設定虛線【3mm】、間隔【1mm】。

檢定說明中有著名折縣寬度應為 0.3mm 以下可供辨識，若設定為 0.5pt（會自動換算成 0.176mm），亦符合規定。

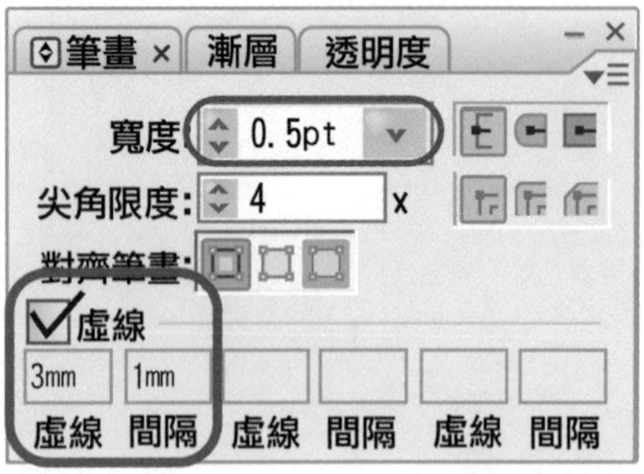

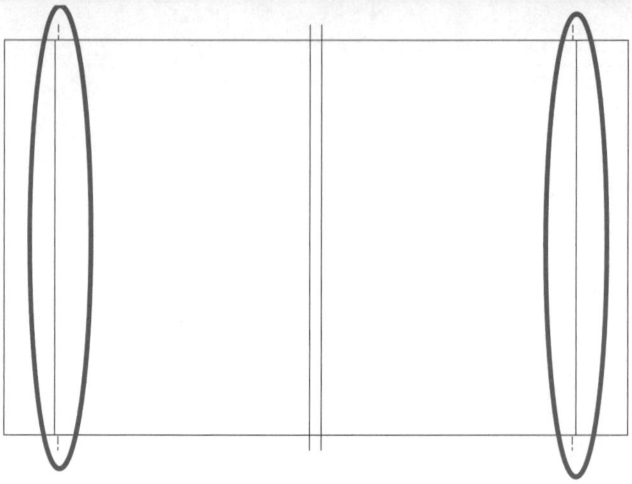

圖層順序設定與命名

1 執行【視窗 \ 圖層】（快速鍵為 F7），可叫出圖層工具視窗。以滑鼠左鍵雙響【圖層 1】便出現【圖層選項】對話框。在【名稱】欄位填入【版面設定】，再按【確定】。

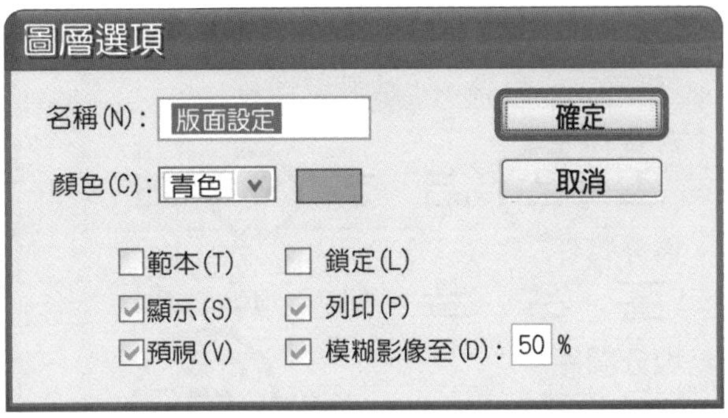

2 在【圖層】工具視窗以滑鼠左鍵單擊【製作新圖層】圖示，並將新建立的新圖層命名為【描圖檔】。

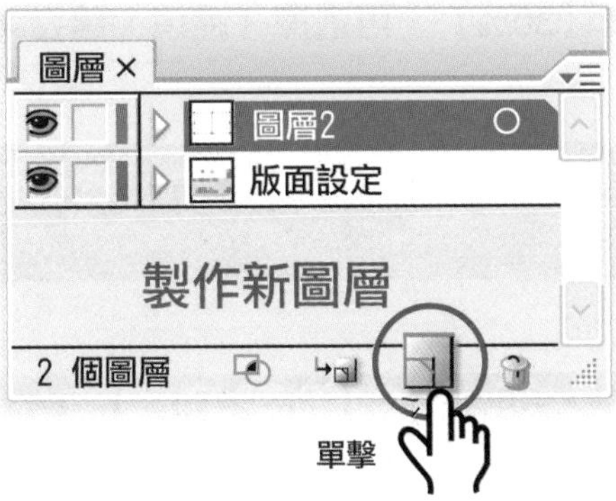

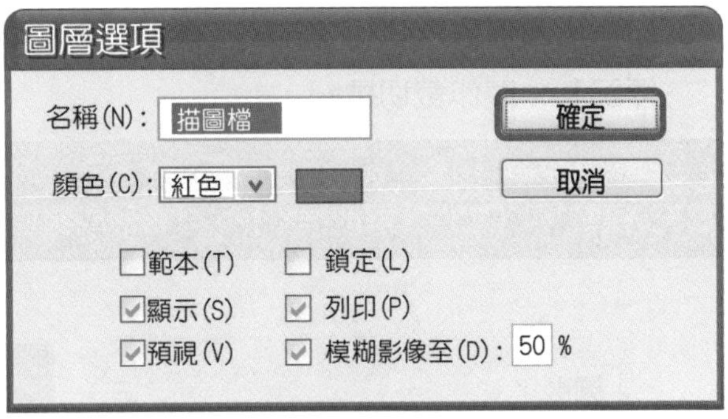

描圖檔置入

1 執行【檔案 \ 置入】，選擇【描圖參考檔 .jpg】後置入。

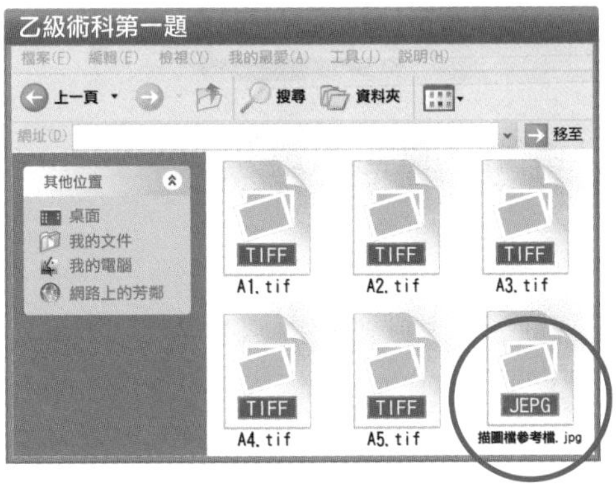

❷ 執行【視窗＼對齊＼畫板】選項使之反黑【對齊畫板】，點選【水平居中】和【垂直居中】。

CS4 以上版本，則要選擇「對齊工作區域」。CS6 版本的畫板選項位於上方工具列，而非對齊視窗。

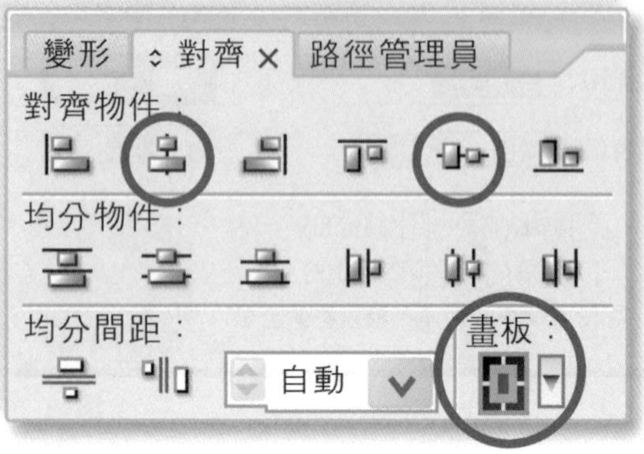

❸ 點選描圖檔案，執行【視窗＼透明度】將透明度設定為【30%】，再選擇【濾鏡＼建立＼裁切標記】，製作裁切標記。

CS4 以上版本，則在【效果＼裁切標記】進行操作，此時製作出的裁切標記只是效果，需再執行【物件＼擴充外觀】與【物件＼解散群組】，才會形成獨立的裁切標記。

❹ 於【描圖檔】圖層裡頭點選【切換鎖定狀態】，將該圖層以鎖頭小圖鎖定整個圖層。

製作底圖色塊

❶ 首先，我們要在【版面設定】的圖層裡製作底稿的背景底圖色塊，因為【描圖檔】圖層只供對位與參照用。按【Ctrl+A】（全選），再執行【物件 \ 解散群組】（Ctrl+Shift+G）。

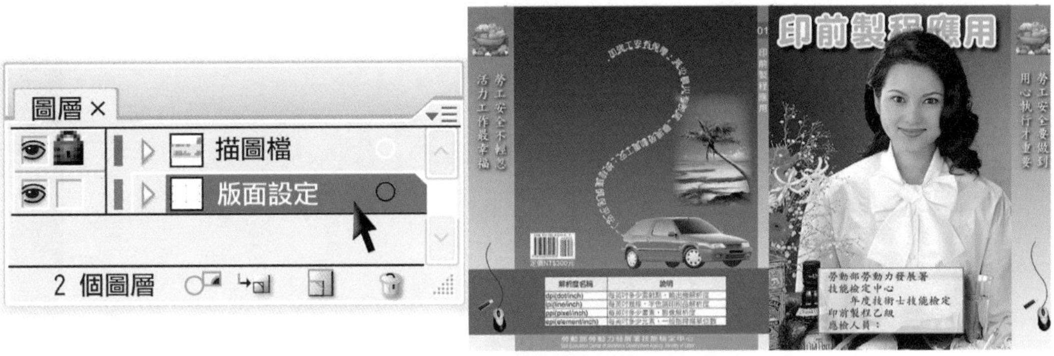

❷ 點選分解開來的矩形，執行【視窗 \ 漸層】叫出【漸層工具】視窗，調整調色罐的顏色，設定漸層為【C100~C100M100】，分別以漸層工具拖曳出與說明樣式上相同的漸層階調色塊。並請留意色彩的漸層方向是否與說明樣式上相同。

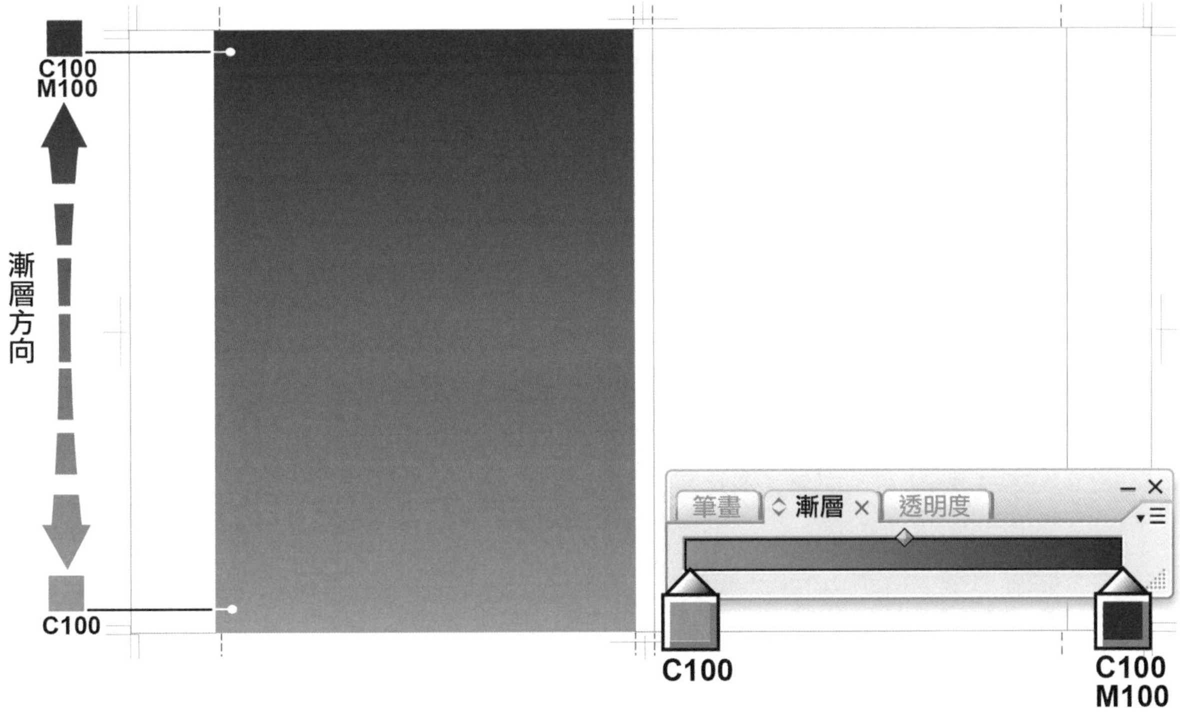

3 以步驟 2 的方式製作 M100~Y100 的漸層。

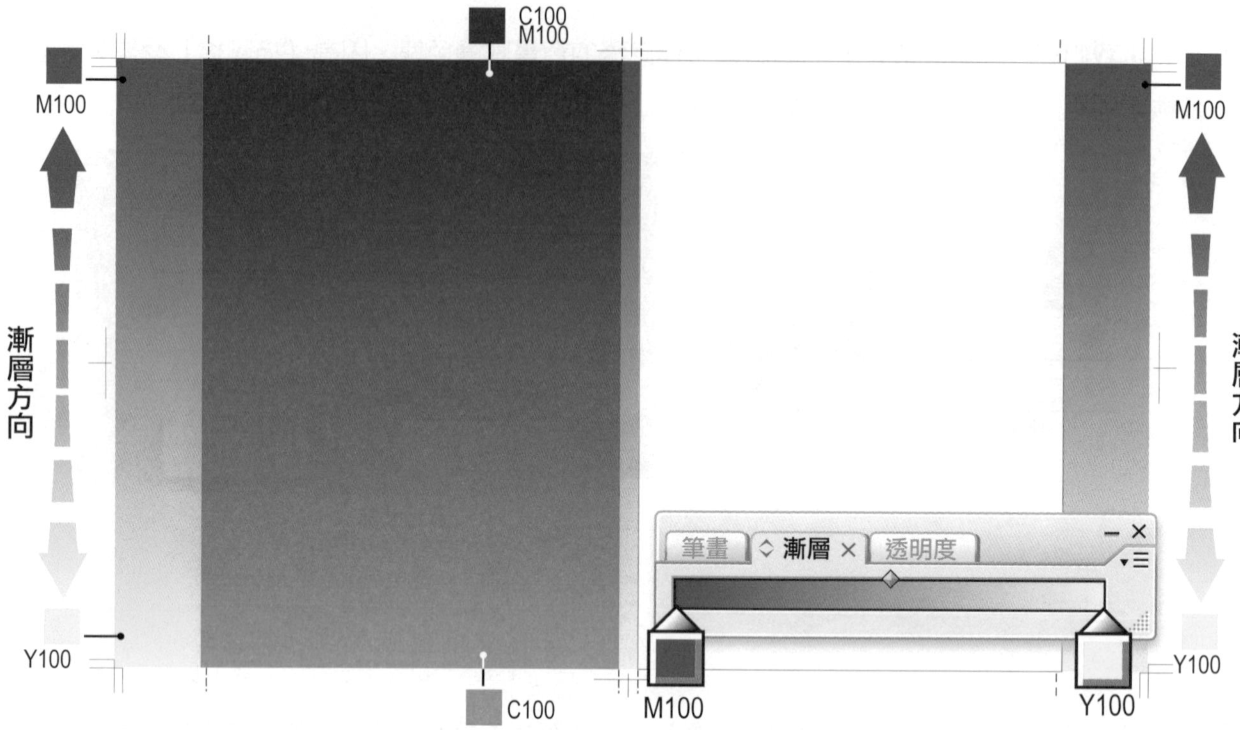

4 留下右方白色矩形做為之後的步驟放置合成圖的範圍區域。

5 參考描圖檔，以矩形工具繪製兩個矩形，分別設定為寬【7mm】、高【10mm】與寬【190mm】、高【40mm】，置放於書背與封底兩處，顏色設定為【C25M100Y100】。

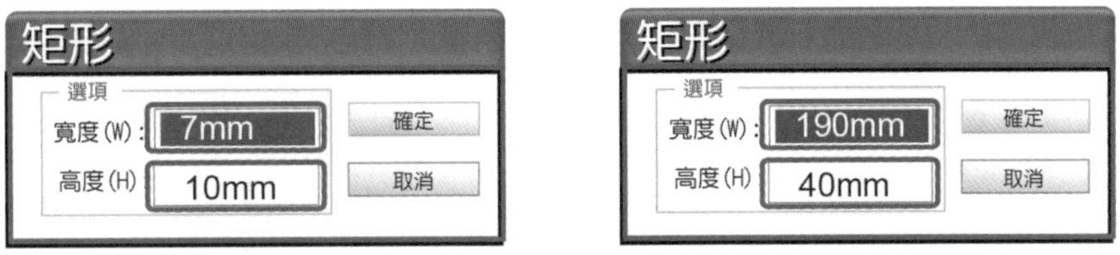

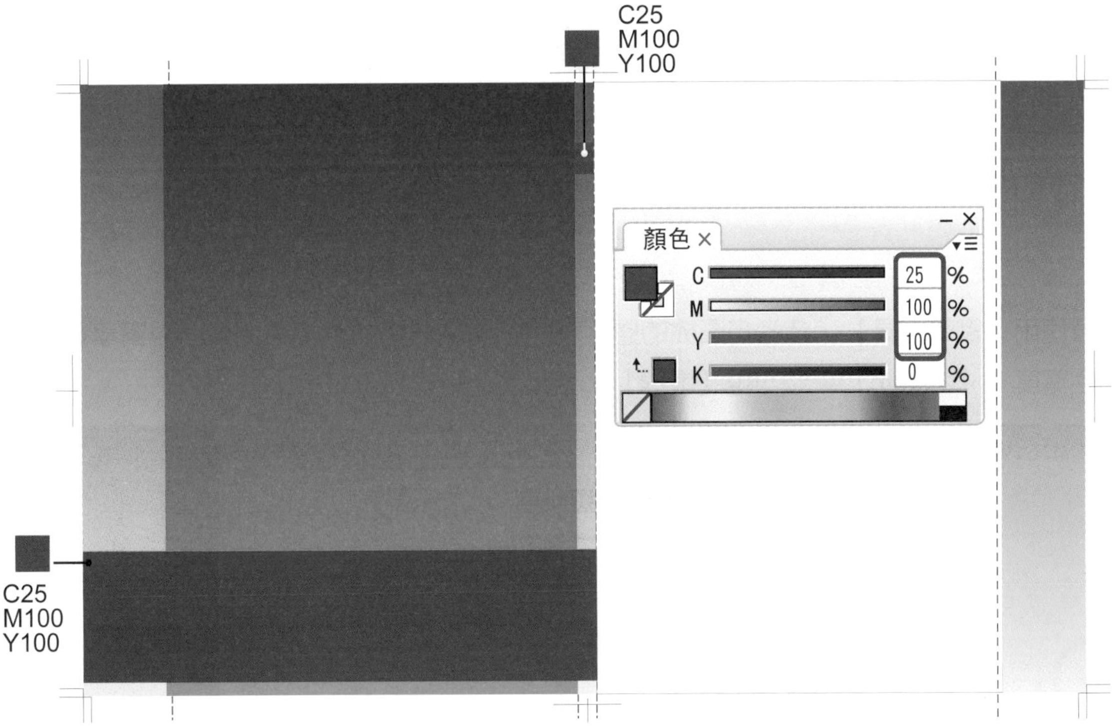

6 完成背景底圖色塊建立。

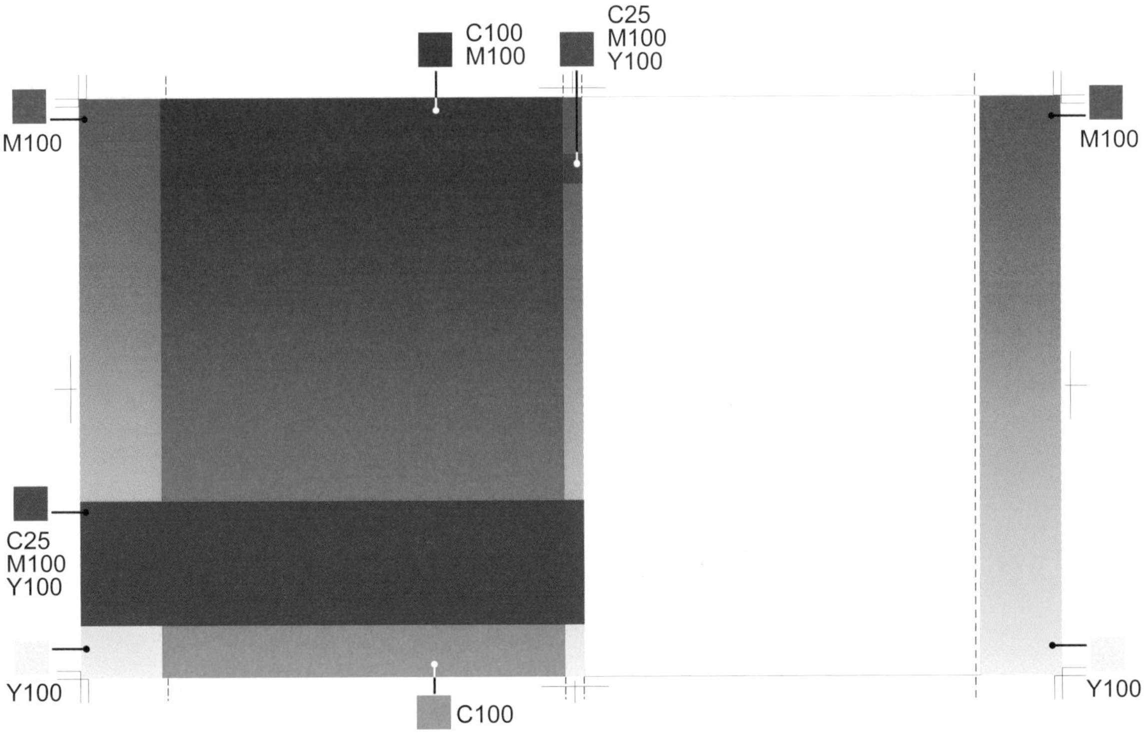

曲線文字

❶ 在圖層工具視窗中，以滑鼠左鍵單擊【製作新圖層】圖示，新增一個【圖層 3】。

❷ 接著使用【鋼筆工具】，參考描圖檔的題目範例，繪製一條曲線後，開啓【視窗筆畫】工作區，設定寬度：【0.5mm】，並勾選【虛線】，最後將色彩設定為【Y100】。

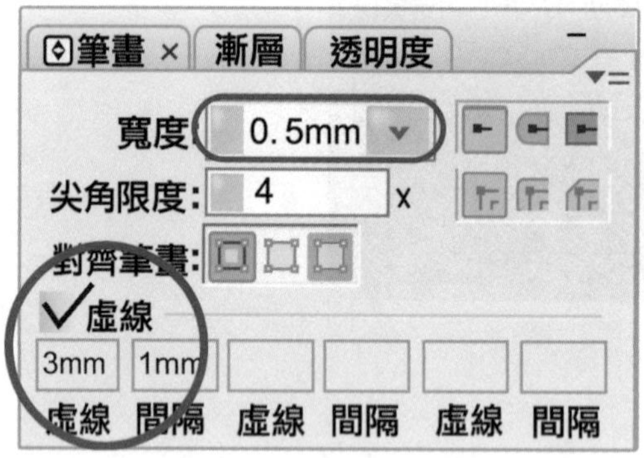

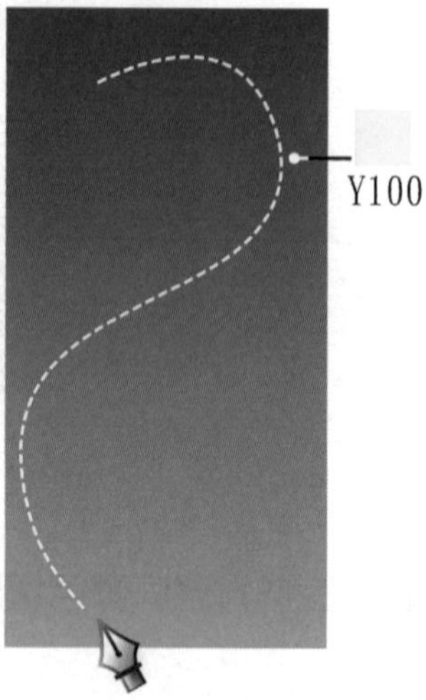

❸ 開啓文字檔後，複製「加強工安有保障，減少職災有希望，職場勞動重工安，檢核審慎保平安」這一段文字，返回到 Illustrator。

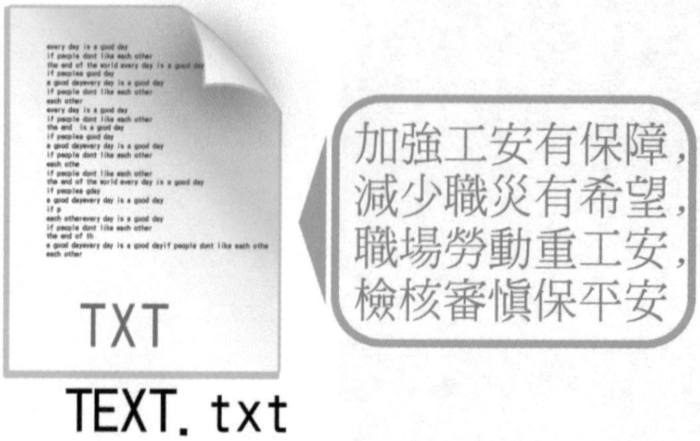

❹ 待線條製作完成後，即選取該線段，先以【Ctrl+C】（複製），再按下【Ctrl+B】將線條貼至下層。使用【路徑文字工具】，選取該線段後，會出現一個閃爍的文字游標。這時按下【Ctrl+V】，將複製的文字貼入游標之中。

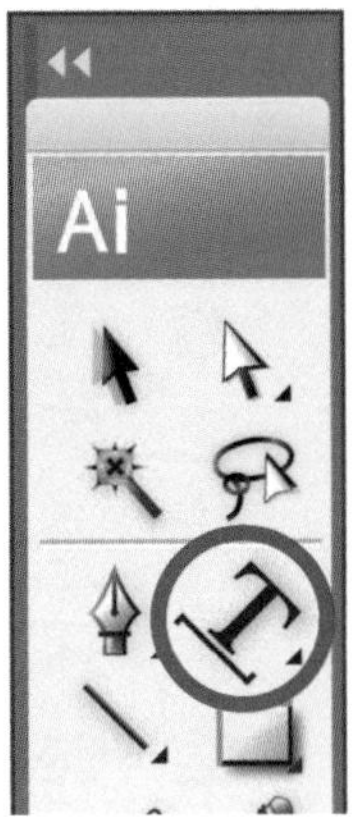

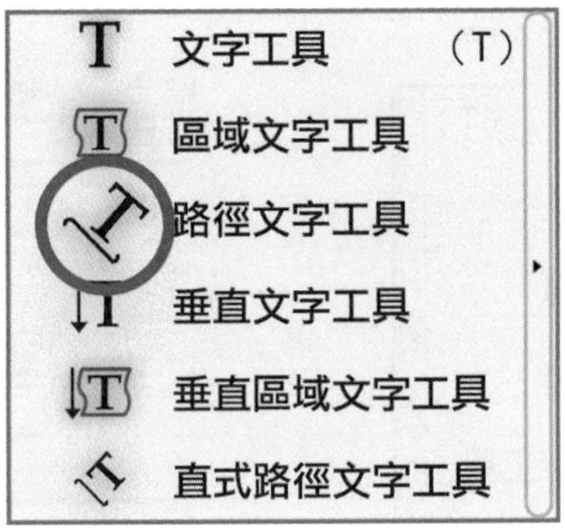

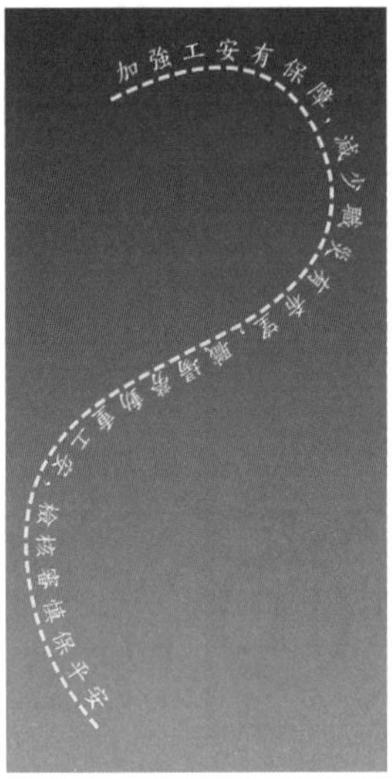

❺ 將剛剛貼入的文字，調整字型為【華康粗圓體】字體大小設定為【14pt】，基準線高度設為【4pt】。

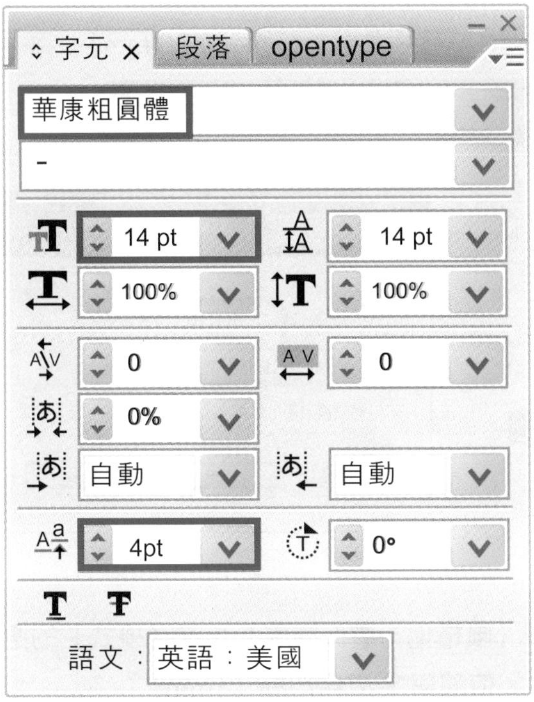

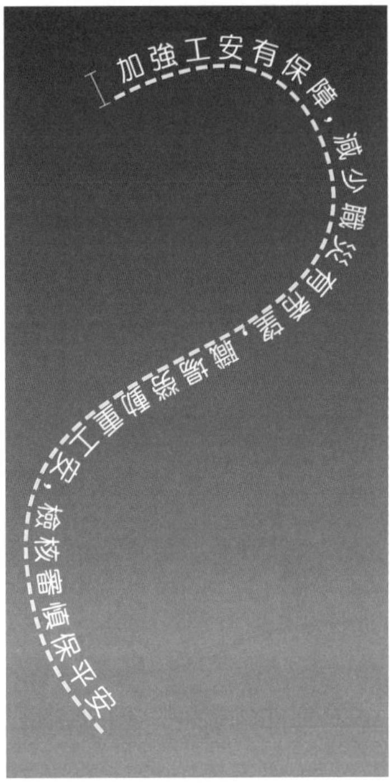

製作陰影

❶ 使用【垂直文字工具】鍵入「勞工安全不輕忽活力工作最幸福」，字體設定為【標楷體】，字級設定為【24pt】，間距【31pt】，按【右鍵 / 建立外框】後，使用路徑管理員工具，按住【Alt 鍵】，點選【聯集】，去除空心字裡多餘的線條。

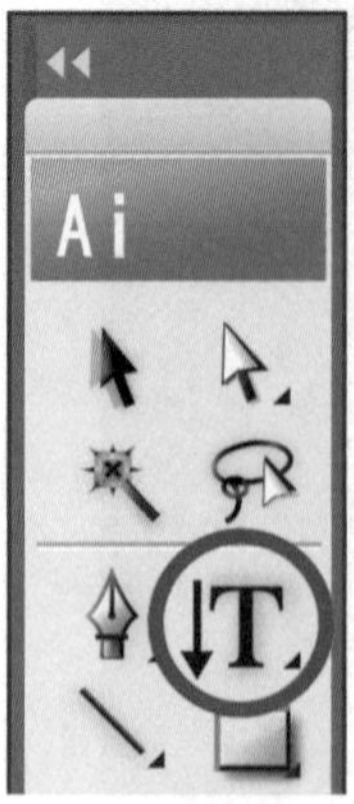

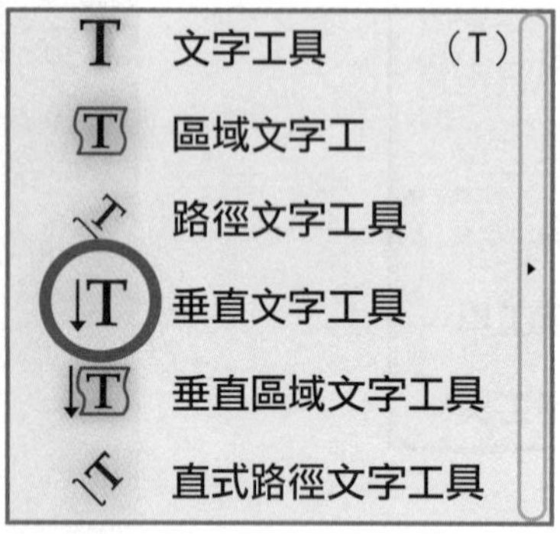

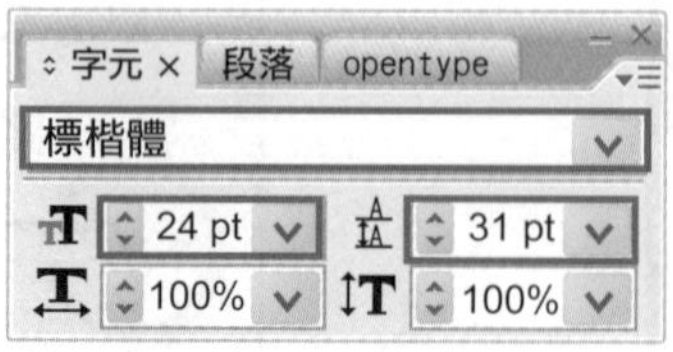

❷ 將外框文字的填色色彩設定為白色，複製一組相同外框文字，將下層文字內部填色設為【C100Y100】，到【濾鏡】中選擇【路徑 \ 位移複製】，位移【0.25 mm】，轉角為【圓角】。

CS4 以上版本，則在【效果 \ 路徑 \ 位移複製】進行操作。

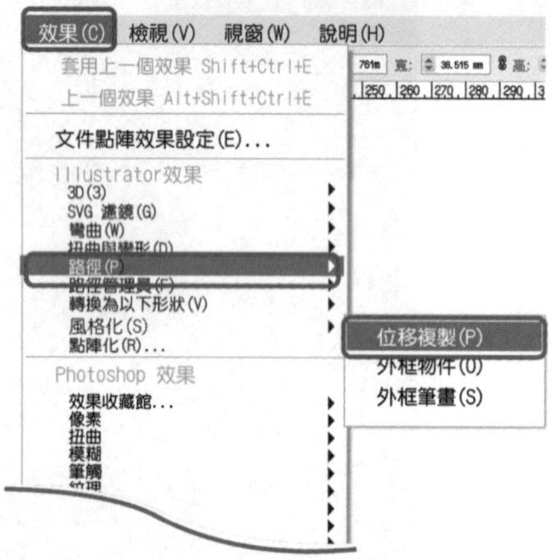

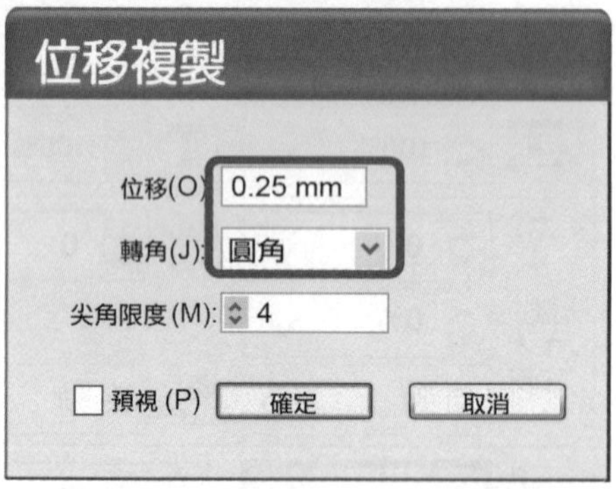

❸ 於綠色文字製作陰影，到【濾鏡】中選擇【風格化 \ 製作陰影】，在【模式】的選項中選擇【色彩增值】，並將不透明度定為【75%】，X 位移與 Y 位移均為【1mm】。

CS4 以上版本，則在【效果 \ 風格化 \ 製作陰影】進行操作。

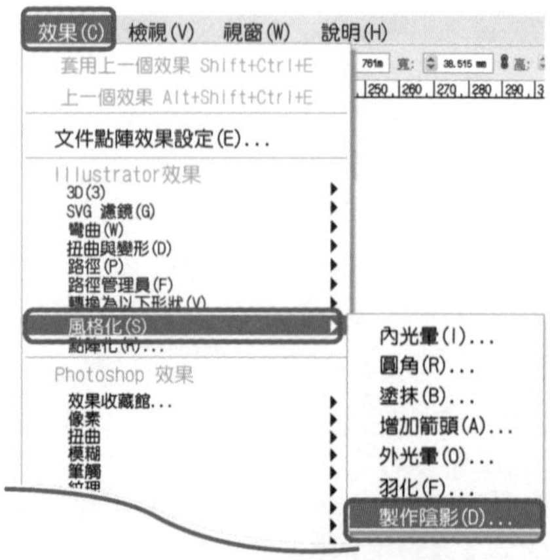

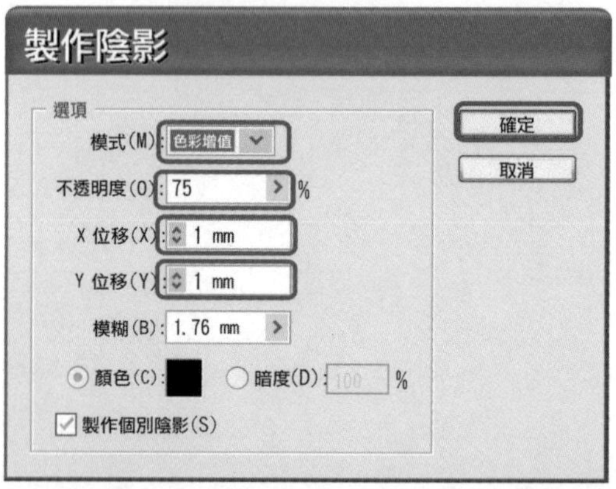

4 利用對齊功能，將綠色與白色外框文字【水平置中】、【垂直置中】。

5 鍵入「勞工安全要做到用心執行才重要」這一段文字，重複步驟 1 ～ 4 的方法做出楷體【24pt】白色字，【0.25mm】邊框【C100Y100】，右下1mm黑色陰影。

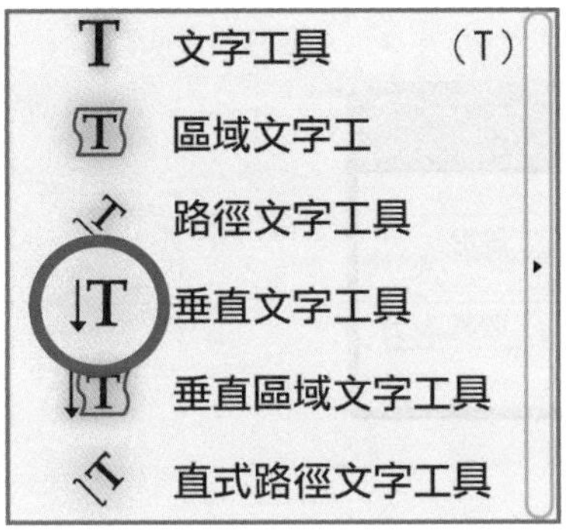

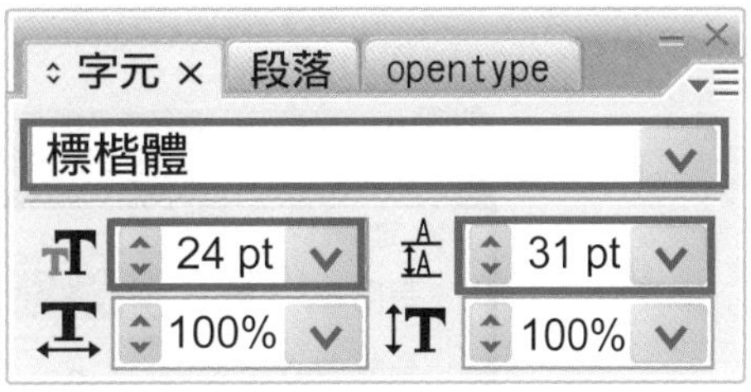

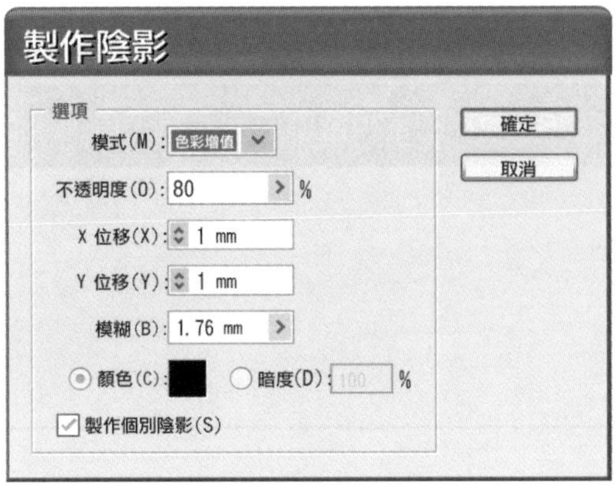

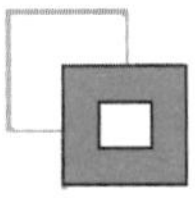

填色:白色
外框:C100 Y100

封底表格製作

1 利用【矩形工具】，製作一寬度【113mm】、高度【30mm】，線寬【0.2mm】的矩形。

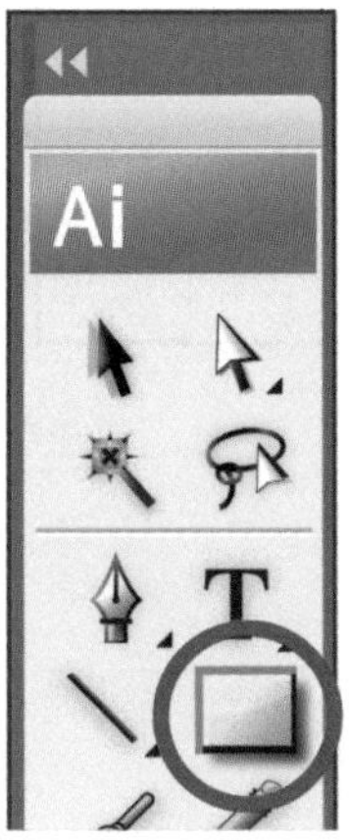

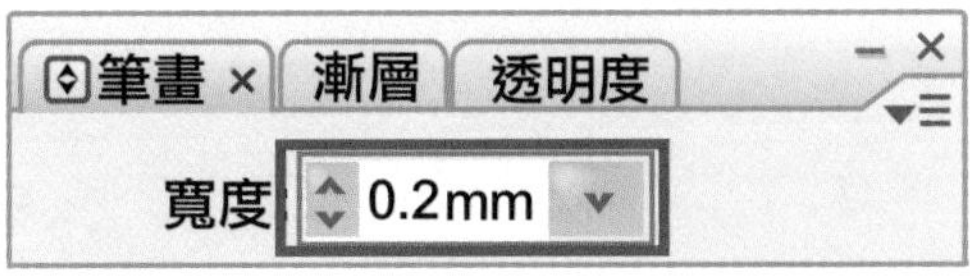

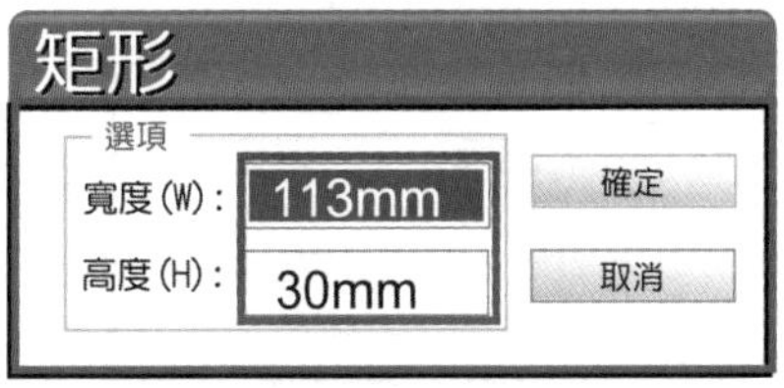

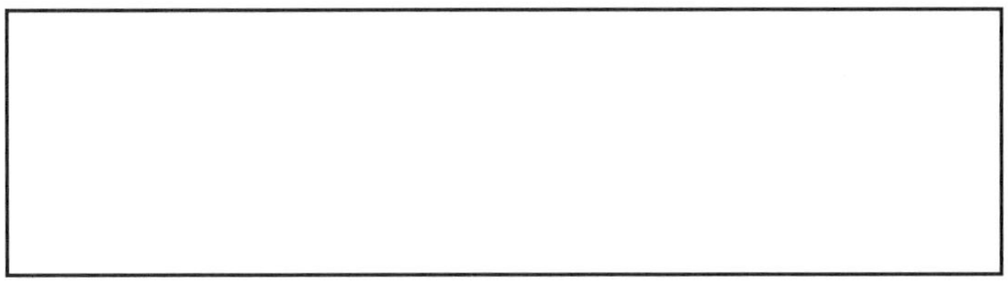

❷ 使用【線段工具】在畫面點擊出現【線段區段工具選項】，設定為長度【35mm】、角度【90度】。長度只要設定出過矩形的高度即可。

❸ 選取線段與矩形，按下【視窗\對齊】注意畫板應為反白【對齊物件】，而非選擇反黑（對齊畫板）點選【水平齊左】、【垂直置中】。

CS4 版本以上，則要選擇「對齊選取的物件」。CS6 版本的畫板選項位於上方工具列，而非對齊視窗。

❹ 再使用【線段工具】，拉出一長度【120mm】、角度【0 度】的線條，並放置於矩形下方。

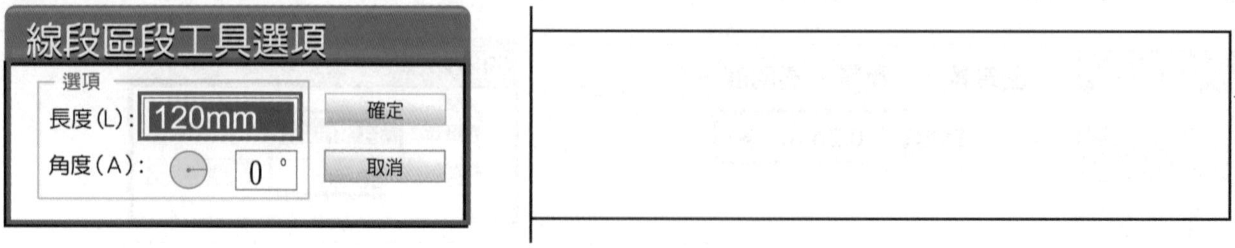

❺ 點選兩線段與矩形，確認對齊視窗的畫板選項應為反白【對齊物件】，後再點選【水平齊左】與【垂直齊上】。

CS4 以上版本，則要選擇「對齊選取的物件」。CS6 版本的畫板選項位於上方工具列，而非對齊視窗。

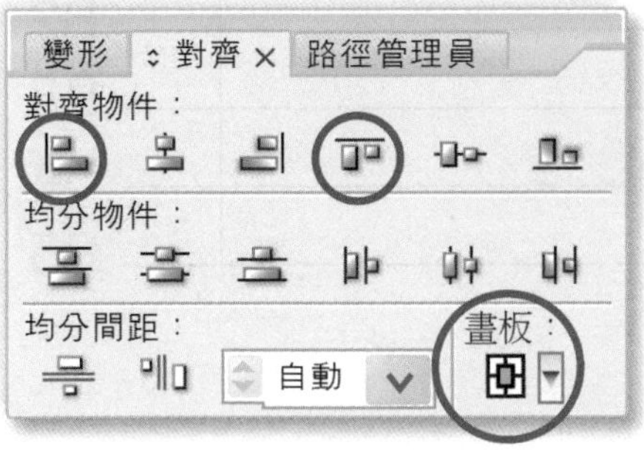

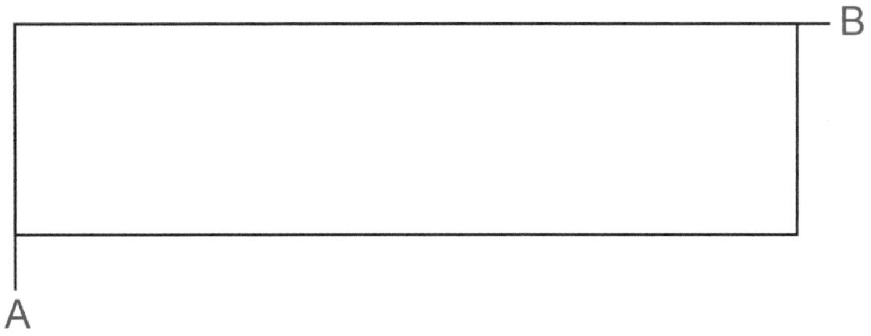

❻ 接著，單獨點選線段 A 後，按下【Enter】，在【移動工具】的水平欄位中，填入【39mm】後，按下【拷貝】，即可得線條 A1。

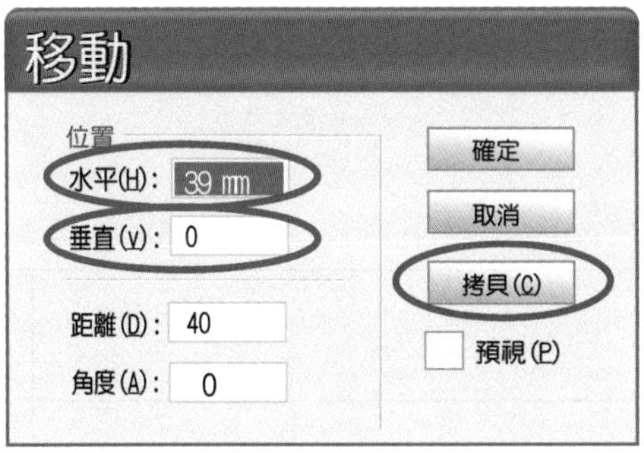

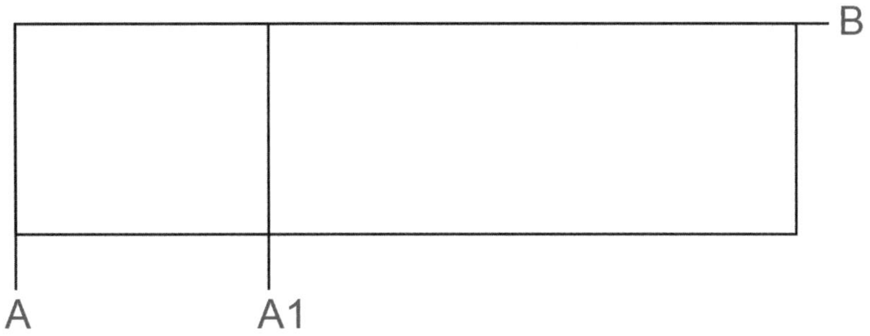

❼ 同樣地，點選線段 B 按下【Enter】，在【移動】工具的欄位中，填入：水平【0mm】，垂直【-9mm】，接著按【拷貝】。

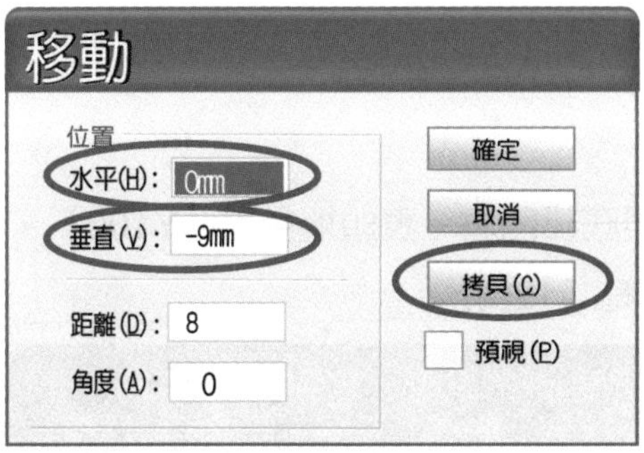

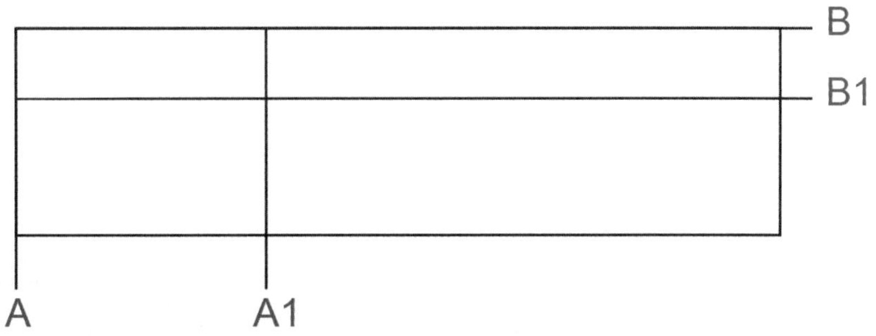

8 以同樣的方式，便可製造出 B1、B2、B3、B4、B5 等線段，這些線段的位置需對應描圖檔，之後分割矩形製作表格時，間距才會正確。

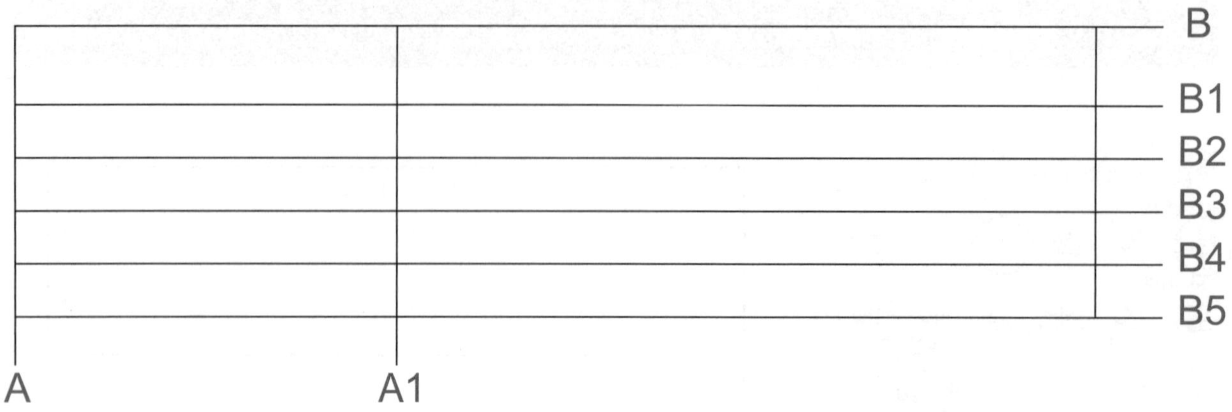

9 按住【Shift】選擇 A~A1 與 B~B5 線段與矩形，點【視窗\路徑管理員\分割】。

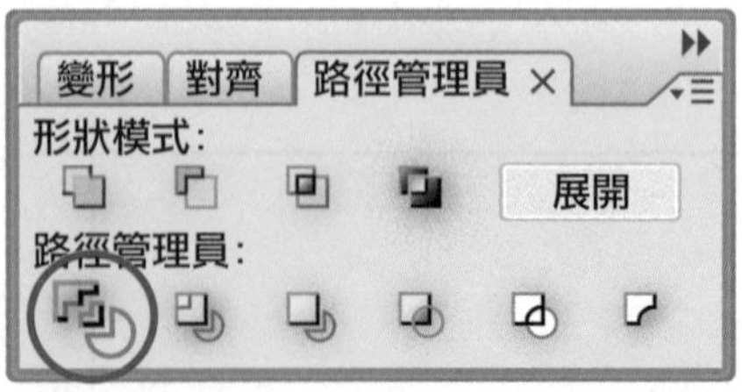

10 再按【Ctrl+Shift+G】（解散群組），並依樣說明填入文字與底部色塊，表頭填色為【Y100】，標題【粗圓體】，內文【細黑體】，英文【Arial】，大小均為【12pt】。

注意描圖檔的文字只有首字，完整文字在文字檔文件內。此外解析度 lpi 的說明，文字檔的文字為「半色調影像印刷品解析度」，但說明樣式為「半色調印刷品解析度」，無「影像」二字，此處考驗應檢人員是否有校稿，應考時應以考場提供之說明樣式為準。

解析度名稱	說明
dpi(dot/inch)	每英吋多少雷射點，輸出機解析度
lpi(line/inch)	每英吋幾線，半色調印刷品解析度
ppi(pixel/inch)	每英吋多少畫素，影像解析度
epi(element/inch)	每英吋多少元素，一般指掃描單位數

主標題字特效製作

❶ 使用文字工具自行輸入「印前製程應用」，【特圓體】、【60pt】、填色為【Y100C50】，製作兩組相同文字。將其中一組文字利用【濾鏡 \ 路徑 \ 位移複製】設定為位移【1.5mm】、【圓角】、顏色為白色。

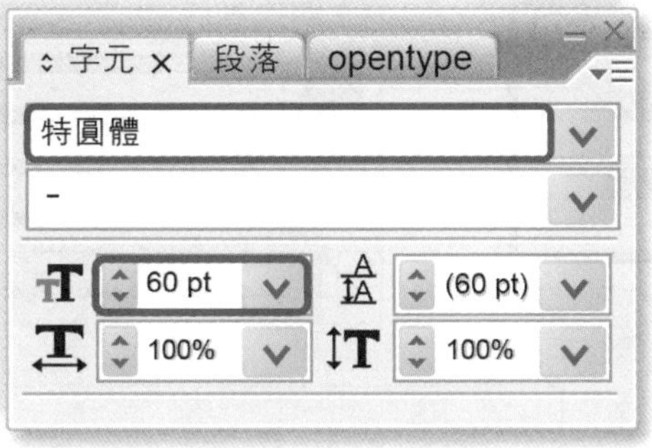

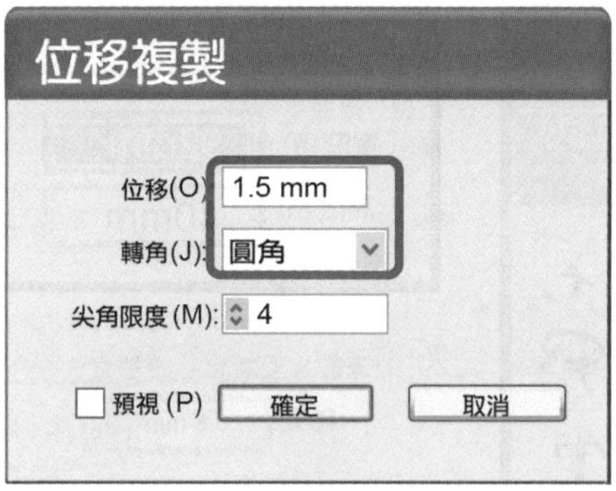

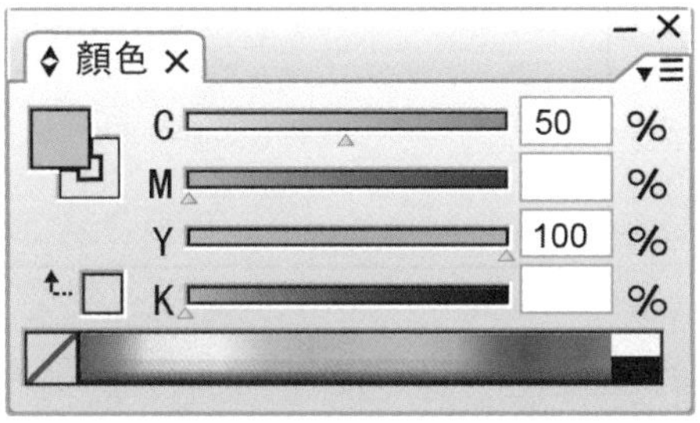

❷ 點選白色之文字，到【濾鏡 \ 風格化 \ 製作陰影】設定模式為【色彩增值】，並將不透明度設為【80%】，XY 均位移【2.5mm】。最後將陰影的顏色定為黑色 100%，直壓底圖。

將步驟 1 無設定外框文字置於有外框之文字上層，同時選取二文字，按下【視窗 \ 對齊】，注意畫板應為反白（對齊物件），而非選擇反黑（對齊畫板）。點選【水平齊左】、【垂直置中】，再按 Ctrl+G 組成群組，即可製作出白色外框 + 陰影的文字效果，再依照描圖檔對位。

> 步驟 1 與 2，CS4 以上版本，【濾鏡】改為【效果】，要選擇「對齊選取的物件」。CS6 版本的畫板選項位於上方工具列，而非對齊視窗。製作文字時可由【視窗 / 文字與表格 / 字元】開啓字元面板，做字距微調，使文字間距與描圖檔一致。

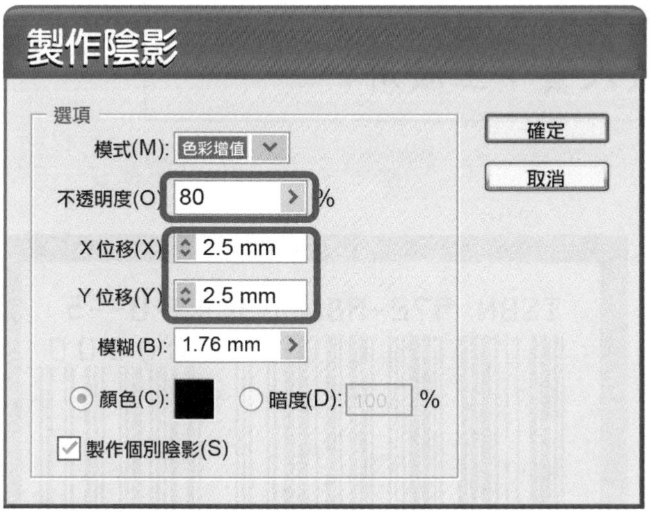

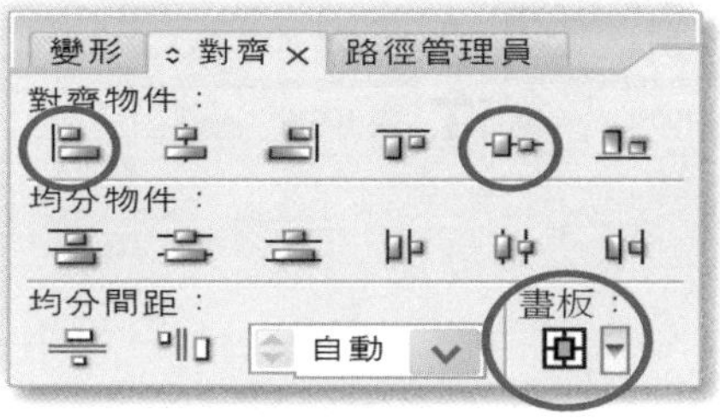

應檢人員欄位製作

1. 以矩形工具繪製一個白底紅框的矩形，將之設定為寬【92mm】，高【40mm】，線寬【0.5mm】，顏色【M100Y100】，最後於【視窗 \ 透明度】設定不透明度【80%】。

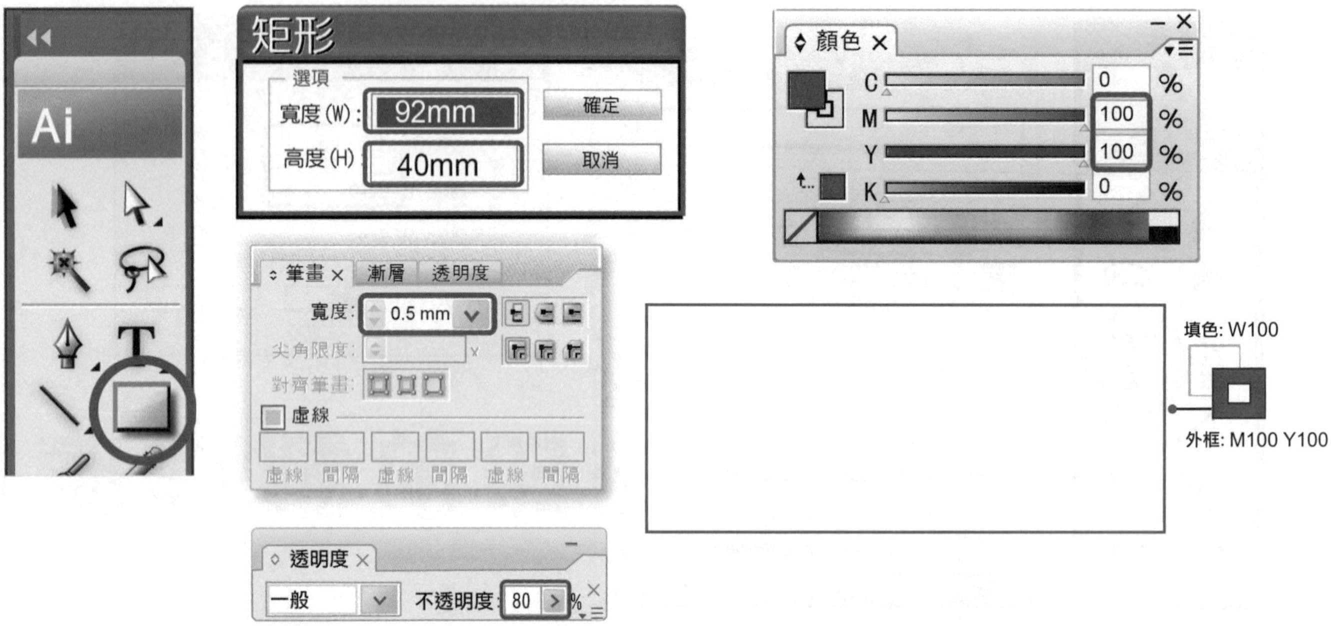

2. 自行輸入文字「勞動部勞動力發展署技能檢定中心印前製程乙級技術士」，使用【18pt】的【標楷體】，並輸入應檢年度及應檢人員姓名。

本範例操作鍵入之年度僅供參考。實際應考時，鍵入的應檢年度以現場監評人員之口述公告為主。

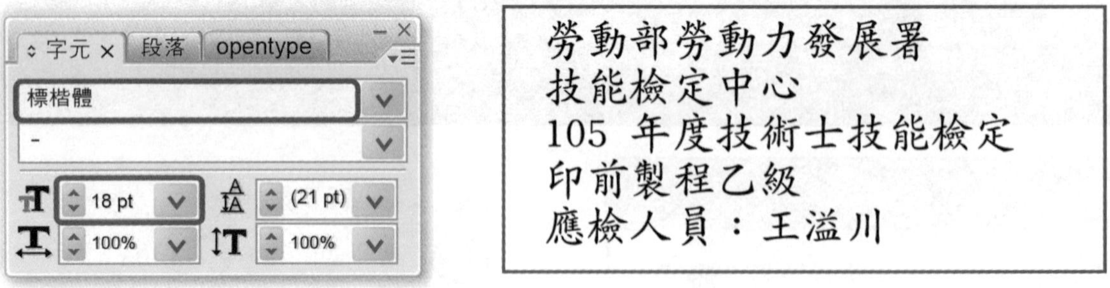

置入條碼與文字

1. 以矩形工具繪製一白底黑框矩形，寬【28mm】、高【16mm】（線寬【0.2mm】），接著執行【檔案 \ 置入】，選擇「ISBN 檔」後調整大小置於矩形之上，組成群組，依照描圖檔對位。

❷ 於下方以文字工具輸入「定價 NT$300 元」，中文字體使用【粗圓體】、英文字體則為【Arial】、大小均為【12pt】、顏色為白色。

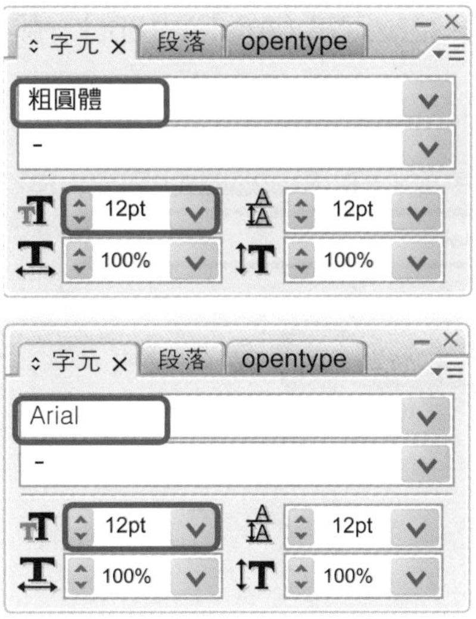

ISBN 972-986-83243-0--5

00300

9 789468 328503

定價NT$300元

❸ 使用【文字工具】，鍵入「勞動部勞動力發展署技能檢定中心」這一段文字，將中文字體設定為【中黑體＼14pt＼行距 14pt＼垂直調整 80%】，英文字體改為【Arial ＼ 10pt ＼行距 12pt】，色彩均為白色，並依照描圖檔對位（可利用【字距微調】功能，使文字與描圖檔對位準確）。

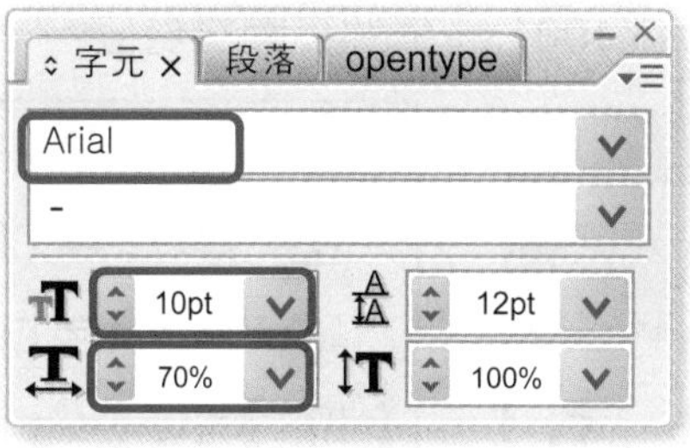

勞動部勞動力發展署技能檢定中心

Skill Evaluation Center of Workforce Development Agency, Ministry of Labor

書背標題字製作

❶ 在書背上紅色矩形處，以【文字工具】輸入「01」，字體設定為【Arial \ 18pt】，顏色為【白色】。

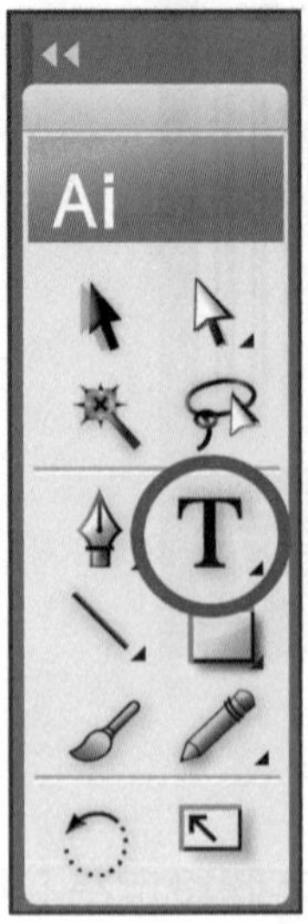

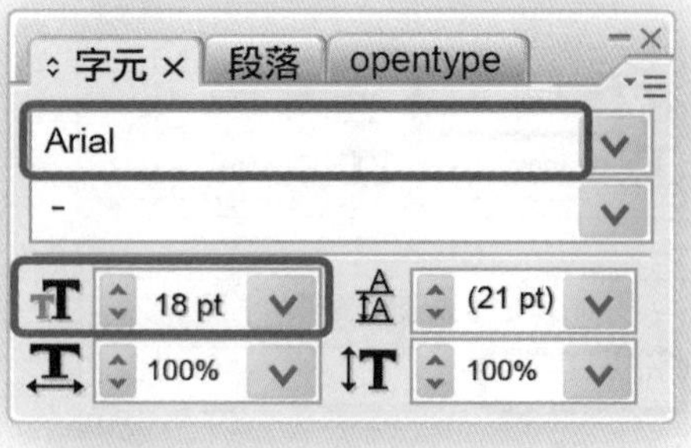

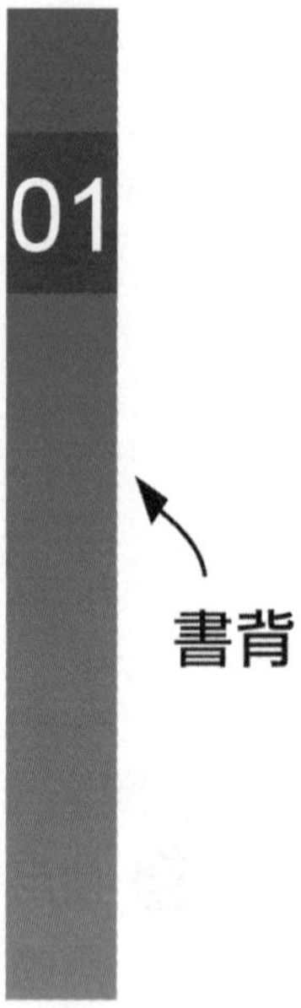

❷ 使用【垂直文字工具】，輸入「印前製程應用」，使用【粗黑體 \ 16pt \ 字距 200】，顏色為【Y100】，依照描圖檔對位。

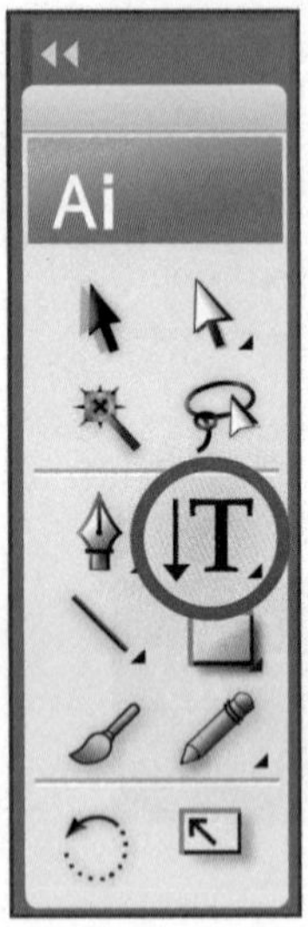

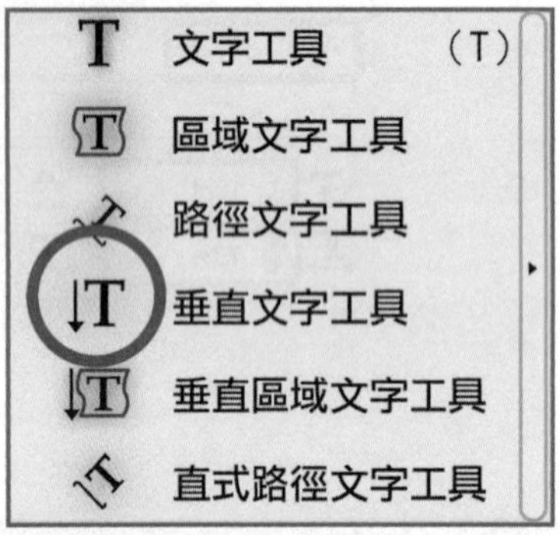

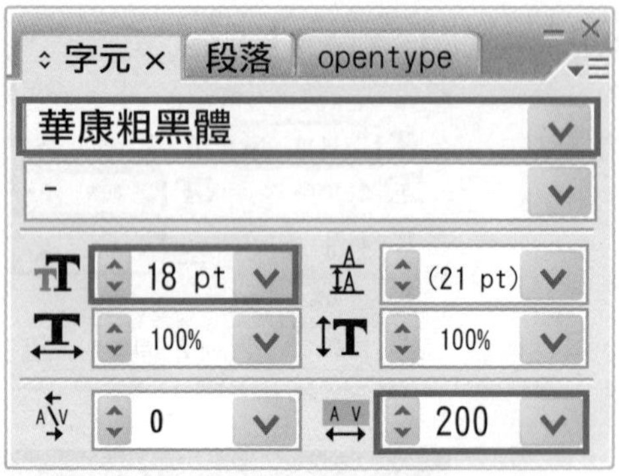

置入文字與色塊

將做好的每一組特效文字、表格或色塊以【移動工具】依描圖檔縮放到指定位置。

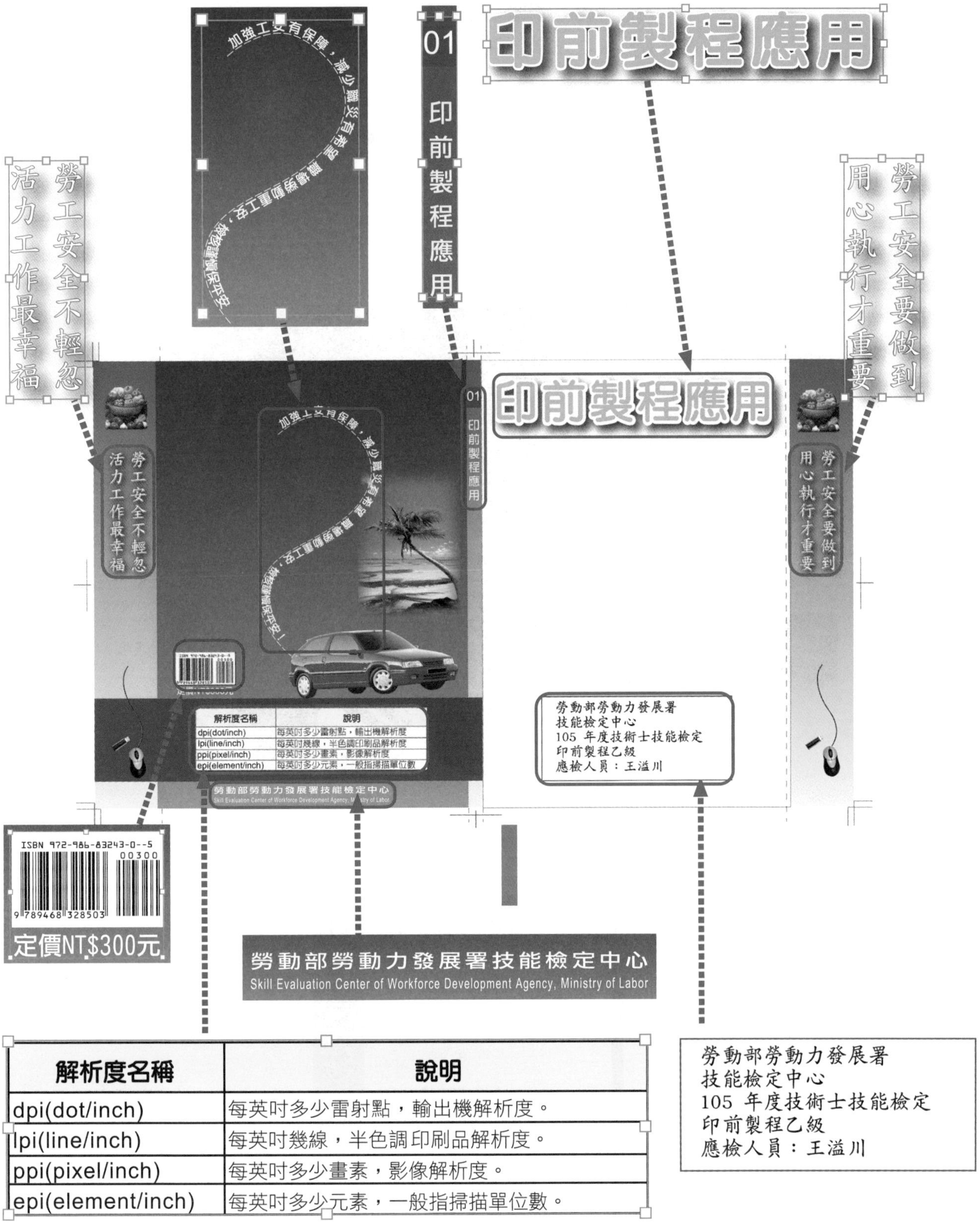

解析度名稱	說明
dpi(dot/inch)	每英吋多少雷射點，輸出機解析度。
lpi(line/inch)	每英吋幾線，半色調印刷品解析度。
ppi(pixel/inch)	每英吋多少畫素，影像解析度。
epi(element/inch)	每英吋多少元素，一般指掃描單位數。

A1.tiff 與 A1-1.psd 人物置入

❶ 執行【檔案\置入】選擇 A1.tiff 並在描圖檔圖層中依據其大小縮放對位。

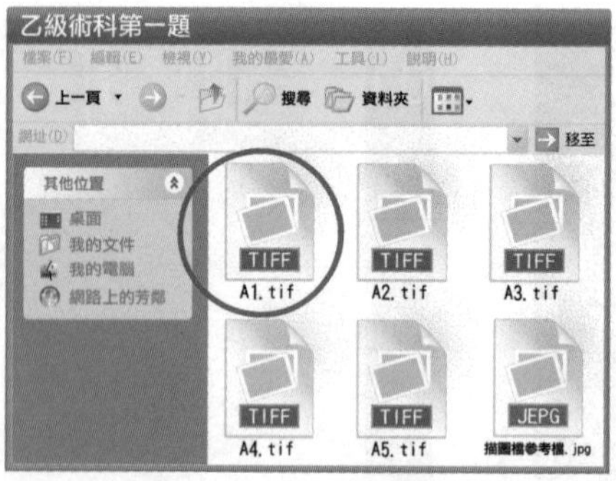

A1.tiff

❷ 執行【物件\排列順序\移至最後】。

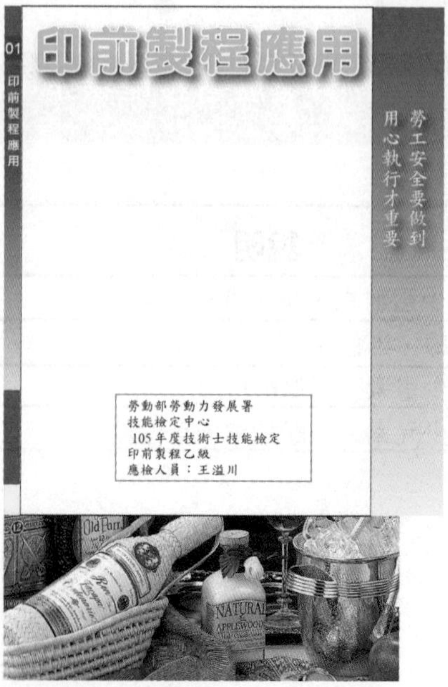

❸ 回到圖層中再次執行【檔案 \ 置入】選擇A1-1.psd檔並依描圖檔大小縮放置於A1.tiff檔的右下方。

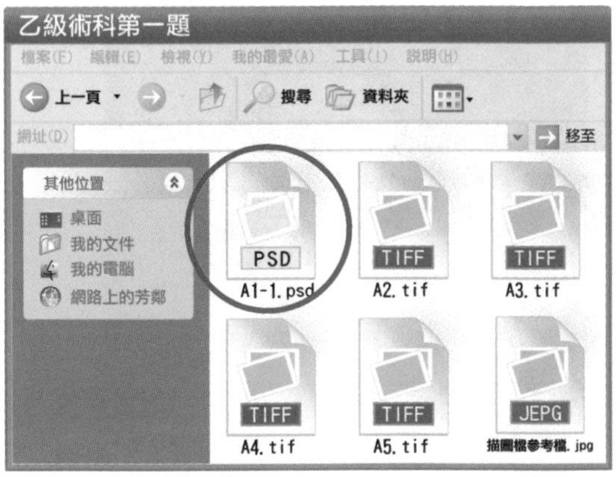

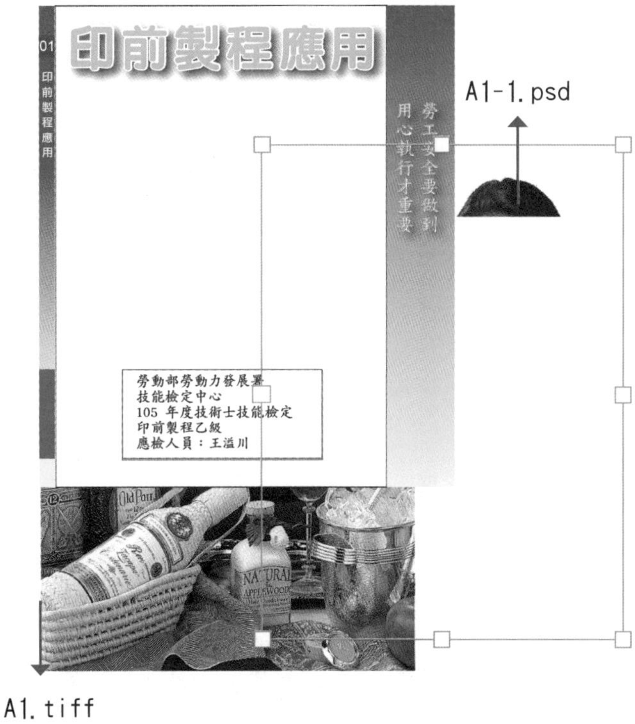

❹ 同時選取 A1.tiff 與 A1-1.psd 兩圖檔，執行【視窗 \ 對齊】，確認畫板選項為反白【對齊物件】，再點選【水平齊左】與【垂直齊上】。此時A1-1.psd就貼在主標題字的上方，A1.tiff檔則在最下方。

CS4 以上版本，則要選擇「對齊選取的物件」。CS6 版本的畫板選項位於上方工具列，而非對齊視窗。

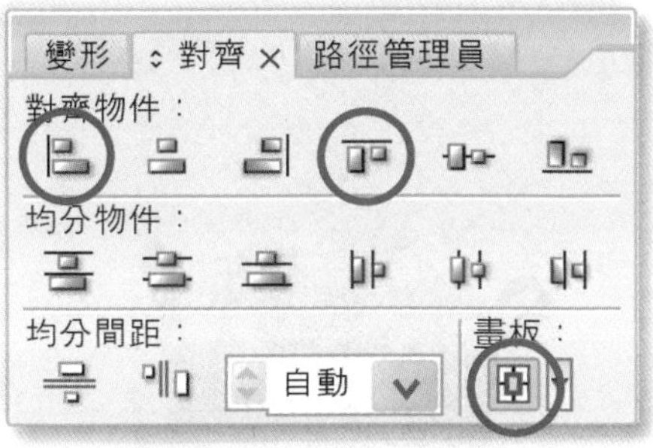

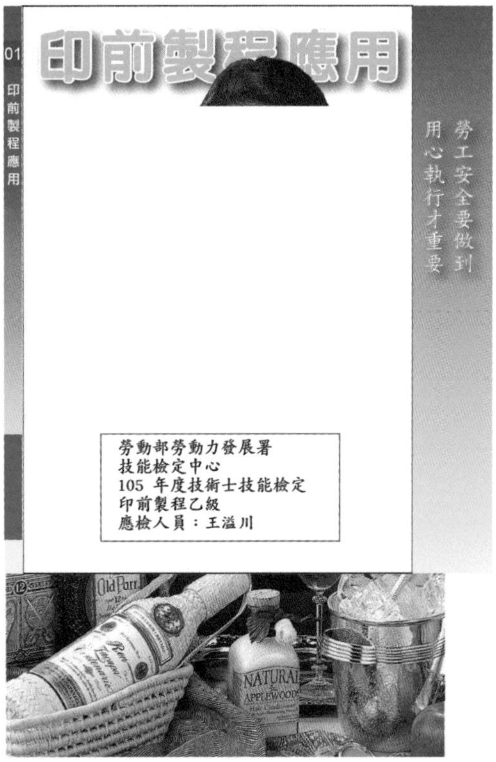

5 按住【Shift】同時加選 A1.tiff 與白色矩形後，按下【Ctrl+7】（製作遮色片）即完成。為方便選取矩形與 A1.tiff 檔，可先將最上層的 A1-1.psd 檔鎖住，待製作完遮色片後再解鎖。若完成後頭髮沒有對齊得很精準，可使用【選取工具】並以方向鍵做上下左右微調。

A2.psd 花籃置入

1 執行【檔案 \ 置入】選擇 A2.psd 並依描圖檔大小縮放對位。

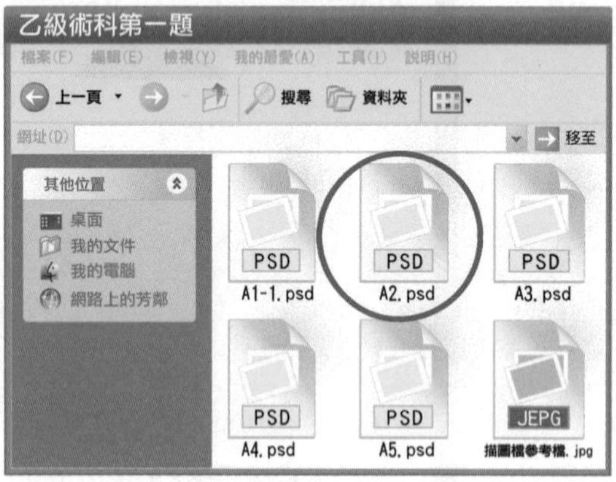

❷ 按下【Ctrl+C】（複製）再按【Ctrl+V】(貼上)，出現兩個 A2.psd 的圖，分別將其置放於左右兩側依描圖檔縮放對位。

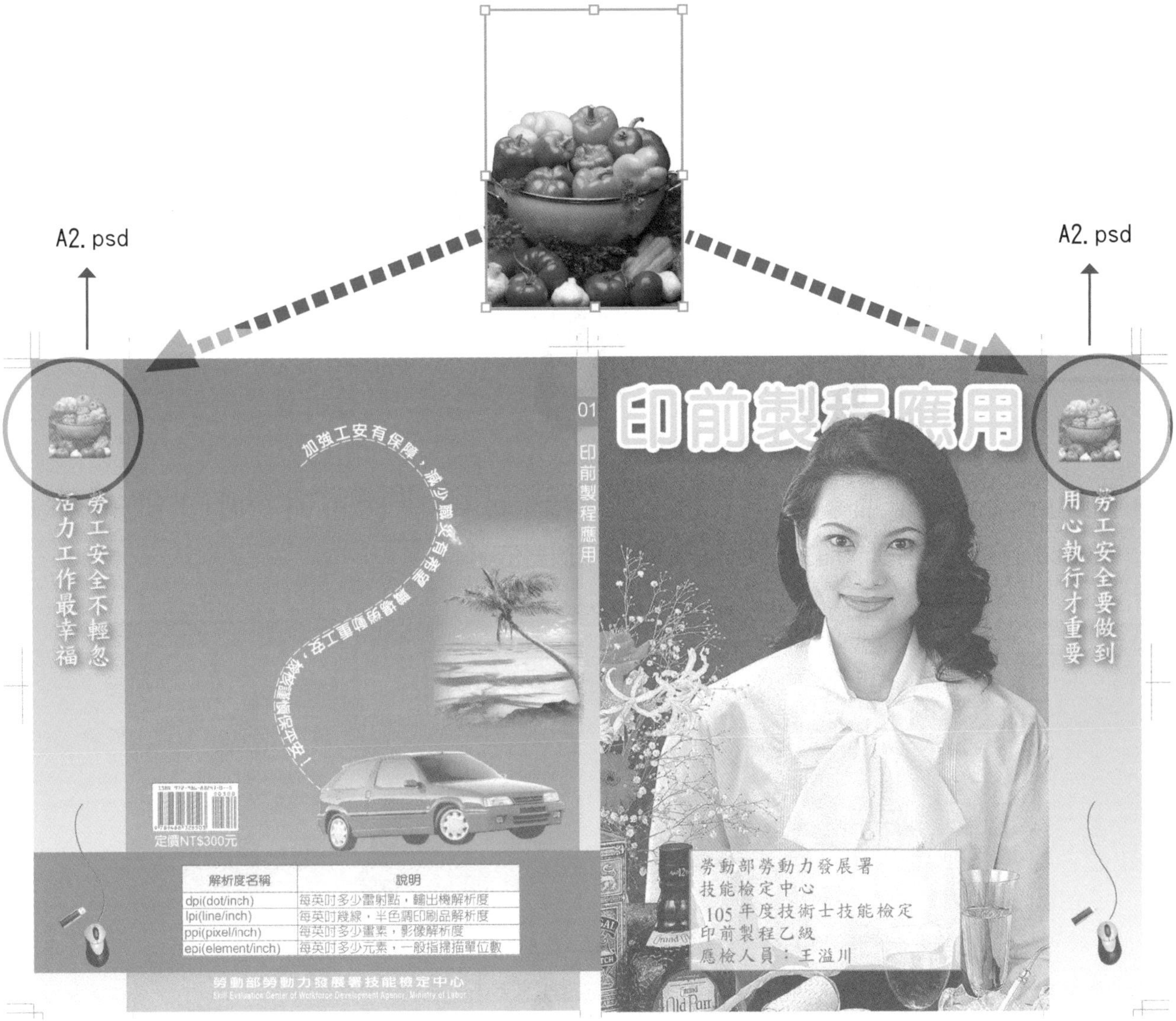

A3.psd 滑鼠置入

❶ 執行【檔案 \ 置入】選擇 A3.psd 並依描圖檔大小縮放對位。

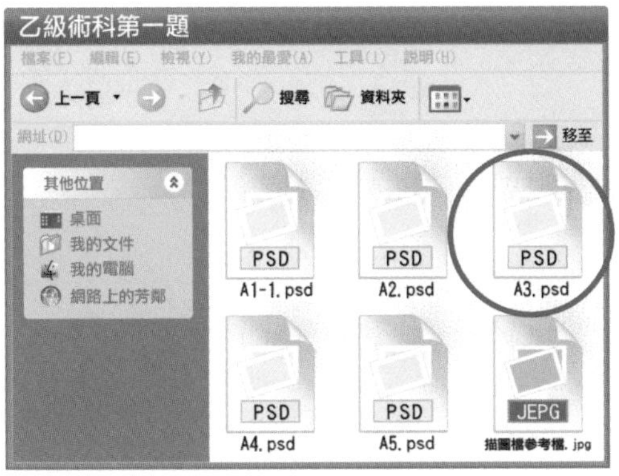

2 以【鋼筆工具】在滑鼠上方依描圖檔繪製出一條【0.35mm】寬的黑色曲線。

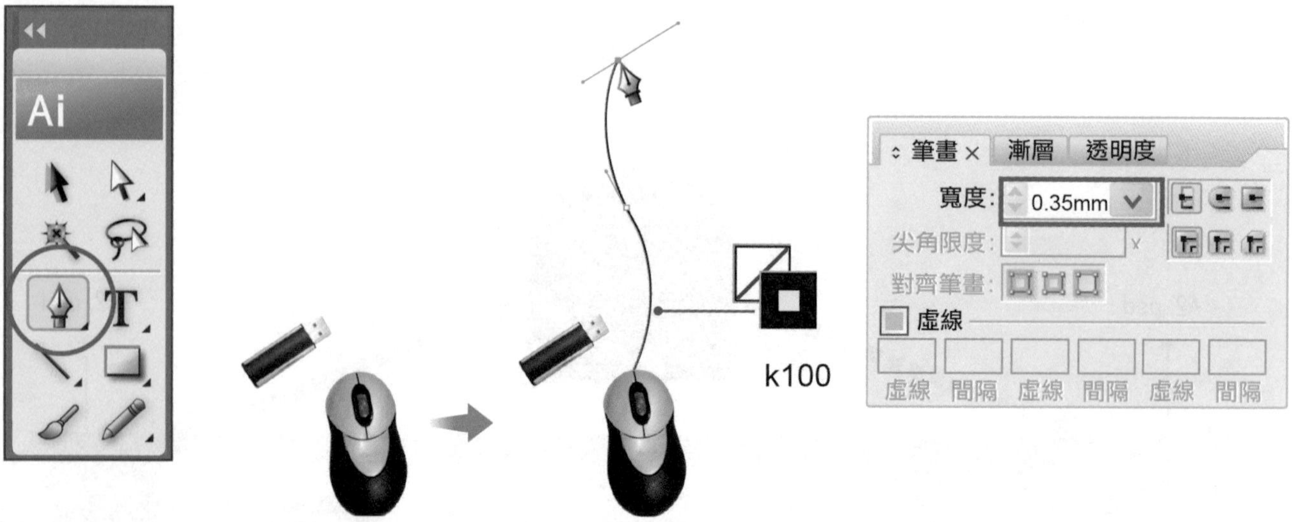

3 同時選取滑鼠與黑色曲線，按下【Ctrl+C】（複製）後，再按【Ctrl+V】（貼上）即出現兩個 A3.psd 的圖，分別置放於左右兩側依描圖檔縮放對位。

A4.psd 椰子樹置入

❶ 執行【檔案\置入】選擇 A4.psd。

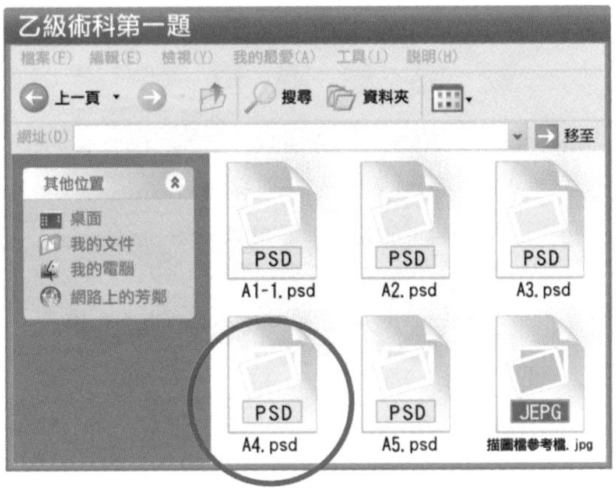

❷ 依描圖檔大小縮放對位（5cm × 7cm，置於路徑文字下方）。

A5.psd 汽車置入

1 執行【檔案 \ 置入】選擇 A5.psd。

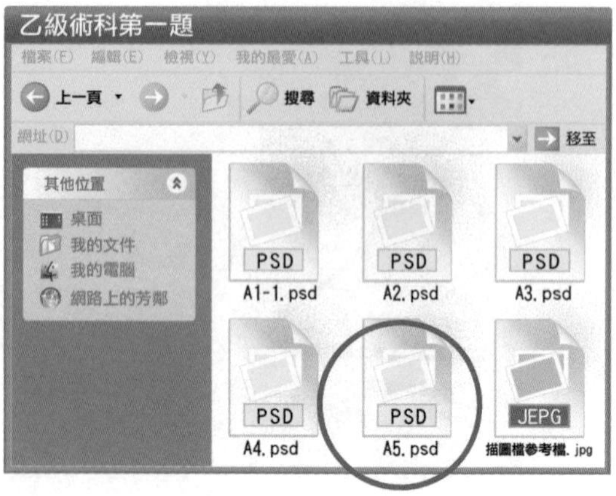

2 依描圖檔大小縮放對位。

列印

1. 確認每一細節是否都有依照說明樣式製作，且每一個色塊、圖片、文字是否都有依描圖檔做位置排列。

2. 檢查完畢後到【圖層視窗】將【描圖檔圖層】刪除，再執行【檔案\另存新檔】另存成 PDF 檔。

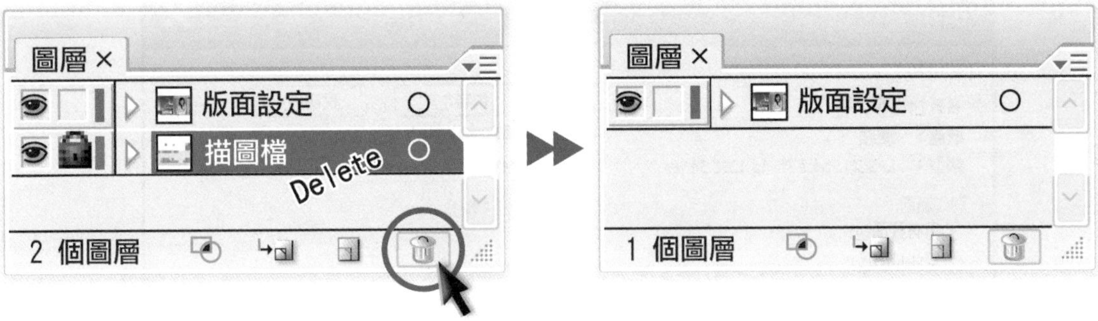

3. 以 Adobe Acrobat 開啟剛才另存的 PDF 檔，執行【檔案\列印】。

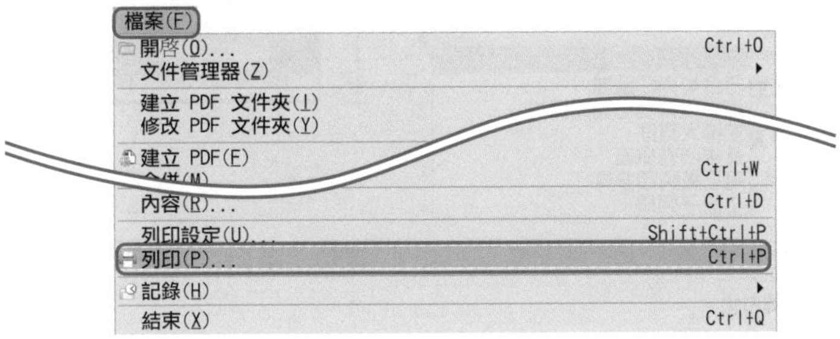

4 選擇印表機時，可在印表機名稱的選項內選擇待印的印表機【維摩詰】（實際列印時以檢定現場指定的印表機名稱為主）。

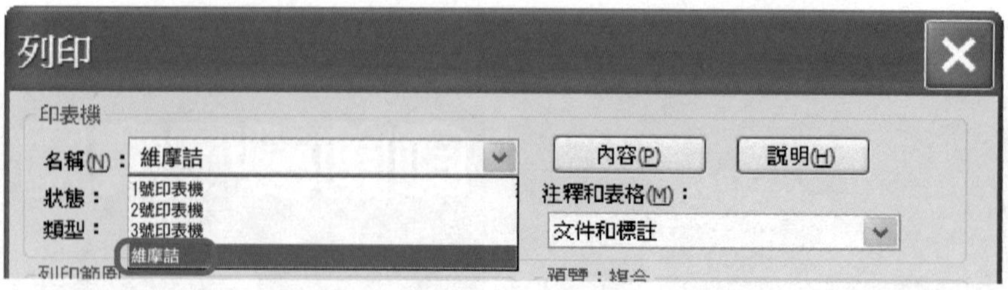

5 接著選擇紙張，在紙張選項中的大小欄位選擇【A3 297 x 420 mm】。

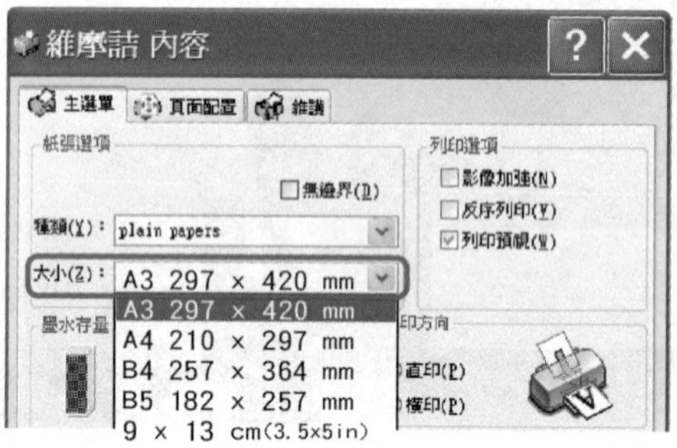

6 然後選擇縮放比例，在頁面處理選項中的頁面縮放欄位裡選擇【無】再按【確定】即完成。

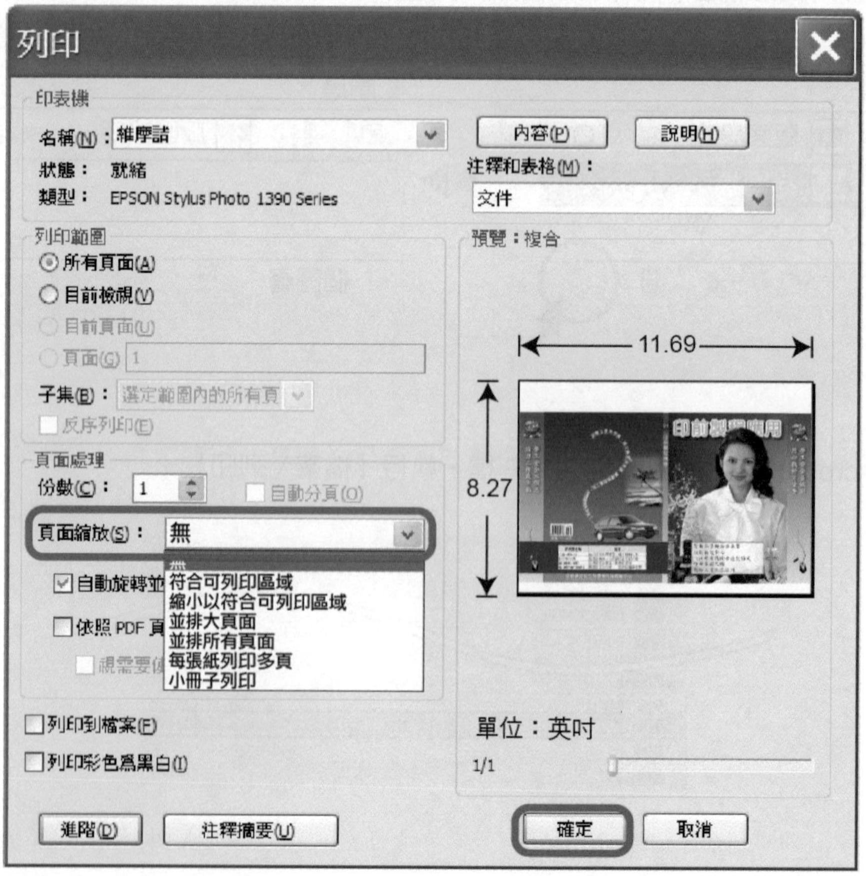

第二題

試題編號：19100-1060202

試前重點說明

說明樣式

解題方法

試前重點說明

一、試題編號：19100-106202

二、試題名稱：可變印紋

三、測試時間：120 分鐘

四、測試項目：

（一）結合資料庫編排達到可變印紋的自動化圖文整合。

（二）原稿判讀、版面設定、製作規劃、資料庫編排以及數位印刷概念。

（三）向量檔案製作、平面 3D 效果製作和點陣圖檔效果運用。

（四）基本顏色與漸層色設定、透底色的檔案格式設定和去背的應用。

（五）儲存檔案、另附存 PDF 電子檔及檔案列印操作。

（六）列印後應具備自我品管檢查之責任。

五、試題內容：

（一）試題內容：製作裁切後可得 18 本，每本有 3 張學習券的列印檔案，採用可變印紋方式製作，每一本都有唯一的編號、影像、上課地點和內容；每一本的每一張學習券號碼也是唯一的流水號。請製作出 3 張 A3 的檔案以利將來進入後加工階段時，裁刀裁切完成後即可得到 18 本學習券，不需有印刷後配帖加工的流程。

（二）版面規格：單張學習券含存根聯尺寸為已包含出血的尺寸：135mmX44mm。

（三）完成尺寸：於 A3 直式紙張內居中拼成 9X2（396X270mm）共 18 模，每模列和欄的間距為 0mm，輸出 3 張 A3 紙張。輸出時需轉換成 PDF/X-1a 格式 (此格式可將 RGB 色空間轉成 CMYK，並將符合規範的字體內嵌入 PDF 檔案內，專為出版印刷用的檔案格式，所以製作時的檔案以 RGB 格式操作，轉存 PDF 的設定為 PDF/X-1a，色彩轉換之目的地選擇銅版紙（coatedpaper）的描述檔)。

（四）裁切：底紋在設計時為密接的安排，模與模之間採用一刀裁切的方式。採用數位裁刀設定裁切尺寸，可自動移動紙張距離及裁切，並假設此印件為常用型的尺寸和固定版型，因此只要依照版型設定指示，於輸出列印成品可不加裁切和完成尺寸的標線。

（五）文字檔：檔名為 TEXT.txt，自行取用置入。本文字檔中如有未包含的文字，請依照『說明及對位用』檔案指示說明自行輸入。

（六）每張學習券的規定請依照『說明及對位用』資料夾內的設定說明製作。

（七）版型和 18 張小圖：包含原檔與對位用參考檔：請依照『說明及對位用』資料夾內的設定說明製作。

（八）各物件位置未特別說明實際距離者，可依所附描圖檔參考調整。

（九）術科測試時間包含版面製作、完成作品列印、檔案修改校正及儲存等程序，當監評人員宣布測驗時間結束，除了位於列印工作站之應檢人繼續完成列印操作外，所有仍在電腦工作站崗位的應檢人必須立即停止操作。

（十）作業期間務必隨時存檔，成品檔案存檔命名規則：准考證號碼 + 應檢人姓名（中間不需要有 + 號）。

（十一）測試時間結束前，將所有成品原始和完成封裝檔案與 PDF 檔各乙份儲存於隨身碟中供檢覈外，應指定該 PDF 格式檔案經彩色印表機列印出作品樣張。

（十二）列印時，可參考現場所提供之列印注意事項，以 AcrobatReader 或 Acrobat 軟體列印輸出，並須自行量測與檢視印樣成品尺寸規格正確性。

（十三）作業完畢請將作品原稿之所有成品、原稿、光碟片、隨身碟連同稿袋與簽名樣張一併繳交監評人員評分。

本書之附書光碟含有勞動部公告之測試參考資料，考生可使用光碟內的資料做演練。但請注意，勞動部會不定期做勘誤、小幅修訂，且不會另行公告（大幅修訂勘誤才會公告），建議考生於考前至「勞動部勞動力發展數技能檢定中心」網站，由「熱門主題\測試參考資料」區下載最新版的素材做最後演練，樣式與素材皆以考試現場提供之資料為基準。

可變印紋單模版型說明

單模尺寸：長135mm X 高44mm

（底圖飾紋、色塊及文字等位置請參考 對位用參考檔 資料夾）

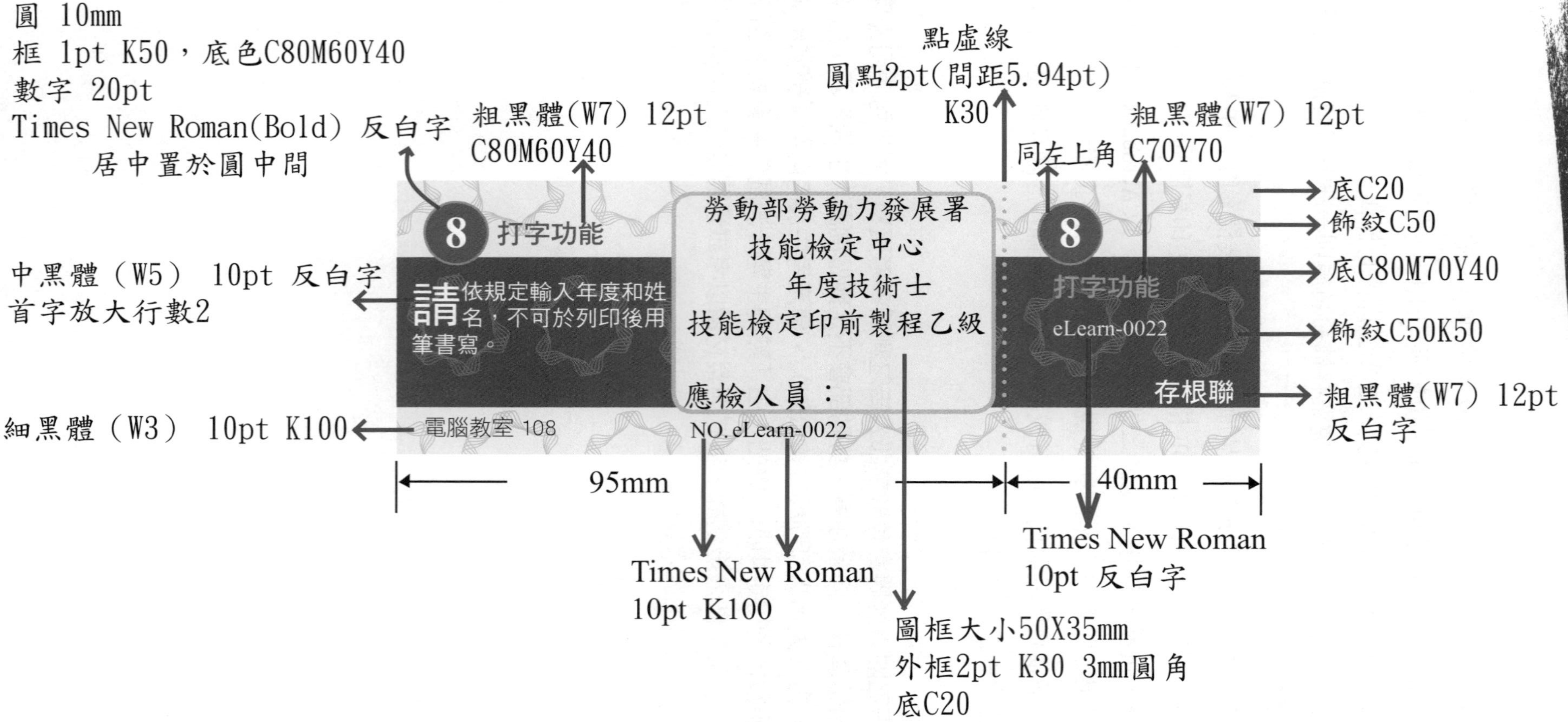

組成多模時，每一模的間距均為0mm

列印此張請以實際大小列印，並請用尺校量尺寸

（完成品示意圖 請參閱考生的檔案資料夾）

①

飾紋做法
1. 星芒數6個，線寬0.5pt
 二個半徑分別為10及4mm
2. 風格化圓角設定4mm
3. 顏色框線為C100
4. 旋轉5度
5. 底圖飾紋共用此圖，其位置和顏色
請參考（1_底圖飾紋對位檔.jpg）

②

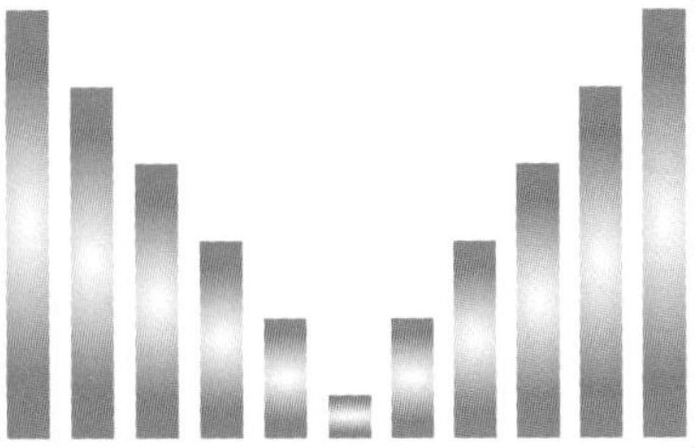

1. 二條最長的高度為30mm
 （左條左緣至
 另一條右緣最大的距離為48mm）
2. 最短的高3mm
3. 寬皆為3mm
4. 色彩為C20M60Y80的放射狀漸層

③

請由四個描圖擇一製作
描圖為向量路徑
有EPS檔可供使用
顏色C40Y40>3D>迴轉

④

20mm 方形 3D突出 75pt

自 C100Y100 50pt 標楷 底M50
己 C50M50 50pt 標楷 底Y50
做 M70Y50 50pt 標楷 底C50
符號功能

⑤

加色法做法
1. 圓15mm, 三個
2. 形狀建立, ALT減去不要的部份
3. 即時上色, 填入M100+Y100,
 C100+Y100, C100+M100和白色

⑥

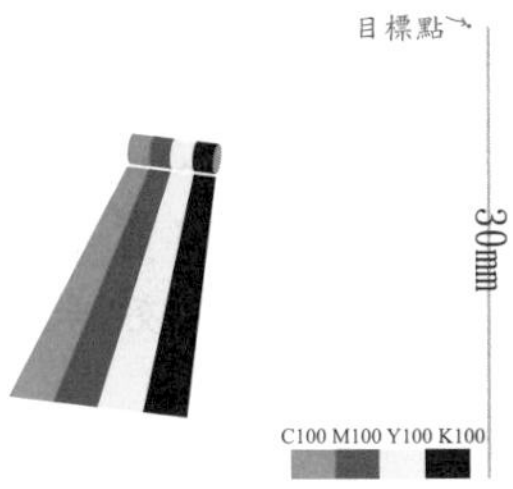

做法
1. 長方形3X2mm複製四個，填入CMYK
（整條再複製一個後，置入符號）
2. 單選最上排的控制點
3. 縮放工具，ALT選擇目標點
 （沿著黑色色塊右下角上方30mm）
4. 縮放50%
5. 製作圓2mm, 填色K50%，3D突出6mm
6. 旋轉色條的角度-7度後
7. 再調整圓棍的角度(x-7, y-75, z0)

⑦

去背置入版型
1. 檔案內有去好背的圖層可用
2. 將選取範圍變成路徑，經由儲存路徑和裁剪路徑後
3. 儲存適當的檔案格式
4. 置入版型必須符合框架大小以及透出版型的底色

⑧

勞動部勞動力發展署
技能檢定中心
年度技術士
技能檢定印前製程乙級

應檢人員：

標楷12pt K100
請輸入規定的年度和姓名

⑨

直接置入圖框

⑩

網格上色

⑪

圖符合50x35mm大小
a. 6邊形半徑5mm
b. 往下移動9mm、拷貝數個
c. 單條水平移動7.8mm
垂直4.5mm、拷貝
d. 二條一齊移動水平15.6mm
e. 複合路徑、剪裁遮色片

⑫

選取範圍40X25mm
居中置放
羽化效果50

⑬

字 標楷體30pt
R=G=B=0 刷淡50
白框 2pt

⑭

調整>色彩平衡
青偏向紅設定+100
藍偏向黃設定-77

⑮

採用濾鏡>扭曲
>外擴至最大量
(-100)

⑯

濾鏡>演算上色
>反光效果>
50~300mm變焦
亮度100

⑰

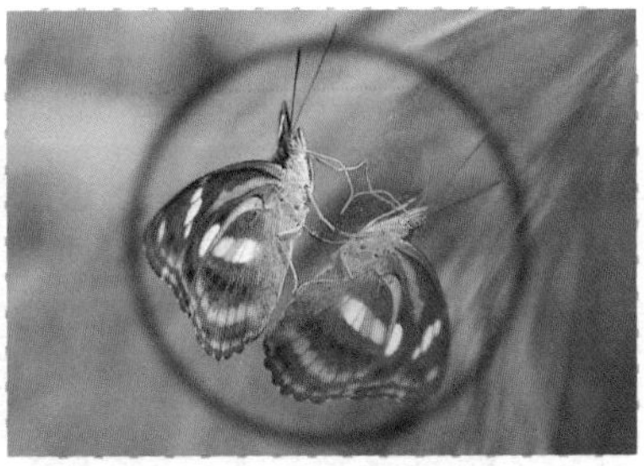

1. 內圈選取範圍為圓30mm
2. 外圈選取範圍為圓32mm
3. 中間1mm圓框羽化程度5,
   填入黑色,不透明度50

⑱

1. 圓選取範圍32mm
2. 範圍內翻轉,餘不動
3. 背景為黑白效果
4. 背景再填滿黑色,
   溶解效果50%

解題方法

開始製作前，請先新增一個資料夾，名稱自定，用來放置做好的 18 張小圖，每一張製作好的小圖依序命名，存為 EPS 檔，以利後續可變印紋的製作。

小圖製作 1

1. 開啟 Illustrator，以【星形工具 】在畫面上繪製一個半徑 1：【4mm】、半徑 2：【10mm】，【星芒數：6】的星形，線條寬度為【0.5pt】，線條色彩為【C 100】。

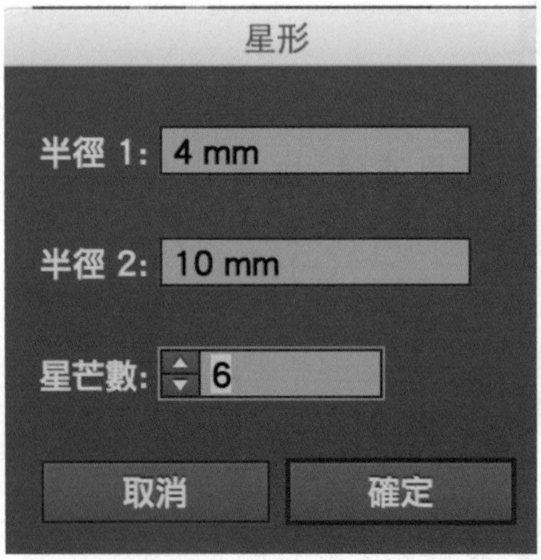

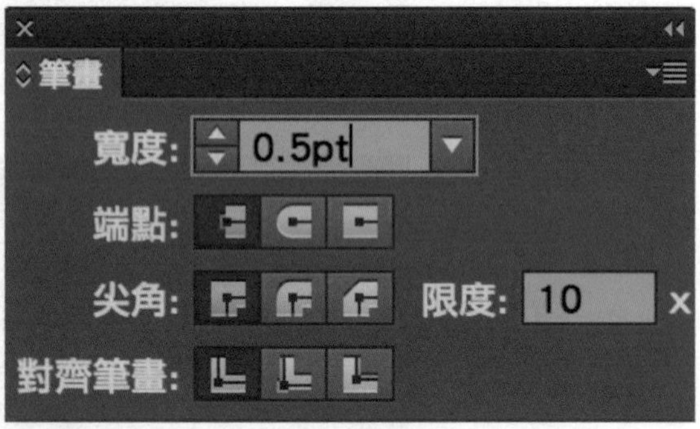

2. 執行【效果 \ 風格化 \ 圓角】，並將半徑設定改為【4mm】，依描圖檔【1.jpg】對位如下圖。

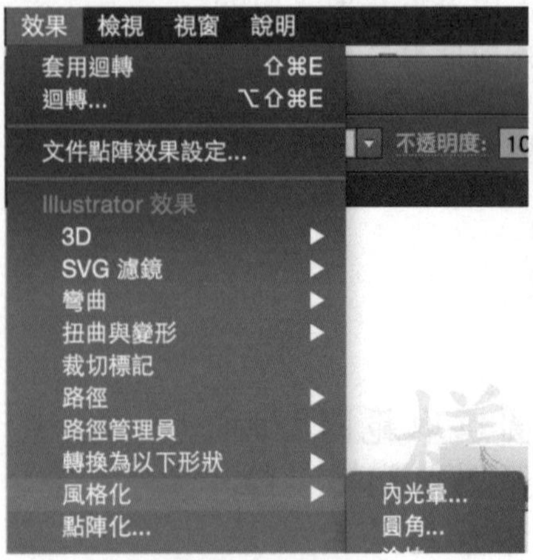

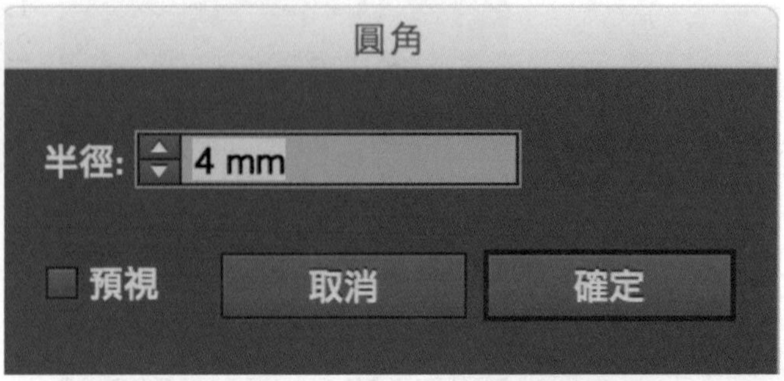

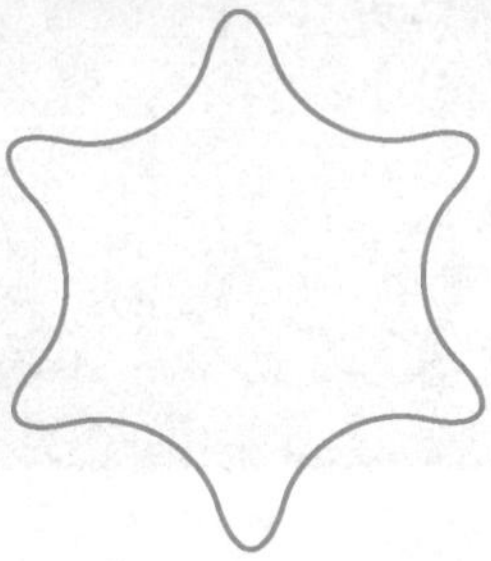

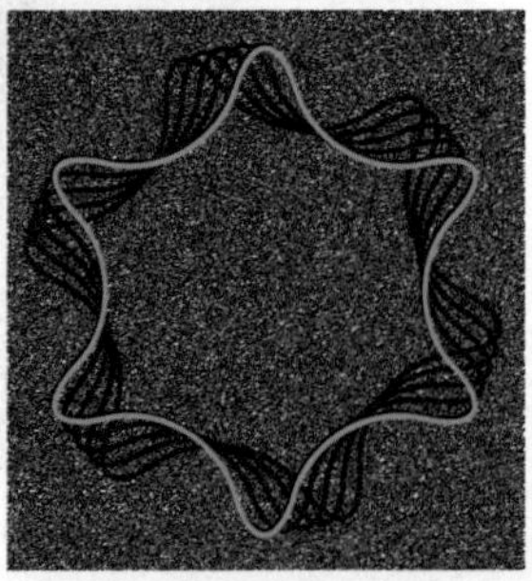

3 以【旋轉工具】旋轉【20 度】（5 度 X4 次＝ 20 度），按【拷貝】。

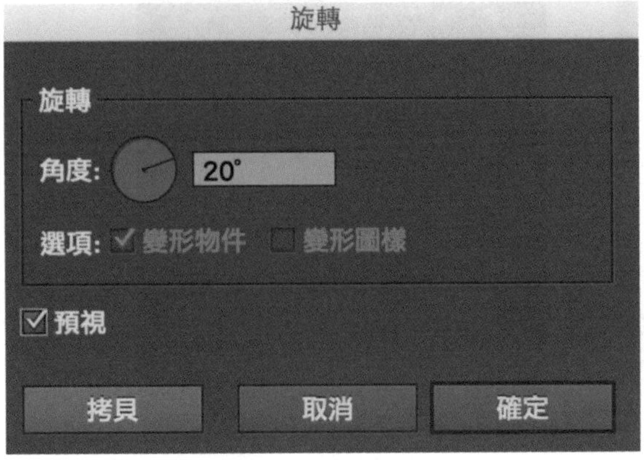

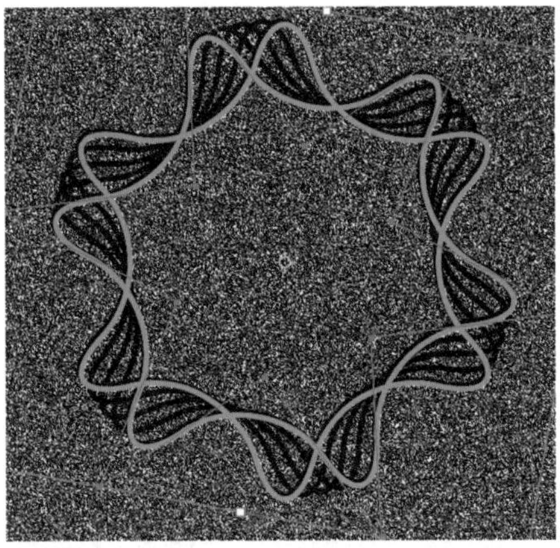

4 使用【漸變工具】，滑鼠左鍵點兩下出現工具視窗，將漸變選項的間距改成【指定階數：3】按確定，依序先點左邊的星形再點右邊，使兩藍色線段之間產生【3 階漸變】，即完成。刪除描圖檔，另存新檔，儲存為【1.eps】。

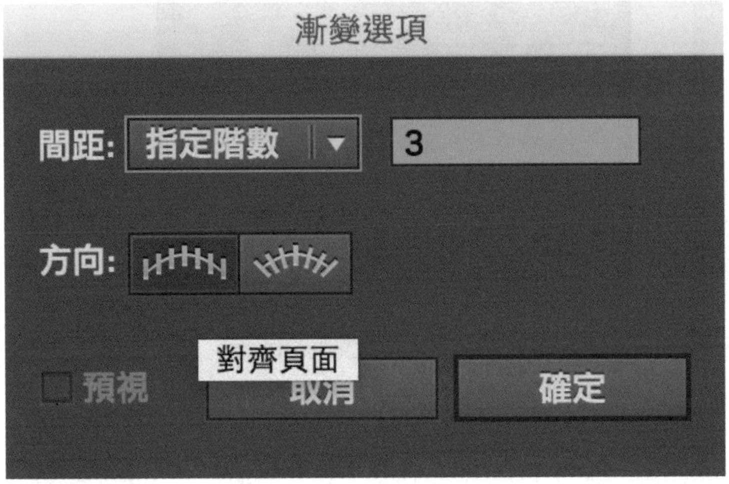

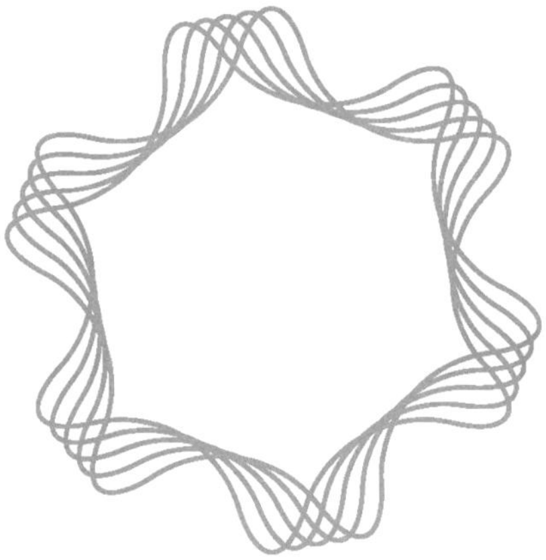

小圖製作 2

1 使用 Illustrator，以【矩形工具】繪製一矩形，高度設定為【30mm】，寬度【3mm】，再使用【漸層工具】，漸層填色色彩為【C20M60Y80】，漸層模式為【放射狀】。

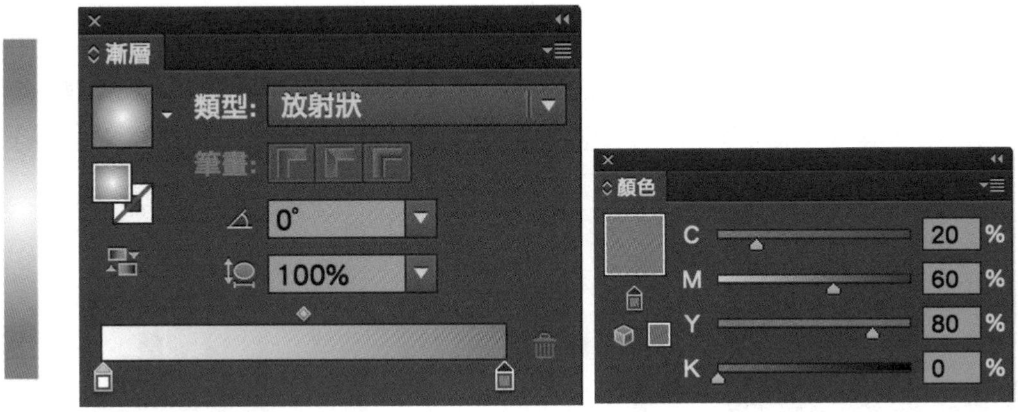

2 點選漸層矩形，按下【Enter 鍵】，水平移動【45mm】（48mm-3mm=45mm），然後按【拷貝】。

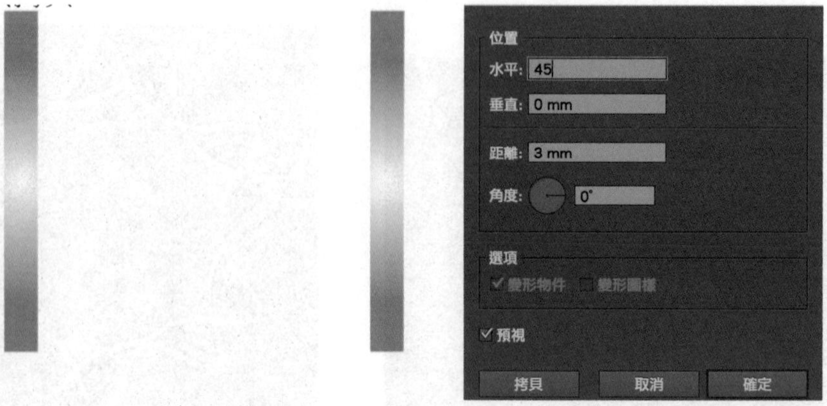

3 按住【Alt 鍵】再複製出一個漸層色塊，置於中間，並使用【對齊工具】將這三個漸層做【水平依中線均分】（注意三個矩形的高度也要對齊）。

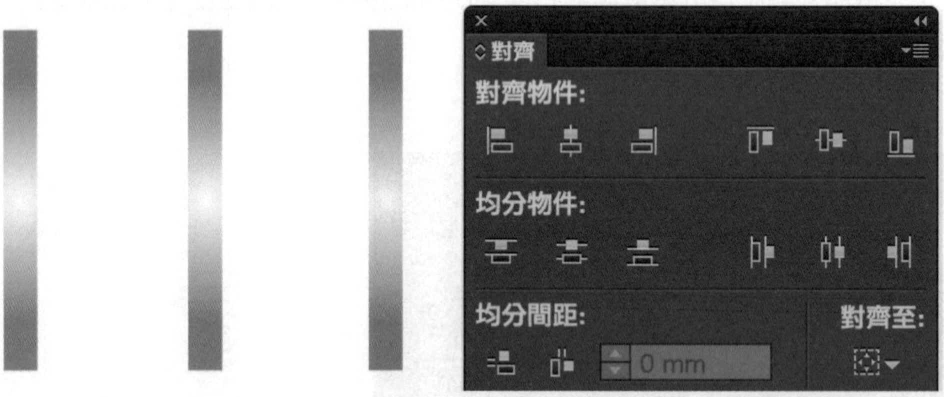

4 選取中間的漸層色塊，點選變形面板，將基準點設為中下，把高度改為 3mm。

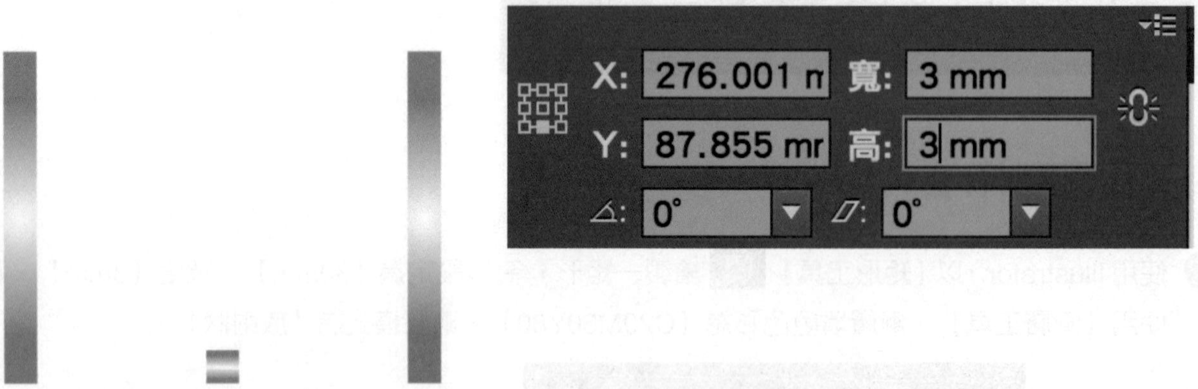

5 使用【漸變工具】，點擊圖示二下開啟工具視窗，將漸變選項的間距改成【指定階數:4】按確定，依序點選由左至中，再從中至右，使兩邊均產生 4 階漸變，即完成，另存為【2.eps】。

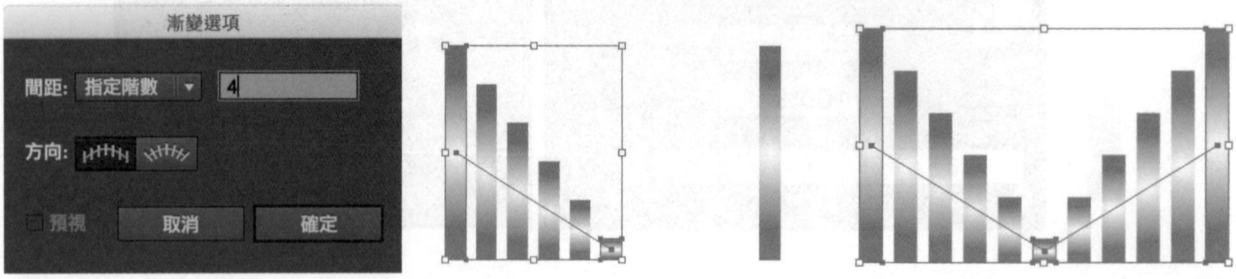

小圖製作 3

1 在 Illustrator 裡執行【檔案 \ 開啓舊檔 \3.eps】，開啓後刪除說明文字。（如遇到找不到色彩描述檔問題時，則選擇保留原狀，不要做色彩管理）

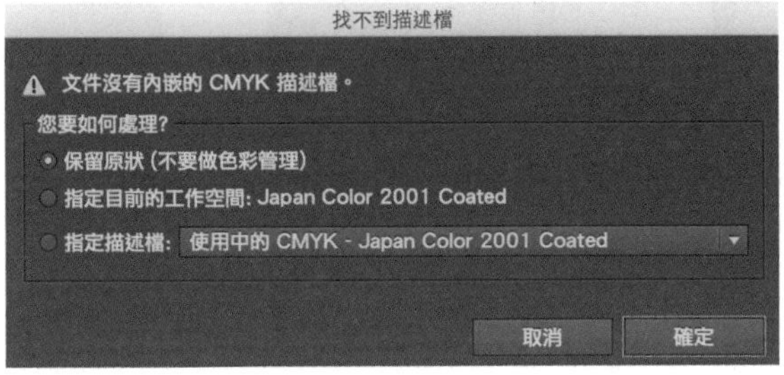

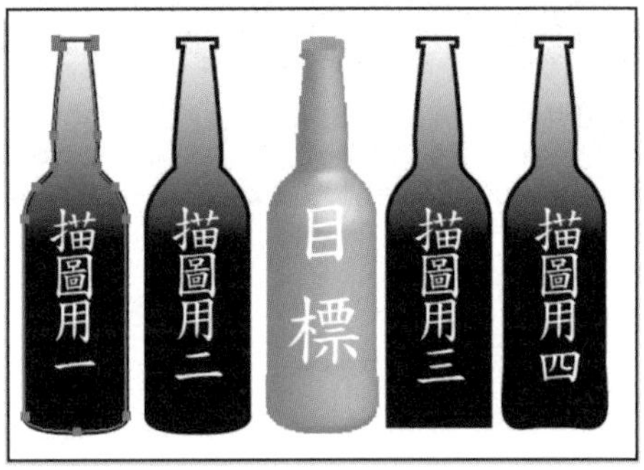

2 以【直接選取工具】選取描圖用四的邊框，按住【Alt 鍵】複製一個瓶身到空白處（其餘的描圖用一、描圖用二、描圖用三、目標，僅是干擾用圖形，請考生別受他們影響，可以直接刪除），把內部填色之色彩改為【C 40 Y 40】，筆畫為無色。

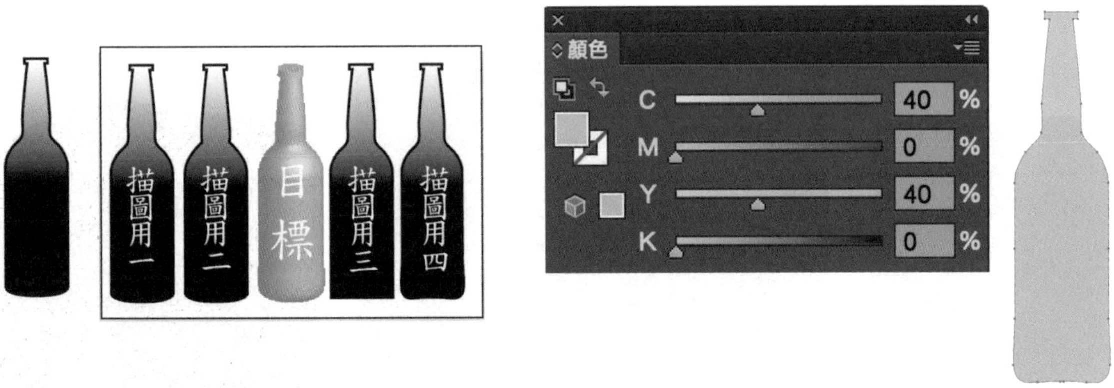

3 以【增加節點工具】在瓶口中心點上新增二個節點，再以【直接選取工具】選取左半邊的節點，再按【Delete 鍵】刪除，只剩右半邊的瓶身色塊。

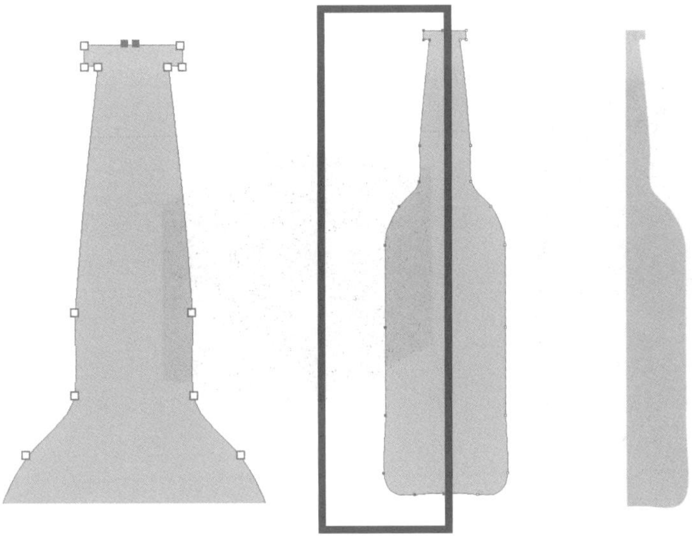

瓶子底部中心有幾個節點，瓶口就要新增幾個節點。同時，瓶口的節點與瓶底的節點 X 軸位置要一致，不然去掉半邊瓶身後，線會不直。

④ 選取該色塊執行【效果 \ 3D \ 迴轉】，表面選擇【塑膠效果】，再按確定，即完成。

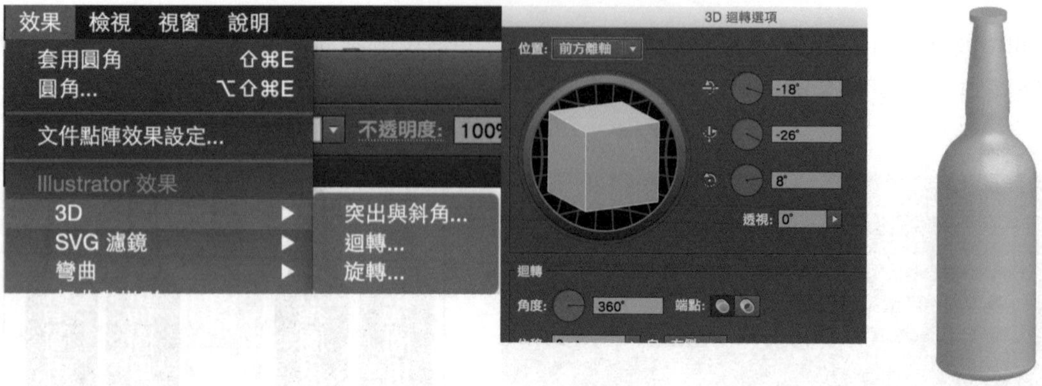

小圖製作 4

① 使用 Illustrator，以【矩形工具】 在空白處繪製一個長寬均為【20mm】的矩形，再執行【效果 \ 3D \ 突出與斜角】，並在【突出深度】選項中改為【75pt】，再按確定。

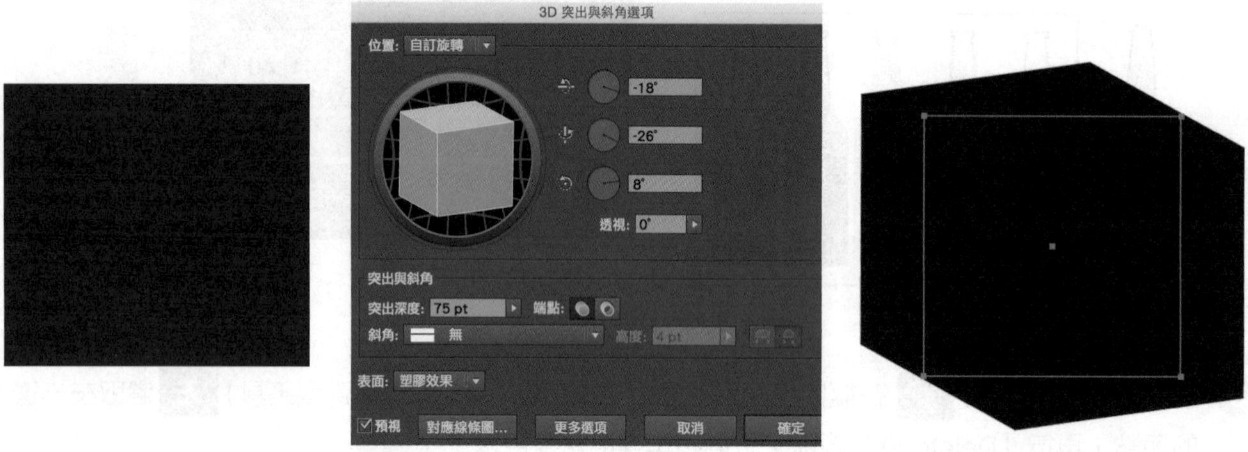

② 選取該矩形執行【物件 \ 擴充外觀】。

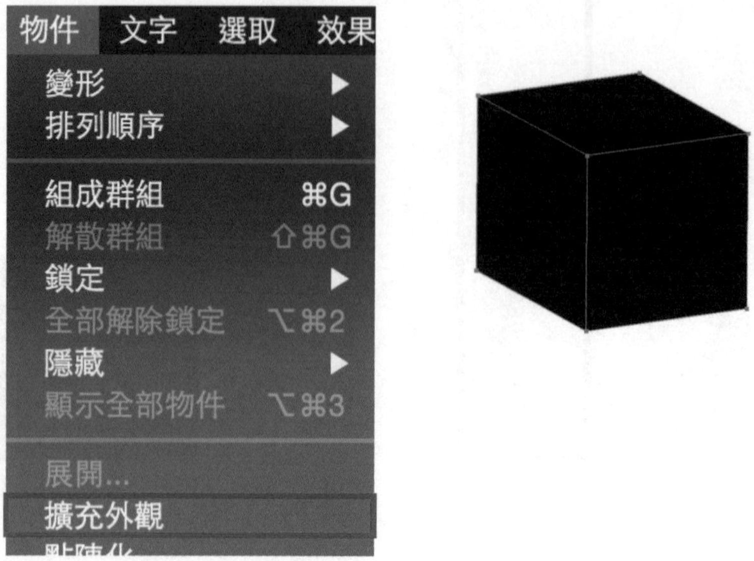

3 以【直接選取工具】 順時針由上而下依序將色彩改為【C50、M 50、Y 50】。

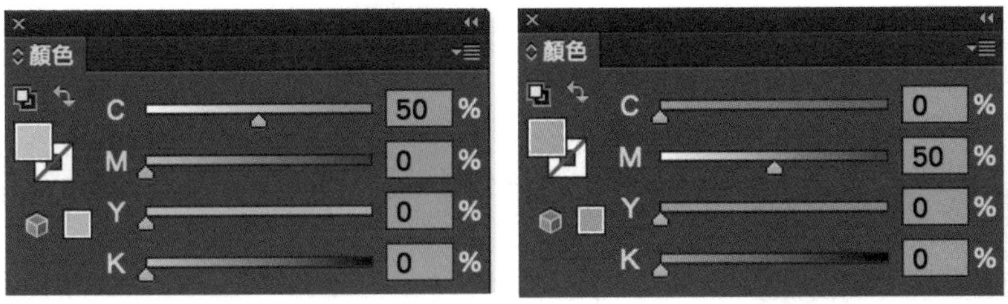

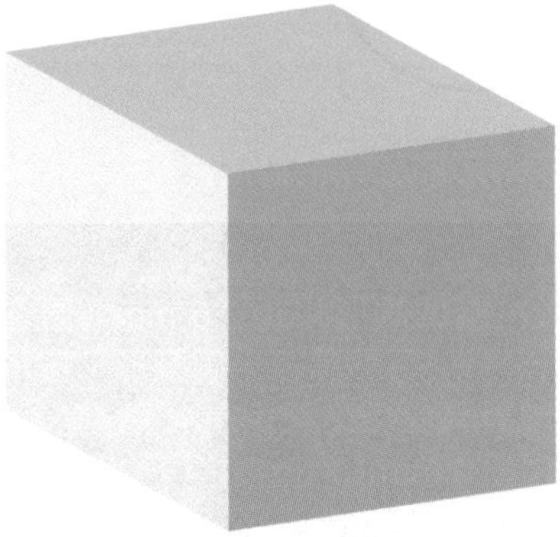

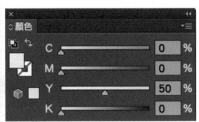

4 以【文字工具】 字型選擇【標楷體】，在空白處分別打上「做」、「自」、「己」，色彩分別為【做：M 70Y50】、【自：C 100Y100】、【己：C 50M50】，大小均為【50pt】。

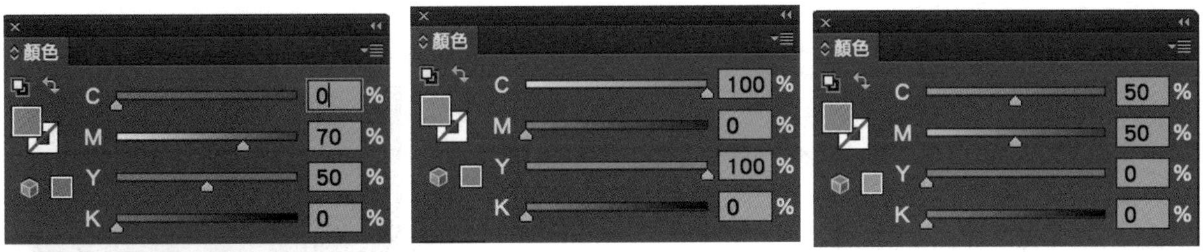

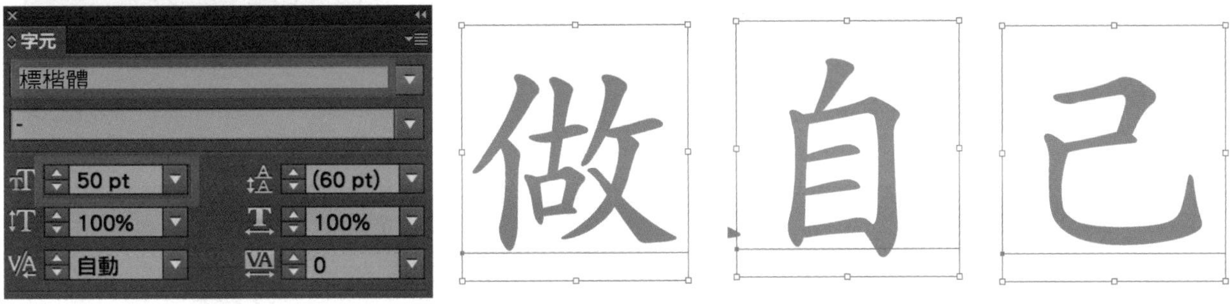

5 以【傾斜工具】 傾斜「做」字，並以框架縮放的方式將其放置於正方體上方，再以同樣的方式將「自」、「己」依序調整放置，依描圖檔對位。完成後另存為 4.eps。

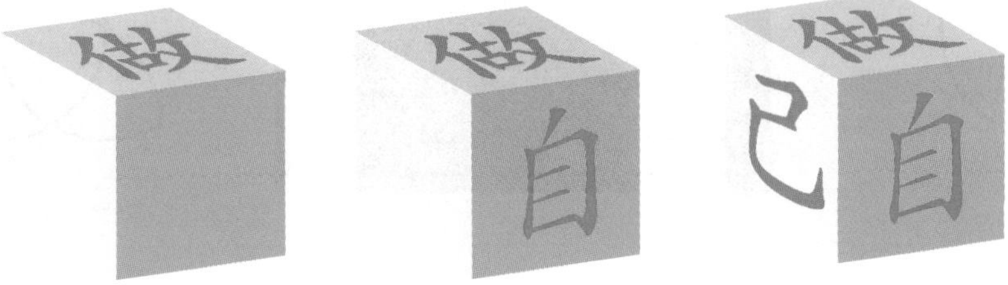

小圖製作 5

❶ 以【橢圓形工具】 繪製一個寬高均為【15mm】的圓形。

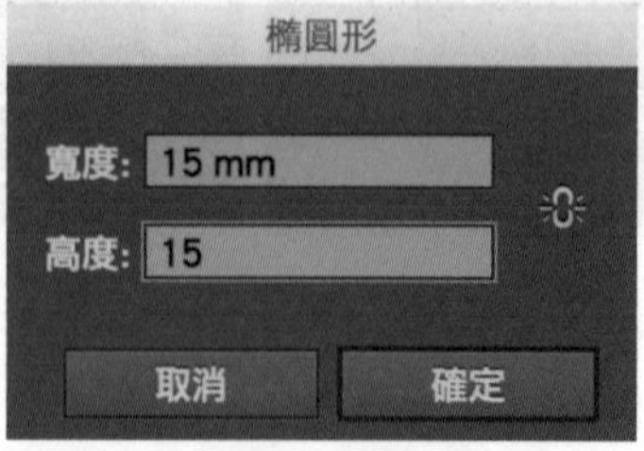

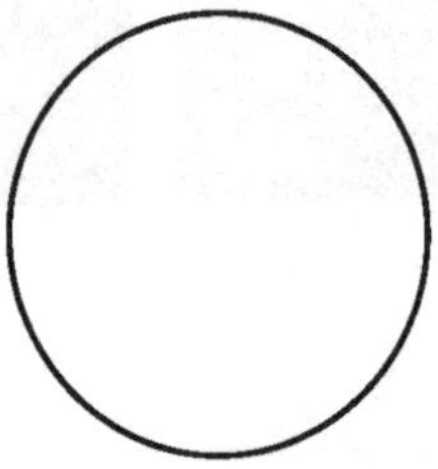

❷ 點選橢圓形，拷貝一個圓形，依描圖檔對位。

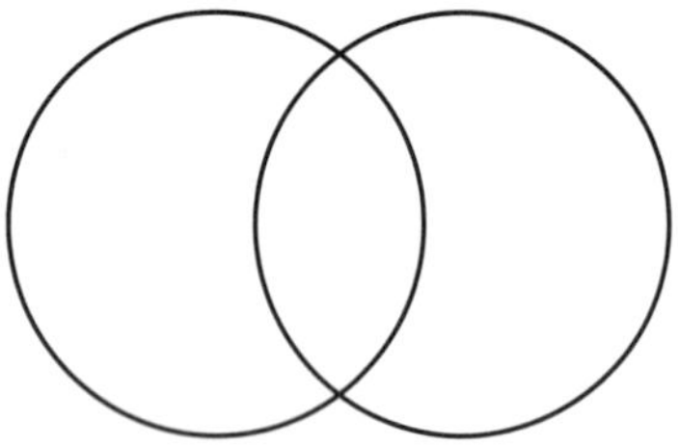

實際測量後，兩個圓形相距 7.5 mm（直徑 15mm 的一半），可點選第一個圓形，按下 Enter 鍵，出現移動視窗，設定為水平移動 7.5 mm、垂直移動 0 mm，然後按拷貝。

❸ 再按住 alt 鍵複製一個圓形，以對齊工具放置在左右兩圓的中心位置上，按下 Enter 鍵，垂直移動 6.5mm，然後按確定。

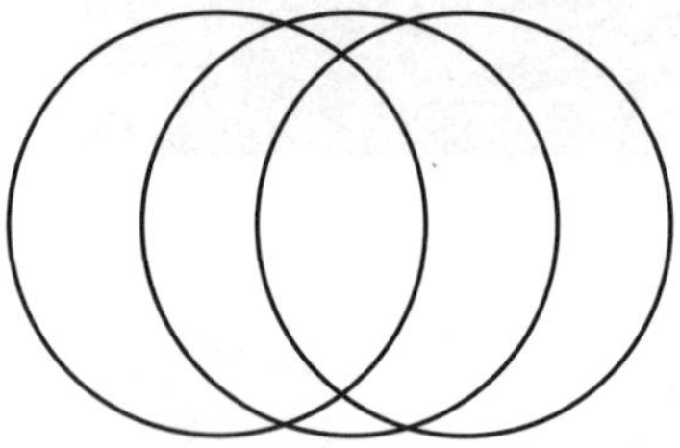

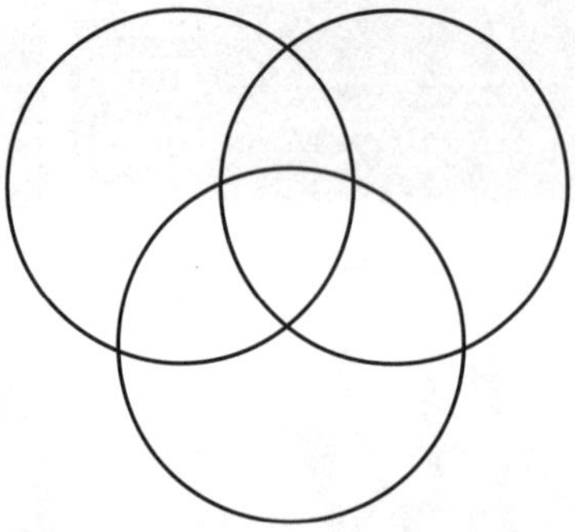

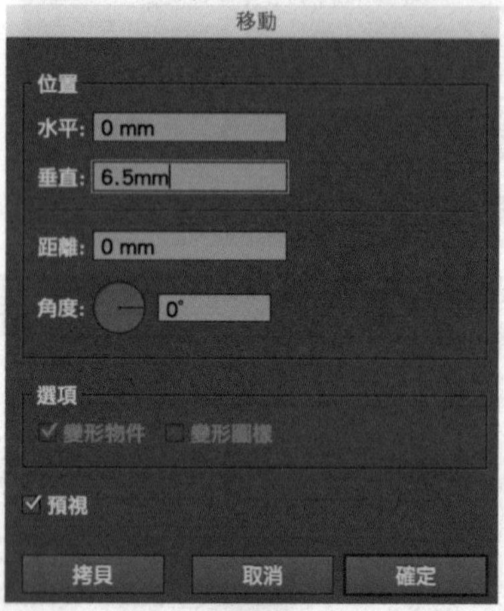

❹ 選取三個圓形，執行【視窗\路徑管理員\分割】，然後以【直接選取工具】 選取外圍三片封閉色塊曲線，然後按【Delede 鍵】將之刪除，僅存中間的部分。

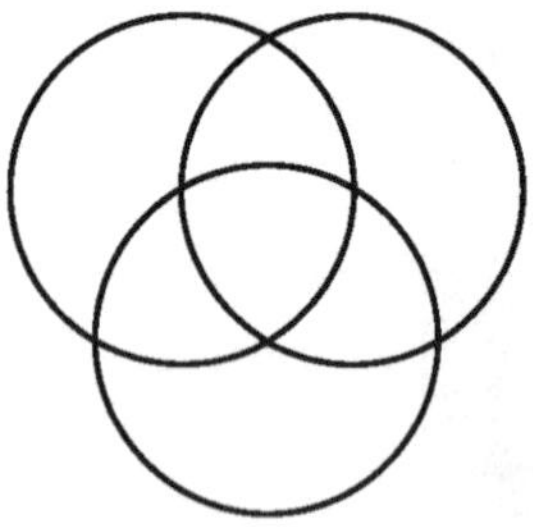

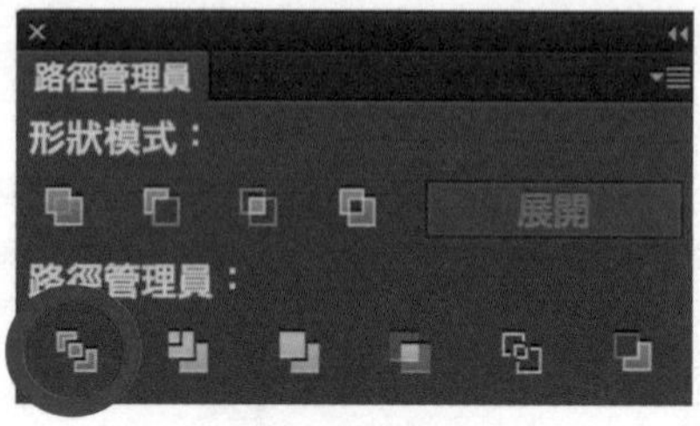

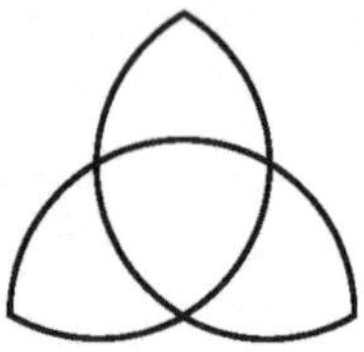

5 執行【物件\解散群組】，依照說明樣式順時針填入色彩：【M100Y100】、【C100Y100】、【C100M100】，外框筆畫無填色，完成後另存為 5.eps。

小圖製作 6

1 使用【矩形工具】 寬度設定為【3mm】，高度設定為【2mm】，按確定。

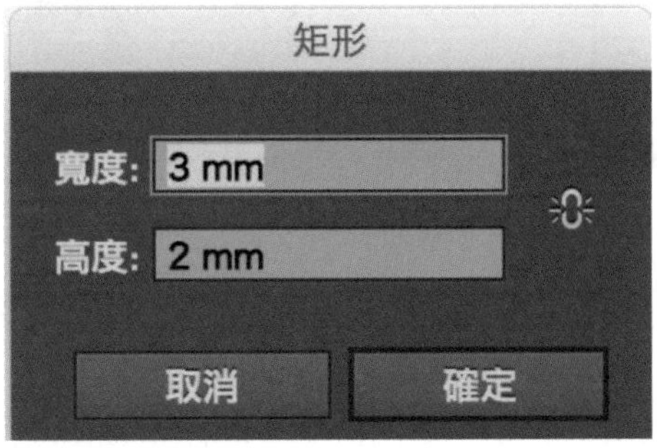

2 選取該矩形，按下【Enter 鍵】，將水平設定為【3mm】，垂直設為【0mm】，按拷貝，再按【Ctrl+D】兩次複製出四個矩形框。

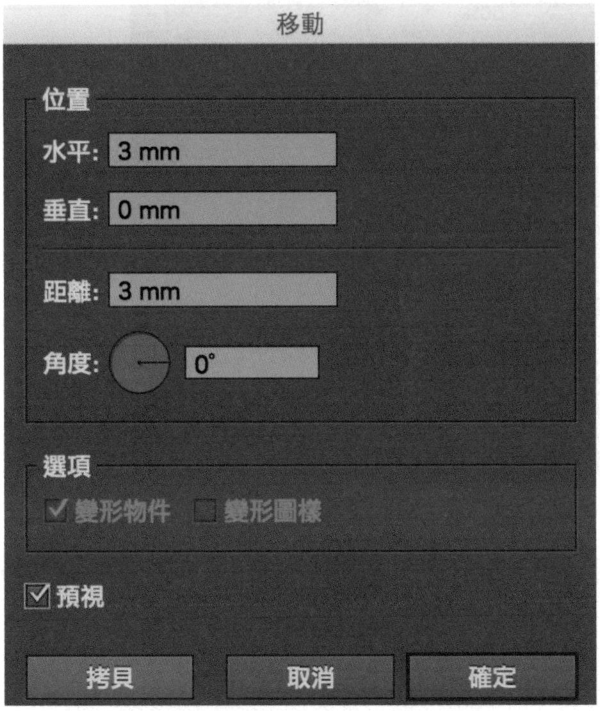

3 由左至右內部填色為【C100】、【M 100】、【Y 100】、【K 100】，外框無填色。

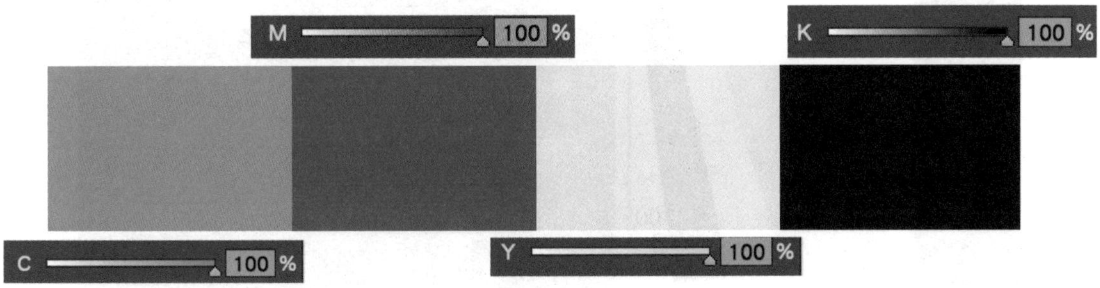

4 置入描圖檔，並將四色矩形放置於右下角，按住【Alt 鍵】在空白處再複製出一條彩色條，以【直接選取工具】 圈選最上排的控制點。

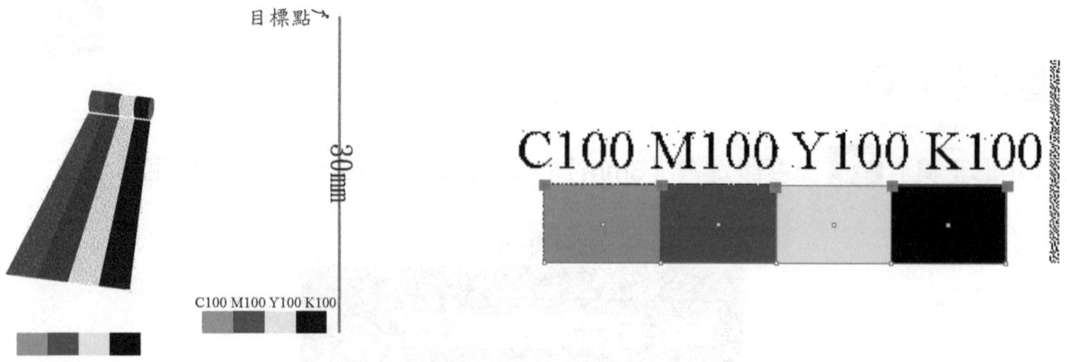

5 選擇【縮放工具】 後按住【Alt 鍵】點選描圖檔上的目標點，讓縮放的基準改為目標點，並將縮放改為【50%】。

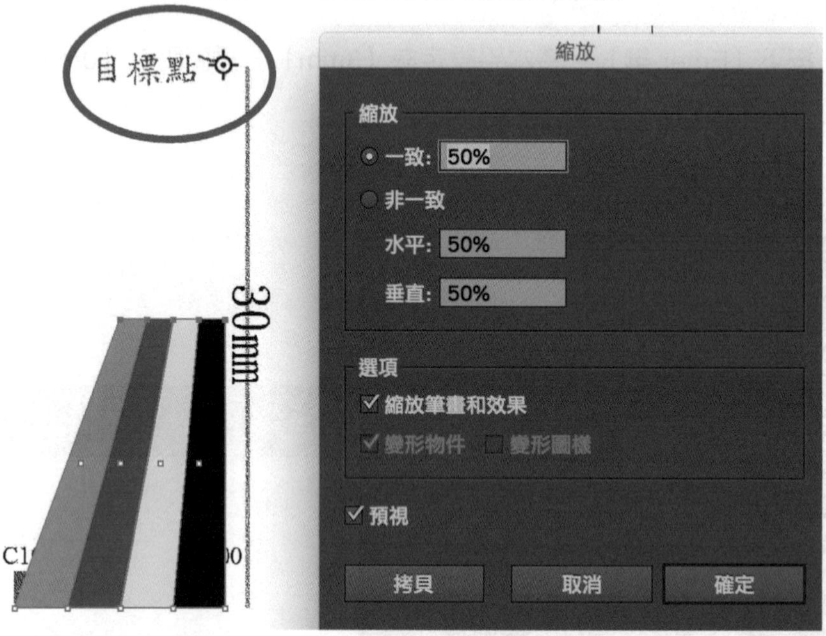

6 以【選取工具】 重新選擇四色色條，點選【旋轉工具】 將角度設定為【-7 度】按確定，再移至描圖檔上方正確位置。

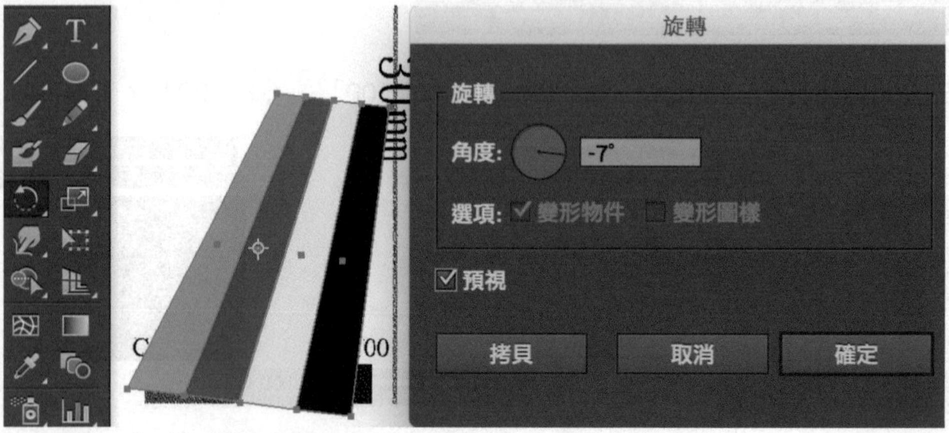

❼ 選取方才複製出來在空白畫面上的彩色色條藍色部分，執行【效果\3D\迴轉】，【Y：-8 度】、【X：0 度】、【Z：－ 90 度】，再按確定。

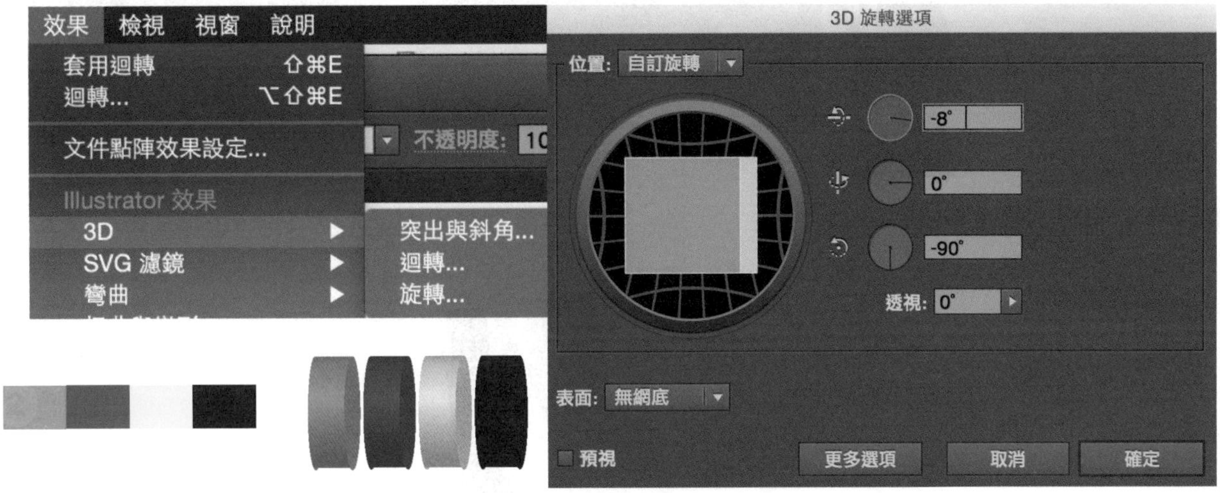

❽ 選取四色圓柱執行物件\擴充外觀，並以選取工具將四個彩色圓柱移動串聯水平接在一起。

❾ 以【旋轉工具】旋轉【-7 度】，移動到描圖檔上對位，可以先行縮放至描圖檔的左下角，以此作為基準，再做【不等比例縮放】，色彩圓柱只要能對準描圖檔即可。

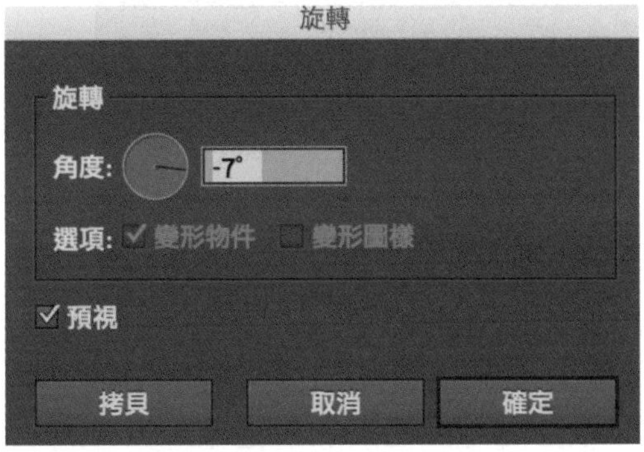

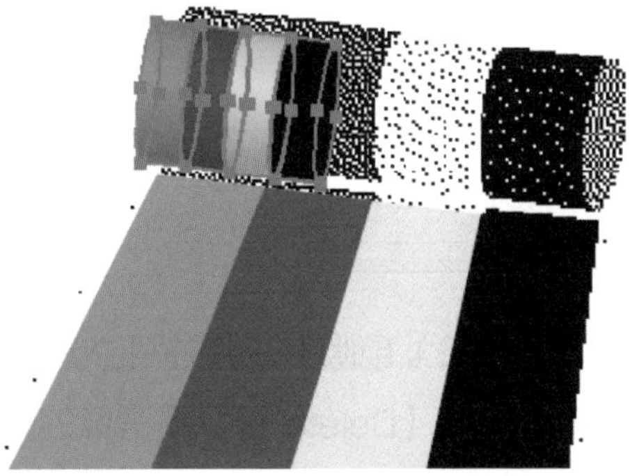

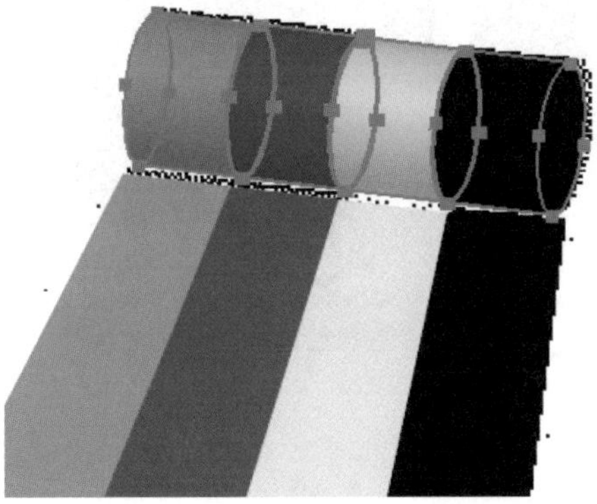

10 以【直接選取工具】點選黑色圓柱最右邊的橢圓形，將橢圓色塊的色彩改為【K50】。

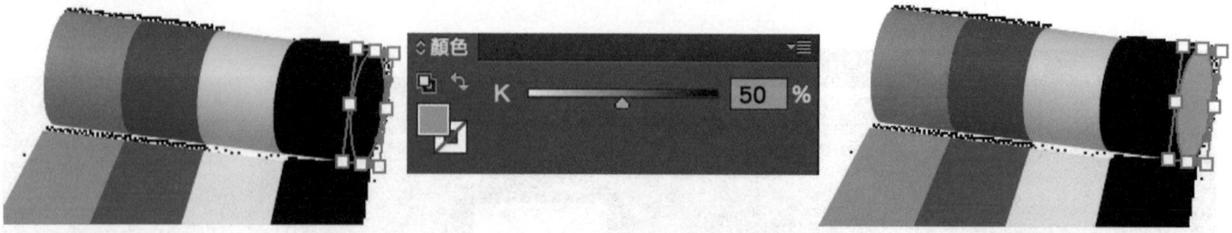

11 移除描圖檔，另存為 6.eps。

小圖製作 7

1 在 Photoshop 裡執行【檔案 \ 開啓舊檔 \ 7 原檔 .psd】，雙擊滑鼠左鍵把背景改為【圖層 0】。

2 執行【視窗 \ 色版】，按住【Ctrl 鍵】在 Mask 的色版上單擊滑鼠左鍵，即出現隨檔附加的選取的範圍，按【Delete 鍵】將選取的範圍刪除，出現顯示該區域為透明的灰格子，另存為 7.eps。

小圖製作 8

1 以【文字工具】 T 在空白處鍵入「勞動部勞動力發展署 技能檢定中心 年度技術士技能檢定印前乙級 應檢人員：」字型【標楷體】，色彩【K 100】，字級【12pt】，行距【14pt】。

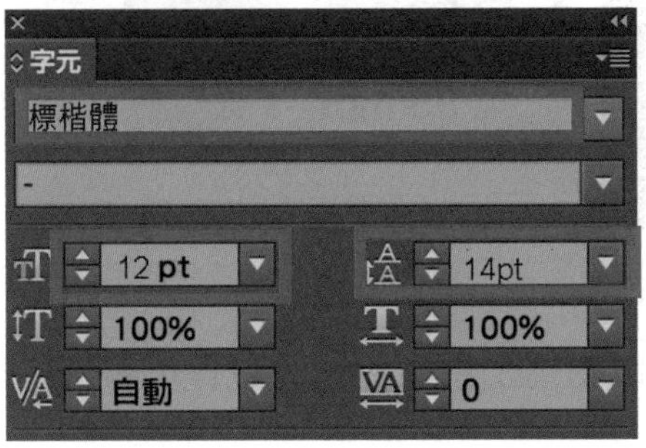

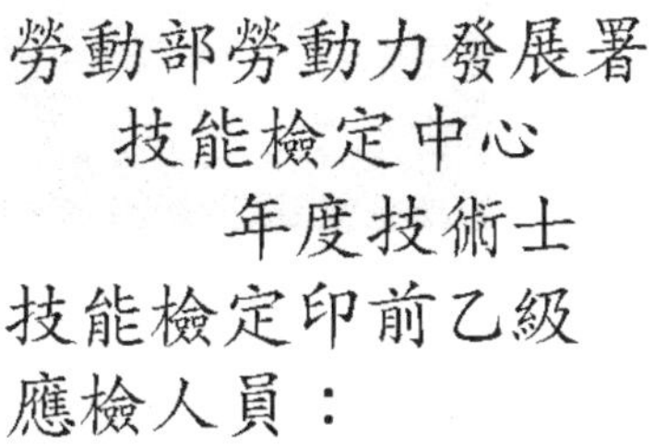

2 年度數值以當時檢定現場監評長宣佈為主，請考生自行鍵入年度與應檢人員姓名，並對齊描圖檔。

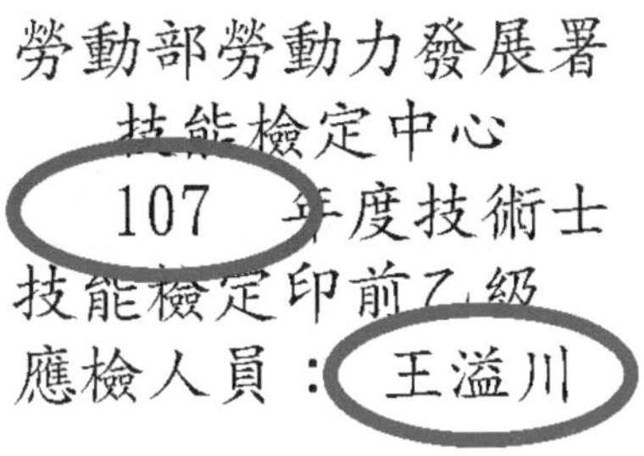

小圖製作 9

1 圖片不需做任何處理，直接以 Photoshop 開啓，另存為 9.eps。

小圖製作 10

1 以矩形工具繪製一個【寬 50mm】、【高 35mm】的矩形，內部填色色彩為【K100】。

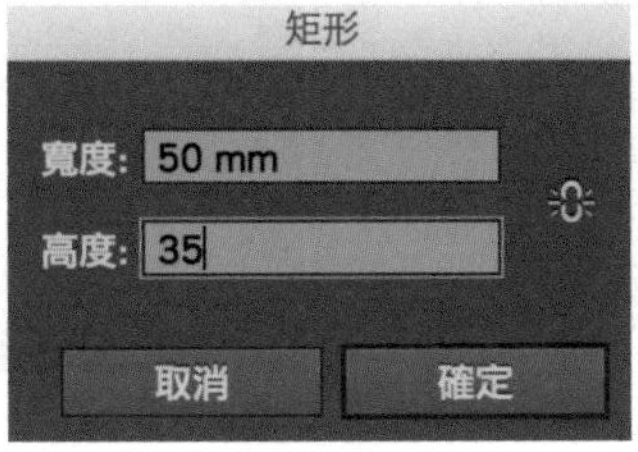

第二題

❷ 執行【檔案 \ 置入 \10.jpg】，置入描圖檔，調整【變形】選項將尺寸改為【寬 50mm】、【高 35mm】。

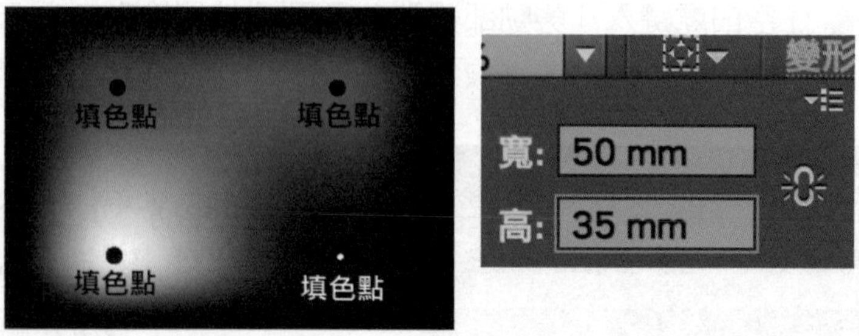

❸ 將描圖檔【降低透明度】至 60% 後再將兩者以對齊工具貼合對齊並置，暫時將描圖檔【鎖定（ctrl+2）】。

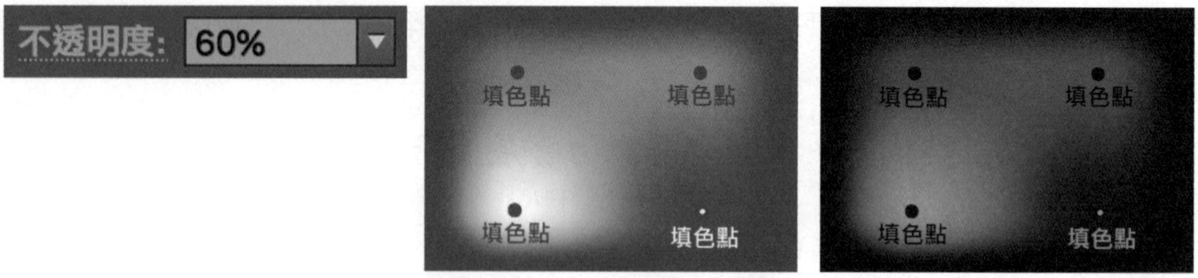

❹ 以【網格工具】分別在左上角的填色點上與右下角的填色點上點一下。

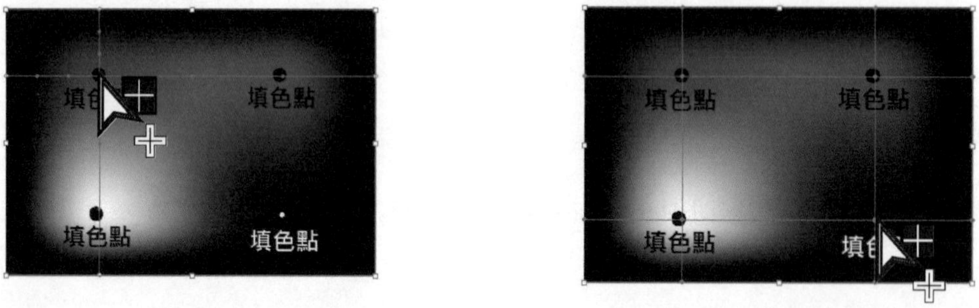

❺ 以【直接選取工具】選取左上角填色點上的節點，直接將顏色改為【M 100Y100】。

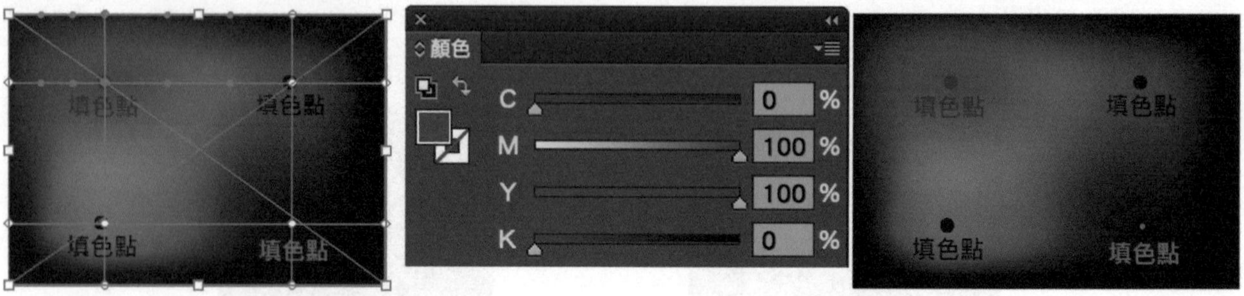

6 以同樣的方式右上角的填色點改為【C 100 Y 100】、右下角的填色點改為【C 100 M 100】、左下角的填色點改為【白色】。

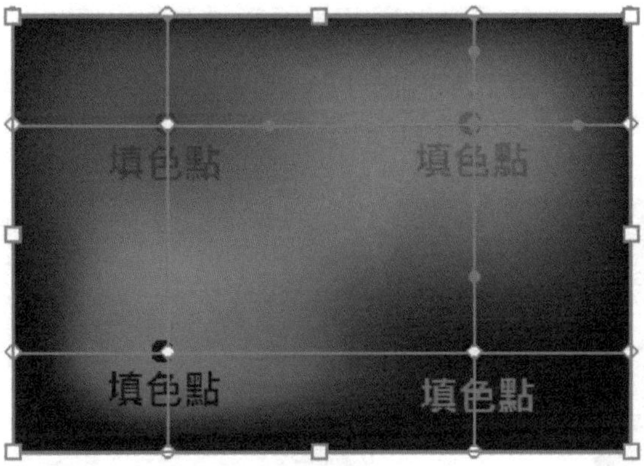

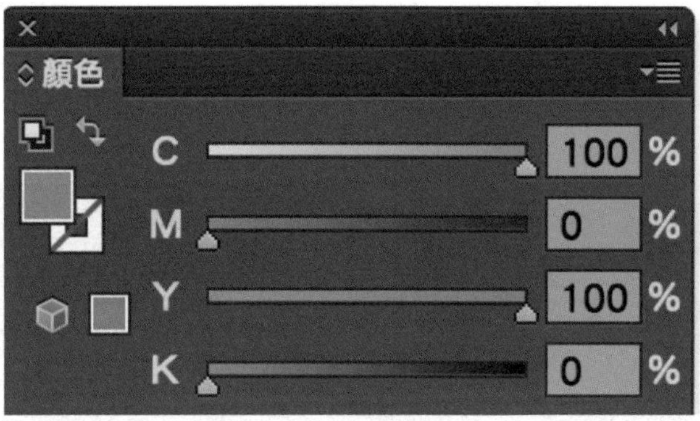

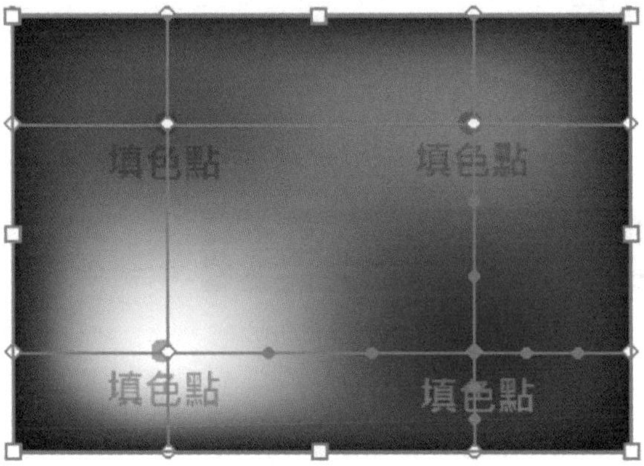

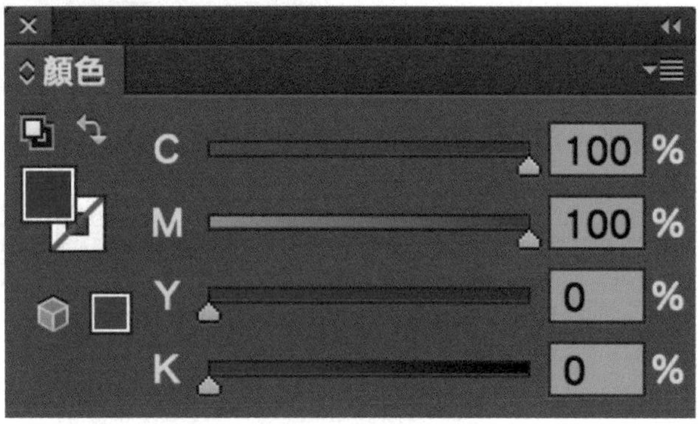

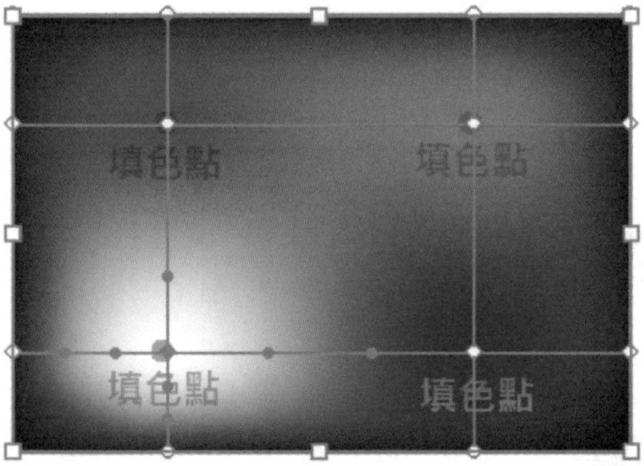

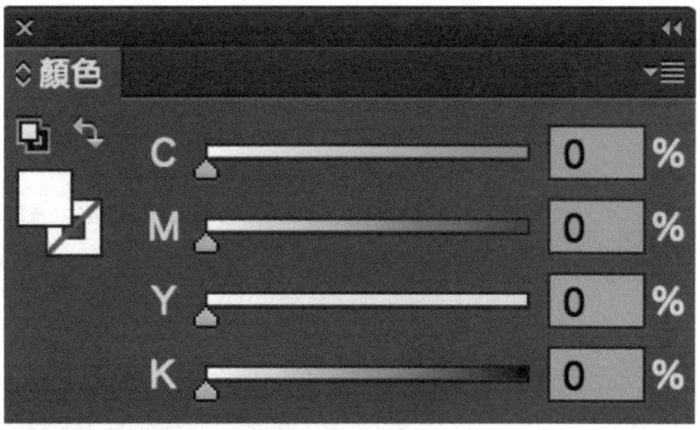

7 檢查四個填色點的顏色填入是否正確，再刪除描圖檔，儲存為 10.eps 即可完成。

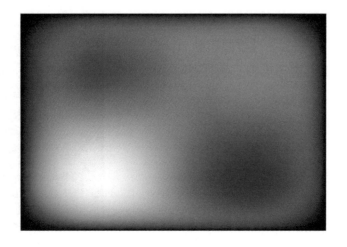

第二題

小圖製作 11

❶ 執行【檔案 \ 置入 \11 原檔 .jpg】，完成原圖檔置入，調整【變形選項】將尺寸改為【寬 50 mm】、【高 35mm】，再次以同樣的方式執行【檔案 \ 置入 \11.jpg】，完成描圖檔置入並調整尺寸。

❷ 將兩者以【對齊工具】貼合對齊並置，並將描圖檔【降低透明度】至 60%，以利製作時對齊描圖檔，暫時將描圖檔【鎖定（ctrl+2）】。

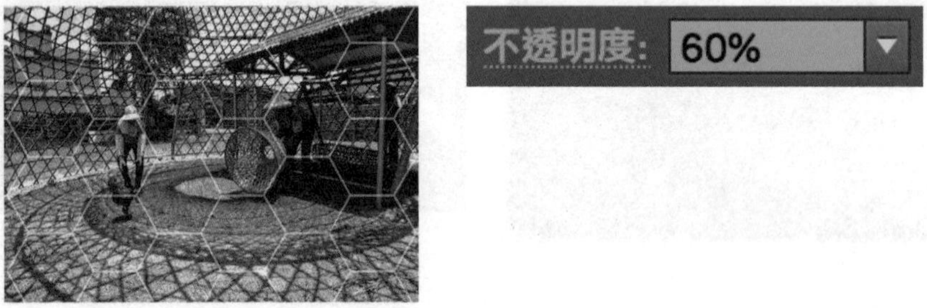

❸ 以【多邊形工具】在空白處繪製一個【半徑 5mm】、【邊數 6】的多邊形。

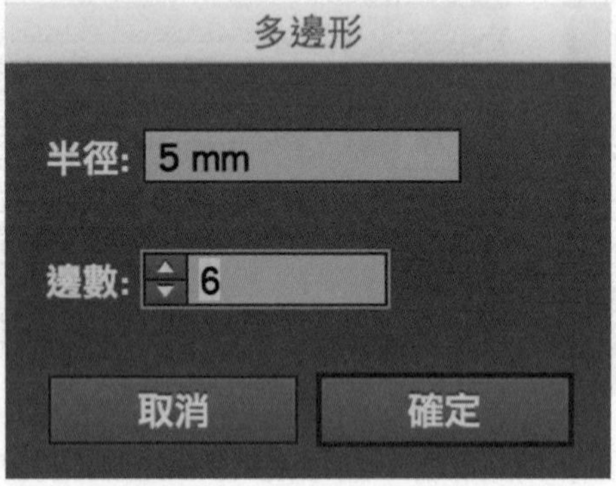

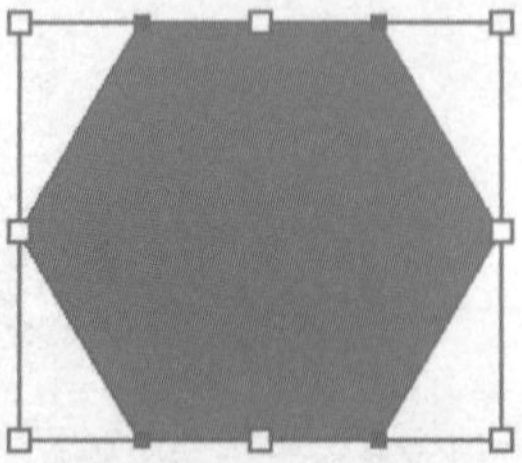

❹ 選取多邊形按下【Enter 鍵】，【垂直移動 9mm】，按拷貝，再按【Ctrl+D】重複複製三個多邊形。

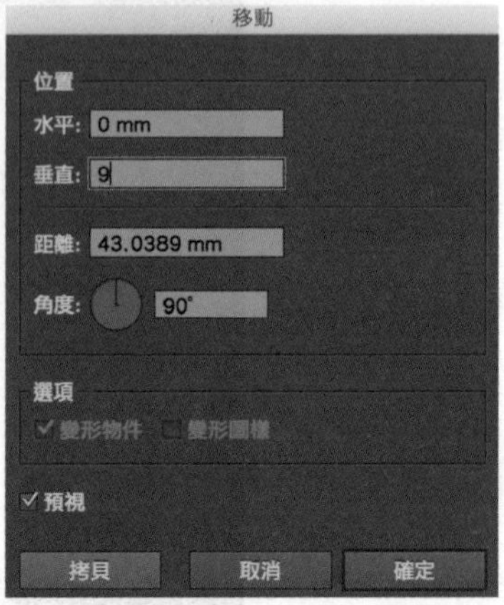

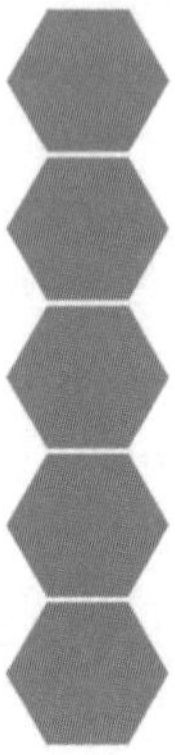

5 選取這五個多邊形，按下【Enter 鍵】，【水平移動 7.8mm】、【垂直移動 4.5mm】，按拷貝，出現兩條多邊形。

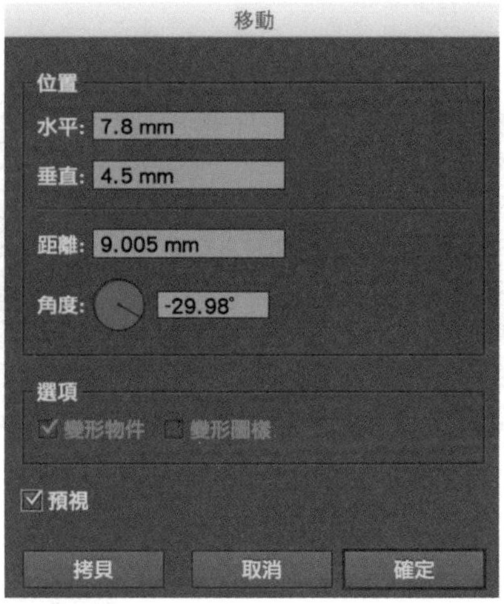

6 選取這兩條多邊形，按下【Enter 鍵】，【水平移動 15.6mm】、【垂直 0mm】，按拷貝，出現四條多邊形，再按【Ctrl+D】重複複製 2 條多邊形，總共 8 條。

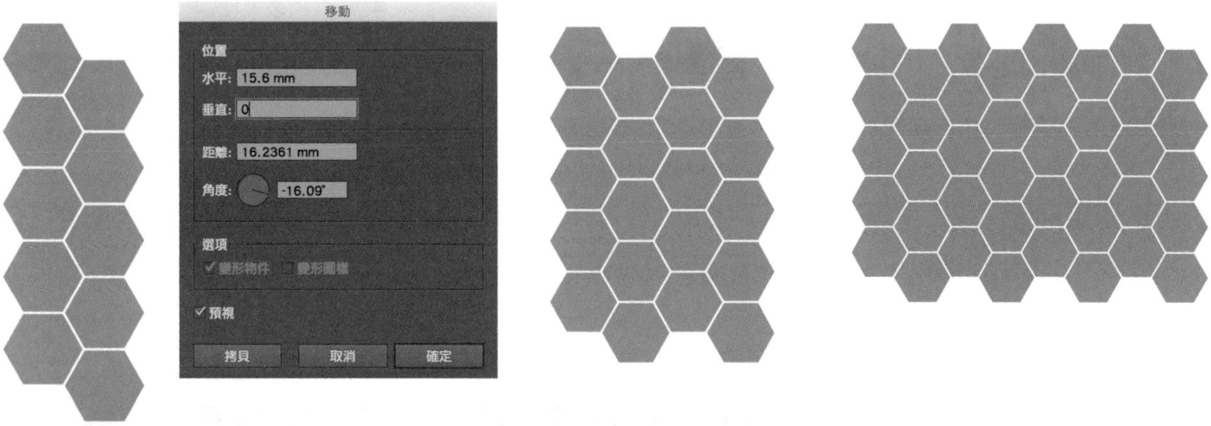

7 選取全部的多邊形，將【填色】與【筆畫】的色彩均改為【無色】，並依描圖檔對齊位置後，再執行【物件 \ 複合路徑 \ 製作】。物件對齊後，描圖檔已失去其功能，此時選取描圖檔，按下【Delete 鍵】將描圖檔刪除。

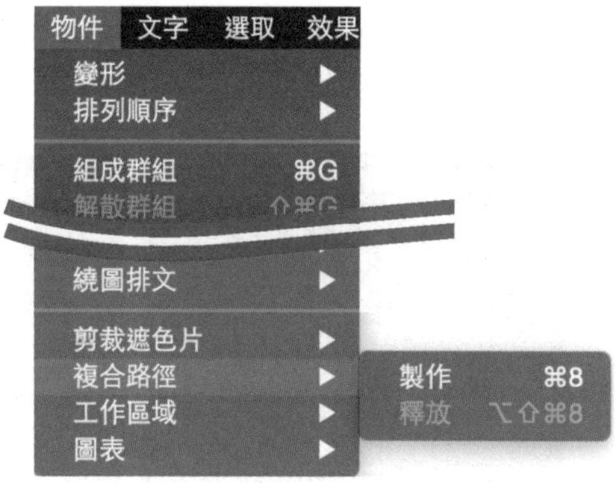

8 同時選取【多邊形複合路徑】與【11 原檔 .jpg 】原圖檔，執行【物件 \ 剪裁遮色片 \ 製作（Ctrl +7）】，於上方再繪製一個【寬 50mm】、【高 35mm】的矩形框，再執行一次剪裁遮色片製作，即完成另存為 11.eps。

小圖製作 12

1 先在 Photoshop 中執行【檔案 \ 開啟舊檔 \12 原檔 .jpg】。

2 回到 Illustrator 裡，以【矩形工具】 繪製一個【寬 40mm】、【高 25mm】、內部填色為【K 100 】的矩形。

3 選取該矩形後，執行【編輯 \ 剪下（Ctrl+X）】。再回到 Photoshop 中執行【編輯 \ 貼上（Ctrl +V）】，此時出現貼上的選項，選擇像素後按確定。若遇黑色矩形框中間有 X，則按一下【Enter 鍵】即可。

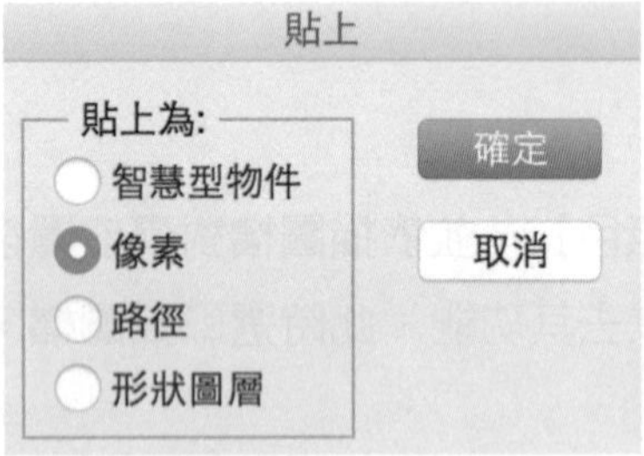

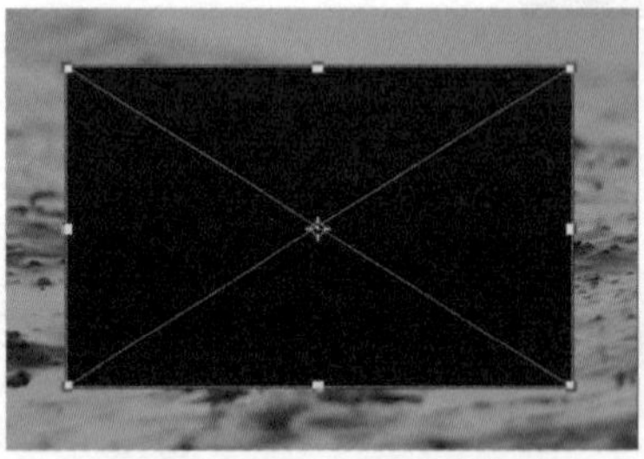

4 在圖層 1 的黑色矩形框中執行【濾鏡 \ 模糊 \ 高斯模糊】，模糊強度【50 pixels】，處理好之後另存為 12.eps。

小圖製作 13

1 在 Illustrator 中執行【檔案 \ 開啓舊檔 \ 13 原檔 .jpg】，再置入【13.jpg 描圖檔】。

2 將兩者以【對齊工具】貼合對齊並置，並將描圖檔【降低透明度】至 60 %，以利製作時對齊描圖檔。

3 以【文字工具】在空白處分別打上「蚵田牛車」，字體為【標楷體】、字體大小【30pt】。文字色彩，先設定一個【R=0 G=0 B=0】的顏色，新增為色票，色彩類型為【印刷色】，色彩模式為【CMYK】，按下確定後新增一色票。點選文字套用該色票，顏色面板會顯示為指定色彩的 100%，改為【50%】即可。

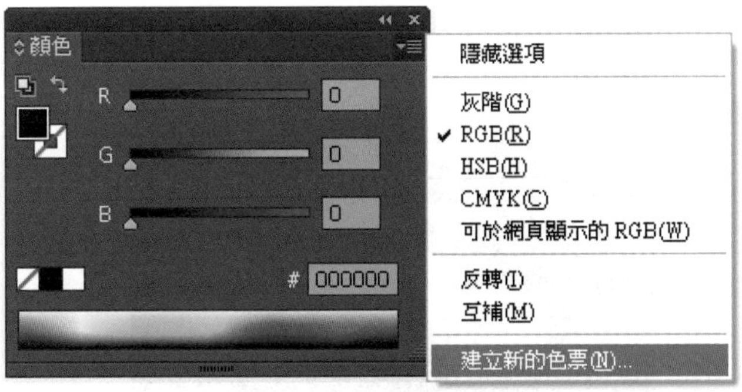

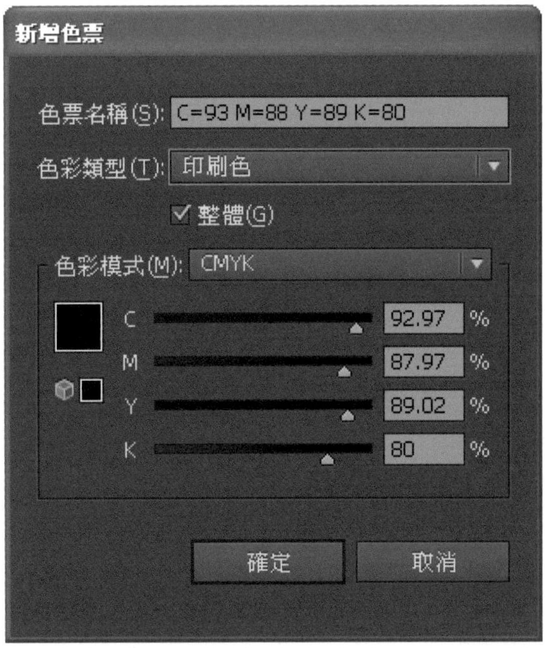

4 執行【複製（Ctrl+C）】，【貼至下層 Ctrl+ B】，將筆畫外框調整為【2pt】、筆畫色彩【白色】。同時選取上下兩層文字執行【物件 \ 組成群組（Ctrl+G）】，依描圖對位後刪除描圖檔另存為 13.jpg。

小圖製作 14

1 在 Photoshop 中執行【檔案 \ 開啟舊檔 \ 14.jpg】。

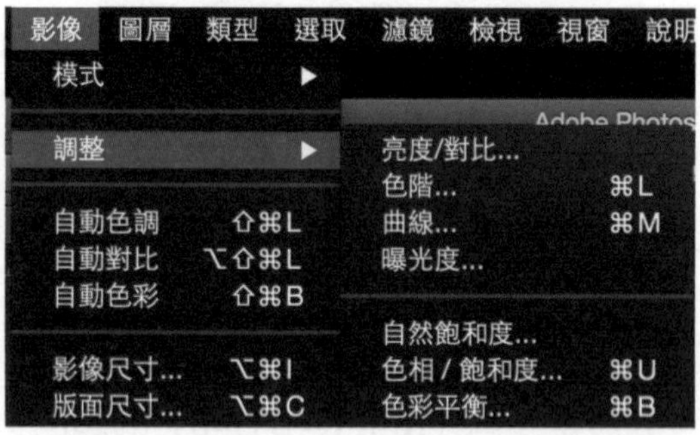

2 執行【影像 \ 調整 \ 色彩平衡】，出現色彩平衡對話框，將青向紅設定為【+100】，藍向黃設定為【－ 77】，另存為 14.eps。

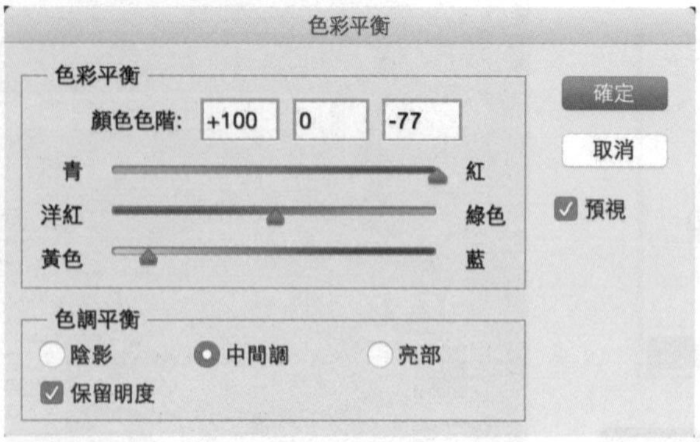

小圖製作 15

1. 在 Photoshop 中執行【檔案\開啓舊檔\ 15.jpg】，執行【濾鏡\扭曲\內縮和外擴】，將總量改為【－ 100%】後按確定，另存為 15.eps。

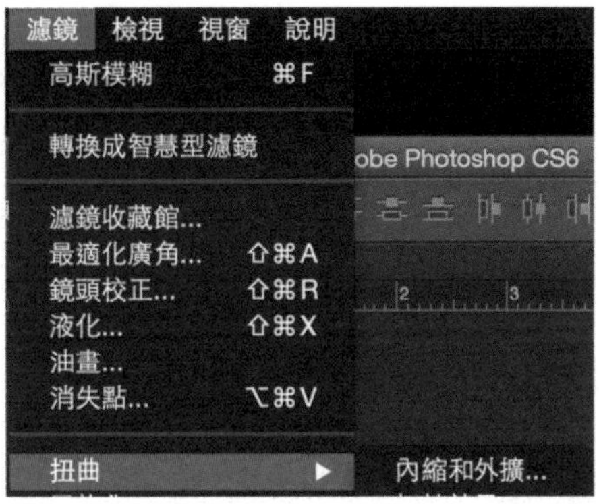

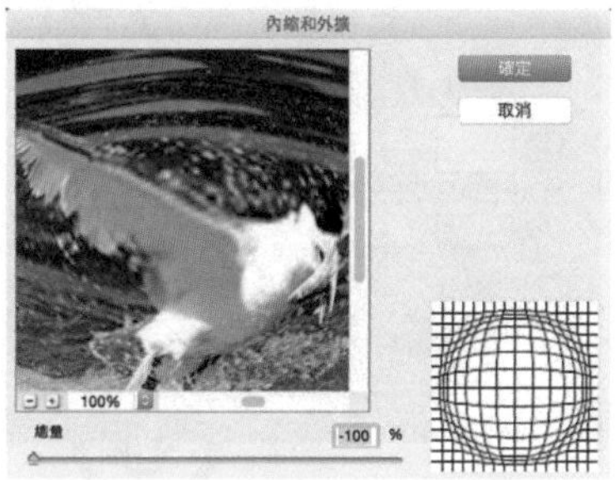

小圖製作 16

1. 在 Photoshop 中執行【檔案\開啓舊檔\ 16.jpg】，執行【濾鏡\演算上色\反光效果】，將鏡頭類型改為【50 ～ 300 釐米變焦】，再將亮度調為【100%】，再以游標將反光點移動到右上角後按確定即完成，另存為 16.eps。

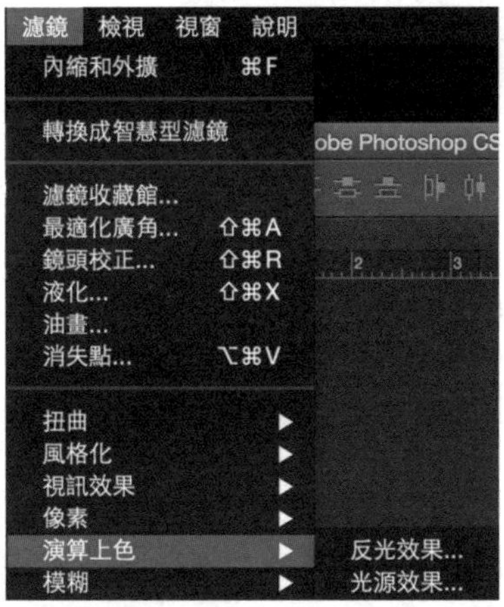

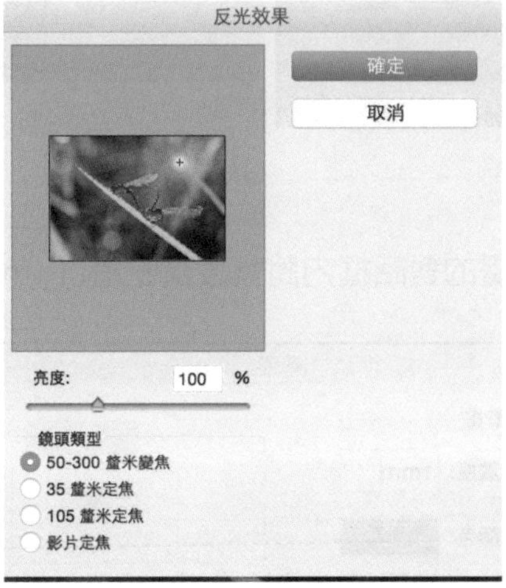

小圖製作 17

1. 在 Photoshop 中執行【檔案\開啓舊檔\ 17.jpg】，接著在 Illustrator 中以【橢圓形工具】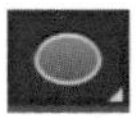 繪製一個寬與高均為【31mm】的圓形，選取該圓形後，執行【編輯\剪下（Ctrl+X）】。

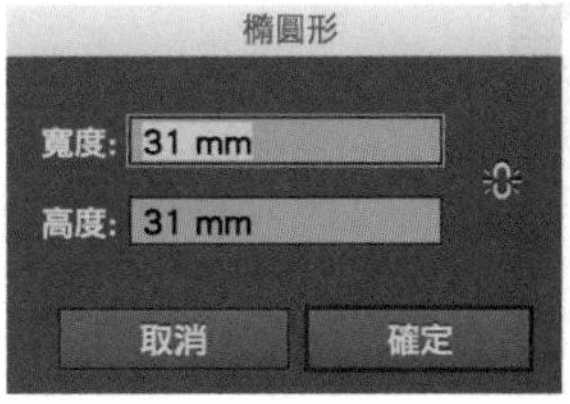

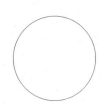

2 回到 Photoshop 中，在圖層欄位中點選【新增圖層】，即出現一個圖層 1。在圖層 1 中執行【編輯 \ 貼上（Ctrl+V）】，此時出現貼上的選項，選擇【路徑】後按確定。

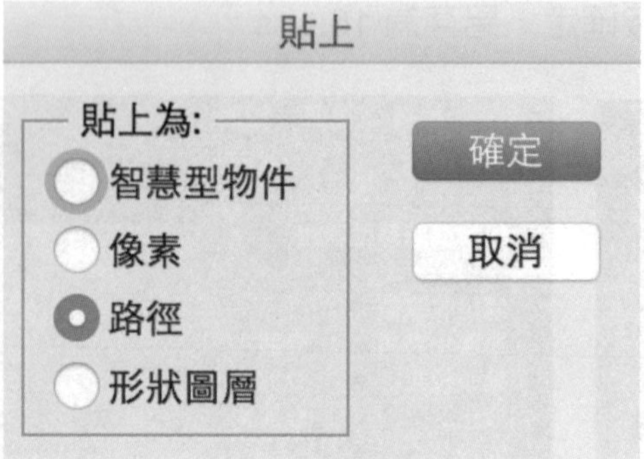

3 在路徑的工具欄位裡點選【載入路徑】作為選取範圍。

4 執行【編輯 \ 筆畫】，在筆畫的對話框內將寬度調整為【1mm】，後按確定。

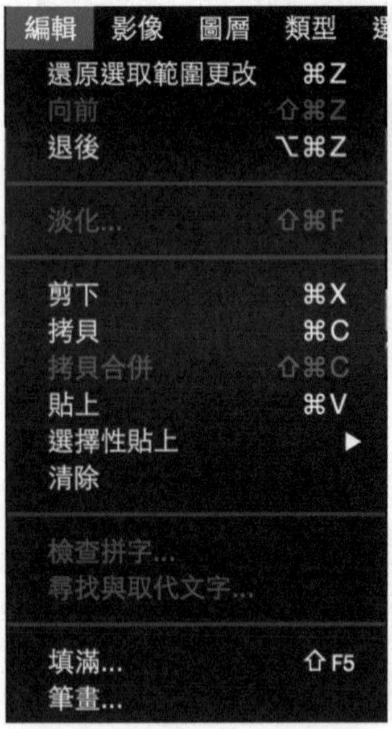

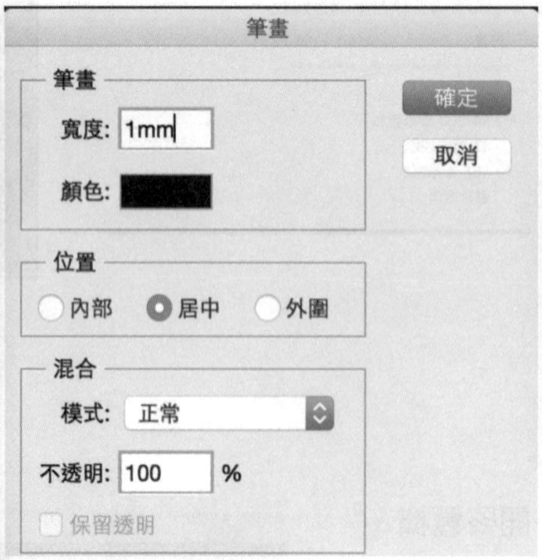

5 執行【取消選取範圍（Ctrl+D）】後，執行【濾鏡 \ 模糊 \ 高斯模糊】，將高斯模糊的強度改為【5 Pixels】，按確定。

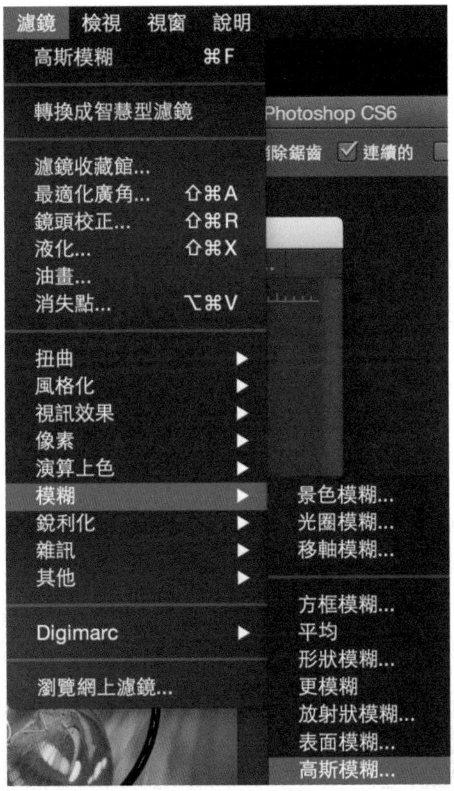

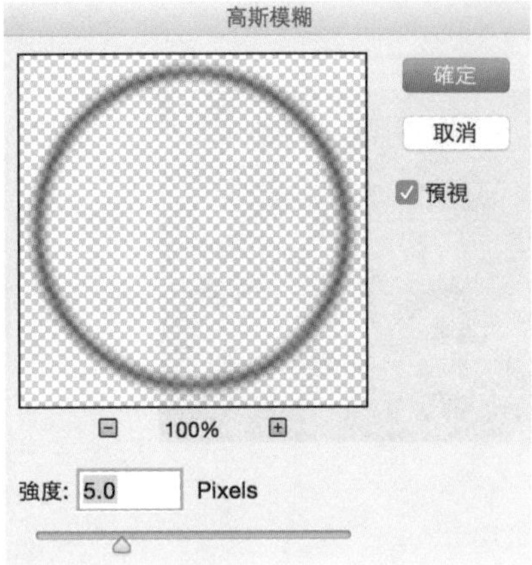

6 再將圖層 1 的不透明度改為【50%】，即完成，另存為 17.eps。

小圖製作 18

1 在 Photoshop 中執行【檔案 \ 開啟舊檔 \ 18.jpg】，接著在 Illustrator 中以【橢圓形工具】繪製一個寬與高均為【32mm】的圓形，選取該圓形後，執行【編輯 \ 剪下（Ctrl+X）】。

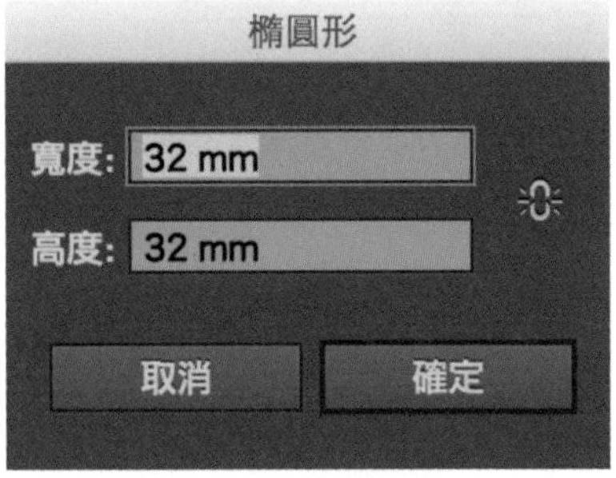

❷ 到 Photoshop 中【執行檔案 \ 開啟舊檔】，選擇原檔 18.jpg。在背景圖層中執行【編輯 \ 貼上（Ctrl+V）】，此時出現貼上的選項，選擇【路徑】後按確定。

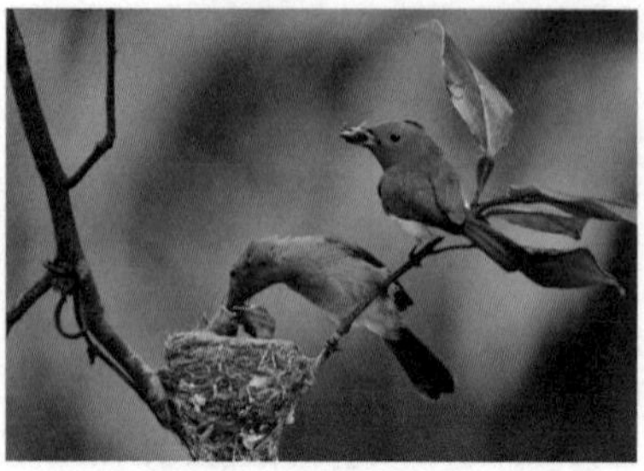

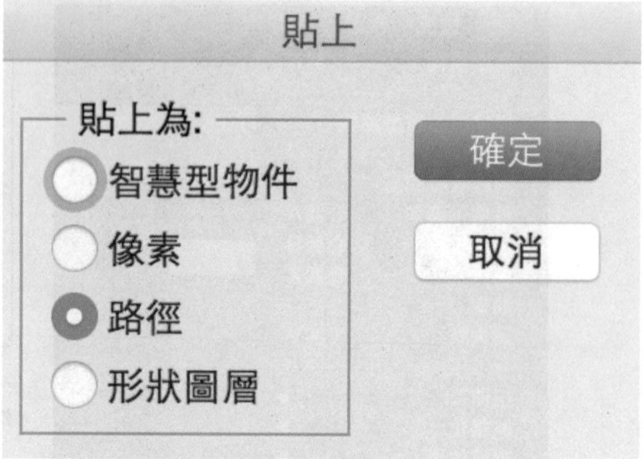

❸ 在路徑的工具欄位裡，點選【載入路徑】作為選取範圍，執行【選取 \ 反轉（Ctrl+Shift+I）】。

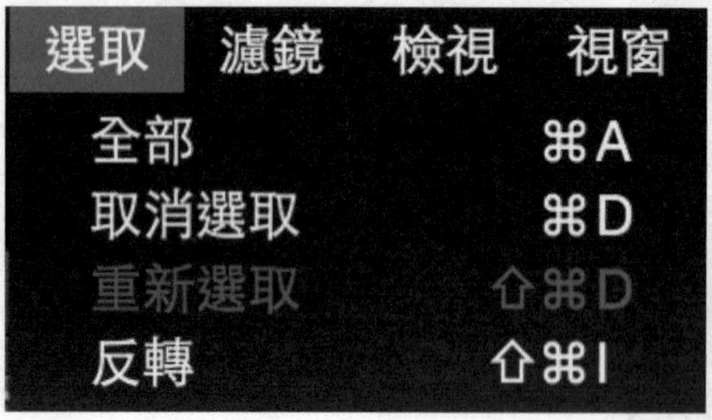

4 執行【拷貝圖層（Ctrl+J）】，即出現圖層 1，按住【Ctrl 鍵】點選圖層 1，回到背景圖層中，執行【編輯 \ 填滿 \ 前景色】（預先設定前景色為黑色），即以此選取範圍在背景圖層上填滿黑色。

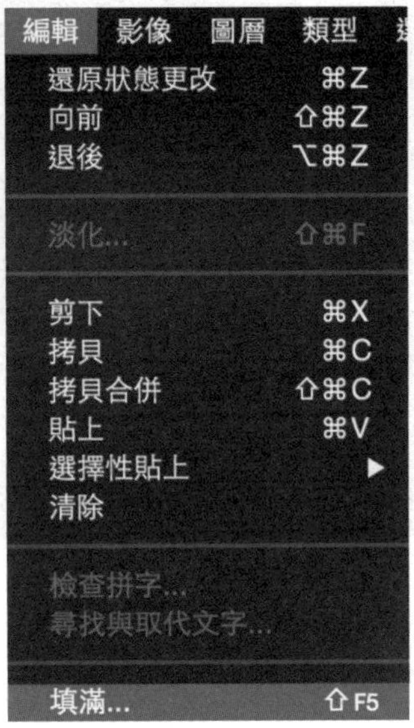

5 執行【取消選取（Ctrl+D）】，回到圖層 1 中，執行【影像 \ 調整 \ 去飽和度（Ctrl+Shift+U）】。設定【圖層 1 】的圖層混合模式為【溶解】，並將填滿改為【50%】

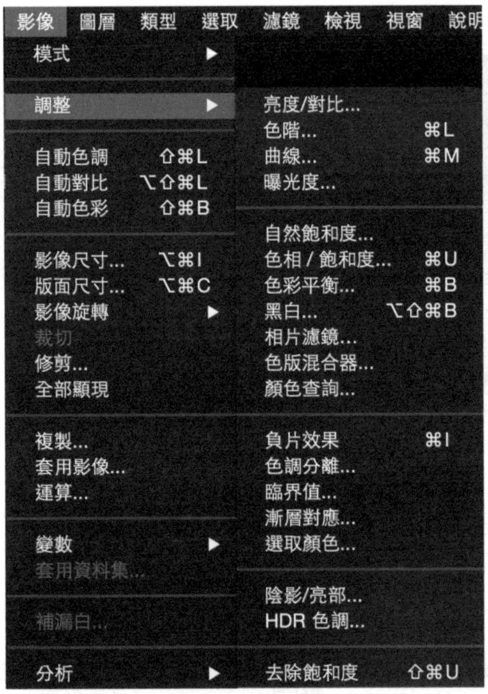

❻ 按住【Ctrl 鍵】點選圖層 1，執行【選取 \ 反轉（Ctrl+Shift+I）】，再回到【背景】圖層中，按快捷鍵執行【選取 \ 變形選取範圍（Ctrl+T）】，變形完成後按右上角✓另存為 18.eps。

批次處理

❶ 先將 1.eps ~ 10.eps 移出資料夾，在 Photoshop 中先開啟 11.eps ~ 18.eps 的其中一張圖檔（此處以 12.eps 為範例），執行【視窗 \ 動作】，在動作的視窗中新增一個「動作 1」，即開始錄製動作步驟。

❷ 執行【影像 \ 模式 \ CMYK 色彩】，將 RGB 模式轉為【CMYK 模式】，動作視窗便新增了轉換模式的動作。

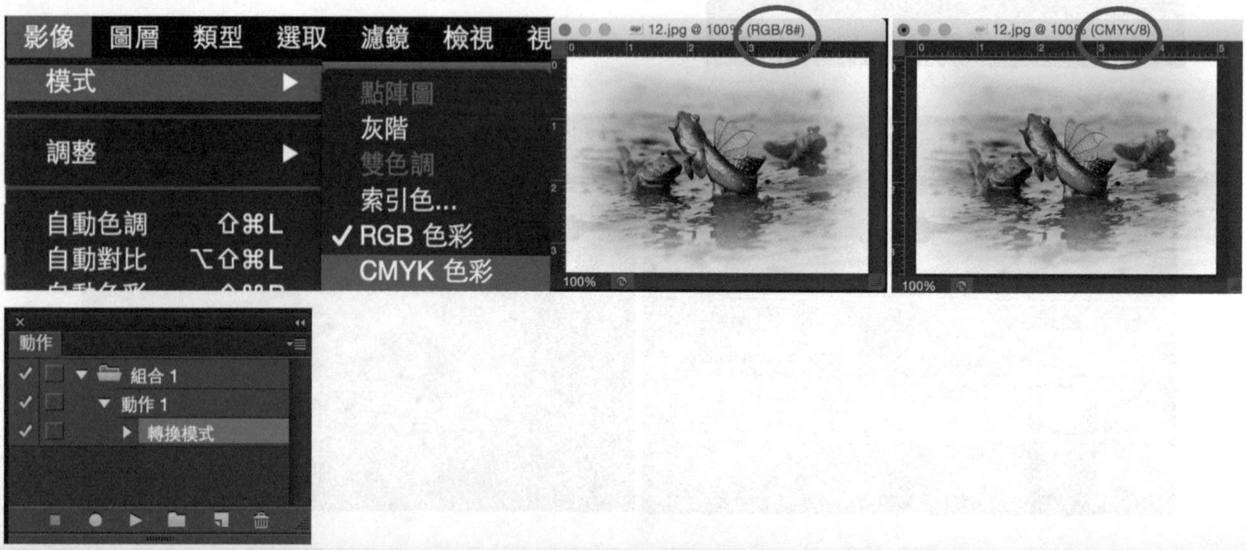

❸ 執行【影像 \ 影像尺寸】，強制等比例選項勾掉，將寬度設為【50mm】，高度設為【35mm】，解析度【300】再按確定，動作視窗便新增了影像尺寸的動作。

❸ 執行【檔案 \ 另存新檔】，再執行【檔案 \ 關閉檔案】，在點按停止錄製按鈕，自此動作 1 的操作步驟便錄製完成。

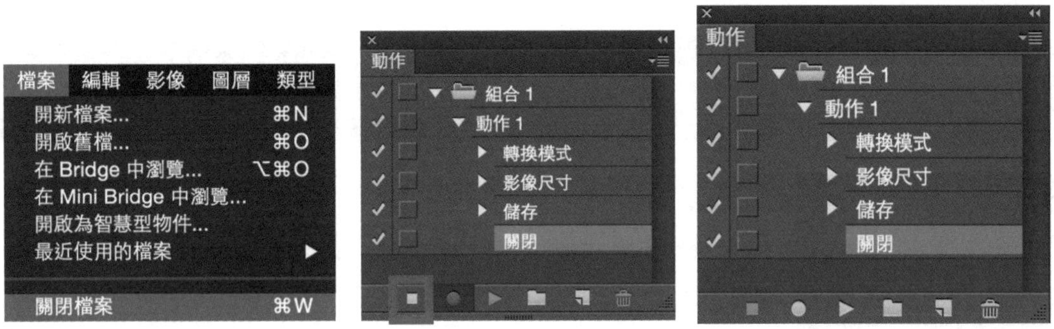

❹ 執行【檔案 \ 自動 \ 批次處理】，動作選擇【動作 1】，再選擇擷取批次處理資料的路徑來源：【檔案夾 \ 原先製作好 18 小圖的位置路徑】，與批次處理後輸出的目的地：【檔案夾 \ 將來批次輸出 18 小圖的位置路徑】，後再按確定，Photoshop 便會開始進行圖片的批次處理。

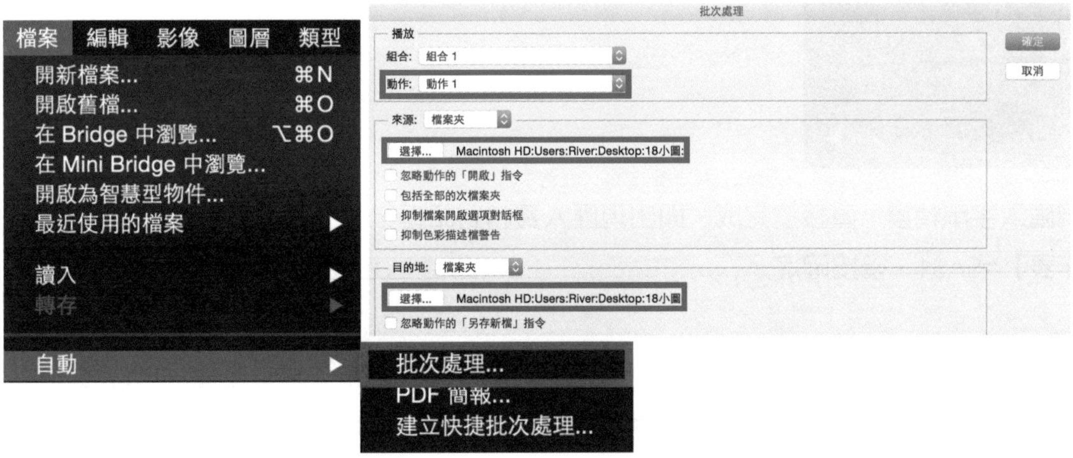

❺ 批次處理完後，再將 1.eps ～ 10.eps 的檔案移入輸出 18 小圖的位置路徑。不需做批次處理的原因，是因使用 Illustrator 軟體時，已預設為印刷模式（CMYK，解析度 300），此外批次處理有做尺寸變更，部分使用 Illustrator 的圖形可能會變形。

資料合併設定

1. 在 Microsoft Office Excel 裏頭執行【檔案 \ 新活頁簿】，新增一個檔案。

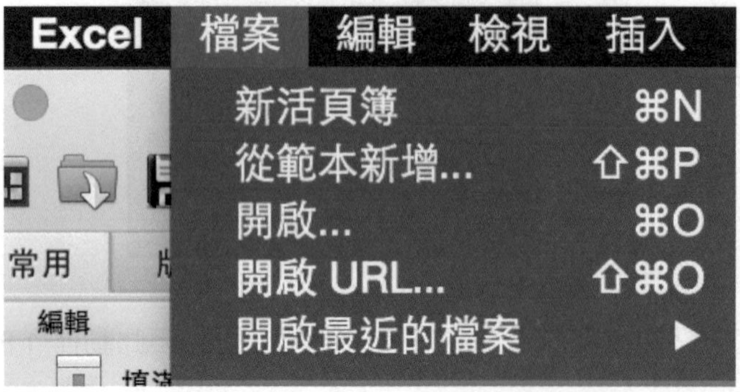

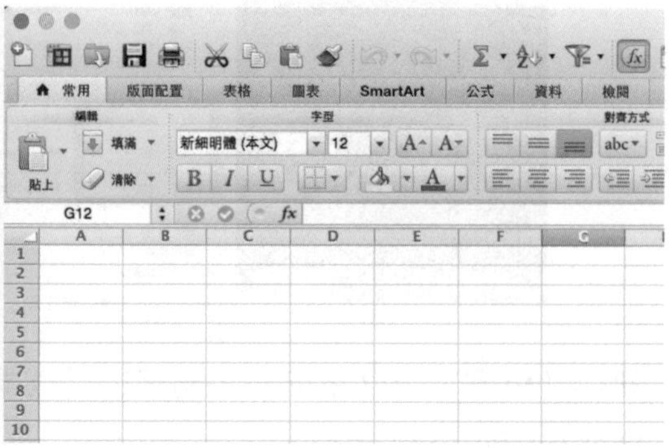

2. 執行【檔案 \ 匯入】，匯入的檔案類型選擇【文字檔】再按匯入。

MAC 與 PC 的 Microsoft Office Excel 按鈕位置可能有不同，此外軟體版本不同位置也會不同，使用 PC 時，2003 版與 2007 版是【資料 \ 匯入外部資料 \ 匯入資料】，2010 版則是在【資料 \ 取得外部資料 \ 從文字檔】

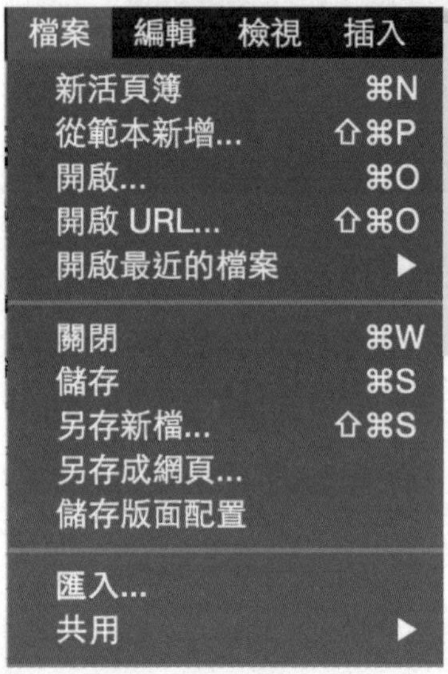

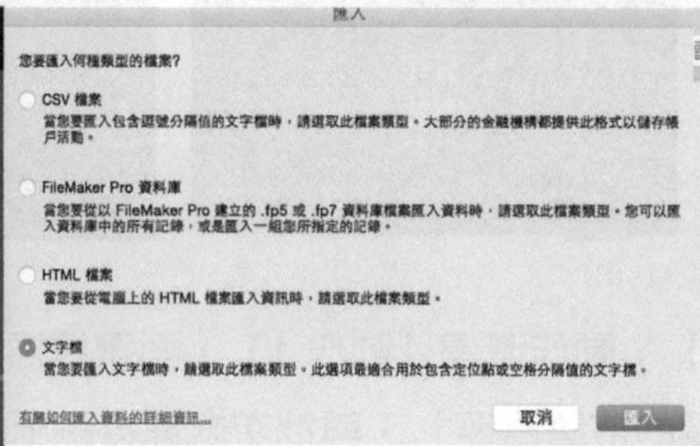

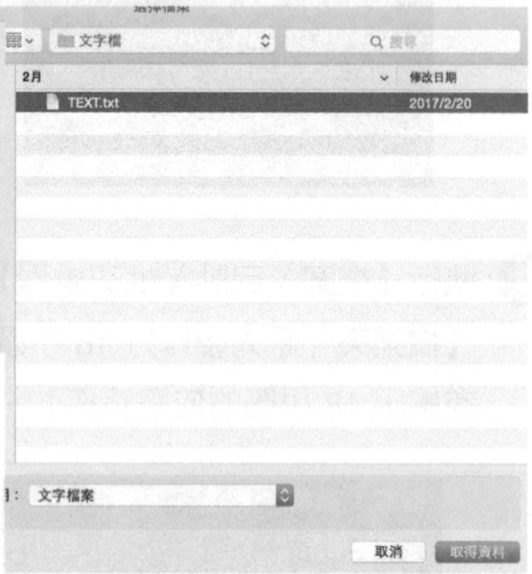

3. 出現匯入字串精靈，直接按完成，即出現匯入資料對話框，於「將資料放在」選項選擇【現有工作表】=A1，後按確定。

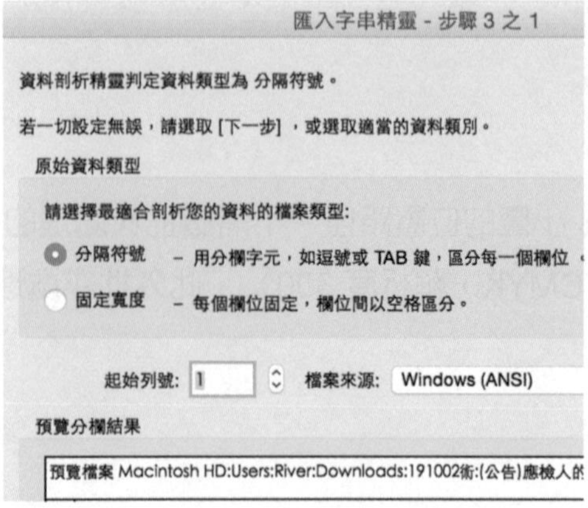

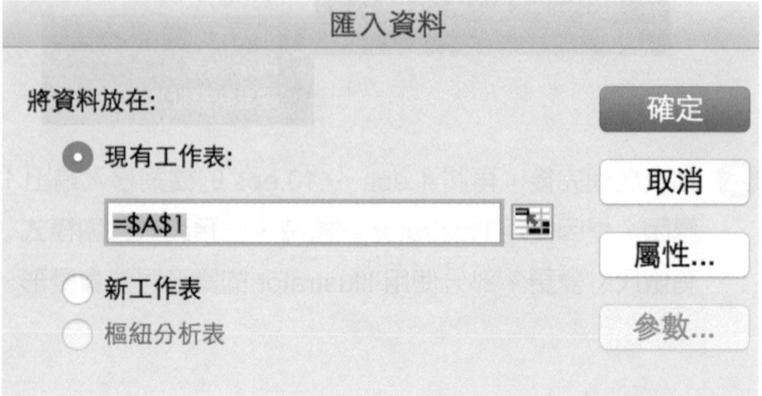

4 完成文字檔的匯入，將不必要的文字資料「勞動部 ...... 應檢人員」刪除。

	A	B	C	D
1	week	topic	content	place
2	1	GUILLOCHE	採用貝茲曲線及旋轉功能，由單一曲線創造出美麗的飾紋(GUILLOCHE)。	電腦教室101
3	2	形狀漸變	由二種不同的形狀，經由漸變功能製作出連續或數階的形狀變化。	電腦教室102
4	3	3D迴轉	建構立體結構的基本元素，如框線，經由3D迴轉的功能製作出平面的立體效果。	電腦教室103
5	4	3D突出	由簡單的幾何方形，經由3D突出的功能製作出立方體，再於表面包覆圖像(需置入符號內)。	電腦教室104
6	5	形狀建立	由簡單的圓形相疊後，再將不要的部份刪除，並採用即時上色功能對封閉區域填色。	電腦教室105
7	6	形狀縮放	藉由單選工具和自訂縮放的目標點，可製作出視覺上遠近的效果。	電腦教室106
8	7	去背置入	將去背好的圖檔置入預設的範圍，並將內容符合範圍的大小。	電腦教室107
9	8	打字功能	請依規定輸入年度和姓名，不可於列印後用筆書寫。	電腦教室108
10	9	臺灣藍鵲	臺灣國寶鳥，又稱臺灣暗藍鵲或長尾山娘。	電腦教室109
11	10	網格上色	藉由網格的線的交錯位置，可於交叉點填入色彩。	電腦教室110
12	11	複合路徑	將多個形狀組合成一個複合路徑，可將底圖裁剪為複合路徑的形狀。	電腦教室111
13	12	羽化	於圖的四周營造出漸淡溶入的羽化效果。	電腦教室112
14	13	透底文字	將文字和底圖結合的方法之一種。	電腦教室113
15	14	色彩平衡	藉由色彩平衡功能，可將影像的色相改變，如營造出黃昏的紅黃色調。	電腦教室114
16	15	扭曲外擴	將想要強調的範圍圈選出來後，藉由扭曲外擴或內縮的功能製作出來。	電腦教室115
17	16	反光效果	藉由演算上色的方法可製作出光源的反光效果。	電腦教室116
18	17	選取範圍	藉由不同形狀、大小選取範圍的加減功能，再製作出想要的選取範圍。	電腦教室117
19	18	局部變化	編輯影像局部的變形效果，以區別整張影像處理的功能。	電腦教室118

5 在【E1 】的欄位鍵入【 @ picture】（因為是要建立圖片欄位所以要增加一個 @，@符號前面需要加按一個空白鍵，否則會出現函數錯誤的提醒視窗）。

D	E	F
place	@picture	
電腦教室101		
電腦教室102		
電腦教室103		

6 自行在【E2 】的儲存格中鍵入【圖片路徑】，如：「/Users/ 電腦名稱 /Desktop/18 小圖 /1.eps」。

MAC 的路徑是打 /，PC 的路徑是打 \，確認完整圖片路徑的方式，便是於圖片按右鍵，選擇【內容】，在【一般】頁籤中有一個【位置】，此即為圖片儲存位置，複製貼上後記得加上圖片檔名（含副檔名），才抓的到圖片。

	D	E
1	place	@picture
2	電腦教室101	/Users/River/Desktop/18小圖/1.eps

7 將游標移至 E2 儲存格，並在【E2】儲存格的右下角【點選節點】向下拖曳至【E19 】儲存格。

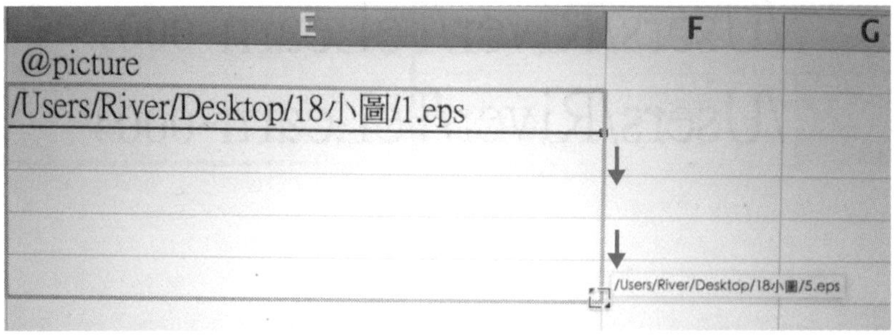

8 圖片路徑及檔名則按【升冪】依序排列。

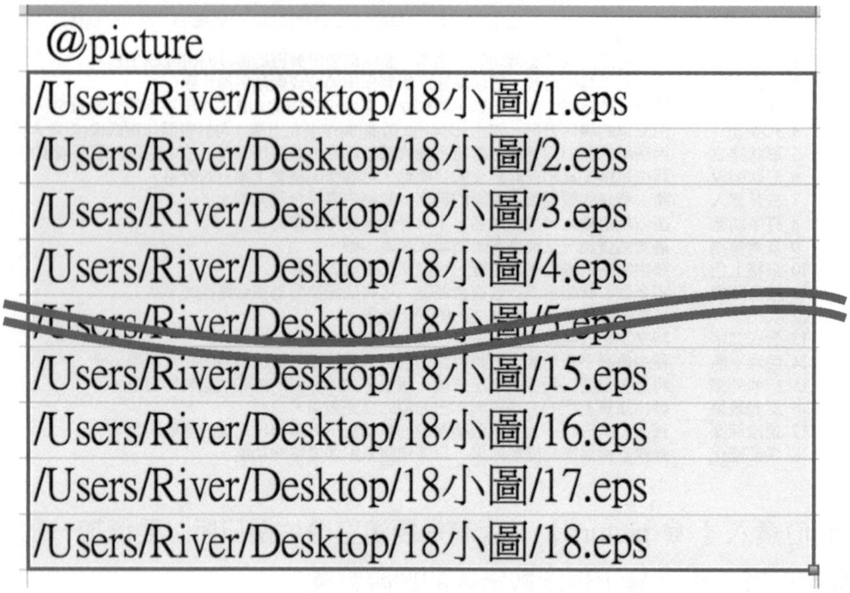

@picture
/Users/River/Desktop/18小圖/1.eps
/Users/River/Desktop/18小圖/2.eps
/Users/River/Desktop/18小圖/3.eps
/Users/River/Desktop/18小圖/4.eps
/Users/River/Desktop/18小圖/5.eps
/Users/River/Desktop/18小圖/15.eps
/Users/River/Desktop/18小圖/16.eps
/Users/River/Desktop/18小圖/17.eps
/Users/River/Desktop/18小圖/18.eps

9 以游標圈選【A2 到 E19】，按下【Ctrl+C 】複製，在【A20】處貼上後再到【A38】處貼上。

	A	B	C	D	E
1	week	topic	content	place	@picture
2	1	GUILLOCHE	採用貝茲曲	電腦教室101	/Users/River/Desktop/18小圖/1.eps
3	2	形狀漸變	由二種不同	電腦教室102	/Users/River/Desktop/18小圖/2.eps
4	3	3D迴轉	建構立體結	電腦教室103	/Users/River/Desktop/18小圖/3.eps
5	4	3D突出	由簡單的幾	電腦教室104	/Users/River/Desktop/18小圖/4.eps
6	5	形狀建立	由簡單的圓	電腦教室105	/Users/River/Desktop/18小圖/5.eps
7	6	形狀縮放	藉由單選工	電腦教室106	/Users/River/Desktop/18小圖/6.eps
8	7	去背置入	將去背好的	電腦教室107	/Users/River/Desktop/18小圖/7.eps
9	8	打字功能	請依規定輸	電腦教室108	/Users/River/Desktop/18小圖/8.eps
10	9	臺灣藍鵲	臺灣國寶鳥	電腦教室109	/Users/River/Desktop/18小圖/9.eps
11	10	網格上色	藉由網格的	電腦教室110	/Users/River/Desktop/18小圖/10.eps
12	11	複合路徑	將多個形狀	電腦教室111	/Users/River/Desktop/18小圖/11.eps
13	12	羽化	於圖的四周	電腦教室112	/Users/River/Desktop/18小圖/12.eps
14	13	透底文字	將文字和底	電腦教室113	/Users/River/Desktop/18小圖/13.eps
15	14	色彩平衡	藉由色彩平	電腦教室114	/Users/River/Desktop/18小圖/14.eps
16	15	扭曲外擴	將想要強調	電腦教室115	/Users/River/Desktop/18小圖/15.eps
17	16	反光效果	藉由演算上	電腦教室116	/Users/River/Desktop/18小圖/16.eps
18	17	選取範圍	藉由不同形	電腦教室117	/Users/River/Desktop/18小圖/17.eps
19	18	局部變化	編輯影像局	電腦教室118	/Users/River/Desktop/18小圖/18.eps

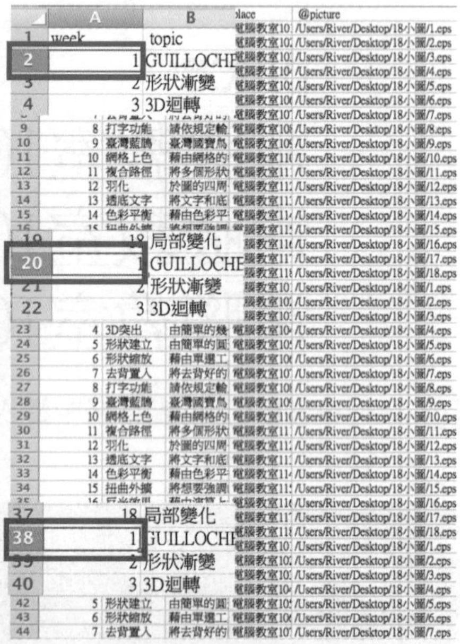

10 自行在【F1】的儲存格中鍵入【eLearn-N】，【F2】的欄位鍵入【eLearn-0001】，【F3】的欄位鍵入【eLearn-0004】。

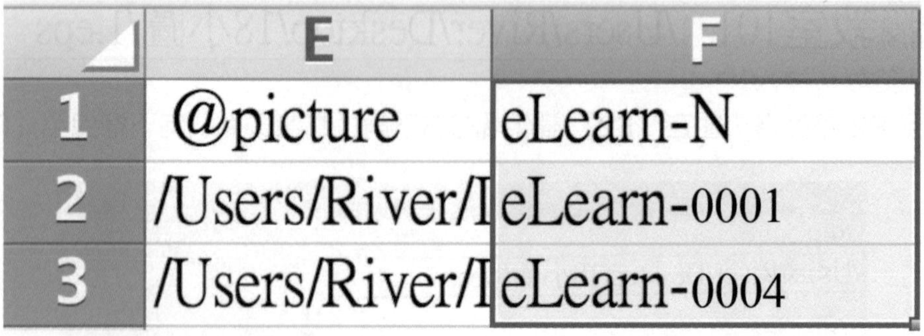

	E	F
1	@picture	eLearn-N
2	/Users/River/I	eLearn-0001
3	/Users/River/I	eLearn-0004

11 將游標移圈選【F2+F3】儲存格，並在 F3 儲存格的右下角【點選節點】，向下【拖曳】至【F19】儲存格。

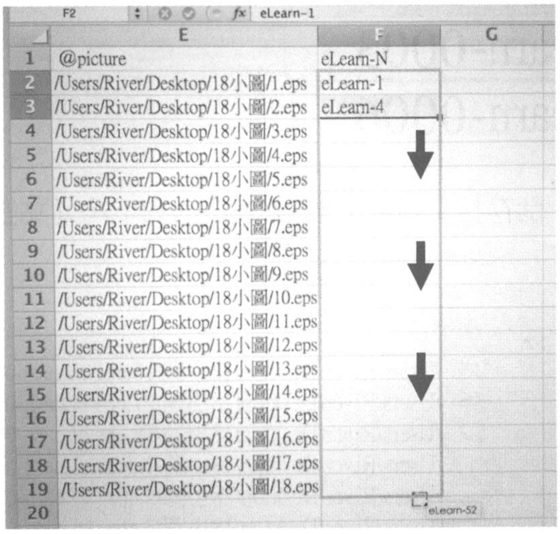

	E	F
1	@picture	eLearn-N
2	/Users/River/Desktop/18小圖/1.eps	eLearn-1
3	/Users/River/Desktop/18小圖/2.eps	eLearn-4
4	/Users/River/Desktop/18小圖/3.eps	
5	/Users/River/Desktop/18小圖/4.eps	
6	/Users/River/Desktop/18小圖/5.eps	
7	/Users/River/Desktop/18小圖/6.eps	
8	/Users/River/Desktop/18小圖/7.eps	
9	/Users/River/Desktop/18小圖/8.eps	
10	/Users/River/Desktop/18小圖/9.eps	
11	/Users/River/Desktop/18小圖/10.eps	
12	/Users/River/Desktop/18小圖/11.eps	
13	/Users/River/Desktop/18小圖/12.eps	
14	/Users/River/Desktop/18小圖/13.eps	
15	/Users/River/Desktop/18小圖/14.eps	
16	/Users/River/Desktop/18小圖/15.eps	
17	/Users/River/Desktop/18小圖/16.eps	
18	/Users/River/Desktop/18小圖/17.eps	
19	/Users/River/Desktop/18小圖/18.eps	
20		eLearn-52

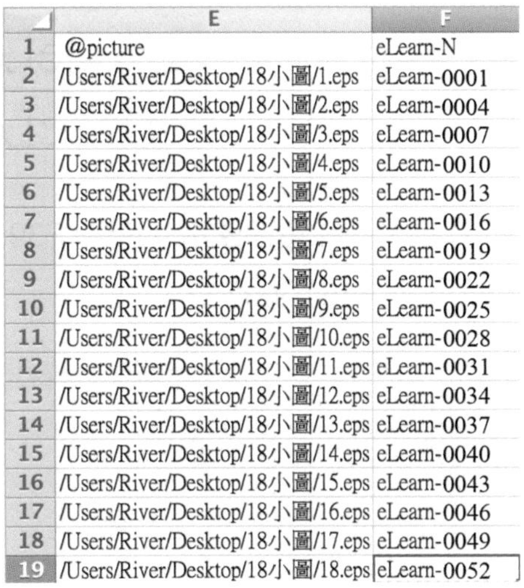

	E	F
1	@picture	eLearn-N
2	/Users/River/Desktop/18小圖/1.eps	eLearn-0001
3	/Users/River/Desktop/18小圖/2.eps	eLearn-0004
4	/Users/River/Desktop/18小圖/3.eps	eLearn-0007
5	/Users/River/Desktop/18小圖/4.eps	eLearn-0010
6	/Users/River/Desktop/18小圖/5.eps	eLearn-0013
7	/Users/River/Desktop/18小圖/6.eps	eLearn-0016
8	/Users/River/Desktop/18小圖/7.eps	eLearn-0019
9	/Users/River/Desktop/18小圖/8.eps	eLearn-0022
10	/Users/River/Desktop/18小圖/9.eps	eLearn-0025
11	/Users/River/Desktop/18小圖/10.eps	eLearn-0028
12	/Users/River/Desktop/18小圖/11.eps	eLearn-0031
13	/Users/River/Desktop/18小圖/12.eps	eLearn-0034
14	/Users/River/Desktop/18小圖/13.eps	eLearn-0037
15	/Users/River/Desktop/18小圖/14.eps	eLearn-0040
16	/Users/River/Desktop/18小圖/15.eps	eLearn-0043
17	/Users/River/Desktop/18小圖/16.eps	eLearn-0046
18	/Users/River/Desktop/18小圖/17.eps	eLearn-0049
19	/Users/River/Desktop/18小圖/18.eps	eLearn-0052

12 自行在【F20】的欄位鍵入【eLearn-2】，【F21】的欄位鍵入【eLearn-0005】。

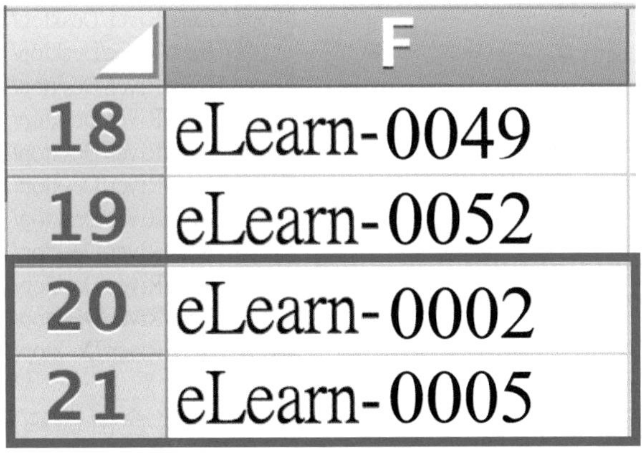

	F
18	eLearn-0049
19	eLearn-0052
20	eLearn-0002
21	eLearn-0005

13 以同樣的方式，將游標移圈選【F20+F21】儲存格，並在 F21 儲存格的右下角【點選節點】向下【拖曳】至【F37】儲存格。

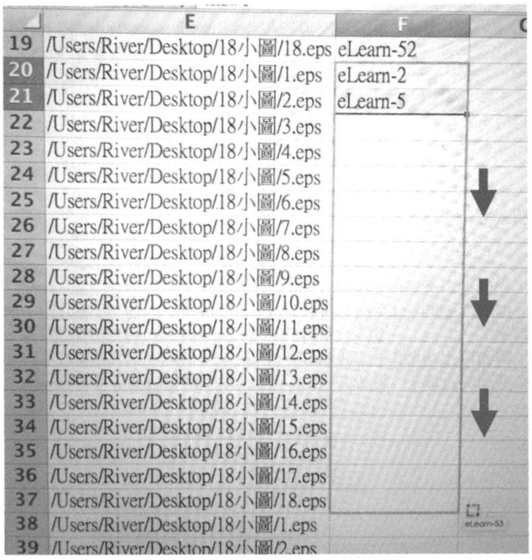

	E	F
19	/Users/River/Desktop/18小圖/18.eps	eLearn-52
20	/Users/River/Desktop/18小圖/1.eps	eLearn-2
21	/Users/River/Desktop/18小圖/2.eps	eLearn-5
22	/Users/River/Desktop/18小圖/3.eps	
23	/Users/River/Desktop/18小圖/4.eps	
24	/Users/River/Desktop/18小圖/5.eps	
25	/Users/River/Desktop/18小圖/6.eps	
26	/Users/River/Desktop/18小圖/7.eps	
27	/Users/River/Desktop/18小圖/8.eps	
28	/Users/River/Desktop/18小圖/9.eps	
29	/Users/River/Desktop/18小圖/10.eps	
30	/Users/River/Desktop/18小圖/11.eps	
31	/Users/River/Desktop/18小圖/12.eps	
32	/Users/River/Desktop/18小圖/13.eps	
33	/Users/River/Desktop/18小圖/14.eps	
34	/Users/River/Desktop/18小圖/15.eps	
35	/Users/River/Desktop/18小圖/16.eps	
36	/Users/River/Desktop/18小圖/17.eps	
37	/Users/River/Desktop/18小圖/18.eps	
38	/Users/River/Desktop/18小圖/1.eps	eLearn-53
39	/Users/River/Desktop/18小圖/2.eps	

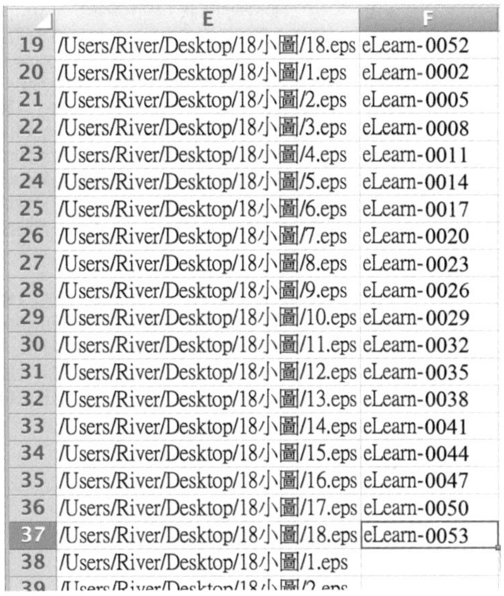

	E	F
19	/Users/River/Desktop/18小圖/18.eps	eLearn-0052
20	/Users/River/Desktop/18小圖/1.eps	eLearn-0002
21	/Users/River/Desktop/18小圖/2.eps	eLearn-0005
22	/Users/River/Desktop/18小圖/3.eps	eLearn-0008
23	/Users/River/Desktop/18小圖/4.eps	eLearn-0011
24	/Users/River/Desktop/18小圖/5.eps	eLearn-0014
25	/Users/River/Desktop/18小圖/6.eps	eLearn-0017
26	/Users/River/Desktop/18小圖/7.eps	eLearn-0020
27	/Users/River/Desktop/18小圖/8.eps	eLearn-0023
28	/Users/River/Desktop/18小圖/9.eps	eLearn-0026
29	/Users/River/Desktop/18小圖/10.eps	eLearn-0029
30	/Users/River/Desktop/18小圖/11.eps	eLearn-0032
31	/Users/River/Desktop/18小圖/12.eps	eLearn-0035
32	/Users/River/Desktop/18小圖/13.eps	eLearn-0038
33	/Users/River/Desktop/18小圖/14.eps	eLearn-0041
34	/Users/River/Desktop/18小圖/15.eps	eLearn-0044
35	/Users/River/Desktop/18小圖/16.eps	eLearn-0047
36	/Users/River/Desktop/18小圖/17.eps	eLearn-0050
37	/Users/River/Desktop/18小圖/18.eps	eLearn-0053
38	/Users/River/Desktop/18小圖/1.eps	
39	/Users/River/Desktop/18小圖/2.eps	

14 自行在【F38】的欄位鍵入【eLearn-3】，【F39】的欄位鍵入【eLearn-0006】。

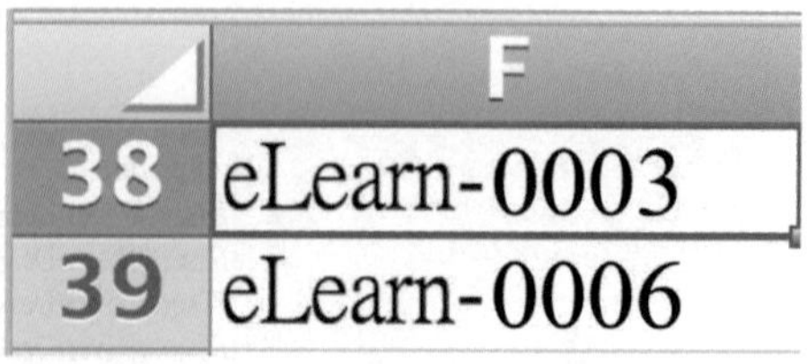

	F
38	eLearn-0003
39	eLearn-0006

15 以同樣的方式，將游標移圈選【F38+F39】儲存格，並在 F39 儲存格的右下角【點選節點】向下【拖曳】至【F55】儲存格。

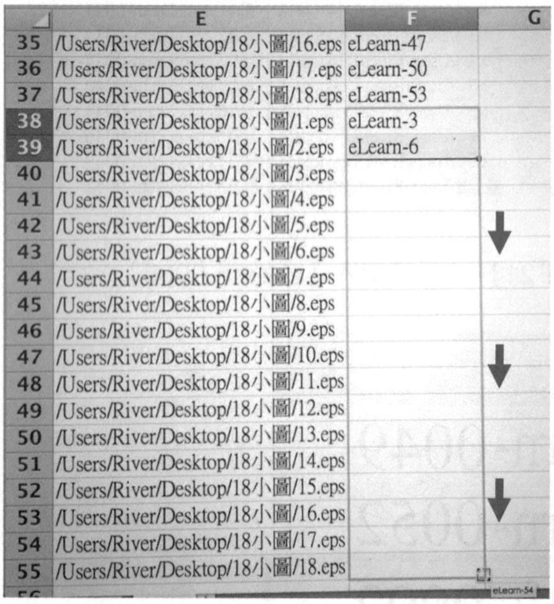

	E	F	G
35	/Users/River/Desktop/18小圖/16.eps	eLearn-47	
36	/Users/River/Desktop/18小圖/17.eps	eLearn-50	
37	/Users/River/Desktop/18小圖/18.eps	eLearn-53	
38	/Users/River/Desktop/18小圖/1.eps	eLearn-3	
39	/Users/River/Desktop/18小圖/2.eps	eLearn-6	
40	/Users/River/Desktop/18小圖/3.eps		
41	/Users/River/Desktop/18小圖/4.eps		
42	/Users/River/Desktop/18小圖/5.eps		
43	/Users/River/Desktop/18小圖/6.eps		
44	/Users/River/Desktop/18小圖/7.eps		
45	/Users/River/Desktop/18小圖/8.eps		
46	/Users/River/Desktop/18小圖/9.eps		
47	/Users/River/Desktop/18小圖/10.eps		
48	/Users/River/Desktop/18小圖/11.eps		
49	/Users/River/Desktop/18小圖/12.eps		
50	/Users/River/Desktop/18小圖/13.eps		
51	/Users/River/Desktop/18小圖/14.eps		
52	/Users/River/Desktop/18小圖/15.eps		
53	/Users/River/Desktop/18小圖/16.eps		
54	/Users/River/Desktop/18小圖/17.eps		
55	/Users/River/Desktop/18小圖/18.eps		

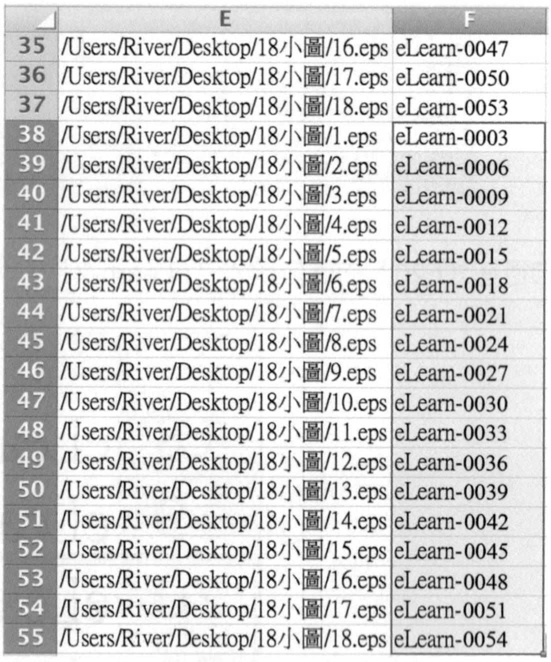

	E	F
35	/Users/River/Desktop/18小圖/16.eps	eLearn-0047
36	/Users/River/Desktop/18小圖/17.eps	eLearn-0050
37	/Users/River/Desktop/18小圖/18.eps	eLearn-0053
38	/Users/River/Desktop/18小圖/1.eps	eLearn-0003
39	/Users/River/Desktop/18小圖/2.eps	eLearn-0006
40	/Users/River/Desktop/18小圖/3.eps	eLearn-0009
41	/Users/River/Desktop/18小圖/4.eps	eLearn-0012
42	/Users/River/Desktop/18小圖/5.eps	eLearn-0015
43	/Users/River/Desktop/18小圖/6.eps	eLearn-0018
44	/Users/River/Desktop/18小圖/7.eps	eLearn-0021
45	/Users/River/Desktop/18小圖/8.eps	eLearn-0024
46	/Users/River/Desktop/18小圖/9.eps	eLearn-0027
47	/Users/River/Desktop/18小圖/10.eps	eLearn-0030
48	/Users/River/Desktop/18小圖/11.eps	eLearn-0033
49	/Users/River/Desktop/18小圖/12.eps	eLearn-0036
50	/Users/River/Desktop/18小圖/13.eps	eLearn-0039
51	/Users/River/Desktop/18小圖/14.eps	eLearn-0042
52	/Users/River/Desktop/18小圖/15.eps	eLearn-0045
53	/Users/River/Desktop/18小圖/16.eps	eLearn-0048
54	/Users/River/Desktop/18小圖/17.eps	eLearn-0051
55	/Users/River/Desktop/18小圖/18.eps	eLearn-0054

16 合併資料建立後，執行【檔案 \ 另存新檔】，檔名設為【合併資料】，格式設定為【.txt】，儲存在前面製作好的 18 個小圖資料夾中。

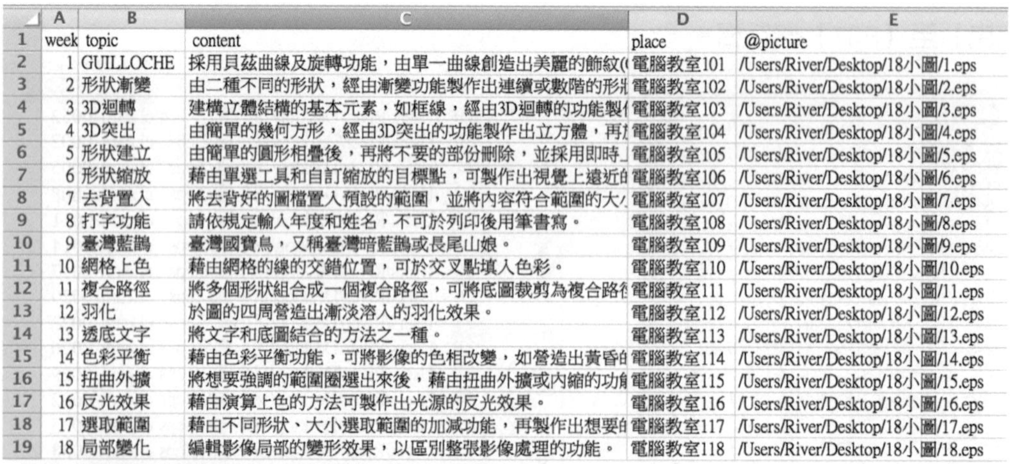

	A	B	C	D	E
1	week	topic	content	place	@picture
2	1	GUILLOCHE	採用貝茲曲線及旋轉功能，由單一曲線創造出美麗的飾紋(	電腦教室101	/Users/River/Desktop/18小圖/1.eps
3	2	形狀漸變	由二種不同的形狀，經由漸變功能製作出連續或數階的形	電腦教室102	/Users/River/Desktop/18小圖/2.eps
4	3	3D迴轉	建構立體結構的基本元素，如框線，經由3D迴轉的功能製	電腦教室103	/Users/River/Desktop/18小圖/3.eps
5	4	3D突出	由簡單的幾何方形，經由3D突出的功能製作出立方體，再	電腦教室104	/Users/River/Desktop/18小圖/4.eps
6	5	形狀建立	由簡單的圓形相疊後，再將不要的部份刪除，並採用即時	電腦教室105	/Users/River/Desktop/18小圖/5.eps
7	6	形狀縮放	藉由單選工具和自訂縮放的目標點，可製作出視覺上遠近	電腦教室106	/Users/River/Desktop/18小圖/6.eps
8	7	去背置入	將去背好的圖檔置入預設的範圍，並將內容符合範圍的大	電腦教室107	/Users/River/Desktop/18小圖/7.eps
9	8	打字功能	請依規定輸入年度和姓名，不可於列印後用筆書寫。	電腦教室108	/Users/River/Desktop/18小圖/8.eps
10	9	臺灣藍鵲	臺灣國寶鳥，又稱臺灣暗藍鵲或長尾山娘。	電腦教室109	/Users/River/Desktop/18小圖/9.eps
11	10	網格上色	藉由網格的線的交錯位置，可於交叉點填入色彩。	電腦教室110	/Users/River/Desktop/18小圖/10.eps
12	11	複合路徑	將多個形狀組合成一個複合路徑，可將底圖裁剪為複合路	電腦教室111	/Users/River/Desktop/18小圖/11.eps
13	12	羽化	於圖的四周營造出漸淡溶入的羽化效果。	電腦教室112	/Users/River/Desktop/18小圖/12.eps
14	13	透底文字	將文字和底圖結合的方法之一種。	電腦教室113	/Users/River/Desktop/18小圖/13.eps
15	14	色彩平衡	藉由色彩平衡功能，可將影像的色相改變，如營造出黃昏	電腦教室114	/Users/River/Desktop/18小圖/14.eps
16	15	扭曲外擴	將想要強調的範圍圈選出來後，藉由扭曲外擴或內縮的功	電腦教室115	/Users/River/Desktop/18小圖/15.eps
17	16	反光效果	藉由演算上色的方法可製作出光源的反光效果。	電腦教室116	/Users/River/Desktop/18小圖/16.eps
18	17	選取範圍	藉由不同形狀、大小選取範圍的加減功能，再製作出想要	電腦教室117	/Users/River/Desktop/18小圖/17.eps
19	18	局部變化	編輯影像局部的變形效果，以區別整張影像處理的功能。	電腦教室118	/Users/River/Desktop/18小圖/18.eps

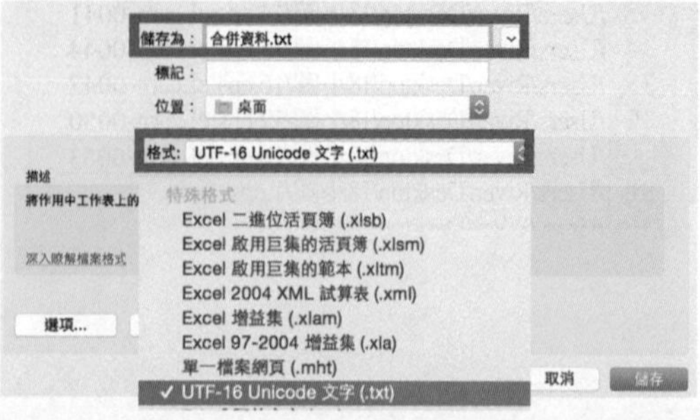

製作可變印紋底圖

1. 在 Illustrator 中執行【檔案 \ 新增（Ctrl+N）】。

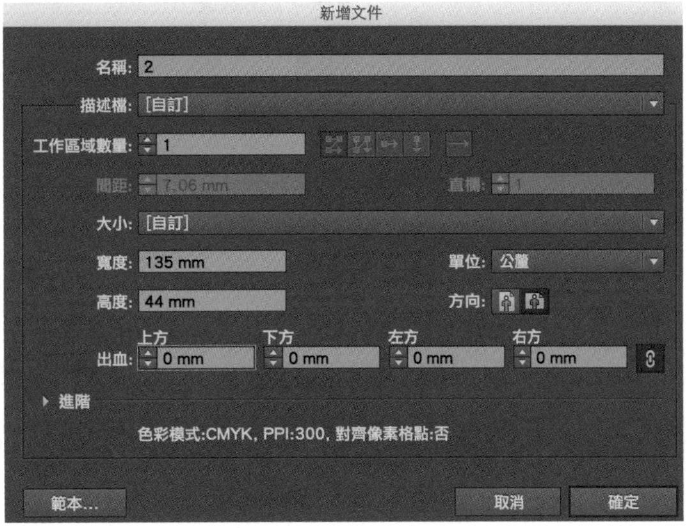

2. 以【矩形工具】 繪製一個【寬 135mm】、【高 44mm】的矩形。

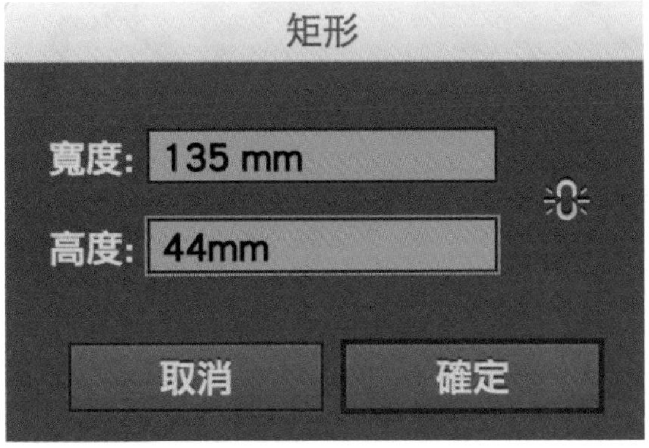

3. 將矩形的內部【填色】調整為【C20】，【筆畫不填色】。

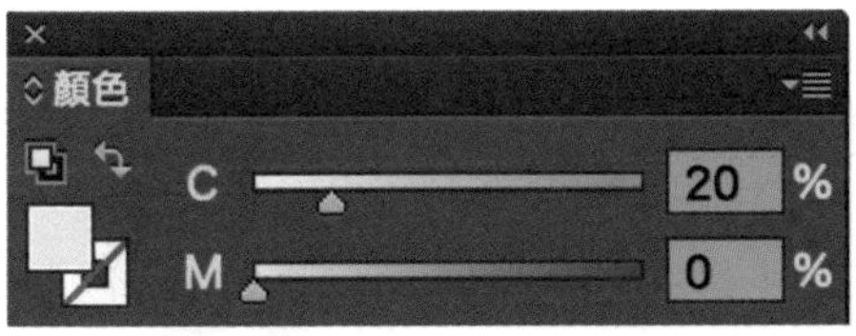

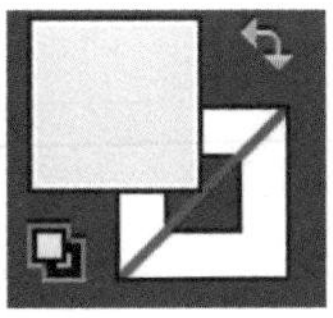

4. 執行【檔案 \ 置入 \ 1_ 單模版型對位用 .jpg】，並將【不透明度】調整為【30%】，作為描圖檔。

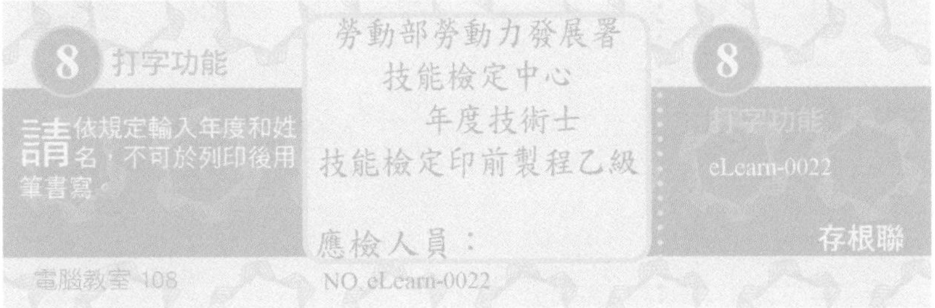

❺ 置入之前繪製完成的 18 小圖中的【1.eps】，作為此圖框的【底紋】，並【複製】成三份依描圖檔對位放置。調整底紋框線的色彩，將上下兩底紋設為【C50】，中間的底紋設為【C50K50】。

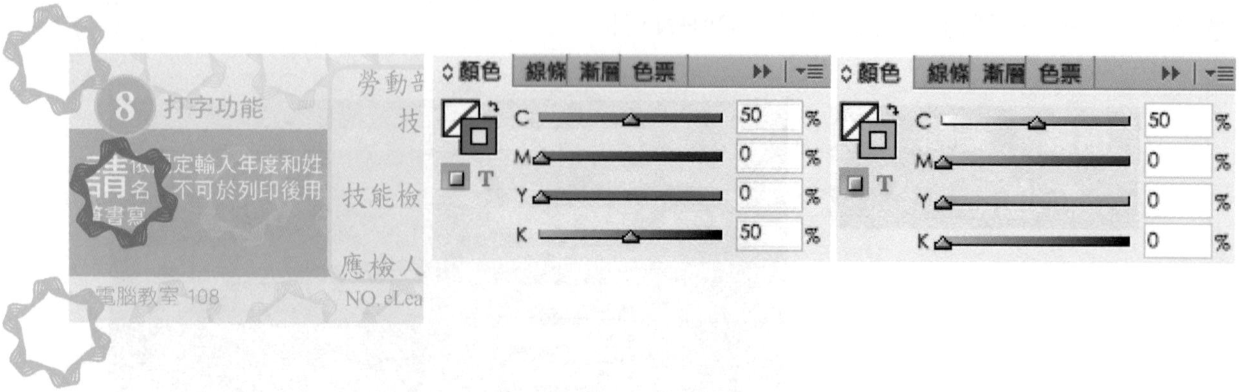

❻ 選取這三個底紋，按住【Alt 鍵】水平複製一個後，按快速鍵【Ctrl+Shift+Alt+D】，使印紋填滿整個框。若發現底紋未水平對齊，善用對齊面板中的對齊與均分物件功能調整。

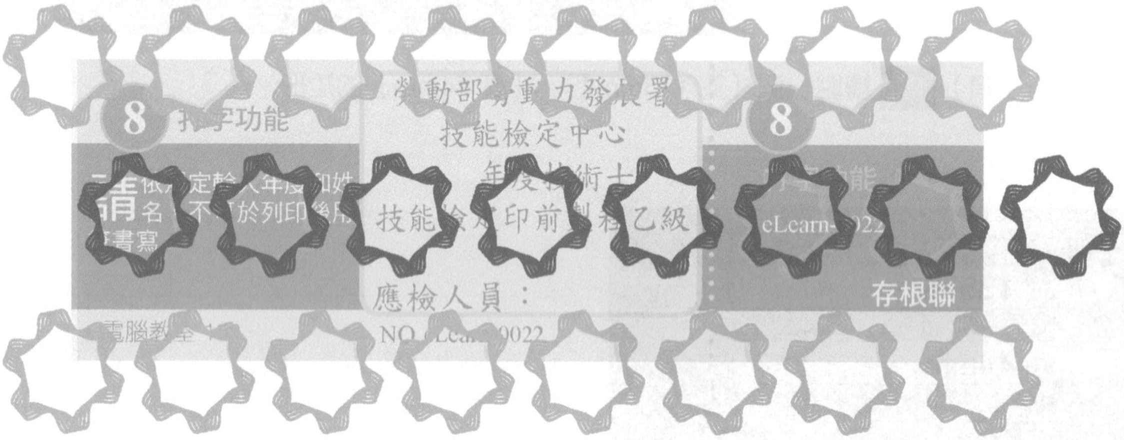

❼ 繪製一個步驟 2 的矩形，執行【編輯 \ 原地貼上】。

8 點選上層的矩形，並加選第一與第三排的底紋後，執行【編輯＼剪裁遮色片＼製作（Ctrl+7）】。

9 按【右鍵＼排列順序＼置後（Ctrl+[）】，調整至中間深色的底紋浮現。

10 以【矩形工具】繪製一個【寬 135mm】、【高 24.2mm】的矩形。

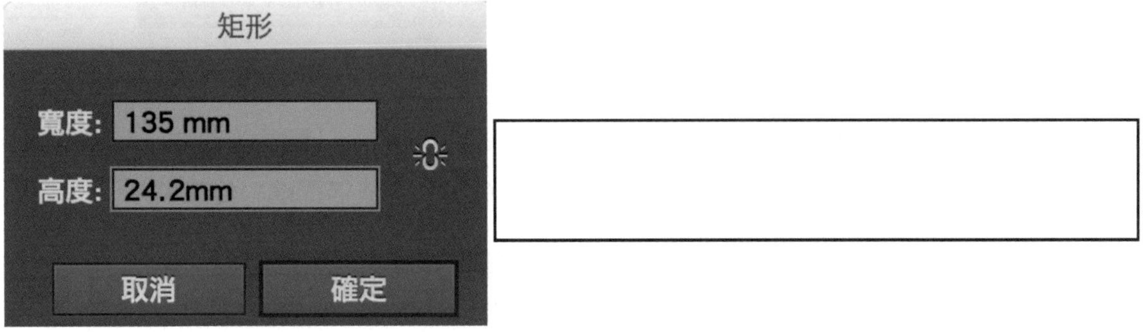

11 將矩形的內部填色調整為【C80 M70 Y40】，筆畫不填色。

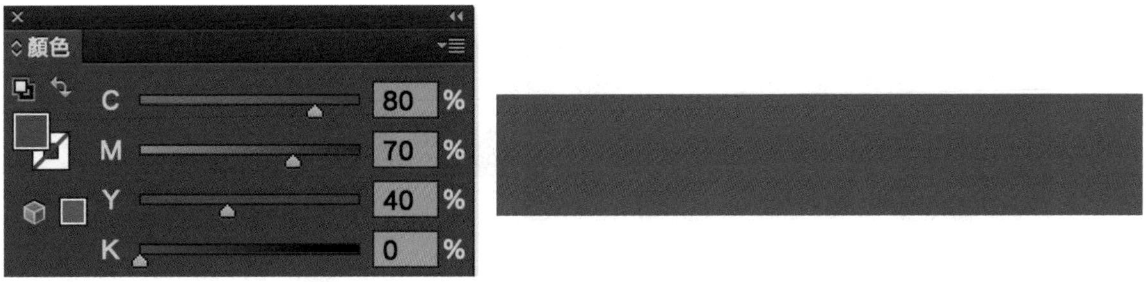

12 按【右鍵＼排列順序＼置後（Ctrl+[）】直到該矩形色框上方佈滿較深色的底紋。

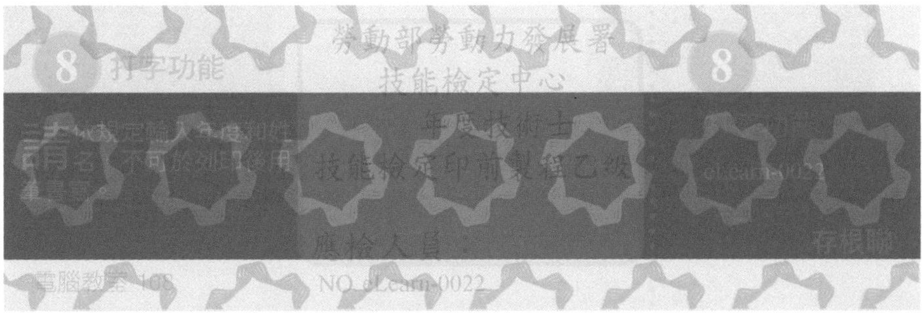

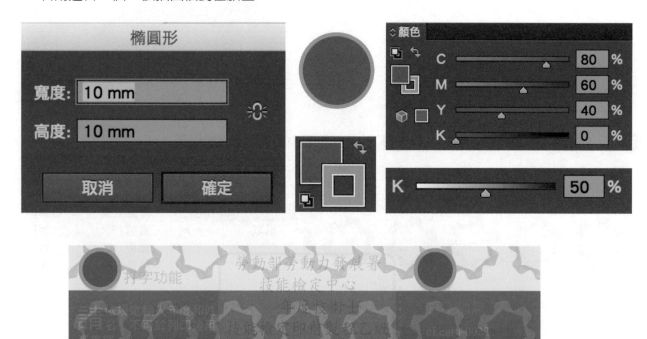

13 以【橢圓形工具】 繪製一個寬高皆為【10 mm】的圓形，內部填色色彩為【C80 M60 Y40】，外框筆畫寬度為【1pt】，筆畫色彩為【K50】，再按住【Alt 鍵】水平複製一個，使左右兩邊各一個，依描圖檔對位放置。

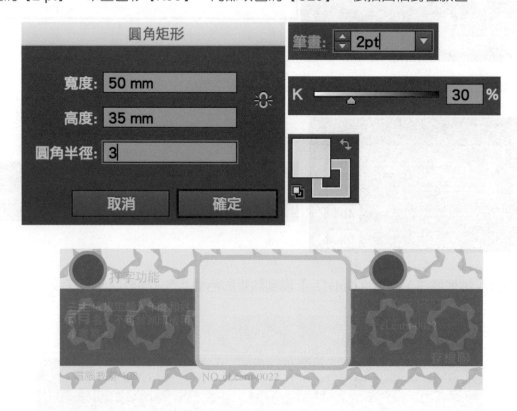

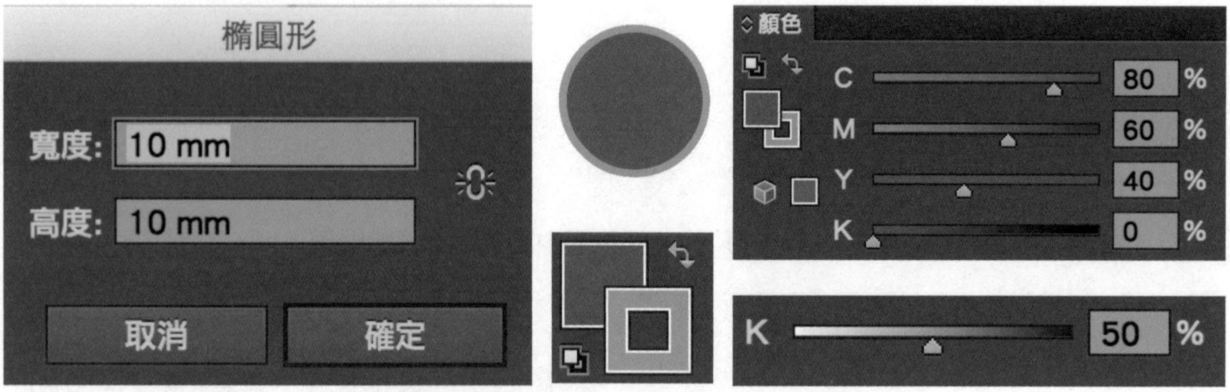

14 以【圓角矩形工具】 繪製一個【寬 50mm】、【高 35mm】、【圓角半徑 3mm】的圓角矩形，筆畫為【2 pt】、筆畫色彩【K30】，內部填色為【C20】，依描圖檔對位放置。

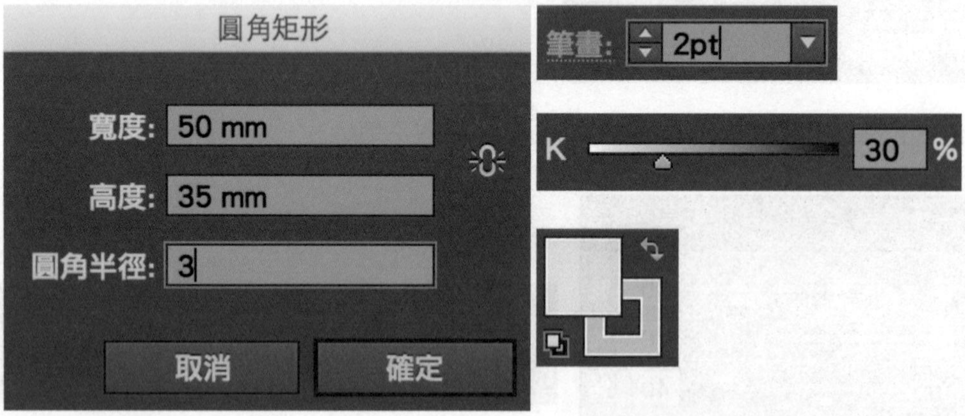

15 以【文字工具】 鍵入「存根聯」，字型【粗黑體】、字級【12pt】，色彩【白色】；再 鍵入「NO.」字型【Time New Roman】、字級【10pt】、色彩【K100】。

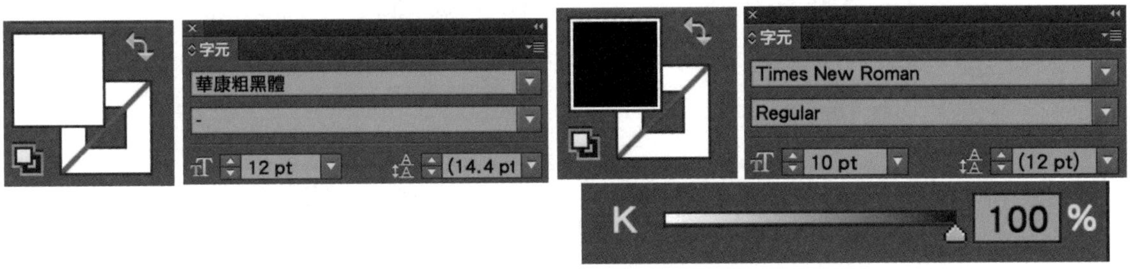

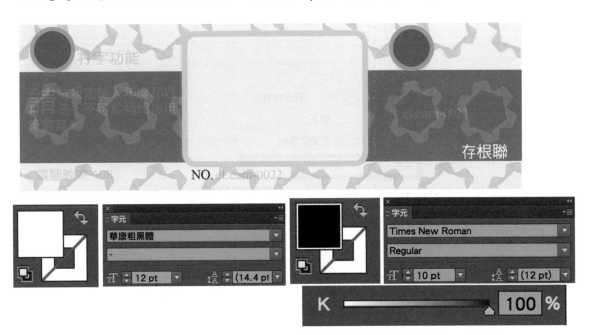

16 以【線段區域工具】 在空白處以滑鼠左鍵單點一下，設定【長度 44mm】、角度【90°】，按確定，再將色彩改為【K30】。

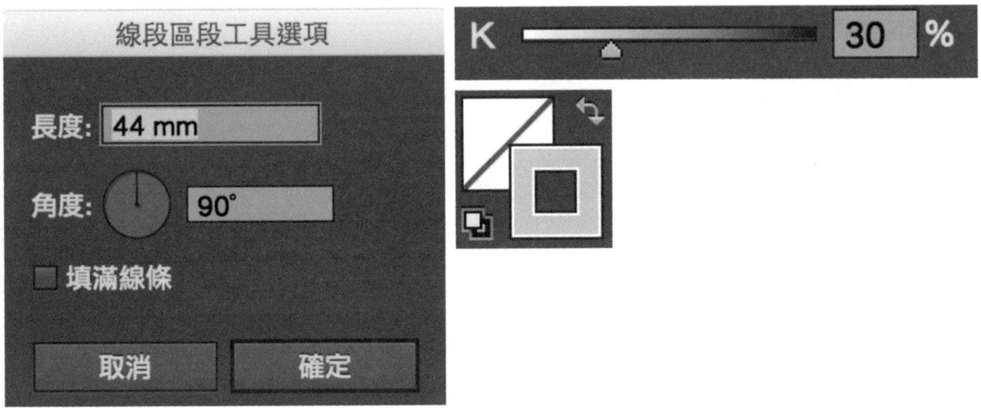

17 將線段寬度設為【2pt】，端點改為【圓端點】，尖角改為【圓角】，虛線為【0pt】，間隔為【5.94pt】，並依描圖檔對位，完成後刪除描圖檔，先不要儲存關閉，開啓 Indesign。

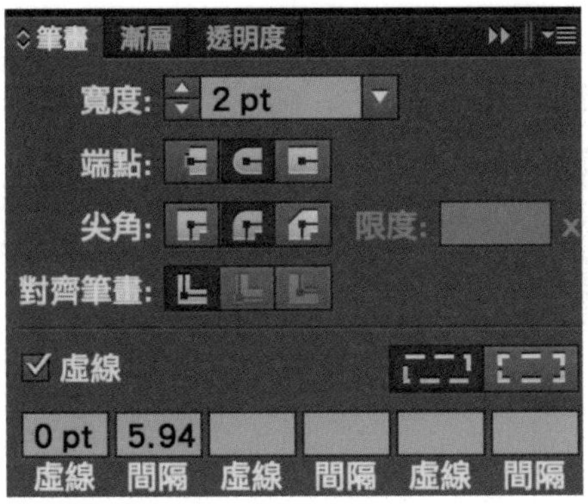

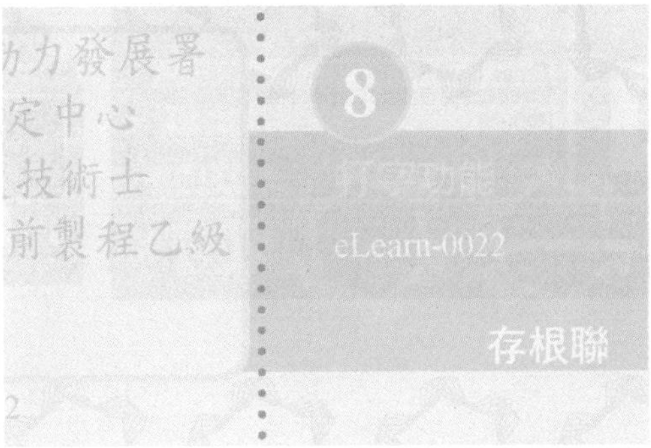

可變印紋設定

1. 在 Indesign 中執行【檔案 \ 新增 \ 文件】，頁面大小設為【A3】，出血設為【0mm】，方向為【直式】。

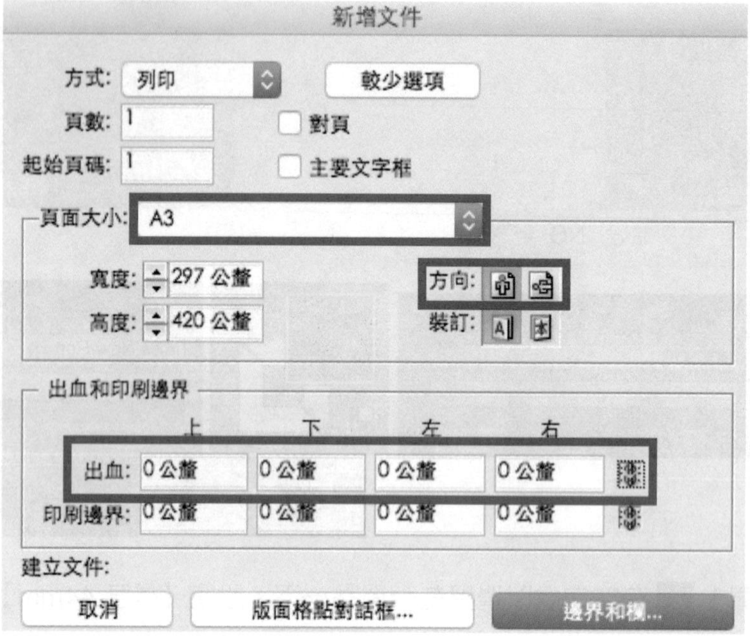

2. 回到 Illustrator，對做好的可變印紋底圖檔案執行【全選（Ctrl+A）】、【複製（Ctrl+C）】，再回到 Indesign 執行【貼上（Ctrl+V）】。

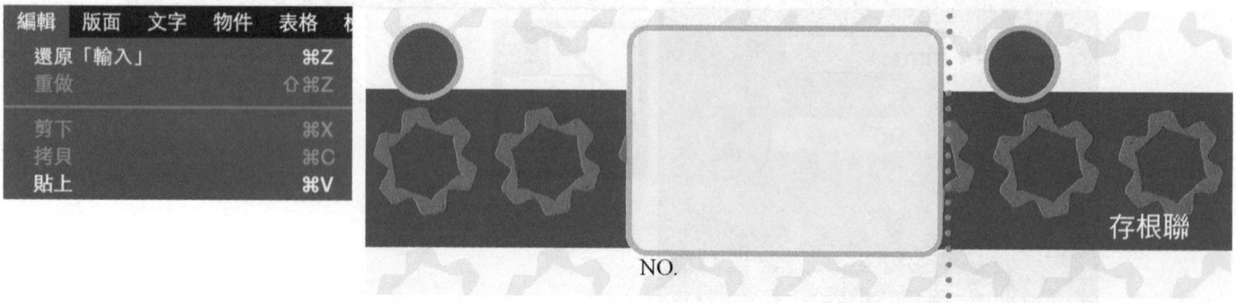

3. 置入【1_ 單模版型對位用 .jpg】做文字對位用，以【文字工具】 T 繪製兩個文字框，字型【Times New Roman】，字級【10pt】，色彩【K100】，另一個同樣字級字型，只是色彩改【白色（紙張）】。

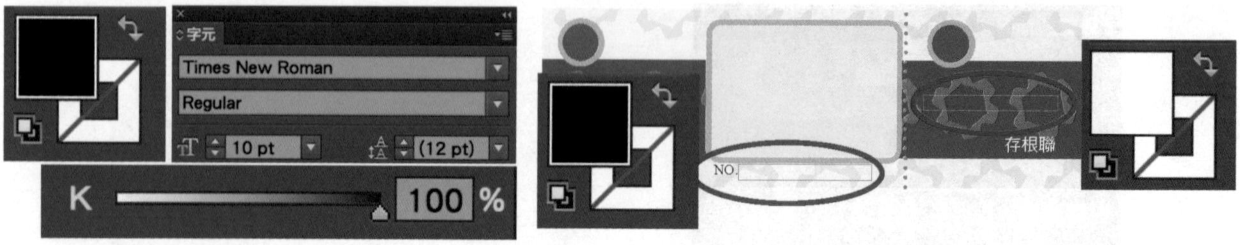

4 以【文字工具】 T 繪製兩個文字框，【寬 10.5mm】、【高 7.625mm】，字型【Times New Roman】，字級【20pt】，色彩【白色】。

5 以【文字工具】 T 繪製一個文字框，【寬21mm】、【高5mm】，字型【粗黑體】，字級【12pt】，色彩【C80M60Y40】。

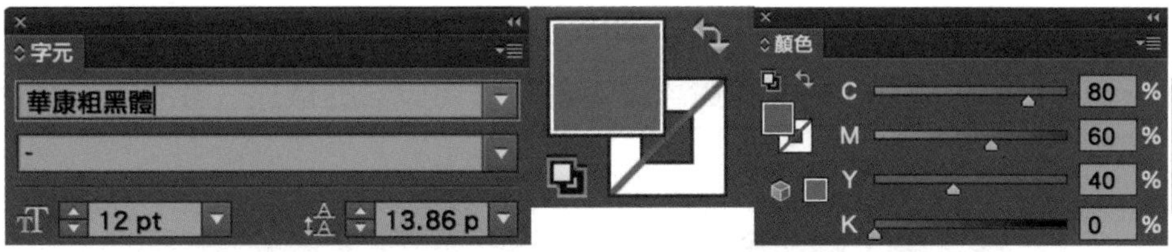

6 以【文字工具】 T 繪製一個文字框，【寬21mm】、【高5mm】，字型【粗黑體】，字級【12pt】，色彩【C70Y70】。

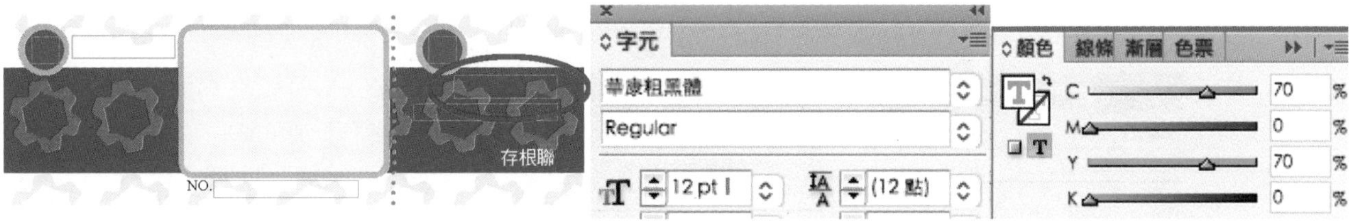

7 以【文字工具】 T 繪製一個文字框，【寬 40mm】、【高 20mm】，字型【中黑體】，字級【10pt】，色彩【白色】，字首放大行數【2】。

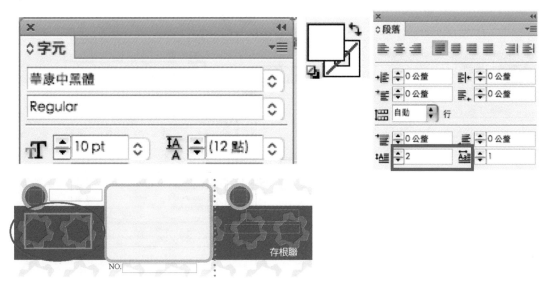

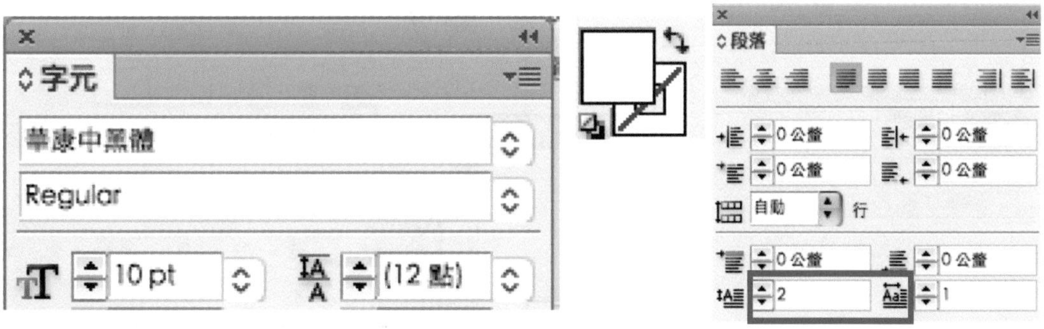

8 以【文字工具】T 繪製一個文字框，【寬21mm】、【高5mm】，字型【細黑體】，字級【10pt】，色彩【K100】。

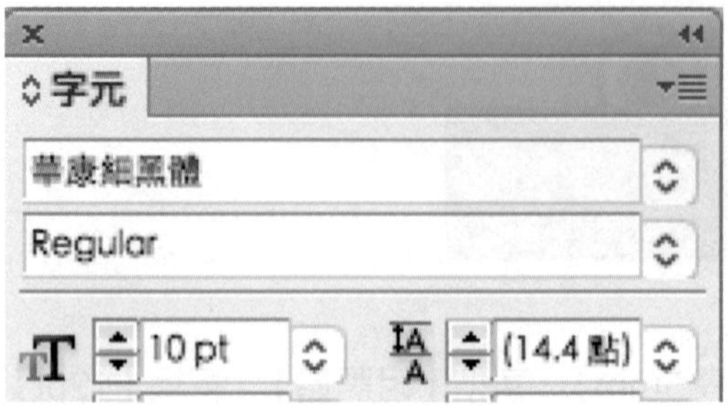

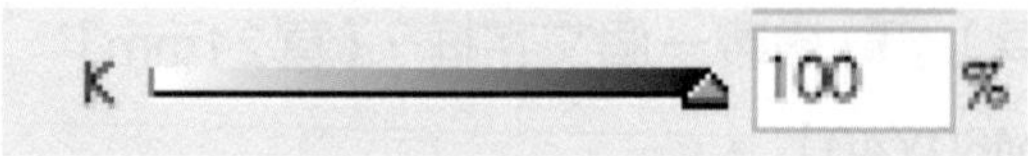

9 如果各位考生覺得一個一個設定的方式太瑣碎，也可以執行【文字\段落樣式】，將說明樣式紙上的每一道描述事先先設定好，再繪製文字框，套用段落的樣式（參考後續圖例，不再一一細述）。

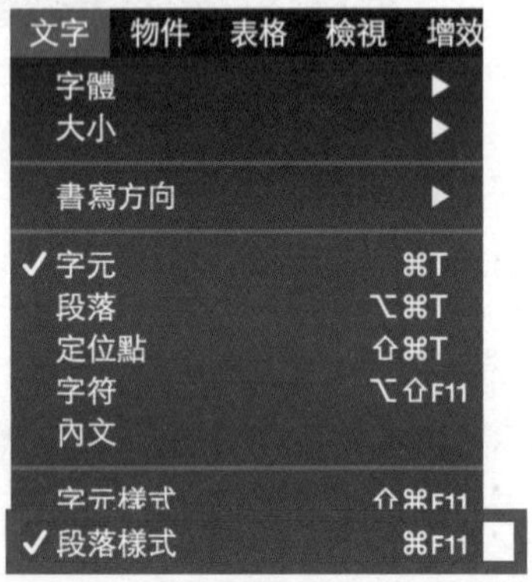

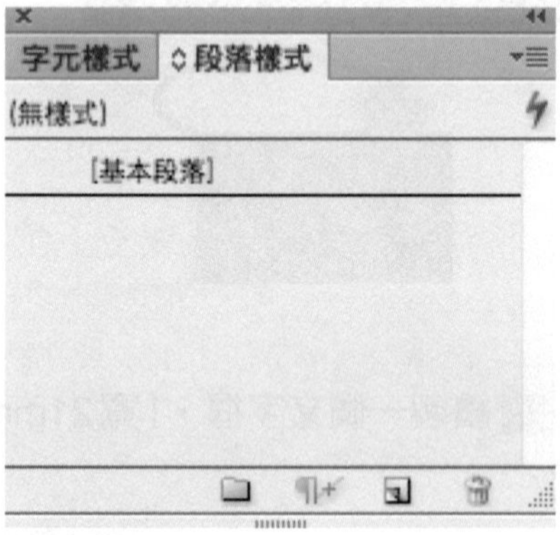

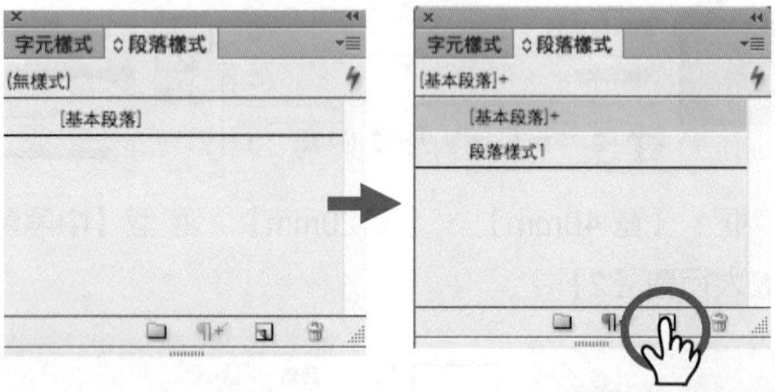

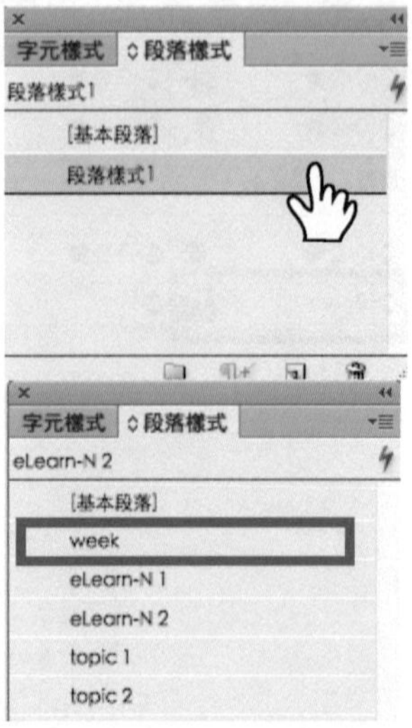

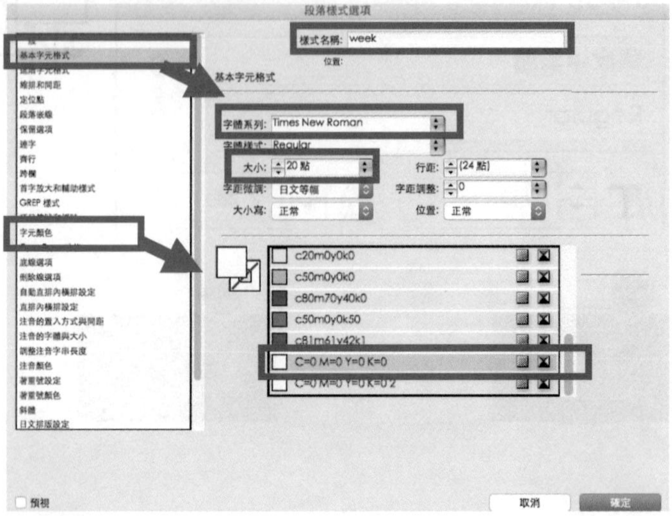

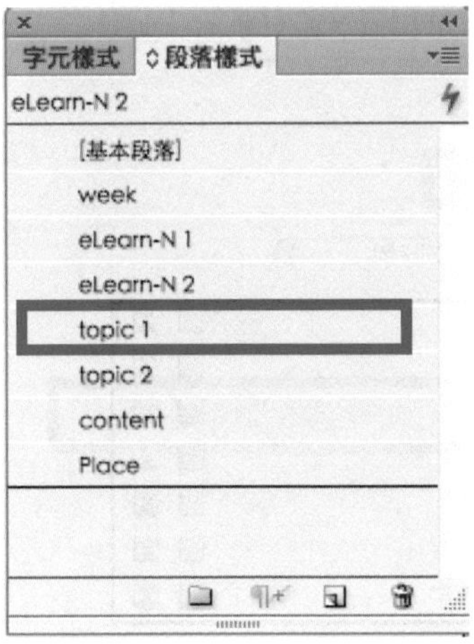
字元樣式
段落樣式
eLearn-N 2
[基本段落]
week
eLearn-N 1
eLearn-N 2
topic 1
topic 2
content
Place

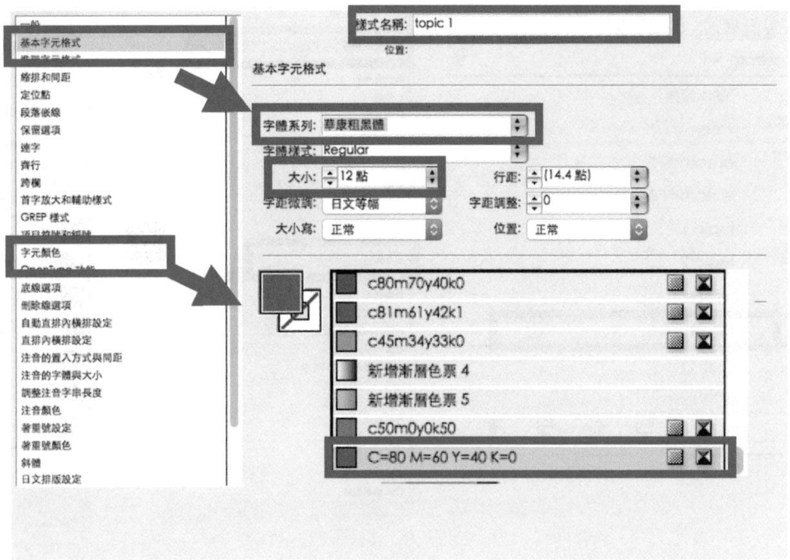
樣式名稱: topic 1
位置:
基本字元格式
一般
基本字元格式
縮排和間距
定位點
段落嵌線
保留選項
連字
齊行
跨欄
首字放大和輔助樣式
GREP 樣式
字元顏色
底線選項
刪除線選項
自動直排內橫排設定
直排內橫排設定
注音的置入方式與間距
注音的字體與大小
調整注音字串長度
注音顏色
著重號設定
著重號顏色
斜體
日文排版設定
字體系列: 華康粗黑體
字體樣式: Regular
大小: 12 點
行距: (14.4 點)
字距微調: 日文等幅
字距調整: 0
大小寫: 正常
位置: 正常
c80m70y40k0
c81m61y42k1
c45m34y33k0
新增漸層色票 4
新增漸層色票 5
c50m0y0k50
C=80 M=60 Y=40 K=0

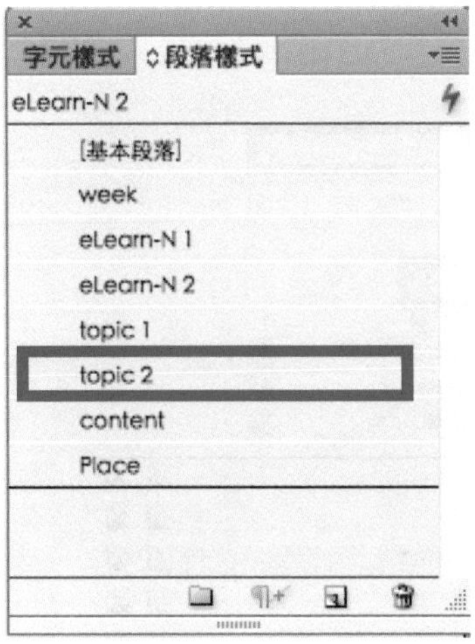
字元樣式
段落樣式
eLearn-N 2
[基本段落]
week
eLearn-N 1
eLearn-N 2
topic 1
topic 2
content
Place

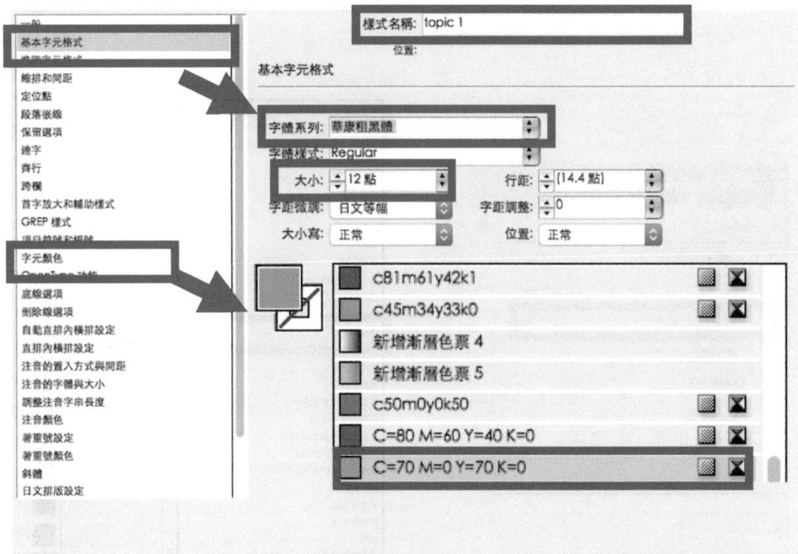
樣式名稱: topic 1
位置:
基本字元格式
字體系列: 華康粗黑體
字體樣式: Regular
大小: 12 點
行距: (14.4 點)
字距微調: 日文等幅
字距調整: 0
大小寫: 正常
位置: 正常
c81m61y42k1
c45m34y33k0
新增漸層色票 4
新增漸層色票 5
c50m0y0k50
C=80 M=60 Y=40 K=0
C=70 M=0 Y=70 K=0

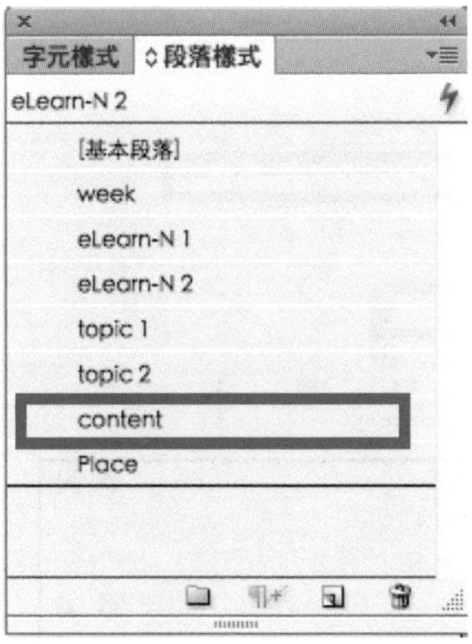
字元樣式
段落樣式
eLearn-N 2
[基本段落]
week
eLearn-N 1
eLearn-N 2
topic 1
topic 2
content
Place

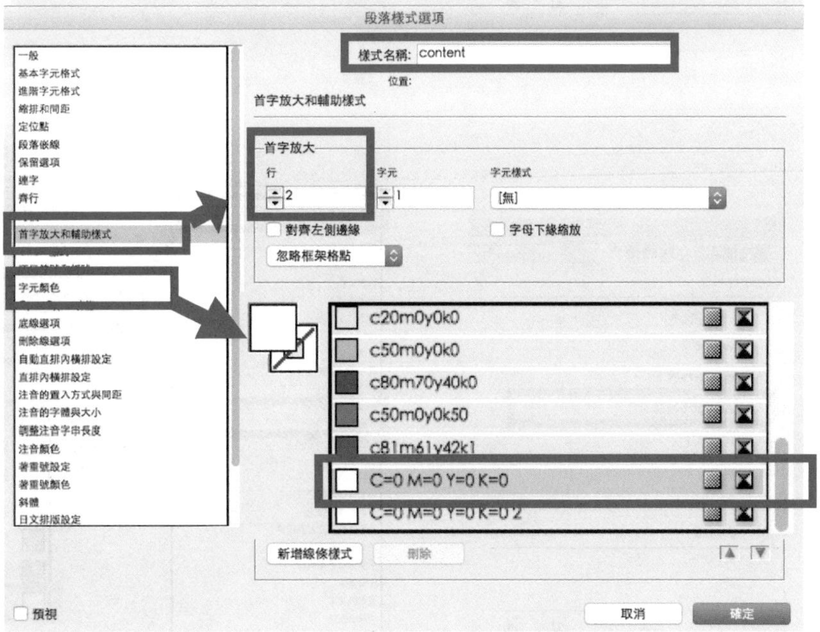
段落樣式選項
樣式名稱: content
位置:
首字放大和輔助樣式
首字放大
行
2
字元
1
字元樣式
[無]
對齊左側邊緣
字母下緣縮放
忽略框架格點
c20m0y0k0
c50m0y0k0
c80m70y40k0
c50m0y0k50
c81m61y42k1
C=0 M=0 Y=0 K=0
新增線條樣式
刪除
預視
取消
確定

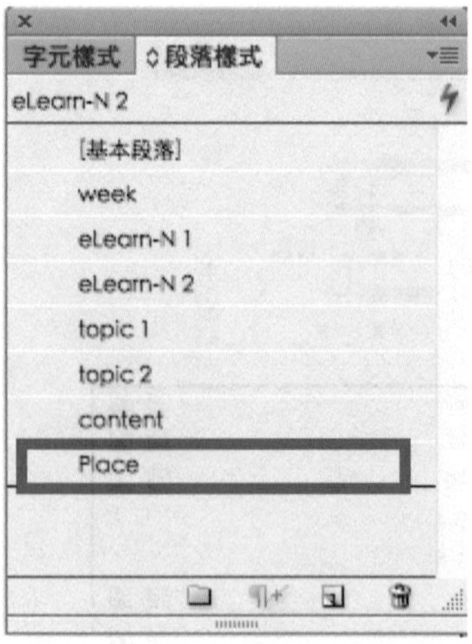
字元樣式
段落樣式
eLearn-N 2
[基本段落]
week
eLearn-N 1
eLearn-N 2
topic 1
topic 2
content
Place

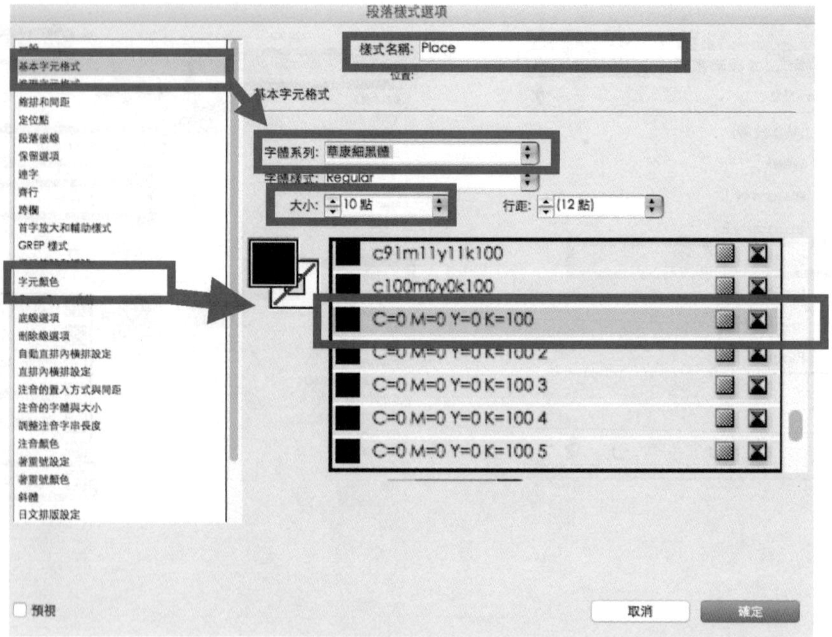
段落樣式選項
樣式名稱: Place
位置:
基本字元格式
字體系列: 華康細黑體
字體樣式: Regular
大小: 10 點
行距: (12 點)
基本字元格式
縮排和間距
定位點
段落嵌線
保留選項
連字
齊行
跨欄
首字放大和輔助樣式
GREP 樣式
字元顏色
底線選項
刪除線選項
自動直排內橫排設定
直排內橫排設定
注音的置入方式與間距
注音的字體與大小
調整注音字串長度
注音顏色
著重號設定
著重號顏色
斜體
日文排版設定
c91m11y11k100
c100m0y0k100
C=0 M=0 Y=0 K=100
C=0 M=0 Y=0 K=100 3
C=0 M=0 Y=0 K=100 4
C=0 M=0 Y=0 K=100 5
預視
取消
確定

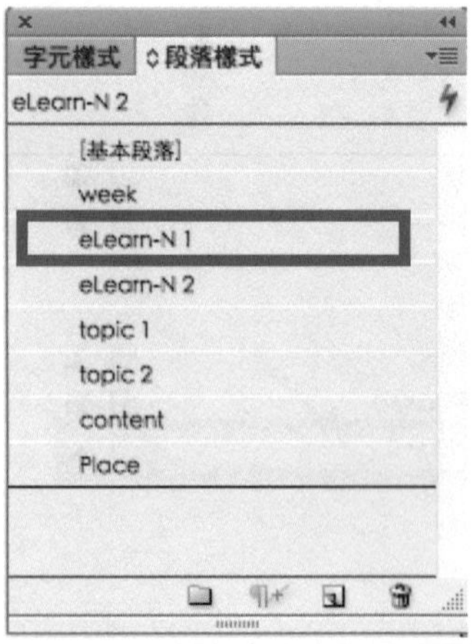
字元樣式
段落樣式
eLearn-N 2
[基本段落]
week
eLearn-N 1
eLearn-N 2
topic 1
topic 2
content
Place

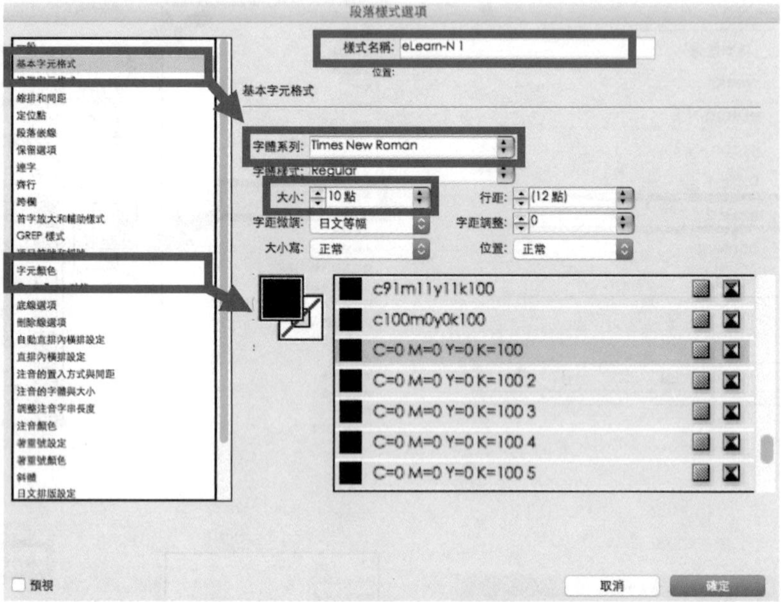
段落樣式選項
樣式名稱: eLearn-N 1
位置:
基本字元格式
字體系列: Times New Roman
字體樣式: Regular
大小: 10 點
行距: (12 點)
字距微調: 日文等幅
字距調整: 0
大小寫: 正常
位置: 正常
c91m11y11k100
c100m0y0k100
C=0 M=0 Y=0 K=100
C=0 M=0 Y=0 K=100 2
C=0 M=0 Y=0 K=100 3
C=0 M=0 Y=0 K=100 4
C=0 M=0 Y=0 K=100 5
預視
取消
確定

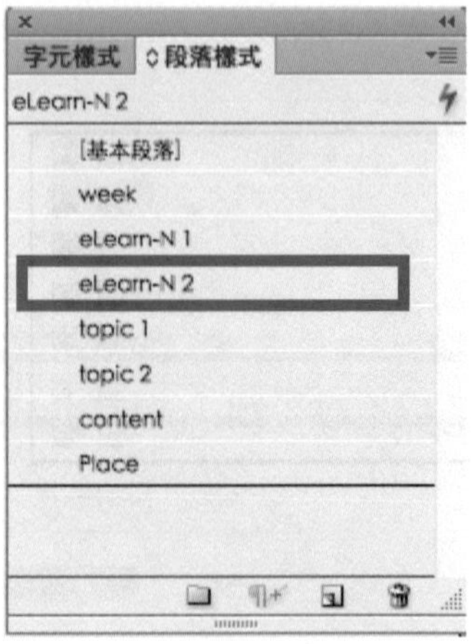
字元樣式
段落樣式
eLearn-N 2
[基本段落]
week
eLearn-N 1
eLearn-N 2
topic 1
topic 2
content
Place

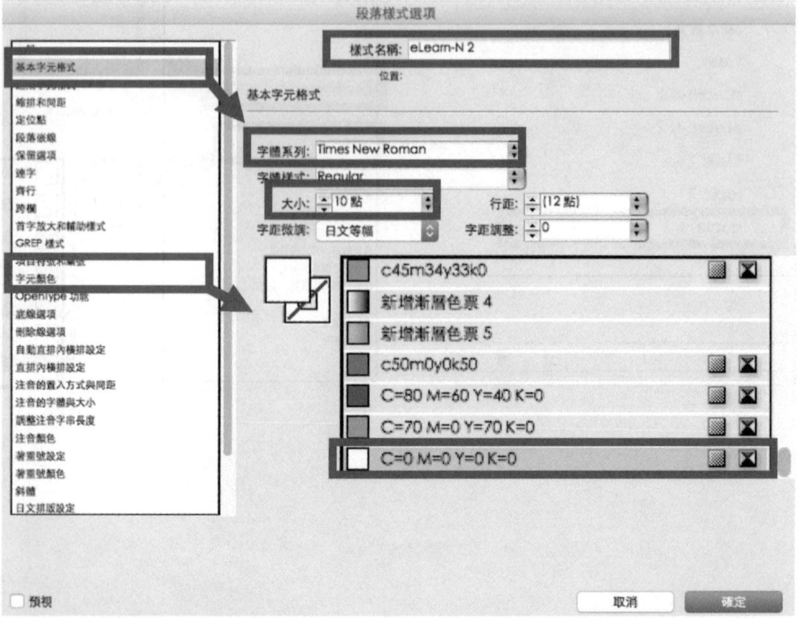
段落樣式選項
樣式名稱: eLearn-N 2
位置:
基本字元格式
字體系列: Times New Roman
字體樣式: Regular
大小: 10 點
行距: (12 點)
字距微調: 日文等幅
字距調整: 0
c45m34y33k0
新增漸層色票 4
新增漸層色票 5
c50m0y0k50
C=80 M=60 Y=40 K=0
C=70 M=0 Y=70 K=0
C=0 M=0 Y=0 K=0
預視
取消
確定

製作可變印紋

❶ 在文字框都設定完成後，執行【視窗 \ 公用程式 \ 資料合併】，選擇【合併資料 .txt】。

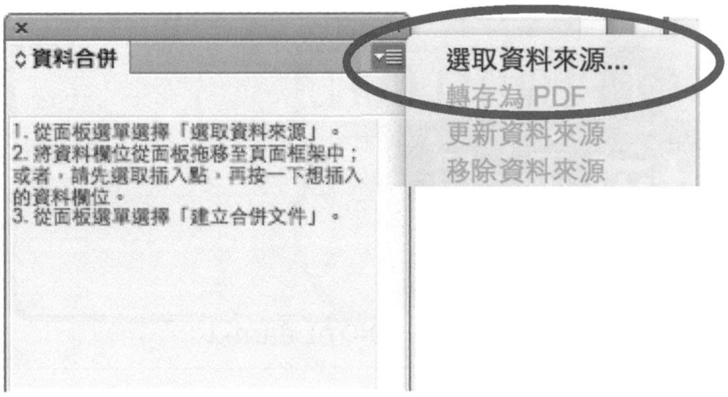

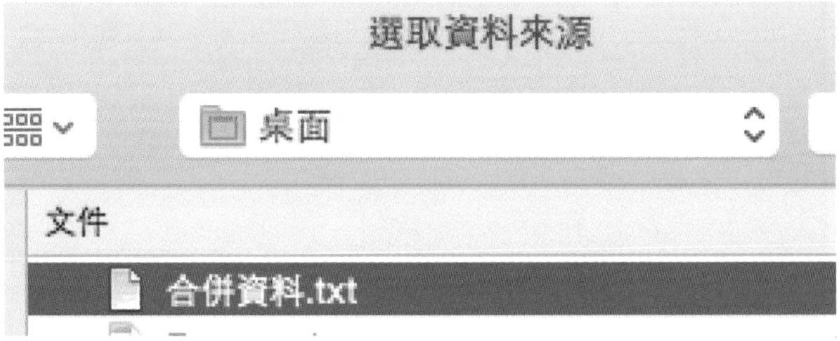

❷ 以【文字工具】點選左上角圓圈文字框，先點選【段落樣式】（此處的段落樣式是 week），再點選【資料合併】裡的 **T week** ，右上角圓圈的文字框也比照處理。

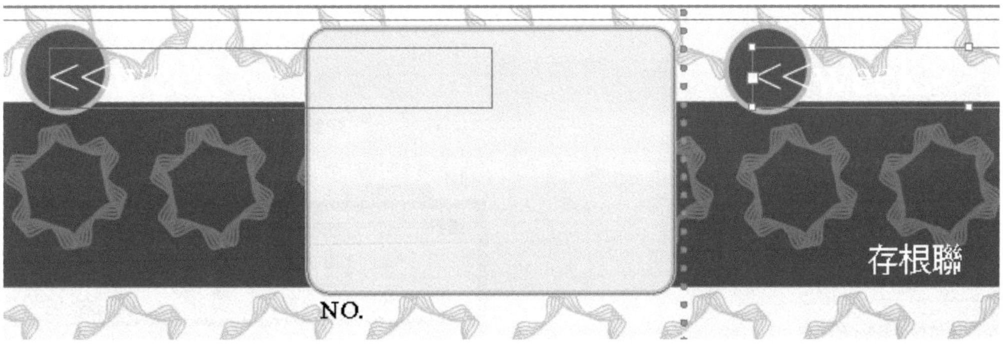

❸ 以同樣的方式，參考下圖一一完成段落樣式設定以及資料合併欄位的點選，注意圖片框為圓角。

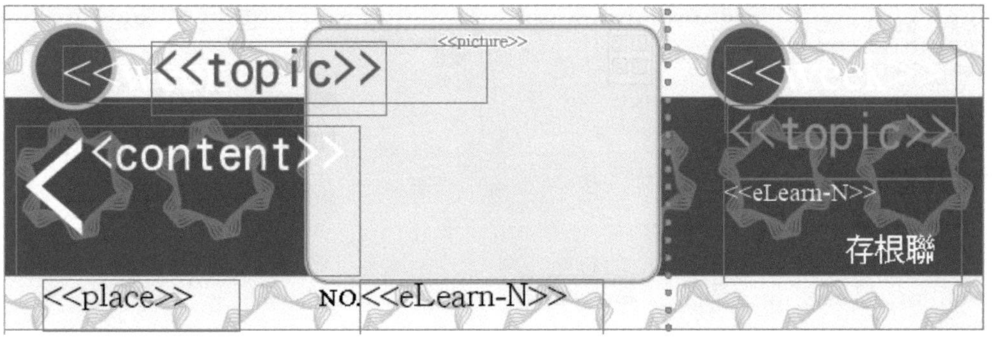

❹ 先將【資料合併】視窗中的【預視】打勾，檢查一下有無資料錯誤或者是沒有對到描圖檔格式錯誤等等的問題（紅色框線的部分就是要再調整的），刪除對位用的描圖檔，再點選資料合併中的【建立合併文件】 。

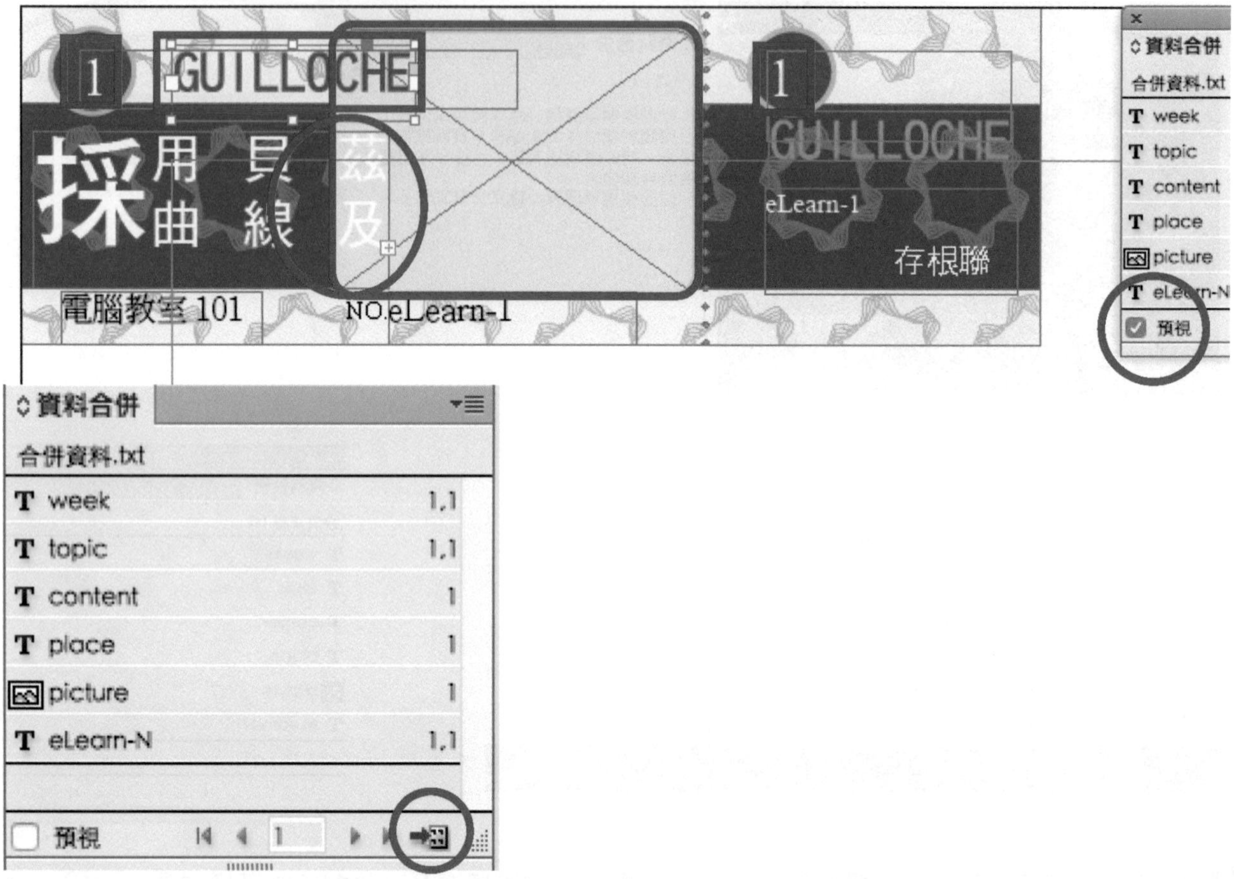

❺ 畫面上即出現建立合併文件視窗，在要合併的紀錄欄位選擇所有紀錄，在文件每頁記錄改成【多重紀錄】然後按確定。

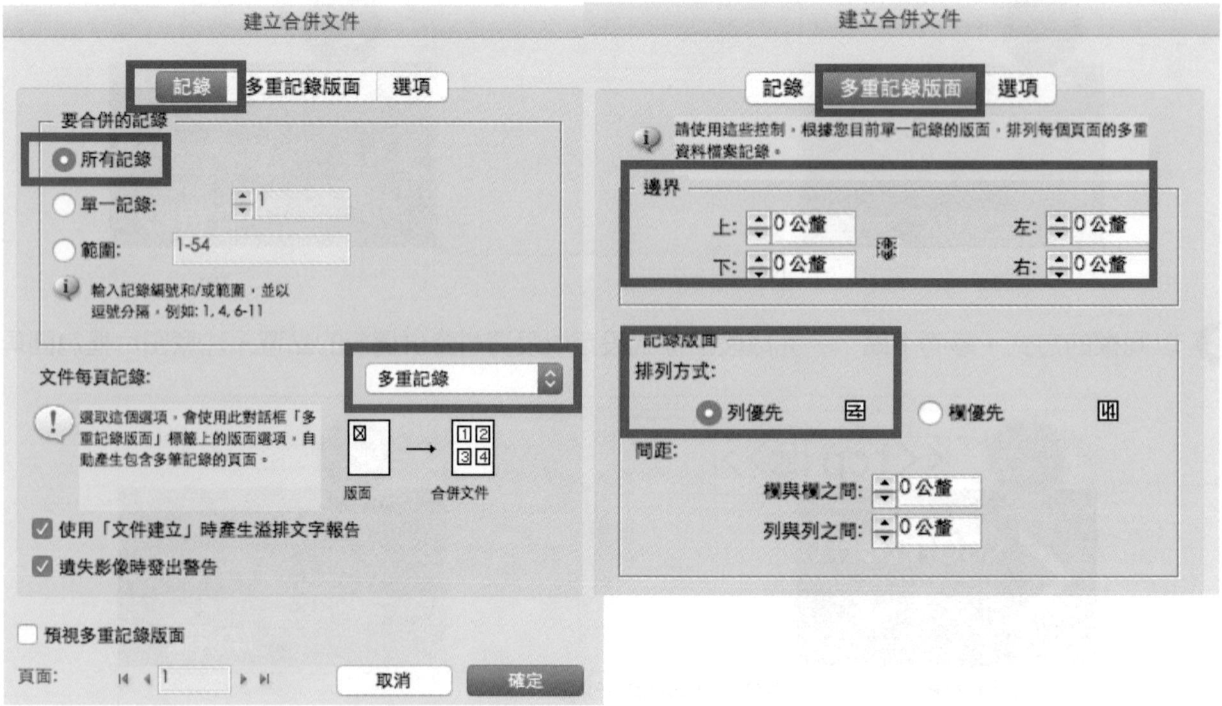

❻ 軟體本身會新生成一個包含三個頁面的檔案（視資料量多寡而定），檢查是否有溢排文字，確認文字與圖片都有完整出現後，才進行儲存列印。

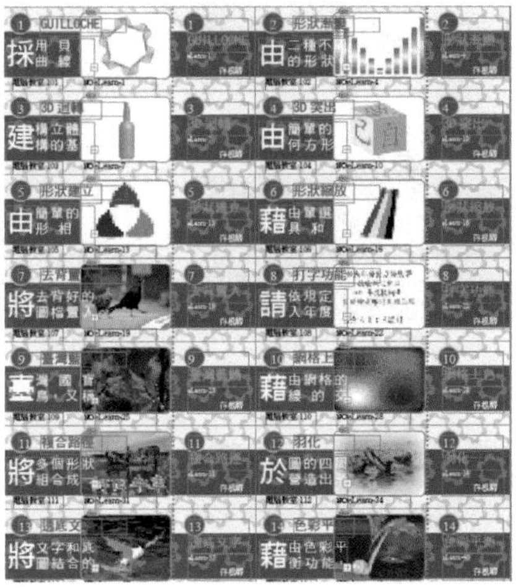

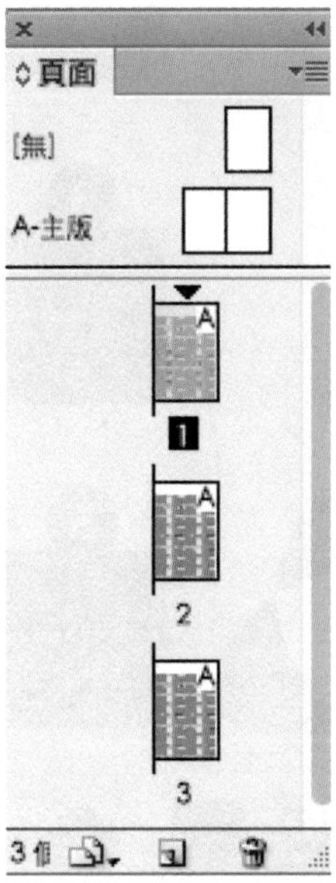

❼ 合併列印後的資料都會有偏左的問題，【全選】完後移至【正中央對齊】，再執行【檔案\轉存】，另存成【PDF 檔】等候列印輸出。

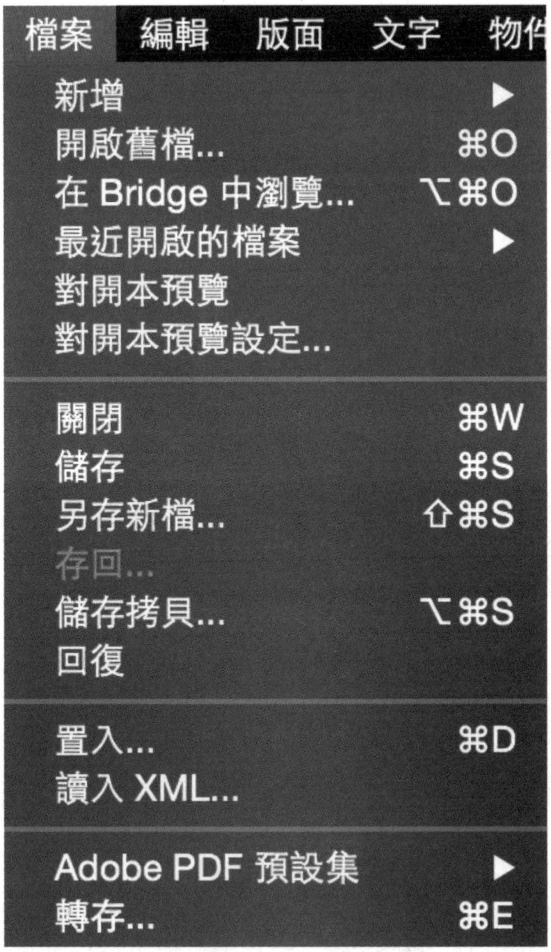

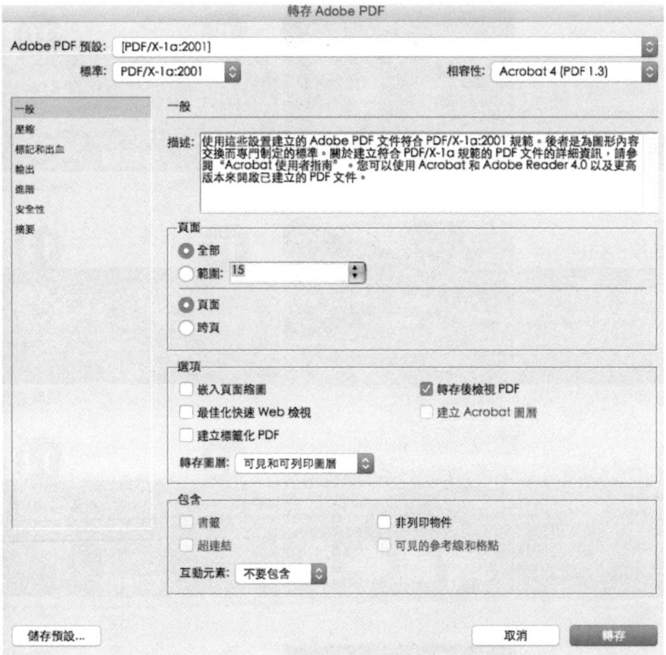

1 GUILLOCHE

採用貝茲曲線及旋轉功能，由單一曲線創造出美麗的飾紋(GUILLOCHE)。

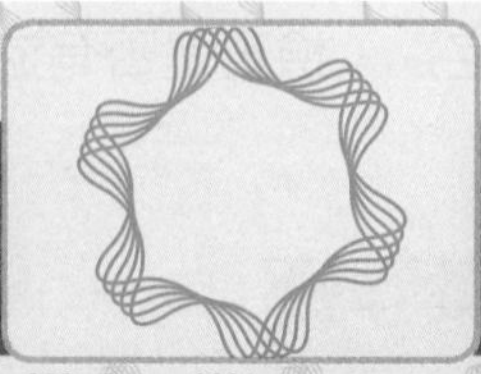

電腦教室 101　NO.eLearn-0001

1 GUILLOCHE eLearn-0001 存根聯

2 形狀漸變

由二種不同的形狀，經由漸變功能製作出連續或數階的形狀變化。

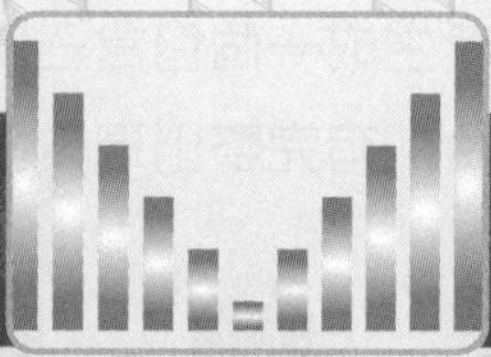

電腦教室 102　NO.eLearn-0004

2 形狀漸變 eLearn-0004 存根聯

3 3D 迴轉

建構立體結構的基本元素，如框線，經由3D 迴轉的功能製作出平面的立體效果。

電腦教室 103　NO.eLearn-0007

3 3D 迴轉 eLearn-0007 存根聯

4 3D 突出

由簡單的幾何方形，經由 3D 突出的功能製作出立方體，再於表面包覆圖像(需置入符號內)。

電腦教室 104　NO.eLearn-0010

4 3D 突出 eLearn-0010 存根聯

5 形狀建立

由簡單的圓形相疊後，再將不要的部份刪除，並採用即時上色功能對封閉區域填色。

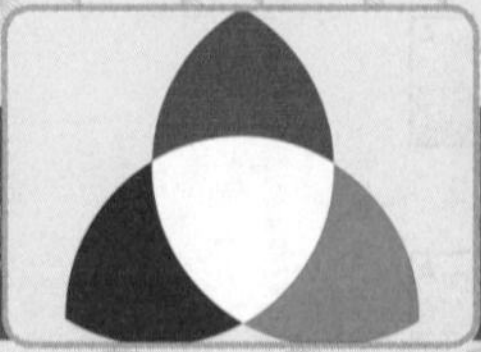

電腦教室 105　NO.eLearn-0013

5 形狀建立 eLearn-0013 存根聯

6 形狀縮放

藉由單選工具和自訂縮放的目標點，可製作出視覺上遠近的效果。

電腦教室 106　NO.eLearn-0016

6 形狀縮放 eLearn-0016 存根聯

7 去背置入

將去背好的圖檔置入預設的範圍，並將內容符合範圍的大小。

電腦教室 107　NO.eLearn-0019

7 去背置入 eLearn-0019 存根聯

8 打字功能

請依規定輸入年度和姓名，不可於列印後用筆書寫。

勞動部勞動力發展署
技能檢定中心
106 年度技術士
技能檢定印前製程乙級

應檢人員 ：尹定國

電腦教室 108　NO.eLearn-0022

8 打字功能 eLearn-0022 存根聯

9 臺灣藍鵲

臺灣國寶鳥，又稱臺灣暗藍鵲或長尾山娘。

電腦教室 109　NO.eLearn-0025

9 臺灣藍鵲 eLearn-0025 存根聯

10 網格上色

藉由網格的線的交錯位置，可於交叉點填入色彩。

電腦教室 110　NO.eLearn-0028

10 網格上色 eLearn-0028 存根聯

11 複合路徑

將多個形狀組合成一個複合路徑，可將底圖裁剪為複合路徑的形狀。

電腦教室 111　NO.eLearn-0031

11 複合路徑 eLearn-0031 存根聯

12 羽化

於圖的四周營造出漸淡溶入的羽化效果。

電腦教室 112　NO.eLearn-0034

12 羽化 eLearn-0034 存根聯

13 透底文字

將文字和底圖結合的方法之一種。

電腦教室 113　NO.eLearn-0037

13 透底文字 eLearn-0037 存根聯

14 色彩平衡

藉由色彩平衡功能，可將影像的色相改變，如營造出黃昏的紅黃色調。

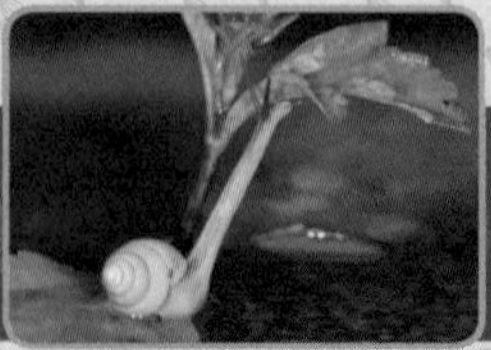

電腦教室 114　NO.eLearn-0040

14 色彩平衡 eLearn-0040 存根聯

15 扭曲外擴

將想要強調的範圍圈選出來後，藉由扭曲外擴或內縮的功能製作出來。

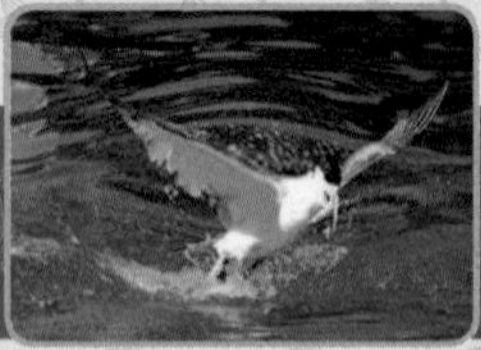

電腦教室 115　NO.eLearn-0043

15 扭曲外擴 eLearn-0043 存根聯

16 反光效果

藉由演算上色的方法可製作出光源的反光效果。

電腦教室 116　NO.eLearn-0046

16 反光效果 eLearn-0046 存根聯

17 選取範圍

藉由不同形狀、大小選取範圍的加減功能，再製作出想要的選取範圍。

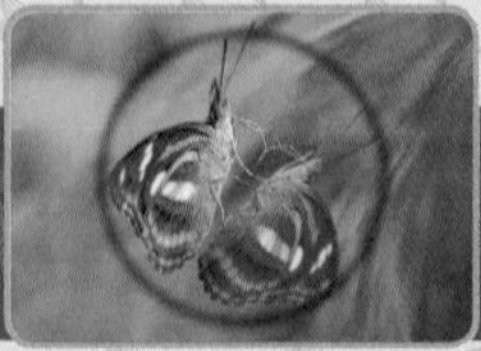

電腦教室 117　NO.eLearn-0049

17 選取範圍 eLearn-0049 存根聯

18 局部變化

編輯影像局部的變形效果，以區別整張影像處理的功能。

電腦教室 118　NO.eLearn-0052

18 局部變化 eLearn-0052 存根聯

1 GUILLOCHE

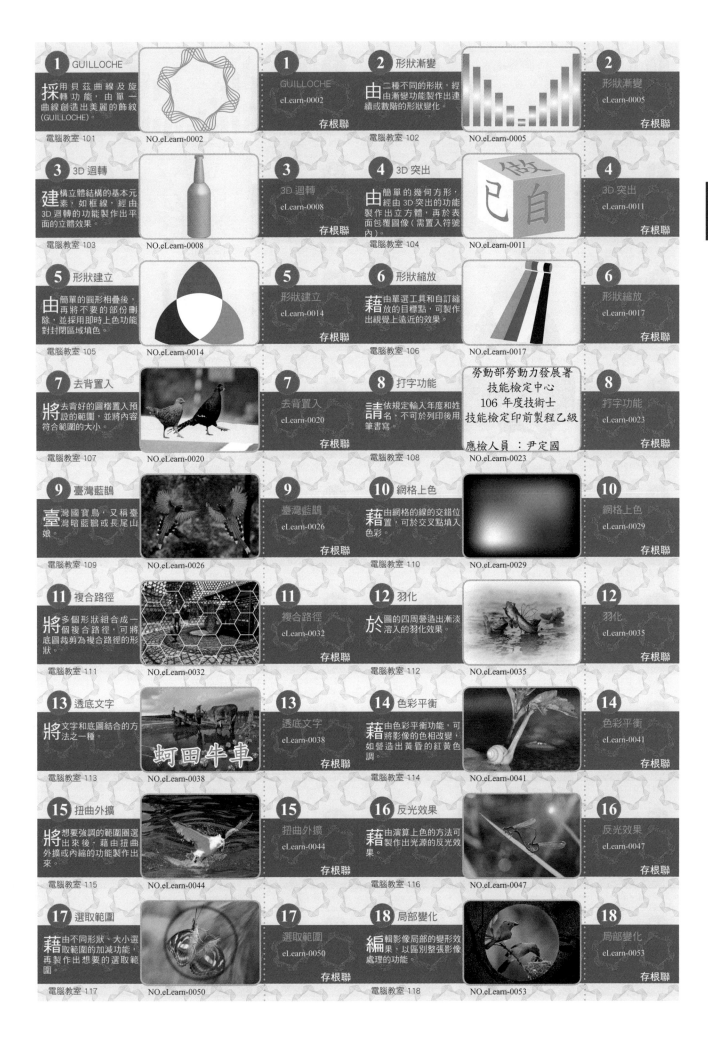

採用貝茲曲線及旋轉功能，由單一曲線創造出美麗的飾紋(GUILLOCHE)。

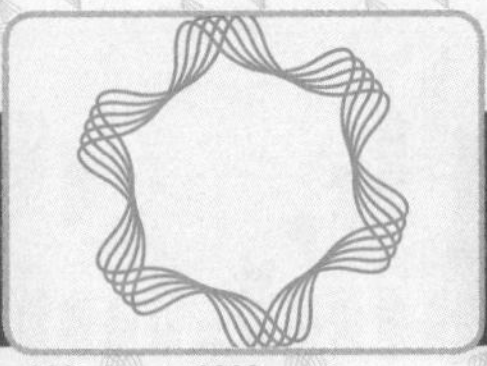

電腦教室 101　NO.eLearn-0002

1 GUILLOCHE　eLearn-0002　存根聯

2 形狀漸變

由二種不同的形狀，經由漸變功能製作出連續或數階的形狀變化。

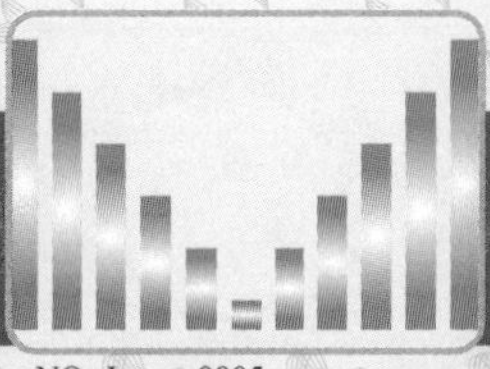

電腦教室 102　NO.eLearn-0005

2 形狀漸變　eLearn-0005　存根聯

3 3D 迴轉

建構立體結構的基本元素，如框線，經由 3D 迴轉的功能製作出平面的立體效果。

電腦教室 103　NO.eLearn-0008

3 3D 迴轉　eLearn-0008　存根聯

4 3D 突出

由簡單的幾何方形，經由 3D 突出的功能製作出立方體，再於表面包覆圖像(需置入符號內)。

電腦教室 104　NO.eLearn-0011

4 3D 突出　eLearn-0011　存根聯

5 形狀建立

由簡單的圓形相疊後，再將不要的部份刪除，並採用即時上色功能對封閉區域填色。

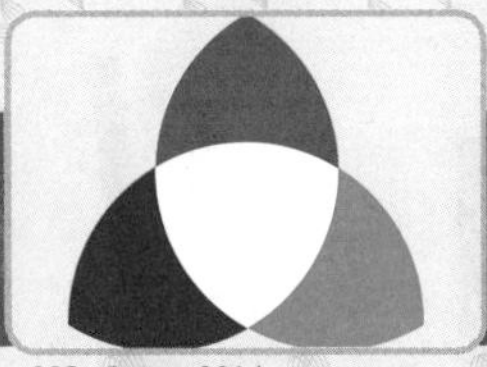

電腦教室 105　NO.eLearn-0014

5 形狀建立　eLearn-0014　存根聯

6 形狀縮放

藉由單選工具和自訂縮放的目標點，可製作出視覺上遠近的效果。

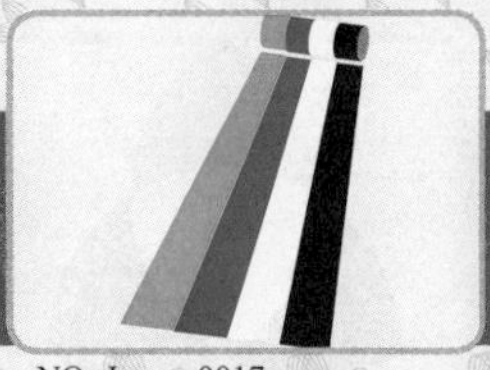

電腦教室 106　NO.eLearn-0017

6 形狀縮放　eLearn-0017　存根聯

7 去背置入

將去背好的圖檔置入預設的範圍，並將內容符合範圍的大小。

電腦教室 107　NO.eLearn-0020

7 去背置入　eLearn-0020　存根聯

8 打字功能

請依規定輸入年度和姓名，不可於列印後用筆書寫。

勞動部勞動力發展署
技能檢定中心
106 年度技術士
技能檢定印前製程乙級

應檢人員　：尹定國

電腦教室 108　NO.eLearn-0023

8 打字功能　eLearn-0023　存根聯

9 臺灣藍鵲

臺灣國寶鳥，又稱臺灣暗藍鵲或長尾山娘。

電腦教室 109　NO.eLearn-0026

9 臺灣藍鵲　eLearn-0026　存根聯

10 網格上色

藉由網格的線的交錯位置，可於交叉點填入色彩。

電腦教室 110　NO.eLearn-0029

10 網格上色　eLearn-0029　存根聯

11 複合路徑

將多個形狀組合成一個複合路徑，可將底圖裁剪為複合路徑的形狀。

電腦教室 111　NO.eLearn-0032

11 複合路徑　eLearn-0032　存根聯

12 羽化

於圖的四周營造出漸淡溶入的羽化效果。

電腦教室 112　NO.eLearn-0035

12 羽化　eLearn-0035　存根聯

13 透底文字

將文字和底圖結合的方法之一種。

電腦教室 113　NO.eLearn-0038

13 透底文字　eLearn-0038　存根聯

14 色彩平衡

藉由色彩平衡功能，可將影像的色相改變，如營造出黃昏的紅黃色調。

電腦教室 114　NO.eLearn-0041

14 色彩平衡　eLearn-0041　存根聯

15 扭曲外擴

將想要強調的範圍圈選出來後，藉由扭曲外擴或內縮的功能製作出來。

電腦教室 115　NO.eLearn-0044

15 扭曲外擴　eLearn-0044　存根聯

16 反光效果

藉由演算上色的方法可製作出光源的反光效果。

電腦教室 116　NO.eLearn-0047

16 反光效果　eLearn-0047　存根聯

17 選取範圍

藉由不同形狀、大小選取範圍的加減功能，再製作出想要的選取範圍。

電腦教室 117　NO.eLearn-0050

17 選取範圍　eLearn-0050　存根聯

18 局部變化

編輯影像局部的變形效果，以區別整張影像處理的功能。

電腦教室 118　NO.eLearn-0053

18 局部變化　eLearn-0053　存根聯

1 GUILLOCHE

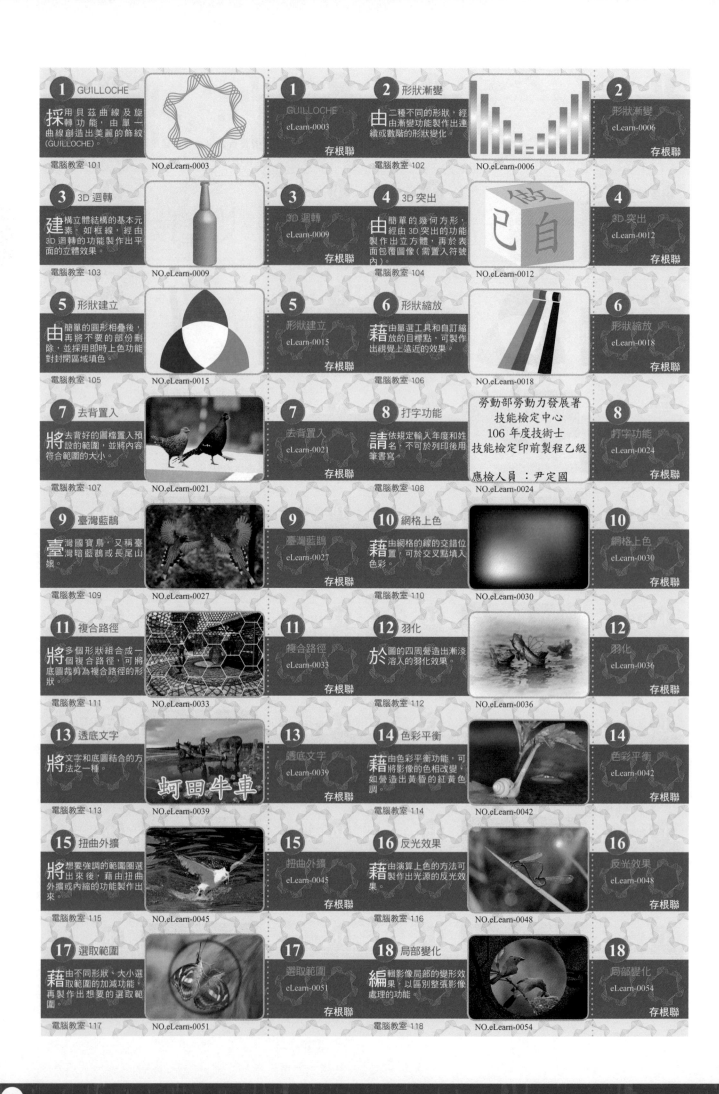

採用貝茲曲線及旋轉功能，由單一曲線創造出美麗的飾紋(GUILLOCHE)。

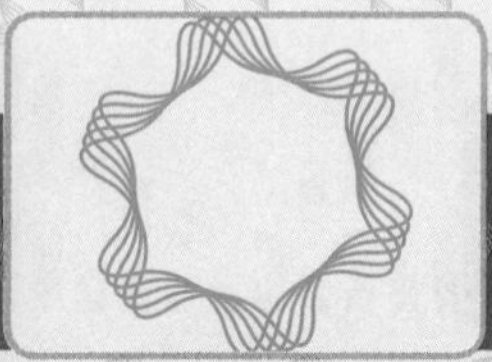

電腦教室 101　NO.eLearn-0003

1 GUILLOCHE eLearn-0003 存根聯

2 形狀漸變

由二種不同的形狀，經由漸變功能製作出連續或數階的形狀變化。

電腦教室 102　NO.eLearn-0006

2 形狀漸變 eLearn-0006 存根聯

3 3D 迴轉

建構立體結構的基本元素，如框線，經由3D 迴轉的功能製作出平面的立體效果。

電腦教室 103　NO.eLearn-0009

3 3D 迴轉 eLearn-0009 存根聯

4 3D 突出

由簡單的幾何方形，經由 3D 突出的功能製作出立方體，再於表面包覆圖像(需置入符號內)。

電腦教室 104　NO.eLearn-0012

4 3D 突出 eLearn-0012 存根聯

5 形狀建立

由簡單的圓形相疊後，再將不要的部份刪除，並採用即時上色功能對封閉區域填色。

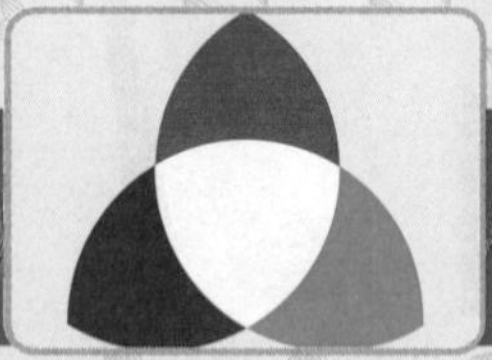

電腦教室 105　NO.eLearn-0015

5 形狀建立 eLearn-0015 存根聯

6 形狀縮放

藉由單選工具和自訂縮放的目標點，可製作出視覺上遠近的效果。

電腦教室 106　NO.eLearn-0018

6 形狀縮放 eLearn-0018 存根聯

7 去背置入

將去背好的圖檔置入預設的範圍，並將內容符合範圍的大小。

電腦教室 107　NO.eLearn-0021

7 去背置入 eLearn-0021 存根聯

8 打字功能

請依規定輸入年度和姓名，不可於列印後用筆書寫。

勞動部勞動力發展署
技能檢定中心
106 年度技術士
技能檢定印前製程乙級

應檢人員 ：尹定國

電腦教室 108　NO.eLearn-0024

8 打字功能 eLearn-0024 存根聯

9 臺灣藍鵲

臺灣國寶鳥，又稱臺灣暗藍鵲或長尾山娘。

電腦教室 109　NO.eLearn-0027

9 臺灣藍鵲 eLearn-0027 存根聯

10 網格上色

藉由網格的線的交錯位置，可於交叉點填入色彩。

電腦教室 110　NO.eLearn-0030

10 網格上色 eLearn-0030 存根聯

11 複合路徑

將多個形狀組合成一個複合路徑，可將底圖裁剪為複合路徑的形狀。

電腦教室 111　NO.eLearn-0033

11 複合路徑 eLearn-0033 存根聯

12 羽化

於圖的四周營造出漸淡溶入的羽化效果。

電腦教室 112　NO.eLearn-0036

12 羽化 eLearn-0036 存根聯

13 透底文字

將文字和底圖結合的方法之一種。

電腦教室 113　NO.eLearn-0039

13 透底文字 eLearn-0039 存根聯

14 色彩平衡

藉由色彩平衡功能，可將影像的色相改變，如營造出黃昏的紅黃色調。

電腦教室 114　NO.eLearn-0042

14 色彩平衡 eLearn-0042 存根聯

15 扭曲外擴

將想要強調的範圍圈選出來後，藉由扭曲外擴或內縮的功能製作出來。

電腦教室 115　NO.eLearn-0045

15 扭曲外擴 eLearn-0045 存根聯

16 反光效果

藉由演算上色的方法可製作出光源的反光效果。

電腦教室 116　NO.eLearn-0048

16 反光效果 eLearn-0048 存根聯

17 選取範圍

藉由不同形狀、大小選取範圍的加減功能，再製作出想要的選取範圍。

電腦教室 117　NO.eLearn-0051

17 選取範圍 eLearn-0051 存根聯

18 局部變化

編輯影像局部的變形效果，以區別整張影像處理的功能。

電腦教室 118　NO.eLearn-0054

18 局部變化 eLearn-0054 存根聯

第三題

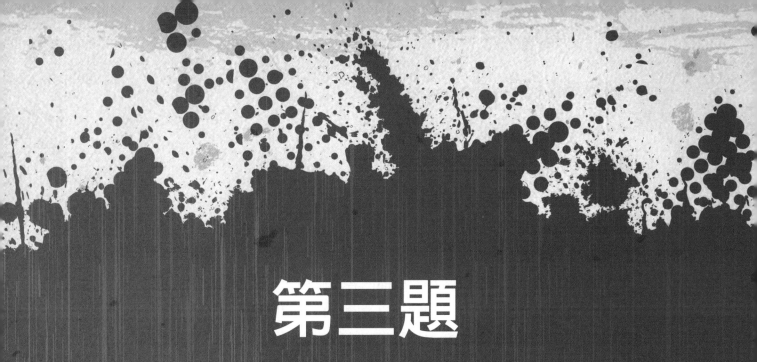

試題編號：19100-106203

試前重點說明

參考成品

說明樣式

解題方法

試前重點說明

一、試題編號：19100 -106203

二、試題名稱：製作十二頁騎馬釘裝小冊子

三、測試時間：120 分鐘

四、測試項目：

（一）原稿之判讀，完稿版面大小及版面內容位置精準、是否有作出血邊。

（二）處理圖像檔案格式與尺寸的轉換以及圖檔特效的處理。

（三）處理文字與編輯排版的能力以及文字特效的處理。

（四）頁面與印刷落版規劃（輪轉版）以及出血標記、十字線與裁切標記等的製作輸出。

（五）檔案製作、輸出與存檔之處理。

（六）列印後應具備自我品管檢查之責任。

五、內容說明：

（一）封面台四頁，內頁台八頁，騎馬釘裝之小冊子（共十二頁）。且以張頁式平版印刷機來印製，單頁小版之完成尺寸為 95mm × 130 mm。

（二）請依說明樣式及所附試題檔案自行製作封面、封底、封面裡、封底裡與部分內頁（Page 1 ~ Page 4），且須符合印刷裝訂條件之需求。

（三）請自行繪製台紙，並完成封面台（1/4 輪轉台 -4 頁）之落版。

（四）內頁（共 8 頁）原已製作完畢，但因檔案發生問題而有所損毀，僅有第二章（Page 5 ~ Page 8）之 PDF 檔案被救回（所幸第一章文字內容還有保留，請見第一章內文 .doc 檔案），損毀的第一章（Page 1 ~ Page 4）請根據第二章的檔案內容，請自行判斷後重新製作之（有低解析度描圖檔可參考）。

（五）　第一章之章、節名（皆為標楷體）之顏色分別為 M100Y100 與 C100M100，奇數頁書眉“數位印刷”之顏色為 M100，偶數頁書眉“Digital Printing“之顏色為 C100，頁數（字體為 Times New Roman）之圓形底色為 C50M90，上側漸層色塊顏色則由白色到 C50M90，內文字體則為新細明體。

（六）內頁（共 8 頁）製作完畢後，請依台紙完成內頁台（1/2 輪轉台 -8 頁）之落版。

（七）內頁台與封面台拼完版之最大輸出尺寸為 297 mm × 420 mm （A3），皆採「天對天」與順時針摺紙方式拼大版。輸出列印成品上需有出血標記、十字線與裁切標記（線寬 0.3mm 以下可供識別），輸出成品需註記咬口方向。

（八）請在須製作的封面裡與封底裡的檔案中，輸入考生的姓名與報考年度於適當位置。

（九）另附封面與封底、封面裡與封底裡之描圖影像檔（皆為完成尺寸），可當製作對位時之用。

（十）隨身行動碟或光碟片，內含所有檢定考試應有之電子檔案。

（十一）測試時間自版面製作到檔案完成列印，以及列印修改校對完畢。

（十二）作業期間務必隨時存檔，完成檔案命名（檔名爲准考證號碼＋應檢人姓名），並轉爲 PDF 檔案格式（建議爲 PDF1.3 或 1.4 版本）儲存於隨身碟中，以彩色印表機列印。所有成品檔案含 PDF 檔各乙份需儲存於隨身碟中供檢覈。

（十三）列印時，可參考現場所提供之列印注意事項，以 Acrobat Reader 或 Acrobat 軟體列印輸出，並須自行量測與檢視印樣成品尺寸規格正確性。

（十四）應檢作業結束，須將原稿、隨身碟（內含所有經手處理之電子檔案）、光碟片、成品對摺簽名等連同稿袋一併繳交監評人員評分。

參考成品

本題爲製作十二頁騎馬釘裝小冊子：

其中包含封面台 4 頁（封面、封底、封面裡、封底裡）與內頁台 8 頁（P1~P8）。

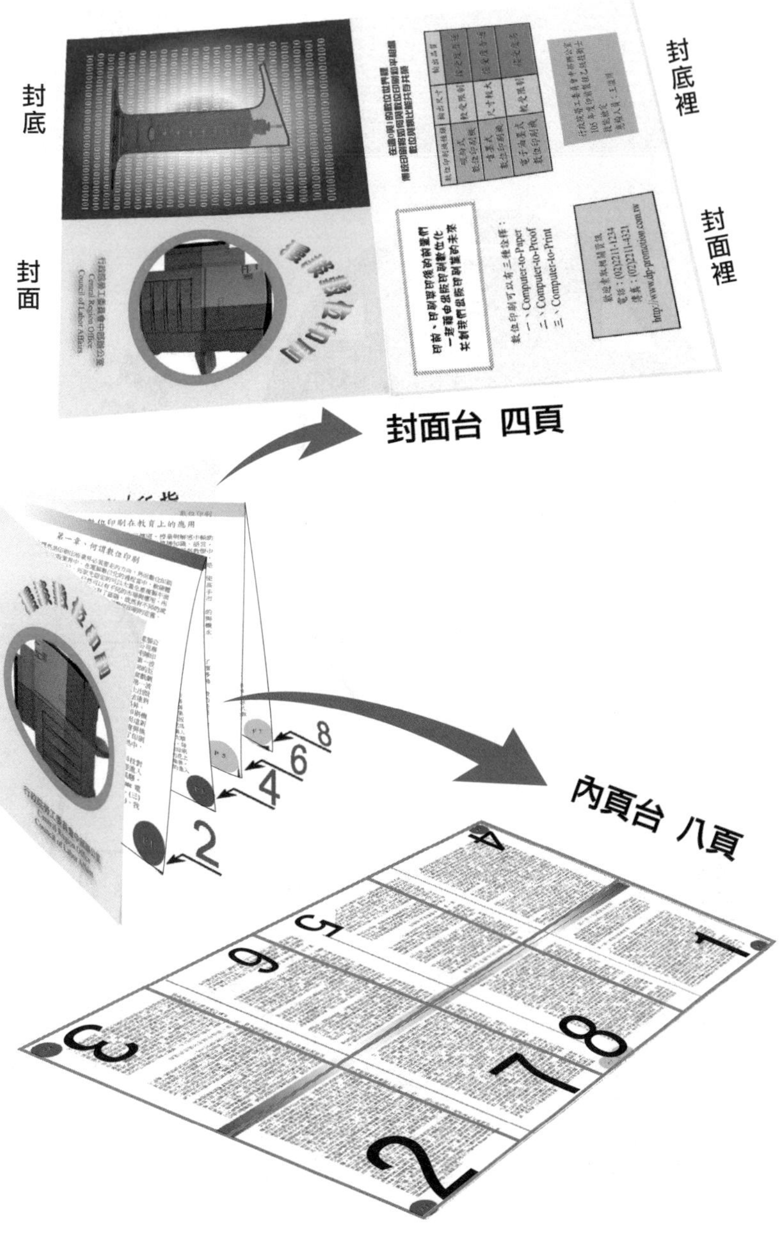

試題編號: 19100-106203

說明樣式(考生用)

字體: Times New Roman
字體大小: 13 pt
字框起始位置:
(X, Y) = (5, 7.5 mm)
字框大小: 85 * 115 mm
文字為: 0與1(上下左右不可重複,如圖所示)
文字顏色: 白色

字體: Times New Roman
大小: 60 * 80 mm
字框寬度:1mm
顏色為M100Y100
入圖: image002，圖像以填滿圖框為原則

滿版底框
放射性漸層(平均由中心向外)
1. M100Y100
2. Y100
3. C100Y100
4. C100M100
需均勻的分布於框內(含出血)

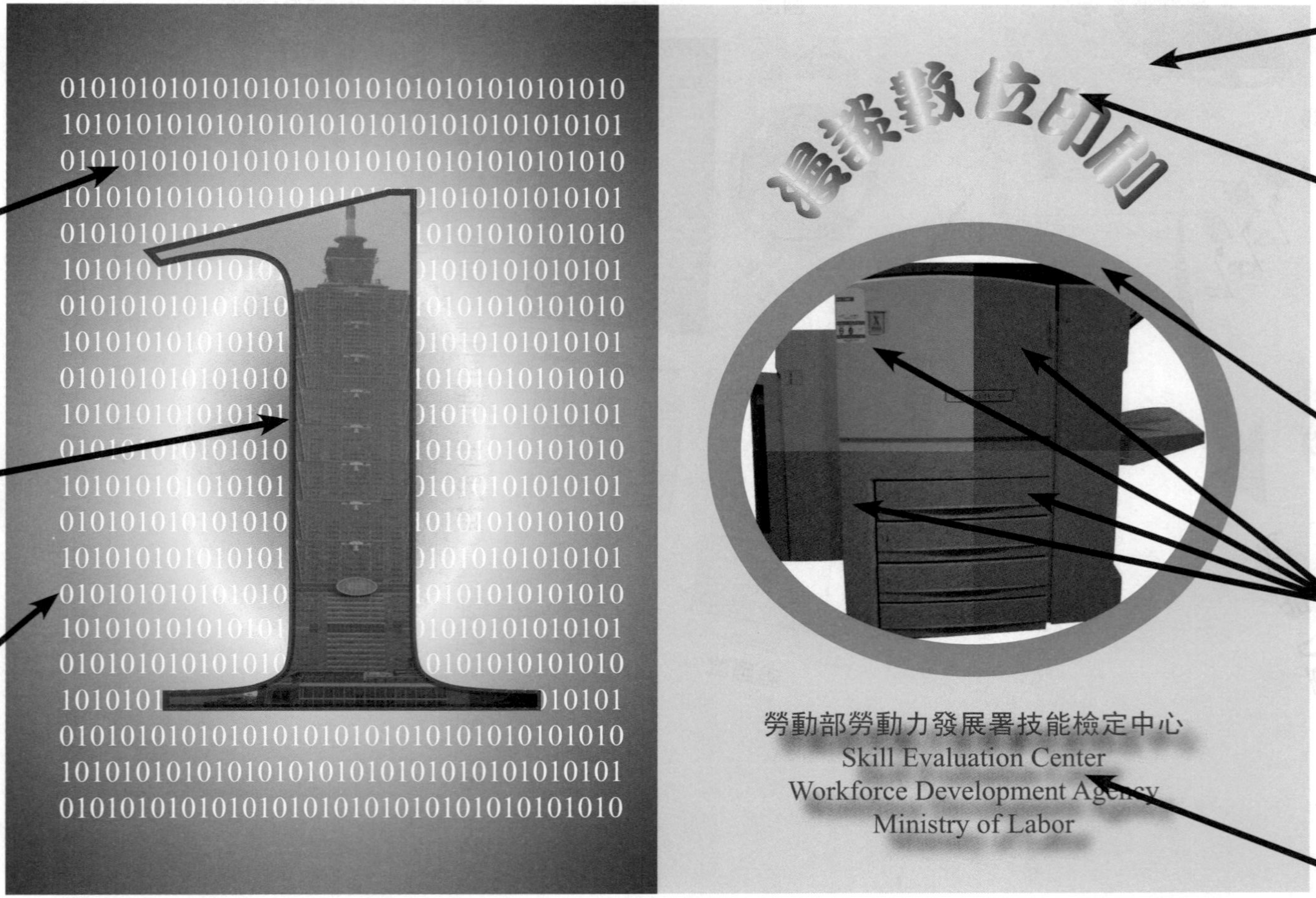

底色為C30

每一個字都做線性漸層
(平均從左至右):
1. M100Y100
2. Y100
3. C100Y100
4. C100M100
已附有"書名"檔案(上色與置入適當位置即可)

中空橢圓，大小: 80 * 70 mm，寬度為5mm，顏色為C100Y100

內圈的圖分為四等份之1/4橢圓，大小為35 * 30 mm(入圖後縮放比例為50%)，此圖需做特效，以變更CMYK四色Channel(換色板之方式，以左上之image001為主)來製作，分別入圖後再整合為一張圖，如圖所示

請自行輸入
自行設定字體集:
中文: 中黑體
英文: Times New Roman
文字大小: 12 pt
文字向右下做黑色陰影
文字顏色：C100M90
請根據描圖樣張抓準位置

本作品需列印出裁切線與十字線，提供評審之作品請於右下角簽名後繳回評分

底色為Y50

字框起始位置:
(X, Y) = (5, 10 mm)
字框大小: 85 * 40 mm
字框邊界: 2 mm, YM100
字框形狀: 左斜線
文字位置請參考描圖檔
文字內容請參考檔案"流隸體文字"

印前、印刷與印後的前輩們
一起藉由出版印刷數位化
共創我們出版印刷業的未來

中文字體: 標楷
英文字體:
Times New Roman
字體大小: 15 Pt
文字位置請參考描圖檔

數位印刷可以有三種詮釋：
一、Computer-to-Paper
二、Computer-to-Proof
三、Computer-to-Print

字框起始位置:
(X, Y) = (15, 95 mm)
字框大小: 65 * 30 mm
黑色字框邊界: 0.5 mm
底色: C50
中文字體: 標楷
英文字體:
Times New Roman
字體大小: 12 Pt
文字位置請參考描圖檔

歡迎索取相關資訊
電話: (02) 2211-1234
傳真: (02) 2211-4321
http://www.dp-promotion.com.tw

在這0與1的數位世界裡
傳統印刷將如何與數位印刷和平相處
數位與類比能共存共榮

文字位置請參考描圖檔
文字內容: 請參考檔案"綜藝體文字"

數位印刷機種類	輸出尺寸	輸出品質
碳粉式數位印刷機	較受限制	接受度普通
噴墨式數位印刷機	尺寸較大	接受度普通
電子油墨式數位印刷機	較受限制	接受度高

表格起始位置:
(X, Y) = (100, 35 mm)
表格大小: 83 * 53 mm
(行與列之大小請參考描圖檔)
字框底色:(請自行對應色彩)
C100 並刷淡為50%
M100 並刷淡為50%
C75M5Y100 並刷淡為50%
C40M80 並刷淡為80%
表格邊界: 0.5 mm
字體與大小: (請自行對應大小)
12 & 14 Pt 標楷

勞動部勞動力發展署
技能檢定中心
年度技術士技能檢定
印前製程乙級
應檢人員： 王大同

字框起始位置:
(X, Y) = (112.5, 95 mm)
字框大小:60 * 30 mm
字框底色: C100M90Y10
並刷淡為30%
中文字體: 標楷
字體大小: 12 Pt
文字位置請參考描圖檔
黑色字框邊界: 0.5 mm

****本作品需列印出裁切線與十字線，提供評審之作品請於右下角簽名後繳回評分**

解題方法

圖文檔案之檢查與確認

隨題目附上說明樣式紙一張，並於光碟片或隨身碟內包含圖片檔，檔名分別爲：image001.jpg、image002.jpg、書名字 .eps、封面封底描圖樣張 .jpg、封面裡封底裡描圖樣張 .jpg；PDF 檔案檔名爲：內頁 -Page 1-8.pdf。 隨題所需之文字，請參照說明樣式入圖。

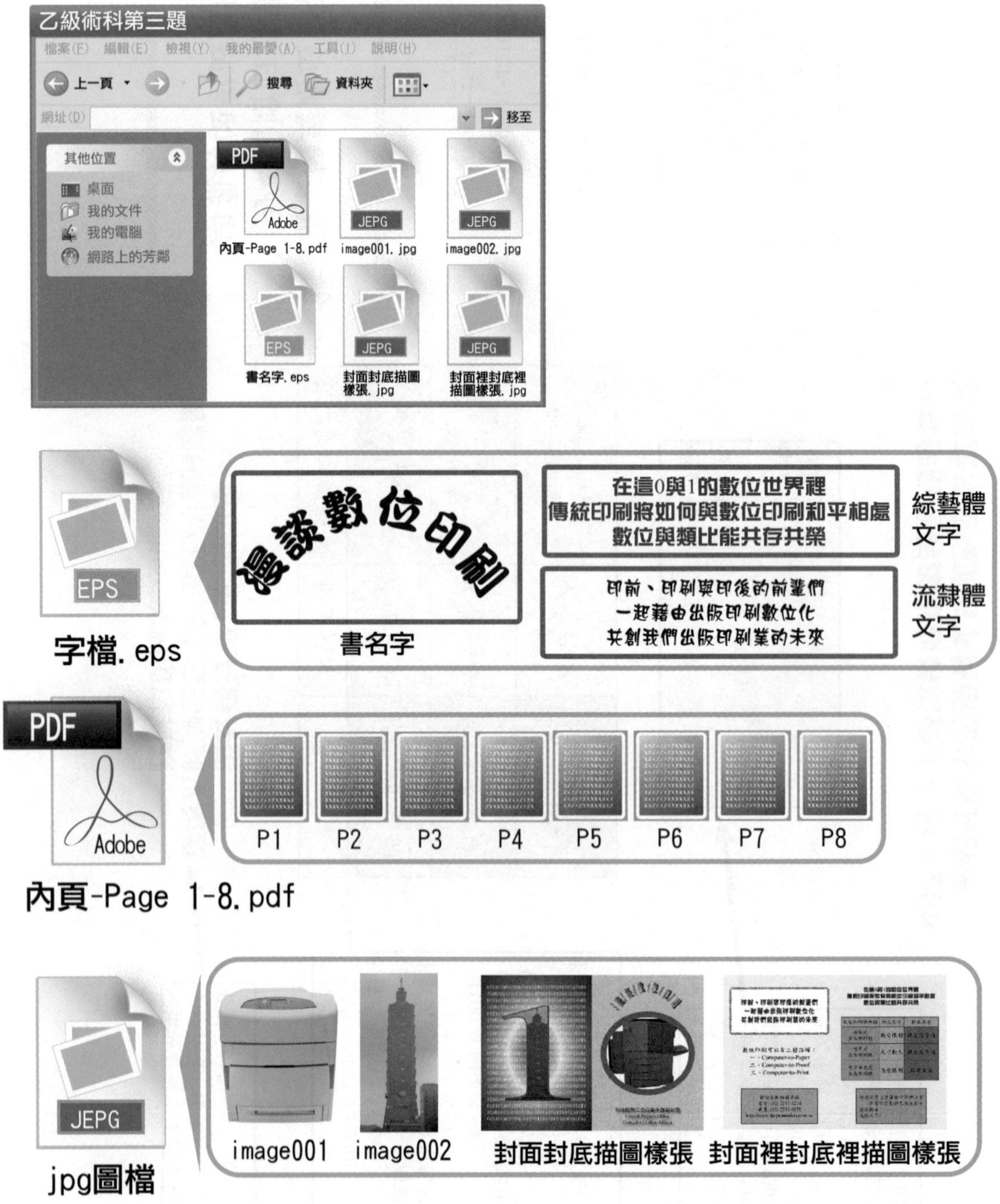

分色特效製作

❶ 在 Photoshop 中選擇【檔案 \ 開啓 \ image001.jpg】。

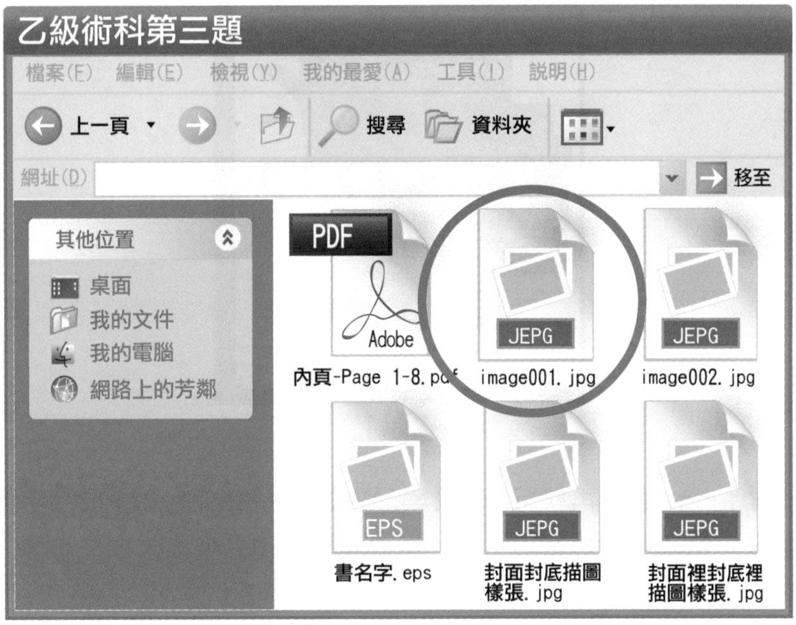

❷ 在色版工具視窗右上角點一下滑鼠左鍵，執行【分離色版】，會分離出四個色版（青、洋紅、黃、黑）。

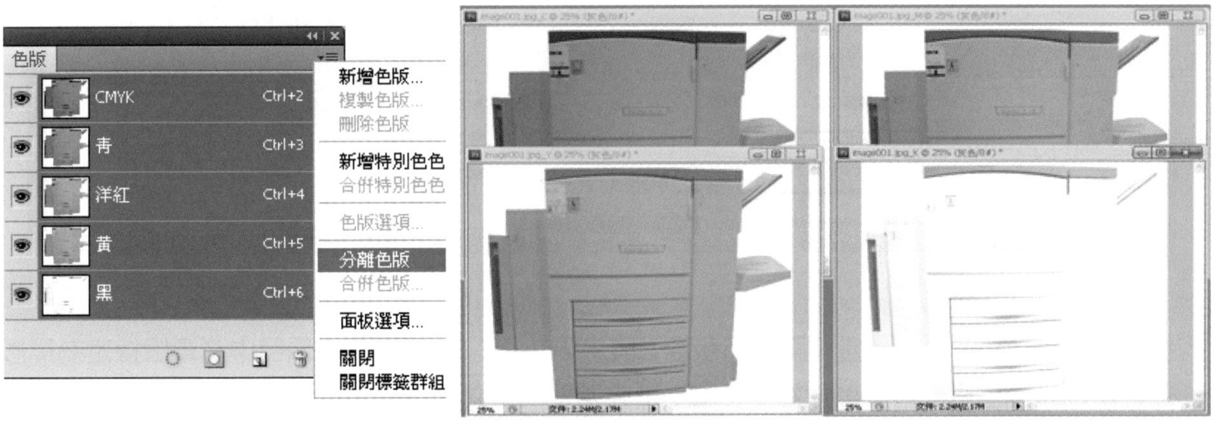

❸ 在色版工具視窗右上角再點一下滑鼠左鍵，執行【合併色版】，即出現合併色版對話框，並於模式中選擇【CMYK】按確定，出現合併 CMYK 色版的對話框。

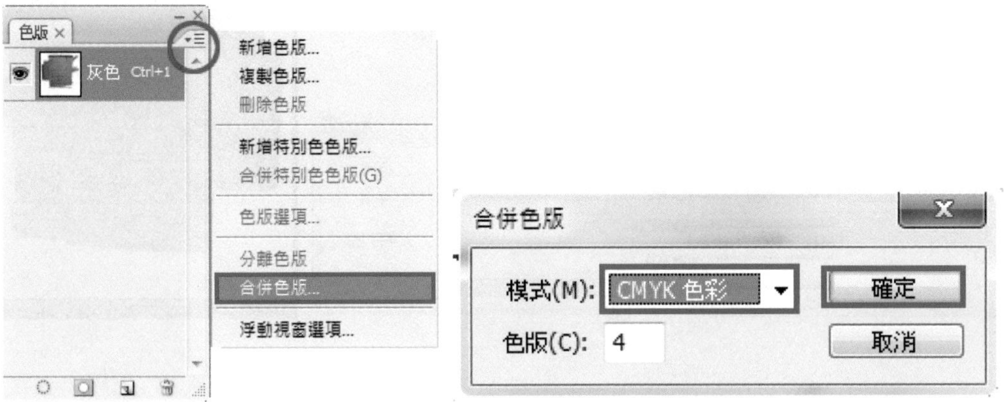

4. 在【指定色版】項目中，將青版指定為洋紅版、洋紅版指定為黃版、黃版指定為黑板、黑版指定為青版（就是每個色版都往下移一格的意思），按確定後另存為 01.jpg。

5. 重新開啓 image001.jpg，重複再執行步驟 2 與步驟 3，在【指定色版】項目中將青版指定為黃版，洋紅版指定為黑版，黃版指定為青版，黑版指定為洋紅版（就是每個色版都往下位移兩格的意思），按確定後另存為 02.jpg。

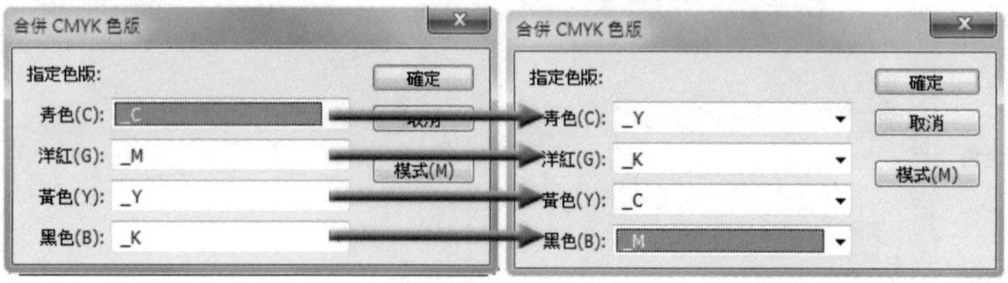

6. 重新開啓 image001.jpg，重複再執行步驟 2 與步驟 3，在【指定色版】項目中將青版指定為黑版，洋紅版指定為青版，黃版指定為洋紅版，黑版指定為青版（就是每個色版都往下位移三格的意思），按確定後另存為 03.jpg。

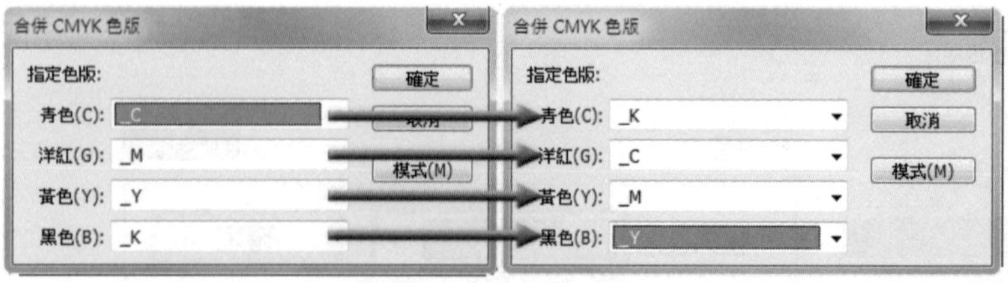

7 開啟 image001.jpg，執行【檢視 \ 尺標】（Ctrl+R）後，以手動拉出 X 軸與 Y 軸的參考線，將畫面平分成四等分。

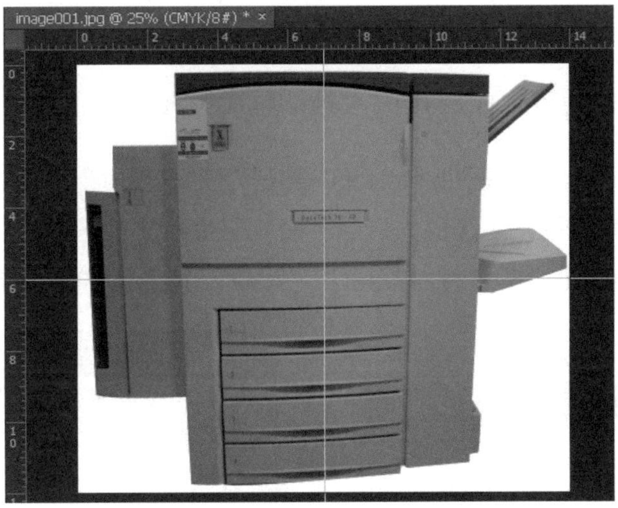

8 將方才多次合併色版而產生的三種顏色圖檔：01.jpg、02.jpg、03.jpg，再加上原圖 image001.jpg（總共有四種顏色的印表機圖檔），依照說明樣式給的色彩位置，在圖層裡配合圖層順序挖空各色彩（例如：在最上面的圖層 01 只剩右下角的紅色，其餘皆刪除，依此類推。）而拼成一張【四色】的印表機，然後另存新檔。

處理圖片時，若出現「因為是智慧型物件所以無法直接進行編輯」等相關提示時，請於圖層面板，將滑鼠移到有問題的圖片圖層按右鍵，選擇「點陣化圖層」即可。

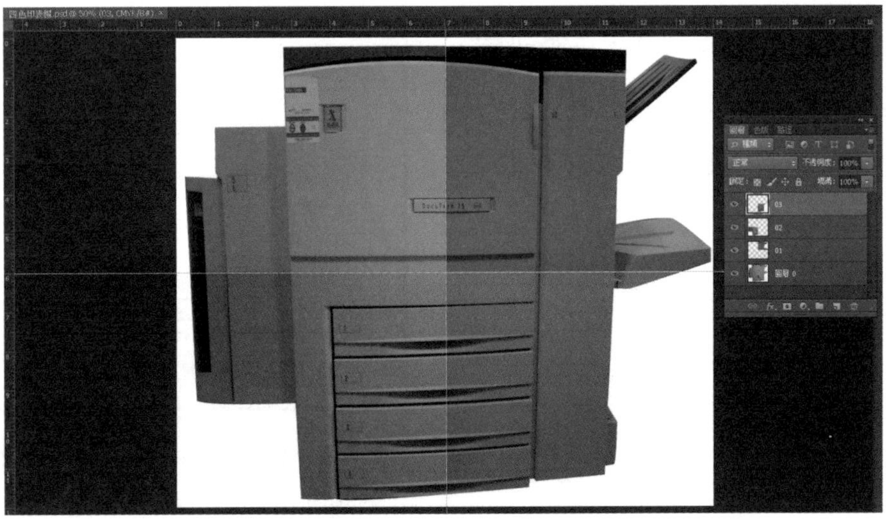

第三題

建立新文件

檢定現場須將做好的成品（包含出血線與裁切線），以 A3 紙張列印輸出並連同電子檔案一併繳交，考題中標示單頁小版的完成尺寸爲 95mm × 130mm，所以先建立一個 A3【297mm×420mm】尺寸的畫版作爲完稿後列印輸出的紙張範圍。

1. 首先我們要「新增一個文件」，在 Illustrator 中點選【檔案＼新增】，便出現【新增文件】對話框。將文件名稱設定為准考證號碼 + 應檢人姓名，如：【B9110023 王溢川】。設定尺寸，將寬（W）與高（H）設定為【W420mm × H297mm】（A3）。色彩模式則設定為【CMYK】。

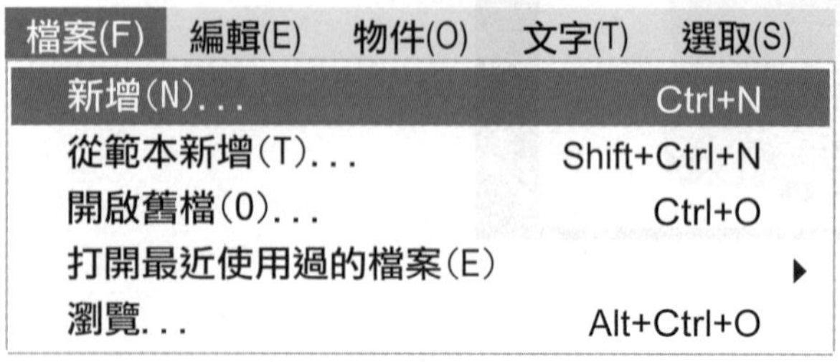

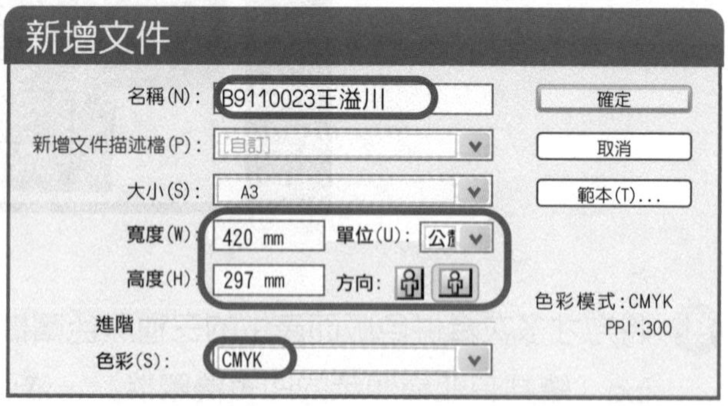

Illustrator 內部操作環境與基本尺度設定

Adobe Illustrator 爲一套廣泛應用在設計、藝術等領域的繪圖軟體，其內部環境與基本尺度值在安裝後便有所謂的「系統基本參數設定」（Standard Basic Setup），考生要通過檢定，理所當然在尺度規範上需與題目規定相符，故需作內部的尺度調整。

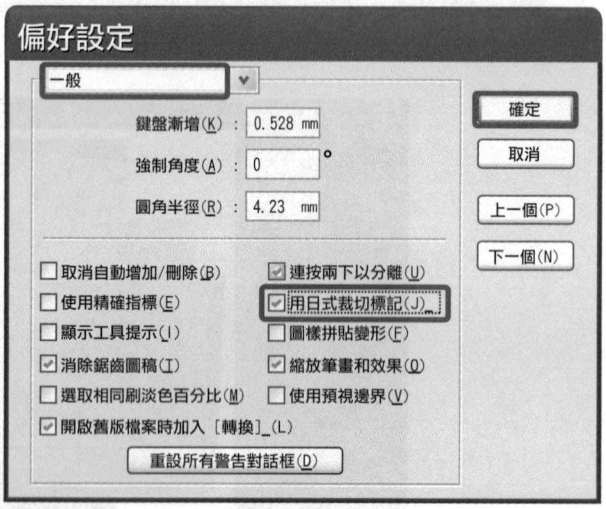

1. 執行【編輯＼偏好設定＼一般】（Ctrl+K），將【使用日式裁切標記】打勾後按下【確定】。

2 執行【編輯\偏好設定\單位】，將一般和筆畫的欄位設定為【公釐】，文字欄位則設定為【點】，完成後點擊【確定】。

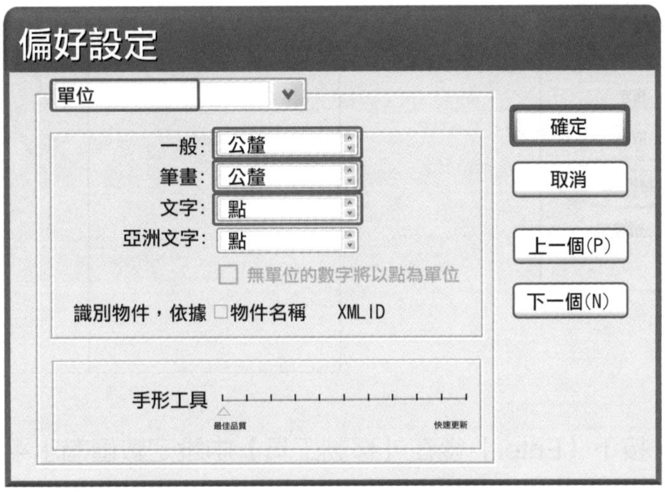

3 最後到【視窗 \工作區\基本】設定好製作時的工作環境區。若是在操作過程中不小心按到 TAB 鍵或 F 鍵，導致【工具視窗】與【浮動面板】被隱藏，也可以用此步驟使之顯現。

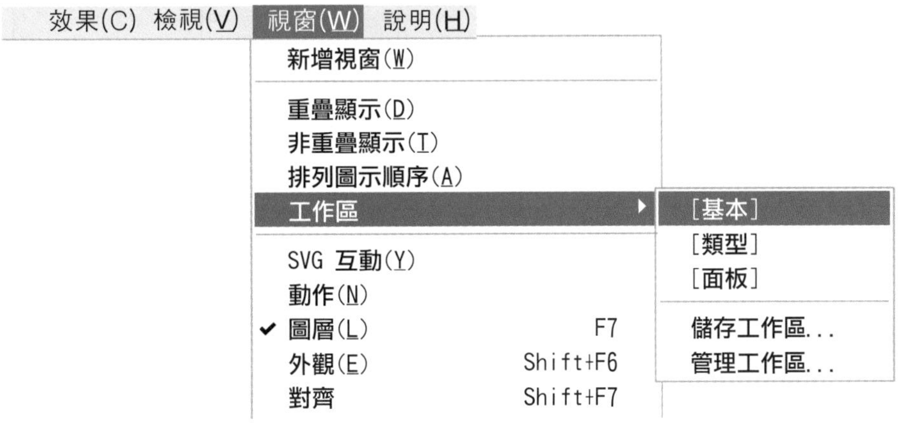

版面建立

1 以【矩形工具】繪製一個寬度【95mm】，高度【130mm】的矩形。

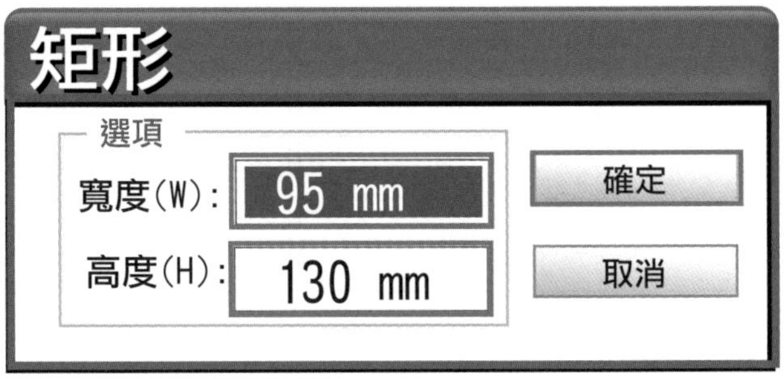

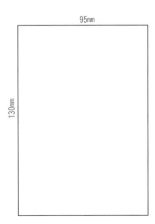

❷ 點選矩形按下【Enter】後出現【移動工具】，設定數值：水平【95mm】， 垂直【0mm】，接著按【拷貝】。

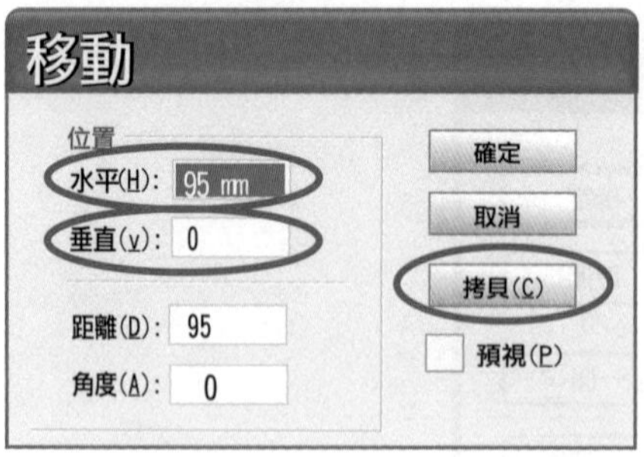

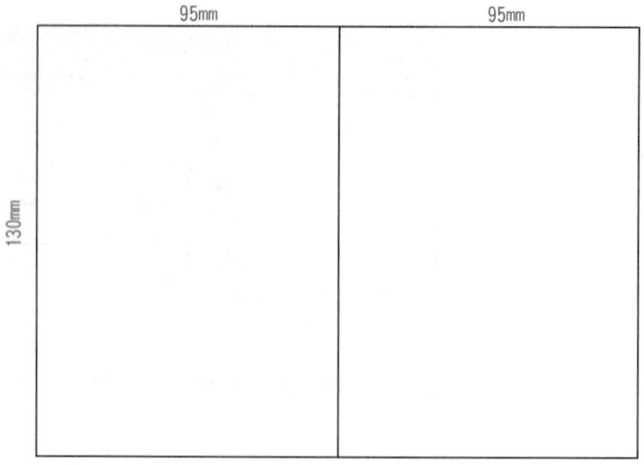

❸ 同時選取兩個矩形，按下【Enter】後在【移動工具】中設定數值為水平【196mm】（95 ＋ 3 出血＋ 3 出血＋ 95），垂直【0mm】，接著按【拷貝】，即可出現四個矩形。

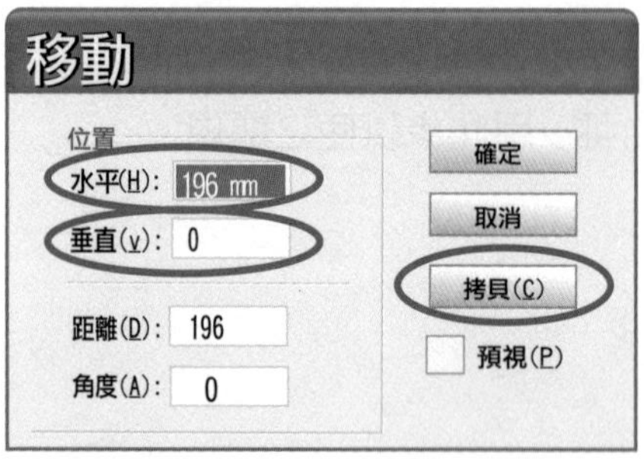

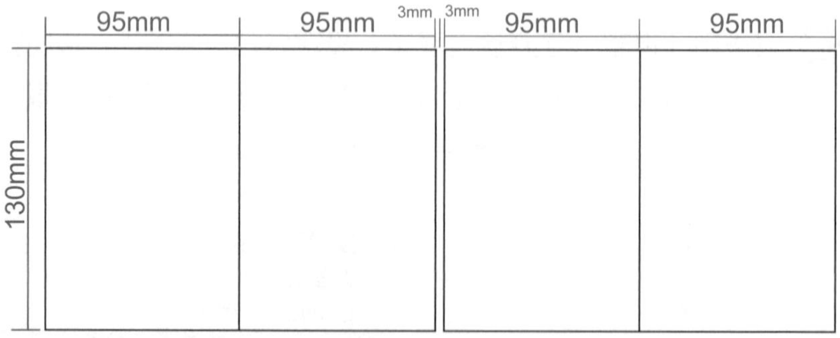

❹ 同時選取四個矩型並按下【Enter】，在【移動工具】中，設定水平【0mm】，垂直【136 mm】（130 ＋ 3 出血＋ 3 出血），接著按【拷貝】即出現 8 個矩形。

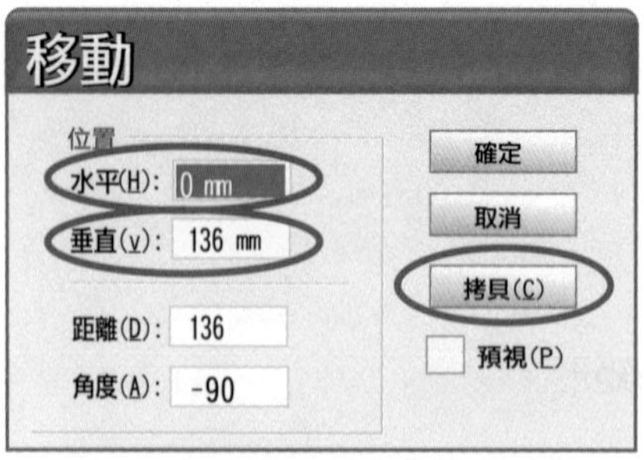

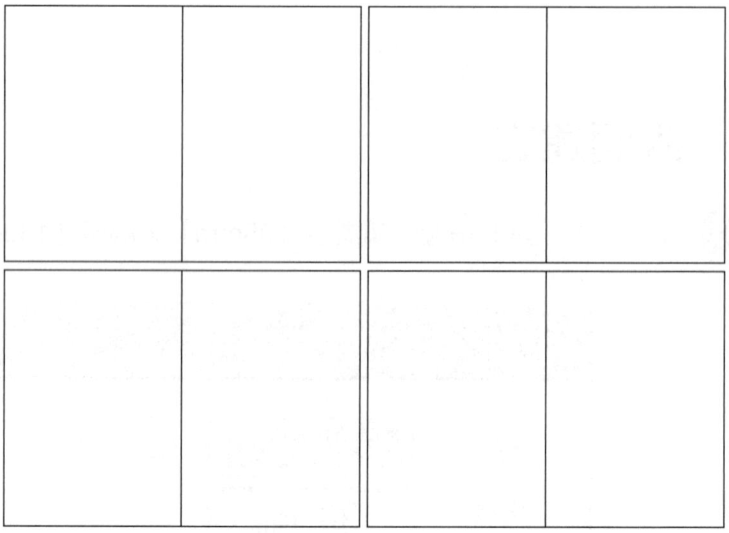

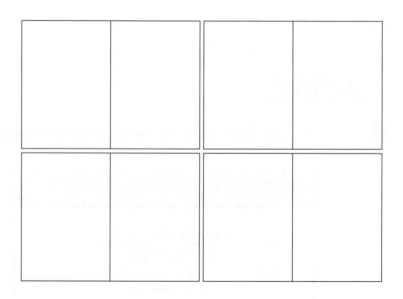

5 按【Ctrl+A】（全選），選取 8 個矩形，再按【Ctrl+G】（組成群組），執行【視窗 \ 對齊】。將【對齊畫板】選項使之反黑，點選【水平居中】和【垂直居中】。

CS4 以上版本，則要選擇「對齊工作區域」。CS6 版本的畫板選項位於上方工具列，而非對齊視窗。

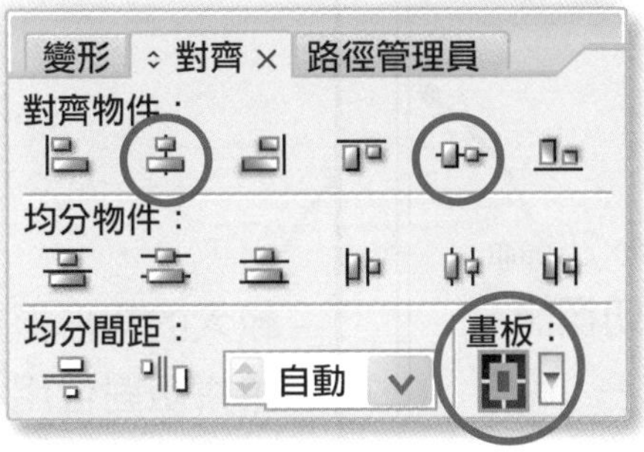

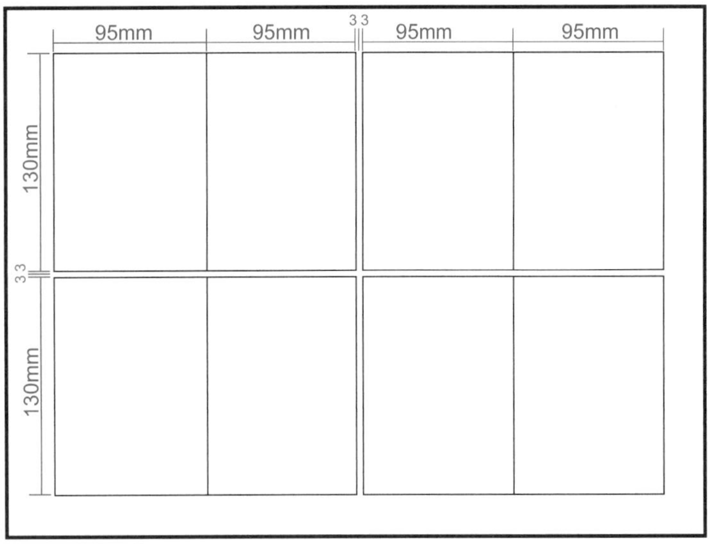

6 以【矩形工具】繪製一個寬度【386mm】（95x2+ 出血 3+ 出血 3+95x2），高度【266mm】（130+ 出血 3+ 出血 3+130）的矩形。

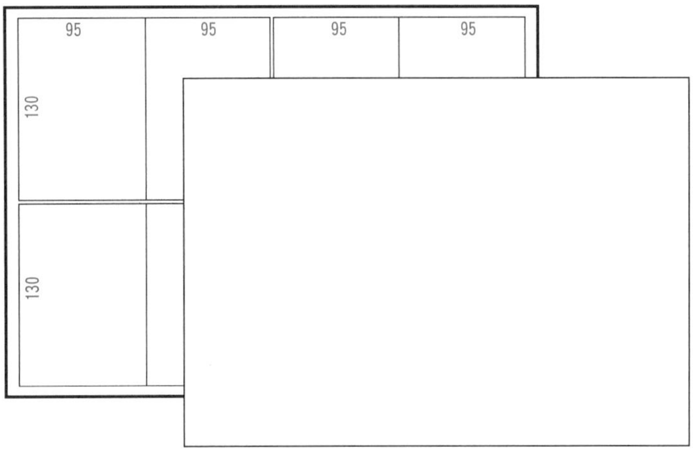

7 選取矩形執行【視窗 \ 對齊】即出現【對齊工具】視窗，將畫板選項選擇反黑【對齊畫板】點選【水平居中】與【垂直居中】使該矩形對齊畫板中央。

CS4 以上版本，則要選擇「對齊工作區域」。CS6 版本的畫板選項位於上方工具列，而非對齊視窗。

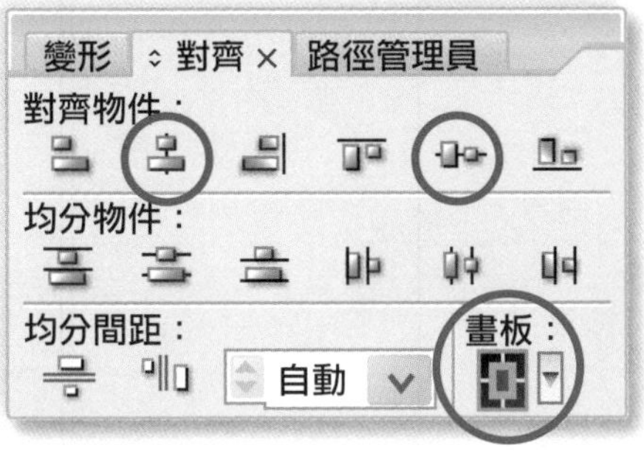

8 再繪製一個寬度【392mm】，高度【272mm】的無填色矩形（原本的矩形加上四邊 3mm 出血），比照前一步驟對位。

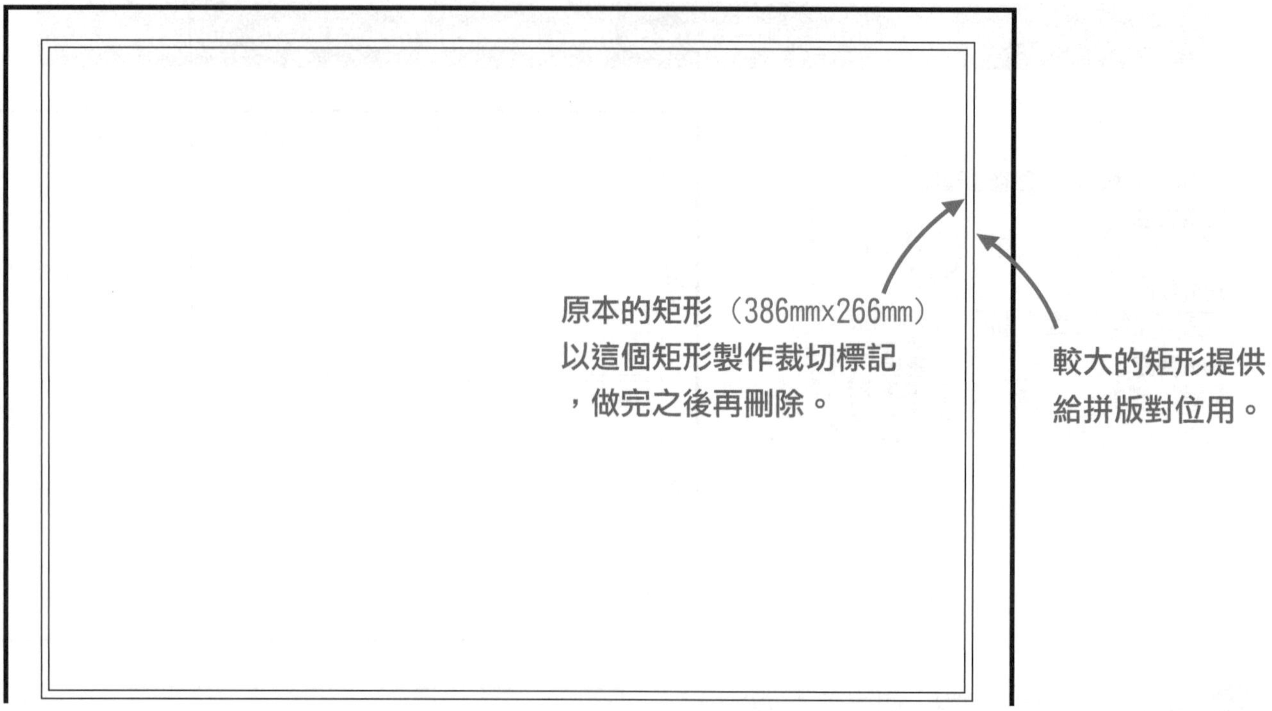
原本的矩形（386mm×266mm）
以這個矩形製作裁切標記
，做完之後再刪除。
較大的矩形提供
給拼版對位用。

9 點選原本的矩形（386mm x 266mm）後，再執行【濾鏡＼建立＼裁切標記】將該矩形刪除僅保留裁切標記與外圍矩形。

CS4 以上版本，執行【效果＼裁切標記】，再執行【物件＼擴充外觀】與【物件＼解散群組】後，才能刪除內部矩形而留下裁切標記。

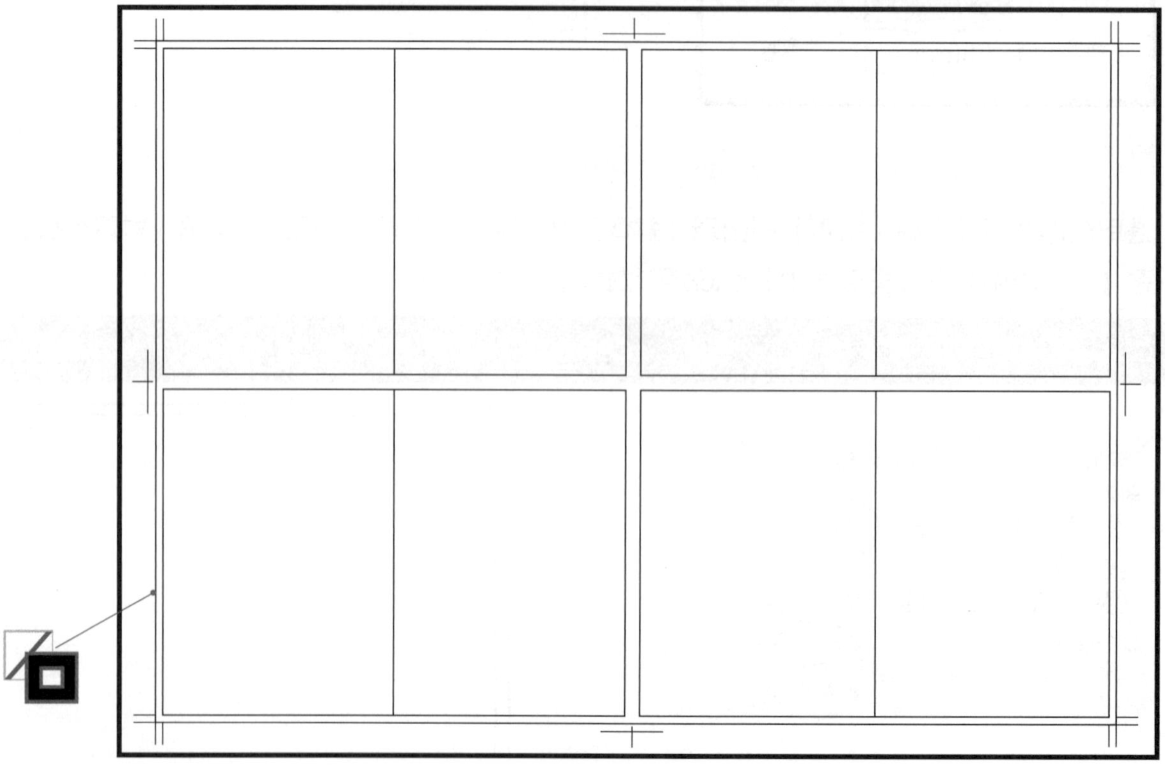

10 以【線段區段工具】在 2 個頁面延伸處繪製線段，將線段設為長、寬比照裁切標記的短線條，製作裁切線 。

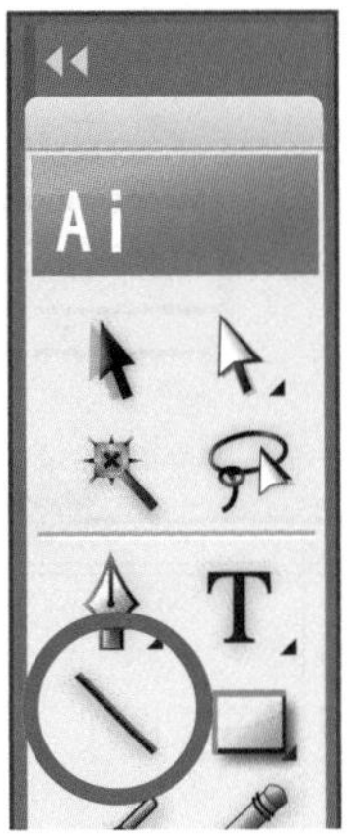

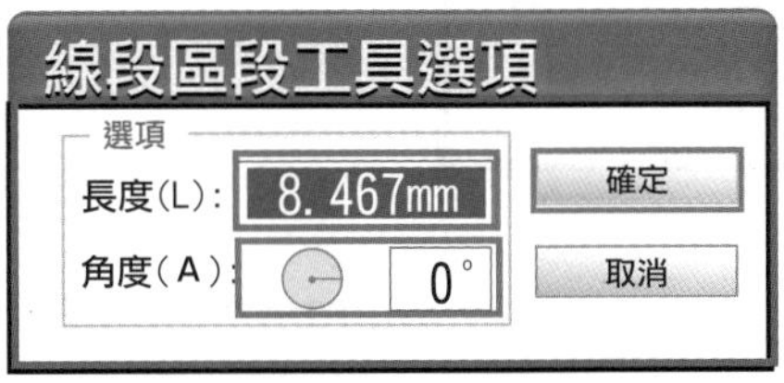

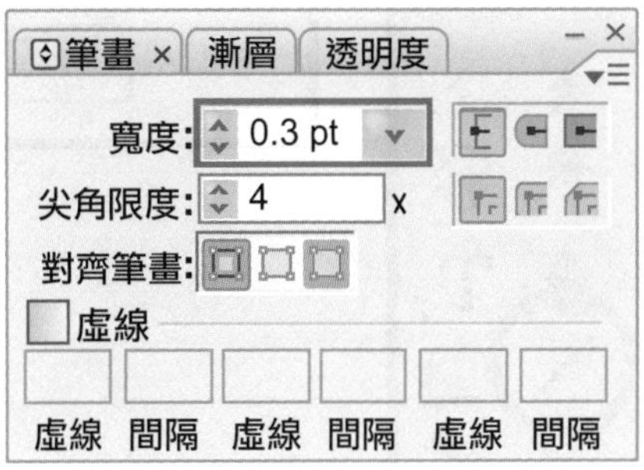

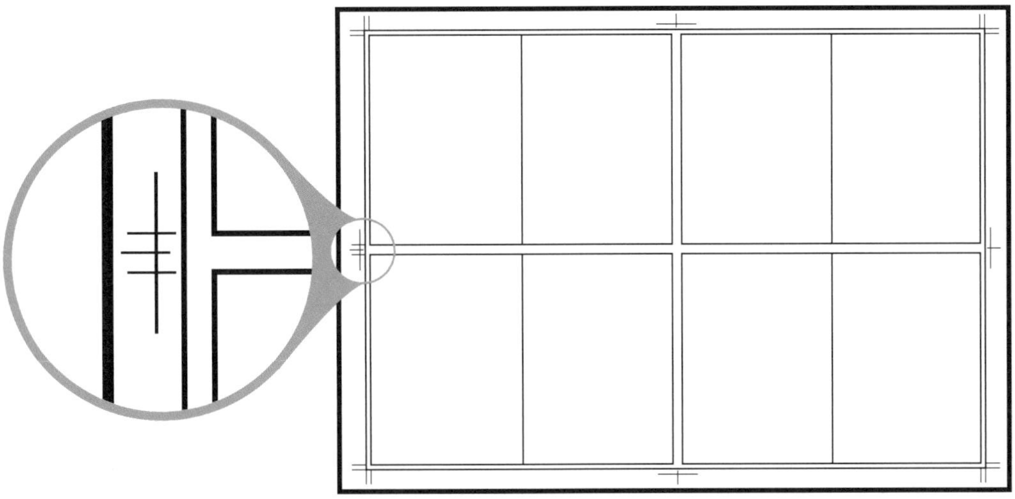

11 重複複製線段使上下左右均畫上裁切標線。

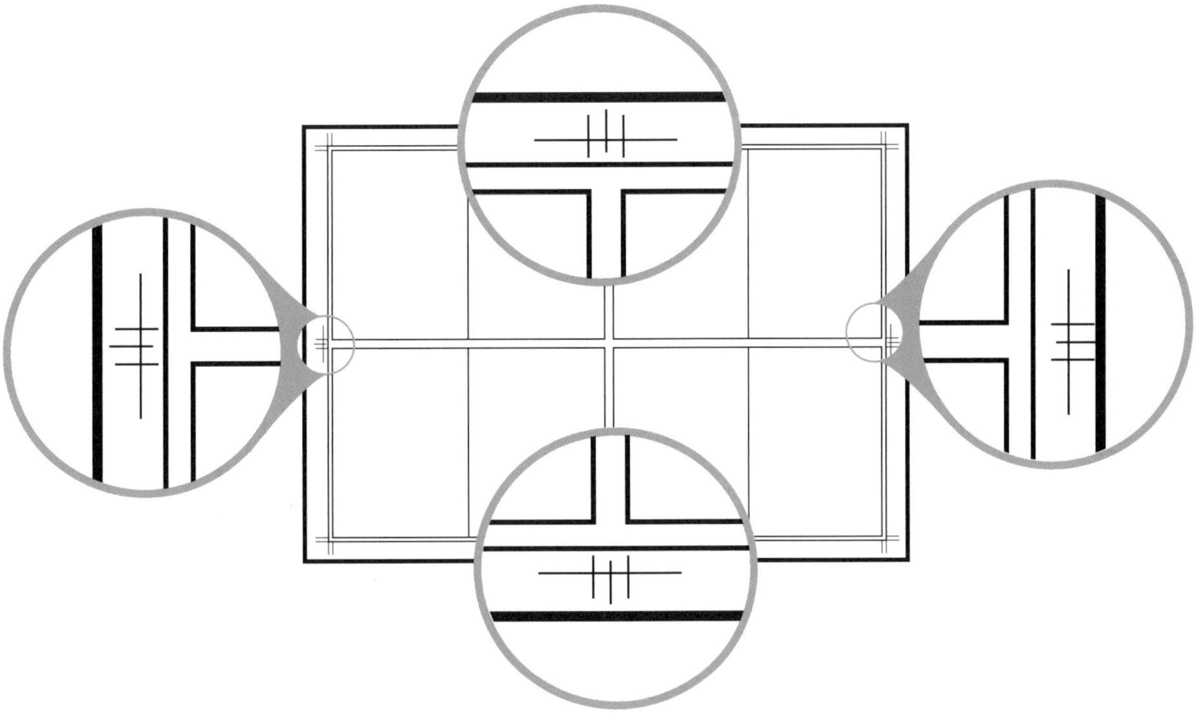

12 接著繪製摺線，並放置在裝訂邊延伸處，筆畫寬度比照裁切線。

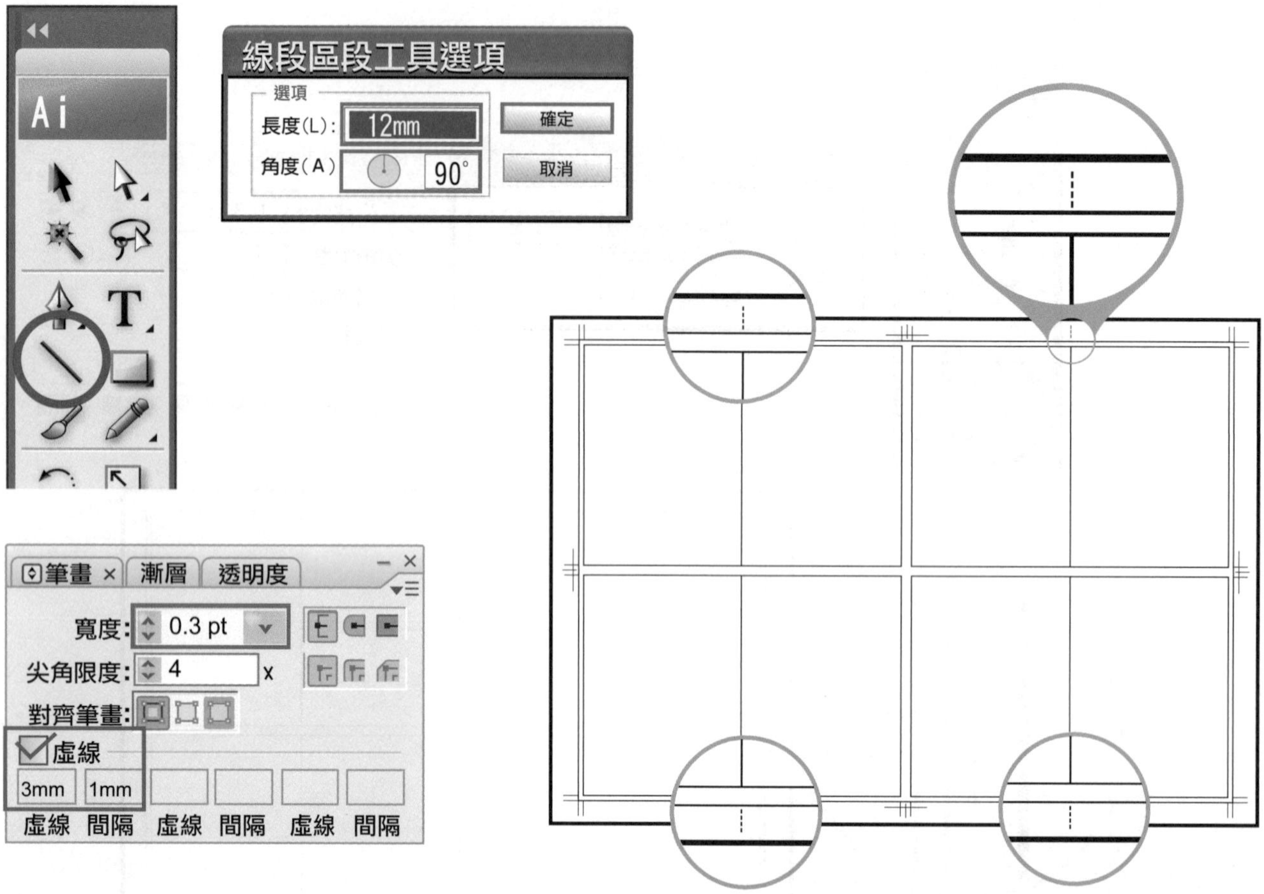

13 以橢圓工具繪製四個圓形，其設定為長：【6mm】，寬：【6mm】（筆畫寬度比照裁切線）分別置於上下、左右以及中央裁切標記處，共計四處。

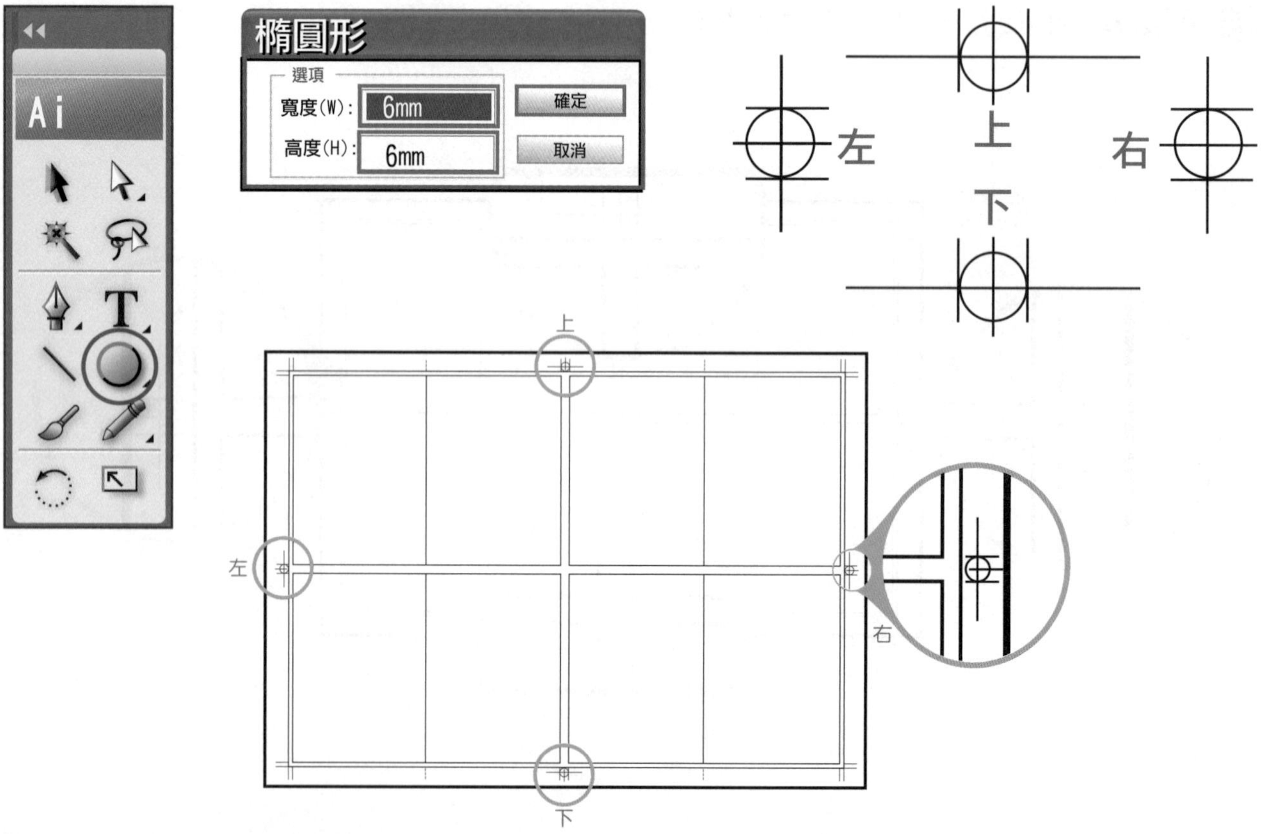

14 再次確認：出血線，裁切線、中央裁切標記，以及摺線是否繪製正確。

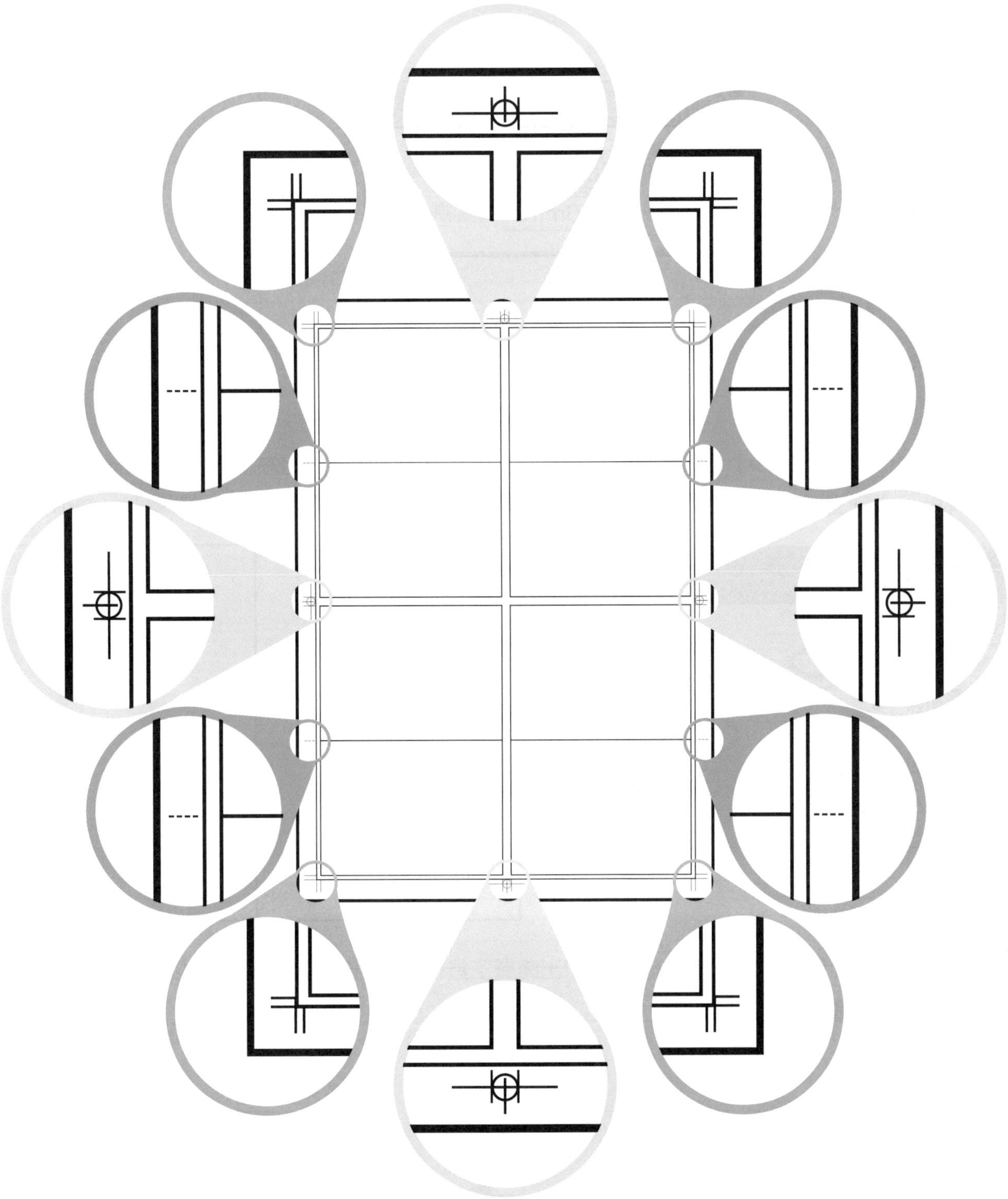

置入封面與封底描圖檔

❶ 以【矩形工具】繪製一個矩形，尺寸設定為寬度（W）【98mm】，高度（H）【136mm】。

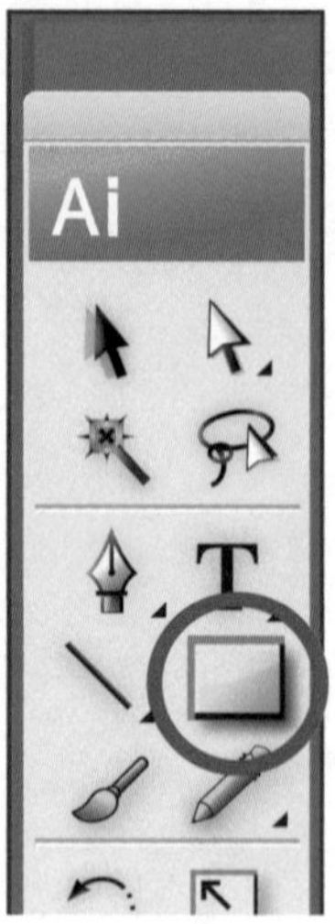

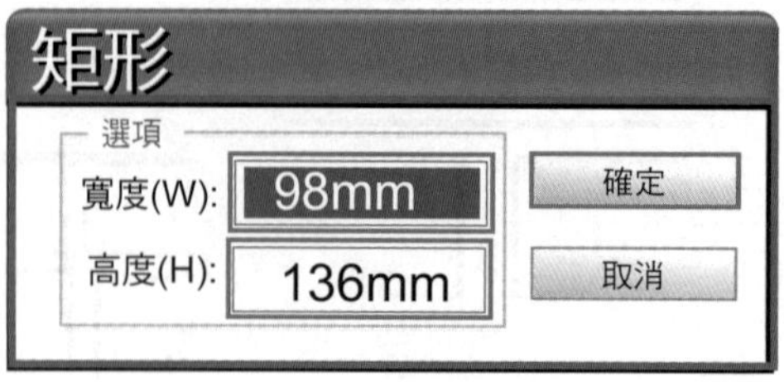

❷ 點選矩形按下【Enter】後即出現【移動工具】，將其中的欄位設定為水平：【98mm】，垂直：【0mm】，並按下【拷貝】。然後同時選取這兩個矩形，執行【物件 \ 組成群組】（Ctrl+G）。

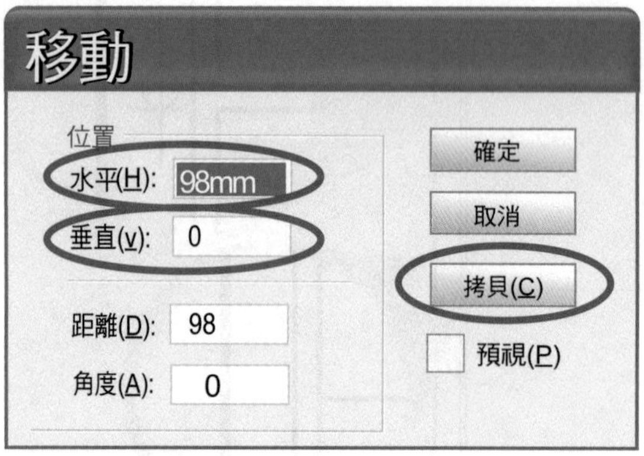

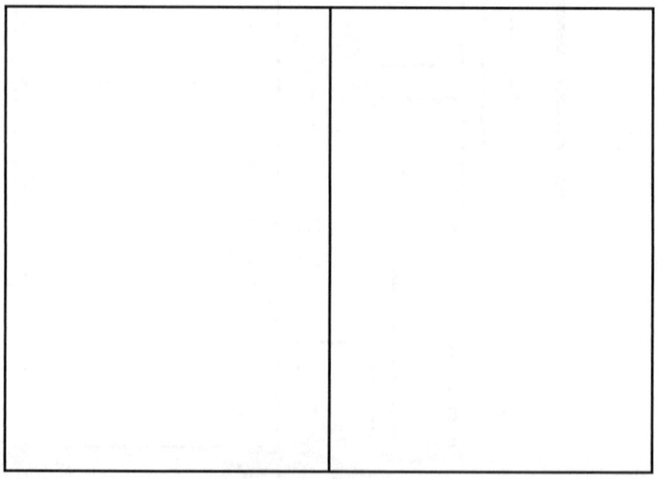

❸ 執行【視窗 \ 圖層】（快速鍵為 F7）叫出圖層工具視窗，且在圖層工具視窗以滑鼠左鍵單擊【製作新圖層】圖示，建立新圖層。

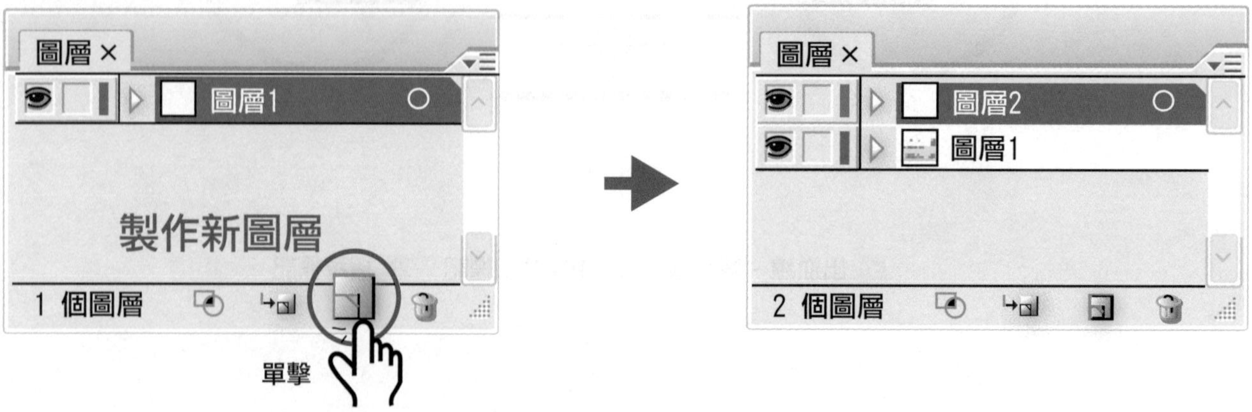

❹ 以滑鼠左鍵雙響【圖層 2】便出現【圖層選項】對話框，在【名稱】欄位填入【描圖檔】，再按【確定】。

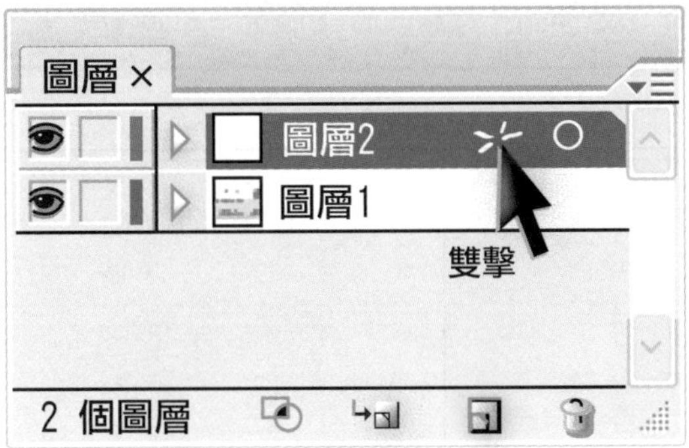

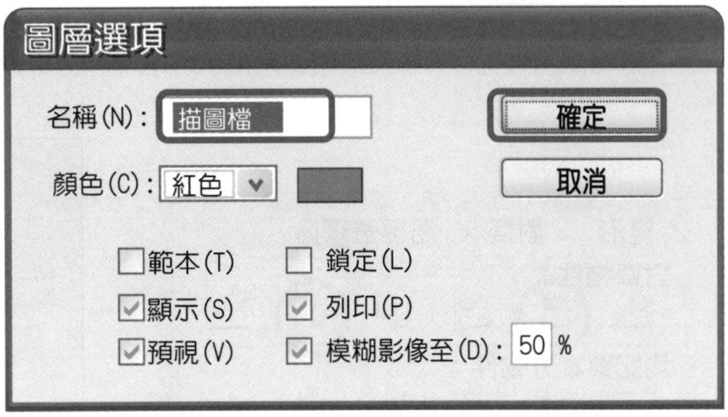

❺ 點選【描圖檔】圖層，並執行【檔案 \ 置入】，選擇「封面封底描圖樣張 .jpg」後置入。接著再執行【視窗 \ 透明度】將透明度設定為【30%】。

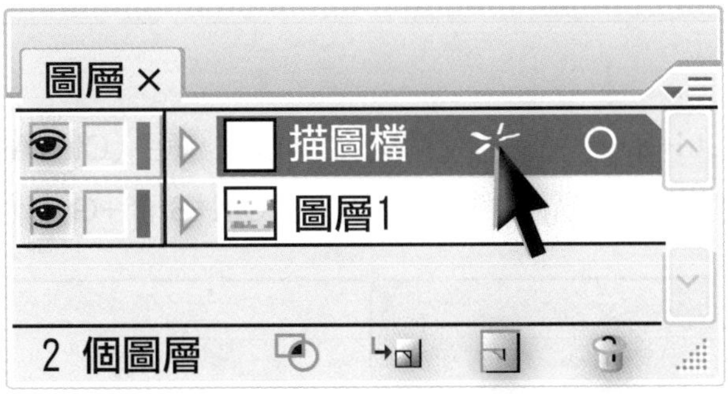

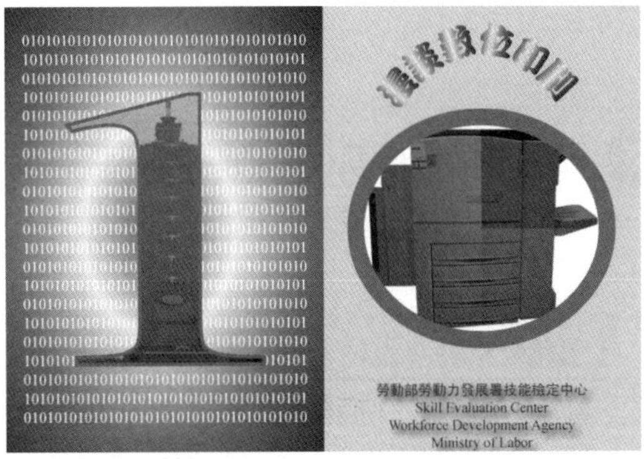

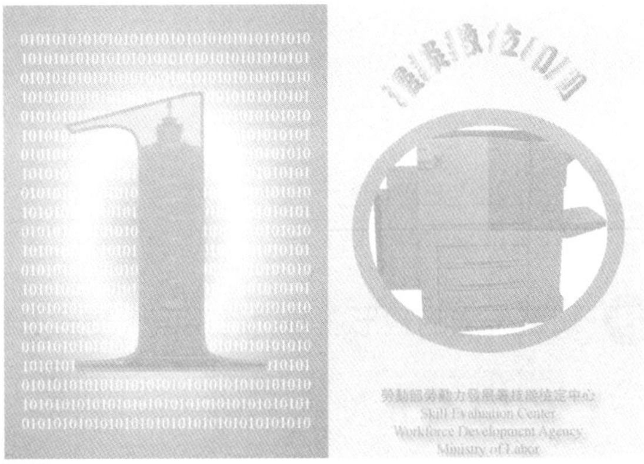

6 同時選取描圖檔與繪製好的兩個矩形，執行【視窗 \ 對齊】將對齊畫板選項反白【對齊物件】，點選【水平居中】、【垂直居中】使描圖檔置於兩矩形中央對齊。

CS4 以上版本，則要選擇「對齊選取的物件」。CS6 版本的畫板選項位於上方工具列，而非對齊視窗。

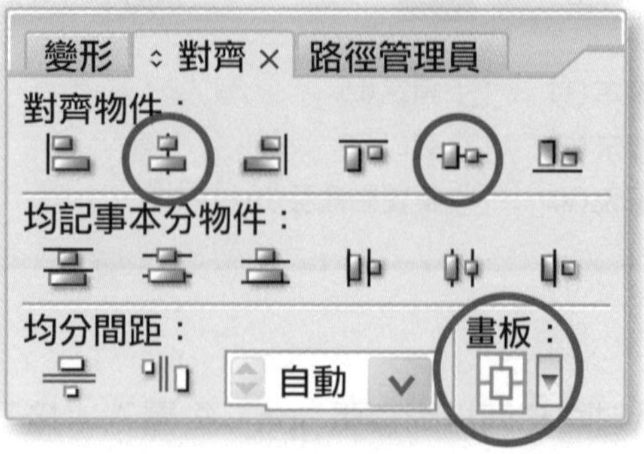

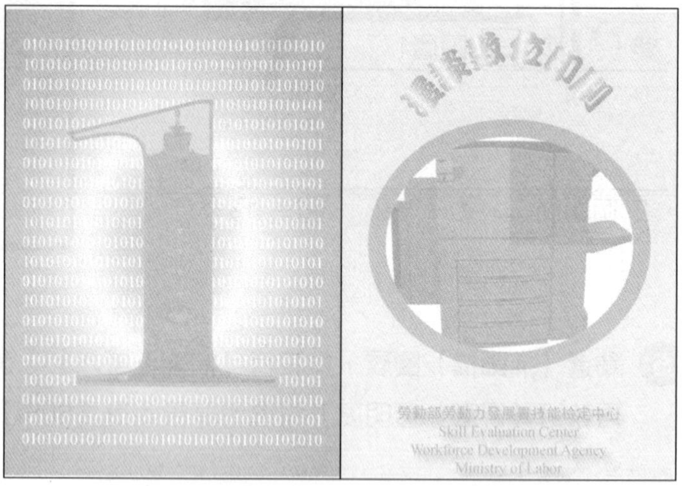

7 點選描圖檔後執行【物件 \ 鎖定 \ 選取範圍】（Ctrl+2），待製作完畢之後再解除鎖定（Ctrl+Alt+2）並將描圖檔刪除。回到【圖層 1】點選兩個矩形並執行【物件 \ 解散群組】（Ctrl+Shift+G）。

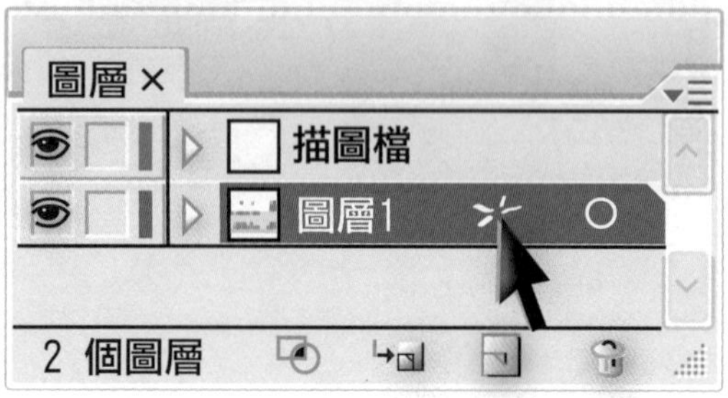

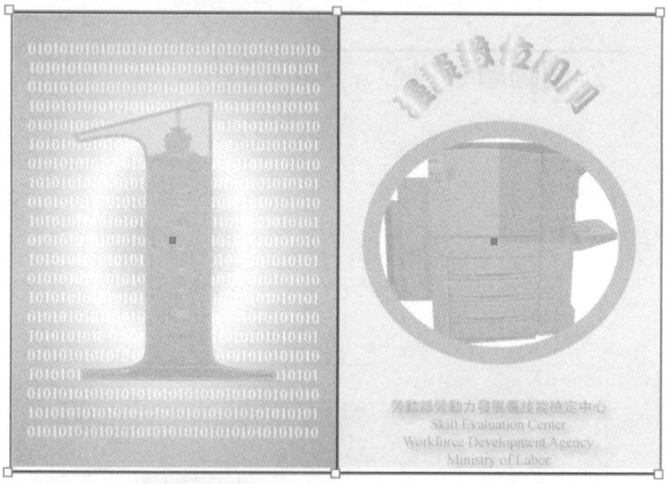

8 點選左邊的矩形並執行【視窗 \ 變形】設定變形基準點為中、下後調整高度【H:98mm】。

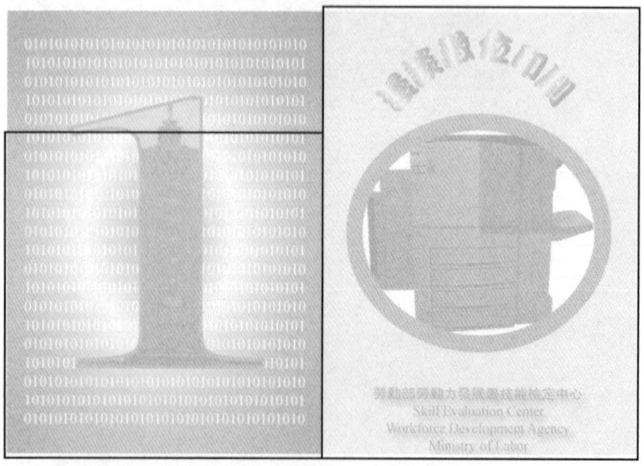

要取消強制寬高比的設定，才能只改變高度而不影響寬度。

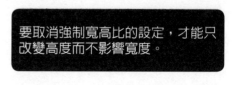

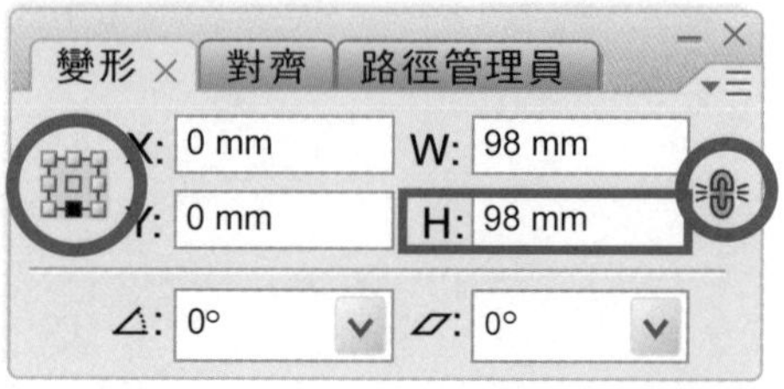

製作封底台

1. 點選左邊矩形，依據說明樣張上的色號調配一組漸層，其色相分別為：【M100Y100】的橘、【Y100】的黃、【C100Y100】的綠以及【C100M100】的藍。漸層類型選擇【放射狀】。

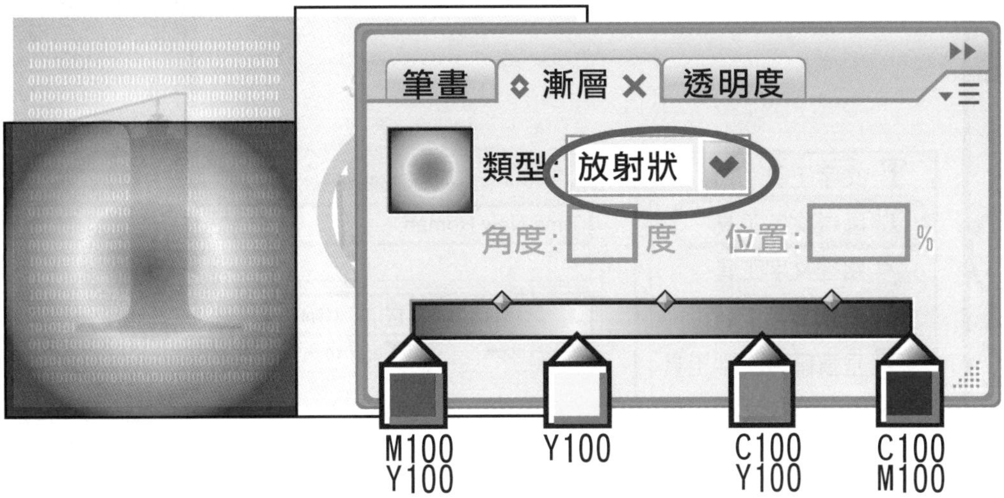

2. 以【漸層工具】按住滑鼠左鍵拖曳，平均將調好的漸層色階均勻分布在矩形上，再以變形工具將高度調整回原來的【H：136mm】，即出現橢圓形漸層，如圖所示。

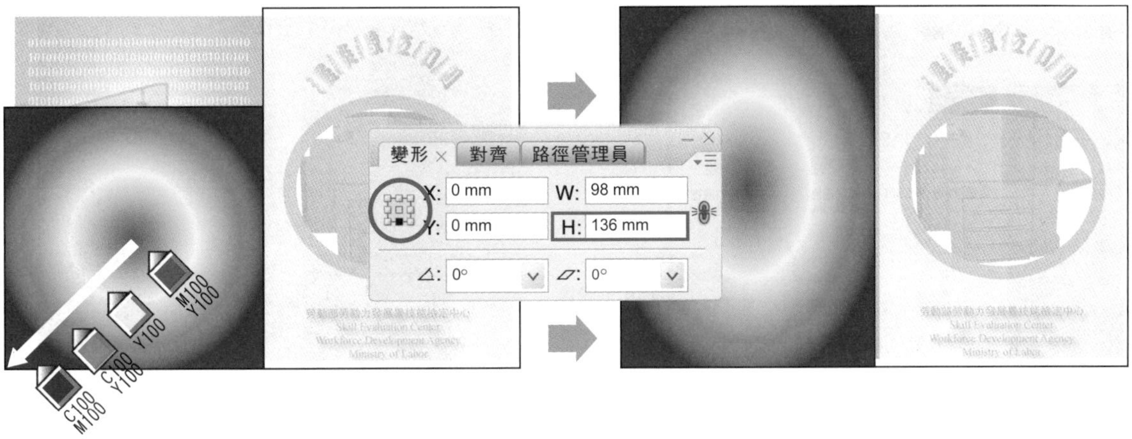

3. 然後再以【矩形工具】繪製一個尺寸為【W85mm H115mm】的矩形，色彩為黑色，放置於漸層矩形上。

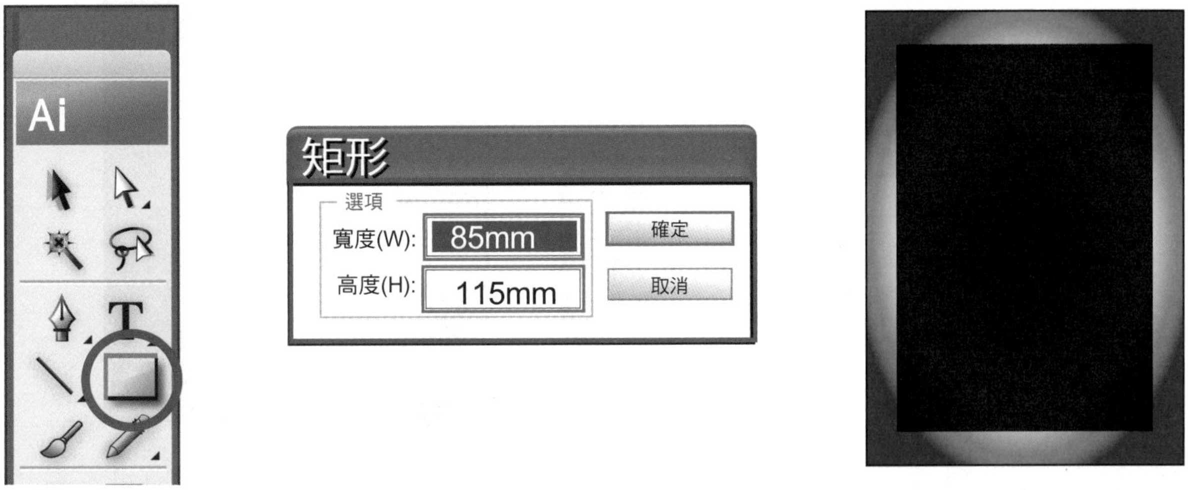

4 以【區域文字工具】點選該矩形，自行輸入【01 01 01 01 01 01 01 .....】。上下左右不能重複，並使其填滿整個矩形，字體：【Time New Roman】，字級：【13pt】，顏色：【白色】，行距【15pt】。

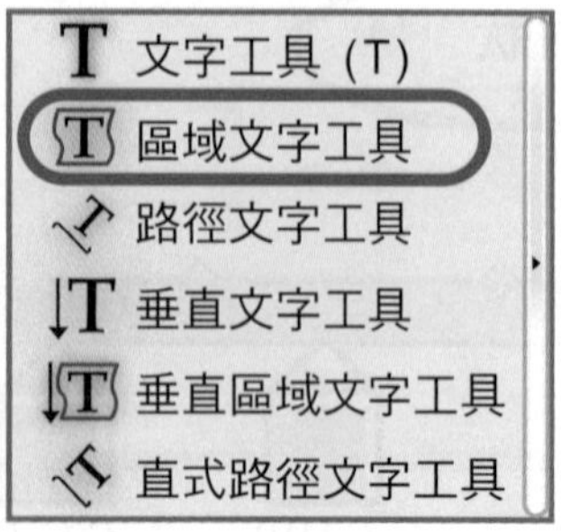

5 執行【檔案\置入】選取 101 圖檔。

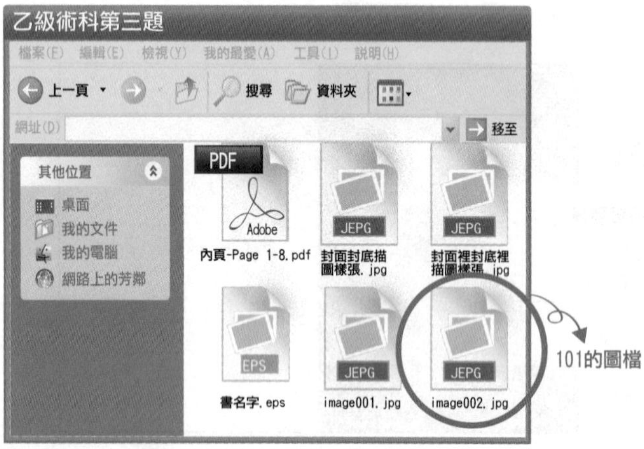

6 以文字工具在上方輸入數字【1】，字體選用【Time New Roman】並將字級定為【350pt】，水平縮放設為【200%】。

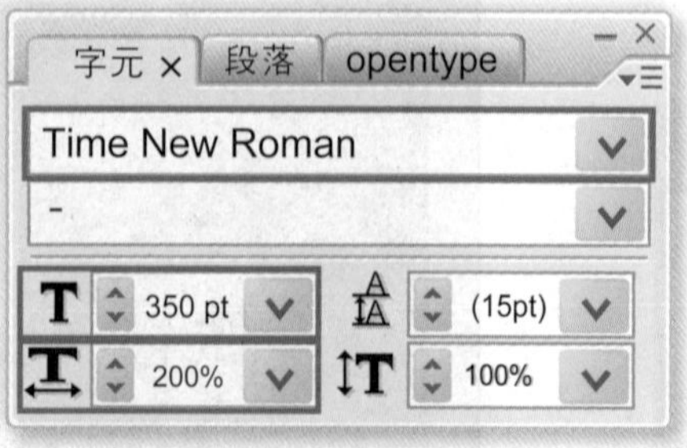

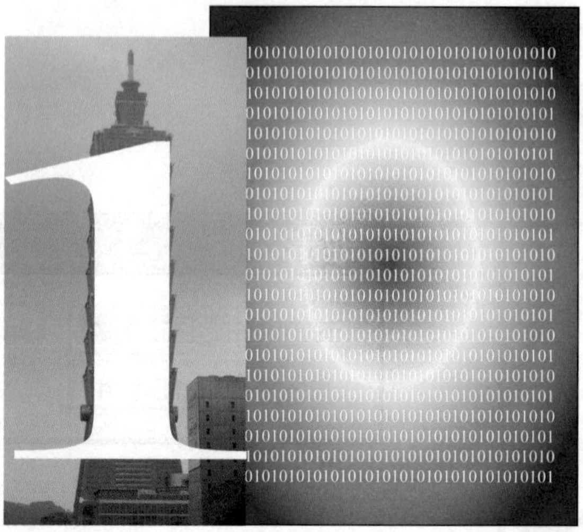

7 選取數字「1」之後，按下【Ctrl+ Shift+O】（轉為外框），將筆畫寬度設定為【1mm】，線條顏色為【M100Y100】。

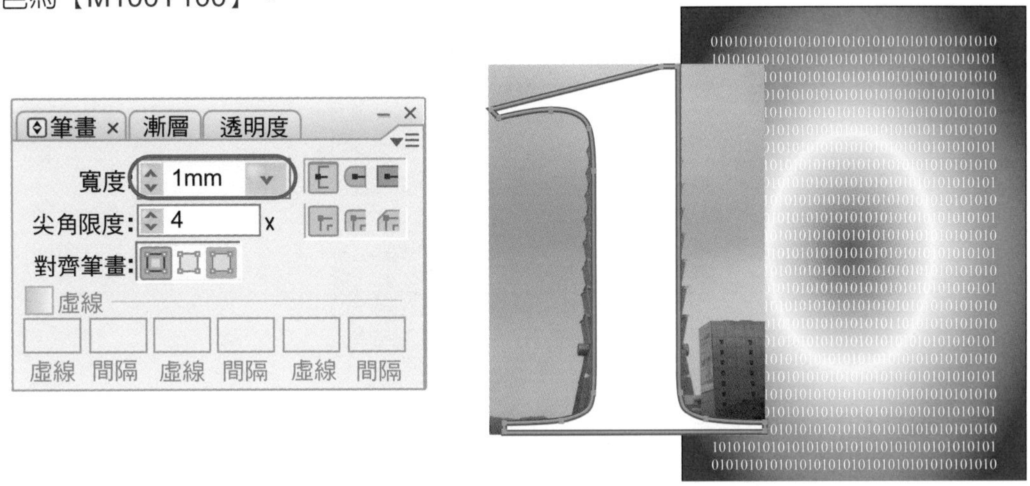

8 配合外框數字「1」調整圖片比例，接著選取數字「1」，按【Ctrl+C】（複製），再按【Ctrl+B】（貼至下層）。接著按【Shift】加選 101 圖檔，點滑鼠右鍵執行【製作遮色片】（Ctrl+7）。

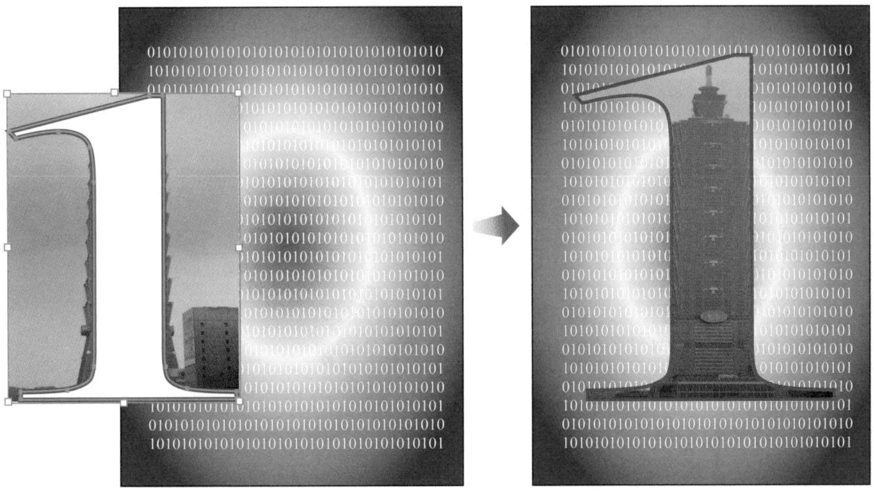

9 以直接選取工具點選 101 圖檔，將 101 建築物主題依描圖檔所示移動到中間位置，並將矩形的黑色外框設定為【無色】，即完成左邊小版。

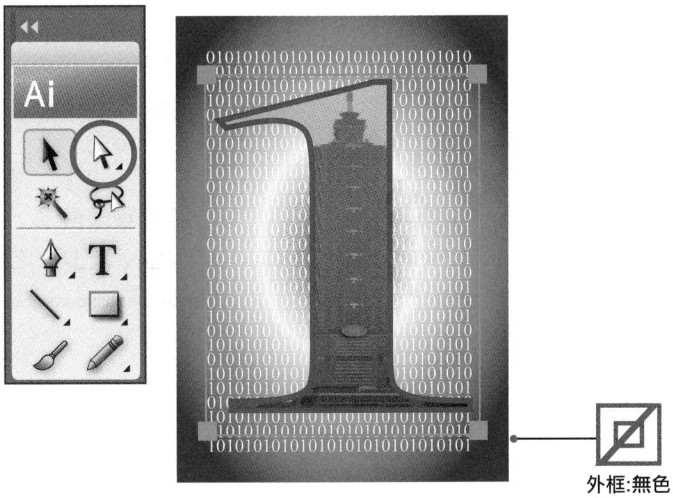

製作封面台

1 點選另一個矩形，將色彩設定為【C30】，外框為【無色】。

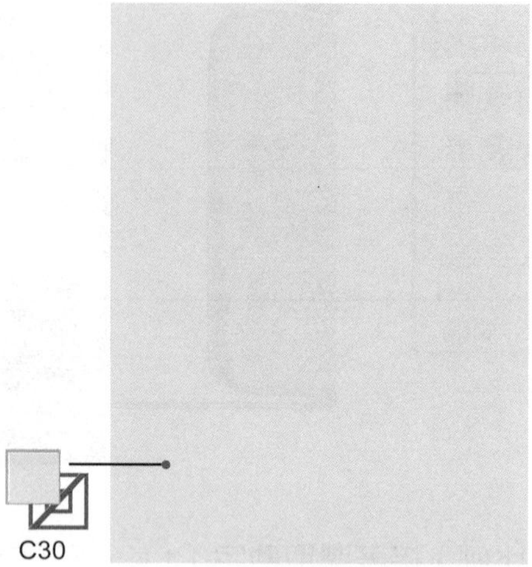

2 執行【檔案\開啟舊檔】，並選擇「書名字 .eps」，即出現「漫談數位印刷」等字樣。

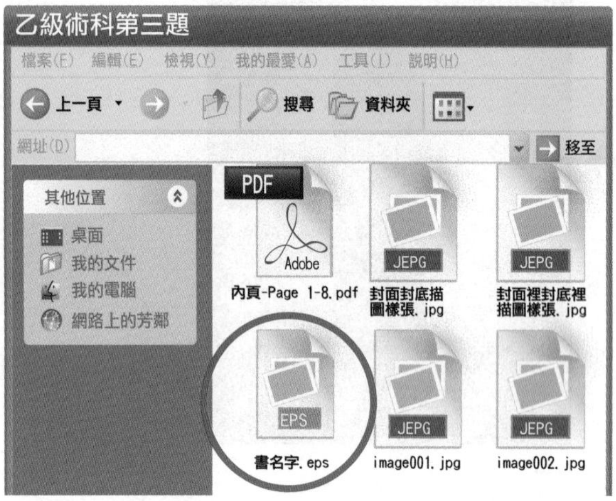

3 以直接選取工具選取「漫談數位印刷」字樣，執行【路徑管理員\差集】（此處因版本差異，若「漫談數位印刷」沒有展開，再點按展開鈕）。

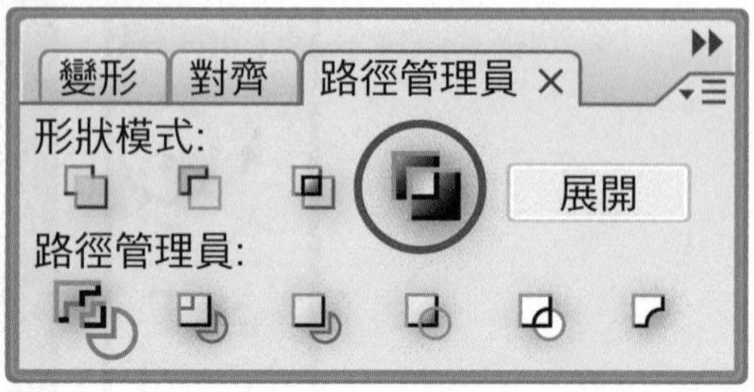

④ 按滑鼠右鍵點選【解散群組】，將「漫談數位印刷」分別解散即可單字編輯。

⑤ 使用【選取工具】，選擇第一個字「漫」，依據說明樣張上的色號，調配一組四色之漸層，分別為：【M100Y100】、【Y100】、【C100Y100】與【C100M100】，漸層類型則選擇【線性】。

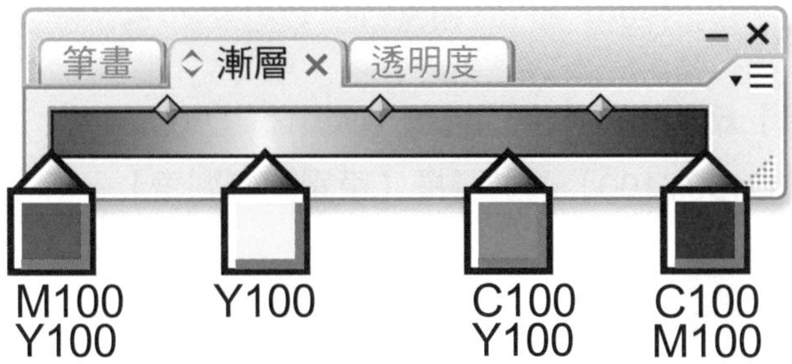

⑥ 使用【漸層工具】，按滑鼠左鍵做拖曳，平均將調好的漸層色階，從左至右上色，且漸層方向須與字的水平軸方向平行。

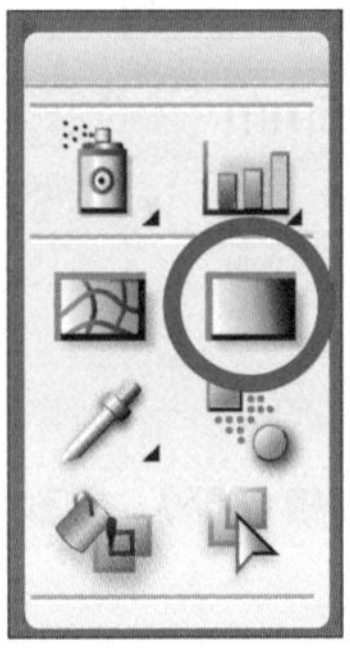

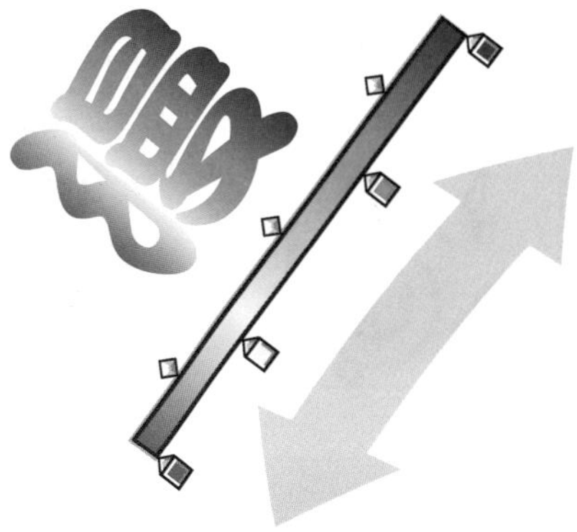

⑦ 重複步驟 6 的方式，將「漫談數位印刷」每一字都做上漸層特效。

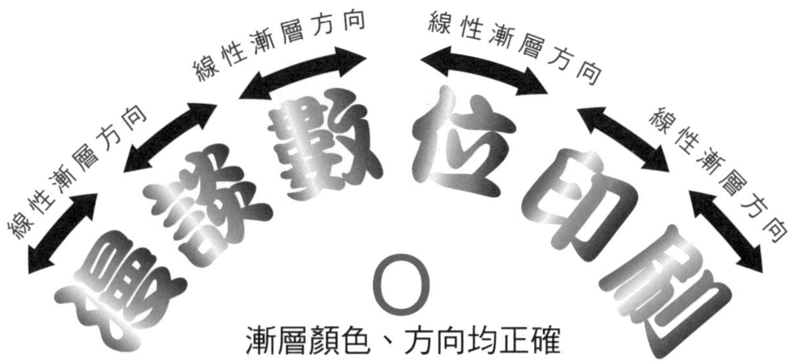

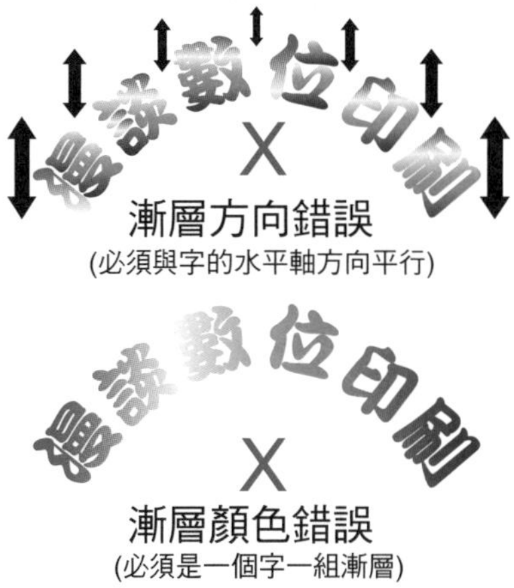

第三題

分色特效圖案置入

1 執行【檔案 \ 置入】選擇四色印表機之圖檔，將漸層文字與四色印表機圖片依描圖檔對位。

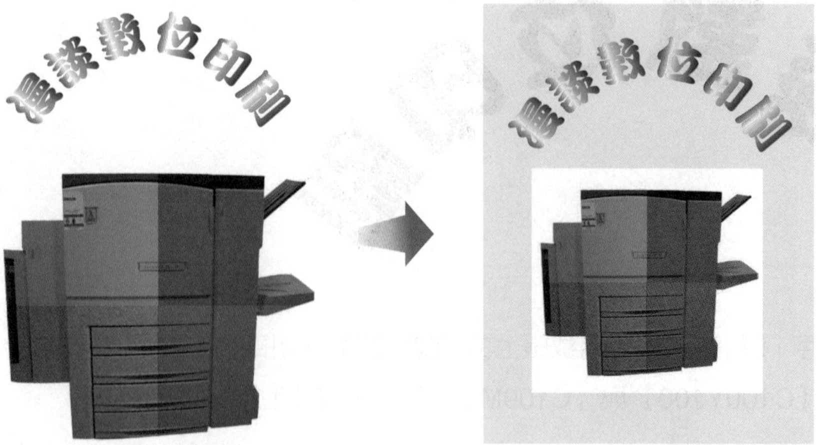

2 置入圖檔後，在印表機的上方，以【橢圓工具】繪製一個中空的橢圓，大小為【80mm × 70mm】，線條寬度為【5mm】，顏色則是【C100Y100】，並選擇【筆畫內側對齊】。

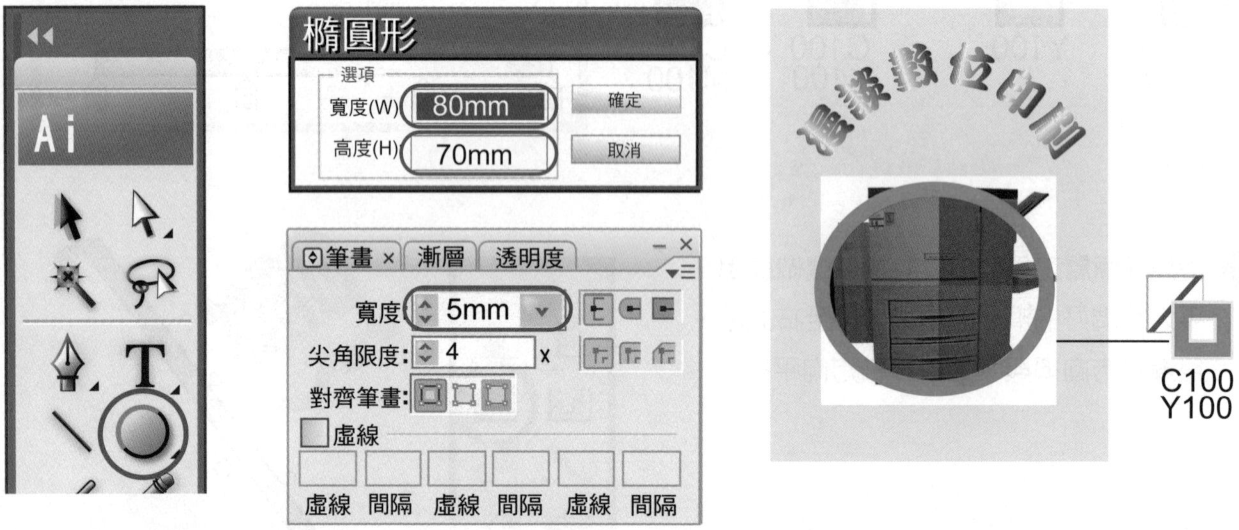

3 點選剛剛製造出來的橢圓線條，按下【Ctrl+C】（複製）與【Ctrl+B】（貼至下層）。接著再按住，【Shift】，點選印表機圖檔，按下【Ctrl+7】（製作遮色片）。

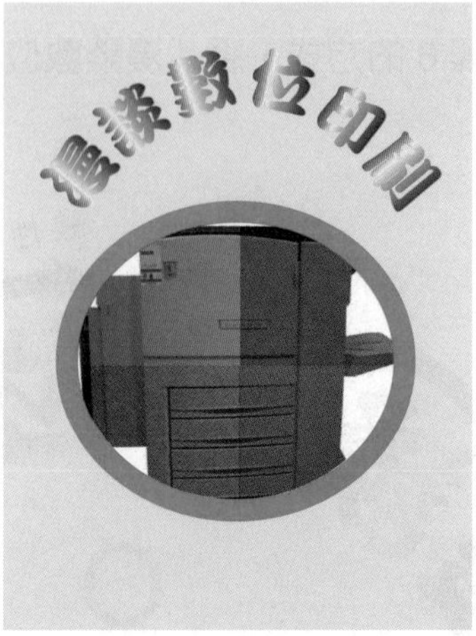

❹ 以【文字工具】自行輸入文字「勞動部勞動力發展署 ......」等字樣，並將之設定為中文字體【中黑體】、英文字體【Times New Roman】、文字大小【12pt】、【段落\置中對齊】，並將文字顏色設為【C100M90】。

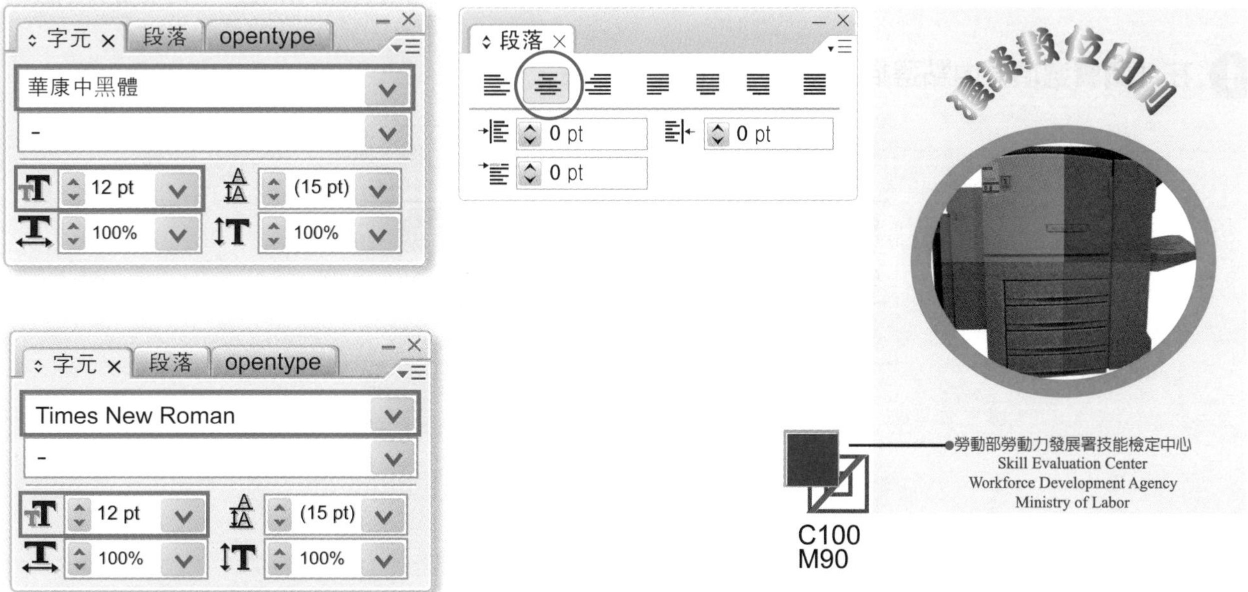

第三題

❺ 點選字樣，執行【濾鏡\風格化\製作陰影】，設定模式為【色彩增值】，並將不透明度設置為【50%】、【X 位移 2mm】、【Y 位移 2mm】，即完成封面台與封底台的製作。

CS4 以上版本，則在【效果\風格化\製作陰影】進行操作。

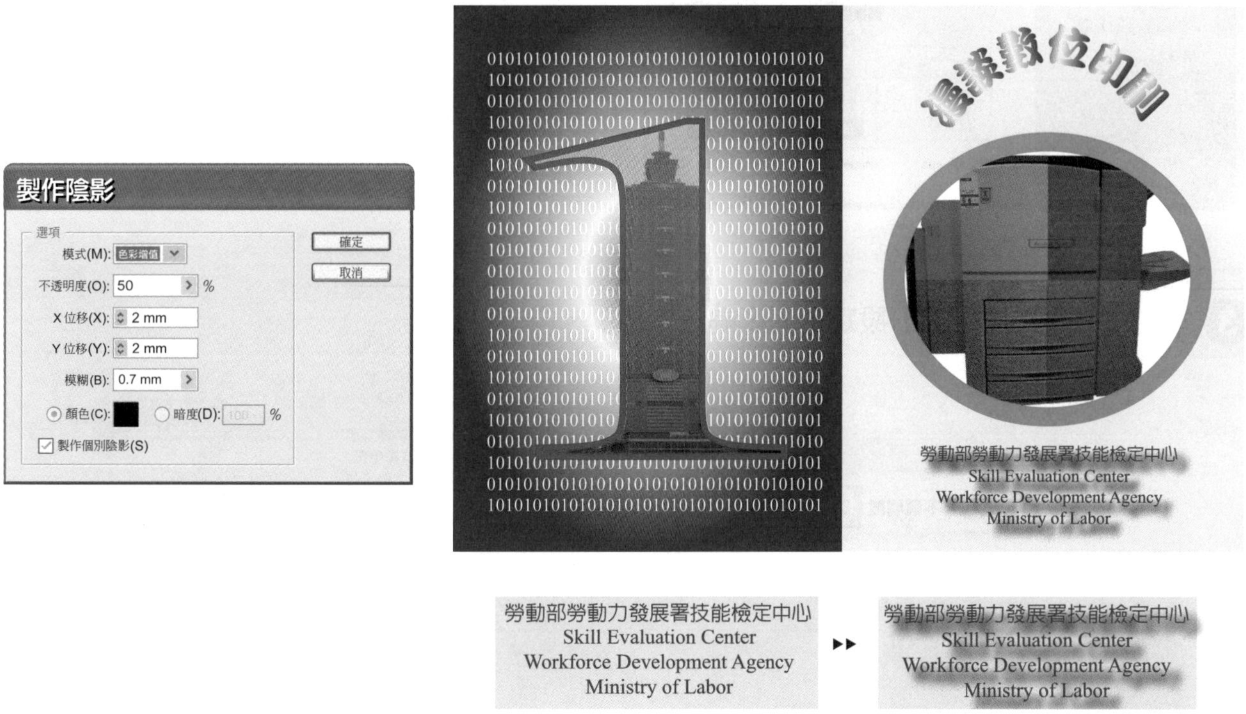

置入封面裡與封底裡圖檔

由於封面裡與封底裡背景底色都相同都是 Y50，所以在開版時建議可將封面裡與封底同時製作，這種方式的好處在於之後拼入大版時可以減少對位的問題，有利於拼版。

❶ 在【圖層選項】中點選描圖檔，回到描圖檔圖層。

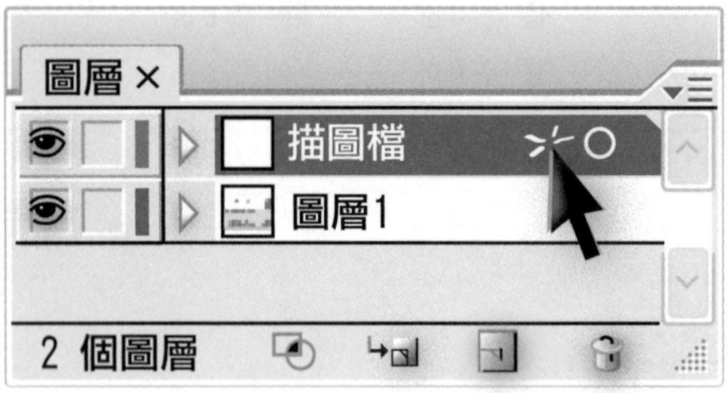

❷ 在描圖檔圖層中執行【檔案 \ 置入】選取描圖檔 b.jpg。

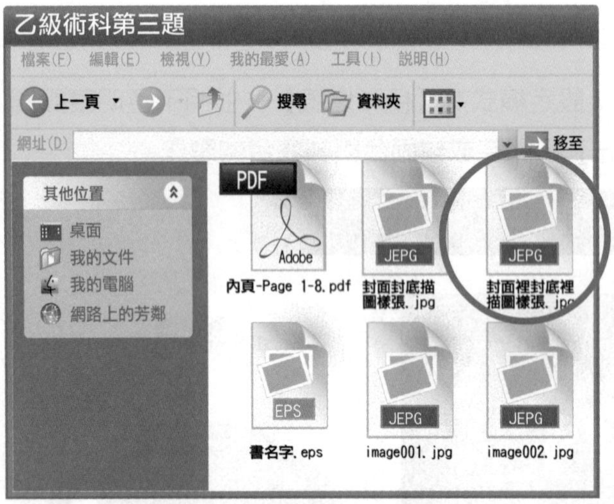

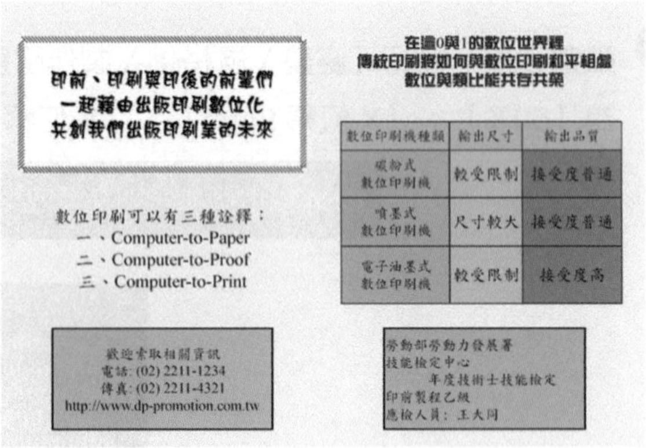

❸ 執行【視窗 \ 透明度】設定透明度為【30%】。

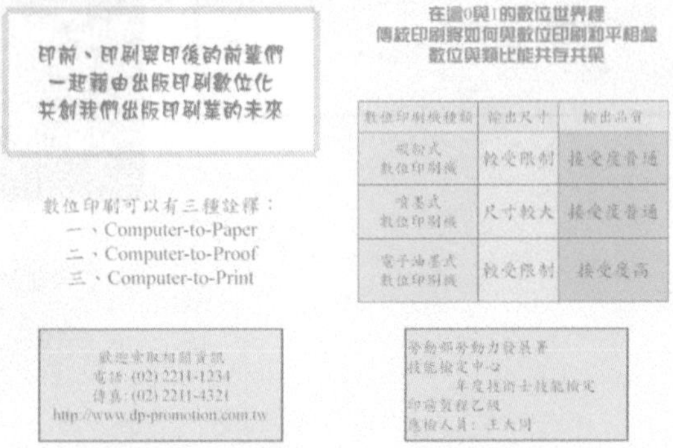

封面裡製作

❶ 回到圖層一，以【矩形工具】繪製一個矩形，尺寸設定為寬度（W）：【196mm】，高度（H）：【136mm】。

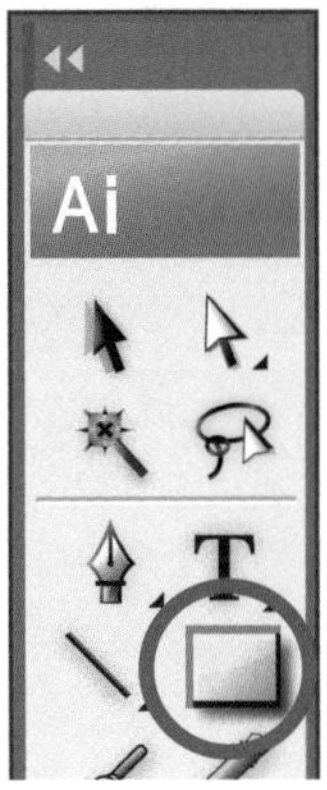

❷ 同時選取矩形與描圖檔做置中對齊，再點選描圖檔執行【物件＼鎖定＼選取範圍】（Ctrl+2），待製作完畢才解除鎖定（Ctrl+Alt+2）且將描圖檔刪除。

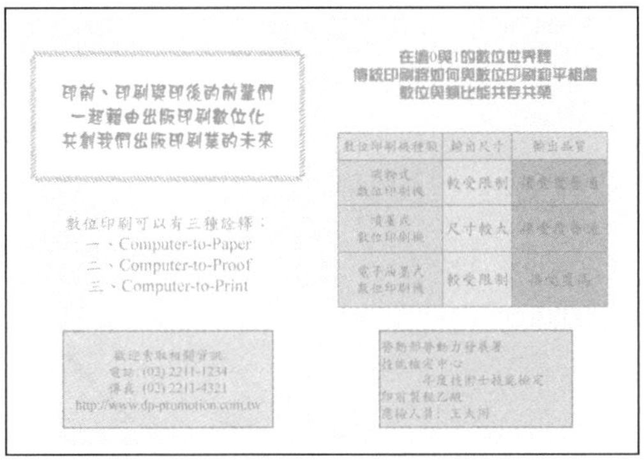

❸ 點選矩形設定矩形內部填色為【Y50】，線條設為【無色】。

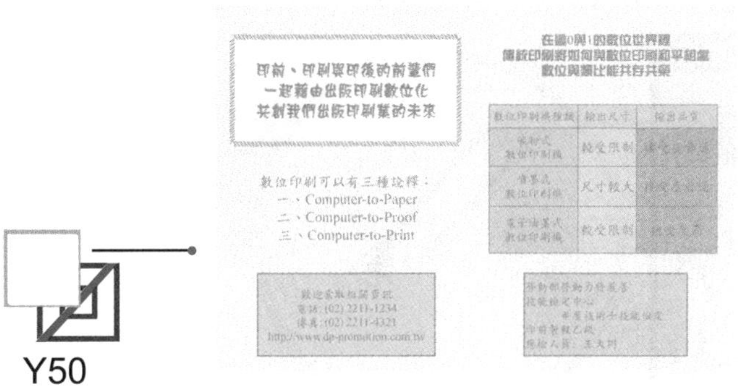

❹ 以【矩形工具】繪製一個標題底框，並設定高度【40mm】寬度【85mm】，線條顏色【無色】與內部填色【白色】。

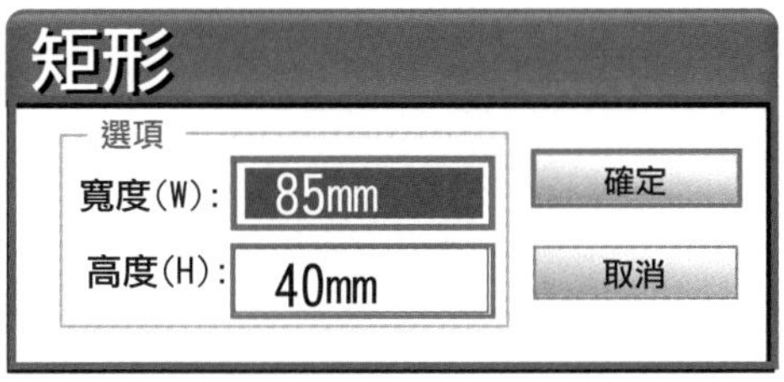

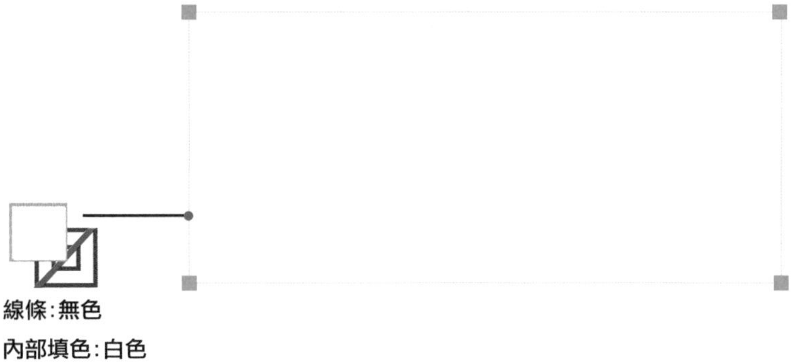

5 使用【鋼筆工具】依底框繪製一條長【2.5mm】、角度【-45 度】的傾斜線（按住 Shift 鍵自左上到右下），線條顏色為【Y100M100】、線寬【1pt】。

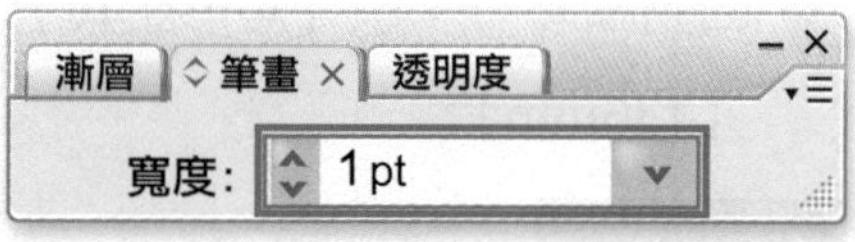

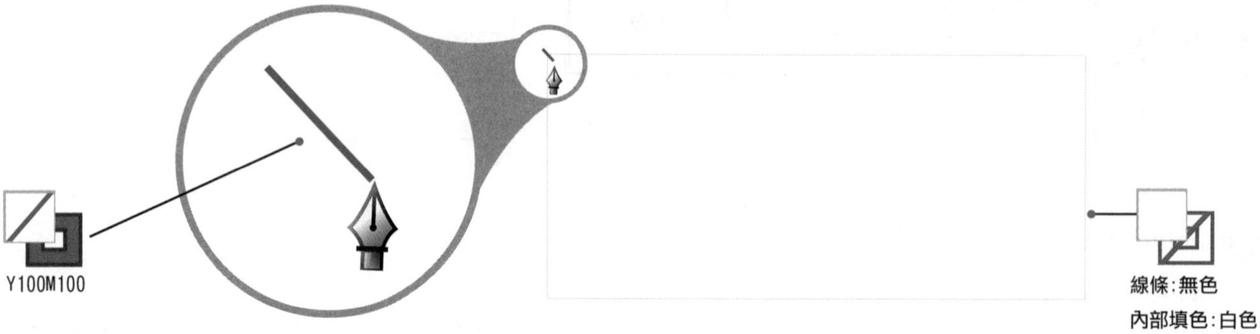

6 使用【選取工具】點選短線，再以【滑鼠左鍵 +Alt】，水平向右拖移複製出第二條短線來。

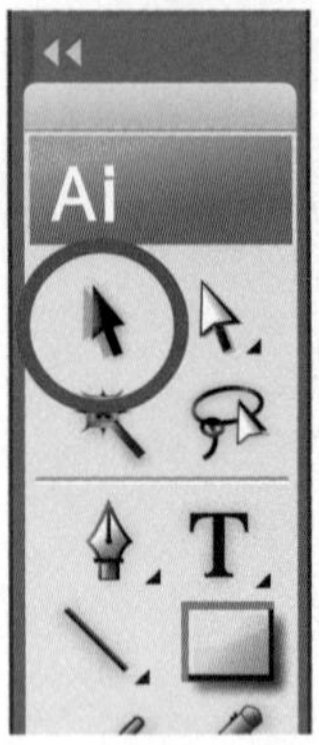

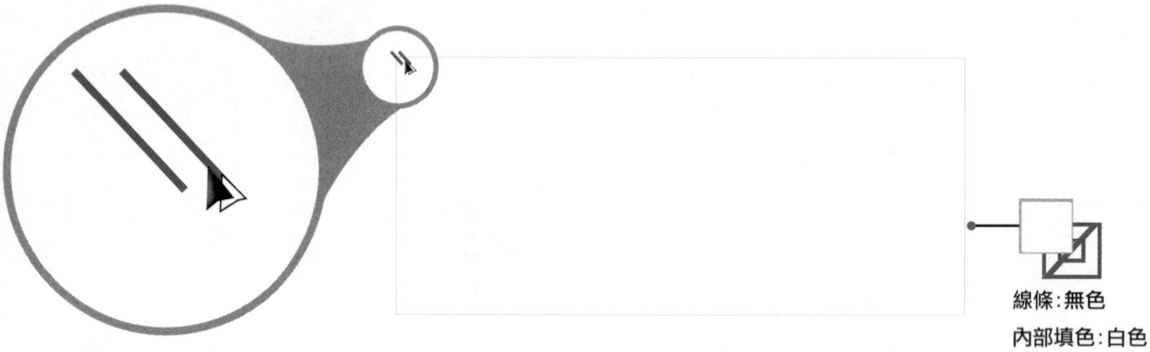

7 點選第二條短線後，按下多次【Ctrl+D】（重複上一個動作）直到短線填滿上框。

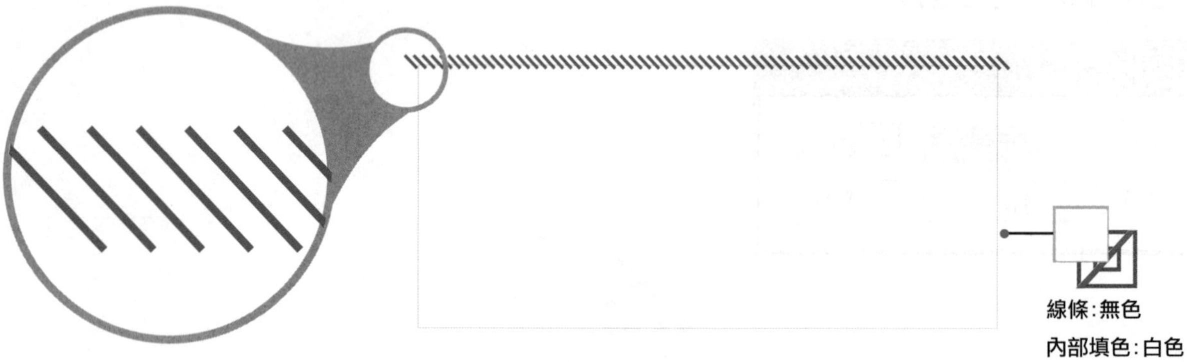

8 以步驟 4 到步驟 6 的方式將下框與左右框繪製如圖：

9 將步驟 8 製作完成的框與紅線組成群組，打開【流隸體文字 .eps】，複製檔案內的文字貼上至製作檔，與紅線框依描圖檔對位。

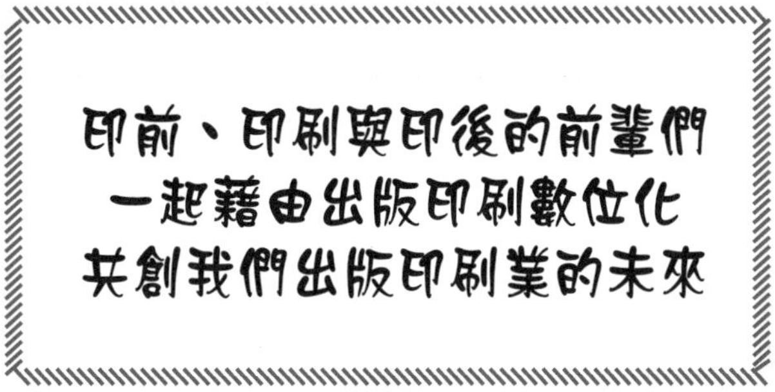

印前、印刷與印後的前輩們
一起藉由出版印刷數位化
共創我們出版印刷業的未來

10 接著依據描圖檔對位，在封底裡輸入文字，中文字體為【標楷體】，英文字體為【Time New Roman】，大小【15pt】、行距【14pt】。

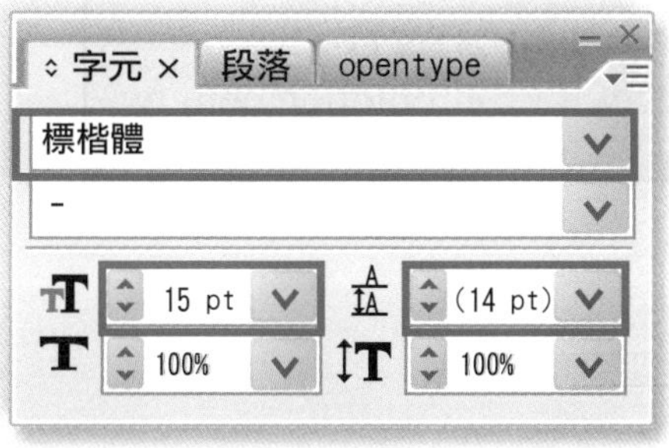

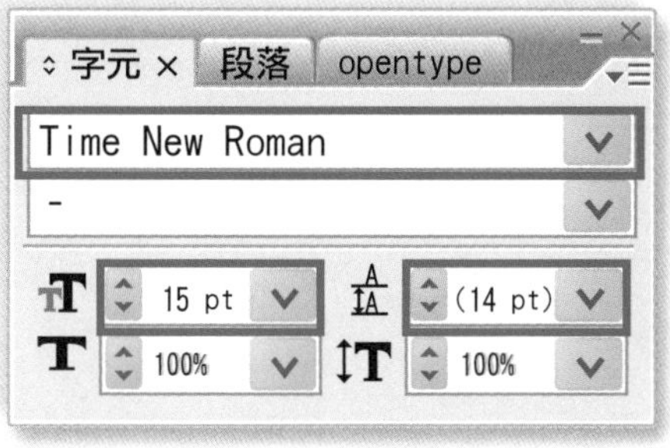

數位印刷可以有三種詮釋：
一、Computer-to-Paper
二、Computer-to-Proof
三、Computer-to-Print

11 以【矩形工具】繪製一個標題底框並設定高度為【30mm】寬度為【65mm】線條顏色為【K100】與內部填色為【C50】、線寬【0.5mm】。

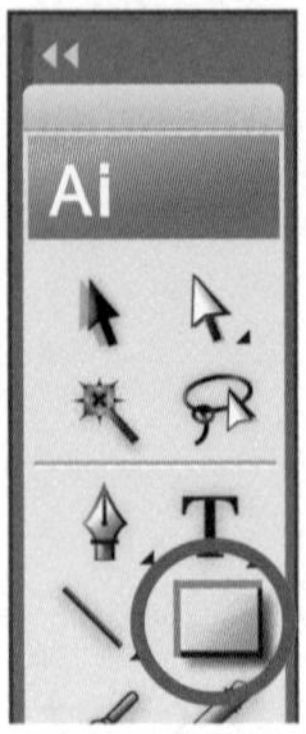

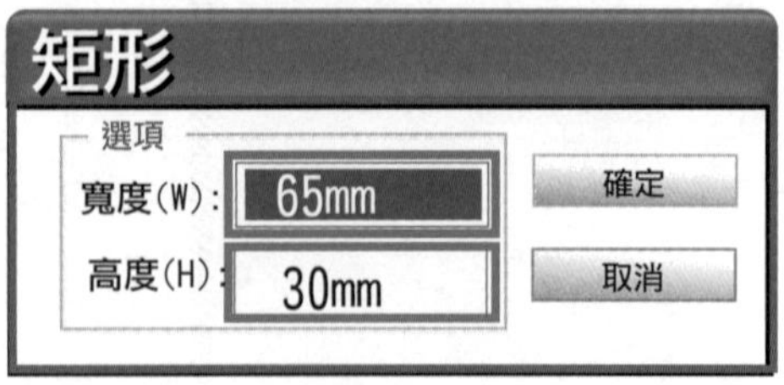

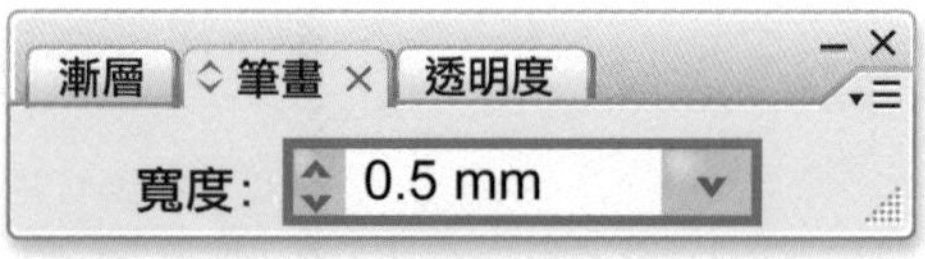

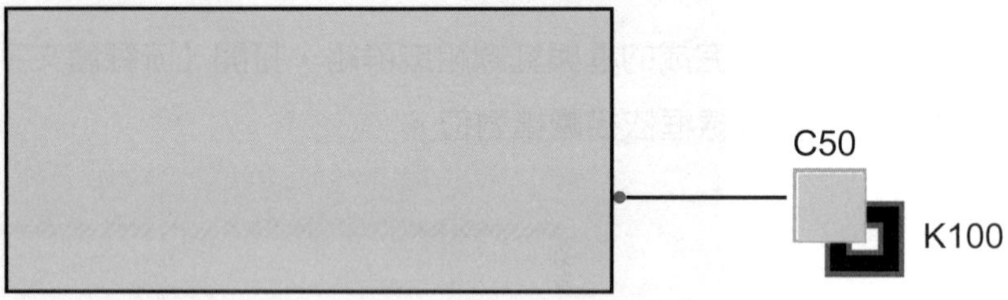

12 輸入文字，設定中文字體為【標楷體】，英文字體為【Time New Roman】，大小【12pt】、行距【14pt】，依描圖檔自行對位。

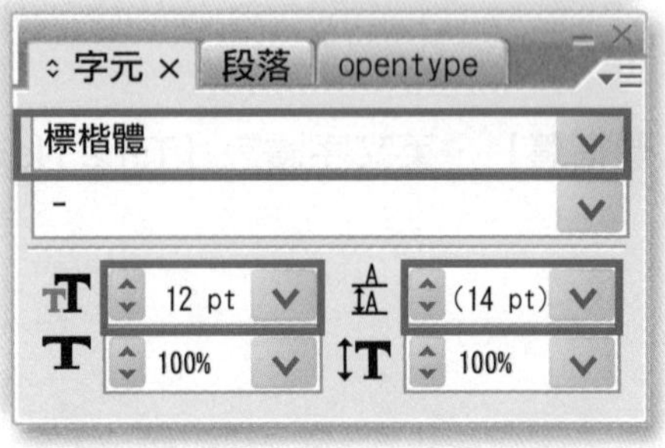

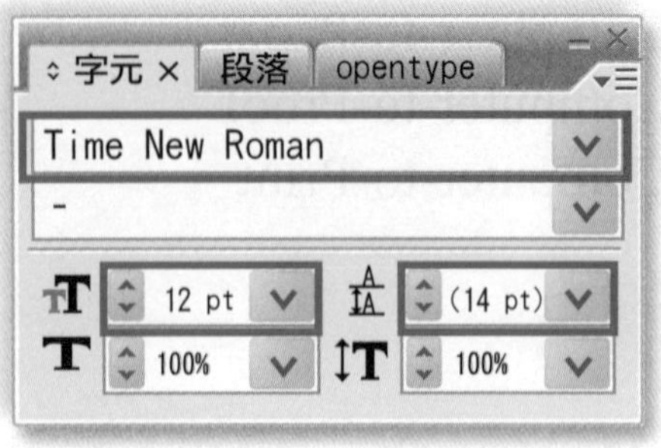

歡迎索取相關資訊
電話：(02)2211-1234
傳真：(02)2211-4321
http://www.dp-promotion.com.tw

⓭ 完成封面裡製作。

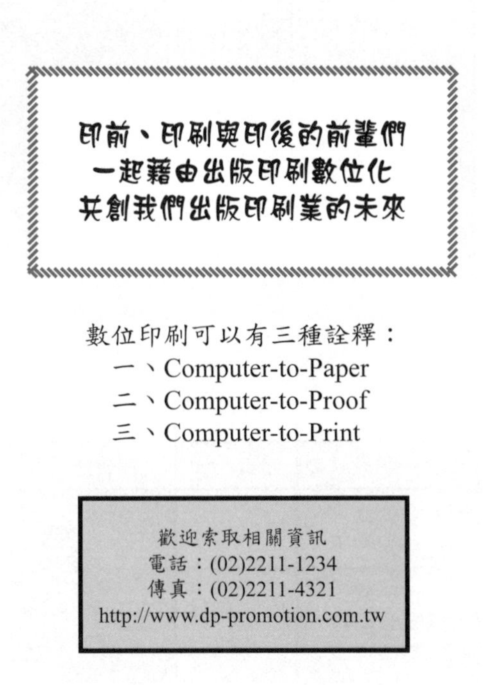

封底裡製作

❶ 開啓【綜藝體文字 .eps】，複製文字貼上於製作檔中，依描圖檔對位。

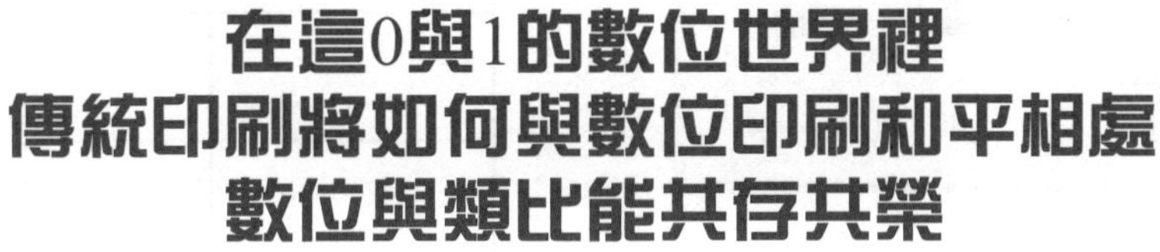

在這0與1的數位世界裡
傳統印刷將如何與數位印刷和平相處
數位與類比能共存共榮

❷ 使用【鋼筆工具】依描圖檔表格線條位置，繪製一條超出邊界範圍的垂直線段，將線條筆劃設為寬【0.5mm】。

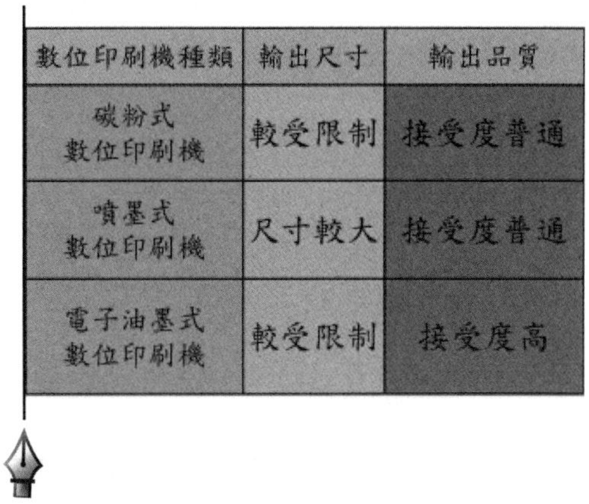

數位印刷機種類	輸出尺寸	輸出品質
碳粉式數位印刷機	較受限制	接受度普通
噴墨式數位印刷機	尺寸較大	接受度普通
電子油墨式數位印刷機	較受限制	接受度高

❸ 依照描圖檔位置，按住【Alt】水平複製三條垂直的線段。

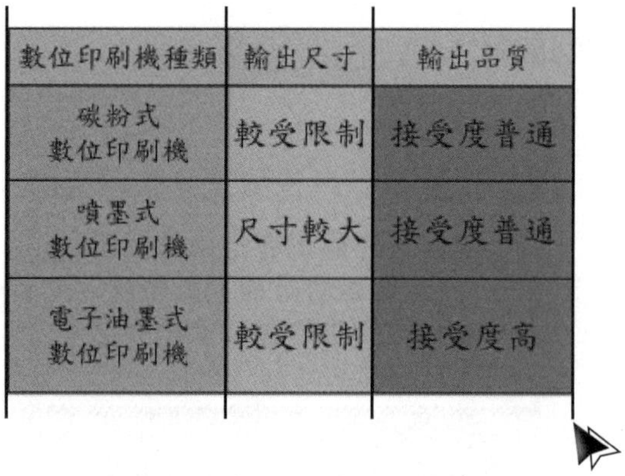

❹ 以上述步驟一與步驟三的方式，同樣繪製出超出邊界範圍的水平線段。

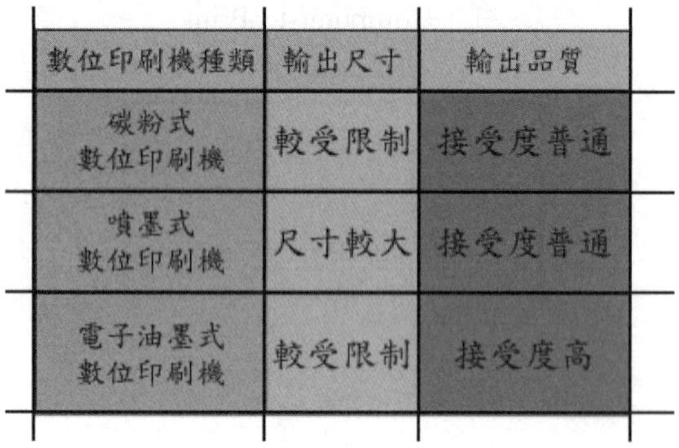

❺ 按住【Shift】，同時選取所有的水平線段與垂直線段，執行【視窗 \ 路徑管理員 \ 分割】。

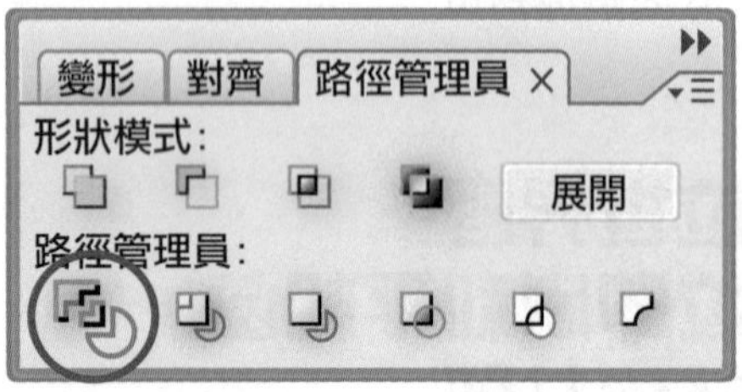

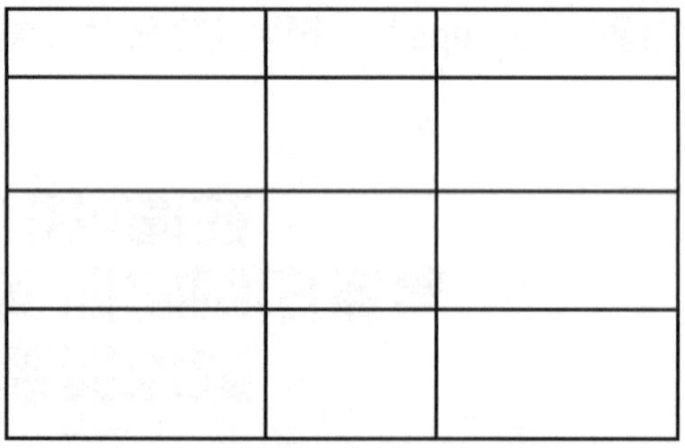

❻ 單擊滑鼠右鍵將表格解散群組，再點選【視窗 \ 顏色】開啓顏色視窗，再點選【視窗 \ 色票】來開啓色票視窗。

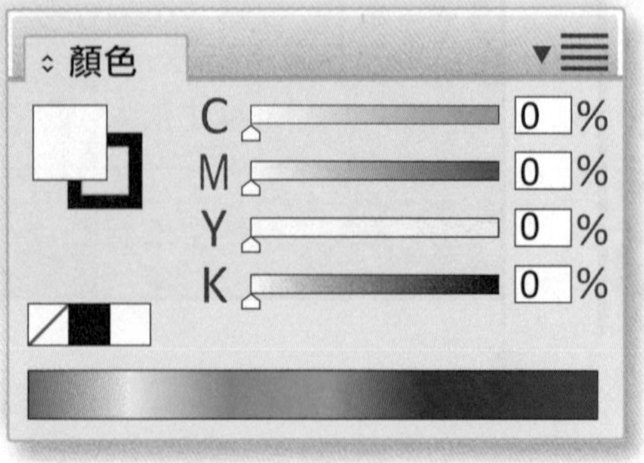

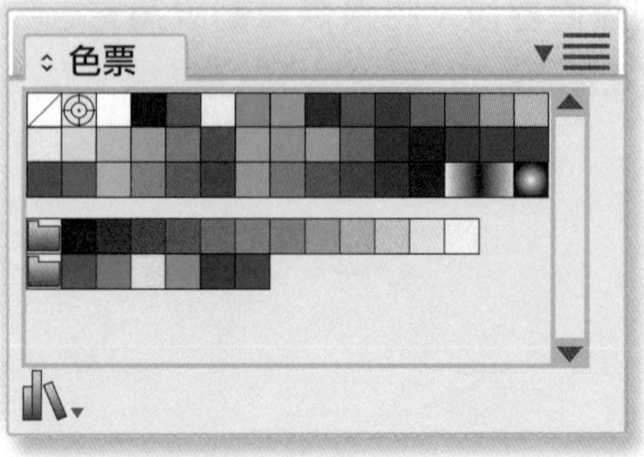

7 依樣式說明調整表格填色，單一原色的刷淡，依刷淡比例直接調整原色數值即可，如 C100 刷淡 50%＝ C100×50%＝ C50，M100 刷淡操作亦同。

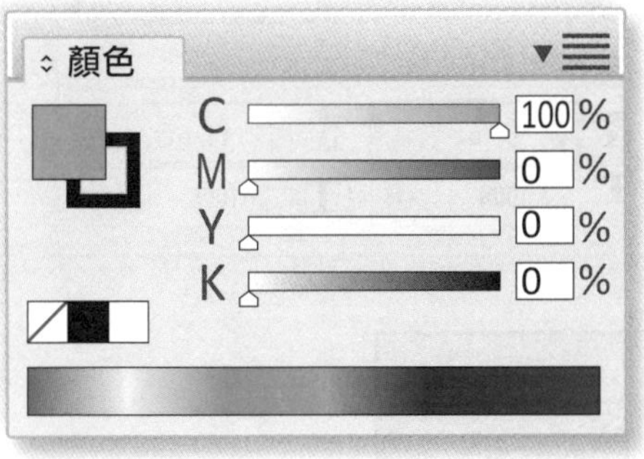

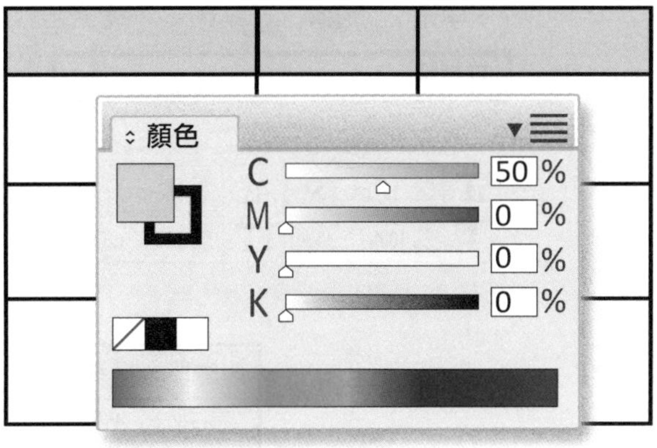

8 混色顏色的刷淡，如 C75M5Y100 刷淡 50%，先將指定顏色建立為色票，於色票選項中，將色彩類型的【印刷色】改為【特別色】，再按確定（不可以直接調淡印刷色的百分比，或是上方蓋上具透明度的白色，或是直接修改透明度）。

1. 隨意畫一矩形，填色設定為指定色外框為無色
2. 點選矩形，於色票視窗延伸功能選擇新增色票
3. 出現色票選項，將色彩類型改為特別色

C75M5
Y100

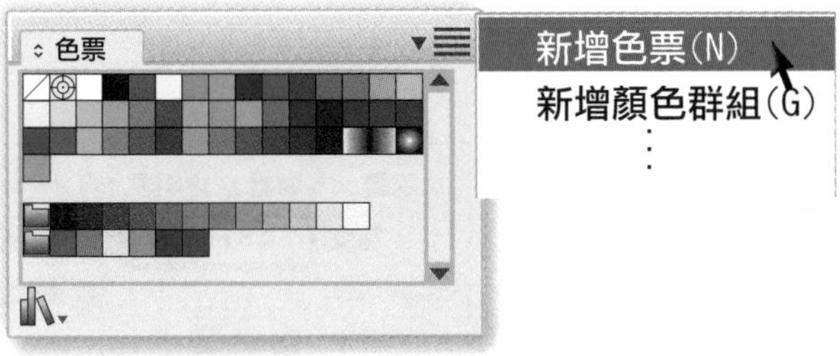

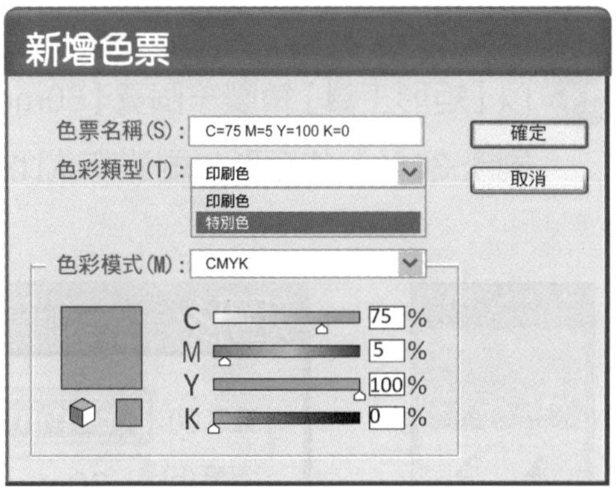

9 此時色票中的 C75M5Y100 會從圖示 改變成 的圖示，且顏色視窗也會轉成可調整刷淡的視窗，此時再將 100% 改成 50%，即完成 C75 M5 Y100 刷淡 50%。

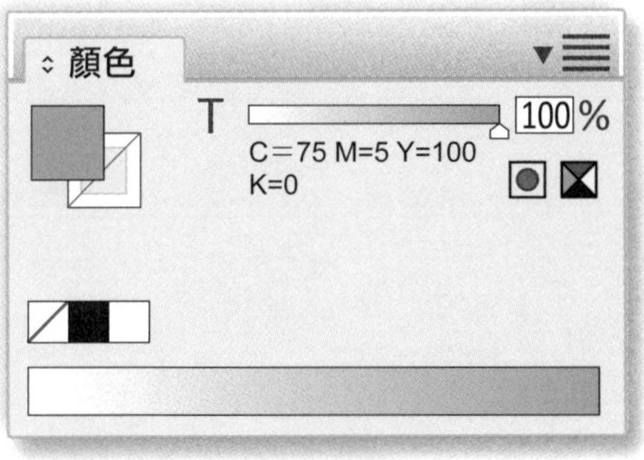

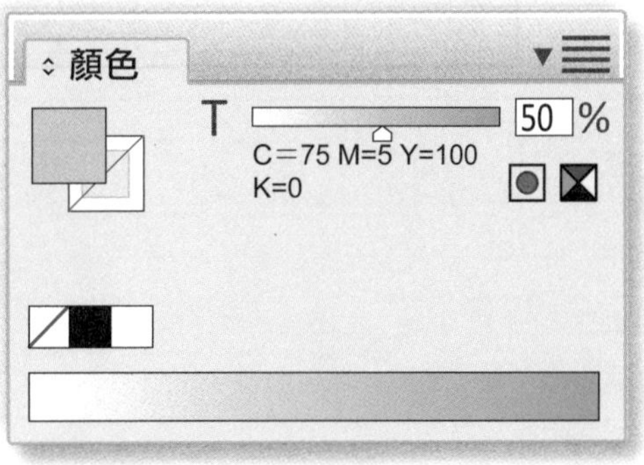

10 依樣式說明輸入文字，字體均設為【標楷體】，表頭文字【12pt】，其餘【14pt】。

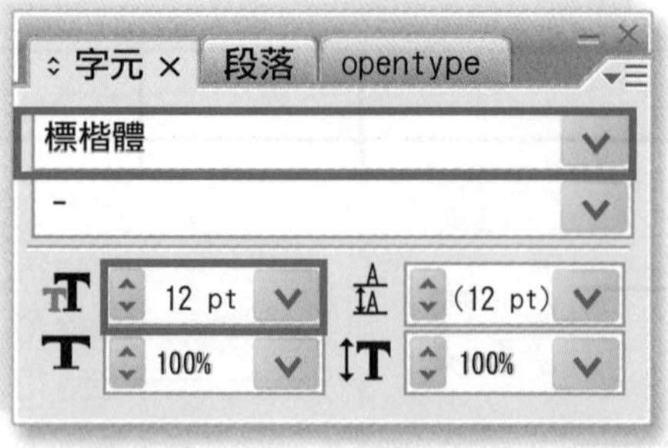

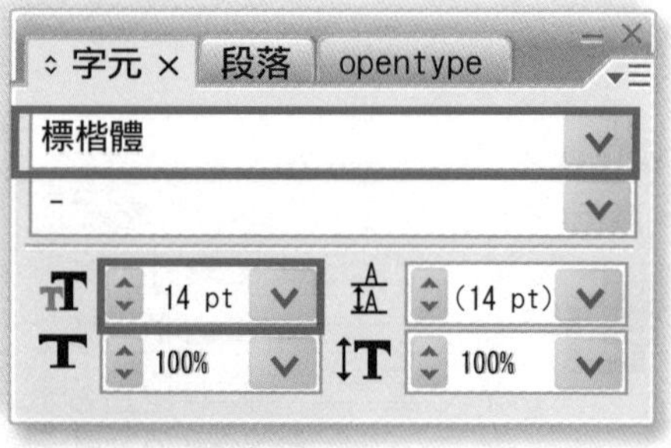

數位印刷機種類	輸出尺寸	輸出品質
碳粉式 數位印刷機	較受限制	接受度普通
噴墨式 數位印刷機	尺寸較大	接受度普通
電子油墨式 數位印刷機	較受限制	接受度高

11 以【矩形工具】繪製一個寬【60mm】、高【30mm】、線寬【0.5mm】、內部填色為【C100M90Y10 刷淡 30%】的矩形，刷淡方式比照步驟 8 ～ 9。

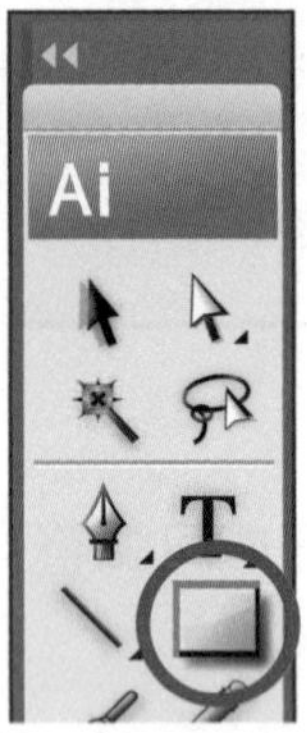

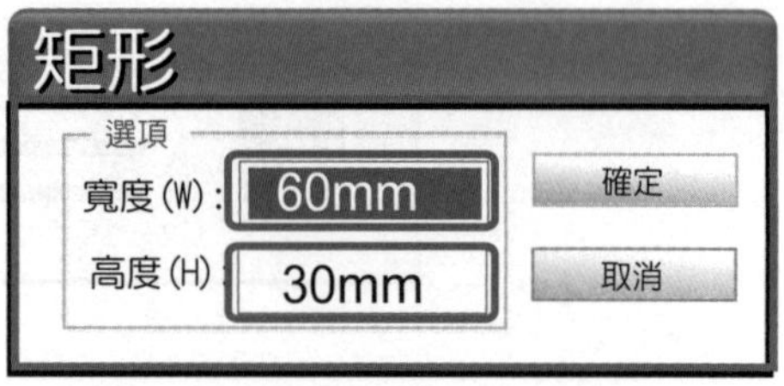

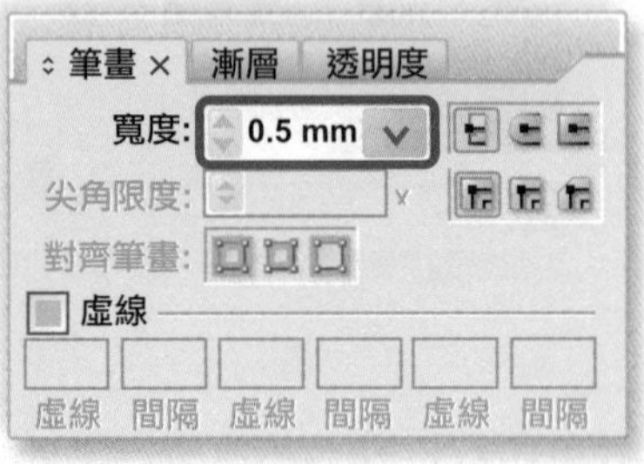

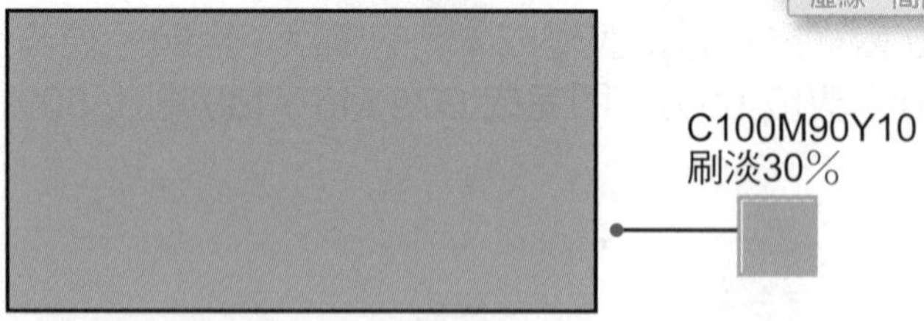

12 自行輸入文字『勞動部勞動力發展數技能檢定中心 ...』，使用【12pt】【楷體】，並輸入【應檢年度】及【應檢人員姓名】。

> 本範例操作鍵入之「105 年度」，僅供參考。實際應考時，鍵入的應檢年度以現場監評人員之口述公告為主。

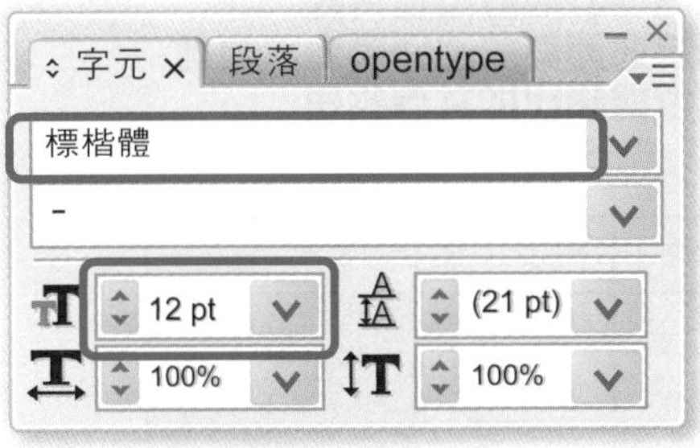

字元
段落
opentype
標楷體
-
12 pt
(21 pt)
100%
100%

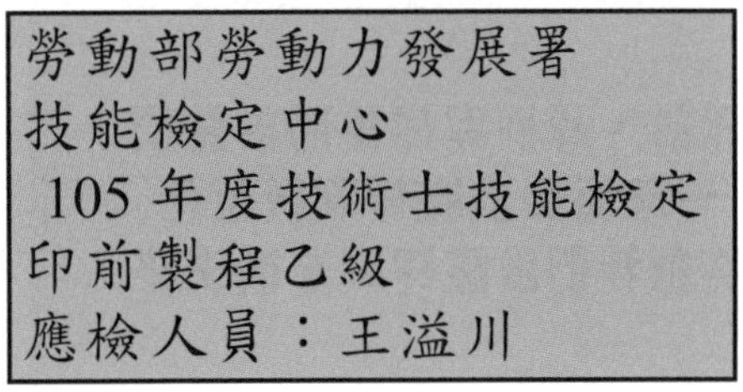

勞動部勞動力發展署
技能檢定中心
105 年度技術士技能檢定
印前製程乙級
應檢人員：王溢川

13 封面裡與封底裡製作完成。

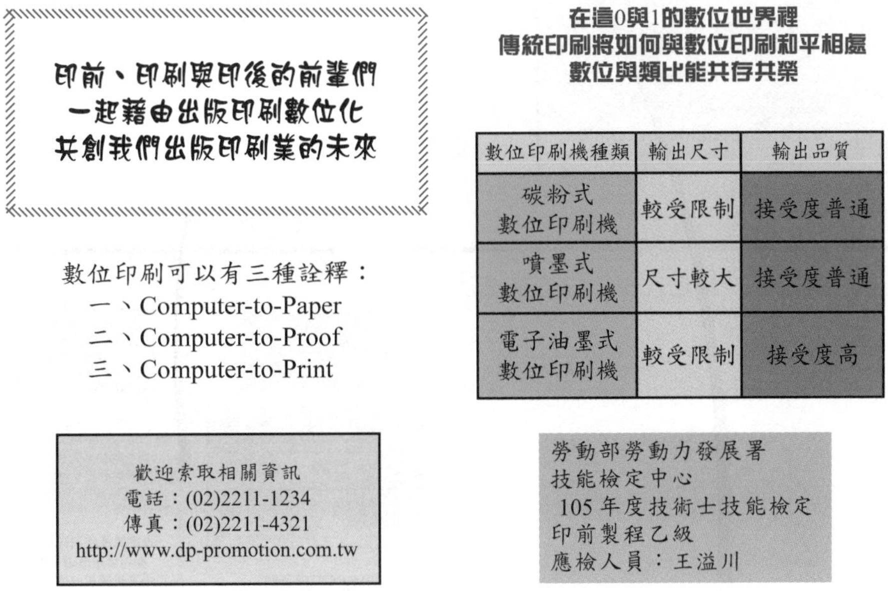

印前、印刷與印後的前輩們
一起藉由出版印刷數位化
共創我們出版印刷業的未來
數位印刷可以有三種詮釋：
一、Computer-to-Paper
二、Computer-to-Proof
三、Computer-to-Print
歡迎索取相關資訊
電話：(02)2211-1234
傳真：(02)2211-4321
http://www.dp-promotion.com.tw
在這0與1的數位世界裡
傳統印刷將如何與數位印刷和平相處
數位與類比能共存共榮
勞動部勞動力發展署
技能檢定中心
105 年度技術士技能檢定
印前製程乙級
應檢人員：王溢川

數位印刷機種類	輸出尺寸	輸出品質
碳粉式數位印刷機	較受限制	接受度普通
噴墨式數位印刷機	尺寸較大	接受度普通
電子油墨式數位印刷機	較受限制	接受度高

14 接著刪除描圖檔，以【選取工具】圈選 Y50 矩形上方所有色塊、文字、線條，再執行【物件 \ 組成群組】。

大版拼入

1 選取剛才製作好的封面裡與封底裡，再依照台紙頁序位置拼板到適當位置，如圖所示。

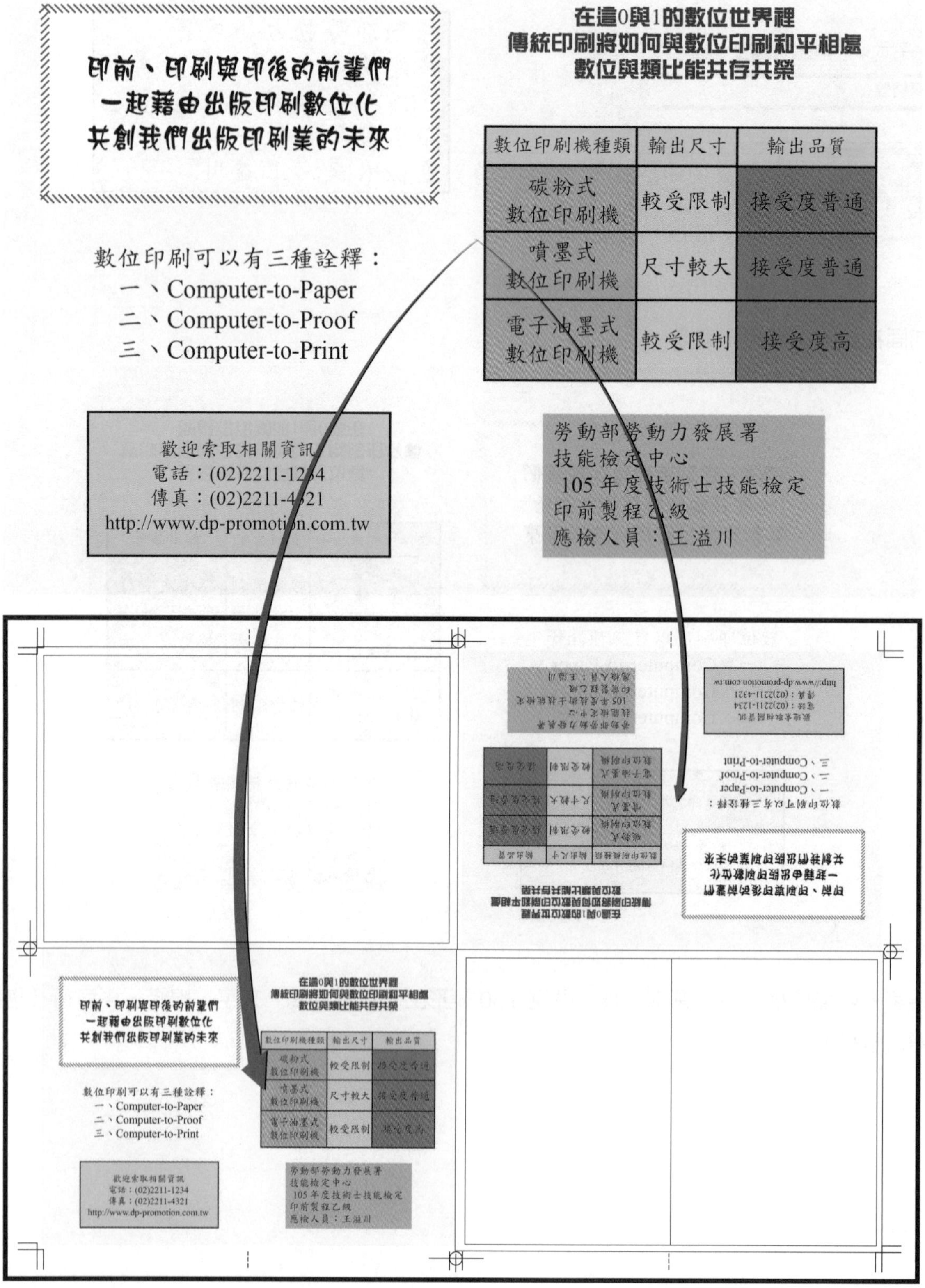
印前、印刷與印後的前輩們
一起藉由出版印刷數位化
共創我們出版印刷業的未來
數位印刷可以有三種詮釋：
一、Computer-to-Paper
二、Computer-to-Proof
三、Computer-to-Print
歡迎索取相關資訊
電話：(02)2211-1234
傳真：(02)2211-4321
http://www.dp-promotion.com.tw
在這0與1的數位世界裡
傳統印刷將如何與數位印刷和平相處
數位與類比能共存共榮
數位印刷機種類
輸出尺寸
輸出品質
碳粉式數位印刷機
較受限制
接受度普通
噴墨式數位印刷機
尺寸較大
接受度普通
電子油墨式數位印刷機
較受限制
接受度高
勞動部勞動力發展署
技能檢定中心
105年度技術士技能檢定
印前製程乙級
應檢人員：王溢川

❷ 將製作完成的封面與封底，依照台紙的頁序位置拼版至適當位置，如圖所示。拼入後需將矩形的黑色外框線刪除，僅保留摺線與裁切標記，不得出現黑色矩形邊線。最後將之另存成 PDF 檔且以第二題的方法列印並標上咬口朝上且寫下准考證號碼與考生姓名（詳細請見 P99-P100）。

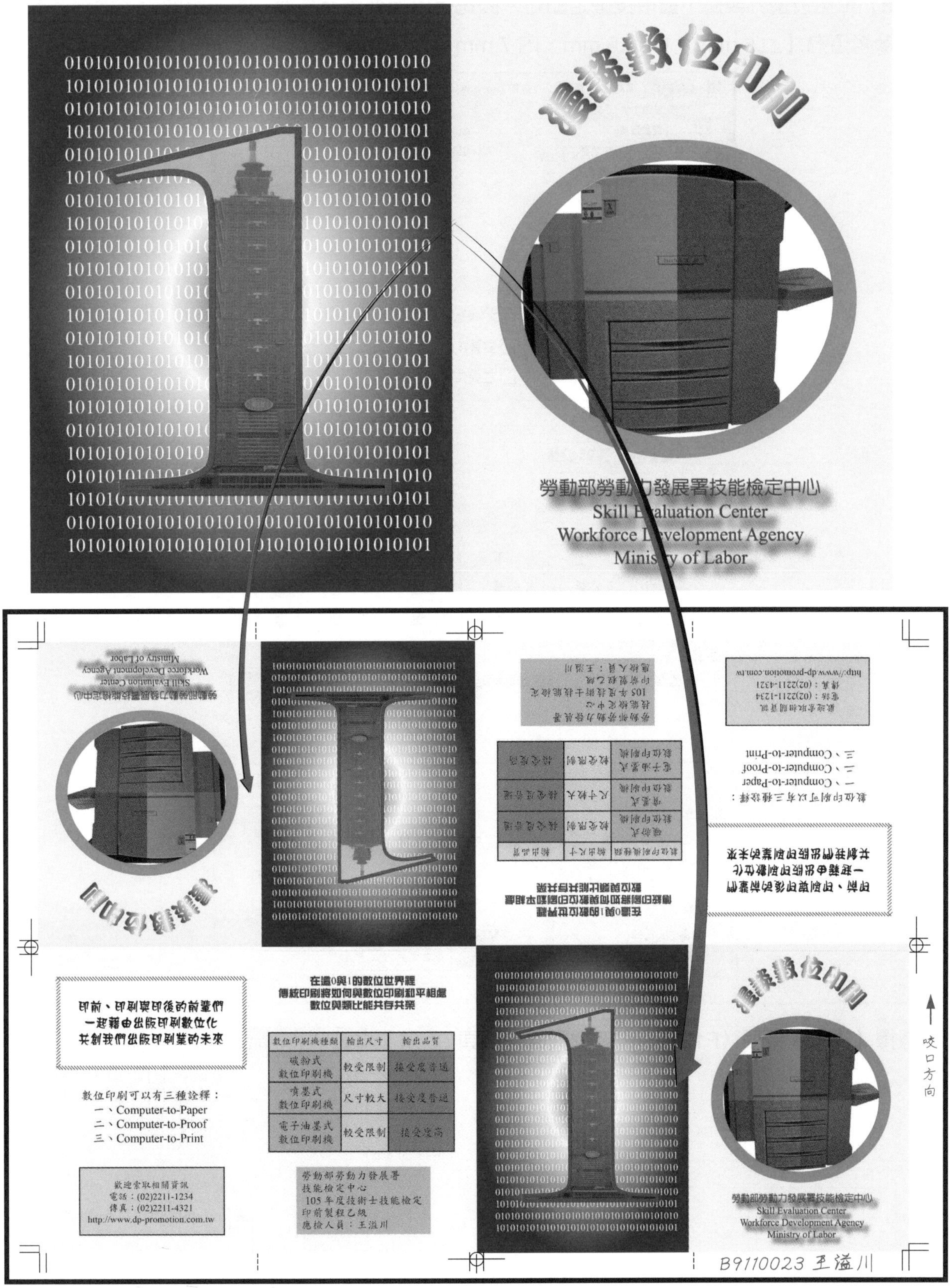
漫談數位印刷
勞動部勞動力發展署技能檢定中心
Skill Evaluation Center
Workforce Development Agency
Ministry of Labor
印前、印刷與印後的前輩們
一起藉由出版印刷數位化
共創我們出版印刷業的未來
在這0與1的數位世界裡
傳統印刷將如何與數位印刷和平相處
數位與類比能共存共榮
數位印刷機種類
輸出尺寸
輸出品質
碳粉式數位印刷機
較受限制
接受度普通
噴墨式數位印刷機
尺寸較大
接受度普通
電子油墨式數位印刷機
較受限制
接受度高
數位印刷可以有三種詮釋：
一、Computer-to-Paper
二、Computer-to-Proof
三、Computer-to-Print
歡迎索取相關資訊
電話：(02)2211-1234
傳真：(02)2211-4321
http://www.dp-promotion.com.tw
勞動部勞動力發展署
技能檢定中心
105 年度技術士技能檢定
印前製程乙級
應檢人員：王溢川
咬口方向
B9110023 王溢川

P1～4 內頁製作－開版

❶ 打開 Indesign 選擇【檔案\新增\文件】，設定版面尺寸為【95 mm x 130 mm】，出血【3 mm】，再按邊界與欄，最後按確定即可。因為是以描圖檔為基準，不一定要設定邊界，提供邊界參考值為【上 6 mm、下 10.5 mm、內 7 mm、外 9.5 mm】。

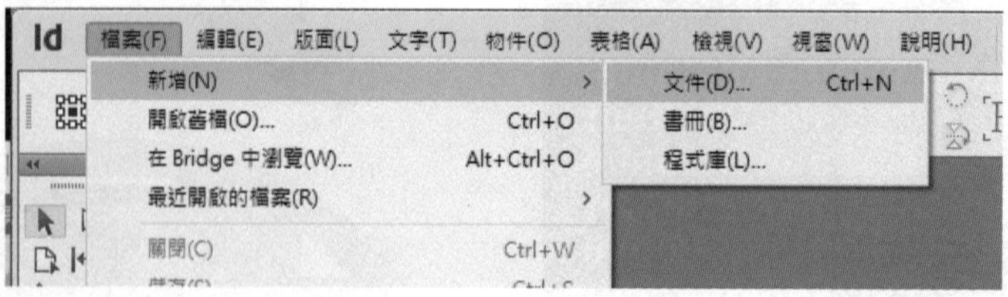

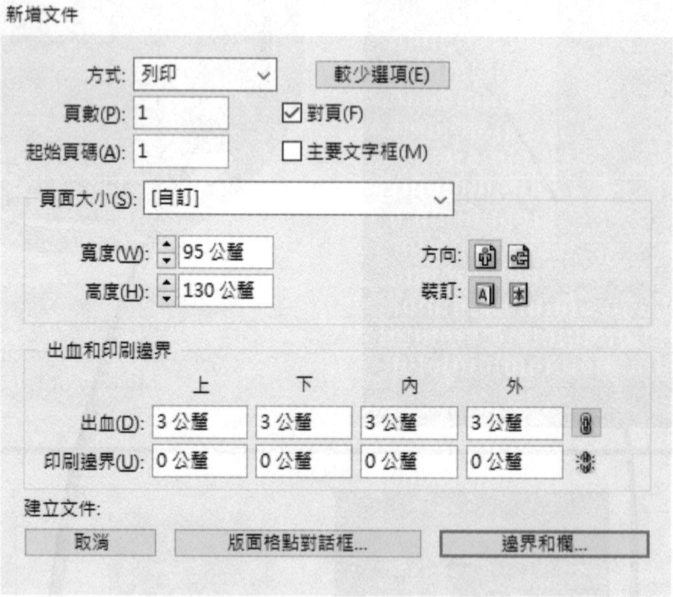

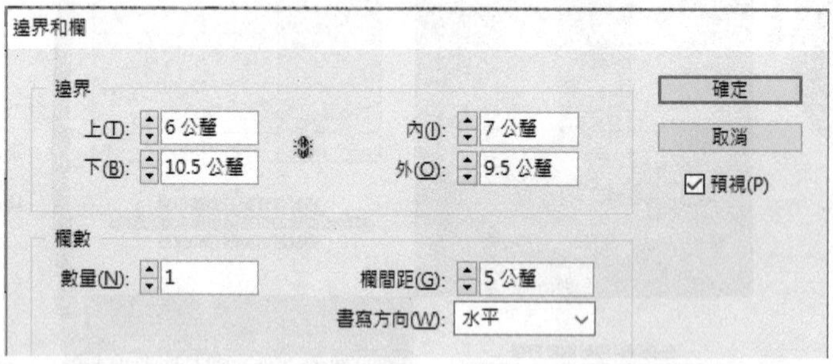

❷ 選擇【視窗\頁面（F12）】，新增頁面為四頁。

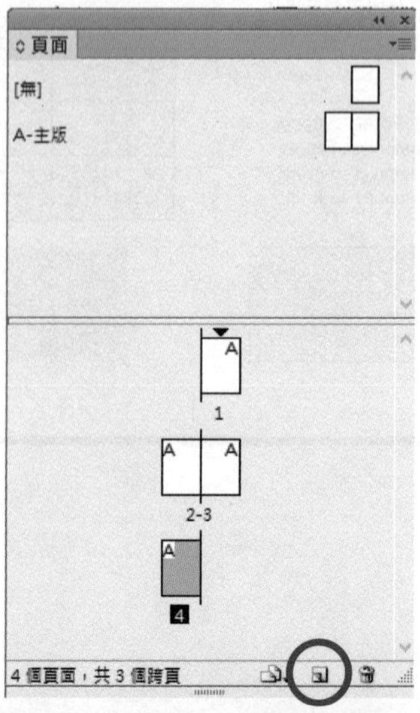

3 置入描圖檔【檔案 \ 置入 \ 內頁 - 第一章 -Page 1-4- 描圖檔案】，注意置入時，要在【顯示讀入選項】欄位打勾，在讀入選項出現時才可選擇頁面，否則只會置入第一頁。

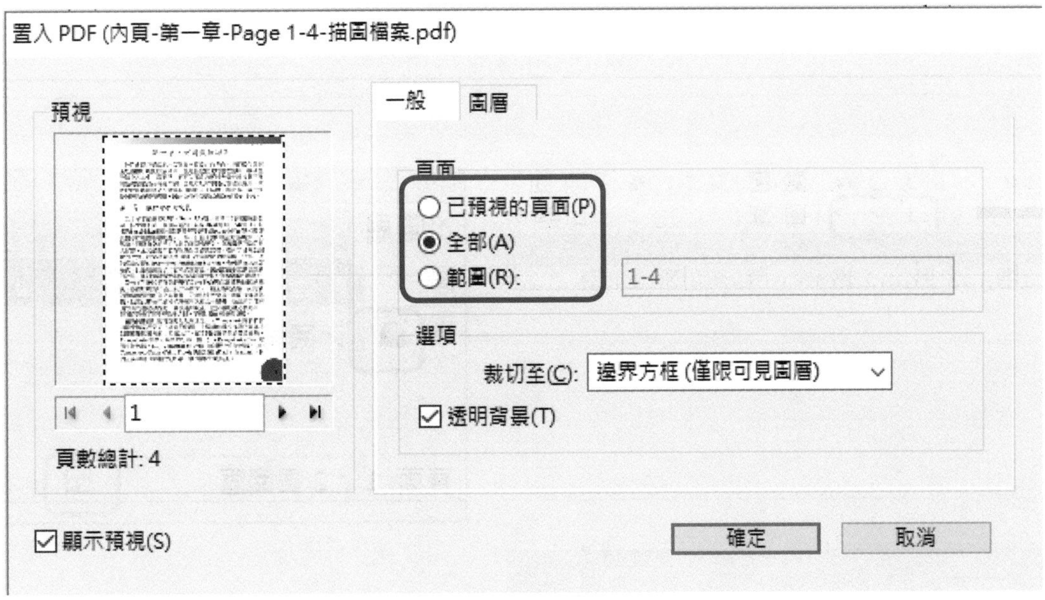

4 置入描圖檔後，調整描圖檔位置與版面一致，調整描圖檔【透明度 】以便對位（% 依個人需求調整），接著選擇【視窗 \ 圖層（F7）\ 建立新圖層】，此時描圖檔在圖層 1，將其鎖定後，於圖層 2 進行編排，待編排完成後再將圖層 1 刪除即可。

描圖檔的尺寸沒有包含出血，但製作時，上面的漸層方塊與頁碼的圓形底都要做到出血才行。

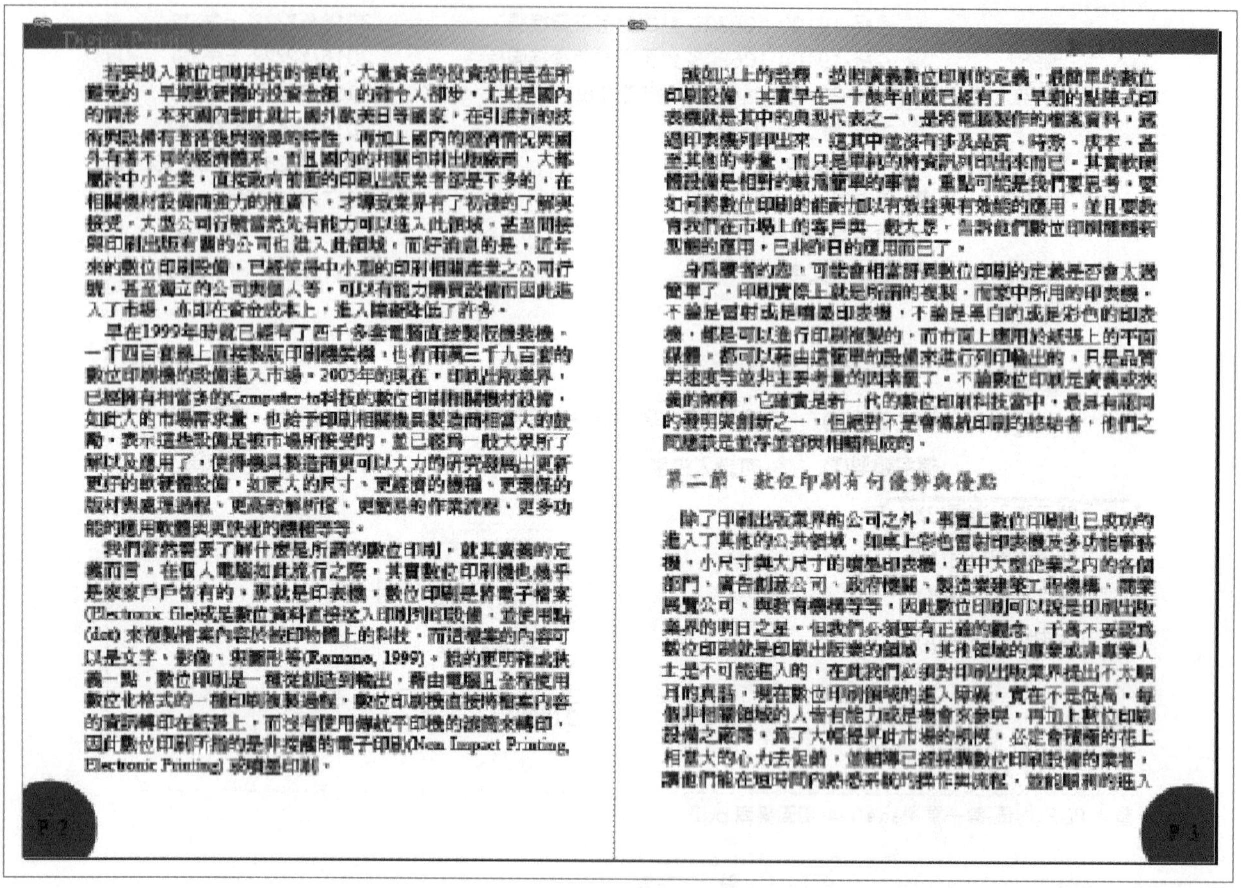
Digital Printing

若要投入數位印刷科技的領域，大量資金的投資恐怕是在所難免的。早期軟硬體的投資金額，的確令人卻步，尤其是國內的情形，本來國內對此就比國外歐美日等國家，在引進新的技術與設備有著落後與保守的特性，再加上國內的經濟情況與國外有著不同的經濟體系，而且國內的相關印刷出版廠商，大都屬於中小企業，直接跳向前面的印刷出版業者都是不多的，在相關機材設備商強力的推廣下，才導致業界有了初淺的了解與接受，大型公司行號當然先有能力可以進入此領域，甚至間接與印刷出版有關的公司也進入此領域，而好消息的是，近年來的數位印刷設備，已經使得中小型的印刷相關產業之公司行號，甚至獨立的公司與個人等，可以有能力購買設備而因此進入了市場，亦即在資金成本上，進入障礙降低了許多。

早在1999年時就已經有了四千多套電腦直接製版機裝機，一千四百套線上直接製版印刷機裝機，也有兩萬三千九百套的數位印刷機的設備進入市場。2005年的現在，印刷出版業界，已經擁有相當多的Computer-to科技的數位印刷相關機材設備，如此大的市場需求量，也給予印刷相關機具製造商相當大的鼓勵，表示這些設備是被市場所接受的，並已經為一般大眾所了解以及應用了，使得機具製造商更可以大力的研究發展出更新更好的軟硬體設備，如更大的尺寸、更經濟的機種、更環保的版材與處理過程、更高的解析度、更簡易的作業流程、更多功能的應用軟體與更快速的[illegible]等等。

我們當然需要了解什麼是所謂的數位印刷，就其廣義的定義而言，在個人電腦如此流行之際，其實數位印刷機也幾乎是家家戶戶皆有的，那就是印表機。數位印刷是將電子檔案(Electronic file)或是數位資料直接送入印刷列印設備，並使用點(dot)來複製檔案內容於被印物體上的科技，而這檔案的內容可以是文字、影像、與圖形等(Romano, 1999)。說的更明確或狹義一點，數位印刷是一種從創造到輸出，藉由電腦且全程使用數位化格式的一種印刷複製過程，數位印刷機直接將檔案內容的資訊轉印在紙張上，而沒有使用傳統平印機的滾筒來轉印，因此數位印刷所指的是非接觸的電子印刷(Non Impact Printing, Electronic Printing) 或噴墨印刷。

P 2

誠如以上的詮釋，按照廣義數位印刷的定義，最簡單的數位印刷設備，其實早在二十餘年前就已經有了，早期的點陣式印表機就是其中的典型代表之一，是將電腦製作的檔案資料，透過印表機列印出來，這其中並沒有涉及品質、時效、成本、甚至其他的考量，而只是單純的將資訊列印出來而已。其實軟硬體設備是相對的較為簡單的事情，重點可能是我們要思考，要如何將數位印刷的能耐加以有效益與有效能的應用，並且要教育我們在市場上的客戶與一般大眾，告訴他們數位印刷種種新型態的應用，已非昨日的應用而已了。

身為讀者的您，可能會相當訝異數位印刷的定義是否會太過簡單了，印刷實際上就是所謂的複製，而家中所用的印表機，不論是雷射或是噴墨印表機，不論是黑白的或是彩色的印表機，都是可以進行印刷複製的，而市面上應用於紙張上的平面媒體，都可以藉由這簡單的設備來進行列印輸出的，只是品質與速度等並非主要考量的因素罷了。不論數位印刷是廣義或狹義的解釋，它確實是新一代的數位印刷科技當中，最具有前瞻性的發明與創新之一，但絕對不是會傳統印刷的終結者，他們之間應該是並存並容與相輔相成的。

第二節、數位印刷有何優勢與優點

除了印刷出版業界的公司之外，事實上數位印刷也已成功的進入了其他的公共領域，如桌上彩色雷射印表機及多功能事務機，小尺寸與大尺寸的噴墨印表機，在中大型企業之內的各個部門、廣告創意公司、政府機關、製造業建築工程機構、商業展覽公司、與教育機構等等，因此數位印刷可以說是印刷出版業界的明日之星。但我們必須要有正確的觀念，千萬不要認為數位印刷就是印刷出版業的領域，其他領域的專業或非專業人士是不可能進入的，在此我們必須對印刷出版業界提出不太順耳的真話，現在數位印刷領域的進入障礙，實在不是很高，每個非相關領域的人都有能力或是機會來參與，再加上數位印刷設備之廠商，為了大幅提昇此市場的規模，必定會積極的花上相當大的心力去促銷，並輔導已經採購數位印刷設備的業者，讓他們能在短時間內熟悉系統的操作與流程，並能順利的進入

P 3

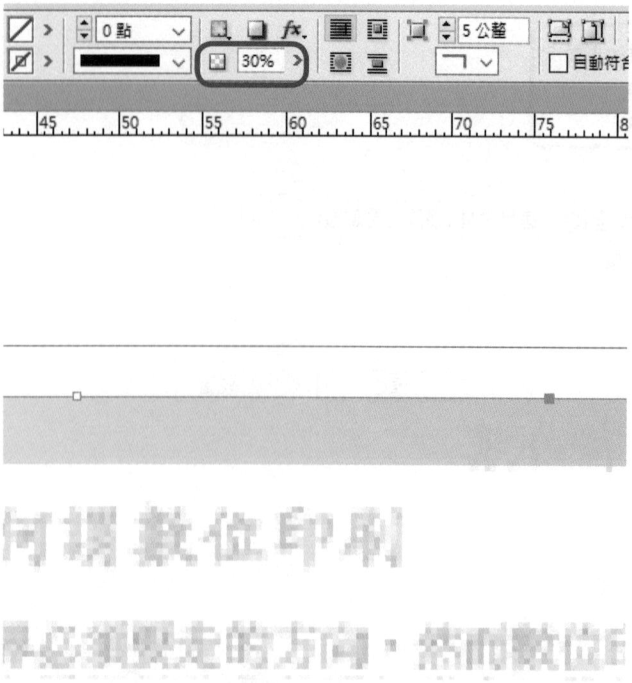

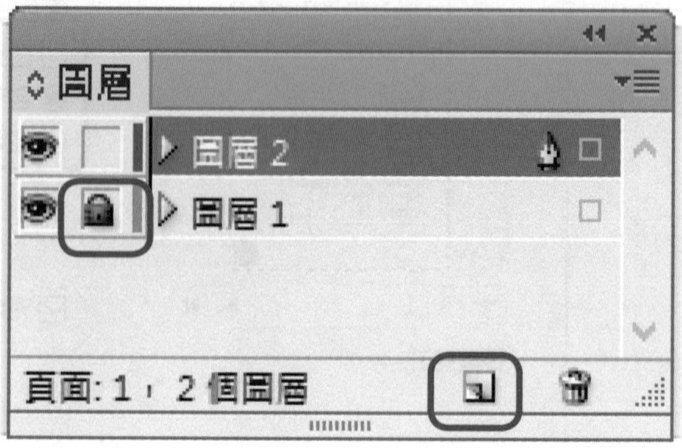

P1 ～ 4 內頁製作－主版設定

1 再次開啓頁面視窗，於【A- 主版】點兩下【編輯】，並置入描圖檔的第 2 與第 3 頁，將描圖檔檔案與版面對齊後，調整透明度以便對位。

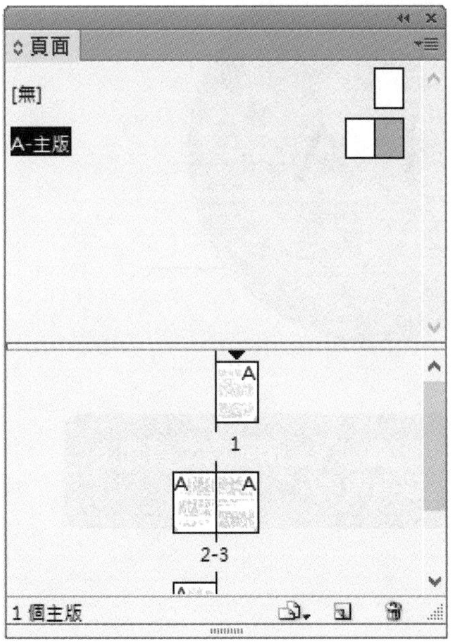

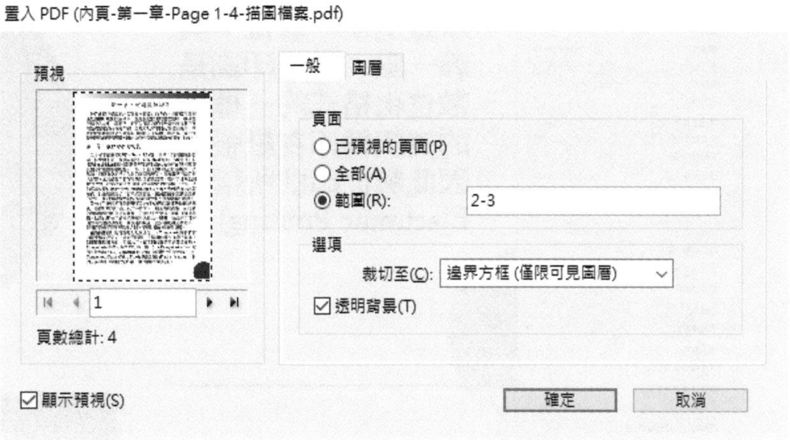

2 製作頁碼，參考描圖檔，利用【橢圓工具 】繪製兩個圓形，作者測量直徑約 15 mm，顏色設定為【C50 M90】，依描圖檔對位。

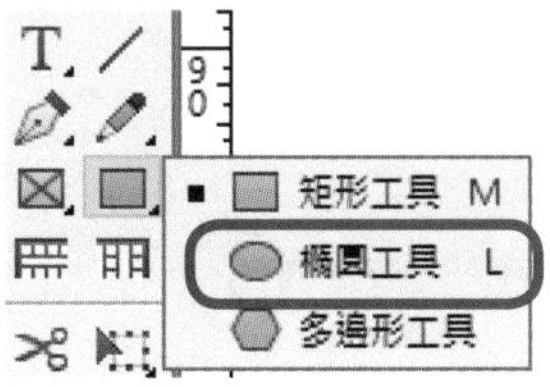

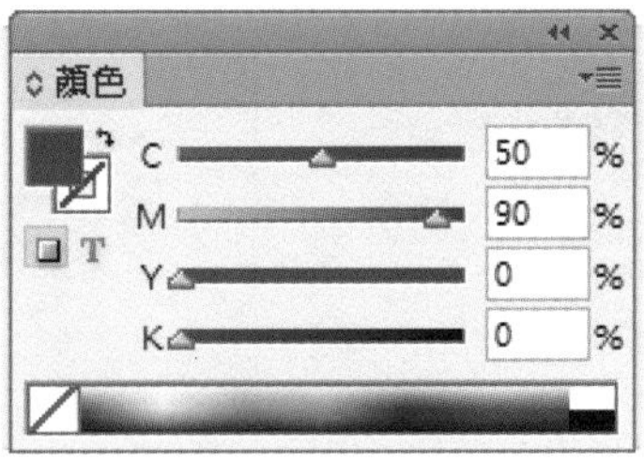

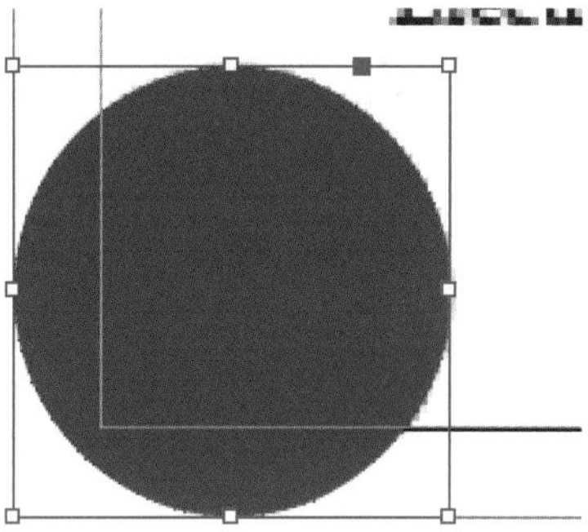

3 以【文字工具 T.】設定頁碼，字型為【Times New Roman】，作者測量字級約為【11】，先依描圖檔打字對位（為了便於對位，先將紫色圓形調整透明度約 30 ～ 50%），頁碼格式為【P+ 半形空格 + 頁碼】。

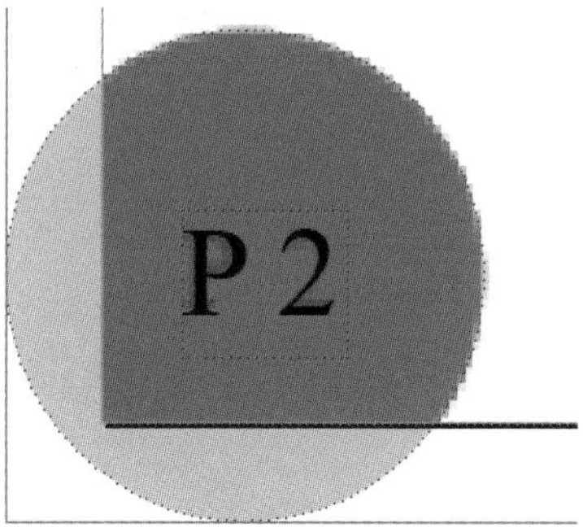

4 頁碼數字與描圖檔對位，確認位置、字級都沒錯後，將原本對位用打的頁碼數字刪除，選擇【文字 \ 插入特殊字元 \ 標記 \ 目前頁碼（Alt+Shift+Ctrl+N）】，設定好後記得將紫色圓形的透明度改回 100%。

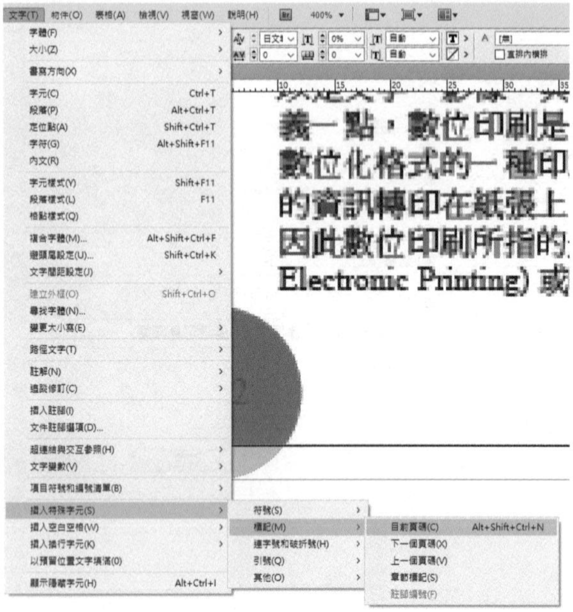

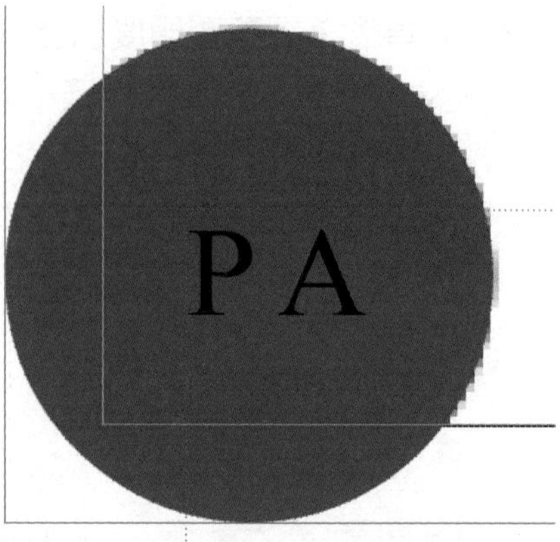

圖中的 A 為主版編號，套用到內文頁面後就會自動變成該頁頁碼。

5 設定版面上方的漸層色，選擇【視窗 \ 顏色 \ 色票（F5）】，接著點選色票視窗的延伸功能，選擇【新增漸層色票】。系統預設會是由黑至白的漸層，於黑色端點點兩下，色標顏色選擇【CMYK】即可修改顏色，修改好後按確定即完成。

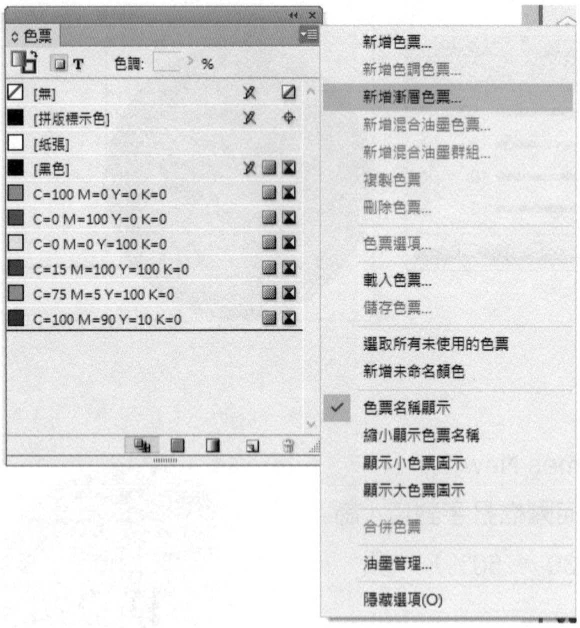

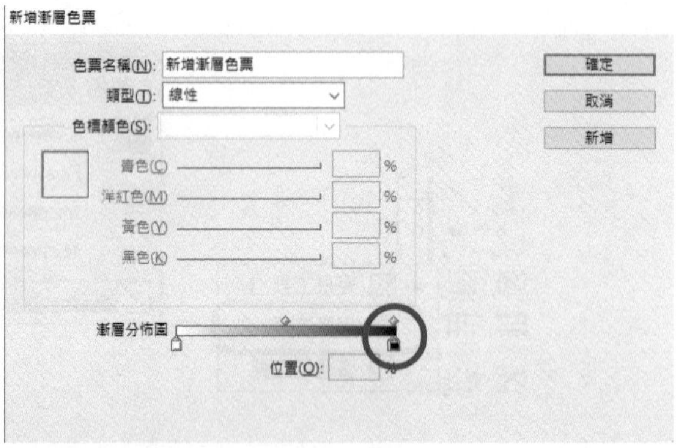

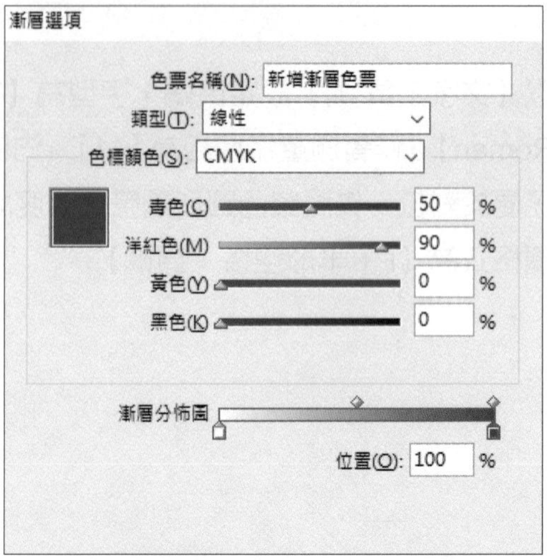

6 利用【矩形工具 】在右側頁面最上方繪製一個長方形，作者測量尺寸為高 7 cm、寬 98 cm，顏色面板選擇前一步驟【新增的漸層色票】後，依照描圖檔對位，再複製一個到左邊。

> 不論要先做哪個頁面的漸層色塊，總之都是白色部分在內側。

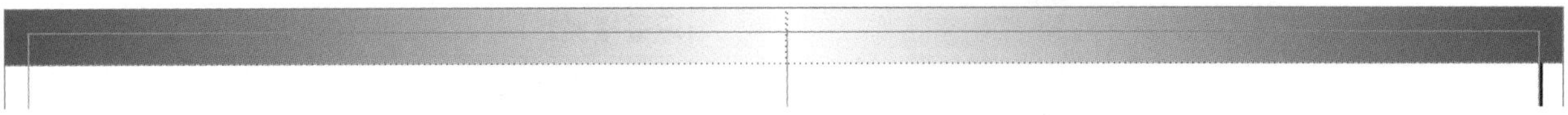

7 設定頁眉，左上文字為【Digital Printing】，字型為【Times New Roman】，作者測量字級為 10 級，顏色為【C100】。右上文字為【數位印刷】，字型為【標楷體】，作者測量字級為 10 級，顏色為【M100】。文字打好後依描圖檔對位（可先調整漸層色塊透明度以利對位），對位好後，刪除描圖檔即完成主版設定。

> 記得確認所有的色彩、字型是否正確，有調整過透明度的記得改回 100%，所有圖形、文字都需與描圖檔相符合。

> 使用 Indesign 時，通常頁面會自動套用預設的主版，操作時只要在預設主版內修改即可。假若是以新增主版的方式進行，或是內文套用到空白主版，此時於頁面視窗選擇所有頁面，再點選頁面視窗右上方的延伸功能按鈕，選擇套用主版至頁面，再選取你要套用的主版即可。

P1～4 內頁製作－內文編排

1 主版設定完成後回到內文頁面，選擇【視窗 \ 樣式 \ 段落樣式（F11）】。

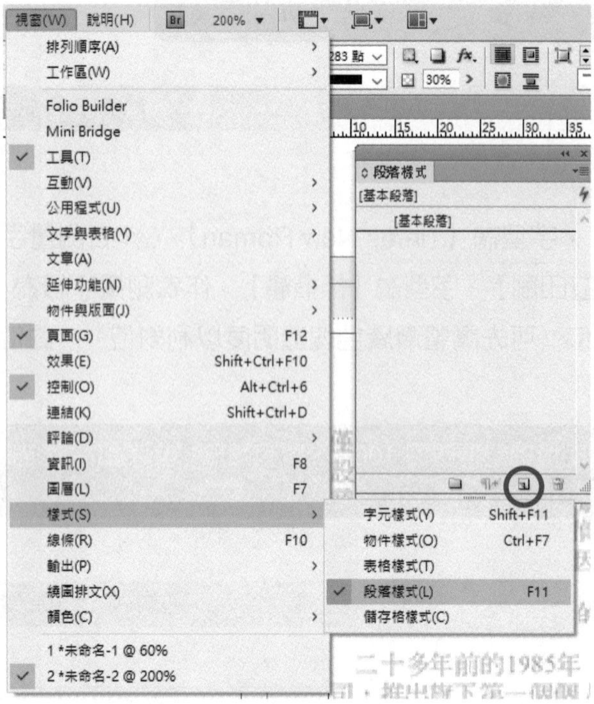

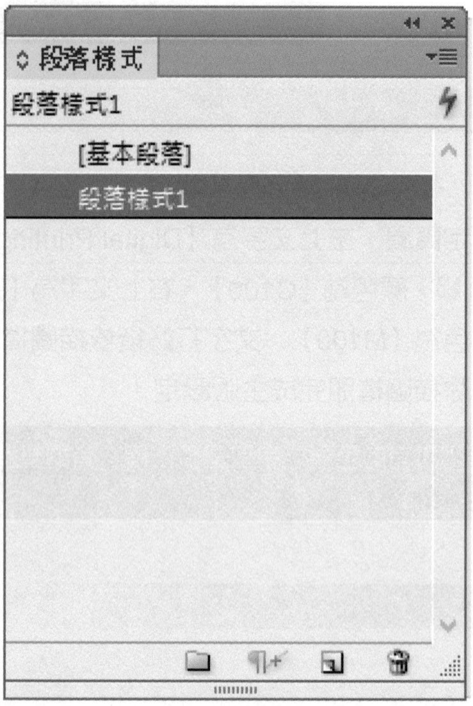

2 雙擊段落樣式名稱，即會出現段落樣式設定視窗如圖，在【一般】欄可修改段落樣式名稱，【基本字元格式】可設定字型、字級、文字間距與行距，【縮排與間距】可調整與前後段距離、首行縮排。先設定章標與節標。

章標：
標楷體 \12pt \ M100 Y100

節標：
標楷體 \11pt \ C100 M100

作者操作時發現須調整間距與字距，但因每台電腦設定不同，需要調整的量不同，請考生依描圖檔調整。

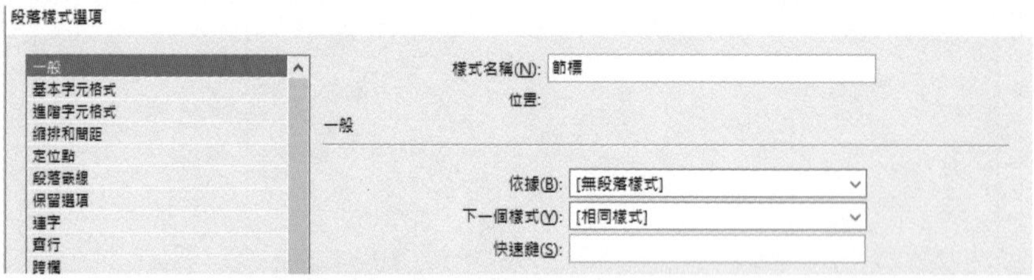

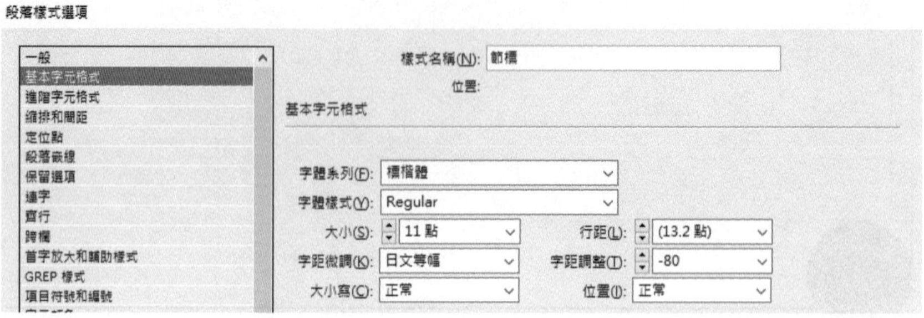

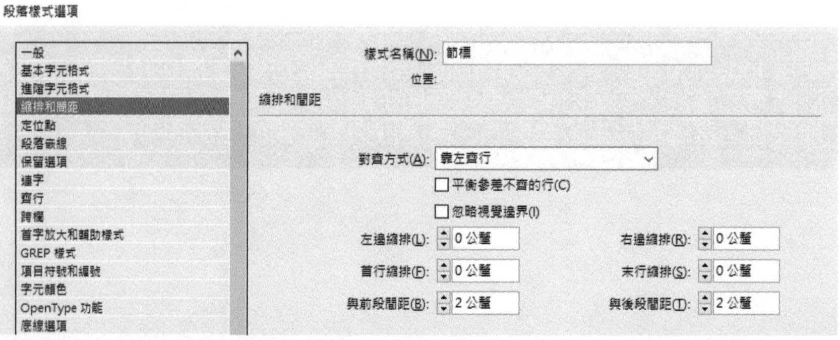

3 設定內文時，因內文為中、英文字混合，故須設定複合字體。選擇【文字\複合字體】，點選【新增】，依個人方便辨識來命名，字型設定如圖，漢字、標點符號與符號設定為【新細明體】，羅馬字與數字設定為【Times New Roman】，儲存後即完成。接著比照前一步驟，進行內文的段落樣式設定：字級 8.5、首行縮排一個字元約 2.999 mm。因各電腦設定有所不同，實際操作時請以描圖檔對位為準微調行距與字距。

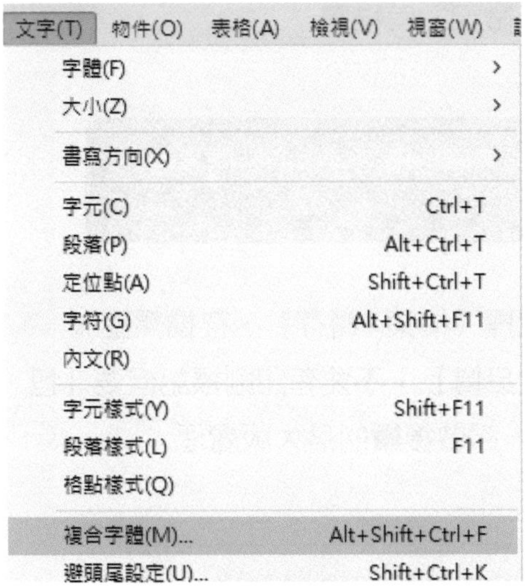

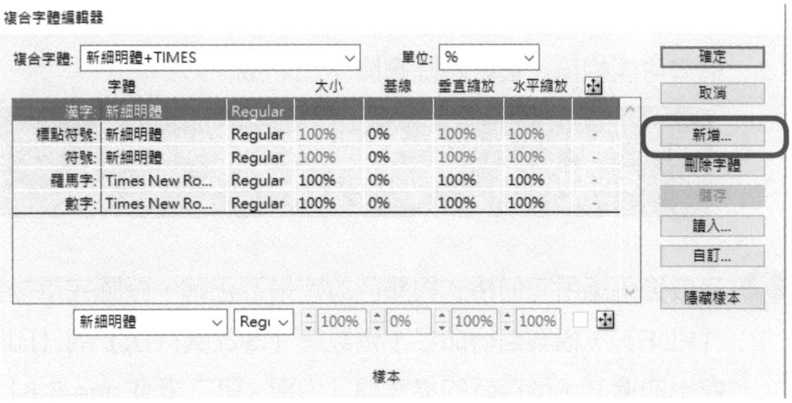

正式排版作業中，都是以複合字體的方式去設定中、英字型。其原因有幾點：

1. 中文字型在設計時，偏重考量中文字型，對於羅馬字較為忽略，另外選擇專為羅馬字設計的英文字型會較為美觀。
2. 有些字型的符號做得並不完全，或是造型不易辨識，複合字體可以設定符號較完整的字型。
3. 針對設計需求而設定特殊字型。

複合字體的設定，比較常見的是明體配 Times New Roman，黑體、圓體配 Arial，但依照設計需求可以有更多的變化，並沒有一定標準。

4 段落樣式設定完後，再置入素材中的【第一章內文】Word 檔，置入時注意要勾選【顯示讀入選項】，在讀入選項視窗中，須勾選【移除文字與表格中的樣式與格式設定】。因原本的 Word 檔中的文字有做格式設定，匯入後會與 Indesign 內的設定衝突而需要再調整，增加時間消耗。

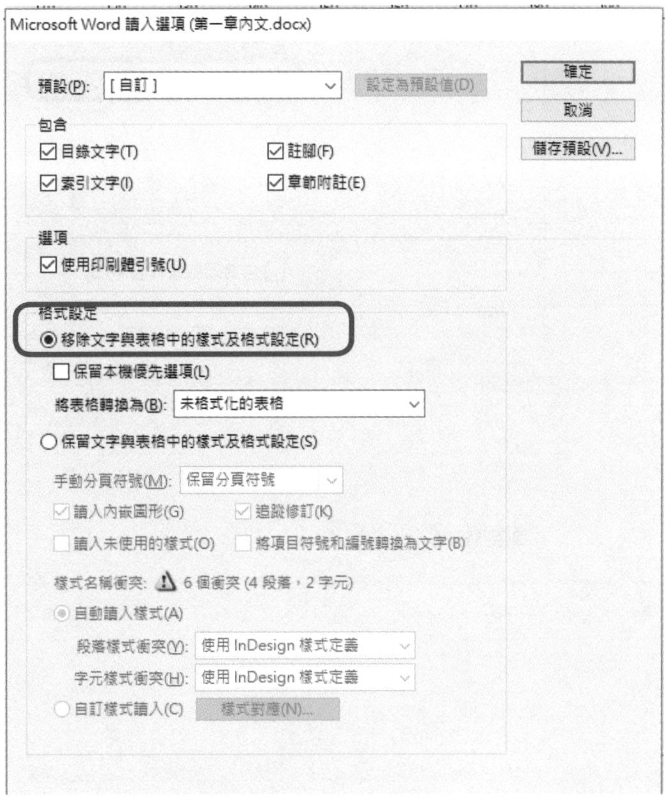

5 置入後若發現文字框右下方有如圖的紅色十字標記，表示框內還有溢排文字，此時點一下紅十字，再拉一個新的文字框即可。

6 文字框尺寸依描圖檔對位而定，選取文字再點選段落樣式即可自動套用。建議可先選取全文套用內文樣式後，再套用章與節標的樣式會較快。段落樣式套用完畢後，仍應比對描圖檔，做各段落的字距與間距微調，與描圖檔盡可能相符，最後刪除圖層 1 即完成。

因各考場電腦設定不同，考生盡可能調整與描圖檔相似即可，要考慮後續落大版的時間是否充足，避免造成後續作業時間不足，因作業不完全而被扣分。

7 完成後確認所有的格式與顏色設定是否正確，確認完畢後選擇【檔案 \ 轉存】，存檔類型為【PDF】，檔案自行命名，預設為【高品質列印】或【印刷品質】，不要有印刷標記但要【包含出血邊】，轉存好的檔案與【內頁 - 第二章 -Page 5-8】一起做後續的落大版處理。

轉存 Adobe PDF

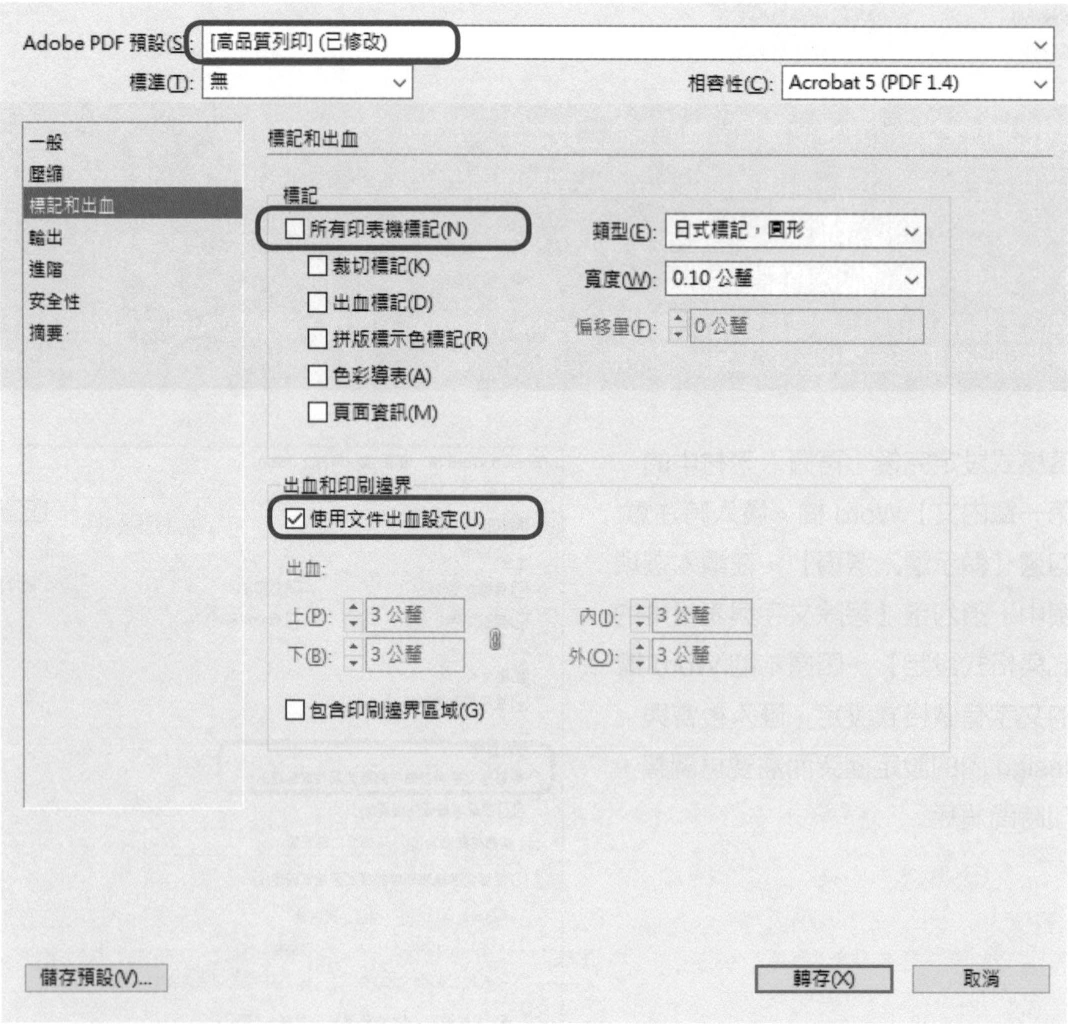

製作內頁台

❶ 本題為製作 12 頁小冊子，不足 16 頁故需以輪轉版的方式來印刷，此圖示說明拼入大版時每一頁的方向與位置，若考生嫌不好記可以參考口訣：「右下第一頁，繞外再繞內，依序放頁數，落版天對天」。

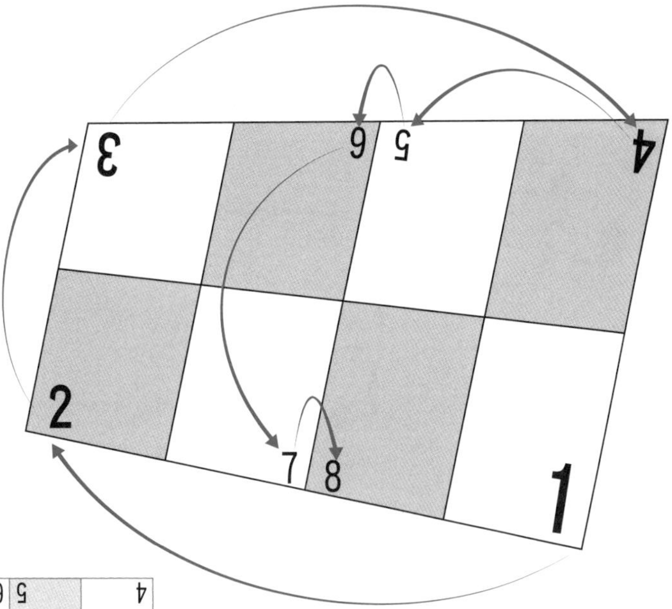

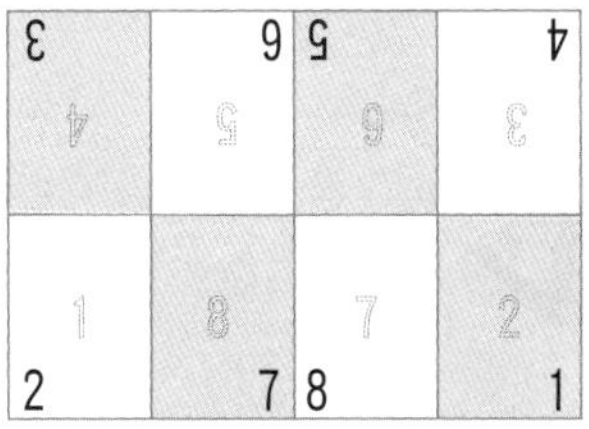

黑色實線為正面　藍色虛線為反面

❷ 右下角為第 1 頁面，先繞外圈再繞內圈，上排地邊朝上，下排地邊朝下，天對天落版，按照數字順序 1~8 頁依序排列。

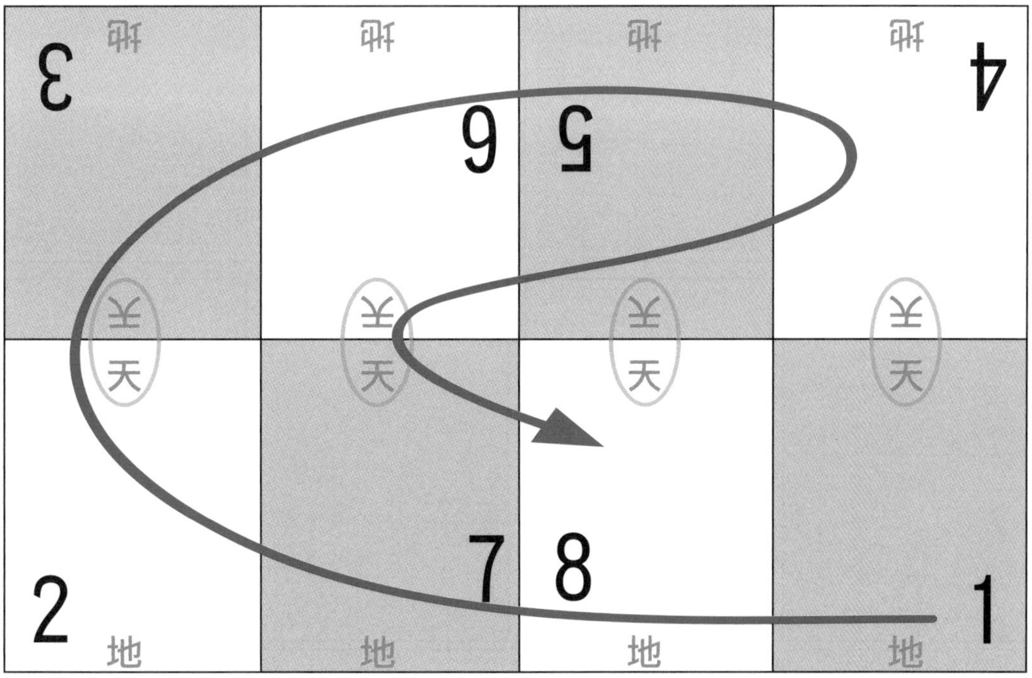

❸ 以前面製作封面台的方式繪製完成 A3 大小的大版台紙，如圖所示。

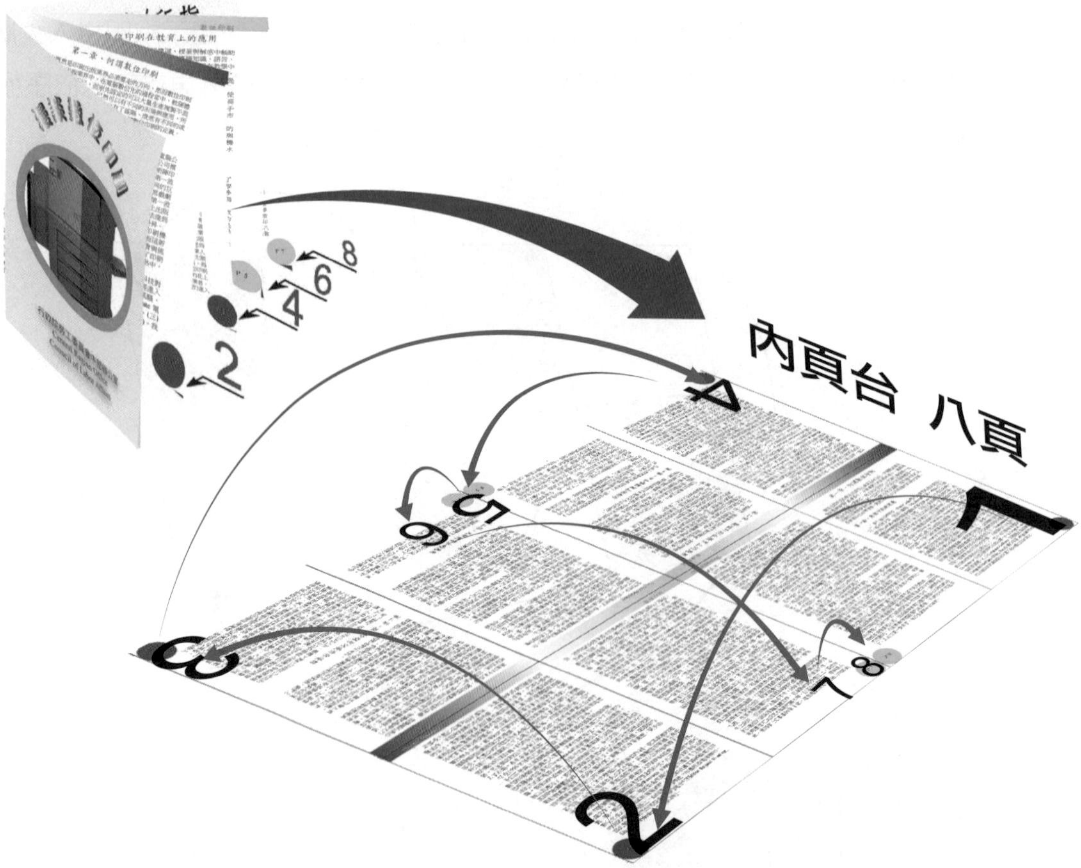

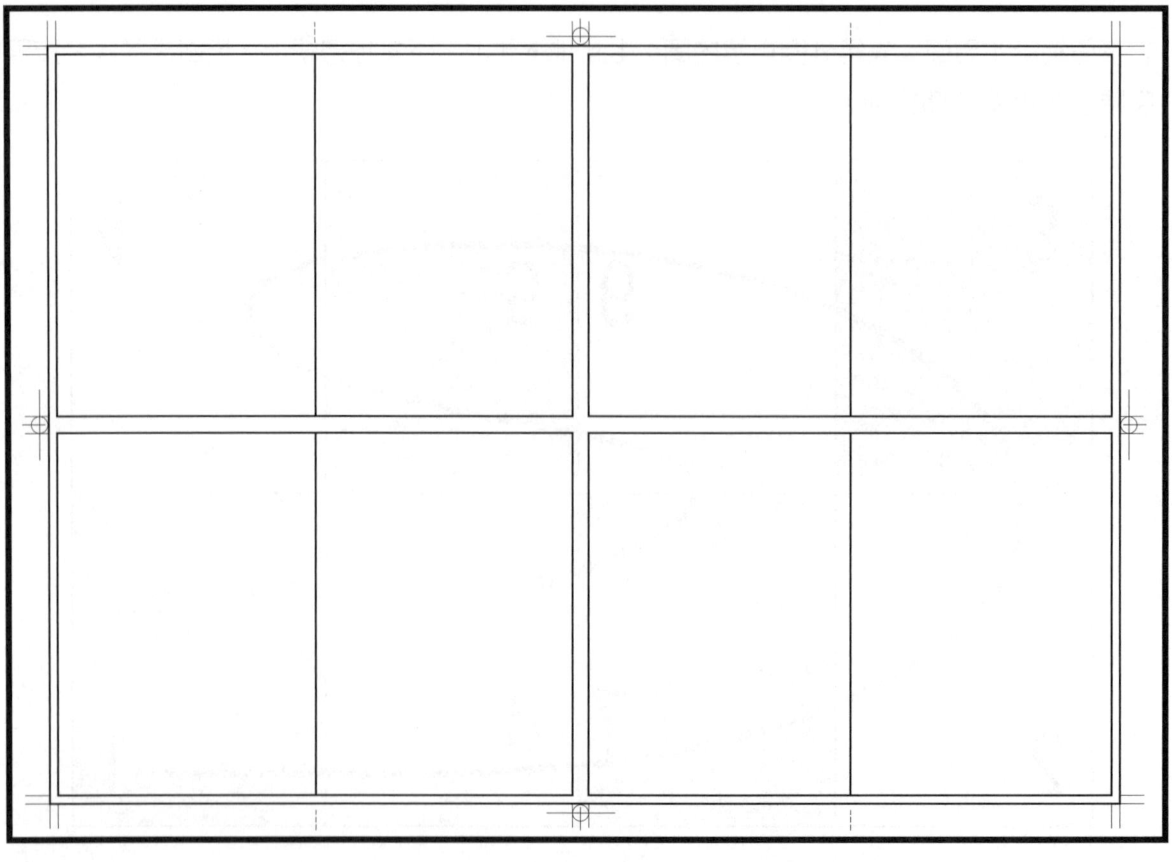

4 再次確認：出血線、裁切線、中央裁切標記，以及摺線是否繪製正確。

出血線. 裁切線 中央裁切標記

摺線

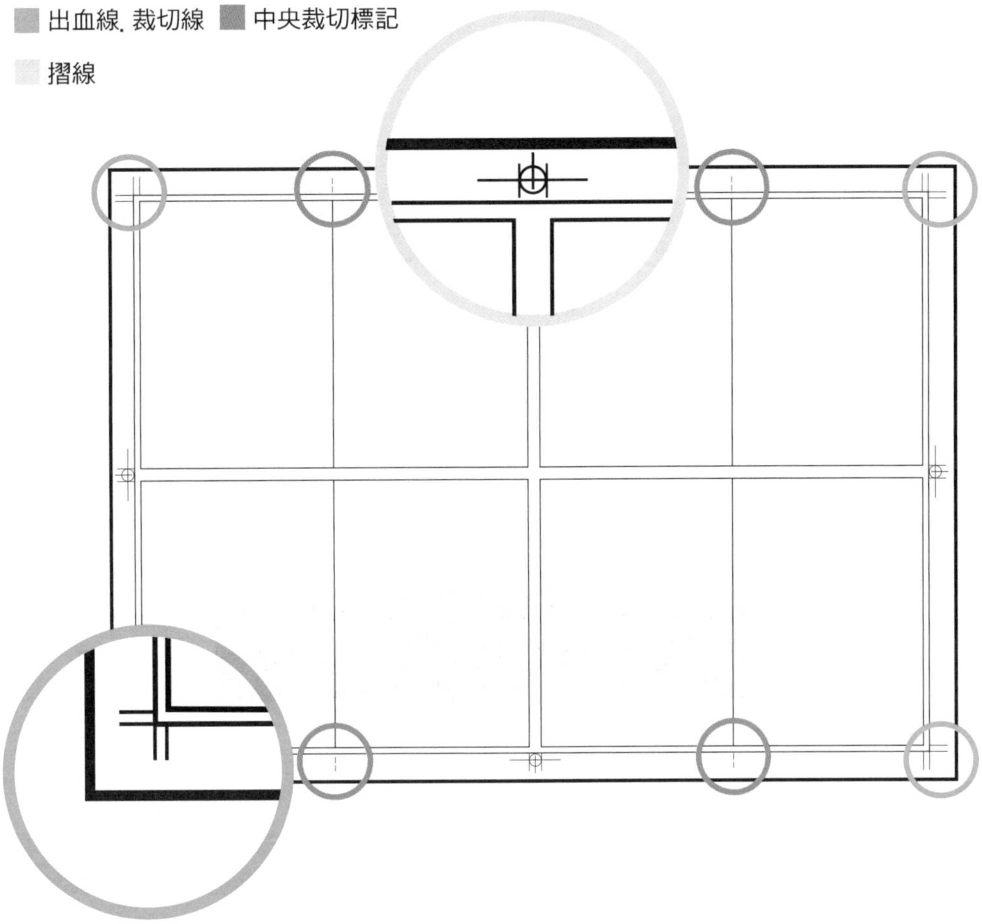

圖檔轉出頁面

1 以 Acrobat 開啓「內頁 1-8.PDF」檔。

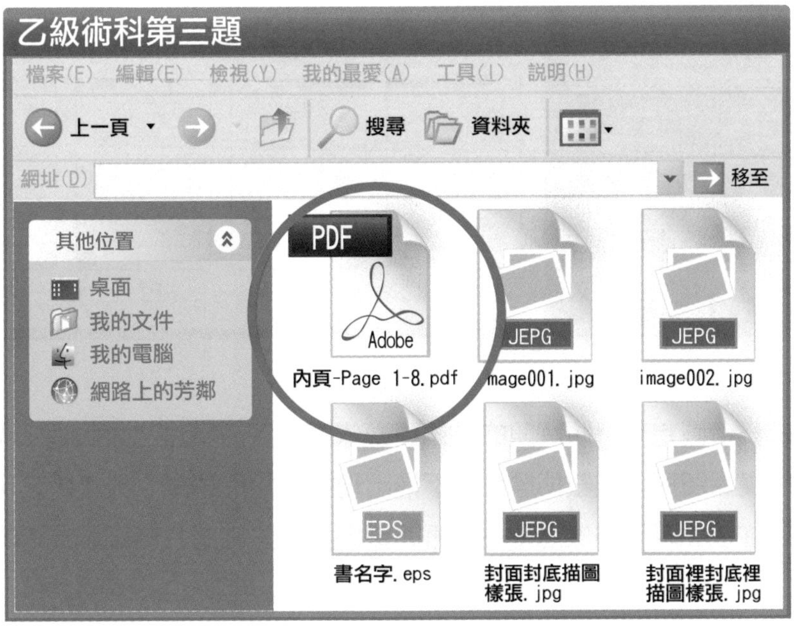

2 執行【檔案】→【轉存】→【影像】→【TIFF】。

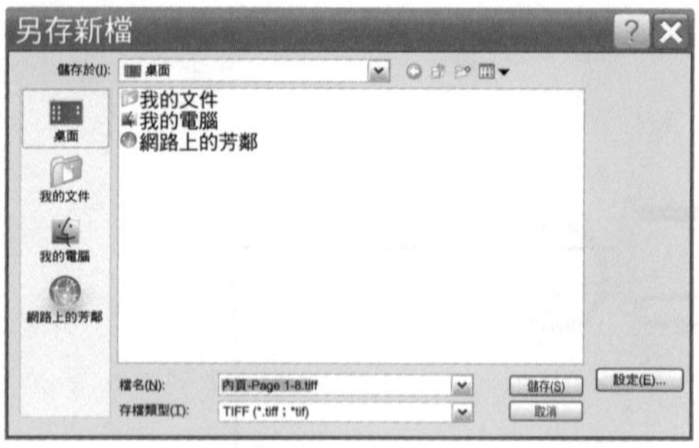

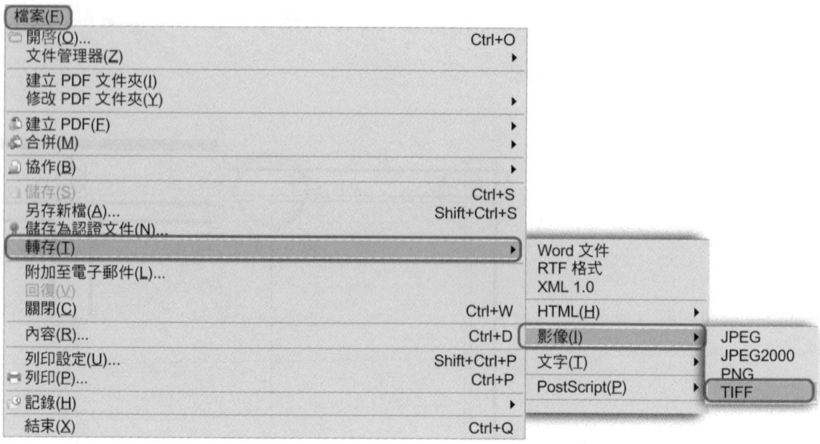

3 右下角會出現，正在另存為 TIFF（第 7 頁 / 共 8 頁）圖示。

4 將「內頁 .PDF」檔中夾帶的八個頁面逐一轉出。

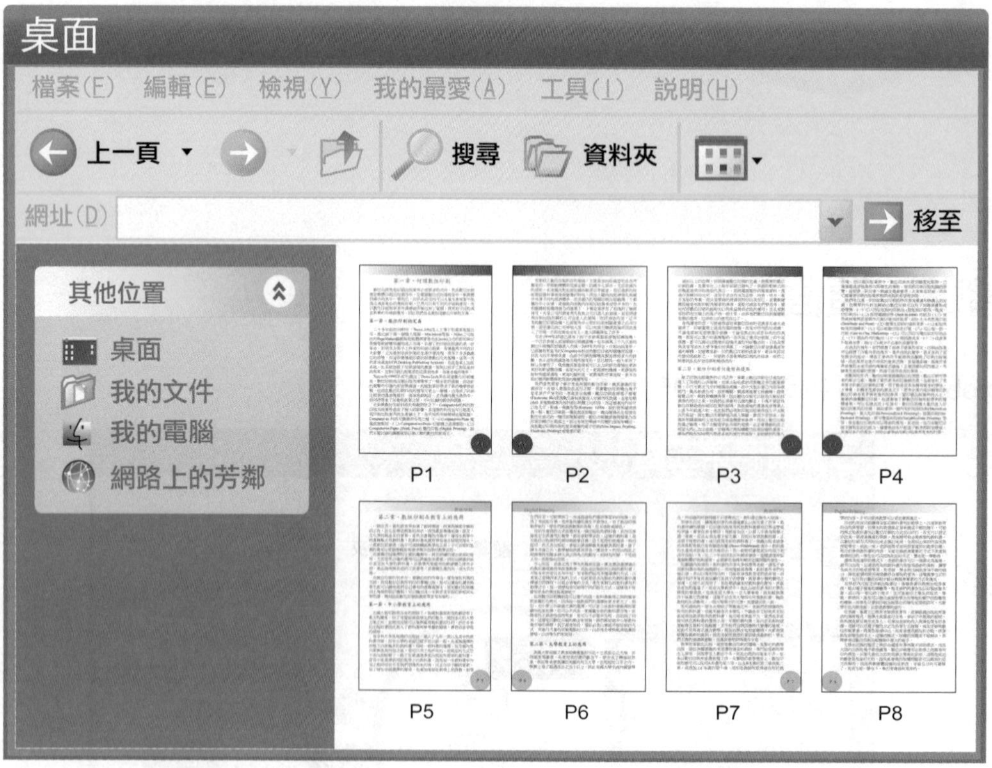

5 依照拼版的順序與位置方向，將解開的八個頁面依序拼入內頁台的大版裡，拼入後需將矩形的黑色外框線刪除，僅保留摺線與裁切標記，不得出現黑色矩形邊線。最後將之另存成 PDF 檔且以第二題的方法列印並標上咬口朝上且寫下准考證號碼與考生姓名（詳細請見 P99-P100）。

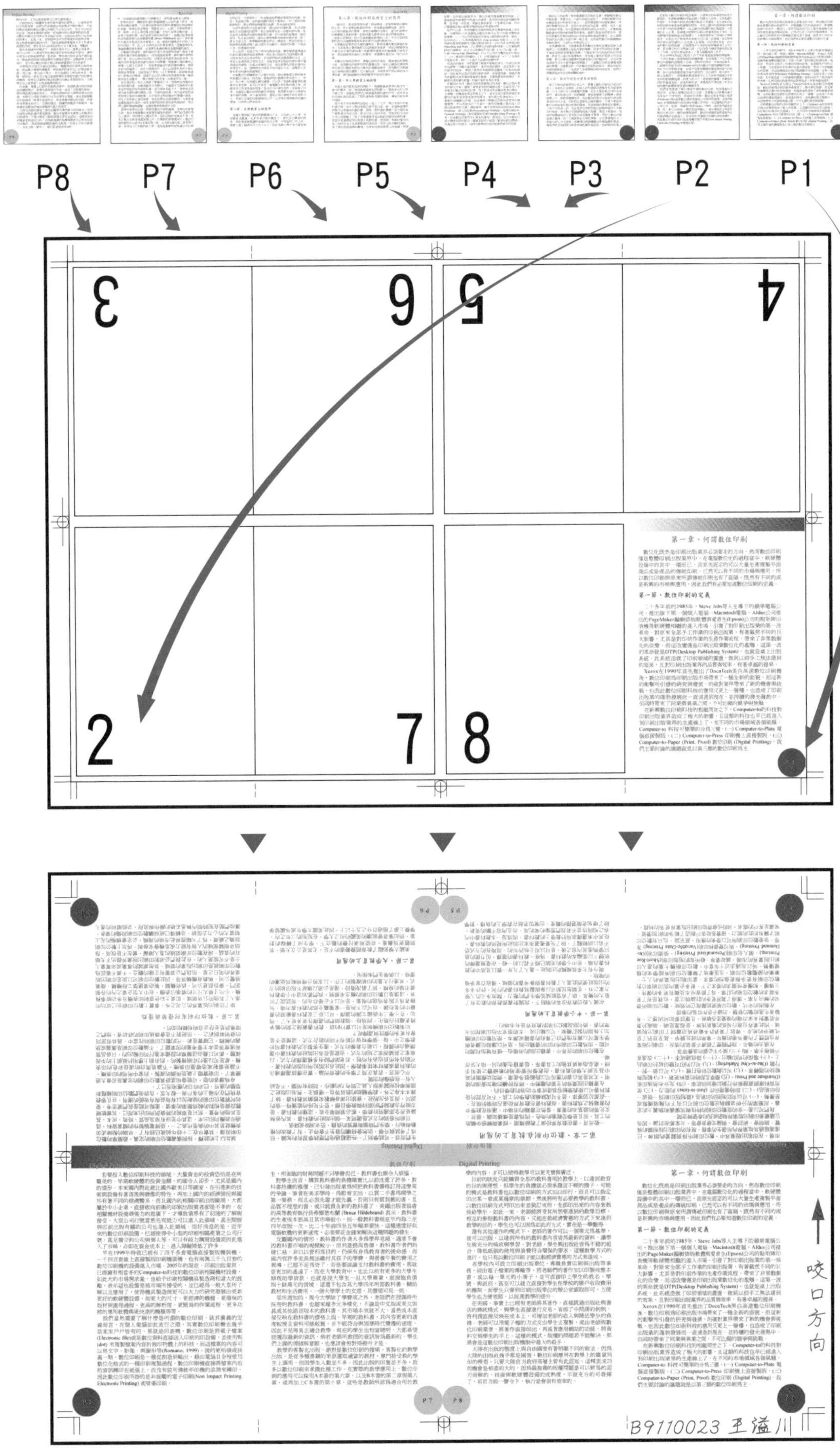
P8
P7
P6
P5
P4
P3
P2
P1
3
6
5
4
2
7
8
第一章、何謂數位印刷
第一節、數位印刷的定義
咬口方向
B9110023 王溢川

第四題

試題編號：19100-1060204

試前重點說明

說明樣式

解題方法

試前重點說明

一、試題編號：19100-106204

二、試題名稱：A4 西式包摺雙面 DM

三、測試時間：120 分鐘

四、測試項目：

（一）版面完成尺寸與出血尺寸等基礎製作設定。

（二）文稿輸入、圖稿描繪、圖文編輯與處理之實務製作。

（三）儲存檔案、另附存 PDF 電子檔及檔案列印操作，包含出血標記、裁切標記、摺線與十字線印出。

（四）列印後應具備自我品管檢查之責任。

五、檢定試題內容

（一）試題內容：模擬製作一份 A4 雙銅紙 150 磅，西式包摺雙面 DM；可依『說明樣式』完稿且考慮裝訂摺紙的特性，符合印刷條件之需求。

（二）完成尺寸：頁面尺寸 210mm×297mm，出血 3mm，列印成品上需有標示角線、裁切線、十字線與摺線之訊息。

（三）檔案包含一份文字檔、四份繪圖檔：文字檔檔名爲 TEXT.txt、繪圖檔檔名爲 DRAW.eps、DRAW.cdr、Map.eps、Map.cdr，請依照『說明樣式』選擇取用；本電子稿中未包含的文字，請自行輸入。

（四）檔案包含九張圖片檔：檔名分別是 IMAGE1.jpg、IMAGE2.tif、IMAGE3.tif、IMAGE4.tif、IMAGE5.tif、IMAGE6.tif、IMAGE7.tif、描圖檔 01.jpg、描圖檔 02.jpg，請依照『說明樣式』處理置入。

（五）除特別指定位置外，各物件位置可利用所附之『描圖檔 01、描圖檔 02』參考調整版面至正確位置。

（六）封面大標題可參考 DRAW 檔製作，文稿中特殊指定字級者請依照『說明樣式』設定處理，包括繞圖排文。

（七）段落樣式、各顏色指定、色塊線條等製作請參考『說明樣式』設定。

（八）術科測試時間包含版面製作、完成作品列印、檔案修改校正及儲存等程序，當監評人員宣布測試時間結束，除了位於列印工作站之應檢人繼續完成列印操作外，所有仍在電腦工作站崗位的應檢人必須立即停止操作。

（九）應檢時間結束前，請完成檔案命名（檔名爲准考證號碼 + 應檢人姓名），並轉爲 PDF 檔案格式（建議爲 PDF1.3 或 1.4 版本）儲存於隨身碟中，以彩色印表機列印。所有成品檔案含 PDF 檔各乙份需儲存於隨身碟中供檢覈。

（十）列印時，可參考現場所提供之列印注意事項，以 AcrobatReader 或 Acrobat 軟體列印輸出，並須自行量測與檢視印樣成品尺寸規格正確性。

（十一）應檢作業結束，須將原稿、隨身碟 (內含所有經手處理之電子檔案)、光碟片、成品對摺簽名等連同稿袋一併繳交監評人員評分。

本書之附書光碟含有勞動部公告之測試參考資料，考生可使用光碟內的資料做演練。但請注意，勞動部會不定期做勘誤、小幅修訂，且不會另行公告（大幅修訂勘誤才會公告）建議考生於考前至「勞動部勞動力發展數技能檢定中心」網站，由「熱門主題＼測試參考資料」區下載最新版的素材做最後演練，樣式與素材皆以考試現場提供之資料為基準。

試題編號：19100-106204(1)

說明樣式考生用

- 背景灰色(K30)。
- 底圖(參考 DRAW 檔)請等比縮放並充滿背景，配置於頁面上緣；色彩為白色(K0)。
- 圖像高度 152mm，請等比例配置且進行影像色調分離(4 階)的處理。
- 標誌大小為 28mm 請參考 IMAGE 1 檔案描繪向量格式外框，完成後置入版面，色彩為箭頭(M80Y95、弧形(C100M90)、WDA 字(M100Y100)。漸層色外往內(C60M25→白色)參數自行調整。
- 文字請自行輸入，粗黑體 14pt，深藍色(C100M90)。
- 粗黑體反白，24pt。
- 文字請自行輸入，中圓體 9pt，灰色(K70)。
- 中圓體反白，9pt。
- 背景淡橙色(M25Y35)。

紅毛港的街道
狹窄的街道在午後時分顯得寂靜蕭瑟，紅毛港曾歷經 30 年如一日的禁建措施，使當地的建設也落後於其他區域；畫面中在天空中橫跨而過的建築，是大林火力發電廠運煤的輸送帶，儼然已成為當時居民所共同擁有的精神標誌。
勞動部勞動力發展署技能檢定中心
台中市南屯區 40873 黎明路二段 501 號 6-7 樓
電話語音查詢線 :04-22598800
服務專線 :04-22595700
傳真 :04-22528858
WDA
二港口
文化巡禮
聚落
風華

- 背景淡藍色(C35M25)。
- 吉祥物高度 120mm，請開啟 DRAW 檔內之造型，等比例縮放置入畫面位置。
- 矩形 45mmX35mm，四邊角轉圓程度為 50%，色彩為白色。
- 文字請自行輸入，特黑體 24pt，藍色(C100M80Y20)，以逆時針方向旋轉 15 度。
- 大標題字體樣式置於 DRAW 檔，文字請填入各指定色彩，並加入黑色(K100)陰影。
- 底圖(參考 DRAW 檔)請等比例縮放，配置於頁面下緣；色彩為白色，不透明 50%。

★★請勿直接量測本說明樣式中各尺寸與位置，本樣式僅提供應檢人各項配合製作說明參考使用。

★★本作品須列印出裁切線、十字線與角線，並請於右下角簽名繳回評分。

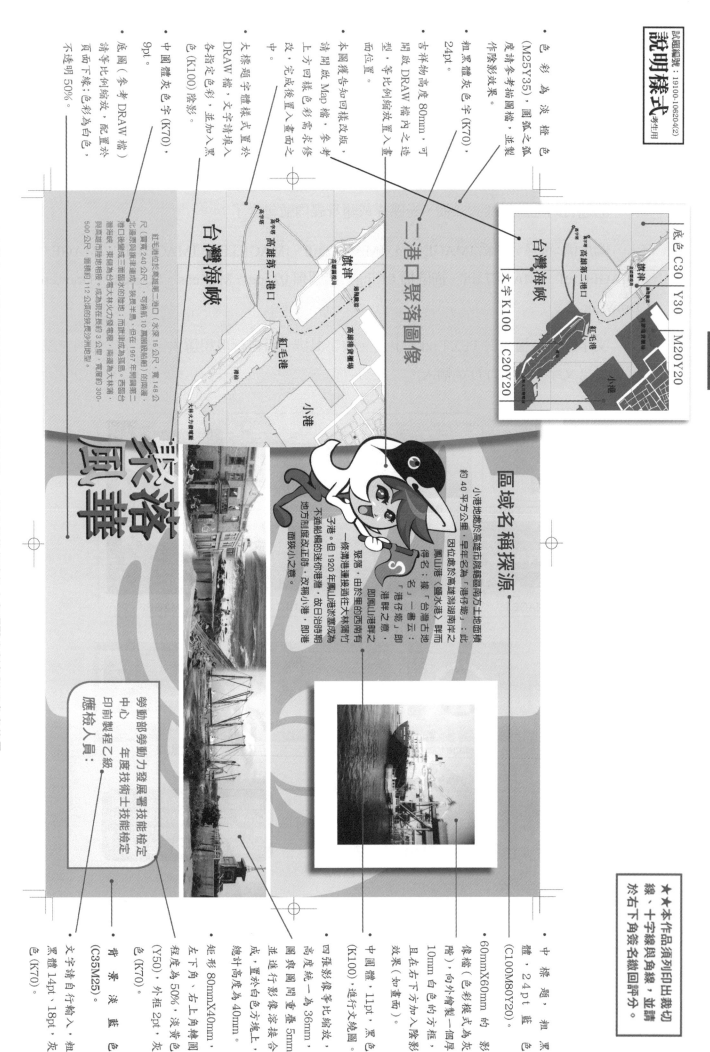

試題編號：19100-106204(2)

說明樣式 考生用

★★本作品須列印出裁切線、十字線與角線，並請於右下角簽名繳回評分。

- 色彩為淡橙色(M25Y35)，圓弧之弧度請參考描圖檔，並製作陰影效果。
- 粗黑體灰色字(K70)，24pt。
- 吉祥物高度 80mm，可開啟 DRAW 檔內之造型，等比例縮放置入畫面位置。
- 本圖獲告知回樣改版，請開啟 Map 檔，參考上方回樣色彩需求修改，完成後置入畫面之中。
- 大標題字體樣式置於 DRAW 檔，文字請填入各指定色彩，並加入黑色(K100)陰影。
- 中圓體灰色字(K70)，9pt。
- 底圖（參考 DRAW 檔）請等比例縮放，配置於頁面下緣；色彩為白色，不透明 50%。

底色 C30
Y30
M20Y20
旗津
紅毛港
高雄第二港口
小港
台灣海峽
文字 K100
C20Y20
二港口聚落圖像
區域名稱探源
小港地處於高雄市院轄區南方土地面積約 40 平方公里，早年名為「港仔墘」：此因位處於高雄潟湖南岸之鳳山港〈鹽水港〉畔而得名；據「台灣古地名」一書云：「港仔墘」即港畔之意，即鳳山港畔之聚落，由於里的西南有一條溝港連接通往大林蒲竹子港。但 1920 年鳳山港淤塞成為不適船楫的迷你港灣，故日治時期地方制度改正時，改稱小港，即港面狹小之意。
旗津
高雄港貨櫃場
小港
紅毛港
高雄第二港口
台灣海峽
大林火力發電廠
紅毛港位於高雄第二港口（水深 16 公尺，寬 148 公尺（實寬 240 公尺），可通航 10 萬噸級船舶）的南邊，北邊原與旗津連成一狹長半島，但在 1967 年開闢第二港口後變成三面臨水的陸地；而旗津成為孤島。西臨台灣海峽，東側為台電大林火力發電廠，南邊為大林蒲，與高雄市陸地相接。成為現在長約 3 公里，寬度約 300-500 公尺，面積約 112 公頃的狹長沙洲地型。
聚落風華
勞動部勞動力發展署技能檢定中心 年度技術士技能檢定印前製程乙級
應檢人員：

- 中標題，粗黑體，24pt 藍色(C100M80Y20)。
- 60mmX60mm 的影像檔（色彩模式為灰階），向外繪製一個厚 10mm 白色的方框，且在右下方加入陰影效果（如畫面）。
- 中圓體，11pt，黑色(K100)，進行文繞圖。
- 四張影像等比縮放，高度統一為 36mm，圖與圖間重疊 5mm 並進行影像溶接合成，置於白色方塊上，總計高度為 40mm。
- 矩形 80mmX40mm，左下角、右上角轉圓程度為 50%，淡黃色(Y50)，外框 2pt，灰色(K70)。
- 背景淡藍色(C35M25)。
- 文字請自行輸入，粗黑體 14pt、18pt，灰色(K70)。

★★請勿直接量測本說明樣式中各尺寸與位置，本樣式僅提供應檢人各項配合製作說明參考使用。

解題方法

乙級術科印前製程第四題檢附之圖文檔案

隨題目附上說明樣式二張，光碟片或隨身碟內並包含了：

圖片檔：檔名分別為 IMAGE1.jpg、IMAGE2.tiff、IMAGE3.tiff、IMAGE4.tiff、IMAGE5.tiff、IMAGE6.tiff、IMAGE7.tiff、描圖檔 01.jpg、描圖檔 02.jpg、Map.eps、Map.cdr、Draw.eps 與 Draw.cdr。

文字檔案：檔名為 TEXT.txt，中英文數字混排，可自行取用置入。若文字檔內無說明樣式中所需文字，請自行打字輸入。

TIFF
IMAGE3
IMAGE4
IMAGE5
IMAGE6
IMAGE7
IMAGE2
JEPG
Image1
描圖檔01
描圖檔02
EPS
台灣海峽
Map
Draw
檢附檔案中另附有Map.cdr與Draw.cdr。因其內容與eps相同，故應檢時擇一操作即可，在此選用eps作為解題示範。
TXT
TEXT.txt
狹窄的街道在午後時分顯得寂靜蕭瑟，紅毛港曾歷經30年如一日的禁建措施，使當地的建設也落後於其他區域；畫面中在天空中橫跨而過的建築，是大林火力發電廠運煤的輸送帶，儼然已成為當時居民所共同擁有的精神標誌...

色調分離

❶ 在 Photoshop 裡開啟「image2.tiff」，並執行【影像 \ 影像尺寸】。

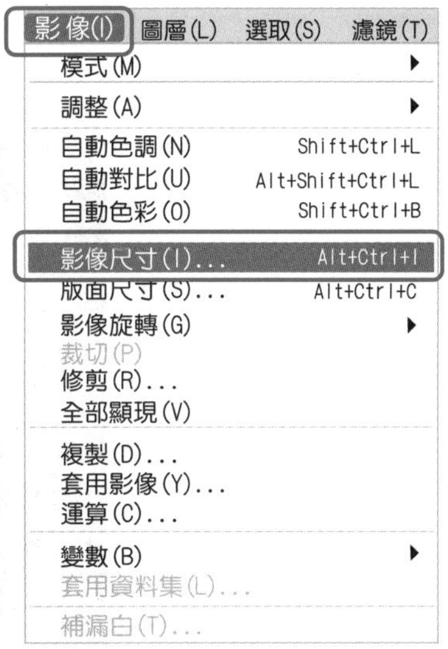

❷ 在影像尺寸中將先「強制等比例選項」為【勾選】，「影像重新取樣選項」則打勾，接著按下【確定】，將文件尺寸的項目中設定為高度【15.2cm】。

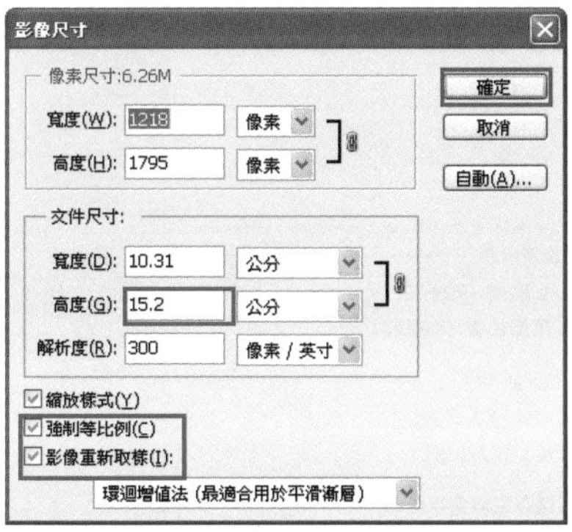

3 執行【影像\調整\色調分離】後，會出現【色調分離】的對話視窗，將色階設定為【4】。

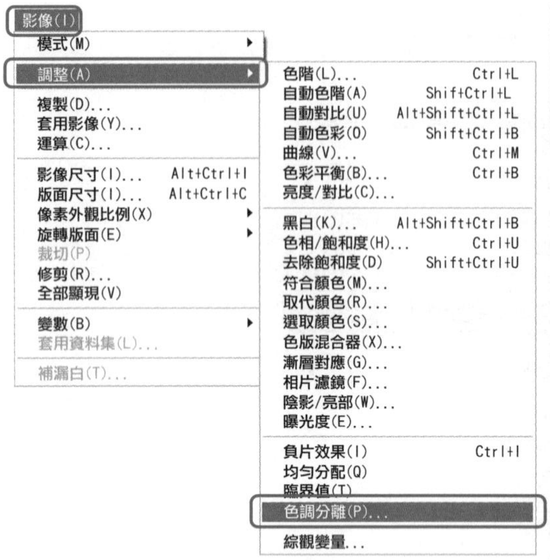

色調分離前

色調分離後

4 製作完畢後，執行【檔案\儲存檔案】。

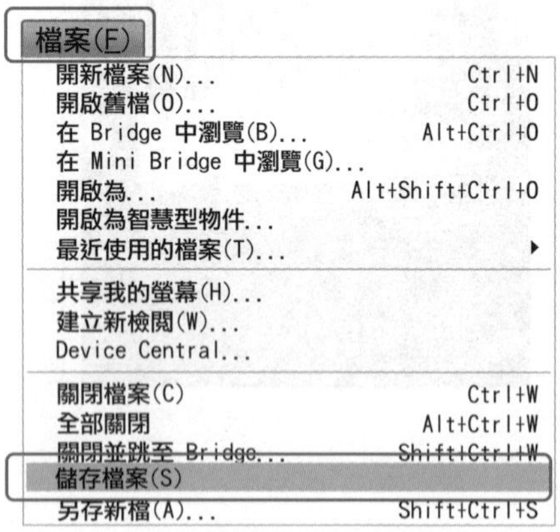

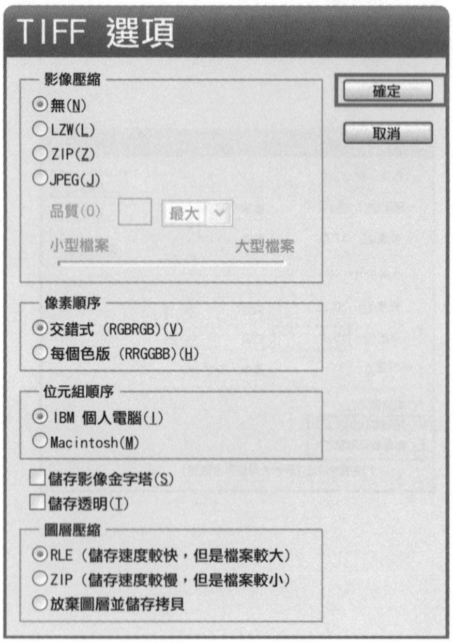

影像溶接後製

1. 在Photoshop裡頭開新檔，設定寬度（W）【200mm】高度（H）【36mm】，解析度為【300dpi】，模式設為【灰階】。

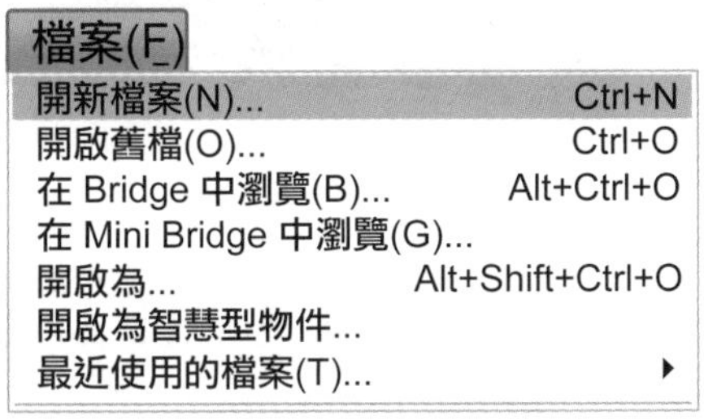

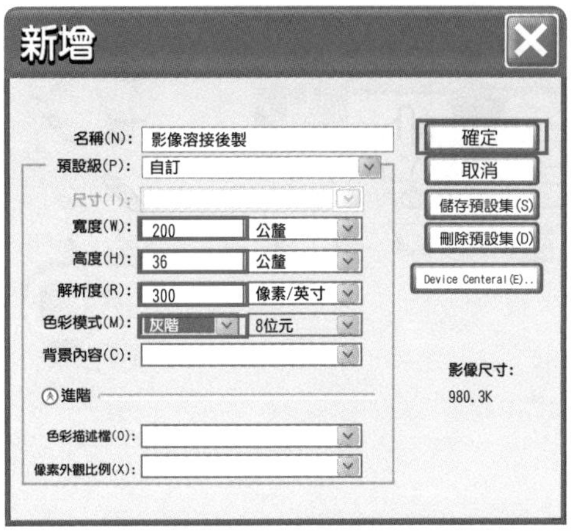

2. 執行【檔案＼置入】分別將「image4」、「image5」以適當的大小縮放且置入該矩形中。

3. 執行【視窗＼圖層】（快速鍵為F7），圖層對話框出現後，點選【圖層2】（image5所在圖層），至圖層對話框的底部點選【新增遮色片】。

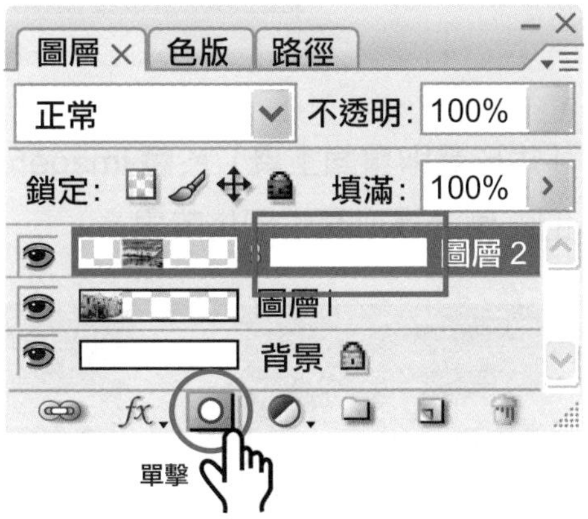

4 點選圖層 2 的遮色片，並以【線性漸層工具】在圖 image5 的左邊邊緣處拉出約 5mm 的漸層，使圖 image5 的邊緣產生羽化效果。

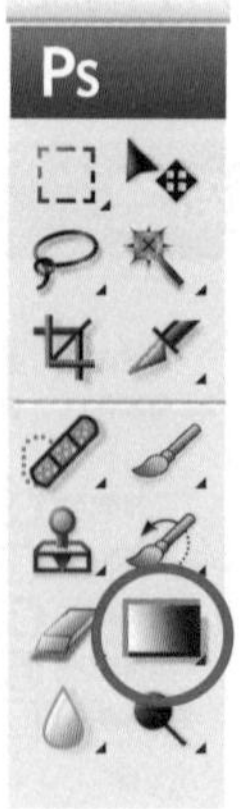

5 圖層 1 則在右邊邊緣處做羽化效果，接著點回圖層 2 原圖部分，使用【移動工具】向左移動直至兩張影像產生溶接。

6 點選圖層 2 的遮色片，利用【矩形選取畫面工具】於圖 image5 右側選取適當範圍，再拉出約 5mm 的漸層，使圖 image5 的右側邊緣亦產生羽化效果。

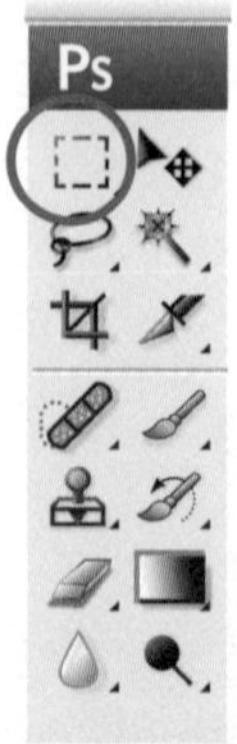

若未選取範圍，漸層功能會對整個圖片範圍作用，而無法做出兩邊羽化的效果。只要是圖與圖重疊的部份都建議做羽化，才不會在交界處出現邊界，有自然的溶接效果。

7 重複步驟 2~ 步驟 6 的方法，同樣地將圖檔 image6、image7 置入，並連同 image4、image5 將四張圖片溶接成一張橫軸長圖。

8 執行【影像＼版面尺寸】將高度設定為【4 公分】後按【確定】。

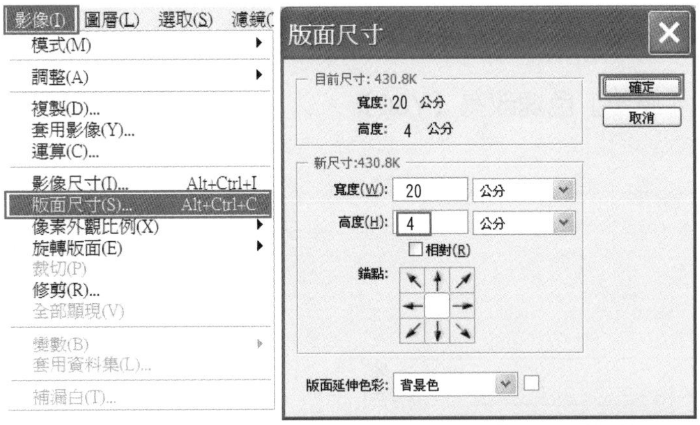

9 執行【檔案＼另存新檔】，儲存檔案為 Tiff 檔。

地圖後製

1 在 Illustrator 的環境下，執行【檔案＼開始舊檔】，選擇「Map.eps」，按開啓。

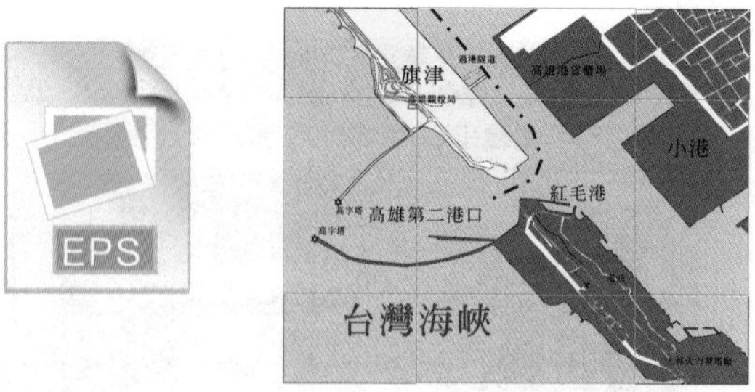

2 開啓圖檔後，使用【直接選取工具】點選修改說明樣式指定的區域，針對每一個需要修改的區域改變顏色。

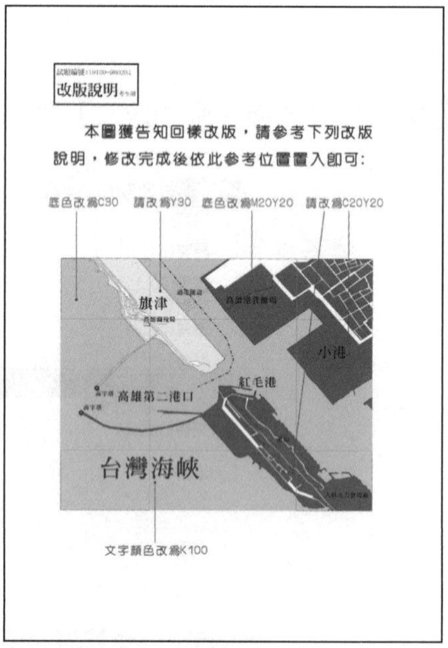

3 如右側改版說明所示，把「旗津」色塊改為【Y30】。

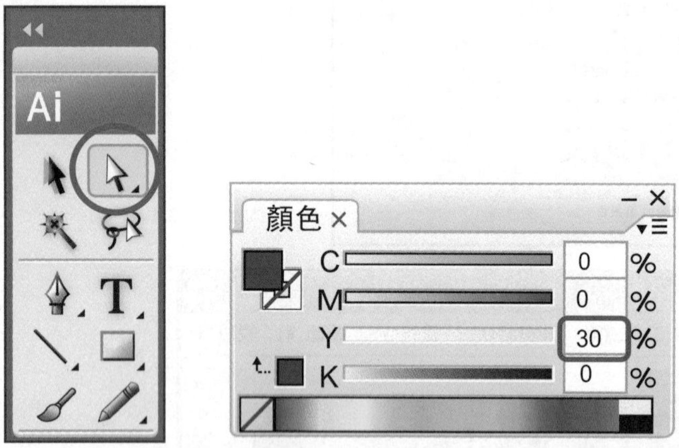

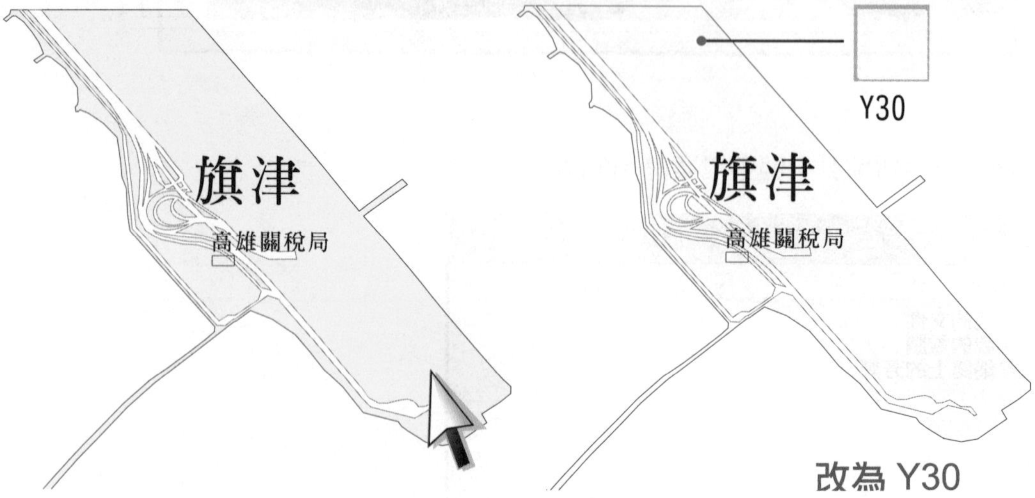

❹ 將「高雄貨櫃廠」的底色改為【M20Y20】。

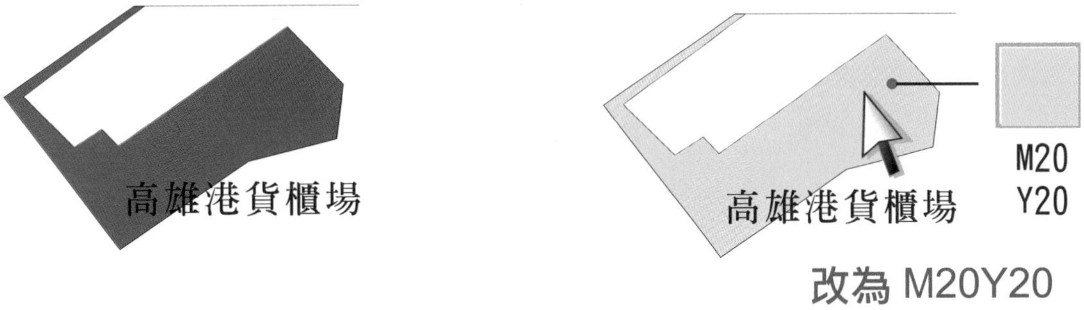

❺ 將「小港」的底色與「紅毛港」的底色改為【C20Y20】。

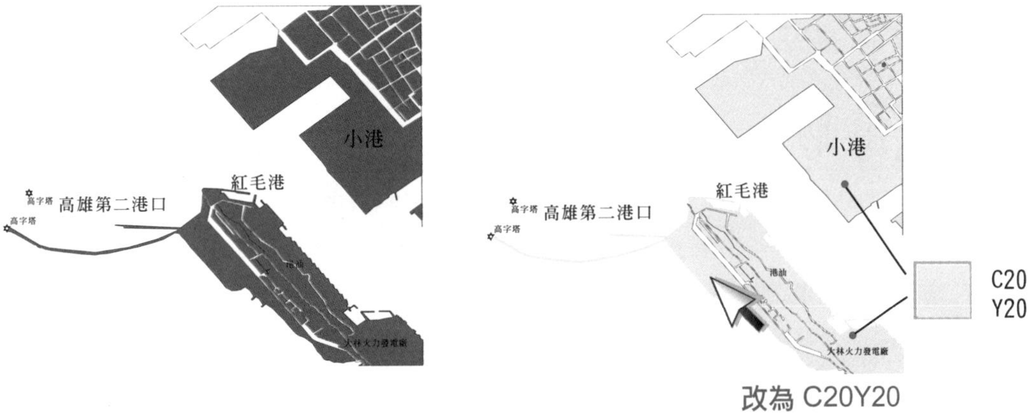

❻ 將「臺灣海峽」的文字顏色改為【K100】。

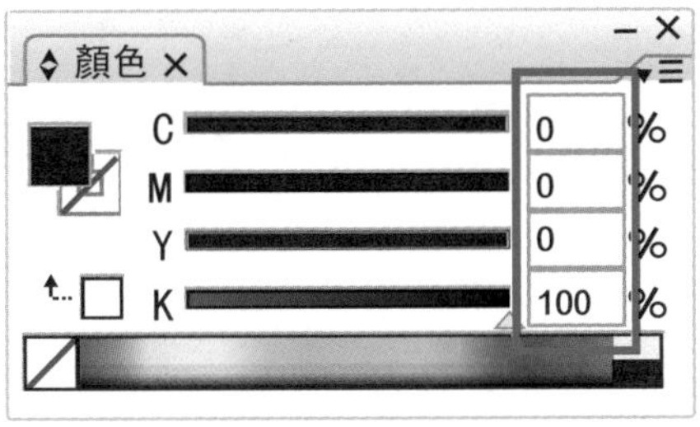

❼ 將底色改為【C30】。

❽ 將顏色修改至如同修改樣式說明後，即可點選【檔案\儲存】，將檔案回存桌面。

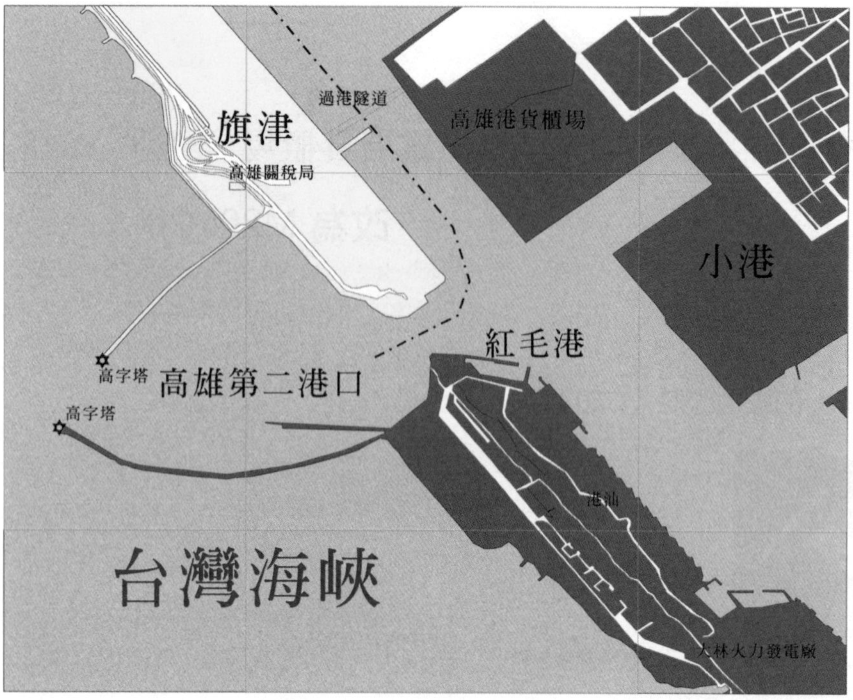

修改前

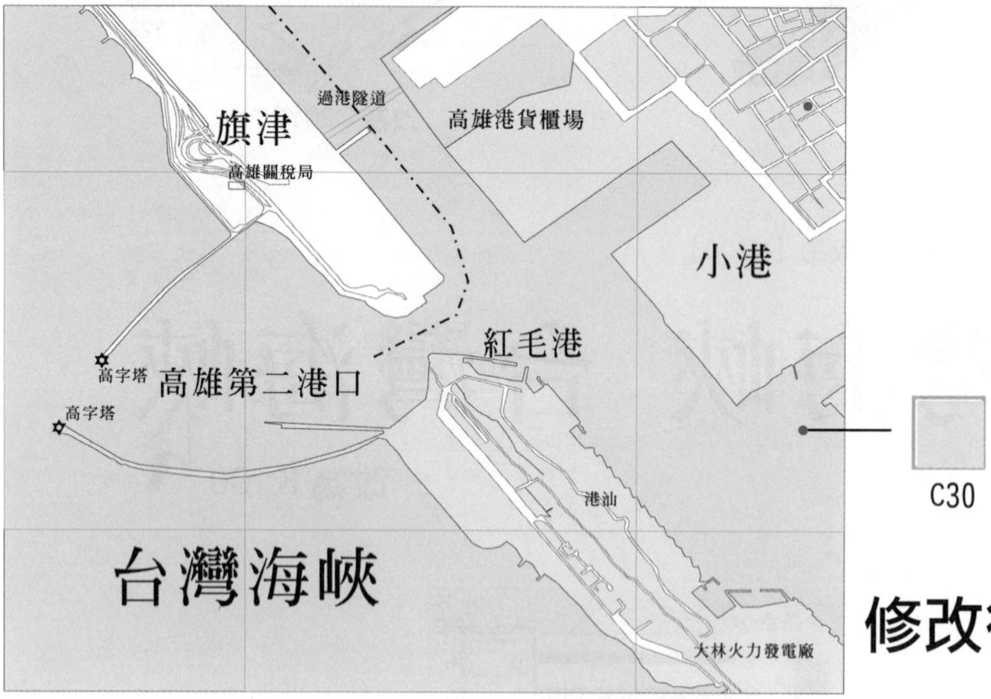

修改後（底色改為C30）

建立新文件

檢定現場須將做好的成品（包含出血線與裁切線），以 A3 紙張列印輸出並連同電子檔案一併繳交，考題中標示完成尺寸爲 210mm × 297mm 且列印成品上需含有裁切線、十字線、摺線，所以先建立一個 A3【297mm × 420mm】尺寸的畫版作爲完稿後列印輸出的紙張範圍。

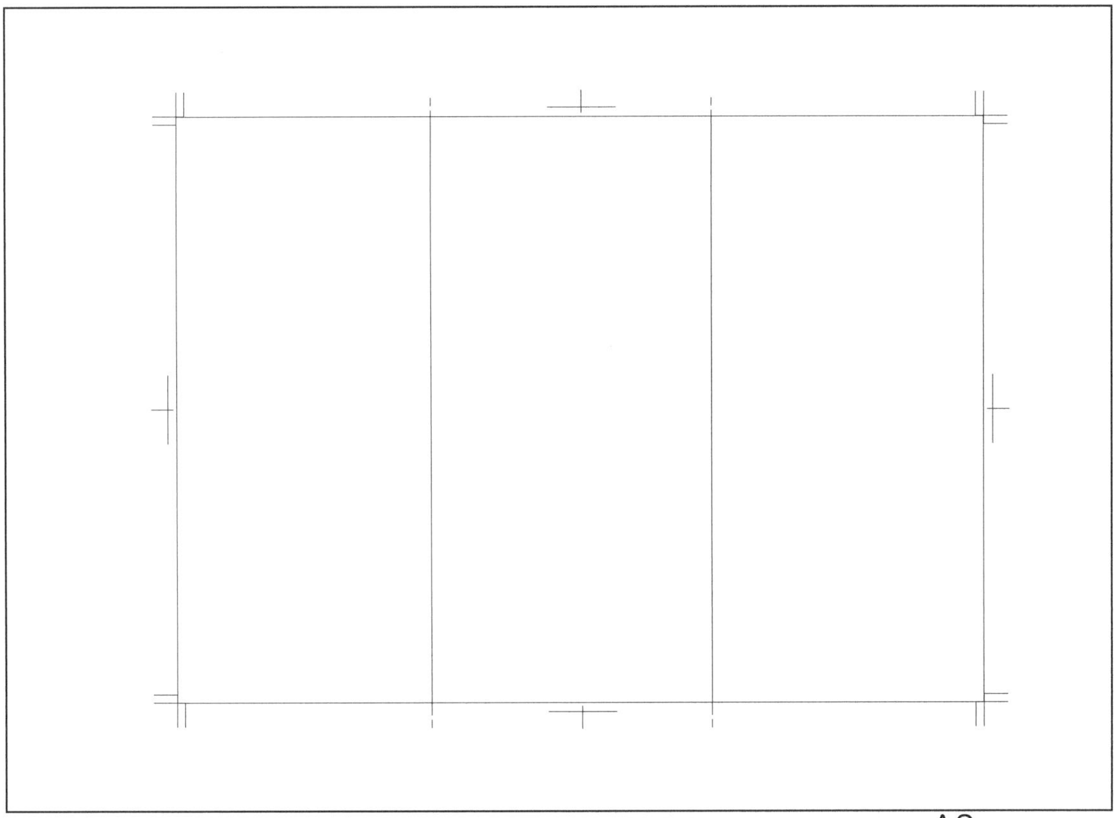

A3(297mmX420mm)

本圖為版面建立完成後的範例，供考生先理解之後再製作。

1. 首先「新增一個文件」，在 Illustrator 中點選【檔案 \ 新增】，便出現【新增文件】對話框。將文件名稱設定為 DM 正面 - 准考證號碼 + 應檢人姓名，如：【DM 正面 -B9110023 王溢川】。設定尺寸，將寬（W）與高（H）設定為【W420mm x H297mm】(A3)。色彩模式則設定為【CMYK】。

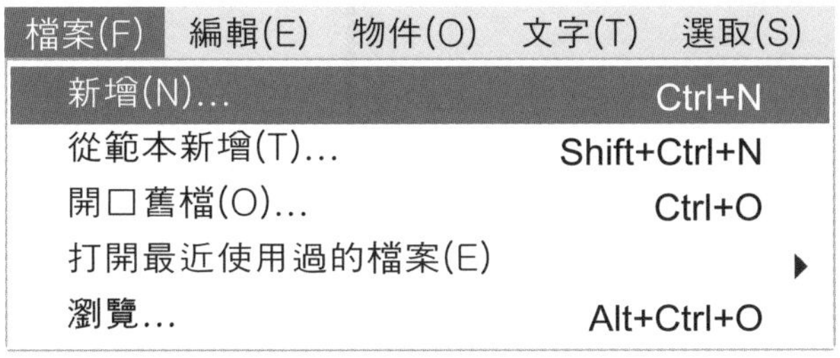

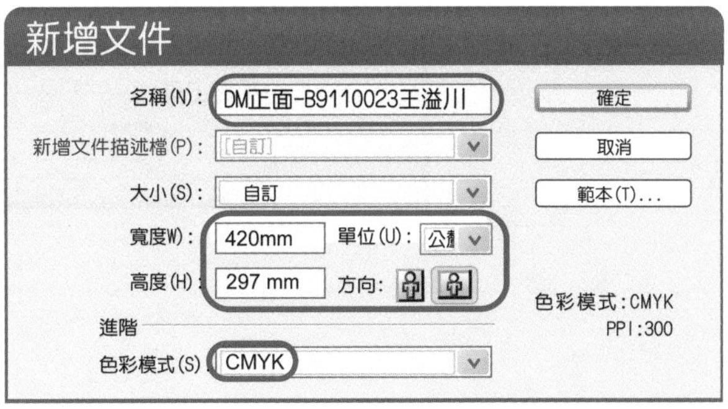

設定 Illustrator 內部操作環境與基本尺度

Adobe Illustrator 爲一套廣泛應用在設計、藝術等領域的繪圖軟體，其內部環境與基本尺度值在安裝後便有所謂的「系統基本參數設定」（Standard Basic Setup），考生要通過檢定，理所當然在尺規範上需與題目規定相符，故需作內部的尺度調整。

1. 執行【編輯】的【設定偏好\一般】（快速鍵為 Ctrl+K）將【使用日式裁切標記】打勾後按下【確定】。

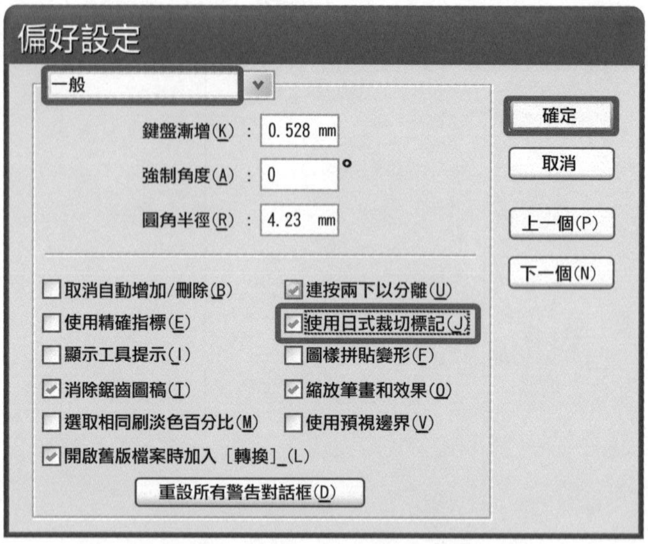

2. 執行【編輯】中的【設定偏好\單位及顯示效能】，將選項中的【一般】設定為公釐，【筆畫】設定為公釐，文字欄位則設定為【點】，完成後點擊【確定】。

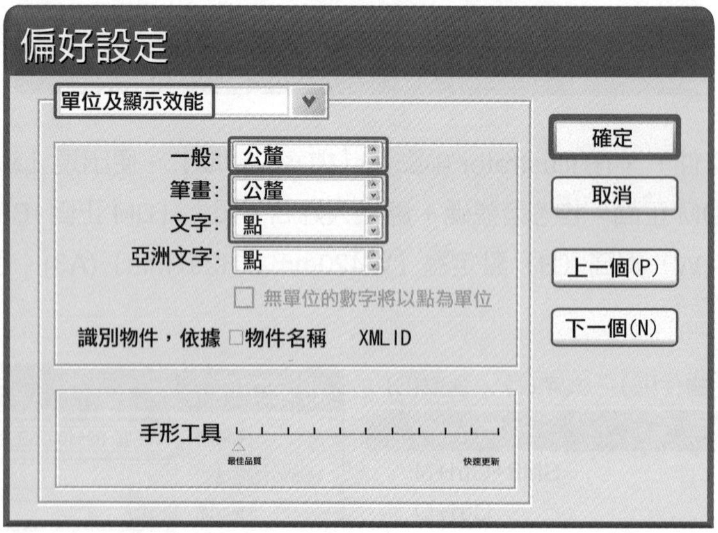

3 最後可到【視窗 \ 工作區 \ 基本】。此步驟可以在製作前先設定好製作時的工作環境區，若不小心按到 TAB 鍵或 F 鍵，隱藏了工具視窗與浮動面板，也可以用此步驟使之顯現。

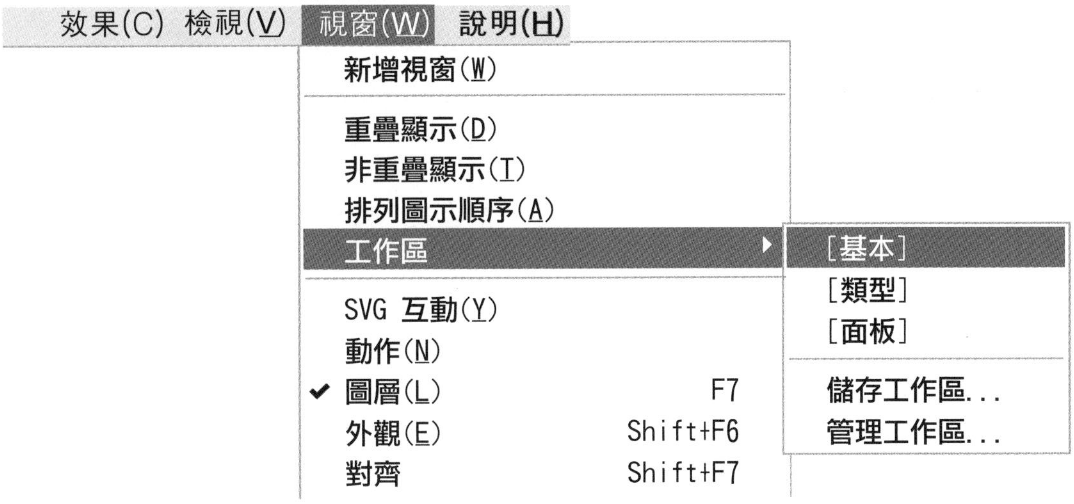

圖層順序設定與命名

1 在 Illustrator 中執行【視窗 \ 圖層】，開啟【圖層工具】視窗（快速鍵為 F7）。以滑鼠左鍵雙響【圖層 1】後出現【圖層選項】對話框。在【名稱】欄位填入【版面設定】，並按【確定】。

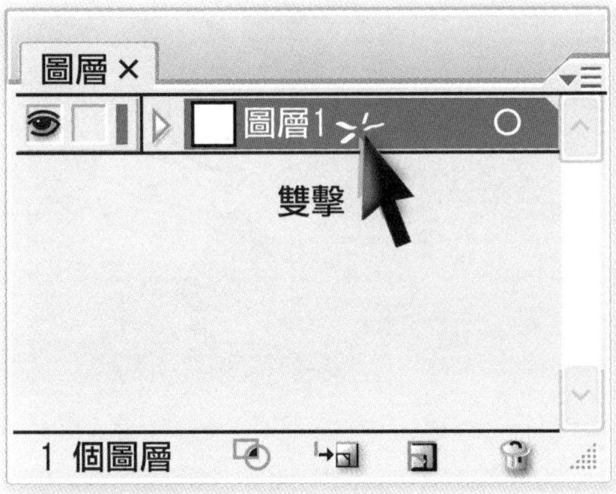

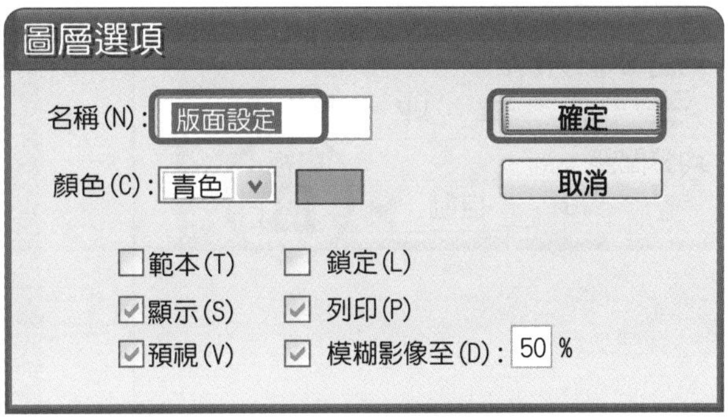

2 在【圖層工具】視窗以滑鼠左鍵單擊【製作新圖層】圖示，並將新建立的新圖層命名為【描圖檔】。

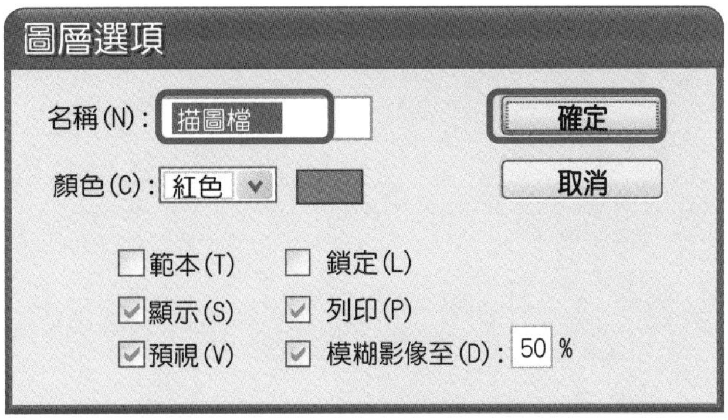

❸ 點選【描圖檔圖層】，並執行【檔案\置入】，選擇「描圖檔 01.tiff」後置入。

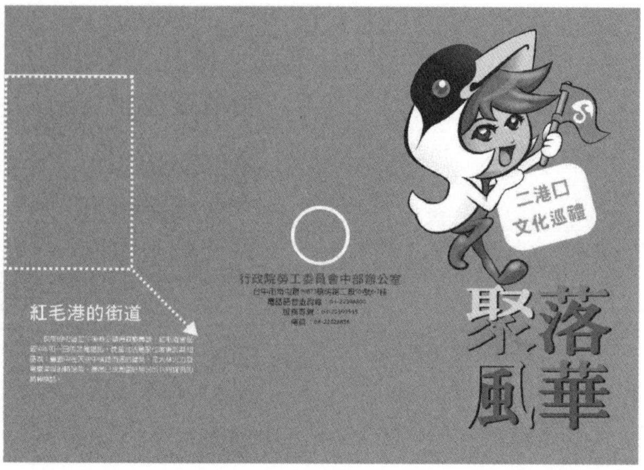

❹ 選取描圖檔，執行【視窗\對齊】將對齊畫板選項反黑【對齊畫板】，點選【水平居中】、【垂直居中】使描圖檔置於畫板中央對齊。

CS4 版本，則要選擇「對齊工作區域」。CS6 版本的畫板選項位於上方工具列，而非對齊視窗。

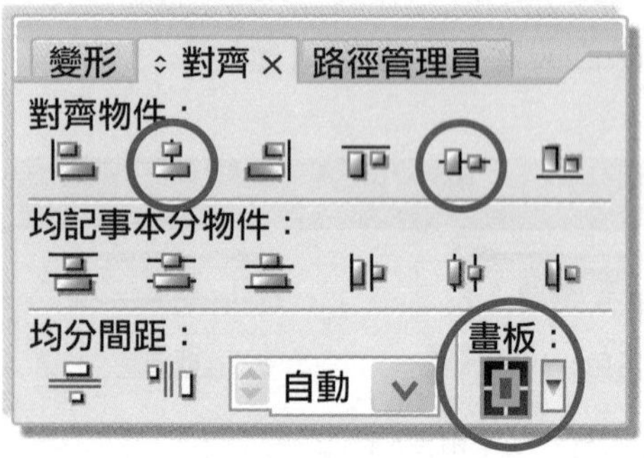

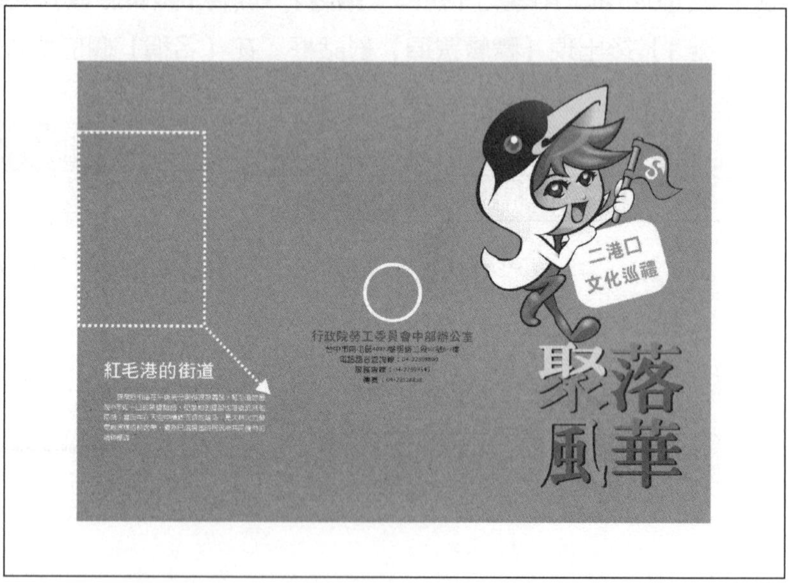

5 執行【視窗\透明度】，調整透明度為【60】（此步驟目的在於製作的同時可以參照描圖檔來對應正確位置）。此外，也可以善用圖層裡切換可見度的小眼睛，觀察所製作的稿子有無符合描圖檔的位置或是檢查有沒有掉圖或錯字。

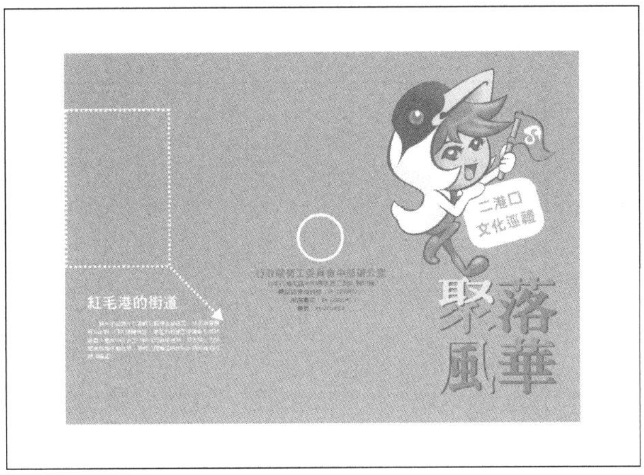

6 於【描圖檔圖層】裡頭點選【切換鎖定狀態】，將該圖層以鎖頭小圖鎖定整個圖層。

7 先點選【版面設定圖層】，因為「描圖檔圖層」僅供做對位與參照用，所以背景的底圖色塊要製作在【版面設定圖層】中。

第四題

版面建立

❶ 在版面設定的圖層中，使用【矩形工具】繪製一個寬度【303mm】（297mm+3mm+3mm 左右出血），高度【216mm】（210mm+3mm+3mm 上下出血）的矩形。

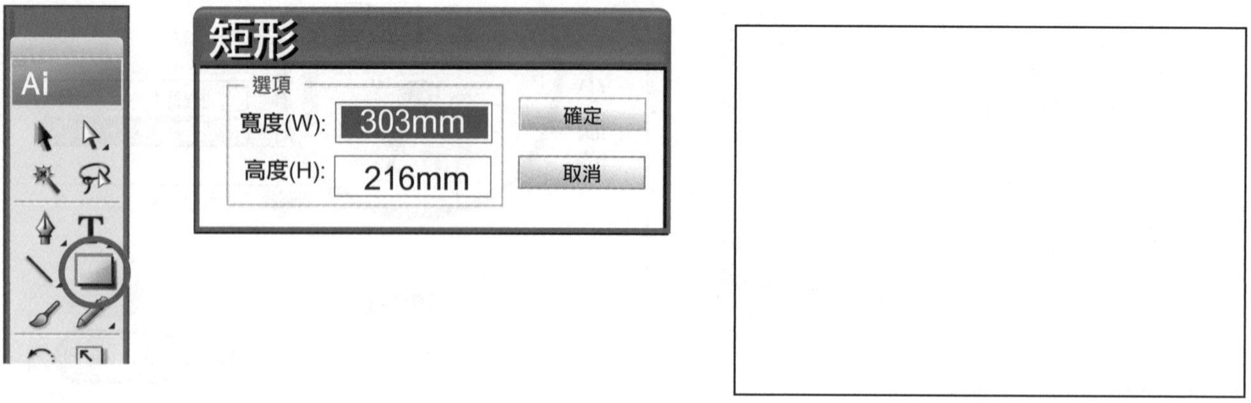

❷ 以【線段區域工具】在矩形右側任意處繪製 A 線段，長度【230mm】角度【90 度】的線段（長度只要超過 216mm 即可）。

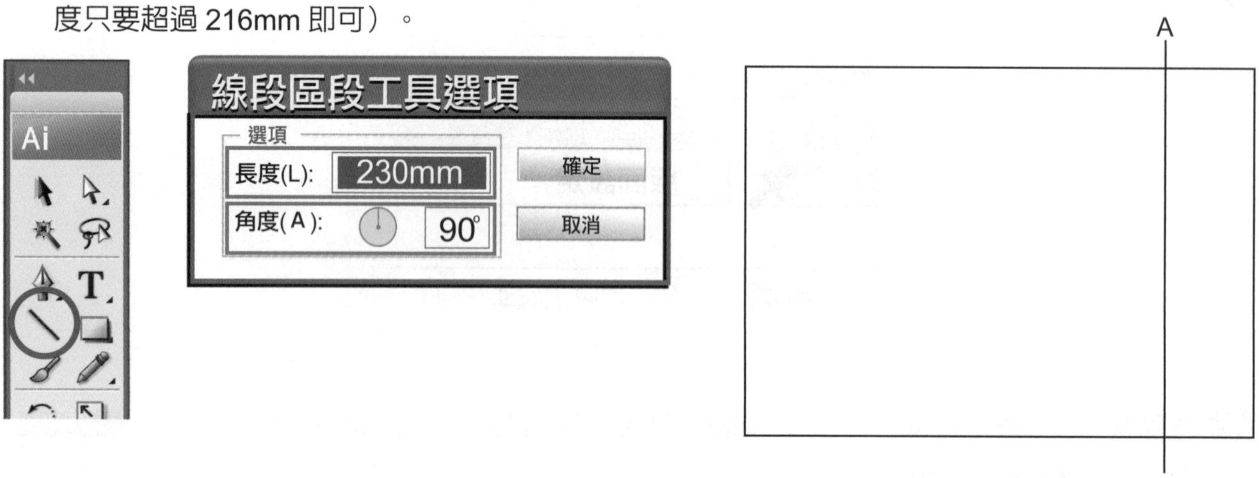

❸ 同時選取 A 線段與剛才繪製好的矩形，執行【視窗 \ 對齊】。確認對齊選項中畫板應為反白【對齊物件】而非選擇反黑（對齊畫板）後，再點選【水平齊左】與【垂直置中】，使線條置於矩形的左側後按下【Ctrl+G】（組成群組）。

CS4 版本，則要選擇「對齊選取的物件」。CS6 版本的畫板選項位於上方工具列，而非對齊視窗。

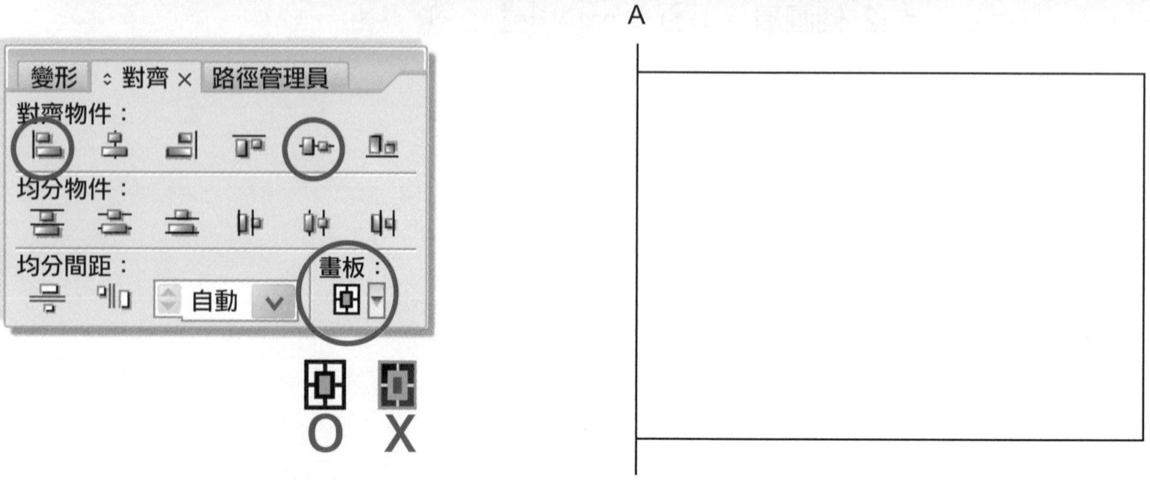

4 在【對齊工具】中將對齊畫板選項使之反黑【對齊畫板】，並點選【水平居中】與【垂直居中】。完成定位後執行【物件\解散群組】（Ctrl+Shift+G）。

CS4 版本，則要選擇「對齊工作區域」。CS6 版本的畫板選項位於上方工具列，而非對齊視窗。

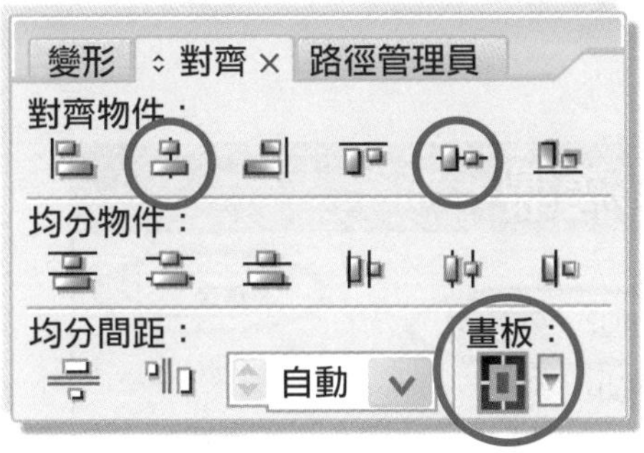

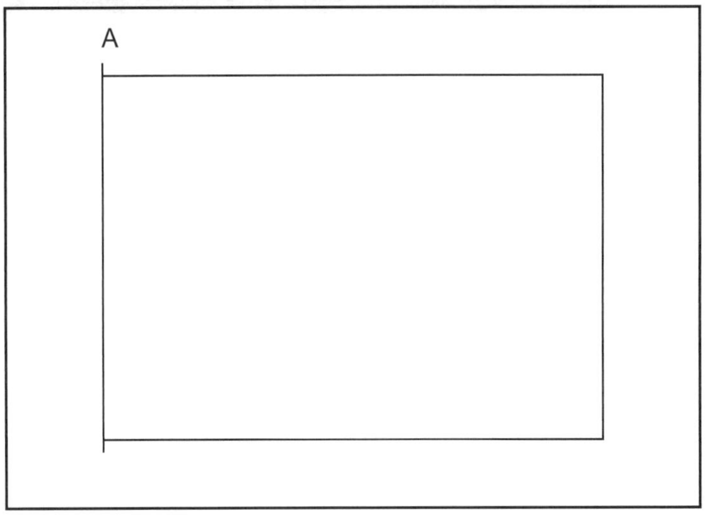

A3(297mmX420mm)

5 點選 A 線段按下【Enter】即出現移動工具，設定數值：水平：【101mm】，垂直：【0mm】，接著按【拷貝】，即出現 B 線段。

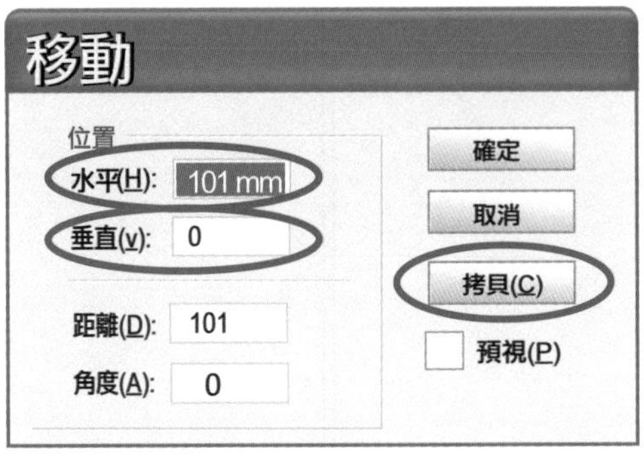

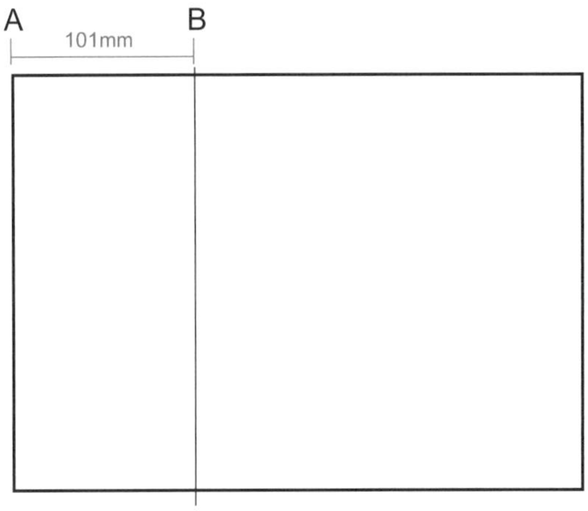

6 再次按下【Enter】即出現【移動工具】，設定數值：水平：【99.5mm】，垂直：【0mm】，接著按【拷貝】，是為 C 線段。

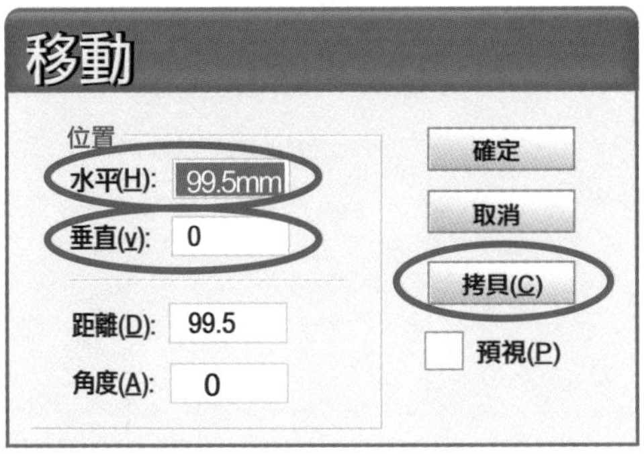

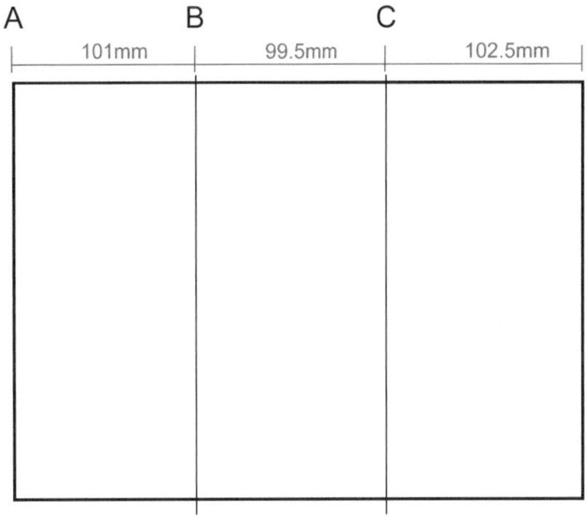

❼ 點選矩形執行【物件\路徑\位移複製】出現【位移複製】對話框後，將位移選項設定為【-3mm】。

CS4 以上版本，需先複製一個相同的矩形貼至下層，再執行【效果\路徑\位移複製】與【物件\擴充外觀】，才能得到兩個矩形。

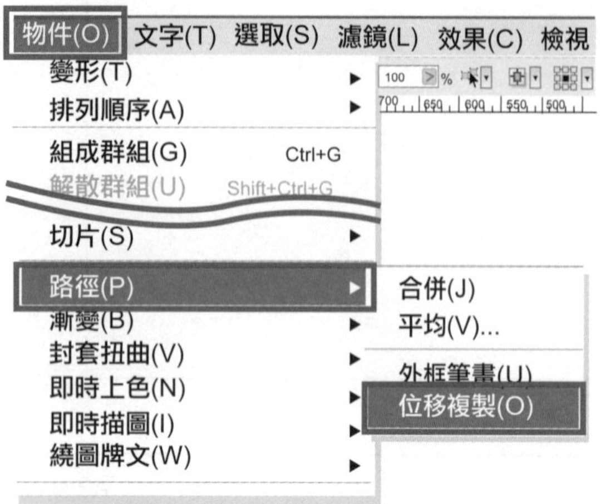

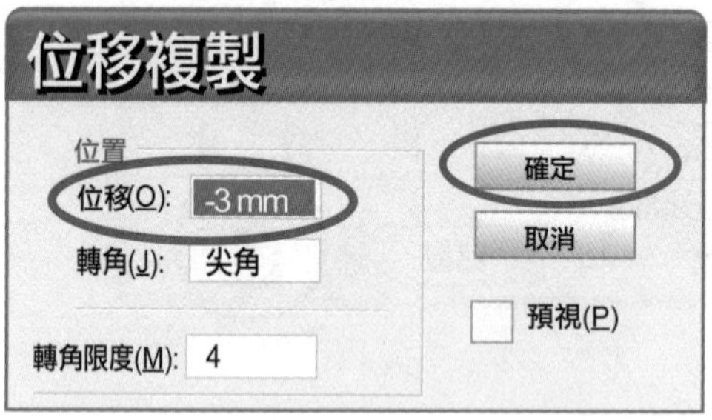

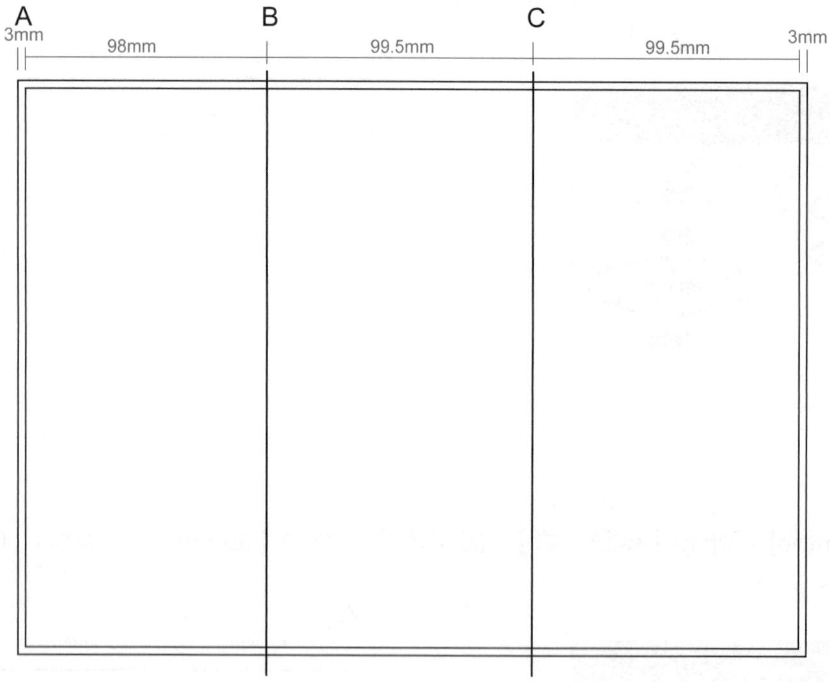

8 點選內部的矩形，執行【濾鏡 \ 建立 \ 裁切標記】製作裁切標記，並按【Ctrl+2】鎖定裁切標記。

CS4 以上版本，則在【效果 \ 裁切標記】進行操作。

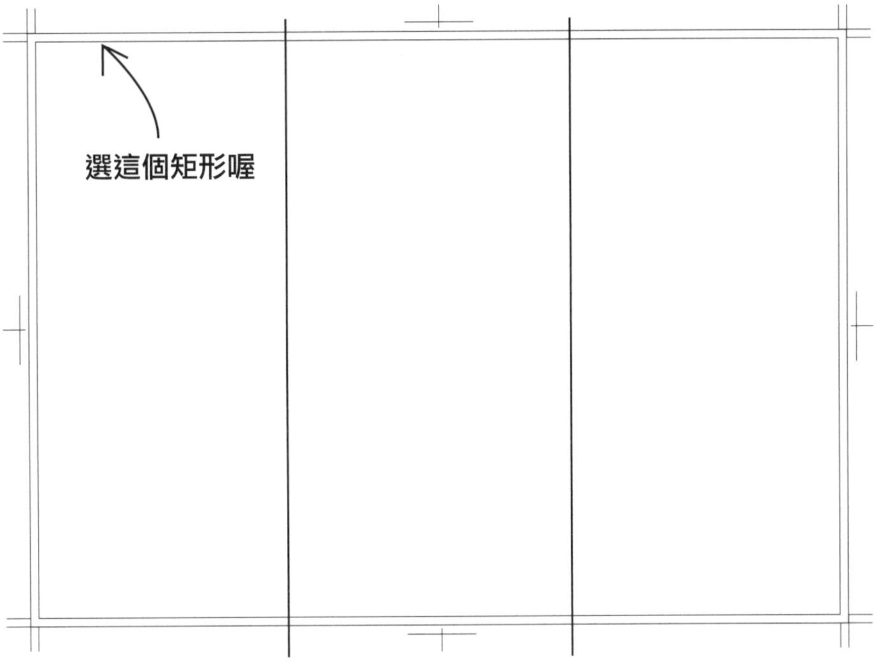

9 接著選取內部矩形，然後按【Delete】刪除之。

CS4 以上版本，需再執行【物件 \ 擴充外觀】與【物件 \ 解散群組】後才能再刪除內部矩形而留下裁切標記。

10 選取 B、C 兩條線段後按下【Ctrl+C】（複製）再按【Ctrl+B】（貼至下層）。執行【視窗 \ 筆畫】後，在【虛線】選項打勾，並將線條寬度設定為【0.5pt】，按下【Ctrl+2】將此二條線段鎖定。

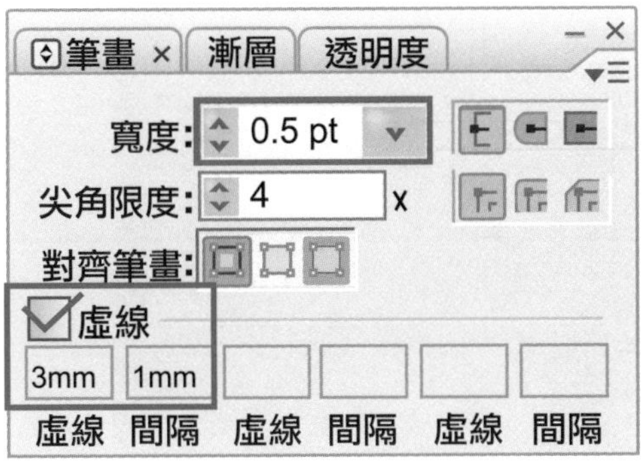

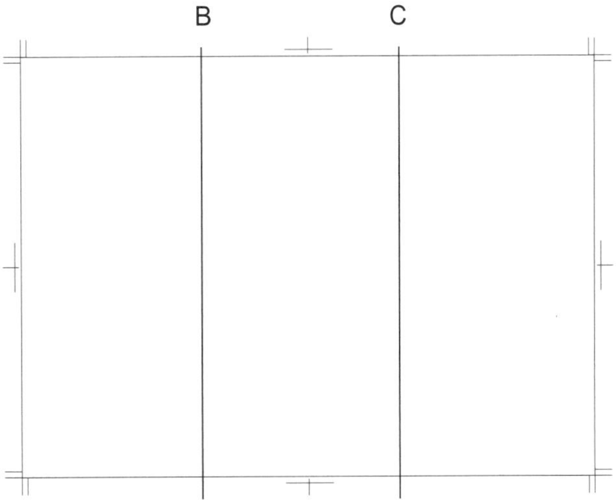

11 同時點選矩形與 B、C 兩實線線段後，執行【視窗 \ 路徑管理員】，點選【分割】讓在底部的 B、C 虛線線段浮現出來，底稿繪製即告完成。

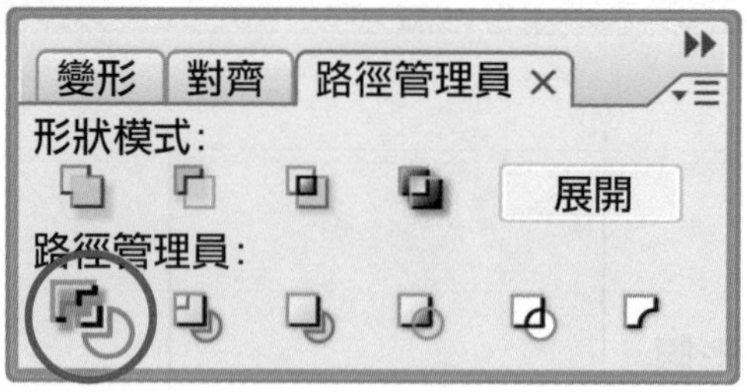

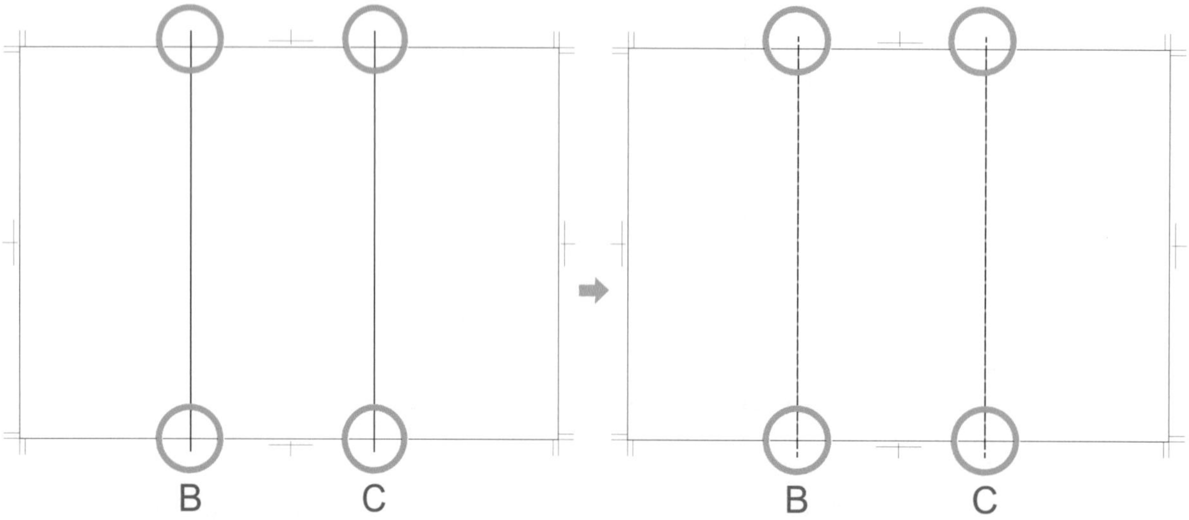

放置文字

1 點選繪製好的底版後執行【物件 \ 解散群組】（Ctrl+Shift+G），並將三個矩形由左至右分別填入【M25Y35】、【K30】、【C35M25】的色彩，且黑色外框線去除。

2 執行【檔案\置入】後，選擇後製過後的「image2.tif」檔，依照描圖檔置放到正確的位置。

3 以記事本開啓 TEXT.txt 文字檔，複製「紅毛港的街道」後回到 Illustrator 內以【文字工具】輸入，將字型設為【粗黑體】【24pt】，顏色為【白色】，依描圖檔置於正確位置上。

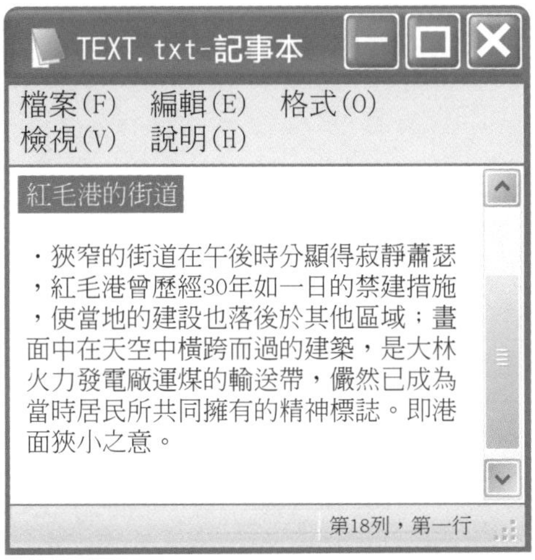
TEXT. txt-記事本
檔案(F) 編輯(E) 格式(O)
檢視(V) 說明(H)
紅毛港的街道
・狹窄的街道在午後時分顯得寂靜蕭瑟，紅毛港曾歷經30年如一日的禁建措施，使當地的建設也落後於其他區域；畫面中在天空中橫跨而過的建築，是大林火力發電廠運煤的輸送帶，儼然已成為當時居民所共同擁有的精神標誌。即港面狹小之意。
第18列，第一行

4 回到記事本內複製「狹窄 ......」等文字後，回到 Illustrator 內以【文字工具】輸入，字型設為【中圓體】【9pt】，行距【14pt】，顏色為【白色】，依描圖檔置於正確位置上。

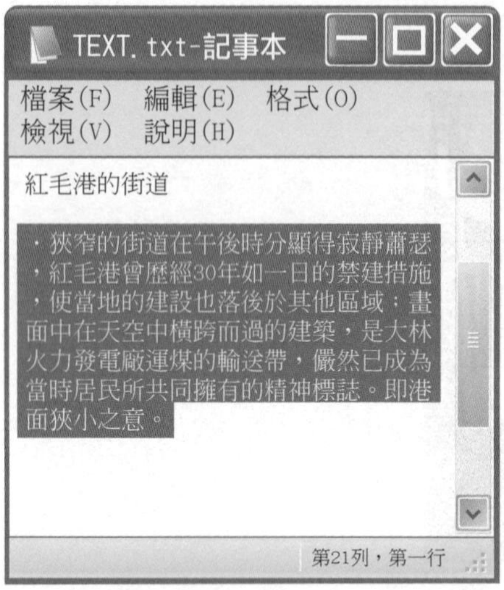
TEXT. txt-記事本
檔案(F) 編輯(E) 格式(O)
檢視(V) 說明(H)
紅毛港的街道
，狹窄的街道在午後時分顯得寂靜蕭瑟，紅毛港曾歷經30年如一日的禁建措施，使當地的建設也落後於其他區域：畫面中在天空中橫跨而過的建築，是大林火力發電廠運煤的輸送帶，儼然已成為當時居民所共同擁有的精神標誌。即港面狹小之意。
第21列，第一行

字元
段落
opentype
中圓體
9 pt
(14 pt)
100%
100%

紅毛港的街道

5 左邊的版面便製作完成。

紅毛港的街道

LOGO 製作

1 執行【檔案 / 置入】選擇 image1.jpg 圖檔，將透明度調整為【50%】使用變形工具將長與寬均改為【28mm】，再執行【物件 \ 鎖定】（Ctrl+2）。

2 以【橢圓形工具】依照描圖檔大小繪製一個直徑【28 mm】圓形，使用【漸層工具】設定內部填色為【C60M25 ～白色】，漸層類型選擇【放射狀】。

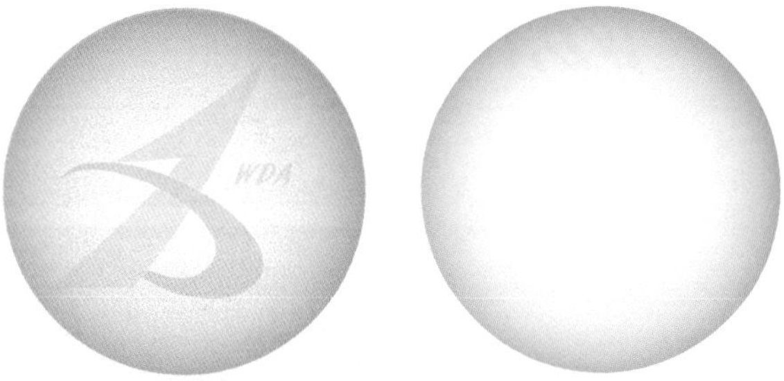

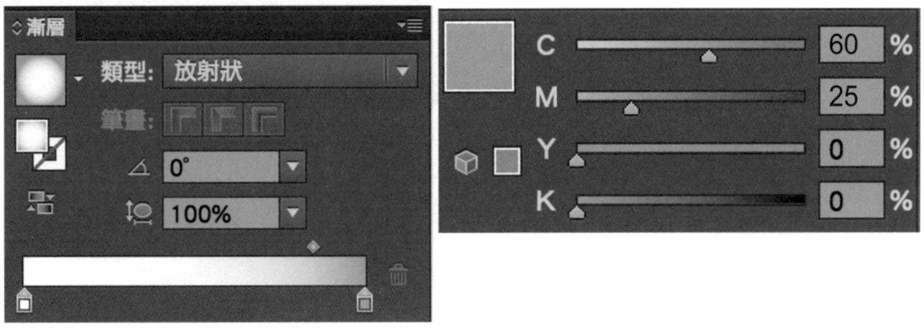

3 以【鋼筆工具】按描圖檔繪製一個橘色幾何形內部填色為【M80Y95】，再繪製一個內部填色為【C100M90】的藍色幾何形，接著繪製一個 WDA 的封閉曲線，內部填色為【M100Y100】。其中圖形 D，中間空白處應以路徑管理員中的【差集】來挖空而非填入白色。

第四題

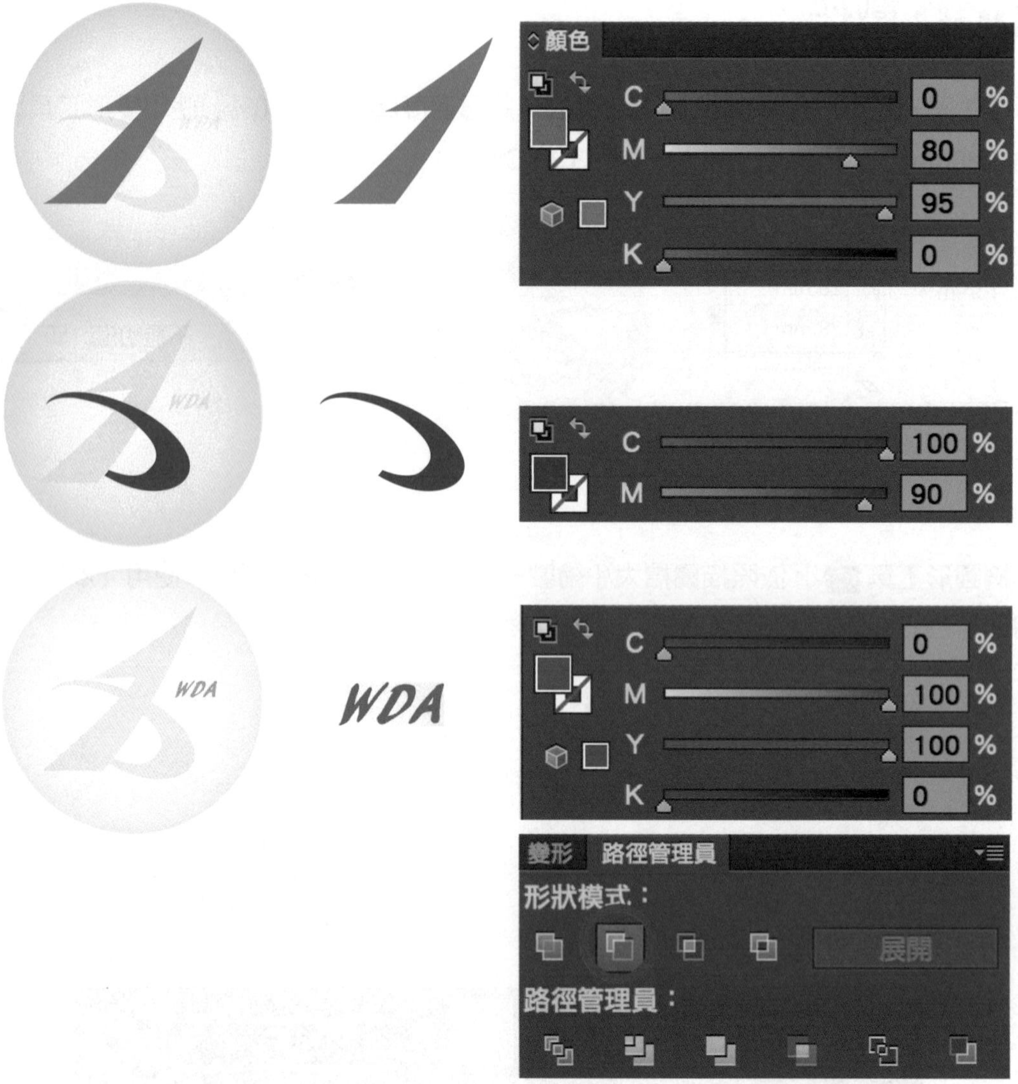

❹ 按下【Ctrl+Alt+2】（解除鎖定），並將 LOGO 背景的「image 圖檔」刪除，留下 LOGO 的向量圖檔。

❺ 自行輸入「勞動部勞動力發展數技能檢定中心」等字，字型設為【粗黑體】【14pt】，顏色設定為【C100M90】。

勞動部勞動力發展署技能檢定中心

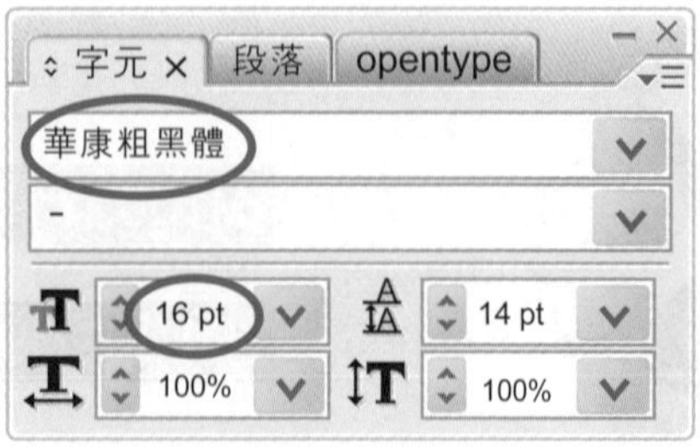

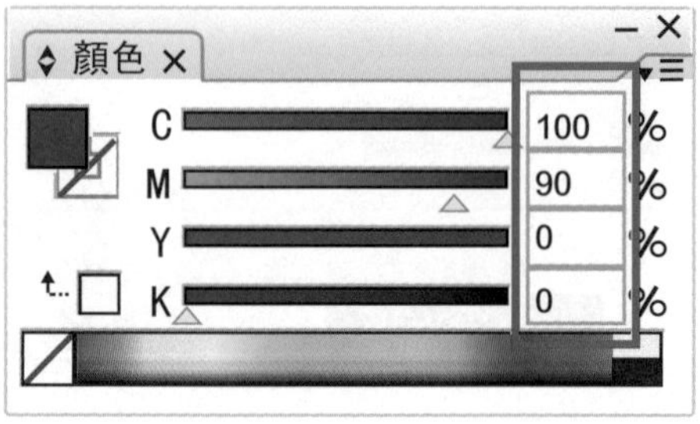

8 自行輸入「台中市南屯區 40873 黎明路二段 501 號 6-7 樓 ....」等字，將字型設為【中圓體】【9pt】，顏色【K70】，行距【13.5pt】。並在【段落】面板選項中為選擇【置中對齊】，依描圖檔對位（可適當調整字距以利對位）。

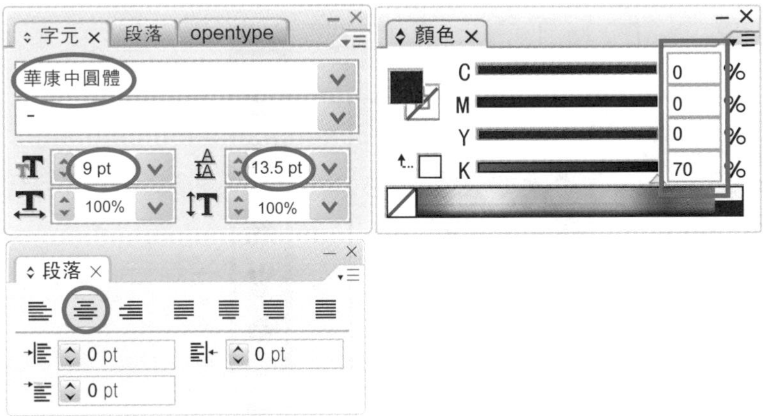

字元
段落
opentype
華康中圓體
9 pt
13.5 pt
100%
100%
顏色
C 0 %
M 0 %
Y 0 %
K 70 %
段落
0 pt
0 pt
0 pt

勞動部勞動力發展署技能檢定中心
台中市南屯區40873黎明路二段501號6-7樓
電話語音查詢線:04-22598800
服務專線:04-22595700
傳真:04-22528858

第四題

9 參照描圖檔，將上述文字置放於正確的位置。

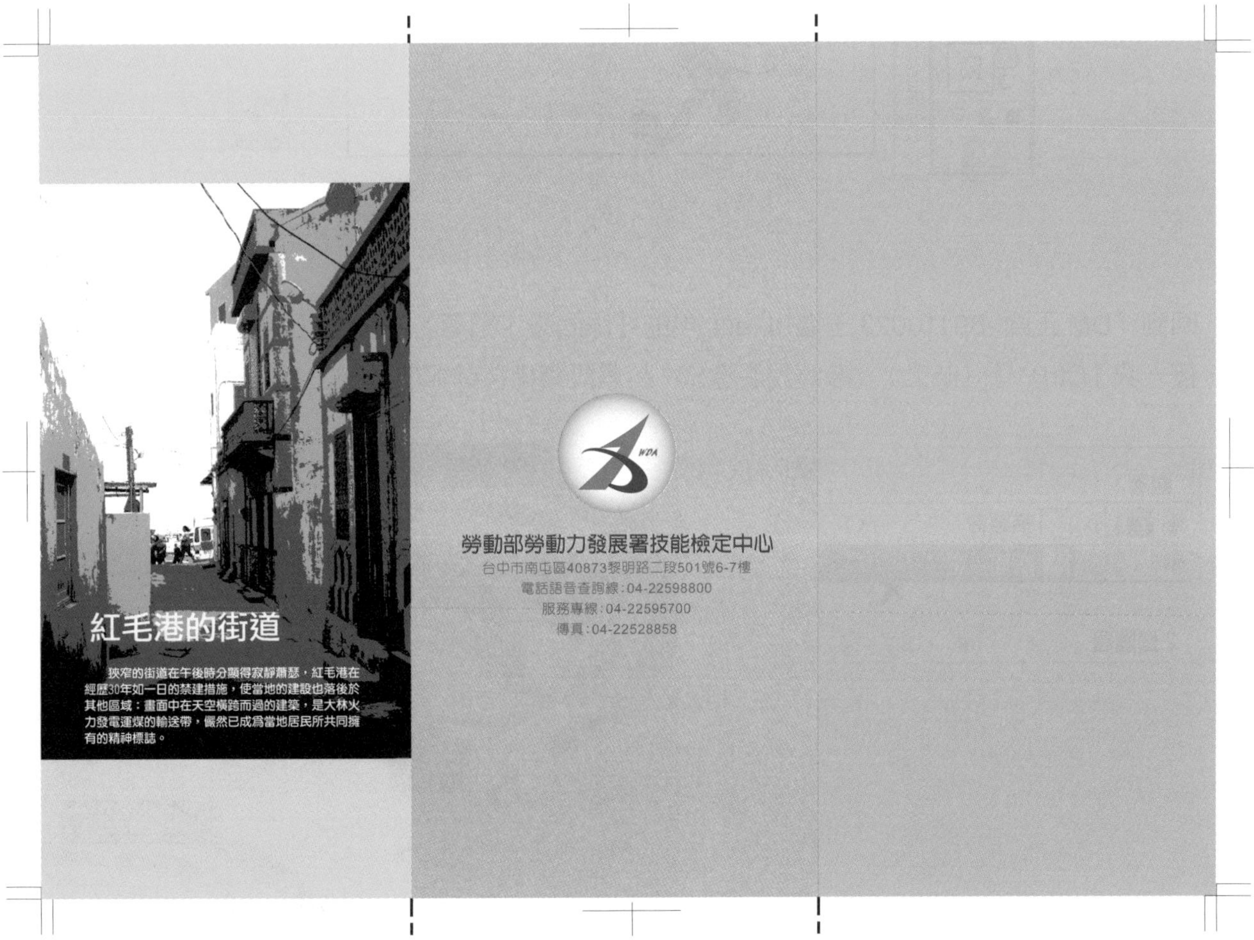

紅毛港的街道
狹窄的街道在午後時分顯得寂靜蕭瑟，紅毛港在經歷30年如一日的禁建措施，使當地的建設也落後於其他區域；畫面中在天空橫跨而過的建築，是大林火力發電運煤的輸送帶，儼然已成爲當地居民所共同擁有的精神標誌。
勞動部勞動力發展署技能檢定中心
台中市南屯區40873黎明路二段501號6-7樓
電話語音查詢線:04-22598800
服務專線:04-22595700
傳真:04-22528858

燈籠位置放置

❶ 以 Illustrator 開啓「DRAW」檔，選取燈籠圖樣，按下【Ctrl+C】（複製）。

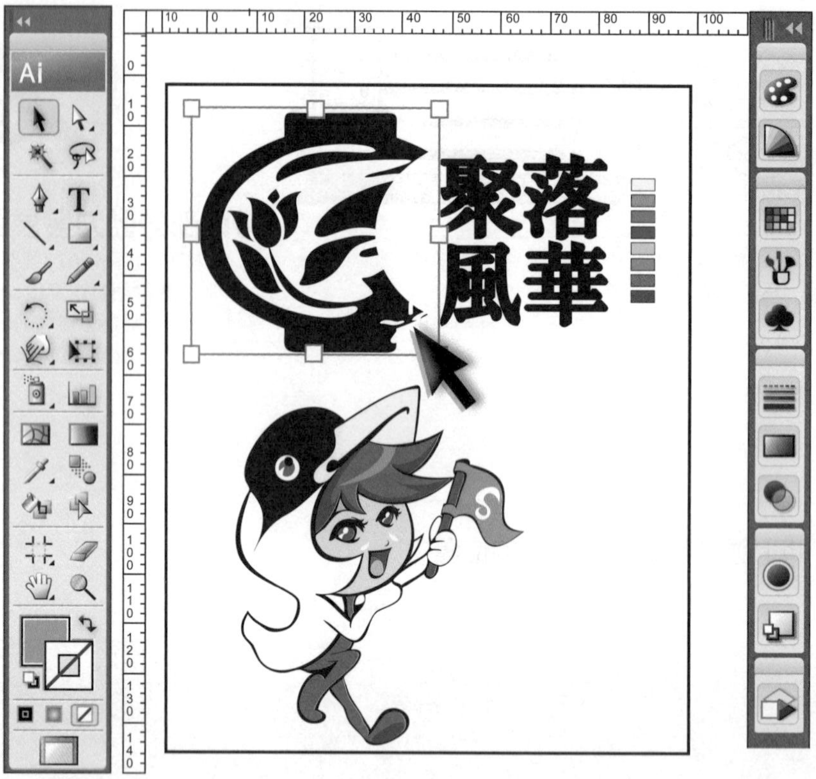

❷ 回到「DM 正面 -B9110023 王溢川 .ai」中的【版面設定圖層】，按下【Ctrl+V】（貼上）後再按一次【Ctrl+V】（貼上）。參照說明樣式，將燈籠圖樣移動縮放到左上方與右下方的適當位置。

❸ 確認位置與大小有對照描圖檔後，將兩個燈籠的顏色設定為【白色】，右下角的燈籠透明度設定為【50%】。

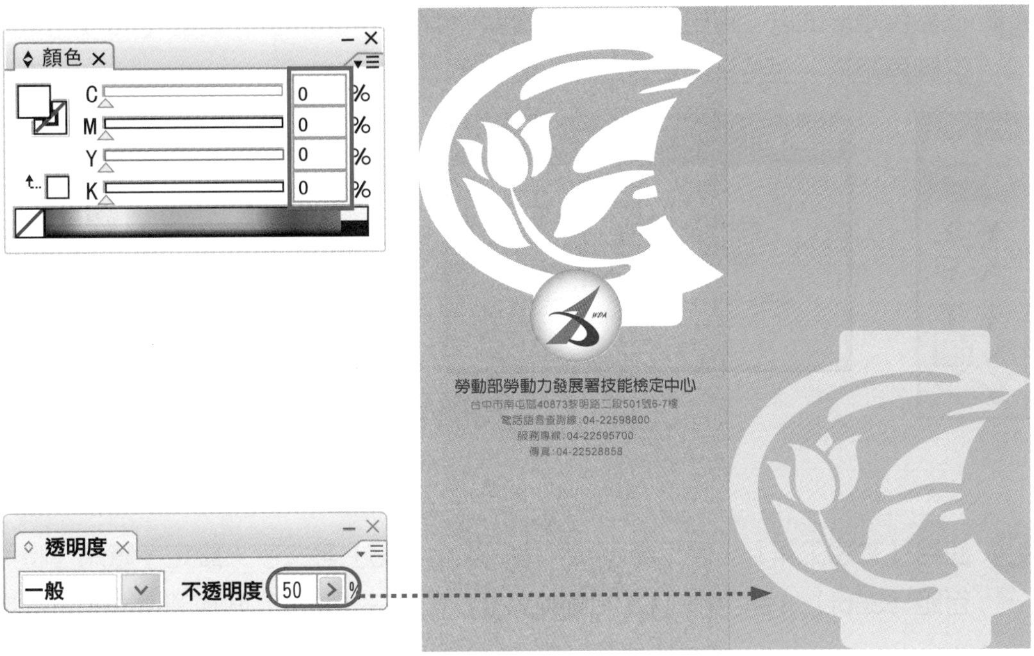

❹ 點選左上角的燈籠圖案，以滑鼠左鍵雙擊【鏡射工具】圖樣（亦可於圖案點擊滑鼠右鍵選擇【變形\鏡射】），使用【垂直】鏡射，並改變排列順序使 LOGO 在上方，燈籠在下方，再依描圖檔擺放到適當位置。

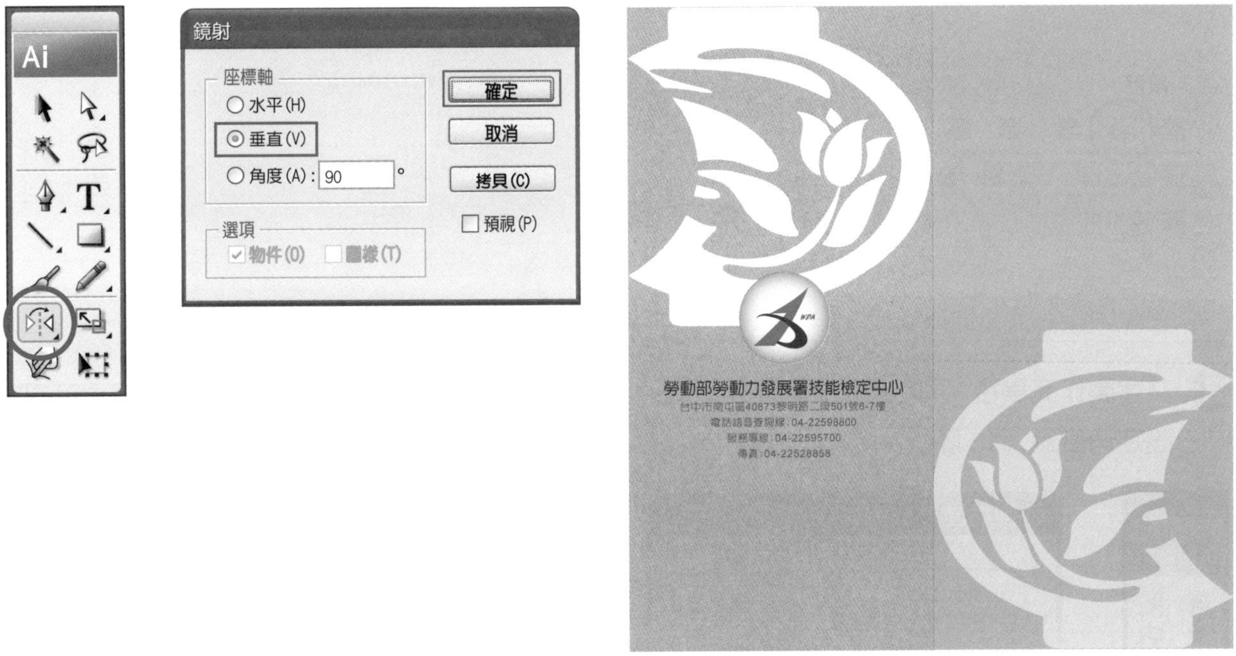

第四題

圓角矩形製作

1. 在藍色矩形上以【圓角矩形工具】繪製一個寬【45mm】、高度【35mm】、圓角半徑【8mm】之圓角矩形，並將其內部填入【白色】。

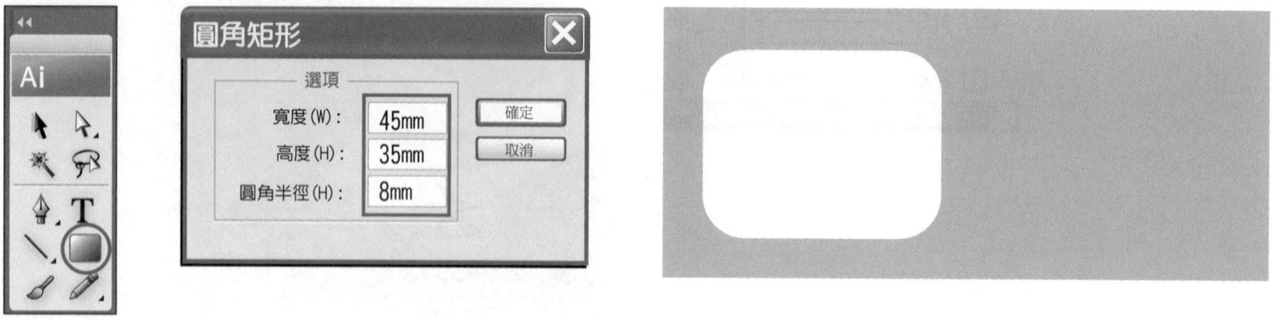

2. 使用【文字工具】，自行輸入「二港口文化巡禮」等文字，設定字體為【特黑體】【24pt】，行距【38pt】，顏色為【C100M80Y20】，並在【段落】面板選項中將其設為【置中】。

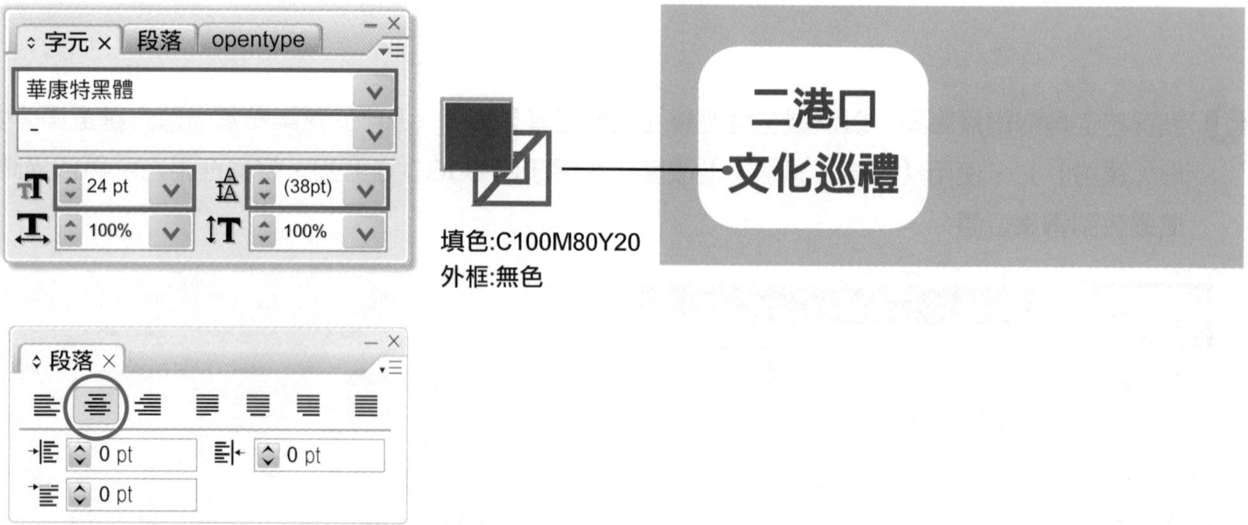

3. 文字製作完畢後，同時選取文字與圓角矩形，以滑鼠左鍵雙擊【旋轉工具】即出現旋轉角度視窗，設定角度為【15 度】。

4 參照描圖檔，將文字框移至正確位置。

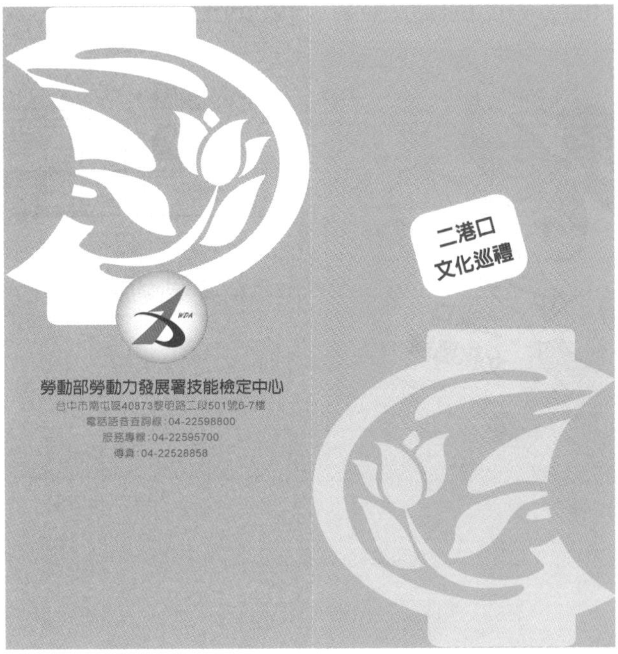

置放公仔

1 切換視窗到「DRAW」檔案的視窗，選取「公仔」後按下【Ctrl+C】（複製）。

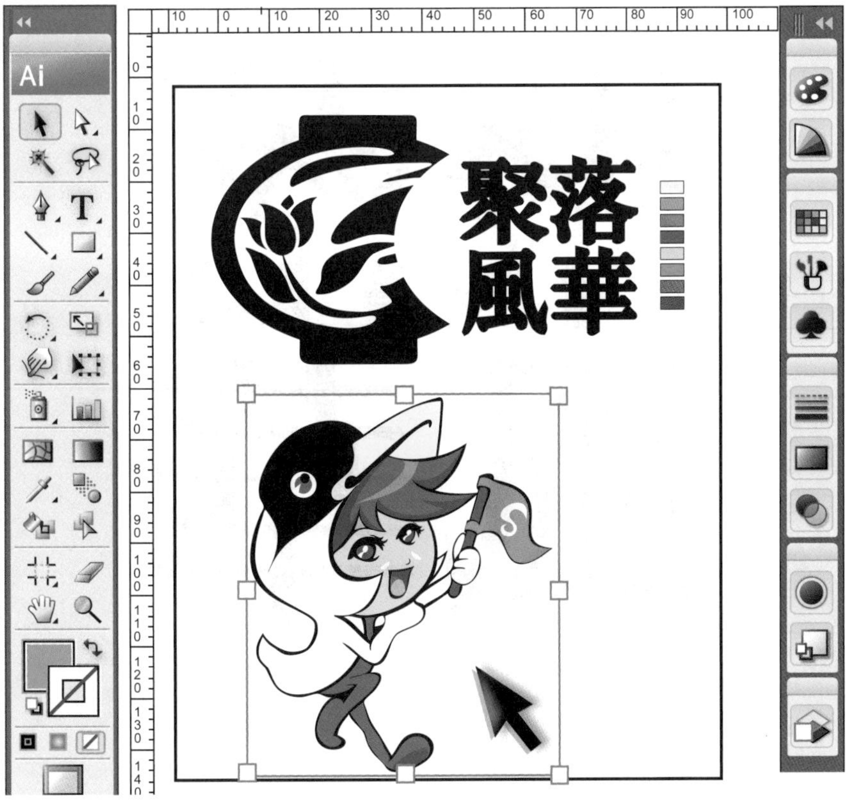

❷ 再回到「DM 正面 -B9110023 王溢川 .ai」中的【版面設定圖層】按下【Ctrl+V】（貼上），再對照描圖檔，按住【Shift】等比例縮放至高【120mm】。

聚落風華 - 文字特效製作

❶ 切換到「DRAW」檔案的視窗，以直接選取工具選取「聚落風華」四個字。

2 點按【路徑管理員】中的【聯集】（此處因版本差異，若聚落風華沒有展開，再點按展開鈕）。

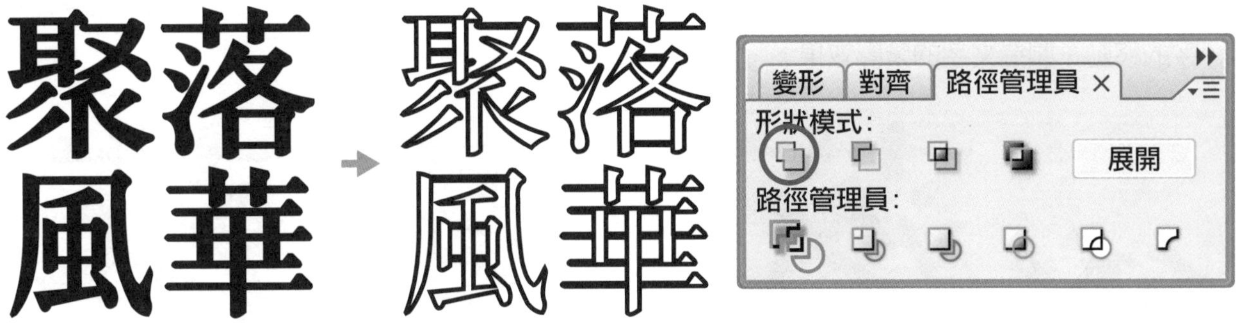

3 按滑鼠右鍵點選【解散群組】，將聚落風華四個分別解散。選取「聚」字上方的「取」，依照隨題附上的色票，以滴管工具吸取色樣（按住【Shift】可保持外框筆劃不變）；吸取色樣時要注意此處線條顏色與內部填色要一致，剩下來的「落」、「風」、「華」，則以此類推依序完成。

提醒：參考素材的色樣有黑色外框，用滴管吸取或製作色票時要注意顏色是否正確，並保持外框筆劃的寬度不變。

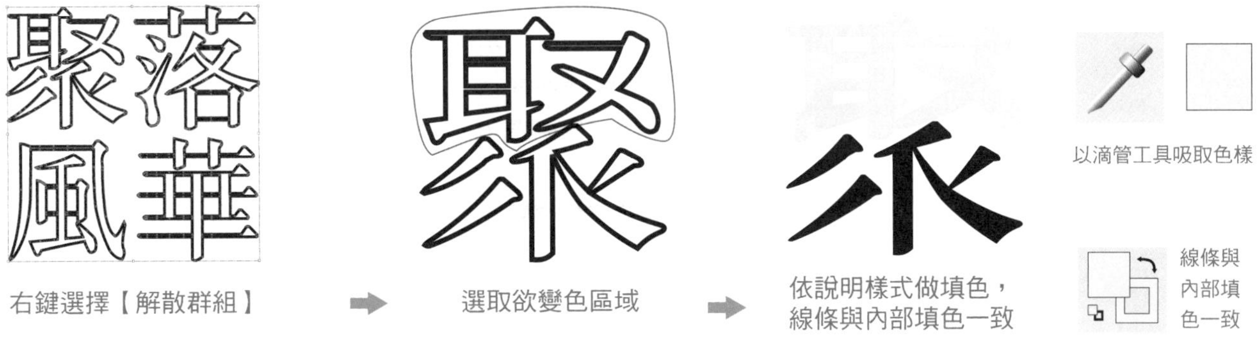

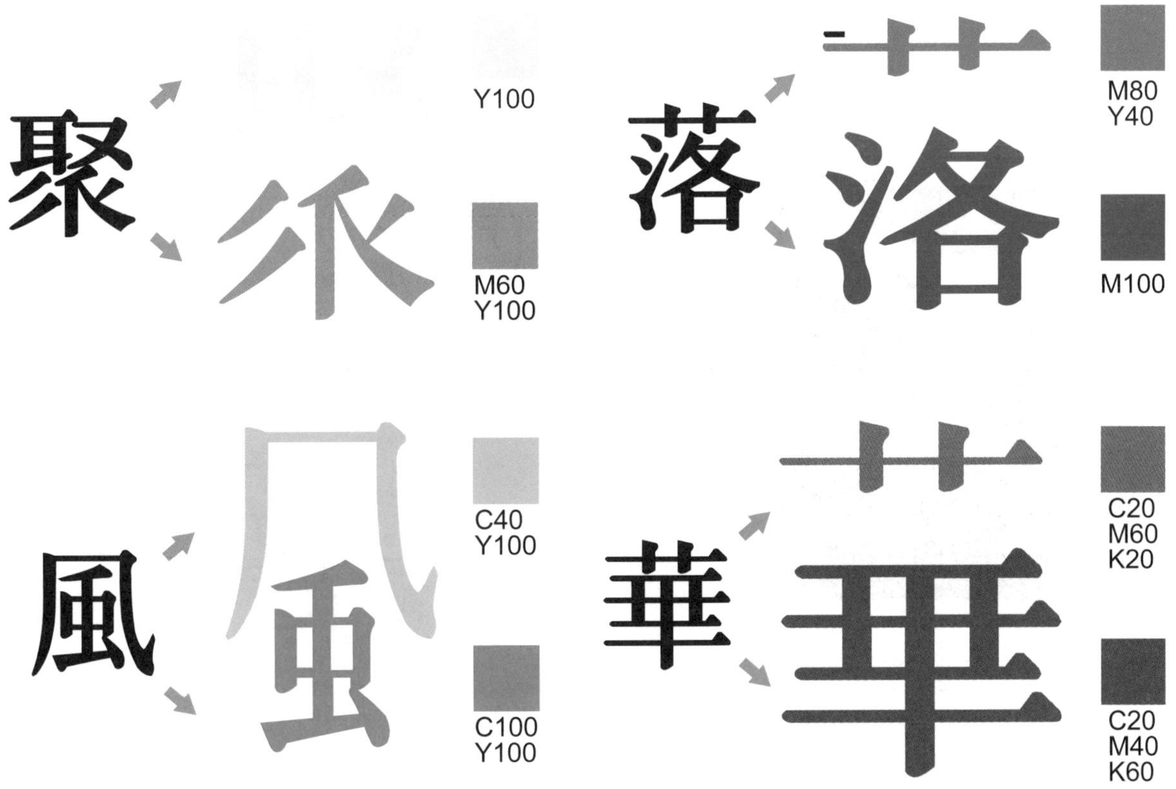

4 選取「聚落風華」圖文字，先按下【Ctrl+C】（複製）再按【Ctrl+B】（貼至下層）。接著將內部填色與外部線條顏色改為【K100】，並按 3 下「向右鍵」按 3 下「向下鍵」，即可透過圖文字的移動，製造文字的陰影效果。

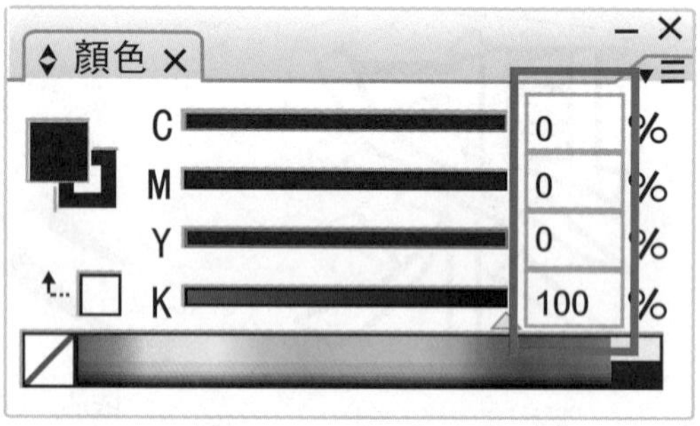

5 最後對照描圖檔，將圖文字移動到正確位置後，即完成 DM 正面的製作。

❻ 執行【檔案 \ 另存新檔】將檔案存為 PDF 檔，並將檔案命名為「DM 正面 -B9110023 王溢川 .pdf」。

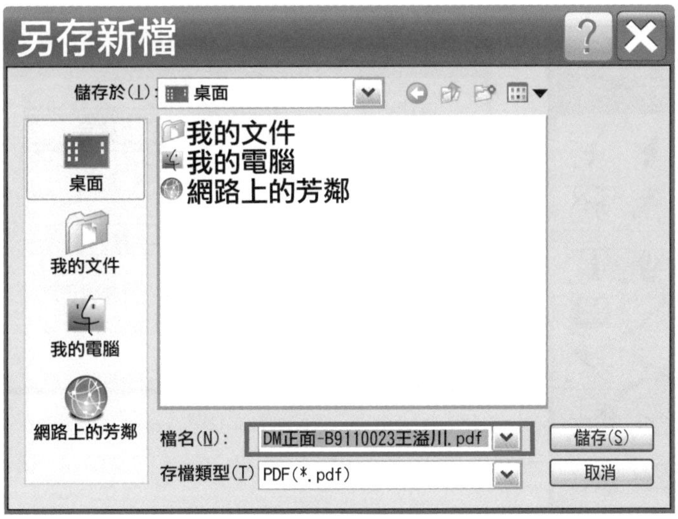

製作 DM 背面 - 前製

❶ 待 DM 的正面製作完畢並且另存新檔後，將版面上的圖與文字以 Delete 鍵一一刪除，僅保留 M100 的矩形、Y100 的矩形、C100 的矩形、左上角的燈籠圖案、吉祥物 (公仔)、聚落風華的圖文字與裁切標記（含摺線、十字對位線）。

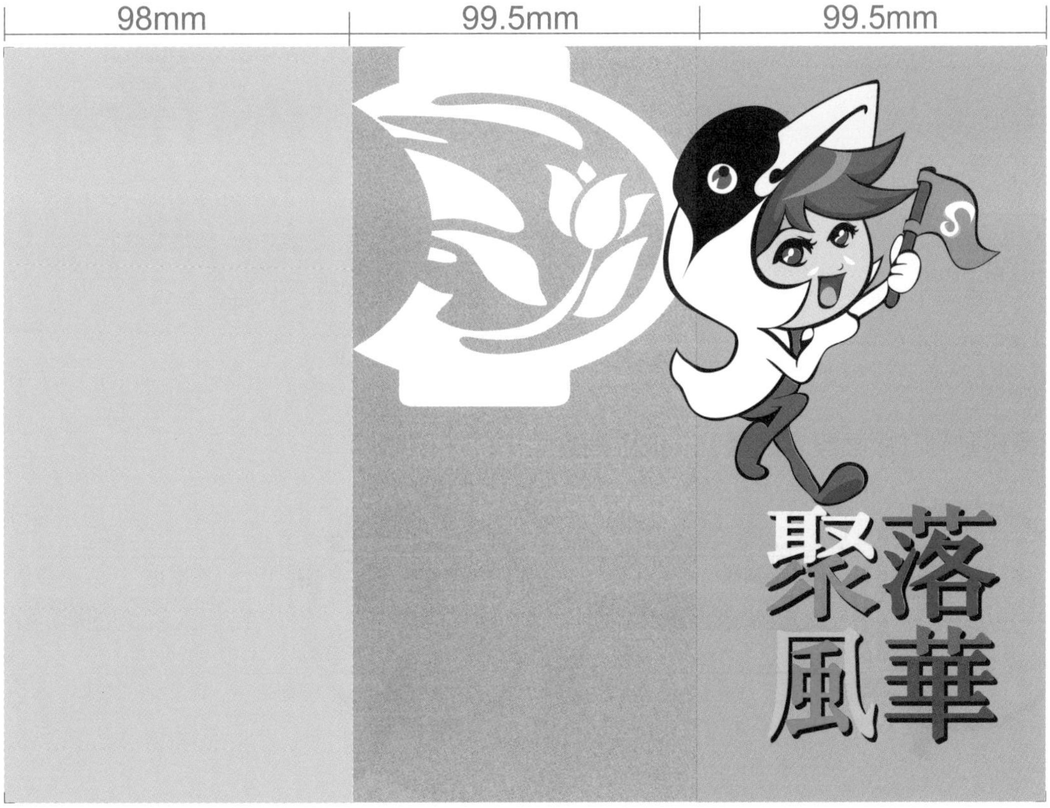

2 同時選取 M100、Y100、C100 矩形、裁切標記與摺線標記再以【鏡射工具】做【垂直鏡射】，使矩形尺寸由左至右分別為 99.5mm、99.5mm、98mm。

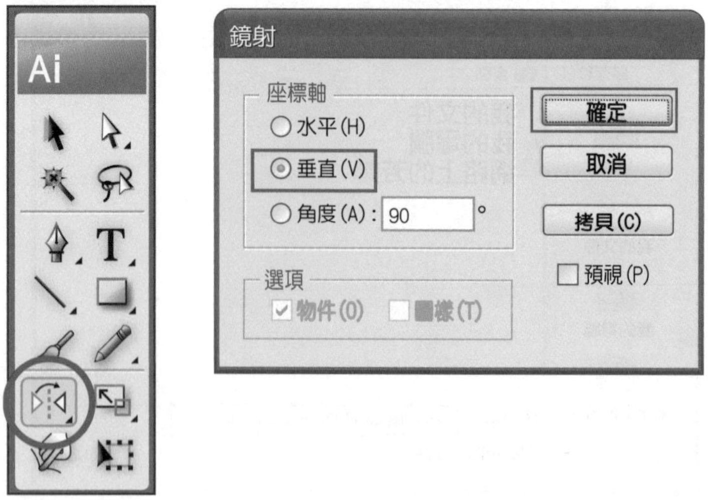

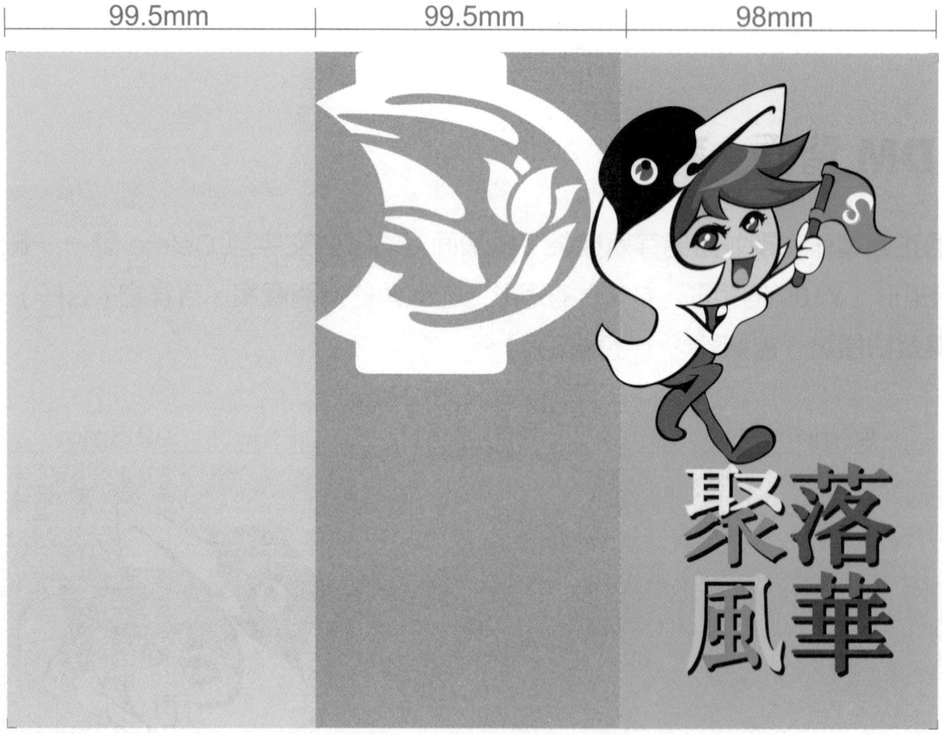

3 將游標移動到【版面設定圖層】，把版面設定中的小眼睛關掉。

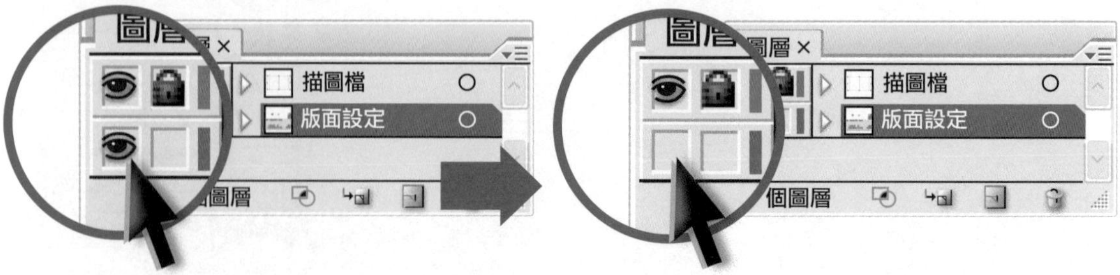

4 點選【描圖檔圖層】，取消切換鎖定狀態的小鎖頭，並將描圖檔「描圖檔 01.jpg」刪除。

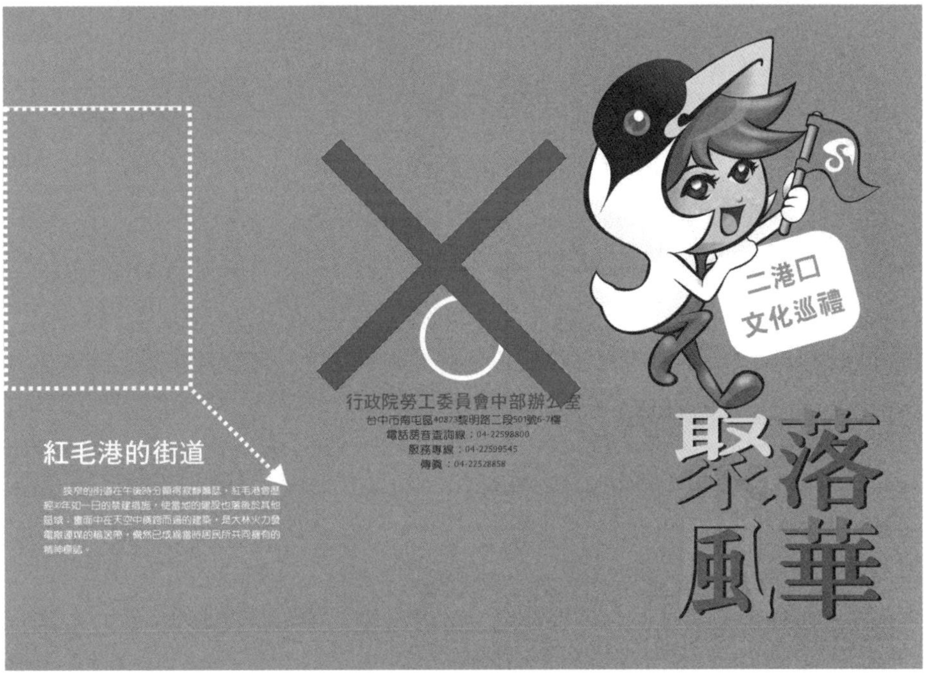

5 執行【檔案\置入】，選擇「描圖檔 02.jpg」。

描圖檔02.jpg

第四題

❻ 選取描圖檔，執行【視窗\對齊】，將對齊畫板選項反黑【對齊畫板】，點選【水平居中】與【垂直居中】，使描圖檔置於畫板中央對齊。

CS4 以上版本，則要選擇「對齊工作區域」。

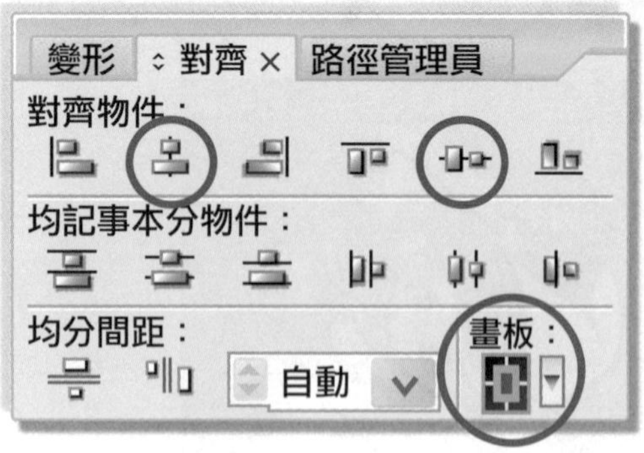

❼ 執行【視窗\透明度】，將透明度調整為【60】。

❽ 於【描圖檔圖層】裡頭點選【切換鎖定狀態】的鎖頭小圖，鎖定整個圖層。

❾ 回到【版面設定圖層】中點選「燈籠圖案」，並執行【物件 \ 排列順序 \ 置前】上移一層，將透明度自 70% 改為【50%】，且連同吉祥物（公仔）、聚落風華圖文字依描圖檔縮放至適當位置，如範例圖所示。

❿ 調整三個矩形顏色由左至右分別改為【M25Y35】、【C35M25】、【C35M25】，再點選兩個 C35M25 矩形按下【Ctrl+2】（鎖定），以便之後步驟編輯 M25Y35 矩形時容易點選。

製作 DM 背面 - 淡橙色部分

1. 首先先觀察描圖檔。描圖檔中淡橙色的部分是一個含有半圓弧的矩形，而目前的淡橙色部分卻只是一個矩形，所以我們要先將它破壞才能夠重新編輯。

2. 在淡橙色的矩形右側邊緣任意處，以【新增錨點工具】新增一個錨點，隨即再按下【Delete】刪除之。讓原本為封閉 Path 曲線的矩形，便轉為可供編輯的開放式 Path 曲線。

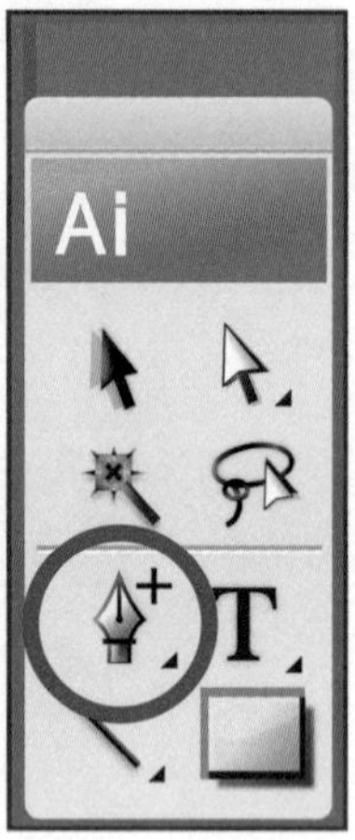

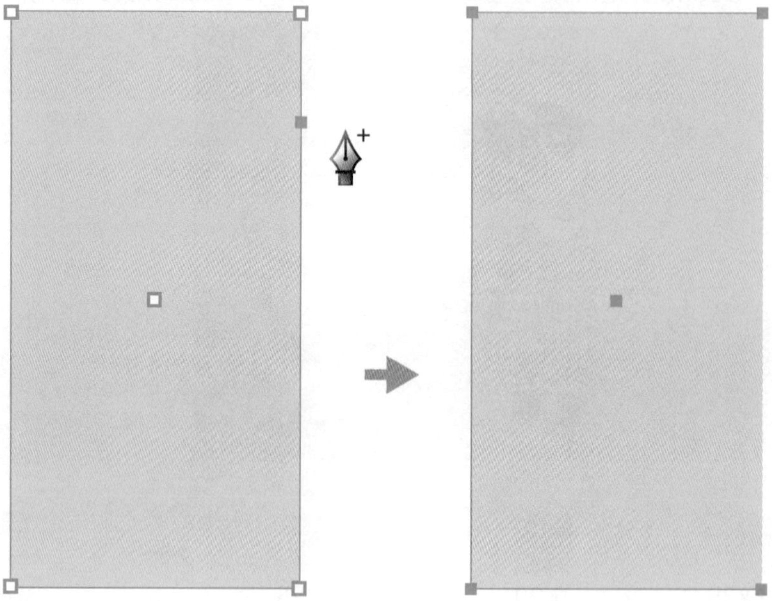

❸ 選取【鋼筆工具】，慢慢將游標移動到靠近右上角描點處，直到游標出現【錨點連結圖樣】，此時即可按下滑鼠左鍵使之與錨點連結。接著依照描圖檔的造形繪製弧線，當線條與起始描點接近時出現【封閉錨點圖樣】造形後，按下滑鼠左鍵，即可連結封閉曲線的描繪。

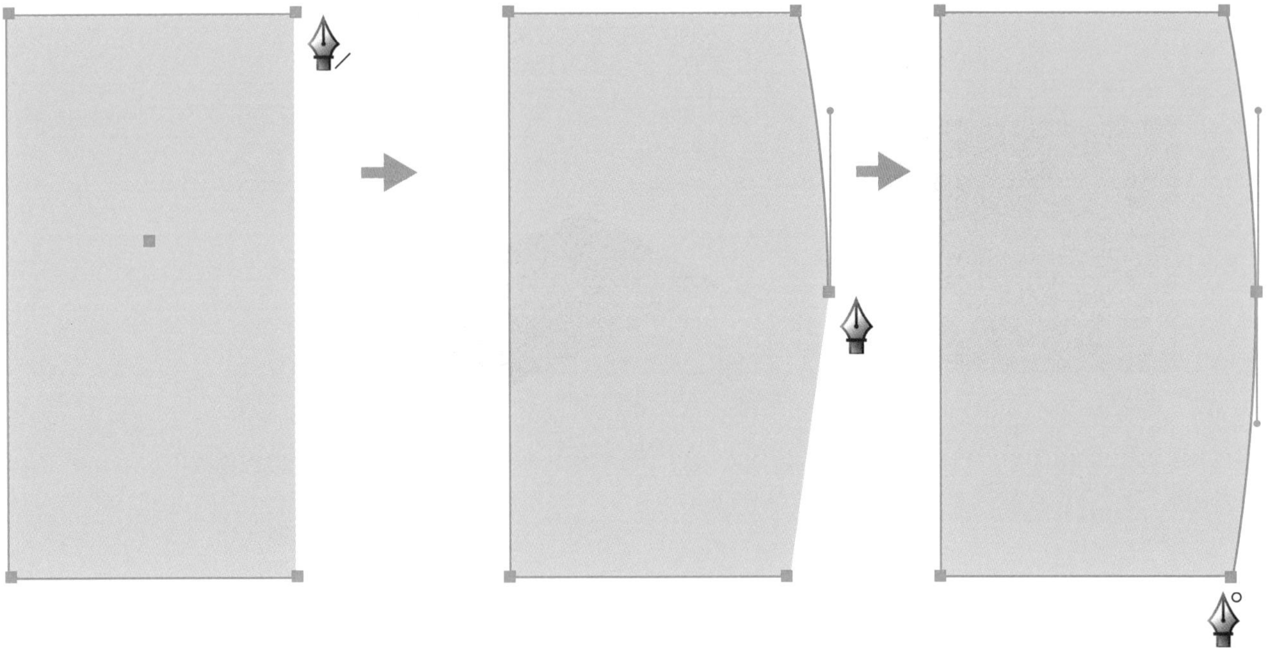

❹ 以【矩形工具】繪製一個【W120mm H90mm】的黑色矩形，並依描圖檔置於淡橙色色塊中央。

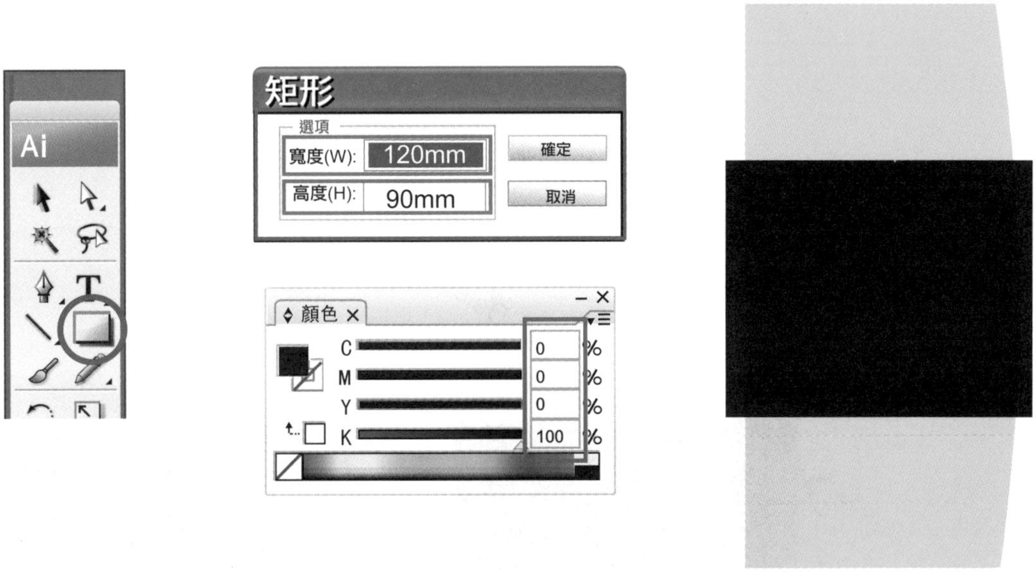

5 點選淡橙色色塊，執行【Ctrl+C】（複製）後，再【Ctrl+F】（貼至上層），接著按下【Ctrl+3】先將其隱藏起來。

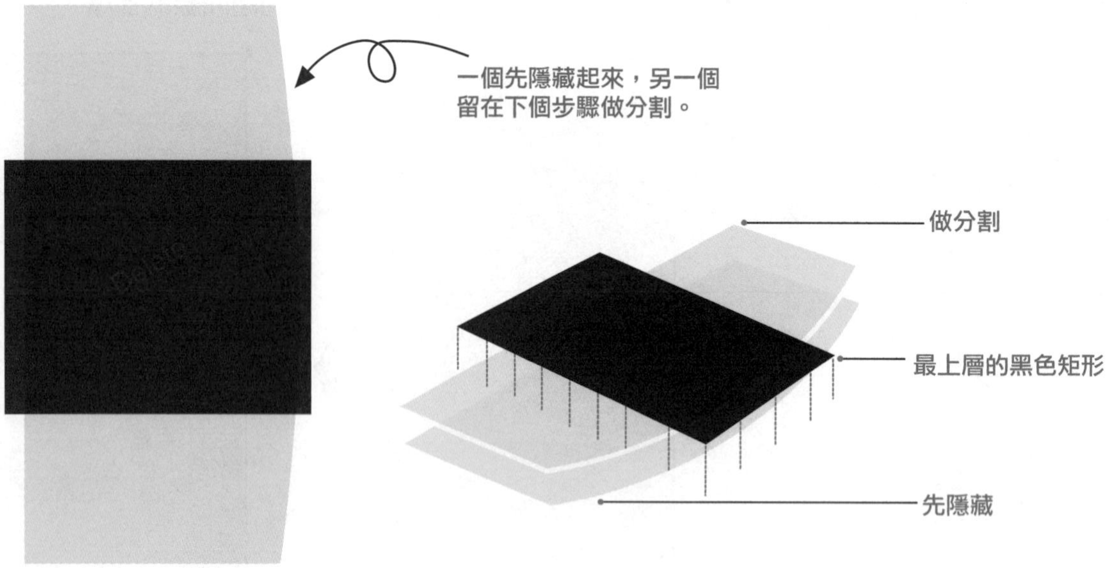

6 按住【Shift】同時選取淡橙色矩形與黑色矩形，執行【路徑管理員\分割】後按下【Ctrl+Shift+G】（解散群組），把分割出來後的上下左右四個色塊刪除，僅留下中央黑色色塊。

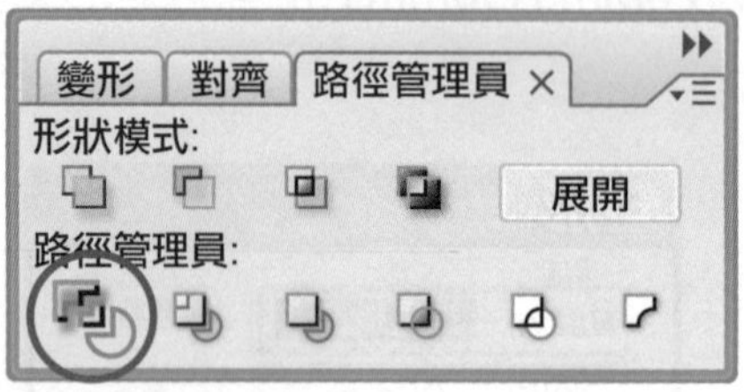

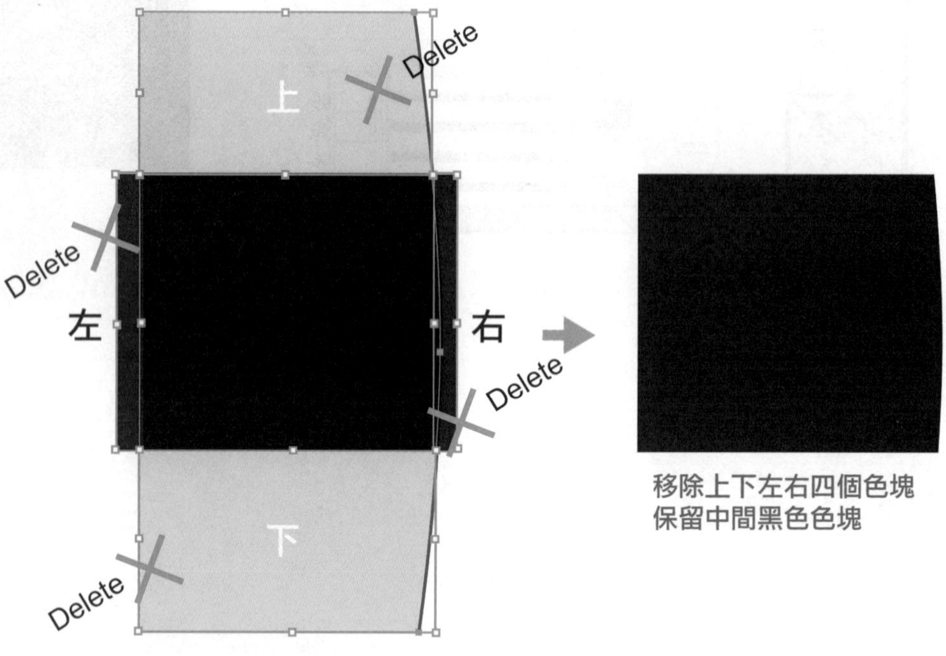

7 執行【物件 \ 顯示全部物件】(Ctrl+Alt+3)，顯示出原本被隱藏起來的淡橙色色塊。

8 點選淡橙色色塊，執行【濾鏡 \ 風格化 \ 陰影】。

CS4 以上版本，則在【效果 \ 風格化 \ 製作陰影】進行操作。

9 置入「修改過顏色的 map.ai 檔案」，並將之移至黑色色塊下方，同時選取 map 與黑色色塊後，按下【Ctrl+7】（製作遮色片）。

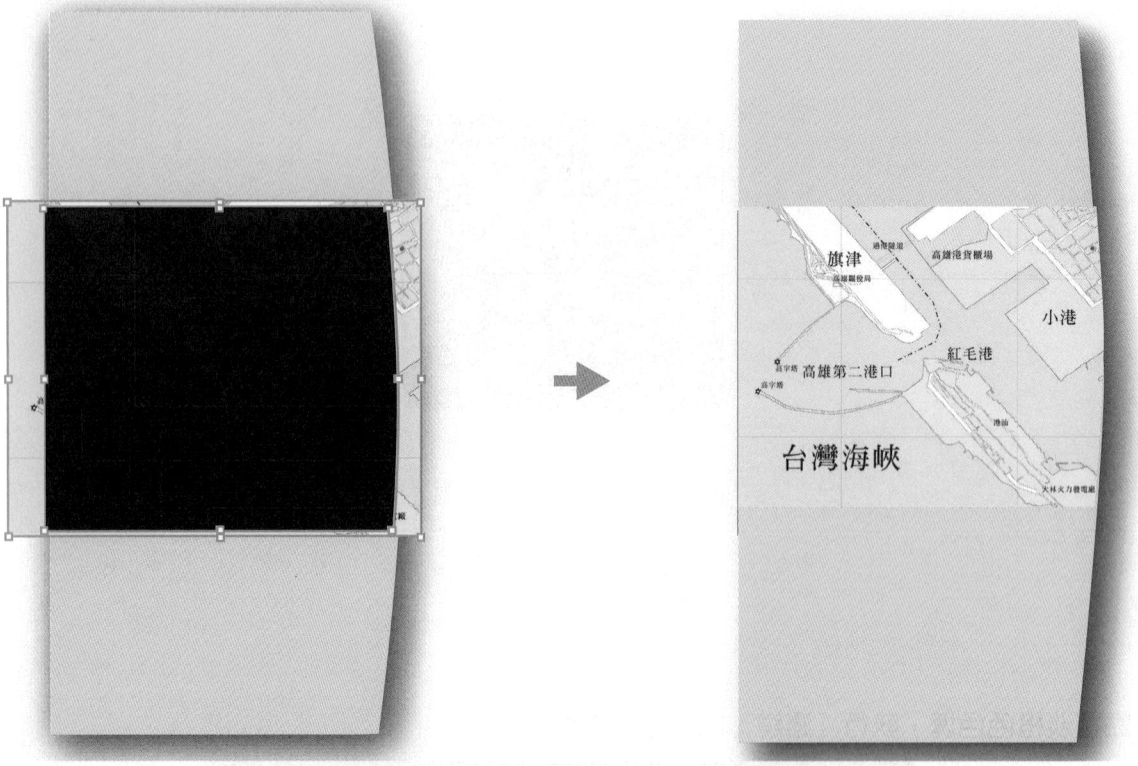

10 複製「二港口聚落圖像」等字樣後，使用【文字工具】將圖檔置入適當的位置，文字應設定為【灰色（K70）】【粗黑體】【24pt】字級。

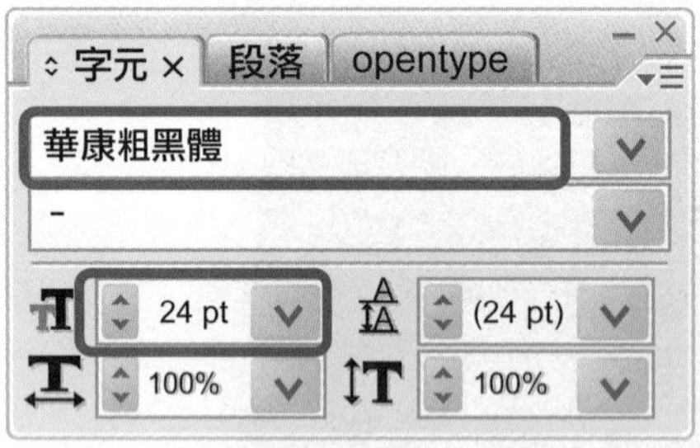

11 複製「紅毛港 ....」等字樣後，使用【文字工具】將圖檔置入適當的位置，文字應設定為【灰色（K70）】【中圓體】，字級【9pt】，依描圖檔調整行距。

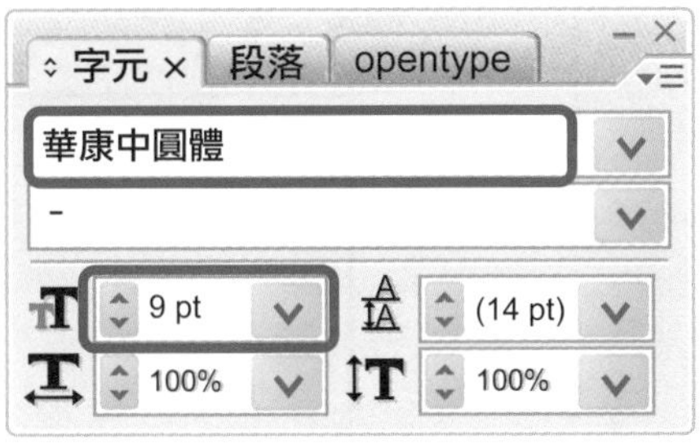

建立應檢人員標籤

1 繪製一個【W80mm H40mm】圓角半徑【10mm】的圓角矩形，內部填色為【Y50】並將外框線條色彩設為【K70】線條粗細【2pt】。

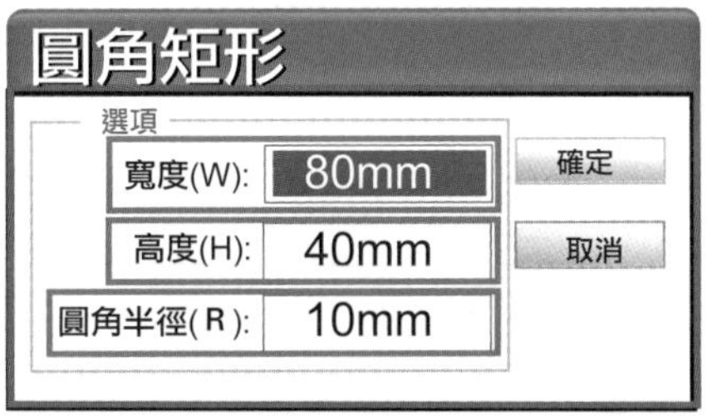

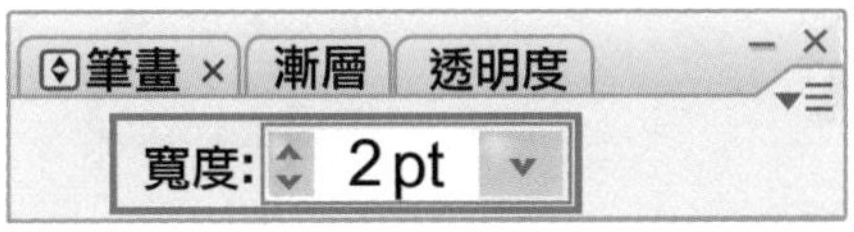

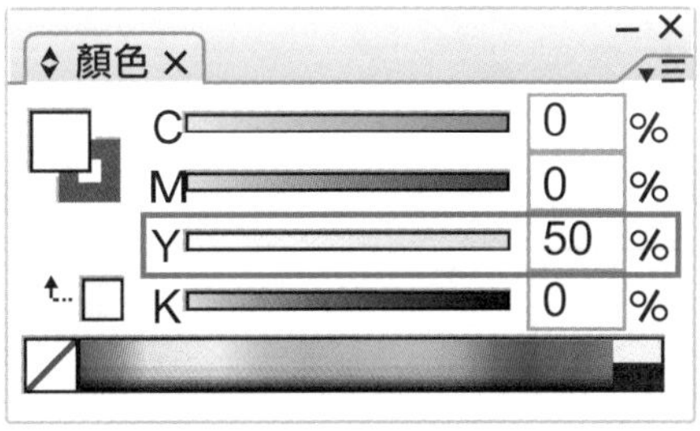

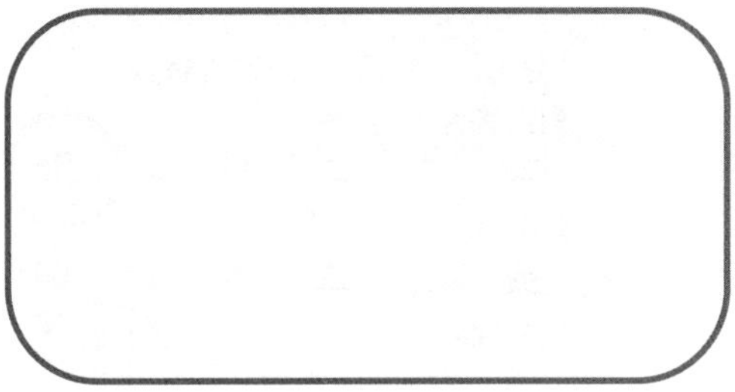

2 以【直接選取工具】，選取左上角兩個錨點（用圈選的方式，不能用點選的）。確認【對齊工具】視窗選項上的畫板為【對齊物件】（反白）後，再執行【水平齊左】與【垂直齊上】。

CS4 版本，則要選擇「對齊選取的物件」。

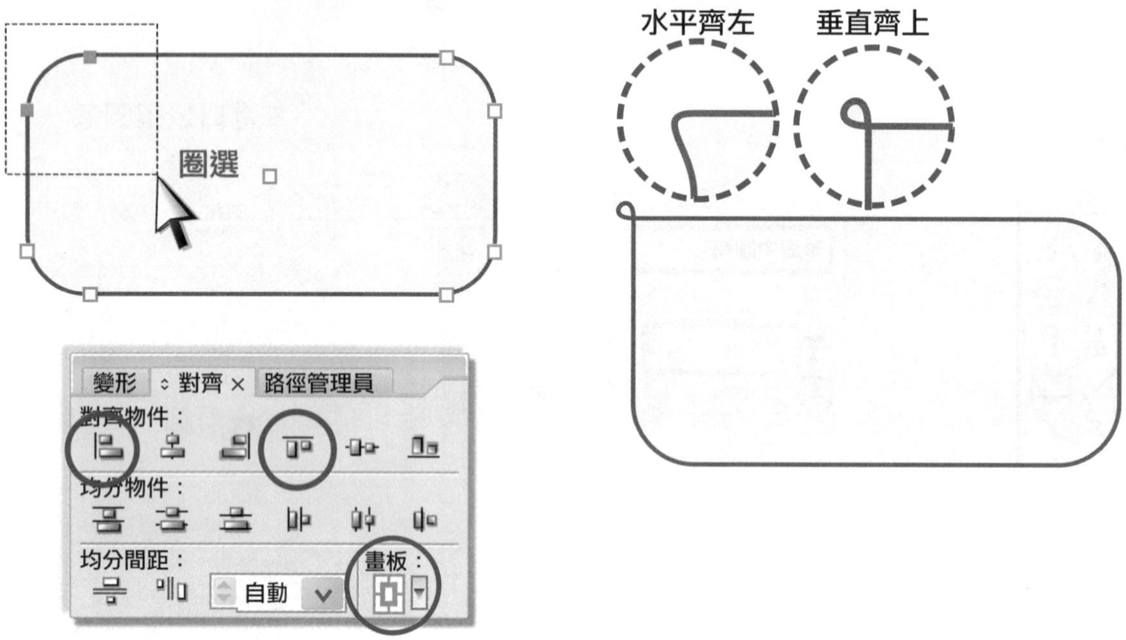

3 再次以【直接選取工具】選取右下角兩個錨點（用圈選的方式，不能用點選的），確認【對齊工具】視窗選項上的畫板為【對齊物件】（反白）後，執行【水平齊右】和【垂直齊下】。

CS4 版本，則要選擇「對齊選取的物件」。

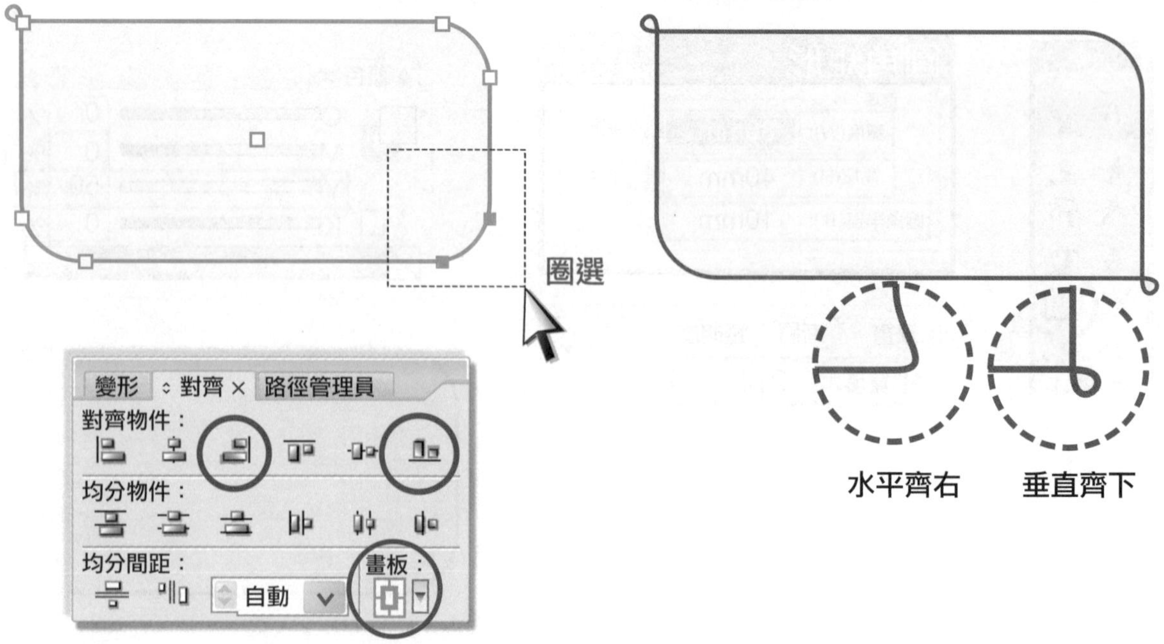

4 點選圓角矩形執行【視窗\路徑管理員\分割】再執行【物件\解散群組】（Ctrl+Shift+G），同時選取左上角與右下角兩個水滴形封閉曲線按 Delete 刪除。

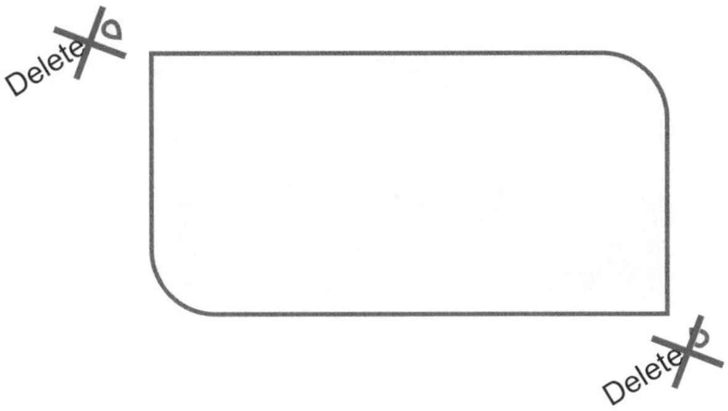

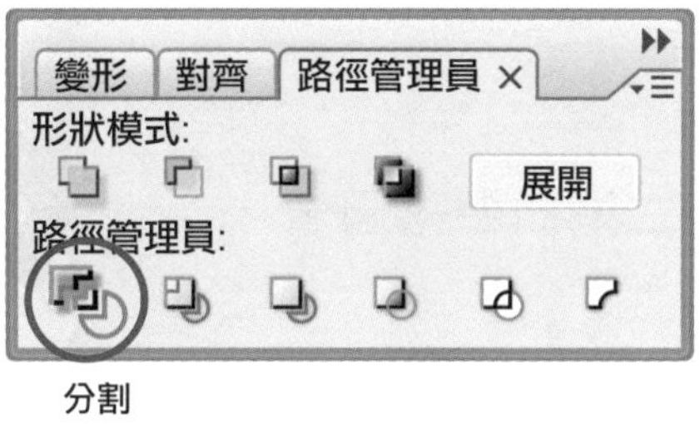

5 以【文字工具】自行輸入「行政院勞工委員會中部辦公室 102 年度印前製程乙級技術士技能檢定」等字，字型為【粗黑體】【14pt】，顏色為【K70】，適當調整字距與行距以符合描圖檔。

本範例操作鍵入之「105 年度」，僅供參考。實際應考時，鍵入的應檢年度以現場監評人員之口述公告為主。

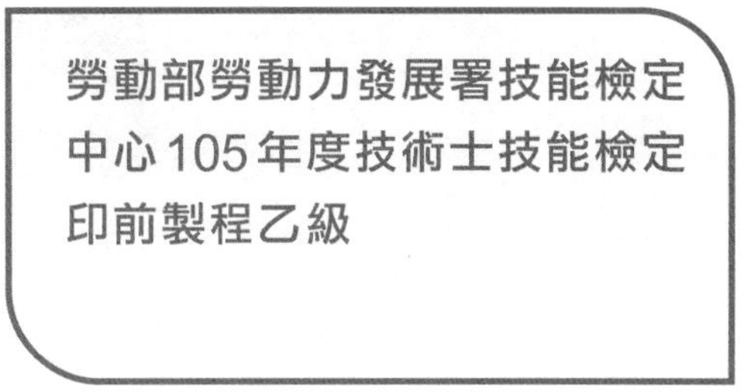

勞動部勞動力發展署技能檢定
中心 105 年度技術士技能檢定
印前製程乙級

6 同樣以【文字工具】輸入「應檢人員：王溢川」字型為【粗黑體】【18pt】，顏色為【K70】，適當調整字距與行距以符合描圖檔。

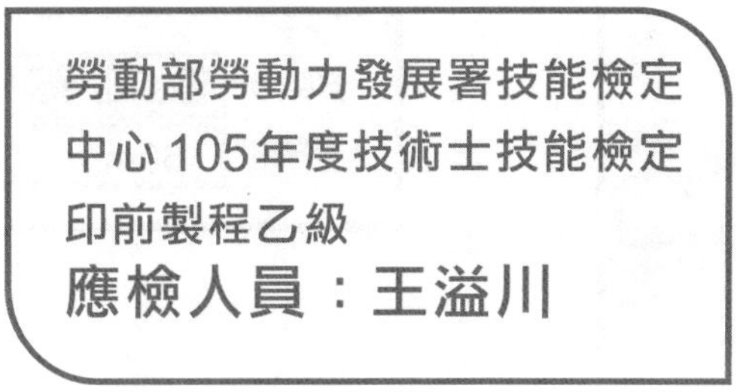

7 參照描圖檔，將標籤置放在適當的位置。

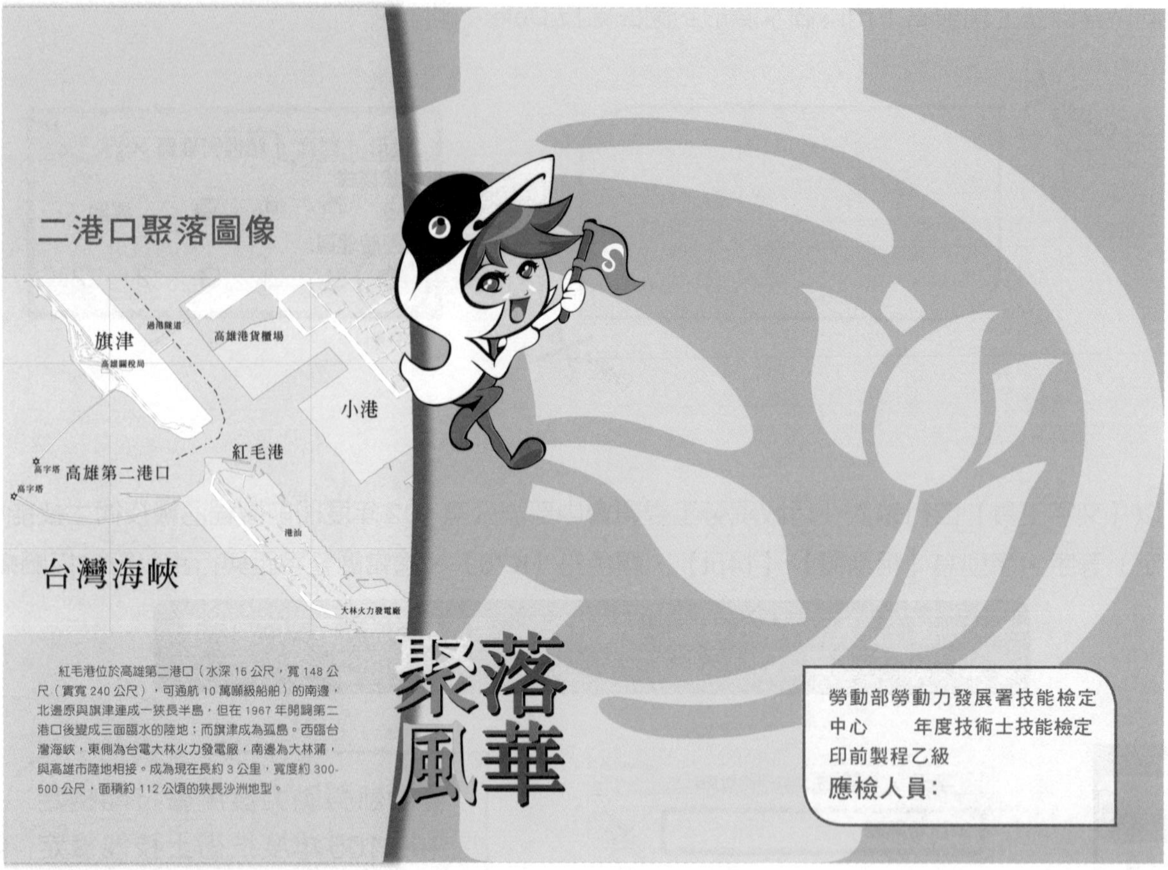
二港口聚落圖像
旗津
高雄港貨櫃場
小港
紅毛港
高雄第二港口
台灣海峽
大林火力發電廠
紅毛港位於高雄第二港口（水深 16 公尺，寬 148 公尺（實寬 240 公尺），可通航 10 萬噸級船舶）的南邊，北邊原與旗津連成一狹長半島，但在 1967 年開闢第二港口後變成三面臨水的陸地；而旗津成為孤島。西臨台灣海峽，東側為台電大林火力發電廠，南邊為大林蒲，與高雄市陸地相接。成為現在長約 3 公里，寬度約 300-500 公尺，面積約 112 公頃的狹長沙洲地型。
聚落風華
勞動部勞動力發展署技能檢定中心　　年度技術士技能檢定
印前製程乙級
應檢人員：

製作 DM 背面 - 白色框影像

1 以【矩形工具】繪製一個寬度【60mm】高度【60mm】的矩形。

Ai

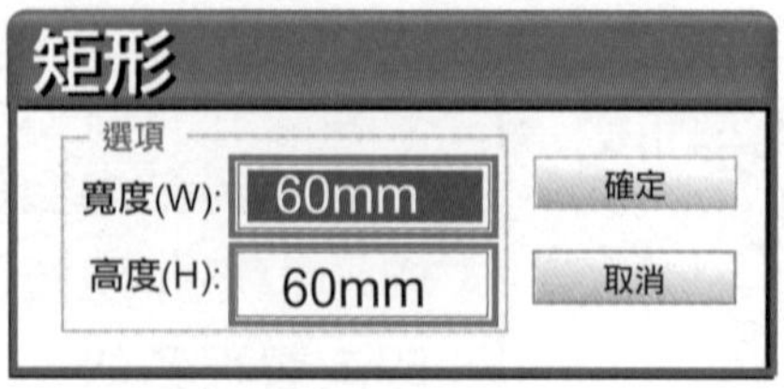
矩形
選項
寬度(W): 60mm
高度(H): 60mm
確定
取消

❷ 再繪製一個寬高均為 80mm 的矩形，置於 60mm 矩形下方，置中對齊。

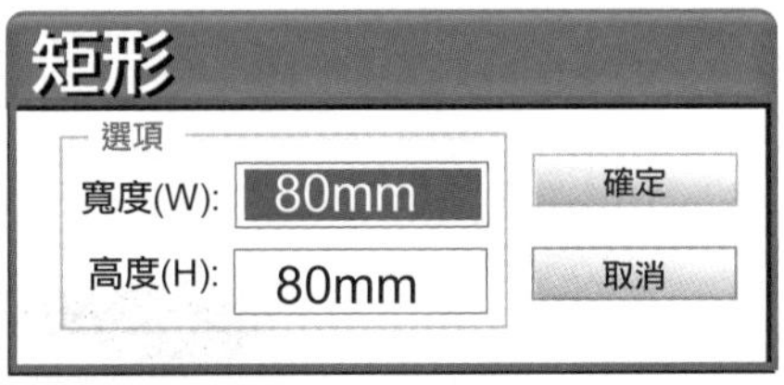

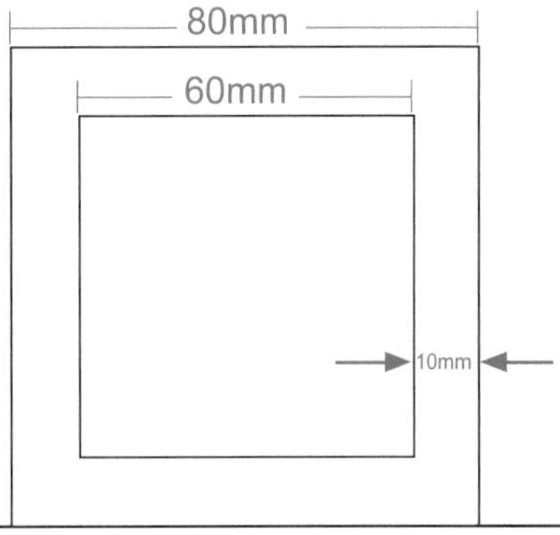

❸ 【檔案\置入】選擇「image3 圖檔」，將圖檔執行【物件\排列順序\置後】，將「image3 圖檔」移動到小矩形的後方。

❹ 按住【Shift】同時選取 image3 與該矩形，按下【Ctrl+7】（製作遮色片），再以【直接選取工具】選取並調整至適當位置。

❺ 選取較大的矩形，將其內部填色設為【白色】、外框設定為【無色】。

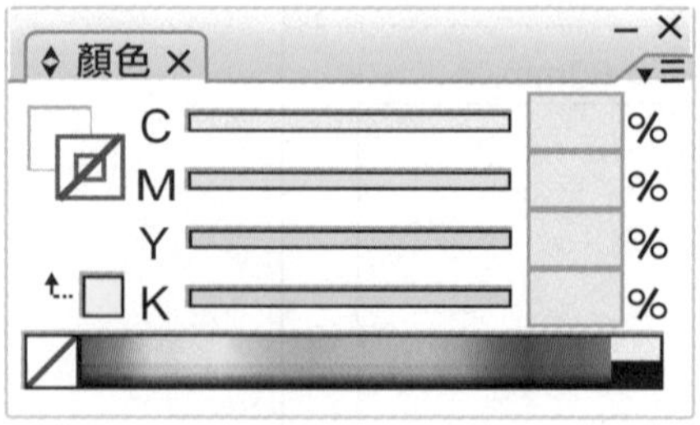

6 選擇外圍較大的矩形後，執行【濾鏡 \ 風格化 \ 製作陰影】。

CS4 以上版本，則在【效果 \ 風格化 \ 製作陰影】進行操作。

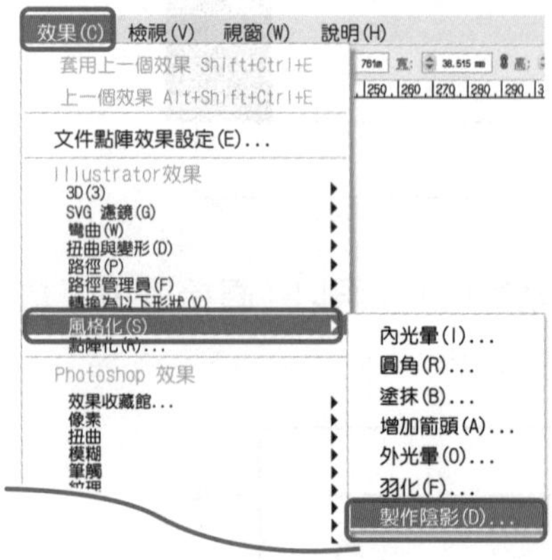

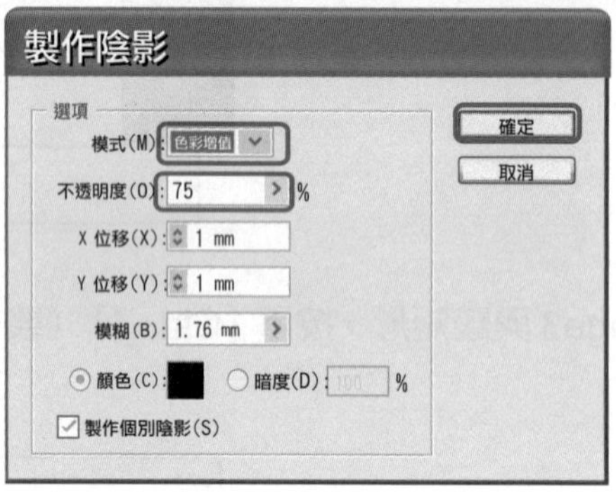

7 參照描圖檔，將影像置放在適當的位置。

二港口聚落圖像
旗津
高雄港貨櫃場
小港
紅毛港
高雄第二港口
台灣海峽
大林火力發電廠
紅毛港位於高雄第二港口（水深 16 公尺，寬 148 公尺（實寬 240 公尺），可通航 10 萬噸級船舶）的南邊，北邊原與旗津連成一狹長半島，但在 1967 年開闢第二港口後變成三面臨水的陸地；而旗津成為孤島。西臨台灣海峽，東側為台電大林火力發電廠，南邊為大林蒲，與高雄市陸地相接。成為現在長約 3 公里，寬度約 300-500 公尺，面積約 112 公頃的狹長沙洲地型。
聚落
風華
勞動部勞動力發展署技能檢定中心 年度技術士技能檢定
印前製程乙級
應檢人員:

文字輸入

1. 以記事本開啓 TEXT.txt 文字檔，複製「區域名稱探源」等文字後，回到 Illustrator 內以【文字工具】輸入，設定為【粗黑體】【24pt】【C100M80Y20】，參照圖檔，將此文字置放到適當位置。

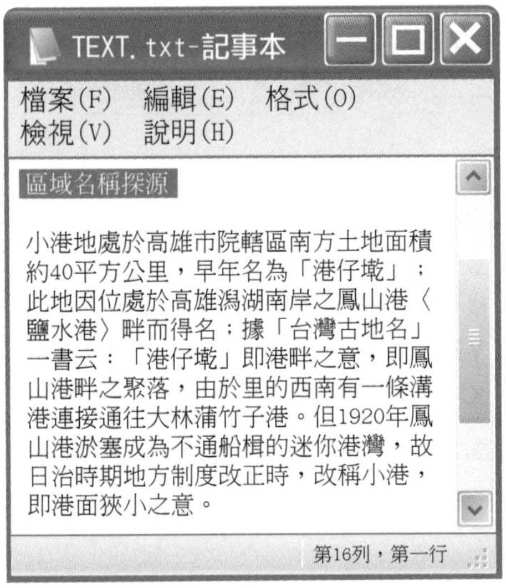

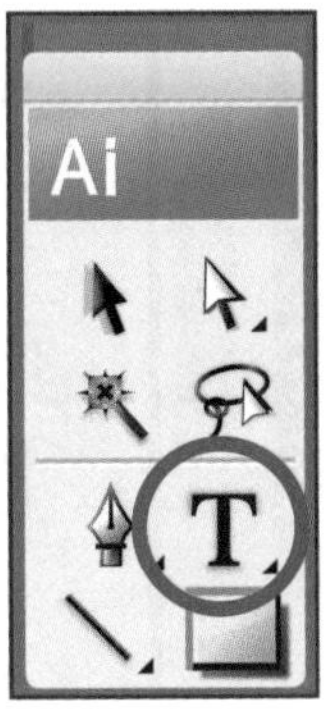

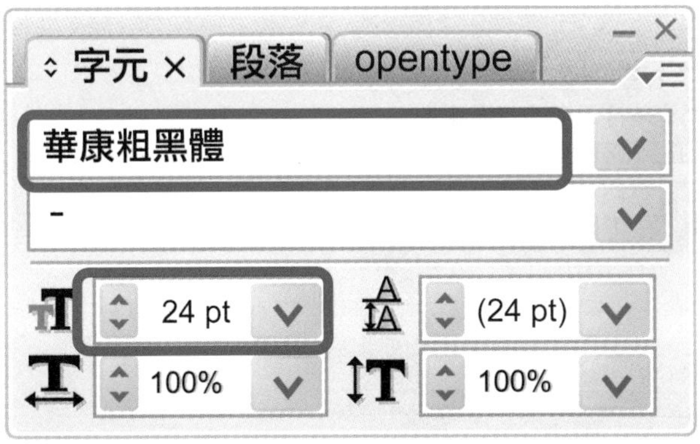

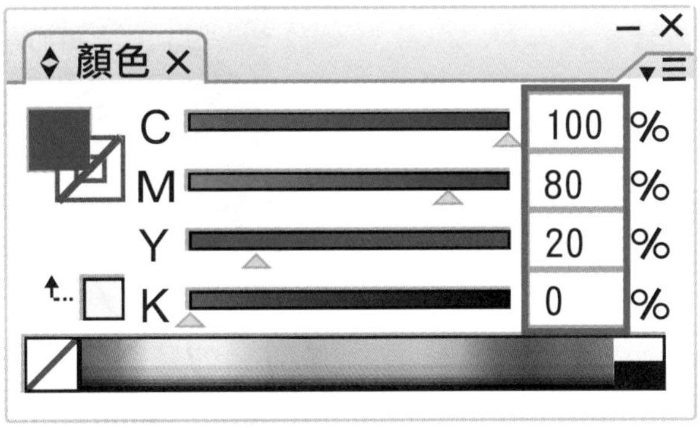

❷ 回到記事本內複製「小港地處於高雄市院轄區 ....」等文字後回到 Illustrator 內以【文字工具】輸入，字體為【中圓體】【11pt】【K100】，並參照圖檔將此文字置放到適當位置。

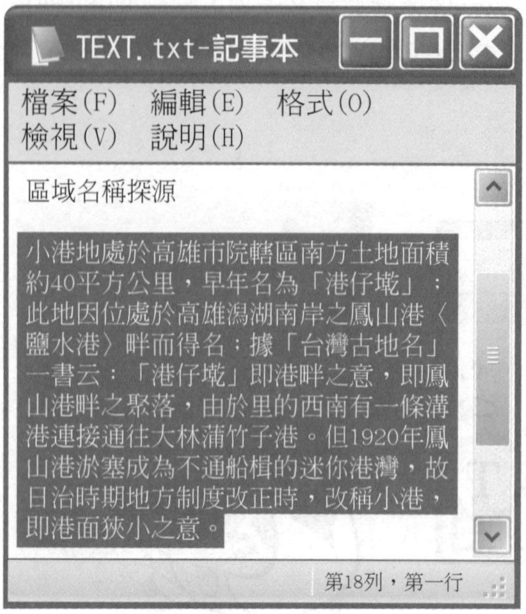

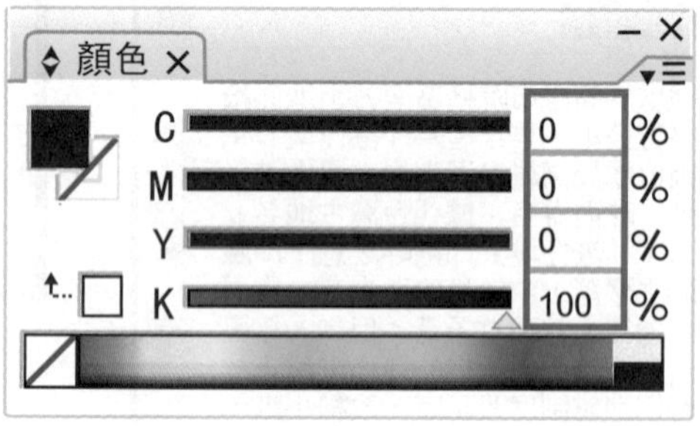

❸ 點選吉祥物公仔，執行【物件＼排列順序＼移至最前】。

區域名稱探源
小港地處於高雄市院轄區南方土地面積約
40平方公里，早年名為「港仔墘」；此地
因位處於高雄潟湖南岸之鳳山港〈鹽水港
港

❹ 點選吉祥物公仔，執行【物件＼繞圖排文＼製作】，參照描圖檔，將公仔移動到適當位置。

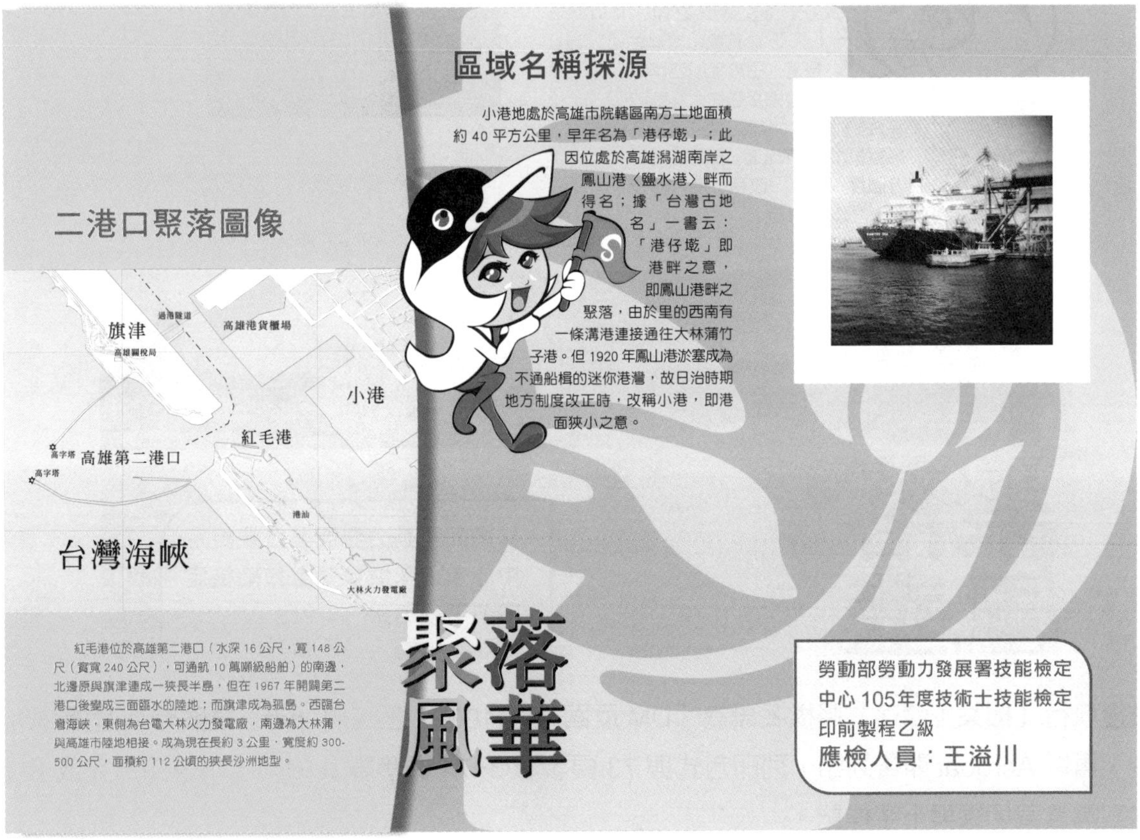
區域名稱探源
小港地處於高雄市院轄區南方土地面積約 40 平方公里，早年名為「港仔墘」；此因位處於高雄潟湖南岸之鳳山港〈鹽水港〉畔而得名；據「台灣古地名」一書云：「港仔墘」即港畔之意，即鳳山港畔之聚落，由於里的西南有一條溝港連接通往大林蒲竹子港。但 1920 年鳳山港淤塞成為不通船楫的迷你港灣，故日治時期地方制度改正時，改稱小港，即港面狹小之意。
二港口聚落圖像
旗津
高雄港貨櫃場
小港
紅毛港
高雄第二港口
台灣海峽
大林火力發電廠
紅毛港位於高雄第二港口（水深 16 公尺，寬 148 公尺（實寬 240 公尺），可通航 10 萬噸級船舶）的南邊，北邊原與旗津連成一狹長半島，但在 1967 年開闢第二港口後變成三面臨水的陸地；而旗津成為孤島。西臨台灣海峽，東側為台電大林火力發電廠，南邊為大林蒲，與高雄市陸地相接。成為現在長約 3 公里，寬度約 300-500 公尺，面積約 112 公頃的狹長沙洲地型。
聚落風華
勞動部勞動力發展署技能檢定中心 105年度技術士技能檢定
印前製程乙級
應檢人員：王溢川

溶接影像置放

1. 接著在 Illustrator 中執行【檔案 \ 置入】，將剛剛製作好的「影像溶接後製 .tiff」置入，對照描圖檔，將影像移動到適當位置。

2. 選擇【物件 \ 排列順序 \ 置後】，使「影像溶接後製 .tiff」，連同白色矩形一併移動到 M100 淡橙色弧形的下方，如圖所示。

3. 最後執行【檔案 \ 儲存】將檔名設為「DM 反面 -B9110023 王溢川 .pdf」檔案類型選擇 PDF 檔後，再以 Acrobat 開啓列印，列印方式與 73 頁步驟 3~74 頁步驟 6 相同，本題即告完成。注意檔案需含裁切線與十字標記。

第五題

試題編號：19100-106205

試前重點說明

製作樣式說明

說明樣式

解題方法

試前重點說明

一、試題編號：19100-106205

二、試題名稱：十二頁西式（左翻）騎馬釘裝宣傳小手冊製作

三、檢定時間：120 分鐘

四、檢定項目：

（一）原稿製作條件之判讀，確認編輯版面大小及版面內容位置。

（二）依據印刷需求條件，合宜的處理圖像。

（三）依據原稿製作條件之判讀，利用主頁功能，完成頁面內容的製作。

（四）利用文字樣式觀念，迅速完成內文文字處理、套用與目錄輸出．

（五）書冊編輯的頁碼起序編修與目錄頁碼對應修正製作．

（六）完成頁面輸出與印刷落版規劃，同時完成出血標記、十字線、裁切標記與摺線等規線的製作輸出。

（七）檔案製作、輸出與存檔之格式處理。

（八）列印後應具備自我品管檢查之責任。

五、檢定試題內容：

（一）本印件為十二頁西式（左翻）騎馬釘裝的宣傳小手冊。內容共計有：封面、封面裡、內文 8 頁、封底裡、封底合計共有十二頁（其中封面裡與封底裡為空白頁）。而且本手冊印製時，整本均用 120 磅雪面銅版紙印製（含封面與封底）。

（二）本印件裝訂後完成尺寸為 120mm × 120 mm（單頁），其版面尺寸（版面編排範圍）為 100mm × 100 mm，於頁面居中。

（三）封面、封底與內文 8 頁（含目錄頁），請依說明樣式及所附試題檔案自行製作，所製作完成的電子稿檔案須符合印刷裝訂條件之規範需求。

（四）本印件拼完版之最大輸出尺寸為 297mm × 420 mm （A3），在製作頁序樣張時，請以“先 Z 字摺再垂直摺”的方式製作頁序樣張，並依據印製條件編寫頁碼。

（五）落版時請依據頁序樣張繪製台紙，再完成落版作業。

（六）列印輸出的成品上需有出血標記、裁切標記、十字線與摺線等規線標記（線寬 0.3mm 以下可供識別），輸出成品需註記咬口方向。

（七）請考生在封底的電子稿檔案時，於規定位置上正確輸入考生的姓名與考試年度。

（八）另附封面與封底以及內頁之黑白灰階描圖影像檔（皆為完成尺寸），可當製作對位時之用。

（九）隨身碟或光碟片，內含所有檢定考試應有之電子檔案。

（十）術科測試工作包含書籍版面編輯排版、印刷製版落版工作與完成作品列印工作，並自行完成檔案編輯修改工作檢核與正確儲存等程序，當監評人員宣布測試時間結束，除了位於列印工作站之應檢人繼續完成列印操作外，所有仍在電腦工作站崗位的應檢人必須立即停止操作。

（十一）作業期間務必隨時存檔，完成之檔案共有排版與落版兩個完整文件資料，其檔名命名原則為（准考證號碼＋應檢人姓名＋排版 與 准考證號碼＋應檢人姓名＋落版），並需將檔案轉為 PDF 檔案格式（建議為相容版本 PDF1.3 或 1.4 版本）儲存於隨身碟中，以彩色印表機列印。所有成品檔案含 PDF 檔各乙份需完整儲存於隨身碟中供檢覈。

（十二）列印時，可參考現場所提供之列印注意事項，以 Acrobat Reader 或 Acrobat 軟體列印輸出，並須自行量測與檢視印樣成品尺寸規格正確性。

（十三）作業完畢須將原稿、隨身碟（內含所有經手處理之電子檔案）、光碟片、成品對摺簽名等連同稿袋一併繳交監評人員評分。。

本書之附書光碟含有勞動部公告之測試參考資料，考生可使用光碟內的資料做演練。但請注意，勞動部會不定期做勘誤、小幅修訂，且不會另行公告（大幅修訂勘誤才會公告）建議考生於考前至「勞動部勞動力發展署技能檢定中心」網站，由「熱門主題\測試參考資料」區下載最新版的素材做最後演練，樣式與素材皆以考試現場提供之資料為基準。

製作樣式說明

一、試題說明：

（一）本印件爲騎馬釘裝之宣傳小手冊。內容共計有：封面、封面裡、內文 8 頁、封底裡、封底合計共有十二頁（其中封面裡與封底裡爲空白頁）。

（二）本印件單頁完成尺寸爲 120mm×120mm，其版面編排尺寸 (版面尺寸) 爲 100mm×100mm，於頁面居中。

（三）製作本印件圖文資料時，均須符合印刷複製需求，圖像色彩模式爲 YMCK，圖像解析度 300 ppi

二、文字 / 段落格式：

段落樣式一：左邊書眉（紅色）

特粗黑體（黑體 W9），大小 8pt，顏色 Y100M100Bk25；底線 3pt 顏色 Bk100，線條樣式爲細粗線。

段落樣式二：右邊書眉（綠色）

特粗黑體（黑體 W9），大小 8pt，顏色 Y100C100Bk25；底線 3pt 顏色 Bk100，線條樣式爲細粗線。

段落樣式三：右邊書眉（藍色）

特粗黑體（黑體 W9），大小 8pt，顏色 M100C100Bk25；底線 3pt 顏色 Bk100，線條樣式爲細粗線。

段落樣式四：頁碼

圓形，尺寸 6X6mm，顏色 Y100M100；字元 Arial Bold，大小 8pt，白色；文字外框筆畫 0.5pt，Bk100。

段落樣式五：章的篇名標題

粗明體（明體 W7），大小 12pt，顏色 Y100M100Bk50，行距 14pt，字元間距加寬 25，與後段距離 2mm。

段落樣式六：章的內文

文字爲複合字體集 [中文：細黑體（黑體 W3)；英文 Arial Bold；數字 Arial ltalic，標點符號：中明體（明體 W5)]；大小 8pt，顏色 Bk100，行距 12pt，首行左邊縮排 2 字元，字元間距加寬 25，與後段距離 2mm。

段落樣式七：說明文

文字爲複合字體集 [中文：細黑體（黑體 W3)；英文 Arial Bold；數字 Arial ltalic，標點符號：中明體（明體 W5)]；大小 8pt，顏色 Bk100，行距 12pt，左邊縮排 6 字元，凸排 4 字元，字元間距加寬 25；於段落文字“：”前的前置文字的顏色改爲 C100。

段落樣式八：節的標題

粗明體（明體 W7），大小 10pt，顏色 Y100C100Bk50，行距 14pt，字元間距加寬 25，與後段距離 2mm；底線 3pt，顏色 Y100M100，線條樣式爲粗粗線。

段落樣式九：節的內文

文字爲複合字體集 [中文：細黑體（黑體 W3)；英文 Arial Bold；數字 Arial ltalic，標點符號：中明體（明體 W5)]；大小 8pt，顏色 Bk100，行距 12pt，首行左邊縮排 2 字元，左邊縮排 2 字元，字元間距加寬 25，與後段距離 1mm。

段落樣式十：編號標題

細黑體（黑體 W3)，數字 Arial ltalic，大小 8pt，顏色 M100C100，行距 12pt，字元間距加寬 25。

段落樣式十一：編號內文

文字爲複合字體集 [中文：細黑體（黑體 W3)；英文 Arial Bold；數字 Arial ltalic，標點符號：中明體（明體 W5)]；大小 8pt，顏色 Bk100，行距 12pt，左邊縮排 4 字元，字元間距加寬 25，與後段距離 1mm。

段落樣式十二：強調突顯式標題

特粗明體（明體 W9)，大小 12pt，顏色 Y100M100Bk50，行距 14pt，置中對齊。

段落樣式十三：圖說

細黑體（黑體 W3)，大小 8pt，顏色 Y50，文字外框筆畫 0.5pt，Bk100。

文中字元間距、行距、段落間距的設定，可請依描圖檔調整設定。

說明樣式

試題編號：19100-106205　說明樣式（考生用）

請勿直接量測本說明樣式中各物件尺寸與位置，
本樣式僅提供應檢人各項配合製作說明參考使用

註：因製作所用字型庫的差異，文中字元間距、行距、段落間距設定請酌予參考，並可依實際製作情境，依描圖檔進行微調調整設定。

落版頁序示意圖

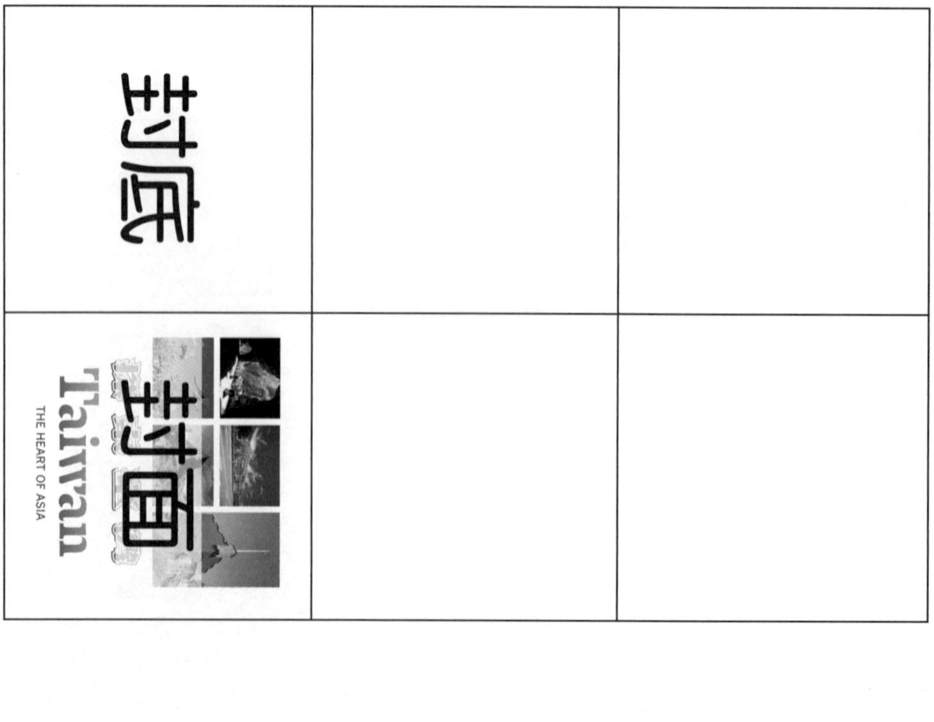

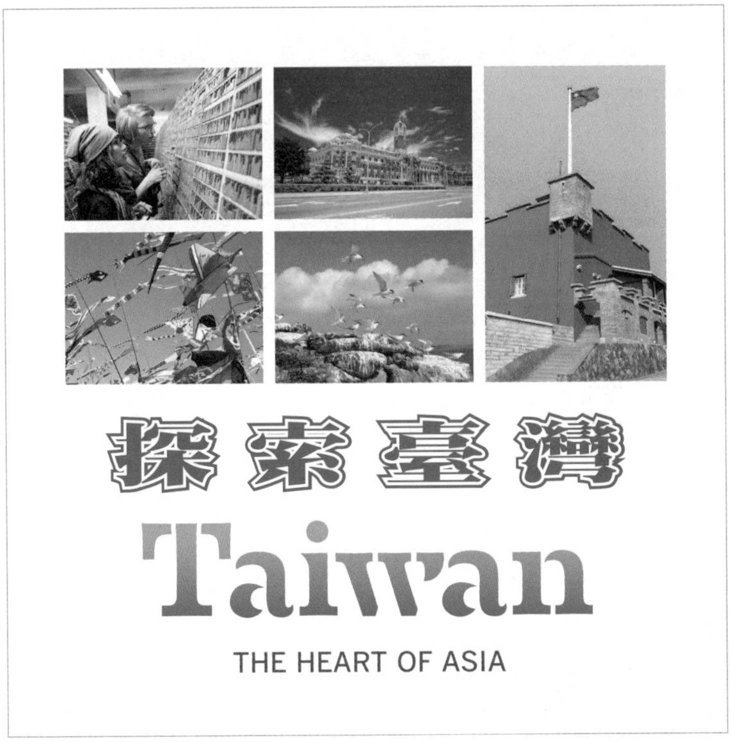

封面

置入圖像
★圖像框尺寸為 33X25 mm，圖像間間距 2mm，分別置入圖像：檔名為：pic01、pic02、pic03、pic04．
★圖像框尺寸為 30X52mm，圖像間間距 2mm，置入圖像：檔名為 pic05

書名字型置入：檔名為：pic06

● **封面裡為空白頁面**

探索臺灣
臺灣由心出發，散播臺灣人獨有的熱情，觸動觀光客的心，
邀請你來享受臺灣的美食、樂活、文化與生態之美．
勞動部勞動力發展署
技能檢定中心
印前製程職類　乙級
年度技能檢定
應檢人員：
本文章圖文內容摘錄自交通部觀光局網頁，僅供印前製程檢定用

封底

置入圖像：檔名為 pic C
★圖像尺寸為 60X50 mm

探索台灣及說明文的文字：
★可使用素材檔案中的文字檔
★紅色文字字型：超粗明體（明體 W12），16 pt，顏色 Y100M100，
★黑色文字字型：中楷體（楷書體 W5），8 pt，顏色 Bk100，

應檢資訊文字：
★可使用素材檔案中的文字檔
★年度與姓名必需依要求正確輸入
★文字字型：細黑體（黑體 W3，10 pt，顏色 Bk100，

說明文字：
★可使用素材檔案中的文字檔
★文字字型：中黑體（黑體 W5，10 pt，顏色 Bk100，置中對齊．

● **封底裡為空白頁面**

第五題

內文～目錄頁

背景圖像
★置入檔案 pic07，其完成尺寸為 120 X 120 mm

繪製矩形色塊：
★尺寸：100mm X 100mm，
框線：白色 3mm 粗細 線外框線，
底色填色：填滿 50% 白色

書名文字：探索臺灣
★可使用素材檔案中的文字檔

★超粗明體（明體 W12）24pt，顏色 Y100M100，白色外框筆畫 1pt，置中對齊

目錄標題文字：目錄
★可使用素材檔案中的文字檔

★特粗明體（明體 W9）16pt，水平縮放 150%，顏色 Bk100，白色外框筆畫 1pt，底線 5pt 白色細粗線

輸入目錄內容
★章的篇名標題：紅色文字，套用段落樣式五，再行修改樣式"刪除字元下方底線"效果

★節的標題：綠色文字，套用段落樣式八，再行修改樣式"刪除字元下方底線"效果

★於頁碼字元前置入符號【…】

內文～第一頁 P1

左邊書眉
★圖像：檔名為 pic C，尺寸 8 X 6.5mm

★文字：套用段落樣式一

★頁碼：套用段落樣式四

背景圖像
★置入圖像：檔名為 pic08，尺寸 120X70mm

國旗圖像置入
★圖像：檔名為 pic09，尺寸 45 X 30mm
置入時以 50% 比例置入，

內文文字格式：
★可使用素材檔案中的文字檔

★章的篇名標題：紅色文字，套用段落樣式五

★章的內文：黑色文字，套用段落樣式六

★說明文：套用段落樣式七，
（標題文字顏色為 C100）

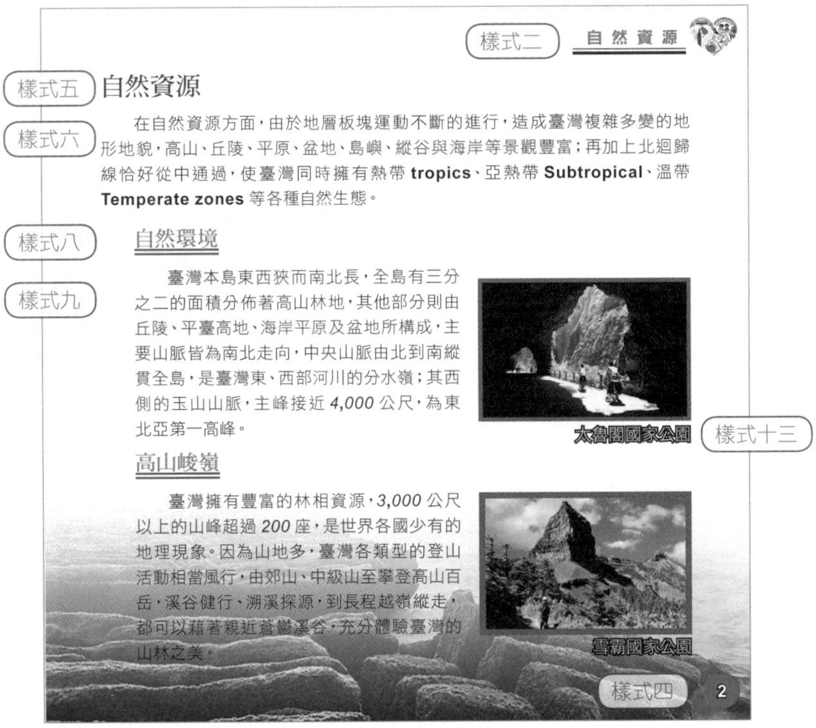
樣式二
自 然 資 源
樣式五 自然資源
樣式六
在自然資源方面，由於地層板塊運動不斷的進行，造成臺灣複雜多變的地形地貌，高山、丘陵、平原、盆地、島嶼、縱谷與海岸等景觀豐富；再加上北迴歸線恰好從中通過，使臺灣同時擁有熱帶 **tropics**、亞熱帶 **Subtropical**、溫帶 **Temperate zones** 等各種自然生態。
樣式八 自然環境
樣式九
臺灣本島東西狹而南北長，全島有三分之二的面積分佈著高山林地，其他部分則由丘陵、平臺高地、海岸平原及盆地所構成，主要山脈皆為南北走向，中央山脈由北到南縱貫全島，是臺灣東、西部河川的分水嶺；其西側的玉山山脈，主峰接近 *4,000* 公尺，為東北亞第一高峰。
太魯閣國家公園 樣式十三
高山峻嶺
臺灣擁有豐富的林相資源，*3,000* 公尺以上的山峰超過 *200* 座，是世界各國少有的地理現象。因為山地多，臺灣各類型的登山活動相當風行，由郊山、中級山至攀登高山百岳，溪谷健行、溯溪探源，到長程越嶺縱走，都可以藉著親近蒼鬱溪谷，充分體驗臺灣的山林之美。
雪霸國家公園
樣式四 2

內文～第二頁 P2

右邊主頁

★書眉圖像：檔名為 pic C，尺寸 8 X 6.5mm
★書眉文字：套用段落樣式二
★頁碼：套用段落樣式四

背景圖像

★置入圖像：檔名為 pic A，尺寸 120X40mm
圖像"鏡射"處理，

置入圖像

★圖像框尺寸 36X24mm（含框）
★置入圖像，檔名為 pic10， 2pt 框線，Bk75
★置入圖檔 pic11， 3pt 框線，Bk75

內文文字格式：

★可使用素材檔案中的文字檔
★章的篇名標題：紅色文字，套用段落樣式五
★章的內文：黑色文字，套用段落樣式六
★節的標題：綠色文字，套用段落樣式八
★節的內文：黑色文字，套用段落樣式九
★圖說：黃色文字，套用段落樣式十三

第五題

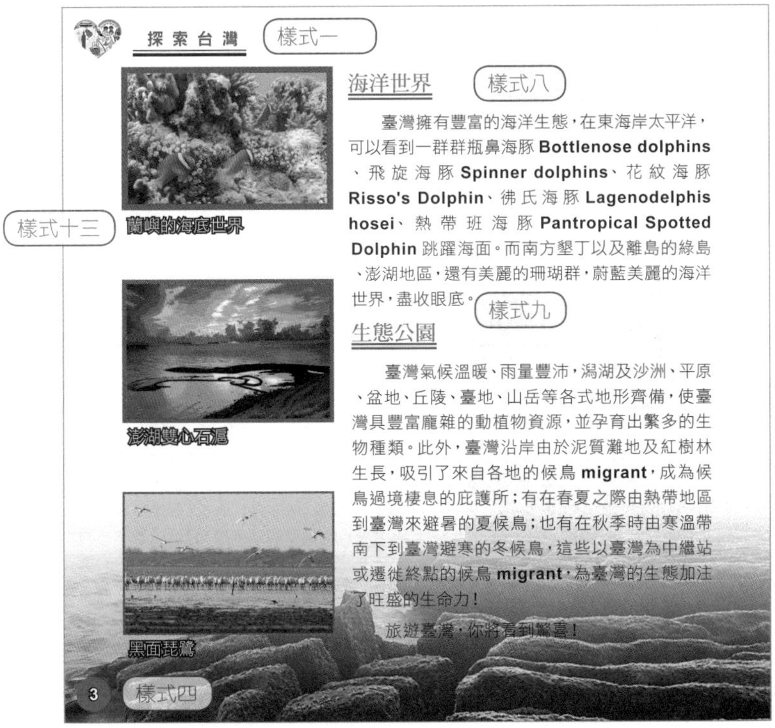
探 索 台 灣 樣式一
海洋世界 樣式八
臺灣擁有豐富的海洋生態，在東海岸太平洋，可以看到一群群瓶鼻海豚 **Bottlenose dolphins**、飛旋海豚 **Spinner dolphins**、花紋海豚 **Risso's Dolphin**、佛氏海豚 **Lagenodelphis hosei**、熱帶班海豚 **Pantropical Spotted Dolphin** 跳躍海面。而南方墾丁以及離島的綠島、澎湖地區，還有美麗的珊瑚群，蔚藍美麗的海洋世界，盡收眼底。樣式九
樣式十三 蘭嶼的海底世界
生態公園
臺灣氣候溫暖、雨量豐沛，潟湖及沙洲、平原、盆地、丘陵、臺地、山岳等各式地形齊備，使臺灣具豐富龐雜的動植物資源，並孕育出繁多的生物種類。此外，臺灣沿岸由於泥質灘地及紅樹林生長，吸引了來自各地的候鳥 **migrant**，成為候鳥過境棲息的庇護所；有在春夏之際由熱帶地區到臺灣來避暑的夏候鳥；也有在秋季時由寒溫帶南下到臺灣避寒的冬候鳥，這些以臺灣為中繼站或遷徙終點的候鳥 **migrant**，為臺灣的生態加注了旺盛的生命力！
旅遊臺灣，你將看到驚喜！
澎湖雙心石滬
黑面琵鷺
3 樣式四

內文～第三頁 P3

左邊書眉

★書眉圖像：檔名為 pic22，尺寸 8 X 6.5mm
★輸入書眉文字：套用段落樣式一
★頁碼：套用段落樣式四

背景圖像

★置入圖像：檔名為 pic A，尺寸 120X40mm

置入圖像

★圖像框尺寸 36X24mm（含框）
★置入圖像，檔名為 pic12，3pt 框線，Bk75
★置入圖像，檔名為 pic13，2pt 框線，Bk75
★置入圖像，檔名為 pic14，1pt 框線，Bk75

內文文字格式：

★可使用素材檔案中的文字檔
★節的標題：綠色文字，套用段落樣式八
★節的內文：黑色文字，套用段落樣式九
★圖說：黃色文字，套用段落樣式十三

內文～第四頁 P4

右邊書眉
★書眉圖像：檔名為 pic C ，尺寸 8 X 6.5mm
★書眉文字：套用段落樣式三
★頁碼：套用段落樣式四

背景圖像
★置入圖像：檔名為 pic B，尺寸 120X40mm

置入圖像
★圖像框尺寸 36X24mm（含框）
★置入圖像，檔名為 pic15， 2pt 框線，Bk75
★置入圖像，檔名為 pic16， 3pt 框線，Bk75

內文文字格式：
★可使用素材檔案中的文字檔
★章的篇名標題：紅色文字，套用段落樣式五
★章的內文：黑色文字，套用段落樣式六
★節的標題：綠色文字，套用段落樣式八
★節的內文：黑色文字，套用段落樣式九
★編號標題：藍色文字，套用段落樣式十
★編號內文：黑色文字，套用段落樣式十一
★圖說：黃色文字，套用段落樣式十三

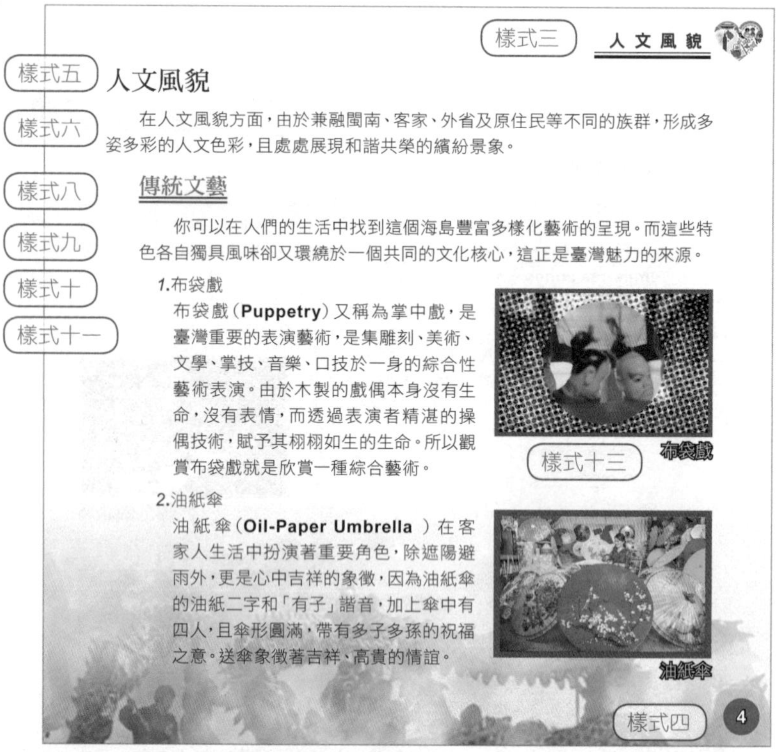
樣式三 人文風貌
樣式五 人文風貌
樣式六 在人文風貌方面，由於兼融閩南、客家、外省及原住民等不同的族群，形成多姿多彩的人文色彩，且處處展現和諧共榮的繽紛景象。
樣式八 傳統文藝
樣式九 你可以在人們的生活中找到這個海島豐富多樣化藝術的呈現。而這些特色各自獨具風味卻又環繞於一個共同的文化核心，這正是臺灣魅力的來源。
樣式十 1.布袋戲
樣式十一 布袋戲（Puppetry）又稱為掌中戲，是臺灣重要的表演藝術，是集雕刻、美術、文學、掌技、音樂、口技於一身的綜合性藝術表演。由於木製的戲偶本身沒有生命，沒有表情，而透過表演者精湛的操偶技術，賦予其栩栩如生的生命。所以觀賞布袋戲就是欣賞一種綜合藝術。
樣式十三 布袋戲
2.油紙傘
油紙傘（Oil-Paper Umbrella ）在客家人生活中扮演著重要角色，除遮陽避雨外，更是心中吉祥的象徵，因為油紙傘的油紙二字和「有子」諧音，加上傘中有四人，且傘形圓滿，帶有多子多孫的祝福之意。送傘象徵著吉祥、高貴的情誼。
油紙傘
樣式四 4

內文～第五頁 P5

左邊書眉
★書眉圖像：檔名為 pic C，尺寸 8 X 6.5mm
★書眉文字：套用段落樣式一
★頁碼：套用段落樣式四

背景圖像
★置入圖像：檔名為 pic B，尺寸 120X40mm

置入圖像
★圖像框尺寸 36X24mm（含框）
★置入圖像，檔名為 pic17，3pt 框線，Bk75
★置入圖像，檔名為 pic18，2pt 框線，Bk75
★置入圖像，檔名為 pic19，1pt 框線，Bk75

內文文字格式：
★可使用素材檔案中的文字檔
★編號標題：藍色文字，套用段落樣式十
★編號內文：黑色文字，套用段落樣式十一
★圖說：黃色文字，套用段落樣式十三

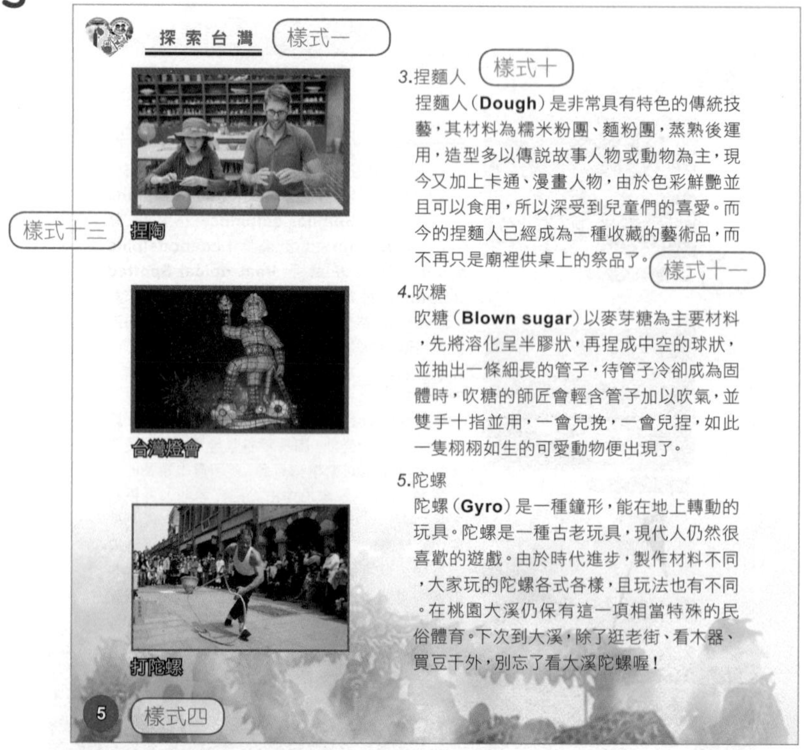
探索台灣 樣式一
3.捏麵人 樣式十
捏麵人（Dough）是非常具有特色的傳統技藝，其材料為糯米粉團、麵粉團，蒸熟後運用，造型多以傳說故事人物或動物為主，現今又加上卡通、漫畫人物，由於色彩鮮艷並且可以食用，所以深受到兒童們的喜愛。而今的捏麵人已經成為一種收藏的藝術品，而不再只是廟裡供桌上的祭品了。 樣式十一
樣式十三 捏陶
4.吹糖
吹糖（Blown sugar）以麥芽糖為主要材料，先將溶化呈半膠狀，再捏成中空的球狀，並抽出一條細長的管子，待管子冷卻成為固體時，吹糖的師匠會輕含管子加以吹氣，並雙手十指並用，一會兒挽，一會兒捏，如此一隻栩栩如生的可愛動物便出現了。
台灣燈會
5.陀螺
陀螺（Gyro）是一種鐘形，能在地上轉動的玩具。陀螺是一種古老玩具，現代人仍然很喜歡的遊戲。由於時代進步，製作材料不同，大家玩的陀螺各式各樣，且玩法也有不同。在桃園大溪仍保有這一項相當特殊的民俗體育。下次到大溪，除了逛老街、看木器、買豆干外，別忘了看大溪陀螺喔！
打陀螺
5 樣式四

樣式三　人文風貌

樣式十　6.風箏

樣式十一　風箏（kite），傳統是以竹條和棉紙製成，取棉紙繪色容易且質輕易操作之優點。隨著時代變遷，現多以塑膠布或尼龍布製作風箏，造型上有平面的一般風箏及立體的龍、蜈蚣…等，栩栩如生。放風箏是一種老少咸宜的運動，也是具有歷史意義的民俗活動。

樣式十三　風箏

7.扯鈴

扯鈴（Diabolo）是中國傳統的民俗技藝之一，也是相傳已久的童玩之一。扯動時在兩端繫著棍子的棉線上加速轉動，不但能展現美妙的動作，如纏、繞、拋、迴旋、甩、翻轉及接等，甚至能融入舞蹈動作，使人目不暇給，精彩萬分。

平溪天燈

8.書法

書法（calligraphy）是以漢字為表現的對象，以毛筆為表現工具的一種線條造型藝術。是中國最生活化也最為世人讚賞的藝術。而且學習書法不但可以怡情養性、變化氣質，訓練審美及觀察、判斷的能力，更能培養恆心、毅力的定靜功夫。

國際偶戲節

樣式四　6

內文～第六頁 P6

右邊書眉
★書眉圖像：檔名為 pic C，尺寸 8 X 6.5mm
★輸入書眉文字：套用段落樣式三
★頁碼：套用段落樣式四

背景圖像
★置入圖像：檔名為 pic B ，尺寸 120X40mm

置入圖像
★圖像框尺寸 36X24mm（含框）
★置入圖像，檔名為 pic20， 1pt 框線，Bk75
★置入圖像，檔名為 pic21， 2pt 框線，Bk75
★置入圖像，檔名為 pic22， 3pt 框線，Bk75

內文文字格式：
★可使用素材檔案中的文字檔
★編號標題：藍色文字，套用段落樣式十
★編號內文：黑色文字，套用段落樣式十一
★圖說：黃色文字，套用段落樣式十三

探索台灣　樣式一

樣式八　宗教信仰

樣式九　中國人因注重具有高尚情操的人，所以常將聖人神格化供奉在廟裡祭拜。而且對於宗教觀念寬大，因而佛教 Buddhism、道教 Taoism 合流，而形成了臺灣本土的特色。

同時臺灣對於宗教信仰極度自由，所以近來各方宗教蓬勃發展，因而天主教 Catholic church、基督教 Christian、回教 Islam、…等教派在臺灣都擁有一片空間。

宗教信仰除了祈望教化和自我表彰的人生觀外，宗教的殿堂也是信徒的信仰中心。其中除了空間規劃和形式格局有一套複雜的規矩外，還包含木雕、石雕、泥塑、陶藝、剪粘、彩繪、書法……等裝飾，這些裝飾不僅具有視覺上的美感，更充分展現出民間的豐富內涵和精神文明的宗教藝術。

樣式十二　～歡＊迎＊來＊臺＊灣～

樣式六　誠摯的邀請並歡迎您來臺灣體驗！在這裏有許多世界級的景觀與熱鬧非凡的節慶活動；同時四處都是美食天堂及臺灣特有的人情味，讓遊客回味無窮，值得您一遊再遊。

7　樣式四

內文～第七頁 P7

左邊書眉
★書眉圖像：檔名為 pic C，尺寸 8 X 6.5mm
★書眉文字：套用段落樣式一
★頁碼：套用段落樣式四

背景圖像
★置入圖像：檔名為 pic B，尺寸 120X40mm

置入圖像
★圖像框尺寸 100X25mm
★置入圖像，檔名為 pic23

內文文字格式：
★可使用素材檔案中的文字檔
★章的內文：黑色文字，套用段落樣式六
★節的標題：綠色文字，套用段落樣式八
★節的內文：黑色文字，套用段落樣式九
★突顯式標題：紅色文字，套用段落樣式十二
★章的內文：黑色文字，套用段落樣式六

解題方法

摺紙

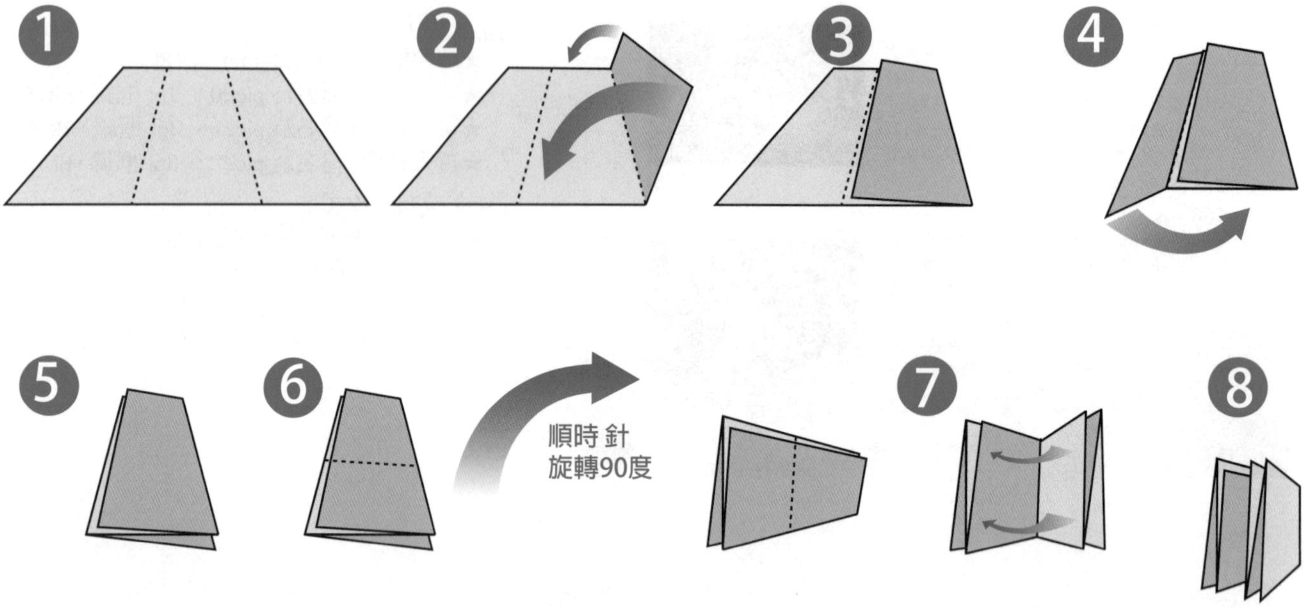

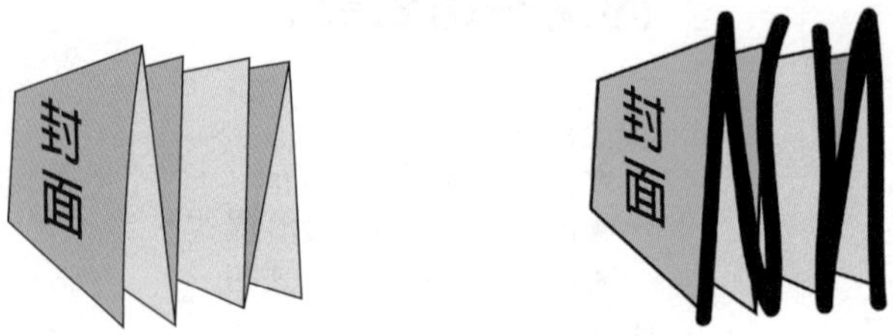

摺完紙後，檢查開口處是否符合 NИ 。

正面

頁序 8
內文五
頁序 6
內文六
頁序 12
封底
頁序 5
內文二
頁序 4
內文一
頁序 1
封面

反面

頁序 11
封底裡
頁序 10
內文七
頁序 7
內文四
頁序 2
封面裡
頁序 3
目錄
頁序 9
內文三

封面製作

1. 在 Indesign 執行【檔案\新增\文件】（快速鍵 Ctrl+N）。

2. 頁數設定為【12】，【對頁】打勾，寬度與高度均為【120mm】，上下左右【出血 3mm】。

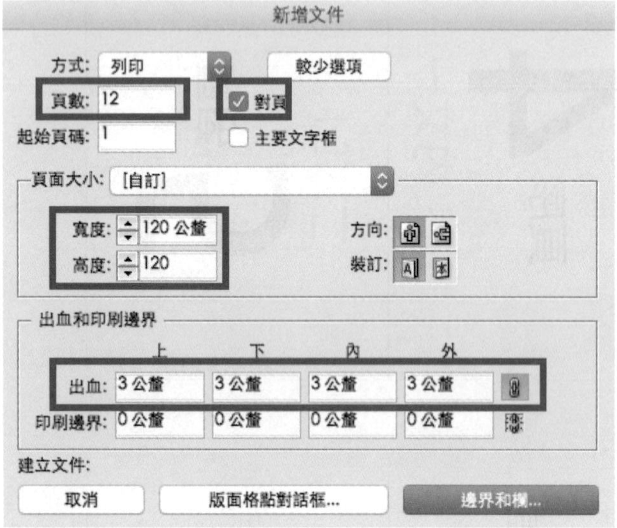

3. 在 Indesign 的圖層中點選【建立新圖層】，新增一個【圖層 2】，把描圖檔放在圖層 2 上，把製作的物件放在圖層 1。

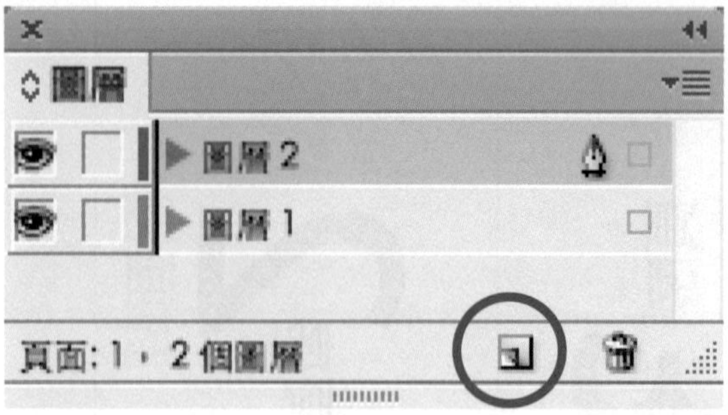

4 於圖層 2 中，在 A - 主板上以【矩形框架工具 ⊠】左右邊各繪製一個【120mm×120mm】的框架矩形並【置中對齊】。

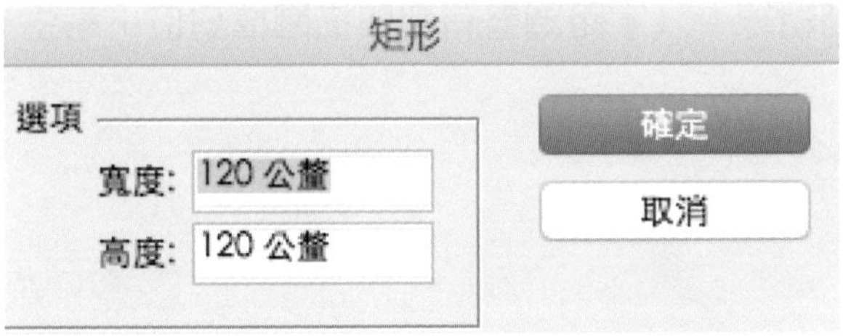

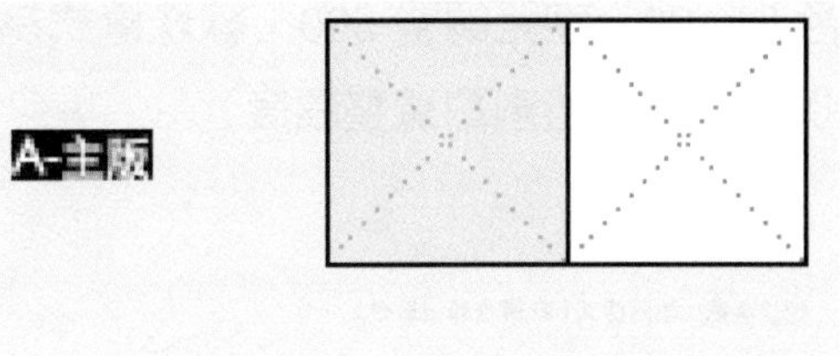

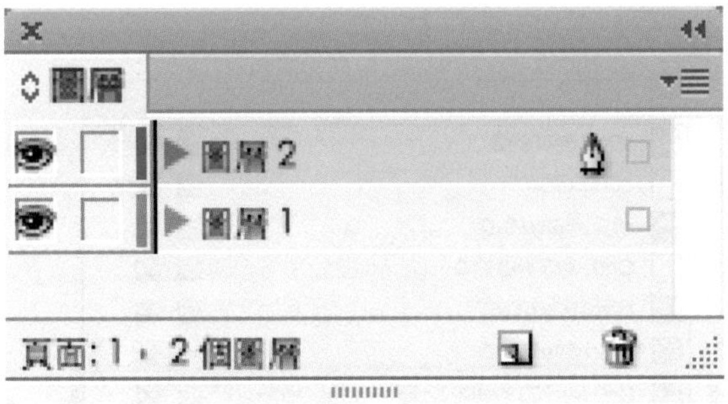

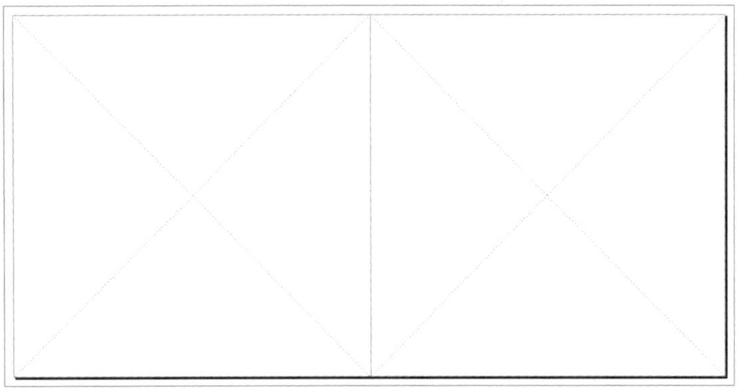

5 由於每張描圖檔的格式都是一致的（不透明度：30% 模式：色彩增值），所以可以在物件樣式中【新增一個物件樣式】，執行【視窗 \ 樣式 \ 物件樣式】，樣式名稱為：【描圖檔樣式】，樣式內容為：【不透明度：30%】、【模式：色彩增值】，將 A 主板上的兩個框架矩形套用此物件樣式。（此處調整透明度主要是為了與描圖檔做對位用，因不同廠家的螢幕顯色與設定不同，考生可以以視覺上方便對位置的濃淡調整透明程度的量）。

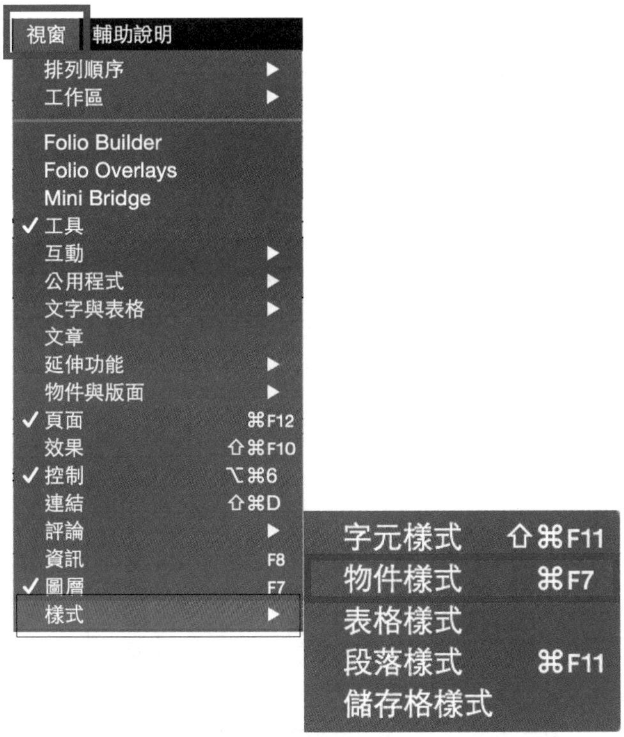

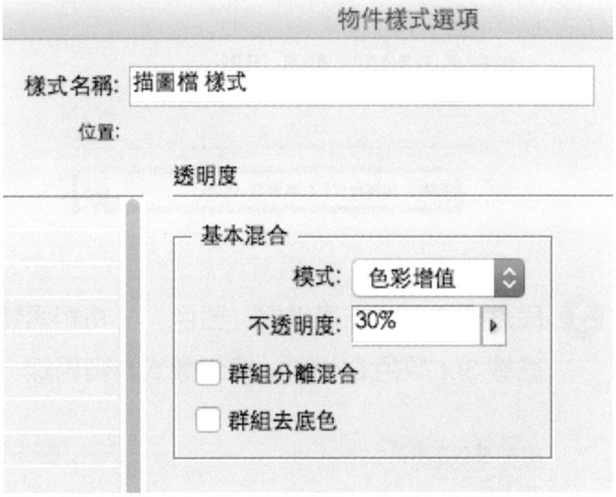

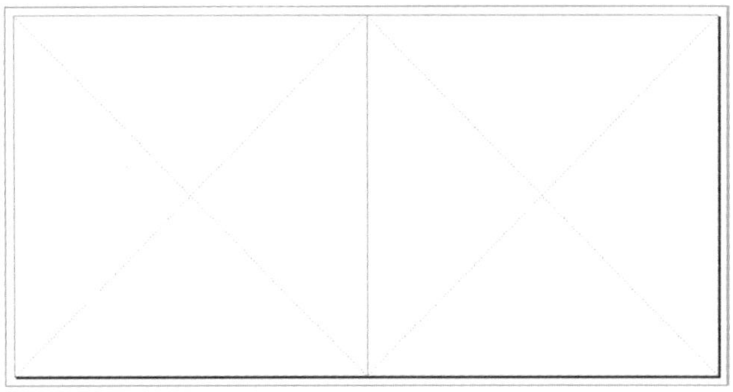

段落樣式設定：一至六

❶ 段落樣式一：左邊書眉（紅色），特粗黑體（黑體 W9），大小 8pt，顏色 Y100M100Bk25；底線 3pt 顏色 Bk100，字距調整 500，線條樣式為細粗線。（字距調整有利與描圖檔對位，考生可依實際操作狀況自行斟酌調整幅度）

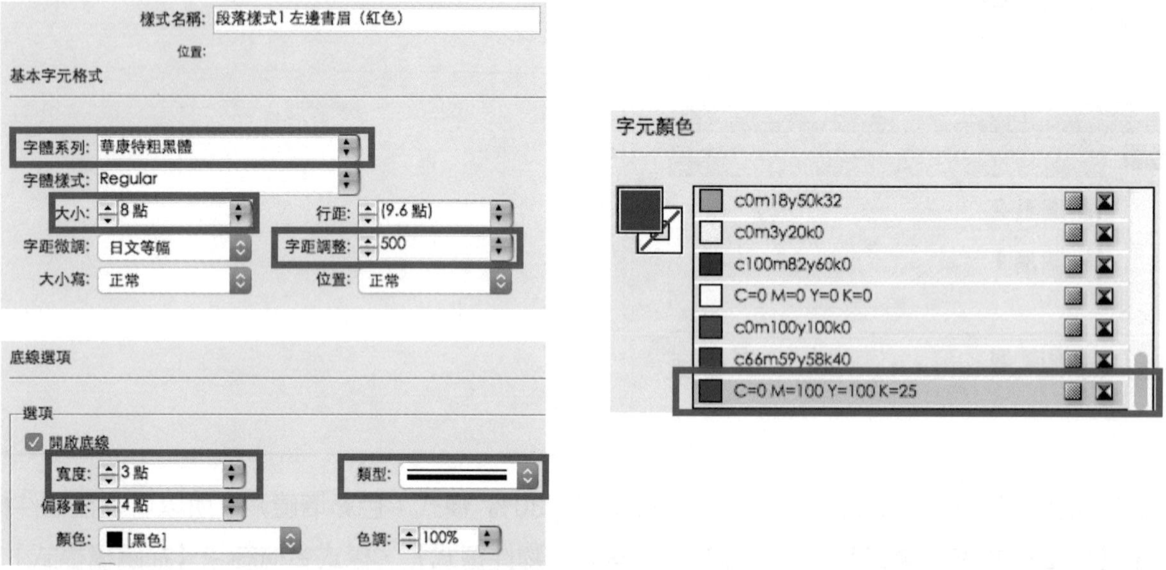

❷ 段落樣式二：右邊書眉（綠色），特粗黑體（黑體 W9），大小 8pt，顏色 Y100C100Bk25；底線 3pt 顏色 Bk100，線條樣式為細粗線。

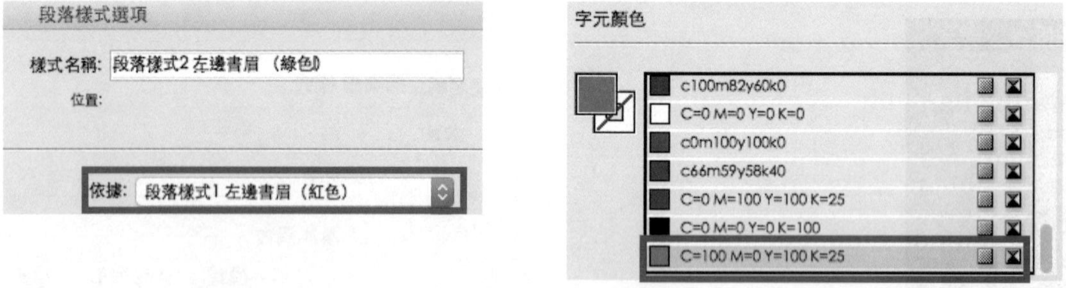

❸ 段落樣式三：右邊書眉（藍色），特粗黑體（黑體 W9），大小 8pt，顏色 M100C100Bk25；底線 3pt 顏色 Bk100，線條樣式為細粗線。

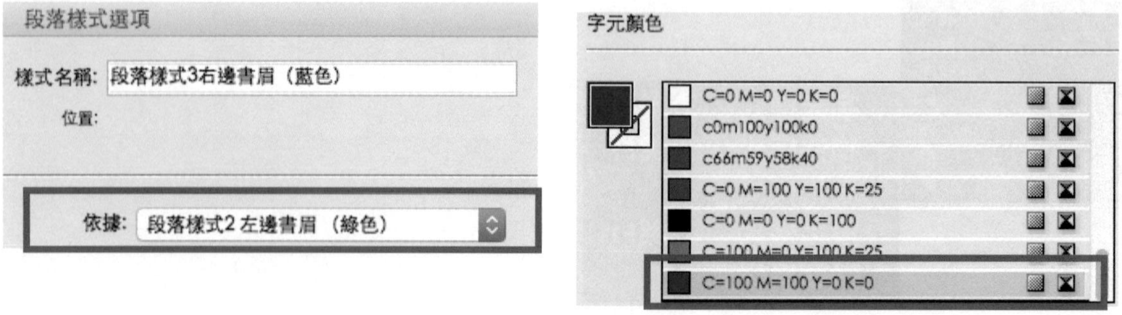

4 段落樣式四：頁碼，圓形，尺寸 6X6mm，顏色 Y100M100；字元 ArialBold，大小 8pt，白色；點按線段使線段圖示上移並調整寬度為 0.5 點。

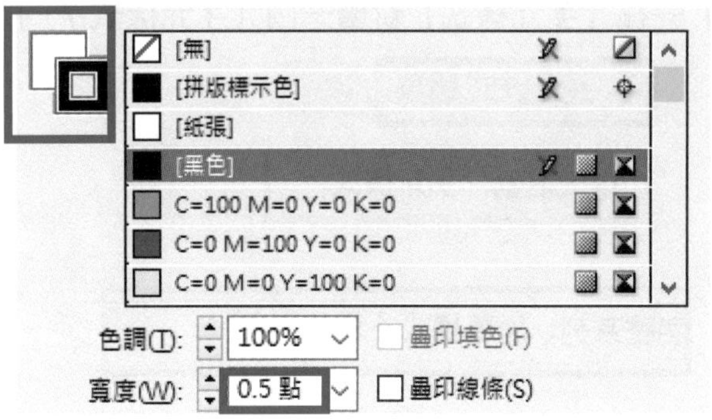

5 段落樣式五：章的篇名標題，粗明體（明體 W7），大小 12pt，顏色 Y100M100Bk50，行距 14pt，字元間距加寬 25，與後段距離 2mm。

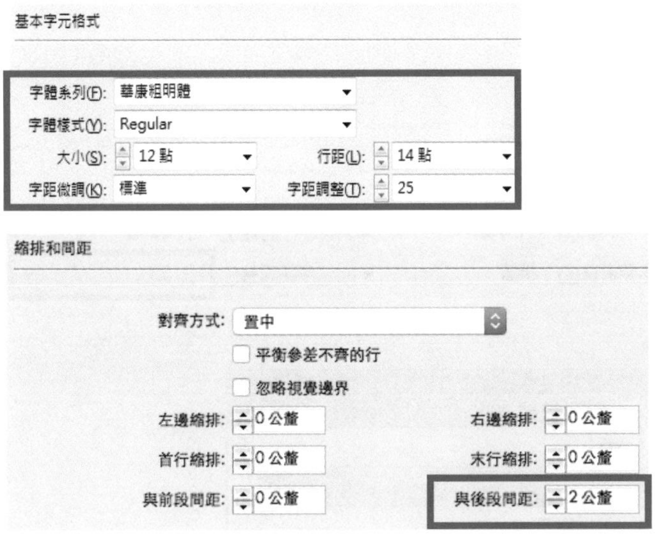

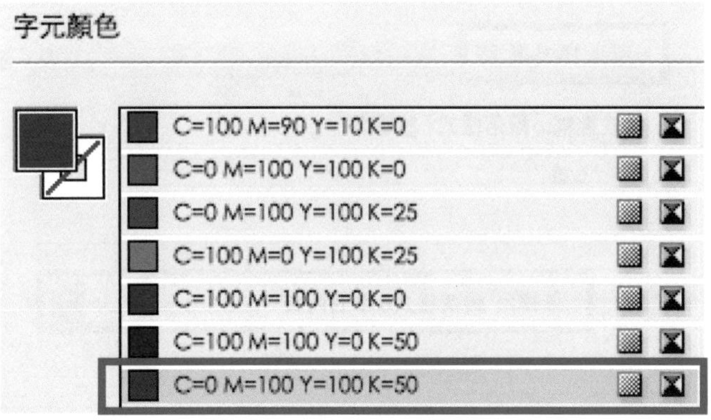

6 段落樣式六：章的內文，執行【文字 / 複合字體】，設定複合字體為【中文：細黑體（黑體 W3）；英文 ArialBold；數字 ArialItalic，標點符號：中明體（明體 W5）】；大小 8pt，顏色 Bk100，行距 12pt，首行左邊縮排 2 字元，字元間距加寬 25，與後段距離 2mm。

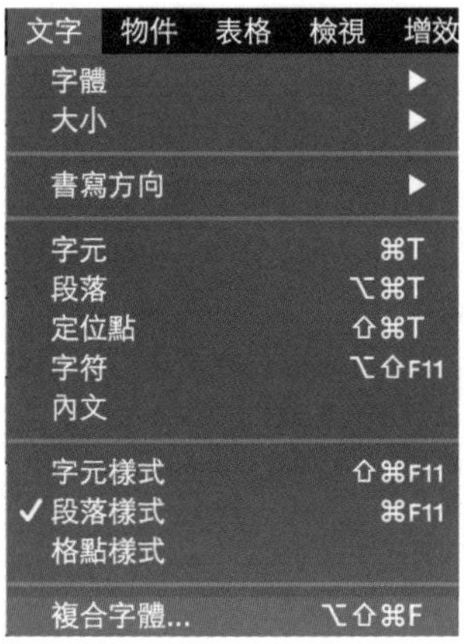

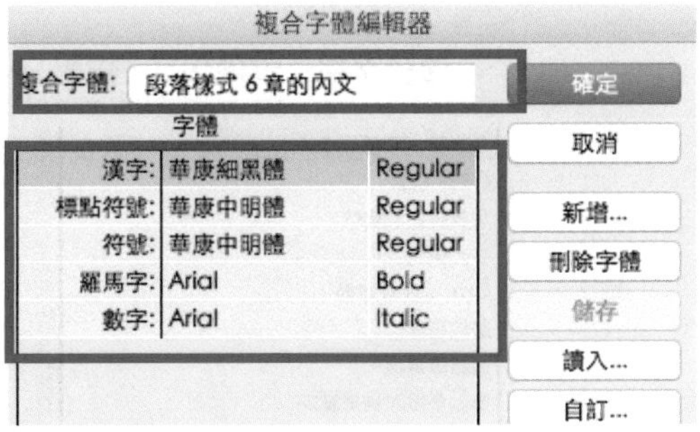

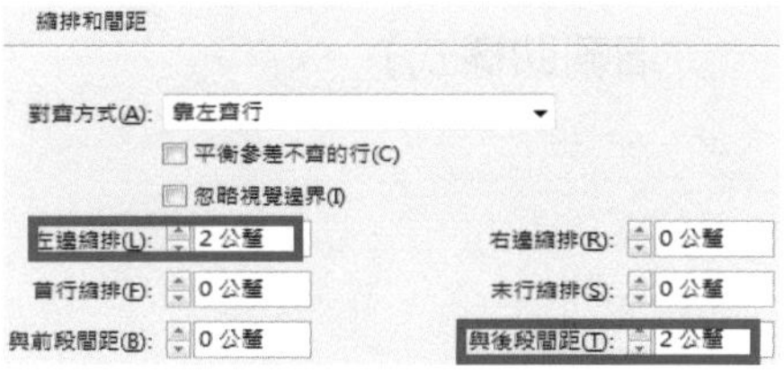

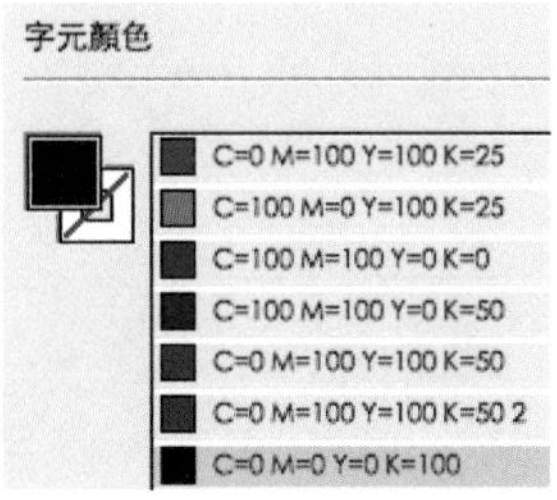

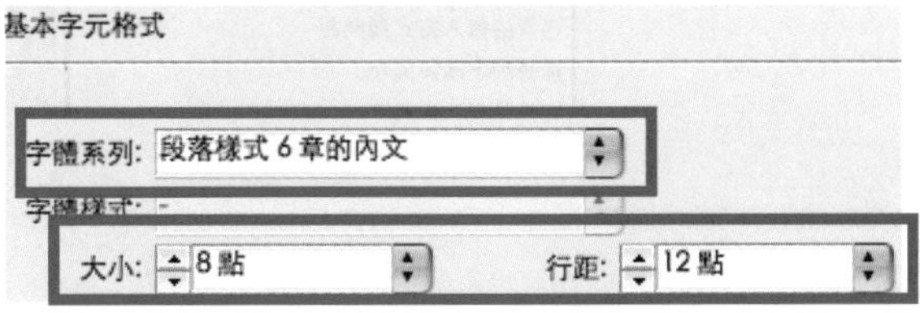

段落樣式設定：七

❶ 先在【字元樣式】新增一個【字元樣式 7】的新樣式，並將字元顏色改為【C100】。

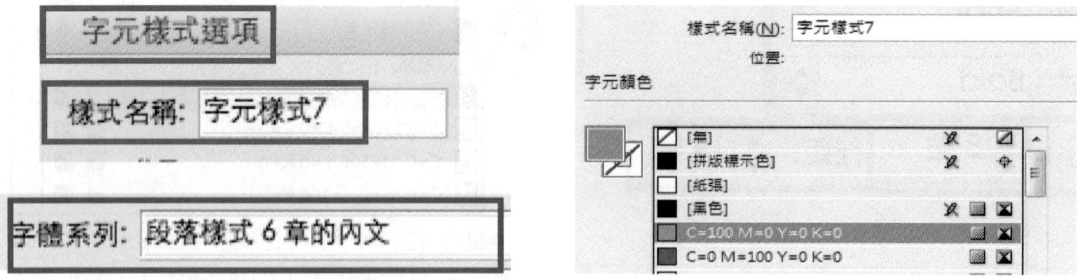

❷ 新增一個【段落樣式 7 說明文】，並依據【段落樣式 6 章的內文】，另外再修改基本字元樣式裡字距調整改為【25】，將縮排和間距裡的左縮排改為【6mm】，首行縮排改為【4mm】。

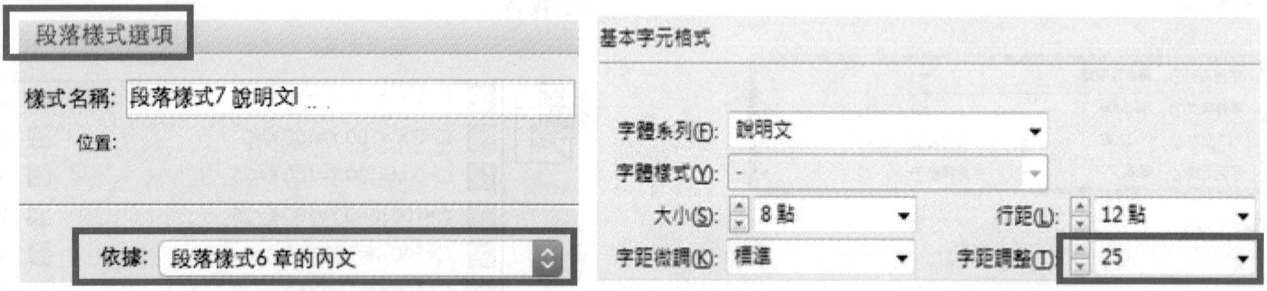

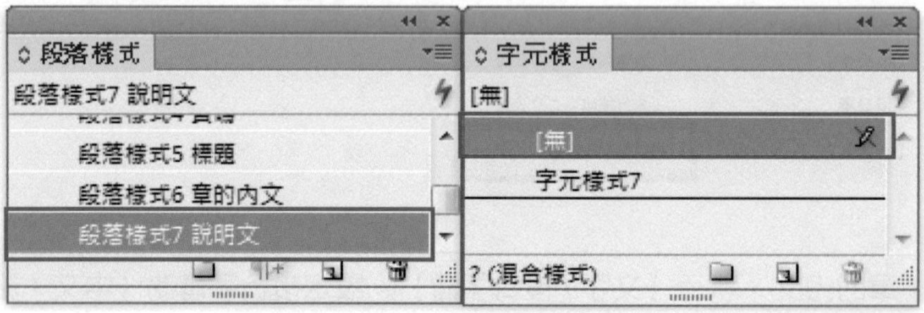

❸ 於首字放大和輔助樣式中，點選【新增輔助樣式】。

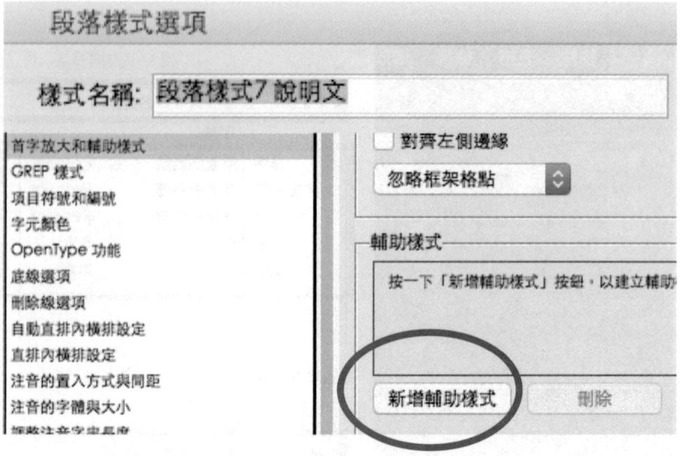

4 把輔助樣式的字元參照改成【字元樣式 7 】，再把字元改成【：】，注意全形與半形的分別，字元需為【全型冒號】。

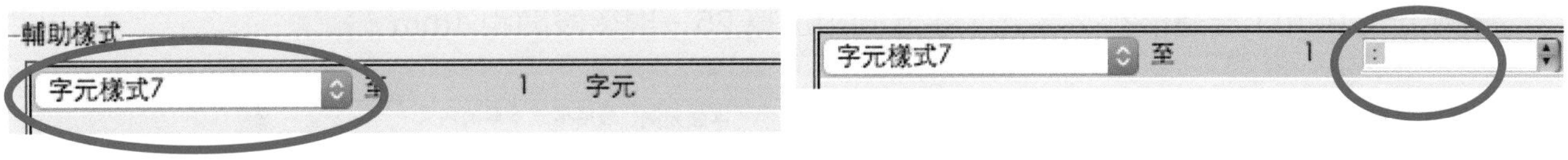

5 使用段落樣式七時，因為有參照到輔助樣式，避免參照錯誤所以要將字元樣式先選為【無】。

段落樣式設定：八至十三

1 段落樣式八：節的標題，粗明體（明體 W7），大小 10pt，顏色 Y100C100Bk50，行距 14pt，字元間距加寬 25，與後段距離 2mm；底線 3pt，顏色 Y100M100，線條樣式為粗粗線。

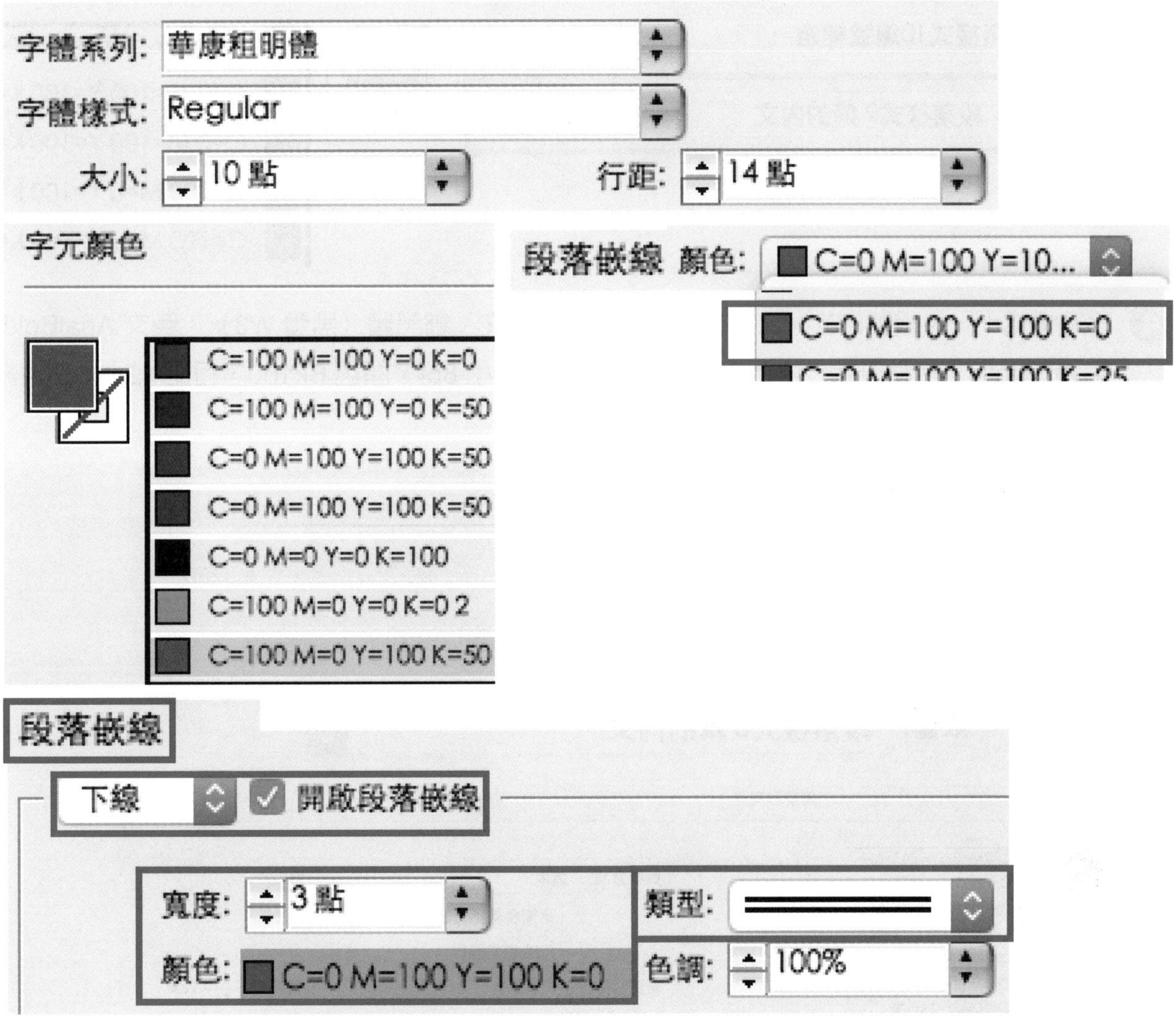

❷ 段落樣式九：節的內文，文字為【複合字體】，中文：細黑體（黑體 W3）；英文 ArialBold；數字 ArialItalic，標點符號：中明體（明體 W5）；大小 8pt，顏色 Bk100，行距 12pt，首行左邊縮排 2 字元，左邊縮排 2 字元，字元間距加寬 25，與後段間距 1mm。

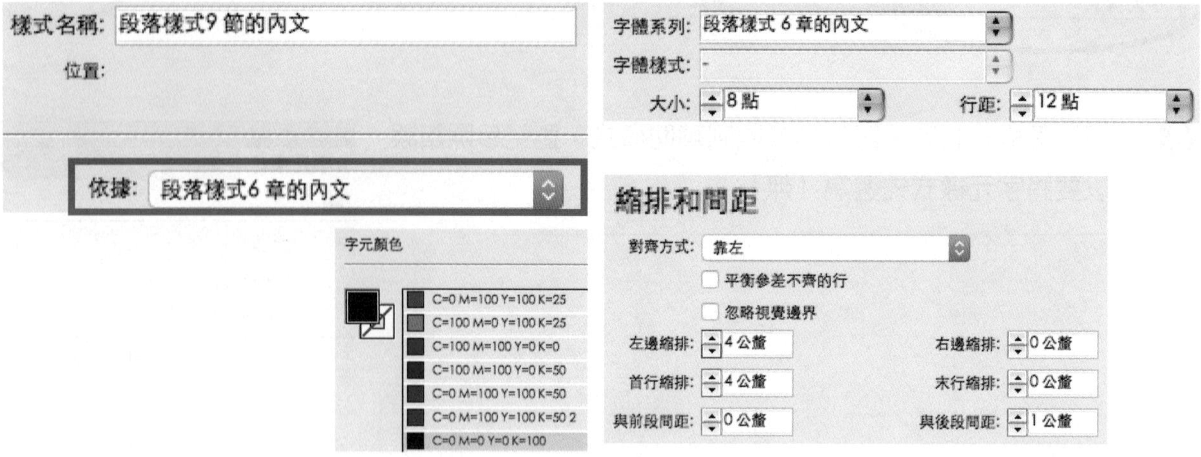

❸ 段落樣式十：編號標題，細黑體（黑體 W3），數字 ArialItalic，大小 8pt，顏色 M100C100，行距 12pt，字元間距加寬 25。

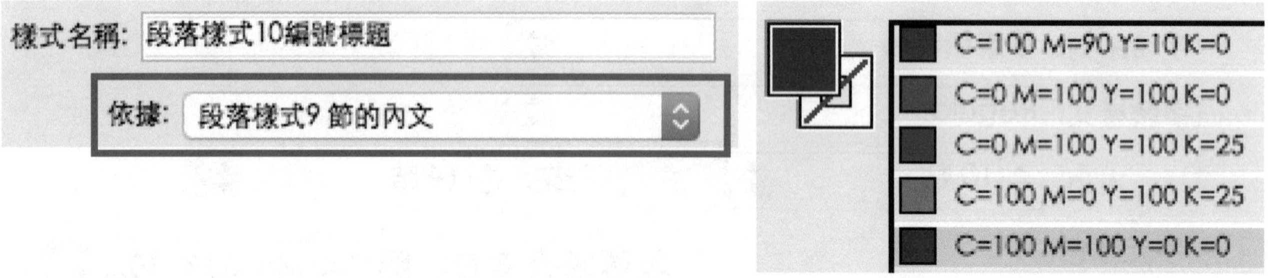

❹ 段落樣式十一：編號內文，文字為複合字體集 [中文：細黑體（黑體 W3）；英文 ArialBold；數字 ArialItalic，標點符號：中明體（明體 W5）]；大小 8pt，顏色 Bk100，行距 12pt，左邊縮排 4 字元，字元間距加寬 25，與後段距離 1mm。

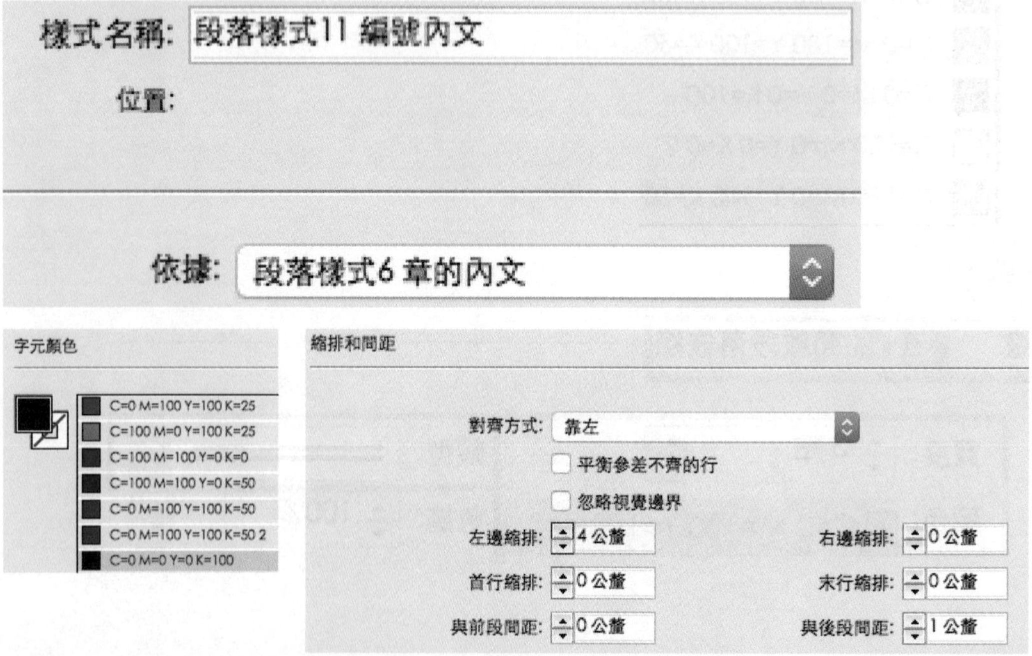

5 段落樣式十二：強調突顯式標題，特粗明體（明體 W9），大小 12pt，顏色 Y100M100Bk50，行距 14pt，置中對齊。

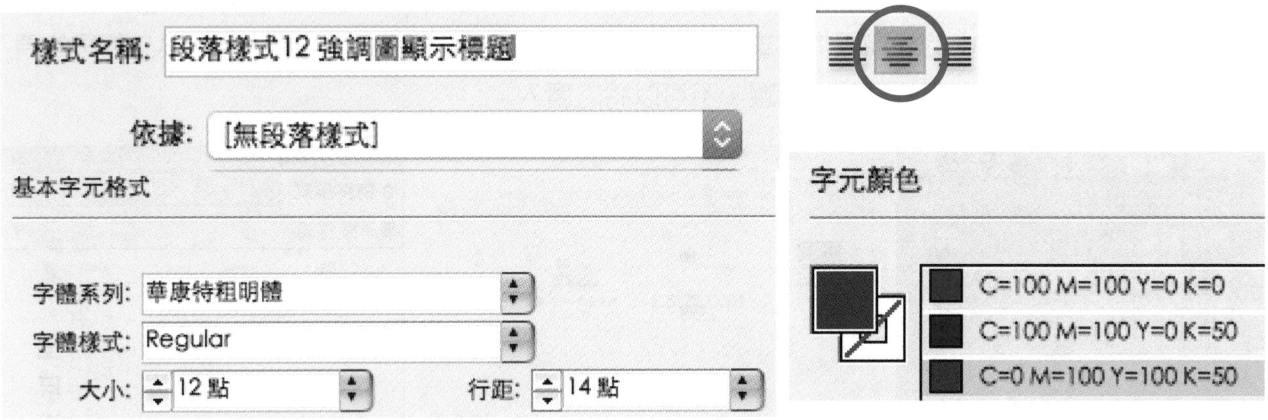

6 段落樣式十三：圖說，細黑體（黑體 W3），大小 8pt，顏色 Y50，文字外框筆畫 0.5pt，Bk100。若文中字元間距、行距、段落間距未詳細敘述者，可請依描圖檔調整設定。

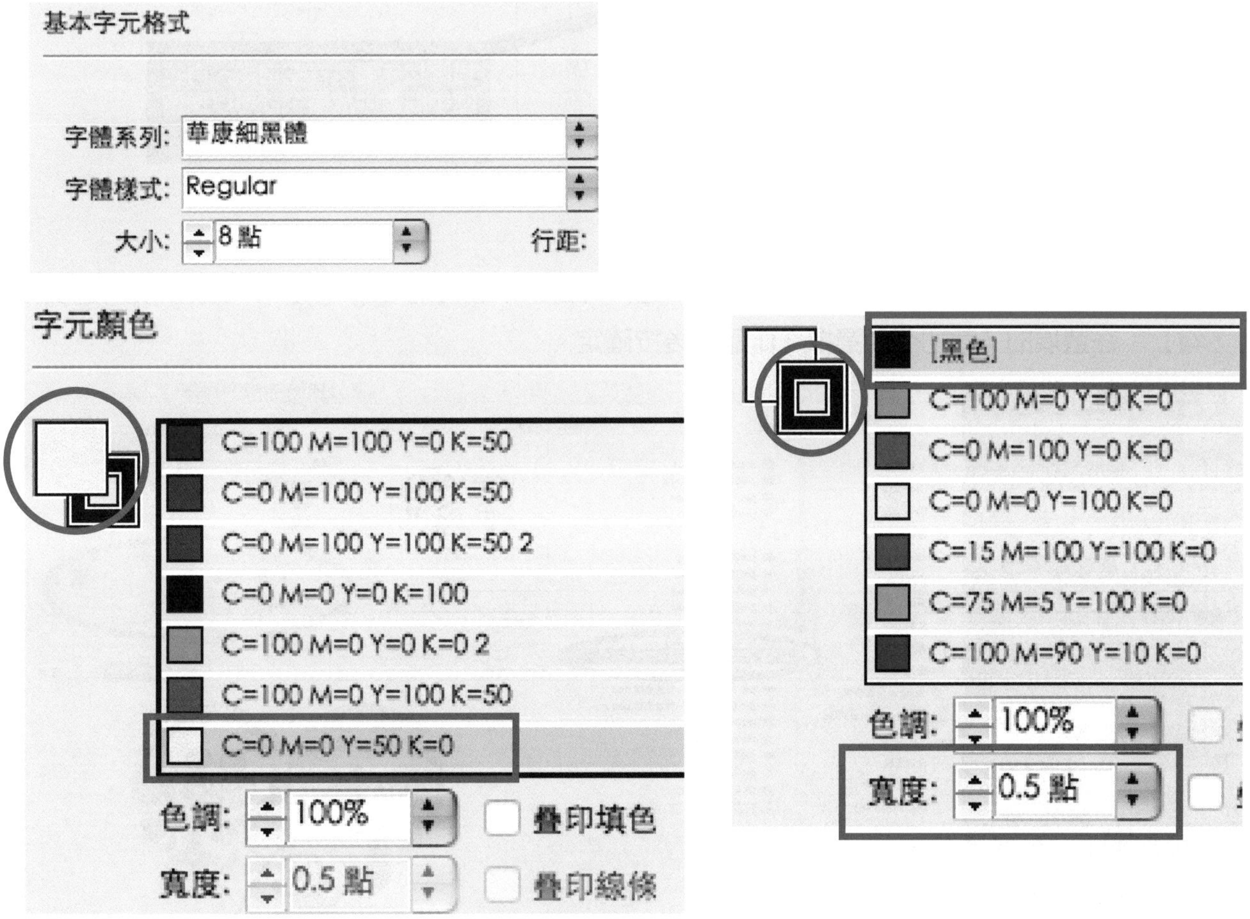

主版 A 製作

1. 在主板 A 左邊頁面上執行【檔案 \ 置入】，選擇描圖檔【探索臺灣～內文 - 第 1 頁 .jpg】，將透明度參照物件樣式中的【描圖檔樣式】（主要是為了製作左上角 icon 與標題頁眉與左下角的頁碼），要記得保留底下的框架矩形喔，不可以將之置入。

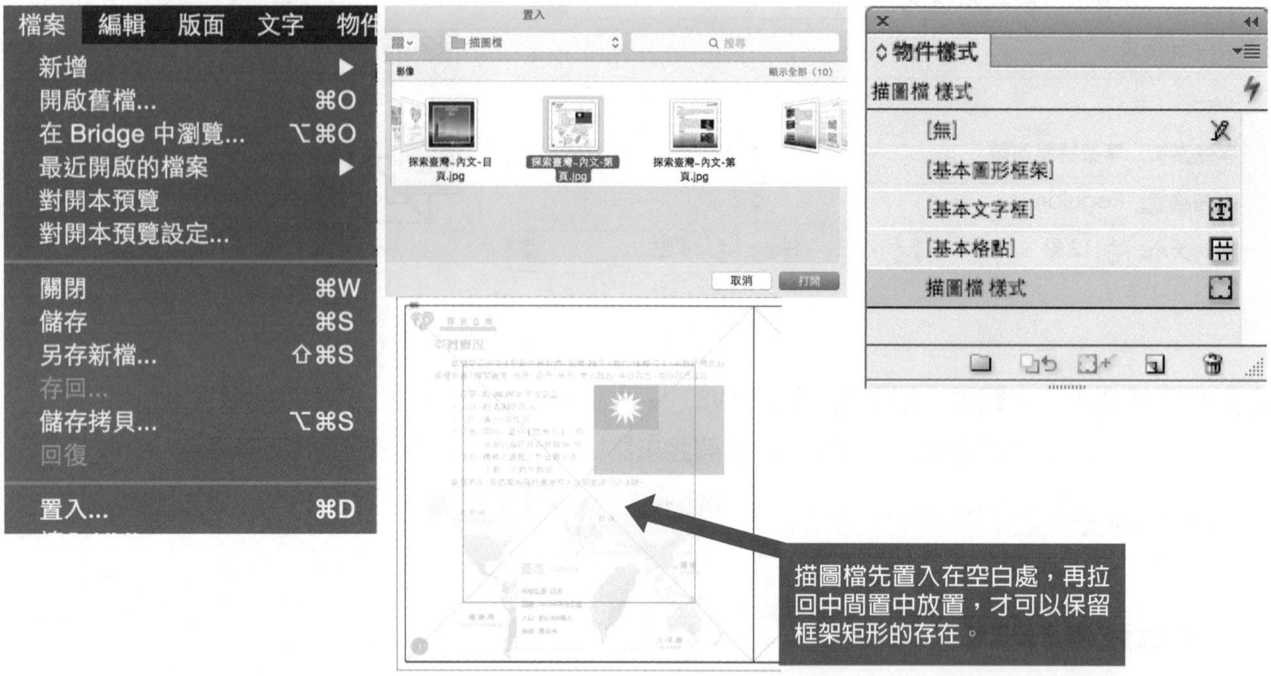

2. 在主板 A 左邊頁面上執行【檔案 \ 置入】，選擇【pic C- 觀光局 Logo.ai】，【顯示讀入選項打勾】，在選項的【裁切至】選擇【作品】後按確定。

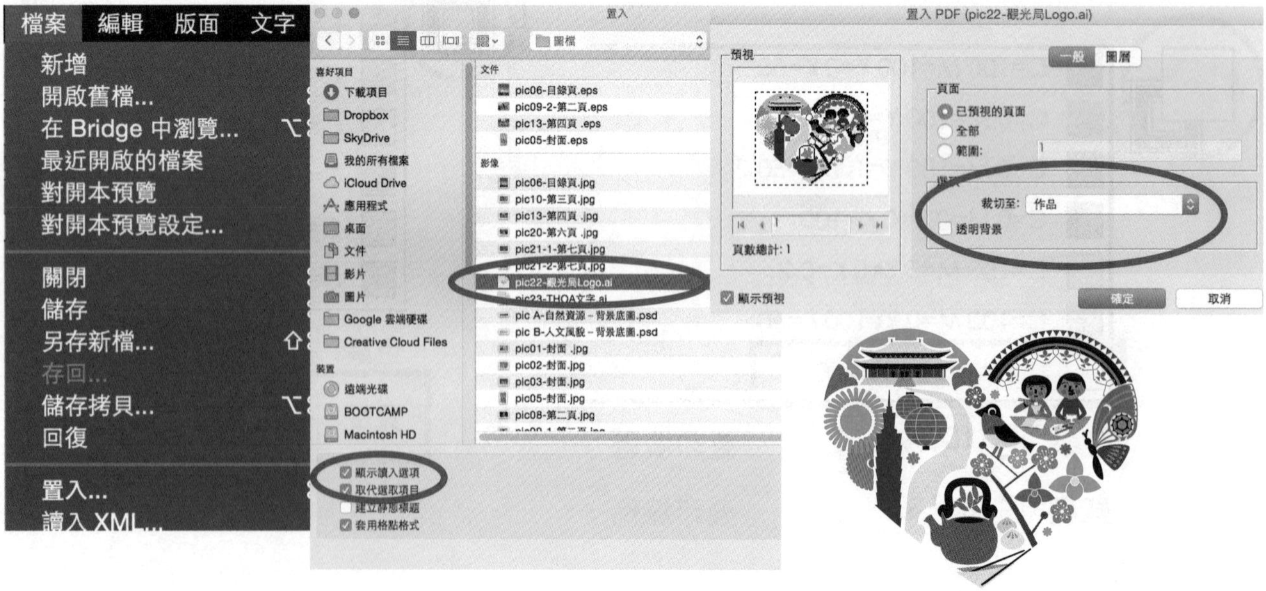

3 將寬高設為【8mm×6.5mm】，後依描圖檔對位。

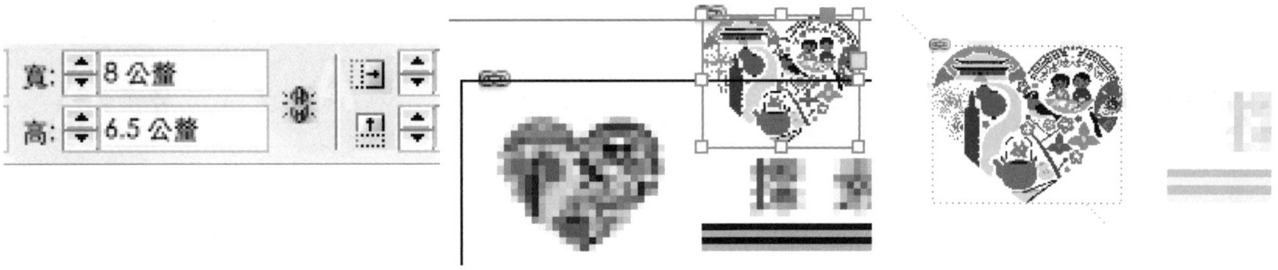

4 以【文字工具 T 】參照【段落樣式 1 左邊書眉（紅色）】的內容（文字：特粗黑體\ 8pt \ Y100M100K25 \底線 3pt、Bk100），鍵入【探索臺灣】。

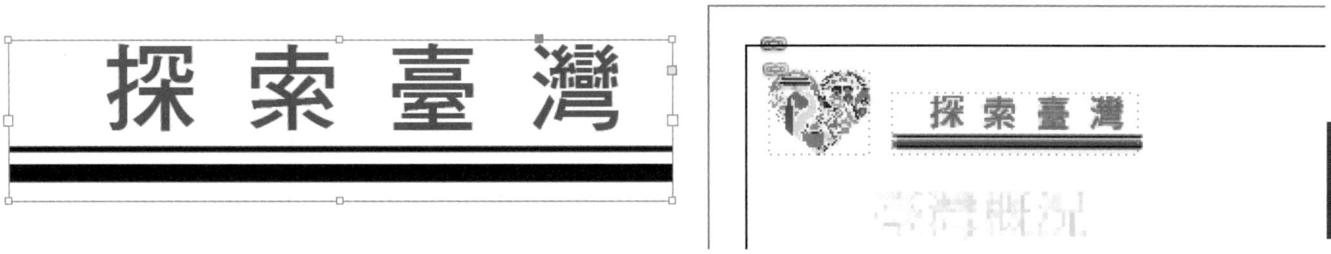

5 以【橢圓形工具 】繪製一個【6mm×6mm】的圓形，色彩【Y100M100】。以【文字工具 T 】在圓上單擊滑鼠左鍵後，直接鍵入【Ctrl+Alt+shift+N】，即出現 A 的字母，此處為 A 主板之頁碼形式，樣式參照【段落樣式 4 頁碼】。

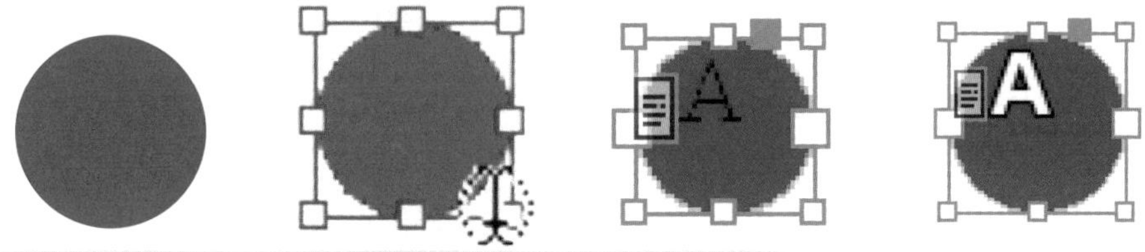

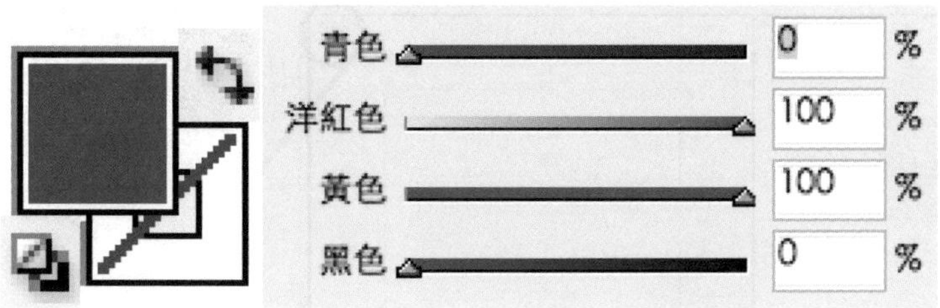

6 在文字的對齊選項 與段落的排列選項 中均將文字選擇【置中對齊】，則「A」（A 主板頁碼）即完成頁碼的設置，再依描圖對位。

7 以游標點選尺規的【左上角基準點 】拖曳到兩跨頁的中心線上，改變基準點的位置【自跨頁中心點標示起】。

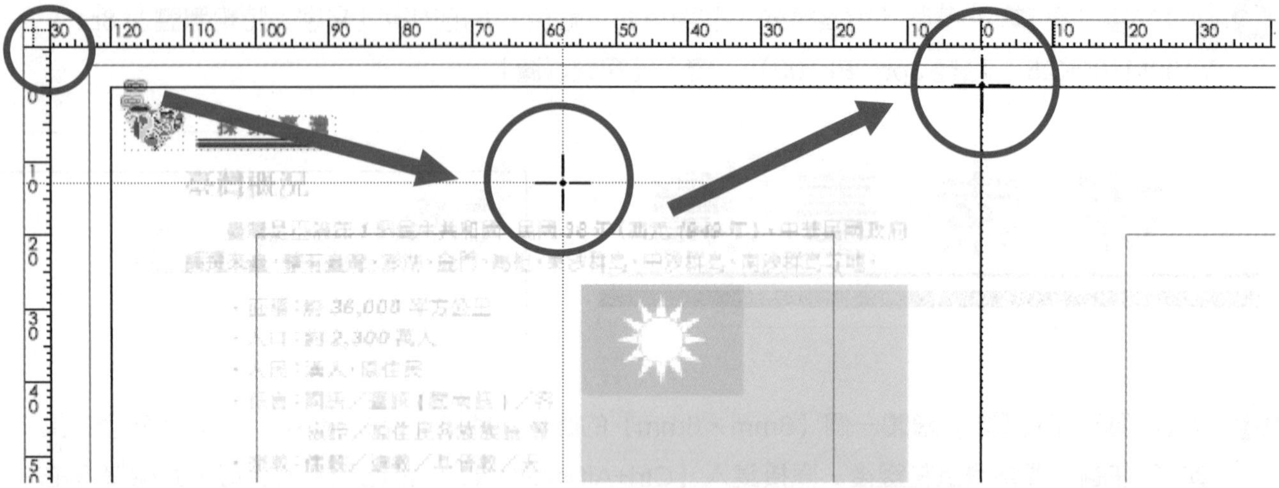

8 將位置參考點選擇在中心點上，點選 icon 在 X 的座標位置將前面的負號按【Delete 鍵】刪除，長按住【Alt 鍵】再按下【Enter 鍵】，即在跨頁的右邊複製出一個 Icon。

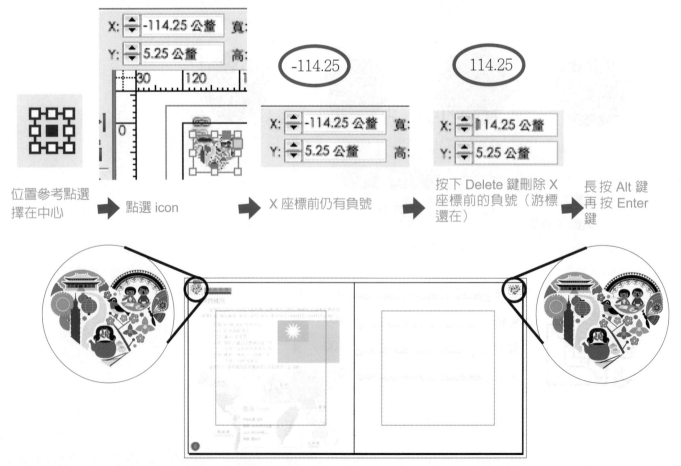

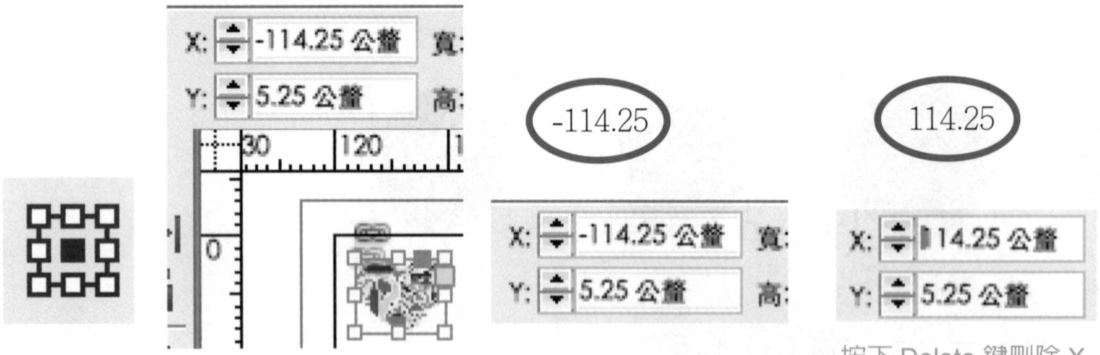

位置參考點選擇在中心 → 點選 icon → X 座標前仍有負號 → 按下 Delete 鍵刪除 X 座標前的負號（游標還在） → 長按 Alt 鍵再按 Enter 鍵

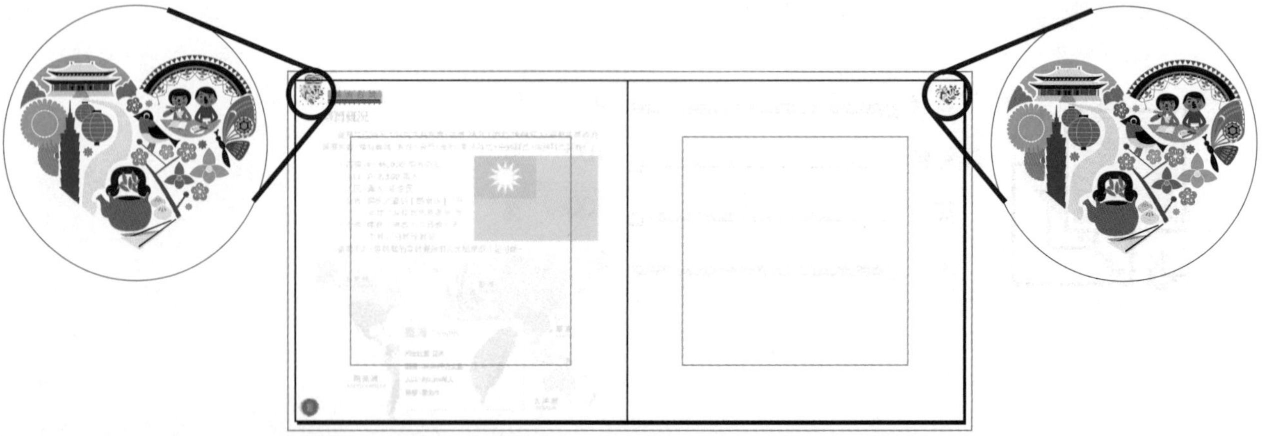

9 以同樣的方式依序單選「探索臺灣」與頁碼，執行【X座標軸將負號刪除，按下 Alt 鍵後按 Enter 鍵複製到右邊跨頁】的動作。

因跨頁複製參照點只有一個，所以不能一次全選進行複製，只能單一物件進行單一次的複製動作，完畢後再複製下一個物件。X與Y的座標位置數值，會因每個操作者在對描圖檔位置時產生些許的視覺上誤差，考生在製作時只要留意製作的步驟即可，下圖座標位置數值僅參考。

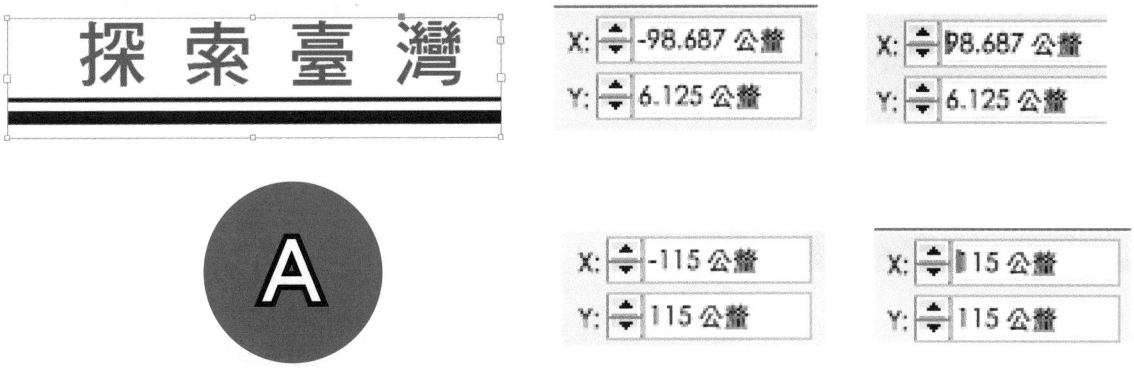

第五題

10 最後再把【描圖檔刪除】，即得到A主板左右跨頁的頁碼與 icon 文字的建置設定。

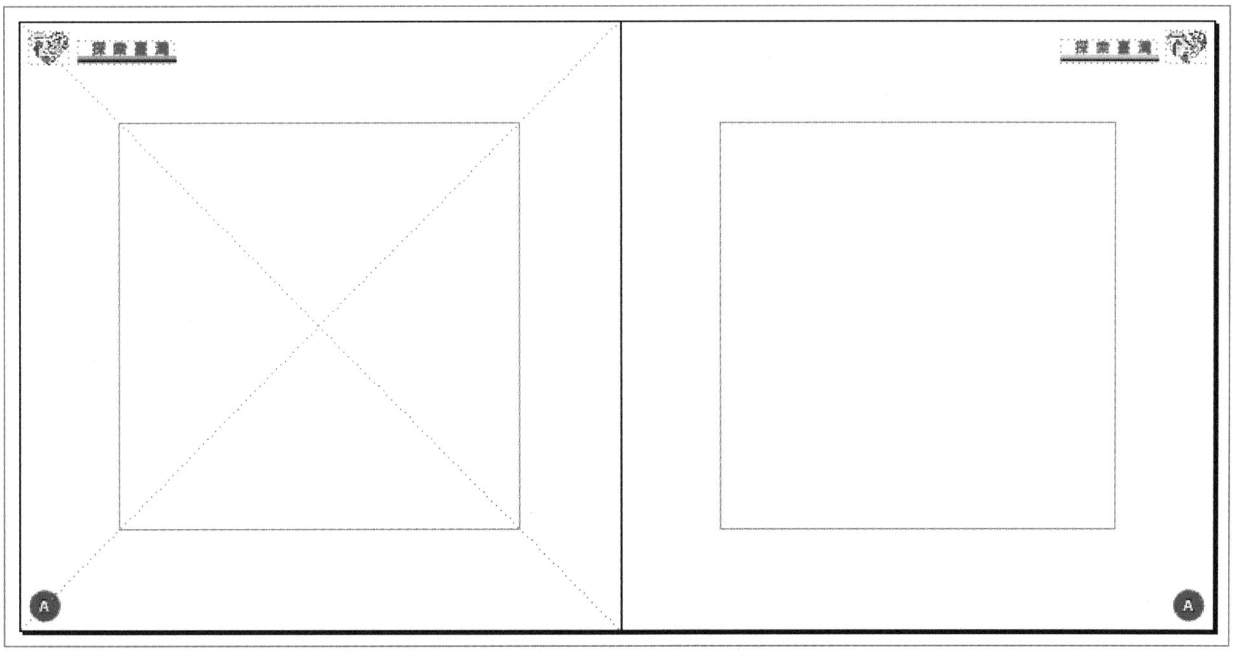

11 執行【檔案 \ 置入】，選擇【pic A- 自然資源－背景底圖】，依照出血位置對位。

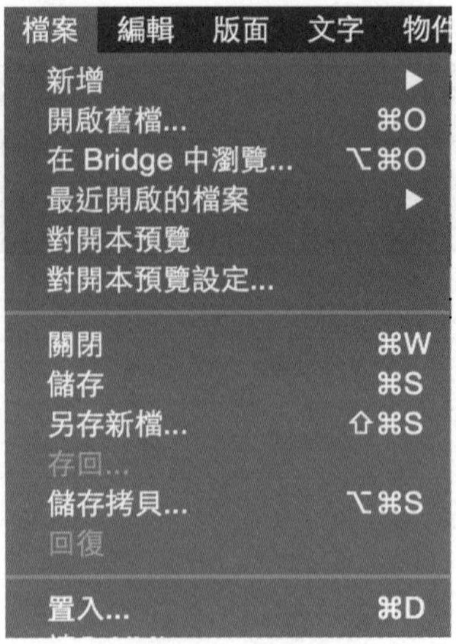

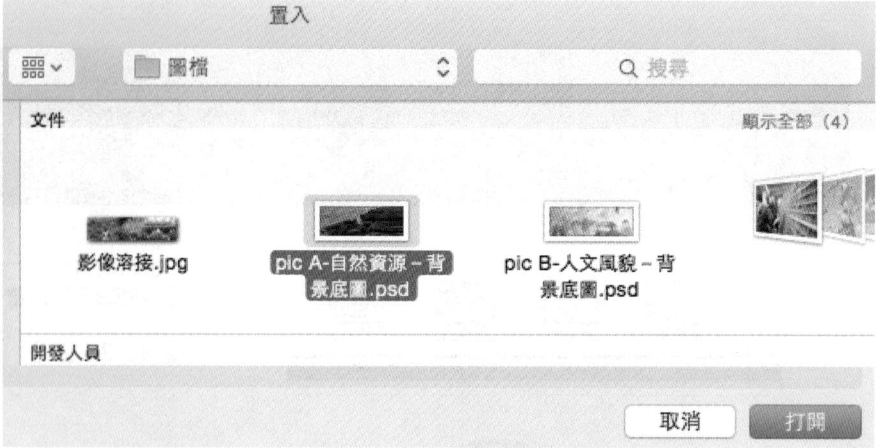

12 選取圖片並單擊滑鼠右鍵，選擇【排列順序 \ 移至最後】，將圖片移置最後讓頁碼露出。

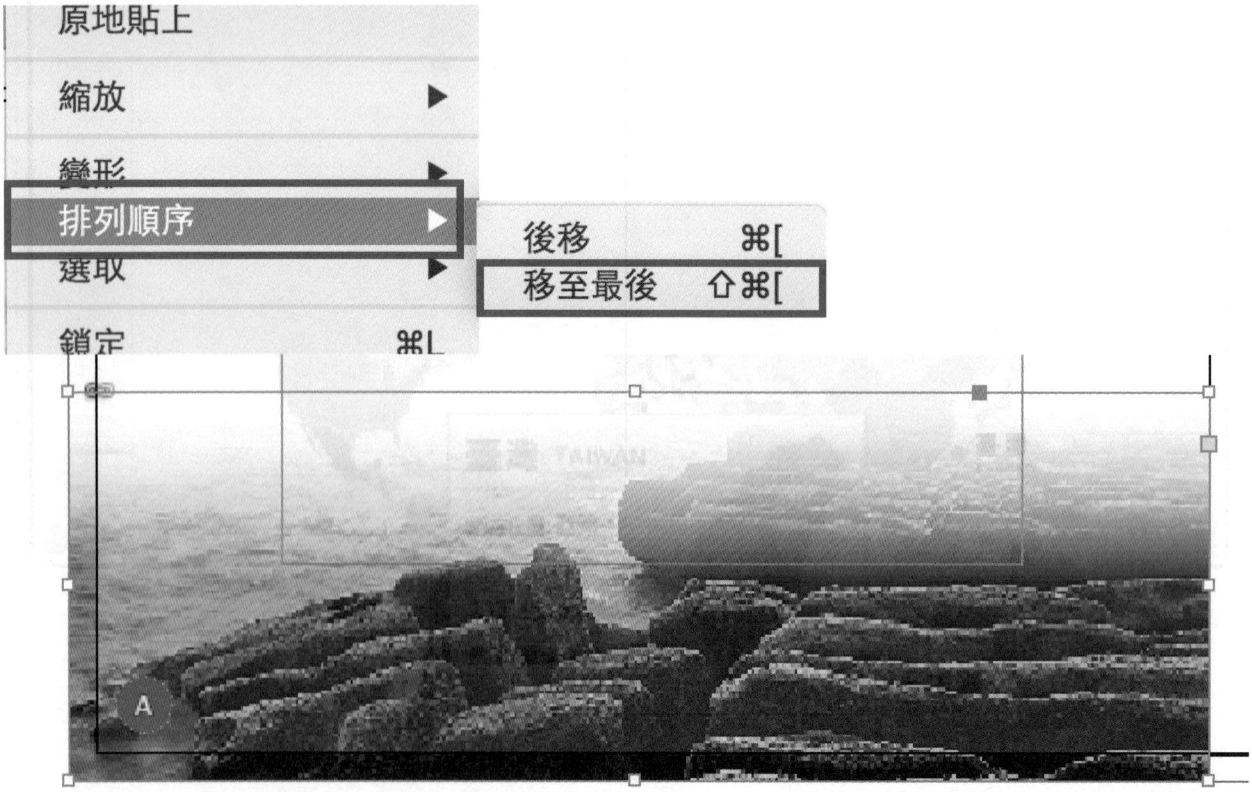

13 點選【pic A- 自然資源－背景底圖】，按住【Alt 鍵】複製一張到右邊跨頁上，再點一下【水平翻轉  】讓左右邊對稱，即完成主板 A 的配置。

14 在【A - 主板】上按右鍵，選擇【複製主版跨頁 A - 主板】，即出現【B- 主板】。

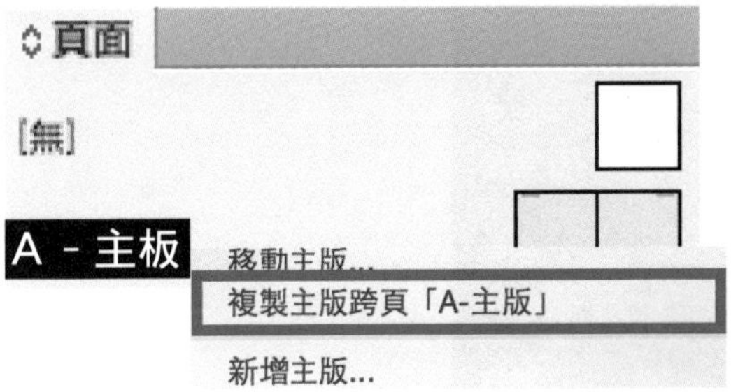

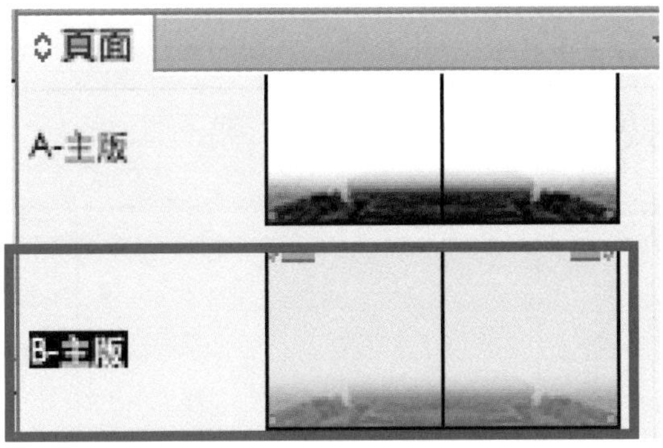

第五題

15 在B - 主版上單擊滑鼠右鍵，選擇【B - 主版的主板選項】，在主板選項的視窗中將根據主版改為【A - 主版】，後按確定。

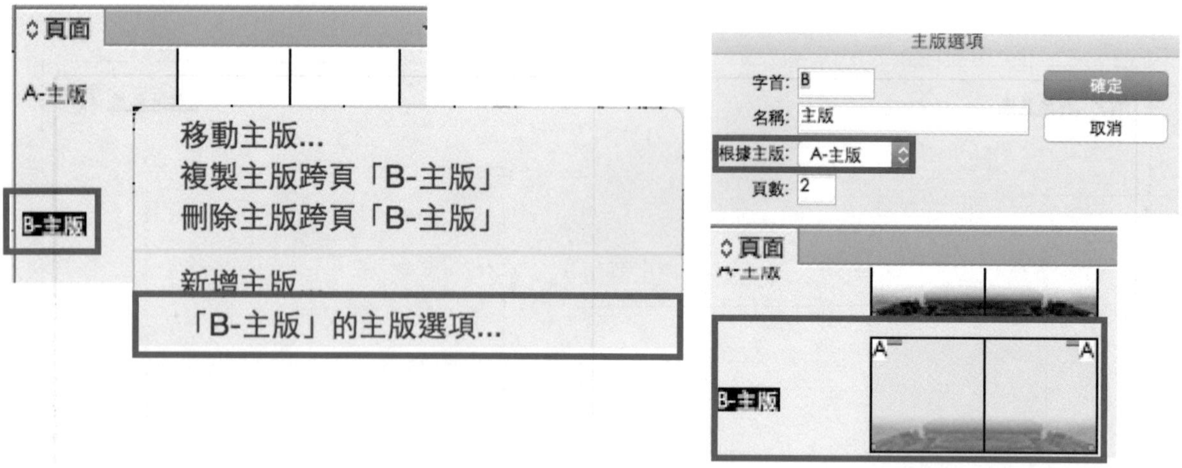

16 在B-主板中點選左右跨頁的圖片，直接執行【檔案\置入】，選擇【pic B-人文風貌－背景底圖】做底圖的置換。

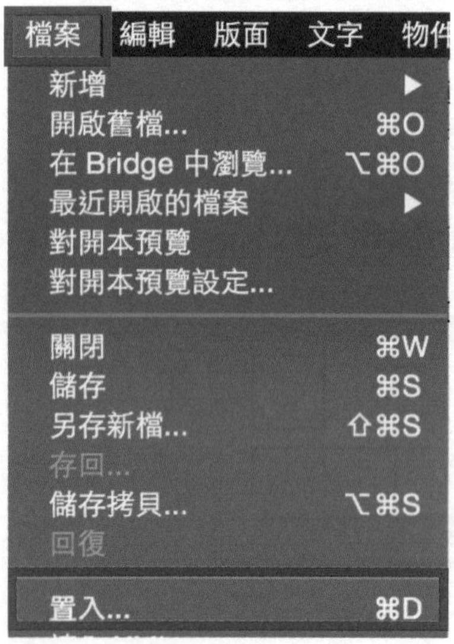

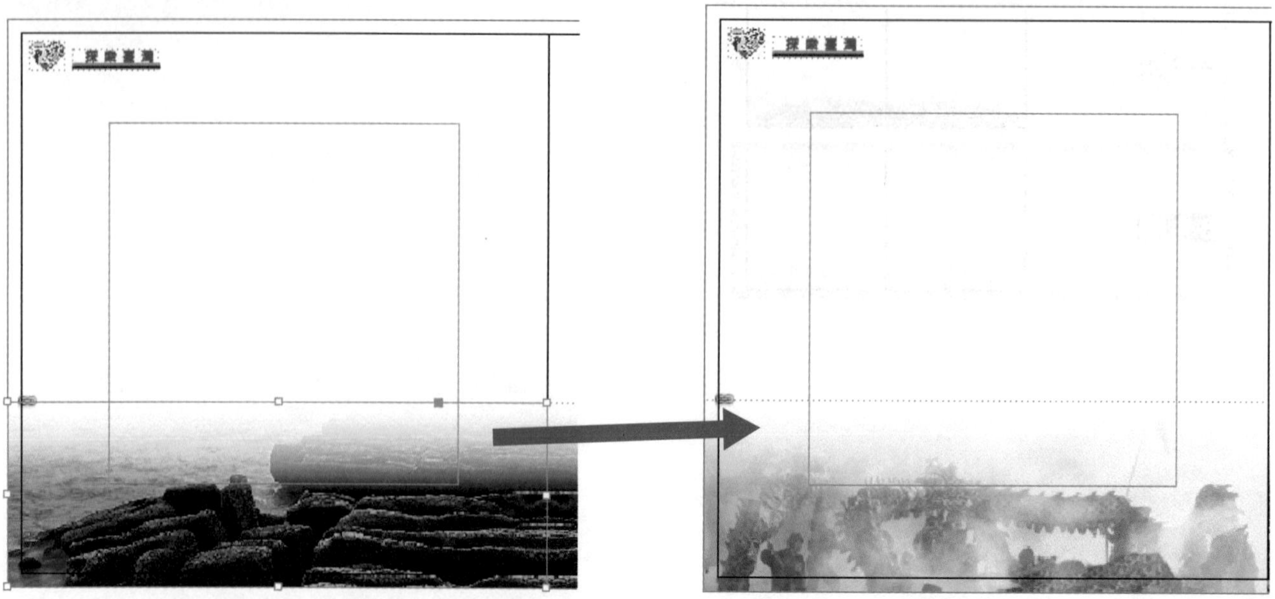

17 以同樣的方式讓【B - 主板】右邊的圖片也跟著做底圖置換，再點選【水平翻轉 】（內文中該圖片位置在左右跨頁上均相同，故須再次水平翻轉回來）

置在左右跨頁上均相同故須再次水平翻轉回來）

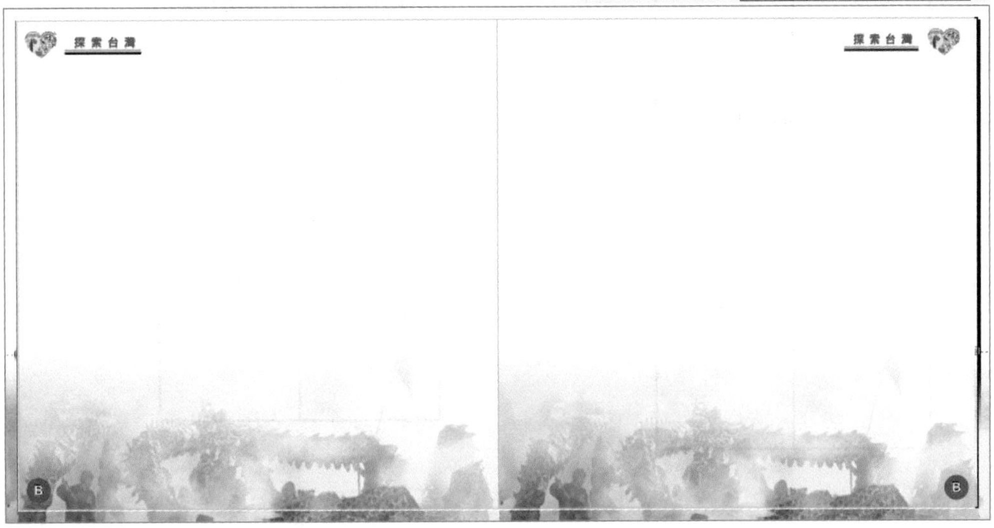

18 在【B- 主版】上單擊滑鼠右鍵，選擇【新增主版】，並在根據主版的設定選【無】，後按確定。

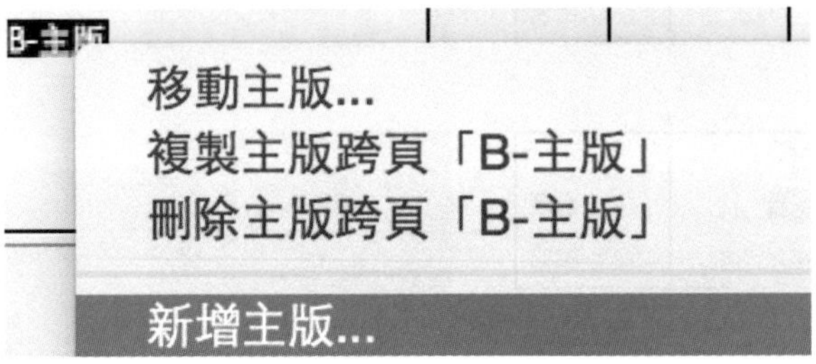

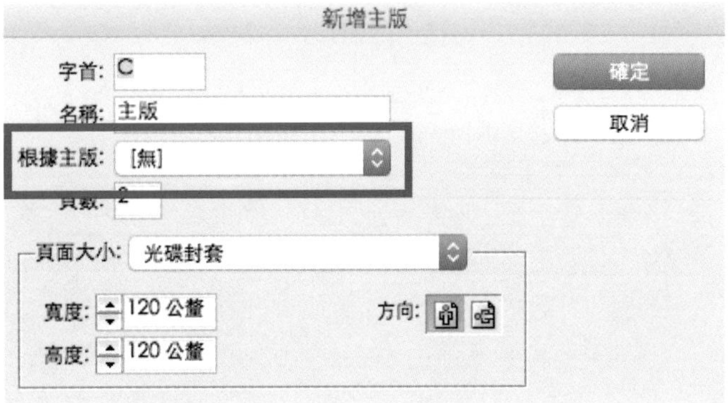

19 完成 A、B、C 三個主版的建置。

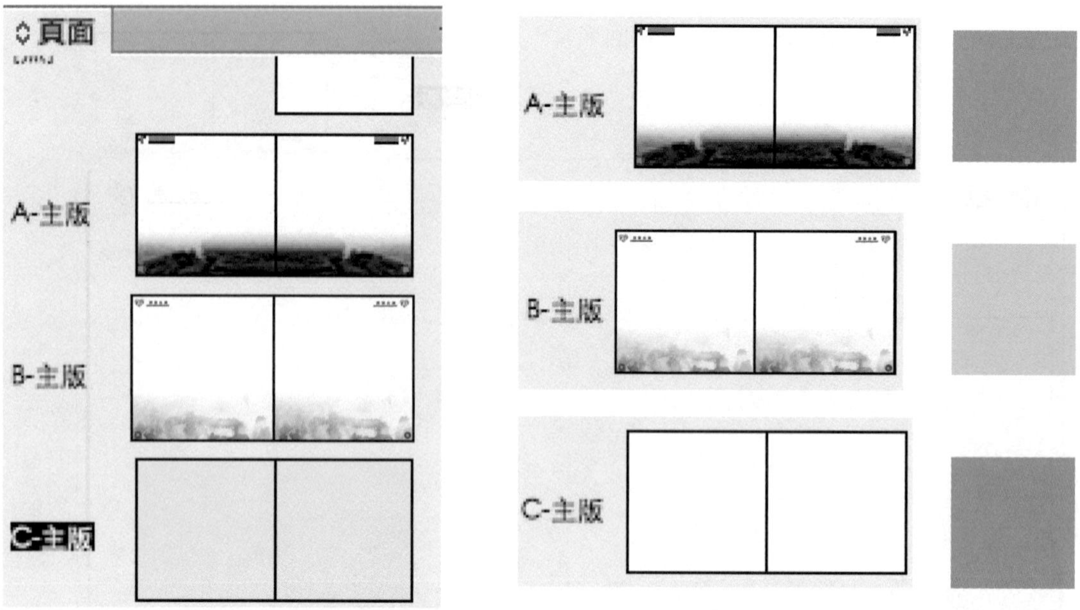

20 將 12 個頁面套用適合自身的主版，以紅色表示空白主版 C - 主版，藍色表示 A- 主版，紅色表示 B- 主版，套用主版時只要在該主板上【單擊滑鼠右鍵】選擇【套用主版至頁面】，再選擇要套用的主板與頁面數即可。

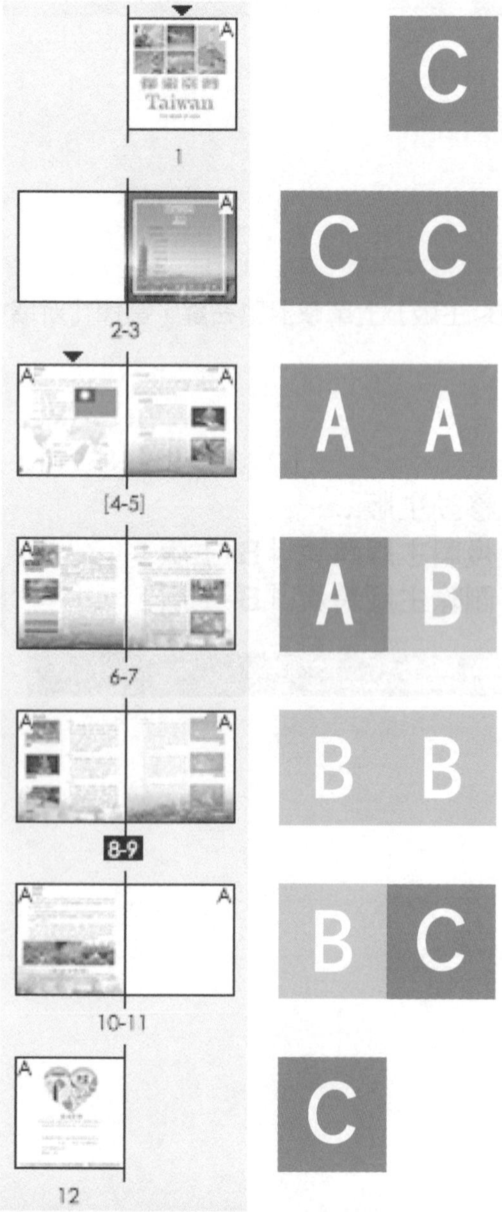

21 例如頁面中【1,2,3,11,12】要套用【主板 -C】，則在主板C上單擊滑鼠按右鍵，選擇【套用主版至頁面】，出現套用主板對話框，在【至頁面】中鍵入頁面數字「1,2,3,11,12」，數字與數字之間以【,】分開即可，以同樣的方式依序將【A主板（頁面4～6）】與【B主板（頁面7～10）】的套用頁面設定完成。

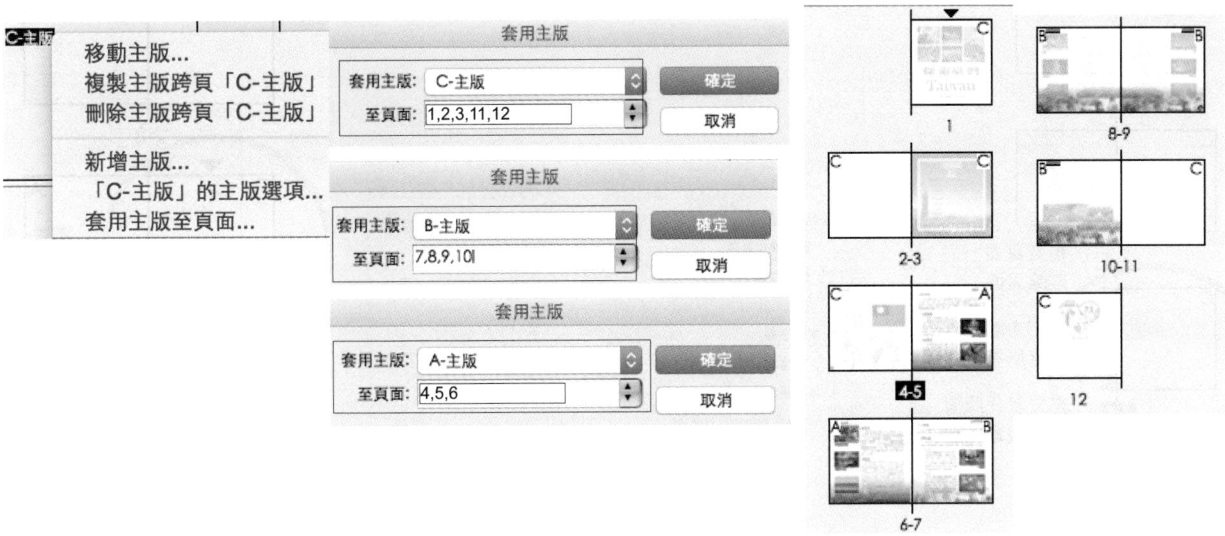

22 因為更替頁碼需重置跨頁在左右翻書中的順序，而跨頁在左右翻的書頁中順序是固定的，所以要在【頁序4】上方單擊滑鼠右鍵，將【允許移動選取的跨頁】前方的✓勾掉。

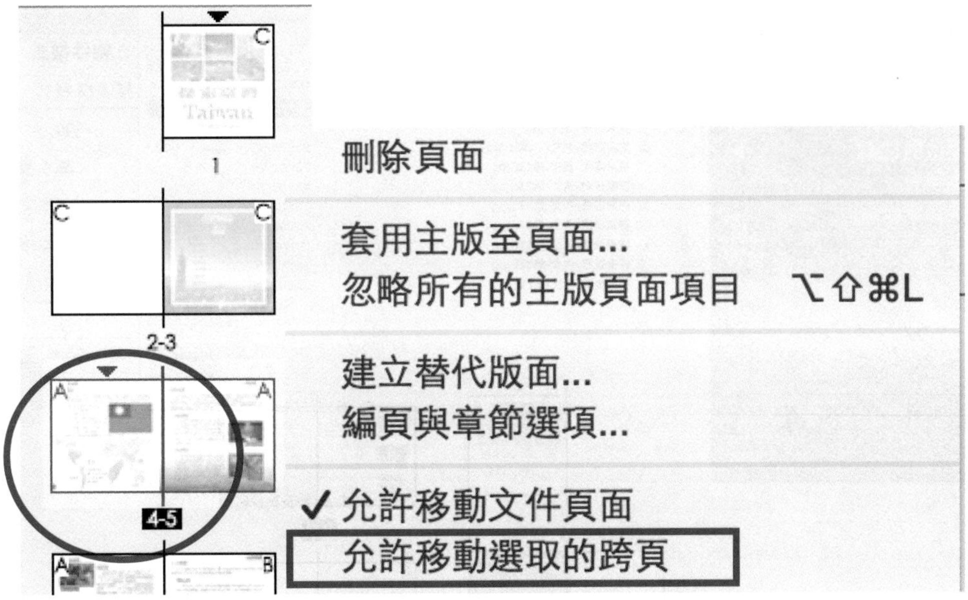

23 接著才能進行頁碼的更改，因為本題目的設定起始頁碼【第一頁要在頁序 4】，所以在頁序 4 上單擊滑鼠右鍵點，選擇【編頁與章節選項】，出現【新增章節】的對話框，將起始頁碼設定為【1】，後再按確定，即可將頁序 4 改為頁碼 1。

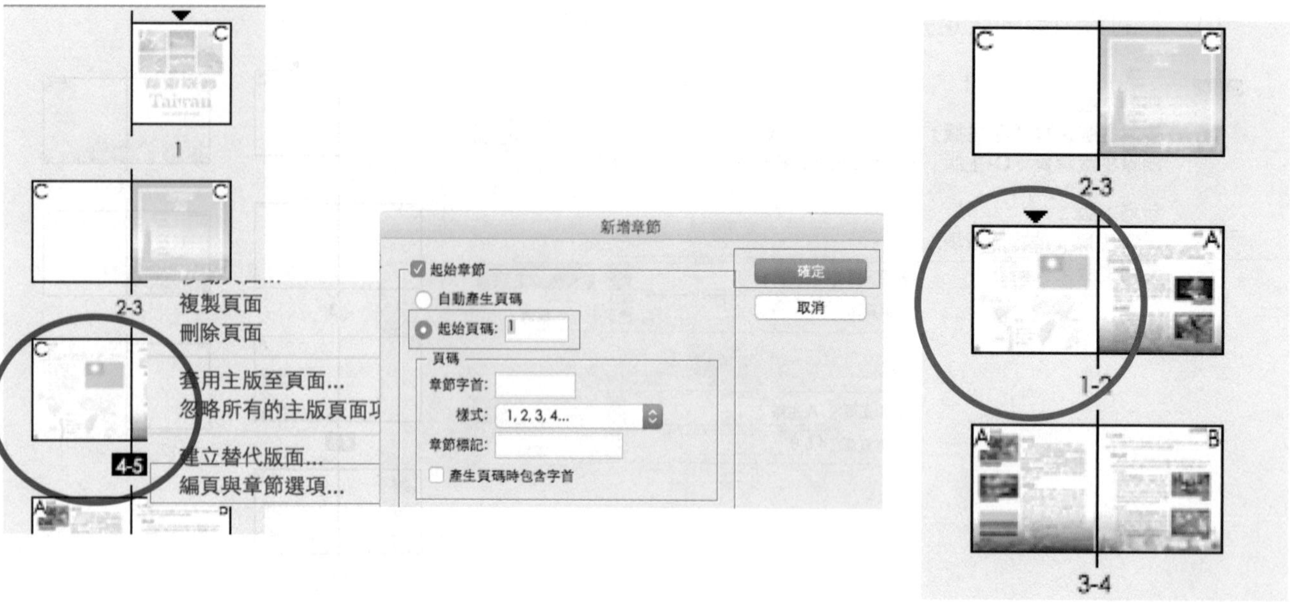

24 執行【檔案 \ 置入】，依序選擇描圖檔【探索臺灣～ 封面 .JPG】（共 10 張描圖檔，因為有兩張是空白頁），依序在每個頁面上置入描圖檔，如下圖所示，其中頁序 1 為封面，頁序 12 為封底，頁序 2、頁序 11 為封底裡與封面裡是空白頁，其他頁序依頁碼升冪排列，每個頁面上的描圖檔參照物件樣式中的【描圖檔 樣式】。

頁序 1 製作

❶ 在頁序 1 的圖層 1 中以【矩形框架工具 ⊠】在描圖檔上繪製四個【33mm×25mm】的框架矩形，再繪製一個【30mm×52mm】的框架矩形，並依照描圖檔對位。

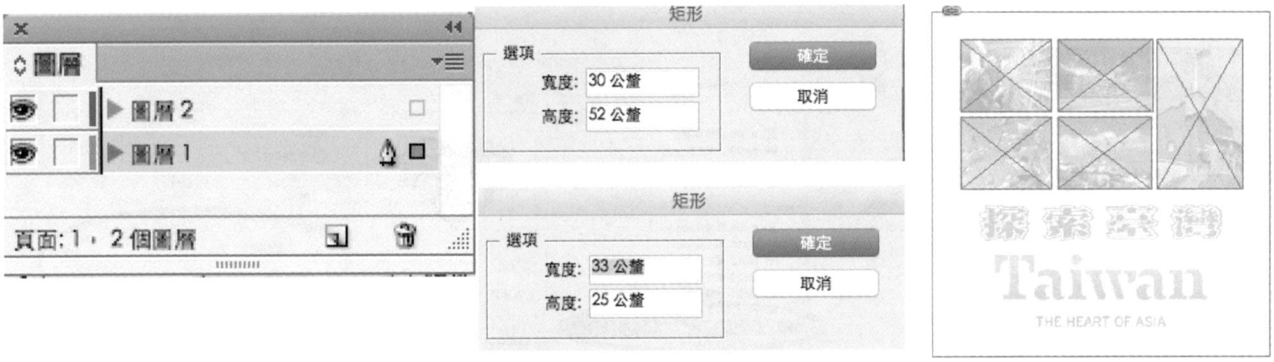

❷ 執行【檔案 \ 置入 \ pic01.jpg ～ pic05.jpg】。

❸ 再到前面步驟中於 Illustrator 中製作的【探索臺灣】剪下貼到頁序 1 中並依照描圖檔對位，並以同樣的方式置入【Taiwan】漸層與【THE HEART OF ASIA】字樣。

頁序 12 封底製作

❶ 在 Indesign 中執行【檔案 \ 置入】，選擇【pic C- 觀光局 Logo.ai】，顯示讀入選項打勾，在選項的【裁切至】選擇【作品】，後按確定。

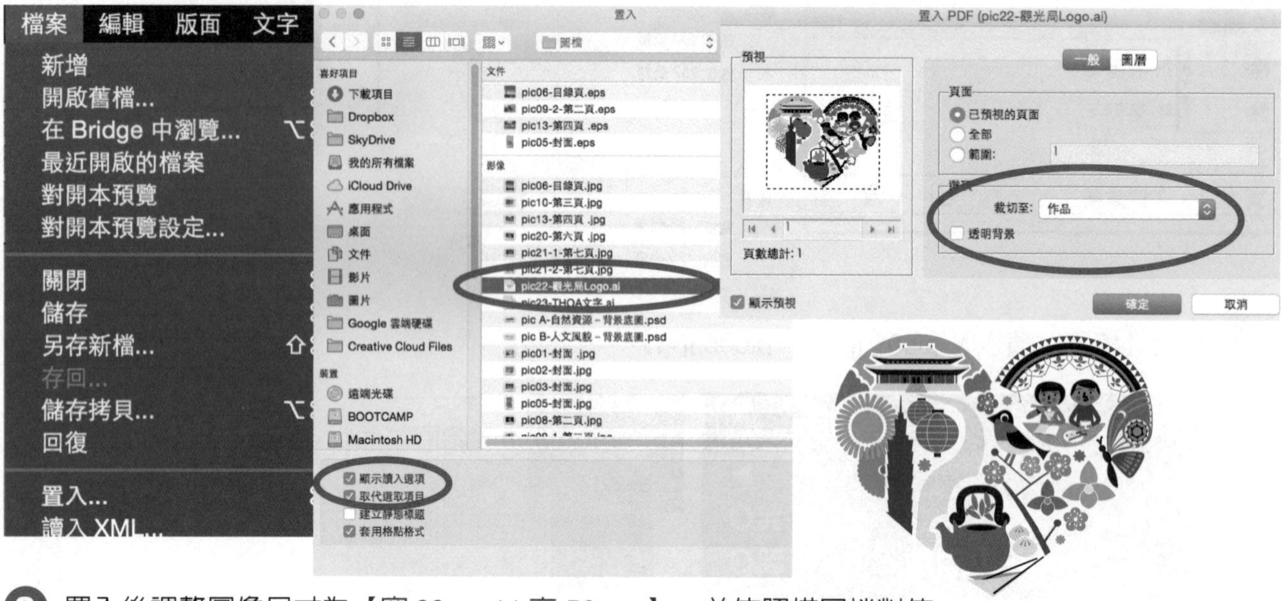

❷ 置入後調整圖像尺寸為【寬 60mm× 高 50mm】，並依照描圖檔對位。

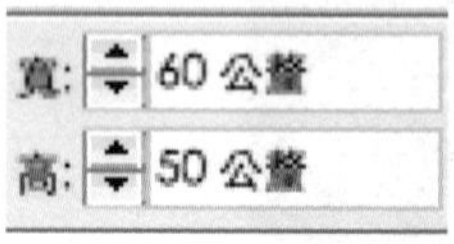

❸ 接著依照說明樣式上要求的樣式設定，逐一建立字元樣式。

1. “探索台灣”（自行輸入）超粗明體 16pt Y100M100。

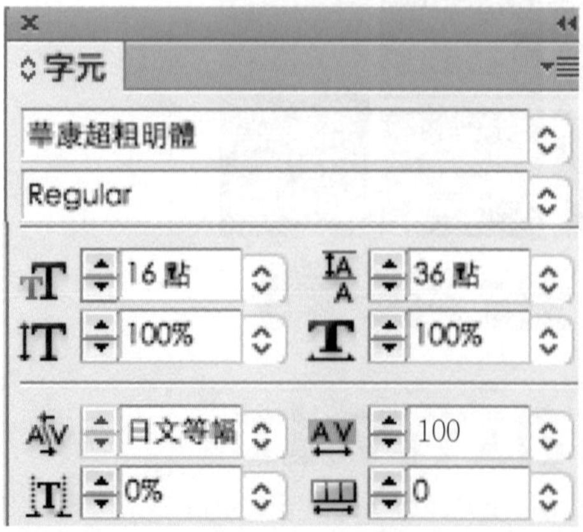

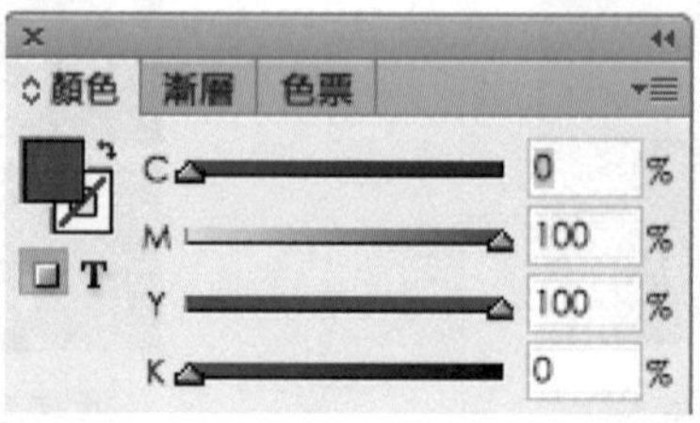

探索臺灣

2. "台灣由心 ..... 生態之美"（自行輸入）中楷體 8pt K100

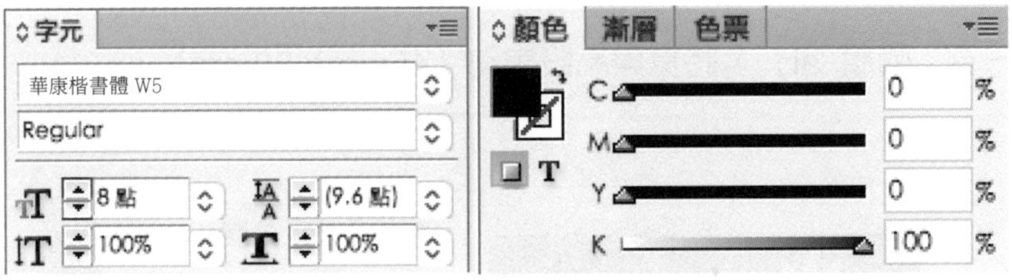

臺灣由心出發，散播台灣人獨有的熱情，觸動觀光客的心，
邀請你來享受台灣的美食、樂活、文化與生態之美。

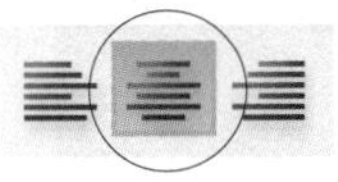

3. "勞動部 .... 應檢人員"（有文字檔）細黑體 10pt K100

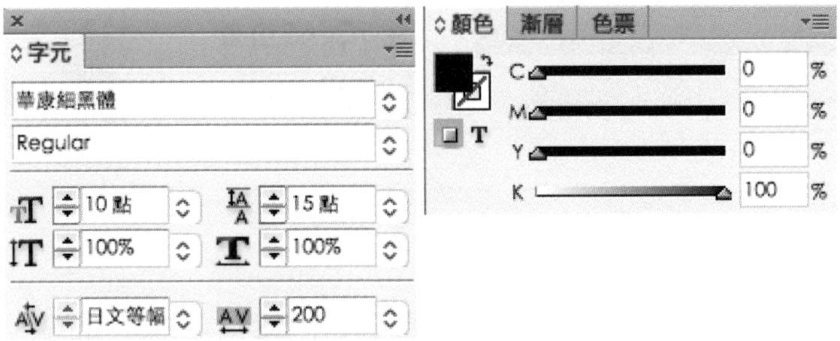

勞動部勞動力發展署技能檢定中心
107 年度　　技術士技能檢定
印前製程乙級
應檢人員：　王溢川

4. "本文章 .... 檢定用"（有文字檔）中黑體 10pt K100

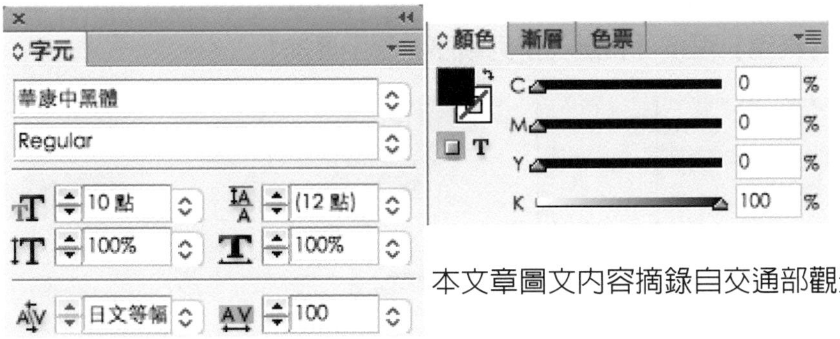

本文章圖文內容摘錄自交通部觀光局網頁，僅供印前製程檢定用

4 依描圖檔對位，即完成封底的製作。

頁序 4 製作（內文第一頁）

❶ 執行【檔案 \ 置入 \ pic09- 第一頁 - 國旗 .ai】，將寬與高設定為【45mm×30mm】。

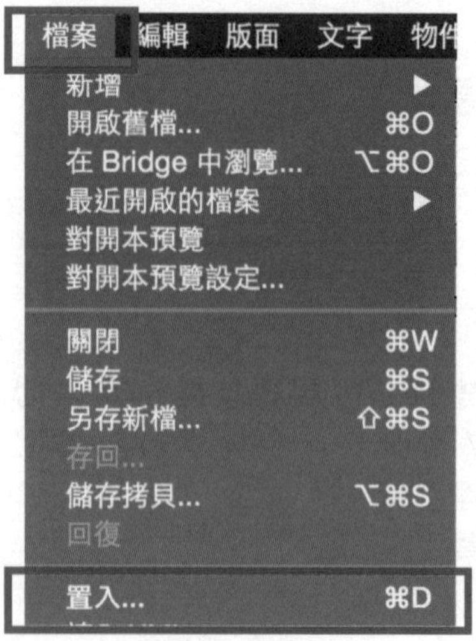

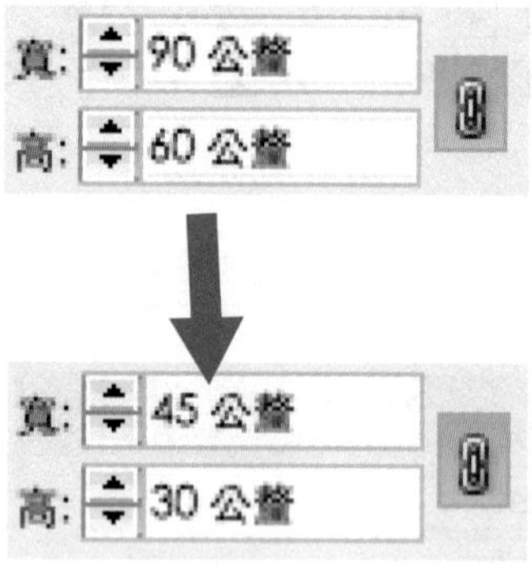

❷ 接下來要置入一張圖片【pic08- 第一頁 .jpg】放置於頁面底部，但此頁面套用於 A - 主板，而 A - 主版的右側跨頁底部也有一張圖，此時需要選取該圖片進行刪除的動作，故遇【更改主板套用】的情形，可以【選取工具 】按住【Ctrl+Shift】，直接【選取】該圖片後再按【Delete 鍵】刪除，並以同樣的方式選取【頁碼】再按【右鍵 \ 排列順序 \ 移至最前】。

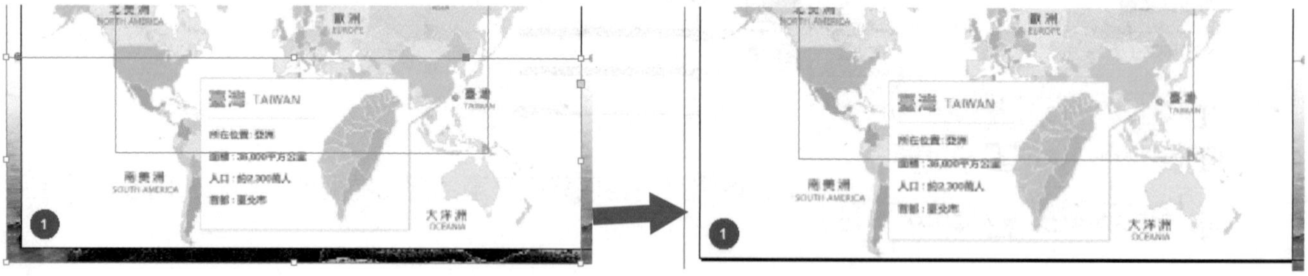

❸ 執行【檔案 \ 置入 \ pic08- 第一頁 .jpg】，邊緣對齊【完成尺寸邊】而非出血邊請留意。

4 到【Microsof Word】中執行【檔案\開啓\文字.doc】，開啓隨提附上的文字資料檔案，將文字以剪下然後再到 Indesign 貼上的方式逐一建置文字框架，建置後依說明樣式上標示的段落條件，參照先前建立好的段落樣式。

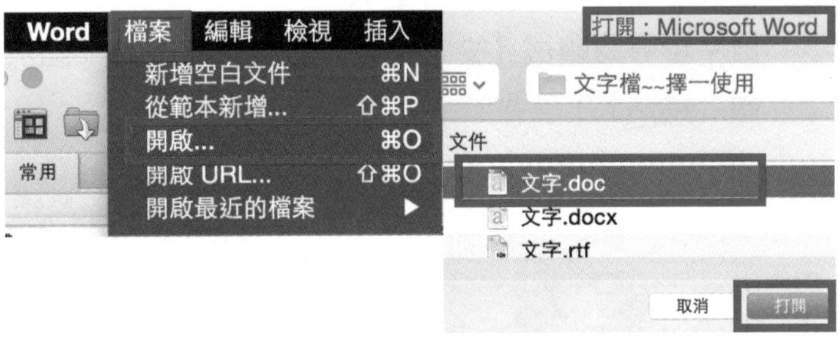

5 以「臺灣概況」為例，先到 Microsof Word 中剪下「台灣概況」字樣，再回到 Indesign 中以文字工具繪製一個文字框架再執行【編輯\貼上】。

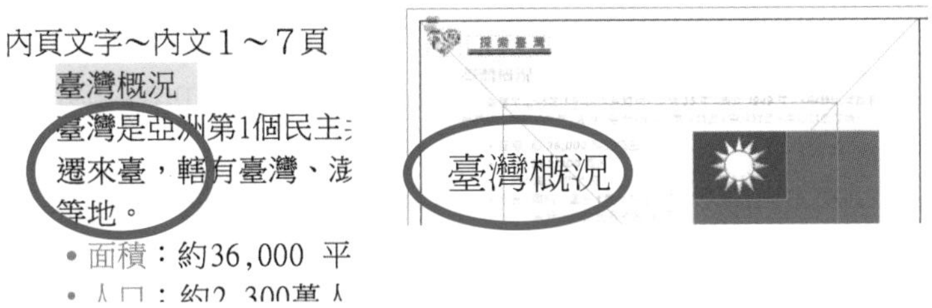

6 點選「臺灣概況」的文字框，執行【文字\段落樣式】，再點選【段落樣式 5 章的篇名標題】的段落樣式，因隨題而附的說明樣式上標示臺灣概況為段落樣式五。

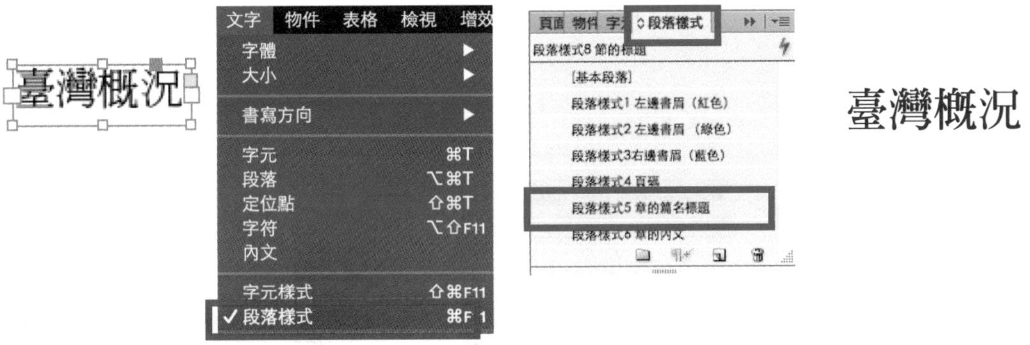

7 以同樣的方式進行多次的段落樣式參照，即完成頁序 4（內文～第一頁）的製作。

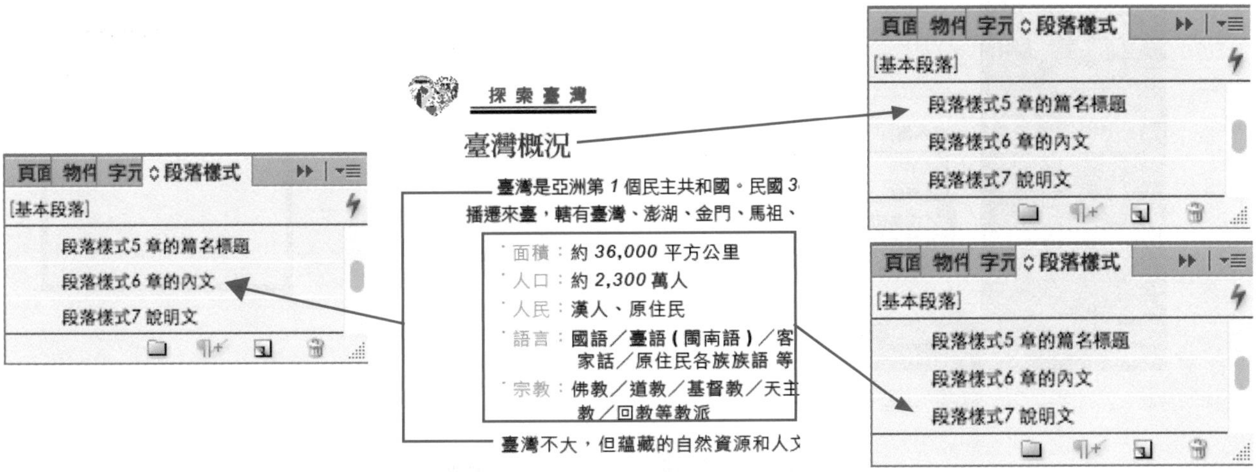

第五題

頁序 5 製作（內文第二頁）

1 在頁序 5 的頁面中以【選取工具 】按住【Ctrl+Shift】點選右上角「探索臺灣」的圖說，以滑鼠左鍵雙擊轉成【文字工具】並將之修改為「自然資源」標題，樣式套用【段落樣式 2 左邊書眉（綠色）】

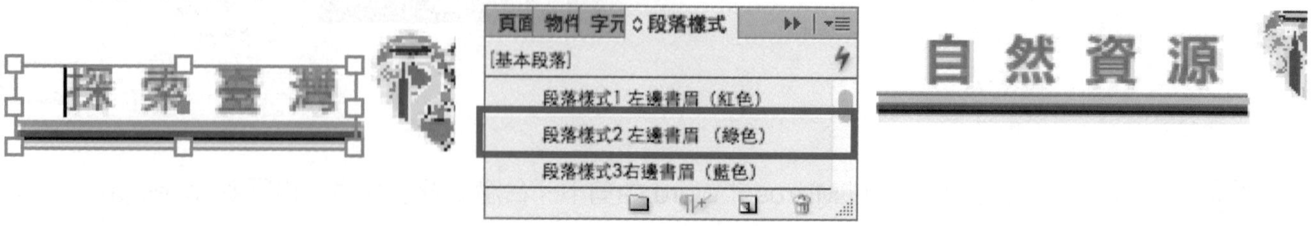

2 以【矩形框架工具 】在畫面上單擊滑鼠左鍵，繪製一個【36mm×24mm】的矩形框架。

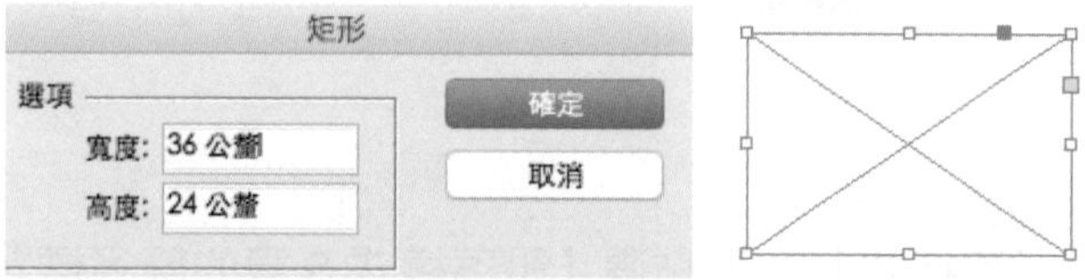

3 執行【視窗 \ 樣式 \ 物件樣式】，新增一個【物件樣式 1】，調整圖片的外框內容【線條寬度 3pt \ 線條色彩 BK75】，並於物件樣式中調整線條和轉角選項，將線條的對齊方式改為【線條對齊內部】。

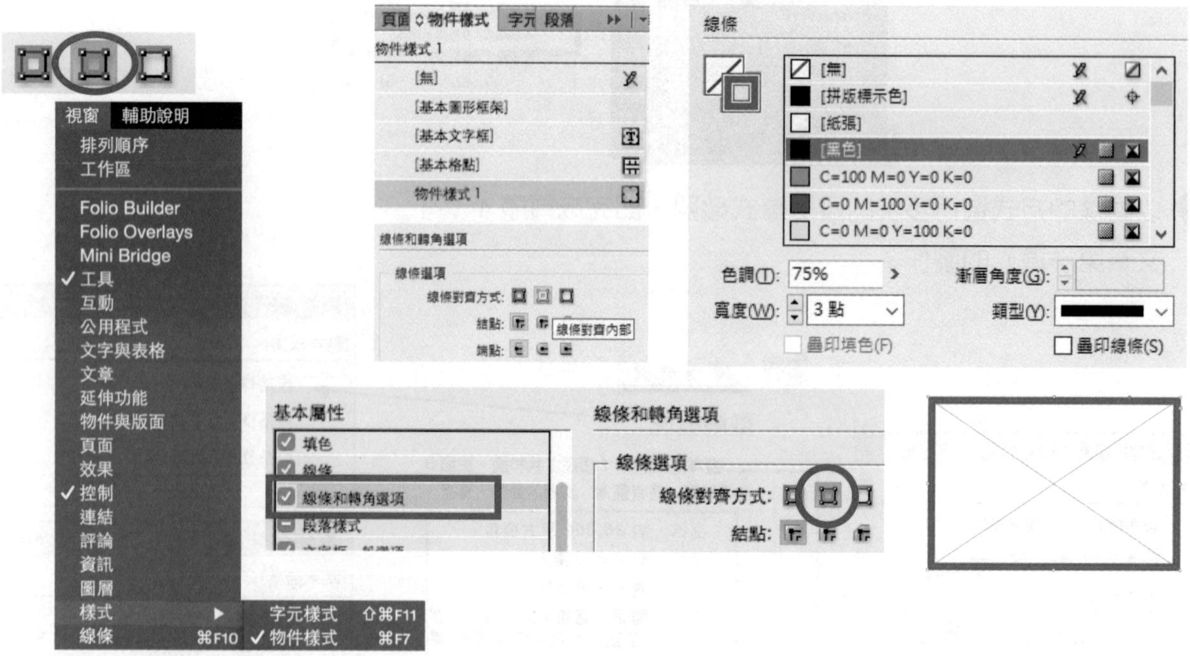

4 再按【Alt 鍵】複製出另一個矩形框架到下方，點選上方的矩形框架執行【檔案 \ 置入 \ pic10-第二頁 .jpg】，再點選下方框架執行【檔案 \ 置入 \ pic11- 第二頁 .jpg】。

5 點選【pic10- 第二頁 .jpg】將其線條寬度改為【2pt】，再點選【pic11- 第二頁 .jpg】將其線條寬度改為【3pt】。

6 置入文字，以多次的段落樣式參照方式，即完成頁序 5（內文～第二頁）的製作。

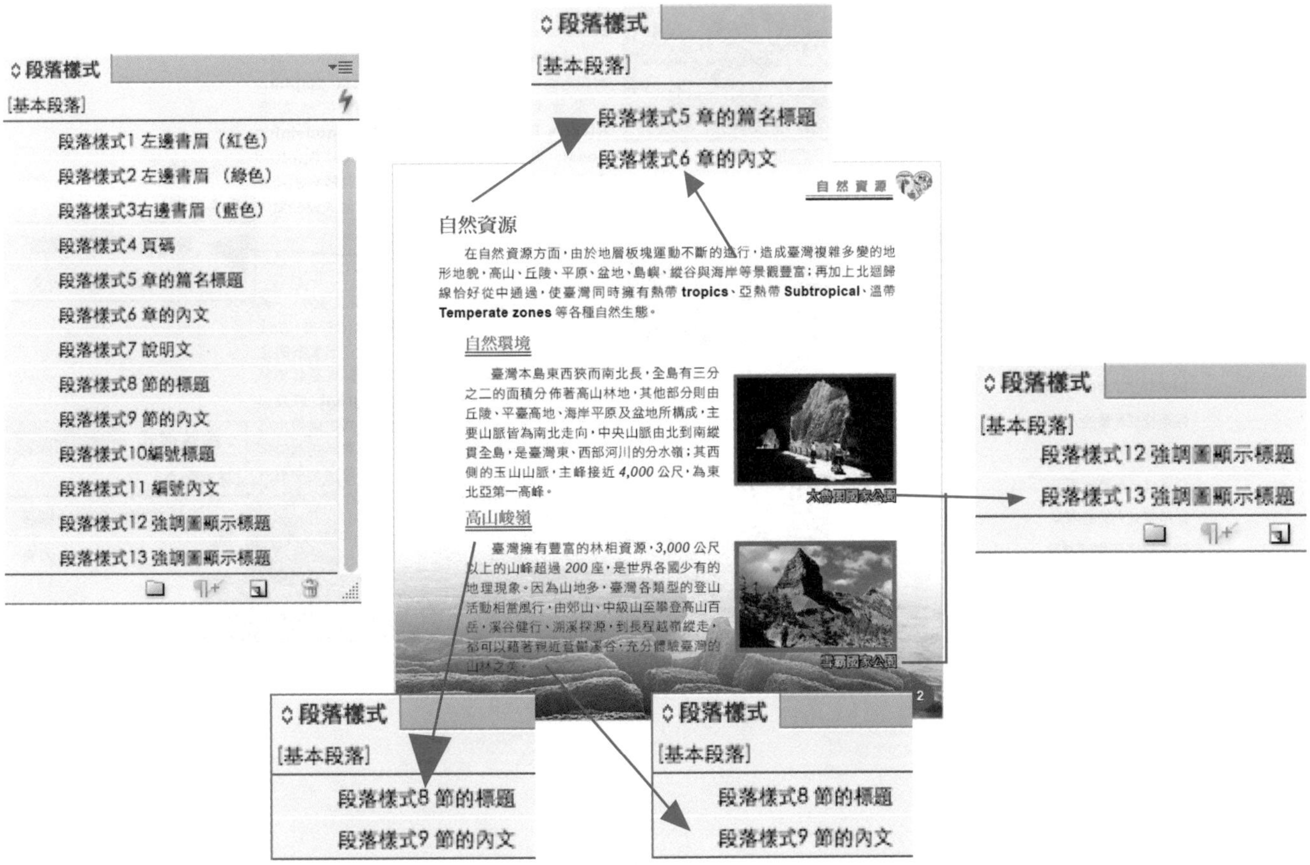

頁序 6 製作（內文第三頁）

1. 複製頁序 5 裡的【pic11- 第二頁 .jpg】到頁序 6 中連續貼上，再一一執行【檔案 \ 置入 \ pic12- 第三頁 .jpg、pic13- 第三頁 .jpg、pic14- 第四頁 .jpg】，並依照說明樣式調整圖片外框的線條寬度。

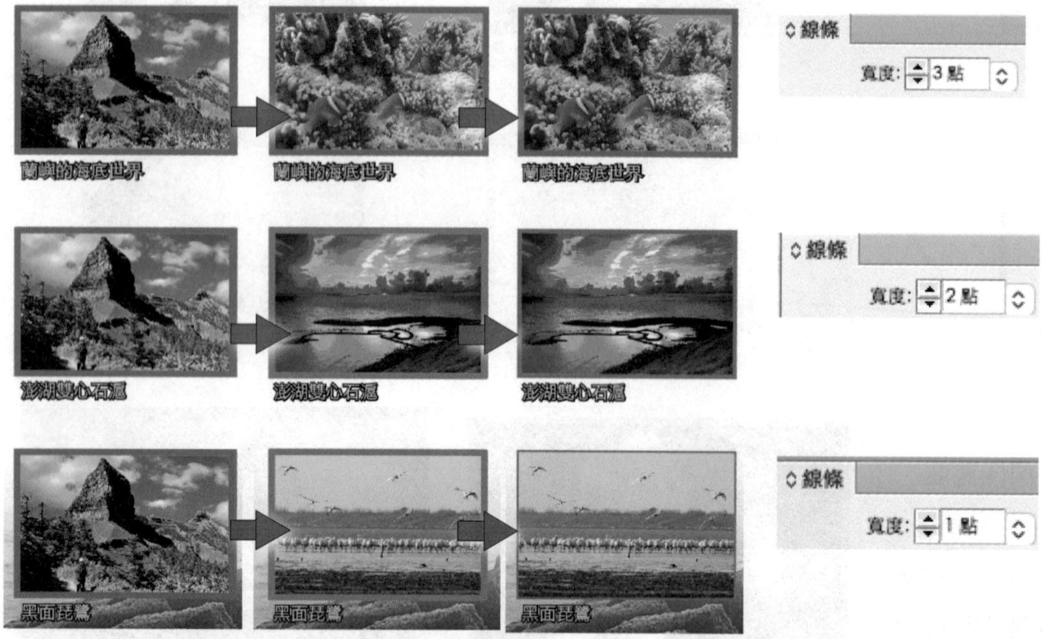

2. 以多次的段落樣式參照方式，即完成頁序 6（內文～第三頁）的製作。

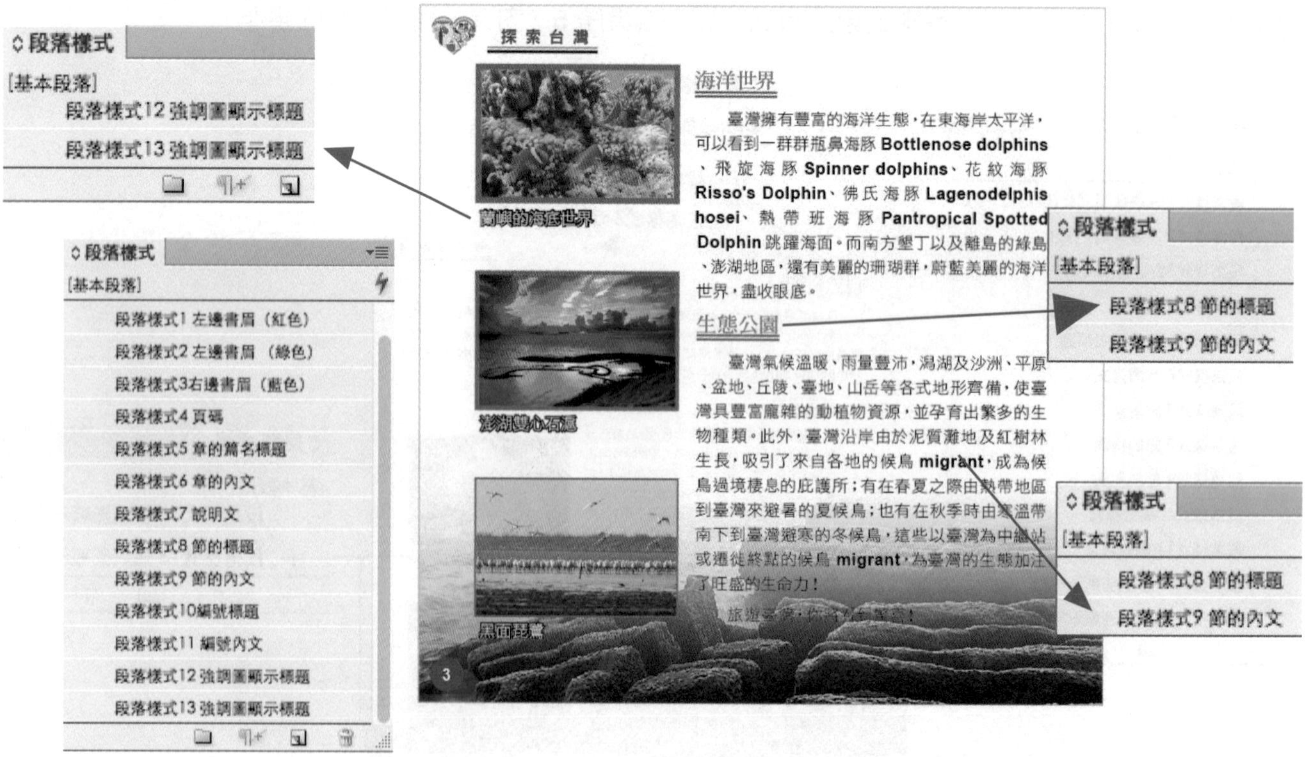

頁序 7 製作（內文第四頁）

❶ 在頁序 7 的頁面中以【選取工具 】按住【Ctrl+Shift】點選右上角「探索臺灣」的圖說，以滑鼠左鍵雙擊轉成【文字工具 T.】並將之修改為「人文風貌」標題，段落樣式參照套用【段落樣式 3 右邊書眉（藍色）】。

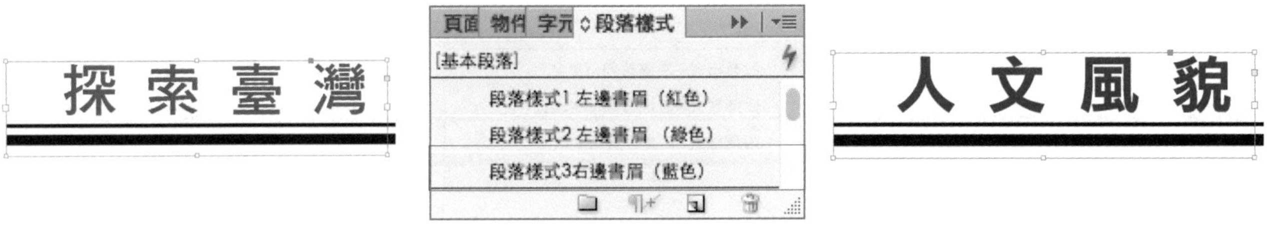

❷ 複製頁序 6 裡的【pic12- 第三頁 .jpg】到頁序 7 中【連續貼上兩張】，再一一執行【檔案\置入\ pic15.jpg 與 pic16.jpg】，並依照說明樣式調整圖片外框的線條寬度如圖。

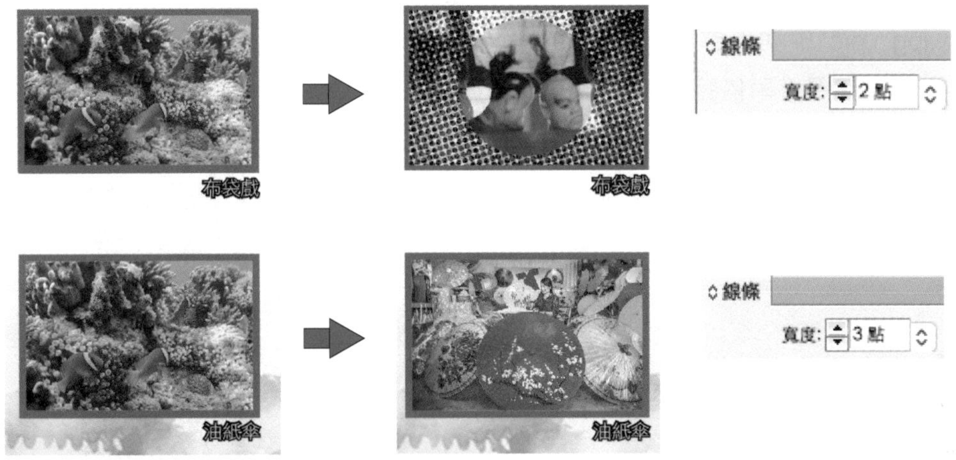

❸ 以多次的段落樣式參照方式，即完成頁序 7（內文～第四頁）的製作。

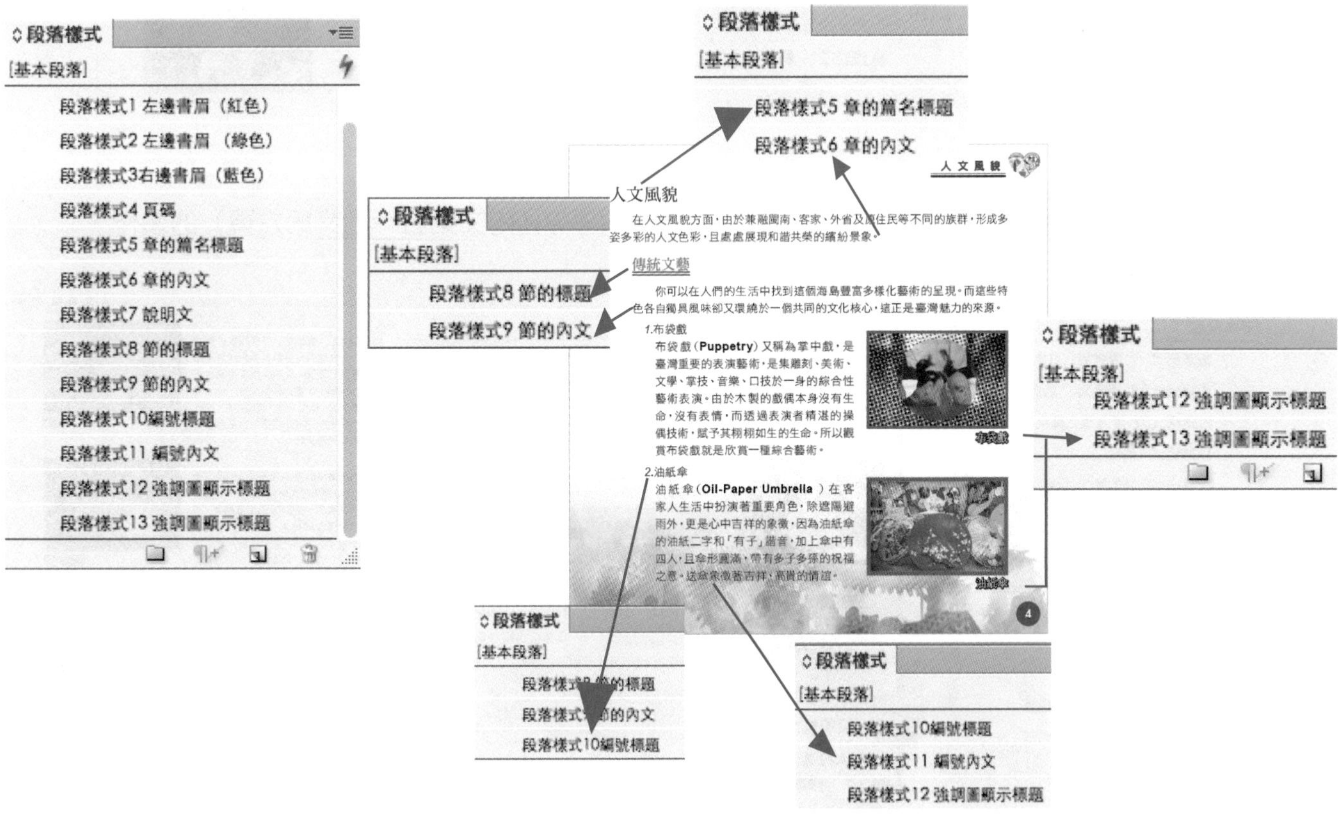

第五題

頁序 8、9 製作（內文第五、六頁）

1. 在頁序 9 的頁面中以【選取工具 】按住【Ctrl+Shift】點選右上角「探索臺灣」的圖說，以滑鼠左鍵雙擊轉成【文字工具 T.】並將之修改為「人文風貌」標題，段落樣式參照套用【段落樣式 3 右邊書眉（藍色）】。

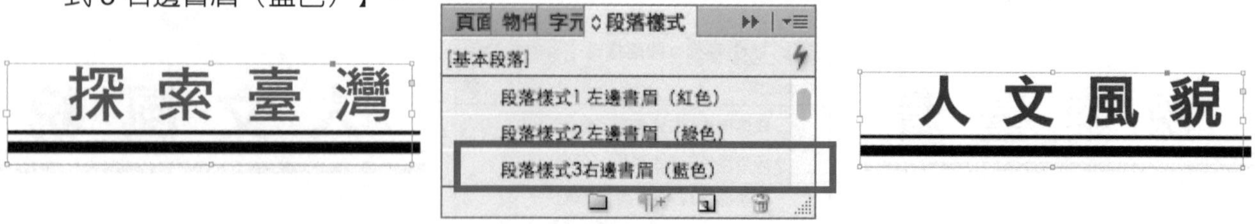

2. 由於頁序 6～頁序 7 裡的五張小圖，其外框的色彩與線條寬度與頁序 8～9 的圖片樣式大致相同，只有頁序 9 右上角的「風箏」與右下角的「國際偶戲節」需再製作並設定外框線條寬度與色彩。所以【複製】頁序 6 的【pic12】到頁序 8～9 的頁面中貼上，再一一執行【檔案 \ 置入 \ pic17- 第五頁 .jpg、pic18- 第五頁 .jpg、pic19- 第五頁 .jpg、pic20- 第六頁 .jpg、pic21- 第六頁、pic22- 第六頁 .jpg】，完畢後再依說明樣式調整框線寬度。

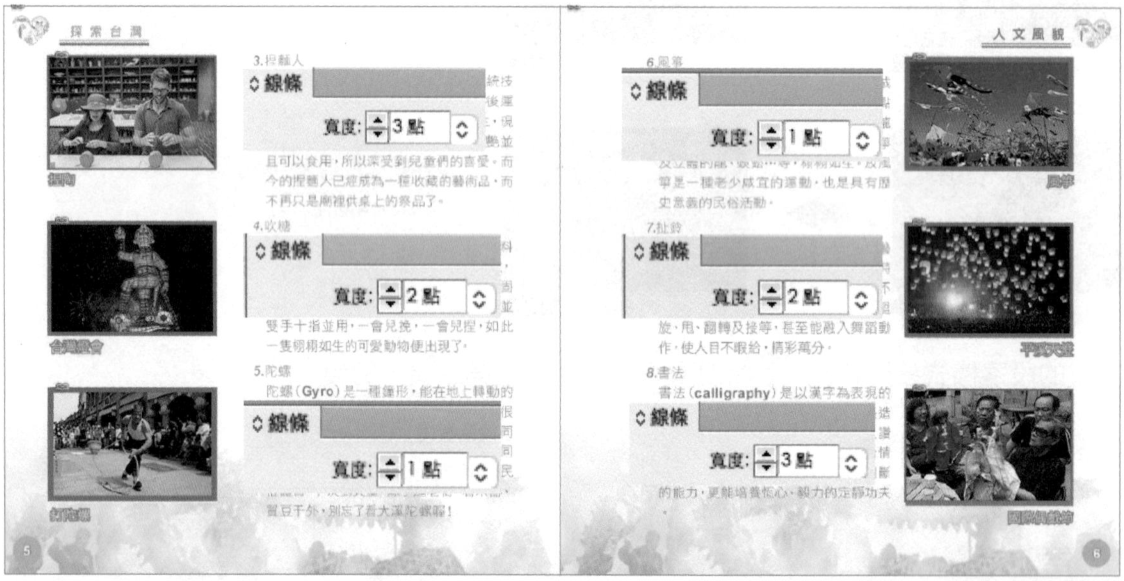

3. 以多次的段落樣式參照方式，即完成頁序 8～頁序 9（內文第五～內文第六頁）的製作。

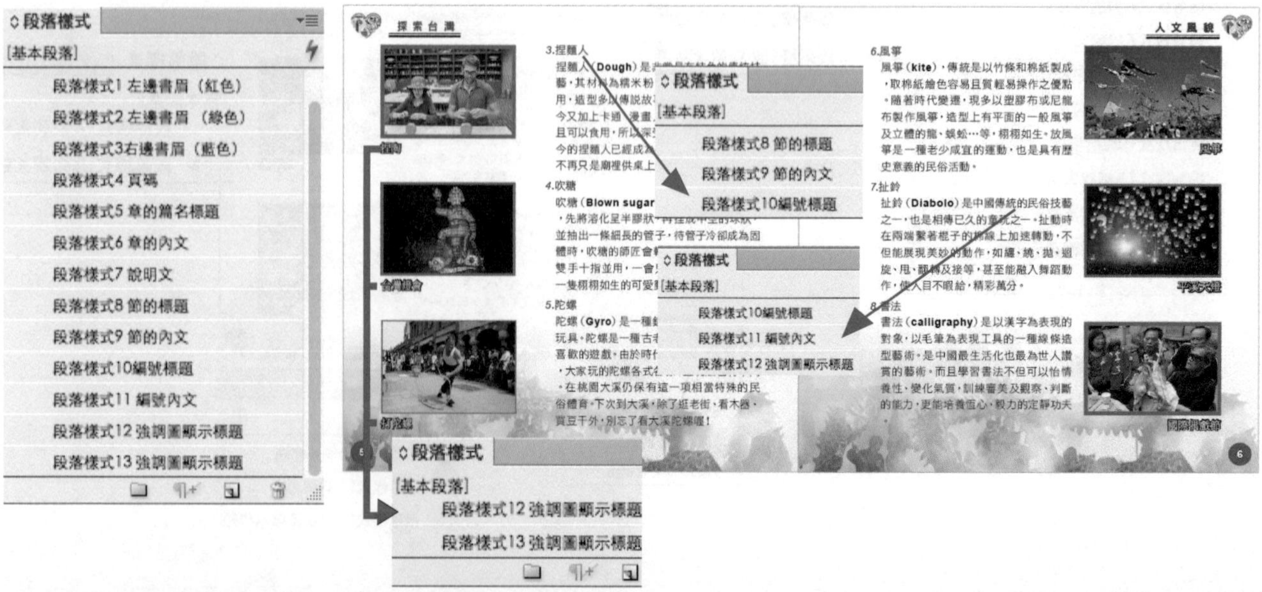

頁序 10 製作（內文第七頁）

1 在頁序 10 的頁面上，執行【檔案 \ 置入 \ pic23- 第七頁 .jpg】，並依描圖檔對照位置置放。

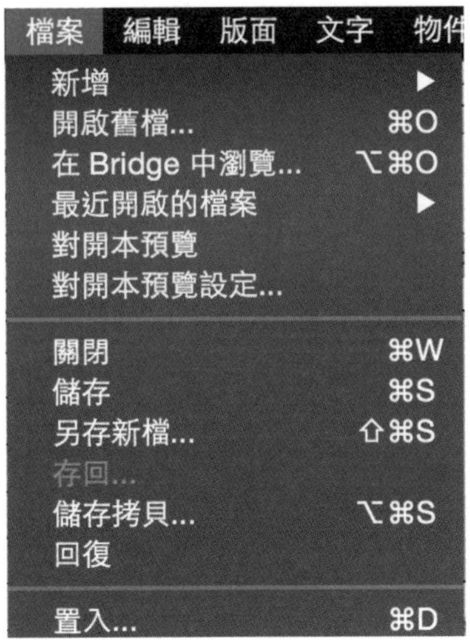

2 以多次的段落樣式參照方式，即完成頁序 10（內文第七頁）的製作。

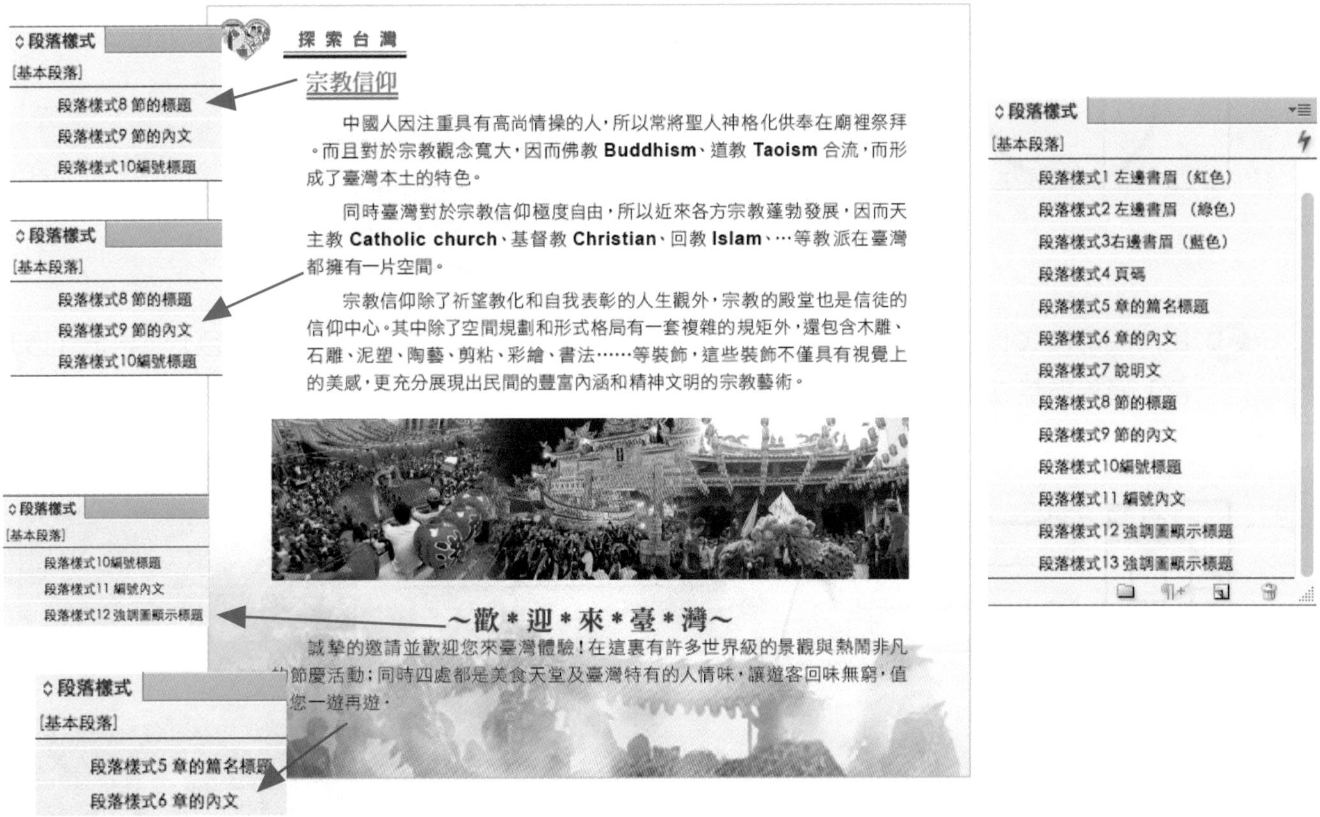

第五題

頁序 3 目錄製作

1 在圖層 1 中執行【檔案 \ 置入 \ pic07- 目錄頁 .PDF】，並依描圖檔對齊置放（對齊三面的出血邊）。

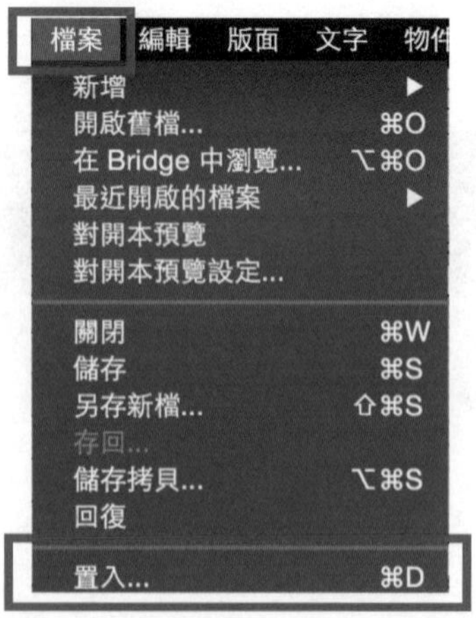

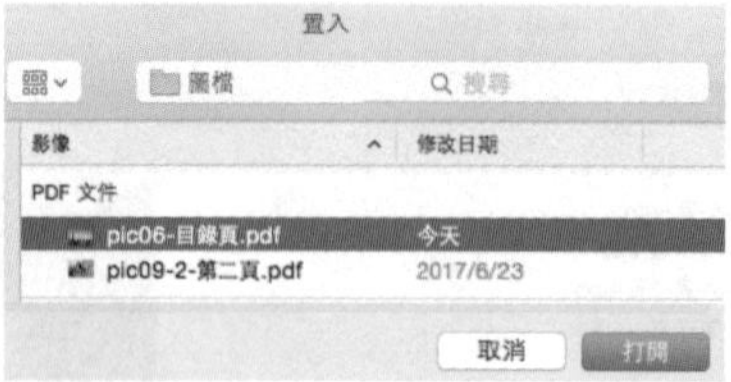

2 在頁序 3 中以【矩形工具 】繪製一個【100mm × 100mm】的矩形，外框線條粗細為【3mm】，線條位置設定為【對齊線條內部 】。

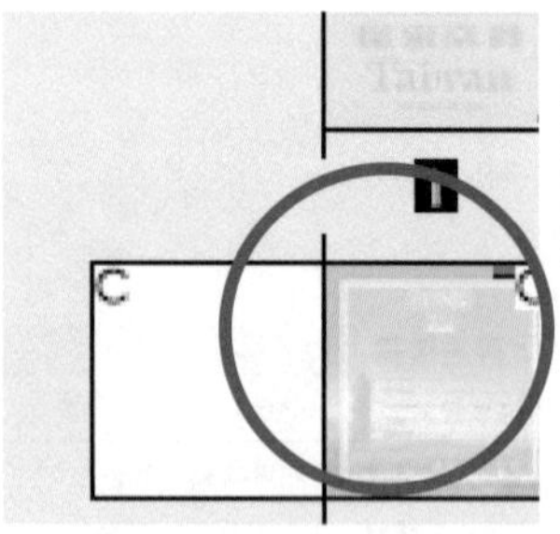

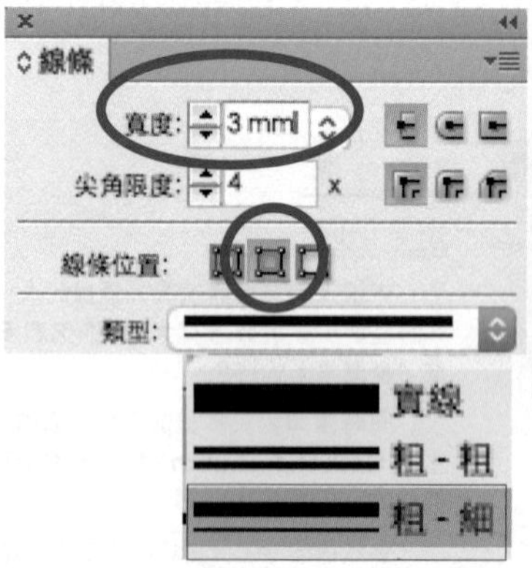

3 由於說明樣式上在線條的標示色彩為 50% 的白色，故先將線條色彩改為【白色】，再把【透明度】直接調整成【50%】，即可達到刷淡 50% 的效果。

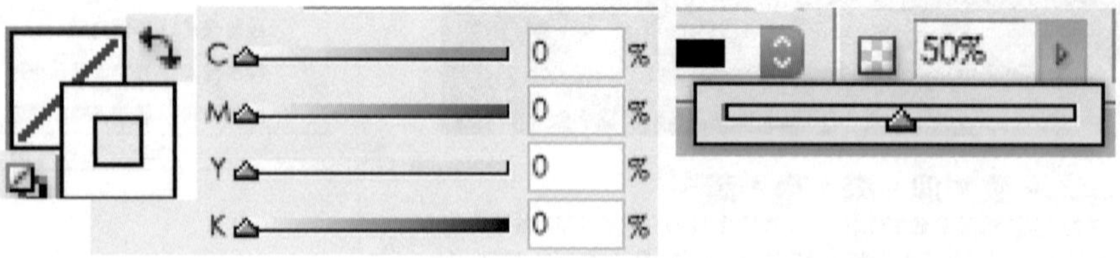

4 到 Microsof Word 中剪下「探索臺灣」字樣，再回到 Indesign 中以【文字工具 T】繪製一個文字框架再執行【編輯 \ 貼上】。

5 調整字元設定將字體改為【超粗明體 24pt】，字元顏色為【M100Y100】，外框色彩【白色】、線條【寬度 1pt】。

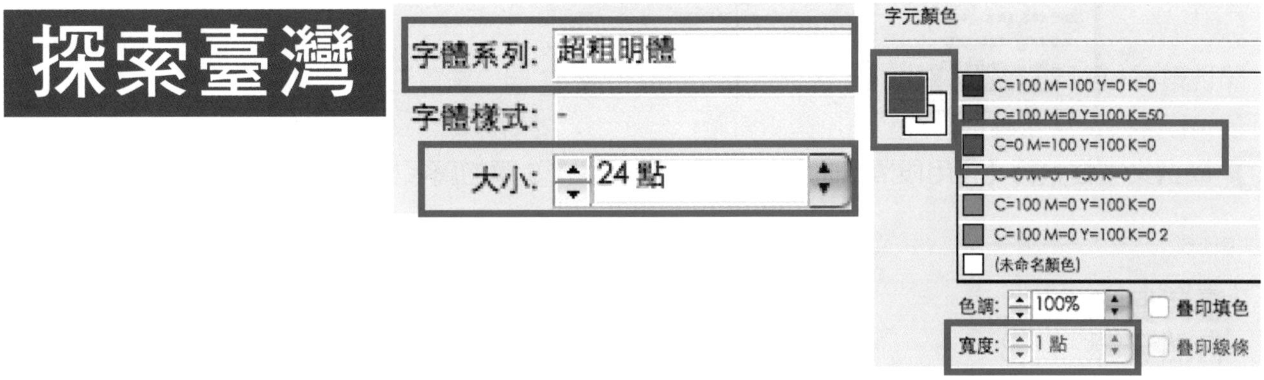

6 再回到 Microsof Word 中剪下「目錄」字樣，再回到 Indesign 中以【文字工具 T】繪製一個文字框架再執行【編輯 \ 貼上】。

7 調整字元設定將字體改為【超粗明體 16pt \ 水平縮放 150%】，字元顏色為【BK100】，外框色彩【白色】，線條【寬度 1pt】，底線【5pt】細粗線。

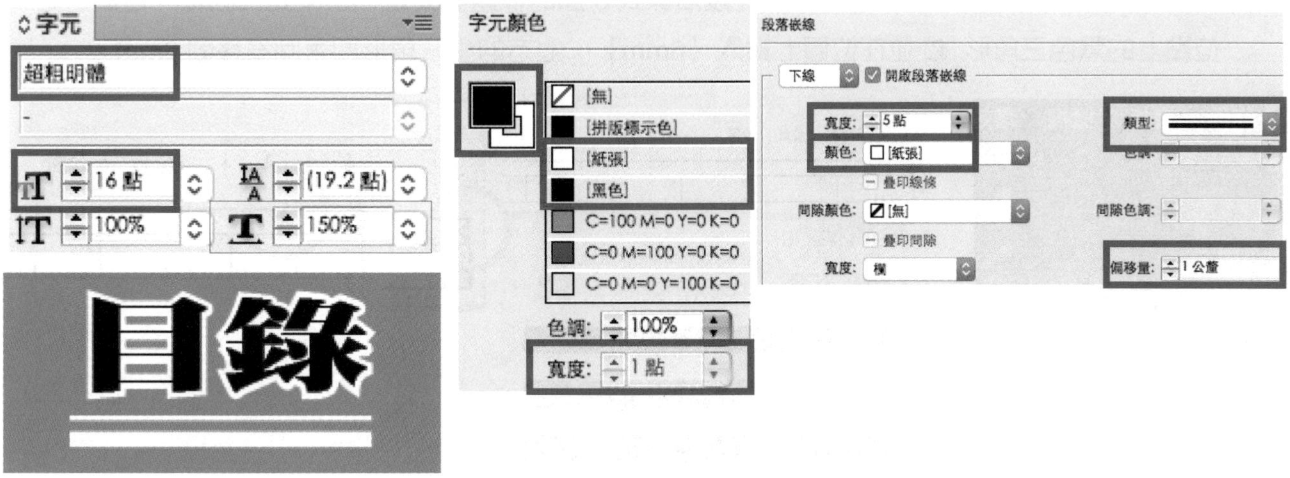

8 執行【版面＼目錄】，把標題改為「　」（空白），並在目錄中的樣式裡的其他樣式中以滑鼠左鍵雙擊【段落樣式 1、2、3、5、8】等五個段落樣式，使其增加至左邊欄位的【包含目錄樣式】（若不以左鍵雙擊的方式，也可以點選該樣式，然後點按【<< 增加】按鈕），後再按確定，即出現「台灣狀況 .... 人文風貌」的目錄。

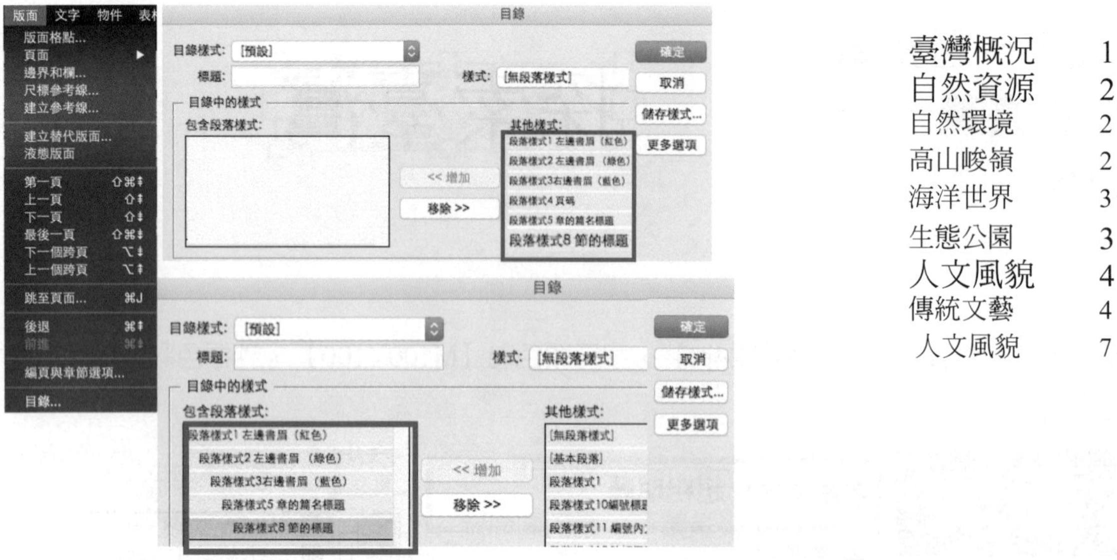

9 點選文字框執行【套用段落樣式】，選擇【段落樣式 5 章的篇名標題】。

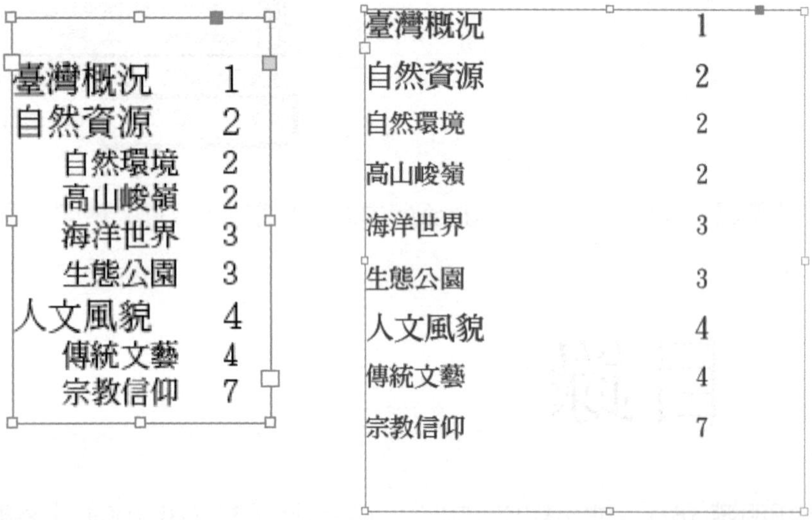

10 點選目錄的文字框，執行【文字＼定位點】，即在文字框正上方出現定位點工具，選取「自然環境、高山峻嶺 ...」等小標題，參考【段落樣式 8 節的標題】設定，但不要加底線。再點選定位點上的黑色三角形 並在位置上鍵入【6mm】，上方的小三角形即會向右移動 6mm。

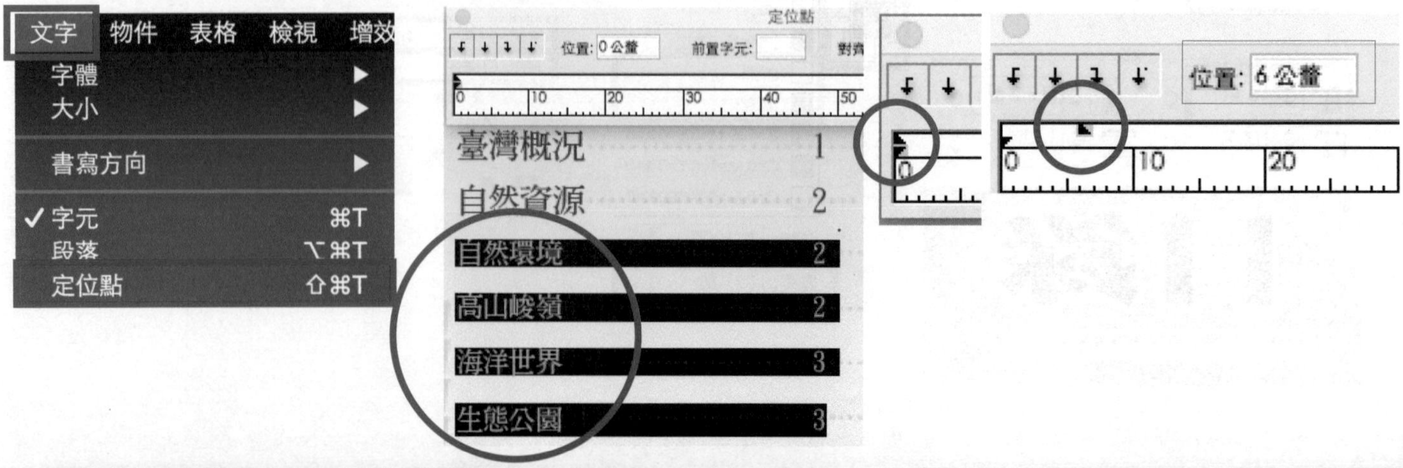

11 選取「傳統文藝～宗教信仰」等小標題，點選定位點上的黑色三角形 並在位置上鍵入【6 mm】，上方的小三角形即會向右移動 6mm。

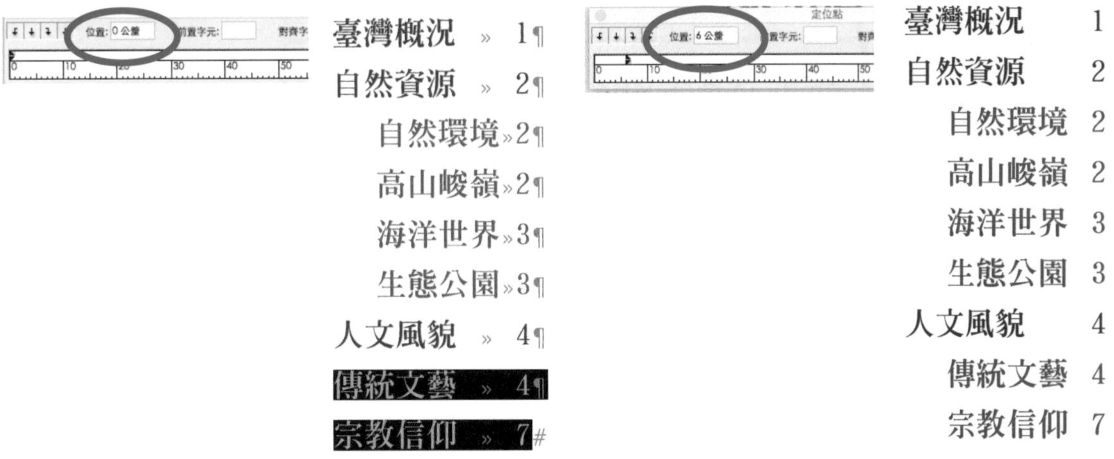

12 按下快速鍵【Ctrl+A】全選文字框內部的所有文字，然後在定位點上的【齊右定位點】上單擊滑鼠左鍵做點選動作，再拖曳位置到【65mm】處（考生若覺得拖曳不容易對準位置亦可直接將位置 6mm 改為 65mm）。

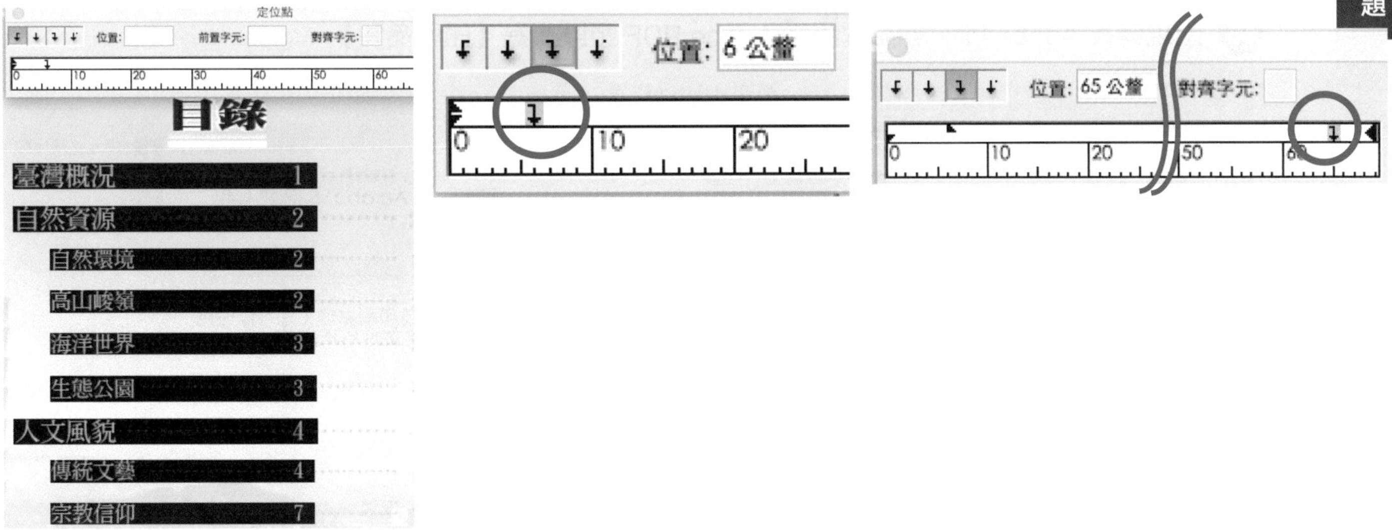

13 設定完齊右定位點後，在前置字元上鍵入【.】，使之產生「台灣概況 ....1」的段落字元，即完成目錄頁。（此頁面建議在 12 張宣傳小冊完成後再製作）

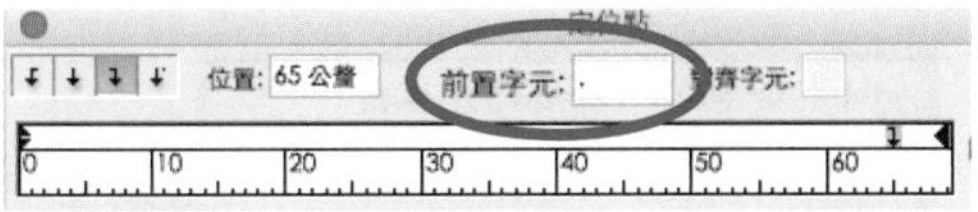

臺灣概況 1
自然資源 2
　自然環境 2
　高山峻嶺 2
　海洋世界 3
　生態公園 3
人文風貌 4
　傳統文藝 4
　宗教信仰 7

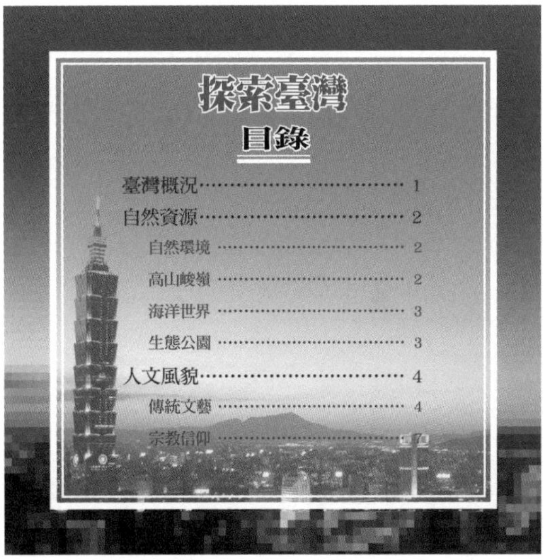

第五題

⑭ 執行【檔案\轉存】，將檔名改為「宣傳小冊 12 頁」並將存檔格式設定為【PDF】。

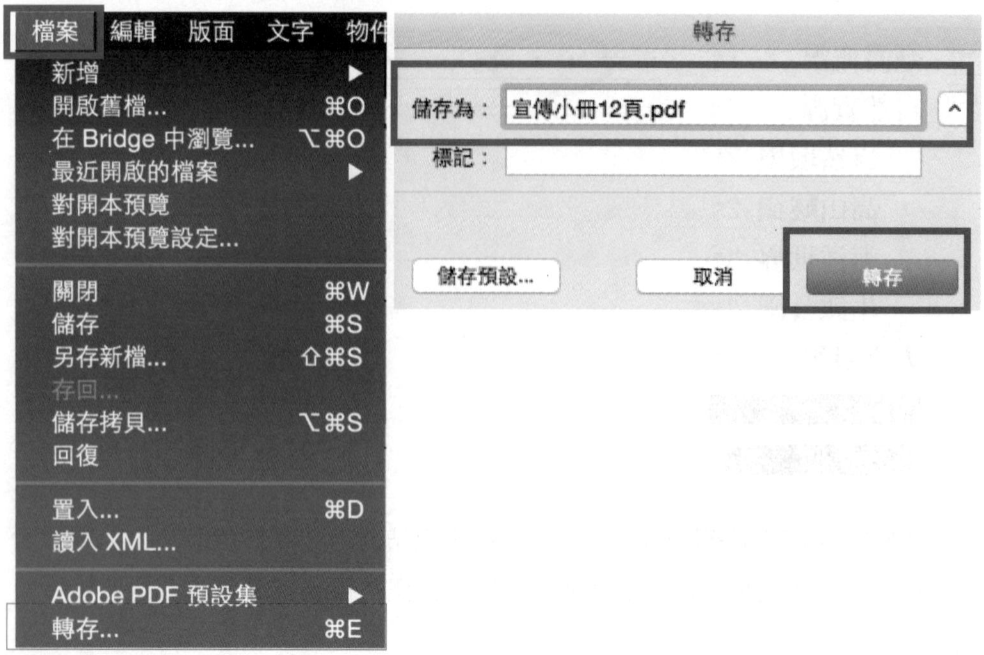

⑮ 出現轉存 Adobe PDF 對話框再將 Adobe PDF 預設改為【印刷品質】。

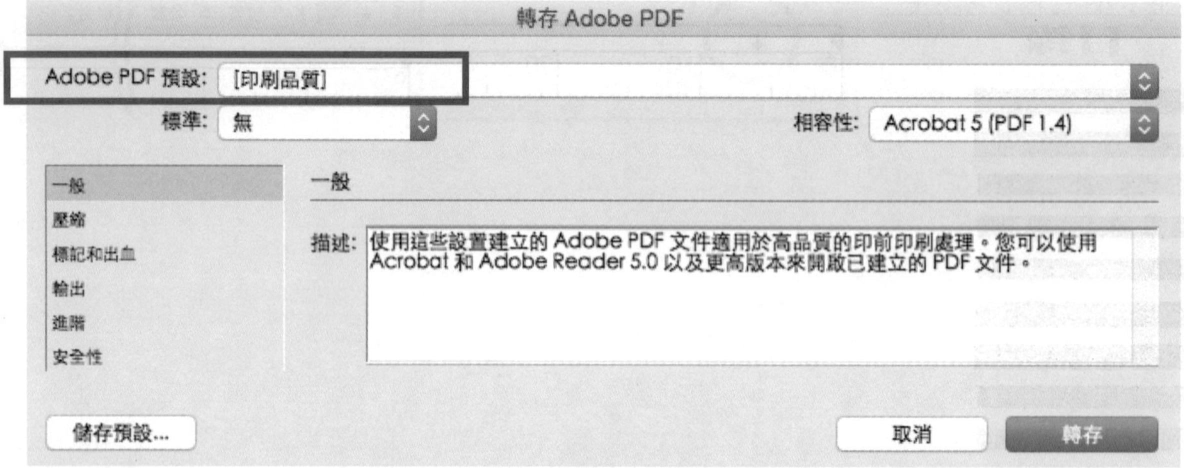

⑯ 在標記與出血的調整選項中將出血和印刷邊界裡的【使用文件出血設定】打勾，然後按確定即完成 PDF 檔的儲存。

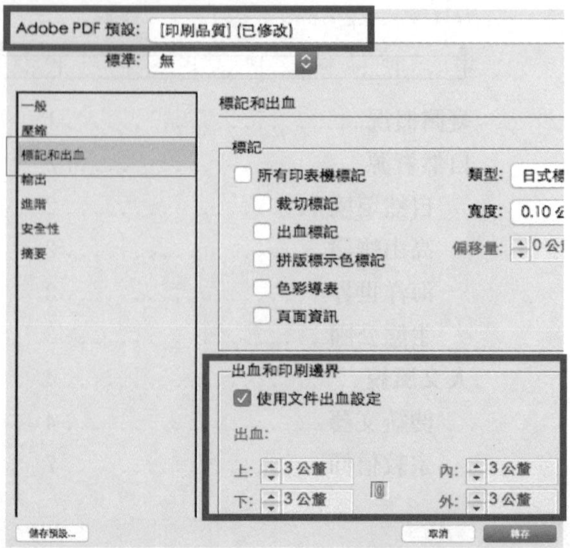

落大版開版設定

❶ 在 InDesign 中執行【檔案 \ 新增 \ 文件】，新增一個頁面 1，對頁勾掉，【寬度 372mm】（120x3+12 (3mm×4)），【高度 240mm（120mm×2）】的文件，【出血 3mm】，印刷邊界【12mm】。再按邊界和欄，將上下左右的邊界設為【0mm】，再按確定。

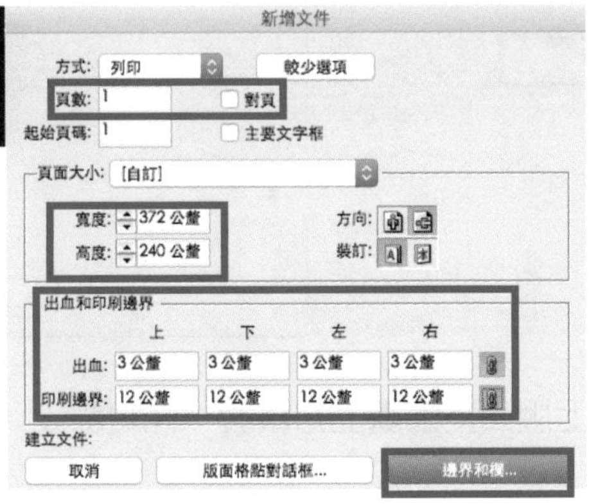

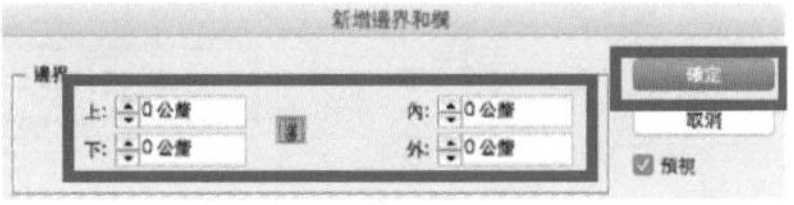

❷ 以【框架矩形工具 ☒】繪製一個【寬 126mm】（120mm+3mm+3mm）、【高 126mm】（120mm+3mm+3mm）的矩形，移動到左上角的出血邊。

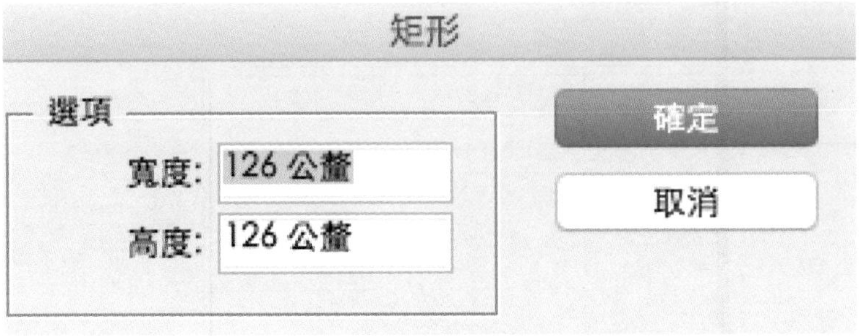

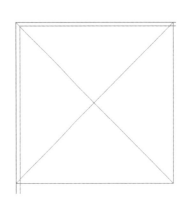

❸ 選擇該矩形框架執行【編輯 \ 多重複製】，重複的數目設為【1】，垂直的偏移量為【120mm】後按確定。

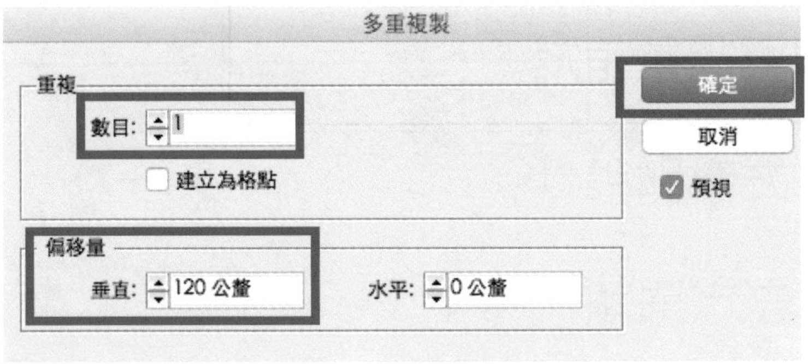

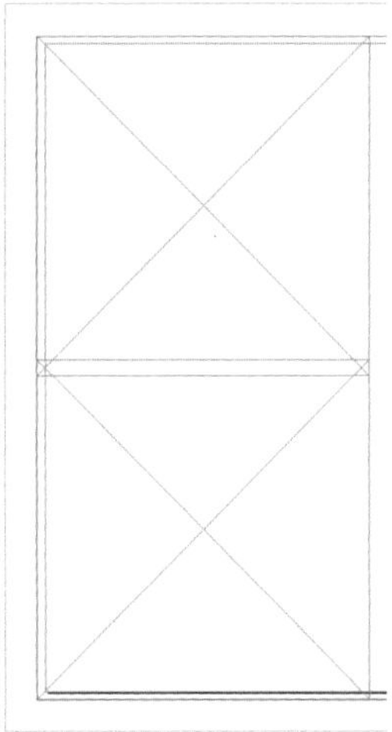

4 選取兩個矩形框，再次執行【編輯 \ 多重複製】，將重複的數目改為【2】，將水平的偏移量設為【126mm】，按確定。

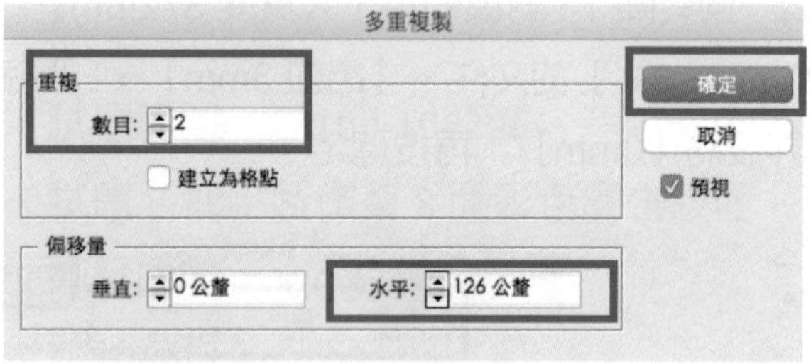

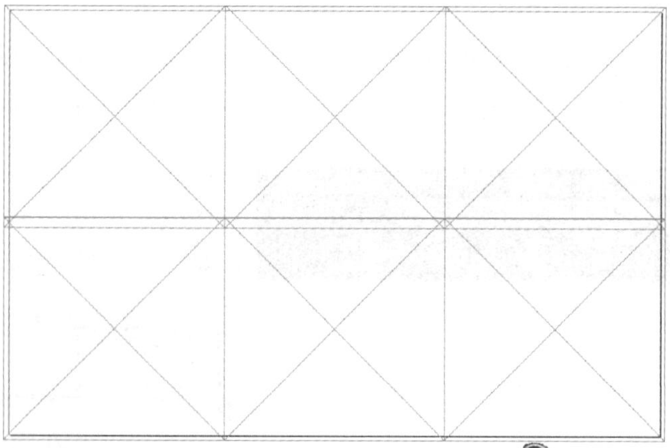

5 以【鋼筆工具 】在畫面上版面交匯處上方繪製一條短線段（線段端點以不碰到版面為原則，可以超過印刷邊界）。

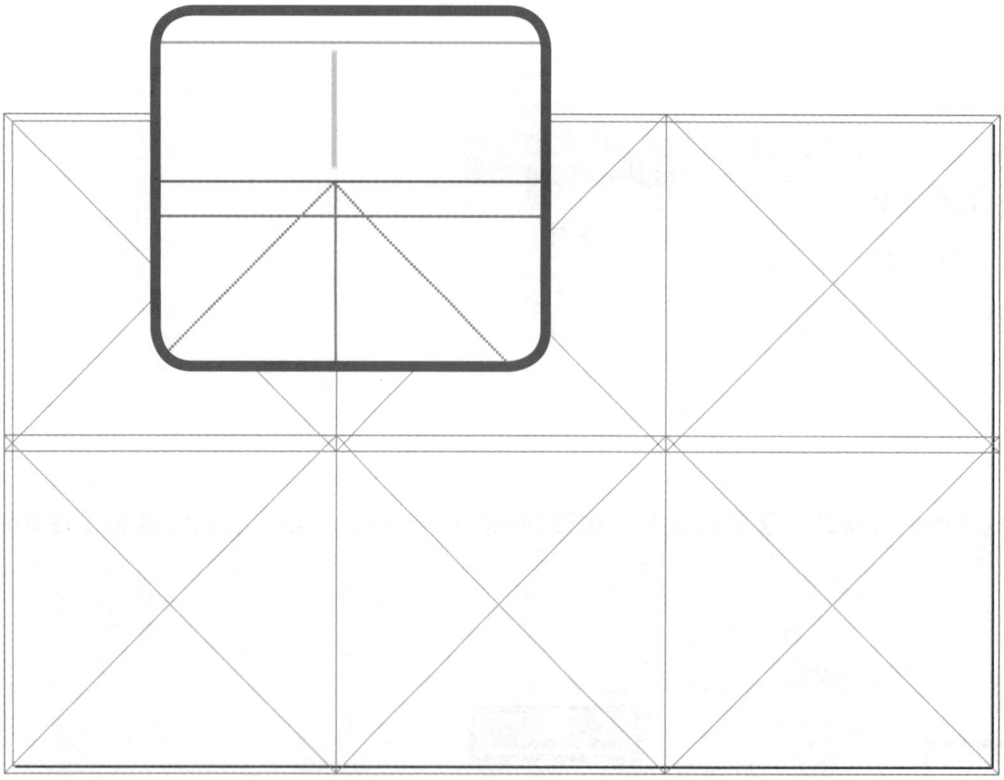

❺ 點選該線段，位置參考點選擇在【中心】，查看其 X 軸座標位置，在 X 座標位置上鍵入【+3mm】，【長按 Alt 鍵】再按【Enter 鍵】，若考生無法正確操作此武林絕招也可以點選該線段按下【Ctrl+C 】複製再執行【編輯 \ 原地貼上】，再調整水平位移【3mm】。

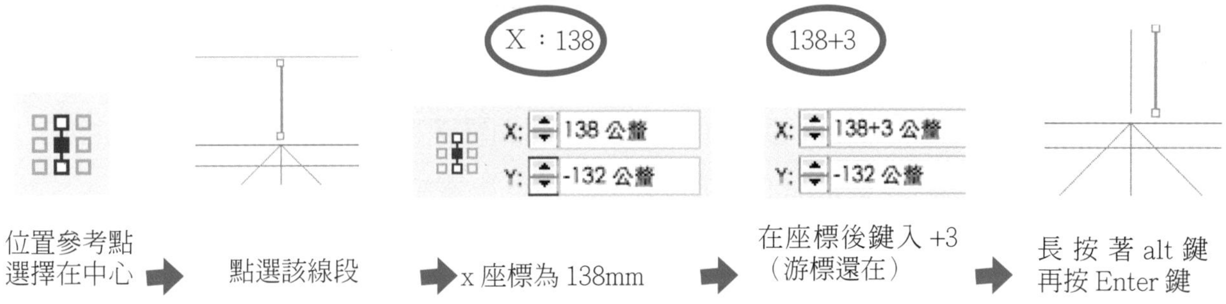

❻ 以同樣的方式點選原來的線段並在 X 座標上鍵入【-3mm】，使左右兩邊都各有一條短線，再調整線條樣式寬度設為【0.5pt】，色彩為【拼板標示色（四色黑）|⌖】。

❼ 同時圈選取三條線段，按住【Alt 鍵】拖曳至右上角進行【水平複製】，再以同樣的方式進行【垂直複製】至下圖標示之位置。

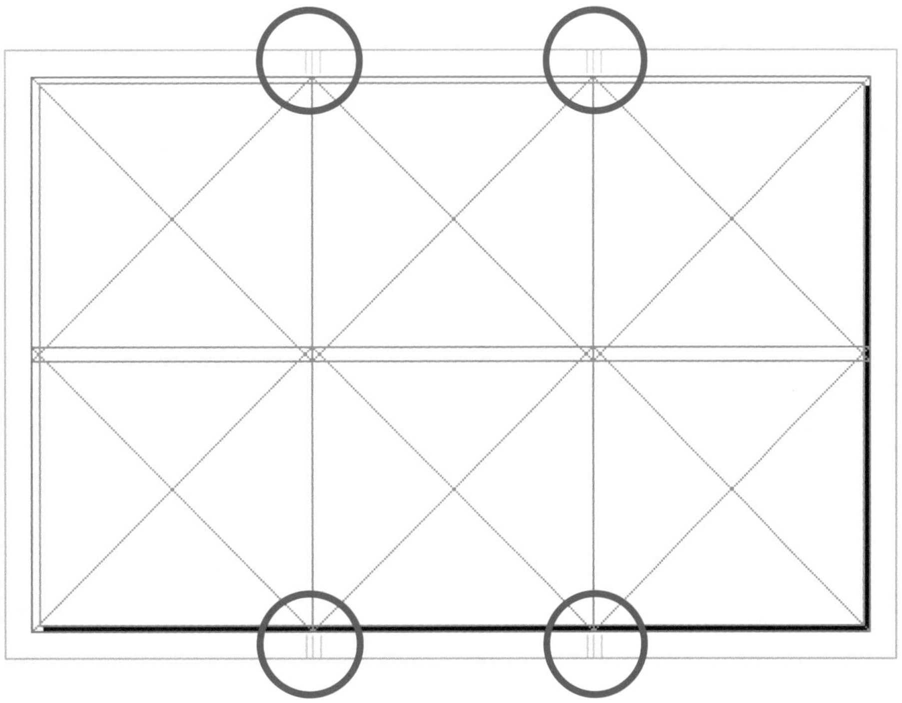

8 選取其中一組的三條線段，按住【Alt 鍵】複製一組出來，點按【順時針旋轉鈕 】使該組線段順時針【旋轉 90 度】，並移動到左側，再按住 Alt 鍵【水平複製】拖曳至右側。

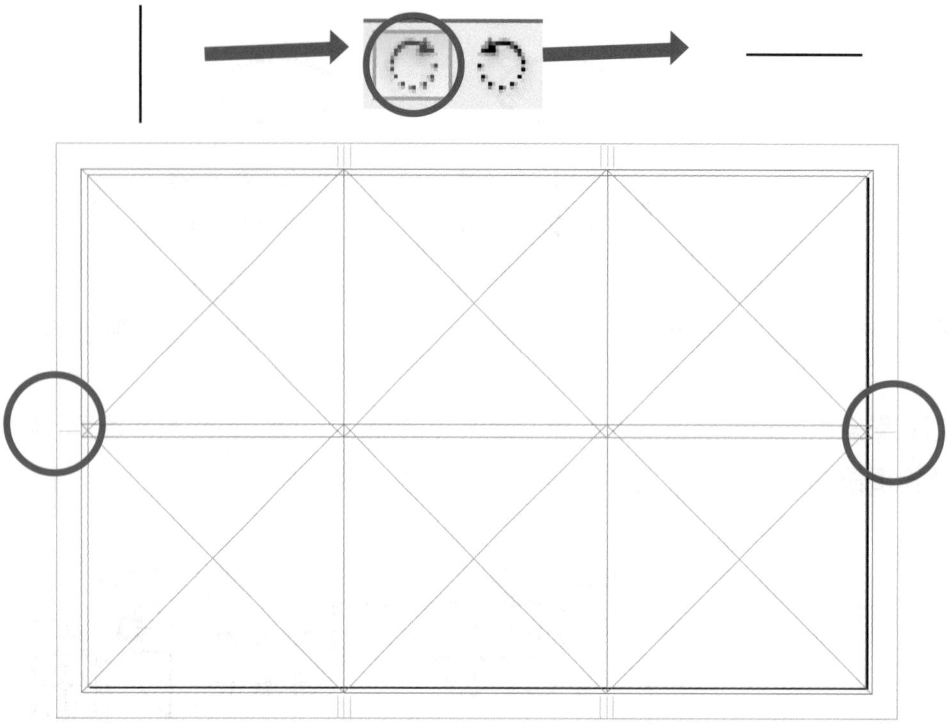

9 在頁面的工作視窗中，以滑鼠右鍵單擊【頁面 1】，點選【複製跨頁】，即出現頁面 2。

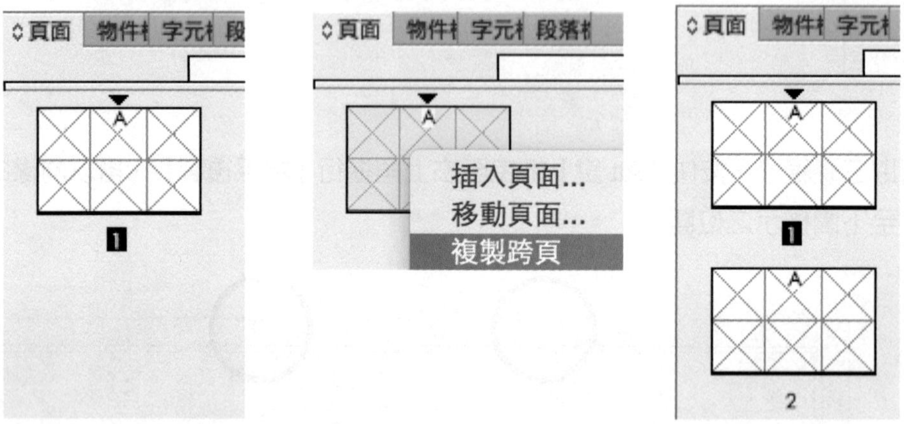

10 依照折紙頁序的方向及位置來執行落版的動作，以【頁面 1】來落「宣傳小冊 12 頁」【正面】的小版，而【頁面 2】來落「宣傳小冊 12 頁」反面的小版。

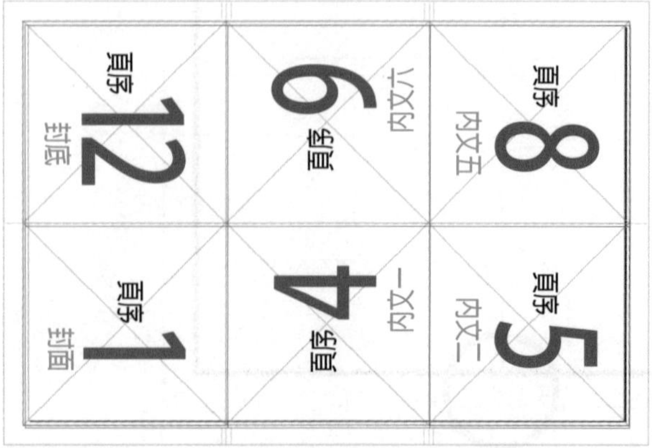

正面

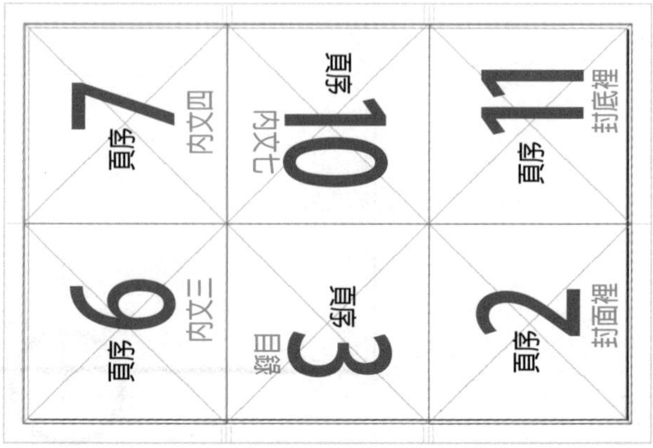

反面

11 以落版而言（正面）頁序【1,5,8,12】與（反面）頁序【3,10】需【順時針旋轉 90 度】，而（正面）頁序【4,9】與（反面）頁序【2,6,7,11】需【逆時針旋轉 90 度】，先執行完框架旋轉後再進行落版。

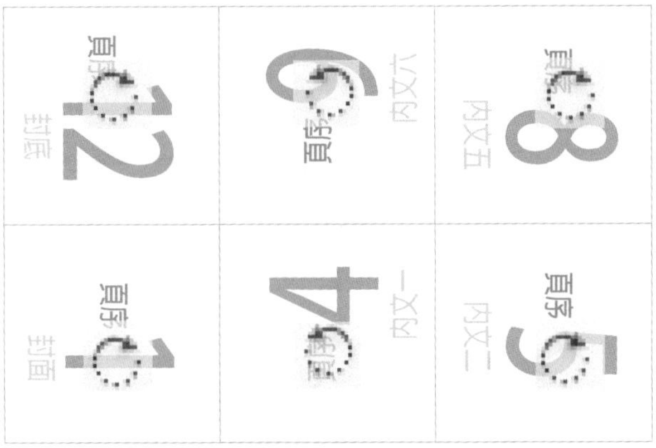

正面

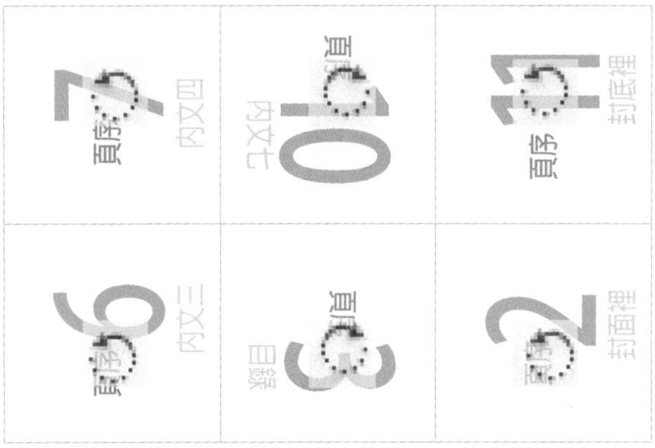

反面

12 執行【檔案 \ 置入】，選擇【宣傳小冊 12 頁 .PDF】，置入時將【顯示讀入選項】打勾，再按打開，之後在頁面處點選【全部】，選項裡的【裁切至】選項點選【出血】再按確定。

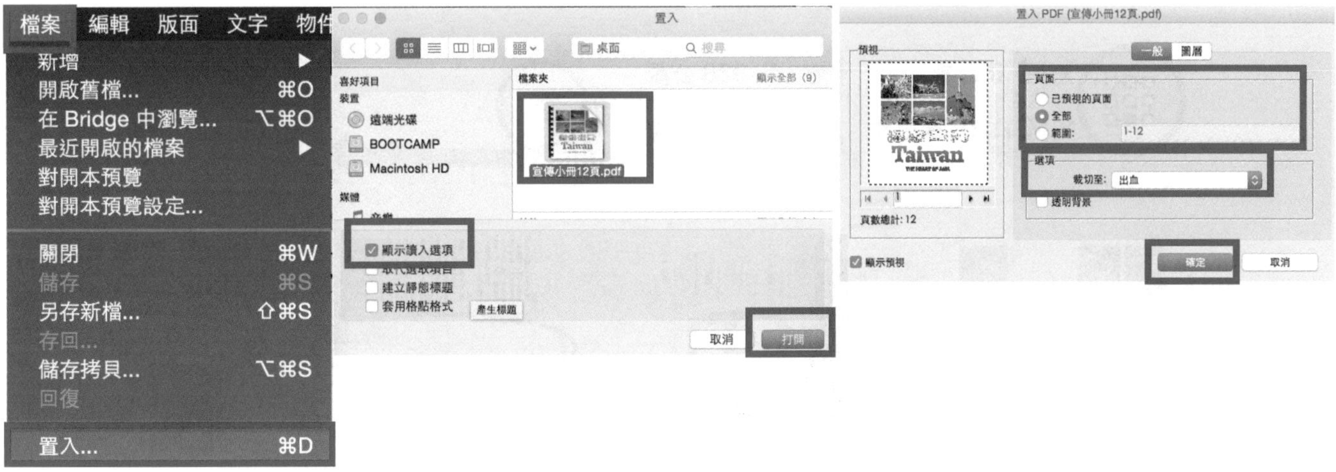

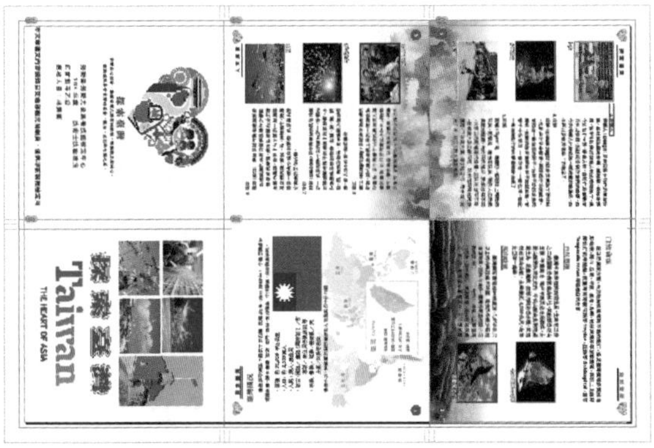

正面

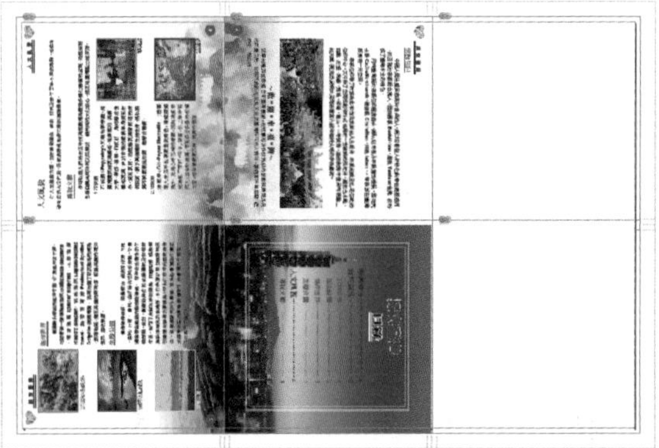

反面

框架調整

1. 落版完後，接下來我們要調整框架以配合裝訂邊的重疊部分。在裝訂邊上若遇到有圖片重疊者皆需要做【框架調整】。

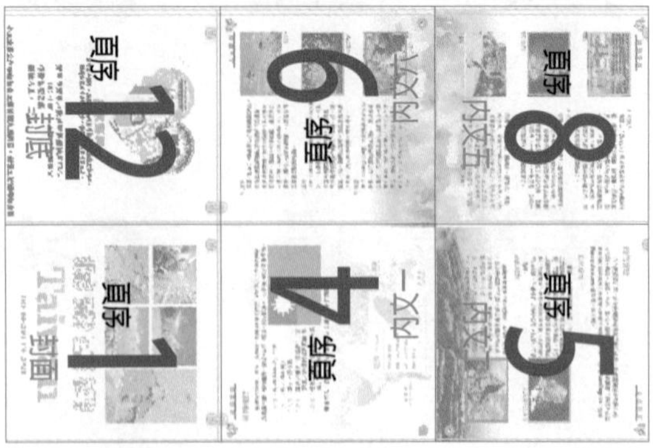

2. 同時選取【頁序 1、4、5】將參考點設定在【正下 】並將等比例縮放點選【斷開 】後，將高度設定為改為【123mm】做版面內縮。下圖框架調整範例以頁序 4 與頁序 9 的跨頁做框架調整前後的對照。

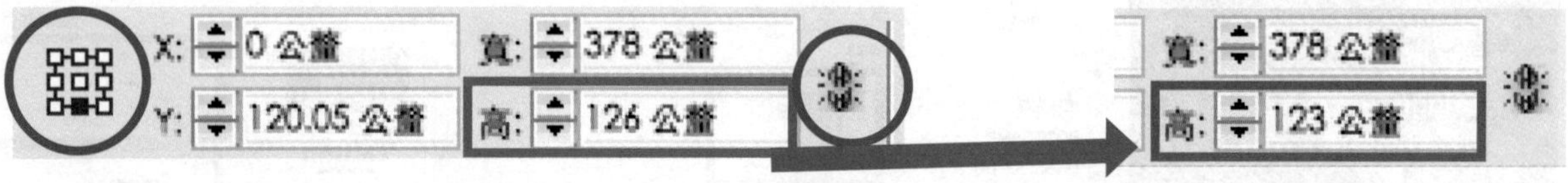

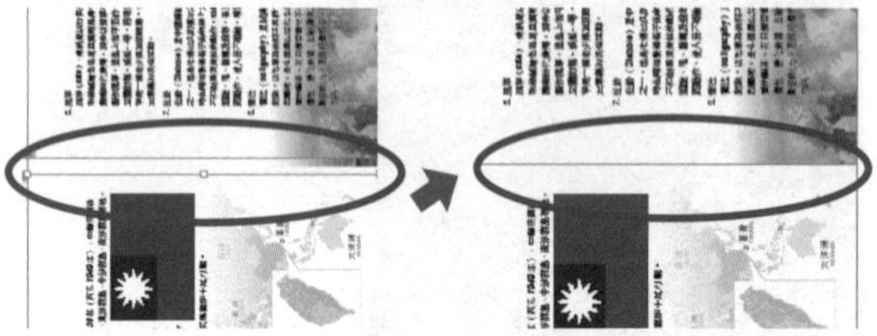

框架調整前　　框架調整後

3. 同時選取【頁序 2、3、6】將參考點設定在【正下 】並將等比例縮放點選【斷開 】後，將高度設定為改為【123mm】做版面內縮。框架調整範例以頁序 3 與頁序 10 的跨頁做框架調整前後的對照。

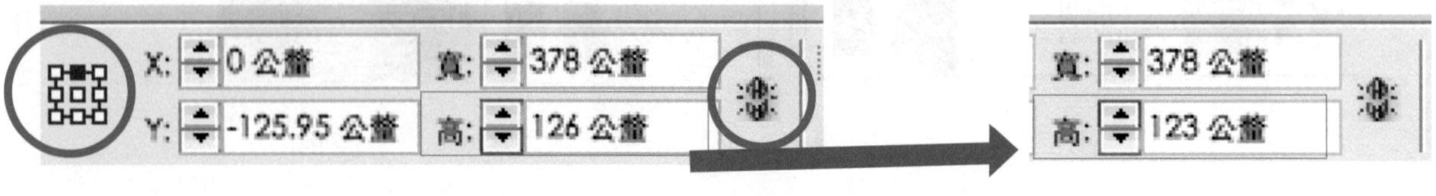

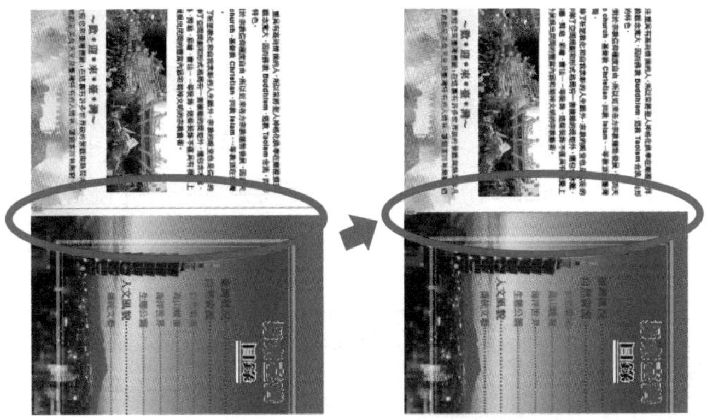

框架調整前　　　　框架調整後

4 完成落大版的動作後，自行以【鋼筆工具 】在兩張大版的印刷邊界內的右下角處繪製一個箭頭朝上的圖案，並以【文字工具 T】加註【咬口方向】與【正面】或【反面】如下圖所示：

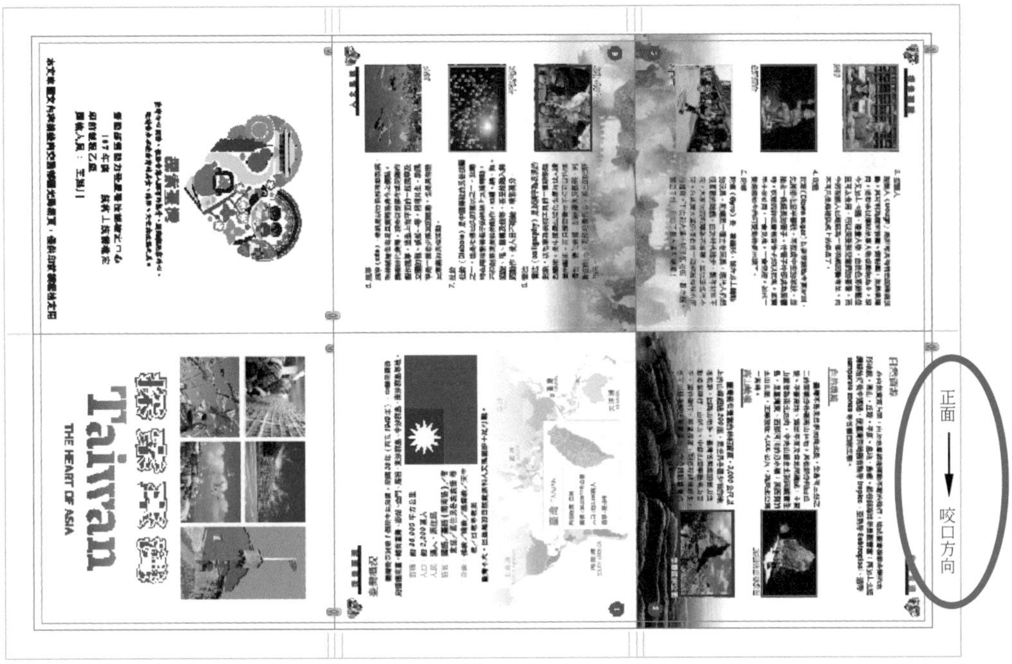

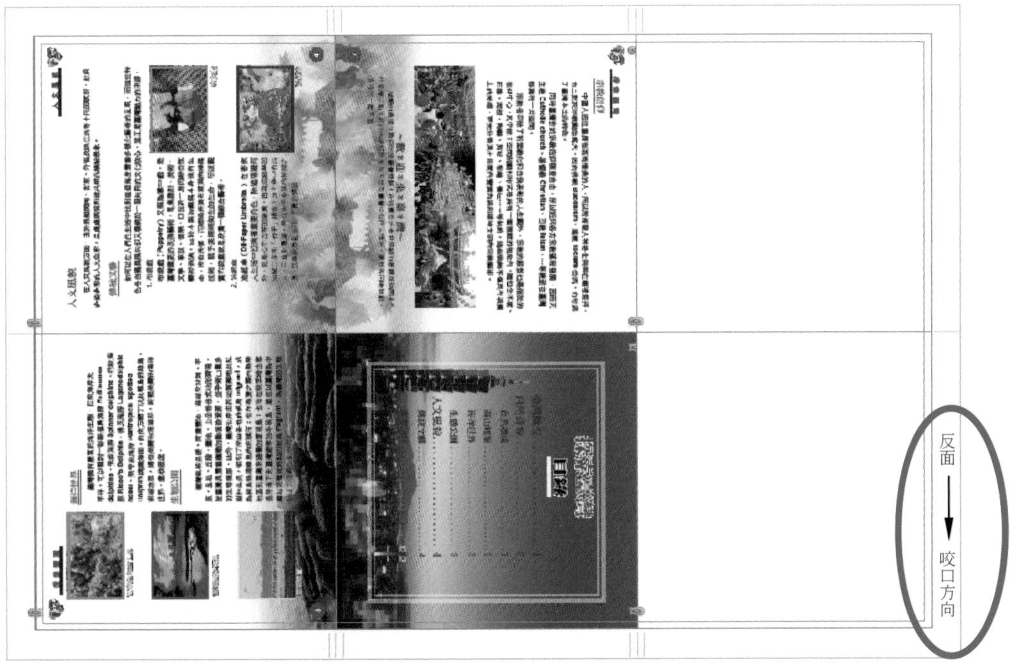

5 執行【檔案\轉存】，格式選擇【Adobe PDF（列印）】後按確定，將 Adobe PDF 預設改為【印刷品質】，標記和出血的選項中，將標記裡的【所有印表機標記】打勾，類型調整為【日式標記圓形】，出血和印刷邊界中將【使用文件出血】與【包含印刷邊界區域】打勾，再按轉存。

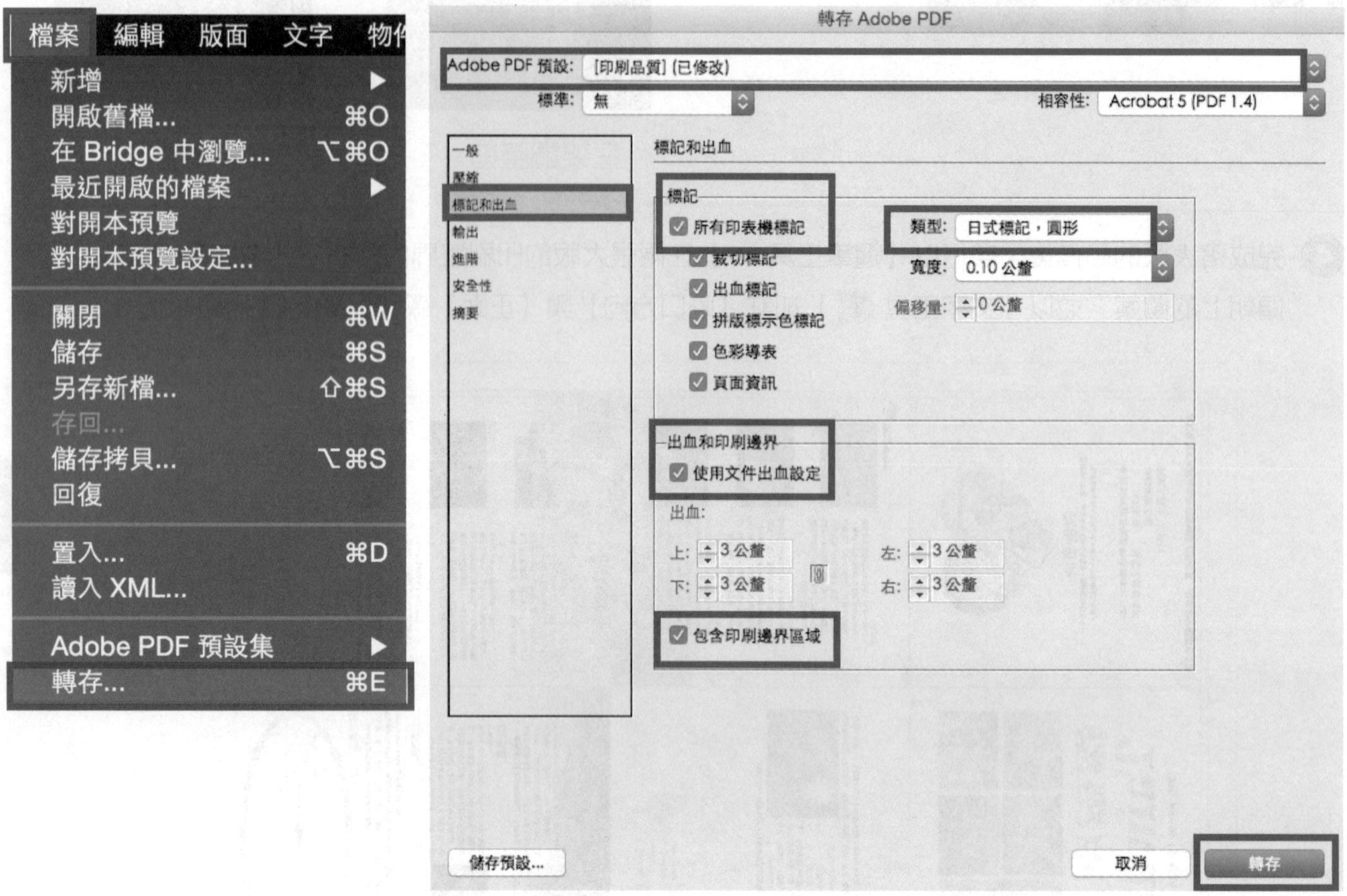

第六題

試題編號：19100-106206

試前重點說明

說明樣式

解題方法

試前重點說明

一、試題編號：19100-106206

二、試題名稱：製作菊 8 開彩色廣告版面

三、測試時間：120 分鐘

四、測試項目：

（一）最常見之廣告版面大小，便於攜帶，無論活動促銷或廣告宣傳都適合的印刷尺寸製作所應具備之概念。

（二）版面設定與出血尺寸的製作規劃以及原稿判讀。

（三）數位圖片裁切、去背景、合成、轉角度、刷淡的應用。

（四）標題字沿線排版處理、字體樣式設定、繞圖排文。

（五）基本顏色與漸層色設定、曲線色塊製作、漸層製作、多邊形色塊製作、雙圓形設定製作與不透明度應用。

（六）儲存檔案、另附存 PDF 電子檔及檔案列印操作，包含出血標記、裁切標記與十字線印出。

（七）列印後應具備自我品管檢查之責任。

五、試題內容：

（一）試題內容：模擬一份『菊 8 開』彩色廣告版面，並請依照『說明樣式』完稿且符合印刷條件需求。

（二）版面規格：菊 8 開，本完成品列印樣張必須輸出一張。

（三）完成尺寸：左右 21cm × 天地 29.7cm 之一頁廣告版面，另需含出血 3mm。

（四）光碟片或隨身碟中包含一份文字檔：檔名爲 TEXT.txt，中英文數字混排，自行取用置入。本電子稿中未包含的文字，請依照『說明樣式』自行輸入，共計兩處。

（五）光碟片或隨身碟中包含 15 份圖片檔與一份描圖參考檔，餘請依照『說明樣式』處理置入。

（六）封面標題：標楷體，2 行，分別爲 65 級、水平縮放 75%；80 級、水平縮放 70%，其餘標題文字請依照『說明樣式』設定處理。

（七）物件位置、各顏色指定、線條等製作請參考『說明樣式』設定。

（八）輸出列印成品上需有出血標記、裁切標記與十字線，線寬 0.3mm 以下可供識別。

（九）各物件位置未特別說明實際距離者，可依所附描圖檔參考調整。

（十）術科測試時間包含版面製作、完成作品列印、檔案修改校正及儲存等程序，當監評人員宣布測試時間結束，除了位於列印工作站之應檢人繼續完成列印操作外，所有仍在電腦工作站崗位的應檢人必須立即停止操作。

（十一）成品檔案存檔命名規則：准考證號碼 + 應檢人姓名；另轉換成 PDF 格式 (建議爲相容版本 PDF1.3 或 1.4 版本) 電子檔檔名亦同。

（十二）測試時間結束前，將所有成品檔案與 PDF 檔各乙份儲存於隨身碟中供檢覈外，應指定該 PDF 格式檔案經彩色印表機列印出作品樣張。

（十三）列列印時，可參考現場所提供之列印注意事項，以 Acrobat Reader 或 Acrobat 軟體列印輸出，並須自行量測與檢視印樣成品尺寸規格正確性。

（十四）作業完畢請將作品原稿之所有成品、原稿、光碟片、隨身碟連同稿袋與簽名樣張一併繳交監評人員評分。

本書之附書光碟含有勞動部公告之測試參考資料，考生可使用光碟內的資料做演練。但請注意，勞動部會不定期做勘誤、小幅修訂，且不會另行公告（大幅修訂勘誤才會公告）建議考生於考前至「勞動部勞動力發展署技能檢定中心」網站，由「熱門主題 \ 測試參考資料」區下載最新版的素材做最後演練，樣式與素材皆以考試現場提供之資料為基準。

說明樣式

試題編號：19100-106206
說明樣式（考生用）

完成尺寸：高 297 mm X 寬 210 mm
四邊出血 3mm

•大標題自行輸入、
標楷體 (W5)、65 級 (Q)、水平縮放 :75%；傾斜 19˚
字體顏色：C0M95Y40K0
製作 0.5mm 白色擴邊；沿線排版；陰影顏色：K100
陰影：色彩增值，不透明度 90%，距離 2mm，角度 180˚

•大標題自行輸入、
標楷體 (W5)、80 級 (Q)、水平縮放 :70%；傾斜 19˚
字體顏色：C0M0Y100K0
製作 0.8mm 白色擴邊；沿線排版；陰影顏色：K100
陰影：色彩增值，不透明度 90%，距離 2.5mm，角度 180˚

•人物去背景與泡泡圖片合成

•背景製作：
取 A01.jpg，
放大尺寸
高 134mm X 寬 216mm，
方向羽化
中間往上刷淡 45，
中間往下刷淡 45，
中間往右刷淡 45，
中間往左刷淡 30，

•曲線色塊依標示製作：
(漸層羽化)
從左至右顏色為：
C60Y20(透明度 100) → C0M0Y0K0(透明度 0)

•內文小標題：
粗黑體 (W7)、18 級 (Q)
顏色：K100

•內文：
中黑體 (W5)、13.5 級 (Q)
顏色為：K100
行距為：14.5 點 (pt)

•雙圓圖形：
內圓直徑：15.5mm
(外圓直徑：18mm
線型：直立線
(虛線 0.5pt 間隔 1pt)
線寬：1mm)

編號 1：
顏色：C100Y100K10
編號 2：
顏色：M90Y70K5
編號 3：
顏色：C65Y15M5

中文字：
特黑體 (W9)、12.45 級 (Q)
顏色：白色

三角形符號：▲
特黑體 (W9)、8 級 (Q)
顏色：白色

數字：Arial 字體、
50 級 (Q)
水平縮放 :80%
顏色：白色

•曲線色塊依標示製作：
(漸層羽化)
從右至左顏色為：
M95Y40(透明度 100)
↓
C0M0Y0K0(透明度 0)

•前言：沿線排版
粗黑體 (W7)、13.5 級 (Q)
製作 0.35mm 白色擴邊、
第一字 U 的底圖，
顏色為：C0M95Y40K0

•所有圖說小標：
特明體 (W9)、13級(Q)
顏色為：K60

•所有圖說：
中黑體 (W5)、11.5 級(Q)
顏色為：K100
行距為：11 點 (pt)

•所有產品去背景，
並放置至正確位置

•曲線依標示製作
顏色：
C30M0Y0K20
線粗：1mm

•多邊形
顏色：K30
尺寸：高 20mm X
寬 30mm
斜邊線段 5 mm

•曲線依標示製作；
顏色：C30M0Y0K20；
線寬：1mm
內文與曲線線段用繞圖排文，距離 3 mm

•訊息：自行輸入；粗黑體 (W7)、16 級 (Q) 文字顏色：K100；
線段高度：6mm；寬度：210mm；
彩色線段線寬：57mm；重疊直徑（色彩增值）：6mm；
從左至右四個彩色線段分別為：
(C70M30)；(C50Y100)；(M20Y80)；(M75)
上下線段顏色 K100，線寬：0.15mm

解題方法

保養品圖片去背

1 在 Photoshop 中執行【檔案 \ 開啓 \ A03-1.jpg】。

2 進行【圖層拷貝（Ctrl+J）】。

3 執行【影像 \ 調整 \ 色階（Ctrl+L）】，將暗部調移至 160 處。此步驟主要是要讓圖片的邊緣對比增加，利於與去背時使用的工具相互配合。調整時須搭配眼睛視覺感受，畢竟每一張圖的邊緣銳利度都不一樣，所以此處的數值也僅供參考。

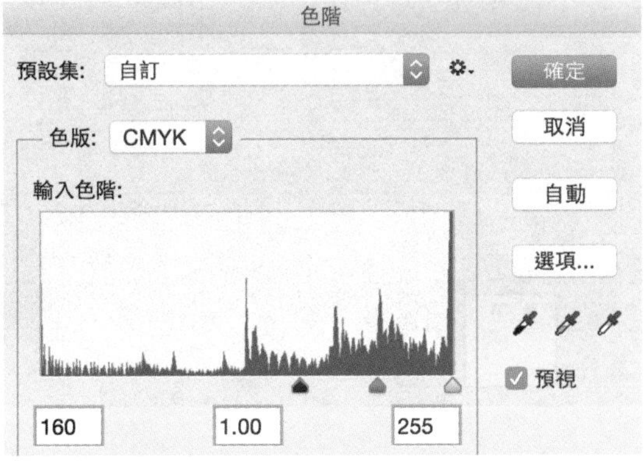

4 使用魔術棒工具來進行背景選取，選取時可以將魔術棒模式改成增加至選取範圍 ，容許度需視背景與邊緣的銳利度來調整，對比強可可以用到 50，對比較弱的部份可以調整為 30，依實際使用狀況調整。

第六題

5 選取完後回到背景圖層，【雙擊滑鼠左鍵】把背景改為圖層 0，然後按下【Delete 鍵】，將已選取的背景刪除。

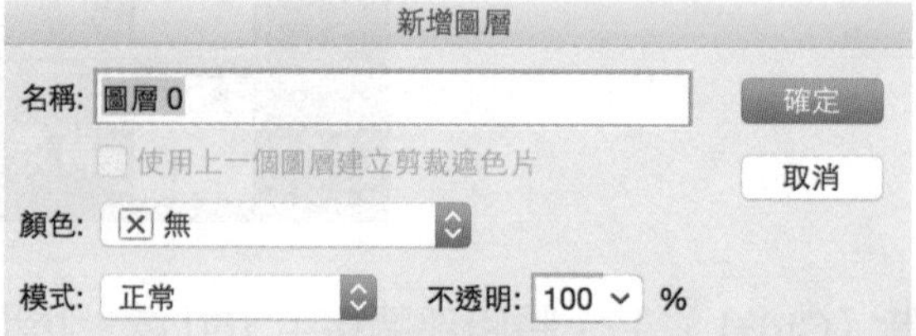

6 再將圖層 1 刪除僅留下圖層 0，執行【檔案 \ 另存新檔】，存成 PSD 檔。

7 比照步驟 1 ～ 6，將 A04-1.jpg ～ A14-1.jpg 的圖片做去背處理。

當使用魔術棒無法順利去背時，應改為使用磁性套索工具、鋼筆工具等。畫出路徑範圍去背。

人物背景效果製作

1 在 Photoshop 中執行【檔案\開啓舊檔\ A01.jpg】。

2 點選背景圖層，執行兩次【複製圖層（Ctrl+J）】，並將背景的小眼睛關掉。

3 在【圖層 1 拷貝】中【新增遮色片】，使用【漸層工具】，漸層選項調整為【放射性】，並從中間向四周刷淡。

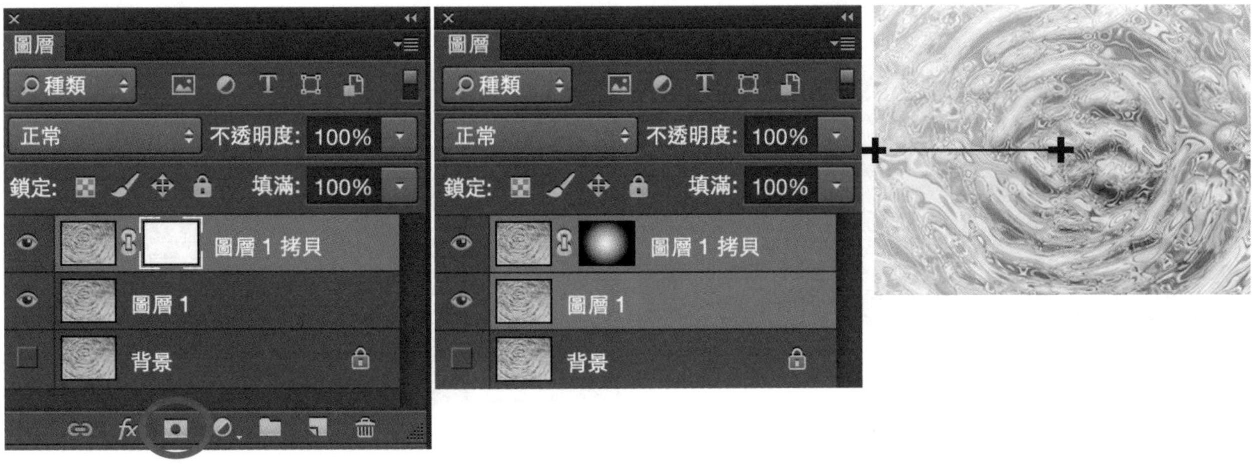

❹ 回到【圖層 1】，將圖層的【不透明度】改成【30%】。

❺ 選取圖層 1 拷貝與圖層 1，做【圖層合併（Ctrl+E）】。

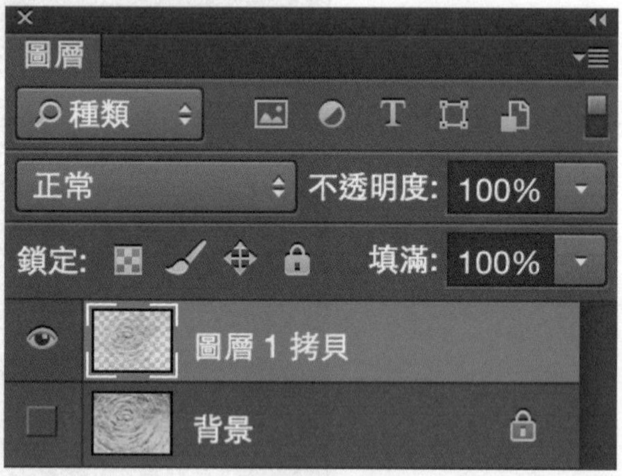

❻ 回到背景圖層，點選背景圖層做【圖層拷貝（Ctrl+J）】，將背景拷貝圖層的不透明度設定為 15%。

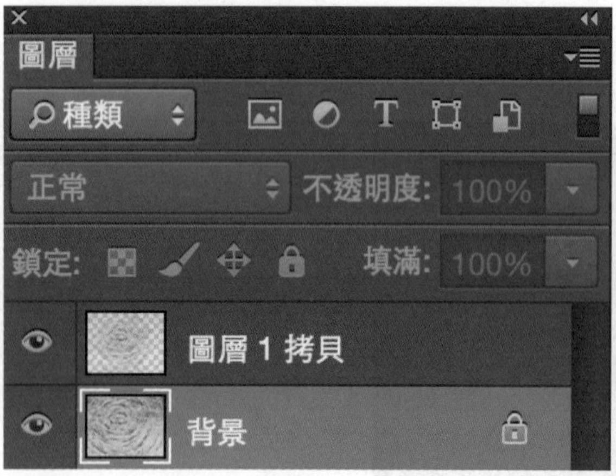

7 在背景拷貝圖層【新增遮色片】，使用【漸層工具】漸層方式為【線性】，漸層方向由中間向左刷淡。

8 選取圖層 1 拷貝與背景拷貝，做【圖層合併（Ctrl+E）】，再刪除背景圖層。

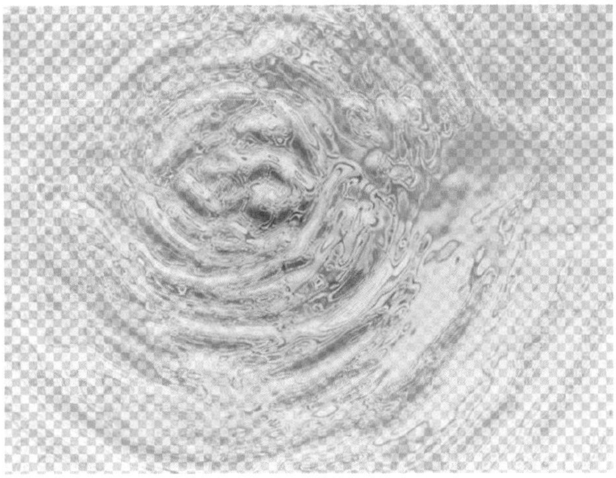

9 把背景圖層刪除，執行【檔案 \ 另存新檔】，檔名為【A01.psd】。

第六題

人物去背

1 在 Photoshop 中開啓 A02.jpg，做【圖層拷貝（Ctrl+J）】。

2 執行【影像 \ 調整 \ 色階（Ctrl+L）】，將中間調移至【0.60】，亮部調移至【200】。此步驟主要是要讓圖片的邊緣對比增加，以利於與去背時所用的工具相互配合，操作時可依個人實際狀況調整數值。

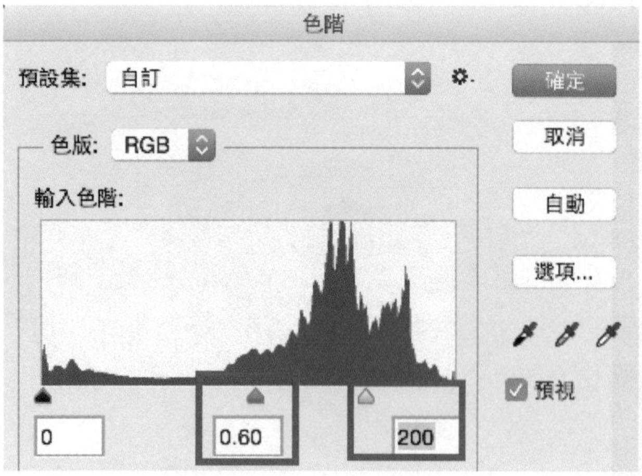

3 使用【磁性套索工具 】，其具有偵測邊緣功能，將衣服與皮膚部分圈選選取範圍。

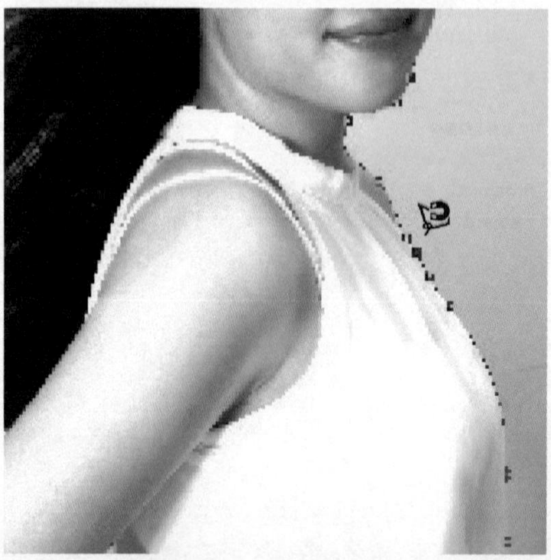

4 點選背景圖層做【圖層拷貝（Ctrl+J）】，即出現只有皮膚與衣服部分的圖層 2。

5 再度回到圖層 1，執行【選取＼顏色範圍】，【朦朧度】調至【200】，並以【滴管點選圖片中頭髮黑色較深的區域】，再按確定。

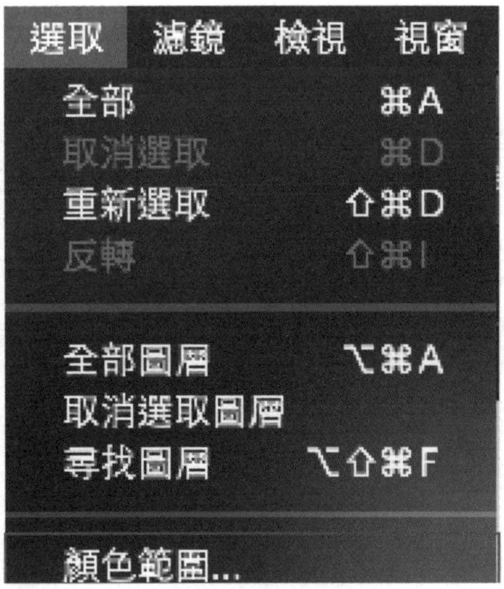

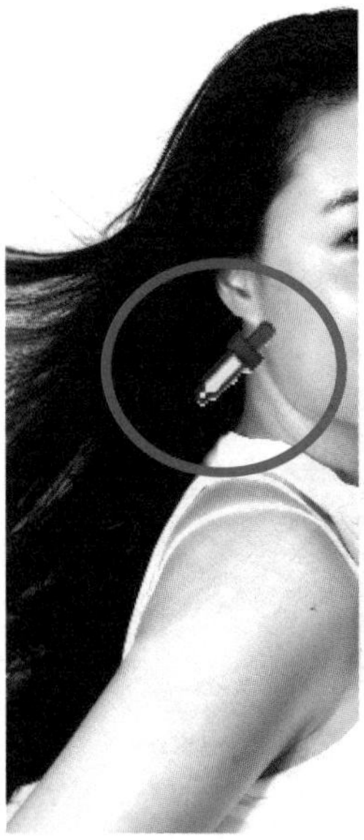

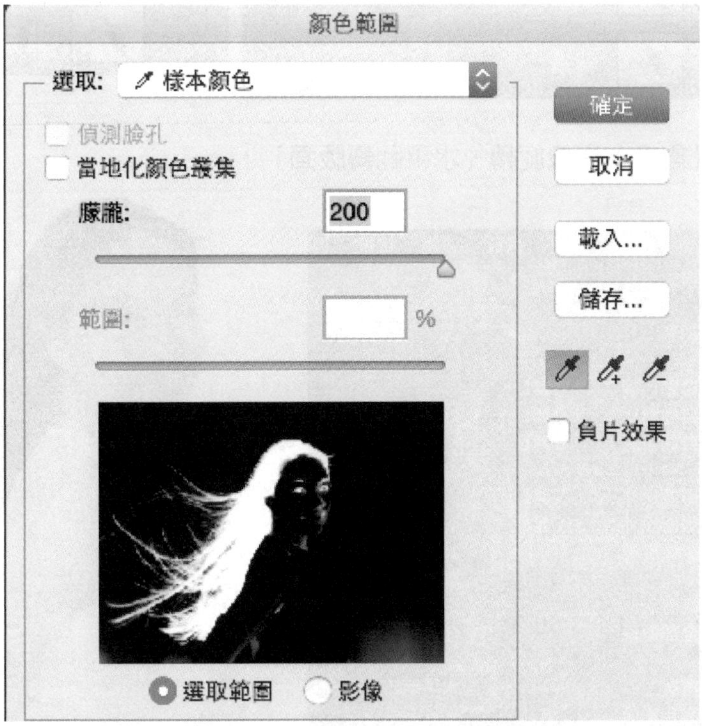

6 此時選取範圍便選擇了頭髮的部份，再回到背景圖層進行【圖層拷貝（Ctrl+J）】，即出現僅有頭髮的圖層 3。

7 按住【Shift 鍵】，同時選取圖層 2 與圖層 3，做【圖層合併（Ctrl+E）】，再將圖層 1 與背景刪除，僅留下包含有透明度的圖層 2。

8 執行【影像 \ 影像旋轉 \ 水平翻轉版面】。

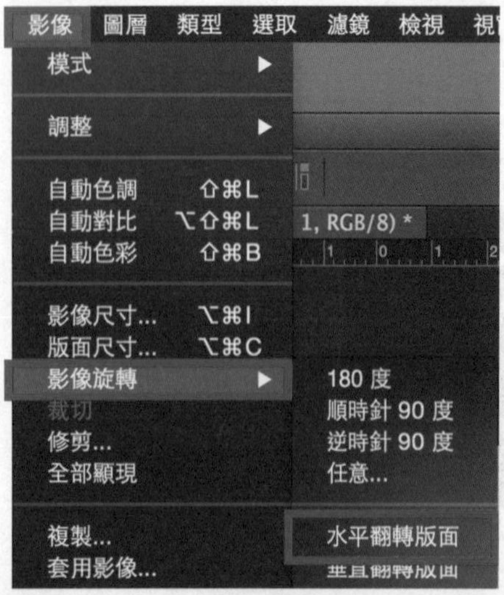

9 開啓 A02-1.psd，選取圖層 9，並將泡泡拖曳至人物頭髮處，依描圖檔位置進行合成。

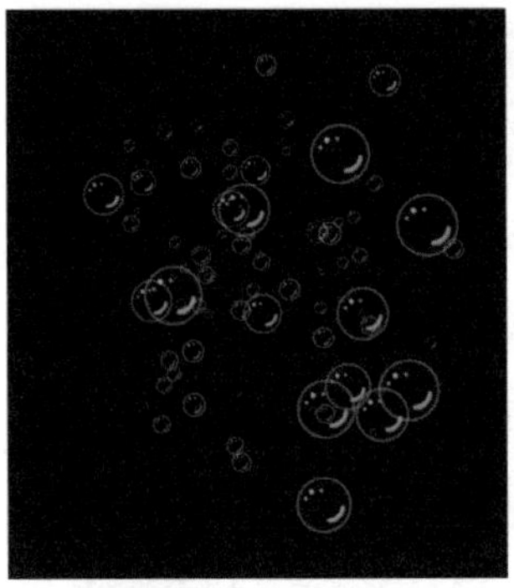

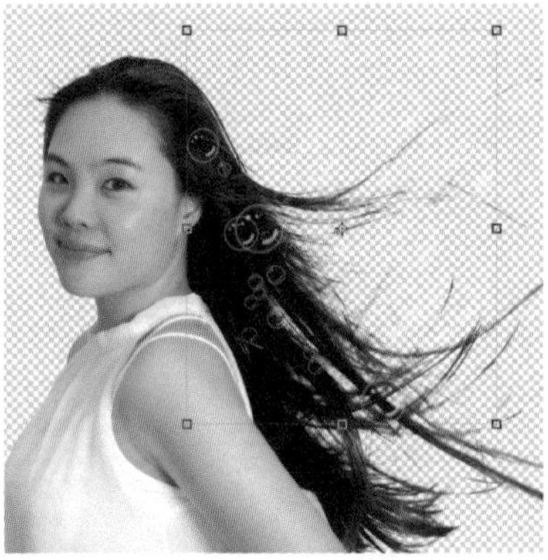

10 執行【檔案 \ 另存新檔】，檔名設定為 A-02.psd。

版面設定

1 開啓 Illustrator，執行【檔案 \ 新增（Ctrl+N）】，檔名為【准考證 + 姓名】，尺寸設定如說明樣式知完成尺寸：297mm X 210mm，出血 3mm。

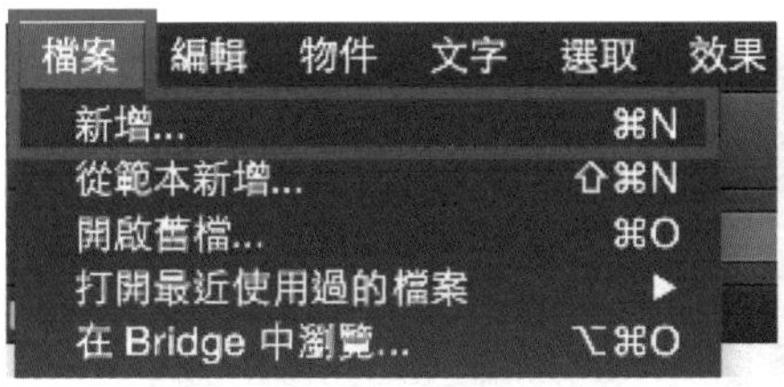

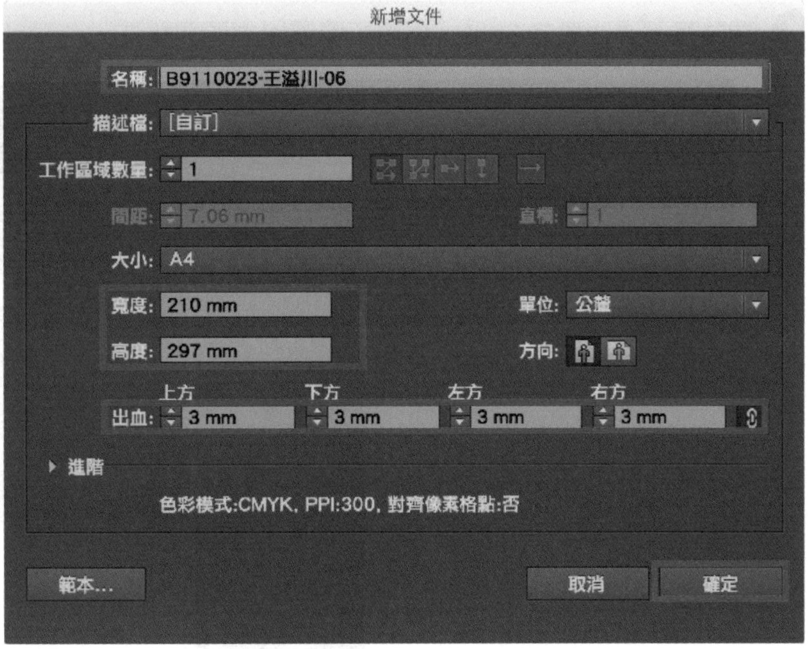

2 在圖層視窗中【新增兩個圖層】，之後在圖層 3 放置文字，圖層 1 放置圖片或背景色塊。

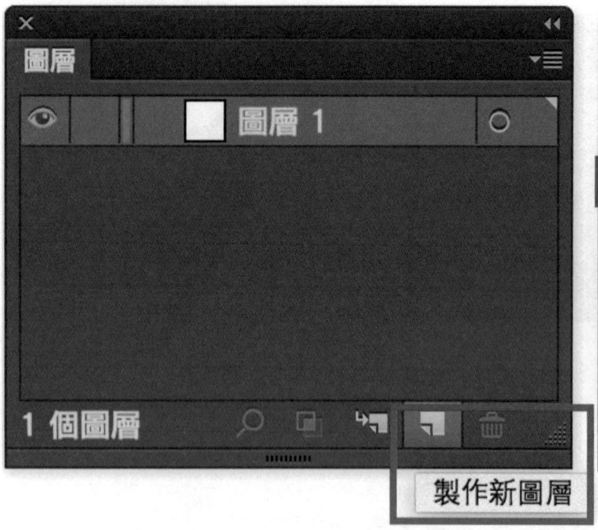

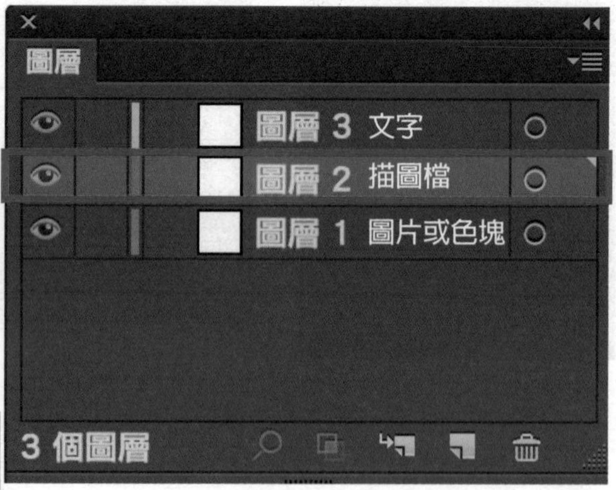

3 在圖層 2 中執行【檔案 \ 置入 \ 描圖底稿 .jpg】。

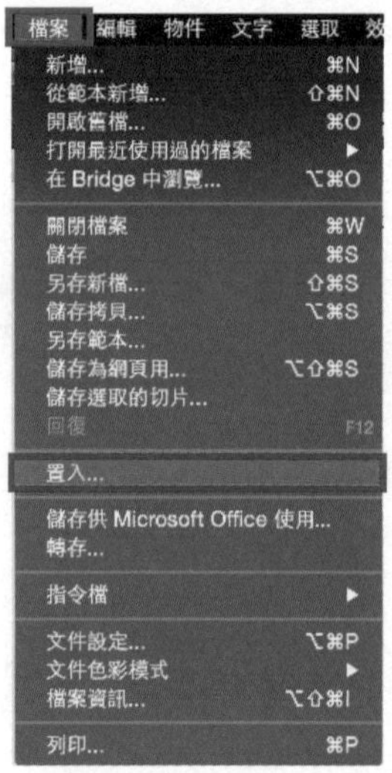

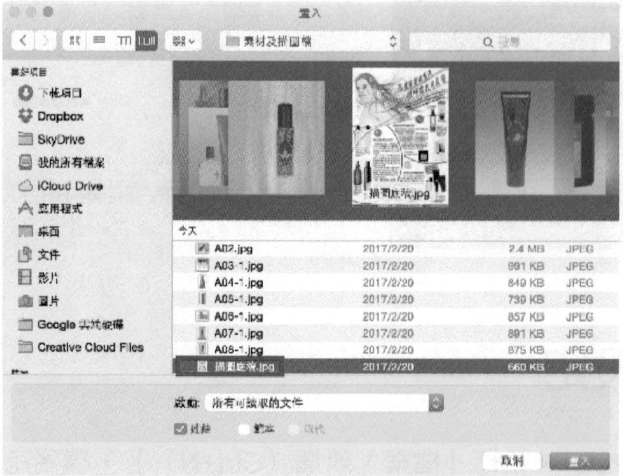

4 調整其不透明度為 30%，再將該圖層以大頭鎖鎖住。

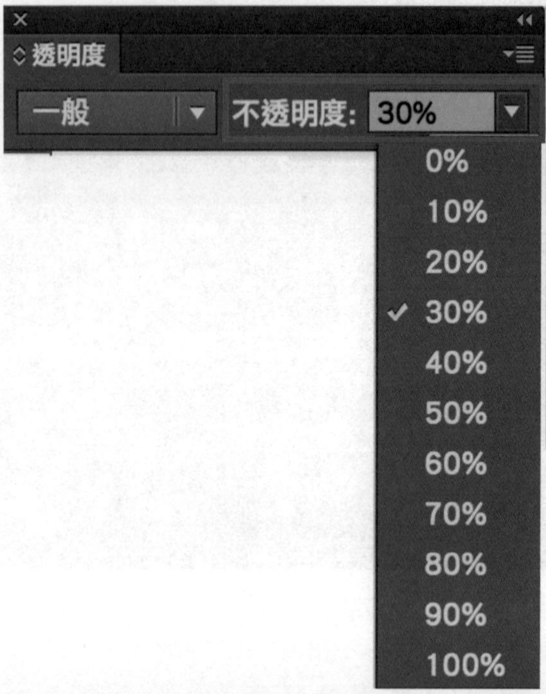

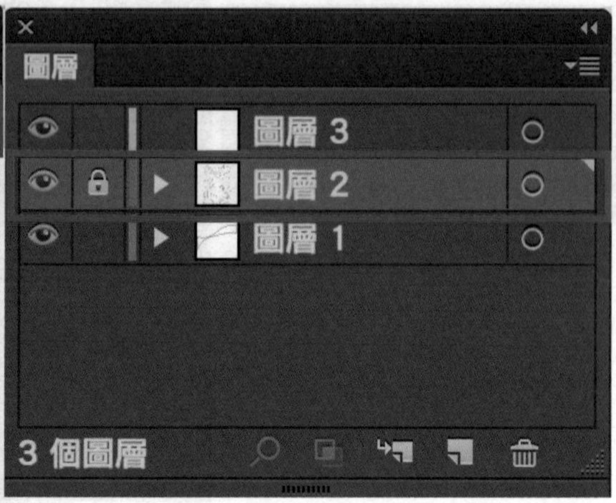

人物與背景對位

1 在圖層 1 中置入 A01.psd，並將高度設為 134mm，寬度設為 216mm，定位點標示在左上角，X、Y 的座標都是 --3mm，依描圖檔對位放置。

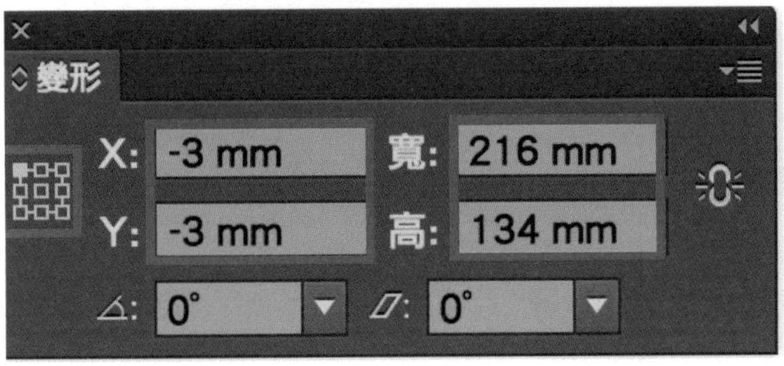

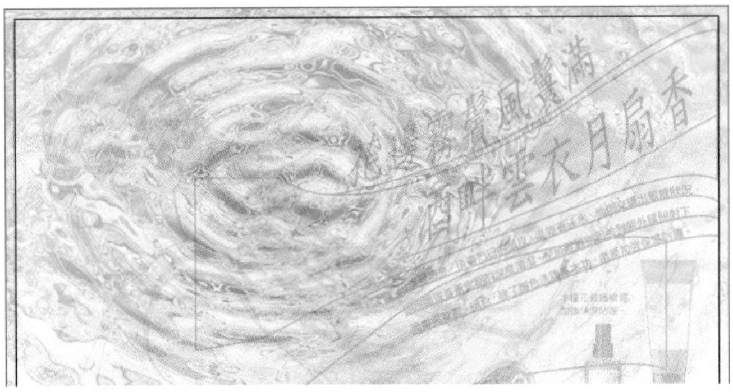

2 接著在圖層 3 置入 A02.psd，並依描圖檔比例旋轉放大對位置放。

對位置時可以先降低不透明度，待調整完後再把不透明度調回 100%，或者暫時先將圖層 1 關閉，比較不會造成對齊上的干擾。

藍色漸層色塊

❶ 在圖層 3 中以【鋼筆工具 】依照描圖檔繪製依封閉曲線，因此 DM 包含出血，所以封閉曲線需延伸至出血位置。

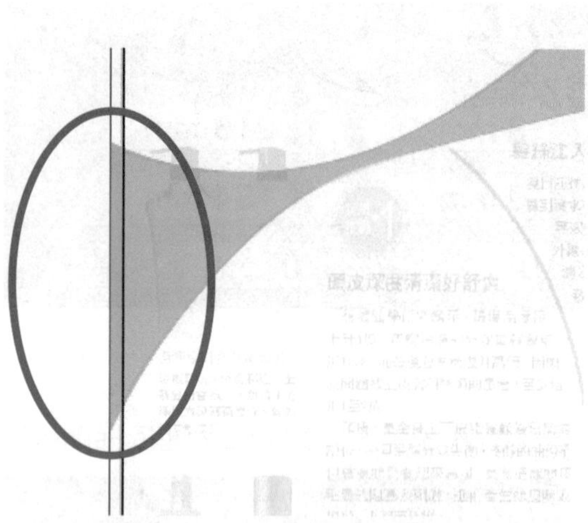

❷ 使用【漸層工具】，類型為【線性】，顏色設定左油墨罐為【C60Y20】、【不透明度 100%】、【位置 0%】，右邊油墨罐為【C0M0Y0K0】、【不透明度 0%】、【位置 100%】。

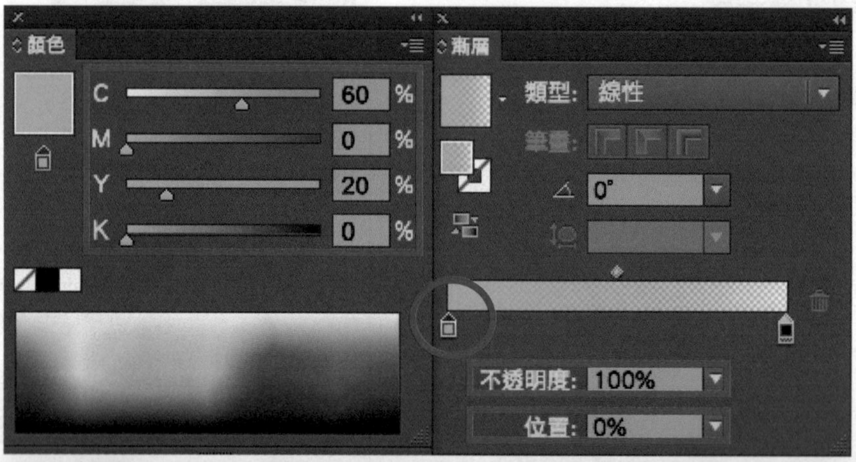

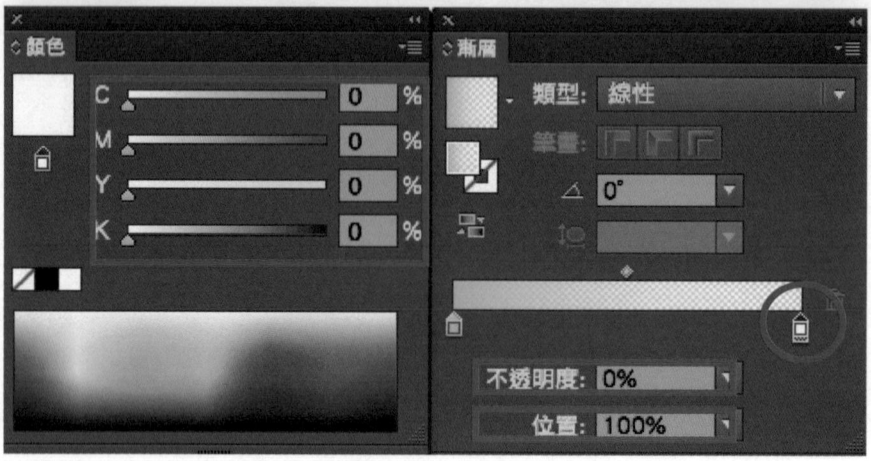

3 選取藍色漸層的封閉曲線，執行【編輯 \ 拷貝（Ctrl+C）】，再執行【編輯 \ 貼至上層（Ctrl+F）】。

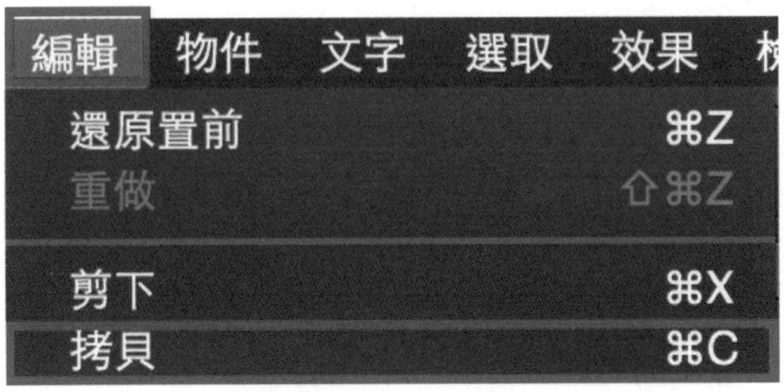

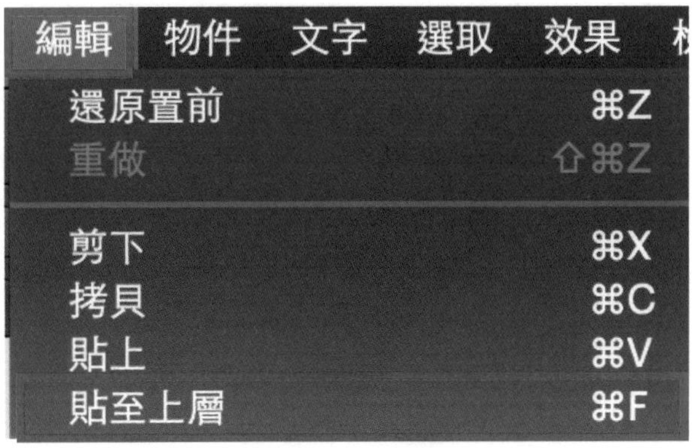

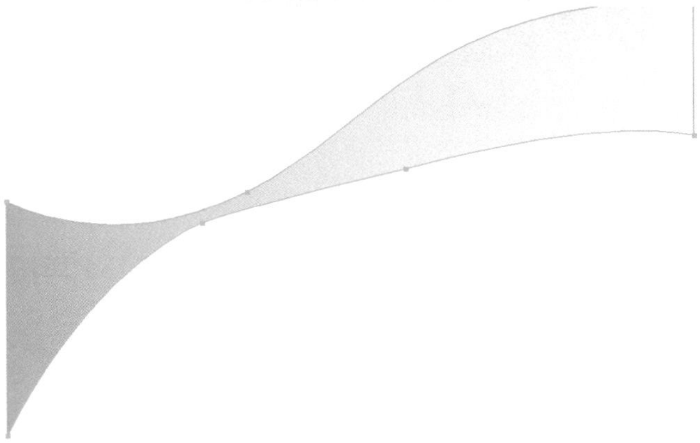

4 點選【間接選取工具 】，按著【Shift 鍵】，同時選取色塊上方三個主要的節點。

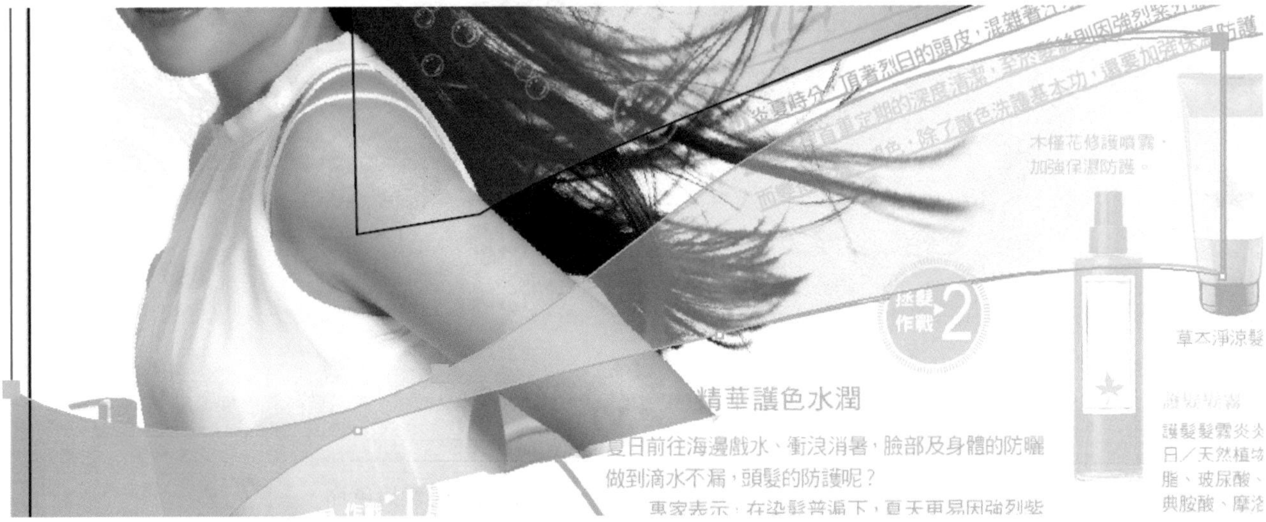

第六題

5 選好節點後，按住【Shift 鍵】垂直往上拖曳，直到把整個人像包覆。

6 按住【Shift 鍵】同時選取藍色漸層色塊與人物圖片，執行【物件 \ 剪裁遮色片 \ 製作】，再按滑鼠右鍵，執行【排列順序 \ 置後】。

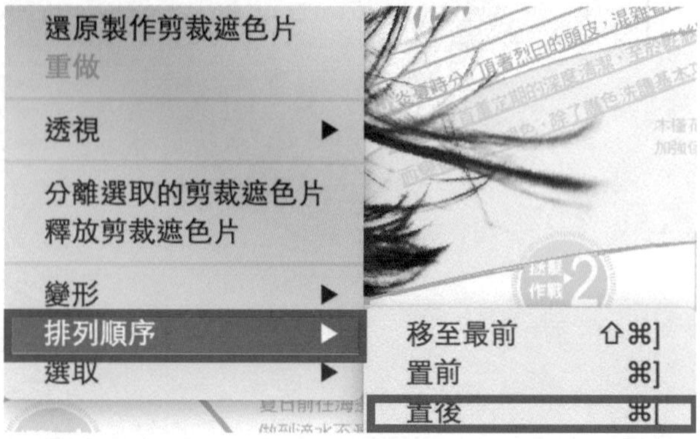

紅色漸層色塊與效果文字

1. 在圖層 1 中，以製作藍色漸層色塊的方式，依照描圖檔於版面右上方繪製一封閉曲線，一樣需延伸至出血處，色彩設定右側為【M95Y40】、【不透明度 100%】、【位置 100%】，左側為【C0M0Y0K0】、【不透明度 0%】、【位置 0%】。

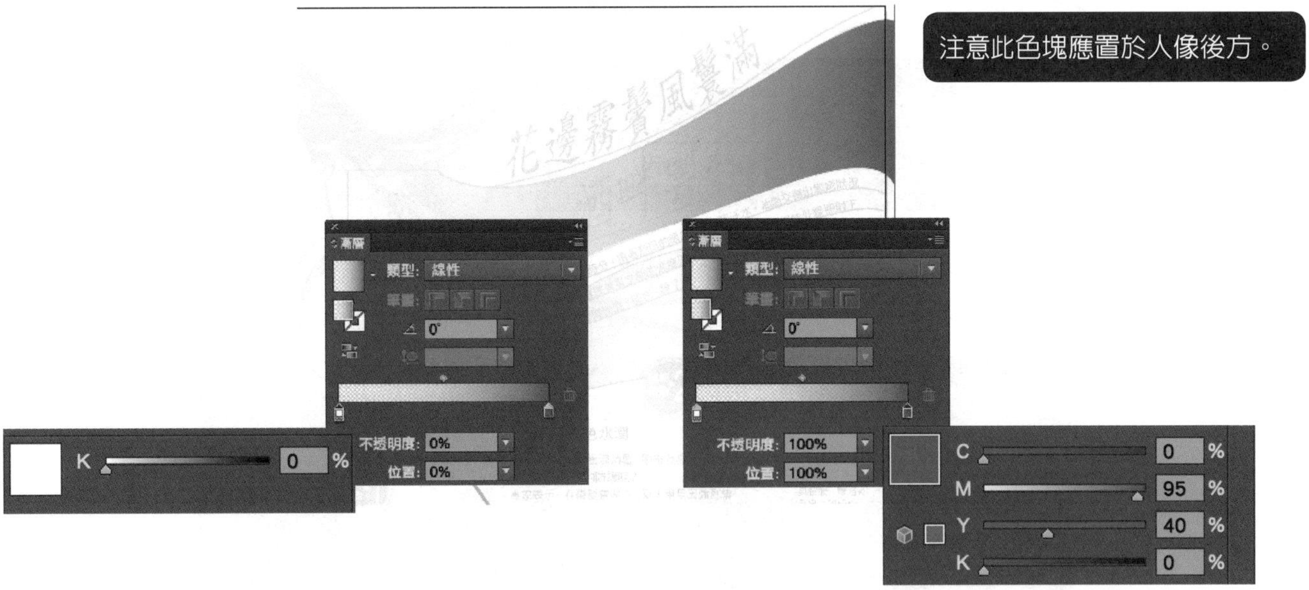

2. 以【鋼筆工具】依描圖檔繪製一弧線，再以【路徑文字工具】自行鍵入「花邊霧鬢風鬟滿」，字體為【標楷體】、文字大小【65Q】（會自動換算）、【水平縮放 75%】。

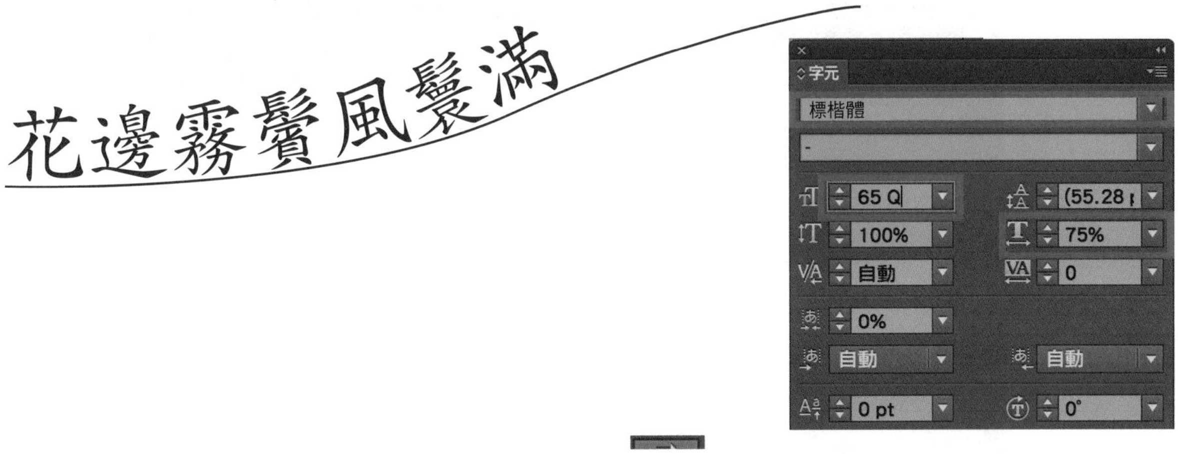

3. 將文字色彩設定為【M95Y45】，以滑鼠左鍵雙擊【傾斜工具】，出現對話框，設定【傾斜角度 19 度】後按確定。

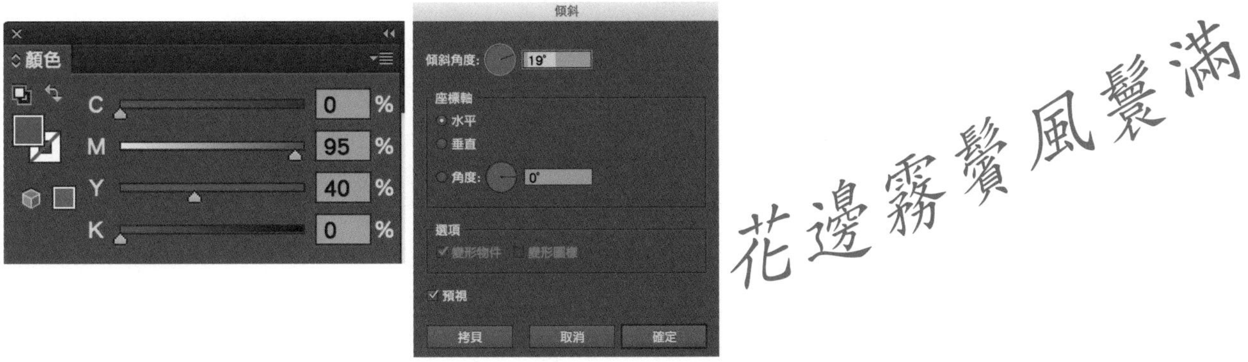

4. 點選文字執行【編輯\拷貝（Ctrl+C）】與【編輯\貼至下層（Ctrl+B）】，調整筆畫寬度為 0.5mm，色彩為白色。

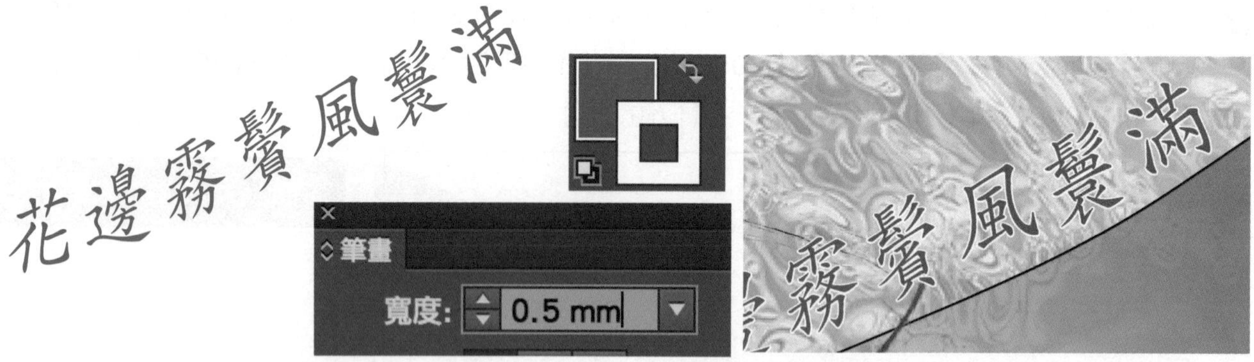

5. 再執行【效果\風格化\製作陰影】，陰影的模式為【色彩增值】、【不透明度 90%】、【距離 2mm】，再按確定。

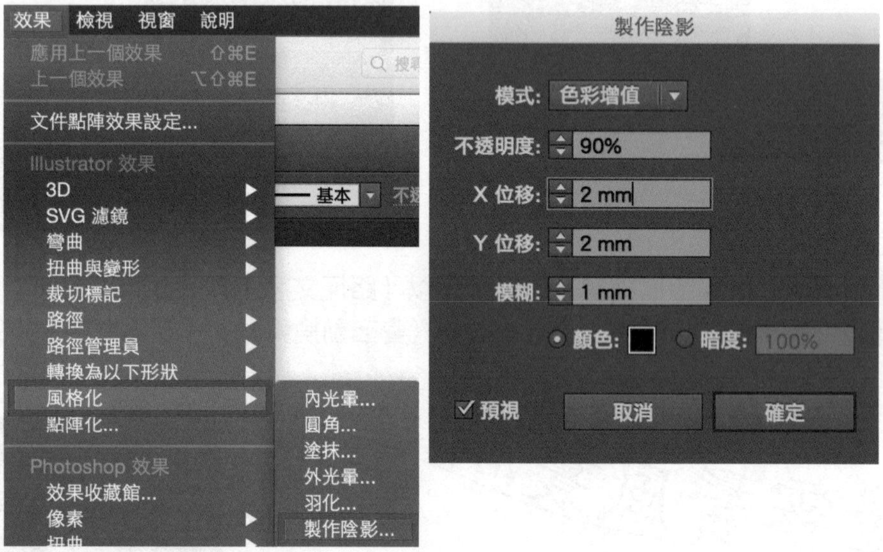

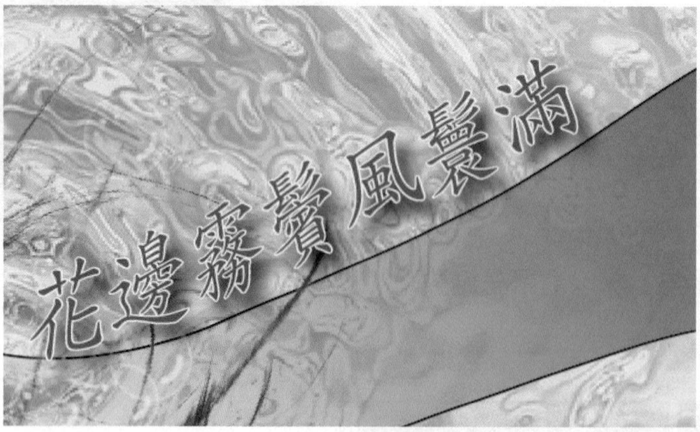

6 以同樣的方式在紅色漸層色塊上製作「酒盼雲衣月扇香」，字體為【標楷體】、文字大小【80Q】（會自動換算）、【水平縮放 70%】、文字色彩【Y100】。

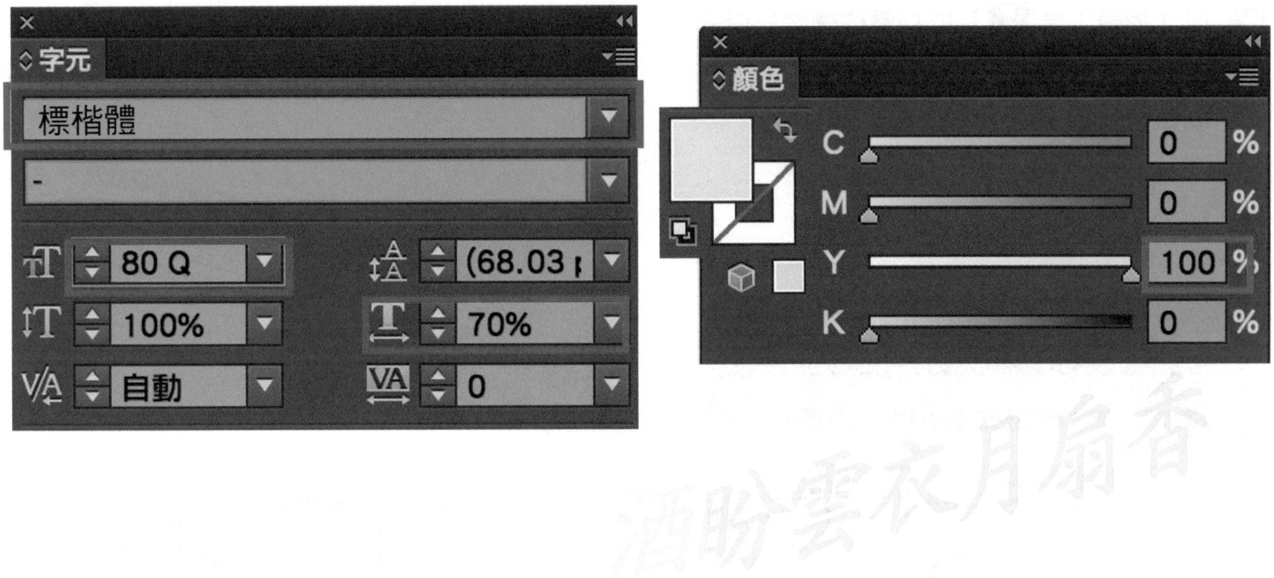

7 點選「酒盼雲衣月扇香」文字，執行【編輯 \ 拷貝（Ctrl+C）】與【編輯 \ 貼至下層（Ctrl+B）】，調整筆畫寬度為 0.8mm，色彩為白色。

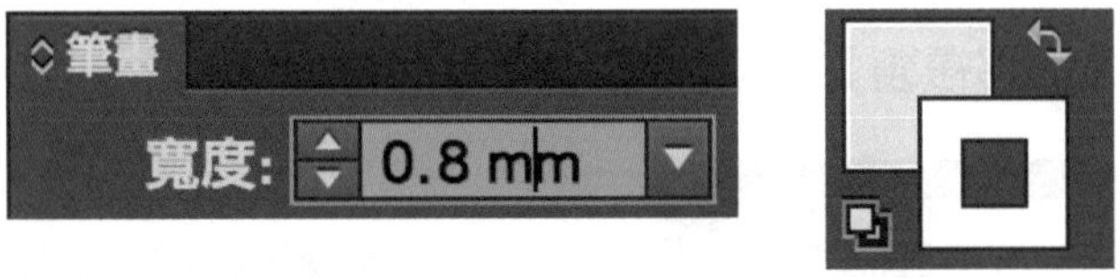

8 再執行【效果 \ 風格化 \ 製作陰影】，陰影的模式為【色彩增值】、【不透明度 90%】、【距離 2.5mm】，再按確定。

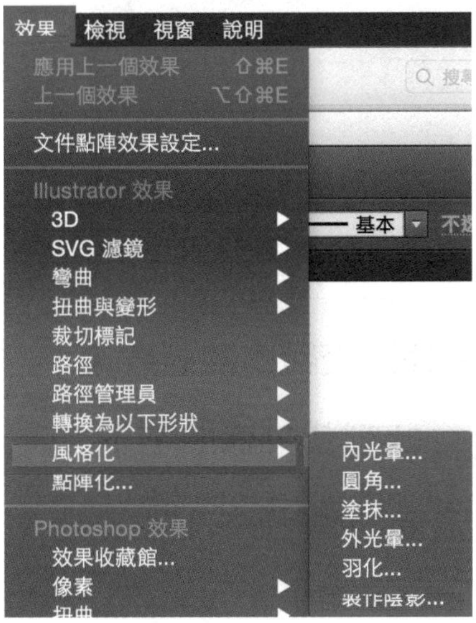

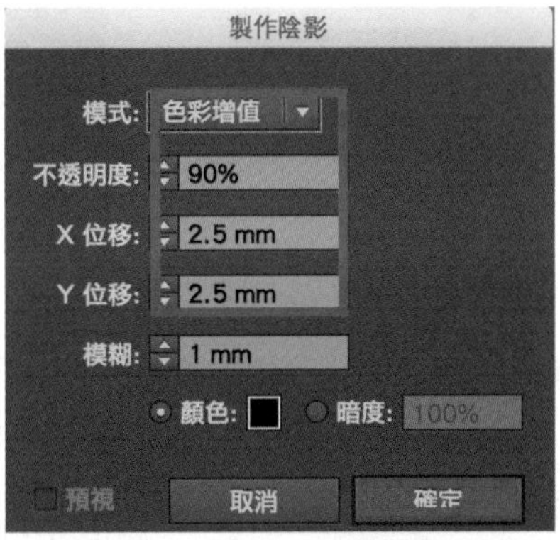

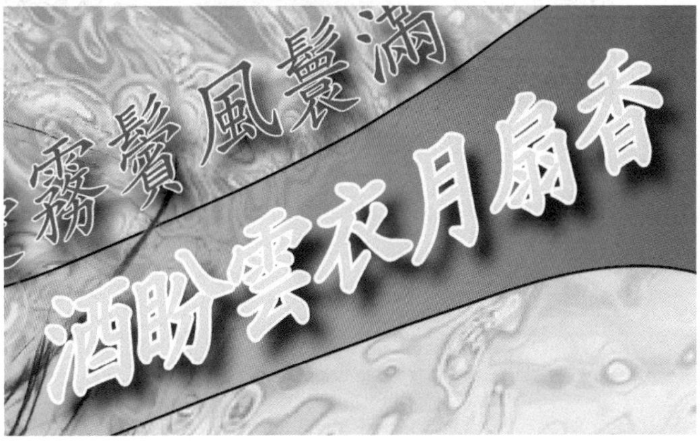

前言文字

1. 以【鋼筆工具】依描圖檔繪製三條弧線，接著開啟【TEXT.txt】，複製前言文字，使用【路徑文字工具】輸入，字體為【粗黑體】、文字大小【13Q】（會自動換算）。第一行文字前面要留一個全型空格的寬度。

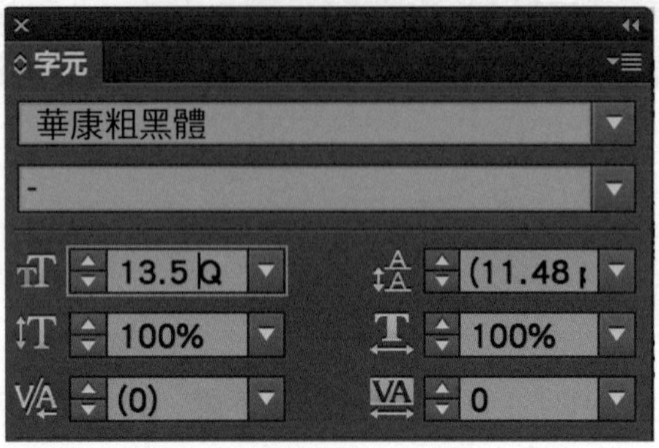

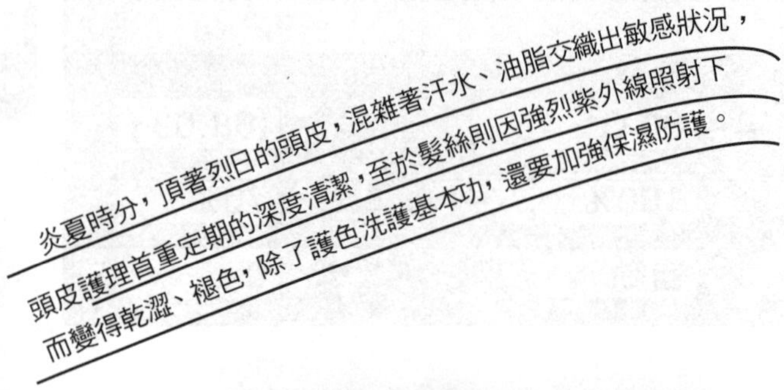

2. 點選文字執行【編輯\拷貝（Ctrl+C）】與【編輯\貼至下層（Ctrl+B）】，將色彩改為【白色】，再執行【效果\路徑\位移複製】，位移設定為【0.35mm】。

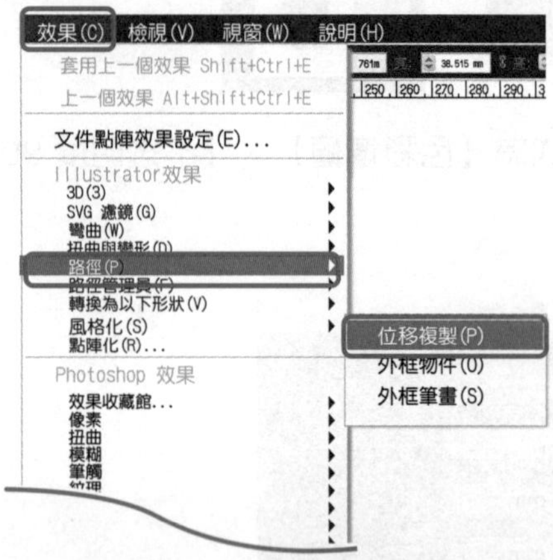

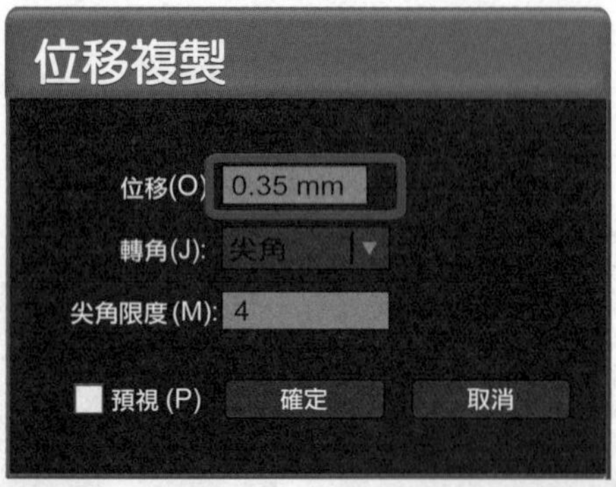

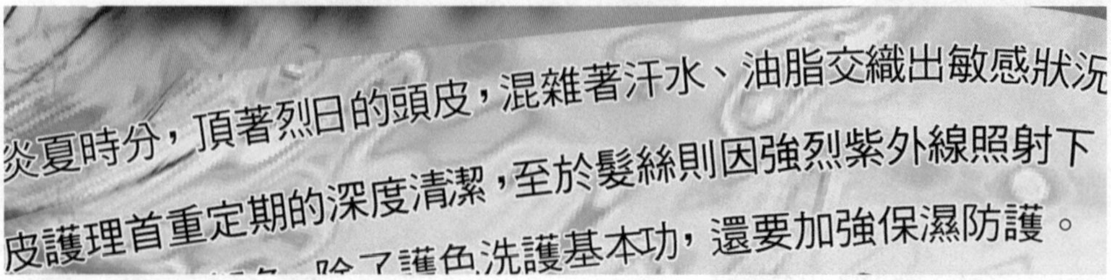

3 以【橢圓形工具 】在前言文字「炎夏時分 ...」的前面，依描圖檔繪製一圓形色塊，填色設定為【M95Y40】，再用【文字工具 】鍵入一個 U 字，文字顏色為【白色】。

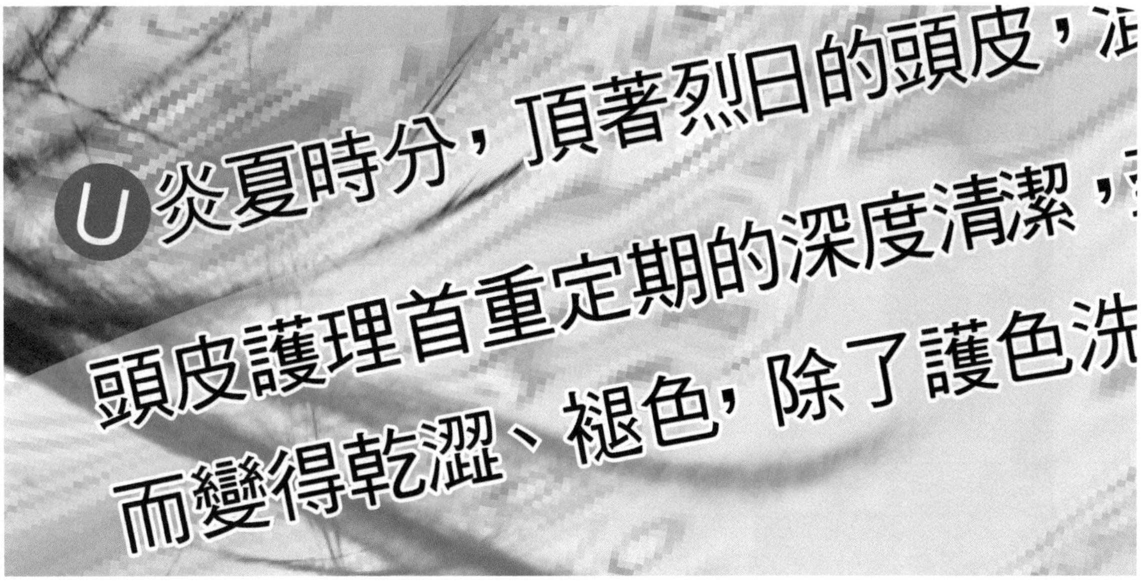

繪製弧線

1 在圖層 3，以【橢圓形工具 】依描圖檔繪製一個橢圓，設定外框寬度為【1mm】，外框顏色為【C30K20】。

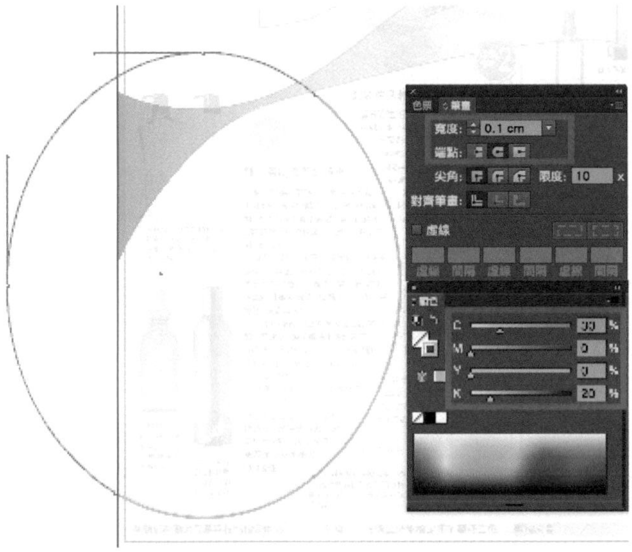

2 再以【剪刀工具 】，依照描圖檔位置將頭尾斷開（包含出血），刪除不用的線段，留下弧線。

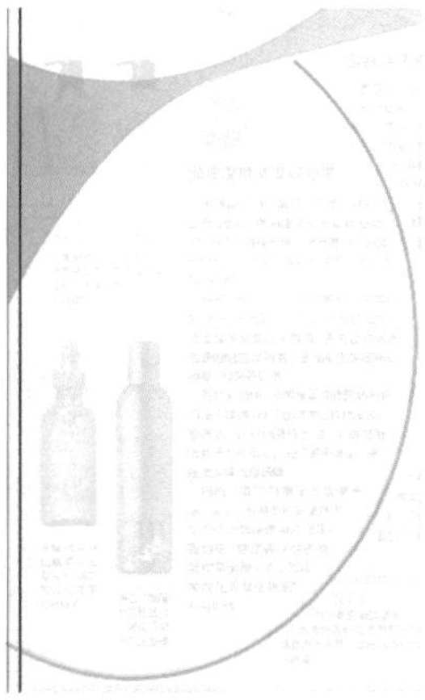

第六題

❸ 點選弧線線段，執行【物件 \ 繞圖排文 \ 繞圖排文選項】，將位移選項改為【3mm】，再執行【物件 \ 繞圖排文 \ 製作】。

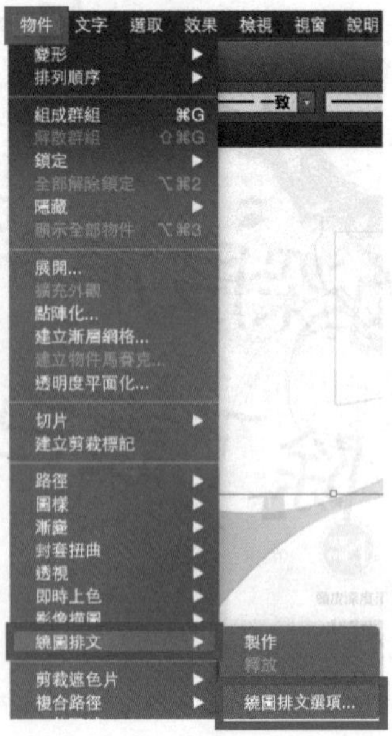

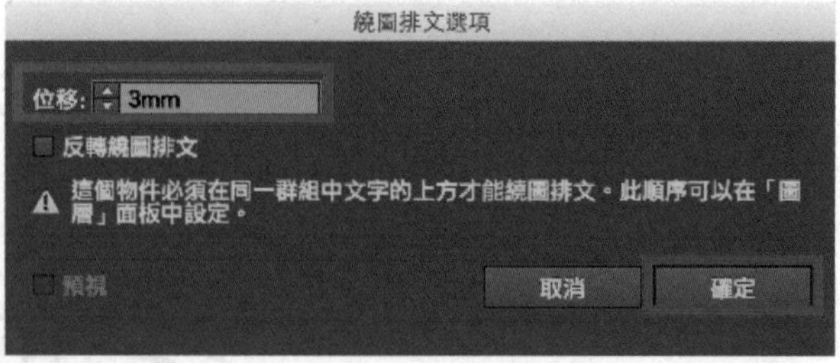

❹ 比照步驟 1 ～ 3，繪製右方弧線。

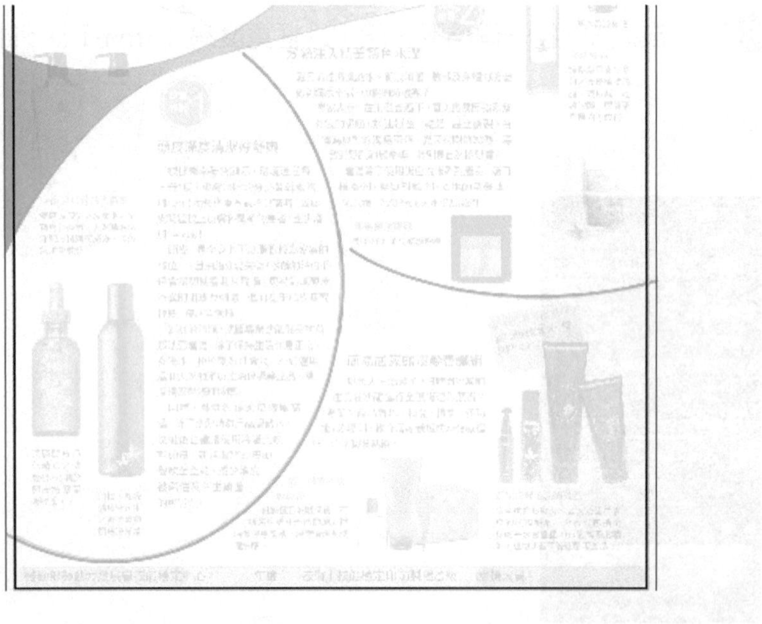

製作星芒徽章

❶ 以【橢圓形工具】在空白處單擊，即出現橢圓形對話框，將長寬設定為【15.5mm】，繪製一個圓形，並將色彩設定為【C100Y100K10】。

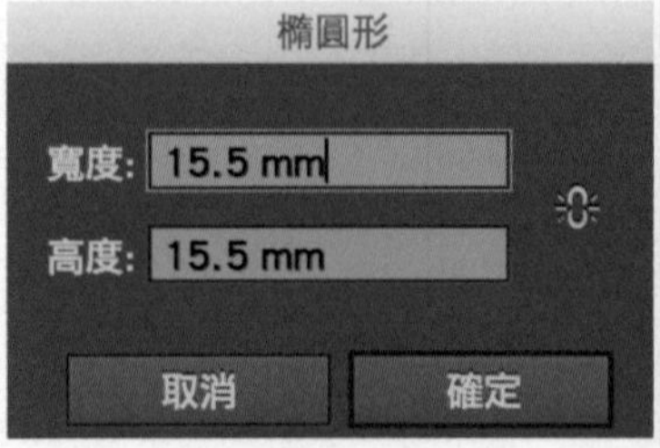

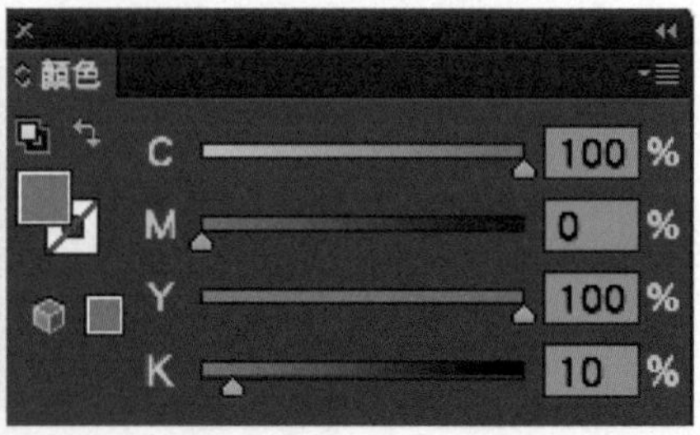

2 選取該圓形，執行【物件 \ 路徑 \ 位移複製】，位移選項設定為【1.25mm】，再按確定，此時畫面上會出現兩個圓形，內圓直徑 15.5mm，外圓直徑 18mm。

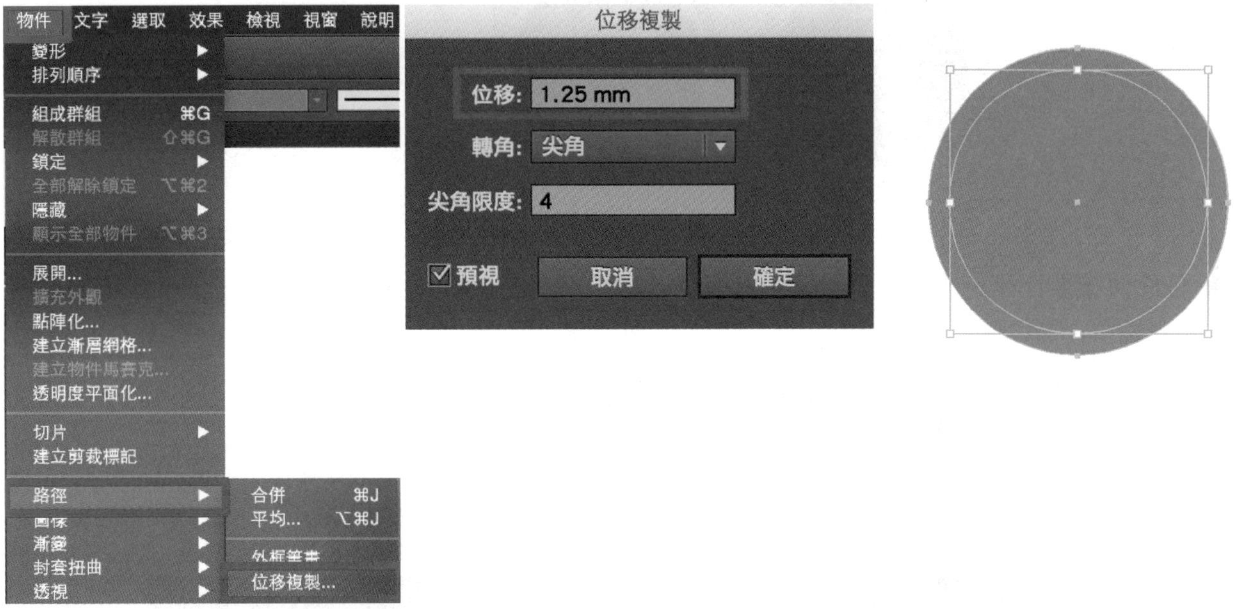

3 選取外圓色塊，切換填色與筆畫。

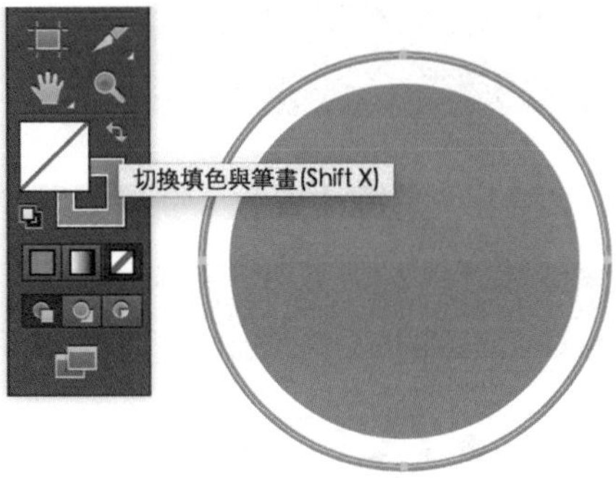

4 開啟筆畫視窗，將筆畫寬度設為【1mm】，於虛線框框打勾，設定為【虛線 0.5pt】、【間隔 1pt】。

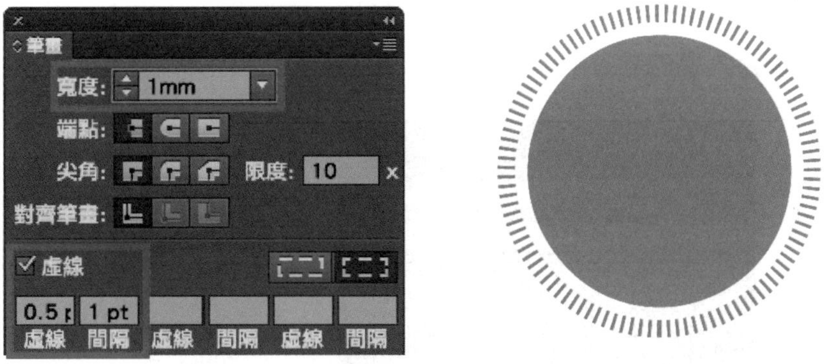

5 選取內外圓，按住【Alt 鍵】，水平複製兩次，畫面上總共出現三個星芒徽章。

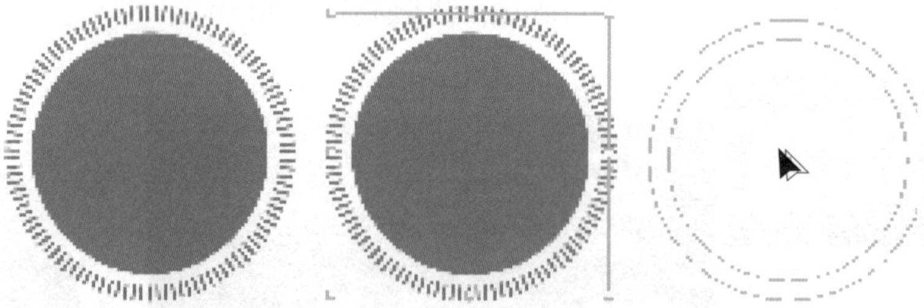

6 依序將複製出來的兩個星芒徽章色彩改為【M90Y70K5】、【C65Y15M5】，依描圖檔對位。

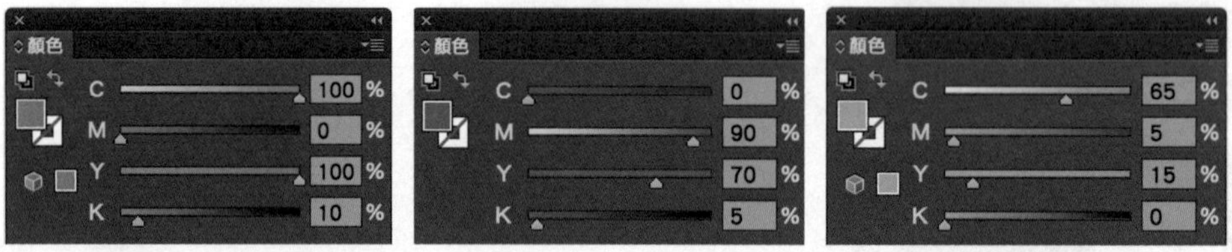

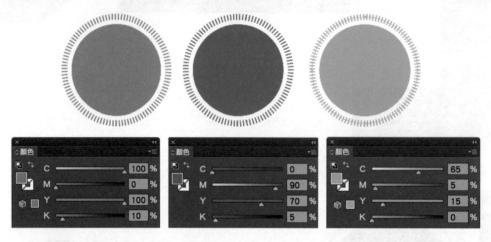

7 以【文字工具 T】再畫面上框選一個範圍，執行【文字 \ 字符】，選擇【▲】，雙擊滑鼠左鍵。

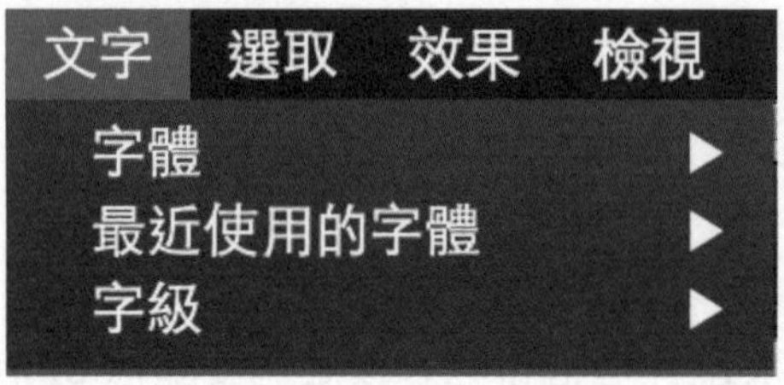

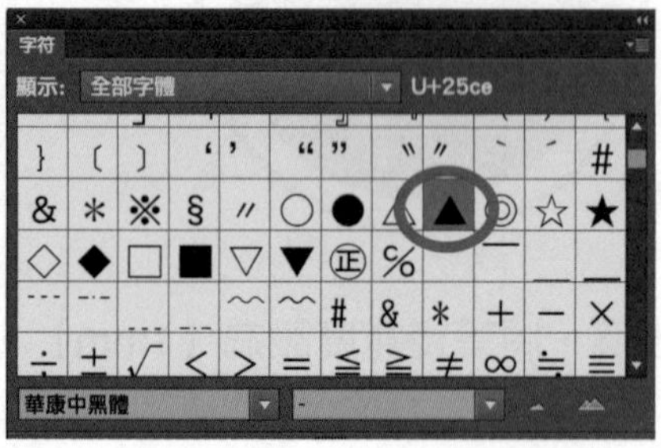

8 將字符▲瞬時針旋轉 90 度，調整字型為【特黑體】、字型大小【8Q】、色彩為【白色】，依描圖黨對位，分別置入星芒徽章中。

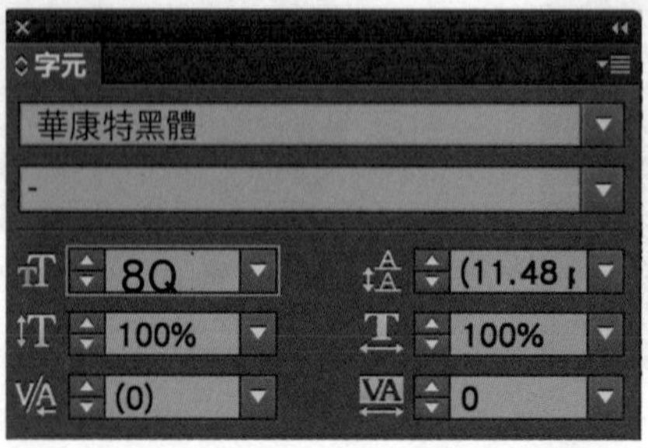

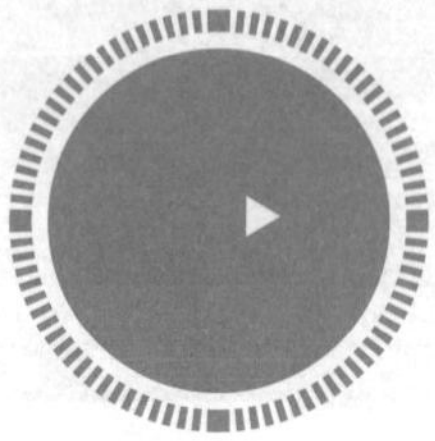

9 依序以【文字工具 T】鍵入「拯髮作戰 1」、「拯髮作戰 2」、「拯髮作戰 3」，中文字型為【特黑體】、字型大小【12.5Q】；數字字型為【Arial】、字型大小【50Q】；色彩均為【白色】，依描圖檔對位。

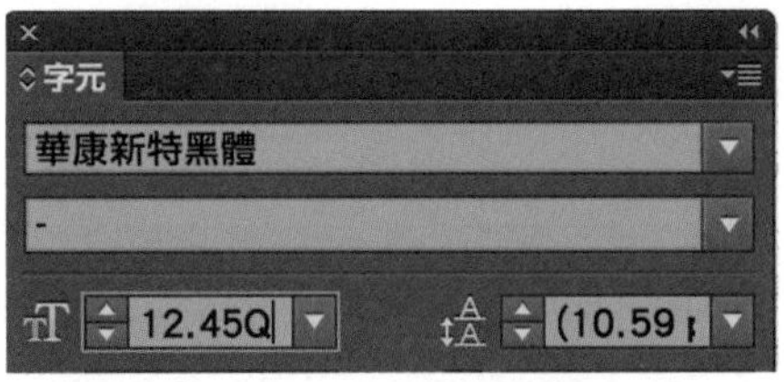

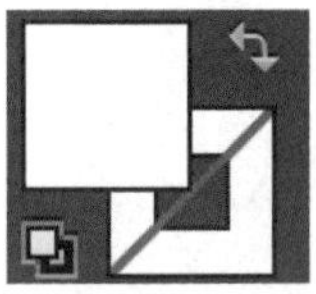

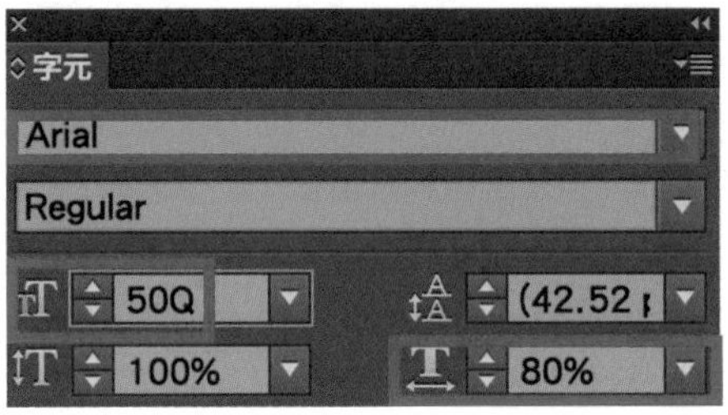

製作療程方塊

1 以【矩形工具】繪製一個【寬度 30mm】、【高度 20mm】的矩形，色彩設為【K30】。

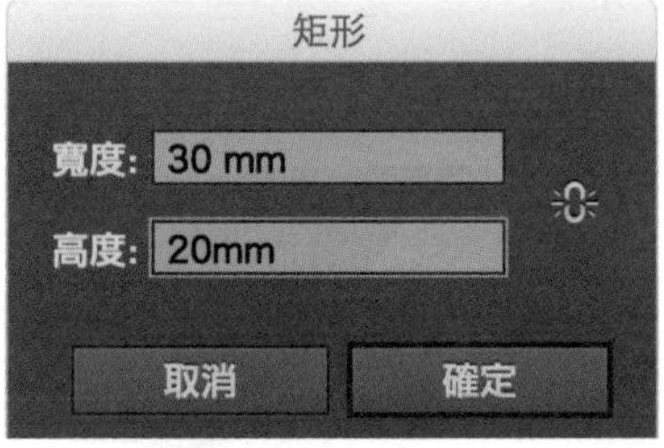

2 以【線段區域工具】繪製一條【長度 5mm】、【角度 135 度】的線段，再按住 Alt 鍵複製出第二條。

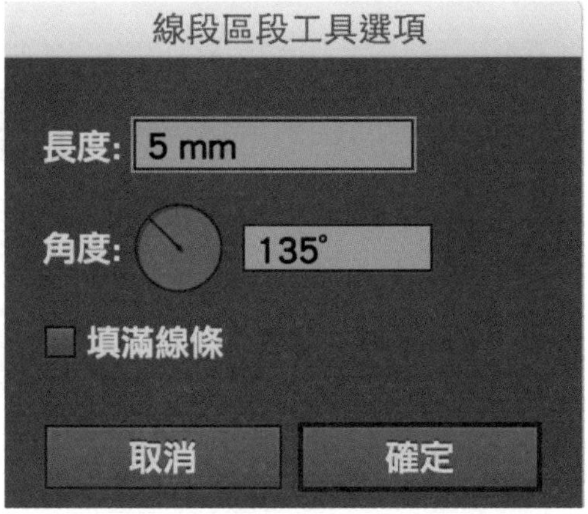

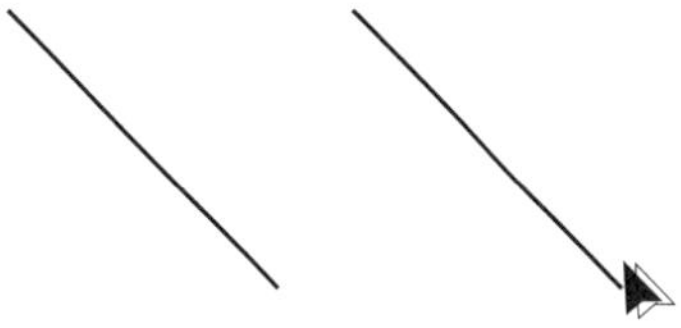

3 分次點選線段與 K30 矩形，使用對齊視窗裡面的【對齊工具】，將線段分別移動到矩形的右上角與左下角。

4 選取兩線段與 K30 矩形，執行【視窗 \ 路徑管理員 \ 分割】。

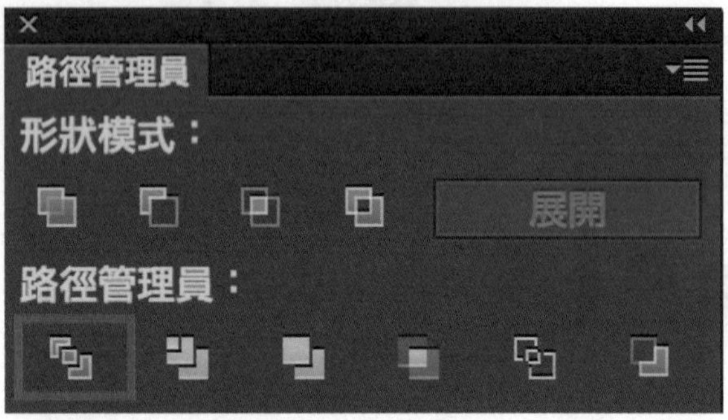

5 單擊滑鼠右鍵，選擇【解散群組】，再將分割出來左上與右下的兩個三角形刪除，依描圖檔對位放置。

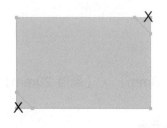

6 依序將先去背的保養品圖，依描圖檔對位放置。

製作底部色塊

1. 以【圓角矩形工具 】，繪製一個【寬 57mm】、【高 6mm】、【圓角半徑 6mm】的圓角矩形，並將模式改為【色彩增值】。

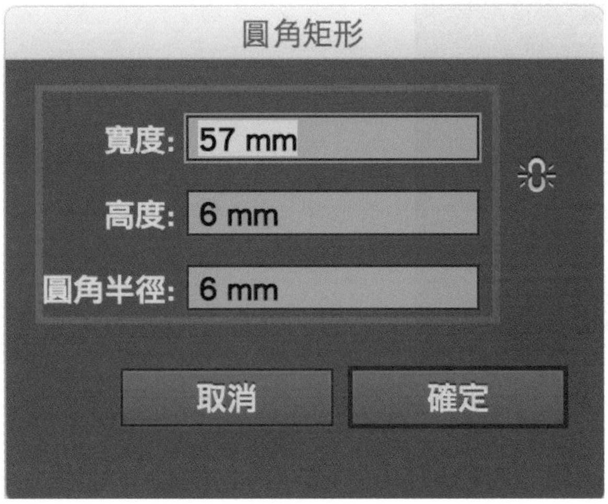

2. 點選該圓角矩形，按下【Enter 鍵】，出現移動視窗，設定【水平 51mm】、【垂直 0mm】，然後按【拷貝】，重複三次，工作區上即出現四個圓角矩形。

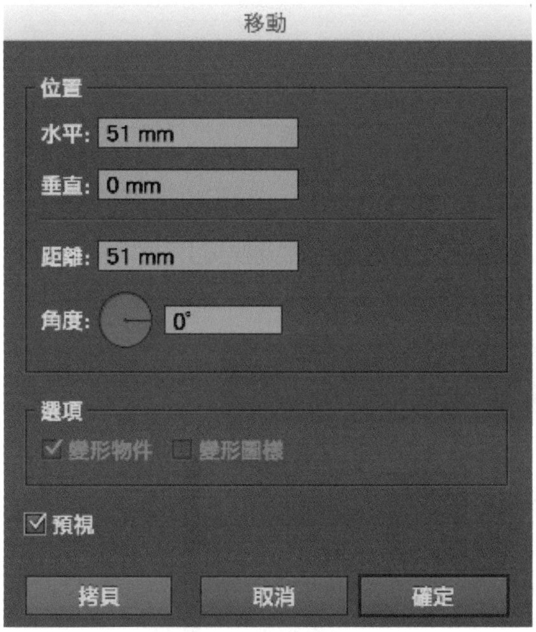

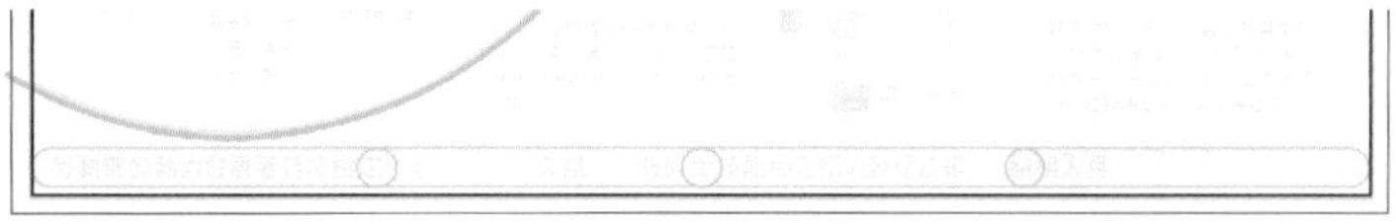

3. 由左至右分別設定填色為【C70M30】、【C50Y100】、【M20Y80】、【M75】。

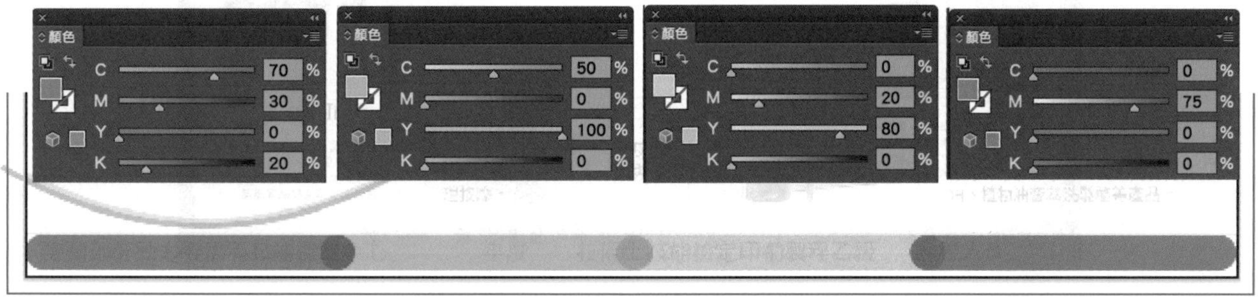

4 以滑鼠左鍵雙擊【線限段區域工具 】，設定【長度 210mm】、【角度 0 度】，色彩設定為【K100】，筆畫寬度為【0.15mm】，依描圖檔對位置於色塊上方邊緣。再按下【Enter 鍵】出現移動視窗，設定【水平 0mm】、【垂直 6mm】，按下確定。

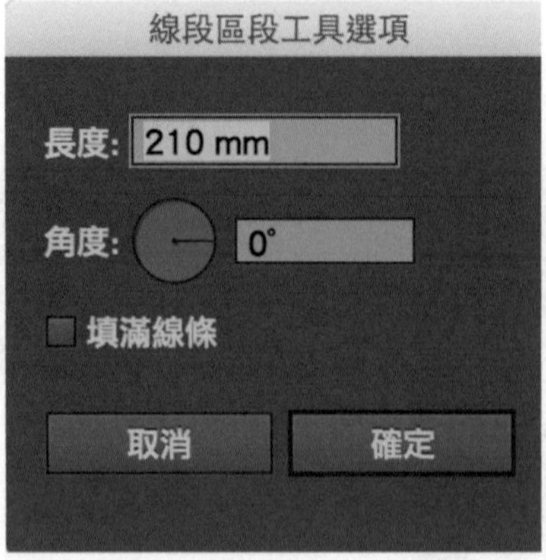

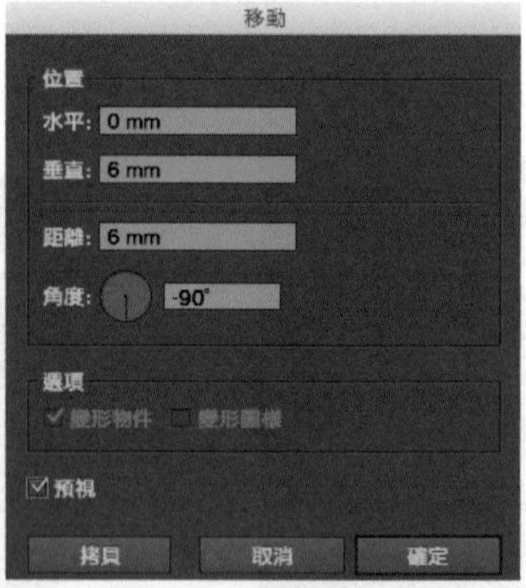

5 依說明樣式輸入文字，依描圖檔對位，字體為【粗黑體（W7）】、字體大小【16Q】、顏色【K100】。

勞動部勞動力發展署技能檢定中心　年度　技術士技能檢定印前製程乙級　應檢人員：

置入文字

1 開啓文字文件【Text.txt】，複製圖說小標與圖說文字，以【文字工具 T】鍵入，依描圖檔對位圖。圖小標格式為【特明體（W9）】、字體大小【13Q】、顏色【K60】。圖說文字格式為【中黑體（W5）】、字體大小【11.5Q】、顏色【K100】、行距【11pt】。弧線旁的文字會因繞圖排文設定

若要讓弧線旁的文字有繞圖排文效果，弧線的層級需在文字之上。

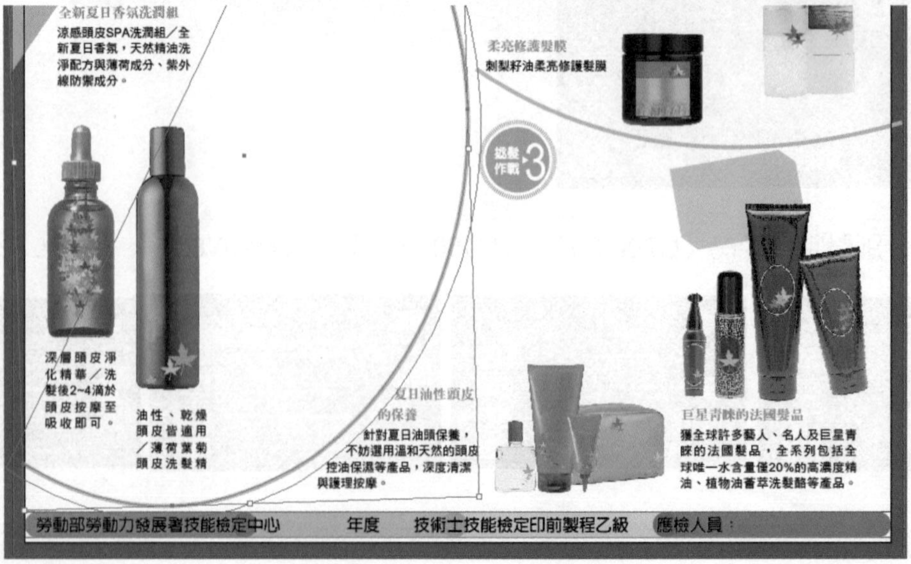

2 先輸入拯髮作戰 2 與 3 的內文標題與文字，內文小標題格式為【粗黑體（W7）】、字體大小【18Q】、顏色【K100】，內文格式為【中黑體（W5）】、字體大小【13.5Q】、顏色【K100】，行距【14.5pt】。

若要讓弧線旁的文字有繞圖排文效果，弧線的層級需在文字之上。

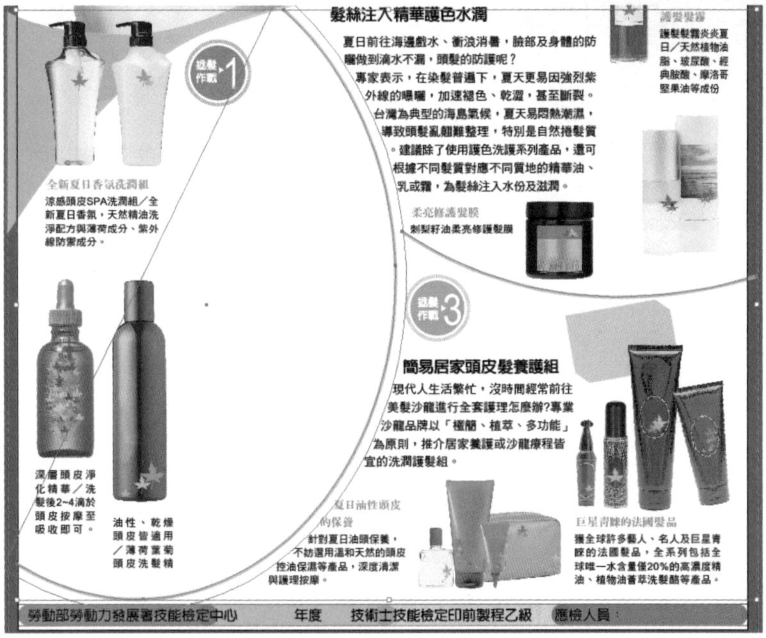

3 以【鋼筆工具】依描圖檔拯髮作戰 1 的文字區域繪製一封閉曲線如下圖左，點選【文字工具】，游標移到封閉曲線左上角時會變化如下圖中，複製拯髮作戰 1 的文字貼入，依步驟 2 的格式調整呈現如下圖右，再依描圖檔對位。

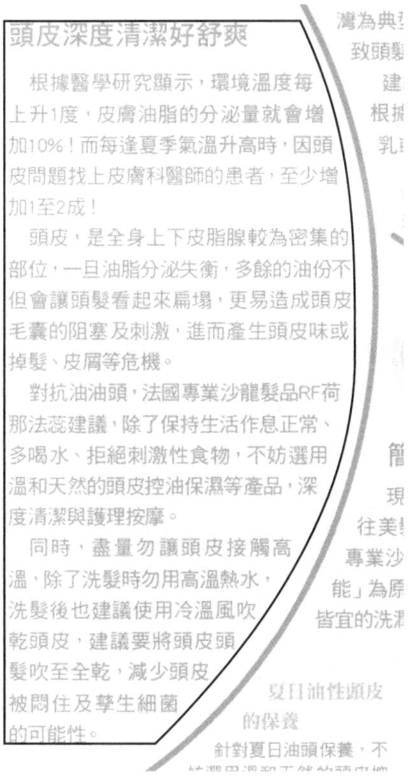

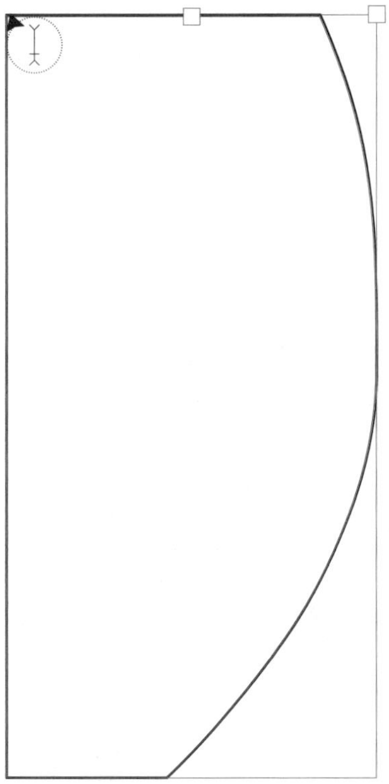

頭皮深度清潔好舒爽

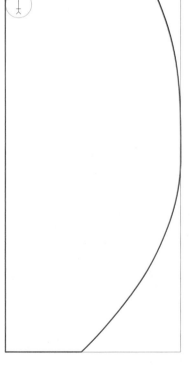

根據醫學研究顯示，環境溫度每上升1度，皮膚油脂的分泌量就會增加10%！而每逢夏季氣溫升高時，因頭皮問題找上皮膚科醫師的患者，至少增加1至2成！

頭皮，是全身上下皮脂腺較為密集的部位，一旦油脂分泌失衡，多餘的油份不但會讓頭髮看起來扁塌，更易造成頭皮毛囊的阻塞及刺激，進而產生頭皮味或掉髮、皮屑等危機。

對抗油油頭，法國專業沙龍髮品RF荷那法蕊建議，除了保持生活作息正常、多喝水、拒絕刺激性食物，不妨選用溫和天然的頭皮控油保濕等產品，深度清潔與護理按摩。

同時，盡量勿讓頭皮接觸高溫，除了洗髮時勿用高溫熱水，洗髮後也建議使用冷溫風吹乾頭皮，建議要將頭皮頭髮吹至全乾，減少頭皮被悶住及孳生細菌的可能性。

轉存 PDF

1 執行【檔案\另存新檔】，將格式設定為 PDF。

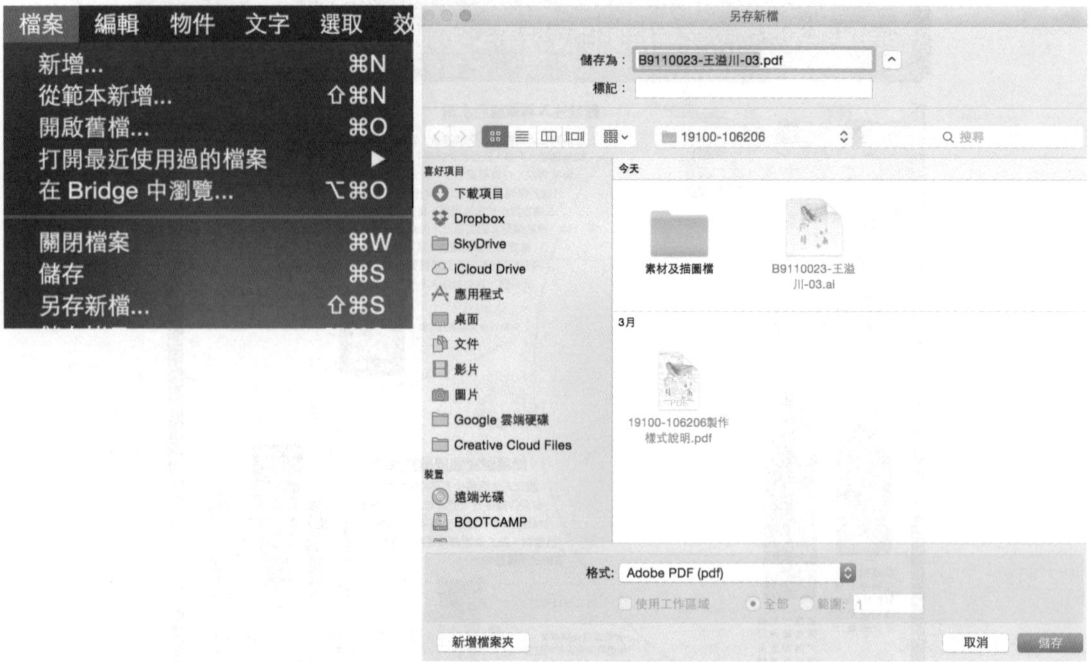

2 點選左側的【一般】，將 Adobe PDF 預設值改為【印刷品質】。

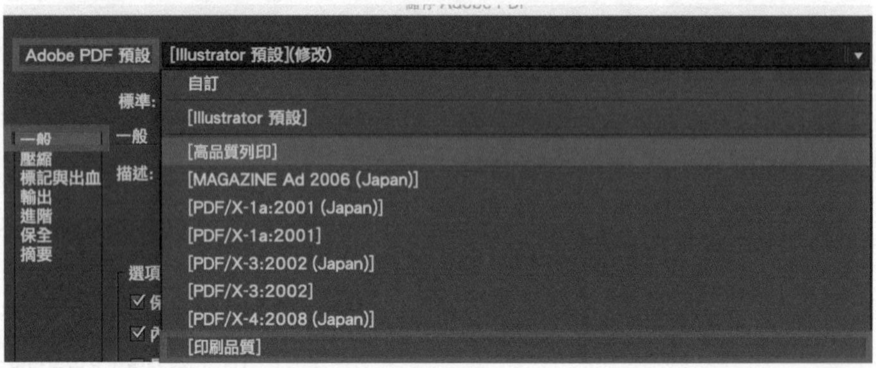

3 在【標記與出血】中，於【所有印表機的標記】打勾，印表機標記類型改為【日式】，【使用文件出血】也打勾，然後按儲存即完成。

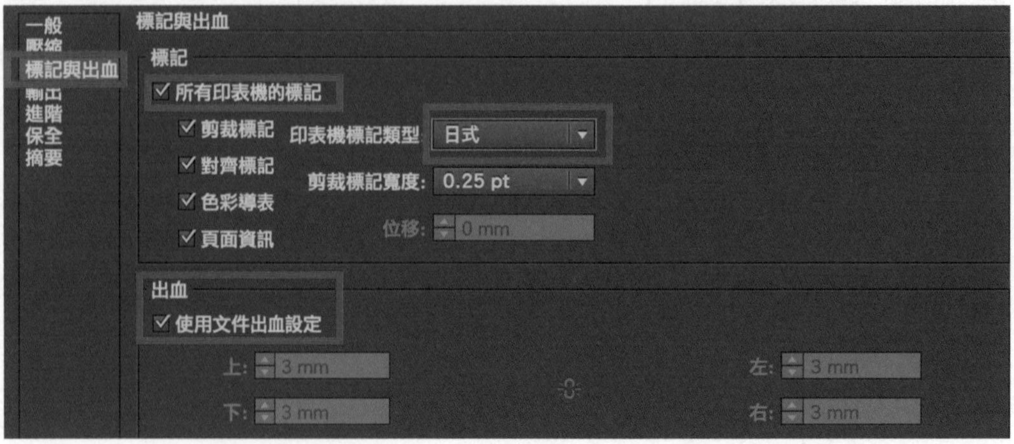

第七題

試題編號：19100-106207

試前重點說明

參考成品

說明樣式

解題方法

試前重點說明

一、試題編號：19100-106207

二、試題名稱：製作包裝印刷盒型設計

三、檢定時間：120 分鐘

四、測試項目：

（一）製作完成一份包裝印刷盒型設計與拼成四模大版。

（二）原稿判讀、版面設定、盒型刀模繪製、局部上光製作及拼大版概念。

（三）包裝盒型設計出血的位置。

（四）字體樣式設定、圖片漸層與底色融入處理、圖片去背與旋轉置入加陰影處理、LOGO 描繪與顏色設定。

（五）基本顏色與漸層色設定、刀模線用特別色設定應用。

（六）儲存檔案、另附存 PDF 電子檔及檔案列印操作。

（七）列印後應具備自我品管檢查之責任。

五、試題內容：

（一）試題內容：製作一份包裝印刷盒型設計，包括刀模繪製及局部上光製作，製作之稿件需符合印刷條件。

（二）盒型設計尺寸長寬高爲 138mm*37.4mm*17.2mm。（參考附檔上下蓋標準盒描圖檔）

（三）完成尺寸：設定拼大版尺寸框爲 390mm*277mm，拼成四模大版 (天對天拼法)，最後輸出 3 張 A3 紙張，一張含有刀模圖四模盒型設計圖，一張沒有刀模圖四模盒型設計圖，一張沒有刀模圖四模局部上光圖，三張都要將大版外框印出來。

（四）光碟片或隨身碟中包含一份描圖檔，檔名爲上下蓋標準盒描圖檔 .jpeg，一份左右兩模刀模對位圖 .jpeg，一份勞動部勞動力發展署 logo 描圖檔 .psd，另有 3 張圖檔 001.tif~003.tif，中英文數字自行打字輸入。

（五）光碟片或隨身碟中包含原檔與參考檔：請依照『說明樣式及對位用檔案』自行輸入文字與圖檔製作。

（六）小版按照說明樣式製作處理，局部上光只製作四個地方，刀模線請用特別色繪製，請詳讀試題說明。

（七）拼大版依照一般出血 3mm 製作，以天對天轉向拼貼方式拼在規定尺寸內 (模與模刀線距離 6mm，參考左右兩模刀模對位圖)，在規定的範圍框要印出來，上下左右十字對位線依設定框大小居中置入，不能超出框線外。（注意，假如沒有轉向拼模，將會超出規定的範圍，成績將以零分計算）

（八）各物件位置未特別說明實際距離者，可依所附描圖檔參考調整。

(九) 術科測試時間包含版面製作、完成作品列印、檔案修改校正及儲存等程序，當監評人員宣布測試時間結束，除了位於列印工作站之應檢人繼續完成列印操作外，所有仍在電腦工作站崗位的應檢人必須立即停止操作。

(十) 成品檔案存檔命名規則：准考證號碼 + 應檢人姓名；另轉換成 PDF/X-1a 格式 (建議為相容版本 PDF1.3 或 1.4 版本) 電子檔檔名亦同，三個輸出檔名要標示清楚。

(十一) 測試時間結束前，將所有成品檔案與 PDF 檔各乙份儲存於隨身碟中供檢覈外，應指定該 PDF 格式檔案經彩色印表機列印出作品樣張。

(十二) 列印時，可參考現場所提供之列印注意事項，以 AcrobatReader 或 Acrobat 軟體列印輸出，並須自行量測與檢視印樣成品尺寸規格正確性。

(十三) 作業完畢請將作品原稿之所有成品、原稿、光碟片、隨身碟連同稿袋與簽名樣張一併繳交監評人員評分。

參考成品

本書之附書光碟含有勞動部公告之測試參考資料，考生可使用光碟內的資料做演練。但請注意，勞動部會不定期做勘誤、小幅修訂，且不會另行公告（大幅修訂勘誤才會公告）建議考生於考前至「勞動部勞動力發展數技能檢定中心」網站，由「熱門主題\測試參考資料」區下載最新版的素材做最後演練，樣式與素材皆以考試現場提供之資料為基準。

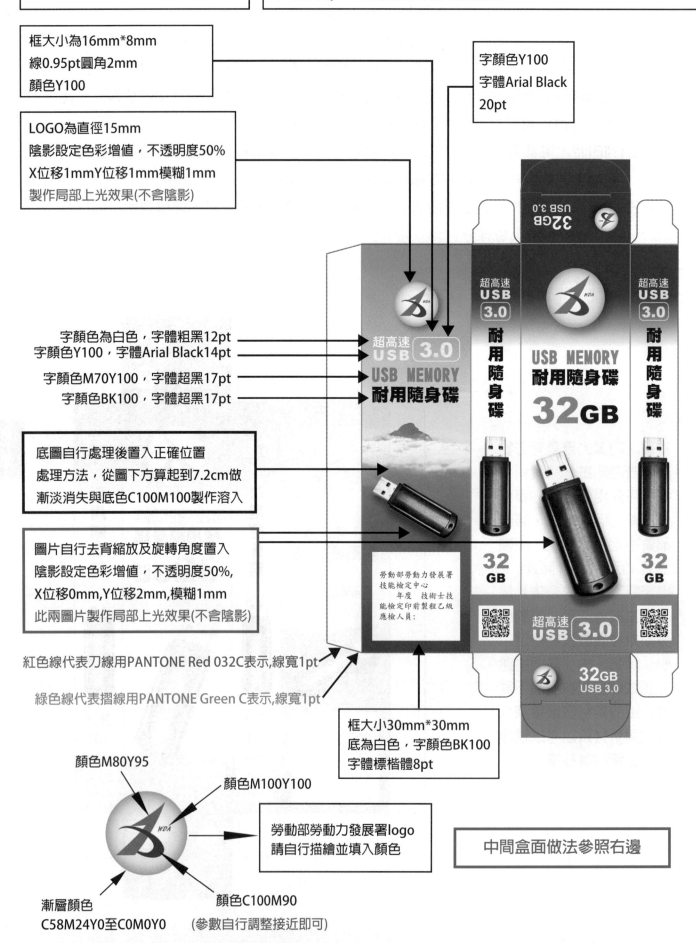

試題編號:19100-106207

說明樣式(考生用)

本說明樣式非實際列印大小，僅供製作參考，請勿直接量測。(圖面為參考，請按照一般盒型置入圖檔與底色)。注意要自行加出血

框大小為16mm*8mm
線0.95pt圓角2mm
顏色Y100

字顏色Y100
字體Arial Black
20pt

LOGO為直徑15mm
陰影設定色彩增值，不透明度50%
X位移1mmY位移1mm模糊1mm
製作局部上光效果(不含陰影)

字顏色為白色，字體粗黑12pt
字顏色Y100，字體Arial Black14pt
字顏色M70Y100，字體超黑17pt
字顏色BK100，字體超黑17pt

底圖自行處理後置入正確位置
處理方法，從圖下方算起到7.2cm做
漸淡消失與底色C100M100製作溶入

圖片自行去背縮放及旋轉角度置入
陰影設定色彩增值，不透明度50%,
X位移0mm,Y位移2mm,模糊1mm
此兩圖片製作局部上光效果(不含陰影)

紅色線代表刀線用PANTONE Red 032C表示,線寬1pt

綠色線代表摺線用PANTONE Green C表示,線寬1pt

框大小30mm*30mm
底為白色，字顏色BK100
字體標楷體8pt

顏色M80Y95

顏色M100Y100

勞動部勞動力發展署logo
請自行描繪並填入顏色

中間盒面做法參照右邊

漸層顏色
C58M24Y0至C0M0Y0

顏色C100M90
(參數自行調整接近即可)

本試題為直插式盒型設計，成品尺寸:長*寬*高138mm*37.4mm*17.2mm。
請依照所附的刀線底稿自行繪製刀模圖。(不考慮紙張厚度，會有少許誤差值)
紅色(PANTONE Red 032C)代表刀線，綠色(PANTONE Green C)代表摺線

本試題所有文字請自行輸入

LOGO為直徑8mm
陰影設定色彩增值，不透明度50%
X位移-1mm,Y位移-1mm,模糊1mm

LOGO為直徑20mm陰影設定色彩增值，
不透明度50%,X位移1.5mm,Y位移1.5mm,模糊1.5mm
製作局部上光效果(不含陰影)

色塊漸層顏色C100M100
到C0M0，底色離摺線35mm

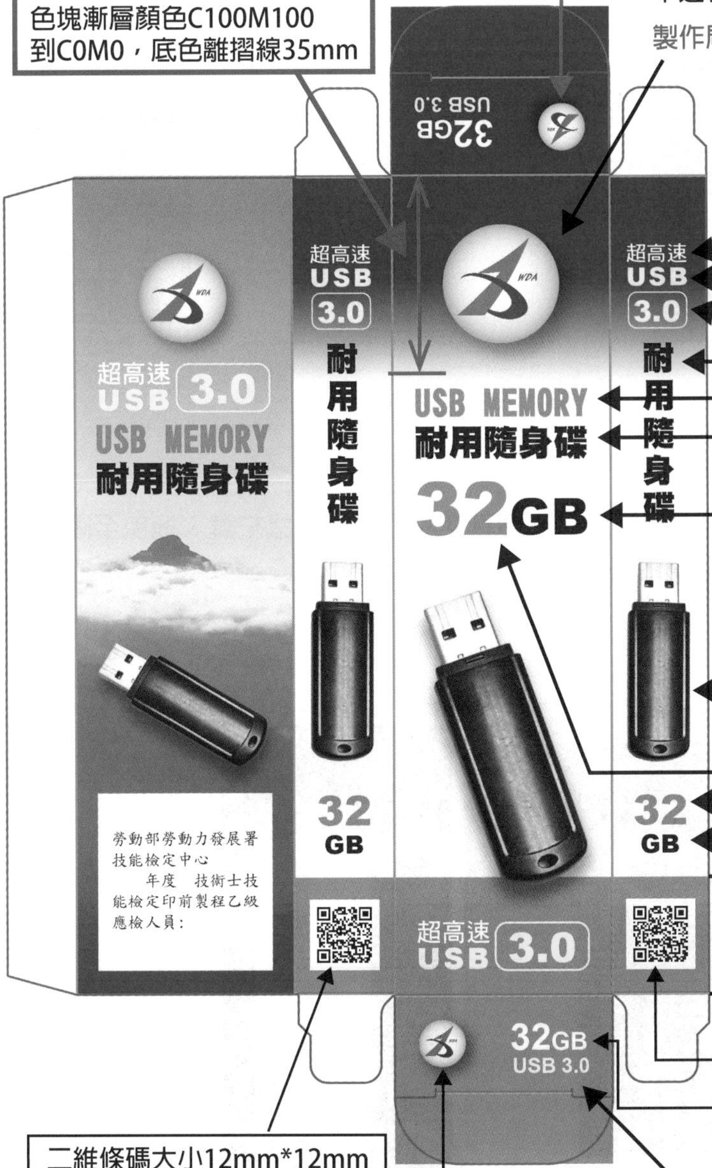

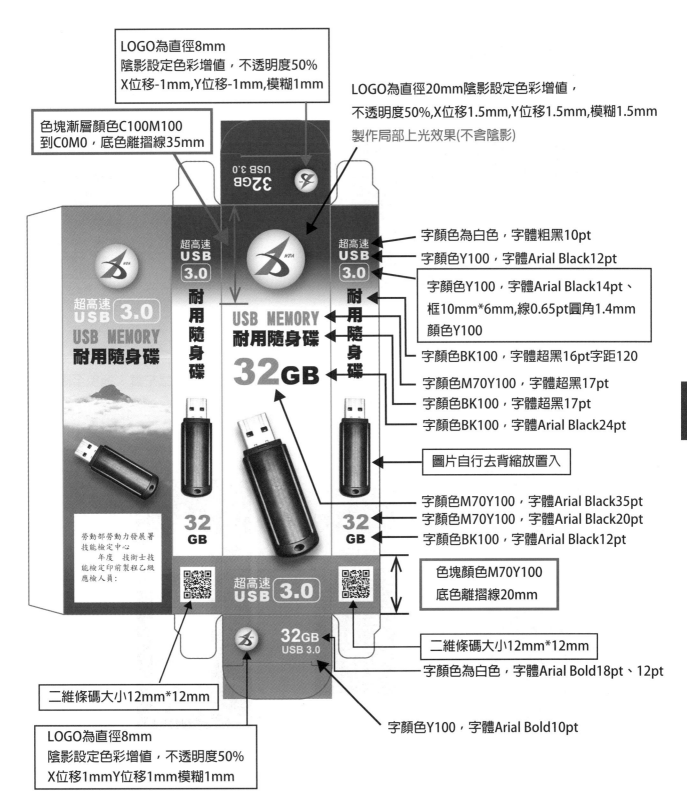

字顏色為白色，字體粗黑10pt

字顏色Y100，字體Arial Black12pt

字顏色Y100，字體Arial Black14pt、
框10mm*6mm,線0.65pt圓角1.4mm
顏色Y100

字顏色BK100，字體超黑16pt字距120

字顏色M70Y100，字體超黑17pt

字顏色BK100，字體超黑17pt

字顏色BK100，字體Arial Black24pt

圖片自行去背縮放置入

字顏色M70Y100，字體Arial Black35pt

字顏色M70Y100，字體Arial Black20pt

字顏色BK100，字體Arial Black12pt

色塊顏色M70Y100
底色離摺線20mm

二維條碼大小12mm*12mm

字顏色為白色，字體Arial Bold18pt、12pt

二維條碼大小12mm*12mm

字顏色Y100，字體Arial Bold10pt

LOGO為直徑8mm
陰影設定色彩增值，不透明度50%
X位移1mmY位移1mm模糊1mm

解題方法

002.tif 圖片後製

❶ 在 Photoshop 中執行【檔案 \ 開啓 \ 002.tif】，並在背景圖層上雙擊滑鼠左鍵，將該背景轉換為【圖層 0】，後按確定。

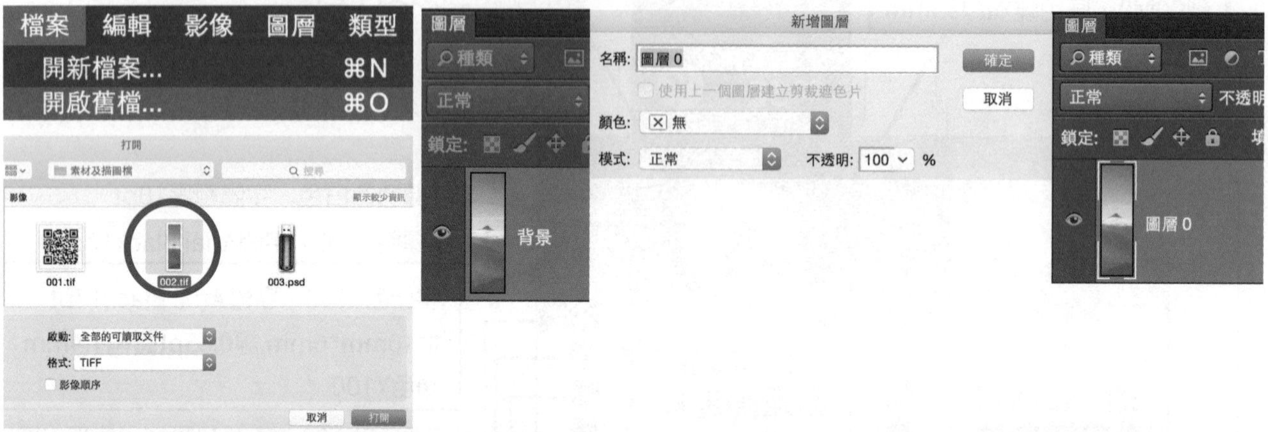

❷ 執行【檢視 \ 尺標（Ctrl+R）】，出現尺標後，在尺標基準點上按住滑鼠左鍵，拖曳至圖面的左下方，使尺標以圖面左下方處作為此圖片的基準點。

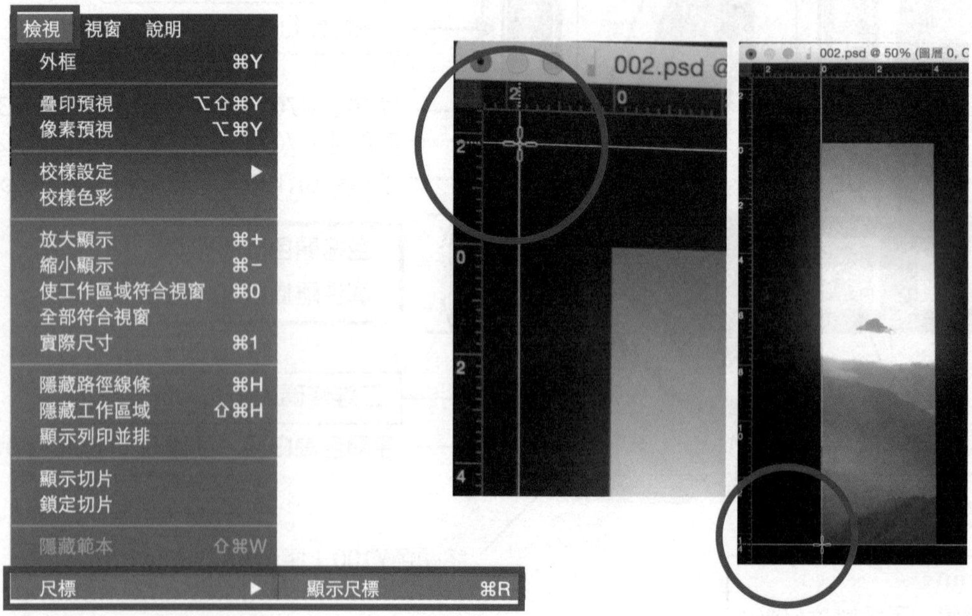

3 於圖層視窗點按【增加向量圖遮色片 】圖層 0 上即出現遮色片，在遮色片中以【漸層工具 】自左上角基準點向上拖曳【7.2cm】處（請見圖片中尺標位置）。

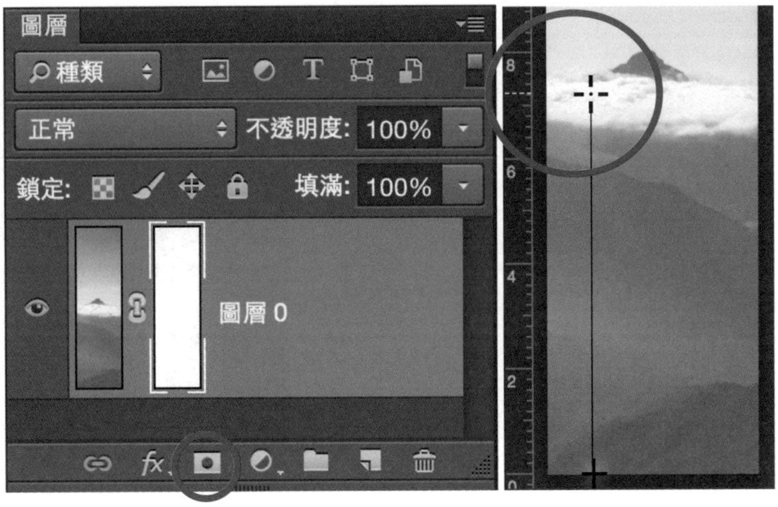

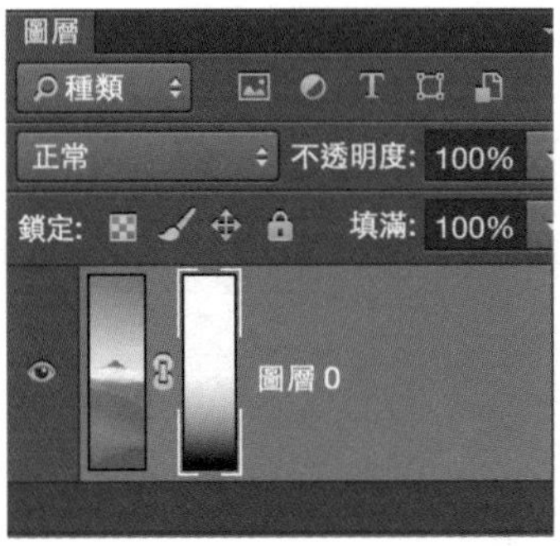

4 新增一個【圖層 1】，將前景色改為【C100M100】，執行【編輯 \ 填滿】，於【視窗】的使用欄位選擇【前景色】，於是圖層 1 便填滿 C100M100 的色彩，再將該圖層 1 移至圖層 0 的下方。

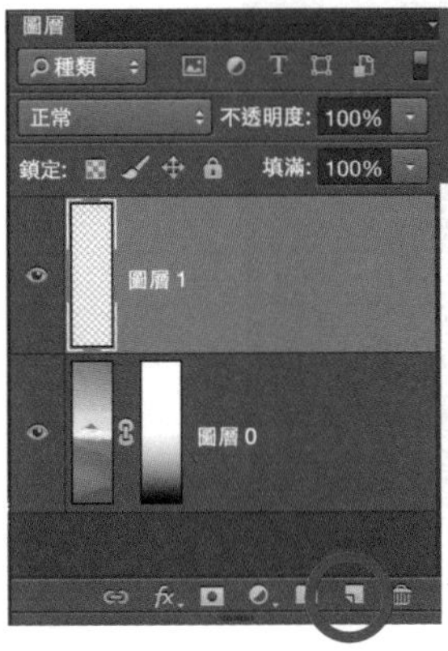

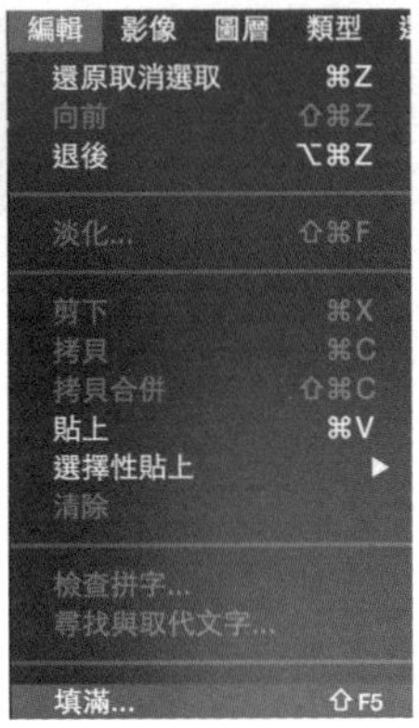

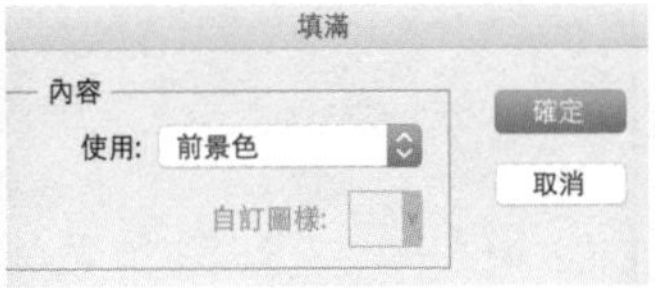

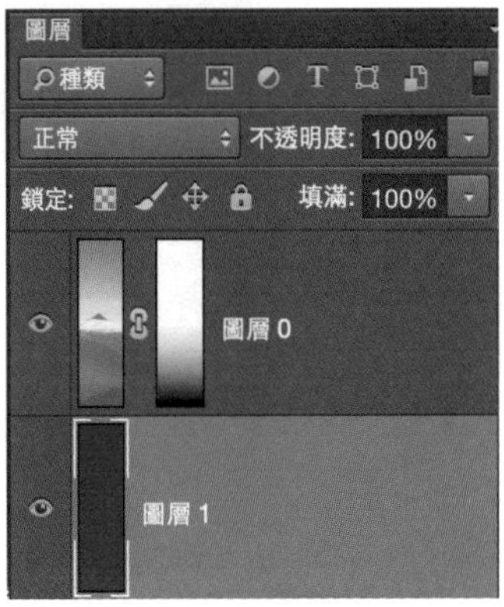

5 執行【檔案 \ 另存新檔】，將檔名設為 002，檔案格式存成 PSD。

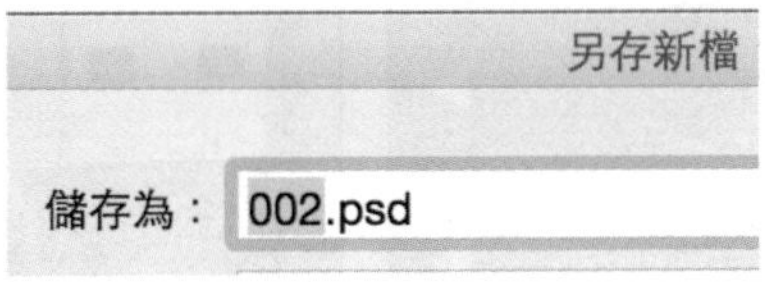

003.tif 隨身碟去背

1 在Photoshop中執行【檔案\開啓\003.tif】，在背景圖層上雙擊滑鼠左鍵，將該背景轉換為【圖層0】，後按確定。

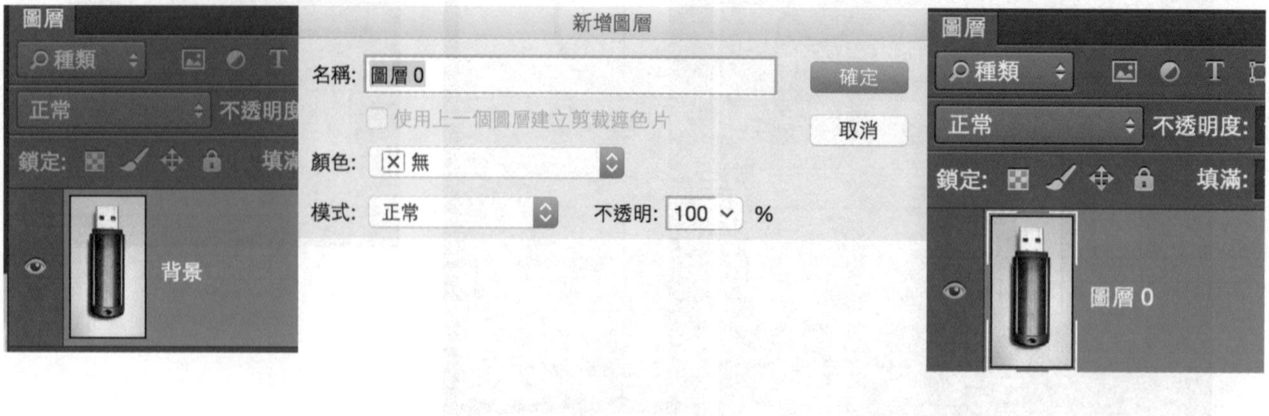

2 在圖層0中，以【鋼筆工具 】描繪隨身碟的邊緣輪廓，描繪完畢後點選路徑視窗中的【載入路徑作為選取範圍】，即出現選取的輪廓虛線。

3 執行【影像\裁切】，將選取的輪廓轉成做裁切後的圖框，裁去掉不必要的範圍。

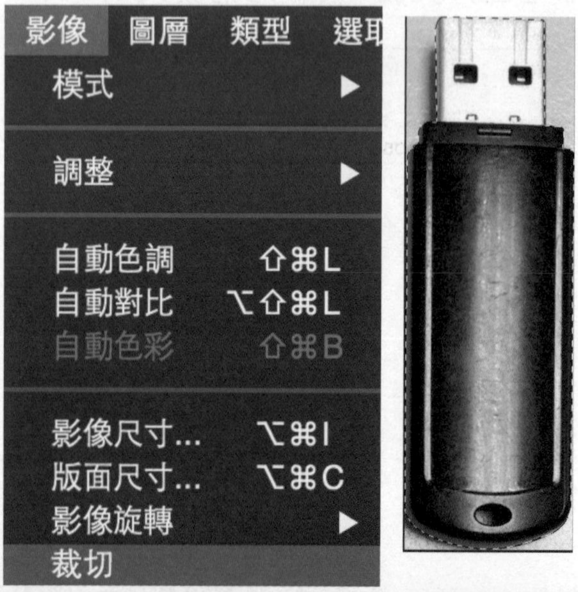

4 在圖層中新增一個【圖層 1】，執行【編輯 \ 填滿】，在填滿的內容中於【使用】欄位選擇【黑色】。

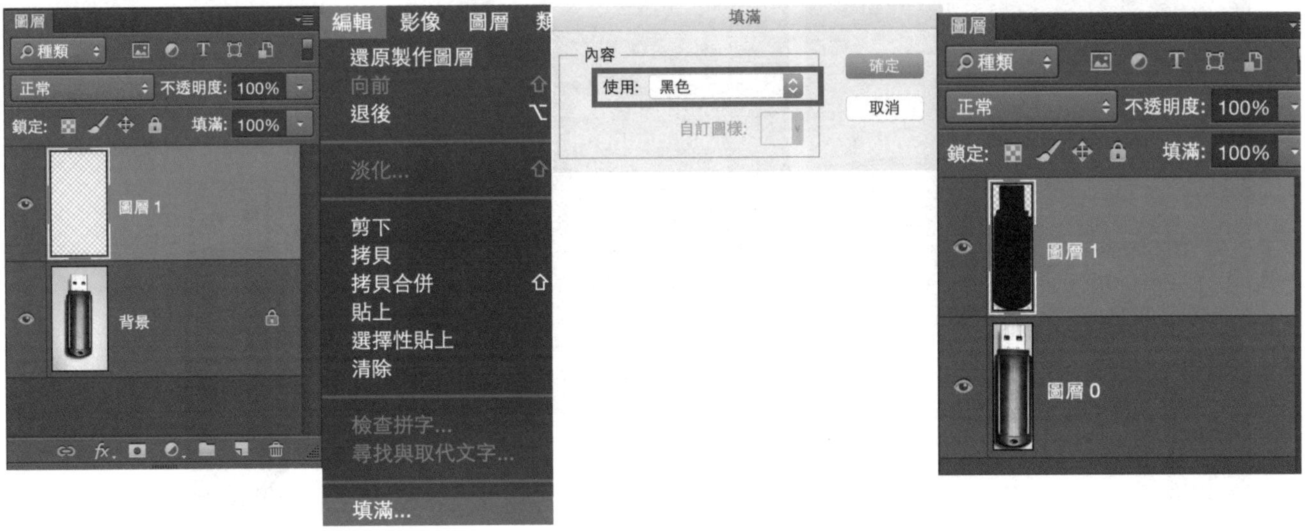

5 回到圖層 0 中，執行【選取 \ 反轉】，再按【Delete 鍵】將背景刪除。

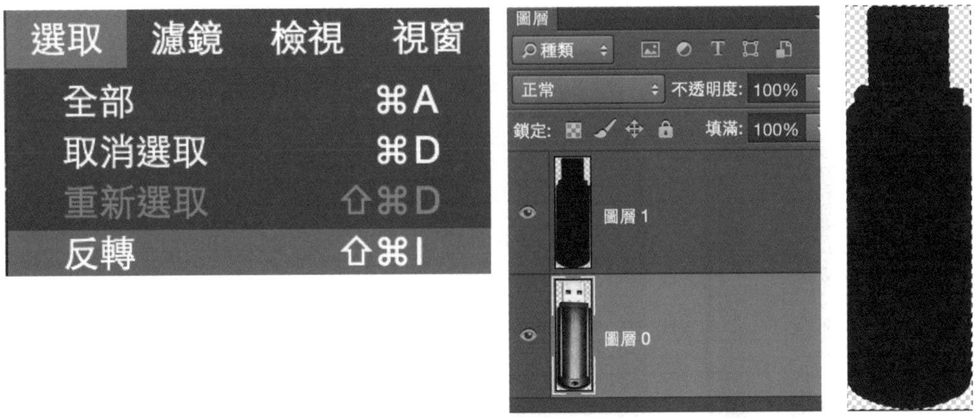

6 執行【檔案 \ 另存新檔】，將檔名設為【局部黑 003】，檔案格式選擇【PSD】檔。

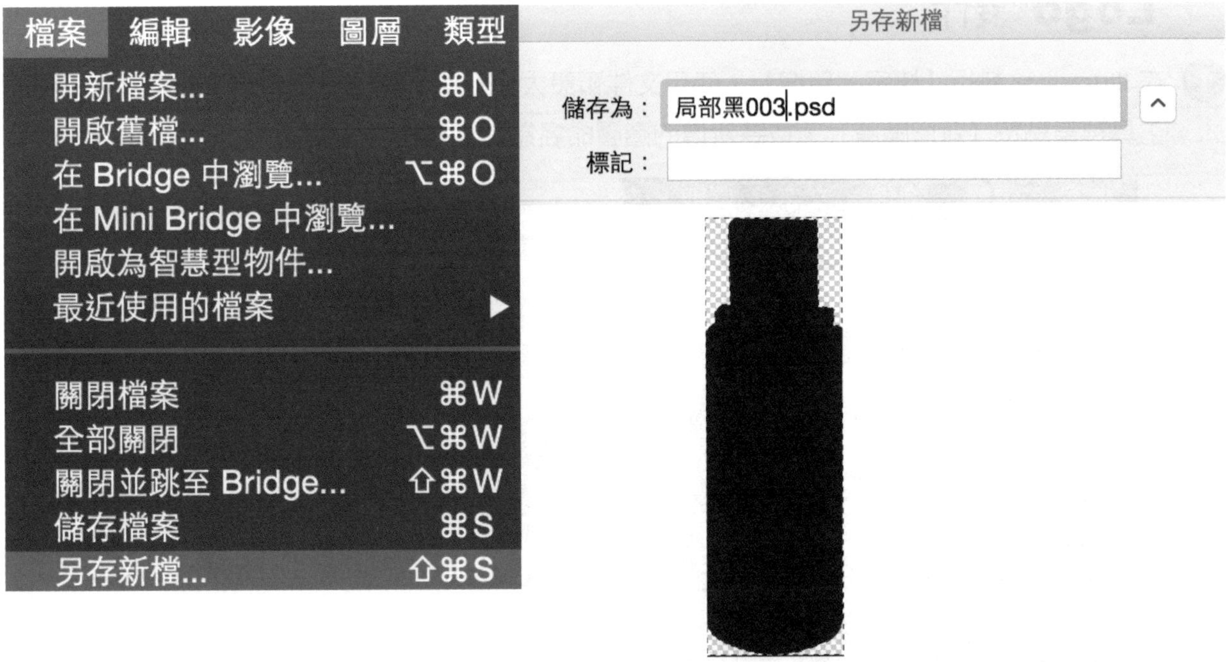

第七題

❼ 將圖層 1 的【小眼睛關掉】，再執行【檔案 \ 另存新檔】，將檔名設為【003】檔案格式選擇【PSD】檔。

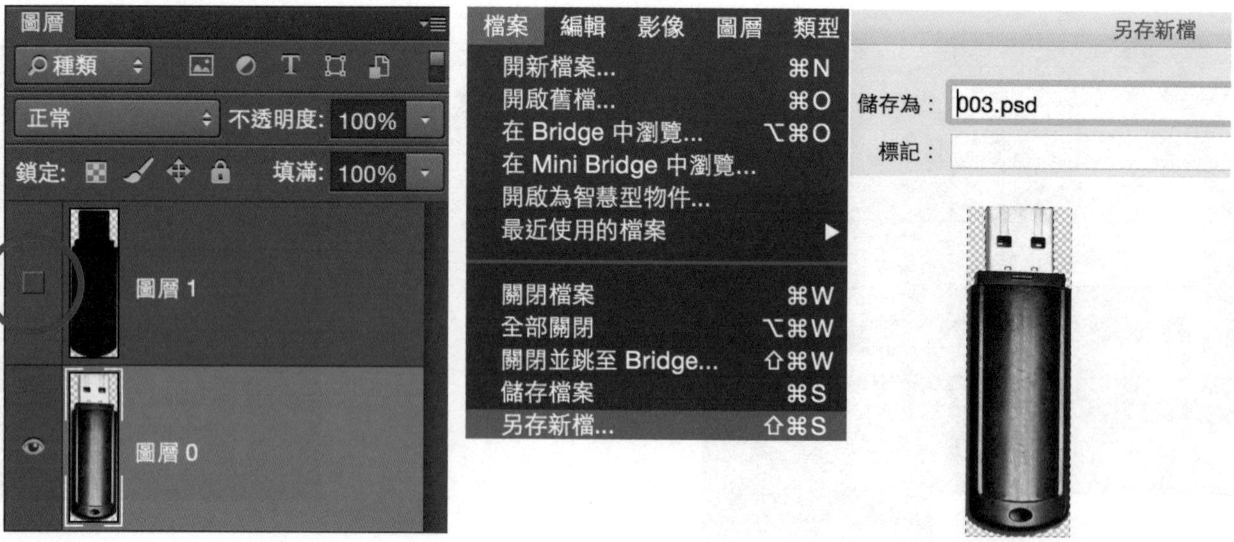

❽ 如此便製作了兩個檔案：003.psd 與局部黑 003.psd。一個供彩圖製作時使用，另一個供局部上光版使用。

Logo 製作

❶ 在 Illustrator 執行【檔案 \ 新增】，使用文件預設大小即可，開啓一個新檔（Ctrl+N），到圖層工具視窗點按【新增圖層】，並將新增的圖層命名為【描圖檔】。

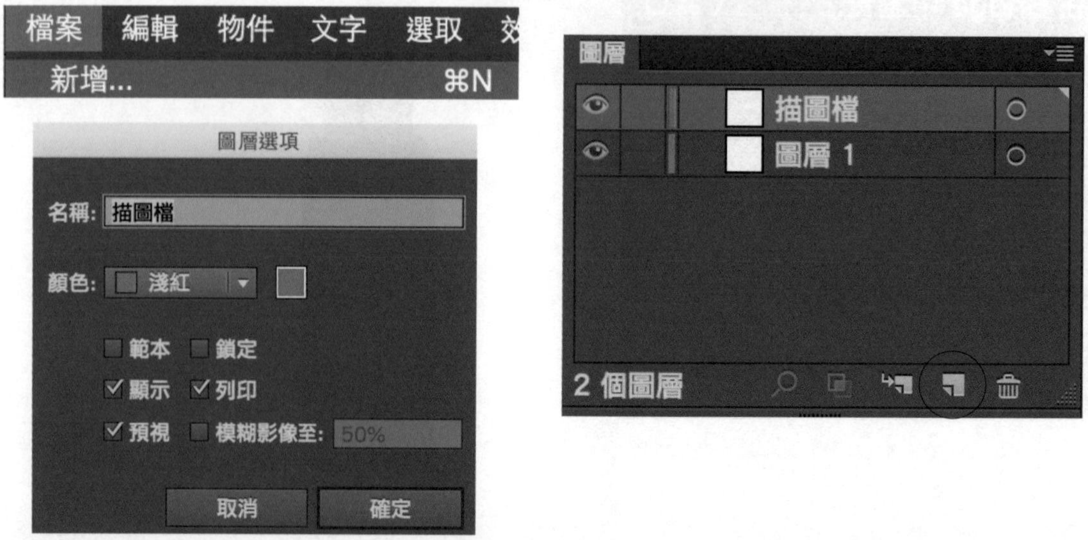

❷ 在描圖檔圖層中執行【檔案\置入\勞動部勞動力發展署 logo 描圖檔 .psd】，再將圖片的【不透明度】調降至【30%】，並將該圖層以切換鎖定狀態的方式，將描圖檔鎖住。

❸ 以【橢圓形工具】依照描圖檔大小繪製一個圓形（繪製時按住【Shift 鍵】畫正圓），使用【漸層工具】設定內部填色為【C58M24～白色】，漸層類型選擇【放射狀】。

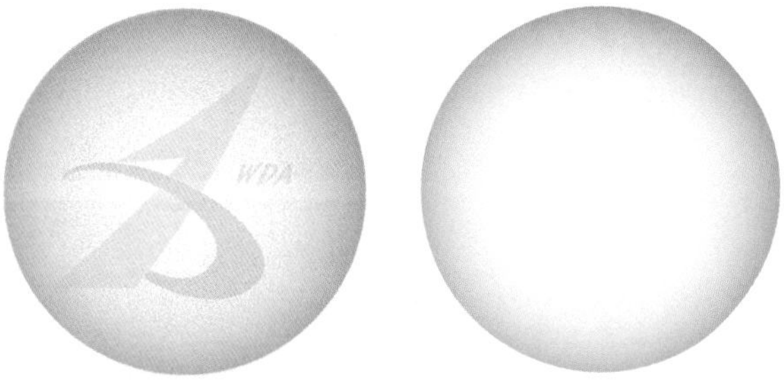

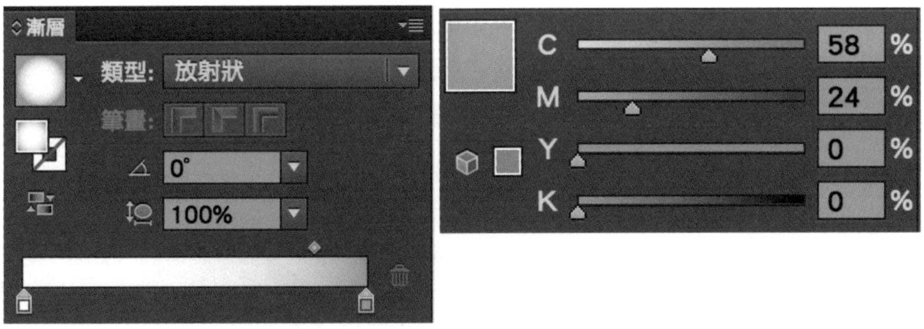

第七題

4 以【鋼筆工具 】按描圖檔繪製一個橘色幾何形內部填色為【M80Y95】，再繪製一個內部填色為【C100M90】的藍色幾何形，接著繪製一個 WDA 的封閉曲線，內部填色為【M100Y100】。其中圖形 D，中間空白處應以路徑管理員中的【差集 】來挖空而非填入白色。

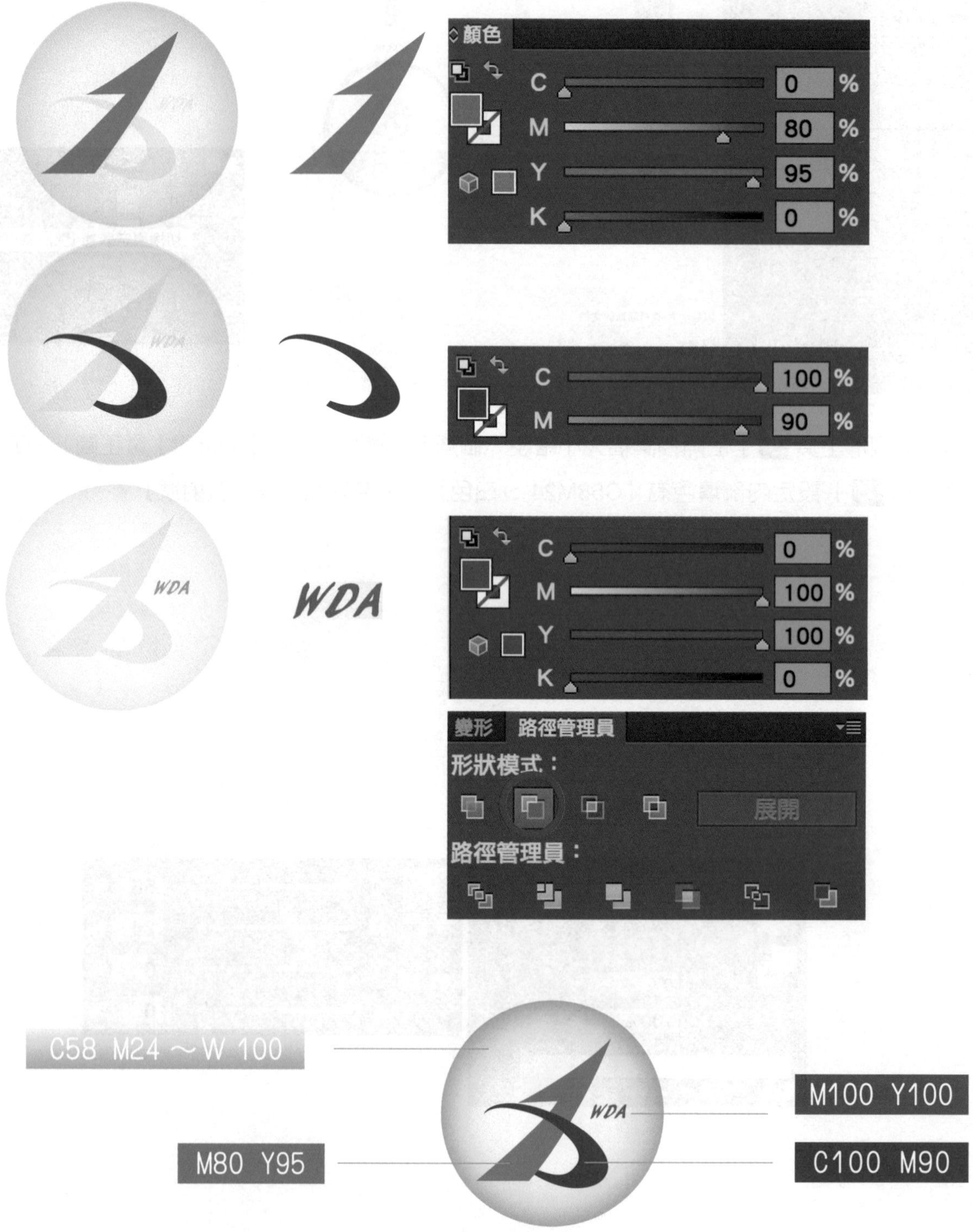

5 執行【檔案\轉存】，將檔名設為【LOGO】，格式設定為【PSD】檔，後按確定。

6 以【選取工具 】點選上頭的幾何圖形與 WDA 圖形一一刪除，只保留 C58M24 ～白色圓形漸層，將色彩改為【黑色】。

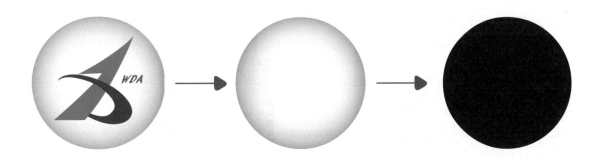

7 執行【檔案\轉存】，將檔名設為【LOGO 局部黑】，格式設定為 PSD 檔，後按確定。

8 在 Photoshop 中，執行【檔案 \ 開啓舊檔 \ 上下蓋標準盒描圖檔 .jpg】，以【矩形選取畫面工具 】，依隨檔所附的參考線從左上角點按拖曳至右下角圈選，即出現選取一個此包裝描圖檔的邊緣範圍。

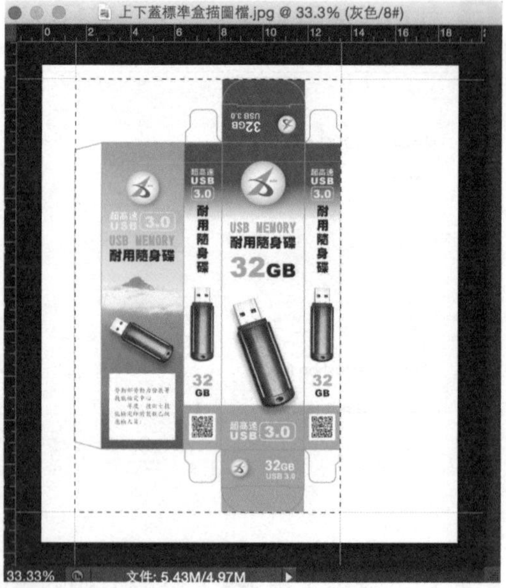

9 執行【影像 \ 裁切】，將不要的白色部分去除，僅留下灰階描圖檔的部分。

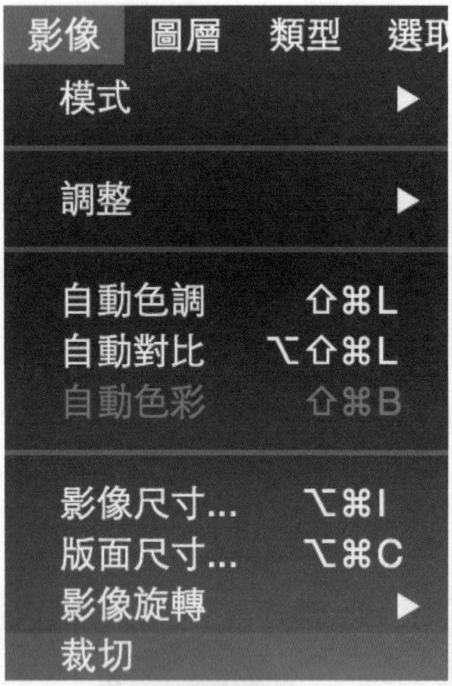

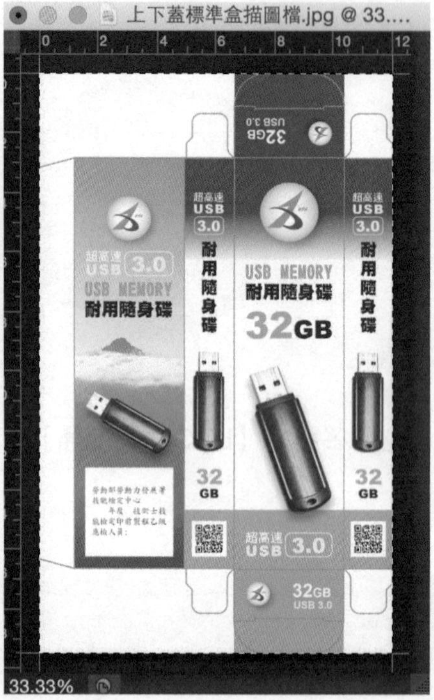

10 執行【影像 \ 版面尺寸】，查看版面尺寸得知為【寬度 12.06 cm】、【高度 19.53 cm】，以無條件進位法，作為下一步驟在 Illustrator 中開版的尺寸：【寬度 12.1 cm】、【高度 19.6cm】。

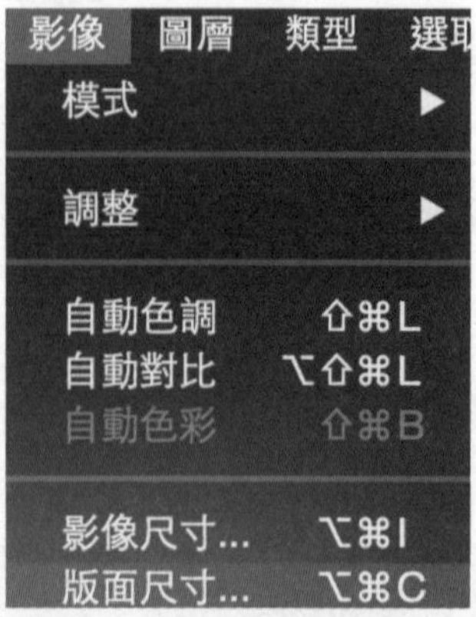

刀模繪製

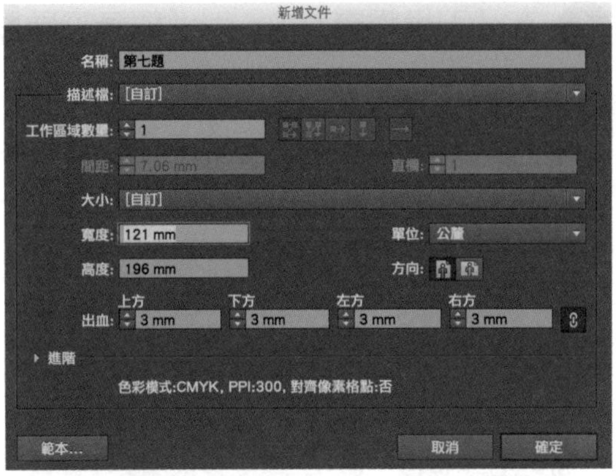

1. 在 Illustrator 中執行【檔案 \ 新增】，將名稱設為「第七題」，【寬度 121mm】、【高度 196mm】，四邊【出血 3mm】，後按確定。

2. 在 Illustrator 中點選圖層視窗的【製作新圖層】，新增【三個圖層】，則連同原來的圖層分別將之命名為局部上光、刀模、描圖製作。

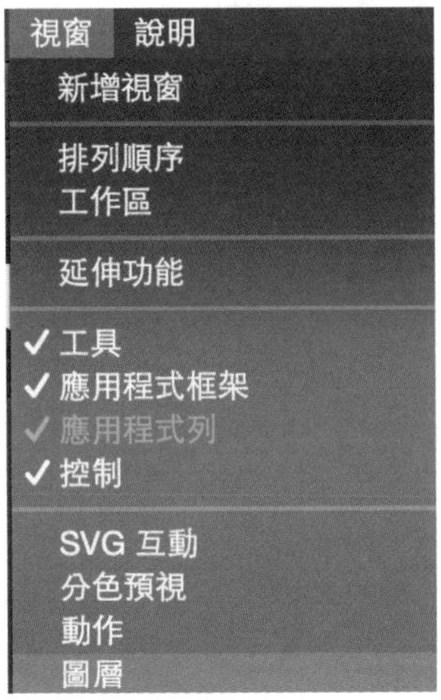

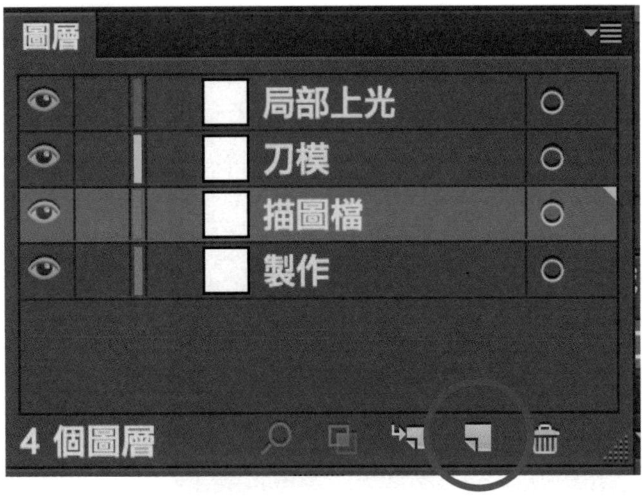

3. 在【描圖檔圖層】中執行【檔案 \ 置入 \ 上下蓋標準盒描圖檔 .jpg】，再將圖片的【不透明度】調降至【30%】，並將該圖層以切換鎖定狀態的方式，將描圖檔鎖住。

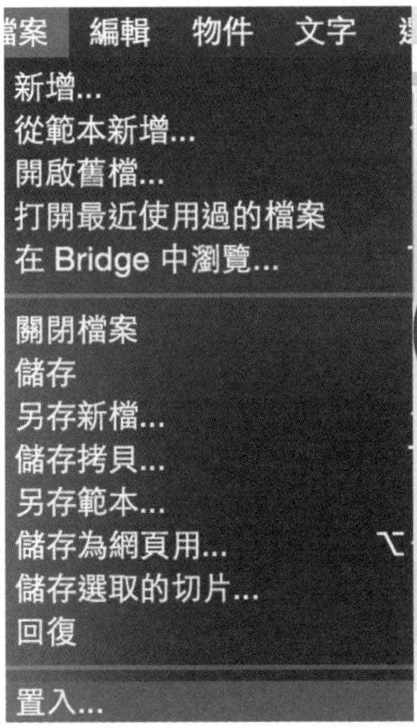

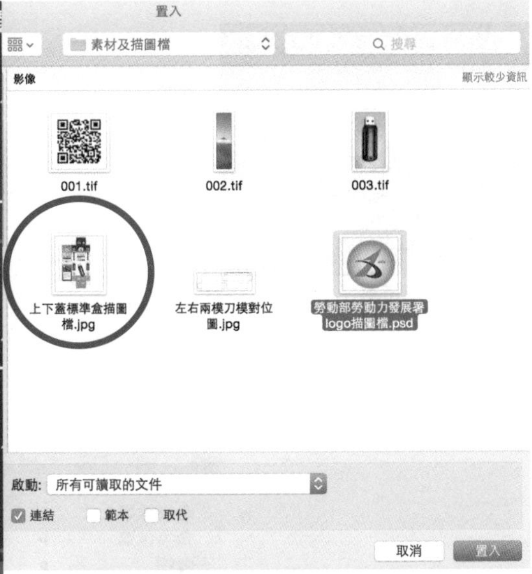

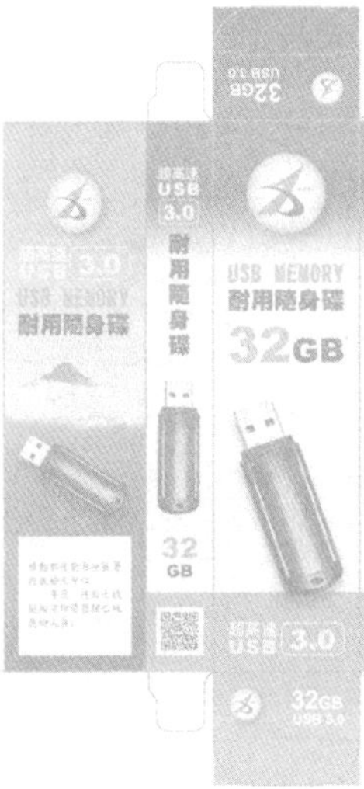

4. 在【刀模圖層】中，以【鋼筆工具 】依描圖檔繪製刀模，線段的筆畫寬度為【1pt】，下圖包裝展開盒中，有多處對稱形，故在繪製時僅需要畫一組，其餘三組可搭配【鏡射工具 】並觀察其為左右鏡射或上下鏡射來調整座標軸的選項參數，以利刀模繪製。

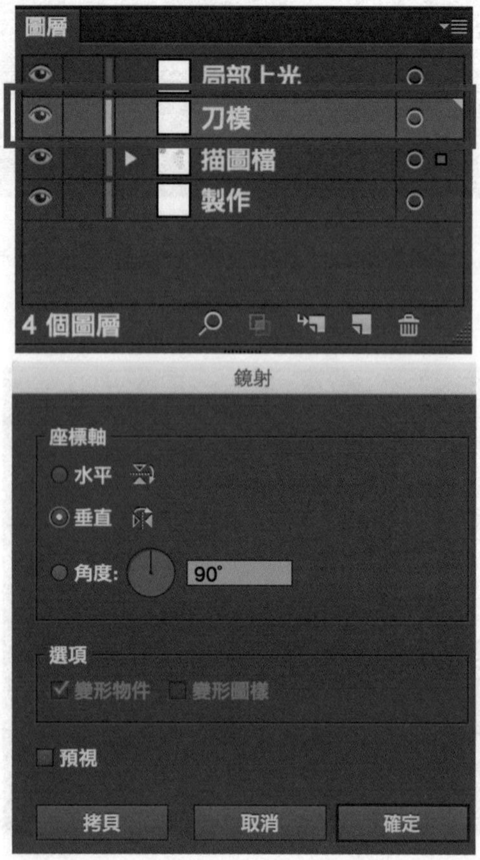

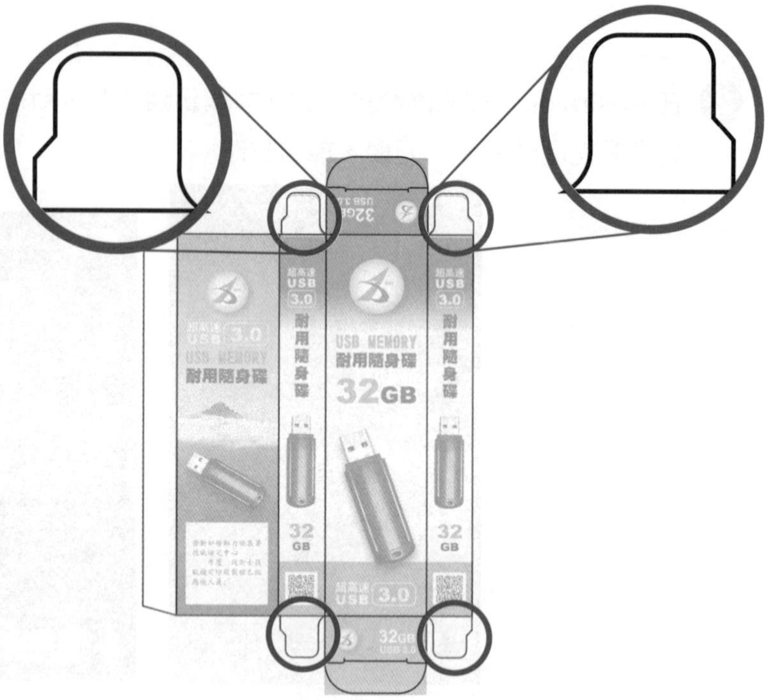

5. 執行【視窗 \ 色票】，再點按【色票資料庫選單】，選擇【色表 \ PANTONE+Solid Coated】。

6 在「PANTONE+Solid Coated」中點選右上角的檢視按鈕，勾選【顯示尋找欄位】以及【小型清單檢視】，在尋找欄位中鍵入【032】，軟體本身會隨即出現說明樣式中提及的兩個 Pantone 色票【Red 032C】以及【Green C】，並以滑鼠左鍵單擊該色票，則色票視窗中便【新增】了這兩個色票。（註：PANTONE 色票中色碼後出現的“C”字，是 Coated 的縮寫，表示此系列色票使用的是塗佈紙張顯色，若出現的是“U”字表示 Uncoated，屬非塗佈紙系列。）

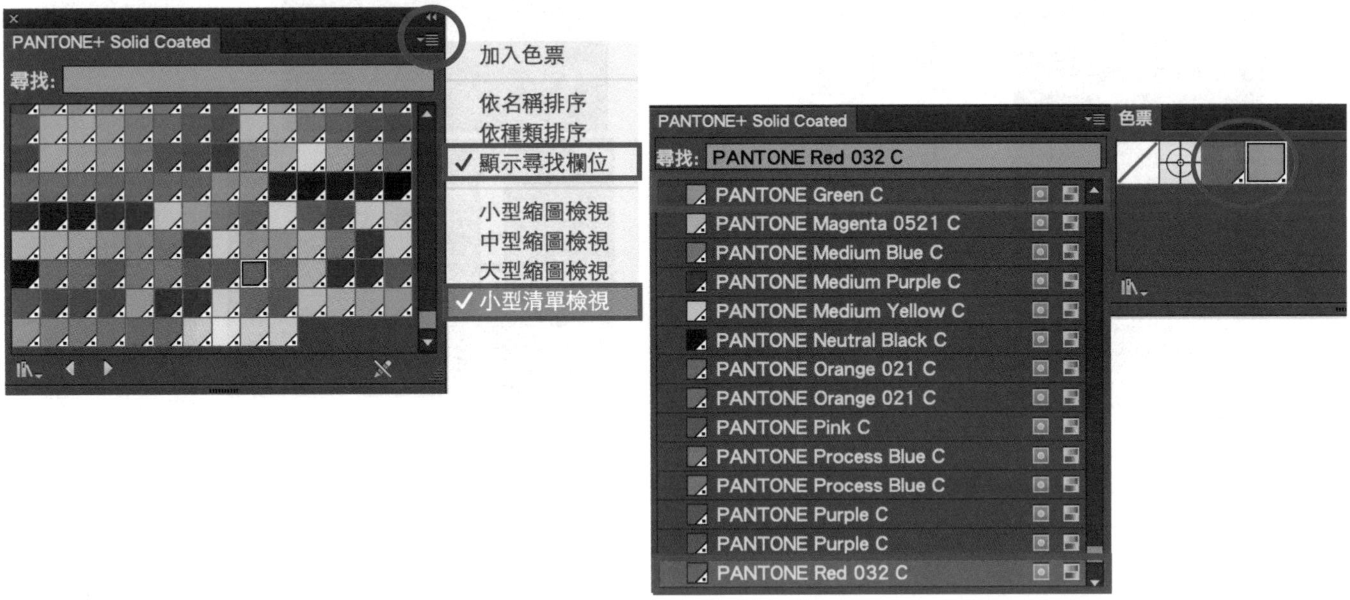

7 全選刀模線，並將【刀模線】改變顏色為【Panton Red 032 C】，而【摺線】的部分改成為【Panton Green C】，如下圖所示紅色是刀模線，綠色是摺線（本圖示為讓讀者方便辨識，故部分線條有做增寬處理，考生在製作時線段寬度仍維持說明樣式上的 1pt 為主），繪製完畢後在「刀模圖層」前以切換鎖定狀態的方式將刀模鎖住。

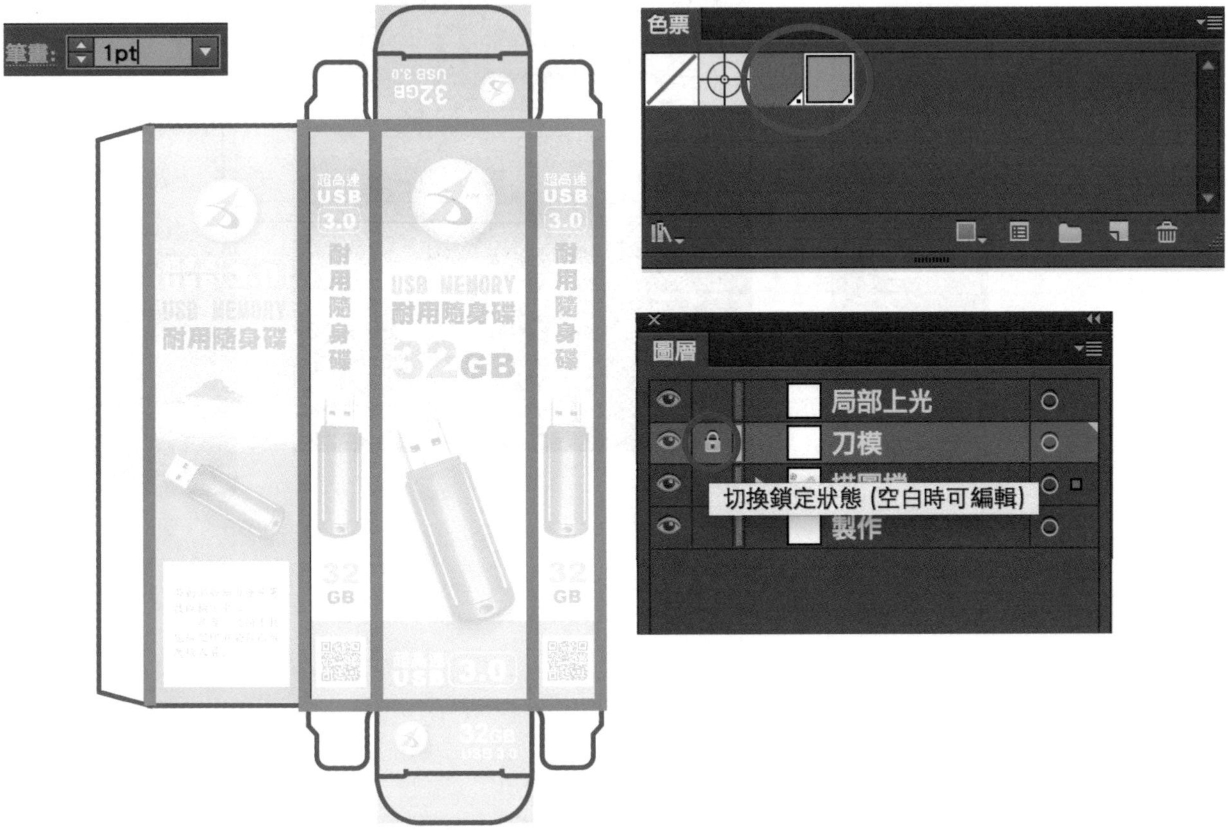

刀模圖片置入

1 在製作的圖層中，執行【檔案 \ 置入】，選擇預先製作完成的 002.psd，再以對齊工具中的【水平靠右】與【垂直靠上】，先將「002.psd」以圖面的【右側邊線靠齊在摺線上】。

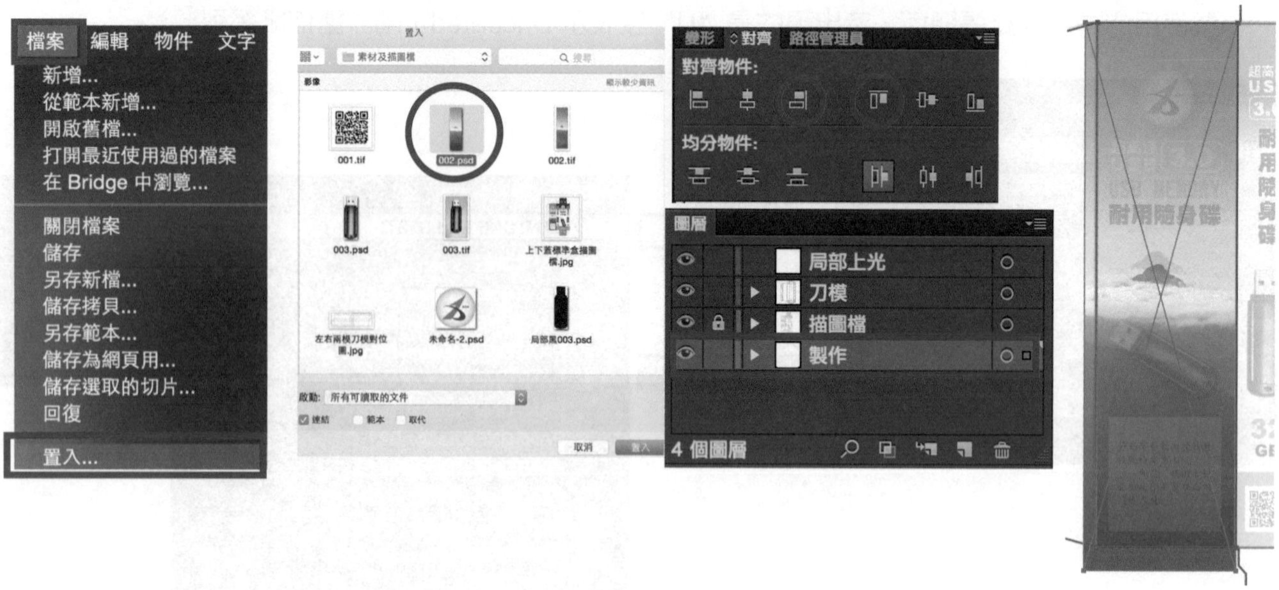

2 點選【002.psd】按下【Enter 鍵】，即出現移動工具對話視窗，在位置選項中設定為【水平 0mm】、【垂直－3mm】再按確定。

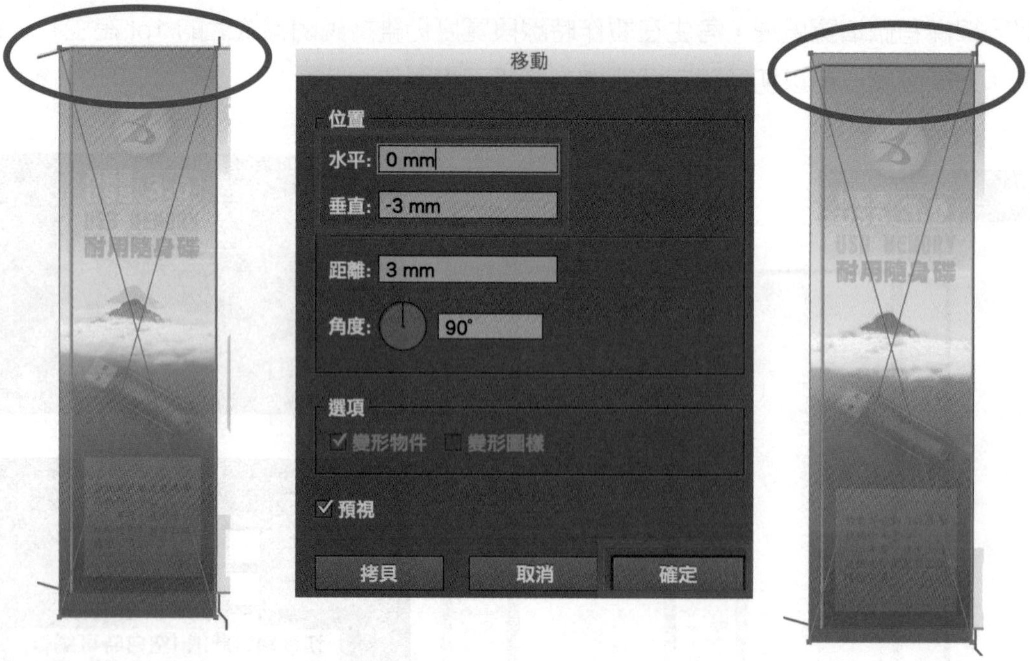

刀模色塊出血繪製

1 以【矩形工具 】依描圖檔大小繪製【兩個】矩形，內部填色為【M70Y100】。

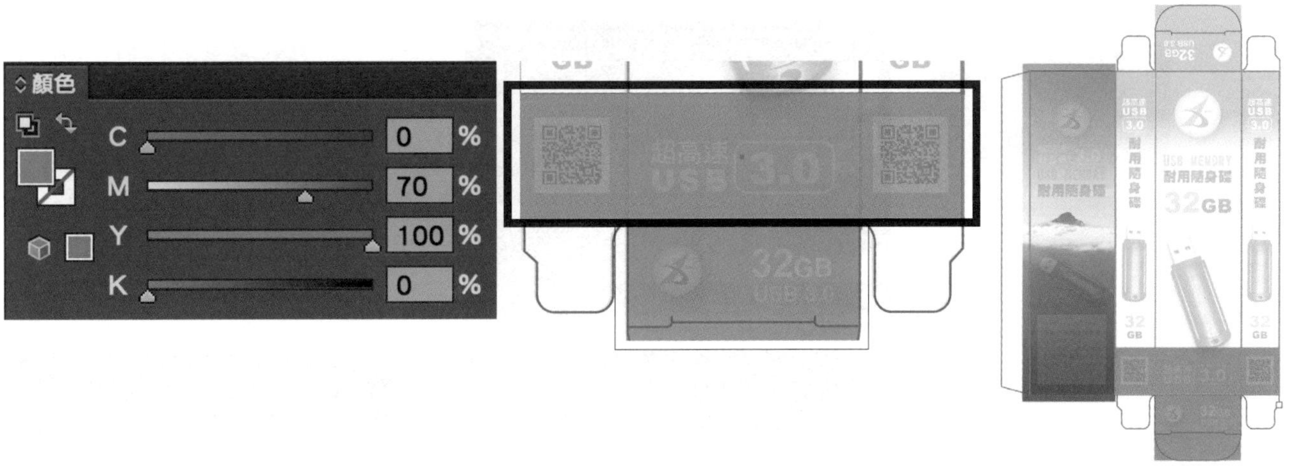

2 以【選取工具 】點選上方的矩形將【定位點設定在左上角 】，在【變形】選項中分別在寬度與高度的數值後方上各鍵入【+3mm】（單邊出血）。

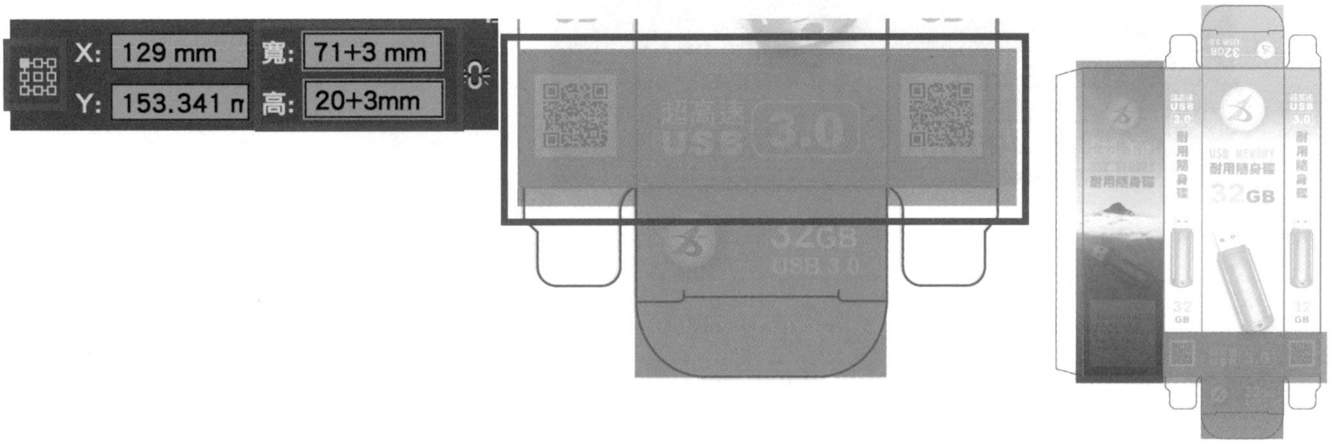

3 再以【選取工具 】點選下方的矩形，將【定位點設定在正上方 】，在【變形】選項中分別在寬度的數值後方鍵入【+6mm】（雙邊出血）與高度的數值後方鍵入【+3mm】（單邊出血）。

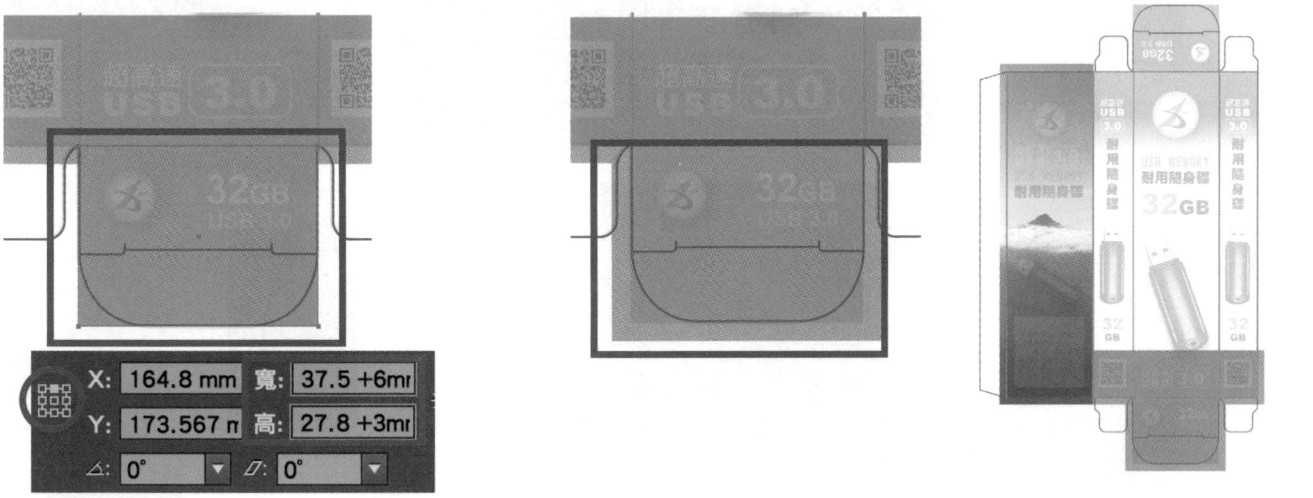

4 以【選取工具 】點選下方的矩形按住【Alt+Shift 鍵】垂直複製拖曳到正上方摺線邊緣處，將【定位點設定在正上方 】，再到【變形】選項中將高度的數值改為【35mm】，並將內部填色改為【漸層色 C100M100 ～白色】，類型為【線性】。

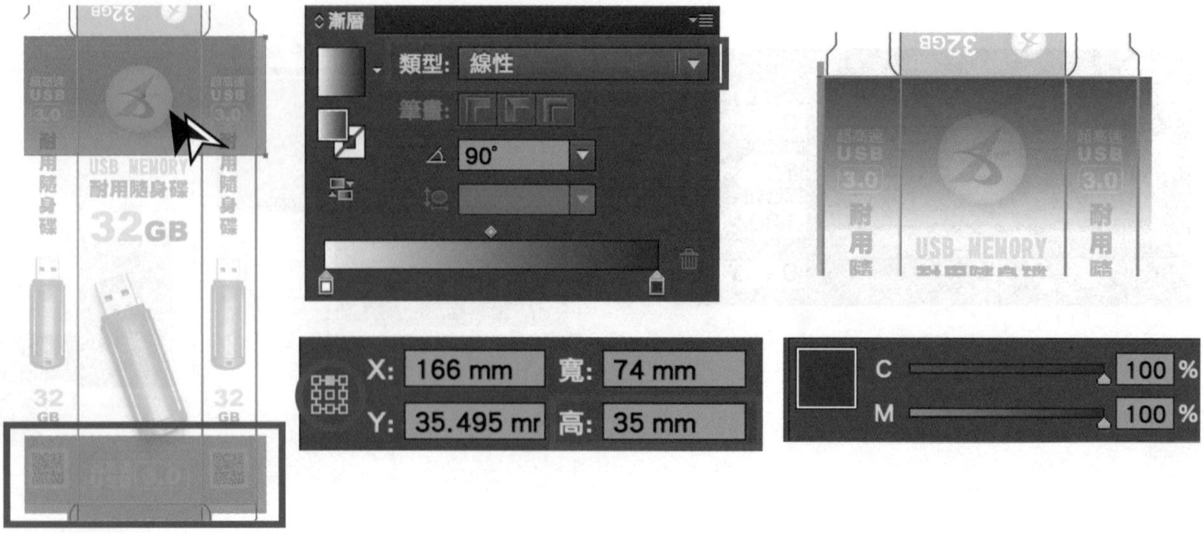

5 點選漸層矩形將【定位點設在正下方 】並在【變形】選項將高度的數值後方鍵入【+3mm】(單邊出血)。

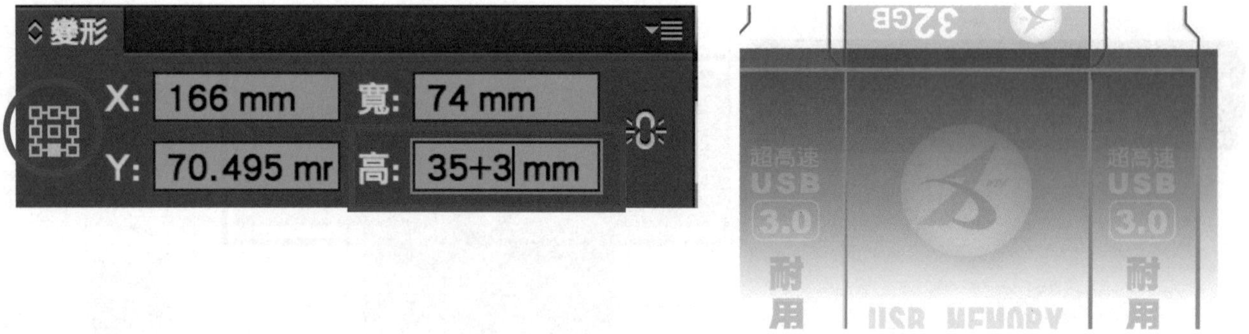

6 以【選取工具 】點選下方的矩形按住【Alt+Shift 鍵】垂直複製拖曳到正上方摺線邊緣處，並將內部填色改為【C100M100】。

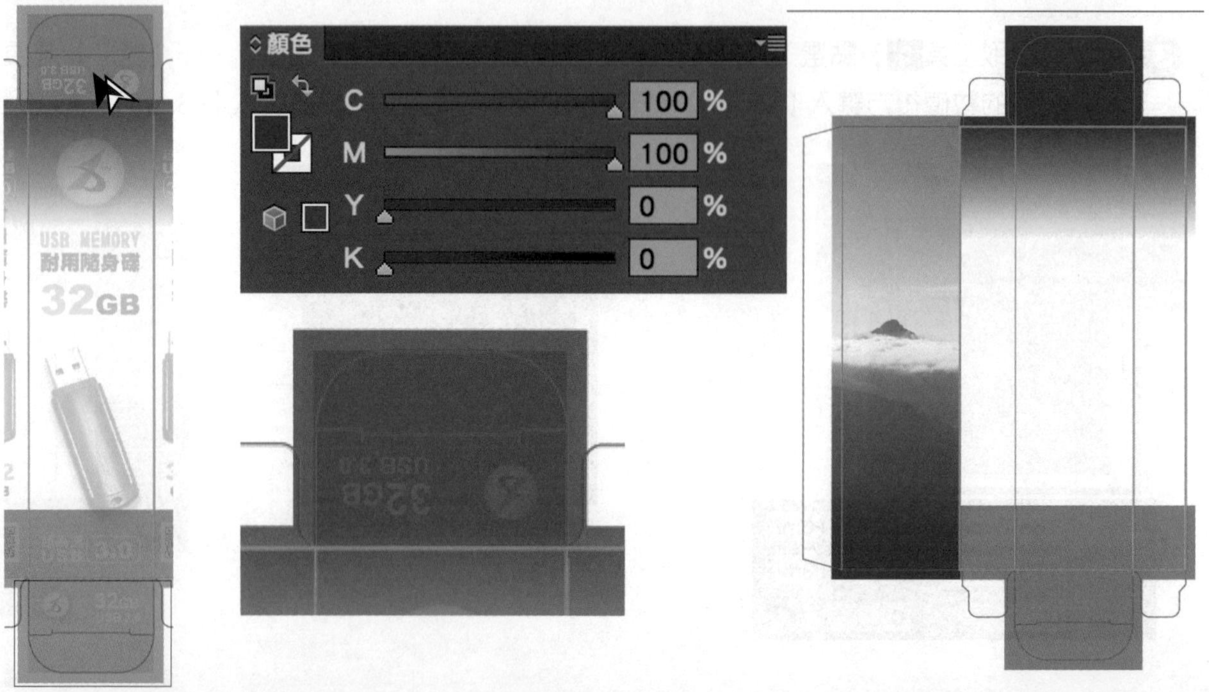

文字製作

1 要製作文字輸入前，先觀察說明樣式上這些文字彼此之間的相關性，有的字組重複使用很多次，有的字組雖然重複但是字型、大小、色彩都有調整，故考生在製作文字輸入時，相同的文字只要輸入一次，其餘的就用按住 Alt 鍵複製的方式，再依說明樣式上指定的樣式做調整。另外，右下方圖示中，紅色框與紅色框內容完全相同，藍色框與藍色框內容成垂直鏡射狀態，考生應避免重複製作同一樣的東西，可以複製就盡量用複製的，因為時間將是致勝的關鍵。

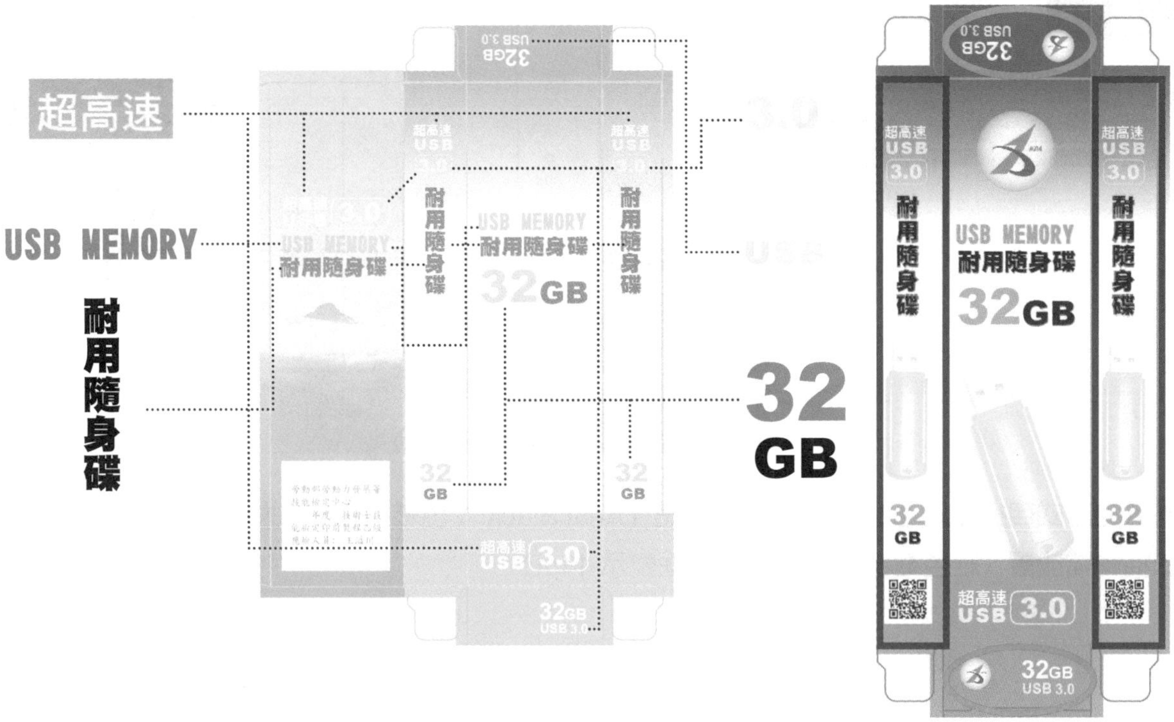

2 以【文字工具 T】自行輸入「超高速」，並將字型設定為【粗黑體】、色彩【白色】、字體大小【10pt】與【12pt】（可以視 超高速 為一組較大字組，而 超高速 這一組視為較小字組），並適當調整字距。

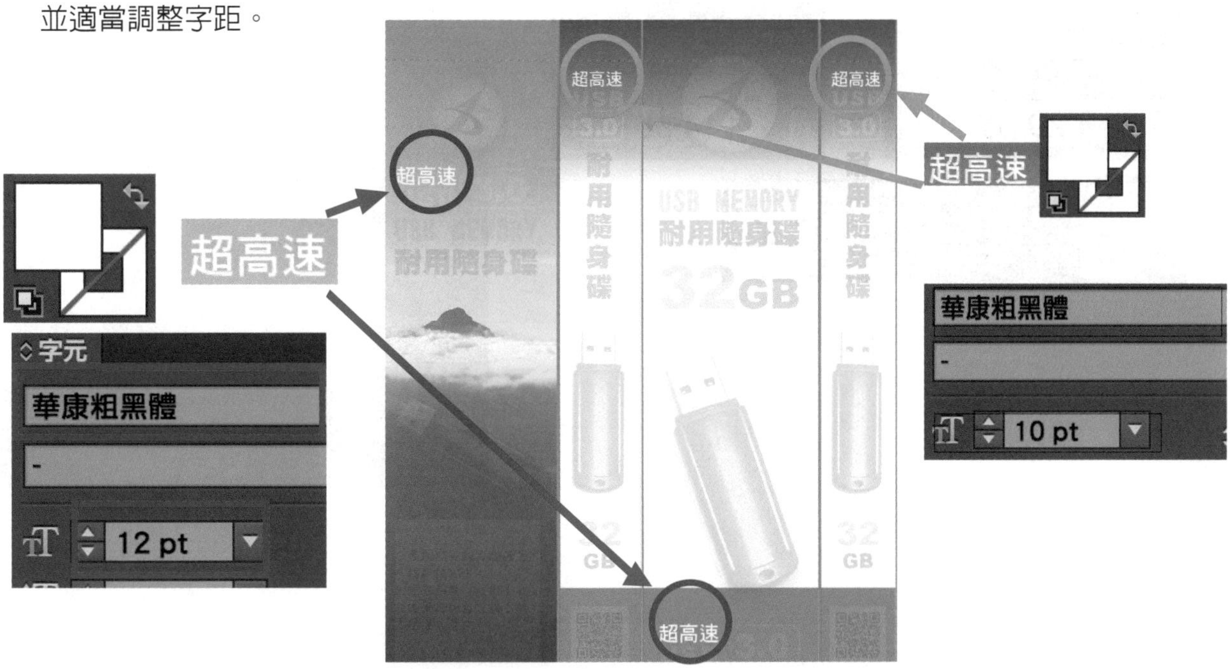

第七題

3. 以【文字工具 T】自行輸入「USB」，並將「USB」改字型為【Arial Black】，色彩【Y100】、字體大小【12pt】與【14pt】（可以 USB 將視為一組較大字組，而 USB 視為較小字組），並適當調整字距。

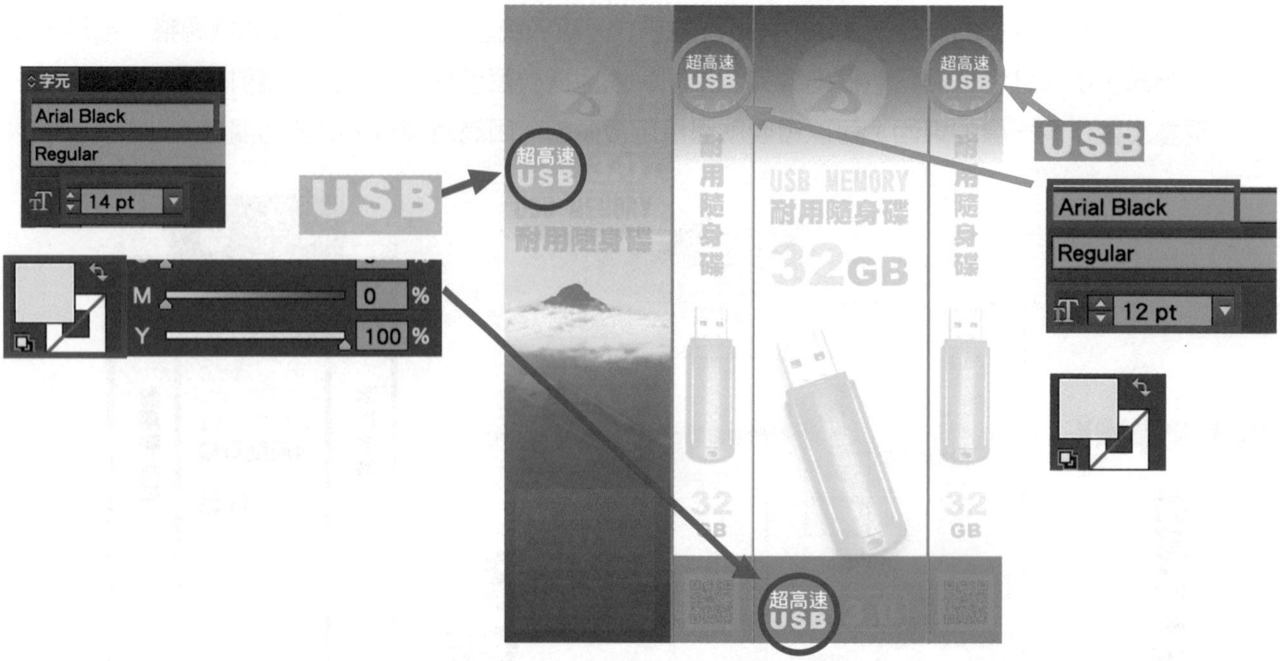

4. 以同樣的方式自行輸入【3.0】，將字體設為【Arial Black \ 色彩 Y100 \ 大小 14pt 與 20pt】，並依描圖檔放置（紅色框表示 20pt，藍色框表示 14pt）。

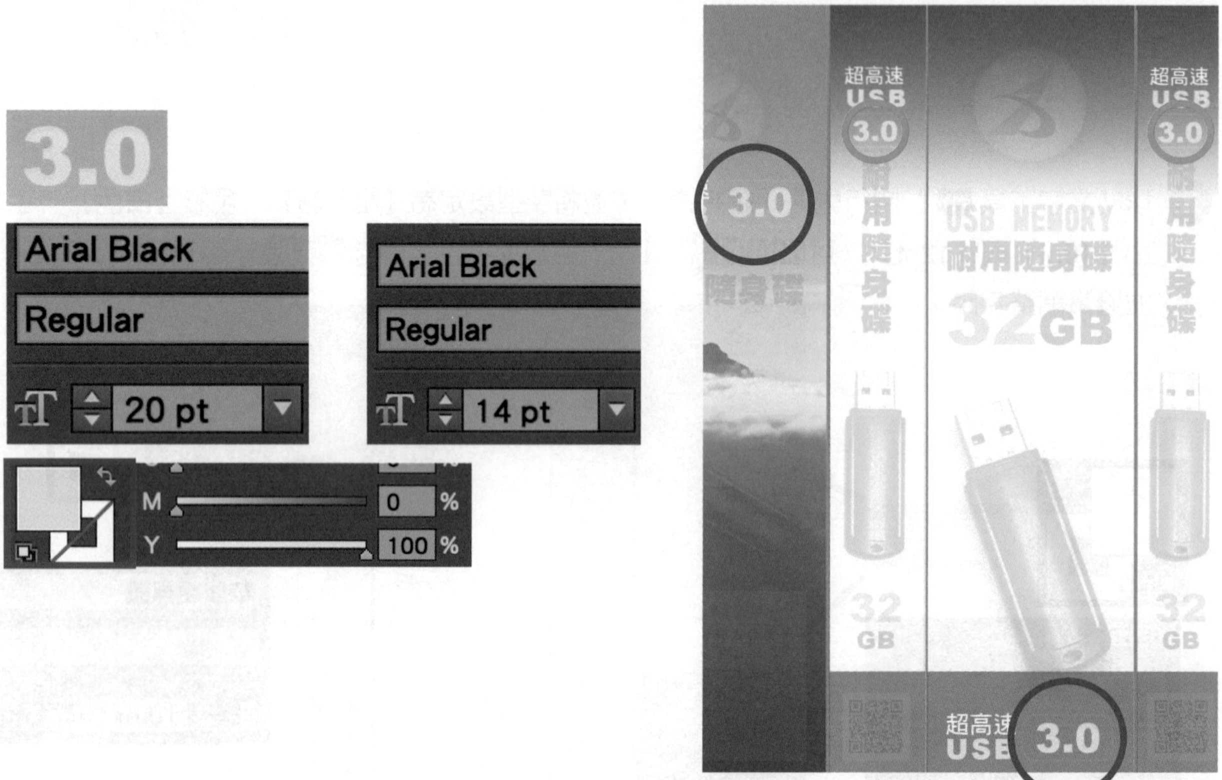

5 以同樣的方式自行輸入「USB MEMORY」，將字體設為【超黑體＼ M70 Y100 ＼ 17pt】，並依描圖檔放置。

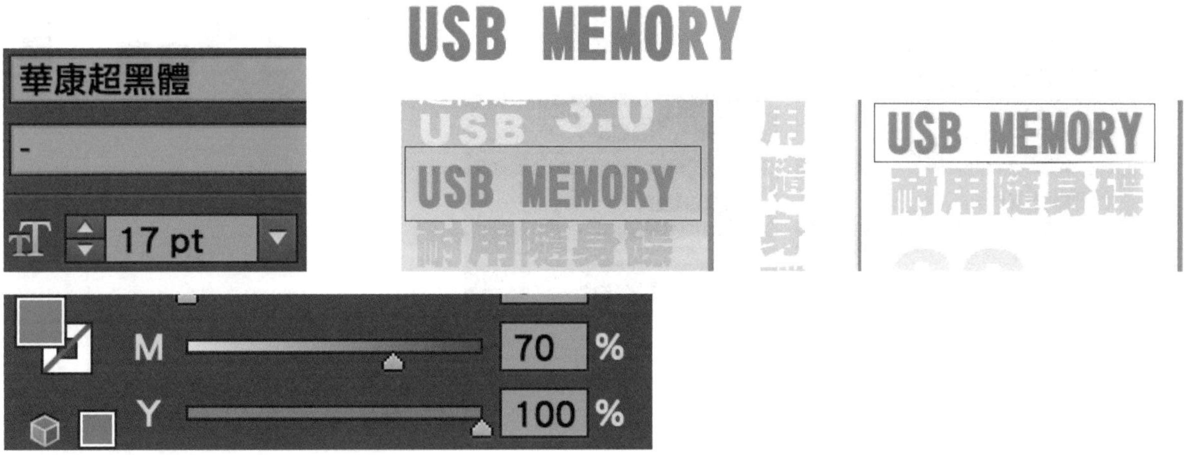

6 以【垂直文字工具】與【文字工具】自行輸入「耐用隨身碟」，將字體設為【超黑體＼色彩 K100 ＼ 17pt】，並依描圖檔放置。

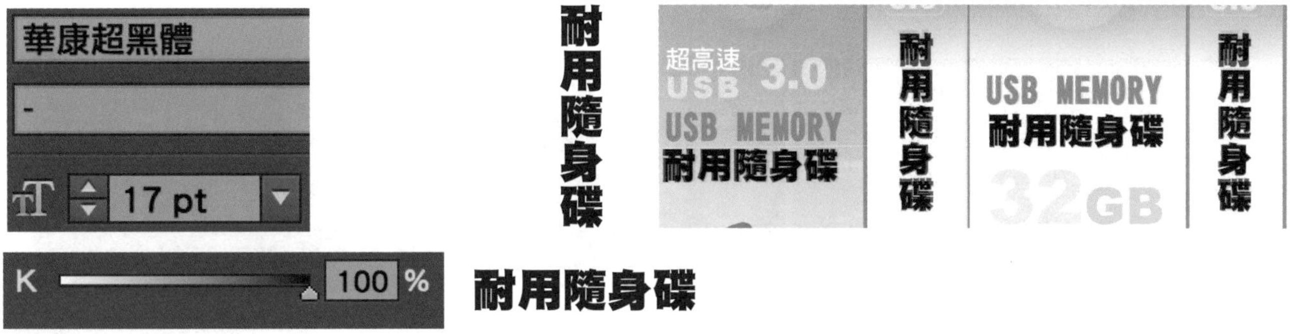

7 以【文字工具】自行輸入「32」，並改字型為【Arial Black ＼色彩 M70 Y100 ＼ 20pt 與 35pt】並依描圖檔放置。

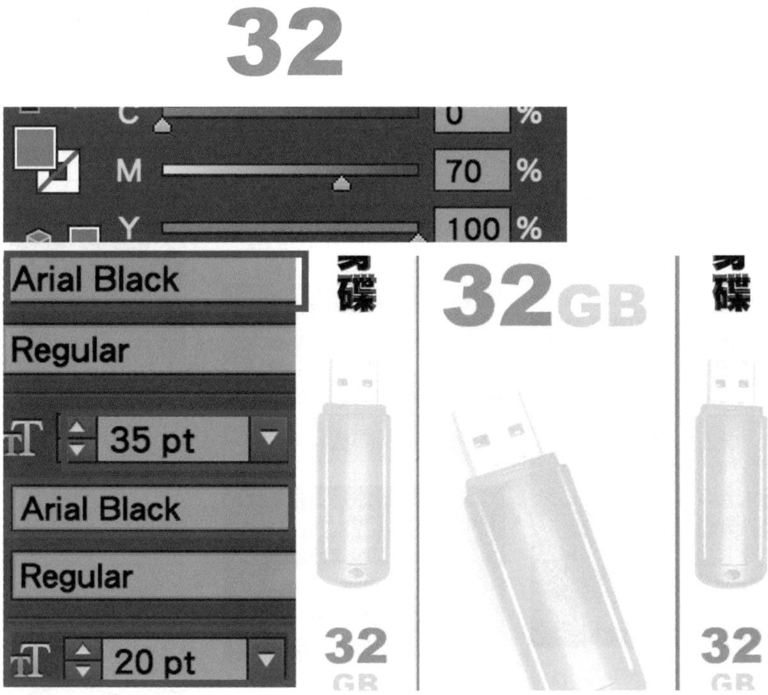

第七題

8 以同樣的方式自行輸入「GB」將字體設為【Arial Black \ 色彩 K100 \ 12pt 與 24pt】，並依描圖檔放置。

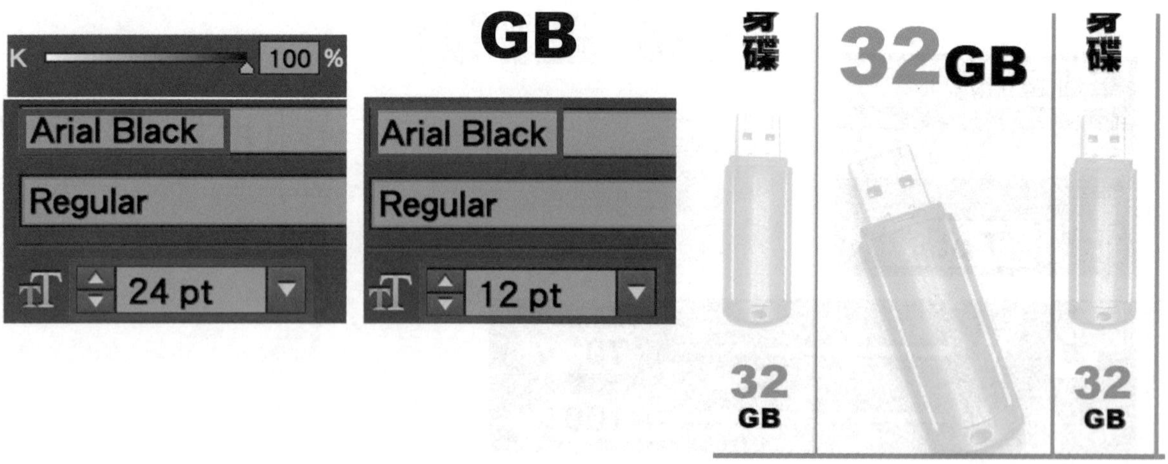

9 依照描圖檔上所需的文字，從上方已完成的（「32」、「GB」、「USB」、「3.0」）一一點選並按【Alt 鍵】複製一組，將「32」改為【Arial Bold \ 白色 \ 18pt】，「GB」改為【Arial Bold \ 白色 \ 12pt】，「USB」與「3.0」改為【Arial Bold \ 10pt \ Y100】，

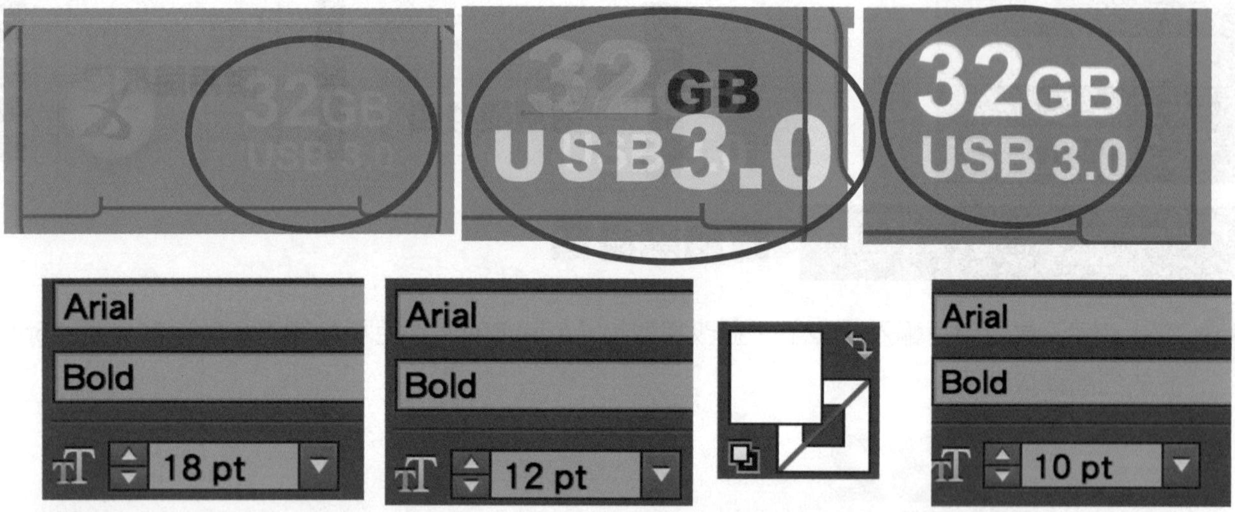

10  視為一個字組，點選按住【Alt + Shift 鍵】，垂直複製到上方深藍色區域，再以滑鼠左鍵雙擊【旋轉工具】把角度設為【180 度】後按確定（亦可使用變形工具做鏡射）。

11 以【矩形工具】在空白處單擊滑鼠左鍵，出現矩形對話框，將寬高都設為【30mm】，繪製出一個正方形，並調整內部填色為【白色】，依描圖檔位置置放。

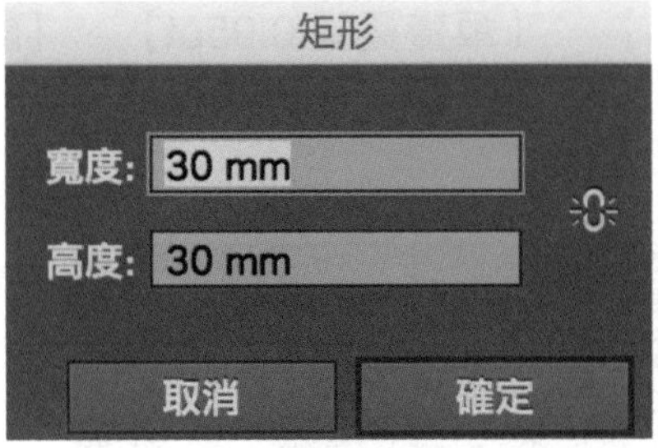

12 以【文字工具】在白色正方形上自行鍵入「勞動部勞力發展 .... 應檢人員：王溢川」，字型設定為【標楷體 \ 色彩 K100 \ 8pt】。（考生若嫌這一段文字在鍵入時會浪費太多時間，也可以到其他題目中，例如：第五題，去複製隨題附上的文字檔，考試現場拿到的光碟裡頭會有八題的題目，應檢年度以現場監評長宣告為主）

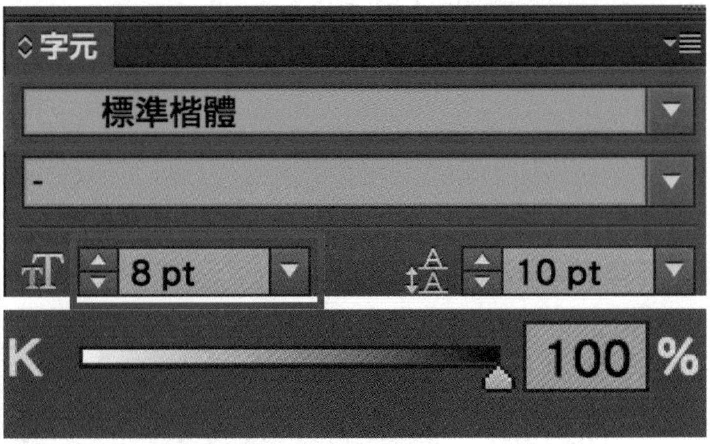

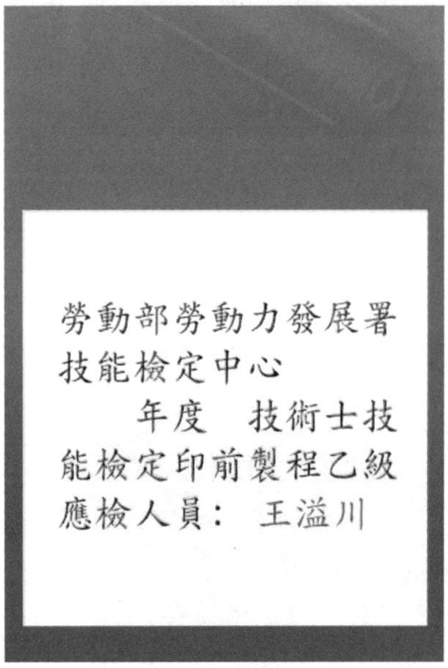

圓角框架製作

1. 以【圓角矩形工具 】在製作的圖層空白處單擊滑鼠左鍵，出現圓角矩形對話框，設定【寬度 16mm】、【高度 8mm】、【圓角半徑 2mm】、【筆畫寬度 0.95pt】、【顏色 Y100】，並依描圖檔對位。

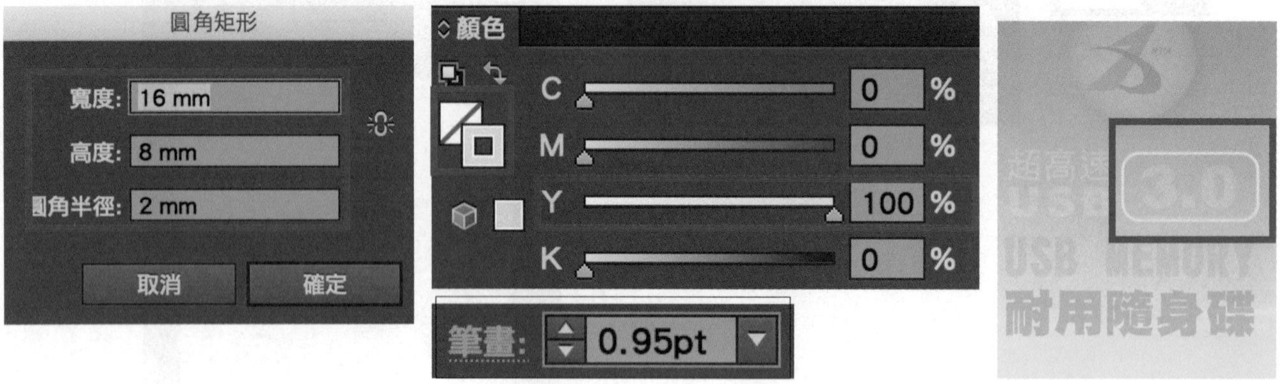

2. 比照步驟 1 再做一個圓角矩形，設定【寬度 10mm】、【高度 6mm】、【圓角半徑 1.4mm】、【筆畫寬度 0.65pt】、【顏色 Y100】，並依描圖檔對位。

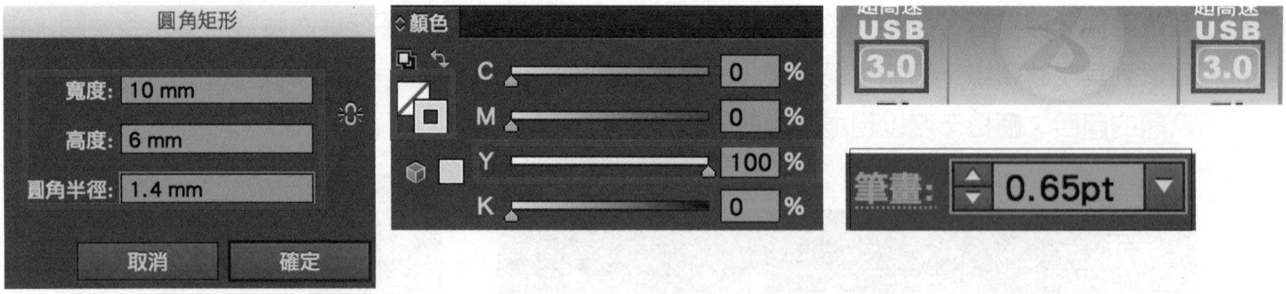

3. 執行【檔案 \ 置入 \ 001.tif】，並在【變形】視窗中將其寬高設為【12mm×12mm】，依描圖檔放置左側，再按住【Alt+Shift 鍵】水平複製另一個到右側。

4. 執行【檔案\置入\LOGO.psd】，在【變形】視窗中將寬高設為【15mm×15mm】，依描圖檔放置左側，再按住【Alt 鍵】複製三個到右側，由上而下再次於【變形】視窗中將其寬高設為【8mm×8mm】、【20mm×20mm】、【8mm×8mm】，再依描圖檔對位放置。

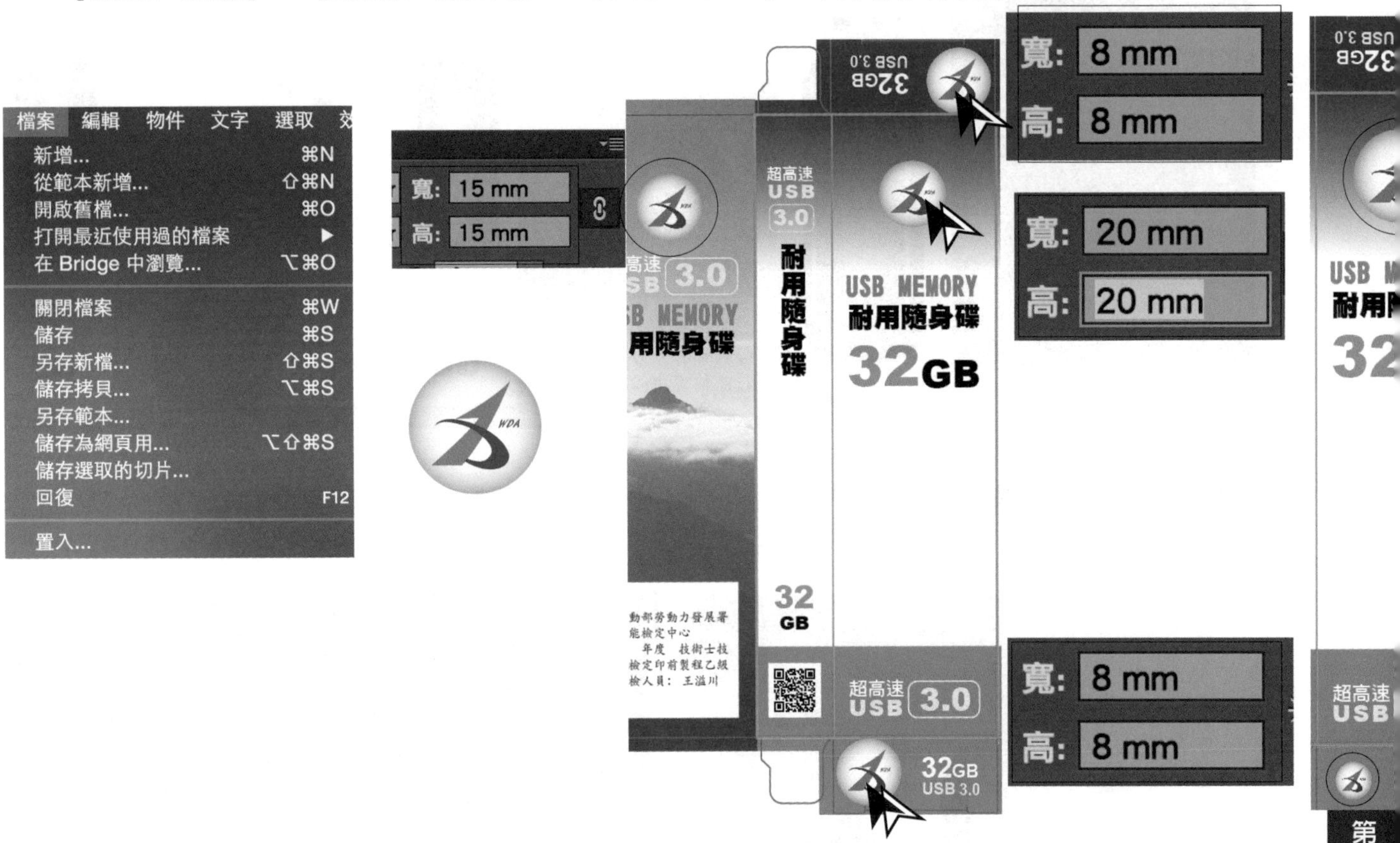

5. 再點選右上角的【LOGO.psd】，以滑鼠左鍵雙擊【旋轉工具】把角度設為【180 度】後按確定（亦可使用變形工具做鏡射）。

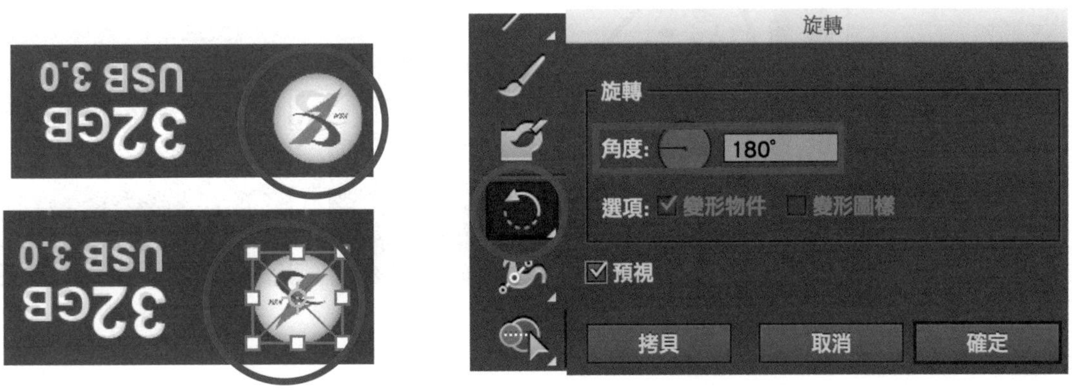

6 執行【檔案\置入\ 003.psd】，再按住【Alt 鍵】複製三個到右側，自行依描圖檔大小、方向執行旋轉、縮放再移至描圖檔位置置放。

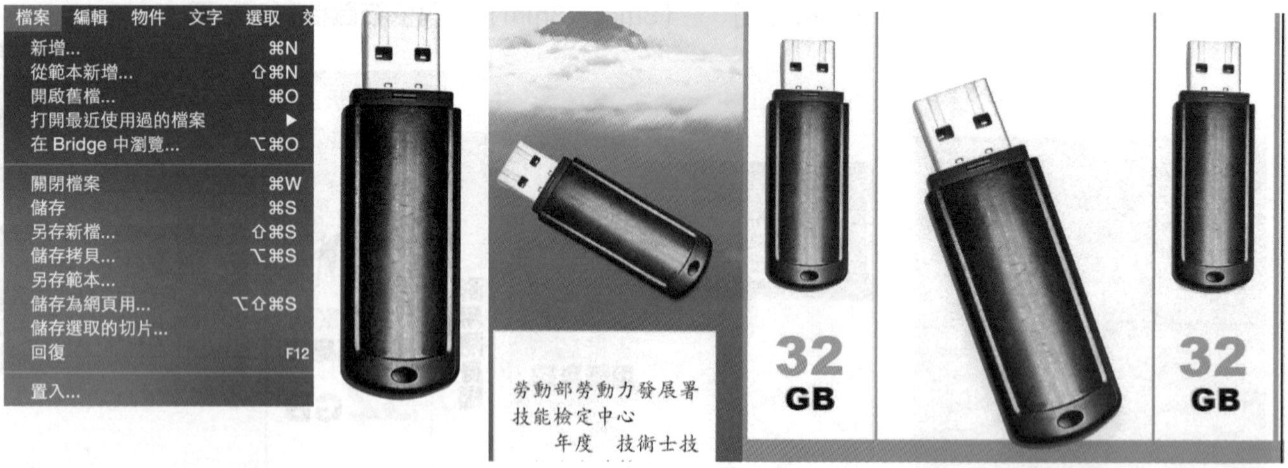

7 以【選取工具】點選【LOGO.psd】與【003.psd】，執行【編輯\拷貝】後，再到【局部上光圖層】中執行【編輯\就地貼上】。

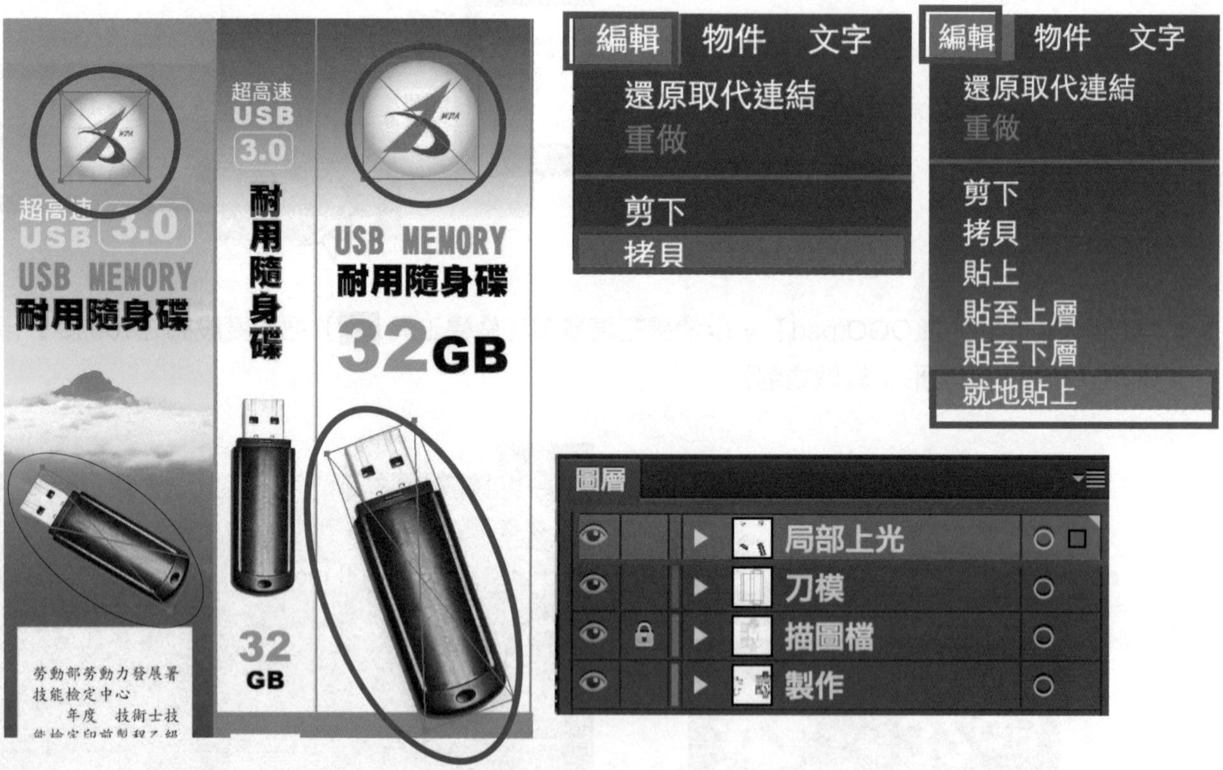

8 在圖層中先暫時關掉除了局部上光以外的圖層，只留下局部上光圖層裡的四個圖檔。

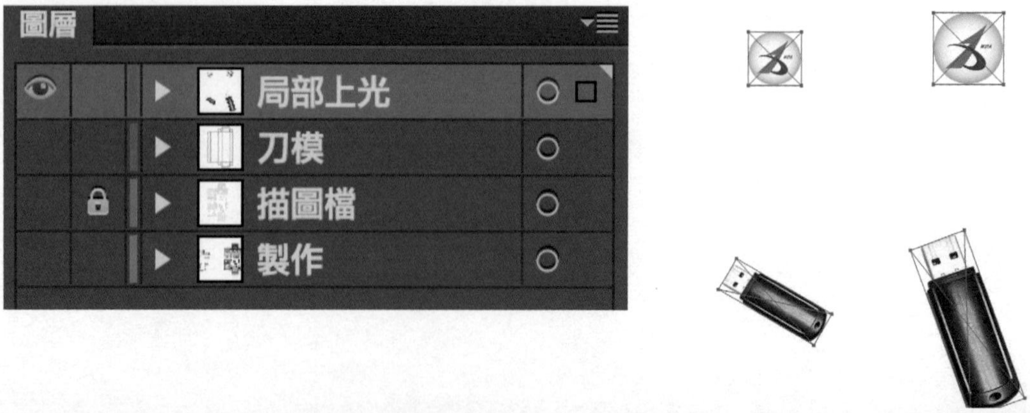

9 同時選取兩個「LOGO.psd」，執行【視窗 \ 連結】，點按【重新連結鈕 [icon]】將「LOGO.psd」連結成【LOGO 局部黑 .psd】。

10 再同時選取兩個「003.psd」，以同樣的方式，執行【視窗 \ 連結】點按【重新連結鈕 [icon]】將「003.psd」連結成【局部黑 003.psd】。

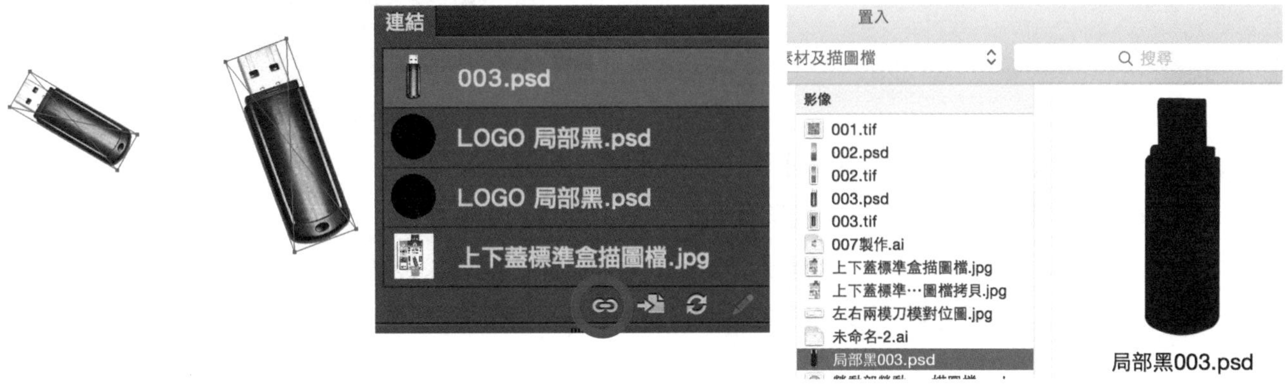

11 執行【檔案 \ 另存新檔】，將檔名設為「局部上光」，格式選擇 PDF 檔，在【標記與出血】中勾選【使用文件出血設定】後再按儲存。

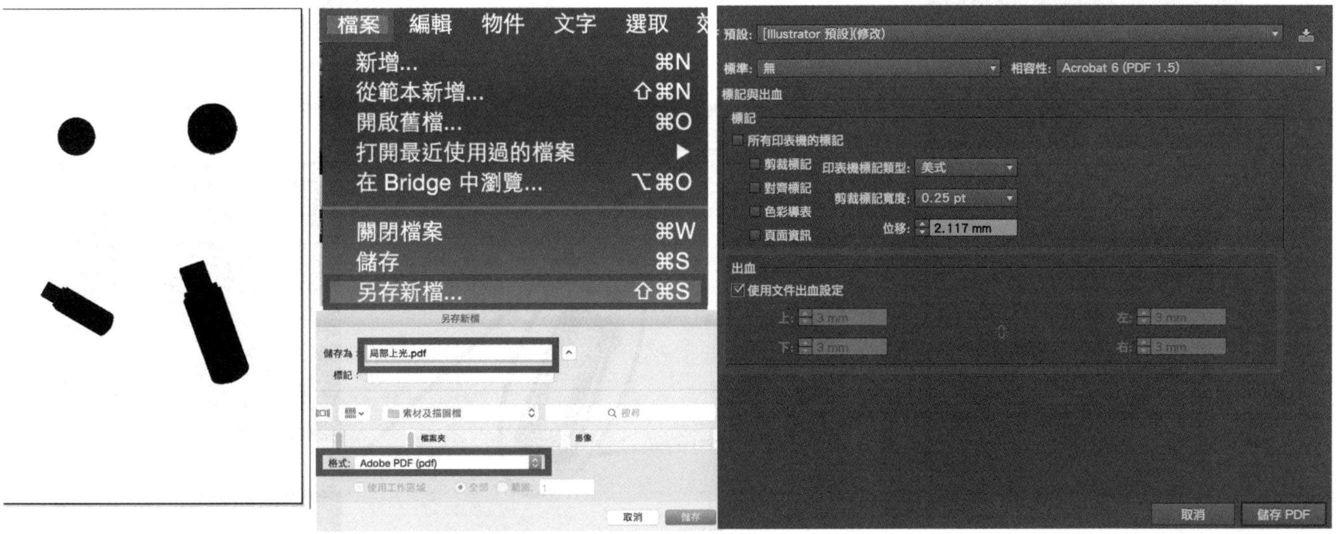

第七題

12 關掉局部上光圖層，點開製作圖層，並在【製作圖層】中設定LOGO.psd與003.psd的【陰影】。（不同個圖檔，陰影的設定會有所不同）。首先先觀察說明樣式上提及的陰影設定，其中共有四組不同的陰影設定。

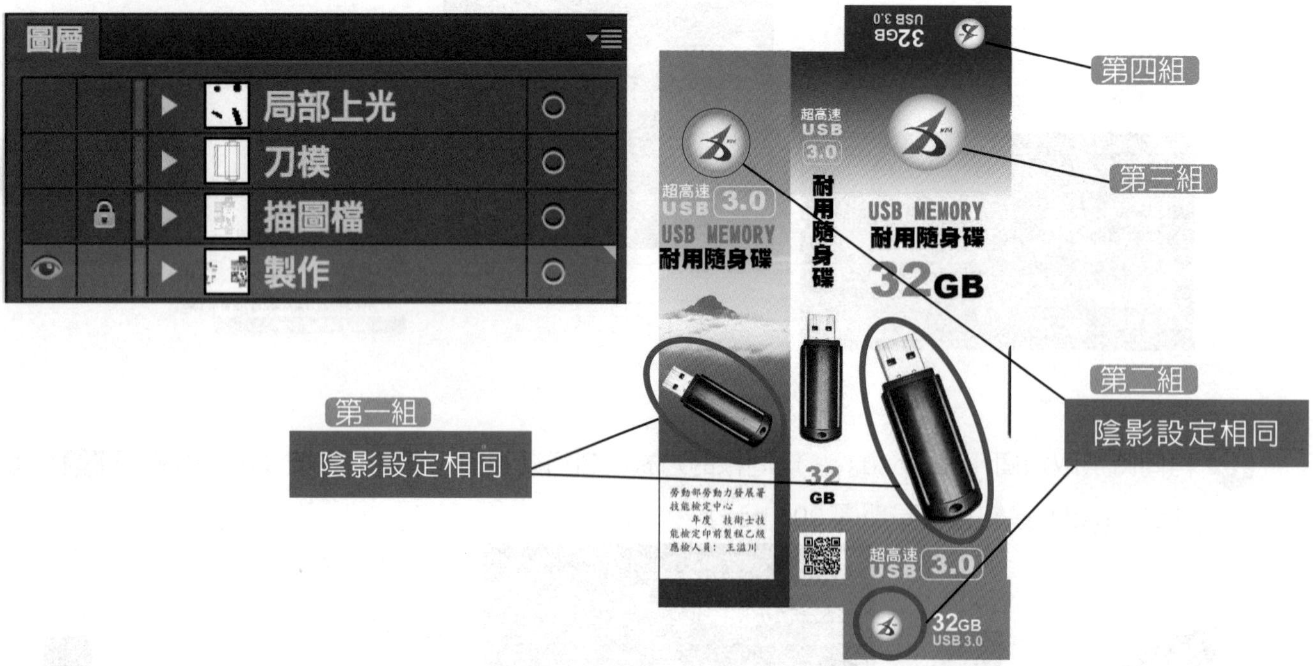

13 執行【效果\風格化\製作陰影】，分別調製第一組陰影為【X位移0mm \ Y位移2mm \ 模糊1mm】，第二組陰影為【X位移1mm \ Y位移1mm \ 模糊1mm】，第三組陰影為【X位移1.5mm \ Y位移1.5mm \ 模糊1.5mm】，第四組陰影為【X位移-1mm \ Y位移-1mm \ 模糊1mm】，各組的陰影模式都是【色彩增值】，不透明度都是【50%】。

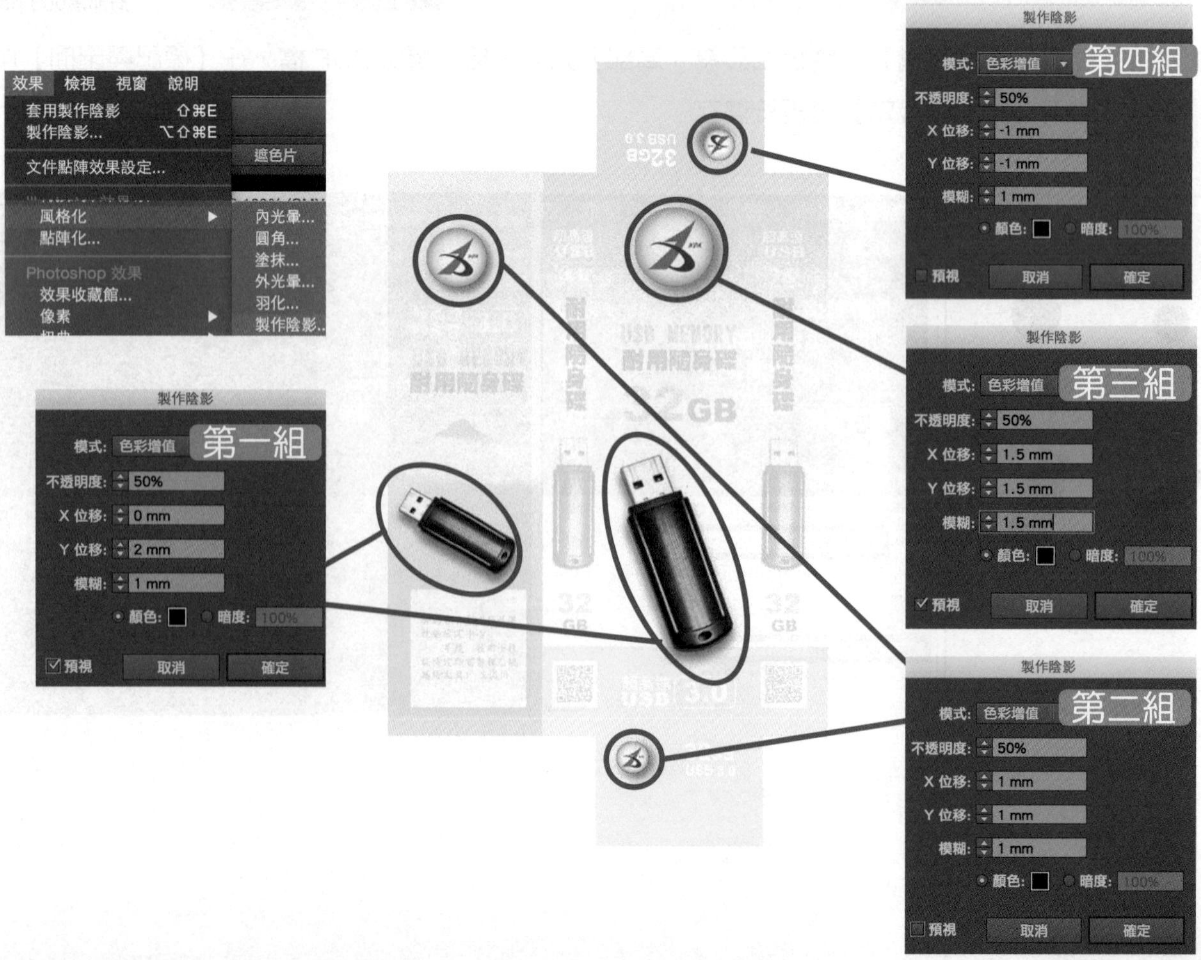

14 執行【檔案 \ 另存新檔】，將檔名設為「無刀模」，格式選擇PDF 檔，在【標記與出血】中勾選【使用文件出血設定】後再按確定。

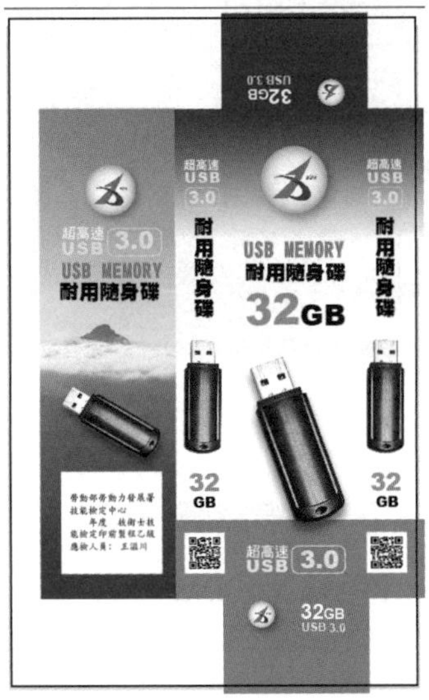

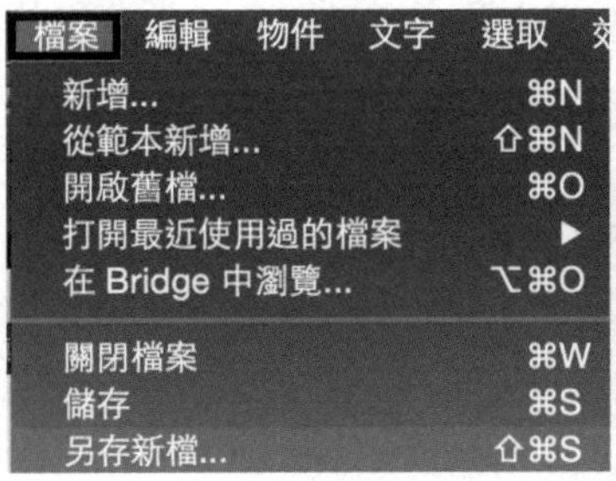

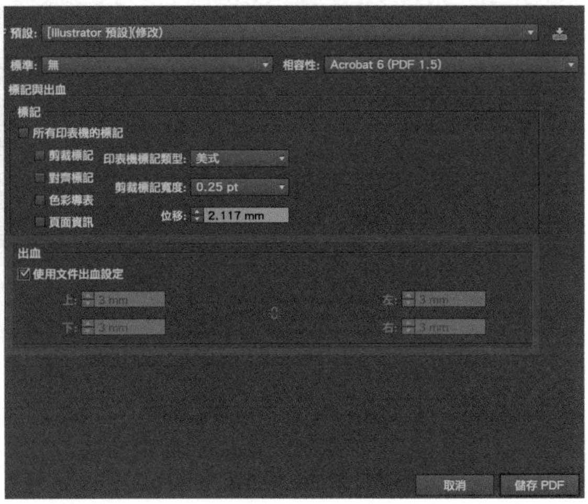

15 開啓刀模圖層為顯示狀態，與製作圖層一起呈現，再執行【檔案 \ 另存新檔】，將檔名設為「刀模」，格式選擇 PDF 檔，在【標記與出血】中勾選【使用文件出血設定】後再按確定。

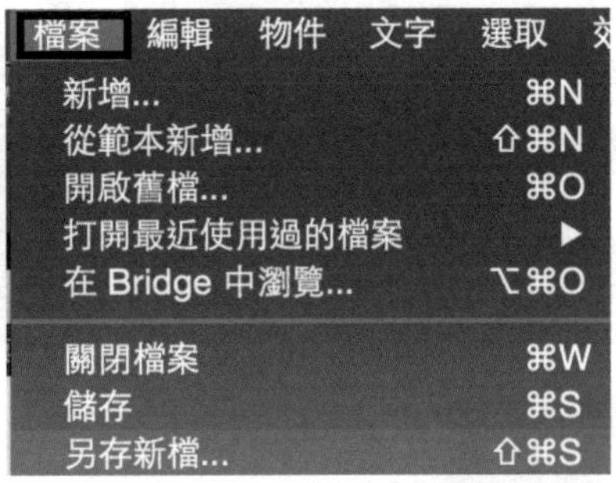

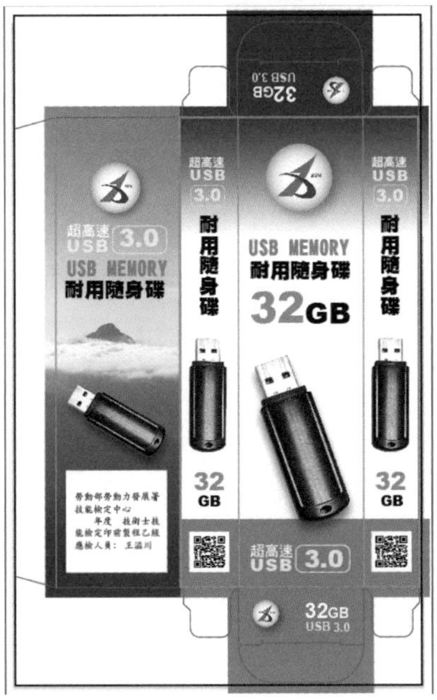

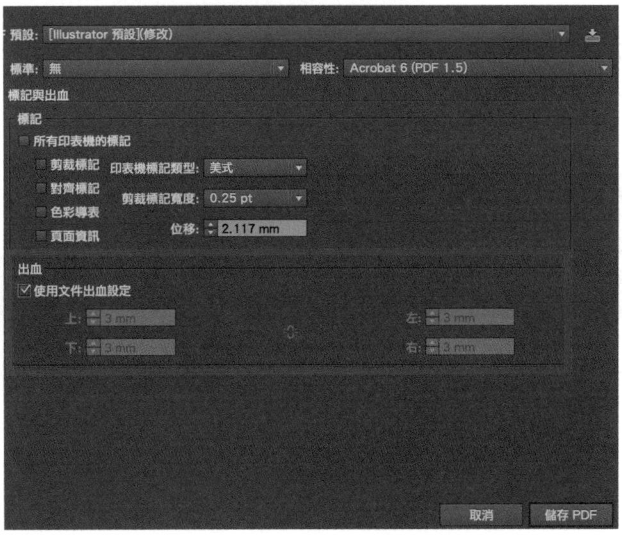

第七題

16 在 Illustrator 中執行【檔案 \ 新增】，將名稱設為「第七題拼板」，尺寸設為【A3】大小，後按確定，另外【新增四個圖層】。

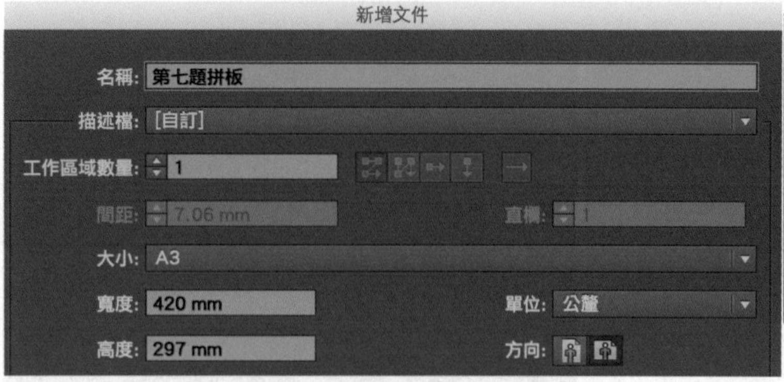

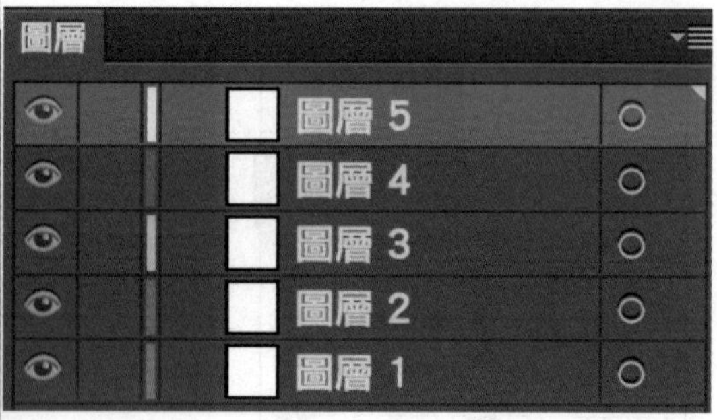

17 將圖層名稱依序為「局部上光 \ 刀模 \ 製作彩稿 \ 描圖檔 \ 十字線」，在【十字線圖層】中以【矩形工具】繪製一個【390mm×277mm】的矩形，【線框 1mm】、【色彩 Y100M100】，以對齊工具【對齊至工作區域】居中置放。

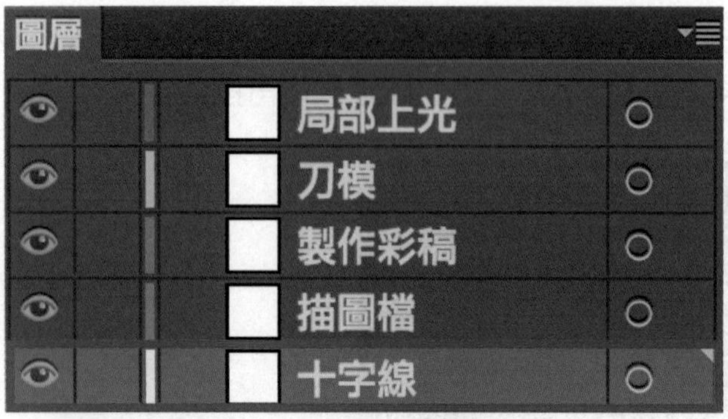

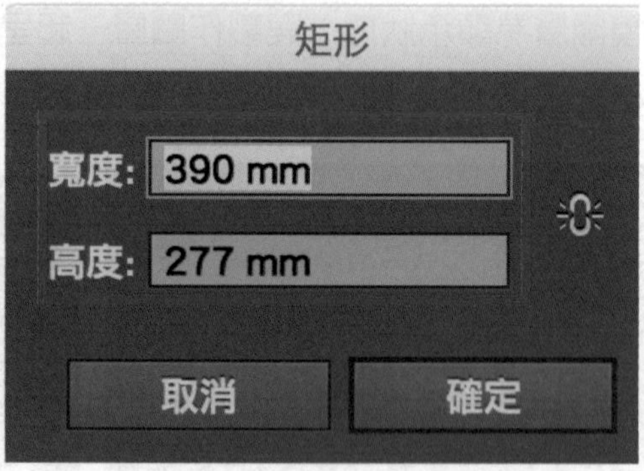

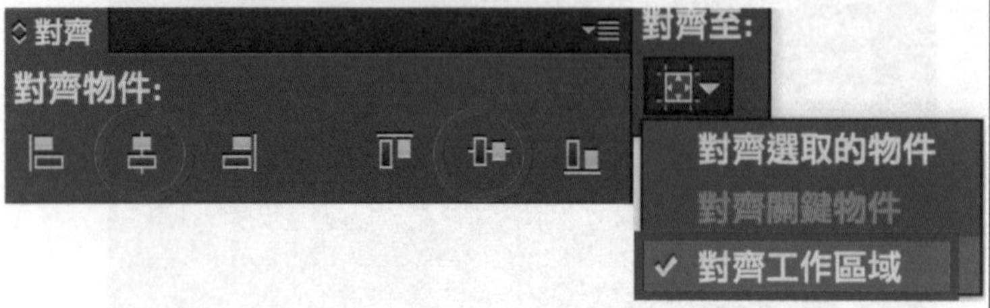

18 以【橢圓形工具 】繪製一個【6mm×6mm】的圓形，再用【鋼筆工具 】畫十字線，將三者選取後置中群組並將色彩改為【四色黑】，按住【Alt+Shift】鍵複製到上下左右分別均勻放置一個，必須在紅色框內。

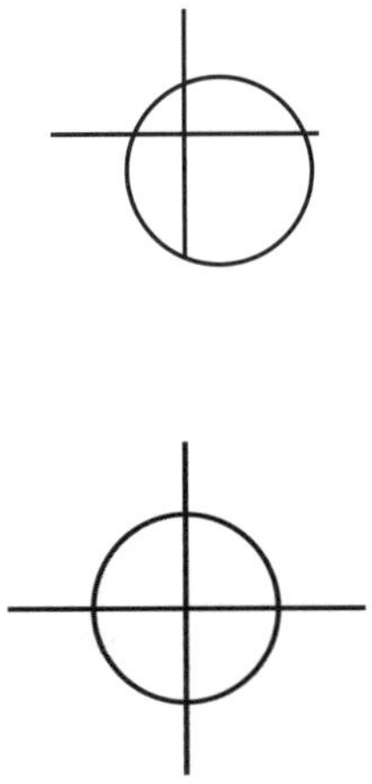

先將十字線設定為群組，再置中對齊（對齊選取範圍）

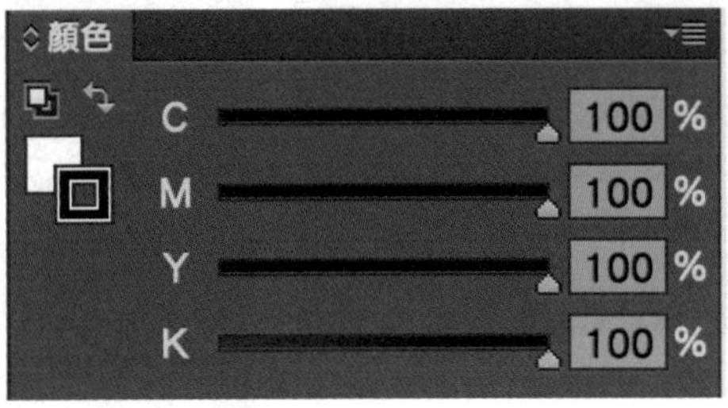

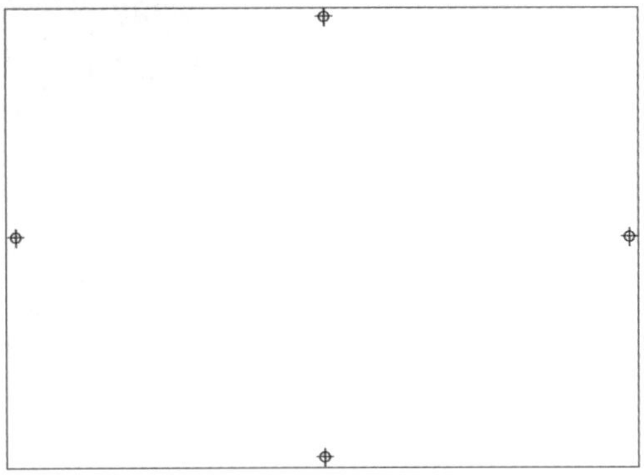

19 以【鋼筆工具 】在版面的右下方繪製一個向下的箭頭，並以【文字工具 T】自行輸入咬口方向。

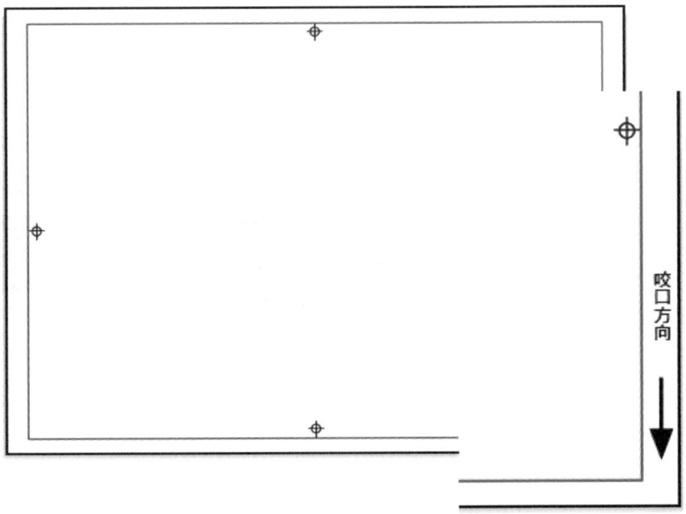

20 在【描圖檔圖層】中執行【檔案 \ 置入 \ 左右兩模刀模對位圖 .jpg】，在變形中複製【高度的數值：125.476mm】，點選剛置入進來的「左右兩模刀模對位圖 .jpg」按下【Enter 鍵】出現移動控制視窗，設定【水平 0mm】、【垂直 125.476+6mm】，再按【拷貝】，完畢後再將描圖檔鎖住。

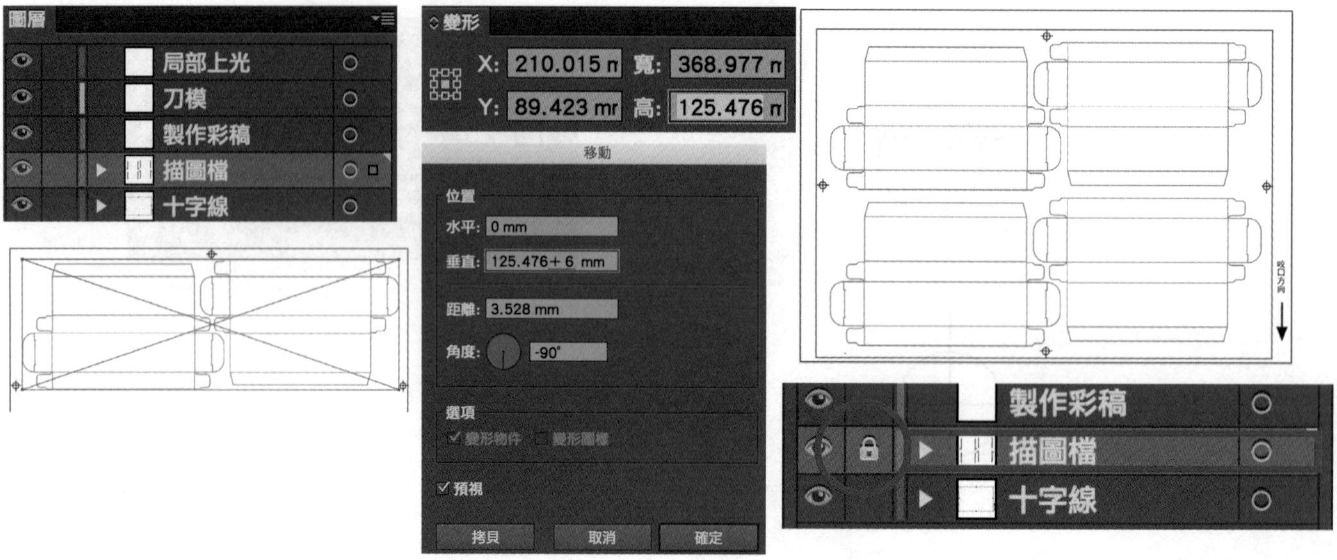

21 來到【刀模圖層】中執行【檔案 \ 置入 \ 刀模】，並依描圖檔對位置放，按住【Alt+Shift 鍵】水平複製到右側，再自行【旋轉 180 度】對位放置。

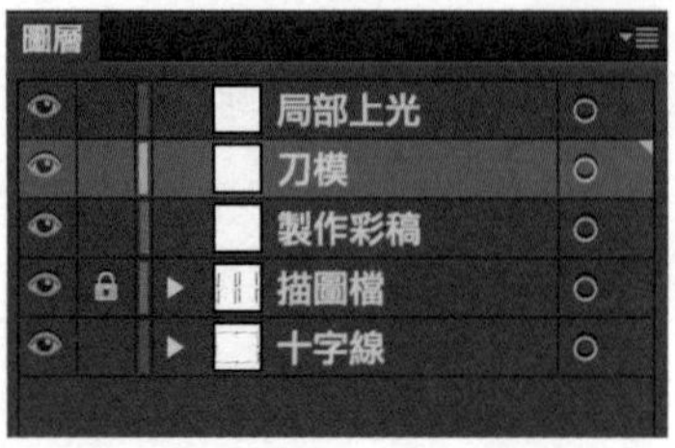

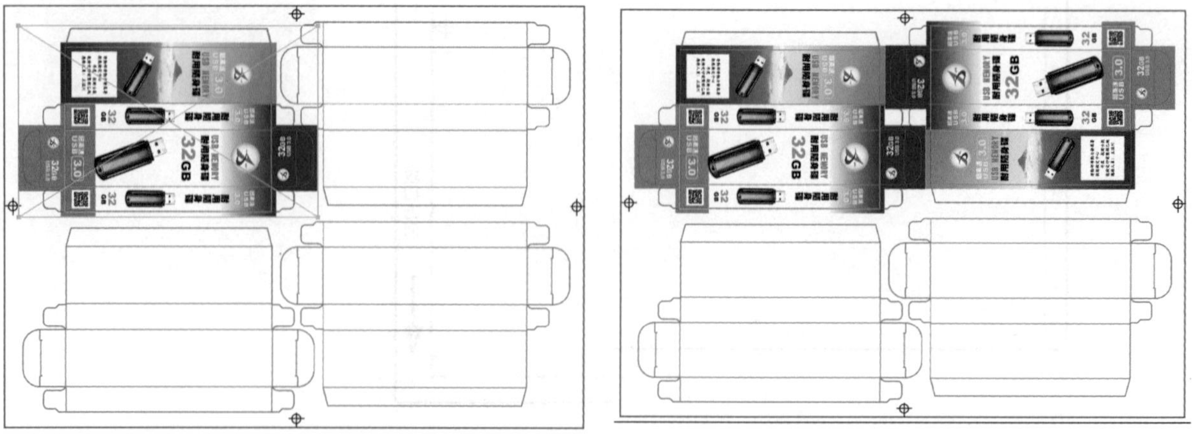

22 再次按住【Alt+Shift 鍵】水平複製到下方，並依照描圖檔對位置放。把描圖檔圖層前方的小眼睛勾掉，執行【檔案\另存新檔】存成【含刀模】，檔案格式 PDF，儲存時【標記與出血】中的【使用文件出血設定勾掉】後按確定。

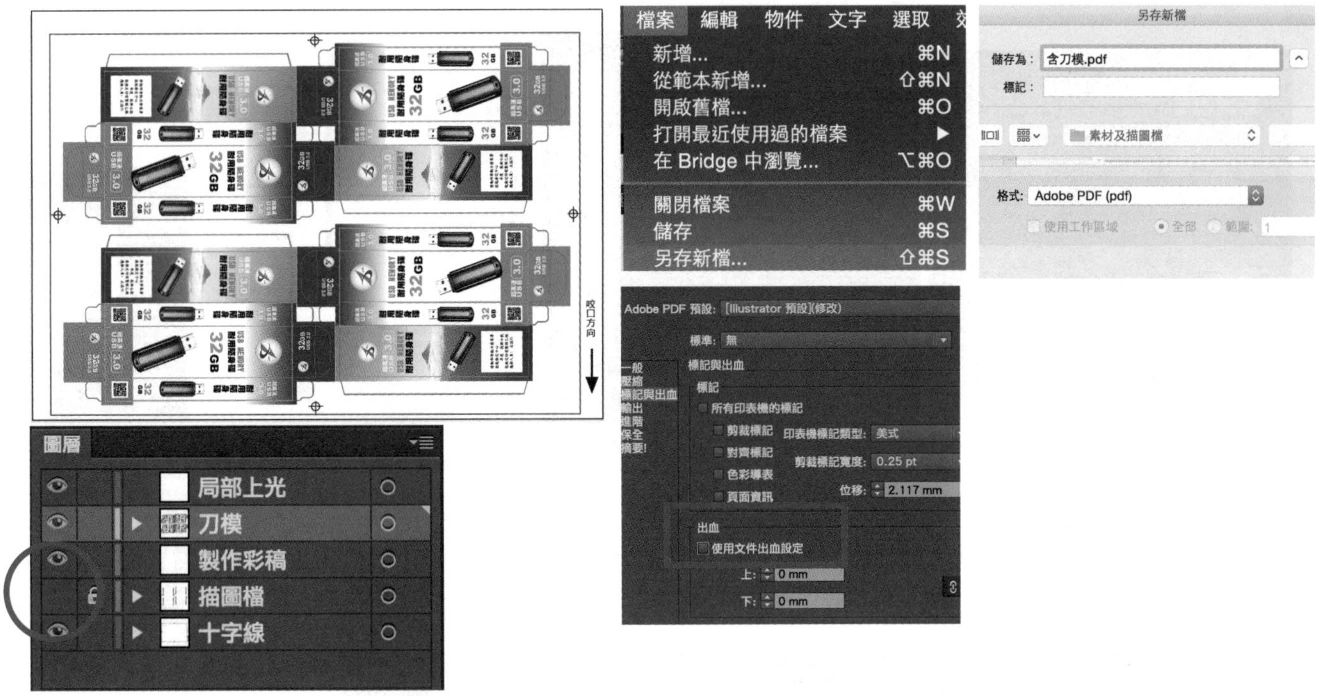

23 點選【刀模圖層】上置入的四個 PDF 檔，按下【Ctrl+C 複製】，再到【製作彩稿圖層】中執行【編輯\就地貼上】。

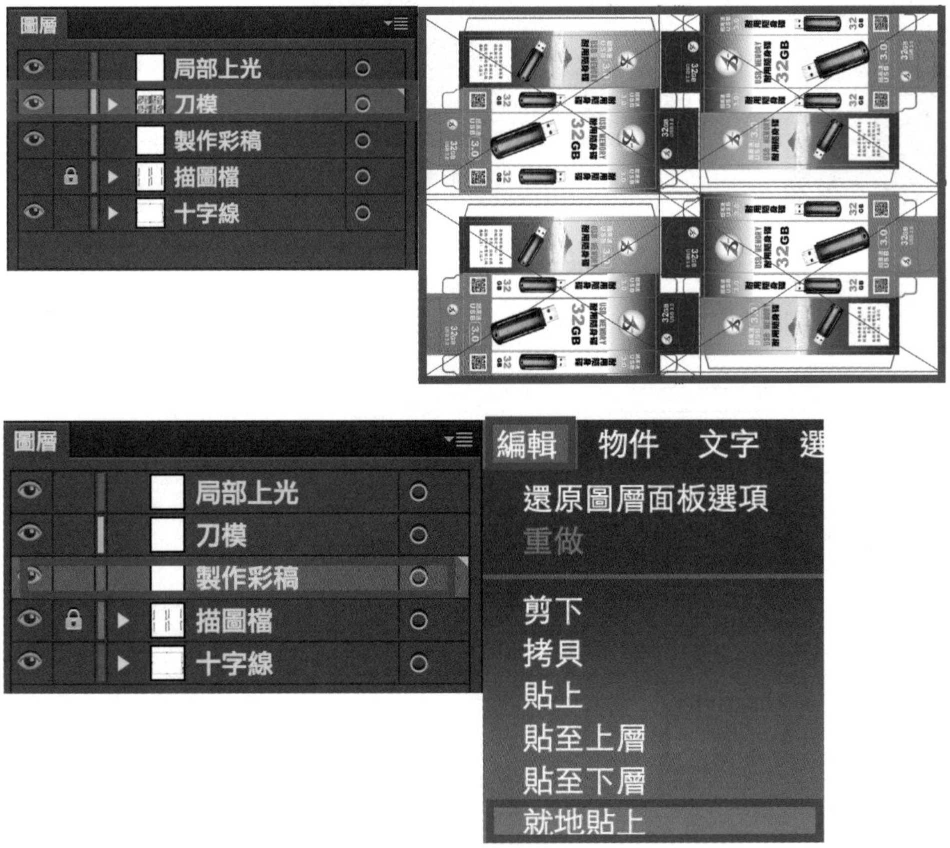

24 點選【製作彩稿圖層】中剛貼上的四個 PDF 檔，執行【視窗 \ 連結】，點按【重新連結鈕 】即出現置入視窗，點選【無刀模 .pdf】後按【置入】，出現置入 PDF 的對話框，將「裁切至」改為【出血方塊】按確定，連續此動作，將四個「刀模 .pdf」連結成「無刀模 .pd」"。

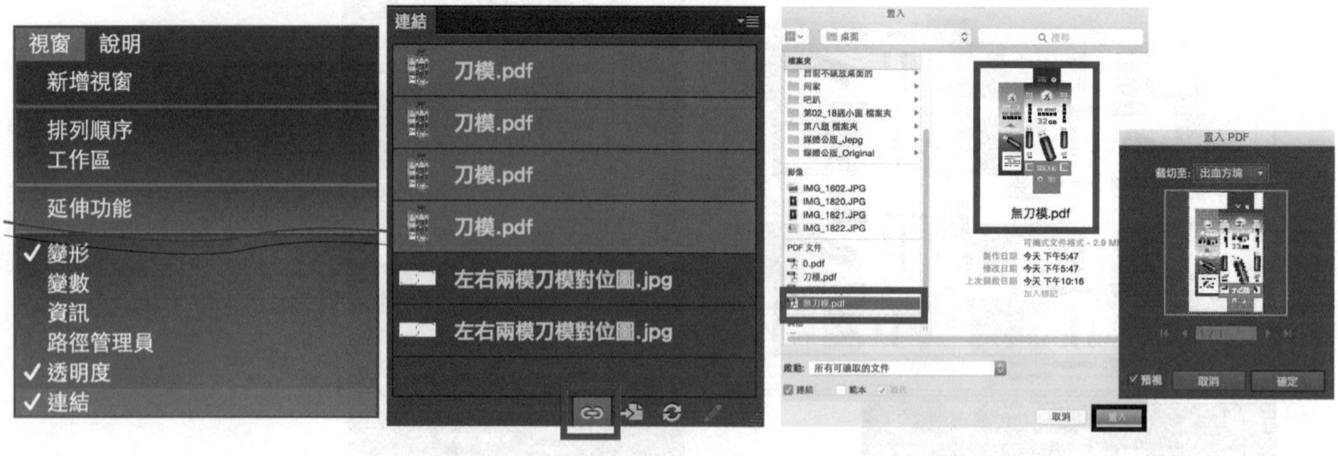

25 把刀模圖層前面的小眼睛關掉，只留下【製作彩稿】圖層。再執行【檔案 \ 另存新檔】存成【無刀模】，檔案格式 PDF，儲存時【標記與出血】中的【使用文件出血設定勾掉】後按確定。

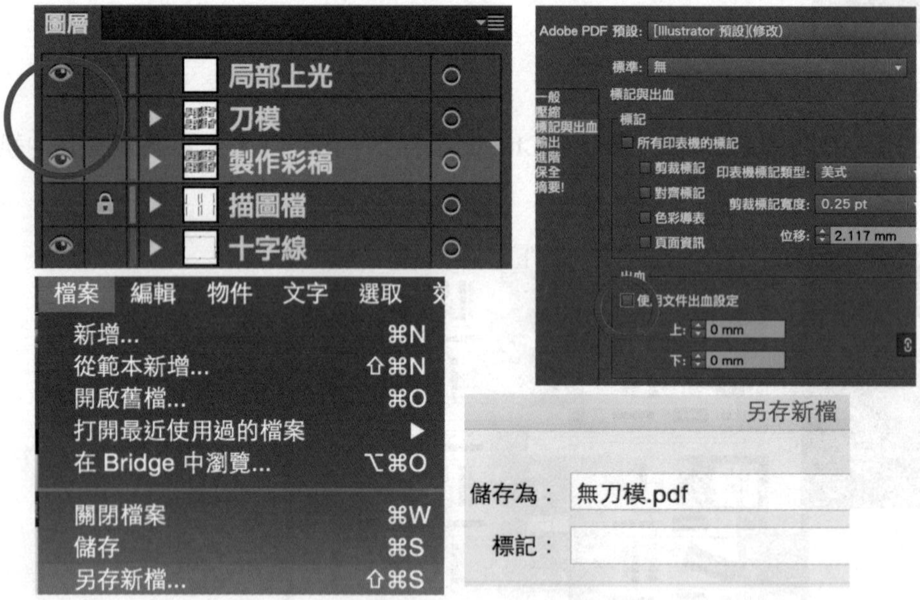

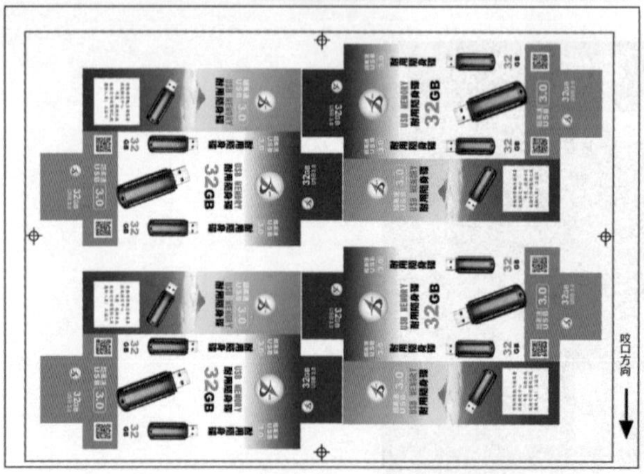

26 點選【製作彩稿圖層】上置入的四個 PDF 檔，按下【Ctrl+C 複製】，再到【局部上光圖層】中執行【編輯 \ 就地貼上】，然後將製作彩稿圖層前方的小眼睛關掉。

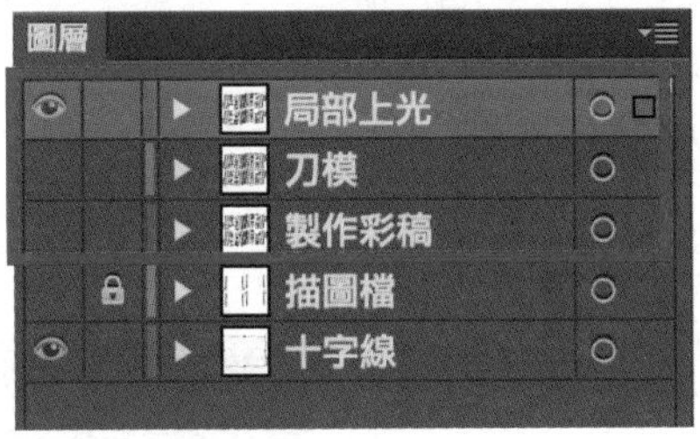

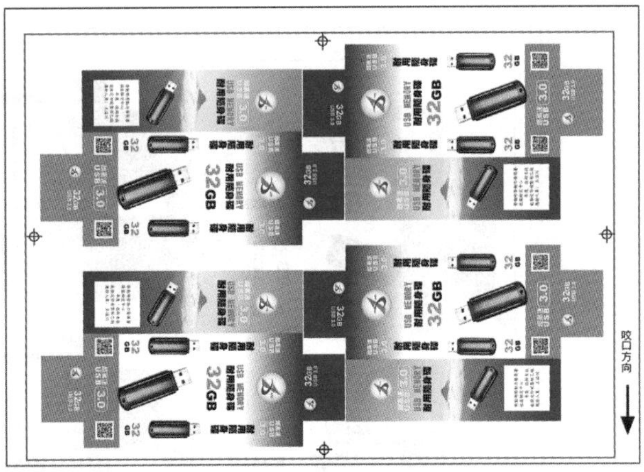

27 以同樣的步驟選擇四個 PDF 檔，點按【重新連結鈕 】即出現置入視窗，點選【局部上光 .pdf】後按置入，出現置入 PDF 的對話框，將「裁切至」改為【出血方塊】按確定，連續此動作，將四個「無刀模 .pdf」連結成【局部上光 .pdf】。

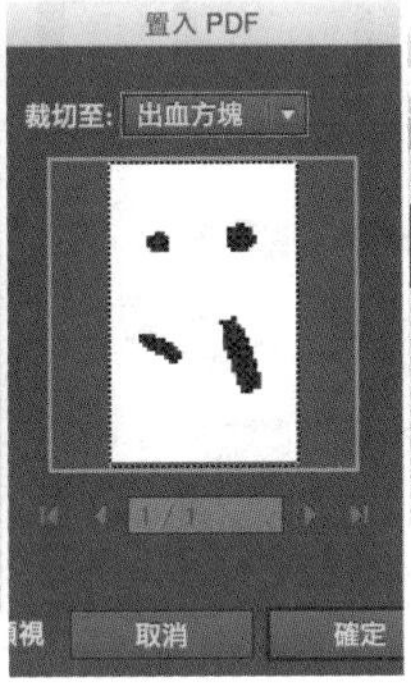

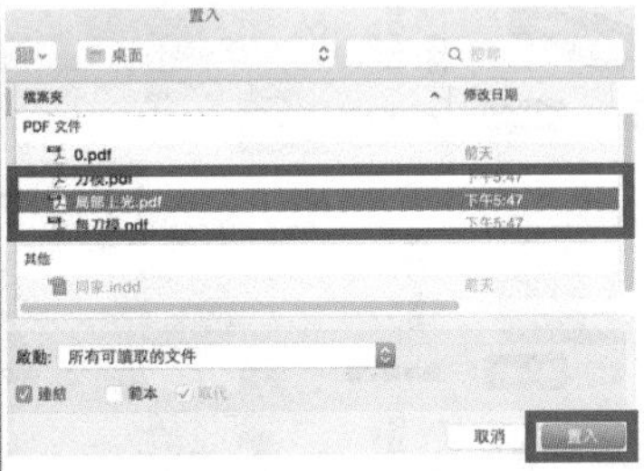

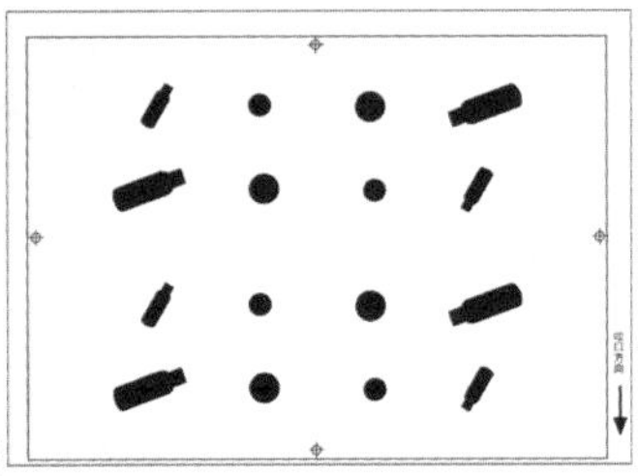

28 執行【檔案 \ 另存新檔】，並以同樣的設定方式存成一個【局部上光 .pdf】檔案。

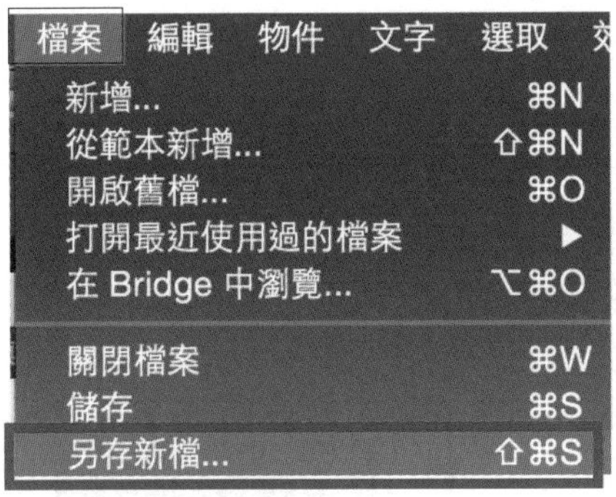

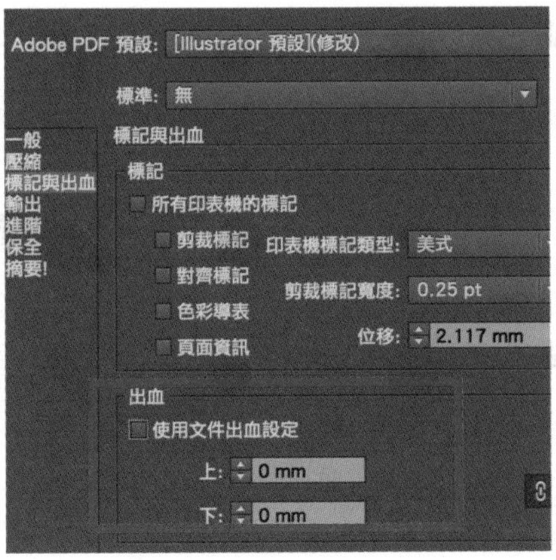

29 一共完成了 3 個拼板的 PDF 檔，檔案名稱分別為【無刀模 .pdf】、【含刀模 .pdf】、【局部上光 .pdf】，等候列印繳交。

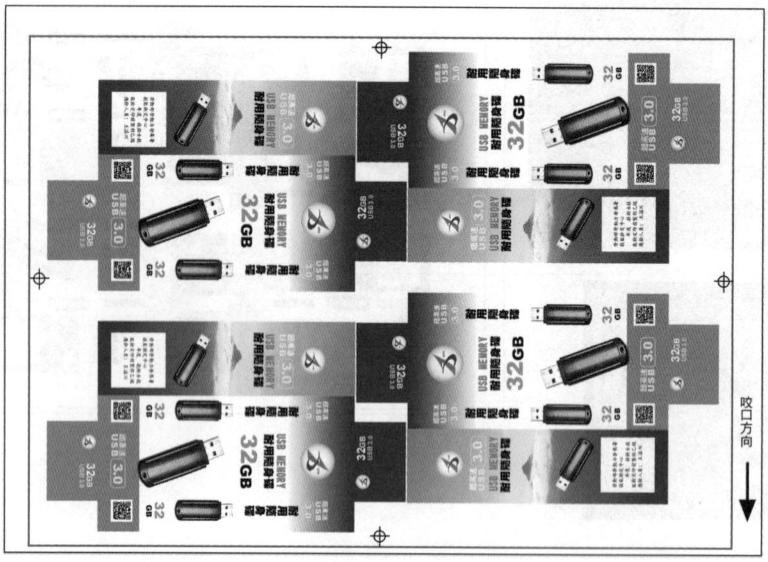

無刀模 .PDF

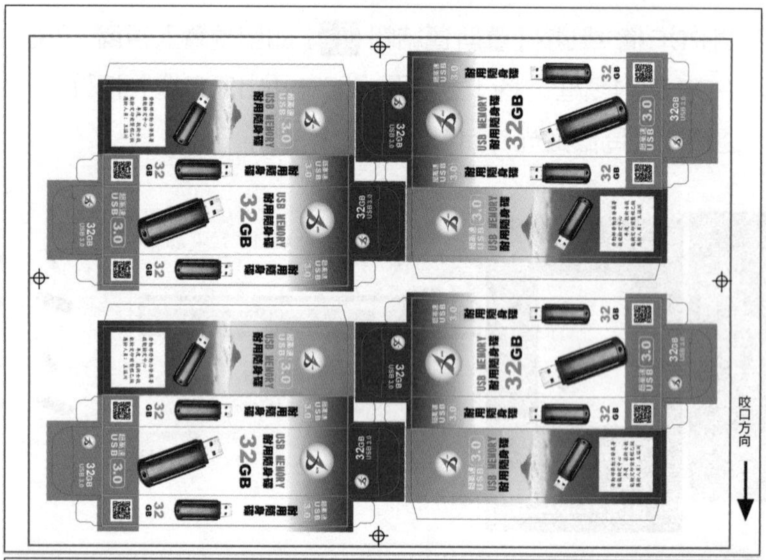

含刀模 .PDF

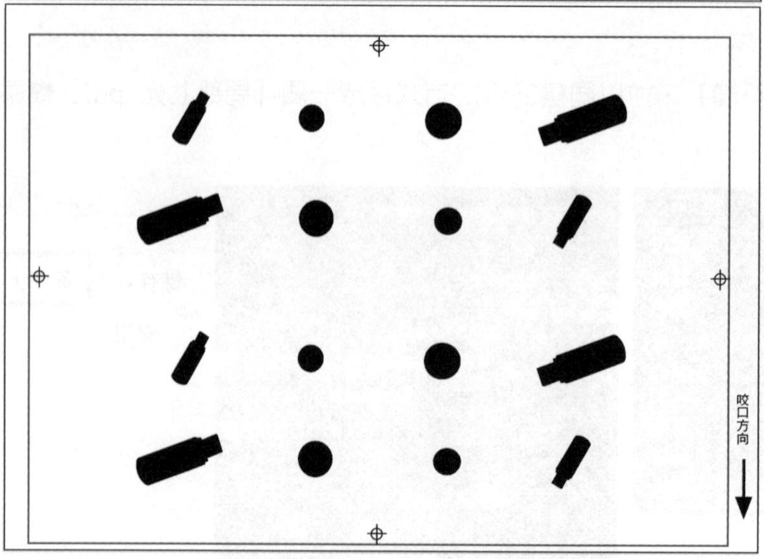

局部上光 .PDF

第八題

試題編號：19100-106208

試前重點說明

說明樣式

解題方法

試前重點說明

一、試題編號：19100-106208

二、試題名稱：製作右翻十六頁騎馬釘裝手冊暨電子書

三、檢定時間：120 分鐘

四、測試項目：

（一）原稿判讀、製作規劃及版面依印刷條件製作需求完稿，電子書設定與製作處理。

（二）圖文編輯中圖像、文字、動態等檔案格式、尺寸的轉換以及特效的處理。

（三）頁面與印刷落版規劃，包含出血標記、十字線、摺線與裁切標記等，另含動態電子書的檔案製作輸出與轉存的處理。

（四）列印與電子格式轉換的成品，應具備自我品管檢查之責任。

五、試題內容：

（一）模擬一份『95mm × 130 mm』騎馬釘裝十六頁之小冊子，整份成品均採用雪面銅版紙 120 磅，以張頁式平版印刷機印製，且須符合印刷裝訂條件之需求。

（二）請自行繪製台紙，並完成 16 頁的落版；16 頁版面採「地對地」順時針摺紙方式拼大版，拼完版後最大輸出尺寸爲 297 mm × 420 mm （A3），成品列印樣張應輸出兩張。

（三）編輯的文字檔，檔名爲「10708TEXT.txt」編輯過程請自行參考使用，稿件中未包含的文字（自行補上）、各物件位置未特別說明實際距離者，可依所附「對位用參考檔」資料夾中的 16 張描圖檔進行對位調整；在 15、16 頁版面上請正確輸入考試年度與考生姓名等應試資訊。

（四）請依『說明樣式』自行設定、製作編輯版面，所附『原圖』資料夾爲檢定考試應有之電子檔，稿件中封面標題已製作完成，檔名爲「料理中的美感秘密 .ai」；「圖像檔」計 50 張爲版面製作時的素材；另有共 8 頁（2、3、8、9、10、11、12、13）的完成檔案皆爲 PDF 格式（出血尺寸），可直接置入頁面編輯。

（五）作業期間務必隨時存檔，成品檔案存檔的命名規則：准考證號碼 + 應檢人姓名 +（落版）和准考證號碼 + 應檢人姓名 +（電子書）以利區隔；檔案需另轉換成 PDF 格式（建議爲相容版本 PDF1.3 或 1.4 版本）；列印時，可參考現場所提供之列印注意事項，以 Acrobat Reader 或 Acrobat 軟體列印輸出。

（六）測試時間結束前，將所有成品檔案與 PDF 檔各乙份儲存於隨身碟中供檢覈外，應指定該 PDF 格式檔案經彩色印表機列印出作品樣張；輸出列印成品上需有出血標記、裁切標記與十字線，線寬 0.3mm 以下可供識別並需註記咬口方向；並須自行量測與檢視印樣成品尺寸規格正確性。

（七）落版完成列印後，請依照『說明樣式』處理與所附「電子書成品製作標準樣 - 給考生」檔案所示要求，製做互動式電子書，電子書依除依規範製作外，輸出時需轉成翻頁 SWF 格式，成品如標準樣。

（八）術科測試時間包含版面製作、完成作品列印、電子書製作等檔案修改校正及儲存等程序，當監評人員宣布測試時間結束，除了位於列印工作站之應檢人繼續完成列印操作外，所有仍在電腦工作站崗位的應檢人必須立即停止操作。

（九）作業完畢請將作品原稿之所有成品、廢品、原稿、隨身碟連同稿袋與簽名樣張一併繳交監評人員評分。

說明樣式

說明樣式注意事項

★請勿直接量測「說明樣式」圖例中各尺寸與位置，本樣式僅供應檢人各項配合製作說明之使用。

★本作品落大版後須列印出裁切線、十字線與角線；要做為評分之作品，請於右下角簽名後繳回評分。

電子書製作

★命題：選擇第 1、4、5、14、15 五頁計三個版面，運用按鈕、動畫、物件狀態功能設定，於版面設計互動元件，建立動態瀏覽畫面 。

★依內容製作、完成之檔案，需與電子書 DEMO 檔相符，製作前可先參考所附的電子檔案，理解電子書製作的要求與特效；且除項目指定操作的動作之外，勿執行非題目要求之動作，有誤植者將視程度輕重，酌以扣分。

★ 完成後將 16 頁檔案轉存為電子書，轉存文件為 SWF 檔，大小縮放 100%，具翻頁格式，影像處理以 PNG（不失真）壓縮，解析度（PPI）96 。

本書之附書光碟含有勞動部公告之測試參考資料，考生可使用光碟內的資料做演練。但請注意，勞動部會不定期做勘誤、小幅修訂，且不會另行公告（大幅修訂勘誤才會公告）建議考生於考前至「勞動部勞動力發展數技能檢定中心」網站，由「熱門主題 \ 測試參考資料」區下載最新版的素材做最後演練，樣式與素材皆以考試現場提供之資料為基準。

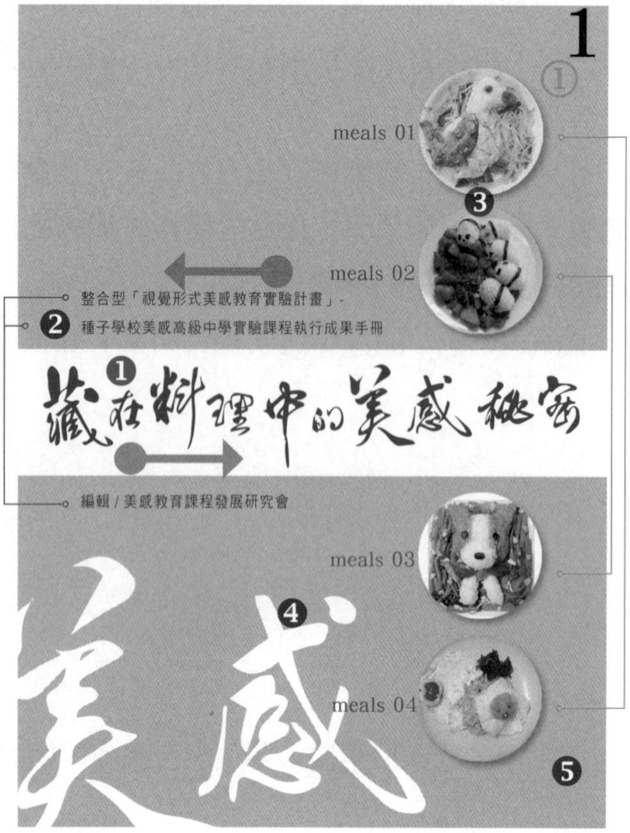

電子書製作

①第1頁大標題複製原地貼上，底層標題不透明度 50%，電子書效果爲上層大標題由左方飛入；副標題由右方飛入，持續時間兩秒；造形餐 meals01 與 meals04 對調 meals02 與 meals03 對調，動畫效果「顯示」，設定「持續時間四秒」重複播放勾選；並將副標題與四個造形餐一起計時連結播放(持續兩秒)，讓畫面具有一同變換與動態感。

②第4、5 頁爲對頁畫面，電子書效果爲「從左邊飛入」依序爲A B C D，「從右邊飛入」E F G，標題與內文之動畫效果設爲「淡入」，如圖所示。

16頁手冊製作

❶大標題：已附有AI「料理中的美感秘密」檔案，直接置入適當位置

❷副標題：黑體W5，7pt，行距：13，K80

❸造形餐20×20mm 圓形×4 個（從圖像檔置入檔名meals 01-04），另製作陰影（位置-距離： 1 ；選項-大小： 1），依描圖檔對位

❹底紋（美感） 兩字：使用大標題「料理中的美感秘密」檔案擷取製作，白色（K0）

❺底色： Y15K30

❻標題（二）字體：黑體 W5，13pt，行距：13，字距230，C40M80Y80

❼內文字體：黑體W5，7pt，行距：13，K80，依段落樣式調整

❽英文字體底紋： Arial Italic，72pt，行距72，K0

❾書眉：黑體 W5，12pt，行距：自動，K60

❿標題（一）字體（橫式）：黑體 W7 平1，20pt，行距：自動，C40M80Y80

⓫標題（二）字體（橫式）：黑體W5，7pt，行距：自動，字距： 200，K6

⓬內文字體（橫式）：黑體W5，7pt，行距：13，K100

⓭圖片規格15×30mm，15×25mm 兩種， 從圖像檔置入檔名Chef 01-35)，無外框，依描圖檔對位，共計35張

⓮直式大標題字體：黑體 W7 平1，20pt，行距：自動，C40M80Y80，尺寸：高度110mm，強制齊行

⓯置入constitute 04圖片，調成圓型狀20×20 mm大小，依描圖檔對位，文繞圖（圍繞物件形狀）：1mm

❽ 美感教育成果手冊 Expect 期望 ❾

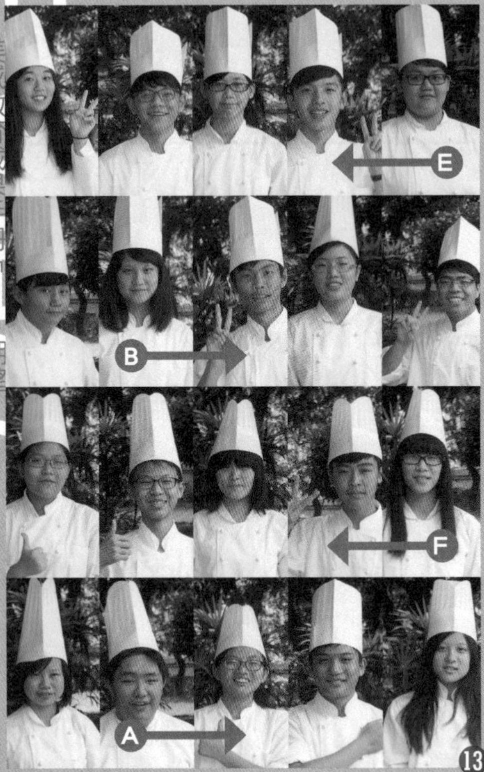

❺ 5 ⓭

②

⓭

美感教育實驗課程的對象如果是

餐飲管理科的學生 ❿

將可以有更多的期待… ⓫

這些台灣觀光、餐飲業未來第一線的從業人員，若能提升其美感素養，不管其創業或就業，都可立即改善台灣餐飲環境與飯店經營品質且顯而易見，如此對台灣將有直接助益。⓬

⓭ 4

⓮

❼ 視覺形式美感教育課程的主軸

美感教育視覺形式實驗課程分為六大主軸，計有比例、構成、結構、構造、色彩、質感，學生經由美感教育實驗課程由內而外的創作、表現，或由外而內的審❻美、感知開始建構與認識美。

❼ 構成課程規劃

構成的英文名稱為composition，第一次課程首先介紹何謂構成。讓各組寫下對生活中構成的觀察與想像。其次，各組針對攜帶的物體構成方式進行圖解並提出報告與進行評分。過程敘述影響構成的因素及案例欣賞，如自然環境梯田、室內空間、校建築的構成。人為構成，街道景觀路燈、紅綠燈與指示標誌的介紹。

⓯

第二次課程即以構成美感的條件，經典案例介紹了規律、組合、配置等實際例子。課程活動以肢體為主的形式構成，拍照記錄由每組上傳5-10張構成形式並分析說明。建立其精神統合和自我的學習歷程。如何藉著體驗活動，引導學生體會人與人、人與自然、人與社會、人與環境的關係。

7

⓰

6

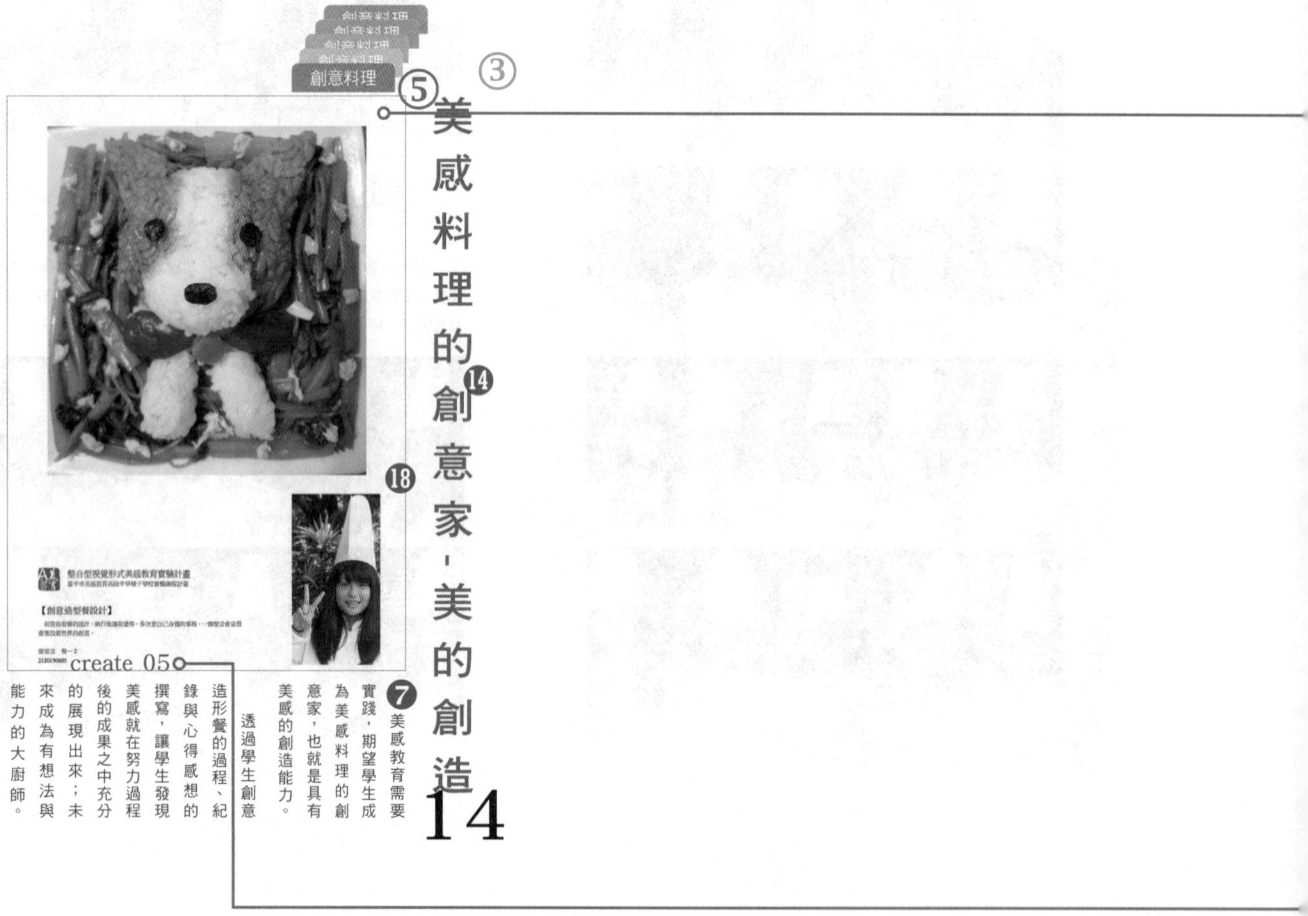

16頁手冊製作

❺底色： Y15K30

❻標題（二）字體：黑體 W5，13pt，行距：13，字距230，C40M80Y80

❼內文字體：黑體W5，7pt，行距：13，K80

❽英文字體底紋： Arial Italic，72pt，行距72，K0

❾書眉：黑體 W5，12pt，行距：自動，K60

⓮直式大標題字體：黑體 W7 平1，20pt，行距：自動，C40M80Y80，尺寸：高度110mm，強制齊行

⓱8-13頁中的圖片依structure 01-05，improve 01-02，Experience01-03，Find 01-03 置入依描圖檔對位

⓲create05 圖像尺寸爲64×90 mm ，外框K60粗細0.25pt，請依描圖檔對位

⓳create01-04 圖像尺寸爲32×45mm，外框K60粗細0.25pt，請依描圖檔對位

⓴應試資訊 68×21mm（完成後尺寸），線框K80(直立線)粗細5pt白底，以線條對其中央爲基準；字體：致中K80黑體W7，應檢人姓名與年度數字皆爲16pt，其餘文字爲10pt

㉑置入Art exhibition 01-02圖片，依描圖檔對位

第 17 點應為誤植，因 8-13 頁已改為提供已製作好，包含出血尺寸之 PDF 檔，不須再另行製作，素材中也未附圖片。實際說明樣式與素材，仍以勞動部最新公告為基準，本書僅供參考。

第八題

電子書製作

③第14、15 頁爲對頁畫面，標題設動畫，效果爲" 放大(2D)"；將create01、create02、create03、create04 複製且放大，對齊放置於右方create05 的位置。

④設定create01 動畫效果「淡入」，設定「載入頁面」取消、勾選「在製作動畫前隱藏」；依序完成create02-05的設定，create05 應多複製一份作爲底圖。

⑤繪製18×4.8mm 大小方框五個(上方左、右轉圓角5mm)，名稱設爲label01-label05，輸入「創意料理」四字，黑體W5 反白字8.4pt，底色依序爲M60K20、Y60K20、C30Y30K20、C60K20、C30M30K20；label01-05 置於X160.7 Y7.67 的位置，設定label01 動畫效果「飛入、停止、飛出」，「載入頁面」取消、勾選「在製作動畫前隱藏」、「在製作動畫後隱藏」；依序完成label02-05 的設定。

⑥將create01-04 與「應試資訊」設爲按鈕，外觀「正常」狀態時「不透明50%」，滑鼠指向時則顯示「不透明100%」；對應連接右方create01-05 的版面，此版面座標位置爲X137、Y9.8；依序設定按下的按鈕之時，先後顯示create01-05 與label01-label05 兩項動畫效果。請注意下方label01-label05的五個方框，不製作於16 頁的手冊畫面，僅顯示於電子書使用。

摺紙

考生可先以手工摺紙來模擬實際書本的樣式。

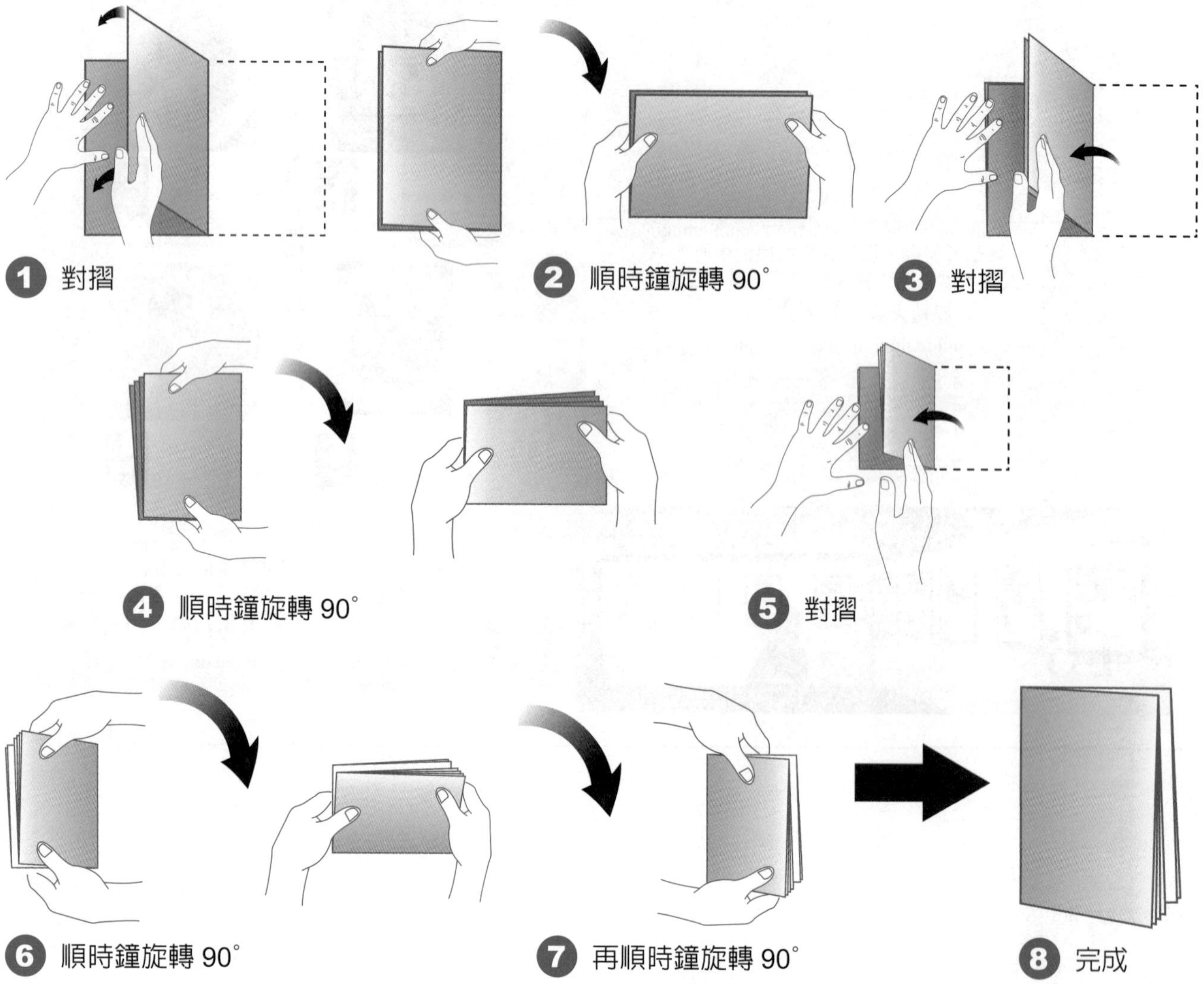

摺完紙張後，將對摺處置於左邊開口朝下，依圖示用筆將摺出來的台紙一一標示上頁序（共 16 頁）。若摺好發現頁序有誤，或是正反面不對，可能就是落大版時有做錯，請考生多加注意。

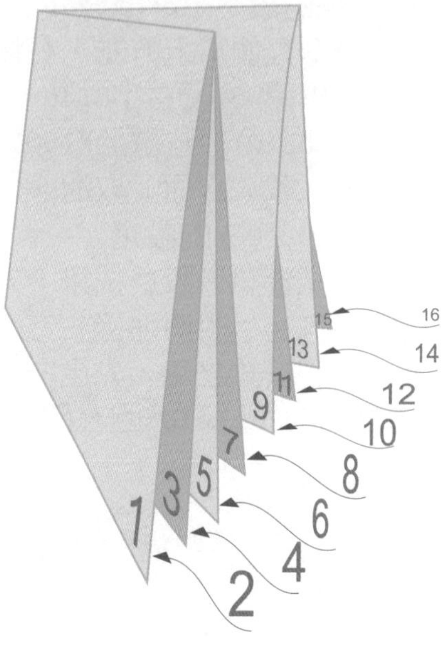

解題方法

製作白色「美感」

1 在 Illustrator 中執行【檔案 \ 開啓舊檔 \ 原檔 \ 料理中的美感秘密 .ai】。

2 以【直接選取工具】 按住【Shift 鍵】選擇「美感」的色塊，注意不可以用圈選的方式，因為在「美感」的選取範圍裡含有其他不同色彩的色塊，參見下方圖例，同樣都是選到「美感」但是色彩選項卻出現問號，即表示選取錯誤。

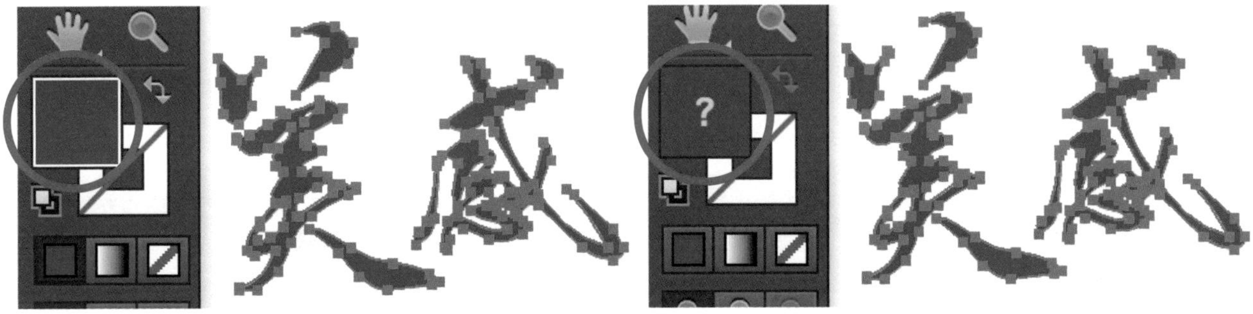

第八題

3 選取完「美感」後，執行【編輯 \ 複製】，再執行【檔案 \ 新增】，開啟一個新檔，然後將複製出來的「美感」執行【編輯 \ 貼上】。

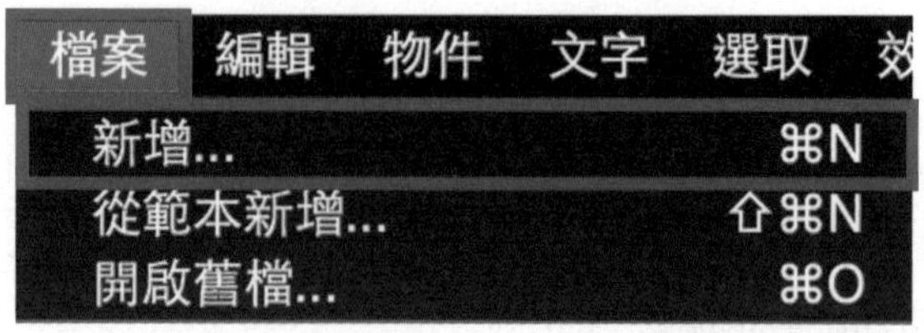

4 將「美感」的內部填色改為【白色】，並執行【檔案 \ 轉存】，檔名為【美感 .psd】。

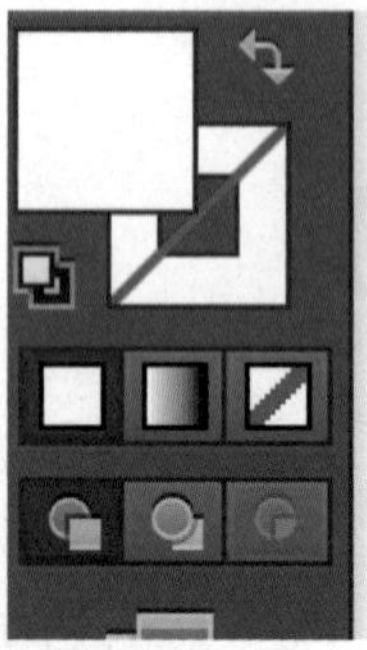

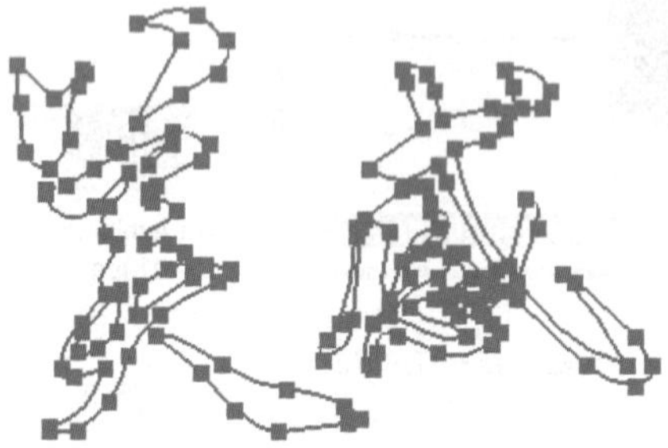

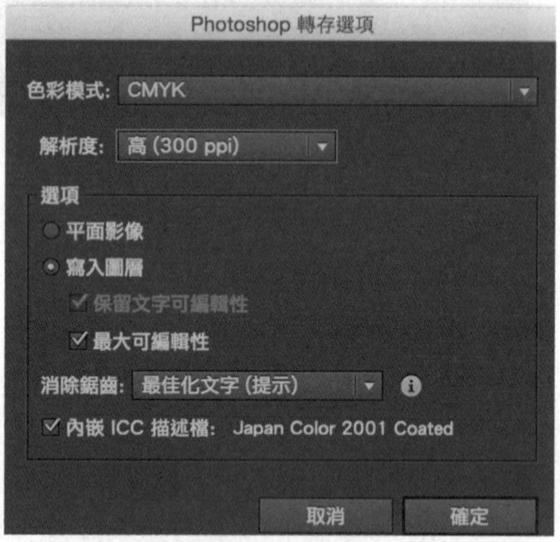

Indesign 開檔

1 在 Indesign 中執行【檔案 \ 新增 \ 文件】，開啓一個新的文件。

2 將頁數設為【16】，【對頁】打勾，【寬度 95mm】、【高度 130mm】，方向為【直式右翻書】，出血【3mm】，後按「邊界和欄」，將上下左右的邊界設定為【10mm】，後按確定。

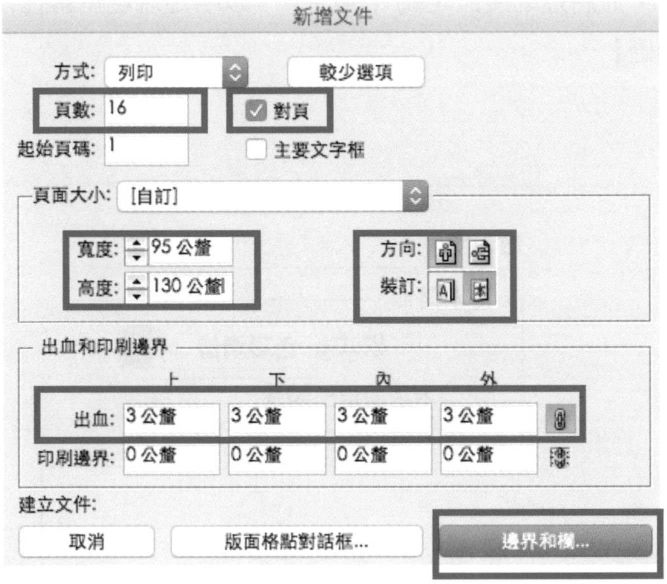

3 開啓文件後執行【視窗 \ 圖層】，點按【新增圖層】兩下，出現圖層 1、圖層 2、圖層 3，在各自圖層上以滑鼠左鍵雙擊出現圖層選項對話框，分別命名為【描圖檔】、【製作】、【底圖】，並依圖示排列順序。（描圖檔圖層放置描圖檔，製作圖層放置製作中的文字或圖片，底圖圖層放置背景的色塊或直壓底圖的文字）

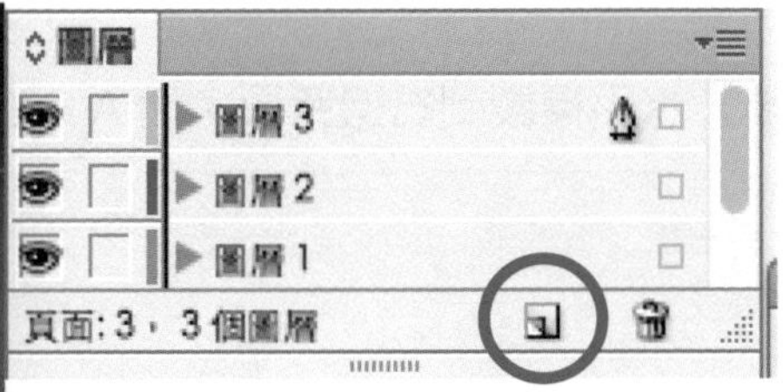

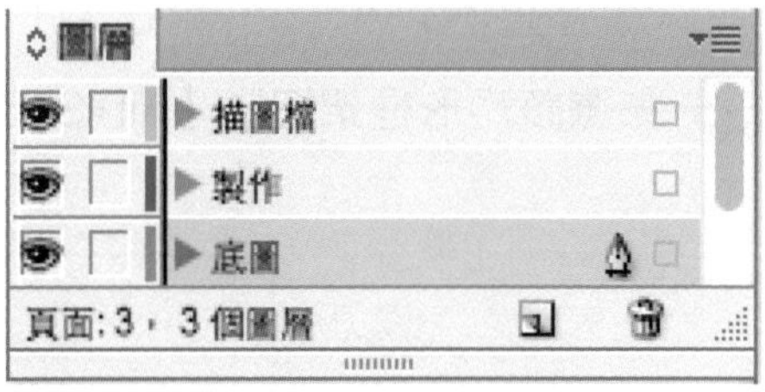

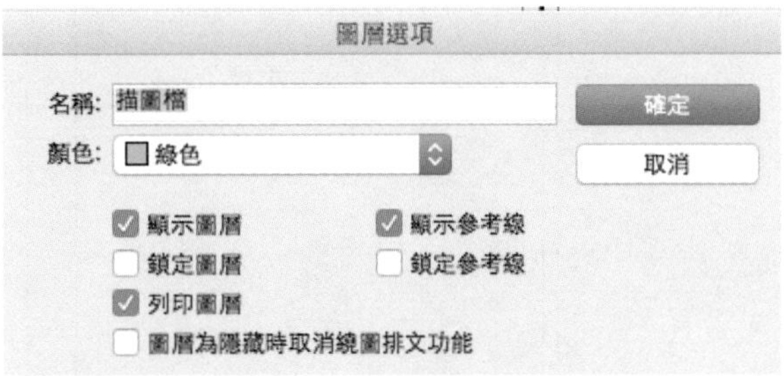

第八題

4 於描圖檔圖層中，在 A－主板的左邊跨頁以【框架矩形工具】 在畫面上繪製一個【95mm×130mm】的框架矩形。

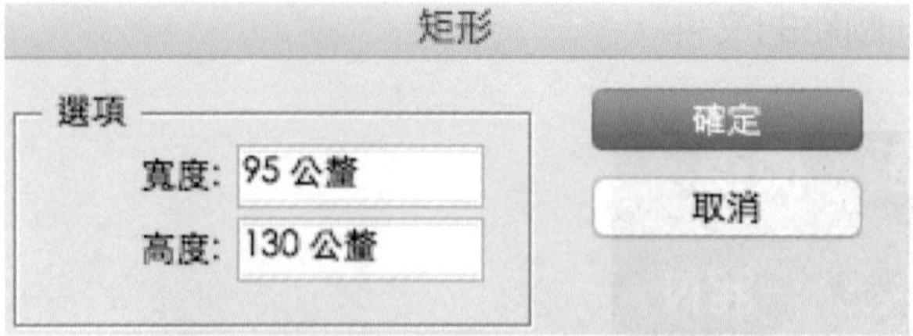

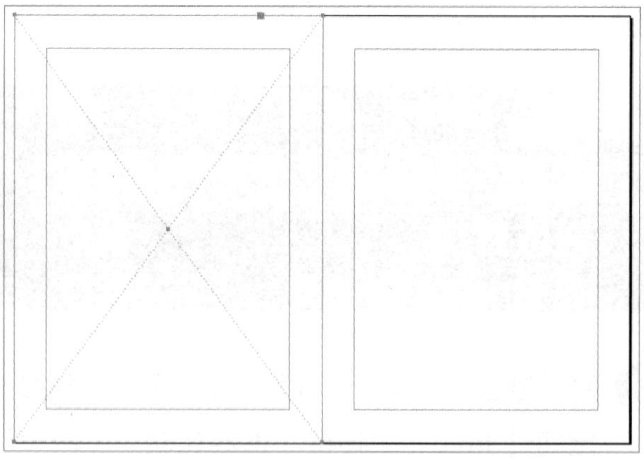

5 點選該矩形執行【物件＼效果＼透明度】，並將透明度設定為【30%】（以檢定現場螢幕在視覺上的濃淡做調整），模式改為【色彩增值】。

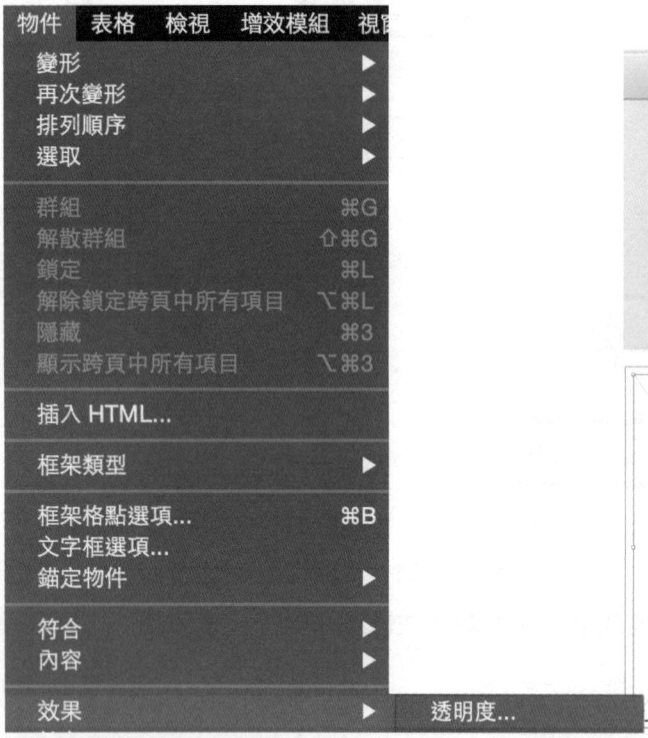

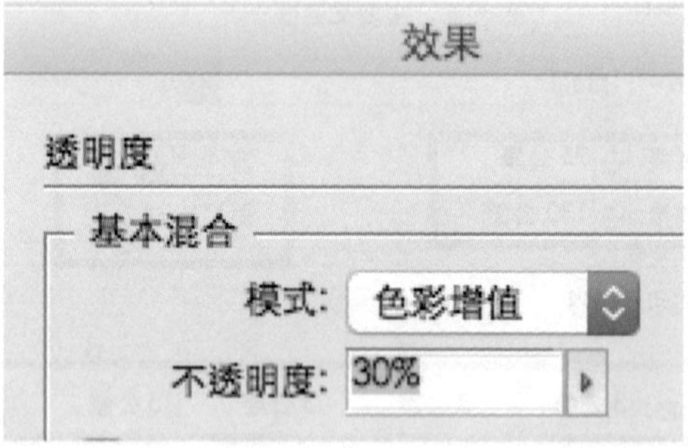

6 點選該矩形框架按住【Alt+Shift 鍵】水平複製到右邊跨頁，使 A－主板左右各一個矩形框架。

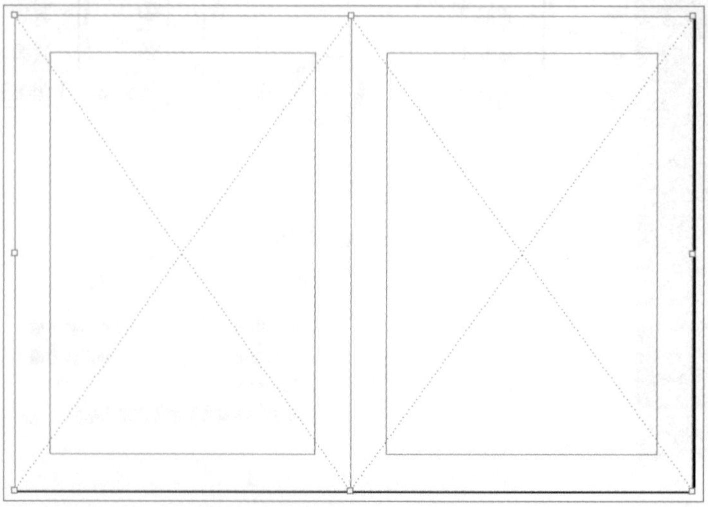

描圖檔置入

1. 圖檔置入時電腦會自動依照檔名數字順序排列置入，然而一旦遇到有十位數的檔名時，置入的順序就會亂掉，例如點選 1,2,3,4,5,6.......16 直接置入時，在順序上就會出現 1,10,11.......16，本題一共有 16 頁的小頁面，故在置入描圖檔時採用置入兩次的方式，第一次置入 1 ～ 9 頁，第二次再從第 10 頁置入到第 16 頁，這樣一來順序就會正確不會亂跑。

2. 執行【檔案 \ 置入 \ 對位用參考檔 \ 描圖檔 -1（完成尺寸）～描圖檔 -9（完成尺寸）】，再按打開，依序將描圖檔一一貼入。注意本題是右翻書，【偶數頁在右邊】，貼入描圖檔時請留意。

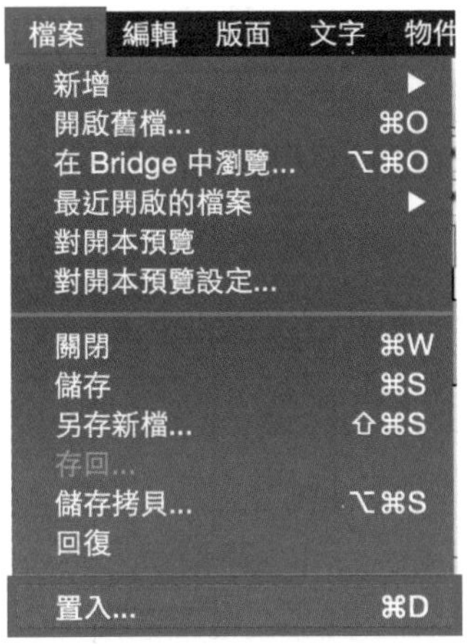

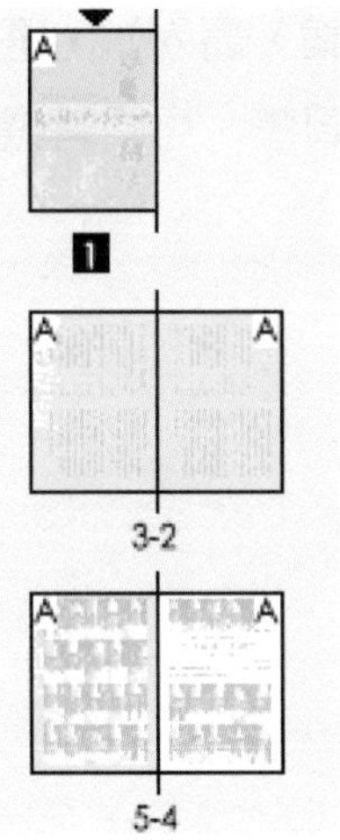

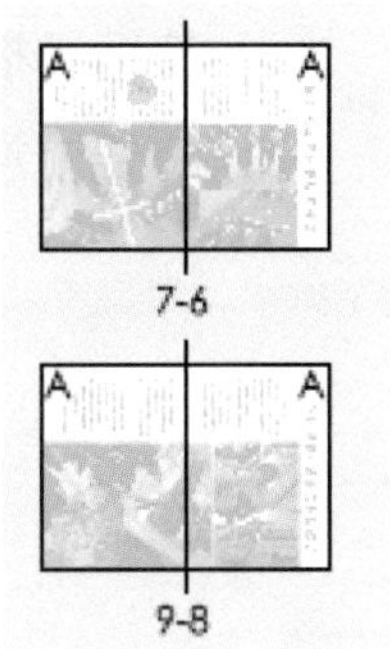

3. 再次執行【檔案 \ 置入 \ 描圖檔 -10（完成尺寸）～描圖檔 -16（完成尺寸）】，再按打開，一樣依序將描圖檔一一置入。注意本題是右翻書，【偶數頁在右邊】，貼入描圖檔時請留意。

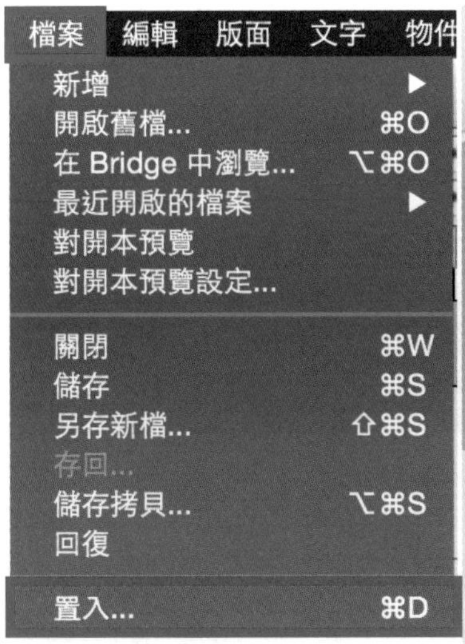

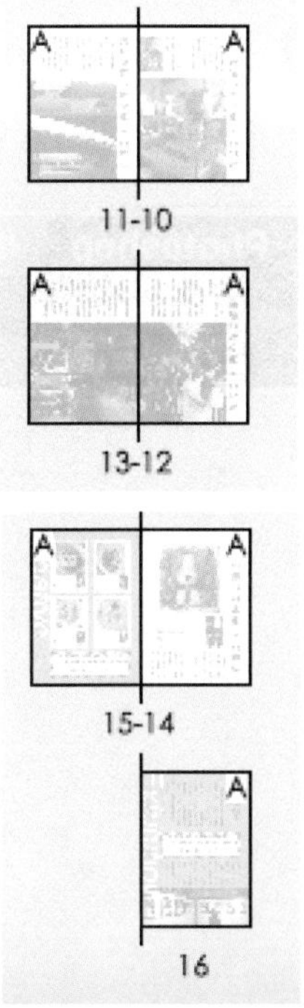

4 以考生手上說明樣式的 16 頁小頁面，對照描圖檔的置入順序，檢查描圖置入是否有錯誤，檢查無誤後方可繼續製作，若有需要調整的就直接在頁面中點選該頁面做拖曳微調。（再次叮嚀，本題是右翻書，【偶數頁在右邊】，請留意。）

5 頁序 2～3 與 8～13 已有製作好之 PDF 檔，執行【檔案\置入】，選取置入即可。置入時要注意頁序，可同時選取多個檔案置入。

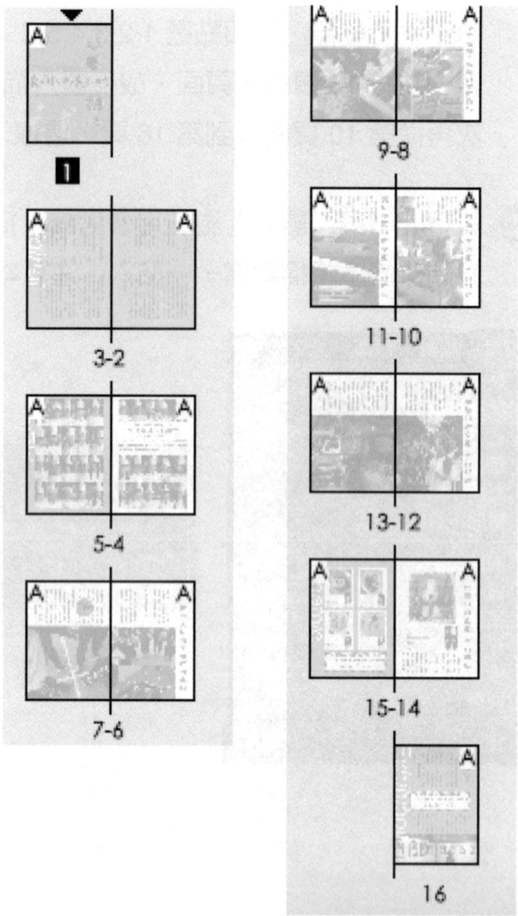

Photoshop 去背

1 在 Photoshop 中執行【檔案\開啟舊檔\原檔\ meal01.jpg、meal02.jpg、meal03.jpg、meal04.jpg】四張圖檔，然後按打開。

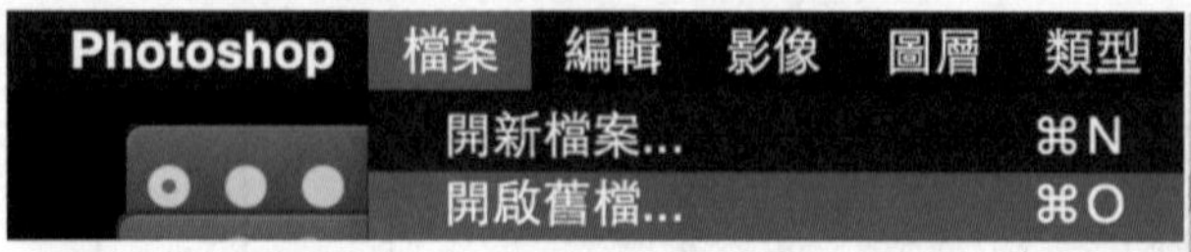

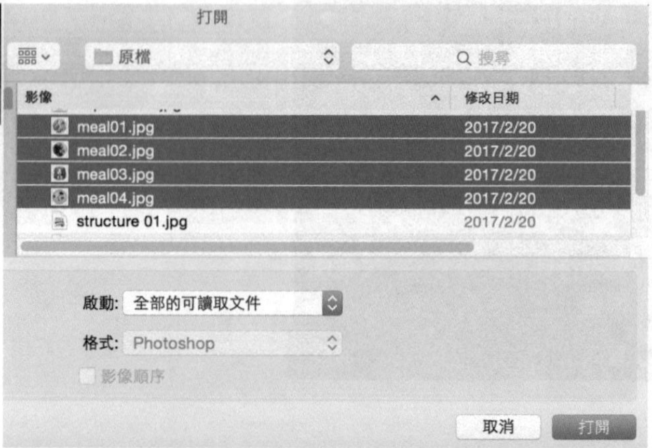

2 分別在「meal01.jpg」、「meal02.jpg」、「meal03.jpg」、「meal04.jpg」的【背景圖層中】，以滑鼠左鍵雙擊，即出現【新增圖層】的對話框，然後按確定，讓四張圖原本的背景圖層都轉變成【圖層 0】。

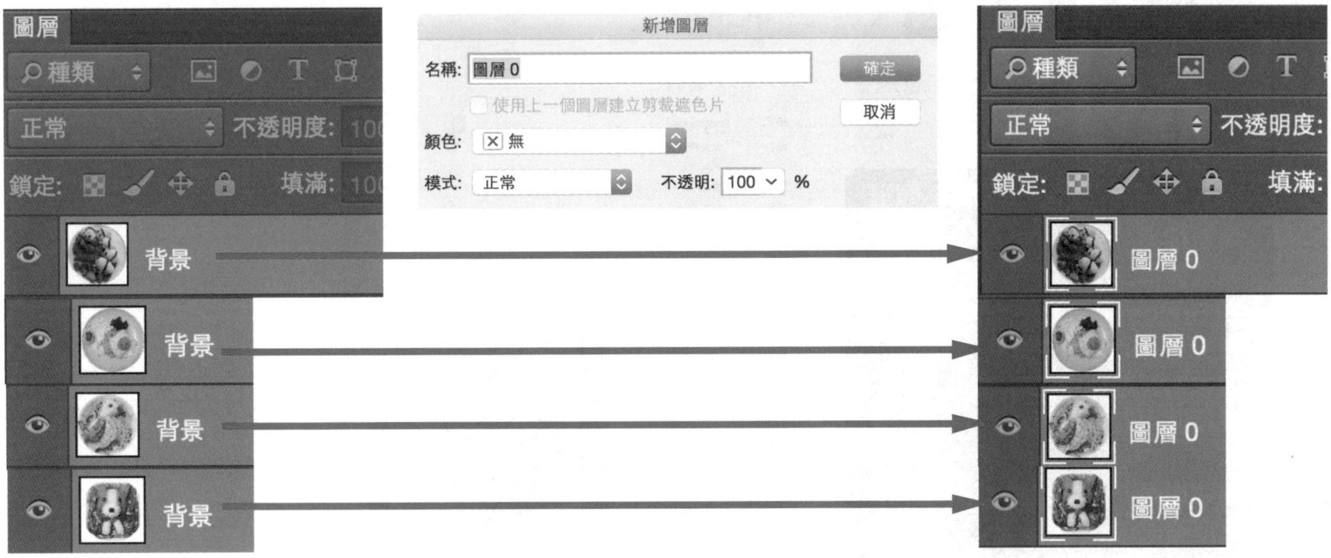

3 選擇【魔術棒工具 】，模式為【增加選取範圍】（或按住【Shift 鍵】）連續點選「meal01.jpg」圖片的【白色】部分，使其四個角落的白色邊都選取到，後再按【Delete 鍵】將背景刪除。

4 使用【矩形選取畫面工具 】移動游標到「meal01.jpg」的選取範圍，出現 之後按住【Shift 鍵】拖曳到「meal02.jpg」中，再按【Delete 鍵】將背景刪除。

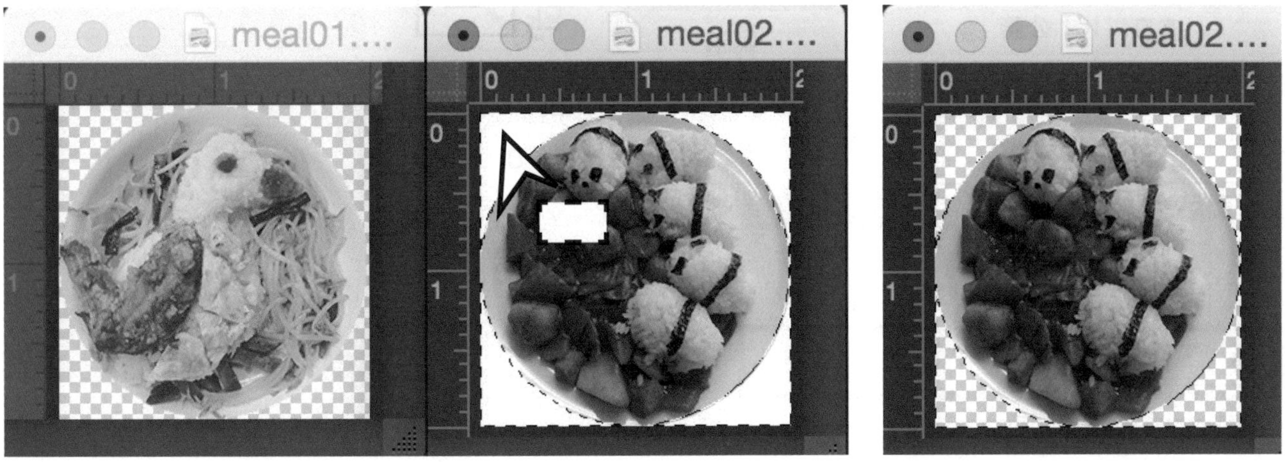

5 重複步驟 4 的方式，將其餘兩張的圖檔都做去背處理，然後執行【檔案 \ 另存新檔】，並將存檔格式改為 PSD 檔，如此才能儲存透明度。

使用第一張圖的選取範圍來做去背的原因是確保每張圖去背範圍都一致，尤其 meal03 的盤子不是圓形的。

分別存成ＰＳＤ檔

頁序 1 製作

1 回到 Indesign，在【底圖】的圖層中，以【矩形工具】繪製一個【101mm】（95+6 左右出血）×【136mm】（130+6 上下出血）的矩形，將內部填色設定為【Y15 K30】，外框【筆畫不填色】，按住【Alt 鍵】連續複製並放置於頁序【1、2、3、5、15、16】。

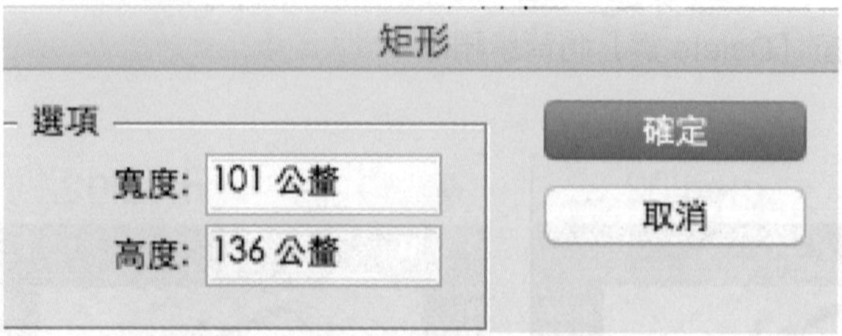

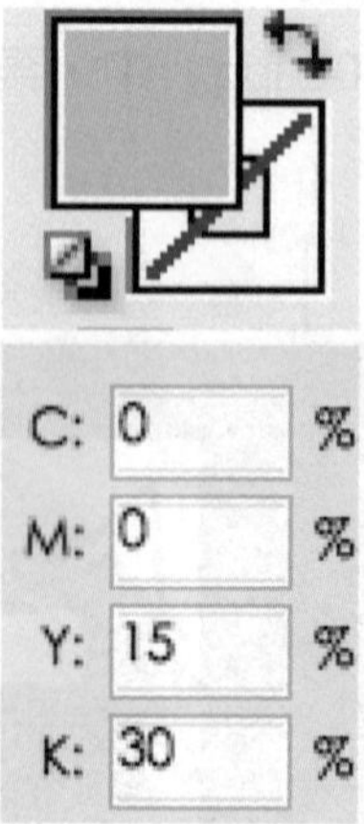

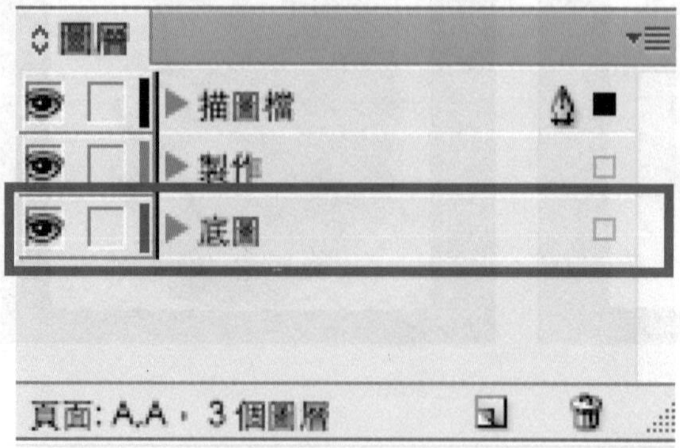

2 回到【頁序 1】，執行【檔案 \ 置入 \ 美感 .psd】，並對齊描圖檔。

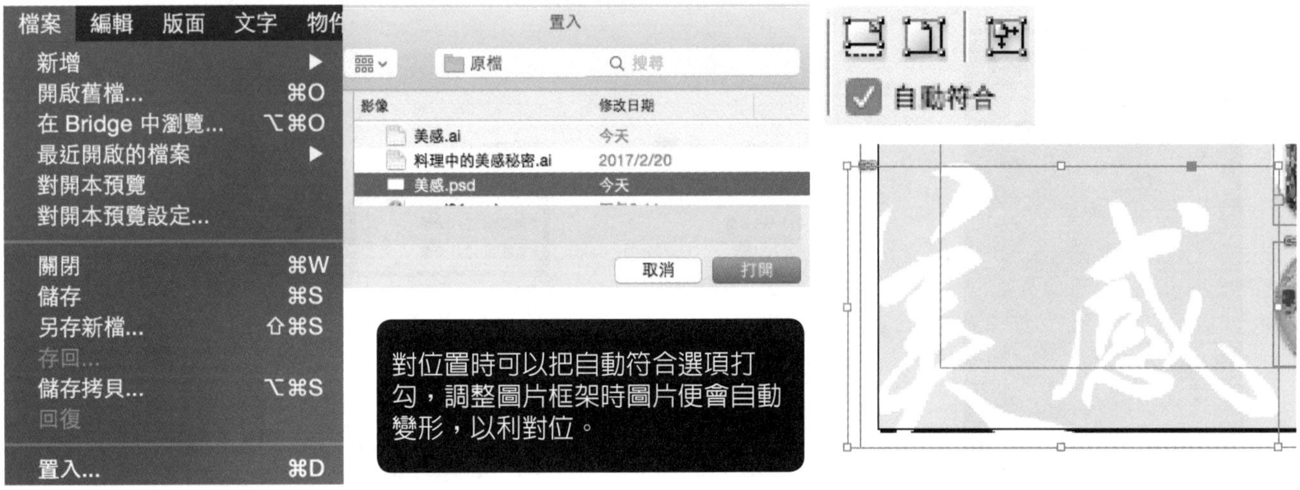

3 執行【檔案 \ 置入】，依序選擇【meal01.psd ～ meal04.psd】，由上而下依序點按置入。

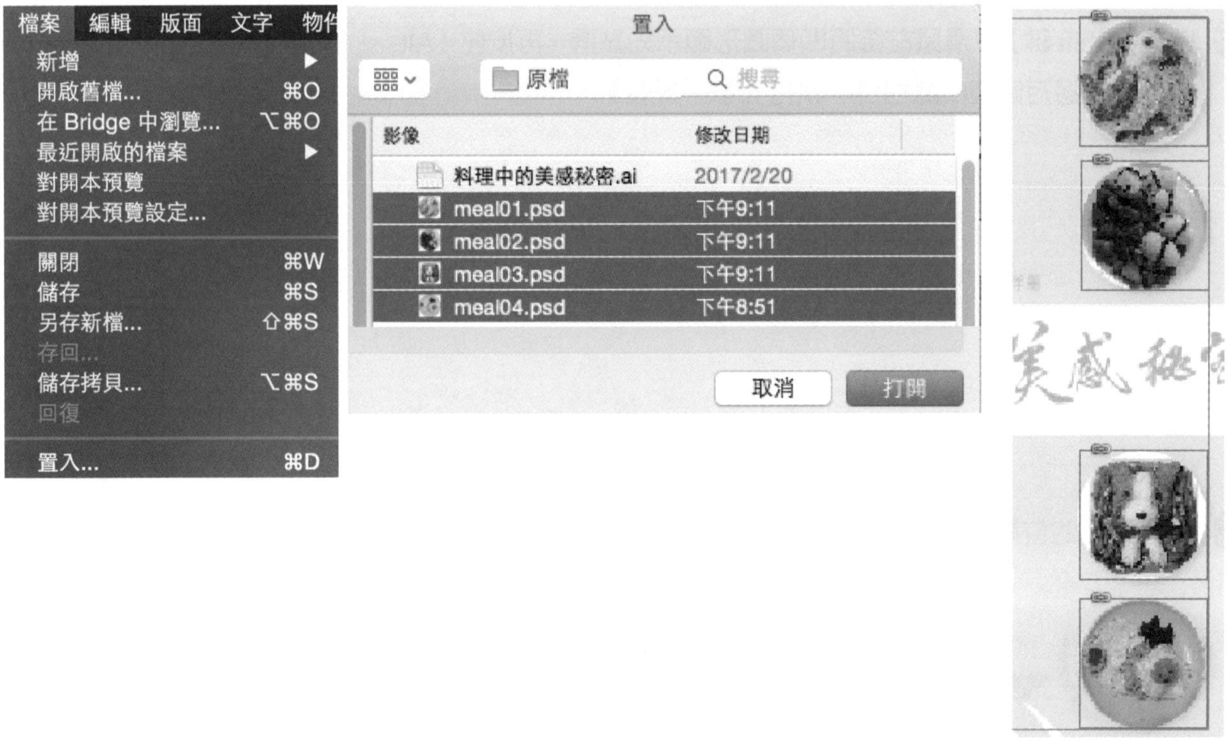

4 按住【Shift 鍵】以滑鼠左鍵將四個圓形圖示選取，執行【物件 \ 效果 \ 陰影】，將 X 偏移量與 Y 偏移量設為【1mm】，選項中的大小也設為【1mm】，後按確定。

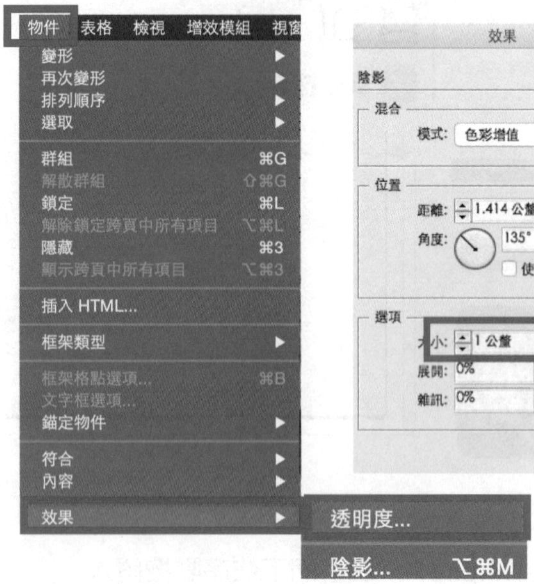

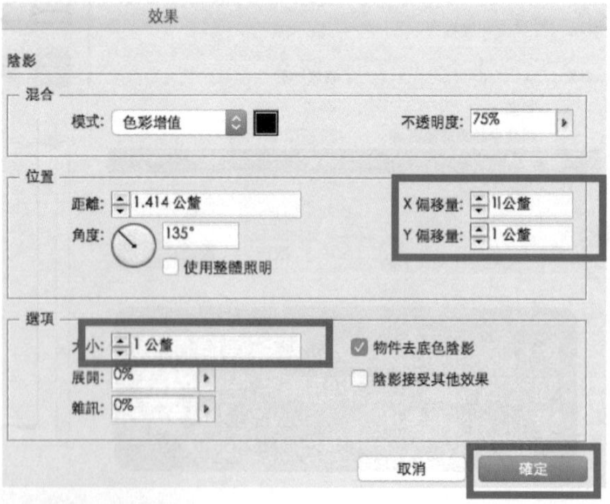

5 按住【Shift 鍵】以滑鼠左鍵將四個圓形圖示先點選，再按住【Alt 鍵】向右邊方向空白處拖曳，執行【水平複製】。

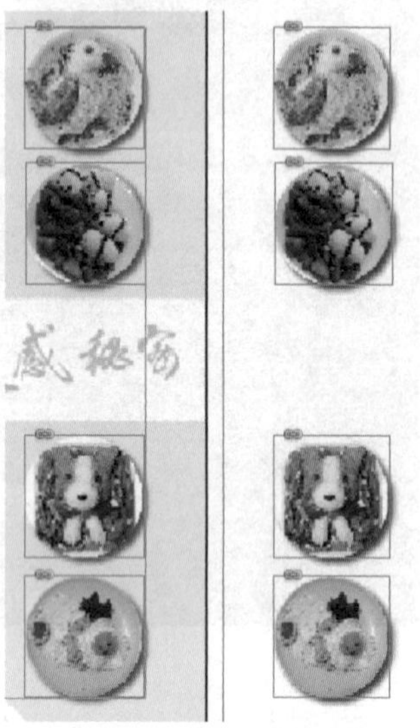

6 將 1 與 4 的位置對調，2 與 3 的位置對調。

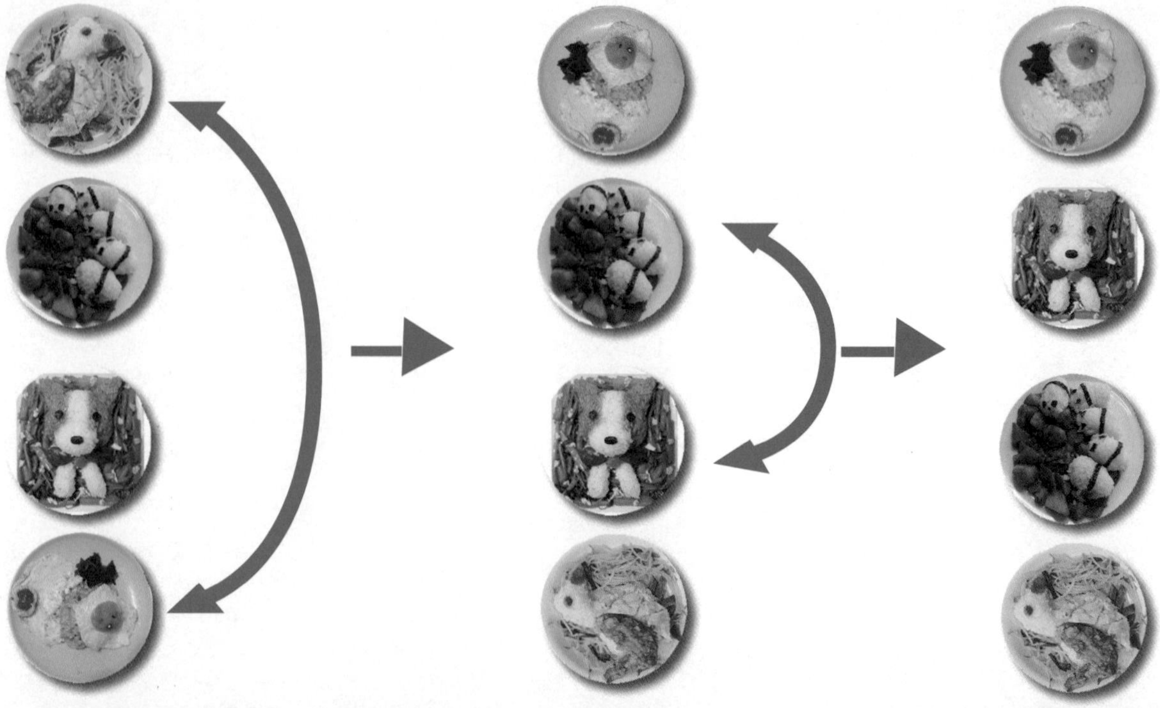

7 圈選對調位置後的四個造型小餐圖，單擊滑鼠右鍵點選【排列順序 \ 移至最後】，將四個造型小餐圖移至最後。

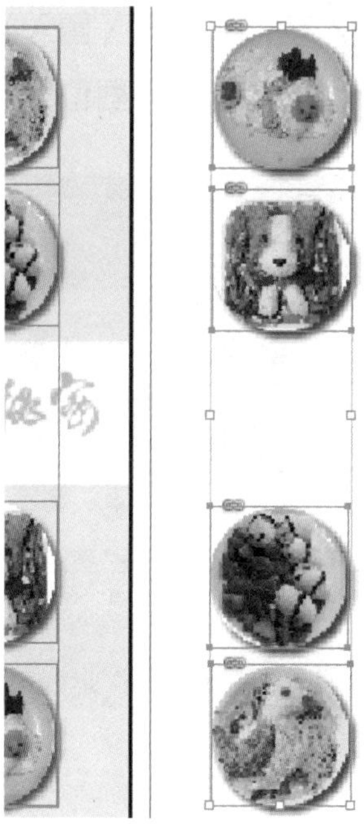

8 將此四個對調順序後的小餐圖，分別以【對齊工具】放置於原先按照順序排列的小餐圖之後。

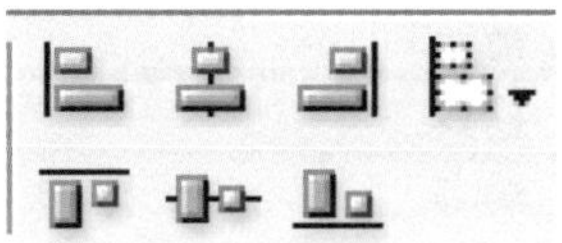

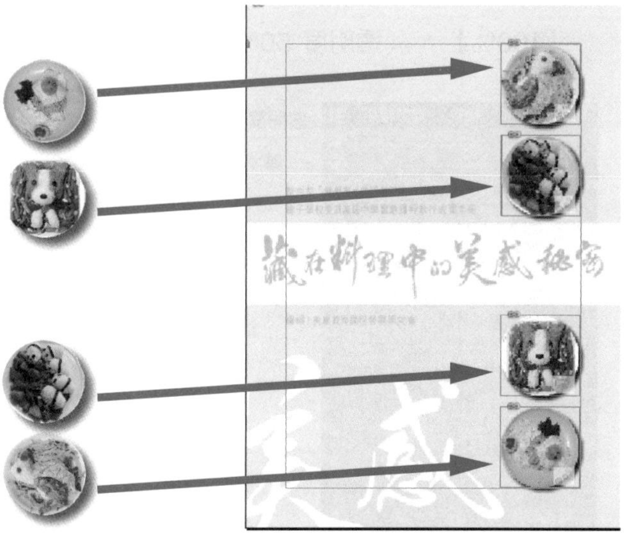

9 點選最上層「meal01.psd ～ meal04.psd」【正確順序】的小餐圖，執行【視窗 \ 互動 \ 計時、動畫】打勾，在【視窗 \ 互動 \ 動畫】的預設集中選為【顯示】，持續時間【4 秒】，【重複播放】打勾。

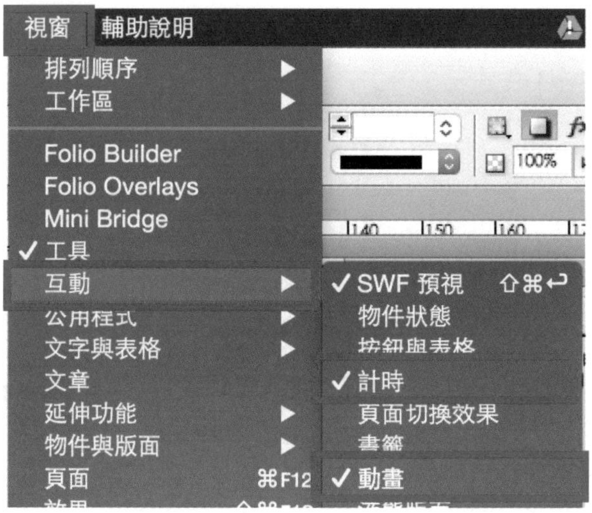

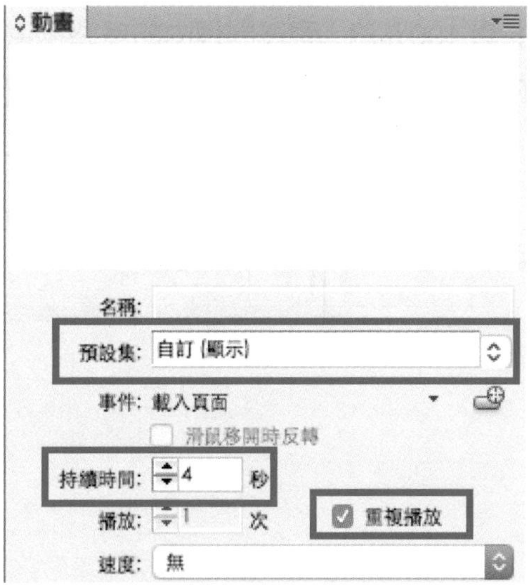

10 執行【檔案 \ 置入 \ 藏在料理中的美感秘密 .ai】，並對齊描圖檔（對位置時可以把自動符合選項打勾以利對位）並將內部填色改為白色。

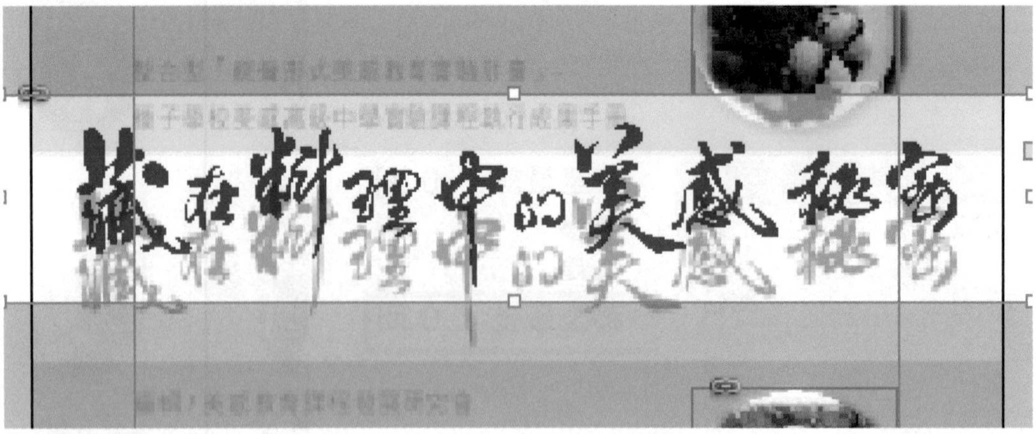

11 點選「藏在料理中的美感秘密 .ai」執行【物件 \ 效果 \ 透明度】，將透明度改成【50%】。單擊滑鼠右鍵點選【拷貝】，再單擊滑鼠右鍵點選【原地貼上】，再將透明度調回來原本的【100%】。（透明度 50% 的置放在底下，透明度 100% 的置放在最上層。）

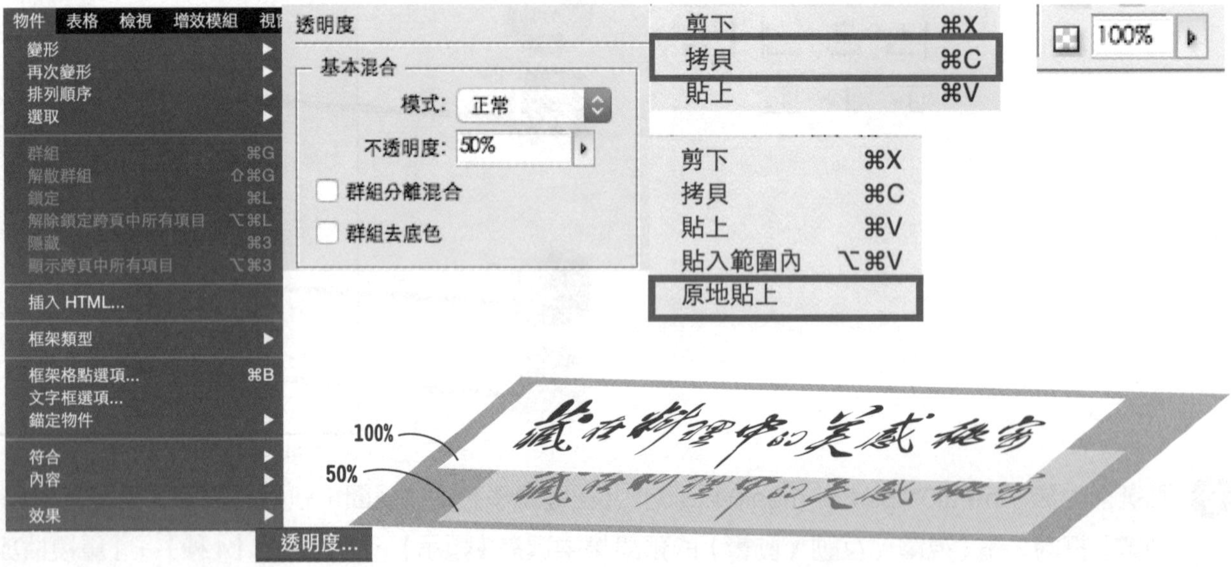

12 點選上層 100% 的「藏在料理中的美感秘密 .ai」，在【動畫視窗】中的預設集裡改為【自訂（從左邊飛入）】，持續時間【2 秒】，播放【1 次】。

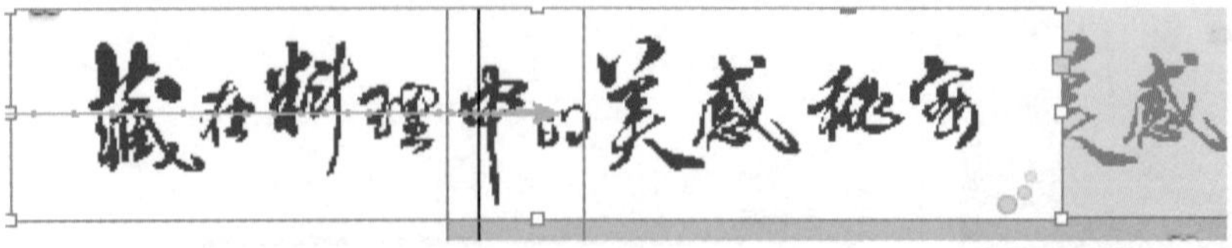

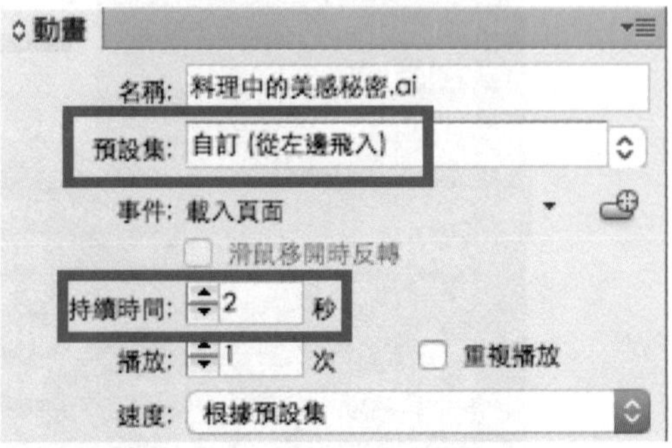

13 開啓文字檔【10708TEXT.txt】，選取【整合型「視覺形式美 .... 研究會】，按下【Ctrl+C 複製】。

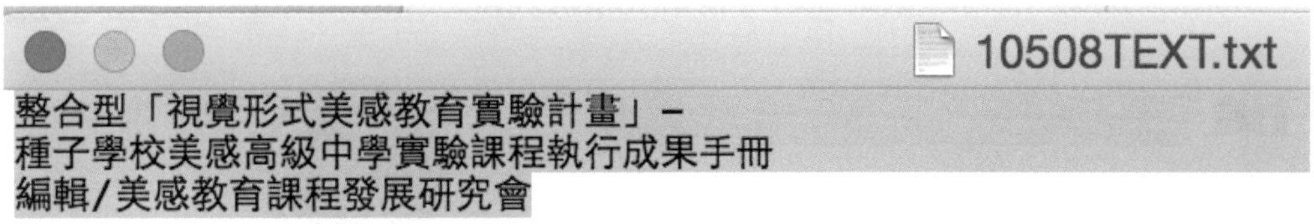

14 回到 Indesign 中以【文字工具】圈出一個文字範圍後，再按【Ctrl+V】貼上，將字型改為【中黑體 \ 7pt \ 行距 13pt \ 色彩 K 80】。第三行的間距可以空白鍵斷開，或者直接點選「藏在料理中的美感」執行【繞圖排文 】。

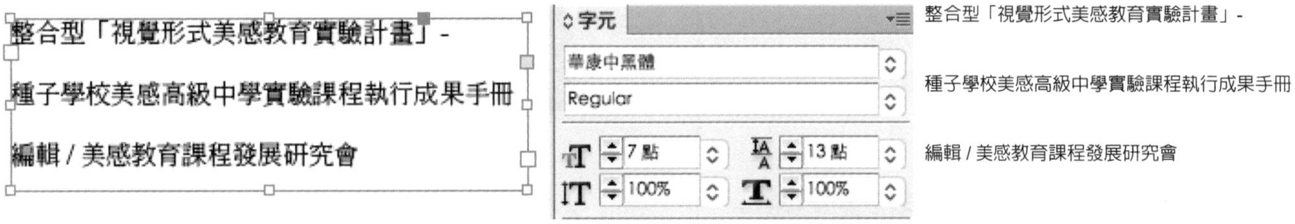

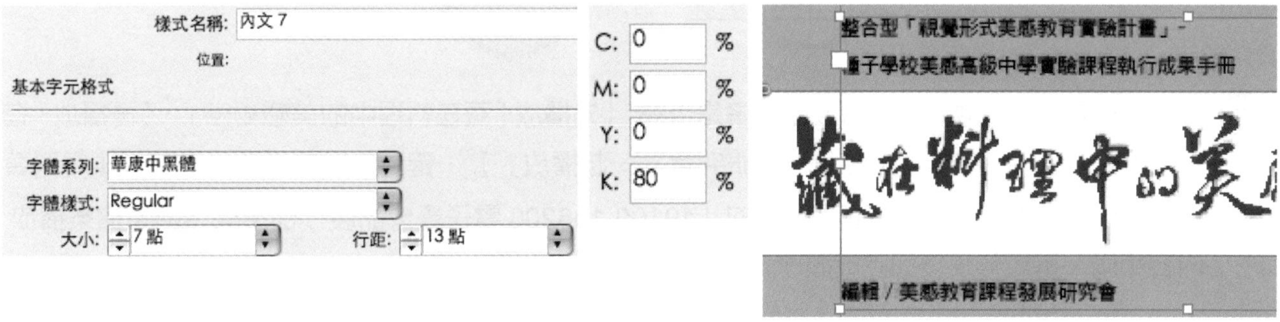

15 點選副標題文字【整合型「視覺形式美 .... 研究會】，在【視窗 \ 互動 \ 動畫】中的預設集裡改為【自訂（從右邊飛入）】，持續時間【2 秒】、【播放 1 次】。

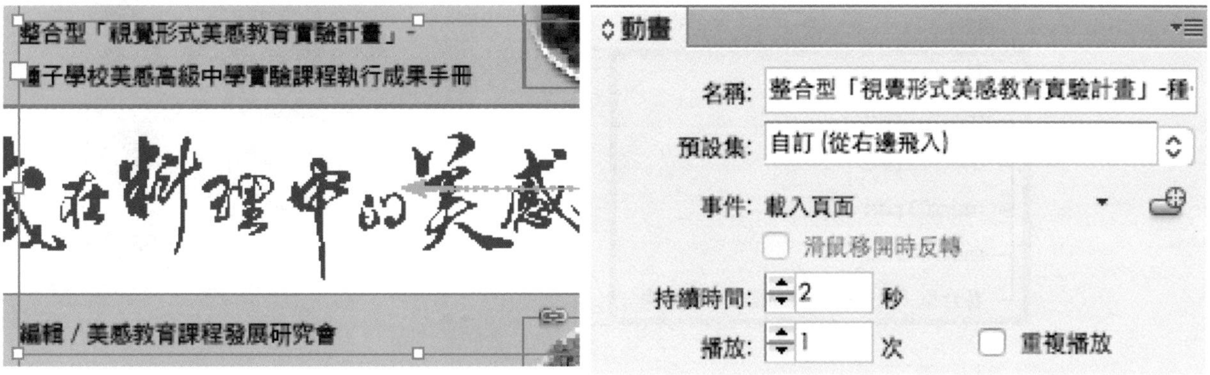

16 開啓【視窗 \ 互動 \ 計時】，在計時的對話視窗中按住【Shift 鍵】選取【meal01.psd ～ meal04.psd】，再點選副標題【整合 ..... 研究會】後再點按【一起播放 】。

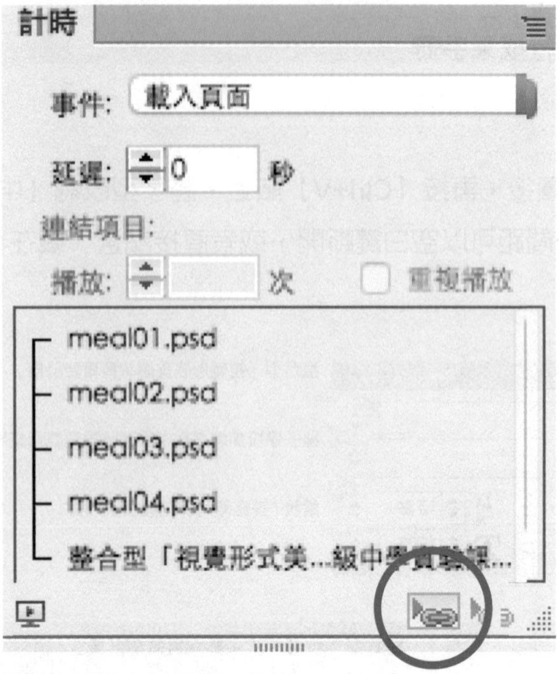

整合型「視覺形式美感教育實驗計畫」-
種子學校美感高級中學實驗課程執行成果手冊
編輯 / 美感教育課程發展研究會

17 確認計時器的對話視窗中，播放的順序是否為：【先播放「藏在料理中的美感秘密」，【再播放「造形餐 01 ～ 04 + 副標題（整合型 .... 研究會）一起播放」】，確認其順序正確後點按【預視跨頁鈕 】，播放看看是否與隨題所附的「19100-106208 電子書成品製作標準樣 .swf」檔案播放內容相同，確認無誤後即完成頁序一的動畫與編輯的製作。

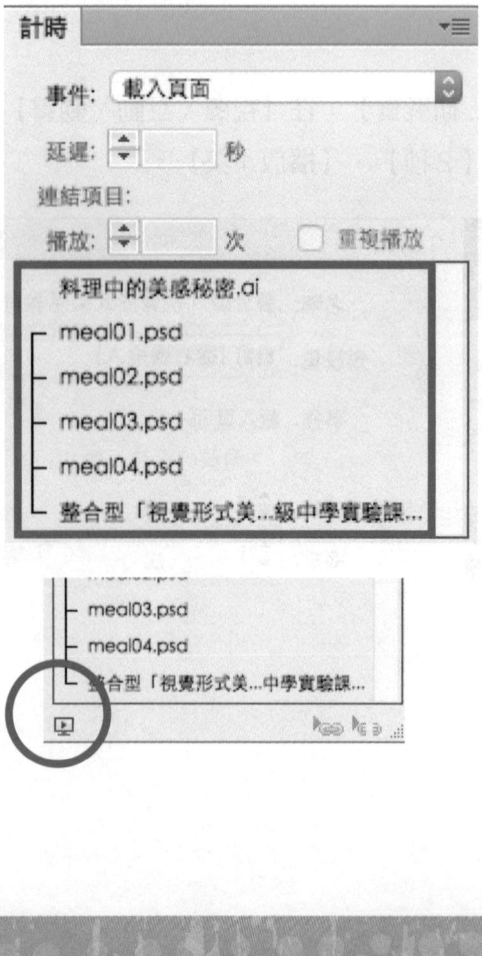

頁序 4 製作

1. 執行【檔案 \ 置入 \ Chef 21.jpg~Chef 25.jpg】，再按打開。

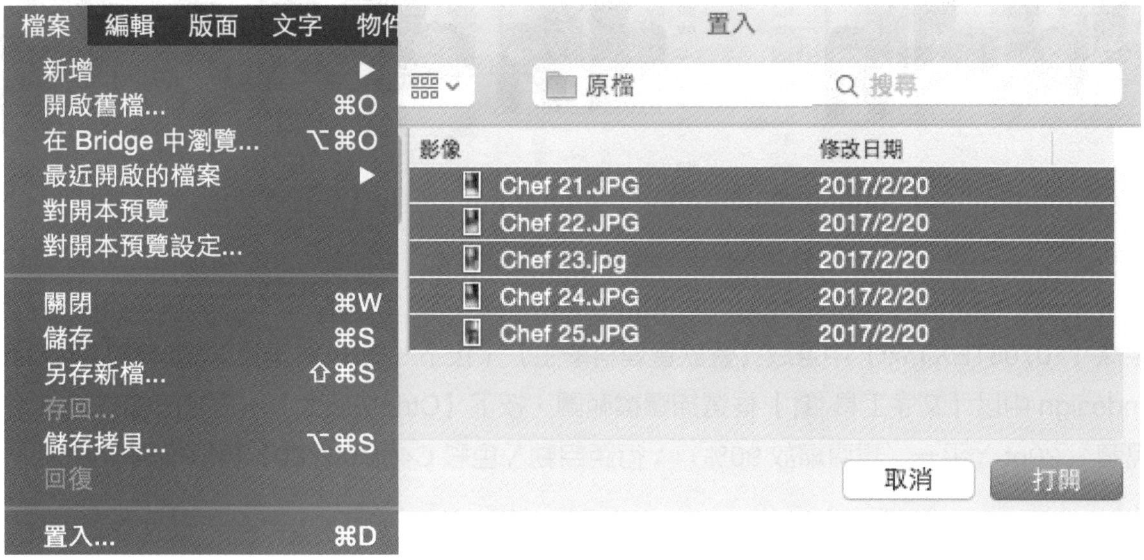

2. 執行置入時將游標移動到描圖檔的左上角，點按【滑鼠左鍵】往右下角方向【拖曳】，此時由於框架是固定的所以拖曳時會有被鎖定住的感覺，此時滑鼠左鍵仍按住不放，再加點按四次【方向鍵向右──▶】，畫面上出現五個欄位的虛線，即可將游標移動到描圖檔圖片區的右下角。再按數次【PageDown 鍵】直到虛線之間沒有間隔空隙，然後放開滑鼠左鍵。

> 在置入圖檔且按住滑鼠左鍵不放的情形之下，再加按左右鍵的功能是增加或減少圖片的垂直欄位，上下鍵的功能是增加或減少圖片的水平欄位，而 PageDown 鍵是減少欄位之間的空隙。

將游標移動到描圖檔的左上角 →

拖曳時會有感覺被鎖定住 →

滑鼠左鍵不放，按四下【向右方向鍵──▶】

→ 

按數次【PageDown 鍵】直到虛線之間沒有間隔空隙 →

3 選取這五張圖片，單擊滑鼠右鍵執行【符合＼等比例填滿框架（快速鍵 Ctrl+Shift+Alt+C）】，使圖片內容符合框架大小。

4 在文字檔【10708TEXT.txt】中選取【餐飲管理科學生】，按下【Ctrl+ X 剪下】這一段文字。回到 Indesign 中以【文字工具 T】框選描圖檔範圍，按下【Ctrl+V 貼上】，再修改樣式內容：【粗黑體＼ 20pt ＼平一（垂直縮放 90%）＼行距自動＼色彩 C40M80Y80】再依描圖檔位置置放。

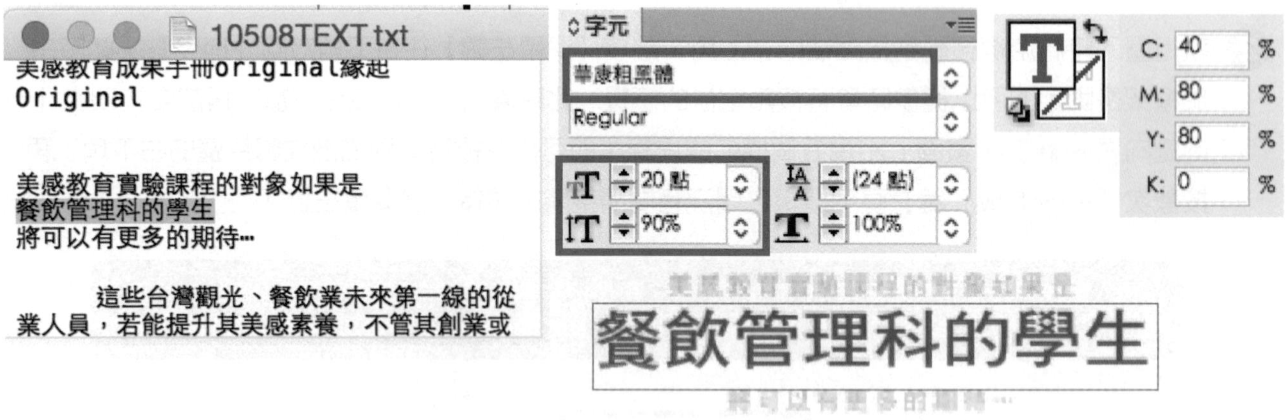

5 在文字檔【10708TEXT.txt】中圈選【美感教 .... 更多的期待 ...】，按下【Ctrl+ X 剪下】這一段文字。回到 Indesign 中以【文字工具 T】框選描圖檔範圍按下【Ctrl+V 貼上】，再修改樣式內容：【中黑體＼ 7 pt ＼字距 200 ＼色彩 K60 ＼段落：置中】，再依描圖檔位置置放。

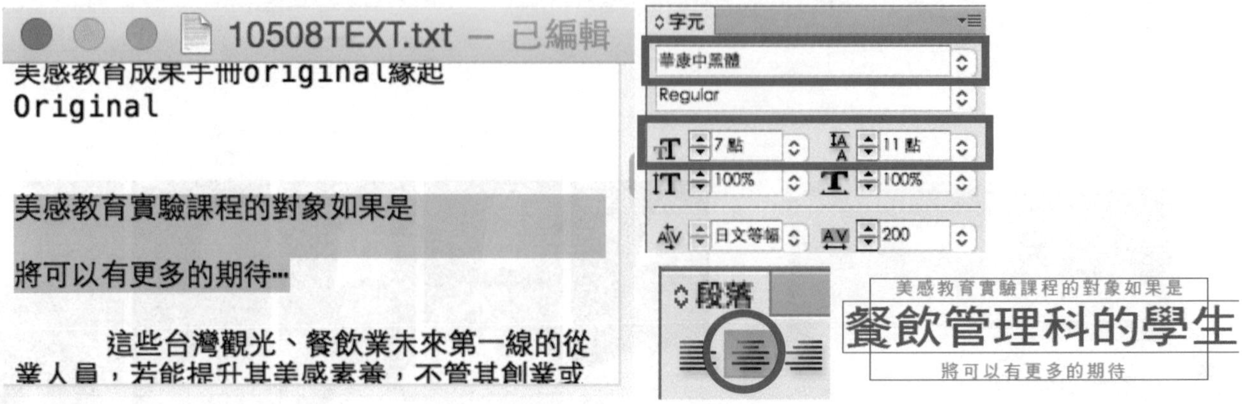

6 以上述步驟同樣的方式剪下【這些台灣觀光 ...... 直接助益。】字樣到指定位置貼上，再修改樣式內容：【中黑體 \ 大小 7 pt \ 行距 13 \ 色彩 K60 \ 段落：置中】，再依描圖檔位置置放（可先套段落樣式「內文 7」，再調整文字顏色與置中）。

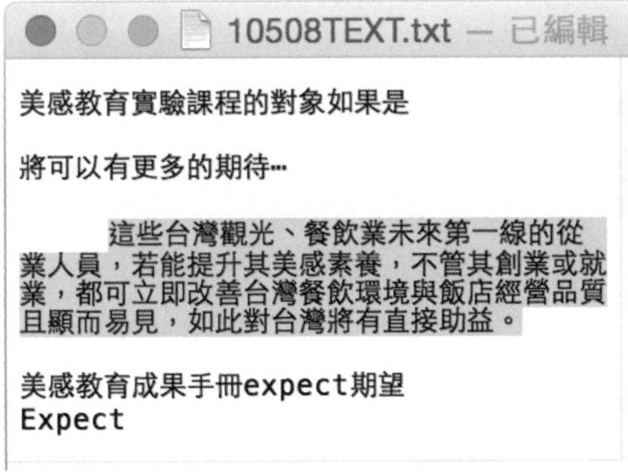

7 執行【檔案 \ 置入 \ Chef 26.jpg ~ Chef 35.jpg】，再按打開。

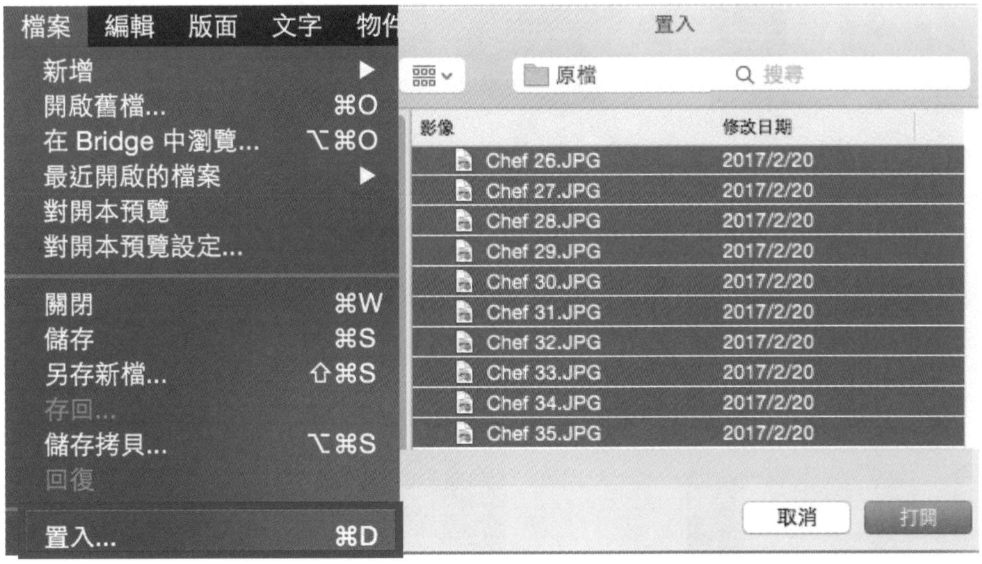

8 執行置入時，將游標移動到描圖檔的左上角，點按滑鼠左鍵往右下角方向拖曳，由於框架是固定的，所以拖曳時會有被鎖定住的感覺，此時滑鼠左鍵仍按住不放，再加按四下【方向鍵向右 ➡】，畫面上即出現五個欄位的虛線，再按 1 次【方向鍵向上】⬆ 產生上下兩個欄位，即可將游標移動到描圖檔圖片區的右下角，再按數次【PageDown 鍵】，直到虛線之間沒有間隔空隙，然後放開滑鼠左鍵，使圖片內容符合框架大小，即完成。

在置入圖檔且按住滑鼠左鍵不放的情形之下，再加按左右鍵的功能是增加或減少圖片的垂直欄位，上下鍵的功能是增加或減少圖片的水平欄位，而 PageDown 鍵是減少欄位之間的空隙。

將游標移動到描圖檔的左上角

點按左鍵向右下角方向拖曳時會有感覺被鎖定住

滑鼠左鍵不放的情形下，按四次【向右方向鍵 ➡】產生五個欄位

滑鼠左鍵不放的情形下，按 1 次【向上方向鍵 ⬆】產生上下兩個欄位

按數次【PageDown 鍵】直到虛線之間沒有間隔空隙

放開滑鼠左鍵後，圖片並沒有依照描圖檔位置置放

按下快速鍵 Ctrl+Shift+Alt+C，使內容符合框架大小即完成

頁序 5 製作

❶ 在文字檔【10708TEXT.txt】中選取【美感教育成果手冊 .....】等文字，按下【Ctrl+C 複製】這一段文字，回到 Indesign 中以【垂直文字工具 IT.】框選描圖檔範圍，再按下【貼上（Ctrl+V）】後修改樣式。英文字首為大寫【Arial Italic，72 pt，行距 72，K0】，中文書眉【黑體 W5，12pt，行距：自動，K60】。完成後將中文書眉與英文底紋複製到頁序 15 與 16，待製作到該頁序時再修正文字。

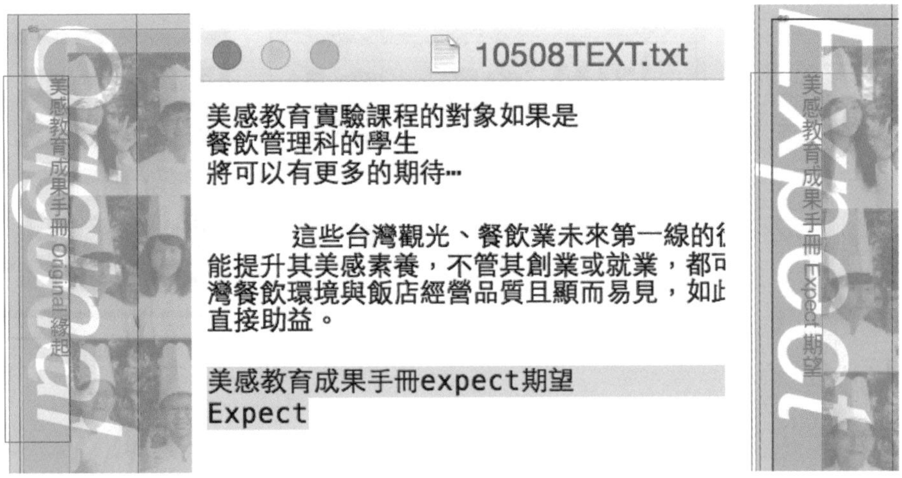

❷ 執行【檔案 \ 置入 \ Chef 1.jpg~Chef 20.jpg】，再按打開，以頁序 4 置入圖片的步驟，將這 20 張圖片依描圖檔位置排列置入。

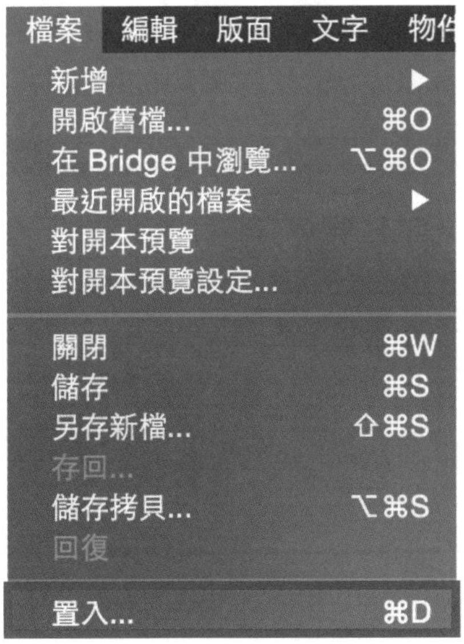

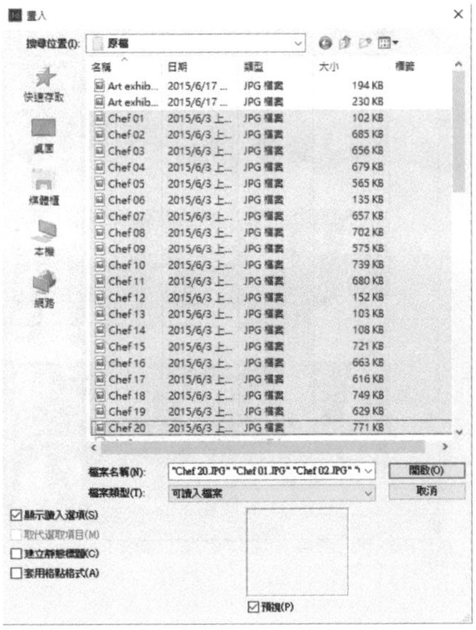

第八題

3 由於頁序 4 與頁序 5 的動畫需同時製作，且有八組群組的動畫，故以連續選取後【製作群組 Ctrl +G】的方式製作八個群組，並在動畫的視窗選項中名稱欄位為群組命名。如下圖所示：

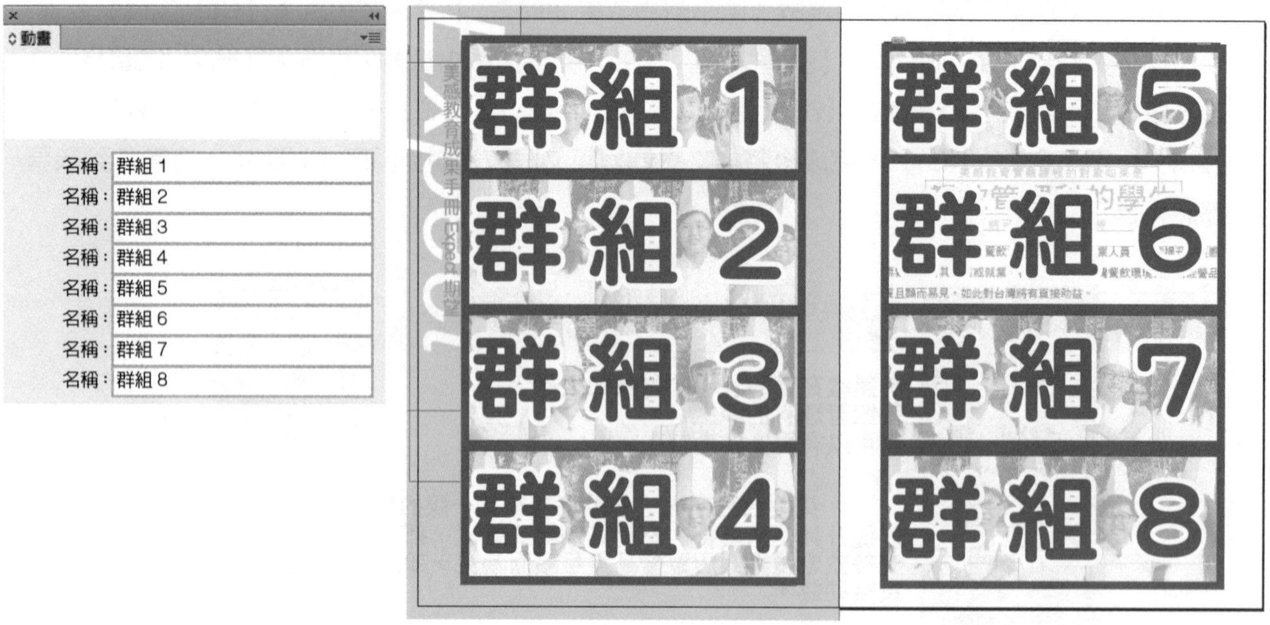

4 選取【群組 2、4、5、7】，在【視窗 \ 互動 \ 動畫】的視窗選項中將預設集改為【從左邊飛入】。

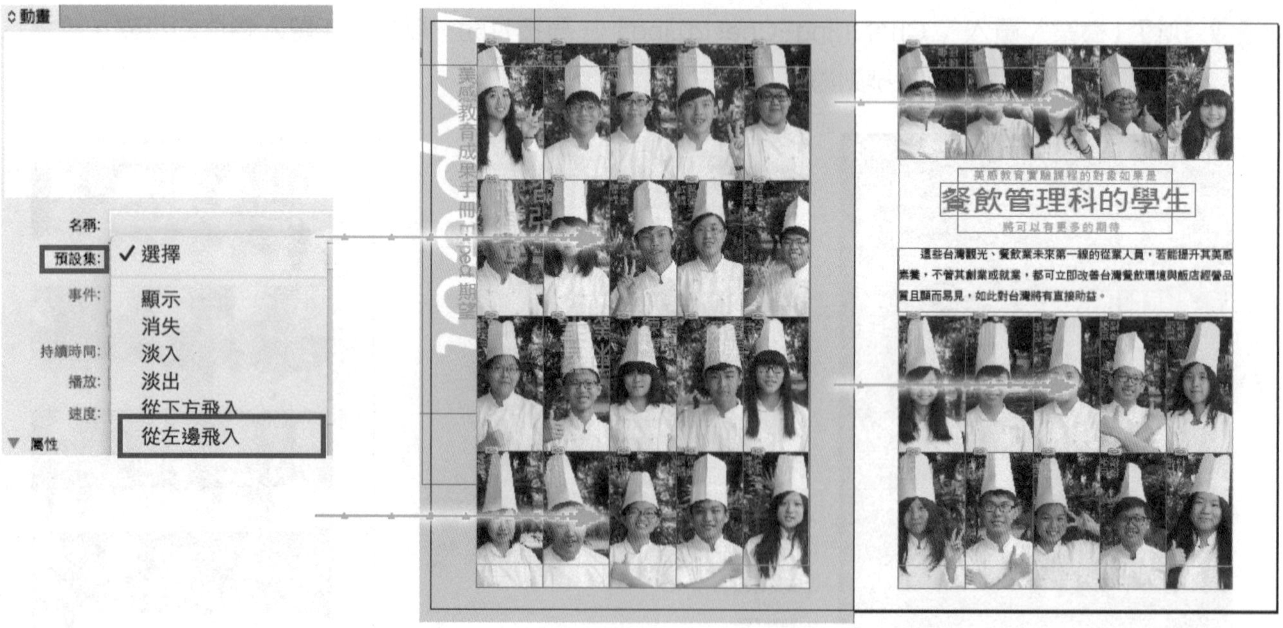

5 選取【群組 1、3、8】，在【視窗＼互動＼動畫】的視窗選項中，將預設集改為【從右邊飛入】。

6 選取【群組 6】，在【視窗＼互動＼動畫】的視窗選項中將預設集改為【淡入】。

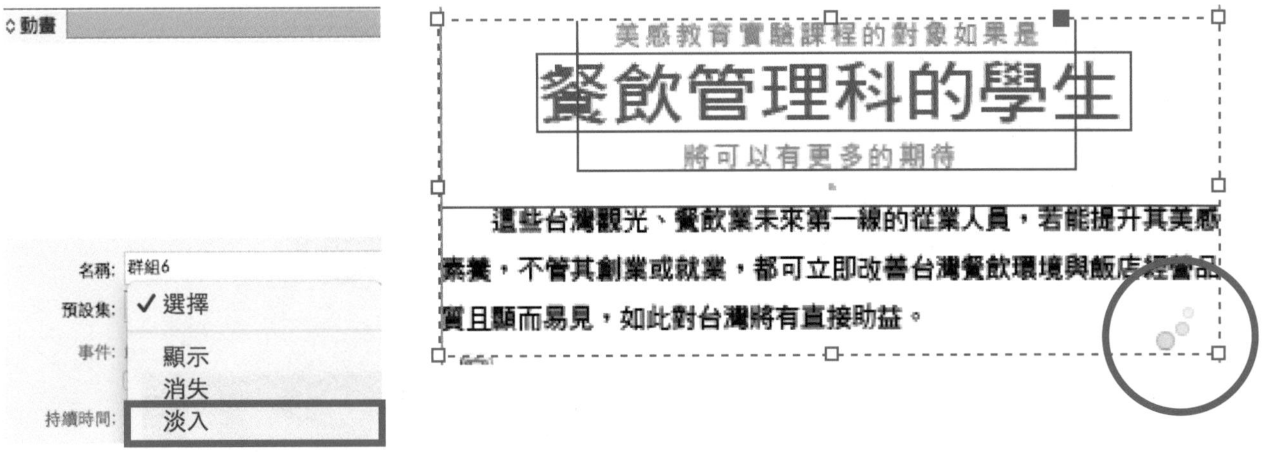

7 執行【視窗＼互動＼計時】，在計時的視窗中，以【選取拖曳】的方式來調整動畫出現的順序，由上而下分別為矩形（底色）、群組 4、群組 2、群組 7、群組 5、群組 1、群組 3、群組 8、群組 6。

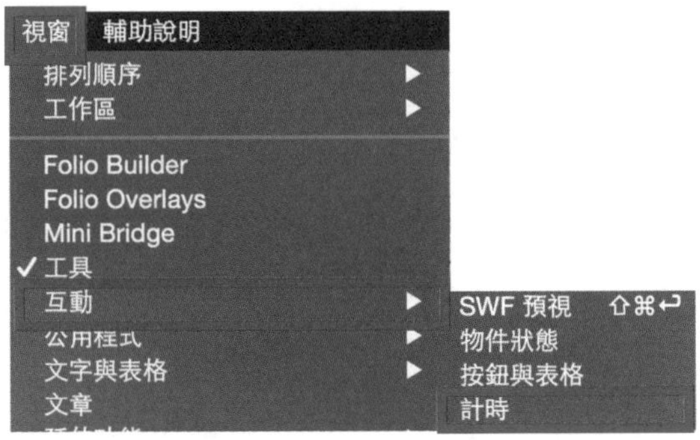

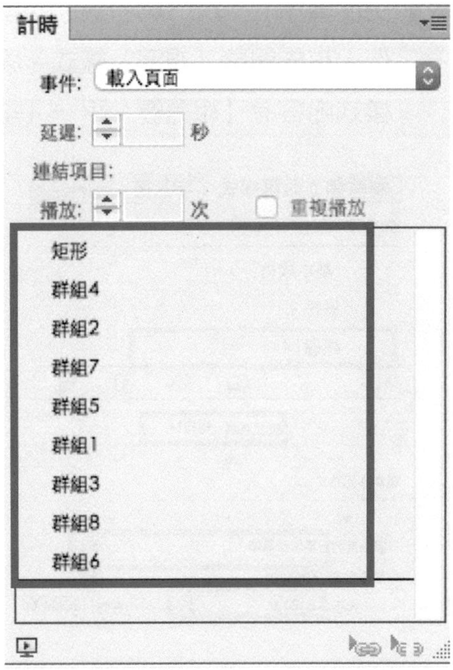

頁序 6 ～ 7、14 製作

1 在【製作】圖層中，以【矩形框架工具 】與【橢圓形框架工具 】在頁序 6 ～ 7 中依描圖檔內的圖片大小繪製框架，依描圖檔置入圖片，置入後全選圖片點按【使內容符合框架大小 】，或單擊滑鼠右鍵執行【符合 \ 使內容符合框架大小】，注意【圖片框架必須包含出血】。

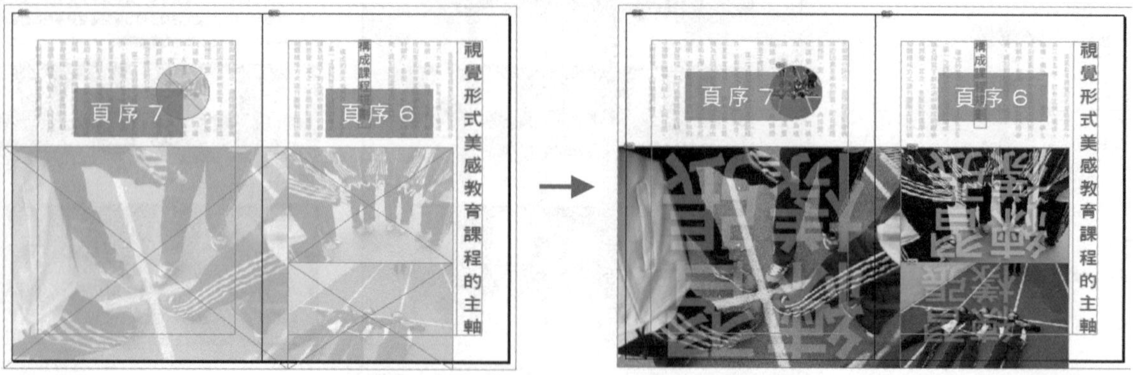

2 在【頁序 7 】中置入於橢圓形框架的圖片，置入後需調整【繞圖排文】選項成【圍繞物件形狀 】，繞圖範圍【四邊均為 1mm】。

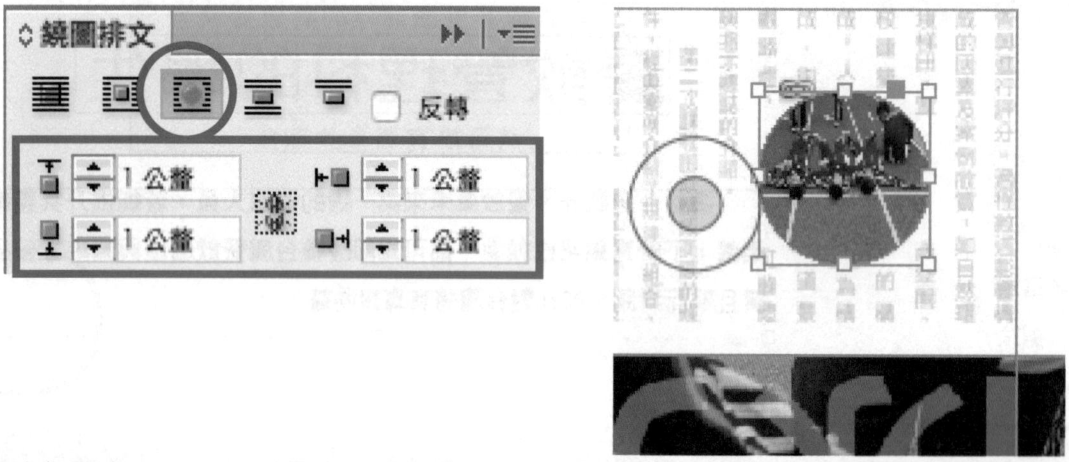

3 由於頁序 6、7、14 之間的段落與編排大致相同，所以我們以同步製作的方式來進行這 9 頁的製作。首先開啓【視窗 \ 樣式 \ 段落樣式】，在段落樣式的視窗中新增一個【標題 14】的段落，樣式內容為【粗黑體 \ 平一（垂直縮放 90%）\ 20pt \ 強制齊行 \ 色彩 C40M80Y80】。

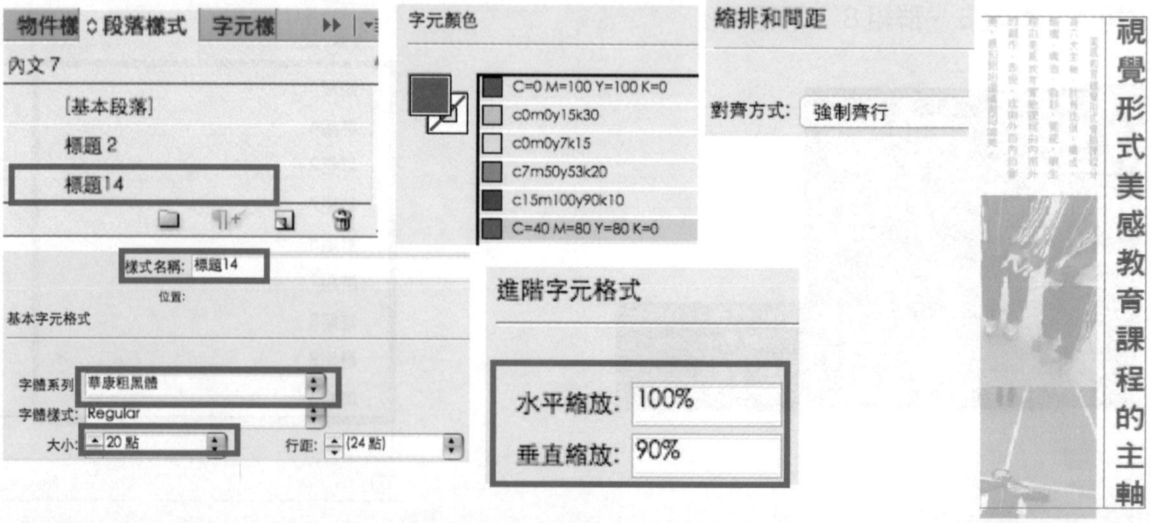

4 在頁序 6 ～ 7 跨頁中，依照描圖檔中文字範圍的大小，以【矩形框架工具 ☒】繪製兩個文字框架。

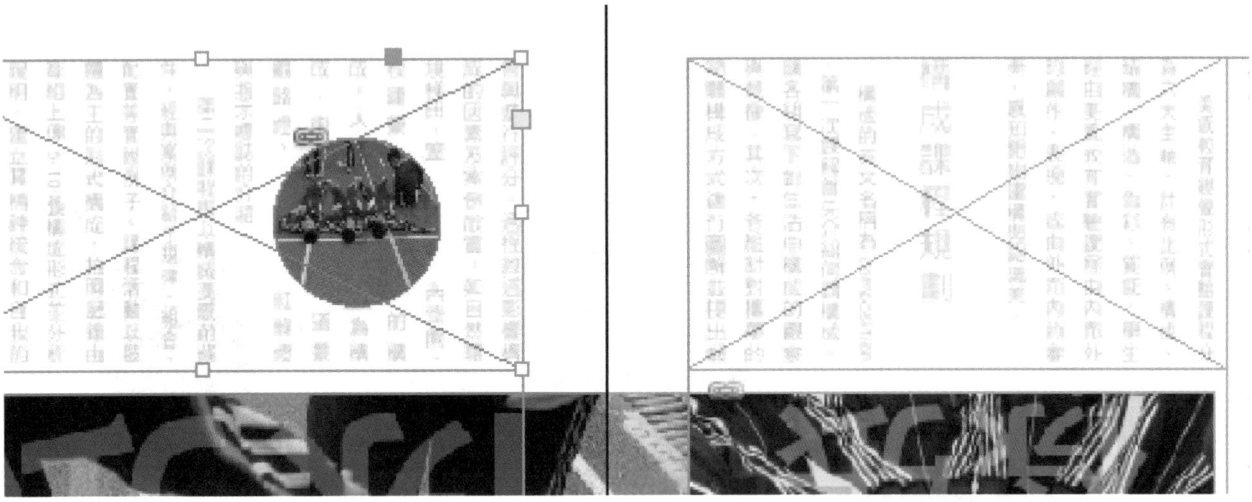

5 在文字檔【10708TEXT.txt】中圈選【美感教育 .... 境的關係。】，按下【Ctrl+C 複製】這一段文字。回到 Indesign 中以【垂直文字工具 ↓T】在頁序 6 的文字框右上角單擊滑鼠左鍵後，按【Ctrl+V 貼上】，再套用段落樣式【內文 7 】。

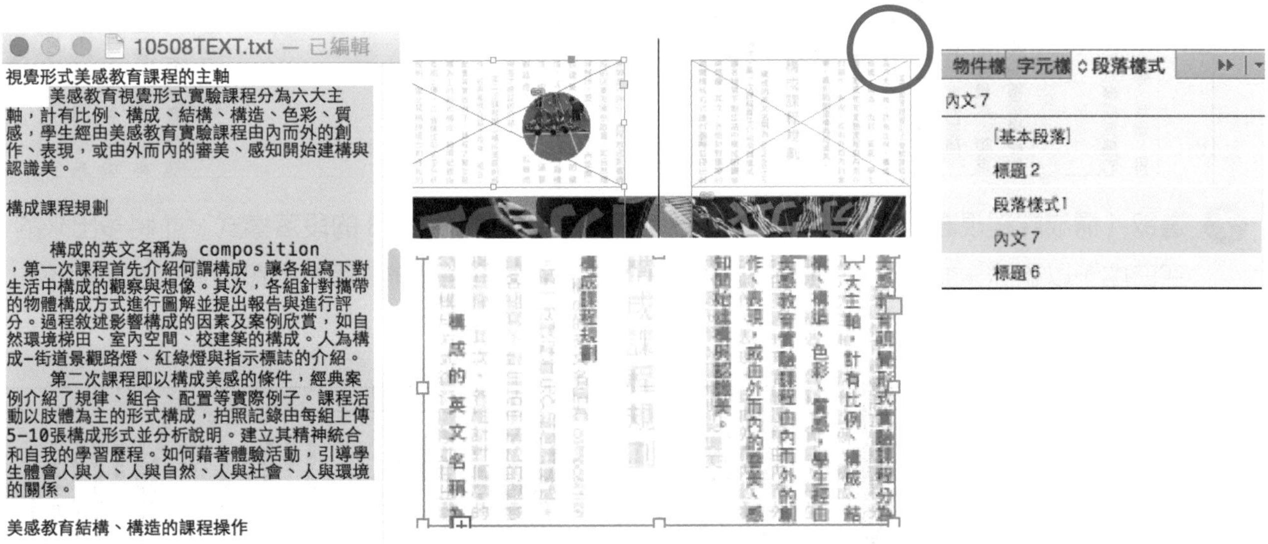

6 頁序 6 的文字框架左下有個【紅色加號框⊞】的圖示，這表示在這個框架中【還有文字沒有顯示出來】，所以用【選取工具 ↖ 】移動游標到【⊞】圖示上，以【滑鼠左鍵單擊】該圖示（游標此時會變成文字游標），再到頁序 7 文字框的右上角單擊滑鼠左鍵，使【文字延伸】到頁序 7 的跨頁上。

在頁序 6 的文字框左下角點按紅色加號框

點按後游標變成文字游標

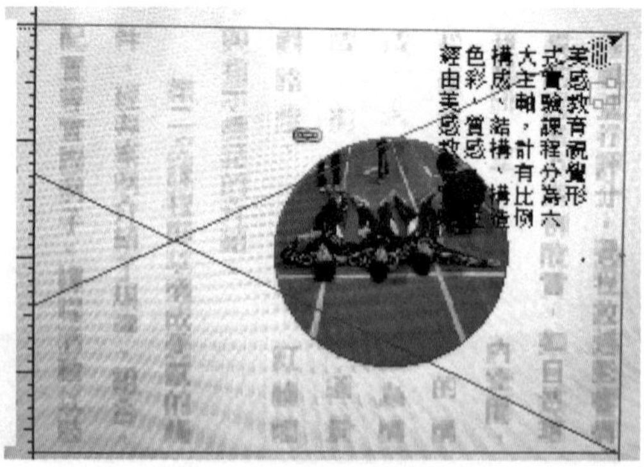

到頁序 7 的文字框右上角上點按貼上延伸文字

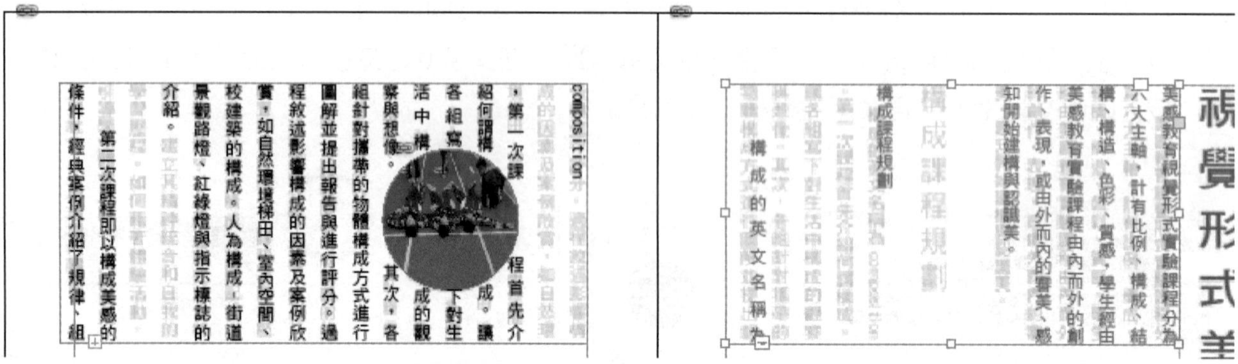

7 選取【構成課程規劃】，點按段落樣式的“標題 6”，套用標題 6 的段落樣式，並將多出來的空白處予以刪除，並以空白鍵做增刪字元來調整段落與首行縮排（因為各段的首行縮排都不一致）以對齊描圖檔為主。

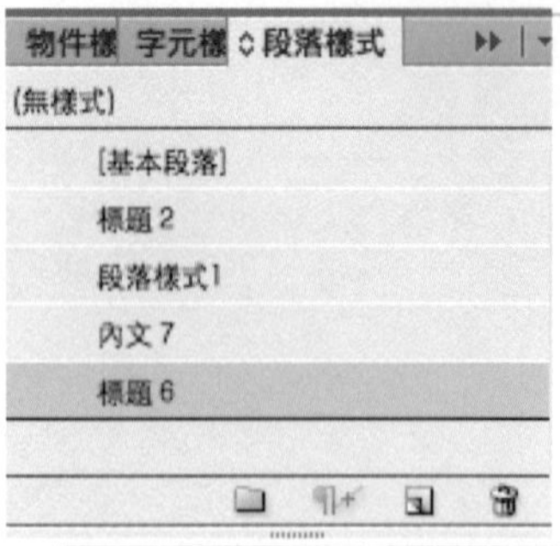

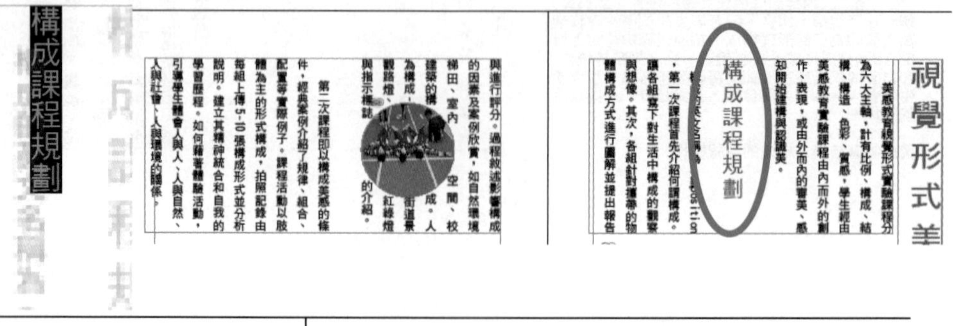

8 以頁序 6 與頁序 7 跨頁的內文製作方式，置入頁序 14 中的內文（包含標題），套用段落樣式並微調段落縮排，以對齊描圖檔為主。

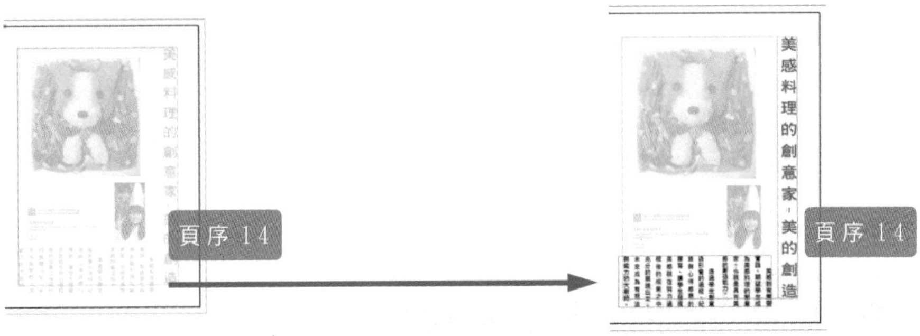

頁序 14 製作

1 以【矩形工具 】繪製一個【18mm×4.8mm】的方框，點選該矩形執行【物件 \ 轉角選項】，在轉角選項中將圓角設定為【5mm】，僅矩形的【左上角與右上角】有圓角，其餘無作用。

2 以【文字工具 T】在做了圓角的矩形上單擊滑鼠左鍵，輸入【創意料理】，字型設定為【中黑體 \ 8.4pt \ 色彩白色】，段落的對齊方式為【置中對齊】。完成後按住【Alt 鍵】另外【複製 4 個】並依照順序設定顏色，由左下到右上分別為【M60K20 \ Y60K20 \ C30Y30K20 \ C60K20 \ C30M30K20】。

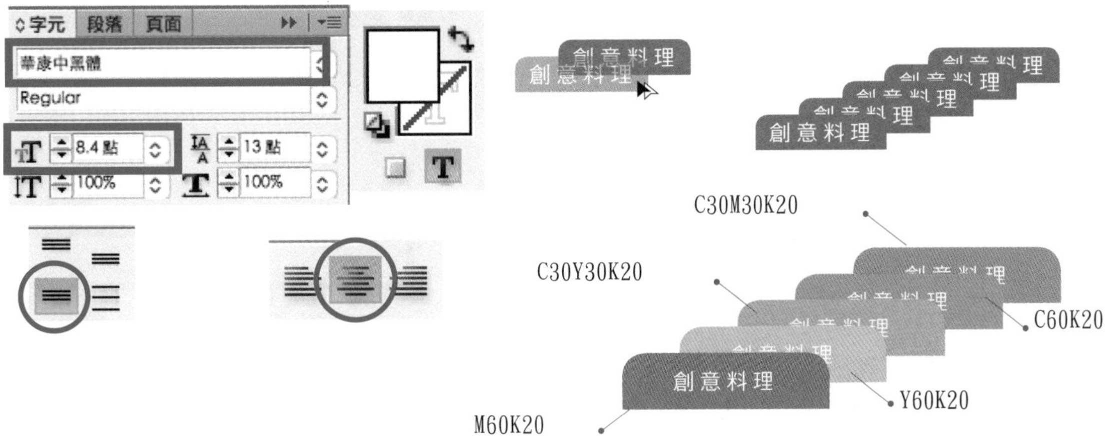

❸ 點選這五個「創意料理」，執行【視窗 \ 互動 \ 動畫】，在動畫視窗中，將預設集改為【飛入 - 停止 - 飛出】，在「事件」欄位後方有個黑色三角形 ▾ ，單擊滑鼠左鍵，點一下【載入頁面】來移除前方的 ✔ 做取消勾選的動作，最後在可見度欄位中勾選【在製作動畫前隱藏】與【在製作動畫後隱藏】。

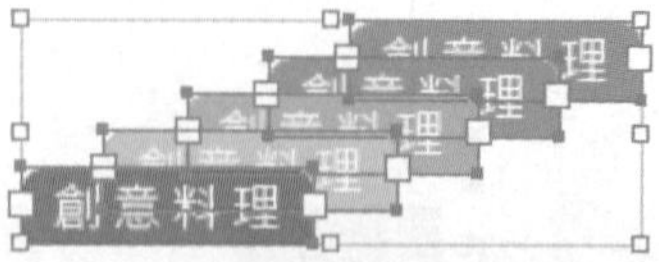

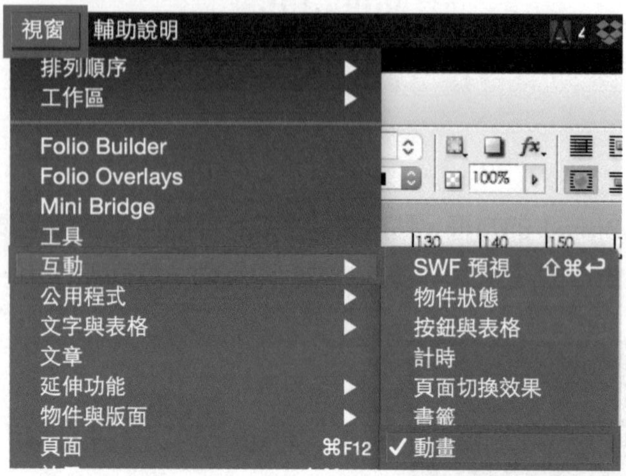

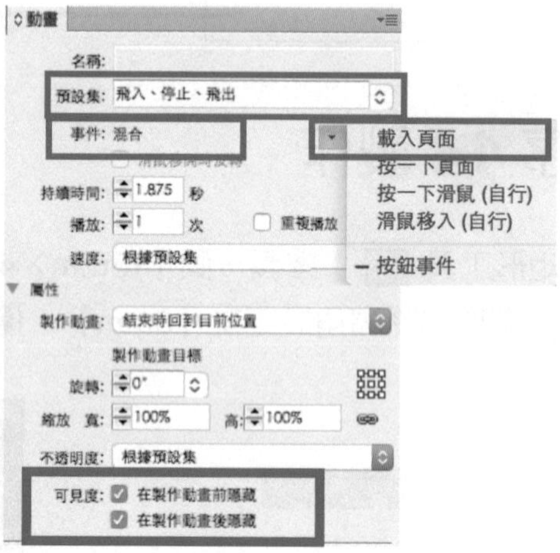

❹ 完成【飛入－停止－飛出】的動畫。

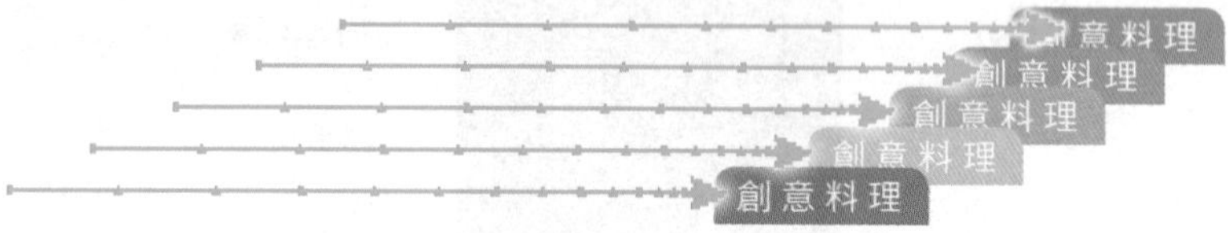

❺ 點選最上層的【創意料理（M60K20）】，在動畫的視窗中將名稱改為【L1】，以同樣的方式將【Y60K20】改為【L 2】，【C30Y30K20】改為【L 3】，【C60K20】改為【L 4】，【C30M30K20】改為【L 5】，依序命名，以利之後製作動畫時的對應檔名。

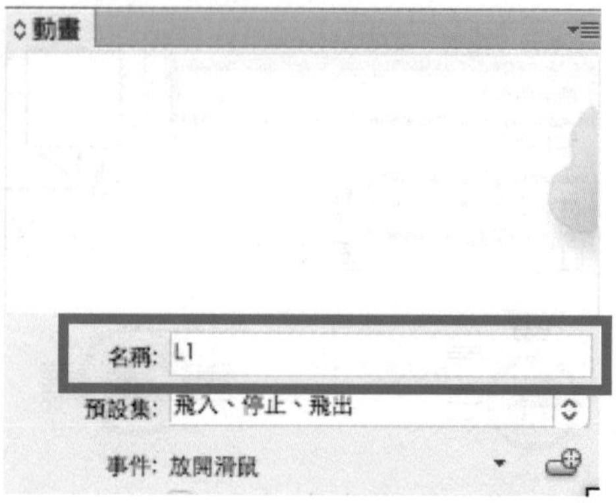

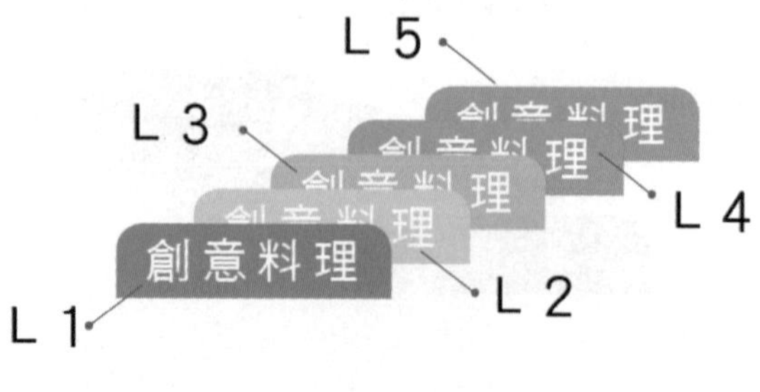

6 選取所有的創意料理文字色塊，以對齊工具【置中對齊】，再將位置座標改為【X：160.7】、【Y：7.67】。

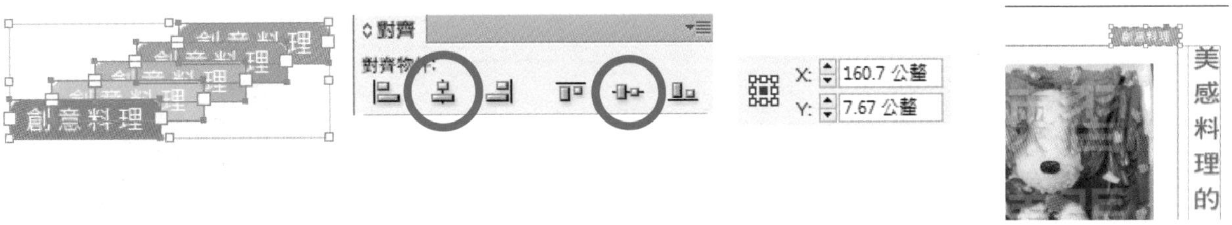

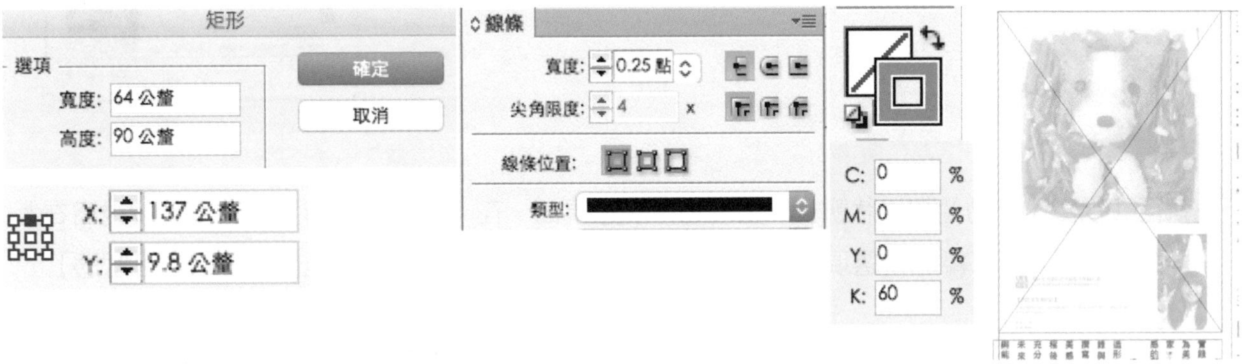

8 按住【Alt 鍵】另外複製五個矩形框架到空白處，執行【檔案\置入\ create 01.jpg ～ create 05.jpg】將圖片一一置入。畫面中心的矩形框架需另外再執行一次【檔案\置入\ create 05.jpg】，置入後當底圖用，全選圖片單擊滑鼠左鍵執行【符合\使內容符合框架大小】。

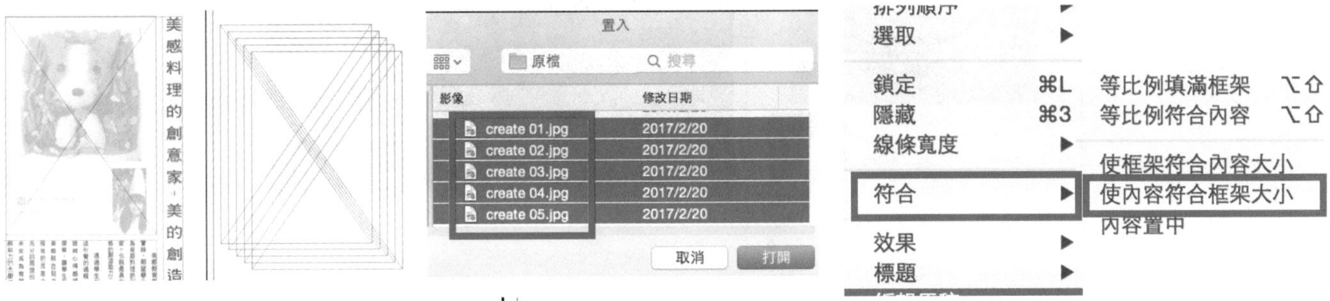

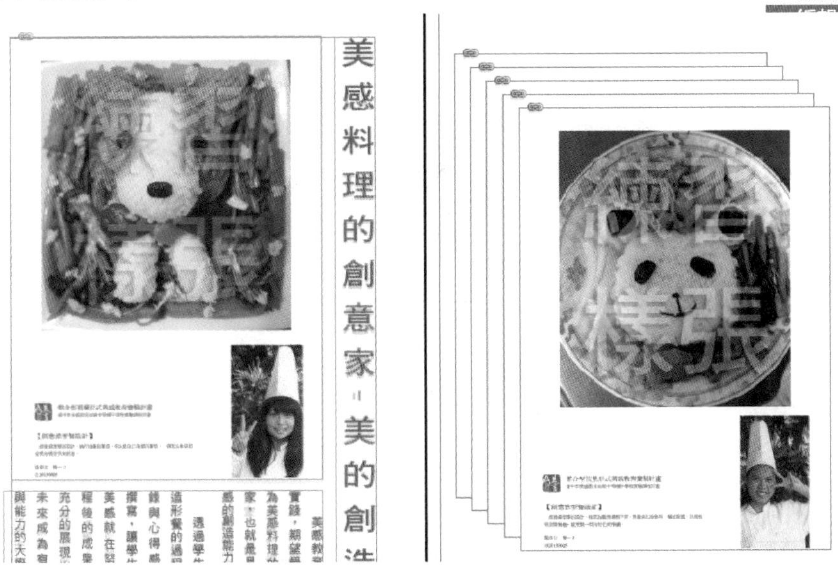

❾ 置入完畢後，將此五張圖以對齊工具點按【對齊水平居中】與【對齊垂直居中】置中對齊。

❿ 執行【視窗＼互動＼物件狀態】，出現物件狀態視窗，在【五張圖同時選取】下點按視窗右上角的三角形圖示 出現選項欄位，點選【新增狀態】，即出現包含五個狀態的【多狀態】。

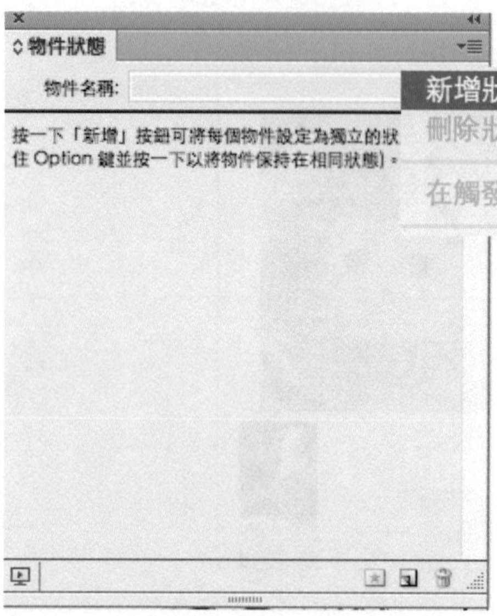

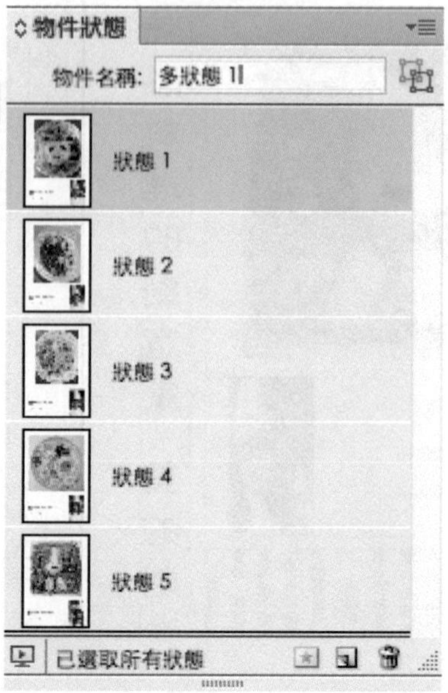

11 點選【狀態 1】即選到單張圖，執行【視窗 \ 互動 \ 動畫】，在動畫視窗中將預設集改為【淡入】，事件選項中改為【選擇】。在「事件」欄位後方有個黑色三角形 ▾ ，單擊滑鼠左鍵，點一下【載入頁面】來移除前方的 ✓ 做取消勾選的動作，最後在可見度欄位中勾選【在製作動畫前隱藏】。

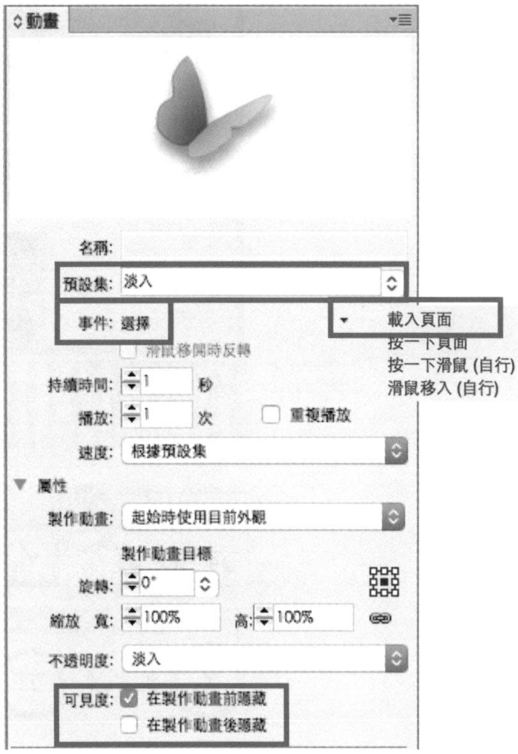

12 以同樣的方式依序點選狀態 2、狀態 3、狀態 4、狀態 5，並調整其動畫（需【個別點選調整】成一樣的動畫，調整完再點下一個狀態再調整），動畫內容均與狀態 1 相同，此時動畫名稱已自動轉為【狀態N [多狀態 1]】了，此動作需重複多次，考生要小心謹慎莫嫌繁瑣。

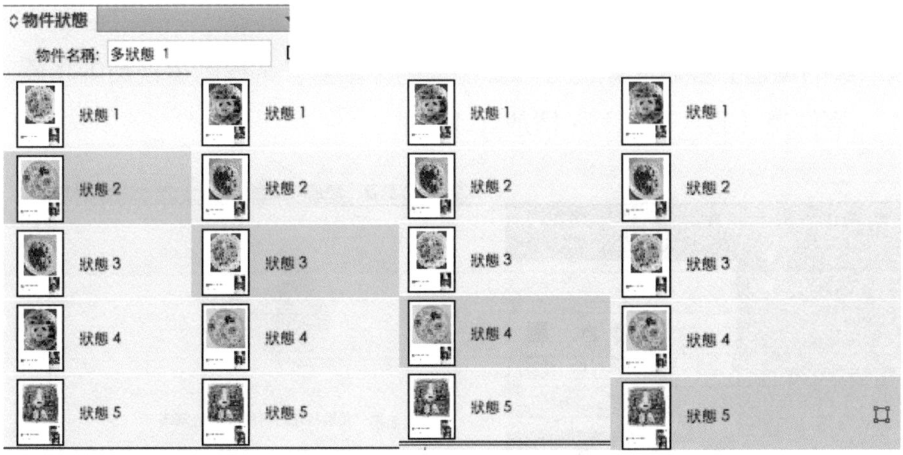

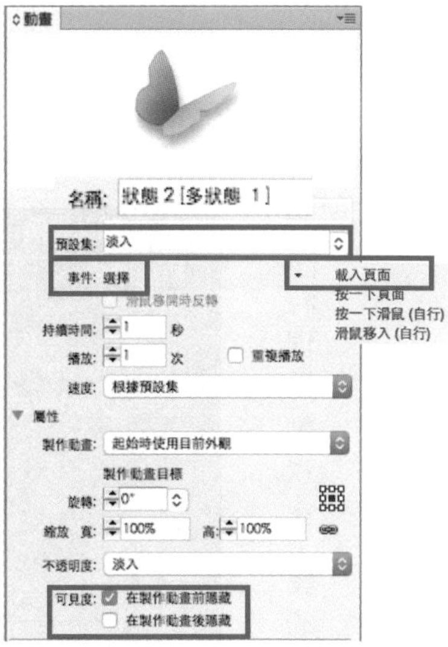

13 按住【Shift 鍵】加選【create 05.jpg】（一共選了六張圖），在對齊視窗中把對齊方式改為【對齊關鍵物件】，關鍵物件則選擇【create 05.jpg】，再點選【對齊左邊緣】與【對齊頂端邊緣】。

14 點選【美感料理的創意家－美的創造】標題，執行【視窗＼互動＼動畫】，在動畫視窗中將預設集改為【放大（2D）】，事件為【載入頁面】，播放【 1 次】。

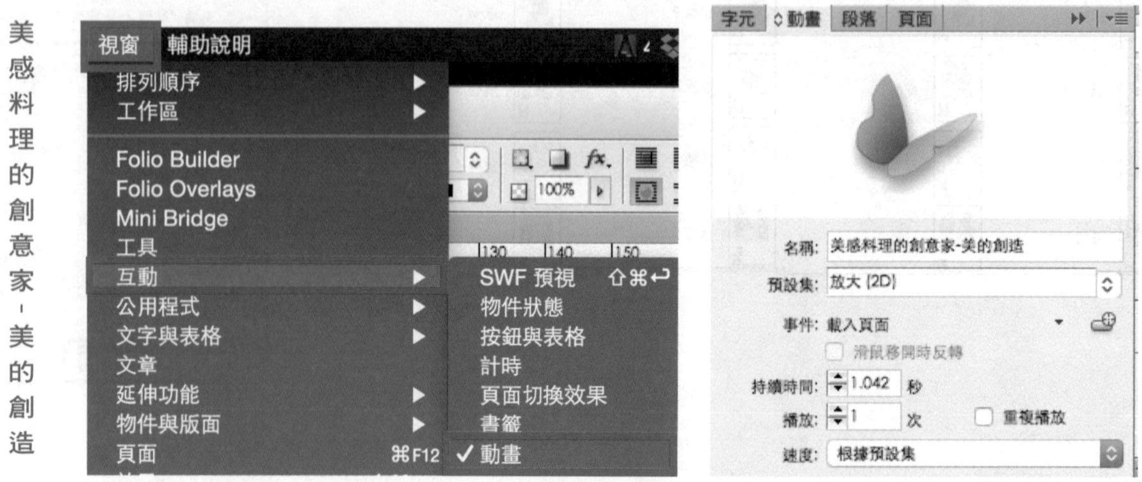

頁序 15 製作

❶ 在文字檔【10708TEXT.txt】中選取【美感教育成果手冊 Creative....】等文字，按下【Ctrl+C 複製】這一段文字，回到 Indesign 中將所屬的文字內容【貼上（Ctrl+V）】更改，並注意英文字首為大寫。

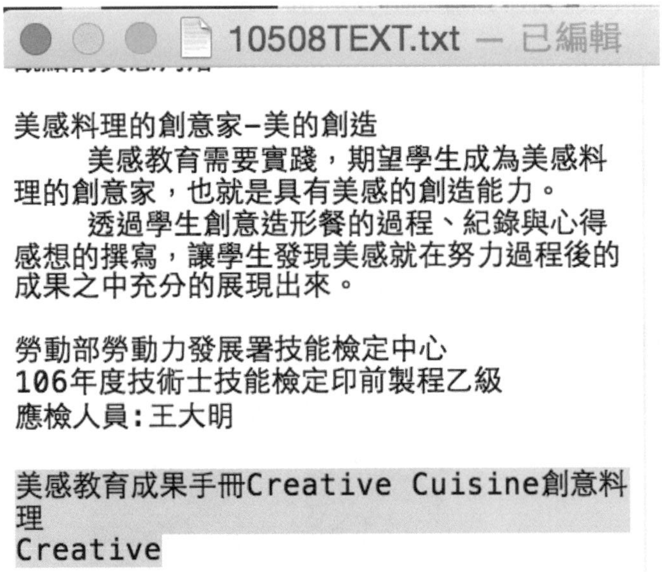

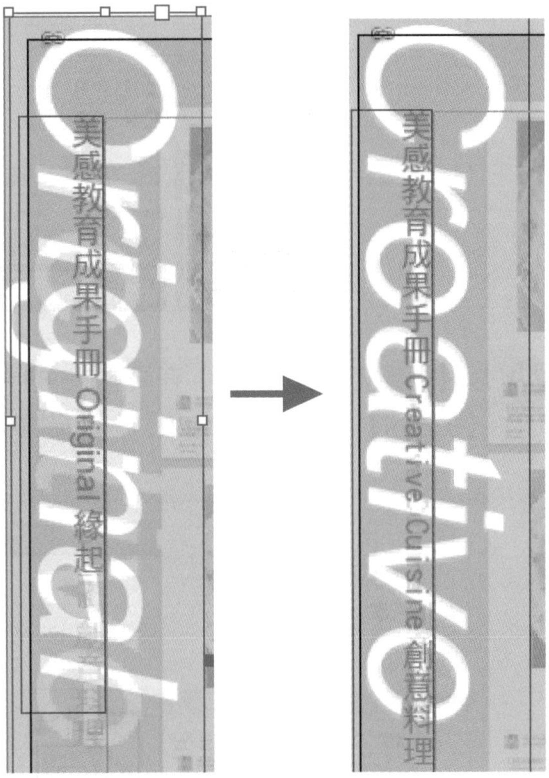

❷ 以【矩形工具】繪製一個【68 mm×21 mm】的矩形，內部填色為白色，外框粗細為【5pt】，色彩【K80】，線條樣式改為【直立線】，線條位置為【線條對齊中央 】。

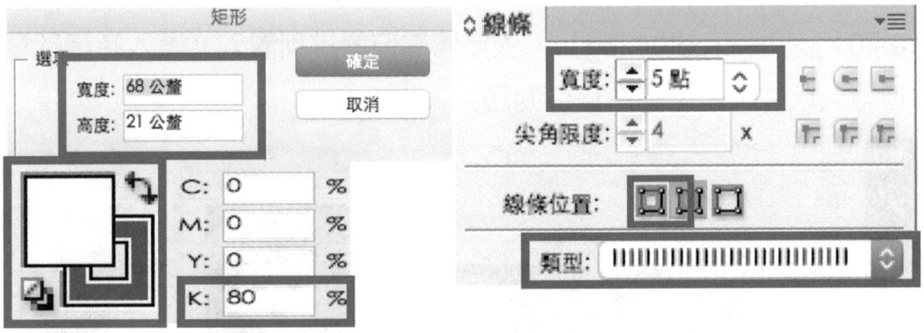

第八題

3 Indesign 中點選方才繪製出來的白色矩形，使用文字工具 T. 自行輸入【勞動部勞動力 .... 應檢人員】等文字，記得將年度改為考試當年年度、應檢人名字改為自己的名字，段落改為【置中對齊 】，字體【黑體 W7 \ 色彩 K80】，字體大小年度數字與姓名【16pt】，其餘【10pt】（年度以檢定現場監評說明為主）。

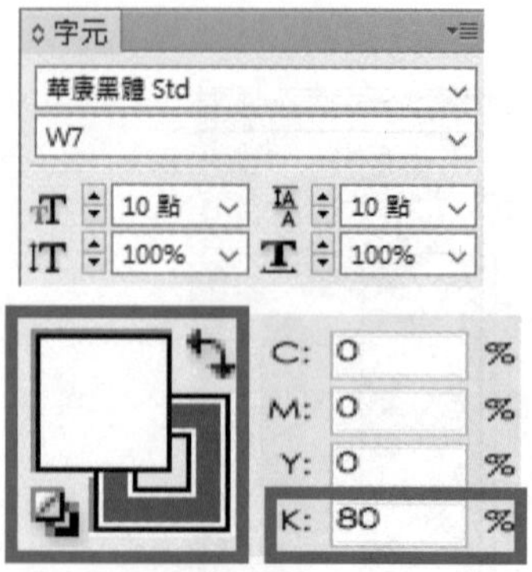

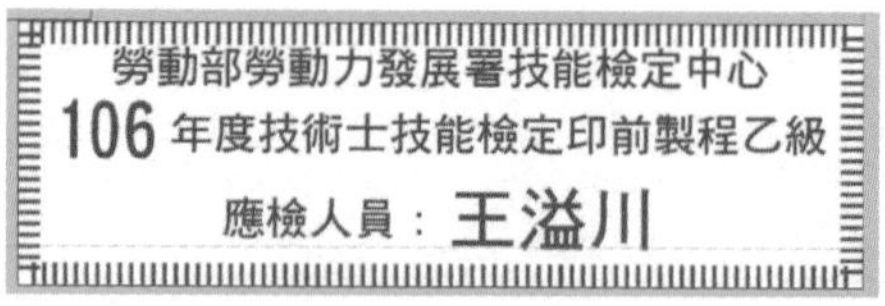

4 以【框架矩形工具 】在頁序 15 的頁面上繪製四個【32mm×45mm】的矩形框，外框粗細【0.25pt】，色彩為【K60】，依描圖檔位置放置。

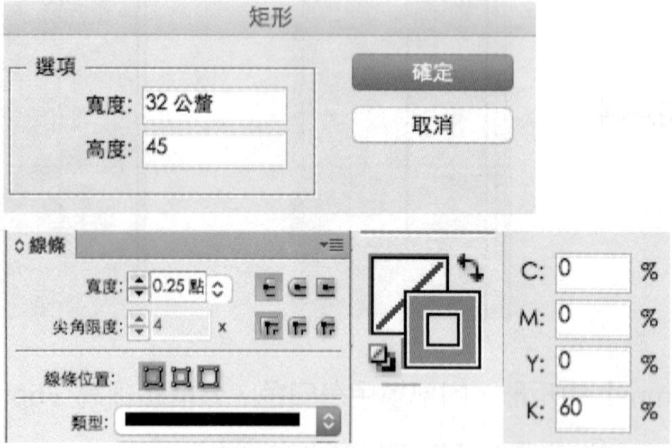

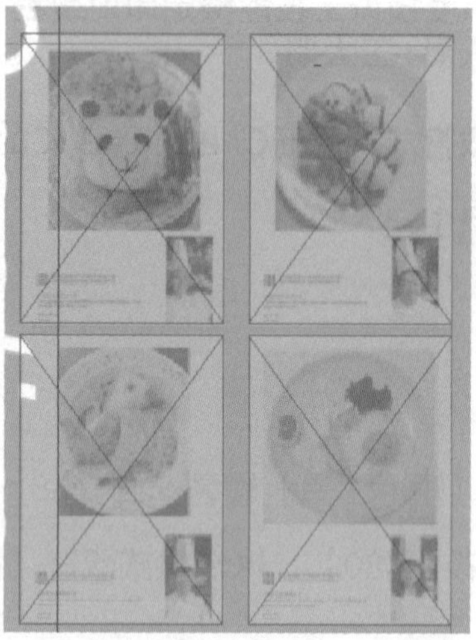

5 執行【檔案 \ 置入 \ creat01.jpg ～ creat04.jpg】，依描圖檔位置排列置入（置入時請留意描圖檔與所置入圖片的相對位置與尺寸，避免圖片錯位問題）。

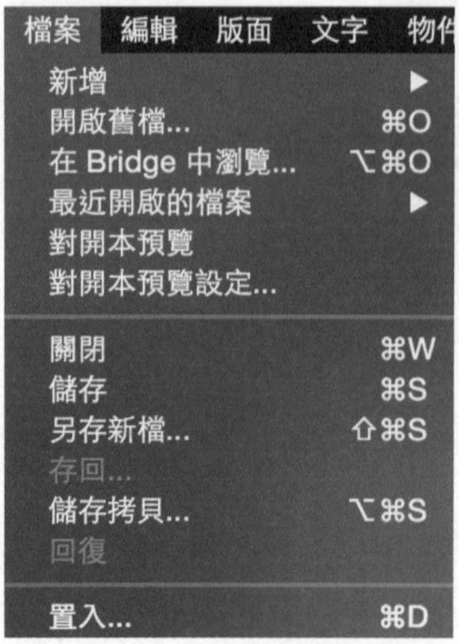

6 選取【creat01.jpg ～ creat04.jpg】四張圖片，連同下方的矩形框，執行【視窗 \ 互動 \ 按鈕與表格】，將類型改為【按鈕】，則選取時外框會變成【虛線】，表示四張圖連同舉行方框都已經變成按鈕了。

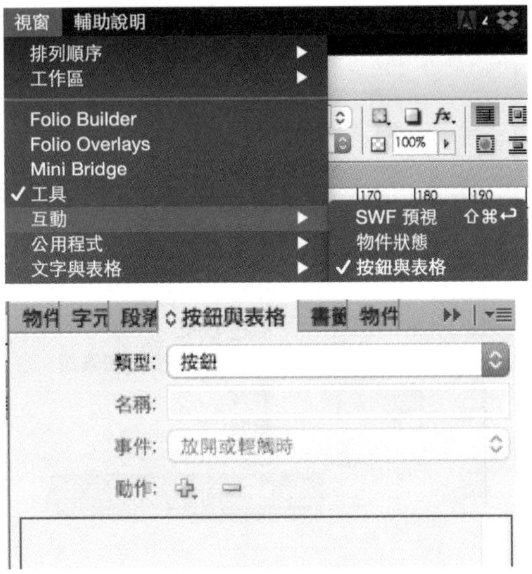

7 點選右上角【creat01.jpg】的按鈕，把【不透明度】改為【50%】，執行【視窗 \ 互動 \ 按鈕與表格】，將該按鈕的名稱改為【按鈕 1】，點一下按鈕與表格外觀裡的【滑鼠指向效果】，再把不透明度改為 100%。

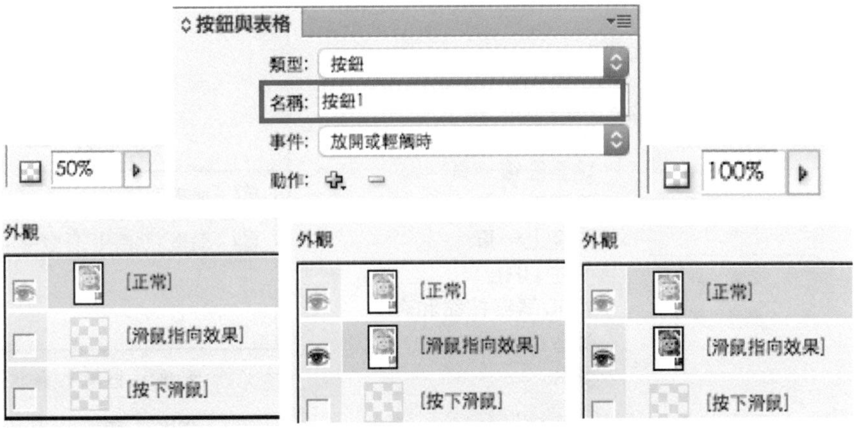

調整不透明度 50%　點一下外觀裡的「滑鼠指向效果」　調整不透明度 100%

8 以同樣方式將 Creat02.jpg ～ Creat04 連同矩形框依序命名，並且設定按鈕的滑鼠事件。

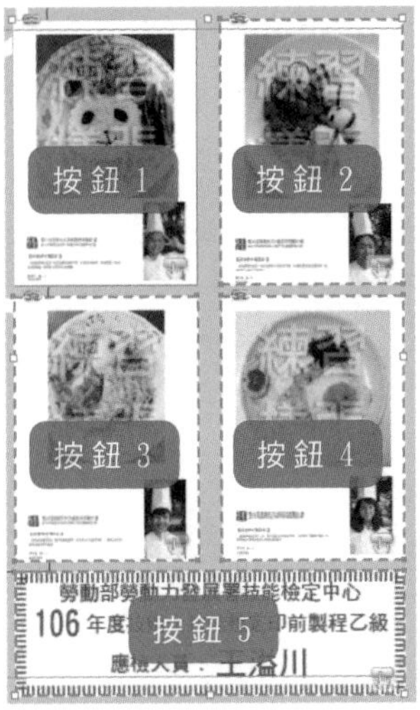

第八題

9. 接下要設定按鈕的動畫，點選右上角【按鈕 1】，在按鈕與表格的工具視窗裡的動作旁點按【為選取的事件新增動作】圖示 後選擇【動畫】（新增了一個動畫的動作），在動畫的選單裡選擇【L1】。

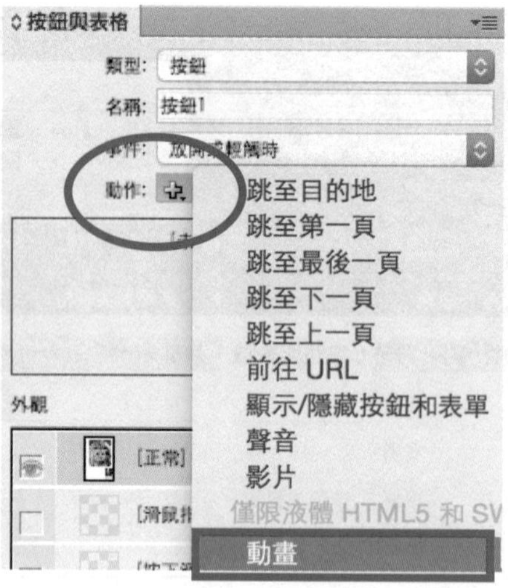

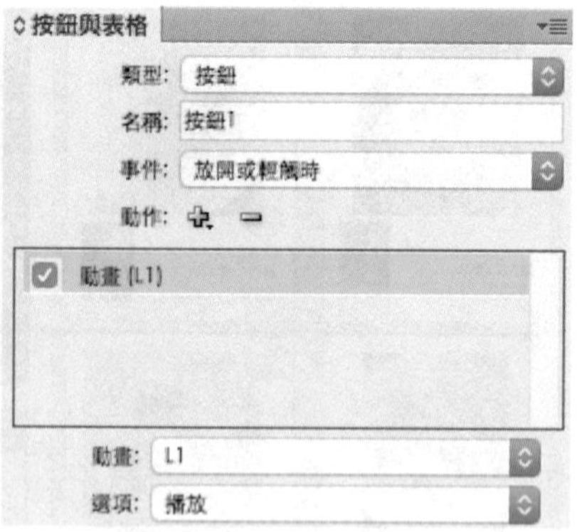

10. 在按鈕與表格的工具視窗中再按一次【為選取的事件新增動作】圖示 後選擇【動畫】，並在動畫的選單裡選擇【狀態 1 [多狀態 1]】。

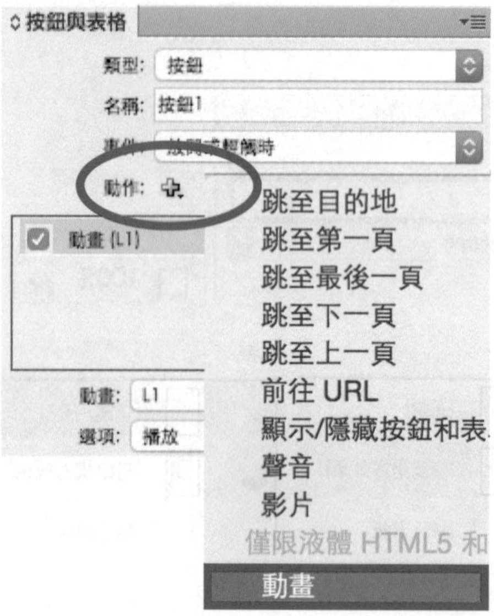

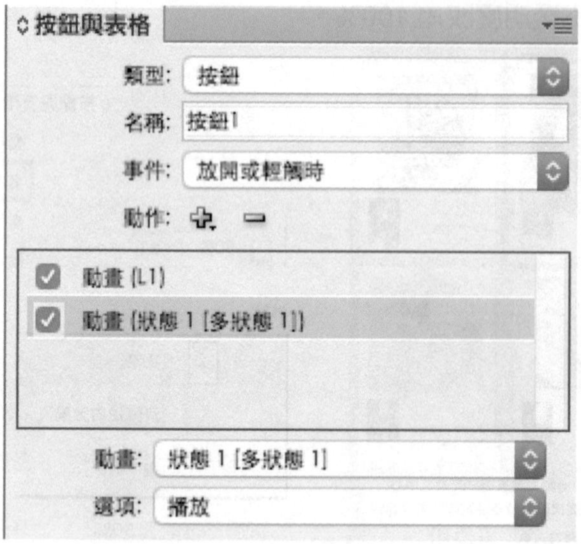

⓫ 執行【視窗 \ 互動 \ 計時】，出現計時工具視窗，在工具視窗中按住【Shift 鍵】點選【L1】與【狀態 1 [多狀態 1]】，再按【一起播放鈕 】，使兩者動畫物件形成聯結關係而一起播放。

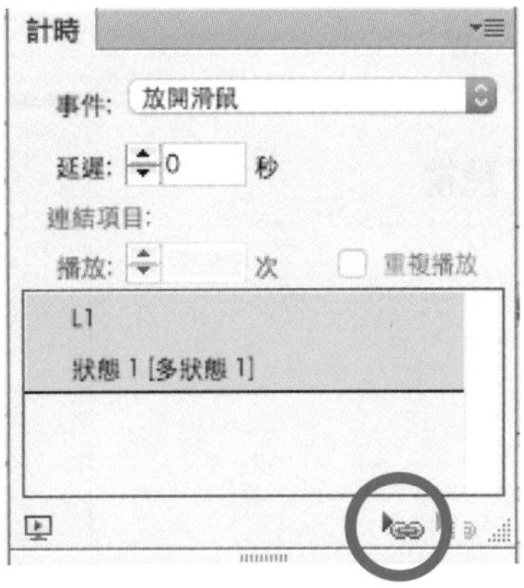

⓬ 考生做到此步驟應該有些體會：頁序 15 上按鈕 1~ 按鈕 5 這五個按鈕分別跟頁序 14 上的五個狀態 1～狀態 5 與命名為 L1~L5 的五個「創意料理」，彼此間互有影響關係。按鈕要設定成按下後同時播放兩組動畫，例如以按鈕 1 而言按下後要同時播放「狀態 1」與「L 1」，而按鈕 2 按下後要同時播放「狀態 2」與「L 2」以此類推，以同樣的概念與方式將 1～5 的系列關係逐一建立。

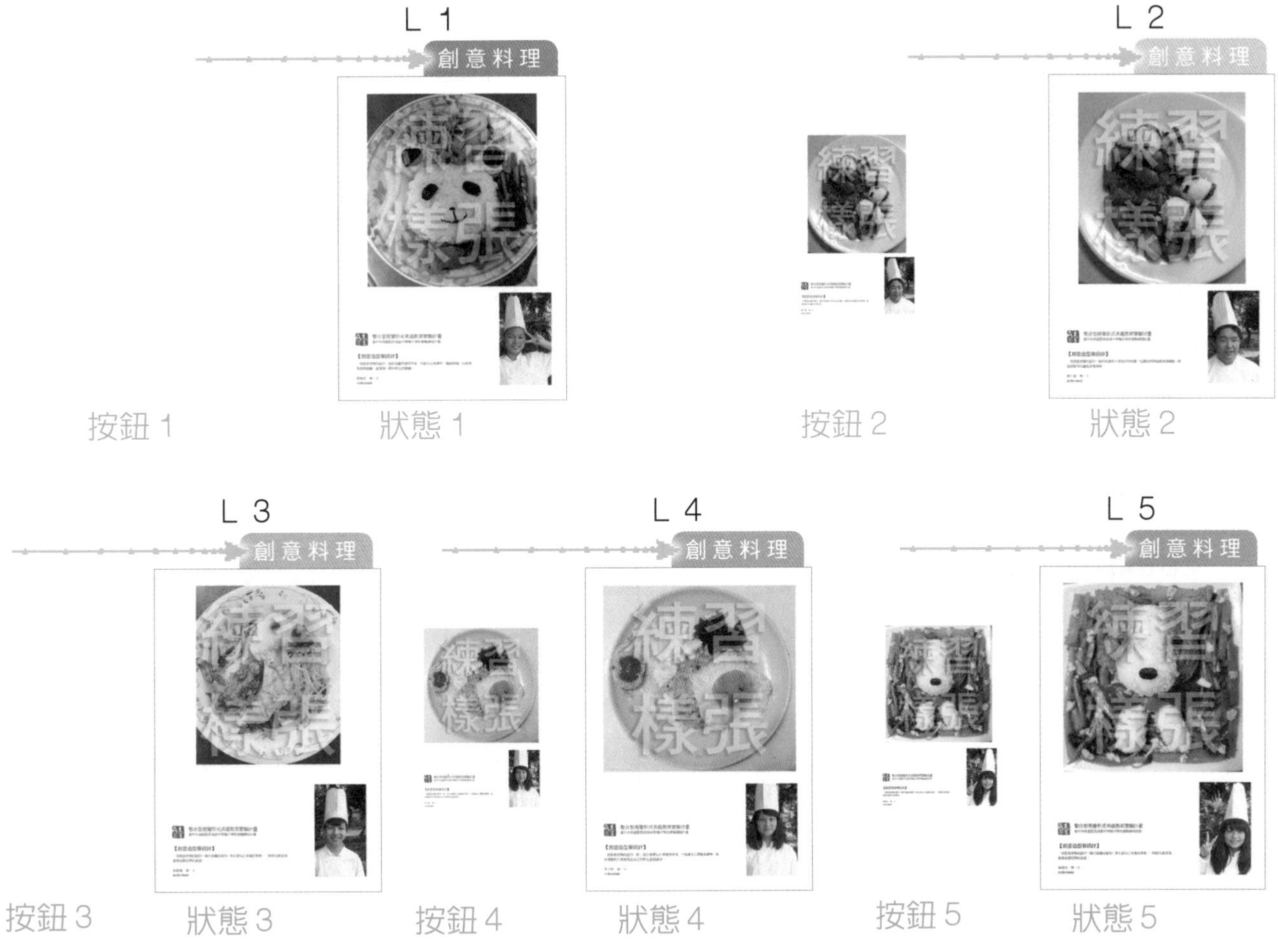

13 確認其動畫與按鈕，和計時器彼此的設定正確後，點按【預視跨頁鈕 】，播放看看是否與隨題所附的【19100-106208 電子書成品製作標準樣 .swf】檔案播放內容相同，確認無誤後即完成頁序 14 ～頁序 15 的動畫與編輯的製作。

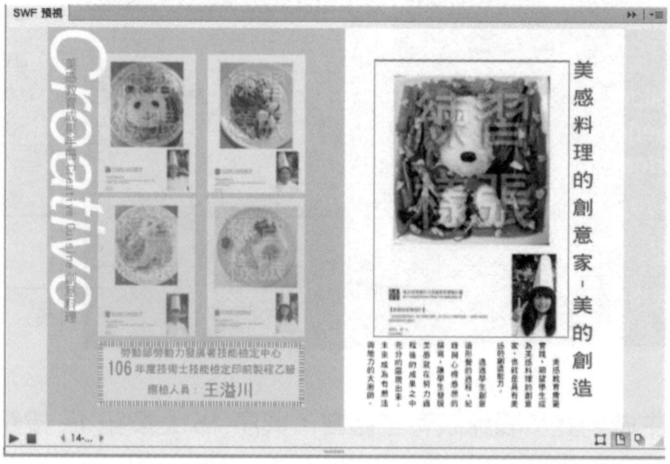

頁序 16 製作

1 在文字檔【10708TEXT.txt】中選取【美感教育成果手冊 exhibition 展覽】等文字，按下【Ctrl+C 複製】這一段文字，回到 Indesign 中將所屬的文字內容【貼上（Ctrl+V）】更改，並注意英文字首改為大寫。

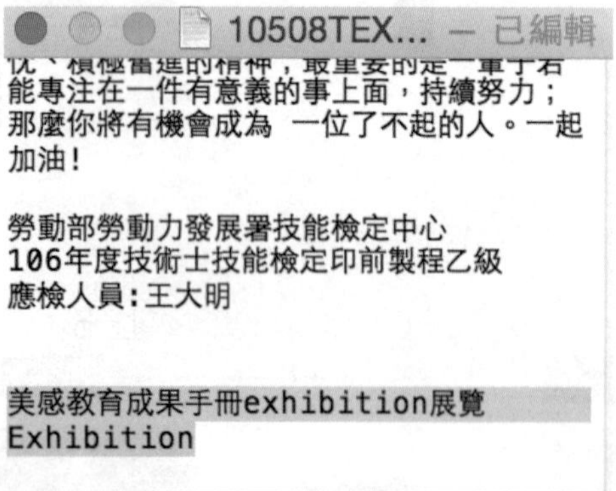

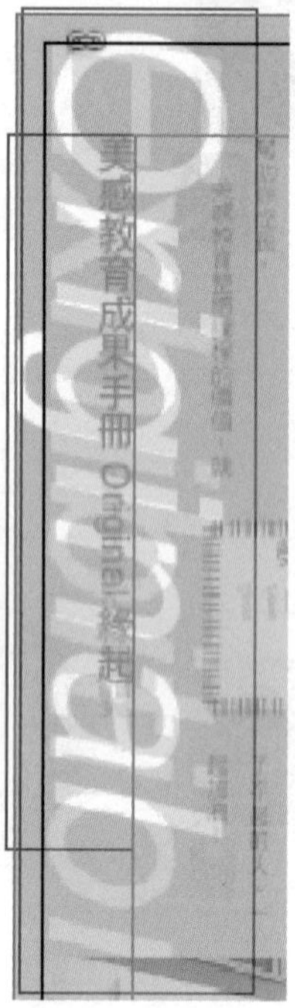

2 在頁序 16 的頁面中於【製作圖層】裡，以【矩形框架工具 ⊠】依描圖檔內的圖片大小繪製兩個矩形框架，再執行【檔案 \ 置入 \ Art exhibition 01 與 Art exhibition 02】，置入後點選這兩張圖片按【 等比例填滿框架 】，或單擊滑鼠右鍵執行【符合 \ 等比例填滿框架】，注意圖片框架必須包含出血。

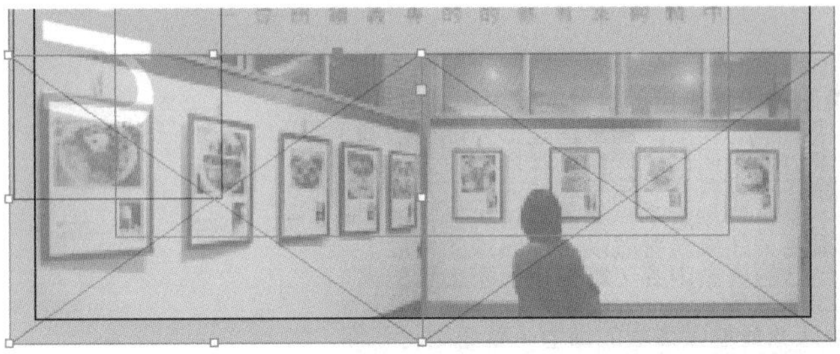

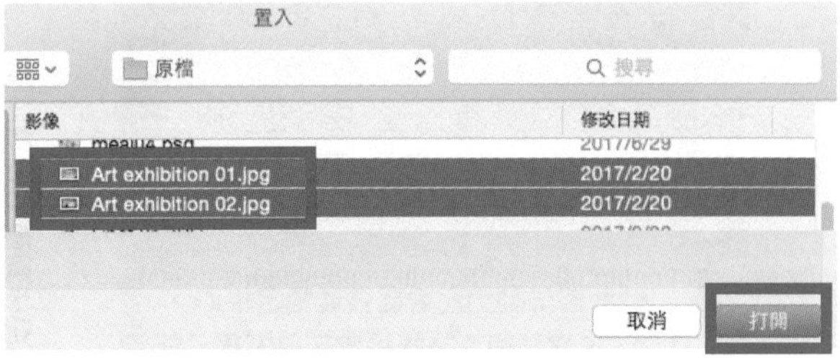

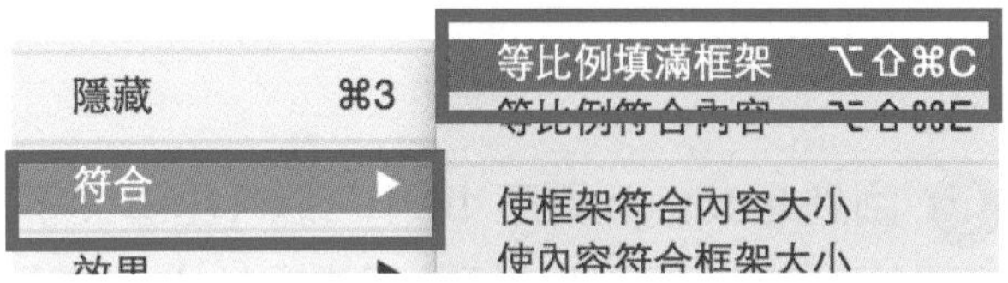

3 回到頁序 15 中點選【按鈕五】（勞動部 .... 應檢人 ...），按下【Ctrl+C 複製】，再回到頁序 16 貼上，並依描圖檔位置放置，再到按鈕與表格視窗點按【轉換為物件 】，出現警告視窗直接按確定。

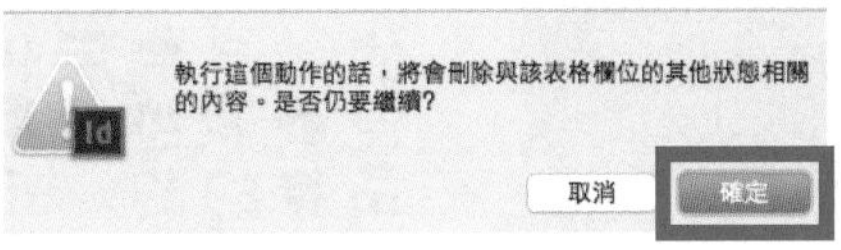

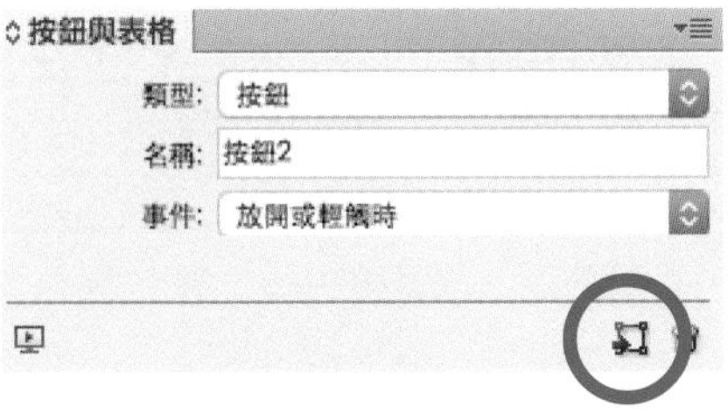

4 以【矩形框架工具 】依描圖檔內的圖片大小繪製兩個矩形框架，然後到文字檔【10708TEXT.txt】中選取【後記 .... 一起加油】，按下【Ctrl+C 複製】這一段文字。

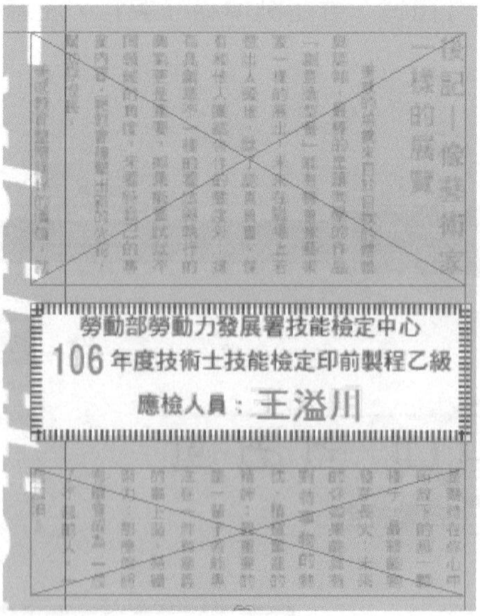

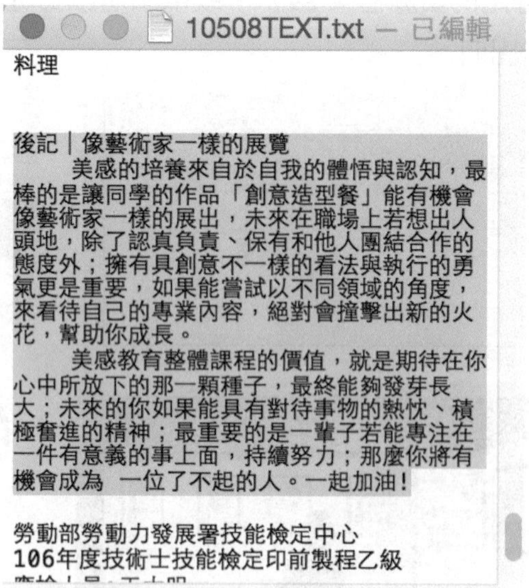

5 回到 Indesign 頁序 16 中，以【垂直文字工具 】框選上方的矩形框按下【Ctrl+V 貼上】，文字框架左下有個【紅色加號框 ⊞】的圖示，這表示在這個框架中還有文字沒有顯示出來，所以用【選取工具 】移動游標到【⊞】圖示上，以滑鼠左鍵單擊該圖示（游標此時會變成文字游標），再到下方的文字框上點按貼入。

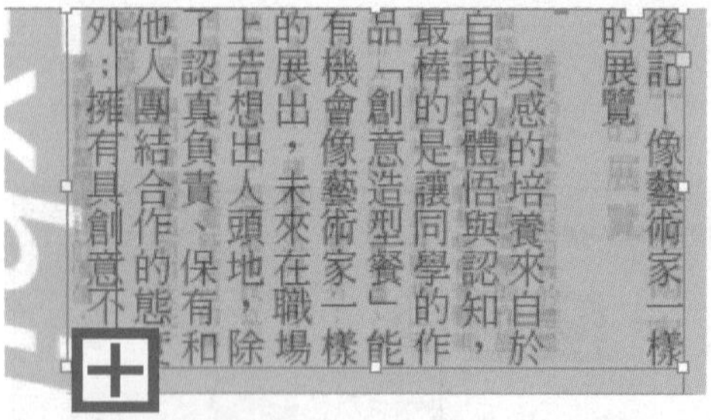
在頁序 16 上方文字框左下角點按紅色加號圖示

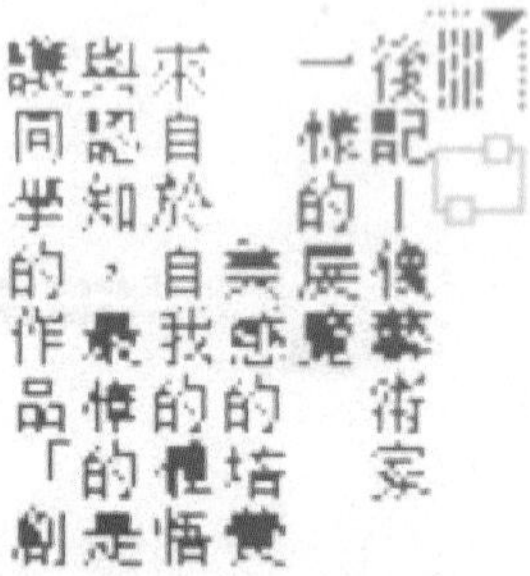
點按後游標變成文字游標

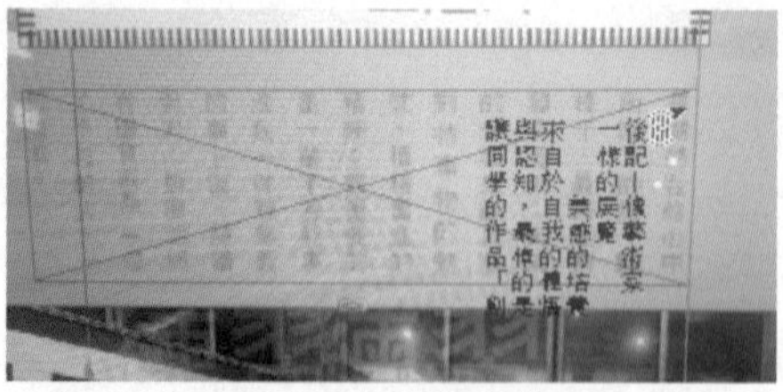
到頁序 16 的下方文字框右上角上點按貼上延伸文字

6 點選其中一個文字框，雙擊滑鼠左鍵再按【Ctrl+A 全選】，將內部文字全選後直接套用段落樣式中的【內文七】。

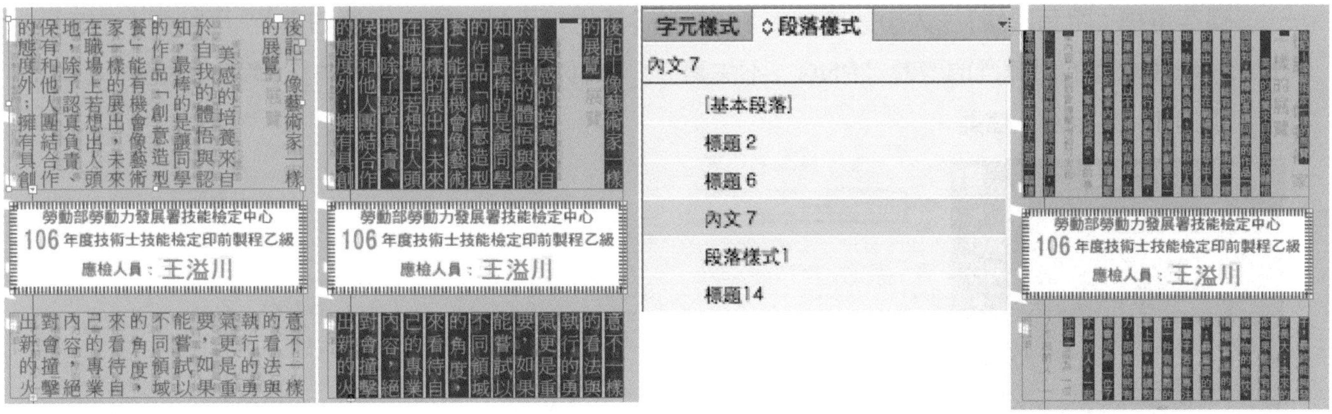

7 框選文字框中標題的部分【後記－像藝術家一樣的展覽】這一段文字，將標題文字圈選後直接套用段落樣式中的【標題 6】。

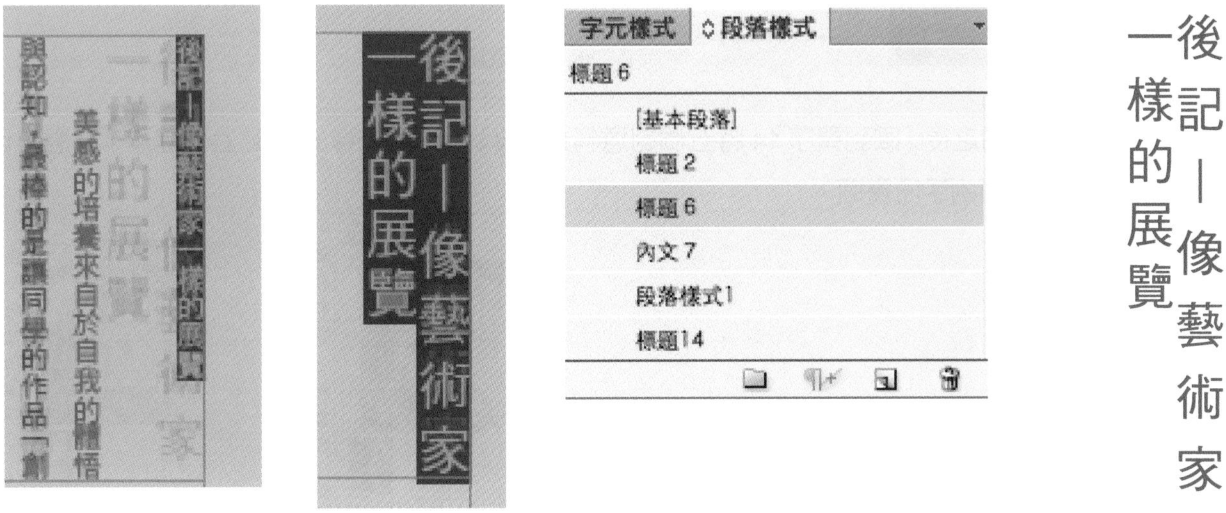

8 微調首行段落，並將內文的段落一一對齊描圖檔，即完成頁序 16 的製作。

9 本題需存成【1. 電子書】、【2. 落大版】這兩種形式，故在做完 16 頁小冊後，先執行存電子書的動作。執行【檔案 \ 轉存】，格式選為【Flash Player（SWF）】，在【一般】的對話框中將轉存選擇【所有頁面】，大小選擇縮放 100% 將【產生ＨＴＭＬ檔案取消勾選】，再點選【進階】，在影像處理的壓縮選項改為【PNG（不失真）】、【解析度 96ppi】，再按確定，即產生【第八題的 16 頁 .swf】檔案。

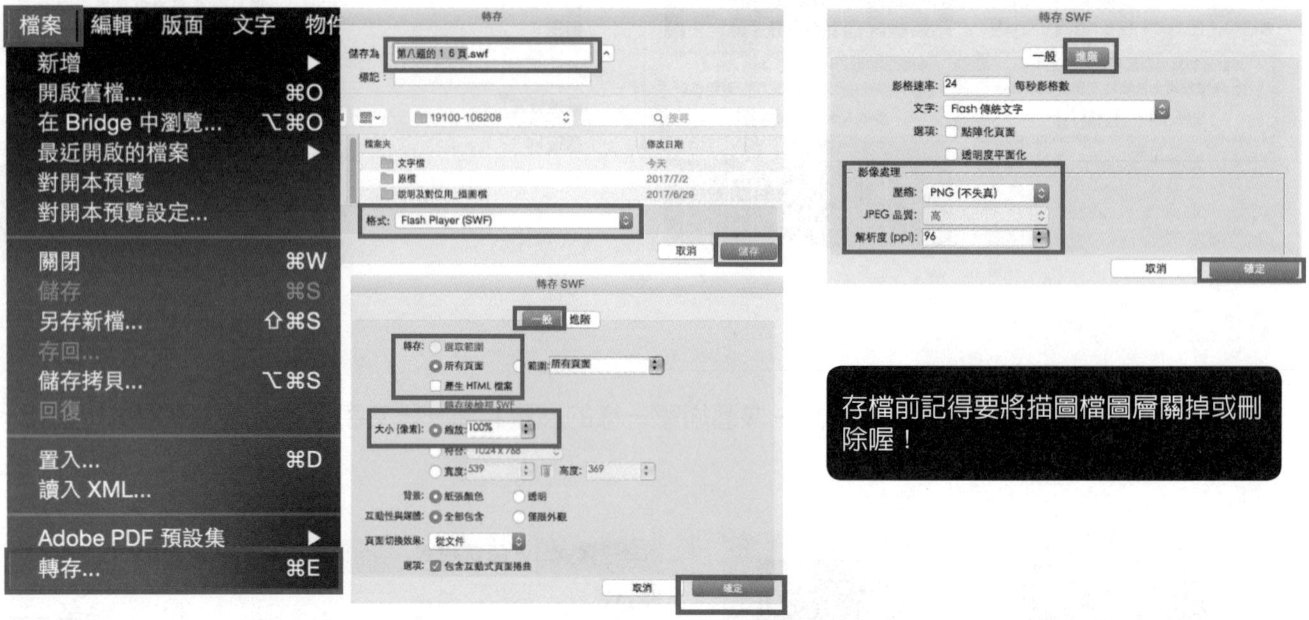

存檔前記得要將描圖檔圖層關掉或刪除喔！

10 儲存完 SWF 檔之後，回到頁序 14 將五個創意料理【移除】，因為樣式說明上有提及「創意料理」不製作於 16 頁的手冊畫面。

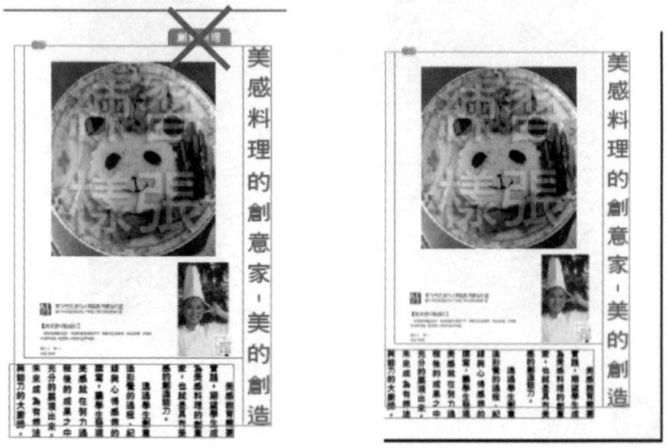

11 到頁序 15 的頁面上按住【Shift 鍵】點選五個按鈕，再到【按鈕與表格】工具視窗中點按【轉換為物件 】】將按鈕轉換為物件。

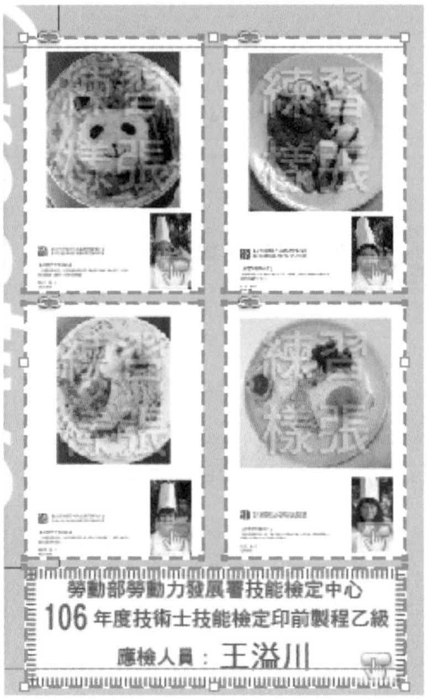

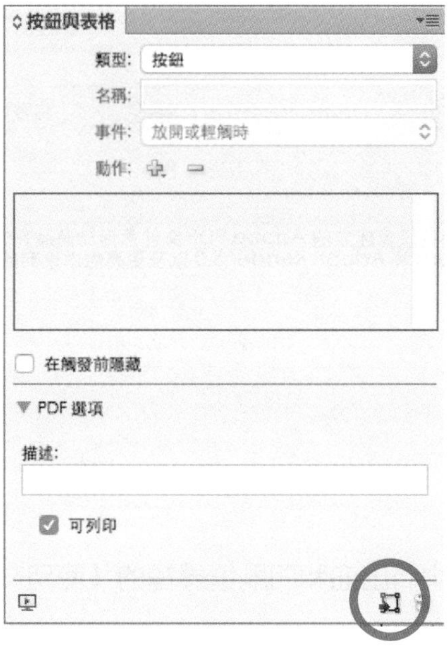

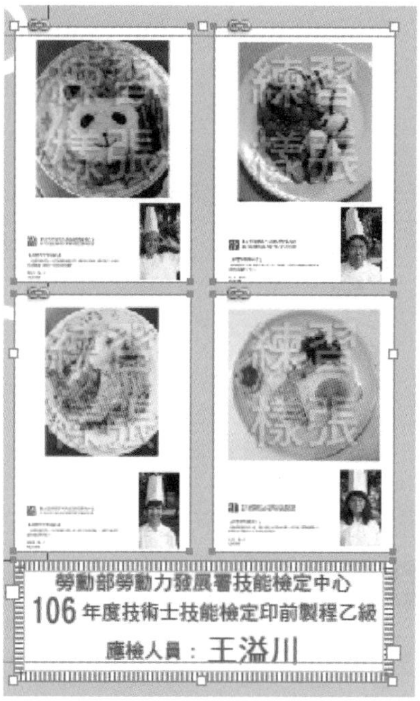

12 執行【檔案 \ 轉存】，將檔名改為【第八題的 16 頁】並將存檔格式設定為 PDF，然後按轉存。

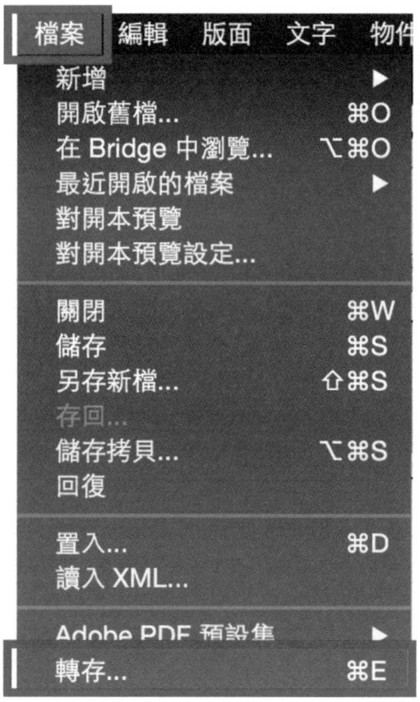

13 出現轉存 Adobe PDF 對話框再將 Adobe PDF 預設改為【印刷品質】。

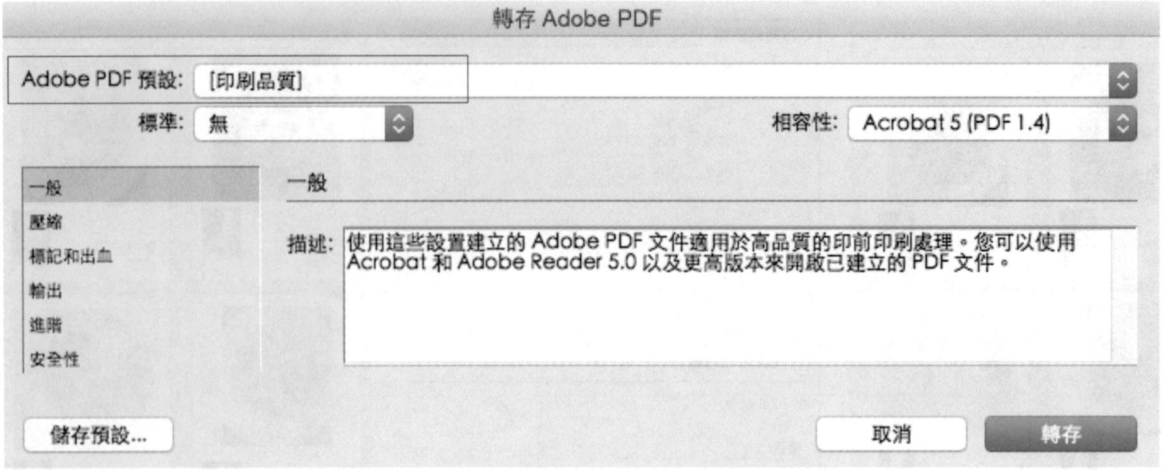

14 在【標記與出血】的調整選項中將出血和印刷邊界裡的【使用文件出血設定打勾】，然後按確定即完成 PDF 檔的儲存。

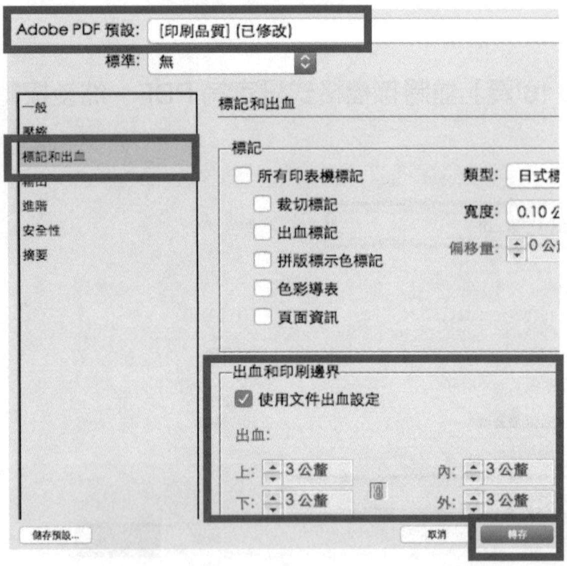

落大版

1. 在 Indesign 裡頭執行【檔案 \ 新增 \ 文件】，把對頁選項勾掉，切換成較多選項，設定【頁數 1 \ 寬度為 386 mm \ 高度為 266 mm \ 上下左右之出血 3 mm\ 印刷邊界 12 mm】（勾選右側同步選項可以四個項目同步連動），再點選邊界和欄。

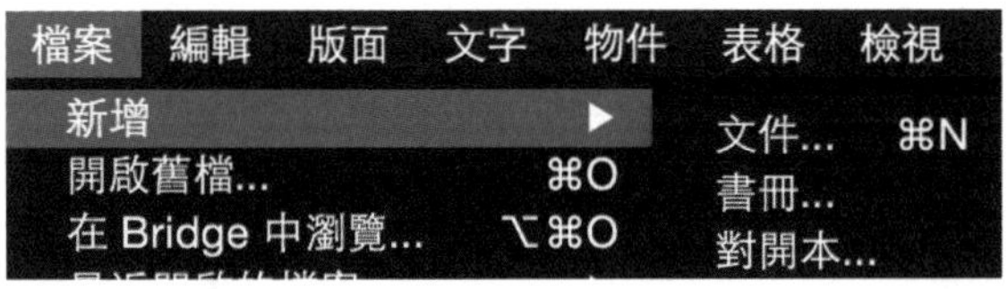

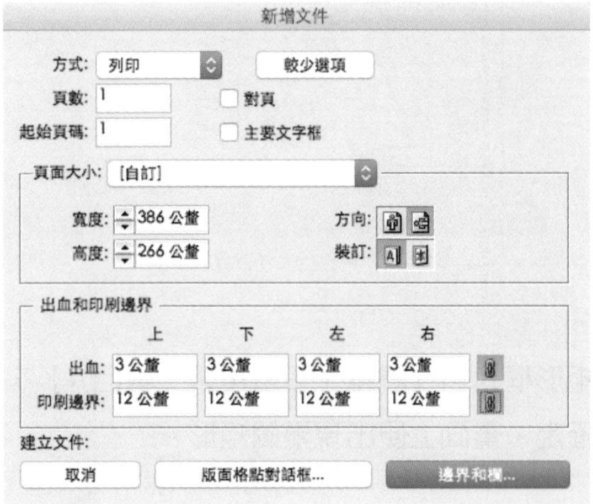

2. 出現新增邊界和欄上下左右之邊界設定為 0 公釐後按確定。

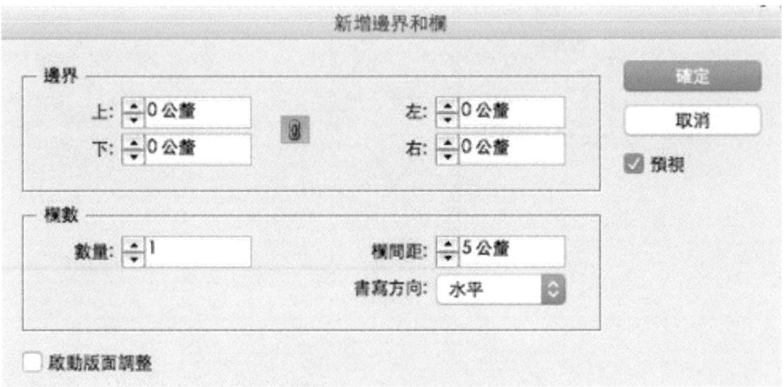

3. 以【矩形框架工具】在空白處點一下，設定【寬度 101 mm】（95+ 左出血 3+ 右出血 3）【高度 136 mm】（130+ 上出血 3+ 下出血 3），因 PDF 檔案裡的就是上下都包含出血的頁面小版，之後再縮成 98 mm（95+ 一邊出血 3mm 另一邊為裝訂邊 0mm）。

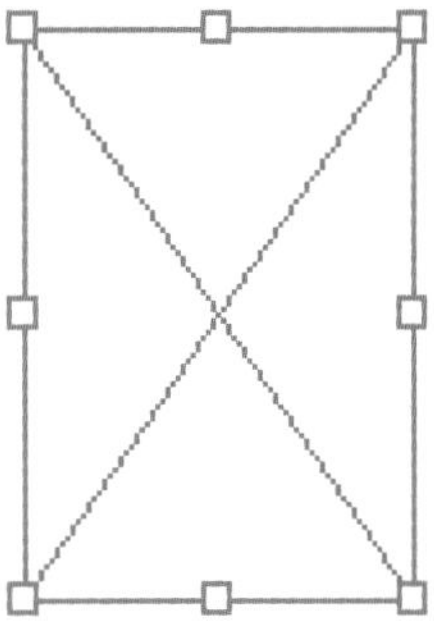

第八題

4 以【選取工具 】點選矩形框，並移動該矩形至左上角紅色出血邊上。

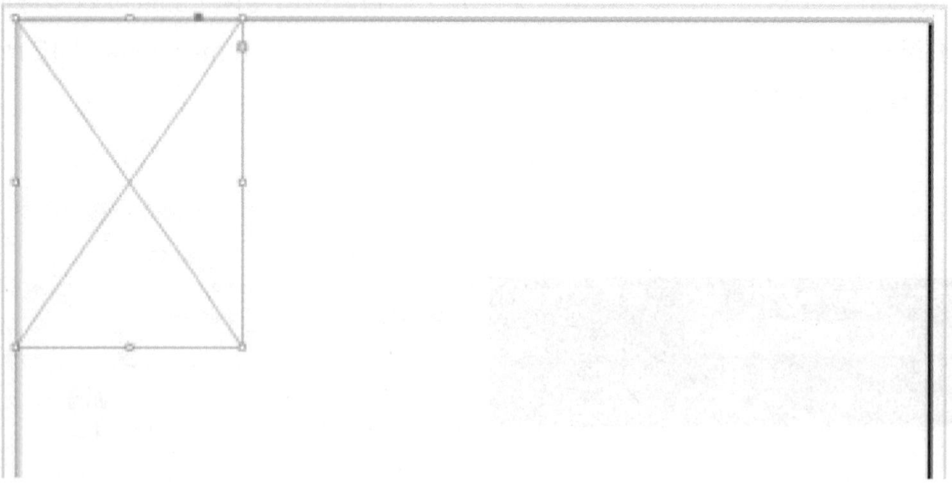

5 點選矩形框執行【編輯 \ 多重複製 \ 數目 1】，偏移量為【垂直 136mm】、【水平 0mm】，再按確定，畫面上便出現兩個矩形。

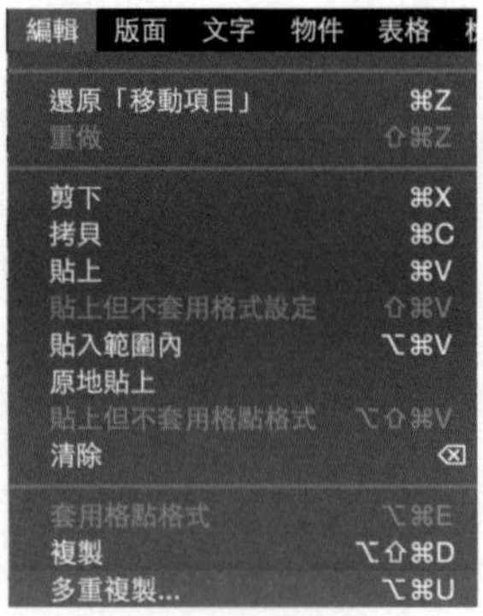

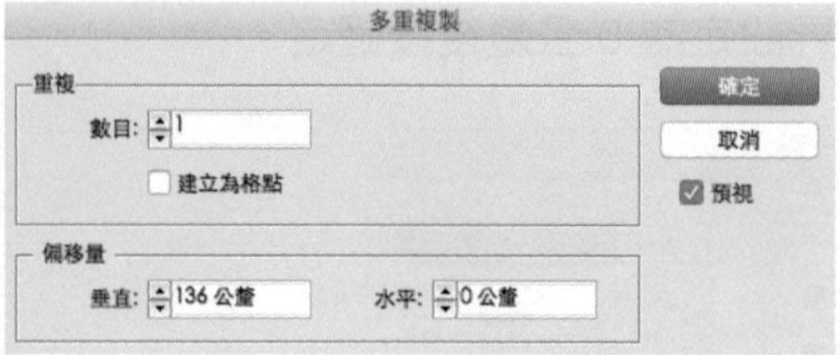

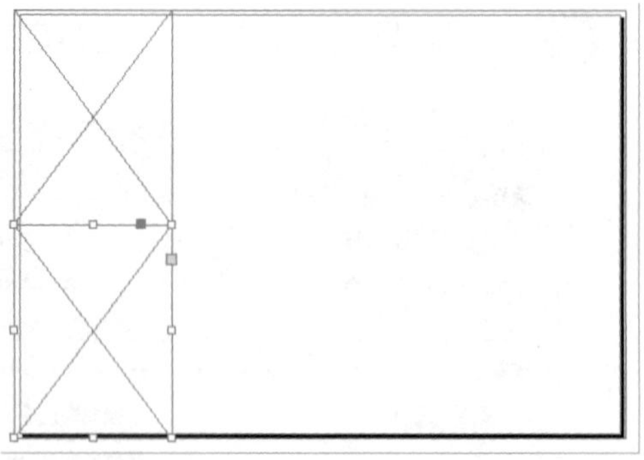

6 點選下方的矩形，確定參考點在【正中央 】，點按兩次【順時針旋轉 90 度】的按鈕，此動作主要是為了配合題目指定的地對地落版方式。

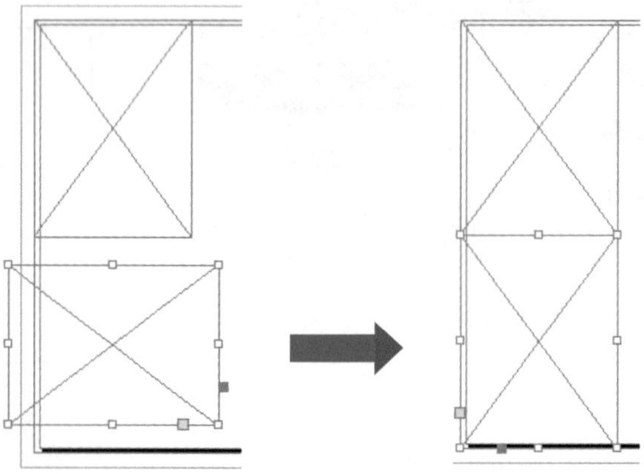

7 同時選取兩個矩形，再執行【編輯 \ 多重複製 \ 數量 1 \ 垂直 0 mm \ 水平 95 mm】再按確定。

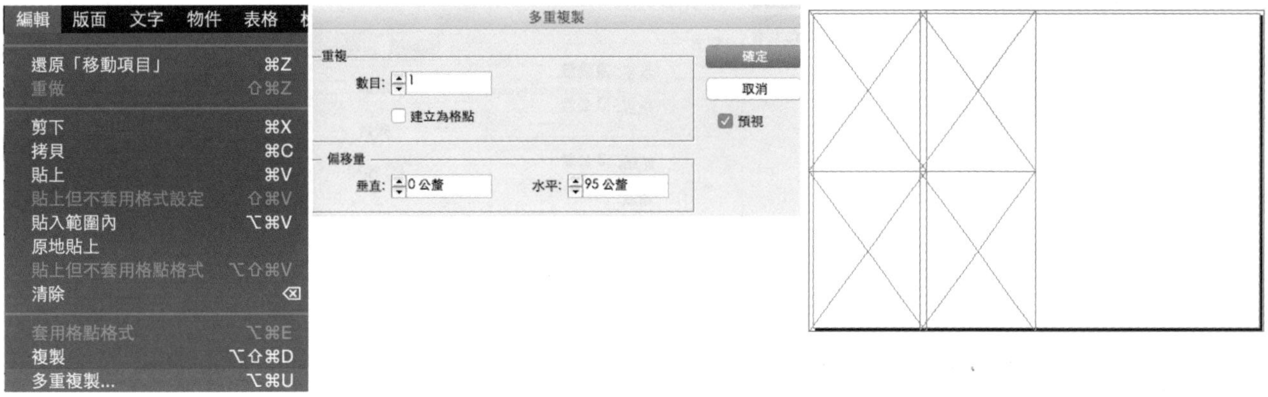

8 同時選取四個矩形，再執行【編輯 \ 多重複製 \ 數量 1 \ 垂直 0 mm \ 水平 196 mm（95 mm+95 mm+3 mm+3 mm）】再按確定。

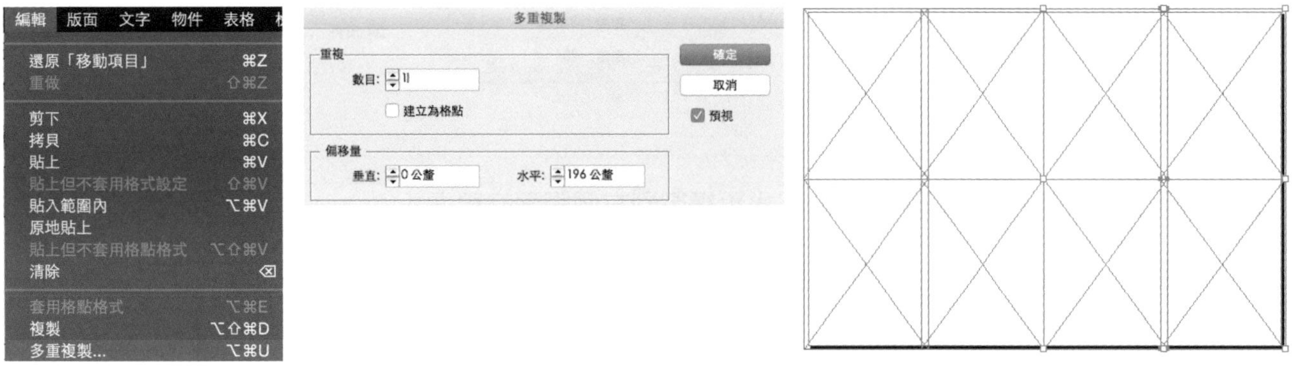

9 以【鋼筆工具 】在畫面上版面交匯處上方繪製一條短線段（線段端點以不碰到版面為原則，可以超過印刷邊界），再調整線條樣式將寬度設為【0.5pt】，色彩為【拼板標示色（四色黑）】 。

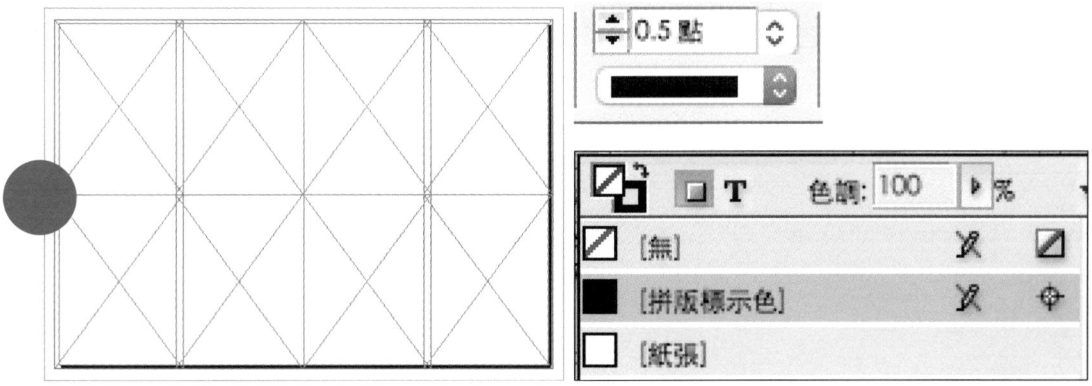

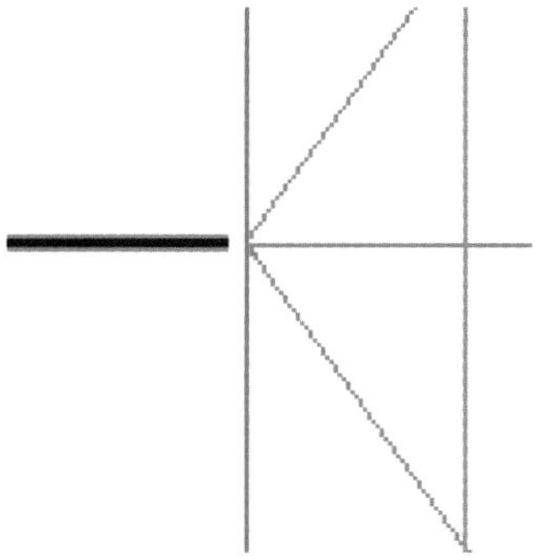

10 點選該線段並執行【物件 \ 變形 \ 移動 (Ctrl+Shift+M) 】調整【垂直 3mm 】再按【拷貝】。

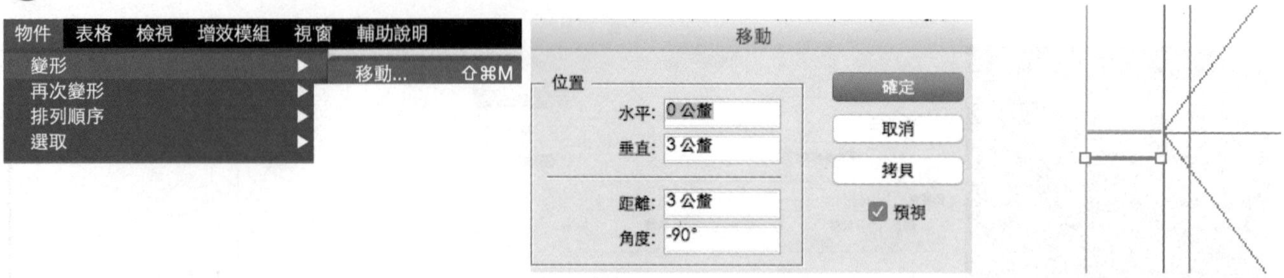

11 點選中央線段並再次執行【物件 \ 變形 \ 移動 (Ctrl+Shift+M) 】調整【垂直 -3mm 】再按確定。

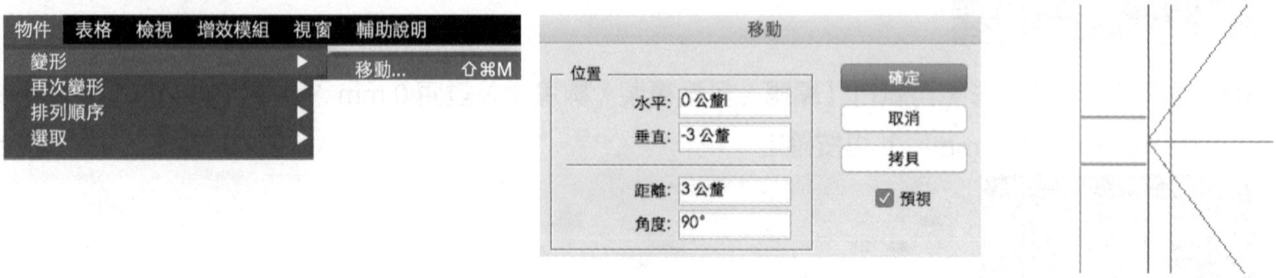

12 選取兩線段，按住【Alt+Shift 鍵】水平複製到右側版面交界處。

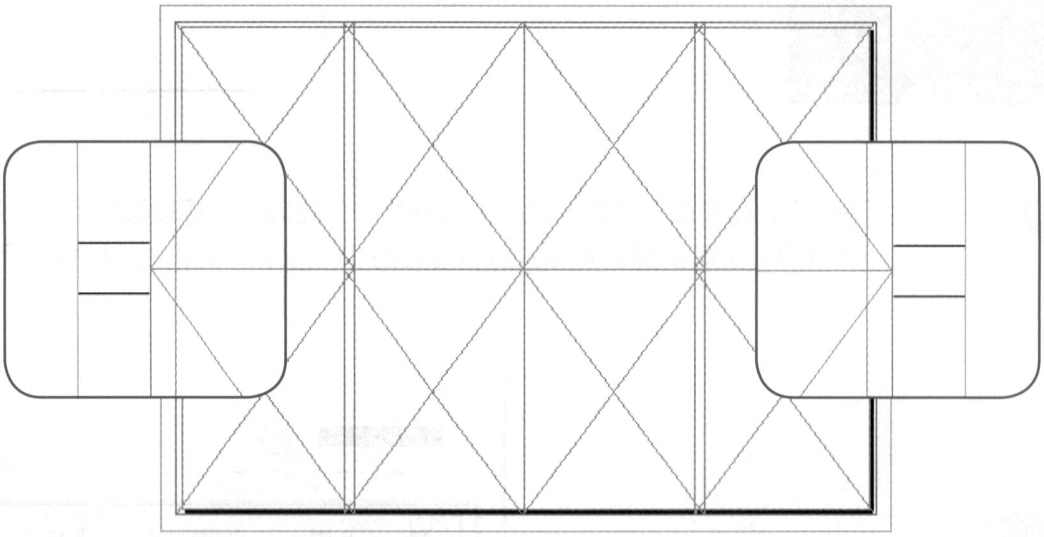

13 選取其中一組的兩條線段，按住【Alt 鍵】複製一組出來，點按【順時針旋轉紐 】，使該組線段順時針旋轉【90 度】，並移動到正上側，再按住【Alt 鍵】水平複製拖曳至正下側。

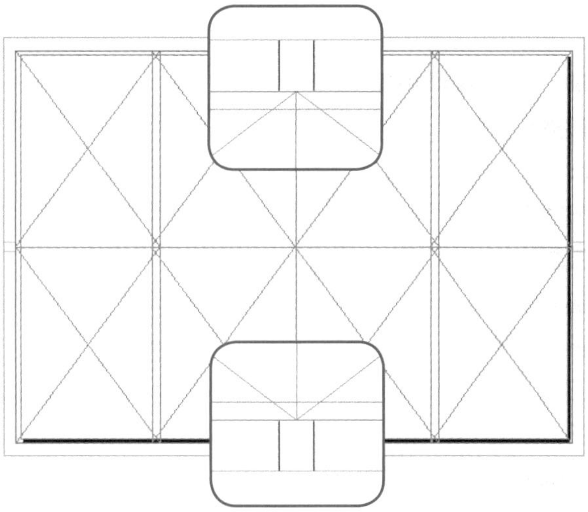

14 選取其中一條線段，按住【Alt+Shift 鍵（水平複製）】，分別複製到上方左測與上方右側版面交界處，再以同樣方式讓下方左右側同樣也有複製的線段。

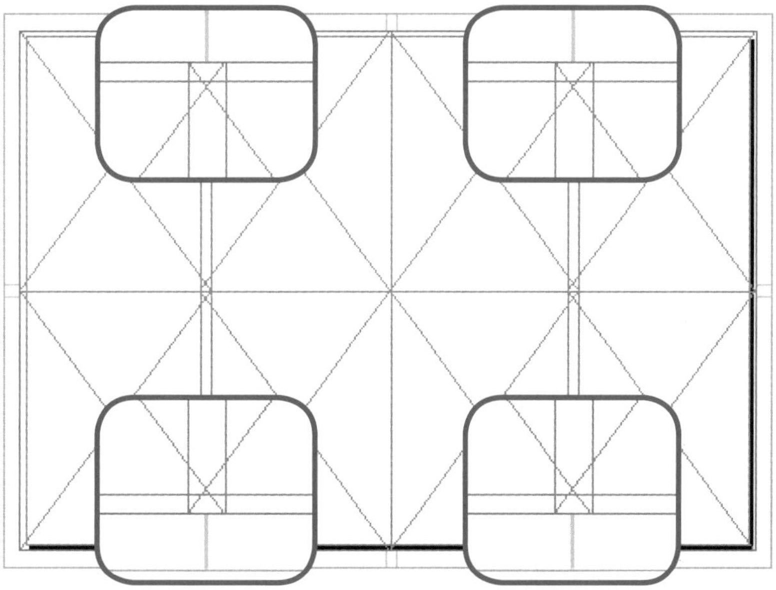

第八題

15 選取上方與下方左右兩側的線段（共四條），調整線段類型為【虛線】（摺線）。

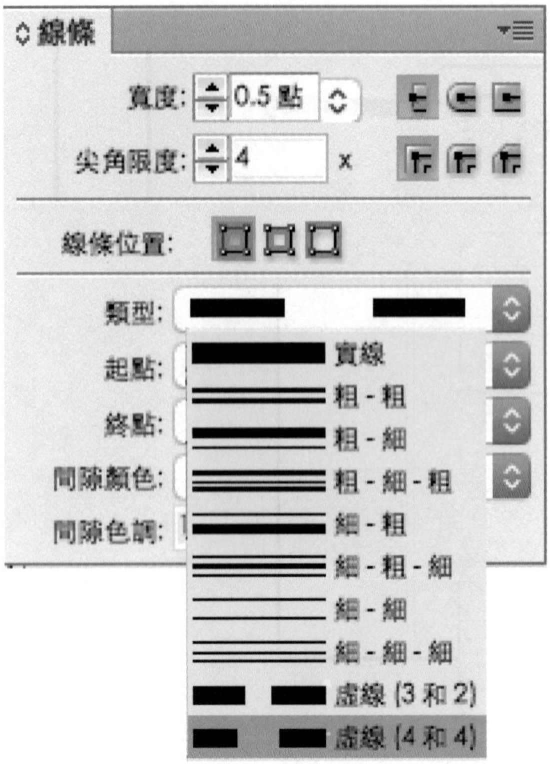

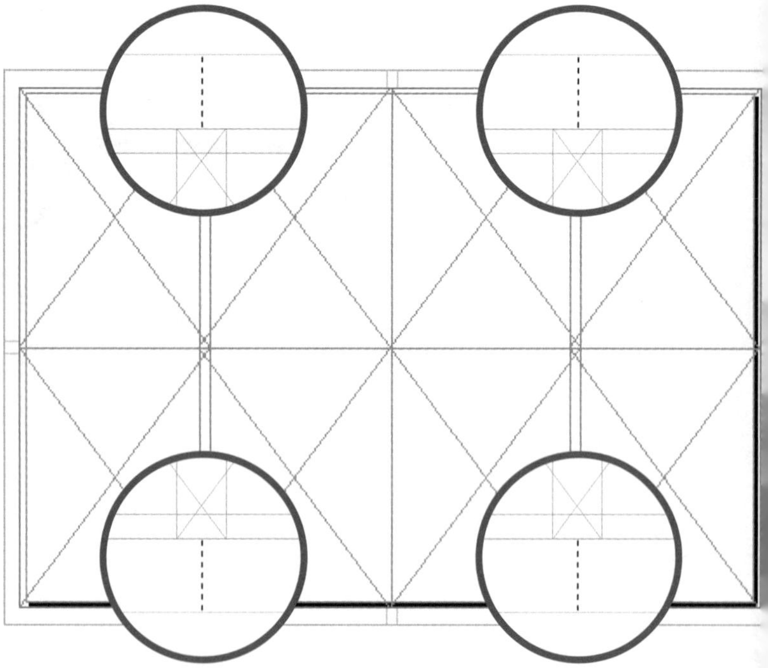

16 完成矩形框架與線段樣式的設定。再次確認：裁切線、摺線是否都繪製正確。

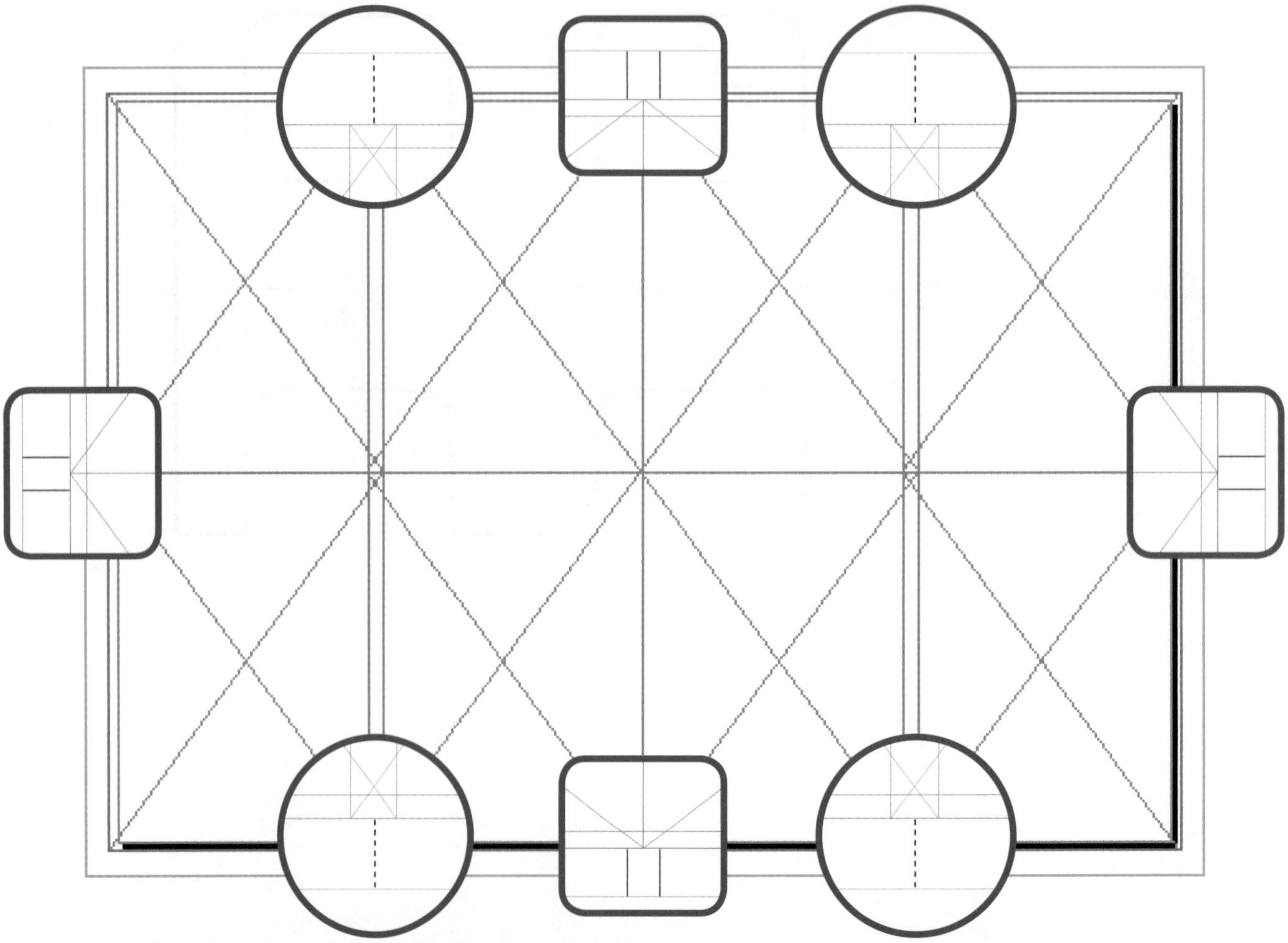

17 確認無誤後在頁面的工作視窗中，以滑鼠右鍵單擊頁面 1，點選【複製跨頁】，即出現頁面 2。

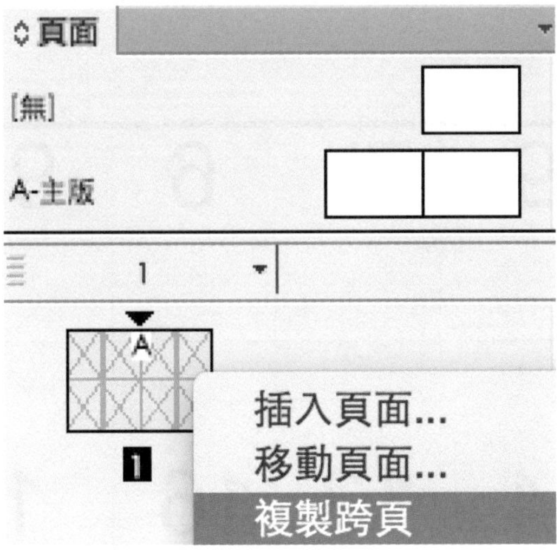

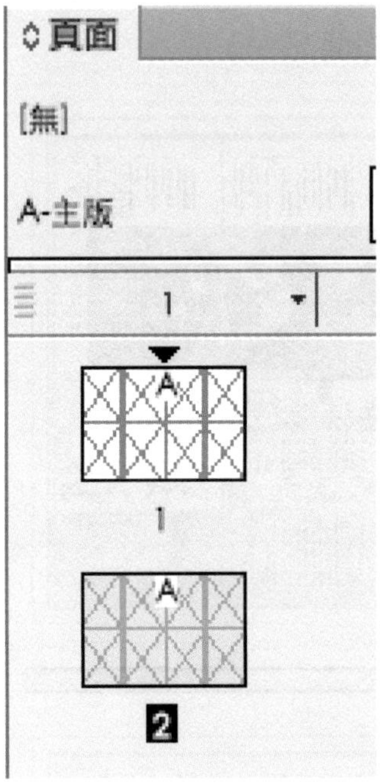

18 點選版面上第一頁右下角的矩形框（頁序 1），執行【檔案 \ 置入（Ctrl+D）】，選擇【第八題的 16 頁 .pdf】檔案，【顯示讀入選項】要打勾，再按打開。

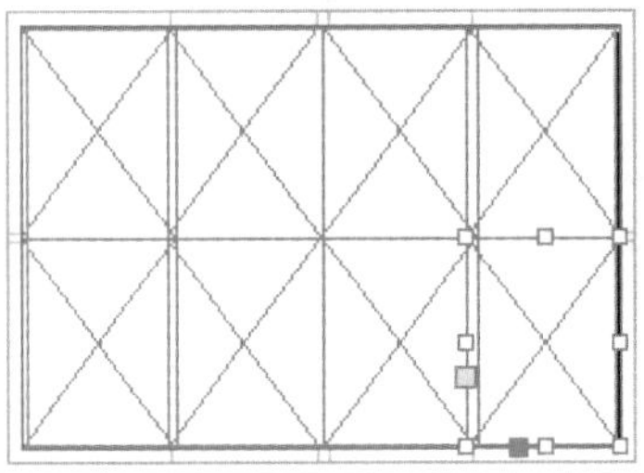

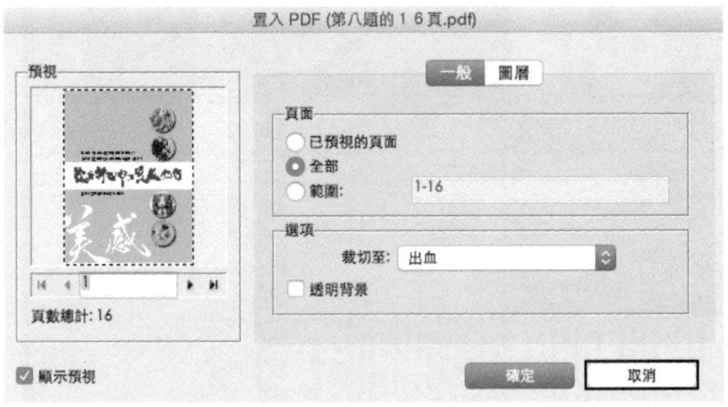

第八題

19 依照摺紙頁序的方向及位置進行落版的動作，已完成的頁序 1 執行落「第八題 16 頁 .pdf」正面的小版，而頁序 2 落版「第八題 16 頁 .pdf」反面的小版，落版時須遵循從【數字小落到數字大】，否則會產生落版錯誤的情況。

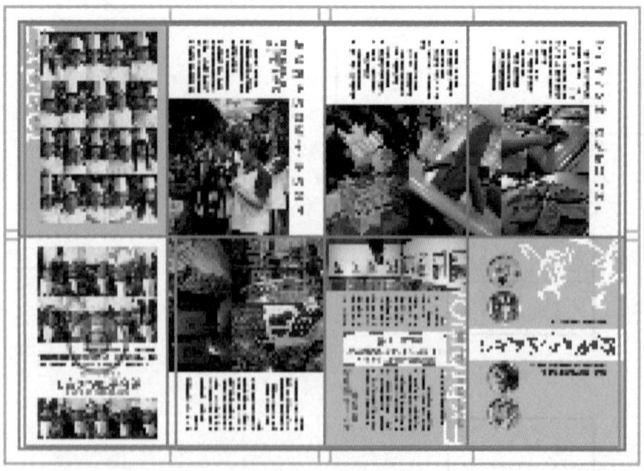

5	12	9	8
4	13	16	1

7	10	11	6
2	15	14	3

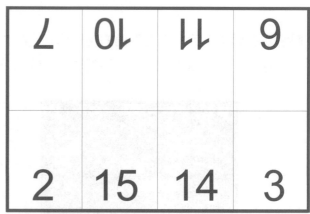

20 落版完後，接下來我們要【調整框架】以配合裝訂邊的重疊部分。因為在置入時是四邊出血的尺寸，而在【落版時兩頁面跨頁的中間部分為裝訂邊】，故需要做框架調整的動作來製作成每個【單頁只有三面出血的尺寸】。以頁序一（正面）而言，下列共有四組跨頁（藍色虛線框），而紅色區域為裝訂邊。

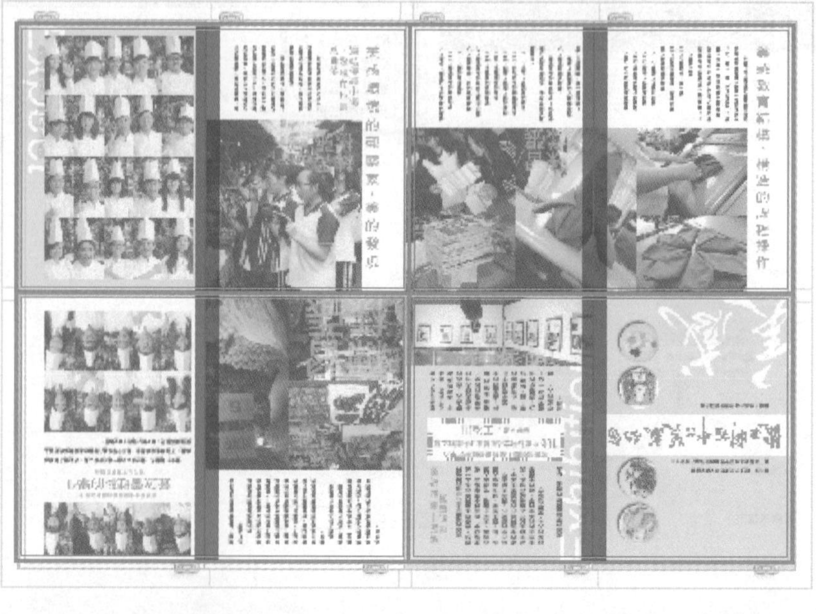

21 先選取【頁序 4、5】，將參考點移到【正左邊】等比例縮放斷開，將寬度由 101mm 改為【98mm】（101-3=98，高度不變），再選取【頁序 9,16】，再將寬度由 101mm 改為【98mm】。

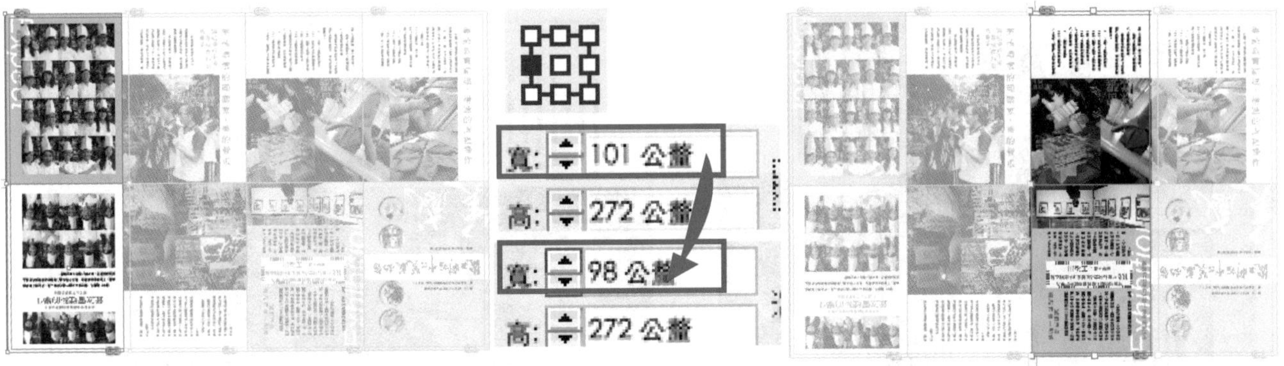

22 以同樣的方式選取【頁序 1、8】，將參考點移到【正右邊】等比例縮放斷開，將寬度由 101 mm 改為【98mm】（101-3=98，高度不變），再選取【頁序 12、13】，再將寬度由 101mm 改為【98mm】。

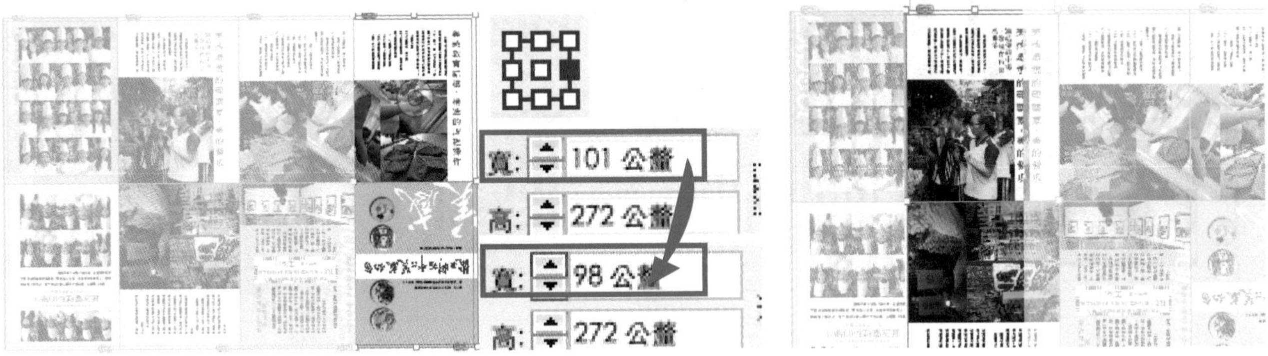

23 以前面步驟的方式將反面的落版也依序選取調整，並做裝訂邊調整框架尺寸。

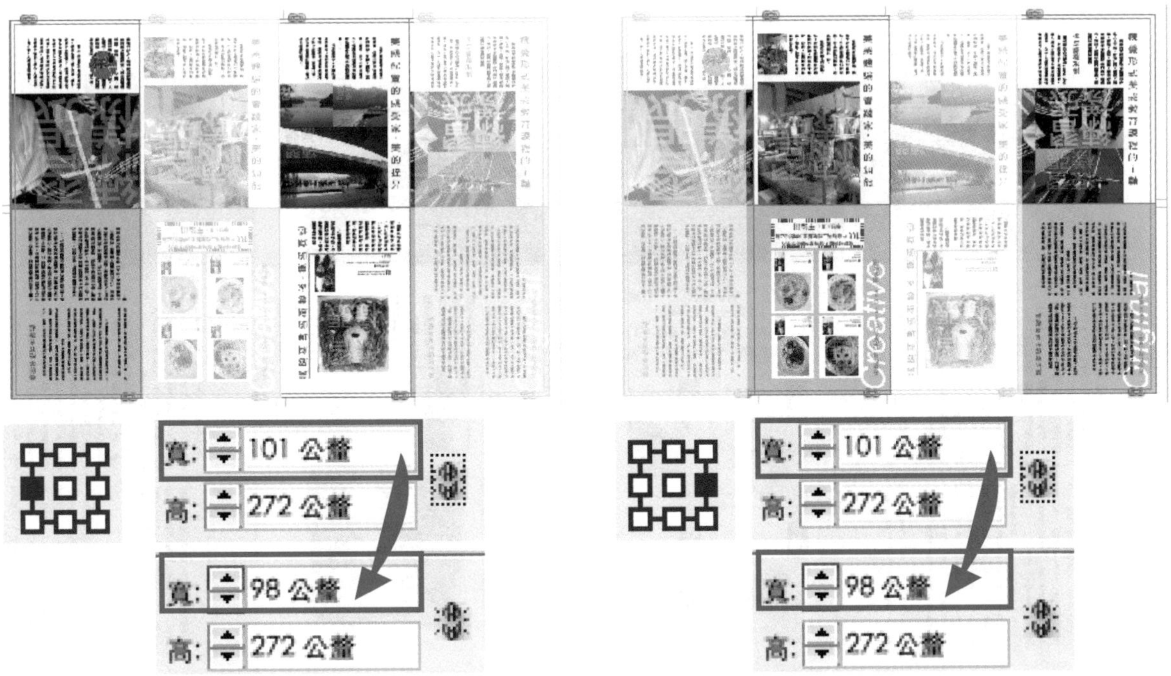

24 完成落大版的動作後，自行以【鋼筆工具 】在兩張大版的印刷邊界內的右下角處繪製一個【箭頭朝下】的圖案，並以【文字工具 T】加註【咬口方向】與【正面】或【反面】，如下圖所示：

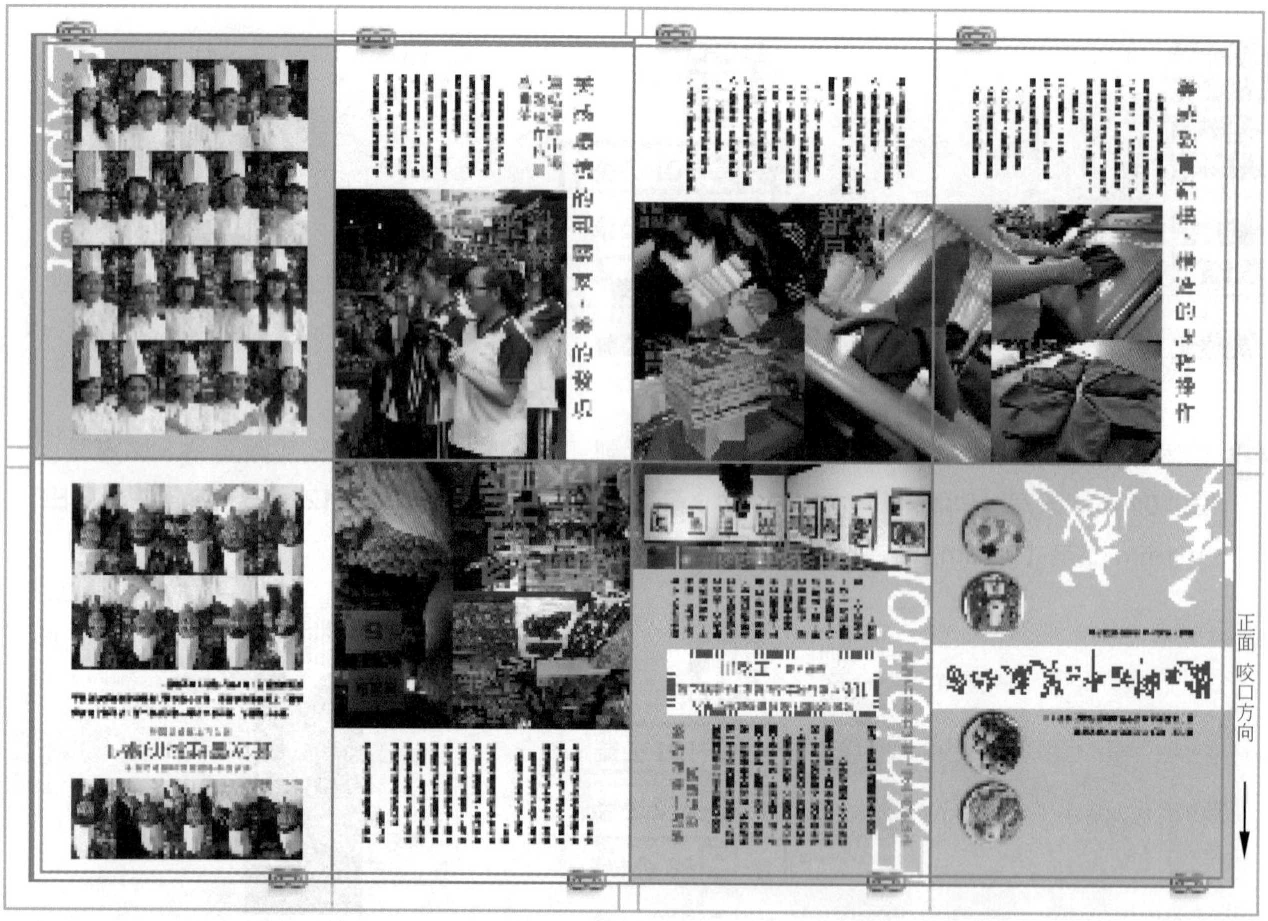

25 執行【檔案\轉存】，格式選擇 格式: Adobe PDF (列印) ，後按確定，將 Adobe PDF 預設改為【印刷品質】，標記和出血的選項中，將標記裡的【所有印表機標記】打勾，類型調整為【日式標記 . 圓形】，出血和印刷邊界中將【使用文件出血】與【包含印刷邊界區域】打勾，再按轉存。

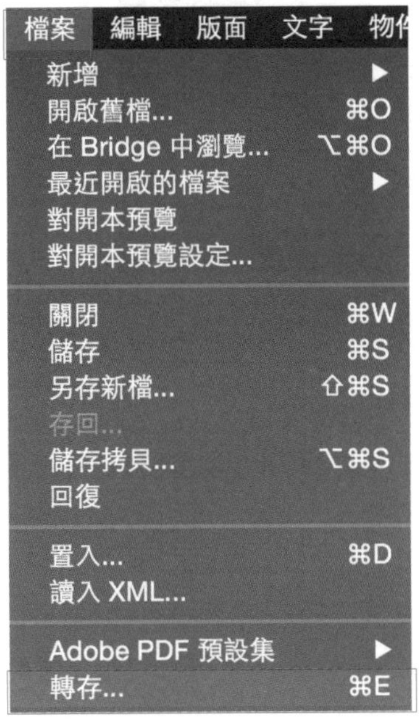

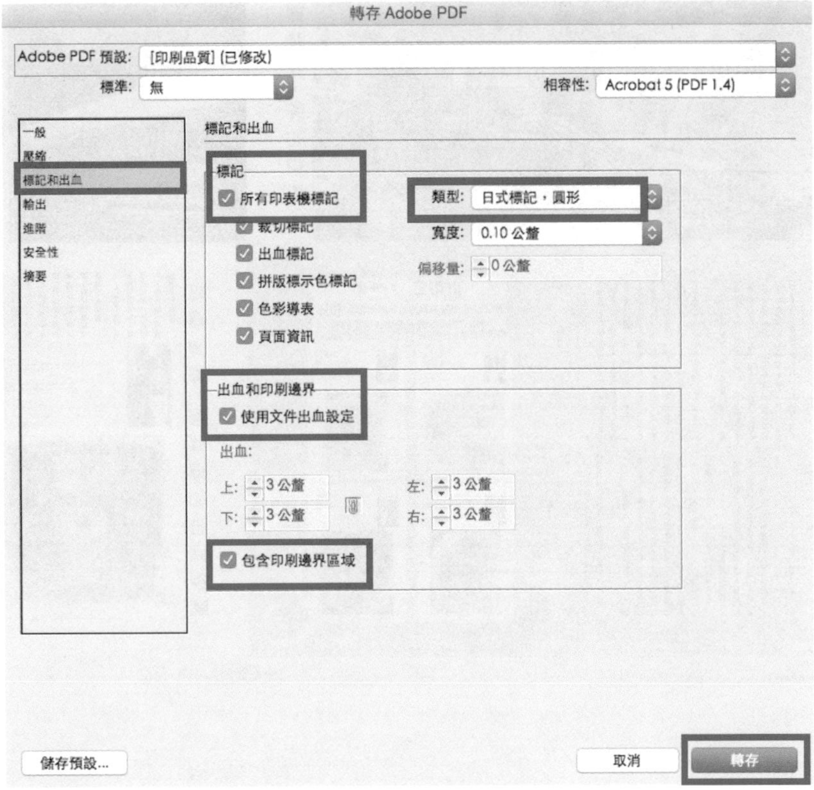

26 執行列印，印出後在右下角處標示上准考證號碼、姓名，即可繳交。

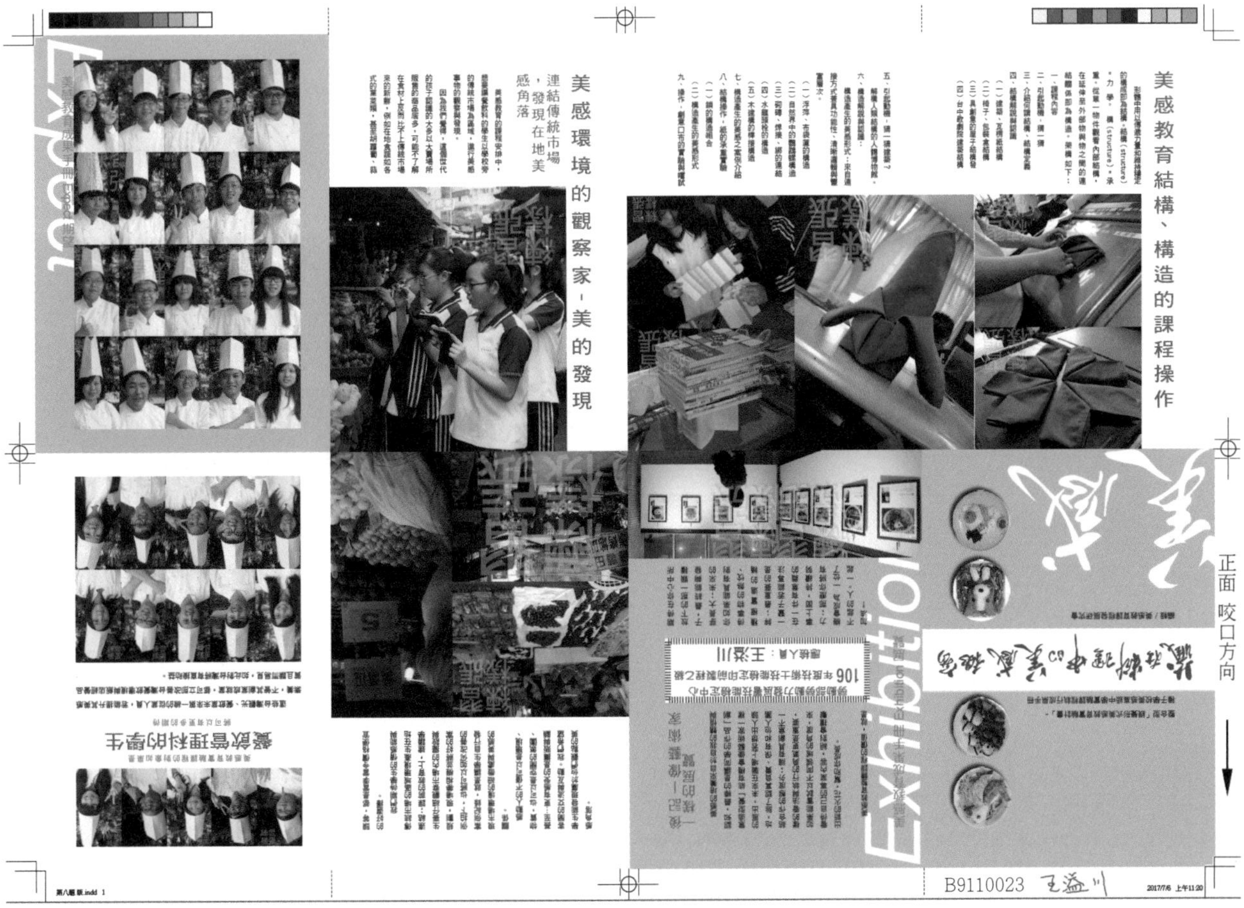

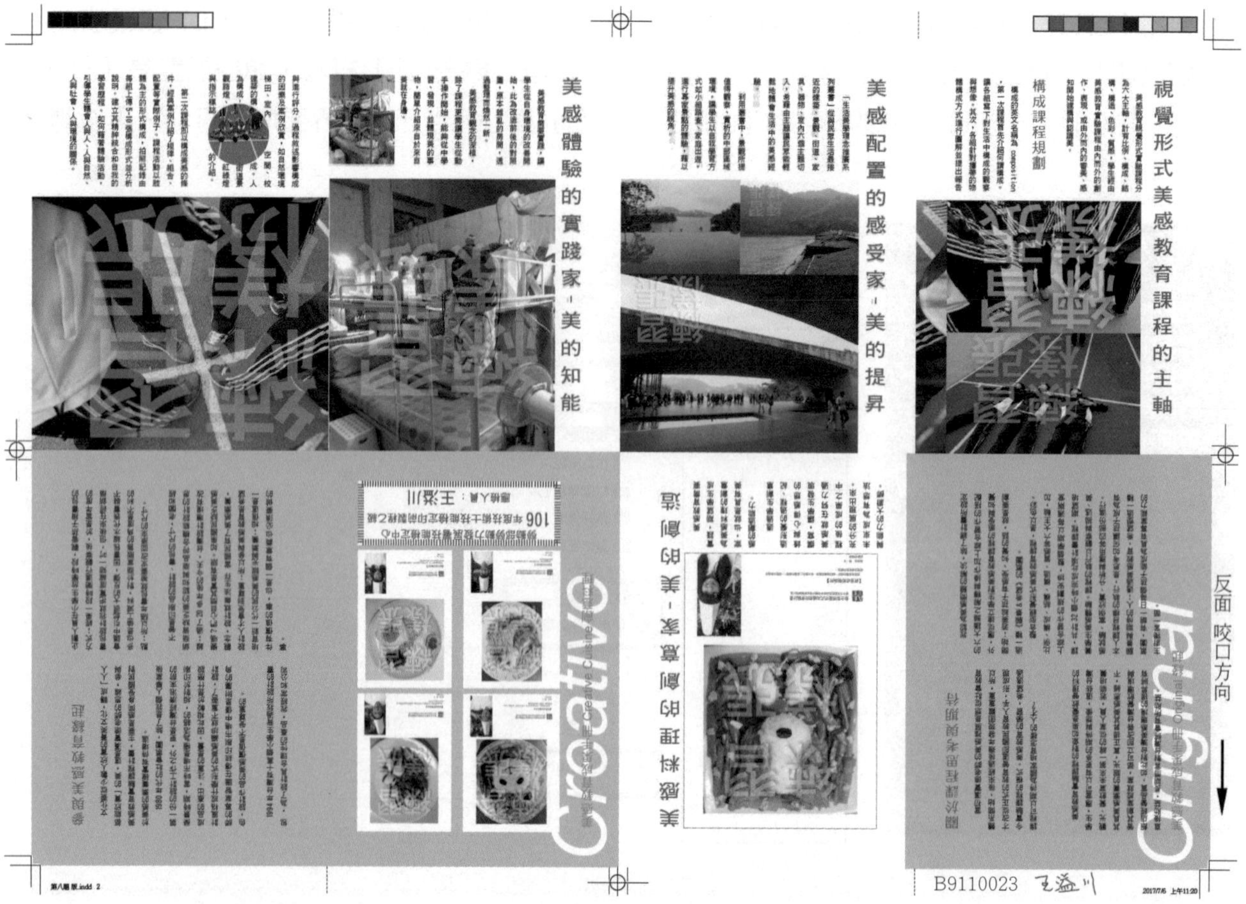
視覺形式美感教育課程的主軸
構成課程規劃
美感配置的感受家-美的提昇
美感體驗的實踐家-美的知能
反面 咬口方向
B9110023 王溢川

印前製程乙級技術士技能檢定術科測試應檢人參考資料

試題編號：19100—106201~8

審定日期：106 年 02 月 12 日

修訂日期：108 年 03 月 31 日

技術士技能檢定印前製程職類乙級術科測試參考資料目錄

壹、技術士技能檢定印前製程職類乙級術科測試應檢人須知

一、本試題共有 8 題，應檢人依術科測試辦理單位通知之日期、地點及有關規定前往報到參加檢定。

二、應檢人經術科辦理單位同意得自備之電腦軟體應爲貼有原版標籤之合法原版光碟軟體（原版磁碟片、試用版或僅具授權書之光碟片，均不予接受）。且需經術科辦理單位檢查及認證。（應檢人爲身心障礙者需檢附相關證明文件，經術科辦理單位同意，得自備合法之電腦軟體或週邊設備，且需經術科辦理單位檢查及認證。）

三、應檢人所自備之電腦軟體中，若含有任何與考題有關之資料或巨集時，將以零分論處。

四、到達測試地點後，請先到「報到處」辦理報到手續。測試時間開始後 15 分鐘尚未進場者，不准進場，成績以缺考論。

五、報到時，請攜帶術科測試通知單、准考證及身分證明文件（如身分證、駕照、健保卡等）。

六、術科測試應檢人應按其檢定位置號碼就檢定崗位，並將准考證及術科測試通知單放在指定位置。

七、依據術科測試辦理單位所提供之機具設備表清點工具，如有短少或損壞，立即請場地管理人員補充或更換（檢定後如有短少或損壞，應照價賠償）。

八、依據所選定測試試題材料表，先行檢查材料規格及數量是否正確，如有錯誤，應立即請場地管理人員補充或更換（開始測試後一律不准更換）。

九、測試當日由應檢人術科測試編號最小者爲代表任抽其一題進行測試，其餘應檢人則依術科測試編號排序按試題編號順序領取試題參加測試。

十、俟監評人員宣佈「開始」口令後，才能開始測試作業。

十一、測試中不得與鄰人交談、代人操作或託人操作。

十二、測試中應注意自己、旁人及術科測試場地之安全。

十三、測試作業流程：

（一）測試於試題開始製作即開始計時。

（二）請應檢人於版面上輸入姓名。

（三）測試時間內若提前完成，將作品原稿之所有成品、原稿、光碟片、隨身碟連同稿袋與簽名樣張一併繳交監評人員即可離場。

（四）術科測試時間包含版面製作、完成作品列印、檔案修改校正及儲存等程序，當監評人員宣布測試時間結束，除了位於列印工作站之應檢人繼續完成列印操作外，所有仍在電腦工作站崗位的應檢人必須立即停止操作，並將原稿、隨身碟、光碟片與成品簽名後一併繳交監評人員即可離場，若未於規定時間內完成作品者，應於繳驗單上勾選 未能於規定時間內列印輸出，同時於繳驗單上簽名，將原稿、隨身碟、光碟片等元件一併繳交監評人員即可離場。

十四、離場前，應點交工具及清潔場地，同時將術科測試通知單請監評人員簽章後才可離開測試場地。

十五、離場時，屬於術科辦理場地準備之機具設備表物品之外，包含術科辦理場地所提供應檢人應考時所有參考書面資料、光碟片，以及自行列印之所有作品樣張均不得攜帶出場。

十六、不遵守試場規則者，除勒令出場外，並取消應檢資格，以不及格論處。

十七、各試題測試時間均為 120 分鐘。

十八、分數之評分，分現場評分與成品評分，如評審表所列。其評分項目均以扣分方式扣分，總得分低於 60 分為不及格。違規者或未完成作業不予評分。

貳、技術士技能檢定印前製程職類乙級術科承辦單位考場設備規格表

項目	名稱	規格
1	作業系統	
1	軟體	1. Photoshop　版本 ________ 2. Illustrator　版本 ________ 3. InDesign　版本 ________ 4. CorelDraw　版本 ________ 5. 試算表　軟體及版本 ________ 6. 可支援 Flash 播放軟體　軟體及版本 ________ 7. 其他軟體　版本 ________
2	輸入法	□ 注音 □ 倉頡 □ 大易 □ 嘸蝦米 □ 其他

註：1、應檢人在接獲術科測試辦理單位術科通知時，如個人使用軟體版本及輸入法未在術科測試場地提供軟體表中時，請預先與術科測試辦理單位聯繫，以便安排應檢人於檢定前以自備合法軟體，會同場地負責人進行安裝。

2、應檢人自備之軟體，若無法與術科承辦單位所提供之作業系統相容或不能完成試題之各項要求時，由應檢人自行負責。

術科承辦單位名稱：________________________

（請填入術科承辦單位名稱、並加蓋單位戳章）

參、技術士技能檢定印前製程職類乙級術科測試試題

肆、技術士技能檢定印前製程職類乙級術科測試說明樣式

伍、技術士技能檢定印前製程職類乙級術科測試評審表

<table>
<tr><td>姓名</td><td></td><td>檢定日期</td><td></td><td>評審結果</td><td>□及格
□不及格
□缺考</td></tr>
<tr><td>准考證號碼</td><td></td><td rowspan="2">檢定地點</td><td rowspan="2"></td><td rowspan="3">監評人員
簽　　章</td><td rowspan="3"></td></tr>
<tr><td>崗位號</td><td></td></tr>
<tr><td>試題編號</td><td>19100-106201</td><td>測試時間</td><td></td></tr>
<tr><td colspan="6">評　　審　　項　　目</td></tr>
<tr><td colspan="6">一、凡有下列試場違規事項者，評審結果爲不及格。（於該項□內打 V）</td></tr>
<tr><td colspan="6">□ 1. 代人製作或受人協助者。
□ 2. 中途棄權者。
□ 3. 故意毀壞測試場機具、物料。
□ 4. 有夾帶（含隨身碟）或交換工作者。
□ 5. 擅離或自行變換測試位置。
□ 6. 不遵守檢定場所規定且屢勸不聽。
□ 7. 未考慮工作安全，釀成災害。</td></tr>
<tr><td colspan="6">凡有上列各項之情事者，必要時請註明其具體之事實，列舉如下：</td></tr>
<tr><td colspan="6">二、凡無上列任一情事者，請作下列各項評分
（一）評分項目及扣分標準（各項目缺點，可多處扣分，扣分原因請註明）</td></tr>
</table>

<table>
<tr><th>項目</th><th>項次</th><th>內容</th><th>基本扣分</th><th>最高扣分</th><th>扣分</th><th>註記</th></tr>
<tr><td rowspan="4">工作態度</td><td>1</td><td>不與監評人員配合</td><td>5</td><td>20</td><td></td><td></td></tr>
<tr><td>2</td><td>應檢時服裝儀容不整</td><td>5</td><td>10</td><td></td><td></td></tr>
<tr><td>3</td><td>現場吸煙、嚼檳榔</td><td>5</td><td>20</td><td></td><td></td></tr>
<tr><td>4</td><td>作業過程及結束後未維護現場整潔</td><td>5</td><td>10</td><td></td><td></td></tr>
<tr><td colspan="7">扣分小計　分</td></tr>
<tr><td rowspan="2">操作方法</td><td>1</td><td>未按標準操作流程</td><td>5</td><td>10</td><td></td><td></td></tr>
<tr><td>2</td><td>設備操作步驟不正確</td><td>5</td><td>20</td><td></td><td></td></tr>
<tr><td colspan="7">扣分小計　分</td></tr>
<tr><td rowspan="2">操作技術</td><td>1</td><td>製作觀念不正確</td><td>5</td><td>10</td><td></td><td></td></tr>
<tr><td>2</td><td>機組操作熟練度不足</td><td>5</td><td>20</td><td></td><td></td></tr>
<tr><td colspan="7">扣分小計　分</td></tr>
<tr><td colspan="7">扣分總計（扣分總計不得超過 40 分）　分</td></tr>
</table>

【評審方式及內容應依試題、應檢須知及所附評審表之規定辦理，不得更改原意。】

以下項目採扣分計算（□內請註記扣分次數）				扣分標準	最高扣分	扣分
成品評分	1	成品繳驗與指定規格不正確	□未能於規定時間內列印輸出 □完成品尺寸錯誤 □未作出血 □版面內容不正確（位移、移、縮放） □完成品印出描圖檔殘影	此項重大缺失，視爲零分（扣 100 分），下列評分項目不予計分		
	2	成品出現漏製視爲不完整	□漏圖 □漏製、線條、色塊（含漸層色塊） □漏製表格 □漏製各標題字 □漏製整段內文	漏製達二處（含）以上者視爲不完整（扣 100 分），下列評分項目不予計分		
	3	尺寸處理不正確	□ 0mm ＜出血不足＜ 3mm □封面左右寬度未依規定往折頁延伸 2mm □封底左右寬度未依規定往折頁延伸 2mm □書背尺寸錯誤 □折頁尺寸未依照規定	每錯一處扣 5 分	20 分	
	4	製版標示不正確	□裁切標記、出血標記、摺線、十字線未標示或多標示（含尺寸、位置錯誤） □標線顏色、標線粗細錯誤 □誤製多餘框線（含完成尺寸外圍）	每錯一處扣 5 分	40 分	
	5	大標題製作處理不正確	□漏製大標題（直接扣 30 分） □文字輸入錯誤或漏字（每錯或漏一字直接扣 20 分） □字體錯誤 □字體大小錯誤 □字體位置錯誤 □顏色設定錯誤 □擴邊設定錯誤 □陰影設定錯誤	每錯一處扣 5 分	30 分	

以下項目採扣分計算（□內請註記扣分次數）				扣分標準	最高扣分	扣分
成品評分	6	圖像處理不正確	□漏圖或置入錯誤（每錯、漏一圖直接扣 20 分） □圖片去背處理品質欠佳（直接扣 10 分） □任一圖尺寸、裁切（含條碼圖）錯誤 □解析度錯誤 □置入位置錯誤（水平與垂直誤差 > 2 mm） □左、右折頁圖片未平行對稱 □圖像未做融入（含合成）欠佳	每錯一處扣 5 分	30 分	
	7	色塊或線條處理不正確	□任一色塊漏製（直接扣 20 分，餘各項可免扣分） □折頁、書背漸層顏色設定或起迄錯誤 □封底底色漸層顏色設定或起迄錯誤 □任一顏色設定錯誤 □色塊、曲線位置錯誤（水平與垂直誤差 > 2 mm） □色塊、曲線尺寸錯誤（含出血尺寸不完整） □漏製線條，直接扣 6 分 □曲線線條樣式、弧度、寬度錯誤 □顏色錯誤	每錯一處扣 5 分	20 分	
	8	書背、折頁標語、封底文字編排處理不正確	□漏整段文字，（直接扣 15 分，餘各項可免扣分） □文字輸入錯誤或遺漏（每漏一字扣 2 分） □文字字體錯誤 □字體大小或水平垂直縮放錯誤 □文字位置或對齊錯誤（水平與垂直誤差 > 2 mm） □文字顏色設定錯誤 □文字陰影設定錯誤	每錯一處（字）扣 5 分	25 分	

以下項目採扣分計算（□內請註記扣分次數）				扣分標準	最高扣分	扣分
成品評分	9	表格製作不正確	□漏製表格、不完整（以下處理項目 3 處未完成），直接扣 20 分 □字體錯誤（每段落算 1 處） □字體大小錯誤（每段落算 1 處） □文字位置或對齊錯誤 □文字顏色設定錯誤 □表格分欄列，欄寬、列高尺寸錯誤 □表格位置錯誤（水平與垂直誤差 > 2 mm） □表格框線或底色設定錯誤（每段落算 1 處） □框線粗細錯誤	每錯一處（儲存格）扣 5 分	20 分	
	10	輸入訊息框格製作不正確	□未輸入應檢人姓名或數字年度字樣（直接 10 扣分） □文字輸入（每錯 / 漏一字扣 2 分） □字體錯誤（每段落算 1 處） □字體大小錯誤（每段落算 1 處） □文字位置或對齊錯誤 □文字顏色設定錯誤 □漏製框格或不完整（以下處理項目含 2 處未完成），直接扣 15 分 □框格位置錯誤（水平與垂直誤差 > 2 mm） □框格內的顏色或淡網效果錯誤（含漏製） □框格邊框粗細或顏色錯誤	每錯一處（字）扣 5 分	25 分	
	11	檔案處理不正確	□未儲存原生檔 □圖檔尺寸、解析度、色彩模式錯誤 □未儲存爲 PDF 檔案 □命名錯誤	每錯一項扣 5 分	10 分	
扣分小計						分
(二) 評分統計（以各項目最高扣分爲上限）						
現場評分（扣分不得超過 40 分，或可不扣分） 1. 工作態度；2. 操作方法；3. 操作技術。					扣分	
成品評分 開始時間＿＿＿＿＿＿　終止時間＿＿＿＿＿＿					扣分	
總得分（請以總分 100 分－現場評分扣分－成品評分扣分）						分

姓名		檢定日期		評審結果	□及格 □不及格 □缺考
准考證號碼		檢定地點		監評人員 簽　　章	
崗位號					
試題編號	19100-106202	測試時間			

評　審　項　目

一、凡有下列試場違規事項者，評審結果爲不及格。（於該項□內打 V）

□ 1. 代人製作或受人協助者。
□ 2. 中途棄權者。
□ 3. 故意毀壞測試場機具、物料。
□ 4. 有夾帶（含隨身碟）或交換工作者。
□ 5. 擅離或自行變換測試位置。
□ 6. 不遵守檢定場所規定且屢勸不聽。
□ 7. 未考慮工作安全，釀成災害。

凡有上列各項之情事者，必要時請註明其具體之事實，列舉如下：

二、凡無上列任一情事者，請作下列各項評分
（一）評分項目及扣分標準（各項目缺點，可多處扣分，扣分原因請註明）

項目	項次	內容	基本扣分	最高扣分	扣分	註記
工作態度	1	不與監評人員配合	5	20		
	2	應檢時服裝儀容不整	5	10		
	3	現場吸煙、嚼檳榔	5	20		
	4	作業過程及結束後未維護現場整潔	5	10		
扣分小計						分
操作方法	1	未按標準操作流程	5	10		
	2	設備操作步驟不正確	5	20		
扣分小計						分
操作技術	1	製作觀念不正確	5	10		
	2	機組操作熟練度不足	5	20		
扣分小計						分
扣分總計（扣分總計不得超過 40 分）						分

【評審方式及內容應依試題、應檢須知及所附評審表之規定辦理，不得更改原意。】

以下項目採扣分計算（□內請註記扣分次數）				扣分標準	最高扣分	扣分
成品評分	1	成品繳驗與指定規格不正確	□未能於規定時間內列印輸出 □完成品尺寸錯誤（超過±3mm） □每一模的基本版型都不標準（如每一模版型一致，但有錯誤請以底下第 3、4 點酌予扣分） □對位檔未刪除，殘留印出	此項重大缺失，視爲零分（扣 100 分），下列評分項目不予計分		
	2	成品出現漏製視爲不完整	□漏製每一週的圖 □漏製每一區塊的文字 □漏製單模的底紋 □未輸出完整的三頁	漏製達二處（含）以上者視爲不完整（扣 100 分），下列評分項目不予計分		
	成品評分順序		■ 套上底片檢查位置誤差 --- 屬版型（僅扣一頁，扣滿 30 分爲止） ■ 1~54 流水號 --- 屬合併內容（三頁皆可扣，扣滿 30 分爲止） ■ 小圖誤差（僅扣一頁）			
	3	版型製作及 18 模製作不正確	□製作版型規範所提及的尺寸，超過 ±1mm 視爲製作錯誤 □單模底紋位置、顏色和尺寸 □數字和圓形的字體大小、位置、顏色和方向錯誤、沒有居中置入（超過 ±1mm）。 □圖框的尺寸、位置、顏色和粗細錯誤（超過 ±1mm） □文字字體大小、位置、顏色和方向錯誤；首字跨行錯誤（字體和位置可依考場提供的「字體對照表」所製作完成的參考樣張爲主） □文字漏字或誤植，每段文字扣一次，單模有數段文字可重覆扣 □每頁的 18 模沒有居中於 A3 尺寸內，誤差超過 ±2mm □如考生自行加上裁切線，但裁切線深入版面 1mm 以上即爲製作錯誤 □每模欄和列的間距應爲 0mm，如誤差超過 ±1mm 爲製作錯誤，一模一模扣分 □單模誤製多餘的框線、文字或未依規定製作事項	每錯一處扣 5 分（18 模有多處錯誤可重覆扣分，三頁都錯同一處視爲一處）	30 分	
	4	合併內容製作不正確（1~54 流水號）	□合併後的 1~54 流水號製作錯誤，每模的號碼可重覆扣分，三頁有錯，每頁皆可各別扣分（1~54 號爲每一頁每一模唯一且獨立的流水號）	每錯一處扣 5 分（三頁有錯可各別扣分）	30 分	

以下項目採扣分計算（□內請註記扣分次數）				扣分標準	最高扣分	扣分
成品評分	5	18 小圖內容製作不正確	□第 1 週的圖 圖未符合框架大小、色彩、形狀、線條沒有完全出現、尺寸不正確	每一圖有錯最多扣 5 分 （三頁都錯同一處視爲一處）	60 分	
			□第 2 週的圖 粗細、色彩、漸變、形狀、數量、尺寸不正確			
			□第 3 週的圖 瓶頸和瓶身有切線爲不正確 瓶底不能爲平底、瓶蓋製作錯誤、瓶身色彩不正確、沒有 3D 效果			
			□第 4 週的圖 尺寸、色彩、位置、貼圖、漏字			
			□第 5 週的圖 尺寸、色彩、位置不正確			
			□第 6 週的圖 CMYK 色條和圓棍大小尺寸、方向、色彩不正確			
			□第 7 週的圖 圖檔沒有去背、中間走道沒有透底色 C20、圖未符合框架大小（去背的效果於命題時已固定）			
			□第 8 週的圖 沒有依規定輸入年度和姓名、字體、級數和色彩不正確			
			□第 9 週的圖 圖未符合框架大小、位置不正確			
			□第 10 週的圖 圖未符合框架大小、底圖的黑如不是四色黑會產生錯誤的白底、未按規定製作、色塊位置不正確			
			□第 11 週的圖 圖未符合框架大小、遮罩形狀、大小、白框粗細不正確、不一致			
			□第 12 週的圖 圖未符合框架大小、羽化不正確			

<table>
<tr><td colspan="4">以下項目採扣分計算（□內請註記扣分次數）</td><td>扣分標準</td><td>最高扣分</td><td>扣分</td></tr>
<tr><td rowspan="7">成品評分</td><td rowspan="6">5</td><td rowspan="6">18 小圖內容製作不正確</td><td>□第 13 週的圖
圖未符合框架大小、字體大小、位置不正確，字未透底圖、顏色設定錯誤</td><td rowspan="6">每一圖有錯最多扣 5 分（三頁都錯同一處視爲一處）</td><td rowspan="6">60 分</td><td rowspan="6"></td></tr>
<tr><td>□第 14 週的圖
圖未符合框架大小、無黃昏色調</td></tr>
<tr><td>□第 15 週的圖
圖未符合框架大小、圖中央沒有明顯的外擴效果</td></tr>
<tr><td>□第 16 週的圖
圖未符合框架大小、光源和反光的位置、強度、效果不正確</td></tr>
<tr><td>□第 17 週的圖
圖未符合框架大小、中心圓圈粗細誤差大於 0.5mm、色彩不正確</td></tr>
<tr><td>□第 18 週的圖
圖未符合框架大小、中間的鳥的方向、中間圓的大小不正確，四周沒有黑白效果、四周沒有溶解效果、溶解色彩錯誤</td></tr>
<tr><td>6</td><td>檔案處理不正確</td><td>□未儲存原生檔
□未儲存爲 PDF/X-1a 檔案格式
□命名錯誤</td><td>每錯一項扣 5 分</td><td>10 分</td><td></td></tr>
<tr><td colspan="7">扣分小計　分</td></tr>
<tr><td colspan="7">（二）評分統計（以各項目最高扣分爲上限）</td></tr>
<tr><td colspan="5">現場評分（扣分不得超過 40 分，或可不扣分）
1. 工作態度；2. 操作方法；3. 操作技術。</td><td colspan="2">扣分</td></tr>
<tr><td colspan="5">成品評分
開始時間______________　終止時間______________</td><td colspan="2">扣分</td></tr>
<tr><td colspan="7">總得分（請以總分 100 分－現場評分扣分－成品評分扣分）　分</td></tr>
</table>

<table>
<tr><td>姓名</td><td></td><td>檢定日期</td><td></td><td>評審結果</td><td>□及格
□不及格
□缺考</td></tr>
<tr><td>准考證號碼</td><td></td><td rowspan="2">檢定地點</td><td rowspan="2"></td><td rowspan="3">監評人員
簽　　章</td><td rowspan="3"></td></tr>
<tr><td>崗位號</td><td></td></tr>
<tr><td>試題編號</td><td>19100-106203</td><td>測試時間</td><td></td></tr>
<tr><td colspan="6">評　　　　審　　　　項　　　　目</td></tr>
<tr><td colspan="6">一、凡有下列試場違規事項者，評審結果為不及格。（於該項□內打 V）</td></tr>
<tr><td colspan="6">□ 1. 代人製作或受人協助者。
□ 2. 中途棄權者。
□ 3. 故意毀壞測試場機具、物料。
□ 4. 有夾帶（含隨身碟）或交換工作者。
□ 5. 擅離或自行變換測試位置。
□ 6. 不遵守檢定場所規定且屢勸不聽。
□ 7. 未考慮工作安全，釀成災害。</td></tr>
<tr><td colspan="6">凡有上列各項之情事者，必要時請註明其具體之事實，列舉如下：</td></tr>
<tr><td colspan="6">二、凡無上列任一情事者，請作下列各項評分
（一）評分項目及扣分標準（各項目缺點，可多處扣分，扣分原因請註明）</td></tr>
</table>

項目	項次	內容	基本扣分	最高扣分	扣分	註記
工作態度	1	不與監評人員配合	5	20		
	2	應檢時服裝儀容不整	5	10		
	3	現場吸煙、嚼檳榔	5	20		
	4	作業過程及結束後未維護現場整潔	5	10		
扣分小計						分
操作方法	1	未按標準操作流程	5	10		
	2	設備操作步驟不正確	5	20		
扣分小計						分
操作技術	1	製作觀念不正確	5	10		
	2	機組操作熟練度不足	5	20		
扣分小計						分
扣分總計（扣分總計不得超過 40 分）						分

【評審方式及內容應依試題、應檢須知及所附評審表之規定辦理，不得更改原意。】

以下項目採扣分計算（□內請註記扣分次數）				扣分標準	最高扣分	扣分
成品評分	1	成品繳驗與指定規格不正確	□未能於規定時間內列印輸出 □完成品尺寸錯誤 □未做出血 □落版錯誤（含頁序位置與落版不完整） □小版內容不正確（縮放） □完成品印出描圖檔殘影	此項重大缺失，視爲零分（扣100分），下列評分項目不予計分		
	2	成品出現漏製視爲不完整	□漏圖 □漏製色塊（含漸層色塊） □漏製各標題字 □漏製表格 □漏製整段內文 □漏製內頁	漏製達二處（含）以上者，視爲不完整（扣100分），下列評分項目不予計分		
	3	尺寸處理不正確	□小版完成尺寸錯誤 □ 0mm ＜出血不足＜ 3mm	每錯一處扣5分	30分	
	4	製版標示不正確	□裁切標記、出血標記、摺線與十字線未標示（含尺寸、位置錯誤） □標線顏色、標線粗細錯誤 □誤製多餘框線（含完成尺寸外圍）	每錯一處扣5分	40分	
	5	漸層色塊或色塊製作不正確	□任一色塊漏製（直接扣20分，餘各項可免扣分） □色塊位置錯誤（水平與垂直誤差＞2 mm） □色塊尺寸錯誤（含出血尺寸不完整） □漸層顏色設定或起迄錯誤 □顏色疊印設定錯誤 □框線線條樣式、寬度錯誤 □框線顏色錯誤	每錯一處扣5分	20分	

以下項目採扣分計算（□內請註記扣分次數）				扣分標準	最高扣分	扣分
成品評分	6	標題、內容文字輸入和編排不正確	□標題、內容文字未製作，每漏製一處直接扣 20 分 □未輸入應檢人姓名或數字年度字樣（直接 10 扣分） □文字輸入（每錯 / 漏一字扣 2 分） □字體錯誤（每段落算 1 處） □字體大小錯誤（每段落算 1 處） □文字位置或對齊錯誤 □文字顏色設定錯誤 □框格尺寸錯誤 □框格邊框樣式或顏色錯誤 □標題字漸層色彩錯誤（每字算一處） □字體集未設定 □位置錯誤（水平與垂直誤差 > 2 mm） □陰影製作錯誤（含未製作）	每錯一處扣 5 分	40 分	
	7	影像處理不正確	□漏圖或置入錯誤（每錯、漏一圖直接扣 20 分） □任一圖尺寸、裁切錯誤 □圖像解析度錯誤 □影像圖檔特效處理錯誤（直接扣 20 分） □邊框效果錯誤（含顏色、粗細錯誤） □內容位置錯誤（水平與垂直誤差 > 2 mm）	每錯一處扣 5 分	40 分	
	8	表格製作處理不正確	□漏製表格、不完整（以上處理項目含 3 處未完成）直接扣 30 分 □文字輸入（每錯 / 漏一字扣 2 分） □字體錯誤（每段落算 1 處） □字體大小錯誤（每段落算 1 處） □文字位置或對齊錯誤 □文字顏色設定錯誤 □表格分欄列，欄寬、列高尺寸錯誤 □表格位置錯誤（水平與垂直誤差 > 2 mm） □表格框線或底色設定錯誤（每段落算 1 處） □框線粗細錯誤	每錯一處（儲存格）扣 5 分	30 分	

<table>
<tr><td colspan="4">以下項目採扣分計算（□內請註記扣分次數）</td><td>扣分標準</td><td>最高扣分</td><td>扣分</td></tr>
<tr><td rowspan="2">成品評分</td><td>9</td><td>咬口
不正確</td><td>□咬口未標示
□咬口標示錯誤</td><td>每錯一項
扣 10 分</td><td>20 分</td><td></td></tr>
<tr><td>10</td><td>檔案處理
不正確</td><td>□未儲存原生檔
□圖檔尺寸、解析度、色彩模式錯誤
□未儲存爲 PDF 檔案
□檔案命名錯誤</td><td>每錯一項
扣 5 分</td><td>10 分</td><td></td></tr>
<tr><td colspan="7">扣分小計　　　　　　　　　　　　　　　　　　分</td></tr>
<tr><td colspan="7">（二）評分統計（以各項目最高扣分爲上限）</td></tr>
<tr><td colspan="5">現場評分（扣分不得超過 40 分，或可不扣分）
1. 工作態度；2. 操作方法；3. 操作技術。</td><td colspan="2">扣分</td></tr>
<tr><td colspan="5">成品評分
開始時間______________　終止時間______________</td><td colspan="2">扣分</td></tr>
<tr><td colspan="7">總得分（請以總分 100 分－現場評分扣分－成品評分扣分）　　　分</td></tr>
</table>

<table>
<tr><td>姓名</td><td></td><td>檢定日期</td><td></td><td>評審結果</td><td>□及格
□不及格
□缺考</td></tr>
<tr><td>准考證號碼</td><td></td><td rowspan="2">檢定地點</td><td rowspan="2"></td><td rowspan="3">監評人員
簽　　章</td><td rowspan="3"></td></tr>
<tr><td>崗位號</td><td></td></tr>
<tr><td>試題編號</td><td>19100-106204</td><td>測試時間</td><td></td></tr>
<tr><td colspan="6">評　　　　審　　　　項　　　　目</td></tr>
<tr><td colspan="6">一、凡有下列試場違規事項者，評審結果爲不及格。（於該項□內打 V）</td></tr>
<tr><td colspan="6">□ 1. 代人製作或受人協助者。
□ 2. 中途棄權者。
□ 3. 故意毀壞測試場機具、物料。
□ 4. 有夾帶（含隨身碟）或交換工作者。
□ 5. 擅離或自行變換測試位置。
□ 6. 不遵守檢定場所規定且屢勸不聽。
□ 7. 未考慮工作安全，釀成災害。</td></tr>
<tr><td colspan="6">凡有上列各項之情事者，必要時請註明其具體之事實，列舉如下：</td></tr>
<tr><td colspan="6">二、凡無上列任一情事者，請作下列各項評分
（一）評分項目及扣分標準（各項目缺點，可多處扣分，扣分原因請註明）</td></tr>
</table>

項目	項次	內容	基本扣分	最高扣分	扣分	註記
工作態度	1	不與監評人員配合	5	20		
	2	應檢時服裝儀容不整	5	10		
	3	現場吸煙、嚼檳榔	5	20		
	4	作業過程及結束後未維護現場整潔	5	10		
扣分小計						分
操作方法	1	未按標準操作流程	5	10		
	2	設備操作步驟不正確	5	20		
扣分小計						分
操作技術	1	製作觀念不正確	5	10		
	2	機組操作熟練度不足	5	20		
扣分小計						分
扣分總計（扣分總計不得超過 40 分）						分

【評審方式及內容應依試題、應檢須知及所附評審表之規定辦理，不得更改原意。】

以下項目採扣分計算（□內請註記扣分次數）				扣分標準	最高扣分	扣分
成品評分	1	成品繳驗與指定規格不正確	□未能於規定時間內列印輸出 □完成品尺寸錯誤 □未作出血 □版面內容不正確（位移、縮放） □完成品印出描圖檔殘影	此項重大缺失，視爲零分（扣 100 分），下列評分項目不予計分		
	2	成品出現漏製視爲不完整	□漏圖 □漏製色塊 □漏製各標題字 □漏製整段內文	漏製達二處（含）以上者，視爲不完整（扣 100 分），下列評分項目不予計分		
	3	尺寸處理不正確	□ 0mm ＜出血錯誤＜ 3mm □頁面留白錯誤 □ 95mm ≦被包摺頁範圍≦ 98mm（未在範圍內，直接扣 30 分）	每錯一處扣 5 分	30 分	
	4	製版標示不正確	□裁切標記、出血標記、摺線、十字線未標示或多標示（含尺寸、位置錯誤） □標線顏色、標線粗細錯誤 □誤製多餘框線（含完成尺寸外圍）	每錯一處扣 5 分	20 分	
	5	吉祥物處理不正確（含未製作）	□漏圖或置入錯誤（每錯、漏一圖直接扣 20 分） □內容位置錯誤（水平與垂直誤差 > 2 mm） □圖像尺寸、比例處理錯誤	每錯一處扣 10 分	20 分	
	6	矩形文字方塊製作不正確（含未製作）	□矩形方塊未製作，直接扣 20 分 □文字輸入（每錯 / 漏一字扣 2 分） □字體錯誤（每段落算 1 處） □字體大小錯誤（每段落算 1 處） □文字位置或對齊錯誤 □文字顏色設定錯誤 □物件排列順序錯誤 □四邊角轉圓角程度錯誤 □矩形框旋轉 15 度錯誤 □文字方塊底色顏色設定錯誤	每錯一處扣 5 分	20 分	
	7	大標題製作不正確	□大標題未製作，直接扣 20 分 □大小比例錯誤，直接扣 10 分 □內容位置錯誤（水平與垂直誤差 > 2 mm），直接扣 10 分 □顏色設定錯誤 □文字筆畫粗細錯誤（變細），直接扣 10 分 □陰影設定錯誤	每錯一處扣 5 分	20 分	

以下項目採扣分計算（□內請註記扣分次數）				扣分標準	最高扣分	扣分
成品評分	8	底圖紋樣處理不正確	□單一底紋未製作，直接扣 10 分 □內容位置錯誤（水平與垂直誤差 > 2 mm） □尺寸錯誤（含未作出血區域） □底圖紋樣鏡射方向錯誤 □底圖紋樣顏色刷淡效果錯誤	每錯一處扣 5 分	30 分	
	9	背景製作不正確（含未製作）	□單一陰影錯誤，直接扣 10 分 □位置錯誤 □物件排列順序錯誤 □尺寸錯誤（含未作出血區域） □顏色設定錯誤 □弧度處理錯誤（視兩處錯，扣 10 分）	每錯一處扣 5 分	20 分	
	10	標誌製作不正確（含未製作）	□標誌未製作，直接扣 20 分 □標誌尺寸大小錯誤 □標誌描繪品質太差 □置入位置錯誤（水平與垂直誤差 > 2 mm） □顏色設定錯誤	每錯一處扣 10 分	20 分	
	11	圖檔影像處理不正確（含未製作）	□漏圖或置入錯誤（每錯、漏一圖直接扣 25 分） □內容位置錯誤（水平與垂直誤差 > 2 mm） □置入圖像尺寸錯誤（含未作出血區域、裁切、變形） □影像溶接品質不佳或錯誤（四張圖視爲一處，直接扣 20 分） □色調分離處理（色彩效果）錯誤 □圖框製作錯誤（含誤製多餘框線） □陰影製作錯誤 □圖像解析度錯誤 □邊框效果錯誤（含顏色、粗細錯誤）	每錯一處扣 10 分	30 分	
	12	文字編排、處理不正確（含未製作）	□文字一處未製作，直接扣 15 分 □文字輸入（每錯 / 漏一字扣 2 分） □字體錯誤（每段落算 1 處） □字體大小錯誤（每段落算 1 處） □文字位置或對齊錯誤 □文字顏色設定錯誤 □繞圖排文錯誤	每錯一處扣 5 分	30 分	

<table>
<tr><td colspan="4">以下項目採扣分計算（□內請註記扣分次數）</td><td>扣分標準</td><td>最高扣分</td><td>扣分</td></tr>
<tr><td rowspan="3">成品評分</td><td>13</td><td>回樣改版處理不正確</td><td>□回樣填色設定錯誤、未處理完整
□置入尺寸錯誤（含裁切、變形）
□圖像框形狀錯誤（弧形框邊）
□置入位置錯誤</td><td>每錯一處扣 5 分</td><td>20 分</td><td></td></tr>
<tr><td>14</td><td>應檢人員訊息方塊製作不正確</td><td>□訊息方塊未製作，直接扣 20 分
□未輸入應檢人姓名或數字年度字樣 （直接 10 扣分）
□文字輸入（每錯 / 漏一字扣 2 分）
□字體錯誤（每段落算 1 處）
□字體大小錯誤（每段落算 1 處）
□文字位置或對齊錯誤
□文字顏色設定錯誤
□框格尺寸錯誤左下、右上角轉圓角程度錯誤
□矩形外框粗細錯誤
□文字編排錯誤
□顏色設定錯誤
□框格框線樣式或顏色錯誤</td><td>每錯一處扣 5 分</td><td>20 分</td><td></td></tr>
<tr><td>15</td><td>檔案處理不正確</td><td>□未儲存原生檔
□圖檔尺寸、解析度、色彩模式錯誤
□未儲存爲 PDF 檔案
□命名錯誤</td><td>每錯一處扣 10 分</td><td>10 分</td><td></td></tr>
<tr><td colspan="7">扣分小計　　分</td></tr>
<tr><td colspan="7">（二）評分統計（以各項目最高扣分爲上限）</td></tr>
<tr><td colspan="5">現場評分（扣分不得超過 40 分，或可不扣分）
1. 工作態度；2. 操作方法；3. 操作技術。</td><td colspan="2">扣分</td></tr>
<tr><td colspan="5">成品評分
開始時間______________ 終止時間______________</td><td colspan="2">扣分</td></tr>
<tr><td colspan="7">總得分（請以總分 100 分－現場評分扣分－成品評分扣分）　　分</td></tr>
</table>

<table>
<tr><td>姓名</td><td></td><td>檢定日期</td><td></td><td>評審結果</td><td>□及格
□不及格
□缺考</td></tr>
<tr><td>准考證號碼</td><td></td><td rowspan="2">檢定地點</td><td rowspan="2"></td><td rowspan="3">監評人員
簽　　章</td><td rowspan="3"></td></tr>
<tr><td>崗位號</td><td></td></tr>
<tr><td>試題編號</td><td>19100-106205</td><td>測試時間</td><td></td></tr>
<tr><td colspan="6">評　　　審　　　項　　　目</td></tr>
<tr><td colspan="6">一、凡有下列試場違規事項者，評審結果為不及格。（於該項□內打 V）</td></tr>
<tr><td colspan="6">□ 1. 代人製作或受人協助者。
□ 2. 中途棄權者。
□ 3. 故意毀壞測試場機具、物料。
□ 4. 有夾帶（含隨身碟）或交換工作者。
□ 5. 擅離或自行變換測試位置。
□ 6. 不遵守檢定場所規定且屢勸不聽。
□ 7. 未考慮工作安全，釀成災害。</td></tr>
<tr><td colspan="6">凡有上列各項之情事者，必要時請註明其具體之事實，列舉如下：</td></tr>
<tr><td colspan="6">二、凡無上列任一情事者，請作下列各項評分
（一）評分項目及扣分標準（各項目缺點，可多處扣分，扣分原因請註明）</td></tr>
</table>

項目	項次	內容	基本扣分	最高扣分	扣分	註記
工作態度	1	不與監評人員配合	5	20		
	2	應檢時服裝儀容不整	5	10		
	3	現場吸煙、嚼檳榔	5	20		
	4	作業過程及結束後未維護現場整潔	5	10		
扣分小計						分
操作方法	1	未按標準操作流程	5	10		
	2	設備操作步驟不正確	5	20		
扣分小計						分
操作技術	1	製作觀念不正確	5	10		
	2	機組操作熟練度不足	5	20		
扣分小計						分
扣分總計（扣分總計不得超過 40 分）						分

【評審方式及內容應依試題、應檢須知及所附評審表之規定辦理，不得更改原意。】

以下項目採扣分計算（□內請註記扣分次數）				扣分標準	最高扣分	扣分
成品評分	1	成品繳驗與指定規格不正確	□ 未能於規定時間內列印輸出 □ 單頁完成品尺寸錯誤（含小版頁面內容縮放） □ 落版頁面未做出血（轉檔錯誤） □ 落版頁序錯誤（含落版不完整） □ 印出描圖檔殘影	此項重大缺失，視為零分（扣 100 分），下列評分項目不予計分		
	2	成品出現漏製視為不完整	□ 漏圖 □ 漏製線條、色塊（含漸層色塊） □ 漏製各標題字 □ 漏製整段內文	漏製達二處（含）以上者，視為不完整（扣 100 分），下列評分項目不予計分		
	3	製版標示不正確	□ 裁切標記、出血標記、十字線未標示（含位置錯誤） □ 摺線未標記（含位置錯誤） □ 標記規線顏色、粗細錯誤 □ 誤製多餘框線 □ 版面內容誤製多餘框線（含完成尺寸外圍） □ 未標示咬口方向	每錯一處扣 5 分	40 分	
	4	主頁製作設定	□ 漏製圖像 logo □ 圖像 logo 尺寸、位置錯誤 □ 漏製背景圖像 □ 背景圖像尺寸、效果處理錯誤 □ 漏製書眉標題（含字體、顏色、位置錯誤） □ 漏製頁碼（含字體、顏色、位置錯誤） □ 頁面內頁碼數值錯誤 □ 漏製色塊（含顏色、尺寸、位置錯誤） □ 漏製線條（含顏色、尺寸、位置錯誤） □ 內容未依規定製作	每錯一處扣 5 分 每頁算一處	30 分	

<table>
<tr><td colspan="4">以下項目採扣分計算（□內請註記扣分次數）</td><td>扣分標準</td><td>最高扣分</td><td>扣分</td></tr>
<tr><td rowspan="5">成品評分</td><td>5</td><td>內文文字設定（含未製作）</td><td>□ 段落文字未製作，每一處直接扣 10 分
□ 未輸入應檢人姓名（含數字報考年度字樣）直接扣 10 分
□ 文字輸入錯誤或漏字，每字扣 2 分
□ 字體集（複合字體）未設定（字體錯誤每一段落算 1 處）
□ 文字字形 、大小、縮放錯誤（每段落算 1 處）
□ 文字位置或對齊錯誤
□ 文字顏色（含漸層色）設定錯誤
□ 文字框線粗細、顏色錯誤
□ 繞圖排文錯誤
□ 文字內容未依規定製作</td><td>每錯一處扣 5 分</td><td>50 分</td><td></td></tr>
<tr><td>6</td><td>影像處理不正確</td><td>□ 漏圖或置入錯誤（每錯、漏一圖直接扣 10 分）
□ 內容位置錯誤（水平與垂直誤差 2mm 以上）
□ 置入圖像尺寸錯誤（含未作出血區域、裁切、變形）
□ 圖框製作錯誤（含多製、漏製、粗細樣式、顏色錯誤）
□ 圖像解析度錯誤
□ 圖像內容未依規定製作</td><td>每錯一處扣 5 分</td><td>40 分</td><td></td></tr>
<tr><td>7</td><td>圖像繪製與色塊設定</td><td>□ 色塊尺寸錯誤或漏製
□ 色塊、框線樣式的顏色設定錯誤（含刷淡效果）</td><td>每錯一處扣 5 分</td><td>40 分</td><td></td></tr>
<tr><td>8</td><td>小版偏誤</td><td>□ 小版圖像位置偏移（如位置、歪斜、縮放等）
□ 小版解析度錯誤</td><td>每錯一處扣 10 分</td><td>40 分</td><td></td></tr>
<tr><td>9</td><td>檔案處理不正確</td><td>□ 未儲存原生檔
□ 未儲存爲 PDF 檔案
□ 存檔內容不完整
□ 存檔檔名命名錯誤</td><td>每錯一項扣 5 分</td><td>10 分</td><td></td></tr>
<tr><td colspan="7">扣分小計　分</td></tr>
<tr><td colspan="7">（二）評分統計（以各項目最高扣分爲上限）</td></tr>
<tr><td colspan="5">現場評分（扣分不得超過 40 分，或可不扣分）
1. 工作態度；2. 操作方法；3. 操作技術。</td><td colspan="2">扣分</td></tr>
<tr><td colspan="5">成品評分
開始時間＿＿＿＿＿＿＿　終止時間＿＿＿＿＿＿＿</td><td colspan="2">扣分</td></tr>
<tr><td colspan="7">總得分（請以總分 100 分－現場評分扣分－成品評分扣分）　分</td></tr>
</table>

<table>
<tr><td>姓名</td><td></td><td>檢定日期</td><td></td><td>評審結果</td><td>□及格
□不及格
□缺考</td></tr>
<tr><td>准考證號碼</td><td></td><td rowspan="2">檢定地點</td><td rowspan="2"></td><td rowspan="3">監評人員
簽　　章</td><td rowspan="3"></td></tr>
<tr><td>崗位號</td><td></td></tr>
<tr><td>試題編號</td><td>19100-106206</td><td>測試時間</td><td></td></tr>
<tr><td colspan="6">評　審　項　目</td></tr>
<tr><td colspan="6">一、凡有下列試場違規事項者，評審結果爲不及格。（於該項□內打 V）</td></tr>
<tr><td colspan="6">□ 1. 代人製作或受人協助者。
□ 2. 中途棄權者。
□ 3. 故意毀壞測試場機具、物料。
□ 4. 有夾帶（含隨身碟）或交換工作者。
□ 5. 擅離或自行變換測試位置。
□ 6. 不遵守檢定場所規定且屢勸不聽。
□ 7. 未考慮工作安全，釀成災害。</td></tr>
<tr><td colspan="6">凡有上列各項之情事者，必要時請註明其具體之事實，列舉如下：</td></tr>
<tr><td colspan="6">二、凡無上列任一情事者，請作下列各項評分
（一）評分項目及扣分標準（各項目缺點，可多處扣分，扣分原因請註明）</td></tr>
</table>

<table>
<tr><th>項目</th><th>項次</th><th>內容</th><th>基本扣分</th><th>最高扣分</th><th>扣分</th><th>註記</th></tr>
<tr><td rowspan="4">工作態度</td><td>1</td><td>不與監評人員配合</td><td>5</td><td>20</td><td></td><td></td></tr>
<tr><td>2</td><td>應檢時服裝儀容不整</td><td>5</td><td>10</td><td></td><td></td></tr>
<tr><td>3</td><td>現場吸煙、嚼檳榔</td><td>5</td><td>20</td><td></td><td></td></tr>
<tr><td>4</td><td>作業過程及結束後未維護現場整潔</td><td>5</td><td>10</td><td></td><td></td></tr>
<tr><td colspan="7">扣分小計　分</td></tr>
<tr><td rowspan="2">操作方法</td><td>1</td><td>未按標準操作流程</td><td>5</td><td>10</td><td></td><td></td></tr>
<tr><td>2</td><td>設備操作步驟不正確</td><td>5</td><td>20</td><td></td><td></td></tr>
<tr><td colspan="7">扣分小計　分</td></tr>
<tr><td rowspan="2">操作技術</td><td>1</td><td>製作觀念不正確</td><td>5</td><td>10</td><td></td><td></td></tr>
<tr><td>2</td><td>機組操作熟練度不足</td><td>5</td><td>20</td><td></td><td></td></tr>
<tr><td colspan="7">扣分小計　分</td></tr>
<tr><td colspan="7">扣分總計（扣分總計不得超過 40 分）　分</td></tr>
</table>

【評審方式及內容應依試題、應檢須知及所附評審表之規定辦理，不得更改原意。】

以下項目採扣分計算（□內請註記扣分次數）				扣分標準	最高扣分	扣分
成品評分	1	成品繳驗與指定規格不正確	□未能於規定時間內列印輸出 □完成品尺寸錯誤 □未作出血 □描圖檔未刪除殘留印出	此項重大缺失，視為零分（扣100分），下列評分項目不予計分		
	2	成品出現漏製視為不完整	□漏圖 □漏製色塊（含漸層色塊） □漏製各標題字 □漏製整段內文	漏製達二處（含）以上者視為不完整（扣100分），下列評分項目不予計分		
	3	尺寸處理不正確	□ 0mm ＜出血不足＜ 3mm（每一邊算一處）	每錯一處扣5分	20分	
	4	製版標示不正確	□裁切標記、出血標記、十字線未標示（含位置錯誤） □標線顏色、標線粗細錯誤 □完成尺寸誤製框線（含外圍）	每錯一處扣5分	40分	
	5	大標題製作處理不正確	□文字輸入錯誤或漏字（每錯或漏一字直接扣20分） □字體、角度錯誤 □字體大小錯誤 □字體沿線排版設定錯誤 □顏色、陰影設定錯誤 □未依指示製作	每錯一處扣5分	40分	
	6	圖像、背景處理不正確	□漏圖（每漏一圖直接扣20分） □主題人物圖像去背景欠佳 □主題人物圖像合成效果欠佳 □產品圖像去背景欠佳 □任一圖尺寸錯誤 □位置錯誤（水平與垂直誤差＞2 mm）	每錯一處扣5分	40分	
	7	多邊形、色塊、顏色處理不正確	□任一色塊漏製（直接扣20分） □曲線漸層底色起迄錯誤 □任一顏色設定錯誤 □位置或尺寸錯誤（含出血不完整）	每錯一處扣5分	20分	
	8	雙圓、文字、符號製作不正確	□文字字體、符號、大小、顏色錯誤 □雙圓製作、顏色、尺寸錯誤 □任一位置錯誤（水平與垂直誤差＞2 mm） □文字輸入錯誤或遺漏（含符號每漏一字扣2分）	每錯一處扣5分	30分	

<table>
<tr><td colspan="4">以下項目採扣分計算（□內請註記扣分次數）</td><td>扣分標準</td><td>最高扣分</td><td>扣分</td></tr>
<tr><td rowspan="4">成品評分</td><td>9</td><td>小標題、內文、圖說製作不正確</td><td>□圖說、內文、繞圖排文，未依指示製作（含文字漏一字扣 2 分）
□位置錯誤（水平與垂直誤差 > 2 mm）
□字體、大小錯誤（每段落算 1 處）
□顏色設定錯誤（每段落算 1 處）</td><td>每錯一處扣 5 分</td><td>40 分</td><td></td></tr>
<tr><td>10</td><td>輸入訊息框格製作不正確</td><td>□漏製框格或不完整（以下處理項目含 3 處未完成），直接扣 30 分
□未輸入應檢人姓名、數字年度
□文字字體、大小錯誤
□文字輸入（每錯 / 漏一字扣 2 分）
□框格位置錯誤（水平與垂直誤差 > 2 mm）
□顏色錯誤（含重疊部分）、漏製
□邊框粗細錯誤、漏製線段
□未依指示製作</td><td>每錯一處扣 5 分</td><td>30 分</td><td></td></tr>
<tr><td>11</td><td>曲線處理不正確</td><td>□漏製任一曲線，直接扣 10 分
□曲線線條寬度錯誤
□顏色、弧度錯誤
□位置錯誤（水平與垂直誤差 > 2 mm）</td><td>每錯一處扣 5 分</td><td>20 分</td><td></td></tr>
<tr><td>12</td><td>檔案處理不正確</td><td>□未儲存原生檔
□未儲存為 PDF 檔案
□命名錯誤</td><td>每錯一處扣 5 分</td><td>10 分</td><td></td></tr>
<tr><td colspan="7">扣分小計　分</td></tr>
<tr><td colspan="7">（二）評分統計（以各項目最高扣分為上限）</td></tr>
<tr><td colspan="5">現場評分（扣分不得超過 40 分，或可不扣分）
1. 工作態度；2. 操作方法；3. 操作技術。</td><td colspan="2">扣分</td></tr>
<tr><td colspan="5">成品評分
開始時間______________　終止時間______________</td><td colspan="2">扣分</td></tr>
<tr><td colspan="7">總得分（請以總分 100 分－現場評分扣分－成品評分扣分）　分</td></tr>
</table>

姓名		檢定日期		評審結果	□及格 □不及格 □缺考
准考證號碼		檢定地點		監評人員 簽　　章	
崗位號					
試題編號	19100-106207	測試時間			

評　審　項　目

一、凡有下列試場違規事項者，評審結果為不及格。（於該項□內打 V）

□ 1. 代人製作或受人協助者。
□ 2. 中途棄權者。
□ 3. 故意毀壞測試場機具、物料。
□ 4. 有夾帶（含隨身碟）或交換工作者。
□ 5. 擅離或自行變換測試位置。
□ 6. 不遵守檢定場所規定且屢勸不聽。
□ 7. 未考慮工作安全，釀成災害。

凡有上列各項之情事者，必要時請註明其具體之事實，列舉如下：

二、凡無上列任一情事者，請作下列各項評分
（一）評分項目及扣分標準（各項目缺點，可多處扣分，扣分原因請註明）

項目	項次	內容	基本扣分	最高扣分	扣分	註記
工作態度	1	不與監評人員配合	5	20		
	2	應檢時服裝儀容不整	5	10		
	3	現場吸煙、嚼檳榔	5	20		
	4	作業過程及結束後未維護現場整潔	5	10		
扣分小計						分
操作方法	1	未按標準操作流程	5	10		
	2	設備操作步驟不正確	5	20		
扣分小計						分
操作技術	1	製作觀念不正確	5	10		
	2	機組操作熟練度不足	5	20		
扣分小計						分
扣分總計（扣分總計不得超過 40 分）						分

【評審方式及內容應依試題、應檢須知及所附評審表之規定辦理，不得更改原意。】

以下項目採扣分計算（□內請註記扣分次數）				扣分標準	最高扣分	扣分
成品評分	1	成品繳驗與指定規格不正確	□未能於規定時間內列印輸出 □完成品尺寸錯誤 □拼大版時版面超出規定範圍 □未繪製刀模圖 □描圖檔未刪除殘留印出 □輸出不完整（未列印 3 張） □列印 3 張成品套印不準（誤差超出 1mm，如因列印產生伸縮誤差不在此扣分標準） □輸出沒有刀模圖四模盒型設計圖有反白刀線圖出現	此項重大缺失，視爲零分（扣 100 分），下列評分項目不予計分		
	2	成品出現漏製視爲不完整	□漏製圖形處理 □漏製漸層色處理 □漏製文字 □漏製 LOGO □漏製局部上光 （以上以單模單張扣分計算）	漏製達二處（含）以上者視爲不完整（扣 100 分），下列評分項目不予計分		
	3	落版不正確	□十字規線漏製 □十字規線上下左右未居中 □十字規線超出指定的框線外 □大版模跟模刀線間距錯誤（超出 7mm 或小於 5mm） □拼大版尺寸框未列印出來 （以三張列印成品樣扣分計算）	每錯一處扣 5 分	40 分	
	4	出血處理錯誤	□盒型設計會有多處需要出血處理，要以多處扣分計算。 （以單模單張扣分）	每錯一處扣 10 分	40 分	
	5	內容製作不正確	□圖文位置誤差 0.5mm □框尺寸、顏色和粗細錯誤 □圖框尺寸、顏色和粗細錯誤 □字體大小、顏色和方向錯誤 □字框誤差大於 0.5mm □文字字型錯誤 □局部上光標示錯誤及位置誤差 0.1mm □大標題或中標題字輸入錯字，每字扣 5 分 □未輸入年度及姓名或文字輸入錯字，每字扣 2 分	每錯一處扣 10 分（以單模單張扣分）	40 分	
	6	刀模製作	□刀模顏色錯誤 □刀模粗細誤差 0.5mm □刀模內容誤製或漏畫框線 □未依規定製作，有多餘框線	每錯一處扣 10 分	30 分	

<table>
<tr><td colspan="4">以下項目採扣分計算（□內請註記扣分次數）</td><td>扣分標準</td><td>最高扣分</td><td>扣分</td></tr>
<tr><td rowspan="5">成品評分</td><td rowspan="4">7</td><td rowspan="4">圖檔製作不正確</td><td>□底圖處理錯誤、圖大小誤差於 0.5mm 及顏色不正確
□底圖有多餘的色塊</td><td rowspan="4">每錯一處扣 10 分（以單模單張扣分）</td><td rowspan="4">40 分</td><td rowspan="4"></td></tr>
<tr><td>□隨身碟圖旋轉位置錯誤及正面未作陰影處理
□隨身碟圖陰影處理錯誤
□隨身碟圖未做去背處理</td></tr>
<tr><td>□漸層色顏色及位置處理錯誤
□二維條碼尺寸及位置誤差 0.5mm</td></tr>
<tr><td>□ LOGO 位置誤差 0.5mm 及方向不正確
□ LOGO 大小誤差 0.5mm
□ LOGO 不佳，顏色錯誤
□ LOGO 未作陰影處理
□ LOGO 陰影處理錯誤
□未依規定製作</td></tr>
<tr><td>8</td><td>檔案處理不正確</td><td>□未儲存原生檔
□未儲存爲 PDF/-1a 檔案格式
□命名錯誤</td><td>每錯一項扣 10 分</td><td>20 分</td><td></td></tr>
<tr><td colspan="7">扣分小計　　　　　　　　　　　　　　　　　　　　　　分</td></tr>
<tr><td colspan="7">（二）評分統計（以各項目最高扣分爲上限）</td></tr>
<tr><td colspan="6">現場評分（扣分不得超過 40 分，或可不扣分）
1. 工作態度；2. 操作方法；3. 操作技術。</td><td>扣分</td></tr>
<tr><td colspan="6">成品評分
開始時間＿＿＿＿＿＿＿　終止時間＿＿＿＿＿＿＿</td><td>扣分</td></tr>
<tr><td colspan="7">總得分（請以總分 100 分－現場評分扣分－成品評分扣分）　　　　　分</td></tr>
</table>

<table>
<tr><td>姓名</td><td></td><td>檢定日期</td><td></td><td>評審結果</td><td>□及格
□不及格
□缺考</td></tr>
<tr><td>准考證號碼</td><td></td><td rowspan="2">檢定地點</td><td rowspan="2"></td><td rowspan="3">監評人員
簽　　章</td><td rowspan="3"></td></tr>
<tr><td>崗位號</td><td></td></tr>
<tr><td>試題編號</td><td>19100-106208</td><td>測試時間</td><td></td></tr>
<tr><td colspan="6">評　　　審　　　項　　　目</td></tr>
<tr><td colspan="6">一、凡有下列試場違規事項者，評審結果爲不及格。（於該項□內打 V）</td></tr>
<tr><td colspan="6">□ 1. 代人製作或受人協助者。
□ 2. 中途棄權者。
□ 3. 故意毀壞測試場機具、物料。
□ 4. 有夾帶（含隨身碟）或交換工作者。
□ 5. 擅離或自行變換測試位置。
□ 6. 不遵守檢定場所規定且屢勸不聽。
□ 7. 未考慮工作安全，釀成災害。</td></tr>
<tr><td colspan="6">凡有上列各項之情事者，必要時請註明其具體之事實，列舉如下：</td></tr>
<tr><td colspan="6">二、凡無上列任一情事者，請作下列各項評分
（一）評分項目及扣分標準（各項目缺點，可多處扣分，扣分原因請註明）</td></tr>
</table>

項目	項次	內容	基本扣分	最高扣分	扣分	註記
工作態度	1	不與監評人員配合	5	20		
	2	應檢時服裝儀容不整	5	10		
	3	現場吸煙、嚼檳榔	5	20		
	4	作業過程及結束後未維護現場整潔	5	10		
扣分小計						分
操作方法	1	未按標準操作流程	5	10		
	2	設備操作步驟不正確	5	20		
扣分小計						分
操作技術	1	製作觀念不正確	5	10		
	2	機組操作熟練度不足	5	20		
扣分小計						分
扣分總計（扣分總計不得超過 40 分）						分

【評審方式及內容應依試題、應檢須知及所附評審表之規定辦理，不得更改原意。】

以下項目採扣分計算（□內請註記扣分次數）				扣分標準	最高扣分	扣分
成品評分	1	成品繳驗與指定規格不正確	□未能於規定時間內列印輸出 □完成品尺寸錯誤 □落版錯誤（含落版不完整） □描圖檔未刪除殘留印出 □未做電子書與無法開啓 □未做出血	此項重大缺失，視爲零分（扣 100 分），下列評分項目不予計分		
	2	成品出現漏製視爲不完整	□漏圖 □漏製色塊（含漸層色塊） □漏製各標題字 □漏製表格 □漏製整段內文 □漏製電子書頁面	漏製達二處（含）以上者，視爲不完整（扣 100 分），下列評分項目不予計分		
	3	尺寸處理不正確	□小版完成尺寸錯誤 □ 0mm ＜出血不足＜ 3mm □小版尺寸誤差位移＞ 2mm	每錯一處扣 5 分	30 分	
	4	製版標示不正確	□裁切、出血標記、摺線與十字線未標示（含尺寸、位置錯誤） □標線顏色、標線粗細錯誤 □誤製多餘框線（含完成尺寸外圍）	每錯一處扣 5 分	40 分	
	5	色塊製作不正確	□位置、尺寸（含出血）不完整 □誤製多餘框線 □顏色設定錯誤	每錯一處扣 5 分	20 分	
	6	標題、內容文字輸入和編排不正確	□未輸入應檢人姓名（含數字報考年度字樣）直接扣 10 分 □字型設定錯誤（含大小、字距） □文字框粗細、大小、尺寸（含型式與顏色）不正確 □錯字 / 漏字（一字扣 2 分） □色彩、顏色錯誤（一組算一處） □誤製多餘框線、位置錯誤（水與垂直誤差 > 2 mm） □未依指定製作	每錯一處扣 5 分	40 分	
	7	影像處理不正確	□漏圖或圖置入錯誤（人物五張圖算一處扣分） □檔案特效處理錯誤 □邊框顏色、粗細與誤植框線 □內容位置錯誤（水平與垂直誤差 > 2 mm） □圖像解析度、變形錯誤	每錯一處扣 5 分	40 分	

以下項目採扣分計算（□內請註記扣分次數）				扣分標準	最高扣分	扣分
成品評分	8	電子書處理不正確（1. 含錯誤、未製作、漏製、不完整、未作用。2. 電子書評分僅評動態效果。）	□大標題（左邊飛入特效）錯誤 -（註明原因） □副標題（右邊飛入特效）錯誤 - □造形餐顯示（替換效果）錯誤 - □主廚照（左邊或右邊飛入特效）錯誤含畫面進入次序錯誤 - □標題與內文 -（淡入特效）錯誤 - □直式標題 -（放大 2D 特效）錯誤 - □游標移動 - 顯示畫面效果錯誤 - □滑鼠點選 - 連結右方顯示錯誤 - □滑鼠點選 - 轉換動態（飛入、停止、飛出）效果錯誤 （PS：共有五組連結，逐一檢查） - □未依指定製作或誤植效果 - □畫面解析度差，影響辨識圖形整體直接扣 20 分（動態畫面靜止前解析度較差屬正常） □漏製翻頁頁面（每畫面爲單位）	每錯一項扣 5 分	50 分	
	9	咬口不正確	□咬口未標示 □咬口標示錯誤	每錯一項扣 5 分	10 分	
	10	檔案處理不正確	□未儲存原生檔 □未將（落版）、（電子書）檔案分開命名或儲存 □未儲存爲 PDF、SWF 檔案 □命名錯誤	每錯一項扣 5 分	10 分	
扣分小計						分

（二）評分統計（以各項目最高扣分爲上限）	
現場評分（扣分不得超過 40 分，或可不扣分） 1. 工作態度；2. 操作方法；3. 操作技術。	扣分
成品評分 開始時間＿＿＿＿＿＿＿　終止時間＿＿＿＿＿＿＿	扣分
總得分（請以總分 100 分－現場評分扣分－成品評分扣分）	分

陸、技術士技能檢定印前製程職類乙級術科測試時間配當表

每一檢定場，每日排定測試場次為上、下午各乙場；程序表如下

時間	內容	備註
08:50 ～ 09:10	1. 監評前協調會議（含監評檢查機具設備）。 2. 應檢人報到完成。	20 分鐘
09:10 ～ 09:30	1. 應檢人代表抽題及排定工作崗位。 2. 場地設備、自備機具及材料等作業說明。 3. 測試應注意事項說明。 4. 應檢人試題疑義說明。 5. 應檢人檢查設備及材料。	20 分鐘
09:30 ～ 11:30	第一場測試	測試時間 120 分鐘
11:30 ～ 12:10	1. 監評人員進行評分。 2. 應檢測試成績登錄彙整。 3. 術科測試相關資料彌封彙整。	40 分鐘
12:10 ～ 12:40	1. 監評人員休息用膳時間。 2. 術科測試場地復原。 3. 應檢人報到完成。	30 分鐘
12:40 ～ 13:00	1. 應檢人代表抽題及排定工作崗位。 2. 場地設備、自備機具及材料等作業說明。 3. 測試應注意事項說明。 4. 應檢人試題疑義說明。 5. 應檢人檢查設備及材料。	20 分鐘
13:00 ～ 15:00	第二場測試	測試時間 120 分鐘
15:00 ～ 15:40	1. 監評人員進行評分。 2. 應檢測試成績登錄彙整。 3. 術科測試相關資料彌封彙整。	40 分鐘
15:40 ～ 16:00	測試結束檢討會（監評人員及術科測試辦理單位視需要召開）	20 分鐘

備註：依時間配當表準時辦理抽籤，並依抽籤結果進行測試，遲到者或缺席者不得有異議。

乙級印前製程技能檢定術科試題解析（第六版）

作　　者 / 王溢川
發 行 人 / 陳本源
執行編輯 / 楊美倫
出 版 者 / 全華圖書股份有限公司
郵政帳號 / 0100836-1 號
印 刷 者 / 宏懋打字印刷股份有限公司
圖書編號 / 08136057--201907
ISBN / 978-986-503-148-0
定　　價 / 650 元
全華圖書 / www.chwa.com.tw
全華網路書店 / www.opentech.com.tw
若您對書籍內容、排版印刷有任何問題，歡迎來信指導 book@chwa.com.tw

臺北總公司（北區營業處）
地址：23671 新北市土城區忠義路 21 號
電話：(02) 2262-5666
傳眞：(02) 6637-3695、6637-3696

中區營業處
地址：40256 臺中市南區樹義一巷 26 號
電話：(04) 2261-8485
傳眞：(04) 3600-9806

南區營業處
地址：80769 高雄市三民區應安街 12 號
電話：(07) 381-1377
傳眞：(07) 862-5562

廣　告　回　信
板橋郵局登記證
板橋廣字第540號

行銷企劃部　收

23671
新北市土城區忠義路21號
全華圖書股份有限公司

（請由此線剪下）

讀者回函卡

填寫日期：　/　/

姓名：＿＿＿＿ 生日：西元＿＿年＿＿月＿＿日 性別：□男 □女

電話：（　）＿＿＿＿ 傳真：（　）＿＿＿＿ 手機：＿＿＿＿

e-mail：（必填）＿＿＿＿

註：數字零，請用 Φ 表示，數字 1 與英文 L 請另註明並書寫端正，謝謝。

通訊處：□□□□□

學歷：□博士 □碩士 □大學 □專科 □高中・職

職業：□工程師 □教師 □學生 □軍・公 □其他

學校 / 公司：＿＿＿＿ 科系 / 部門：＿＿＿＿

・需求書類：

□ A. 電子 □ B. 電機 □ C. 計算機工程 □ D. 資訊 □ E. 機械 □ F. 汽車 □ I. 工管 □ J. 土木

□ K. 化工 □ L. 設計 □ M. 商管 □ N. 日文 □ O. 美容 □ P. 休閒 □ Q. 餐飲 □ B. 其他

・本次購買圖書為：＿＿＿＿ 書號：＿＿＿＿

・您對本書的評價：

封面設計：□非常滿意 □滿意 □尚可 □需改善，請說明＿＿＿＿

內容表達：□非常滿意 □滿意 □尚可 □需改善，請說明＿＿＿＿

版面編排：□非常滿意 □滿意 □尚可 □需改善，請說明＿＿＿＿

印刷品質：□非常滿意 □滿意 □尚可 □需改善，請說明＿＿＿＿

書籍定價：□非常滿意 □滿意 □尚可 □需改善，請說明＿＿＿＿

整體評價：請說明＿＿＿＿

・您在何處購買本書？

□書局 □網路書店 □書展 □團購 □其他＿＿＿＿

・您購買本書的原因？（可複選）

□個人需要 □幫公司採購 □親友推薦 □老師指定之課本 □其他＿＿＿＿

・您希望全華以何種方式提供出版訊息及特惠活動？

□電子報 □ DM □廣告（媒體名稱＿＿＿＿）

・您是否上過全華網路書店？（www.opentech.com.tw）

□是 □否 您的建議＿＿＿＿

・您希望全華出版那方面書籍？＿＿＿＿

・您希望全華加強那些服務？＿＿＿＿

～感謝您提供寶貴意見，全華將秉持服務的熱忱，出版更多好書，以饗讀者。

全華網路書店 http://www.opentech.com.tw　客服信箱 service@chwa.com.tw

2011.03 修訂

親愛的讀者：

感謝您對全華圖書的支持與愛護，雖然我們很慎重的處理每一本書，但恐仍有疏漏之處，若您發現本書有任何錯誤，請填寫於勘誤表內寄回，我們將於再版時修正，您的批評與指教是我們進步的原動力，謝謝！

全華圖書　敬上

勘誤表

書　號		書　名		作　者	
頁　數	行　數	錯誤或不當之詞句		建議修改之詞句	

我有話要說：（其它之批評與建議，如封面、編排、內容、印刷品質等・・・）